Matemática Aplicada

M425   Matemática aplicada : economia, administração e
           contabilidade / Larry J. Goldstein ... [et al.] ;
           tradução técnica: Claus Ivo Doering. – 12. ed. – Porto Alegre :
           Bookman, 2012.
           xiv, 639 p. : il. color. ; 28 cm.

           ISBN 978-85-407-0094-9

           1. Matemática aplicada. 2. Economia – Cálculo.
           3. Administração – Cálculo. 4. Contabilidade – Cálculo.
           I. Goldstein, Larry J.

                                                              CDU 51

Catalogação na publicação: Ana Paula M. Magnus – CRB 10/2052

Larry J. Goldstein
Goldstein Educational Technologies

David C. Lay
University of Maryland

David I. Schneider
University of Maryland

Nakhlé H. Asmar
University of Missouri

Matemática Aplicada
Economia, Administração e Contabilidade
12ª Edição

Tradução Técnica:
Claus Ivo Doering
Doutor em matemática pelo IMPA
Professor titular do Instituto de Matemática da UFRGS

2012

Obra originalmente publicada sob o título *Calculus and Its Applications*, 12th Edition
ISBN 9780321571304

Authorized translation from the English language edition, entitled CALCULUS AND ITS APPLICATIONS, 12th Edition by LARRY GOLDSTEIN; DAVID SCHNEIDER; DAVID LAY; NAKHLE ASMAR, published by Pearson Education,Inc., publishing as Pearson, Copyright © 2010. All rights reserved. No part of this book may be reproduced or transmitted in any form or by any means, electronic or mechanical, including photocopying, recording or by any information storage retrieval system, without permission from Pearson Education,Inc.

Portuguese language edition published by Bookman Companhia Editora Ltda, a Division of Grupo A Educação S.A., Copyright © 2012.

Tradução autorizada a partir do original em língua inglesa da obra intitulada CALCULUS AND ITS APPLICATIONS, 12ª Edição, autoria de LARRY GOLDSTEIN; DAVID SCHNEIDER; DAVID LAY; NAKHLE ASMAR, publicado por Pearson Education, Inc., sob o selo Pearson, Copyright © 2010. Todos os direitos reservados. Este livro não poderá ser reproduzido nem em parte nem na íntegra, nem ter partes ou sua íntegra armazenado em qualquer meio, seja mecânico ou eletrônico, inclusive fotoreprografação, sem permissão da Pearson Education,Inc.

A edição em língua portuguesa desta obra é publicada por Bookman Companhia Editora Ltda, uma divisão do Grupo A Educação S.A., Copyright © 2012.

Capa: *VS Digital* (arte sobre capa original)

Leitura final: *Renata Ramisch*

Editora Sênior: *Denise Weber Nowaczyk*

Projeto e editoração: *Techbooks*

Reservados todos os direitos de publicação, em língua portuguesa, à
Bookman® Companhia Editora Ltda, uma divisão do Grupo A Educação S.A.
Av. Jerônimo de Ornelas, 670 – Santana
90040-340 – Porto Alegre – RS
Fone: (51) 3027-7000   Fax: (51) 3027-7070

É proibida a duplicação ou reprodução deste volume, no todo ou em parte, sob quaisquer formas ou por quaisquer meios (eletrônico, mecânico, gravação, fotocópia, distribuição na Web e outros), sem permissão expressa da Editora.

Unidade São Paulo
Av. Embaixador Macedo Soares, 10.735 – Pavilhão 5 – Cond. Espace Center
Vila Anastácio – 05095-035 – São Paulo – SP
Fone: (11) 3665-1100   Fax: (11) 3667-1333

SAC 0800 703-3444 – www.grupoa.com.br

IMPRESSO NO BRASIL
PRINTED IN BRAZIL

PREFÁCIO

Estamos muito satisfeitos com a entusiástica receptividade por parte de professores e estudantes das edições anteriores de Matemática Aplicada. A edição atual incorpora muitas sugestões que nos foram apresentadas.

Embora existam muitas alterações, preservamos a abordagem e o estilo. Nossos objetivos permanecem os mesmos: começar com o Cálculo o mais cedo possível, apresentar o Cálculo de maneira intuitiva, mas intelectualmente satisfatória, e ilustrar as variadas aplicações do Cálculo à Administração e às Ciências Biológicas e Sociais.

A peculiar ordenação dos tópicos tem provado ser um sucesso ao longo de anos, por tornar o aprendizado mais fácil e mais interessante, porque os estudantes veem aplicações significativas mais cedo. Por exemplo, a derivada é explicada geometricamente antes de apresentarmos o material analítico sobre limites. Para permitir que cheguemos rapidamente às aplicações no Capítulo 2, apresentamos apenas as regras de derivação e as técnicas de esboçar gráficos necessárias àquelas aplicações. Os tópicos mais avançados vêm mais tarde, quando se fizerem necessários. A seguir, listamos outros aspectos dessa abordagem orientada ao estudante.

Tópicos incluídos

Esta edição contém mais material do que pode ser usado na maioria das disciplinas de dois semestres. Seções opcionais são indicadas com um asterisco no sumário. Além disso, o nível do material teórico pode ser ajustado às necessidades dos estudantes. Por exemplo, a Seção 1.4 pode ser omitida, se o professor não quiser trabalhar a noção de limite além do material necessário da Seção 1.3.

Revisão de pré-requisitos

No Capítulo 0, revisamos aqueles conceitos que o leitor utiliza para estudar o Cálculo. Alguns tópicos importantes – como as leis de exponenciação – são revistos novamente quando forem utilizados em capítulos subsequentes. A Seção 0.6 prepara o estudante para problemas aplicados que aparecem em todo o texto. Um leitor que tenha familiaridade com o conteúdo do Capítulo 0 deveria começar com o Capítulo 1 e usar o Capítulo 0, quando necessário, como referência.

Características consagradas

Nesta edição, tentamos manter nossa abordagem popular orientada para o estudante ao longo de todo o texto e, em particular, por meio das características a seguir.

Aplicações variadas e relevantes

Fornecemos aplicações realistas que ilustram os usos do Cálculo em outras disciplinas. Ver o Índice de Aplicações ao final do livro. Sempre que possível, tentamos utilizar aplicações para motivar a Matemática.

Profusão de exemplos

O texto inclui muito mais exemplos resolvidos que o usual. Além disso, incluímos detalhes computacionais para reforçar a facilidade de leitura do texto. Em trechos relevantes, incluímos observações destacadas com "Advertência", em que damos dicas relativas a enganos e erros comuns.

Exercícios para todas as necessidades dos estudantes

Os exercícios compreendem cerca de uma quarta parte do texto – a parte mais importante do texto, em nossa opinião. Os exercícios aos finais das seções estão geralmente organizados na ordem em que o texto foi desenvolvido, de forma que podem ser indicados como trabalho de casa mesmo quando apenas parte de uma seção tiver sido discutida. Aplicações interessantes e problemas mais desafiadores são encontrados, em geral, entre os últimos exercícios das listas. Exercícios suplementares ao final de cada capítulo ampliam os outros conjuntos de exercícios e incluem exercícios que requerem conhecimentos de capítulos anteriores.

Exercícios de revisão

Os Exercícios de Revisão têm sido uma característica popular e útil. São questões cuidadosamente selecionadas e apresentadas ao final de cada seção, antes do conjunto de exercícios. As soluções completas desses exercícios são dadas imediatamente depois do conjunto de exercícios. Os Exercícios de Revisão com frequência concentram-se em pontos potencialmente confusos ou facilmente ignorados. Recomendamos que o leitor trabalhe todos esses problemas e estude suas soluções antes de se dedicar aos exercícios. Na verdade, os Exercícios de Revisão constituem uma forma de estudo dirigido.

Novidades desta edição

Dentre as muitas modificações nesta edição, as mais significativas são as seguintes.

1. **Exercícios e exemplos novos e revisados**

   162 exercícios novos e revisados, com diversos níveis de dificuldade, desde aqueles projetados para ajudar os estudantes com formação matemática limitada até exercícios que desafiam os estudantes mais habilidosos.

2. **Apresentação revisada de tópicos essenciais**
   a. A Derivada
      Alguns conteúdos da Seção 1.3 foram passados para a Seção 1.4 e, por isso, na Seção 1.3 apresentamos a derivada de maneira intuitiva antes da apresentação expandida de limites que aparece na Seção 1.4. A nova apresentação oferece ao professor a opção de gastar menos tempo com limites (e, portanto, mais tempo com aplicações) se decidir não enfatizar a Seção 1.4.
   b. Equações Diferenciais
      Reescrevemos a Seção 10.3, relativa a equações diferenciais lineares de primeira ordem, com o objetivo de chegar diretamente no método passo a passo de resolução desse tipo de equações. Essa nova apresentação oferece uma pista mais rápida para as aplicações de equações apresentada na Seção 10.4.

3. **Reforço da pedagogia com calculadoras gráficas**

   Como nas edições anteriores, neste texto não se exige o uso de calculadoras gráficas, mas essas calculadoras são ferramentas muito úteis, que podem ser usadas para simplificar cálculos, esboçar gráficos e, às vezes, melhorar o entendimento dos tópicos fundamentais do Cálculo. Ao final da maioria das seções, aparece uma subseção Incorporando Recursos Tecnológicos, com informação útil sobre o uso de calculadoras. Os exemplos neste texto utilizam a família TI-83/84 de calculadoras, que inclui as calculadoras TI-83, TI-84, TI-83+, TI-84+, TI-83+ Silver Edition e TI-84+ Silver Edition.

Agradecimentos

A seguir, apresentamos uma lista dos revisores desta e das edições anteriores. Pedimos desculpas por quaisquer omissões. Enquanto escrevíamos este livro, contamos com a assistência de várias pessoas, e nossos profundos agradecimentos são dirigidos a todas elas. Especialmente, gostaríamos de agradecer a nosso revisores, que dedicaram tempo e energia para compartilhar conosco suas ideias, suas preferências e, muitas vezes, seu entusiasmo.

James V. Balch, *Middle Tennessee State University*
Jack R. Barone, *Baruch College, CUNY*
Michael J. Berman, *James Madison University*
Dennis Bertholf, *Oklahoma State University*
Fred Brauer, *University of Wisconsin*
Dennis Brewer, *University of Arkansas*
James Brewer, *Florida Atlantic University*
Todd Brost, *South Dakota State University*
Robert Brown, *University of California, Los Angeles*
Robert Brown, *University of Kansas*
Alan Candiotti, *Drew University*
Der-Chen Chang, *Georgetown University*
Charles Clever, *South Dakota State University*
W. E. Conway, *University of Arizona*
Biswa Datta, *Northern Illinois University*
Karabi Datta, *Northern Illinois University*
Dennis DeTurck, *University of Pennsylvania*
Brenda Diesslin, *Iowa State University*
Bruce Edward, *University of Florida*
Janice Epstein, *Texas A&M University*
Albert G. Fadell, *SUNY Buffalo*
Betty Fein, *Oregon State University*
Howard Frisinger, *Colorado State University*
Larry Gerstein, *University of California, Santa Barbara*
Shirley A. Goldman, *University of California, Davis*
Jack E. Graves, *Syracuse University*
Harvey Greenwald, *California State Polytechnic University*
David Harbater, *University of Pennsylvania*
James L. Heitsch, *University of Illinois, Chicago*
Donald Hight, *Kansas State College of Pittsburg*
Charles Himmelberg, *University of Kansas*
W. R. Hintzman, *San Diego State University*
James E. Honeycutt, *North Carolina University*
E. John Hornsby, Jr., *University of New Orleans*
James A. Huckaba, *University of Missouri*
Samuel Jasper, *Ohio University*
Shujuan Ji, *Columbia University*
James Kaplan, *Boston University*
Judy B. Kidd, *James Madison University*
W. T. Kyner, *University of New Mexico*
T. Y. Lam, *University of California, Berkeley*
Lawrence J. Lardy, *Syracuse University*
Melvin D. Lax, *California State University, Long Beach*
Russell Lee, *Allan Hancock College*
Joyce Longman, *Villanova University*
Roy Lowman, *University of Illinois, Chicago*
Gabriel Lugo, *University of North Carolina, Wilmington*
Gordon Lukesh, *University of Texas, Austin*
John H. Mathews, *California State University, Fullerton*

William McCord, *University of Missouri*
Ann McGaw, *University of Texas, Austin*
Albert J. Milani, *University of Wisconsin-Milwaukee*
Robert A. Miller, *City University New York*
Carl David Minda, *University of Cincinnati*
Donald E. Myers, *University of Arizona, Tempe*
Dana Nimic, *Southeast Community College-Lincoln*
David W. Penico, *Virginia Commonwealth University*
Georgia B. Pyrros, *University of Delaware*
H. Suey Quan, *Golden West College*
Jens Rademacher, *University of British Columbia*
Heath K. Riggs, *University of Vermont*
Ronald Rose, *American River College*
Arthur Rosenthal, *Salem State College*
Murray Schechter, *Lehigh University*
Claude Schochet, *Wayne State University*
Arthur J. Schwartz, *University of Michigan*
Robert Seeley, *University of Massachusetts, Boston*
Arlene Sherburne, *Montgomery College, Rockville*
James Sochacki, *James Madison University*
Edward Spanier, *University of California, Berkeley*
H. Keith Stumpff, *Central Missouri State University*
Bruce Swenson, *Foothill College*
Geraldine Taiani, *Pace University*
Joan M. Thomas, *University of Oregon*
Frankl Warner, *University of Pennsylvania*
Dennis White, *University of Minnesota*
Dennis A. Widup, *University of Wisconsin-Parkside*
W. R. Wilson, *Central Piedmont Community College*
Carla Wofsky, *University of New Mexico*
Wallace A. Wood, *Bryant University*

Os autores gostariam de agradecer às várias pessoas que trabalham na Pearson Education e que contribuíram para o sucesso de nossos livros ao longo dos anos. Nossa gratidão pelo esforço tremendo dos departamentos de produção, de arte, de composição e comercial. Agradecimentos especiais vão para Bob Walters, que cuidou da produção deste livro. Muitos agradecimentos a Jason Aubrey por sua contribuição nas seções de tecnologia. Também agradecemos aos revisores de texto Damon Demas, Blaise DeSesa, Doug Ewert, Bev Fusfield, Debra McGivney, Theresa Schille, Lauri Semarne e Tom Wegleitner. As habilidades especiais de nosso digitador, Dennis Kletzing, facilitaram mais uma vez a tarefa árdua de preparar esta nova edição.

Agradecimentos também a Gracia Nabhane, M.D., por sua ajuda com as aplicações à Biologia e à Medicina.

Os autores gostariam de agradecer ao nosso editor, Chuck Synovec, que nos ajudou a planejar esta edição.

Larry J. Goldstein
larrygoldstein@comcast.net

David C. Lay
lay@math.umd.edu

David I. Schneider
dis@math.umd.edu

Nakhalé H. Asmar
nakhle@math.missouri.edu

SUMÁRIO

Introdução ... 1

0 Funções ... 3

0.1 Funções e seus gráficos 3
0.2 Algumas funções importantes 14
0.3 A álgebra de funções 21
0.4 Zeros de funções – fórmula quadrática e fatoração 26
0.5 Expoentes e funções potência 33
0.6 Funções e gráficos em aplicações 40

1 A Derivada ... 53

1.1 A inclinação de uma reta 55
1.2 A inclinação de uma curva num ponto 66
1.3 A derivada 73
*1.4 Limites e a derivada 83
*1.5 Derivabilidade e continuidade 93
1.6 Algumas regras de derivação 99
1.7 Mais sobre derivadas 108
1.8 A derivada como uma taxa de variação 115

2 Aplicações da Derivada ... 131

2.1 Descrição de gráficos de funções 131
2.2 Os testes das derivadas primeira e segunda 142
2.3 Os testes das derivadas primeira e segunda e o esboço de curvas 151
2.4 Esboço de curvas (conclusão) 161
2.5 Problemas de otimização 167
2.6 Mais problemas de otimização 175
*2.7 Aplicações de derivadas à Administração e Economia 184

As seções indicadas com um * são opcionais, ou seja, não são pré-requisito para o material posterior.

3 Técnicas de Derivação 199

3.1 As regras do produto e do quociente 199
3.2 A regra da cadeia e a regra da potência geral 208
*3.3 Derivação implícita e taxas relacionadas 215

4 As Funções Exponencial e Logaritmo Natural 229

4.1 Funções exponenciais 230
4.2 A função exponencial e^x 233
4.3 Derivação de funções exponenciais 239
4.4 A função logaritmo natural 244
4.5 A derivada de ln x 249
4.6 Propriedades da função logaritmo natural 252

5 Aplicações das Funções Exponencial e Logaritmo Natural 259

5.1 Crescimento e decaimento exponenciais 260
5.2 Juros compostos 269
*5.3 Aplicações da função logaritmo natural à Economia 276
*5.4 Outros modelos exponenciais 283

6 A Integral Definida 297

6.1 Antiderivação 298
6.2 Áreas e somas de Riemann 307
6.3 Integrais definidas e o teorema fundamental 315
6.4 Áreas no plano xy 325
6.5 Aplicações da integral definida 334

7 Funções de Várias Variáveis 347

7.1 Exemplos de funções de várias variáveis 348
7.2 Derivadas parciais 354
7.3 Máximos e mínimos de funções de várias variáveis 363
7.4 Multiplicadores de Lagrange e otimização condicionada 370
*7.5 O método dos mínimos quadrados 379
*7.6 Integrais duplas 386

8 As Funções Trigonométricas — 393

- 8.1 O radiano como medida de ângulo 393
- 8.2 O seno e o cosseno 397
- 8.3 Derivação e integração de sen t e cos t 403
- 8.4 A tangente e outras funções trigonométricas 412

9 Técnicas de Integração — 419

- 9.1 Integração por substituição 421
- 9.2 Integração por partes 426
- 9.3 Cálculo de integrais definidas 431
- *9.4 Aproximação de integrais definidas 435
- *9.5 Algumas aplicações da integral 445
- 9.6 Integrais impróprias 450

10 Equações Diferenciais — 459

- 10.1 Soluções de equações diferenciais 459
- *10.2 Separação de variáveis 467
- *10.3 Equações diferenciais lineares de primeira ordem 476
- *10.4 Aplicações de equações diferenciais lineares de primeira ordem 480
- 10.5 Gráficos de soluções de equações diferenciais 488
- 10.6 Aplicações de equações diferenciais 496
- *10.7 Solução numérica de equações diferenciais 506

11 Polinômios de Taylor e Séries Infinitas — 513

- 11.1 Polinômios de Taylor 513
- *11.2 O algoritmo de Newton-Raphson 521
- 11.3 Séries infinitas 529
- *11.4 Séries de termos positivos 538
- 11.5 Séries de Taylor 544

12 Probabilidade e Cálculo — 555

- 12.1 Variáveis aleatórias discretas 555
- 12.2 Variáveis aleatórias contínuas 562
- 12.3 Valor esperado e variância 570

12.4 Variáveis aleatórias exponenciais e normais 576
12.5 Variáveis aleatórias de Poisson e geométricas 585

Apêndice 597

Respostas 599

Índice 635

INTRODUÇÃO

Muitas vezes, é possível dar uma descrição sucinta e reveladora de uma situação por meio do esboço de um gráfico. Por exemplo, a Figura 1 descreve o montante de dinheiro em uma caderneta de poupança que rende 5% de juros compostos diariamente. O gráfico mostra que, com o passar do tempo, o montante de dinheiro na conta aumenta. A Figura 2 ilustra as vendas semanais de um cereal matinal em vários momentos depois da interrupção de uma campanha publicitária. O gráfico mostra que as vendas diminuem com o tempo que passa depois da última propaganda.

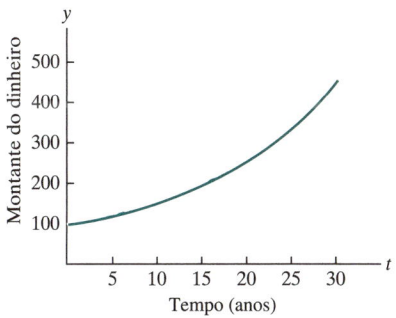

Figura 1 Crescimento de dinheiro numa caderneta de poupança.

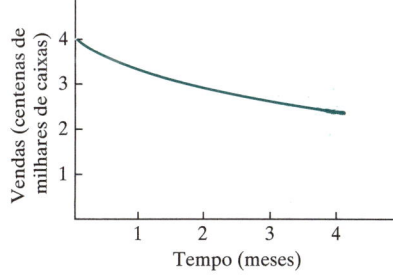

Figura 2 Decrescimento de vendas de cereal matinal.

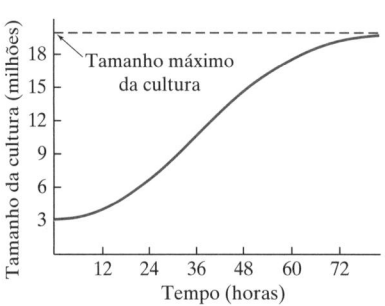 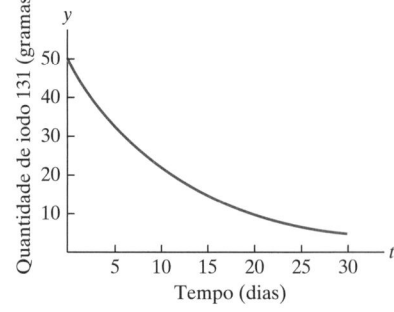

Figura 3 Crescimento de uma cultura de bactérias.

Figura 4 Decaimento de iodo radioativo.

A Figura 3 mostra o tamanho de uma cultura de bactérias em vários momentos. A cultura cresce com o passar do tempo. Entretanto, existe um tamanho máximo que a cultura não pode exceder. Esse tamanho máximo reflete as restrições impostas pela disponibilidade de alimento, espaço e fatores semelhantes. O gráfico da Figura 4 descreve o decaimento do isótopo radioativo de iodo 131. Com o passar do tempo, permanece cada vez menos iodo radioativo.

Cada um dos gráficos das Figuras de 1 a 4 descreve uma variação que está em andamento. O montante de dinheiro na caderneta está variando, assim como as vendas de cereal, o tamanho da cultura de bactérias e a quantidade de iodo radioativo. O Cálculo fornece ferramentas matemáticas para estudar quantitativamente cada uma dessas variações.

CAPÍTULO 0

FUNÇÕES

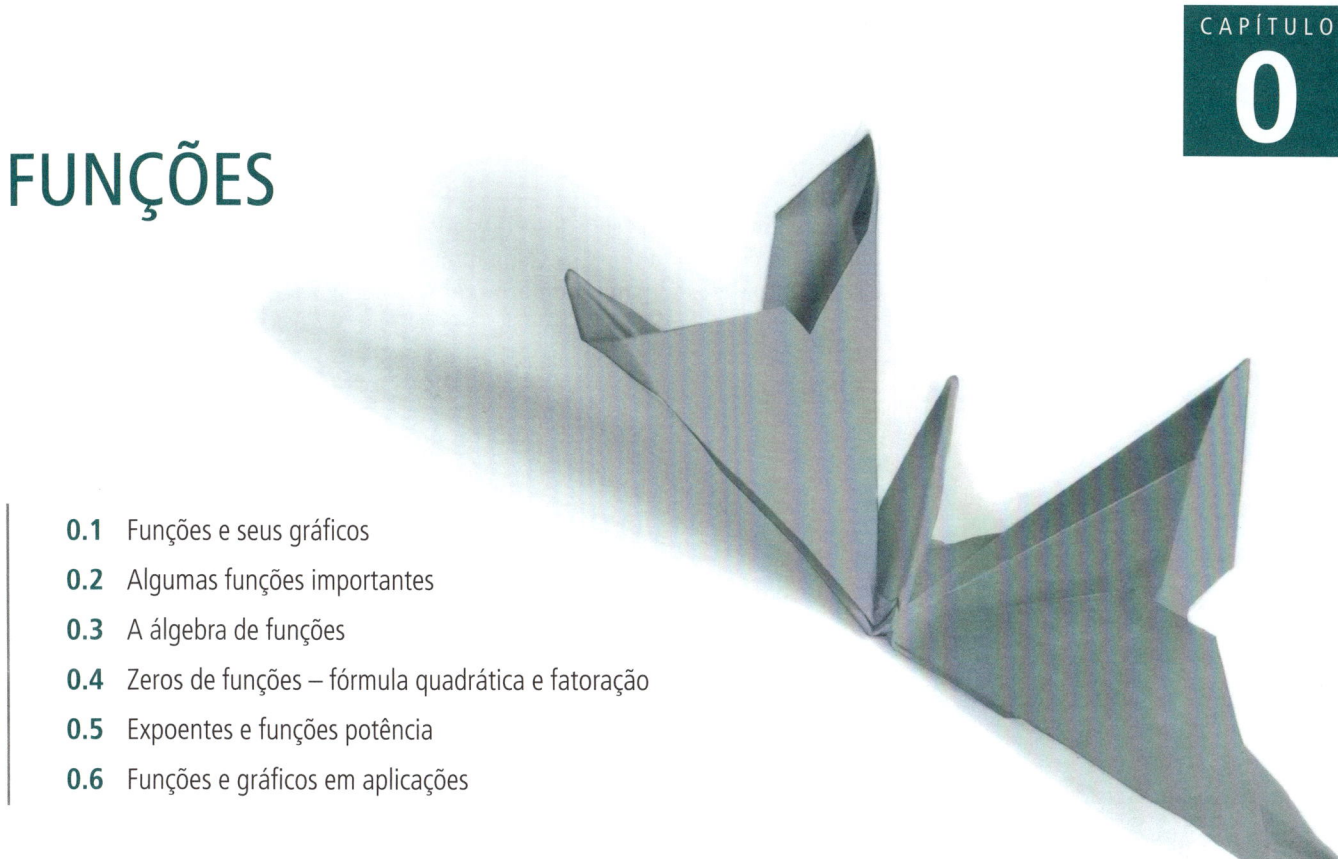

- **0.1** Funções e seus gráficos
- **0.2** Algumas funções importantes
- **0.3** A álgebra de funções
- **0.4** Zeros de funções – fórmula quadrática e fatoração
- **0.5** Expoentes e funções potência
- **0.6** Funções e gráficos em aplicações

Cada um dos quatro gráficos das Figuras 1 a 4 da Introdução descreve uma relação entre duas quantidades. Por exemplo, a Figura 4 ilustra a relação entre a quantidade de iodo radioativo (medida em gramas) e o tempo (medido em dias). A ferramenta quantitativa básica utilizada para descrever tais relações é a *função*. Neste capítulo preliminar, desenvolvemos o conceito de função e revisamos importantes operações algébricas sobre funções, que serão utilizadas ao longo deste texto.

0.1 Funções e seus gráficos

Números reais

Os números reais são utilizados na maioria das aplicações da Matemática. No que toca a essas aplicações (e aos assuntos deste texto), é suficiente pensar num número real como sendo um número decimal. Os números *racionais* são aqueles que podem ser escritos como uma fração ou um número decimal finito ou, então, infinito com repetição como, por exemplo,

$$-\frac{5}{2} = -2{,}5, \quad 1, \quad \frac{13}{3} = 4{,}333\ldots \quad \text{(números racionais)}$$

Um número *irracional* tem uma representação decimal infinita, cujos dígitos não apresentam padrão repetitivo algum como, por exemplo,

$$-\sqrt{2} = -1{,}414214\ldots, \qquad \pi = 3{,}14159\ldots \qquad \text{(números irracionais)}$$

Os números reais são descritos geometricamente por meio de uma *reta numérica*, como na Figura 1. Cada número corresponde a um ponto na reta e cada ponto determina um número real.

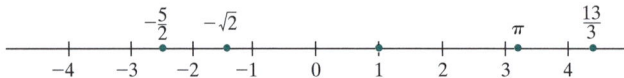

Figura 1 A reta real.

Usamos quatro tipos de desigualdades para comparar números reais.

$x < y$ x é menor do que y
$x \leq y$ x é menor do que ou igual a y
$x > y$ x é maior do que y
$x \geq y$ x é maior do que ou igual a y

A desigualdade dupla $a < b < c$ é uma maneira econômica de escrever o par de desigualdades $a < b$ e $b < c$. Significados análogos são atribuídos a outras desigualdades duplas, como $a \leq b < c$. Três números numa desigualdade dupla como, por exemplo, $1 < 3 < 4$ ou $4 > 3 > 1$, devem ter as mesmas posições relativas tanto na reta numérica quanto na desigualdade (lidas da esquerda para a direita ou da direita para a esquerda). Assim, nunca escrevemos $3 < 4 > 1$, porque os números estão "fora de ordem".

Geometricamente, a desigualdade $x \leq b$ significa que ou x é igual a b ou x fica à esquerda de b na reta numérica. O conjunto dos números reais x que satisfazem a desigualdade dupla $a \leq x \leq b$ corresponde ao segmento de reta entre a e b, inclusive as extremidades. Esse conjunto costuma ser denotado por $[a, b]$ e denominado *intervalo fechado* de a a b. Removendo a e b, o conjunto é representado por (a, b) e é denominado *intervalo aberto* de a a b. As notações dos vários tipos de segmentos de reta estão listadas na Tabela 1.

Os símbolos ∞ ("infinito") e $-\infty$ ("menos infinito") não representam números reais de verdade. Em vez disso, apenas indicam que o segmento de reta correspondente se estende indefinidamente para a direita ou para a esquerda. Uma desigualdade que descreve um intervalo infinito desse tipo pode ser escrita de duas maneiras. Por exemplo, $a \leq x$ é equivalente a $x \geq a$.

TABELA 1 Intervalos da reta numérica

Desigualdade	Descrição geométrica	Notação de intervalo
$a \leq x \leq b$		$[a, b]$
$a < x < b$		(a, b)
$a \leq x < b$		$[a, b)$
$a < x \leq b$		$(a, b]$
$a \leq x$		$[a, \infty)$
$a < x$		(a, ∞)
$x \leq b$		$(-\infty, b]$
$x < b$		$(-\infty, b)$

EXEMPLO 1

Descreva cada um dos intervalos dados graficamente e por meio de desigualdades.

(a) $(1,2)$ **(b)** $[-2, \pi]$ **(c)** $(2, \infty)$ **(d)** $(-\infty, \sqrt{2})$

Solução Os segmentos correspondentes aos intervalos aparecem nas Figuras 2(a)-(d). Observe que uma extremidade de intervalo que estiver incluída (por exemplo, ambas extremidades de $[a, b]$) é mostrada como um círculo cheio, enquanto uma extremidade que não estiver incluída (por exemplo, a extremidade a de $(a, b]$) é mostrada como um círculo vazio. ∎

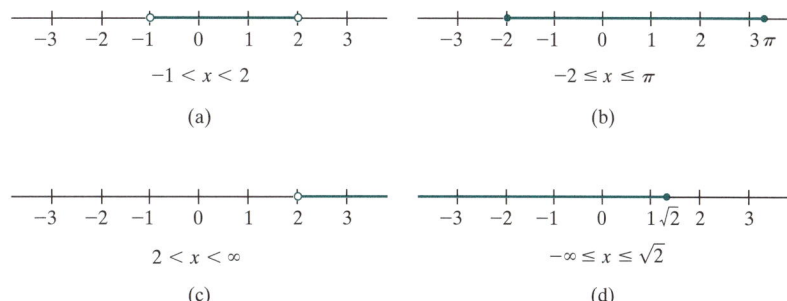

Figura 2 Segmentos de reta.

EXEMPLO 2

A variável x descreve o lucro que uma companhia espera obter durante o atual ano fiscal. O planejamento dos negócios requer um lucro de 5 milhões de dólares, pelo menos. Descreva esse aspecto do planejamento dos negócios na linguagem de intervalos.

Solução A expressão "pelo menos" significa "maior do que ou igual a". O planejamento dos negócios requer que $x \geq 5$ (em que as unidades são milhões de dólares). Isso equivale a dizer que x está no intervalo $[5, \infty)$. ∎

Funções Uma *função* de uma variável x é uma *regra* f que associa a cada valor de x um único número $f(x)$, denominado *valor da função em x*. [Lemos "$f(x)$" como "f de x"]. Dizemos que x é a *variável independente*. O conjunto de valores permitidos para a variável independente é denominado *domínio* da função. O domínio da função pode ser especificado explicitamente, como parte da definição da função, ou ficar subentendido a partir do contexto. (Ver a discussão a seguir.) A *imagem* de uma função é o conjunto de valores tomados pela função.

As funções que encontramos neste livro são geralmente definidas por fórmulas algébricas. Por exemplo, o domínio da função

$$f(x) = 3x - 1$$

consiste em todos os números reais x. Essa função é a regra que multiplica por 3 cada número e, depois, subtrai 1. Se especificarmos um valor de x, digamos, $x = 2$, então encontraremos o valor da função em 2 pela substituição de x por 2 na fórmula

$$f(2) = 3(2) - 1 = 5.$$

EXEMPLO 3

Seja f a função cujo domínio é todos os números reais definida pela fórmula

$$f(x) = 3x^3 - 4x^2 - 3x + 7.$$

Encontre $f(2)$ e $f(-2)$.

Solução Para encontrar $f(2)$, substituímos 2 em cada uma das ocorrências de x na fórmula de $f(x)$.

$$f(2) = 3(2)^3 - 4(2)^2 - 3(2) + 7$$
$$= 3(8) - 4(4) - 3(2) + 7$$
$$= 24 - 16 - 6 + 7$$
$$= 9.$$

Para encontrar $f(-2)$, substituímos (-2) em cada uma das ocorrências de x na fórmula de $f(x)$. Os parênteses garantem que o -2 seja substituído corretamente. Por exemplo, x^2 deve ser substituído por $(-2)^2$ e não por -2^2.

$$f(-2) = 3(-2)^3 - 4(-2)^2 - 3(-2) + 7$$
$$= 3(-8) - 4(4) - 3(-2) + 7$$
$$= -24 - 16 + 6 + 7$$
$$= -27$$ ∎

EXEMPLO 4

Escalas de temperatura Se x representa a temperatura de um objeto em graus Celsius, então a temperatura em graus Fahrenheit é uma função de x, dada por $\frac{9}{5}x + 32$.

(a) A água congela a 0°C (C = Celsius) e ferve a 100°C. Quais são as temperaturas correspondentes em graus Fahrenheit (F = Fahrenheit)?

(b) O alumínio se liquefaz a 660°C. Qual é seu ponto de liquefação em graus Fahrenheit?

Solução
(a) $f(0) = \frac{9}{5}(0) + 32 = 32$. A água congela a 32°F.
$f(100) = \frac{9}{5}(100) + 32 = 180 + 32 = 212$. A água ferve a 212°F.
(b) $f(660) = \frac{9}{5}(660) + 32 = 1.188 + 32 = 1.220$. O alumínio se liquefaz a 1.220°F. ∎

EXEMPLO 5

Um modelo de votação Seja x a proporção do número total de votos obtidos por um candidato do Partido Democrata a presidente dos Estados Unidos (de modo que x é um número entre 0 e 1). Os cientistas políticos têm observado que uma boa estimativa da proporção de cadeiras da Câmara de Deputados que é ocupada por candidatos do Partido Democrata é dada pela função

$$f(x) = \frac{x^3}{x^3 + (1-x)^3}, \qquad 0 \le x \le 1,$$

cujo domínio é o intervalo [0, 1]. Essa fórmula é denominada *lei cúbica*. Calcule $f(0{,}6)$ e interprete o resultado.

Solução Devemos substituir 0,6 em cada ocorrência de x em $f(x)$.

$$f(0{,}6) = \frac{(0{,}6)^3}{(0{,}6)^3 + (1-0{,}6)^3} = \frac{(0{,}6)^3}{(0{,}6)^3 + (0{,}4)^3}$$
$$= \frac{0{,}216}{0{,}216 + 0{,}064} = \frac{0{,}216}{0{,}280} \approx 0{,}77.$$

Esse cálculo mostra que a função da lei cúbica prediz que se 0,6 (ou 60%) do total dos votos populares forem para o candidato democrata, então aproximadamente 0,77 (ou 77%) das cadeiras da Câmara dos Deputados serão ocupadas por candidatos do Partido Democrata; isto é, cerca de 335 das 435 cadeiras serão conquistadas pelos Democratas. Observe que para $x = 0{,}5$ obtemos $f(0{,}5) = 0{,}5$. É isso o que se esperaria? ∎

Nos exemplos precedentes, as funções tinham domínios consistindo em todos os números reais ou um intervalo. Para algumas funções, o domínio pode consistir em vários intervalos, com uma fórmula diferente definindo a função em cada intervalo. Vejamos um exemplo desse fenômeno.

EXEMPLO 6   Uma firma de corretagem mobiliária cobra uma comissão de 6% nas compras de ouro entre $50 e $300. Para compras acima de $300, a firma cobra 2% do total da compra mais $12. Sejam x o valor do ouro comprado (em dólares) e $f(x)$ a comissão cobrada como uma função de x.

(a) Descreva $f(x)$.
(b) Encontre $f(100)$ e $f(500)$.

Solução   (a) A fórmula para $f(x)$ varia de acordo com $50 \leq x \leq 300$ ou $300 < x$. Quando $50 \leq x \leq 300$, a comissão é de $0{,}06x$ dólares. Quando $300 < x$, a comissão é de $0{,}02x + 12$. O domínio consiste nos valores de x em um dos dois intervalos $[50, 300]$ e $(300, \infty)$. Em cada um desses intervalos, a função é definida por uma fórmula distinta.

$$f(x) = \begin{cases} 0{,}06x & \text{se } 50 \leq x \leq 300 \\ 0{,}02x + 12 & \text{se } 300 < x. \end{cases}$$

Observe que uma descrição alternativa do domínio é o intervalo $[50, \infty)$. Isto é, o valor de x pode ser qualquer número real maior do que ou igual a 50.

(b) Como $x = 100$ satisfaz $50 \leq x \leq 300$, devemos utilizar a primeira fórmula para $f(x)$, ou seja, $f(100) = 0{,}6(100) = 6$. Como $x = 500$ satisfaz $300 < x$, devemos utilizar a segunda fórmula para $f(x)$, ou seja, $f(500) = 0{,}02(500) + 12 = 22$. ∎

No Cálculo, muitas vezes precisamos substituir x por uma expressão algébrica e simplificar o resultado, conforme exemplo a seguir.

EXEMPLO 7   Se $f(x) = (4 - x) / (x^2 + 3)$, quanto é $f(a)$? E $f(a + 1)$?

Solução   Aqui, a representa um número qualquer. Para encontrar $f(a)$, substituímos x por a sempre que x aparecer na fórmula que define $f(x)$.

$$f(a) = \frac{4 - a}{a^2 + 3}.$$

Para calcular $f(a + 1)$, substituímos x por $a + 1$ em cada ocorrência de x na fórmula de $f(x)$.

$$f(a + 1) = \frac{4 - (a + 1)}{(a + 1)^2 + 3}.$$

A expressão para $f(a + 1)$ pode ser simplificada, observando que $(a + 1)^2 = (a + 1)(a + 1) = a^2 + 2a + 1$, como segue.

$$f(a + 1) = \frac{4 - (a + 1)}{(a + 1)^2 + 3} = \frac{4 - a - 1}{a^2 + 2a + 1 + 3} = \frac{3 - a}{a^2 + 2a + 4}.$$ ∎

Mais sobre o domínio de uma função   Quando definimos uma função, é necessário que especifiquemos o domínio da função, que é o conjunto de valores possíveis para a variável. Nos exemplos precedentes, especificamos explicitamente os domínios das funções consideradas. Entretanto, no decorrer deste texto, geralmente mencionamos funções sem especificar domínios. Nessas circunstâncias, convencionamos que o domínio pretendido consiste em todos os números para os quais a(s) fórmula(s) que define(m) a função faz(em) sentido. Por exemplo, considere a função

$$f(x) = x^2 - x + 1.$$

A expressão à direita pode ser calculada em qualquer valor de x. Logo, na ausência de quaisquer restrições explícitas para x, entendemos que o domínio compreenda todos os números. Como um segundo exemplo, considere a função

$$f(x) = \frac{1}{x}.$$

Aqui, x pode ser qualquer número, exceto zero. (A divisão por zero não é permitida.) Logo, o domínio subentendido consiste em todos os números não nulos. Analogamente, quando escrevemos

$$f(x) = \sqrt{x},$$

entendemos que o domínio de $f(x)$ seja o conjunto de todos os números não negativos, já que a raiz quadrada de um número x está definida se, e só se, $x \geq 0$.

Gráficos de funções Frequentemente, é útil descrever uma função f geometricamente, usando um sistema de coordenadas retangulares xy. Dado qualquer x no domínio de f, podemos representar o ponto $(x, f(x))$. Esse é o ponto no plano xy cuja coordenada y é o valor da função em x. Em geral, o conjunto de todos os pontos $(x, f(x))$ forma uma curva no plano xy e é denominado *gráfico da função $f(x)$*.

É possível aproximar o gráfico de $f(x)$ esboçando os pontos $(x, f(x))$ para um conjunto representativo de valores de x e ligando esses pontos por uma curva lisa. (Ver Figura 3.) Quanto mais próximos estiverem entre si os valores de x, melhor a aproximação.

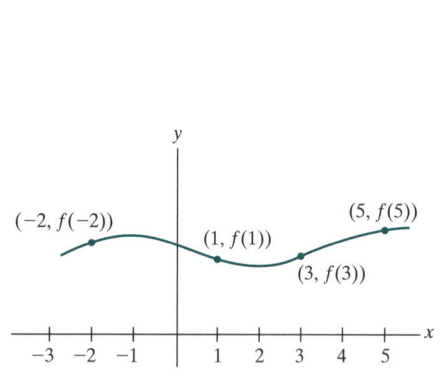

Figura 3

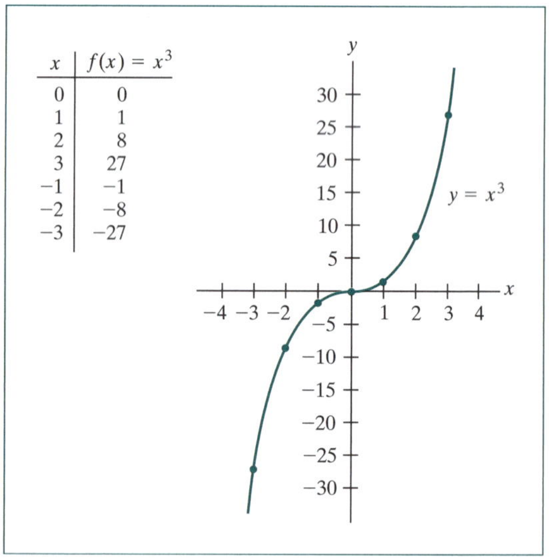

Figura 4 O gráfico de $f(x) = x^3$.

EXEMPLO 8 Esboce o gráfico da função $f(x) = x^3$.

Solução O domínio consiste em todos os números x. Escolhemos alguns valores representativos de x e tabulamos os valores correspondentes de $f(x)$. Em seguida, esboçamos os pontos $(x, f(x))$ e traçamos uma curva lisa através desses pontos. (Ver Figura 4.)

EXEMPLO 9

Esboce o gráfico da função $f(x) = 1/x$.

Solução O domínio da função consiste em todos os números reais, exceto zero. A tabela na Figura 5 fornece alguns valores representativos de x e os valores correspondentes de $f(x)$. Muitas vezes, uma função tem um comportamento interessante em números x próximos de algum número que não é do domínio. Portanto, quando escolhermos valores representativos de x no domínio, incluímos alguns valores próximos de zero. Os pontos $(x, f(x))$ estão marcados no plano e o gráfico esboçado na Figura 5. ∎

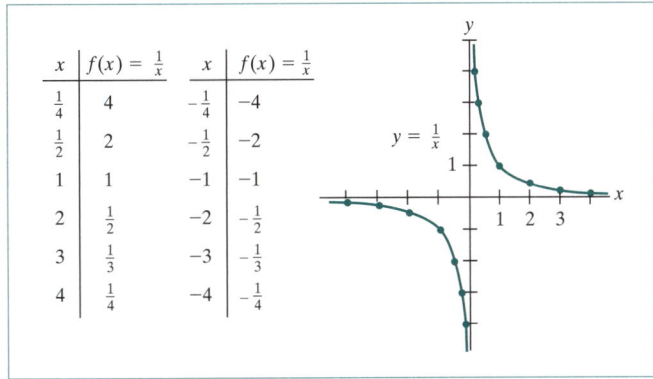

Figura 5 O gráfico de $f(x) = \frac{1}{x}$.

Agora que as calculadoras gráficas e os programas de computação gráfica estão amplamente disponíveis, é raro ter de esboçar gráficos a mão em papel gráfico a partir de um grande número de pontos representativos. Entretanto, para utilizar uma calculadora gráfica ou um programa de computação gráfica de maneira eficiente, precisamos saber, antes de mais nada, quais são as partes da curva que devem ser exibidas. Pode-se desconhecer ou interpretar erradamente características críticas de um gráfico se, por exemplo, a escala no eixo x ou no eixo y não for apropriada.

Uma utilidade importante do Cálculo é a identificação dos aspectos relevantes de uma função que deveriam aparecer em seu gráfico. Muitas vezes, basta esboçar alguns poucos pontos para esboçar manualmente o formato geral do gráfico. Um programa gráfico pode ser útil para funções mais complicadas. Mesmo utilizando um programa, utilizamos o Cálculo para verificar se o gráfico obtido na tela tem o formato correto. Uma parte dessa análise é obtida por meio de contas algébricas. As técnicas algébricas apropriadas são revisadas neste capítulo.

Observe, também, que soluções analíticas de problemas tipicamente fornecem informações mais precisas do que as obtidas por meio de representações gráficas de calculadoras; além disso, podem fornecer uma boa ideia do comportamento das funções envolvidas na solução.

A conexão entre uma função e seu gráfico é explorada nesta seção e na Seção 0.6.

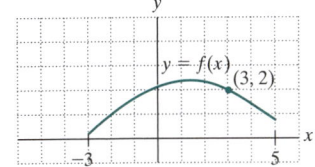

Figura 6

EXEMPLO 10

Suponha que f seja a função cujo gráfico é dado na Figura 6.
Observe que o ponto $(x, y) = (3, 2)$ está no gráfico de f.

(a) Qual é o valor da função quando $x = 3$?

(b) Encontre $f(-2)$.

(c) Qual é o domínio de f?

Solução **(a)** Como $(3, 2)$ está no gráfico de f, a coordenada $y = 2$ deve ser o valor de f na coordenada $x = 3$. Ou seja, $f(3) = 2$.

(b) Para encontrar $f(-2)$, olhamos para a coordenada y do ponto no gráfico em que $x = -2$. Da Figura 6, vemos que $(-2, 1)$ está no gráfico de f. Assim, $f(-2) = 1$.

(c) Todos os pontos do gráfico de $f(x)$ têm coordenada x entre -3 e 5, inclusive, e existe um ponto $(x, f(x))$ no gráfico para cada valor de x entre -3 e 5. Dessa forma, o domínio consiste nos x tais que $-3 \leq x \leq 5$. ∎

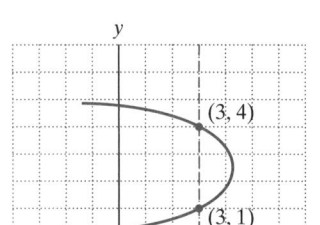

Figura 7 Uma curva que **não** é o gráfico de uma função.

A cada ponto x do domínio, uma função associa um único valor de y, a saber, o valor funcional $f(x)$. Isso implica, entre outras coisas, que nem toda curva é gráfico de alguma função. Para ver isso, voltemos à curva da Figura 6 que, efetivamente, é o gráfico de uma função. A curva tem a seguinte propriedade: para cada x entre -3 e 5 existe *um único* y tal que (x, y) está na curva. Dizemos que y é a *variável dependente*, pois o seu valor depende do valor da variável independente x. Consideremos, agora, a curva da Figura 7. Essa curva não pode ser gráfico de uma função, porque uma função f deve associar a cada x de seu domínio um *único* valor $f(x)$. Entretanto, na curva da Figura 7, a $x = 3$ (por exemplo), corresponde mais do que um valor de y, a saber, $y = 1$ e $y = 4$.

A diferença essencial entre as curvas das Figuras 6 e 7 nos leva ao teste a seguir.

> **Teste da reta vertical** Uma curva no plano xy é o gráfico de uma função se, e só se, cada reta vertical corta ou toca a curva em não mais do que um ponto.

EXEMPLO 11 Quais das curvas na Figura 8 são gráficos de funções?

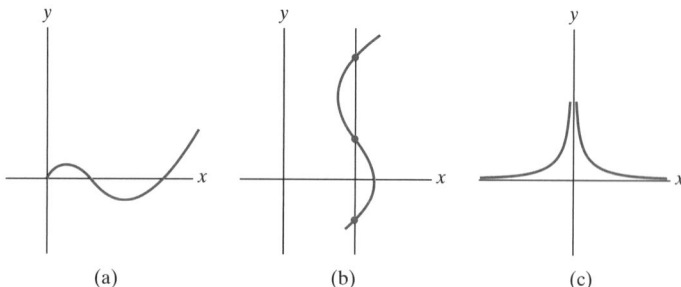

Figura 8 (a) (b) (c)

Solução A curva em (a) é gráfico de uma função. Vê-se que as retas verticais à esquerda do eixo y sequer tocam a curva. Isso significa, simplesmente, que a função representada em (a) só está definida em $x \geq 0$. A curva em (b) *não* é gráfico de uma função, porque algumas retas verticais cortam a curva em três lugares. A curva em (c) é o gráfico de uma função cujo domínio consiste em todos x não nulos. [Não existe ponto algum da curva em (c) cuja coordenada x seja 0.] ∎

Existe outra notação para funções que nos será útil. Suponha que $f(x)$ seja uma função. Quando esboçamos o gráfico de $f(x)$ num sistema de coordenadas xy, os valores de $f(x)$ dão as coordenadas y dos pontos do gráfico. Por esse motivo, é costume abreviar a função pela letra y e é conveniente falar da "função $y = f(x)$". Por exemplo, a função $y = 2x^2 + 1$ refere-se à função $f(x)$ para a qual $f(x) = 2x^2 + 1$. O gráfico de uma função $f(x)$ é, muitas vezes, denominado *gráfico da equação* $y = f(x)$.

Seção 0.1 • Funções e seus gráficos

INCORPORANDO RECURSOS TECNOLÓGICOS

Traçando gráficos de funções com calculadoras Para o estudo deste livro, não é necessário utilizar calculadoras gráficas; contudo, elas são ferramentas muito úteis, que podem ser usadas para simplificar contas, desenhar gráficos e até melhorar o entendimento de tópicos fundamentais do Cálculo. Alguma informação útil sobre o uso de calculadoras aparece ao final de algumas seções, em subseções intituladas "Incorporando Recursos Tecnológicos". Os exemplos nestes textos são trabalhados com as calculadoras TI-83/84 (mais precisamente, os modelos TI-83, TI-83+, TI-83+ Silver Edition e TI-84, TI-84+, TI-84 Silver Edition); em todas as versões disponíveis dessas calculadoras, as sequências de teclas são as mesmas. Outras marcas e modelos de calculadoras deveriam funcionar de maneira análoga.

EXEMPLO 12

Traçando gráficos de funções com calculadoras Considere a função $f(x) = x^3 - 2$.

(a) Trace o gráfico de f com uma calculadora.
(b) Troque os parâmetros da janela para obter uma vista diferente do gráfico.

Solução (a) *Passo 1* Pressione $\boxed{\text{Y=}}$. Nossa função será definida como Y_1 na calculadora. Se necessário, movimente o cursor para cima até que fique imediatamente depois da expressão "$\backslash Y_1 =$". Pressione $\boxed{\text{CLEAR}}$ para ter certeza de que não há outras fórmulas já carregadas para Y_1.

Passo 2 Digite $X\wedge 3 - 2$. Para escrever a variável X, utilize a tecla $\boxed{\text{X,T,}\Theta,n}$. [Ver Figura 9(a).]

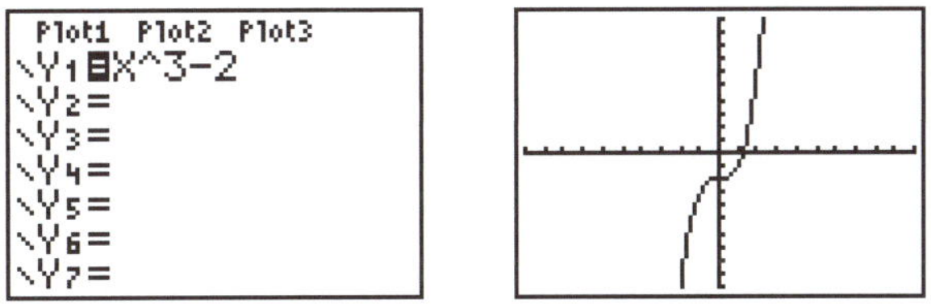

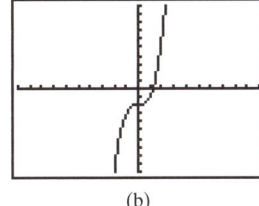

(a)   (b)

Figura 9

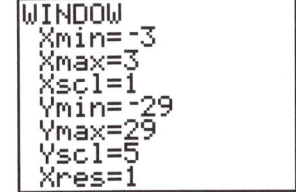

Figura 10

Passo 3 Pressione $\boxed{\text{GRAPH}}$. [Ver Figura 9(b).]

(b) *Passo 1* Pressione $\boxed{\text{WINDOW}}$.

Passo 2 Mude os parâmetros para os valores desejados.

Uma das tarefas mais importantes na utilização de uma calculadora gráfica é a determinação da janela que mostra as características que nos interessam. Neste exemplo, simplesmente determinamos a janela $[-3, 3]$ por $[-29, 29]$. Também especificamos o valor de *Yscl* em 5. O parâmetro *Yscl* e seu análogo *Xscl* fixam a distância entre as marcas da escala nos eixos respectivos. Para isso, coloque os parâmetros da janela na calculadora de acordo com os da Figura 10. O valor de *Xres* dá a resolução da tela, que deixamos com seu valor *default*.

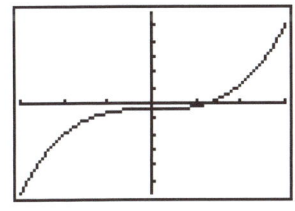

Figura 11

Passo 3 Pressione $\boxed{\text{GRAPH}}$ para exibir os resultados. (Ver Figura 11.)

Exercícios de revisão 0.1

1. Verifique se o ponto (3, 12) está ou não no gráfico da função $g(x) = x^2 + 5x - 10$.

2. Esboce o gráfico da função $h(t) = t^2 - 2$.

Exercícios 0.1

Nos Exercícios 1-6, esboce o intervalo dado na reta numérica.

1. $[-1, 4]$ 2. $(4, 3\pi)$ 3. $[-2, \sqrt{2}]$
4. $[1, \frac{3}{2}]$ 5. $(-\infty, 3)$ 6. $[4, \infty)$

Nos Exercícios 7-12, utilize intervalos para descrever os números reais que satisfazem a desigualdade.

7. $2 \leq x < 3$ 8. $-1 < x < \frac{3}{2}$
9. $x < 0$ e $x \geq -1$ 10. $x \geq -1$ e $x < 8$
11. $x < 3$ 12. $x \geq \sqrt{2}$

13. Se $f(x) = x^2 - 3x$, encontre $f(0), f(5), f(3)$ e $f(-7)$.
14. Se $f(x) = 9 - 6x + x^2$, encontre $f(0), f(2), f(3)$ e $f(-13)$.
15. Se $f(x) = x^3 + x^2 - x - 1$, encontre $f(1), f(-1), f(\frac{1}{2})$ e $f(a)$.
16. Se $g(t) = t^3 - 3t^2 + t$, encontre $g(2), g(-\frac{1}{2}), g(\frac{2}{3})$ e $g(a)$.
17. Se $h(s) = s/(1+s)$, encontre $h(\frac{1}{2}), h(-\frac{3}{2})$ e $h(a+1)$.
18. Se $f(x) = x^2/(x^2 - 1)$, encontre $f(\frac{1}{2}), f(-\frac{1}{2})$ e $f(a+1)$.
19. Se $f(x) = x^2 - 2x$, encontre $f(a+1)$ e $f(a+2)$.
20. Se $f(x) = x^2 + 4x + 3$, encontre $f(a-1)$ e $f(a-2)$.
21. Uma firma de materiais para escritório observa que o número de aparelhos de fax vendidos num ano x é dado, aproximadamente, pela função $f(x) = 50 + 4x + \frac{1}{2}x^2$, onde $x = 0$ corresponde a 1990.
    (a) O que representa $f(0)$?
    (b) Obtenha o número de aparelhos de fax vendidos em 1992.
22. **Resposta muscular** Quando introduzimos uma solução de acetilcolina no músculo do coração de uma rã, a força com que o músculo se contrai diminui. Os dados experimentais do biólogo A. J. Clark são bem aproximados por uma função da forma
$$R(x) = \frac{100x}{b+x}, \quad x \geq 0,$$
em que x é a concentração de acetilcolina (em unidades apropriadas), b é uma constante positiva que depende da rã utilizada e $R(x)$ é a reação do músculo ao acetilcolina, expressa como porcentagem do efeito máximo possível da droga.

(a) Suponha que $b = 20$. Encontre a resposta do músculo quando $x = 60$.
(b) Determine o valor de b se $R(50) = 60$, ou seja, se a concentração de $x = 50$ unidades produzir uma resposta de 60%.

Nos Exercícios 23-26, descreva o domínio da função.

23. $f(x) = \dfrac{8x}{(x-1)(x-2)}$ 24. $f(t) = \dfrac{1}{\sqrt{t}}$

25. $g(x) = \dfrac{1}{\sqrt{3-x}}$ 26. $g(x) = \dfrac{4}{x(x+2)}$

Nos Exercícios 27-32, decida quais curvas são gráficos de funções.

27. 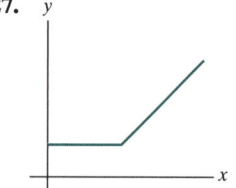 28.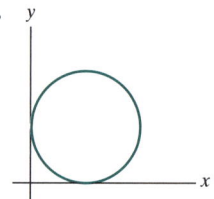

29. 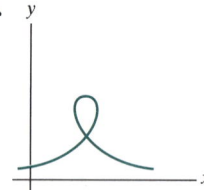 30.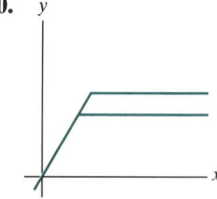

31. 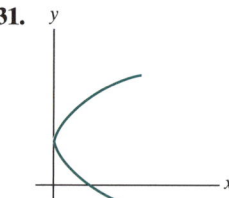 32.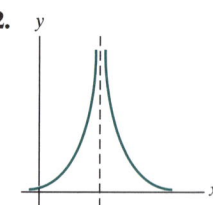

Os Exercícios 33-42 referem-se à função cujo gráfico está esboçado na Figura 12.

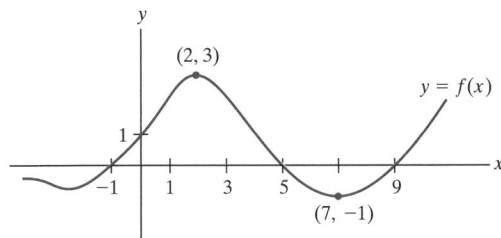

Figura 12

33. Encontre $f(0)$.
34. Encontre $f(7)$.
35. Encontre $f(2)$.
36. Encontre $f(-1)$.
37. $f(4)$ é positivo ou negativo?
38. $f(6)$ é positivo ou negativo?
39. $f(-\frac{1}{2})$ é positivo ou negativo?
40. $f(1)$ é maior do que $f(6)$?
41. Para quais valores de x vale $f(x) = 0$?
42. Para quais valores de x vale $f(x) \geq 0$?

Os Exercícios 43-46 referem-se à Figura 13. Quando uma droga é injetada na massa muscular de uma pessoa, a concentração y da droga no sangue é uma função do tempo decorrido desde a injeção. Na Figura 13, é dado o gráfico de uma função tempo-concentração típica, em que t = 0 corresponde ao instante da injeção.

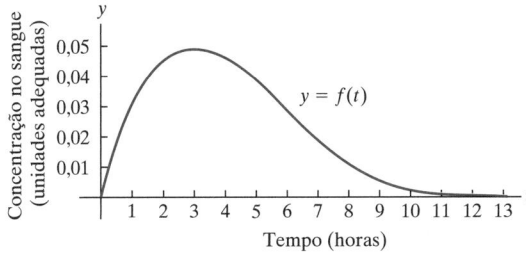

Figura 13 Curva tempo-concentração de uma droga.

43. Qual é a concentração da droga quando $t = 1$?
44. Qual é o valor da função tempo-concentração f quando $t = 6$?
45. Encontre $f(5)$.
46. Em que instante $f(t)$ atinge seu maior valor?
47. O ponto $(3, 12)$ está no gráfico da função $f(x) = (-\frac{1}{2})(x + 2)$?
48. O ponto $(-2, 12)$ está no gráfico da função $f(x) = x(5 + x)(4 - x)$?
49. O ponto $(\frac{1}{2}, \frac{2}{5})$ está no gráfico da função $g(x) = (3x - 1)/(x^2 + 1)$?
50. O ponto $(\frac{2}{3}, \frac{5}{3})$ está no gráfico da função $g(x) = (x^2 + 4)/(x + 2)$?
51. Encontre a coordenada y do ponto $(a + 1,\ )$ se esse ponto estiver no gráfico da função $f(x) = x^3$.
52. Encontre a coordenada y do ponto $(2 + h,\ )$ se esse ponto estiver no gráfico da função $f(x) = (5/x) - x$.

Nos Exercícios 53-56, calcule f(1), f(2) e f(3).

53. $f(x) = \begin{cases} \sqrt{x} & \text{com } 0 \leq x < 2 \\ 1 + x & \text{com } 2 \leq x \leq 5 \end{cases}$

54. $f(x) = \begin{cases} 1/x & \text{com } 1 \leq x \leq 2 \\ x^2 & \text{com } 2 < x \end{cases}$

55. $f(x) = \begin{cases} \pi x^2 & \text{com } x < 2 \\ 1 + x & \text{com } 2 \leq x \leq 2{,}5 \\ 4x & \text{com } 2{,}5 < x \end{cases}$

56. $f(x) = \begin{cases} 3/(4 - x) & \text{com } x < 2 \\ 2x & \text{com } 2 \leq x < 3 \\ \sqrt{x^2 - 5} & \text{com } 3 \leq x \end{cases}$

57. Suponha que a firma de corretagem mobiliária do Exemplo 6 decida manter as taxas de comissão inalteradas para compras que não excedam $600, mas decida cobrar apenas 1,5% mais $15 para compras de ouro que excedam $600. Expresse a comissão de corretagem como uma função da quantidade x de ouro comprada.

58. A Figura 14(a) mostra o número 2 no eixo x e o gráfico de uma função. Seja h um número positivo e localize uma possível posição para o número $2 + h$. Marque o ponto do gráfico cuja primeira coordenada seja $2 + h$ e localize o ponto com suas coordenadas.

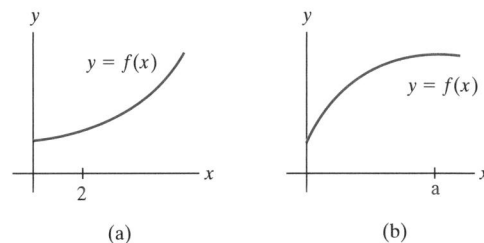

Figura 14

59. A Figura 14(b) mostra o número a no eixo x e o gráfico de uma função. Seja h um número negativo e localize uma possível posição para o número $a + h$. Marque o ponto do gráfico cuja primeira coordenada seja $a + h$ e localize o ponto com suas coordenadas.

Exercícios com calculadora

60. O que está errado se digitarmos numa calculadora a função $f(x) = \dfrac{1}{x+1}$ como `Y₁ = 1/X + 1`?

61. O que está errado se digitarmos numa calculadora a função $f(x) = x^{3/4}$ como `Y₁ = X^3/4`?

Nos Exercícios 62-65, obtenha o gráfico da função dada na janela especificada.

62. $f(x) = x^3 - 33x^2 + 120x + 1.500$; $[-8, 30]$ por $[-2.000, 2.000]$
63. $f(x) = -x^2 + 2x + 2$; $[-2, 4]$ por $[-8, 5]$
64. $f(x) = \sqrt{x+1}$; $[0, 10]$ por $[-1, 4]$
65. $f(x) = \dfrac{1}{x^2+1}$; $[-4, 4]$ por $[-0{,}5; 1{,}5]$

Soluções dos exercícios de revisão 0.1

1. Se $(3, 12)$ estiver no gráfico de $g(x) = x^2 + 5x - 10$, então devemos ter $g(3) = 12$. Entretanto, isso não ocorre, pois

$$g(3) = 3^2 + 5(3) - 10$$
$$= 9 + 15 - 10 = 14.$$

Assim, $(3, 12)$ *não* está no gráfico de $g(x)$.

2. Escolha alguns valores representativos de t, por exemplo, $t = 0, \pm 1, \pm 2, \pm 3$. Para cada valor de t, calcule $h(t)$ e marque o ponto $(t, h(t))$. (Ver Figura 15.)

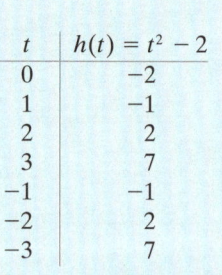

t	$h(t) = t^2 - 2$
0	-2
1	-1
2	2
3	7
-1	-1
-2	2
-3	7

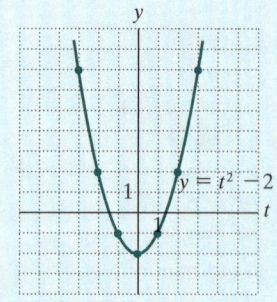

Figura 15 O gráfico de $h(t) = t^2 - 2$.

0.2 Algumas funções importantes

Nesta seção, introduzimos algumas das funções que terão um papel proeminente em nossa discussão do Cálculo.

Funções lineares Como veremos no Capítulo 1, um conhecimento das propriedades algébricas e geométricas de retas é essencial para o estudo do Cálculo. Toda reta é o gráfico de uma equação linear da forma

$$cx + dy = e,$$

em que c, d e e são constantes dadas, sendo c e d não simultaneamente nulas. Se $d \neq 0$, então podemos resolver a equação em y para obter uma equação da forma

$$y = mx + b, \qquad (1)$$

com números m e b apropriados. Se $d = 0$, então podemos resolver a equação em x para obter uma equação da forma

$$x = a, \qquad (2)$$

com um número a apropriado. Dessa forma, cada reta é o gráfico de uma equação do tipo (1) ou (2). O gráfico de uma equação da forma (1) é uma reta não vertical [Figura 1(a)], enquanto o gráfico de (2) é uma reta vertical [Figura 1(b)].

A reta da Figura 1(a) é o gráfico da função $f(x) = mx + b$. Uma tal função, definida em cada x, é denominada *função linear*. Observe que a reta da Figura 1(b) não é o gráfico de uma função, pois falha o teste da reta vertical.

Um caso importante de função linear ocorre se o valor de m for zero, isto é, $f(x) = b$ para algum número b. Nesse caso, dizemos que $f(x)$ é uma *função constante*, pois associa o mesmo número b a cada valor de x. Seu gráfico é a reta horizontal de equação $y = b$. (Ver Figura 2.)

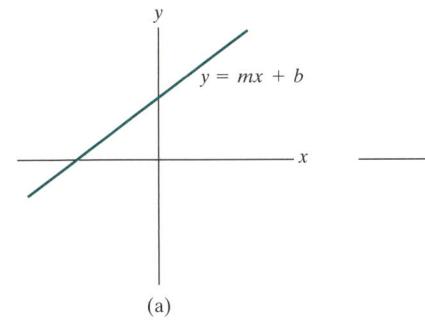
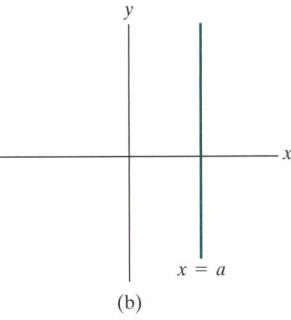

Figura 1

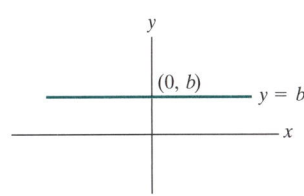

Figura 2 O gráfico da função constante f(x) = b.

Frequentemente, as funções lineares surgem em situações da vida real, como mostram os dois primeiros exemplos.

EXEMPLO 1 Quando a Agência de Proteção Ambiental dos Estados Unidos encontrou uma certa companhia jogando ácido sulfúrico no Rio Mississipi, multou a companhia em $125.000, mais $1.000 diários, até que a companhia se ajustasse às normas federais reguladoras de índices de poluição. Expresse o total da multa como função do número x de dias em que a companhia continuou violando as normas federais.

Solução A multa variável para x dias de poluição, a $1.000 por dia, é de 1.000x. Portanto, a multa total é dada pela função

$$f(x) = 125.000 + 1.000x.$$

Como o gráfico de uma função linear é uma reta, podemos esboçá-lo localizando quaisquer dois de seus pontos e traçando a reta por eles. Por exemplo, para esboçar o gráfico da função $f(x) = -\frac{1}{2}x + 3$, podemos selecionar dois valores convenientes de x, digamos, 0 e 4, e calcular $f(0) = -\frac{1}{2}(0) + 3 = 3$ e $f(4) = -\frac{1}{2}(4) + 3 = 1$. A reta pelos pontos $(0, 3)$ e $(4, 1)$ é o gráfico da função. (Ver Figura 3.)

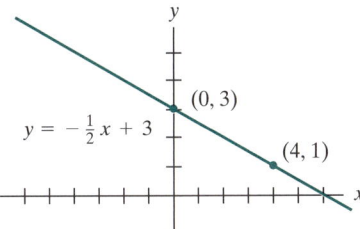

Figura 3

EXEMPLO 2 **Custo** Uma função custo simples para um negócio consiste em duas partes, os *custos fixos*, como aluguel, seguro e empréstimos comerciais, que precisam ser pagos independentemente da quantidade de itens de um produto que serão produzidos, e os *custos variáveis*, que dependem do número de itens produzidos.

Suponha que uma companhia de *software* para computadores produza e venda um novo programa de planilha a um custo de $25 por cópia e que a companhia tenha um custo fixo de $10.000 por mês. Expresse o total do custo mensal como uma função do número x de cópias vendidas e calcule o custo quando $x = 500$.

Solução O custo variável é de 25x mensais. Assim,

[custo total] = [custos fixos] + [custos variáveis]
$$C(x) = 10.000 + 25x$$

Se as vendas forem de 500 cópias por mês, o custo será de

$$C(500) = 10.000 + 25(500) = \$22.500.$$

(Ver Figura 4.)

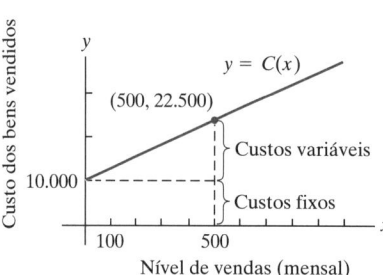

Figura 4 Uma função custo linear.

O ponto em que o gráfico de uma função linear intersecta o eixo y é denominado *ponto de corte do eixo y* do gráfico. O ponto em que o gráfico intersecta o eixo x é denominado *ponto de corte do eixo x*. O exemplo seguinte mostra como determinar os pontos de corte dos eixos de uma função linear.

EXEMPLO 3 Determine os pontos de corte dos eixos do gráfico da função linear $f(x) = 2x + 5)$.

Solução Como o ponto de corte do eixo y está no eixo y, sua coordenada x é 0. O ponto da reta com coordenada x nula tem coordenada y

$$f(0) = 2(0) + 5 = 5.$$

Logo, (0, 5) é o ponto de corte do eixo y do gráfico. Como o ponto de corte do eixo x está no eixo x, sua coordenada y é 0. Como a coordenada y é dada por f(x), devemos ter

$$2x + 5 = 0$$
$$2x = -5$$
$$x = -\tfrac{5}{2}.$$

Assim, $(-\tfrac{5}{2}, 0)$ é o ponto de corte do eixo y. (Ver Figura 5.)

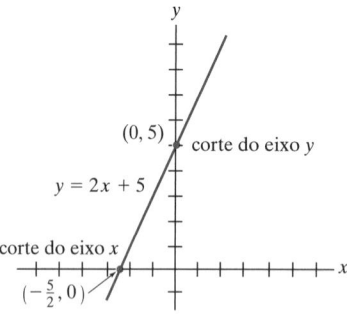

Figura 5 O gráfico de $f(x) = 2x + 5$.

A função no próximo exemplo é descrita por duas expressões. Dizemos que funções descritas por mais de uma expressão são *definidas por partes*.

EXEMPLO 4 Esboce o gráfico da função dada.

$$f(x) = \begin{cases} \frac{5}{2}x - \frac{1}{2} & \text{com } -1 \leq x \leq 1 \\ \frac{1}{2}x - 2 & \text{com } x > 1 \end{cases}$$

Solução Essa função está definida em $x \geq -1$, mas é dada por meio de duas funções lineares distintas. Traçamos o gráfico das duas funções lineares $\frac{5}{2}x - \frac{1}{2}$ e $\frac{1}{2}x - 2$. Então o gráfico de $f(x)$ consiste na parte do gráfico de $\frac{5}{2}x - \frac{1}{2}$ com $-1 \leq x \leq 1$, mais a parte do gráfico de $\frac{1}{2}x - 2$ com $x > 1$. (Ver Figura 6.) ∎

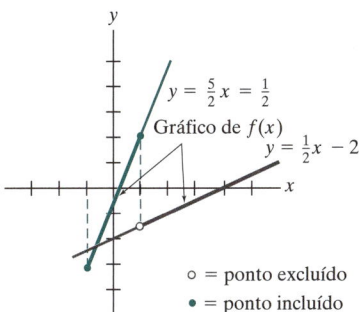

Figura 6 O gráfico de uma função dada por duas expressões.

Funções quadráticas Os economistas utilizam curvas de custo médio que relacionam o custo unitário médio da produção de um bem com o número de unidades produzidas. (Ver Figura 7.) Os ecologistas utilizam curvas que relacionam a produção primária líquida de nutrientes de uma planta com a área de superfície de suas folhas. (Ver Figura 8.) Cada uma dessas curvas tem a forma de uma bacia, com abertura para cima ou para baixo. As funções mais simples cujos gráficos lembram essas curvas são as funções quadráticas.

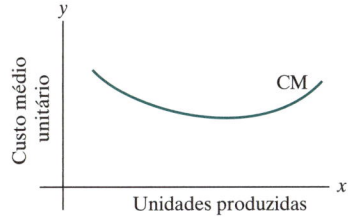

Figura 7 Curva de custo médio.

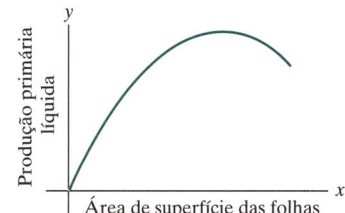

Figura 8 Produção de nutrientes.

Uma *função quadrática* é uma função da forma

$$f(x) = ax^2 + bx + c,$$

em que a, b e c são constantes e $a \neq 0$. O domínio de uma tal função consiste em todos os números. O gráfico de uma função quadrática é denominado *parábola*. Duas parábolas típicas estão desenhadas nas Figuras 9 e 10. Desenvolveremos técnicas para esboçar os gráficos de funções quadráticas quando tivermos alguns resultados do Cálculo à nossa disposição.

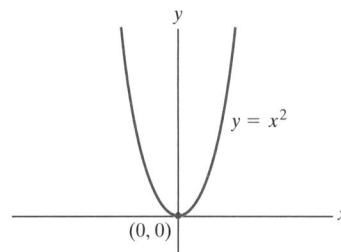
Figura 9   O gráfico de $f(x) = x^2$.

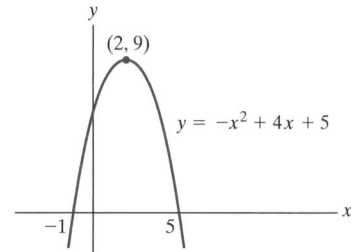
Figura 10   O gráfico de $f(x) = -x^2 + 4x + 5$.

Funções racionais e polinomiais   Uma *função polinomial* $f(x)$ é da forma

$$f(x) = a_n x^n + a_{n-1} x^{n-1} + \cdots + a_0,$$

em que n é um inteiro não negativo e $a_0, a_1, \ldots, a_n$ são números dados. Alguns exemplos de funções polinomiais são

$$f(x) = 5x^3 - 3x^2 - 2x + 4$$
$$g(x) = x^4 - x^2 + 1$$

É claro que funções lineares e quadráticas são casos especiais de funções polinomiais. O domínio de uma função polinomial consiste em todos os números.

Uma função expressa como o quociente de duas funções polinomiais é denominada *função racional*. Alguns exemplos são

$$h(x) = \frac{x^2 + 1}{x}$$

$$k(x) = \frac{x + 3}{x^2 - 4}.$$

O domínio de uma função racional exclui todos os valores de x nos quais o denominador for zero. Por exemplo, o domínio de $h(x)$ exclui $x = 0$, enquanto o domínio de $k(x)$ exclui $x = 2$ e $x = -2$. Como veremos, tanto as funções polinomiais quanto as racionais aparecem em aplicações do Cálculo.

As funções racionais são utilizadas em estudos ambientais como modelos de *custo-benefício*. O custo para se remover um poluente da atmosfera é estimado como uma função da porcentagem do poluente removido. Quanto mais alta a porcentagem removida, maior é o "benefício" para as pessoas que respiram aquele ar. É claro que, aqui, as questões são complexas e é discutível a definição de "custo". O custo para remover uma quantidade pequena de poluente pode ser razoavelmente pequeno. Mas o custo para se remover os últimos 5% do poluente, por exemplo, pode ser terrivelmente caro.

EXEMPLO 5   **Um modelo de custo-benefício**   Suponha que uma função custo-benefício seja dada por

$$f(x) = \frac{50x}{105 - x}, \qquad 0 \leq x \leq 100,$$

em que x é a porcentagem de algum poluente a ser removido e $f(x)$ é o custo associado (em milhões de dólares). (Ver Figura 11.) Encontre o custo para remover 70%, 95% e 100% do poluente.

Seção 0.2 • Algumas funções importantes

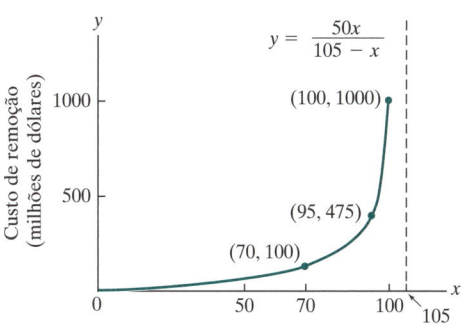

Figura 11 Um modelo de custo-benefício.

Solução O custo para remover 70% é

$$f(70) = \frac{50(70)}{105 - 70} = 100 \quad \text{(milhões de dólares)}.$$

Contas análogas mostram que

$$f(95) = 475 \text{ e } f(100) = 1.000.$$

Observe que o custo para remover os últimos 5% do poluente é de $f(100) - f(95) = 1.000 - 475 = 525$ milhões de dólares. Isso é mais do que cinco vezes o custo de remover os primeiros 70% do poluente! ∎

Funções potência Funções da forma $f(x) = x^r$ são denominadas *funções potência*. O significado de x^r é óbvio quando r for um inteiro positivo. Entretanto, a função potência $f(x) = x^r$ pode ser definida em qualquer número r. A discussão dessas funções potência fica adiada até a Seção 0.5, quando vamos rever o significado de x^r no caso em que r é um número racional.

A função valor absoluto O valor absoluto de um número x é denotado por $|x|$ e definido por

$$|x| = \begin{cases} x & \text{se } x \text{ for positivo ou zero} \\ -x & \text{se } x \text{ for negativo} \end{cases}$$

Por exemplo, $|5| = 5$, $|0| = 0$ e $|-3| = -(-3) = 3$.

A função definida em todos os números x por

$$f(x) = |x|$$

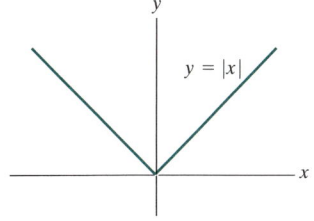

Figura 12 O gráfico da função valor absoluto.

é denominada *função valor absoluto*. Seu gráfico coincide com o gráfico da equação $y = x$ para $x \geq 0$ e com o gráfico da equação $y = -x$ para $x < 0$. (Ver Figura 12.)

EXEMPLO 6

Calculando os valores de funções Considere a função quadrática $f(x) = -x^2 + 4x + 5$. Use uma calculadora gráfica para calcular o valor de $f(-5)$.

Solução

INCORPORANDO RECURSOS TECNOLÓGICOS

Passo 1 Pressione $\boxed{\text{Y=}}$, digite a expressão $-X^2 + 4X + 5$ para Y_1 e volte para a tela Home. (Lembre que a variável X pode ser digitada com a tecla $\boxed{\text{x,t,}\Theta\text{,n}}$; para digitar a expressão $-X^2$, use a sequência de teclas $\boxed{(-)}$ $\boxed{\text{x,t,}\Theta\text{,n}}$ $\boxed{x^2}$.)

Passo 2 Na tela Home, pressione $\boxed{\text{VARS}}$ para acessar o menu das variáveis e depois pressione $\boxed{\triangleright}$ para acessar o submenu Y-VARS. Em seguida, pressione $\boxed{1}$, o que apresenta uma lista das variáveis y dadas por Y_1, Y_2, etc. Selecione Y_1.

Passo 3 Agora pressione ⎡(⎤, digite −5, pressione ⎡)⎤ e, finalmente, dê ⎡ENTER⎤.

O resultado (ver Figura 13) mostra que $f(-5) = -40$. Alternativamente, podemos atribuir primeiro o valor −5 a X e então pedir o valor de Y_1 (ver Figura 14). Para atribuir o valor −5 a X, utilize ⎡(−)⎤ ⎡5⎤ ⎡STO ▷⎤ ⎡X,T,Θ,n⎤. ∎

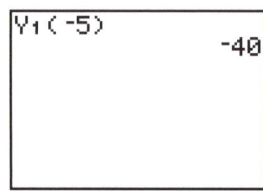
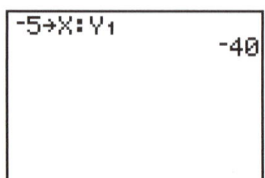

Figura 13 **Figura 14**

Exercícios de revisão 0.2

1. Um serviço de fotocópia tem um custo fixo de $2.000 mensais (para aluguel, desvalorização de equipamento, etc.) e um custo variável de $0,04 por página reproduzida para clientes. Expresse o custo total como uma função (linear) do número de páginas copiadas por mês.

2. Determine os pontos de corte com os eixos do gráfico de
$$f(x) = -\tfrac{3}{8}x + 6.$$

Exercícios 0.2

Nos Exercícios 1-6, trace o gráfico da função.

1. $f(x) = 2x - 1$
2. $f(t) = 3$
3. $f(x) = 3x + 1$
4. $f(x) = -\tfrac{1}{2}x - 4$
5. $f(x) = -2x + 3$
6. $f(u) = \tfrac{1}{4}$

Nos Exercícios 7-12, determine os pontos de corte do gráfico da função com os eixos.

7. $f(x) = 9x + 3$
8. $f(x) = -\tfrac{1}{2}x - 1$
9. $f(v) = 5$
10. $f(x) = 14$
11. $f(x) = -\tfrac{1}{4}x + 3$
12. $f(\omega) = 6\omega - 4$

13. **Cinética enzimática** Na Bioquímica, por exemplo, no estudo da cinética de enzimas, encontramos uma função linear da forma $f(x) = (K/V)x + 1/V$, em que K e V são constantes.
    (a) Se $f(x) = 0,2x + 50$, encontre K e V de tal modo que $f(x)$ possa ser escrito no formato $f(x) = (K/V)x + 1/V$.
    (b) Encontre os pontos de corte com os eixos da reta $y = (K/V)x + 1/V$ (em termos de K e V).

14. As constantes K e V do Exercício 13 costumam ser determinadas a partir de dados experimentais. Suponha que uma reta seja traçada através dos dados obtidos que tenha corte com o eixo x em $(-500, 0)$ e corte com o eixo y em $(0, 60)$. Determine K e V de forma que a reta seja o gráfico da função $f(x) = (K/V)x + 1/V$. [*Sugestão*: utilize o Exercício 13(b).]

15. **Custo do aluguel de automóvel** Em algumas cidades norte-americanas, podemos alugar um carro por $18 dólares diários mais um adicional de $0,20 por milha.
    (a) Encontre o custo de alugar um carro por um dia e dirigi-lo por 200 milhas.
    (b) Se o carro for alugado por um dia, expresse o custo total do aluguel como uma função do número x de milhas dirigidas. (Suponha que, para cada fração de milha dirigida, seja cobrada a mesma fração de $0,20.)

16. **Direito de perfurar** Uma companhia de gás pagará para um proprietário de terra $5.000 pelo direito de perfurar a terra para procurar gás natural e $0,10 para cada mil pés cúbicos de gás extraído da terra. Expresse o total que o proprietário de terra receberá como função da quantidade de gás extraído da terra.

17. **Despesas médicas** Em 1998, um paciente pagou $300 por dia num quarto semiprivativo de hospital e $1.500 por uma remoção de apêndice. Expresse o total pago pela cirurgia como função do número de dias em que o paciente ficou internado.

18. **Velocidade de uma bola de beisebol** Quando uma bola de beisebol lançada a 85 milhas por hora é rebatida por um bastão a x milhas por hora, a bola percorre uma distância de $6x - 40$ pés.* (Essa fórmula é válida com $50 \leq x \leq 90$, supondo que o bastão tenha 89 centímetros de comprimento e 907 gramas de peso e que o plano em

---

* Robert K. Adair, *The Physics of Baseball* (New York: Harper & Row, 1990).

que o bastão se movimente forme um ângulo de 35° com a horizontal.) Qual é a velocidade que o bastão deve ter para que a bola atinja uma distância de 350 pés?

19. **Custo-benefício** Seja $f(x)$ a função custo-benefício do Exemplo 5. Se 70% dos poluentes tiverem sido removidos, qual é o custo adicional para remover mais 5%? Como isso se compara com o custo de remover os 5% finais do poluente? (Ver Exemplo 5.)

20. Suponha que o custo (em milhões de dólares) para remover x por cento de um certo poluente seja dado pela função custo-benefício

$$f(x) = \frac{20x}{102 - x} \quad \text{com} \quad 0 \leq x \leq 100.$$

(a) Encontre o custo para remover 85% do poluente.
(b) Encontre o custo para remover os 5% finais do poluente.

Cada uma das funções quadráticas dos Exercícios 21-26 tem o formato $y = ax^2 + bx + c$. Encontre a, b e c.

21. $y = 3x^2 - 4x$
22. $y = \dfrac{x^2 - 6x + 2}{3}$
23. $y = 3x - 2x^2 + 1$
24. $y = 3 - 2x + 4x^2$
25. $y = 1 - x^2$
26. $y = \frac{1}{2}x^2 + \sqrt{3}x - \pi$

Nos Exercícios 27-32, esboce o gráfico da função.

27. $f(x) = \begin{cases} 3x & \text{com } 0 \leq x \leq 1 \\ \frac{9}{2} - \frac{3}{2}x & \text{com } x > 1 \end{cases}$

28. $f(x) = \begin{cases} 1 + x & \text{com } x \leq 3 \\ 4 & \text{com } x > 3 \end{cases}$

29. $f(x) = \begin{cases} 3 & \text{com } x < 2 \\ 2x + 1 & \text{com } x \geq 2 \end{cases}$

30. $f(x) = \begin{cases} \frac{1}{2}x & \text{com } 0 \leq x < 4 \\ 2x - 3 & \text{com } 4 \leq x \leq 5 \end{cases}$

31. $f(x) = \begin{cases} 4 - x & \text{com } 0 \leq x < 2 \\ 2x - 2 & \text{com } 2 \leq x < 3 \\ x + 1 & \text{com } x \geq 3 \end{cases}$

32. $f(x) = \begin{cases} 4x & \text{com } 0 \leq x < 1 \\ 8 - 4x & \text{com } 1 \leq x < 2 \\ 2x - 4 & \text{com } x \geq 2 \end{cases}$

Nos Exercícios 33-38, calcule o valor da função nos valores de x dados.

33. $f(x) = x^{100}, x = -1$
34. $f(x) = x^5, x = \frac{1}{2}$
35. $f(x) = |x|, x = 10^{-2}$
36. $f(x) = |x|, x = \pi$
37. $f(x) = |x|, x = -2,5$
38. $f(x) = |x|, x = -\frac{1}{2}$

Exercícios com calculadora

Nos Exercícios 39-42, use uma calculadora gráfica para encontrar o valor da função no ponto dado.

39. $f(x) = 3x^3 + 8; x = -11, x = 10$
40. $f(x) = x^4 + 2x^3 + x - 5; x = -\frac{1}{2}, x = 3$
41. $f(x) = \frac{1}{2}x^2 + \sqrt{3}x - \pi; x = -2, x = 20$
42. $f(x) = \dfrac{2x - 1}{x^3 + 3x^2 + 4x + 1}; x = 2, x = 6$

Soluções dos exercícios de revisão 0.2

1. Se x representa o número de páginas copiadas por mês, então o custo variável é de 0,04x. Agora, [custo total] = [custo fixo] + [custo variável]. Definindo

$$f(x) = 2.000 + 0,04x,$$

temos que $f(x)$ dá o custo total mensal.

2. Para encontrar o corte com o eixo y, calculamos $f(x)$ em $x = 0$.

$$f(0) = -\tfrac{3}{8}(0) + 6 = 0 + 6 = 6$$

Para encontrar o corte com o eixo x, escrevemos $f(x) = 0$ e resolvemos para x.

$$-\tfrac{3}{8}x + 6 = 0$$
$$\tfrac{3}{8}x = 6$$
$$x = \tfrac{8}{3} \cdot 6 = 16$$

Portanto, o ponto de corte do eixo y é (0, 6) e o eixo x é (16, 0).

0.3 A álgebra de funções

Muitas funções que encontraremos mais adiante neste texto podem ser vistas como combinações de outras funções. Por exemplo, digamos que $P(x)$ represente o lucro que uma companhia obtém com a venda de x unidades de algum produto. Se $R(x)$ denotar a receita com a venda de x unidades e $C(x)$ o custo da produção de x unidades, então

$$P(x) = R(x) - C(x)$$
$$[\text{lucro}] = [\text{receita}] - [\text{custo}].$$

Escrevendo a função lucro dessa forma, podemos prever o comportamento de $P(x)$ a partir de propriedades de $R(x)$ e $C(x)$. Por exemplo, podemos determinar quando o lucro $P(x)$ é positivo verificando se $R(x)$ é maior do que $C(x)$. (Ver Figura 1.)

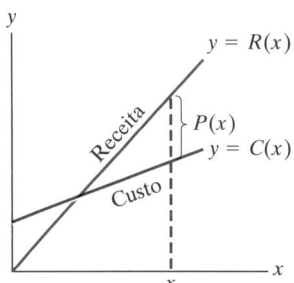

Figura 1 Lucro é igual a receita menos custo.

Nos quatro exemplos seguintes, revemos as técnicas necessárias para combinar funções por meio de soma, subtração, multiplicação e divisão.

EXEMPLO 1

Sejam $f(x) = 3x + 4$ e $g(x) = 2x - 6$. Encontre
$$f(x) + g(x), \quad f(x) - g(x), \quad \frac{f(x)}{g(x)} \quad \text{e} \quad f(x)g(x).$$

Solução Para $f(x) + g(x)$ e $f(x) - g(x)$ somamos ou subtraímos os termos correspondentes, como segue.

$$f(x) + g(x) = (3x + 4) + (2x - 6) = 3x + 4 + 2x - 6 = 5x - 2$$
$$f(x) + g(x) = (3x + 4) - (2x - 6) = 3x + 4 - 2x + 6 = x + 10$$

Para calcular $\frac{f(x)}{g(x)}$ e $f(x)g(x)$, primeiro substituímos as fórmulas de $f(x)$ e $g(x)$, como segue.

$$\frac{f(x)}{g(x)} = \frac{3x+4}{2x-6}$$
$$f(x)g(x) = (3x+4)(2x-6).$$

A expressão de $\frac{f(x)}{g(x)}$ já está na forma mais simples. Para simplificar a expressão de $f(x)g(x)$, desenvolvemos a multiplicação indicada em $(3x + 4)(2x - 6)$. Devemos cuidar para multiplicar cada parcela de $3x + 4$ por todas as parcelas de $2x - 6$. Uma ordem comum para multiplicar essas parcelas é (1) os primeiros termos, (2) os termos exteriores, (3) os termos interiores e (4) os últimos termos, como segue.

$$f(x)g(x) = (3x + 4)(2x - 6) = 6x^2 - 18x + 8x - 24$$
$$= 6x^2 - 10x - 24.$$ ■

EXEMPLO 2

Sejam
$$g(x) = \frac{2}{x} \quad \text{e} \quad h(x) = \frac{3}{x-1}.$$

Expresse $g(x) + h(x)$ como uma função racional.

Solução Começamos escrevendo

$$g(x) + h(x) = \frac{2}{x} + \frac{3}{x-1}, \quad x \neq 0, 1.$$

A restrição $x \neq 0, 1$ decorre do fato de que $g(x)$ só está definida em $x \neq 0$ e $h(x)$ só está definida em $x \neq 1$. (Uma função racional não está definida em valores da variável nos quais o denominador é 0.) Para somar duas frações, seus denominadores devem ser iguais. Um denominador comum para $\frac{2}{x}$ e $\frac{3}{x-1}$ é $x(x-1)$. Multiplicando $\frac{2}{x}$ por $\frac{x-1}{x-1}$, obtemos uma expressão equivalente cujo denominador é $x(x-1)$. Analogamente, multiplicando $\frac{3}{x-1}$ por $\frac{x}{x}$, obtemos uma expressão equivalente cujo denominador é $x(x-1)$. Assim,

$$\frac{2}{x} + \frac{3}{x-1} = \frac{2}{x} \cdot \frac{x-1}{x-1} + \frac{3}{x-1} \cdot \frac{x}{x}$$

$$= \frac{2(x-1)}{x(x-1)} + \frac{3x}{x(x-1)}$$

$$= \frac{2(x-1) + 3x}{x(x-1)}$$

$$= \frac{5x-2}{x(x-1)}.$$

Logo,

$$g(x) + h(x) = \frac{5x-2}{x(x-1)}.$$ ∎

EXEMPLO 3 Encontre $f(t)g(t)$, onde

$$f(t) = \frac{t}{t-1} \quad \text{e} \quad g(t) = \frac{t+2}{t+1}.$$

Solução Na multiplicação de funções racionais, multiplicamos numerador por numerador e denominador por denominador.

$$f(t)g(t) = \frac{t}{t-1} \cdot \frac{t+2}{t+1} = \frac{t(t+2)}{(t-1)(t+1)}.$$

Uma maneira alternativa de expressar $f(t)g(t)$ é obtida desenvolvendo as multiplicações indicadas.

$$f(t)g(t) = \frac{t^2 + 2t}{t^2 + t - t - 1} = \frac{t^2 + 2t}{t^2 - 1}.$$

A escolha de qual expressão utilizar depende da aplicação pretendida. ∎

EXEMPLO 4 Encontre

$$\frac{f(x)}{g(x)}, \quad \text{onde} \quad f(x) = \frac{x}{x-3} \quad \text{e} \quad g(x) = \frac{x+1}{x-5}.$$

Solução A função $f(x)$ só está definida em $x \neq 3$ e $g(x)$ só está definida em $x \neq 5$. Dessa forma, o quociente $f(x)/g(x)$ não está definido em $x = 3$ e 5. Além disso, o quociente não está definido em valores de x nos quais $g(x)$ seja igual a 0, a saber,

$x = -1$. Assim, o quociente está definido em $x \neq -1, 3, 5$. Para dividir $f(x)$ por $g(x)$, multiplicamos $f(x)$ pelo recíproco de $g(x)$, como segue.

$$\frac{f(x)}{g(x)} = \frac{x}{x-3} \cdot \frac{x-5}{x+1} = \frac{x(x-5)}{(x-3)(x+1)} = \frac{x^2 - 5x}{x^2 - 2x - 3}, \quad x \neq -1, 3, 5. \quad \blacksquare$$

Composição de funções Uma outra maneira importante de combinar duas funções $f(x)$ e $g(x)$ é substituir a função $g(x)$ em cada ocorrências da variável x em $f(x)$. A função resultante é denominada *composição* (ou *composta*) de $f(x)$ com $g(x)$ e é denotada por $f(g(x))$.

EXEMPLO 5 Sejam $f(x) = x^2 + 3x + 1$ e $g(x) = x - 5$. O que será $f(g(x))$?

Solução Substituímos $g(x)$ em cada ocorrência de x em $f(x)$, como segue.

$$\begin{aligned} f(g(x)) &= [g(x)]^2 + 3g(x) + 1 \\ &= (x-5)^2 + 3(x-5) + 1 \\ &= (x^2 - 10x + 25) + (3x - 15) + 1 \\ &= x^2 - 7x + 11. \end{aligned}$$
$\blacksquare$

Mais adiante neste texto, estudaremos expressões da forma $f(x + h)$, em que $f(x)$ é uma dada função e h representa algum número. O significado de $f(x + h)$ é que $x + h$ deve substituir cada ocorrência de x na fórmula de $f(x)$. De fato, $f(x + h)$ é simplesmente um caso especial de $f(g(x))$, em que $g(x) = x + h$.

EXEMPLO 6 Se $f(x) = x^3$, encontre $f(x + h) - f(x)$.

Solução
$$\begin{aligned} f(x+h) &= (x+h)^3 = x^3 + 3x^2h + 3xh^2 + h^3 \\ f(x+h) - f(x) &= (x^3 + 3x^2h + 3xh^2 + h^3) - x^3 \\ &= 3x^2h + 3xh^2 + h^3. \end{aligned}$$
$\blacksquare$

EXEMPLO 7 Num certo lago, a alimentação básica dos robalos constitui peixes menores que se alimentam de plâncton. Se o tamanho da população dos robalos é uma função $f(n)$ do número n dos peixes menores, e esse número é uma função $g(x)$ da quantidade x de plâncton no lago, expresse o tamanho da população dos robalos como uma função da quantidade de plâncton, no caso em que $f(n) = 50 + \sqrt{n/150}$ e $g(x) = 4x + 3$

Solução Temos $n = g(x)$. Substituindo n por $g(x)$ em $f(n)$, obtemos o tamanho da população dos robalos, a saber,

$$f(g(x)) = 50 + \sqrt{\frac{g(x)}{150}} = 50 + \sqrt{\frac{4x+3}{150}}. \quad \blacksquare$$

EXEMPLO 8 **Combinação algébrica de funções** Considere as funções

INCORPORANDO RECURSOS TECNOLÓGICOS
$$f(x) = x^2 \text{ e } g(x) = x + 3.$$

Use uma calculadora gráfica para obter o gráfico da função $f(g(x))$.

Solução **Passo 1** Pressione $\boxed{Y=}$ e coloque $Y_1 = X^2$ e $Y_2 = X + 3$.
Passo 2 Coloque $Y_3 = Y_1(Y_2)$ acessando o submenu Y-VARS de $\boxed{\text{VARS}}$.

Passo 3 Para obter o gráfico da função composta $Y_3 = Y_1(Y_2)$ sem precisar passar pelos gráficos de Y_1 e Y_2, precisamos, antes de mais nada, desativar a seleção das funções Y_1 e Y_2. Para desativar Y_1, coloque o cursor sobre o sinal de igualdade depois de \Y_1 e pressione ENTER. Da mesma forma, desative Y_2; agora, a tela deveria estar parecida com a da Figura 2(a). Finalmente, pressione GRAPH. [Ver Figura 2(b).] ∎

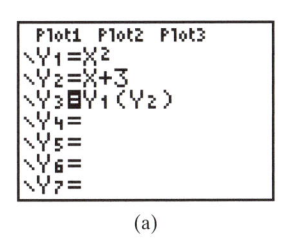

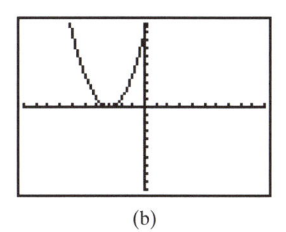

Figura 2

Exercícios de revisão 0.3

1. Sejam $f(x) = x^5$, $g(x) = x^3 - 4x^2 + x - 8$.
(a) Encontre $f(g(x))$. (b) Encontre $g(f(x))$.

2. Seja $f(x) = x^2$. Calcule $\dfrac{f(1+h) - f(1)}{h}$ e simplifique.

Exercícios 0.3

Nos Exercícios 1-6, sejam $f(x) = x^2 + 1$, $g(x) = 9x$ e $h(x) = 5 - 2x^2$. Calcule a função.

1. $f(x) + g(x)$
2. $f(x) - h(x)$
3. $f(x)g(x)$
4. $g(x)h(x)$
5. $\dfrac{f(t)}{g(t)}$
6. $\dfrac{g(t)}{h(t)}$

Nos Exercícios 7-12, expresse $f(x) + g(x)$ como uma função racional. Desenvolva todas as multiplicações.

7. $f(x) = \dfrac{2}{x-3}$, $g(x) = \dfrac{1}{x+2}$

8. $f(x) = \dfrac{3}{x-6}$, $g(x) = \dfrac{-2}{x-2}$

9. $f(x) = \dfrac{x}{x-8}$, $g(x) = \dfrac{-x}{x-4}$

10. $f(x) = \dfrac{-x}{x+3}$, $g(x) = \dfrac{x}{x+5}$

11. $f(x) = \dfrac{x+5}{x-10}$, $g(x) = \dfrac{x}{x+10}$

12. $f(x) = \dfrac{x+6}{x-6}$, $g(x) = \dfrac{x-6}{x+6}$

Nos Exercícios 13-24, sejam $f(x) = \dfrac{x}{x-2}$, $g(x) = \dfrac{5-x}{5+x}$ e $h(x) = \dfrac{x+1}{3x-1}$. Expresse a função como uma função racional.

13. $f(5) - g(x)$
14. $f(t) - h(t)$
15. $f(x)g(x)$
16. $g(x)h(x)$
17. $\dfrac{f(x)}{g(x)}$
18. $\dfrac{h(s)}{f(s)}$
19. $f(x+1)g(x+1)$
20. $f(x+2) + g(x+2)$
21. $\dfrac{g(x+5)}{f(x+5)}$
22. $f\left(\dfrac{1}{t}\right)$
23. $g\left(\dfrac{1}{u}\right)$
24. $h\left(\dfrac{1}{x^2}\right)$

Nos Exercícios 25-30, sejam $f(x) = x^6$, $g(x) = \dfrac{x}{1-x}$ e $h(x) = x^3 - 5x^2 + 1$. Calcule a função.

25. $f(g(x))$
26. $h(f(t))$
27. $h(g(x))$
28. $g(f(x))$
29. $g(h(t))$
30. $f(h(x))$

31. Se $f(x) = x^2$, encontre $f(x+h) - f(x)$ e simplifique.

32. Se $f(x) = 1/x$, encontre $f(x+h) - f(x)$ e simplifique.

33. Se $g(t) = 4t - t^2$, encontre $\dfrac{g(t+h) - g(t)}{h}$ e simplifique.

34. Se $g(t) = t^3 + 5$, encontre $\dfrac{g(t+h) - g(t)}{h}$ e simplifique.

35. Custo Depois de t horas de operação de uma linha de montagem, foram fabricados $A(t) = 20t - \frac{1}{2}t^2$ cortadores de grama, com $0 \le t \le 10$. Suponha que o custo de fabricação de x unidades seja de $C(x)$ dólares, em que $C(x) = 3.000 + 80x$.

(a) Expresse o custo de fabricação como uma função (composta) do número de horas de operação da linha de montagem.

(b) Qual é o custo das primeiras 2 horas de operação?

36. Custo Durante a primeira meia hora, os empregados de uma bancada preparam a área de trabalho para o dia. Depois disso, eles produzem 10 peças para máquinas de precisão, de forma que a produção depois de t horas é de $f(t)$ peças, com $f(t) = 10\left(t - \frac{1}{2}\right) = 10t - 5$, $\frac{1}{2} \le t \le 8$. O custo total para produzir x peças é de $C(x)$ dólares, com $C(x) = 0{,}1x^2 + 25x + 200$.

(a) Expresse o custo total como uma função (composta) de t.

(b) Qual é o custo das primeiras 4 horas de produção?

37. Escalas de conversão A Tabela 1 mostra uma tabela para conversão do tamanho de chapéus masculinos para três países. A função $g(x) = 8x + 1$ converte dos tamanhos ingleses para os tamanhos franceses e a função $f(x) = \frac{1}{8}x$ converte dos tamanhos franceses para os tamanhos norte-americanos. Determine a função $h(x) = f(g(x))$ e dê sua interpretação.

Exercícios com calculadora

38. Seja $f(x) = x^2$. Obtenha o gráfico das funções $f(x + 1)$, $f(x - 1)$, $f(x + 2)$ e $f(x - 2)$. Dê um palpite sobre a relação do gráfico de uma função $f(x)$ qualquer e o gráfico de $f(g(x))$, em que $g(x) = x + a$, para alguma constante a. Teste seu palpite com as funções $f(x) = x^3$ e $f(x) = \sqrt{x}$.

39. Seja $f(x) = x^2$. Obtenha o gráfico das funções $f(x) + 1$, $f(x) - 1$, $f(x) + 2$ e $f(x) - 2$. Dê um palpite sobre a relação do gráfico de uma função $f(x)$ qualquer e o gráfico de $f(x) + c$, para alguma constante c. Teste seu palpite com as funções $f(x) = x^3$ e $f(x) = \sqrt{x}$.

40. Utilizando os resultados dos Exercícios 38 e 39, esboce o gráfico de $f(x) = (x - 1)^2 + 2$ sem utilizar uma calculadora gráfica. Confira seu resultado com uma calculadora gráfica.

41. Utilizando os resultados dos Exercícios 38 e 39, esboce o gráfico de $f(x) = (x + 2)^2 - 1$ sem utilizar uma calculadora gráfica. Confira seu resultado com uma calculadora gráfica.

42. Sejam $f(x) = x^2 + 3x + 1$ e $g(x) = x^2 - 3x - 1$. Obtenha os gráficos das duas funções $f(g(x))$ e $g(f(x))$ juntos na mesma janela $[-4, 4]$ por $[-10, 10]$ e determine se as duas funções são iguais.

43. Seja $f(x) = \dfrac{x}{x - 1}$. Obtenha o gráfico de $f(f(x))$ na janela $[-15, 15]$ por $[-10, 10]$. Utilize a função "trace" para examinar as coordenadas de vários pontos do gráfico e, então, determine a fórmula de $f(f(x))$.

TABELA 1 Tabela de conversão dos tamanhos de chapéus masculinos

Inglaterra	$6\frac{1}{2}$	$6\frac{5}{8}$	$6\frac{3}{4}$	$6\frac{7}{8}$	7	$7\frac{1}{8}$	$7\frac{1}{4}$	$7\frac{3}{8}$
França	53	54	55	56	57	58	59	60
Estados Unidos	$6\frac{5}{8}$	$6\frac{3}{4}$	$6\frac{7}{8}$	7	$7\frac{1}{8}$	$7\frac{1}{4}$	$7\frac{3}{8}$	$7\frac{1}{2}$

Soluções dos exercícios de revisão 0.3

1. (a) $f(g(x)) = [g(x)]^5 = (x^3 - 4x^2 + x - 8)^5$

(b) $g(f(x)) = [f(x)]^3 - 4[f(x)]^2 + f(x) - 8$
$= (x^5)^3 - 4(x^5)^2 + x^5 - 8$
$= x^{15} - 4x^{10} + x^5 - 8.$

2. $\dfrac{f(1 + h) - f(1)}{h} = \dfrac{(1 + h)^2 - 1^2}{h}$
$= \dfrac{1 + 2h + h^2 - 1}{h}$
$= \dfrac{2h + h^2}{h} = 2 + h.$

0.4 Zeros de funções – Fórmula quadrática e fatoração

Um *zero* de uma função $f(x)$ é um valor de x para o qual $f(x) = 0$. Por exemplo, a função $f(x)$, cujo gráfico aparece na Figura 1, tem zeros em $x = -3$, $x = 3$ e $x = 7$. Ao longo de todo o texto, necessitamos determinar zeros de funções ou, então, o que dá no mesmo, resolver a equação $f(x) = 0$.

Na Seção 0.2, encontramos zeros de funções lineares. Nesta seção, enfatizamos os zeros de funções quadráticas.

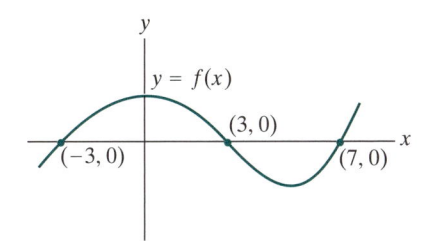

Figura 1 Zeros de uma função.

A fórmula quadrática Considere a função quadrática $f(x)^2 = ax^2 + bx + c$, $a \neq 0$. Os zeros dessa função são precisamente as soluções da equação quadrática

$$ax^2 + bx + c = 0.$$

Uma maneira de resolver uma equação dessas é com a *fórmula quadrática*, também conhecida como *fórmula de Bhaskara*.

> As soluções da equação $ax^2 + bx + c = 0$ são
> $$x = \frac{-b \pm \sqrt{b^2 - 4ac}}{2a}.$$

O sinal $\pm$ significa que devemos formar duas expressões, uma com o sinal $+$ e outra com $-$. A fórmula quadrática implica que uma equação quadrática tem, no máximo, duas raízes. Ela não terá raiz alguma se a expressão $b^2 - 4ac$ for negativa e terá uma se $b^2 - 4ac$ for igual a 0. A dedução da fórmula quadrática pode ser encontrada no final desta seção.

EXEMPLO 1

Resolva a equação quadrática $3x^2 - 6x + 2 = 0$.

Solução Aqui $a = 3$, $b = -6$ e $c = 2$. Substituindo esses valores na fórmula quadrática, obtemos

$$\sqrt{b^2 - 4ac} = \sqrt{(-6)^2 - 4(3)(2)} = \sqrt{36 - 24} = \sqrt{12} = \sqrt{4 \cdot 3} = 2\sqrt{3}$$

e

$$x = \frac{-b \pm \sqrt{b^2 - 4ac}}{2a}$$
$$= \frac{-(-6) \pm 2\sqrt{3}}{2(3)}$$
$$= \frac{6 \pm 2\sqrt{3}}{6}$$
$$= 1 \pm \frac{\sqrt{3}}{3}.$$

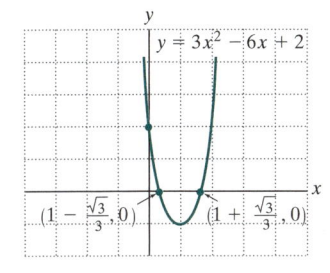

Figura 2

As soluções da equação são $1 + \sqrt{3}/3$ e $1 - \sqrt{3}/3$. (Ver Figura 2.) ∎

EXEMPLO 2

Encontre os zeros das funções quadráticas dadas.

(a) $f(x) = 4x^2 + 4x + 1$ **(b)** $f(x) = \frac{1}{2}x^2 - 3x + 5$

Solução **(a)** Devemos resolver $4x^2 + 4x + 1 = 0$. Aqui, $a = 4$, $b = -4$ e $c = 1$, logo

$$\sqrt{b^2 - 4ac} = \sqrt{(-4)^2 - 4(4)(1)} = \sqrt{0} = 0.$$

Assim, há somente um zero, a saber,

$$x = \frac{-(-4) \pm 0}{2(4)} = \frac{4}{8} = \frac{1}{2}.$$

O gráfico de f(x) está esboçado na Figura 3.

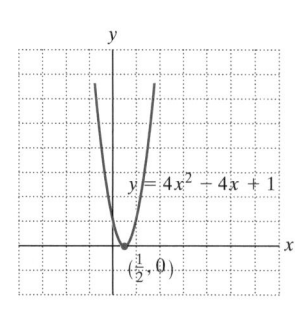

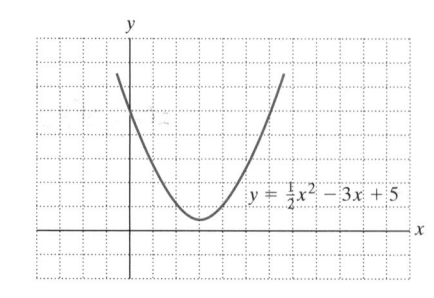

Figura 3

Figura 4

(b) Devemos resolver $\frac{1}{2}x^2 - 3x + 5 = 0$. Aqui, $a = \frac{1}{2}$, $b = -3$ e $c = 5$, logo

$$\sqrt{b^2 - 4ac} = \sqrt{(-3)^2 - 4(\tfrac{1}{2})(5)} = \sqrt{9 - 10} = \sqrt{-1}.$$

Não se define a raiz quadrada de um número negativo, portanto, concluímos que f(x) não tem zeros. A razão disso fica clara a partir da Figura 4. O gráfico de f(x) fica inteiramente acima do eixo x e não corta o eixo x. ■

O problema comum de encontrar os pontos de interseção de duas curvas equivale a encontrar os zeros de uma função.

EXEMPLO 3 Encontre os pontos de interseção dos gráficos das funções $y = x^2 + 1$ e $y = 4x$. (Ver Figura 5.)

Solução Se um ponto (x, y) estiver em ambos gráficos, então suas coordenadas devem satisfazer ambas equações. Isto é, x e y devem satisfazer $y = x^2 + 1$ e $y = 4x$. Igualando as duas expressões de y, obtemos

$$x^2 + 1 = 4x.$$

Para utilizar a fórmula quadrática, reescrevemos a equação na forma

$$x^2 - 4x + 1 = 0$$

Pela fórmula quadrática,

$$x = \frac{4 \pm \sqrt{16 - 4}}{2} = \frac{4 \pm \sqrt{12}}{2} = \frac{4 \pm 2\sqrt{3}}{2} = 2 \pm \sqrt{3}.$$

Assim, as coordenadas x dos pontos de interseção são $2 + \sqrt{3}$ e $2 - \sqrt{3}$. Para encontrar as coordenadas y, substituímos esses valores de x em qualquer uma das equações $y = x^2 + 1$ e $y = 4x$. A segunda equação é mais simples. Obtemos $y = 4(2 + \sqrt{3}) = 8 + 4\sqrt{3}$ e $y = 4(2 - \sqrt{3}) = 8 - 4\sqrt{3}$. Assim, os pontos de interseção são $(2 + \sqrt{3}, 8 + 4\sqrt{3})$ e $(2 - \sqrt{3}, 8 - 4\sqrt{3})$. ■

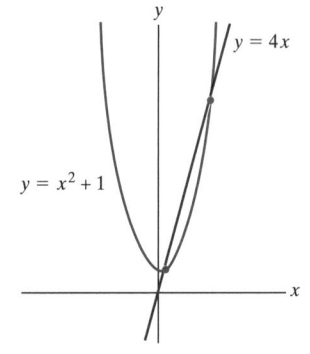

Figura 5 Pontos de interseção de dois gráficos.

EXEMPLO 4 **Lucro e ponto crítico de vendas** Uma companhia de televisão a cabo estima que, com x milhares de assinantes, sua receita e custo mensais (em milhares de dólares) sejam

$$R(x) = 32x - 0{,}21x^2$$
$$C(x) = 195 + 12x.$$

Encontre os pontos críticos de venda, ou seja, encontre o número de assinantes com os quais a receita é igual ao custo. (Ver Figura 6.)

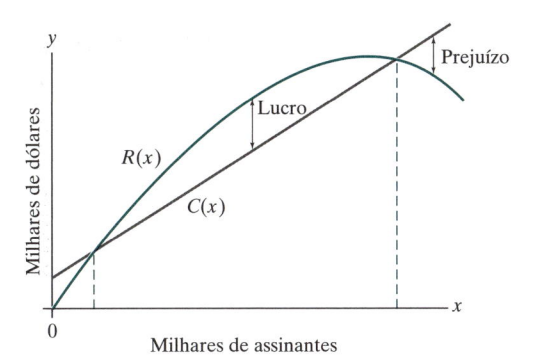

Figura 6 Pontos críticos de venda.

Solução Seja $P(x)$ a função lucro.

$$P(x) = R(x) - C(x)$$
$$= (32x - 0{,}21x^2) - (195 + 12x)$$
$$= -0{,}21x^2 + 20x - 195.$$

Os pontos críticos de venda são os pontos em que o lucro é zero. Assim, devemos resolver

$$0{,}21x^2 + 20x - 195 = 0.$$

Pela fórmula quadrática,

$$x = \frac{-20 \pm \sqrt{20^2 - 4(-0{,}21)(-195)}}{2(-0{,}21)} = \frac{-20 \pm \sqrt{236{,}2}}{-0{,}42}$$

$$\approx 47{,}62 \pm 36{,}59 = 11{,}03 \text{ e } 84{,}21.$$

Os pontos críticos de venda ocorrem quando a companhia tem 11.030 ou 84.210 assinantes. Entre esses dois níveis, a companhia terá lucro. ■

Fatoração Se $f(x)$ é um polinômio, muitas vezes podemos escrever $f(x)$ como um produto de fatores lineares (ou seja, fatores da forma $ax + b$). Se isso puder ser feito, então os zeros de $f(x)$ podem ser determinados igualando a zero cada um dos fatores lineares e resolvendo para x. (A razão disso é que o produto de números só pode ser zero quando algum dos fatores for zero.)

EXEMPLO 5 Fatore os polinômios quadráticos dados.

(a) $x^2 + 7x + 12$ (b) $x^2 - 13x + 12$
(c) $x^2 - 4x - 12$ (d) $x^2 + 4x - 12$

Solução Em primeiro lugar, observe que, dados números c e d quaisquer,

$$(x - c)(x + d) = x^2 + (c + d)x + cd$$

Na expressão quadrática à direita, o termo constante é o produto cd, ao passo que o coeficiente de x é a soma $c + d$.

(a) Pense em todos os inteiros c e d tais que $cd = 12$. Então escolha o par que satisfaz $c + d = 7$; isto é, tome $c = 3$, $d = 4$. Assim,

$$x^2 + 7x + 12 = (x + 3)(x + 4).$$

(b) Queremos $cd = 12$. Como 12 é positivo, c e d devem ser ambos positivos ou ambos negativos. Também precisamos ter $c + d = -13$. Esses fatos nos levam a

$$x^2 - 13x + 12 = (x - 12)(x - 1).$$

(c) Queremos $cd = -12$. Como -12 é negativo, c e d devem ter sinais opostos. Além disso, sua soma deve ser -4. Portanto, obtemos

$$x^2 - 4x - 12 = (x - 6)(x + 2).$$

(d) Isso é quase igual à parte (c).

$$x^2 + 4x - 12 = (x + 6)(x - 2).$$

EXEMPLO 6 Fatore os polinômios dados.

(a) $x^2 - 6x + 9$ (b) $x^2 - 25$
(c) $3x^2 - 21x + 30$ (d) $20 + 8x - x^2$

Solução (a) Procuramos $cd = 9$ e $c + d = -6$. A solução é $c = d = -3$ e

$$x^2 - 6x + 9 = (x - 3)(x - 3) = (x - 3)^2.$$

Em geral,

$$x^2 - 2cx + c^2 = (x - c)(x - c) = (x - c)^2.$$

(b) Utilizamos a identidade

$$x^2 - c^2 = (x + c)(x - c).$$

Logo,

$$x^2 - 25 = (x + 5)(x - 5).$$

(c) Inicialmente colocamos o fator comum 3 em evidência e, depois, utilizamos o método do Exemplo 5.

$$3x^2 - 21x + 30 = (x^2 - 7x + 10)$$
$$= 3(x - 5)(x - 2).$$

(d) Primeiramente, colocamos o fator comum -1 em evidência para fazer o coeficiente de x^2 igual a $+1$.

$$20 + 8x - x^2 = (-1)(x^2 - 8x - 20)$$
$$= (-1)(x - 10)(x + 2).$$

EXEMPLO 7 Fatore os polinômios dados.

(a) $x^2 - 8x$ (b) $x^3 + 3x^2 - 18x$ (c) $x^3 - 10x$

Solução Em cada caso, inicialmente colocamos o fator comum x em evidência.

(a) $x^2 - 8x = x(x - 8)$.
(b) $x^3 + 3x^2 - 18x = x(x^2 + 3x - 18) = x(x + 6)(x - 3)$.
(c) $x^3 - 10x = x(x^2 - 10)$. Para fatorar $x^2 - 10$, usamos a identidade $x^2 - c^2 = (x + c)(x - c)$, em que $c^2 = 10$ e $\sqrt{10}$. Assim,

$$x^3 - 10x = x(x^2 - 10) = x(x + \sqrt{10})(x - \sqrt{10}).$$

EXEMPLO 8 Resolva as equações dadas.

(a) $x^2 - 2x - 15 = 0$ (b) $x^2 - 20 = x$ (c) $\dfrac{x^2 + 10x + 25}{x + 1} = 0$

Solução (a) A equação $x^2 - 2x - 15 = 0$ pode ser escrita na forma

$$(x - 5)(x + 3) = 0.$$

O produto de dois números é zero se um ou o outro dos números (ou ambos) for zero. Portanto,

$$x - 5 = 0 \quad \text{ou} \quad x + 3 = 0.$$

Assim,

$$x = 5 \quad \text{ou} \quad x = -3.$$

(b) Começamos reescrevendo a equação $x^2 - 20 = x$ no formato $ax^2 + bx + c = 0$, ou seja,

$$x^2 - x - 20 = 0$$
$$(x - 5)(x + 4) = 0.$$

Concluímos que

$$x - 5 = 0 \quad \text{ou} \quad x + 4 = 0,$$

ou seja,

$$x = 5 \quad \text{ou} \quad x = -4.$$

(c) Uma função racional é zero somente se o numerador for zero. Assim,

$$x^2 + 10x + 25 = 0$$
$$(x + 5)^2 = 0$$
$$x + 5 = 0$$

Isto é,

$$x = -5.$$

Como o denominador não é 0 em $x = -5$, concluímos que $x = -5$ é a solução. ■

Dedução da fórmula quadrática

$$ax^2 + bx + c = 0 \qquad (a \neq 0)$$
$$ax^2 + bx = -c$$
$$4a^2 x^2 + 4abx = -4ac \qquad \text{(ambos lados multiplicados por } 4a\text{)}$$
$$4a^2 x^2 + 4abx + b^2 = b^2 - 4ac \qquad (b^2 \text{ somado a ambos lados para completar o quadrado})$$

Observe, agora, que $4a^2 x^2 + 4abx + b^2 = (2ax + b)^2$. Para conferir isso, simplesmente multiplique o produto do lado direito. Obtemos

$$(2ax + b)^2 = b^2 - 4ac$$

$$2ax + b = \pm \sqrt{b^2 - 4ac}$$

$$2ax = -b \pm \sqrt{b^2 - 4ac}$$

$$x = \frac{-b \pm \sqrt{b^2 - 4ac}}{2a}.$$

EXEMPLO 9

Calculando os zeros de uma função Encontre os valores de x em que $x^3 - 2x + 1 = 0$.

Solução

INCORPORANDO RECURSOS TECNOLÓGICOS

Passo 1 Pressione [Y=] e digite a fórmula do polinômio para Y_1. Pressione [GRAPH] para obter o gráfico da função. Os zeros desse polinômio parecem ocorrer no intervalo $[-2, 2]$, portanto, pressione [WINDOW] e tome $Xmin = -2$ e $Xmax = 2$.

Passo 2 Para começar o processo de encontrar os zeros, pressione [2nd] [CALC] e, depois, [2]. Quando solicitado, digite -2 para a cota à esquerda, -1 para a cota à direita e $-0,5$ para o palpite. Como palpite, podemos digitar qualquer valor entre as cotas à esquerda e à direita. Agora, a calculadora calcula que $x^3 - 2x + 1 = 0$ com $x = -1{,}618034$. (Ver Figura 7.)

Agora podemos repetir esse processo com cotas diferentes para encontrar o outro valor de x em que $x^3 - 2x + 1 = 0$. Finalmente, observe que o menu dado por [2nd] [CALC] inclui várias rotinas úteis. De interesse especial para esta seção é a opção **5: intersect**, que calcula os pontos de interseção de duas funções Y_1 e Y_2.

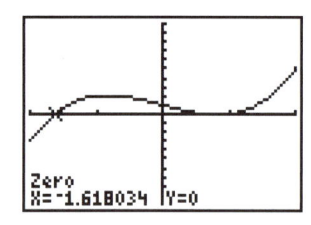

Figura 7

Um dos problemas ao esboçar o gráfico de uma função é encontrar um domínio (Xmin até Xmax) que contenha todos os zeros. Existe uma solução simples para esse problema no caso de uma função polinomial. Basta escrever o polinômio no formato $c(x^n + a_{n-1}x^{n-1} + \cdots + a_0)$ e tomar M como o número que é uma unidade maior do que o número de maior valor absoluto dentre os coeficientes $a_{n-1}, \ldots, a_0$. Então o intervalo $[-M, M]$ conterá todos os zeros do polinômio. Por exemplo, todos os zeros do polinômio $x^3 - 10x^2 + 9x + 8$ estão no intervalo $[-11, 11]$. Depois de examinar o polinômio no intervalo $[-M, M]$, geralmente podemos encontrar um intervalo menor que também contenha todos os zeros.

Exercícios de revisão 0.4

1. Resolva a equação $x - \dfrac{14}{x} = 5$.

2. Use a fórmula quadrática para resolver $7x^2 - 35x + 35 = 0$.

Exercícios 0.4

Nos Exercícios 1-6, use a fórmula quadrática para encontrar os zeros da função.

1. $f(x) = 2x^2 - 7x + 6$
2. $f(x) = 3x^2 + 2x - 1$
3. $f(t) = 4t^2 - 12t + 9$
4. $f(x) = \frac{1}{4}x^2 + x + 1$
5. $f(x) = 2x^2 + 3x - 4$
6. $f(a) = 11a^2 - 7a + 1$

Nos Exercícios 7-12, use a fórmula quadrática para resolver a equação.

7. $5x^2 - 4x - 1 = 0$
8. $x^2 - 4x + 5 = 0$
9. $15x^2 - 135x + 300 = 0$
10. $z^2 - \sqrt{2}\,z - \frac{5}{4} = 0$
11. $\frac{3}{2}x^2 - 6x + 5 = 0$
12. $9x^2 - 12x + 4 = 0$

Nos Exercícios 13-24, fatore o polinômio.

13. $x^2 + 8x + 15$
14. $x^2 - 10x + 16$
15. $x^2 - 16$
16. $x^2 - 1$
17. $3x^2 + 12x + 12$
18. $2x^2 - 12x + 18$
19. $30 - 4x - 2x^2$
20. $15 + 12x - 3x^2$
21. $3x - x^2$
22. $4x^2 - 1$
23. $6x - 2x^3$
24. $16x + 6x^2 - x^3$

Nos Exercícios 25-32, encontre os pontos de interseção do par de curvas.

25. $y = 2x^2 - 5x - 6,\ y = 3x + 4$
26. $y = x^2 - 10x - 9,\ y = x - 9$
27. $y = x^2 - 4x + 4,\ y = 12 + 2x - x^2$
28. $y = 3x^2 + 9,\ y = 2x^2 - 5x + 3$
29. $y = x^3 - 3x^2 + x,\ y = x^2 - 3x$
30. $y = \frac{1}{2}x^3 - 2x^2,\ y = 2x$

31. $y = \frac{1}{2}x^3 + x^2 + 5, y = 3x^2 - \frac{1}{2}x + 5$
32. $y = 30x^3 - 3x^2, y = 16x^3 + 25x^2$

Nos Exercícios 33-38, resolva a equação.

33. $\dfrac{21}{x} - x = 4$

34. $x + \dfrac{2}{x-6} = 3$

35. $x + \dfrac{14}{x+4} = 5$

36. $1 = \dfrac{5}{x} + \dfrac{6}{x^2}$

37. $\dfrac{x^2 + 14x + 49}{x^2 + 1} = 0$

38. $\dfrac{x^2 - 8x + 16}{1 + \sqrt{x}} = 0$

39. Pontos críticos de venda Suponha que a função custo da companhia de televisão a cabo do Exemplo 4 seja trocada por $C(x) = 275 + 12x$. Determine os novos pontos críticos de venda.

40. Velocidade Quando um carro está em movimento a x milhas por hora, e o motorista decide pisar no freio, o carro irá percorrer uma distância de $x + \frac{1}{20}x^2$ pés.* Se um carro percorrer uma distância de 175 pés depois de o motorista pisar no freio, qual era a velocidade do carro?

---

* A fórmula geral é $f(x) = ax + bx^2$, onde a constante a depende do tempo de reação do motorista e a constante b depende do peso do carro e do tipo de pneus. Esse modelo matemático foi analisado em D. Burghes, I. Huntley, and J. McDonald, *Applying Mathematics: A Course in Mathemactical Modelling* (New York: Halstead Press, 1982), 57-60.

Exercícios com calculadora

Nos Exercícios 41-44, encontre os zeros da função (utilizando a janela indicada).

41. $f(x) = x^2 - x - 2; [-4, 5]$ por $[-4, 10]$
42. $f(x) = x^3 - 3x + 2; [-3, 3]$ por $[-10, 10]$
43. $f(x) = \sqrt{x+2} - x + 2; [-2, 7]$ por $[-2, 4]$
44. $f(x) = \dfrac{x}{x+2} - x^2 + 1; [-1{,}5, 2]$ por $[-2, 3]$

Nos Exercícios 45-48, encontre os pontos de interseção dos gráficos das funções (utilizando a janela indicada).

45. $f(x) = 2x - 1; g(x) = x^2 - 2; [-4, 4]$ por $[-6, 10]$
46. $f(x) = -x - 2; g(x) = -4x^2 + x + 1; [-2, 2]$ por $[-5, 2]$
47. $f(x) = 3x^4 - 14x^3 + 24x - 3; g(x) = 2x - 30; [-3, 5]$ por $[-80, 30]$
48. $f(x) = \dfrac{1}{x}; g(x) = \sqrt{x^2 - 1}; [0, 4]$ por $[-1, 3]$

Nos Exercícios 49-52, encontre uma janela para exibir o gráfico da função. O gráfico deve conter todos os zeros do polinômio.

49. $f(x) = x^3 - 22x^2 + 17x + 19$
50. $f(x) = x^4 - 200x^3 - 100x^2$
51. $f(x) = 3x^3 + 52x^2 - 12x - 12$
52. $f(x) = 2x^5 - 24x^4 - 24x + 2$

Soluções dos exercícios de revisão 0.4

1. Multiplique ambos lados da equação por x. Então $x^2 - 14 = 5x$. Agora, passe a parcela $5x$ para o lado esquerdo da equação e resolva por fatoração.

$$x^2 - 5x - 14 = 0$$
$$(x - 7)(x + 2) = 0$$
$$x = 7 \text{ ou } x = -2$$

2. Nesse caso, cada coeficiente é um múltiplo de 7. Para simplificar a Aritmética, dividimos ambos lados da equação por 7 antes de utilizarmos a fórmula quadrática.

$$x^2 - 5x + 5 = 0$$
$$\sqrt{b^2 - 4ac} = \sqrt{(-5)^2 - 4(1)(5)} = \sqrt{5}$$
$$x = \frac{-b \pm \sqrt{b^2 - 4ac}}{2a} = \frac{5 \pm \sqrt{5}}{2 \cdot 1} = \frac{5}{2} \pm \frac{1}{2}\sqrt{5}.$$

0.5 Expoentes e funções potência

Nesta seção, revisamos as operações com expoentes que ocorrem com frequência ao longo de todo este texto. Começamos definindo b^r para vários tipos de números b e r.

Para qualquer número não nulo b e qualquer inteiro positivo n, temos a definição

$$b^n = \underbrace{b \cdot b \cdot \cdots \cdot b}_{n \text{ vezes}}$$

e

$$b^{-n} = \frac{1}{b^n},$$

$$b^0 = 1.$$

Por exemplo, $2^4 = 2 \cdot 2 \cdot 2 \cdot 2 = 16$, $2^{-4} = \dfrac{1}{2^4} = \dfrac{1}{16}$ e $2^0 = 1$.

Em seguida, consideramos números da forma $b^{1/n}$, em que n é um inteiro positivo. Por exemplo,

$2^{1/2}$ é o número positivo cujo quadrado é 2: $\quad 2^{1/2} = \sqrt{2}$

$2^{1/3}$ é o número positivo cujo cubo é 2: $\quad 2^{1/3} = \sqrt[3]{2}$

$2^{1/4}$ é o número positivo cuja quarta potência é 2: $2^{1/4} = \sqrt[4]{2}$

e assim por diante. Em geral, quando b é zero ou positivo, $b^{1/n}$ é zero ou o número positivo cuja enésima potência é b.

Se n for par, não existe um número cuja enésima potência seja b no caso em que b é negativo. Portanto, $b^{1/n}$ não está definido se n for par e $b < 0$. Quando n é ímpar, podemos permitir que b seja negativo, bem como positivo. Por exemplo, $(-8)^{1/3}$ é o número cujo cubo é -8, ou seja,

$$(-8)^{1/3} = -2$$

Assim, quando b é negativo e n é ímpar, novamente definimos $b^{1/n}$ como o número cuja enésima potência é b.

Finalmente, consideremos os números da forma $b^{m/n}$ e $b^{-m/n}$, em que m e n são inteiros positivos. Podemos supor que a fração m/n esteja simplificada (de forma que m e n não tenham fatores comuns). Então definimos

$$b^{m/n} = (b^{1/n})^m$$

sempre que $b^{1/n}$ estiver definido e

$$b^{-m/n} = \dfrac{1}{b^{m/n}}$$

sempre que $b^{m/n}$ estiver definido e não for zero. Por exemplo,

$$8^{5/3} = (8^{1/3})^5 = (2)^5 = 32,$$

$$8^{-5/3} = \dfrac{1}{8^{5/3}} = \dfrac{1}{32},$$

$$(-8)^{5/3} = \left[(-8)^{1/3}\right]^5 = (-2)^5 = -32.$$

Os expoentes podem ser manipulados algebricamente de acordo com as regras seguintes.

Leis de exponenciação

1. $b^r b^s = b^{r+s}$
2. $b^{-r} = \dfrac{1}{b^r}$
3. $\dfrac{b^r}{b^s} = b^r \cdot b^{-s} = b^{r-s}$
4. $(b^r)^s = b^{rs}$
5. $(ab)^r = a^r b^r$
6. $\left(\dfrac{a}{b}\right)^r = \dfrac{a^r}{b^r}$

EXEMPLO 1 Use as leis de exponenciação para calcular as quantidades dadas.

(a) $2^{1/2} \, 50^{1/2}$ **(b)** $(2^{1/2} \, 2^{1/3})^6$ **(c)** $\dfrac{5^{3/2}}{\sqrt{5}}$

Solução **(a)** $2^{1/2} \, 50^{1/2} = (2 \cdot 50)^{1/2}$ (Lei 5)

$\qquad\qquad\quad = \sqrt{100}$

$\qquad\qquad\quad = 10$

(b) $\left(2^{1/2}\, 2^{1/3}\right)^6 = \left(2^{(1/2)+(1/3)}\right)^6$ (Lei 1)

$\qquad\qquad\quad = \left(2^{5/6}\right)^6$

$\qquad\qquad\quad = 2^{(5/6)6}$ (Lei 4)

$\qquad\qquad\quad = 2^5$

$\qquad\qquad\quad = 32.$

(c) $\dfrac{5^{3/2}}{\sqrt{5}} = \dfrac{5^{3/2}}{5^{1/2}}$

$\qquad\quad = 5^{(3/2)-(1/2)}$

$\qquad\quad = 5^1$

$\qquad\quad = 5.$

Agora que sabemos a definição de x^r com r racional, podemos examinar algumas contas e aplicações de funções potência.

EXEMPLO 2

Simplifique as expressões dadas.

(a) $\dfrac{1}{x^{-4}}$ **(b)** $\dfrac{x^2}{x^5}$ **(c)** $\sqrt{x}\,(x^{3/2} + 3\sqrt{x})$

Solução

(a) $\dfrac{1}{x^{-4}} = x^{-(-4)}$ (Lei 2 com $r = -4$)

$\qquad\quad = x^4.$

(b) $\dfrac{x^2}{x^5} = x^{2-5}$ (Lei 3)

$\qquad\quad = x^{-3}.$

Também é correto escrever a resposta como $\dfrac{1}{x^3}$.

(c) $\sqrt{x}\,(x^{3/2} + 3\sqrt{x}) = x^{1/2}\left(x^{3/2} + 3x^{1/2}\right)$

$\qquad\qquad\qquad\quad = x^{1/2}x^{3/2} + 3x^{1/2}x^{1/2}$

$\qquad\qquad\qquad\quad = x^{(1/2)+(3/2)} + 3x^{(1/2)+(1/2)}$ (Lei 1)

$\qquad\qquad\qquad\quad = x^2 + 3x$

Uma *função potência* é uma função da forma

$$f(x) = x^r$$

com algum número r.

EXEMPLO 3

Sejam $f(x)$ e $g(x)$ as funções potência

$$f(x) = x^{-1} \text{ e } g(x) = x^{1/2}.$$

Determine as funções a seguir.

(a) $\dfrac{f(x)}{g(x)}$ **(b)** $f(x)g(x)$ **(c)** $\dfrac{g(x)}{f(x)}$

Solução

(a) $\dfrac{f(x)}{g(x)} = \dfrac{x^{-1}}{x^{1/2}} = x^{-1-(1/2)} = x^{-3/2} = \dfrac{1}{x^{3/2}}$

(b) $f(x)g(x) = x^{-1}x^{1/2} = x^{-1+(1/2)} = x^{-1/2} = \dfrac{1}{x^{1/2}} = \dfrac{1}{\sqrt{x}}$

(c) $\dfrac{g(x)}{f(x)} = \dfrac{x^{1/2}}{x^{-1}} = x^{(1/2)-(-1)} = x^{3/2}$

Juros compostos O conceito de juros compostos fornece uma aplicação significativa de expoentes. Introduzimos esse tópico aqui para dispor de problemas aplicados ao longo de todo este texto.

Quando depositamos dinheiro numa conta de poupança, os juros são pagos em intervalos predeterminados. Se esses juros forem adicionados à conta e consequentemente passarem a receber juros, dizemos que esse juro é *composto*. O saldo ou investimento inicial é denominado *principal*. O principal acrescido dos juros compostos é o *saldo composto*. O intervalo entre os pagamentos de juros é o *período de rendimento*. Nas fórmulas de juros compostos, expressamos a taxa de juros na forma decimal em vez da percentual. Assim, 6% é escrito como 0,06.

Se depositarmos $1.000 com juros anuais de 6%, compostos anualmente, o saldo composto ao final do primeiro ano será

$$A_1 = \underbrace{1000}_{\text{principal}} + \underbrace{1000(0{,}06)}_{\text{juros}} = 1000(1 + 0{,}06).$$

Ao final do segundo ano, o saldo composto será de

$$A_2 = \underbrace{A_1}_{\substack{\text{saldo} \\ \text{composto}}} + \underbrace{A_1(0{,}06)}_{\text{juros}} = A_1(1 + 0{,}06)$$

$$= [1000(1 + 0{,}06)](1 + 0{,}06) = 1000(1 + 0{,}06)^2.$$

Ao final de 3 anos,

$$A_3 = A_2 + A_2(0{,}06) = A_2(1 + 0{,}06)$$
$$= [1000(1 + 0{,}06)^2](1 + 0{,}06) = 1000(1 + 0{,}06)^3.$$

Depois de *n* anos o saldo composto será de

$$A = 1000(1 + 0{,}06)^n.$$

Neste exemplo, o período de rendimento foi de 1 ano. Entretanto, o ponto importante a ser observado é que, ao final de cada período de rendimento, o saldo depositado cresceu por um fator $(1 + 0{,}06)$. Em geral, se a taxa de juros for *i* em vez de 0,06, o saldo composto irá crescer por um fator de $(1 + i)$ ao final de cada período de rendimento.

Se um principal *P* for investido à taxa de juros *i* composta a cada período de rendimento por um total de *n* períodos, o saldo composto *A* ao final do enésimo período será de

$$A = P(1 + i)^n. \qquad (1)$$

EXEMPLO 4 Suponha que $5.000 sejam investidos a 8% ao ano, com os juros compostos anualmente. Qual é o saldo composto depois de 3 anos?

Solução Substituindo $P = 5.000$, $i = 0{,}08$ e $n = 3$ na fórmula (1), temos

$$A = 5000(1 + 0{,}08)^3 = 5000(1{,}08)^3$$
$$= 5000(1{,}259712) = 6298{,}56 \text{ dólares.}$$

É uma prática comum dar uma taxa de juros como porcentagem anual, mesmo se o período de rendimento for menor do que um ano. Se a taxa de juros anual for r e os juros forem pagos e compostos m vezes ao ano, então a taxa de juros i para cada período é dada por

$$[\text{taxa por período}] = i = \frac{r}{m} = \frac{[\text{taxa de juros anual}]}{[\text{períodos por ano}]}.$$

Muitos bancos creditam juros a cada três meses. Se a taxa de juros anual for de 5%, então $i = 0{,}05/4 = 0{,}0125$.

Se os juros forem compostos ao longo de t anos, com m períodos de rendimento por ano, haverá um total de mt períodos de rendimento. Substituindo n por mt e i por r/m na fórmula (1), obtemos a fórmula para o saldo composto seguinte.

$$A = P\left(1 + \frac{r}{m}\right)^{mt}, \qquad (2)$$

em que P = principal
r = taxa de juros anual
m = número de períodos de rendimento por ano
t = números de anos

EXEMPLO 5

Suponha que sejam depositados $1.000 numa caderneta de poupança que paga 6% ao ano, com juros compostos a cada três meses. Se não ocorrerem depósitos ou saques adicionais, qual será o saldo na caderneta ao final do primeiro ano?

Solução Usamos a fórmula (2) com $P = 1.000$, $r = 0{,}06$, $m = 4$ e $t = 1$.

$$A = 1000\left(1 + \frac{0{,}06}{4}\right)^4 = 1000(1{,}015)^4$$
$$\approx 1000(1{,}06136355) \approx 1061{,}36 \text{ dólares.}$$

Observe que os $1.000 do Exemplo 5 renderam um total de $61,36 de juros (compostos). Isso é 6,136% de $1.000. Os bancos algumas vezes anunciam essa taxa como a taxa de juros anual *efetiva*. Com isso, os bancos querem dizer que *se* os juros fossem pagos apenas uma vez por ano, teriam de pagar uma taxa de 6,136% para produzir os mesmos ganhos que a taxa de 6%, composta trimestralmente. A taxa anunciada de 6% é com frequência denominada taxa *nominal*.

A taxa de juros anual efetiva pode ser aumentada compondo os juros com maior frequência. Algumas instituições financeiras compõem juros mensalmente ou mesmo diariamente.

EXEMPLO 6

Se os juros do Exemplo 5 fossem compostos mensalmente, qual seria o saldo na caderneta ao final do primeiro ano? E se os 6% de juros anuais fossem compostos diariamente?

Solução Para composição mensal, $m = 12$. Da fórmula (2), temos

$$A = 1000\left(1 + \frac{0{,}06}{12}\right)^{12} = 1000(1{,}005)^{12} \approx 1061{,}68 \text{ dólares}$$

Nesse caso, a taxa de juros efetiva é 6,168%.

O "ano bancário" usualmente consiste em 360 dias (para facilitar as contas). Logo, para uma composição diária, tomamos $m = 360$. Então

$$A = 1000\left(1 + \frac{0{,}06}{360}\right)^{360} \approx 1000(1{,}00016667)^{360}$$

$$\approx 1000(1{,}06183251) \approx 1061{,}83 \text{ dólares.}$$

Com composição diária, a taxa de juros efetiva é 6,183%.

EXEMPLO 7

Suponha que uma companhia emita títulos que custam $200 e pagam juros compostos mensalmente. Os juros são acumulados até que o título atinja a maturidade (sendo, portanto, um título sem adicionais). Se depois de 5 anos o título tiver um valor de $500, qual foi a taxa de juros anual?

Solução

Denotemos por r a taxa de juros anual. O valor A do título depois de 5 anos = 60 meses é dado pela fórmula de juros compostos

$$A = 200\left(1 + \frac{r}{12}\right)^{60}.$$

Precisamos encontrar r que satisfaça

$$500 = 200\left(1 + \frac{r}{12}\right)^{60}$$

$$2{,}5 = \left(1 + \frac{r}{12}\right)^{60}.$$

Elevando ambos os lados à potência $\frac{1}{60}$ e aplicando as leis de exponenciação, obtemos

$$(2{,}5)^{1/60} = \left[\left(1 + \frac{r}{12}\right)^{60}\right]^{\frac{1}{60}} = \left(1 + \frac{r}{12}\right)^{60 \cdot \frac{1}{60}} = 1 + \frac{r}{12}$$

$$r = 12 \cdot \left((2{,}5)^{1/60} - 1\right).$$

Utilizando uma calculadora, vemos que $r \approx 0{,}18466$. Dessa forma, a taxa de juros anual é de 18,466%. (Um título pagando uma taxa de juros tão alta é o que costuma ser apelidado de "junk bond".)

INCORPORANDO RECURSOS TECNOLÓGICOS

As calculadoras TI-83/84 exibem números em 10 casas decimais, por default. Por exemplo, pedindo que calcule 1/3, a calculadora responde 0,3333333333 e pedindo 7/3, responde 2,3333333333. Em ambos casos, foram dadas 10 casas decimais.

Contudo, se a resposta não puder ser dada em 10 casas decimais (ou se o valor absoluto for menor do que 0,001) a calculadora gráfica exibirá o resultado em notação científica. A notação científica escreve os números em duas partes. Os dígitos significativos aparecem junto com a primeira casa decimal à esquerda de [**E**], e a potência apropriada de 10 aparece à direita de **E**, como em **2.5E-4**. Isso simboliza $2{,}5 \times 10^{-4}$, ou 0,00025. Analogamente, **1E12** simboliza 1×10^{12} ou 1.000.000.000.000. (*Observação*: multiplicando um número por 10^{-4}, a vírgula decimal é movida quatro casas para a esquerda; e multiplicando um número por 10^{12}, a vírgula decimal é movida 12 casas para a direita.)

Exercícios de revisão 0.5

1. Calcule as expressões dadas.
   (a) -5^2
   (b) $16^{0,75}$

2. Simplifique as expressões dadas.
   (a) $(4x^3)^2$
   (b) $\dfrac{\sqrt[3]{x}}{x^3}$
   (c) $\dfrac{2 \cdot (x+5)^6}{x^2 + 10x + 25}$

Exercícios 0.5

Nos Exercícios 1-28, calcule o número.

1. 3^3
2. $(-2)^3$
3. 1^{100}
4. 0^{25}
5. $(0,1)^4$
6. $(100)^4$
7. -4^2
8. $(0,01)^3$
9. $(16)^{1/2}$
10. $(27)^{1/3}$
11. $(0,000001)^{1/3}$
12. $\left(\dfrac{1}{125}\right)^{1/3}$
13. 6^{-1}
14. $\left(\dfrac{1}{2}\right)^{-1}$
15. $(0,01)^{-1}$
16. $(-5)^{-1}$
17. $8^{4/3}$
18. $16^{3/4}$
19. $(25)^{3/2}$
20. $(27)^{2/3}$
21. $(1,8)^0$
22. $9^{1,5}$
23. $16^{0,5}$
24. $(81)^{0,75}$
25. $4^{-1/2}$
26. $\left(\dfrac{1}{8}\right)^{-2/3}$
27. $(0,01)^{-1,5}$
28. $1^{-1,2}$

Nos Exercícios 29-40, calcule o número usando as leis de exponenciação.

29. $5^{1/3} \cdot 200^{1/3}$
30. $(3^{1/3} \cdot 3^{1/6})^6$
31. $6^{1/3} \cdot 6^{2/3}$
32. $(9^{4/5})^{5/8}$
33. $\dfrac{10^4}{5^4}$
34. $\dfrac{3^{5/2}}{3^{1/2}}$
35. $(2^{1/3} \cdot 3^{2/3})^3$
36. $20^{0,5} \cdot 5^{0,5}$
37. $\left(\dfrac{8}{27}\right)^{2/3}$
38. $(125 \cdot 27)^{1/3}$
39. $\dfrac{7^{4/3}}{7^{1/3}}$
40. $(6^{1/2})^0$

Nos Exercícios 41-70, simplifique a expressão algébrica usando as leis de exponenciação. A resposta não deveria utilizar parênteses nem expoentes negativos.

41. $(xy)^6$
42. $(x^{1/3})^6$
43. $\dfrac{x^4 \cdot y^5}{xy^2}$
44. $\dfrac{1}{x^{-3}}$
45. $x^{-1/2}$
46. $(x^3 \cdot y^6)^{1/3}$
47. $\left(\dfrac{x^4}{y^2}\right)^3$
48. $\left(\dfrac{x}{y}\right)^{-2}$
49. $(x^3 y^5)^4$
50. $\sqrt{1+x}\,(1+x)^{3/2}$
51. $x^5 \cdot \left(\dfrac{y^2}{x}\right)^3$
52. $x^{-3} \cdot x^7$
53. $(2x)^4$
54. $\dfrac{-3x}{15x^4}$
55. $\dfrac{-x^3 y}{-xy}$
56. $\dfrac{x^3}{y^{-2}}$
57. $\dfrac{x^{-4}}{x^3}$
58. $(-3x)^3$
59. $\sqrt[3]{x} \cdot \sqrt[3]{x^2}$
60. $(-9x)^{-1/2}$
61. $\left(\dfrac{3x^2}{2y}\right)^3$
62. $\dfrac{x^2}{x^5 y}$
63. $\dfrac{2x}{\sqrt{x}}$
64. $\dfrac{1}{yx^{-5}}$
65. $(16x^8)^{-3/4}$
66. $(-8y^9)^{2/3}$
67. $\sqrt{x}\left(\dfrac{1}{4x}\right)^{5/2}$
68. $\dfrac{(25xy)^{3/2}}{x^2 y}$
69. $\dfrac{(-27x^5)^{2/3}}{\sqrt[3]{x}}$
70. $(-32y^{-5})^{3/5}$

As expressões dadas nos Exercícios 71-74 podem ser fatoradas conforme indicado. Encontre os fatores que faltam.

71. $\sqrt{x} - \dfrac{1}{\sqrt{x}} = \dfrac{1}{\sqrt{x}}(\quad)$
72. $2x^{2/3} - x^{-1/3} = x^{-1/3}(\quad)$
73. $x^{-1/4} + 6x^{1/4} = x^{-1/4}(\quad)$
74. $\sqrt{\dfrac{x}{y}} - \sqrt{\dfrac{y}{x}} = \sqrt{xy}\,(\quad)$

75. Explique por que $\sqrt{a} \cdot \sqrt{b} = \sqrt{ab}$.
76. Explique por que $\sqrt{a}/\sqrt{b} = \sqrt{a/b}$.

Nos Exercícios 77-84, calcule f(4).

77. $f(x) = x^2$
78. $f(x) = x^3$
79. $f(x) = x^{-2}$
80. $f(x) = x^{1/2}$
81. $f(x) = x^{3/2}$
82. $f(x) = x^{-1/2}$
83. $f(x) = x^{-5/2}$
84. $f(x) = x^0$

Calcule o saldo composto a partir dos dados fornecidos nos Exercícios 85-92.

85. principal = $500, composto anualmente, 6 anos, taxa anual = 6%.
86. principal = $700, composto anualmente, 8 anos, taxa anual = 8%.
87. principal = $50.000, composto a cada três meses, 10 anos, taxa anual = 9,5%.
88. principal = $20.000, composto a cada três meses, 3 anos, taxa anual = 12%.
89. principal = $100, composto mensalmente, 10 anos, taxa anual = 5%.
90. principal = $500, composto mensalmente, 1 ano, taxa anual = 4,5%.
91. principal = $1.500, composto diariamente, 1 ano, taxa anual = 6%.

92. principal = $1.500, composto diariamente, 3 anos, taxa anual = 6%.

93. Composição anual Suponha que um casal tenha investido $1.000 quando do nascimento de sua filha e que o investimento renda 6,8%, compostos anualmente. Qual será o valor desse investimento quando a filha completar 18 anos?

94. Composição anual com depósitos Suponha que um casal invista $ 4.000 por ano durante quatro anos numa aplicação que renda 8%, compostos anualmente. Qual será o valor do investimento 8 anos depois do primeiro investimento?

95. Composição quadrimestral Suponha que um investimento de $ 500 renda juros compostos quadrimestralmente, ou seja, a cada três meses. Expresse o valor do investimento depois de um ano como um polinômio na taxa de juros anual r.

96. Composição semestral Suponha que um investimento de $1.000 renda juros compostos creditados semestralmente. Expresse o valor do investimento depois de dois anos como um polinômio na taxa de juros anual r.

97. Velocidade Quando os freios de um carro são acionados a uma velocidade de x milhas por hora, a distância percorrida até que o carro pare é de $\frac{1}{20}x^2$ pés. Mostre que, quando a velocidade for dobrada, a distância percorrida aumentará quatro vezes.

Exercícios com calculadora

Nos Exercícios 98-101, converta os números dados por calculadora gráfica para a forma padrão (ou seja, sem **E**).

98. 5E-5   **99.** 8.103E-4
100. 1.35E13   **101.** 8.23E-6

Soluções dos exercícios de revisão 0.5

1. (a) $-5^2 = -25$. [Observe que -5^2 é o mesmo que $-(5^2)$. Esse número é diferente de $(-5)^2$, que é igual a 25. Sempre que não houver parênteses, primeiro aplicamos a exponenciação e só depois as outras operações.]

(b) $0{,}75 = \frac{3}{4}$, $16^{0{,}75} = 16^{3/4} = (\sqrt[4]{16})^3 = 2^3 = 8$.

2. (a) Aplique a Lei 5 com $a = 4$ e $b = x^3$. Então utilize a Lei 4.

$$(4x^3)^2 = 4^2 \cdot (x^3)^2 = 16 \cdot x^6$$

[Um erro comum é esquecer de elevar o 4 ao quadrado. Se essa fosse a intenção do exercício, teríamos pedido $4(x^3)^2$.]

(b) $\dfrac{\sqrt[3]{x}}{x^3} = \dfrac{x^{1/3}}{x^3} = x^{(1/3)-3} = x^{-8/3}$

[A resposta também pode ser dada por $1/x^{8/3}$.] Quando simplificamos expressões envolvendo radicais, geralmente é uma boa ideia começar convertendo os radicais em expoentes.

(c) $\dfrac{2(x+5)^6}{x^2 + 10x + 25} = \dfrac{2 \cdot (x+5)^6}{(x+5)^2} = 2(x+5)^{6-2}$

$$= 2(x+5)^4$$

[Aqui a terceira lei de exponenciação foi aplicada em $(x + 5)$. As leis de exponenciação se aplicam a qualquer expressão algébrica.]

0.6 Funções e gráficos em aplicações

O ponto essencial na resolução de muitos exercícios aplicados deste texto é a construção de funções ou equações apropriadas. Uma vez feito isso, os demais passos matemáticos costumam ser bastante simples. Nesta seção, apresentamos problemas aplicados representativos e revemos as técnicas necessárias para montar e analisar funções, equações e seus gráficos.

Problemas geométricos Muitos exemplos e exercícios deste texto envolvem dimensões, áreas ou volumes de objetos parecidos com os da Figura 1. Quando um problema envolve uma figura plana, como um retângulo ou um círculo, é necessário distinguir entre o *perímetro* e a *área* da figura. O perímetro da figura, ou "a distância em torno dela" é um *comprimento* ou uma *soma de comprimentos*. As unidades típicas, quando dadas, são polegadas, pés, centímetros, metros e assim por diante. A área envolve o *produto de dois comprimentos* e as unidades são pés *quadrados*, centímetros *quadrados* e assim por diante.

EXEMPLO 1

Custo Suponha que o lado mais longo do retângulo na Figura 1 tenha o dobro do comprimento do lado mais curto e seja x o comprimento do lado mais curto.

(a) Expresse o perímetro do retângulo como uma função de x.
(b) Expresse a área do retângulo como uma função de x.
(c) Se o retângulo representa a tampa de um móvel de cozinha construído com um material durável que custa \$25 por metro quadrado, escreva uma função $C(x)$ que expresse o custo do material como uma função de x, sendo os comprimentos dados em metros.

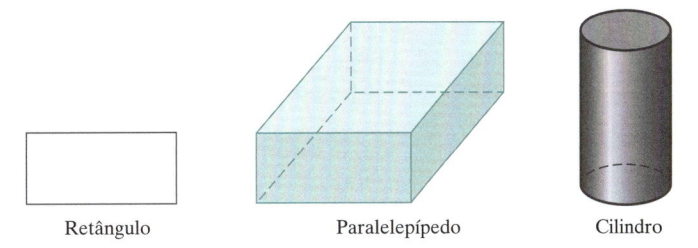

Figura 1 Figuras geométricas.   Retângulo   Paralelepípedo   Cilindro

Solução

(a) O retângulo aparece na Figura 2. O comprimento do lado mais longo é $2x$. Se o perímetro for denotado por P, então P é a soma dos comprimentos dos quatro lados do retângulo, ou seja, $x + 2x + x + 2x$. Assim, $P = 6x$.

(b) A área A do retângulo é o produto dos comprimentos de dois lados adjacentes. Assim, $A = x \cdot 2x = 2x^2$.

Figura 2

(c) Aqui a área é medida em metros quadrados. O princípio básico dessa parte é

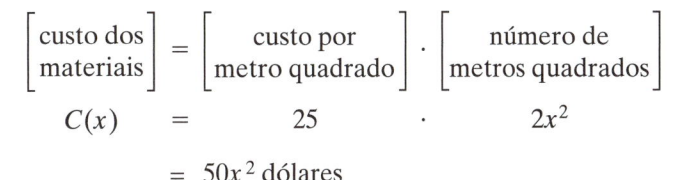

$$\begin{bmatrix} \text{custo dos} \\ \text{materiais} \end{bmatrix} = \begin{bmatrix} \text{custo por} \\ \text{metro quadrado} \end{bmatrix} \cdot \begin{bmatrix} \text{número de} \\ \text{metros quadrados} \end{bmatrix}$$

$$C(x) = 25 \cdot 2x^2$$

$$= 50x^2 \text{ dólares} \quad \blacksquare$$

Quando um problema envolve um objeto tridimensional como, por exemplo, uma caixa ou um cilindro, é necessário fazer a distinção entre a área *de superfície* do objeto e o *volume* do objeto. A área de superfície, por ser uma área, é medida em unidades *quadradas*. Tipicamente, a área da superfície é uma *soma de áreas* (cada área sendo o produto de dois comprimentos). O volume de um objeto é, muitas vezes, o *produto de três comprimentos* e é medido em unidades *cúbicas*.

EXEMPLO 2

Área de superfície Uma caixa de lados retangulares (um paralelepípedo) tem uma base quadrada de cobre, lados de madeira e tampa de madeira. O cobre custa \$21 por pé quadrado e a madeira custa \$2 por pé quadrado.

(a) Escreva uma expressão que dê a área de superfície (isto é, a soma das áreas da base, da tampa e dos quatro lados) em termos das dimensões da caixa. Também escreva uma expressão para o volume da caixa.

(b) Escreva uma expressão que dê o custo total dos materiais utilizados para construir a caixa em termos das dimensões.

Solução

(a) O primeiro passo é atribuir letras às dimensões da caixa. Denotemos o comprimento de um lado da base por x (portanto, de todos lados da base) e denotemos a altura da caixa por h. (Ver Figura 3.)

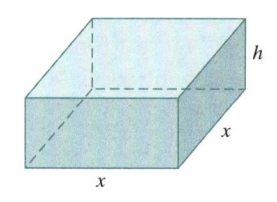

Figura 3 Caixa fechada.

A base e a tampa têm, cada uma, uma área de x^2, e cada um dos quatro lados tem área xh. Portanto, a área de superfície é $2x^2 + 4xh$. O volume da caixa é o produto do comprimento, largura e altura. Como a base é quadrada, o volume é x^2h.

(b) Quando as várias superfícies da caixa têm diferentes custos por pés quadrados, o custo de cada uma é calculado separadamente.

[custo da base] = [custo por pé quadrado] · [área da base] = $21x^2$;
[custo da tampa] = [custo por pé quadrado] · [área da tampa] = $2x^2$;
[custo de um lado] = [custo por pé quadrado] · [área de um lado] = $2xh$.

O custo total é

$$C = [\text{custo da base}] + [\text{custo da tampa}] + 4 \cdot [\text{custo de um lado}]$$
$$= 21x^2 + 2x^2 + 4 \cdot 2xh = 23x^2 + 8xh.$$

Problemas de economia Muitas aplicações dadas neste texto envolvem funções custo, receita e lucro.

EXEMPLO 3

Custo Um fabricante de brinquedos tem um custo fixo de $3.000 (como aluguel, seguro e empréstimos) que deve ser pago independentemente da quantidade de brinquedos produzidos. Além disso, existem os custos variáveis de $2 por brinquedo. Em um regime de produção de x brinquedos, os custos variáveis são de $2 \cdot x$ (dólares) e o custo total é

$$C(x) = 3.000 + 2x \text{ (dólares)}$$

(a) Encontre o custo da produção de 2.000 brinquedos.
(b) Qual é o custo adicional se o nível de produção for elevado de 2.000 para 2.200 brinquedos?
(c) Para responder à questão "quantos brinquedos podem ser produzidos a um custo de $5.000?", devemos calcular $C(5.000)$ ou resolver a equação $C(x) = 5.000$?

Solução

(a) $C(2.000) = 3.000 + 2(2.000) = 7.000$ (dólares).
(b) O custo total quando $x = 2.200$ é $C(2.200) = 3.000 + 2(2.200) = 7.400$ (dólares). Portanto, o *aumento* no custo quando a produção é elevada de 2.000 para 2.200 brinquedos é de

$$C(2.200) - C(2.000) = 7.400 - 7.000 = 400 \text{ (dólares)}.$$

(c) Essa é uma questão importante. A frase "quantos brinquedos" implica que a quantidade x não é conhecida. Dessa forma, a resposta é encontrada resolvendo $C(x) = 5.000$ em x, como segue.

$$3.000 + 2x = 5.000$$
$$2x = 2.000$$
$$x = 1.000 \text{ (brinquedos)}$$

Outra maneira de analisar esse problema é observar os tipos de unidades envolvidas. A entrada x da função custo é a *quantidade* de brinquedos e a saída da função custo é o *custo*, medido em dólares. Como a questão envolve 5.000 *dólares*, o que se especificou é a *saída*. A entrada x é desconhecida.

EXEMPLO 4

Custo, receita e lucro Os brinquedos do Exemplo 3 são vendidos a $10 cada. A receita $R(x)$ (quantidade de dinheiro recebida) com a venda de x brinquedos é de 10x dólares. Dada a mesma função custo, $C(x) = 3.000 + 2x$, o lucro (ou perda) $P(x)$ obtido pelos x brinquedos é

$$P(x) = R(x) - C(x)$$
$$= 10x - (3000 + 2x) = 8x - 3000.$$

(a) Para determinar a receita gerada por 8.000 brinquedos, devemos calcular $R(8.000)$ ou resolver a equação $R(x) = 8.000$?

(b) Se a receita com a produção e a venda de alguns brinquedos for $7.000, qual é o lucro correspondente?

Solução (a) Não conhecemos a receita, mas conhecemos a entrada da função receita. Portanto, calcule $R(8.000)$ para encontrar a receita.

(b) O lucro é desconhecido, portanto, queremos calcular o valor de $P(x)$. Infelizmente, não conhecemos o valor de x. Entretanto, o fato de a receita ser de $7.000 nos permite resolver para o valor de x. Assim, a resolução tem dois passos, como segue.

(i) Resolva $R(x) = 7.000$ para encontrar x.

$$10x = 7000$$
$$x = 700 \text{ (brinquedos)}$$

(ii) Calcule $P(x)$ com $x = 700$.

$$P(x) = 8(700) - 3000$$
$$= 2600 \text{ (dólares)} \quad \blacksquare$$

Funções e gráficos Os gráficos das funções que aparecem no contexto de problemas envolvendo aplicações fornecem informações úteis. Cada afirmação ou tarefa envolvendo uma função corresponde a uma propriedade ou tarefa envolvendo seu gráfico. Esse ponto de vista "gráfico" melhora o entendimento do conceito de função e reforça a habilidade de trabalhar com elas.

As calculadoras gráficas modernas e os programas de Cálculo para computadores fornecem ferramentas excelentes para pensar geometricamente em funções. A maioria das calculadoras gráficas e programas possuem um *cursor* que pode ser movimentado para qualquer ponto da tela, sendo as coordenadas x e y do cursor exibidas em alguma parte da tela. No exemplo seguinte, mostramos como cálculos geométricos com o gráfico de uma função correspondem aos mais conhecidos cálculos numéricos. Vale a pena acompanhar esse exemplo, mesmo se um computador (ou calculadora) não estiver disponível.

EXEMPLO 5 Para planejar o crescimento futuro, uma companhia analisa os custos de produção e estima que os custos (em dólares) para operar a um nível de produção de x unidades por hora são dados pela função

$$C(x) = 150 + 59x - 1{,}8x^2 + 0{,}02x^3.$$

Suponha que o gráfico dessa função esteja disponível, sendo mostrado numa tela de um recurso gráfico ou, talvez, impresso em papel gráfico de um relatório da companhia. (Ver Figura 4.)

(a) O ponto (16; 715,12) está no gráfico. O que isso diz sobre a função custo $C(x)$?

(b) A equação $C(x) = 900$ pode ser resolvida graficamente, encontrando um certo ponto no gráfico e lendo suas coordenadas x e y. Descreva como localizar o ponto. Como as coordenadas desse ponto fornecem a solução da equação $C(x) = 900$?

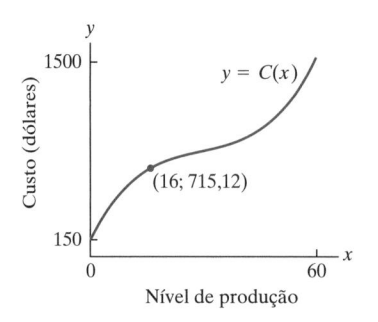

Figura 4 O gráfico de uma função custo.

(c) A tarefa "Encontre $C(45)$" pode ser executada graficamente, encontrando um ponto no gráfico. Descreva como localizar o ponto. Como as coordenadas desse ponto fornecem o valor de $C(45)$?

Solução

(a) O fato de que (16; 715,12) está no gráfico de $C(x)$ significa que $C(16) = 715,12$. Ou seja, se o nível de produção for de 16 unidades por hora, então o custo é de $715,12.

(b) Para resolver $C(x) = 900$ graficamente, localizamos 900 no eixo y e movemos o cursor para a direita até atingir o ponto (?, 900) no gráfico de $C(x)$. (Ver Figura 5.) A coordenada x do ponto é a solução de $C(x) = 900$. Graficamente, obtemos uma estimativa de x. (Com um recurso gráfico, encontre as coordenadas do ponto de interseção do gráfico com a reta horizontal $y = 900$; num papel gráfico, use uma régua para encontrar x no eixo x. Com duas casas decimais, $x = 39,04$.)

(c) Para encontrar $C(45)$ graficamente, localizamos 45 no eixo x e subimos o cursor até atingir o ponto (45,?) no gráfico de $C(x)$. (Ver Figura 6.) A coordenada y do ponto é o valor de $C(45)$. [De fato, $C(45) = 982,50$.] ∎

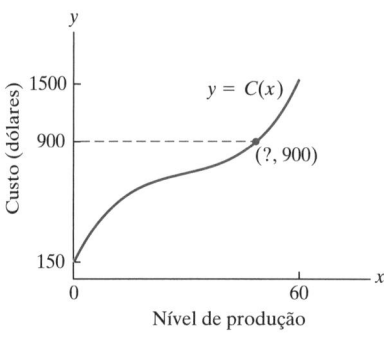

Figura 5

Figura 6

Os dois exemplos finais ilustram como extrair informação sobre uma função examinando o seu gráfico.

EXEMPLO 6

A Figura 7 fornece o gráfico da função $R(x)$, a receita obtida com a venda de x bicicletas.

(a) Qual é a receita com a venda de 1.000 bicicletas?

(b) Quantas bicicletas precisam ser vendidas para se alcançar uma receita de $102.000?

(c) Qual é a receita obtida com a venda de 1.100 bicicletas?

(d) Qual é a receita adicional obtida com a venda de outras 100 bicicletas se o nível atual de vendas for de 1.000 bicicletas?

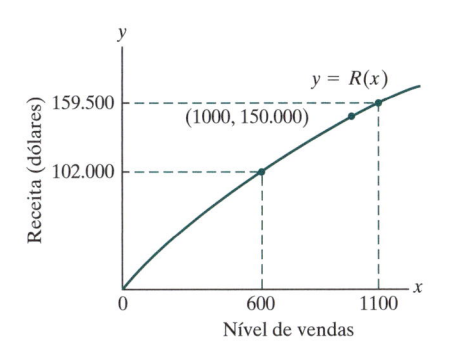

Figura 7 O gráfico de uma função receita.

Solução   (a) Como (1.000, 150.000) está no gráfico de $R(x)$, a receita obtida com a venda de 1.000 bicicletas é de $150.000.
(b) A reta horizontal em $y = 102.000$ intersecta o gráfico no ponto de coordenada $x = 600$. Portanto, a receita obtida com a venda de 600 bicicletas é de $102.000.
(c) A reta vertical em $x = 1.100$ intersecta o gráfico no ponto de coordenada $y = 159.500$. Portanto, $R(1.100) = 159.500$ e a receita é de $159.500.
(d) Quando o valor de x aumenta de 1.000 para 1.100, a receita aumenta de 150.000 para 159.500. Portanto, a receita adicional é de $9.500. ∎

EXEMPLO 7   **Altura de uma bola**   Uma bola é jogada diretamente para cima a partir do topo de uma torre de 64 pés. O gráfico da função $h(t)$, que dá a altura da bola (em pés) depois de t segundos, aparece na Figura 8. (*Observação*: esse gráfico não dá a trajetória física da bola; a bola é jogada verticalmente para cima.)

(a) Qual é a altura da bola depois de 1 segundo?
(b) Depois de quantos segundos a bola atinge a altura máxima, e qual é essa altura?
(c) Depois de quantos segundos a bola atinge o solo?
(d) Quando a altura é de 64 pés?

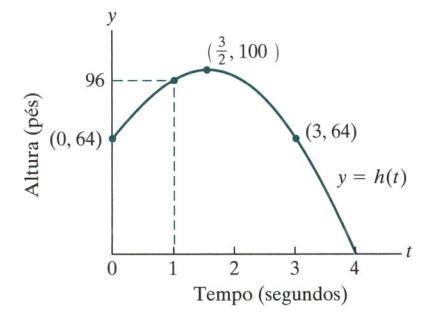

Figura 8 O gráfico de uma função altura.

Solução   (a) Como o ponto (1, 96) está no gráfico de $h(t)$, temos $h(1) = 96$. Portanto, a altura da bola depois de 1 segundo é de 96 pés.
(b) O ponto mais alto no gráfico da função tem coordenadas $\left(\frac{3}{2}, 100\right)$. Portanto, depois de $\frac{3}{2}$, segundos a bola atinge sua altura máxima, 100 pés.
(c) A bola atinge o solo quando a altura é 0. Isso ocorre depois de 4 segundos.
(d) A altura de 64 pés ocorre duas vezes, nos instantes $t = 0$ e $t = 3$ segundos. ∎

Na Tabela 1, resumimos a maioria dos conceitos nos Exemplos 3 a 7. Mesmo estando enunciados aqui para uma função lucro, esses conceitos aparecem em muitos outros tipos de funções. Cada afirmação sobre o lucro é traduzida numa afirmação sobre $f(x)$ e numa afirmação sobre o gráfico de $f(x)$. O gráfico da Figura 9 ilustra cada uma das afirmações.

TABELA 1 Traduzindo um problema aplicado

Considere que $f(x)$ seja o lucro em dólares num nível de produção x.

Problema aplicado	Função	Gráfico
Quando a produção é de 2 unidades, o lucro é de $7.	$f(2) = 7$.	O ponto (2, 7) está no gráfico.
Determine o número de unidades que geram um lucro de $12.	Resolva $f(x) = 12$ para x.	Encontre a(s) coordenada(s) x do(s) ponto(s) do gráfico cuja coordenada y é 12.
Determine o lucro quando o nível de produção está em 4 unidades.	Calcule $f(4)$.	Encontre a coordenada y do ponto do gráfico cuja coordenada x é 4
Encontre o nível de produção que maximiza o lucro.	Encontre x tal que $f(x)$ seja o maior possível.	Encontre a coordenada x do ponto mais alto do gráfico, M.
Determine o lucro máximo.	Encontre o valor máximo de $f(x)$.	Encontre a coordenada y do ponto mais alto do gráfico.
Determine a variação do lucro quando o nível de produção passa de 6 para 7 unidades.	Encontre $f(7) - f(6)$.	Determine a diferença na coordenada y dos pontos de coordenadas x iguais a 6 e 7.
O lucro diminui quando o nível de produção varia de 6 para 7 unidades.	O valor da função diminui quando x varia de 6 para 7.	O ponto do gráfico com coordenada x igual a 6 está mais elevado do que o ponto com coordenada x igual a 7.

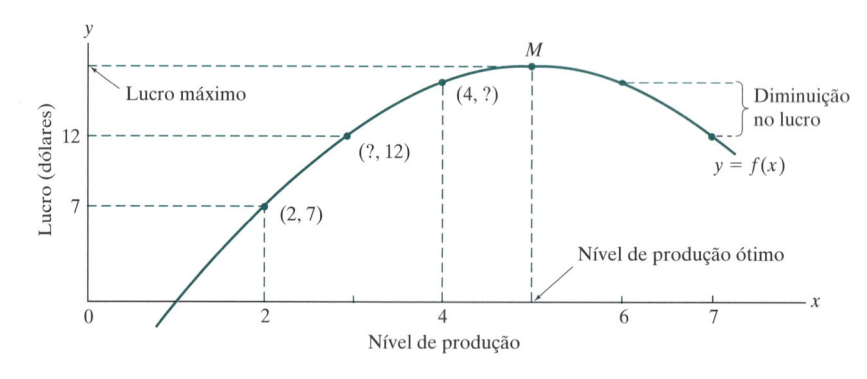

Figura 9 O gráfico de uma função lucro.

EXEMPLO 8

INCORPORANDO RECURSOS TECNOLÓGICOS

Aproximando os valores máximo e mínimo Sabe-se que, para um certo bem, a receita (em milhares de dólares) com a venda de x milhares de unidades é dada por

$$R(x) = -x^2 + 6{,}233x \text{ com } 0 \leq x \leq 6{,}233.$$

Aproxime o número de unidades que devem ser vendidas para maximizar a receita e encontre a receita máxima aproximada.

Seção 0.6 • Funções e gráficos em aplicações   47

Solução   Temos, pelo menos, dois métodos para aproximar o valor máximo dessa função. Começamos entrando com a função na calculadora. Pressione [Y=] e digite a fórmula de $R(x)$ para Y_1. Pressione a tecla [WINDOW] e tome $Xmin = 0$ e $Xmax = 6{,}233$.

O primeiro método usa o comando [TRACE]. Depois de entrar a função na calculadora, pressione [TRACE]. Usamos as teclas [▷] e [◁] para acompanhar o cursor ao longo do gráfico. Fazendo isso, são atualizados os valores de X e Y. Observando o valor de X, concluímos que a receita máxima de aproximadamente $9.713 é alcançada quando forem vendidas em torno de 3.117 unidades. (Ver Figura 10.)

O segundo método usa a rotina **fMax** da calculadora. Começamos pressionando [2nd] [CALC] e depois [4] para começar a rotina **fMax**. Digitamos 2 como cota à esquerda, 4 como cota à direita e 3 como o palpite. O resultado aparece na Figura 11 e também indica que a receita máxima de aproximadamente $9.713 é alcançada quando forem vendidas em torno de 3.117 unidades.

Analogamente, podemos usar [TRACE] ou **fMin** para obter o valor mínimo da função.

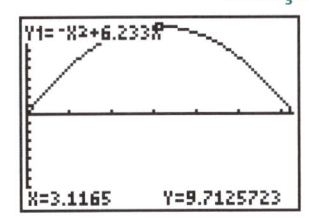

Figura 10

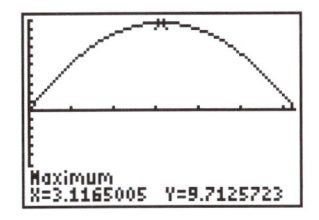

Figura 11

Exercícios de revisão 0.6

Considere o cilindro dado na Figura 12.

1. Atribua letras às dimensões do cilindro.
2. A cintura do cilindro é a circunferência do círculo colorido da figura. Expresse a cintura em termos das dimensões do cilindro.
3. Qual é a área da base (ou tampa) do cilindro?
4. Qual é a área de superfície do lado do cilindro? [*Sugestão*: imagine-se cortando o lado do cilindro e desenrolando-o para formar um retângulo.]

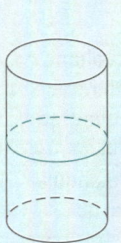

Figura 12

Exercícios 0.6

Nos Exercícios 1-6, atribua letras às dimensões do objeto geométrico.

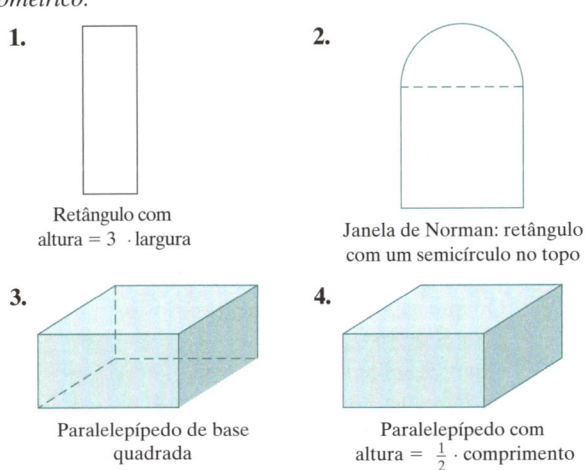

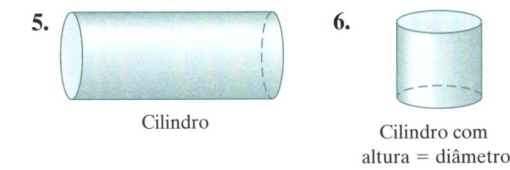

1. Retângulo com altura = 3 · largura
2. Janela de Norman: retângulo com um semicírculo no topo
3. Paralelepípedo de base quadrada
4. Paralelepípedo com altura = $\frac{1}{2}$ · comprimento
5. Cilindro
6. Cilindro com altura = diâmetro

Nos Exercícios 7-14, use as letras atribuídas às figuras nos Exercícios 1-6.

7. **Perímetro, área**   Considere o retângulo do Exercício 1. Escreva uma expressão para o perímetro. Se a área for de 25 metros quadrados, escreva isso como uma equação.

8. **Perímetro, área**   Considere o retângulo do Exercício 1. Escreva uma expressão para a área. Se o perímetro for de 30 centímetros, escreva isso com uma equação.

9. **Área, circunferência**   Considere um círculo de raio r. Escreva uma expressão para a área. Se a circunferência for de 15 centímetros, escreva isso como uma equação.

10. **Perímetro, área** Considere a janela de Norman do Exercício 2. Escreva uma expressão para o perímetro. Se a área for de 2,5 metros quadrados, escreva isso como uma equação.

11. **Volume, área de superfície** Considere o paralelepípedo do Exercício 3 e suponha que não exista tampa. Escreva uma expressão para o volume. Se a área de superfície for de 65 centímetros quadrados, escreva isso como uma equação.

12. **Área de superfície, volume** Considere o paralelepípedo fechado do Exercício 4. Escreva uma expressão para a área de superfície. Se o volume for de 10 metros cúbicos, escreva isso como uma equação.

13. **Volume, área de superfície e custo** Considere o cilindro do Exercício 5 e suponha que seu volume seja de 100 centímetros cúbicos. Escreva isso como uma equação. Suponha que o material utilizado para construir a tampa à esquerda custe $5 por centímetro quadrados, o material utilizado para construir a tampa à direita custe $6 por centímetro quadrado e que o material utilizado para construir o lado custe $7 por centímetro quadrado. Escreva uma expressão para o custo total do material do cilindro.

14. **Área de superfície, volume** Considere o cilindro do Exercício 6 e suponha que sua área de superfície seja de 30π centímetros quadrados. Escreva isso como uma equação. Escreva uma expressão para o volume.

15. **Cercando um curral retangular** Considere um curral retangular com uma partição ao longo no meio, conforme Figura 13. Atribua letras para as dimensões externas do curral. Escreva uma equação expressando o fato de que são necessários 5.000 metros de cerca para construir o curral (incluindo a partição). Escreva uma expressão para a área total do curral.

Figura 13

16. **Cercando um curral retangular** Considere um curral retangular com duas partições, conforme Figura 14. Atribua letras para as dimensões externas do curral. Escreva uma equação expressando o fato de que o curral tem uma área total de 2.500 metros quadrados. Escreva uma expressão para a quantidade de cerca necessária para construir o curral (incluindo ambas partições).

Figura 14

17. **Custo de cercar** Considere o curral do Exercício 16. Se o preço da cerca para a fronteira do curral for de $10 por metro e o da cerca para as partições internas for de $8 por metro, escreva uma expressão para o custo total da cerca.

18. **Custo de uma caixa aberta** Considere o paralelepípedo do Exercício 3. Suponha que a caixa não tenha tampa, que o material necessário para construir a base custe $5 por centímetro quadrado e que o material necessário para construir os lados custe $4 por centímetro quadrado. Escreva uma equação expressando o fato de que o custo total dos materiais é de $150. (Use as dimensões indicadas no Exercício 3.)

19. Se o retângulo do Exercício 1 tiver um perímetro de 40 cm, encontre a área do retângulo.

20. Se o cilindro do Exercício 6 tiver um volume de 54π centímetros cúbicos, encontre a área de superfície do cilindro.

21. **Custo** Uma loja especializada imprime textos e imagens em camisetas. Vendendo x camisetas diariamente, o custo total da loja é de $C(x) = 73 + 4x$ dólares.
    (a) Em qual nível de vendas o custo será de $225?
    (b) Se o nível de vendas for de 40 camisetas, quanto irá subir o custo se o nível de vendas aumentar para 50 camisetas?

22. **Custo, receita e lucro** Uma estudante universitária ganha dinheiro digitando trabalhos de conclusão em computador, que ela aluga (junto com uma impressora). A estudante cobra $4 por página digitada, calculando que seu custo mensal para digitar x páginas seja de $C(x) = 0{,}10x + 75$ dólares.
    (a) Qual é o lucro da estudante se ela digitar 100 páginas em 1 mês?
    (b) Determine a variação do lucro se o número de páginas for elevado de 100 para 101 páginas por mês.

23. **Lucro** Uma sorveteria obtém um lucro de $P(x) = 0{,}40x - 80$ dólares mensais vendendo x bolas de sorvete de iogurte por dia.
    (a) Encontre o nível crítico de venda, isto, é para o qual $P(x) = 0$.
    (b) Qual é o nível de vendas que gera um lucro diário de $30?
    (c) Quantas bolas de sorvete de iogurte devem ser vendidas a mais para elevar o lucro diário de $30 para $40?

24. **Lucro** Uma companhia de telefone celular estima que se tiver x milhares de assinantes, seu lucro mensal de será $P(x)$ milhares de dólares, com $P(x) = 12x - 200$.
    (a) Quantos assinantes são necessários para um lucro mensal de 160 mil dólares?
    (b) Quantos assinantes a mais seriam necessários para elevar o lucro mensal de 160 para 166 mil dólares?

25. **Custo, receita e lucro** Uma venda média numa pequena floricultura é de $21, de modo que a função receita semanal da floricultura é $R(x) = 21x$, onde x é o número de vendas numa semana. O custo semanal correspondente é $C(x) = 9x + 800$ dólares.

(a) Qual é a função lucro semanal da floricultura?
(b) Qual é o lucro obtido quando são feitas 120 vendas por semana?
(c) Se o lucro for de $1.000 em uma semana, qual é a receita nessa semana?

26. Um companhia de promoções estima que se tiver x clientes numa semana típica, suas despesas serão de $C(x) = 550x + 6.500$ dólares, aproximadamente, e sua receita será de $R(x) = 1.200x$ dólares, aproximadamente.
   (a) Qual será o lucro da companhia numa semana em que tiver 12 clientes?
   (b) Qual é o lucro semanal que a companhia está tendo se os custos semanais estão num patamar de $14.750?

Os Exercícios 27-32 referem-se à função f(r) que dá o custo (em centavos) para construir um cilindro de 100 centímetros cúbicos com raio de r centímetros. O gráfico de f(r) é dado na Figura 15.

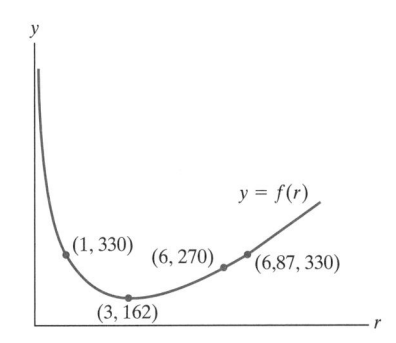

Figura 15 Custo de um cilindro.

27. Qual é o custo de construir um cilindro com 6 centímetros de raio?
28. Para qual(is) valor(es) de r o custo será de 330 centavos?
29. Interprete o fato de que o ponto (3, 162) está no gráfico da função.
30. Interprete o fato de que o ponto (3, 162) é o ponto mais baixo do gráfico da função. O que isso quer dizer em termos de custo *versus* raio?
31. Qual é o custo adicional de aumentar o raio de 3 para 6 centímetros?
32. Quanto é economizado aumentando o raio de 1 para 3 centímetros?

Os Exercícios 33-36 referem-se às funções custo e receita da Figura 16. O custo da produção de x unidades de um determinado bem é de C(x) dólares e a receita obtida pela venda de x unidades de bens é de R(x) dólares.

33. Quais são a receita e o custo da produção e venda de 30 unidades de bens?
34. A receita é de $1.400 em qual nível de produção?
35. O custo é de $1.400 em qual nível de produção?
36. Qual é o lucro com a produção e venda de 30 unidades de bens?

Os Exercícios 37-40 referem-se à função custo da Figura 17.

37. O ponto (1.000, 4.000) está no gráfico da função. Reescreva essa afirmação em termos da função $C(x)$.
38. Traduza a tarefa "resolva $C(x) = 3.500$ para x" para uma tarefa envolvendo o gráfico.
39. Traduza a tarefa "encontre $C(400)$" para uma tarefa envolvendo o gráfico.
40. Se forem produzidas 500 unidades de bens, qual é o custo para se produzir 100 unidades a mais?

Os Exercícios 41-44 referem-se à função lucro da Figura 18.

41. O ponto (2.500, 52.500) é o ponto mais alto do gráfico da função. O que isso diz em termos de lucro *versus* quantidade?
42. O ponto (1.500, 42.500) está no gráfico da função. Reescreva essa afirmação em termos da função $P(x)$.
43. Traduza a tarefa "resolva $P(x) = 30.000$" para uma tarefa envolvendo o gráfico.
44. Traduza a tarefa "encontre $P(2.000)$" para uma tarefa envolvendo o gráfico.

Uma bola é jogada verticalmente para cima. A função h(t) fornece a altura da bola (em metros) depois de t segundos. Nos Exercícios 45-50, traduza a tarefa dada tanto para uma

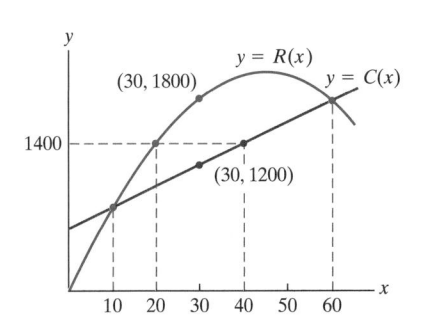

Figura 16 Funções custo e receita.

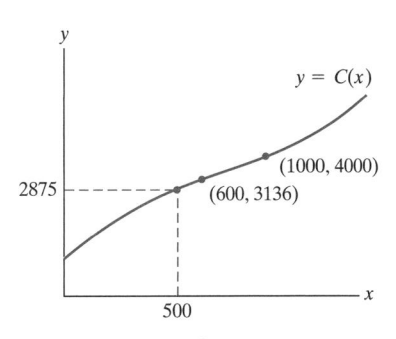

Figura 17 Uma função custo.

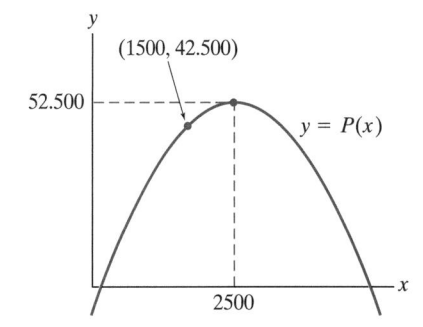

Figura 18 Uma função lucro.

afirmação matemática envolvendo a função quanto para uma afirmação envolvendo o gráfico da função.

45. Encontre a altura da bola depois de 3 segundos.
46. Encontre o instante no qual a bola atinge sua altura máxima.
47. Encontre a altura máxima atingida pela bola.
48. Determine o instante em que a bola atinge o solo.
49. Determine quando a bola atinge a altura de 30 metros.
50. Encontre a altura da bola no instante em que foi lançada.

Exercícios com calculadora

51. Uma bola lançada verticalmente para cima está a uma altura de $-16x^2 + 80x$ pés depois de x segundos.
    (a) Obtenha o gráfico da função na janela
    $$[0, 6] \text{ por } [-30, 120].$$
    (b) Qual é a altura da bola depois de 3 segundos?
    (c) Em quais instantes a altura da bola é de 64 pés?
    (d) Em que instante a bola atinge o solo?
    (e) Quando a bola atingirá sua altura máxima? Qual é essa altura?
52. O custo diário (em dólares) para produzir x unidades de um certo produto é dado pela função $C(x) = 225 + 36,5x - 0,9x^2 + 0,01x^3$.
    (a) Obtenha o gráfico de $C(x)$ na janela $[0, 70]$ por $[-400, 2.000]$.
    (b) Qual é o custo da produção de 50 unidades do produto?
    (c) Considere a situação da parte (b). Qual é o custo adicional para que se produza uma unidade de produto a mais?
    (d) Em que nível de produção o custo diário é de $510?
53. Uma loja estima que a receita total (em dólares) da venda de x bicicletas por ano é dada pela função $R(x) = 250x - 0,2x^2$.
    (a) Obtenha o gráfico de $R(x)$ na janela
    $$[200, 500] \text{ por } [42.000, 75.000]$$
    (b) Qual nível de vendas produz uma receita de $63.000?
    (c) Qual é a receita com a venda de 400 bicicletas?
    (d) Considere a situação da parte (c). Se o nível de vendas diminuísse 50 bicicletas, qual seria a diminuição da receita?
    (e) A loja acredita que, se gastar $5.000 em propaganda, poderá aumentar as vendas de 400 para 450 bicicletas no próximo ano. Ela deve ou não gastar esses $5.000? Explique sua conclusão.

Soluções dos exercícios de revisão 0.6

1. Sejam r o raio da base circular e h a altura do cilindro.
2. Cintura = $2\pi r$ (a circunferência do círculo).
3. Área da base = πr^2.
4. O cilindro é um retângulo desenrolado de altura h e base $2\pi r$ (a circunferência do círculo). A área é $2\pi rh$. (Ver Figura 19.)

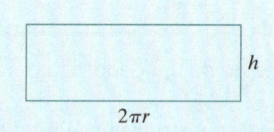

Figura 19 Lado desenrolado de um cilindro.

REVISÃO DE CONCEITOS FUNDAMENTAIS

1. Explique as relações e as diferenças entre números reais, números racionais e números irracionais.
2. Quais são os quatro tipos de desigualdades e o que cada uma significa?
3. Qual é a diferença entre um intervalo aberto e um intervalo fechado de a a b?
4. O que é uma função?
5. O que se quer dizer com "o valor de uma função em x"?
6. O que se quer dizer com domínio e imagem de uma função?
7. O que é o gráfico de uma função e qual sua relação com retas verticais?
8. O que é uma função linear? Uma função constante? Dê exemplos.
9. O que são os pontos de corte com os eixos x e y de uma função e como podem ser encontrados?
10. O que é uma função quadrática? Qual é a forma de seu gráfico?
11. Defina e dê exemplos de cada um dos seguintes tipos de funções.
    (a) função quadrática (b) função polinomial
    (c) função racional (d) função potência
12. O que significa o valor absoluto de um número?

13. Quais são as cinco operações com funções discutidas neste capítulo? Dê um exemplo de cada uma delas.
14. O que é um zero de uma função?
15. Forneça dois métodos para encontrar os zeros de uma função quadrática.
16. Enuncie as seis leis de exponenciação.
17. Na fórmula $A = P(1 + i)^n$, o que representam A, P, i e n?
18. Explique como resolver geometricamente $f(x) = b$ a partir do gráfico de $y = f(x)$.
19. Explique como encontrar $f(a)$ geometricamente a partir do gráfico de $y = f(x)$.

EXERCÍCIOS SUPLEMENTARES

1. Seja $f(x) = x^3 + \frac{1}{x}$. Calcule $f(1)$, $f(3)$, $f(-1)$, $f(-\frac{1}{2})$ e $f(\sqrt{2})$.
2. Seja $f(x) = 2x + 3x^2$. Calcule $f(0)$, $f(-\frac{1}{4})$ e $f(1/\sqrt{2})$.
3. Seja $f(x) = x^2 - 2$. Calcule $f(a - 2)$.
4. Seja $f(x) = [1/(x + 1)] - x^2$. Calcule $f(a + 1)$.

Nos Exercícios 5-8, determine o domínio da função.

5. $f(x) = \dfrac{1}{x(x + 3)}$
6. $f(x) = \sqrt{x - 1}$
7. $f(x) = \sqrt{x^2 + 1}$
8. $f(x) = \dfrac{1}{\sqrt{3x}}$
9. Verifique se o ponto $(\frac{1}{2}, -\frac{3}{5})$ está no gráfico da função $h(x) = (x^2 - 1)/(x^2 + 1)$?
10. Verifique se o ponto $(1, -2)$ está no gráfico da função $k(x) = x^2 + (2/x)$?

Nos Exercícios 11-14, fatore o polinômio.

11. $5x^3 + 15x^2 - 20x$
12. $3x^2 - 3x - 60$
13. $18 + 3x - x^2$
14. $x^5 - x^4 - 2x^3$
15. Encontre os zeros da função quadrática $y = 5x^2 - 3x - 2$.
16. Encontre os zeros da função quadrática $y = -2x^2 - x + 2$.
17. Encontre os pontos de interseção das curvas $y = 5x^2 - 3x - 2$ e $y = 2x - 1$.
18. Encontre os pontos de interseção das curvas $y = -x^2 + x + 1$ e $y = x - 5$.

Nos Exercícios 19-24, considere $f(x) = x^2 - 2x$, $g(x) = 3x - 1$ e $h(x) = \sqrt{x}$. Encontre a função.

19. $f(x) + g(x)$
20. $f(x) - g(x)$
21. $f(x)h(x)$
22. $f(x)g(x)$
23. $f(x)/h(x)$
24. $g(x)h(x)$

Nos Exercícios 25-30, considere $f(x) = x/(x^2 - 1)$, $g(x) = (1 - x)/(1 + x)$ e $h(x) = 2/(3x + 1)$. Expresse a função como uma função racional.

25. $f(x) - g(x)$
26. $f(x) - g(x + 1)$
27. $g(x) - h(x)$
28. $f(x) + h(x)$
29. $g(x) - h(x - 3)$
30. $f(x) + g(x)$

Nos Exercícios 31-36, considere $f(x) = x^2 - 2x + 4$, $g(x) = 1/x^2$ e $h(x) = 1/(\sqrt{x} - 1)$. Encontre a função.

31. $f(g(x))$
32. $g(f(x))$
33. $g(h(x))$
34. $h(g(x))$
35. $f(h(x))$
36. $h(f(x))$
37. Simplifique $(81)^{3/4}$, $8^{5/3}$ e $(0{,}25)^{-1}$.
38. Simplifique $(100)^{3/2}$ e $(0{,}001)^{1/3}$.
39. Estima-se que a população de uma certa cidade daqui a t anos seja de $750 + 25t + 0{,}1t^2$ milhares de pessoas. Ecologistas estimam que o nível médio de monóxido de carbono no ar acima da cidade será de $1 + 0{,}4x$ ppm (partes por milhão) quando a população da cidade for de x milhares de pessoas. Expresse o nível de monóxido de carbono como função do tempo t.
40. A receita $R(x)$ (em milhares de dólares) que uma companhia obtém com a venda de x mil unidades é dada por $R(x) = 5x - x^2$. O nível de vendas x é, por sua vez, uma função $f(d)$ do número d de dólares gastos com propaganda, em que

$$f(d) = 6\left(1 - \frac{200}{d + 200}\right).$$

Expresse a receita como uma função do número de dólares gastos em propaganda.

Nos Exercícios 41-44, use as leis de exponenciação para simplificar a expressão algébrica.

41. $(\sqrt{x} + 1)^4$
42. $\dfrac{xy^3}{x^{-5}y^6}$
43. $\dfrac{x^{3/2}}{\sqrt{x}}$
44. $\sqrt[3]{x}\,(8x^{2/3})$

CAPÍTULO 1

A DERIVADA

1.1 A inclinação de uma reta
1.2 A inclinação de uma curva num ponto
1.3 A derivada
1.4 Limites e a derivada
1.5 Derivabilidade e continuidade
1.6 Algumas regras de derivação
1.7 Mais sobre derivadas
1.8 A derivada como uma taxa de variação

A derivada é uma ferramenta matemática utilizada para medir taxas de variação. Para ilustrar que tipo de variação temos em mente, considere o exemplo seguinte. Uma colônia de células de levedura cresce num prato de cultura. Seu ambiente (o prato) impõe limites no espaço e nos nutrientes disponíveis. Por meio de experimentos*, sabe-se que essa cultura pode ter, no máximo, 10.000 células de levedura. No instante 0 horas, o número de células de levedura é de 385. Os dados experimentais da Tabela 1 listam o número de células de levedura presentes a intervalos de 5 horas. Denotemos por $N(t)$ o número de células da colônia no tempo t. Então $N(t)$ é uma função de t cujos valores em certos valores particulares de t são dados na Tabela 1.

O valor de $N(t)$ varia à medida que t varia. Vamos analisar essa variação. Para isso, usamos a Tabela 1. A terceira coluna registra as variações nos valores de t. A primeira entrada registra o tempo decorrido de $t = 0$ até $t = 5$, ou seja, $5 - 0 = 5$ horas. A segunda entrada registra o tempo decorrido de $t = 5$ até $t = 10$, ou seja, $10 - 5 = 5$. O mesmo ocorre em toda a coluna. A cada variação de t (de 0 até 5, de 5 até 10, e assim por diante) ocorre uma variação correspondentes de $N(t)$ [de $N(0)$ até $N(5)$, de $N(5)$ até $N(10)$, e assim por diante]. Por exemplo, se t varia de 0 até 5, o valor de $N(t)$ varia de 385 até 619, numa variação de 234. A variação de $N(t)$ correspondente a cada variação de t está registrada na quarta coluna da Tabela 1.

---

* Ver C. F. Gause, "Experimental Studies on the Struggle of Existence", *J. Exp. Biology*, 9(1932), 389-402.

TABELA 1

t	N(t)	Variação em t	Variação em N(t)	Variação em N(t)/ Variação em t
0	385			
5	619	5	234	46,8
10	981	5	362	72,48
15	1520	5	539	107,8
20	2281	5	761	152,2
25	3276	5	995	199,0
30	4455	5	1179	235,8
35	5698	5	1243	248,6
40	6859	5	1161	232,2
45	7826	5	967	193,4
50	8558	5	732	146,4
55	9073	5	515	103,0
60	9416	5	343	68,6
65	9638	5	222	44,4
70	9777	5	139	27,8

Vamos supor que as variações de $N(t)$ sejam uniformes em cada intervalo de tempo. Ou seja, que o aumento de 234 células ocorra uniformemente ao longo do tempo 0 até o tempo 5. Então, a taxa de crescimento do número de células pode ser obtida como o quociente

$$\text{[Taxa de variação do número de células de levedura]} = \frac{\text{[Variação do número de células de levedura]}}{\text{[Variação do tempo]}}$$

$$\frac{N(5) - N(0)}{5 - 0} = \frac{619 - 385}{5} = \frac{234}{5}$$

$$= 46,8 \text{ células por hora.}$$

A quinta coluna da Tabela 1 registra a taxa de variação do número de células de levedura por hora, para cada intervalo de tempo descrito na tabela. Vemos que cada taxa de variação é positiva, indicando que o tamanho da colônia de levedura cresce continuamente. Entretanto, as taxas de variação começam crescendo e depois encolhem. Isso indica que a colônia de levedura inicialmente cresce a taxas cada vez maiores, tirando vantagem do espaço e nutrientes existentes. À medida que a colônia se torna mais populosa e a comida mais limitada (por célula), a taxa de crescimento decresce.

Podemos descrever a colônia de levedura pelo gráfico de $N(t)$, conforme Figura 1. Observe que o tamanho da colônia aumenta continuamente, tendendo ao tamanho máximo da colônia, de 10.000. Além disso, lendo o gráfico da esquerda para a direita, vemos que inicialmente o gráfico fica cada vez mais íngreme e, depois, cada vez menos íngreme. Ou seja, parece haver uma conexão entre a taxa segundo a qual varia $N(t)$ e o quão íngreme é o gráfico. Isso ilustra uma ideia fundamental do Cálculo, que pode ser descrita, em termos bem gerais, como segue. *A taxa de variação de uma função corresponde a quão íngreme é seu gráfico.*

Este capítulo é dedicado à *derivada*, que fornece uma medida numérica de quão íngreme é uma curva num ponto específico. Estudando a derivada, capacitamo-nos a lidar numericamente com taxas de variação em problemas aplicados.

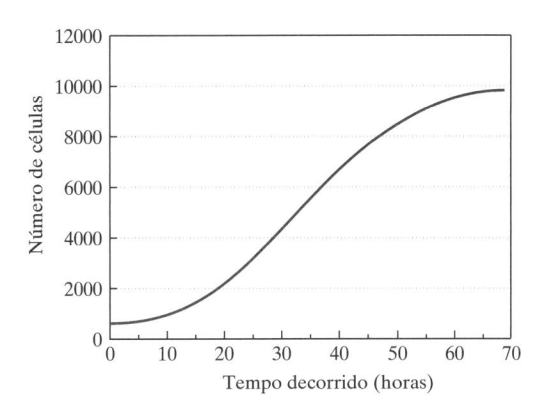

Figura 1 Células de fermento numa cultura.

1.1 A inclinação de uma reta

Como veremos, o estudo de retas é crucial para estudar o quão íngreme é uma curva. Por isso, nesta seção discutimos as propriedades geométricas e algébricas de retas. Como uma reta vertical nunca é o gráfico de alguma função (por falhar o teste da reta vertical), vamos nos concentrar em retas não verticais.

> **Equações de retas não verticais** Uma reta não vertical L tem uma equação da forma
> $$y = mx + b. \qquad (1)$$
> O número m é denominado *inclinação* de L, ou, então, seu *coeficiente angular*. O número b, denominado *coeficiente linear* de L, é a ordenada do *ponto* $(0, b)$ *de corte* de L com o eixo y. Dizemos que a equação (1) é a *equação inclinação-corte* de L.

Tomando $x = 0$, vemos que $y = b$, de modo que $(0, b)$ está na reta L. Assim, o ponto de corte de L com o eixo y é o ponto em que a reta L intersecta o eixo y. A inclinação mede o quão íngreme é a reta. Na Figura 1, apresentamos três exemplos de retas de inclinação $m = 2$. Na Figura 2, apresentamos três exemplos de retas de inclinação $m = -2$.

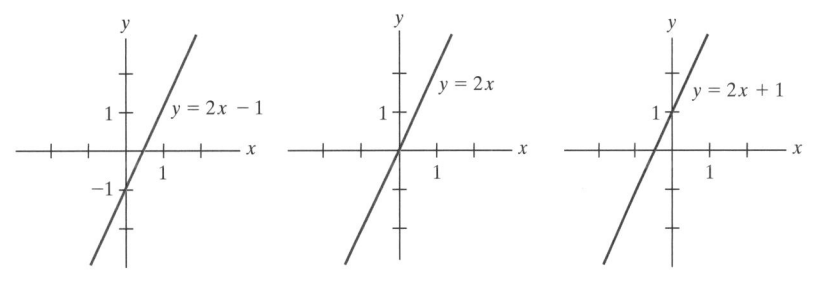

Figura 1 Três retas de inclinação 2.

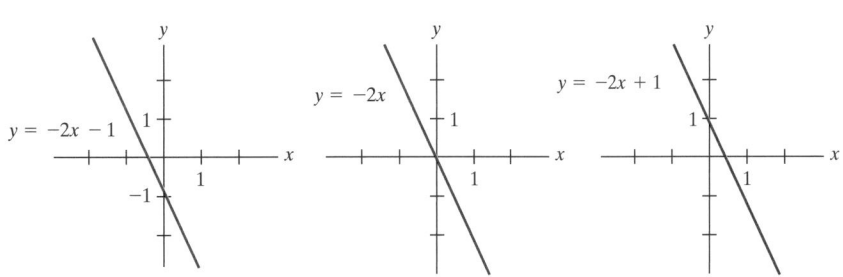

Figura 2 Três retas de inclinação -2.

Para compreender o significado da inclinação, suponha que estejamos caminhando da esquerda para a direita ao longo da reta. Em retas com inclinação positiva, estaremos caminhando numa subida, ou aclive; quanto maior a inclinação, maior o aclive e mais íngreme é a subida. Em retas com inclinação negativa, estaremos caminhando numa descida, ou declive; quanto mais negativa a inclinação, maior o declive e mais íngreme é a descida. Caminhar em retas com inclinação nula corresponde a caminhar em terreno plano. A Figura 3 mostra os gráficos de retas com $m = 3, 1, \frac{1}{3}, 0, -\frac{1}{3}, 2, -1, -3$, todas tendo $b = 0$. O leitor pode verificar imediatamente o significado da inclinação dessas retas.

A inclinação e o ponto de corte de uma reta com o eixo y têm, frequentemente, uma interpretação física, como ilustram os três exemplos seguintes.

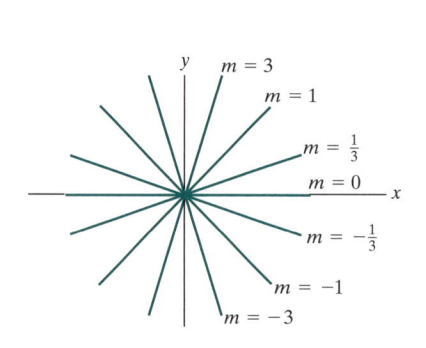

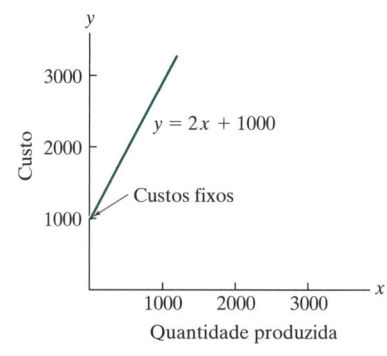

Figura 3

Figura 4 Uma função custo.

EXEMPLO 1

Um fabricante verifica que o custo total da produção de x unidades de um produto é de $2x + 1.000$ dólares. Qual é o significado econômico da inclinação da reta $y = 2x + 1.000$ e do ponto de corte dessa reta com o eixo y? (Ver Figura 4.)

Solução O ponto de corte com o eixo y é $(0, 1.000)$. Em outras palavras, quando $x = 0$ (nenhuma unidade produzida) o custo ainda é de 1.000 dólares. O coeficiente linear 1.000 representa os *custos fixos* da fábrica, como o aluguel e o seguro, que precisam ser pagos independentemente do número de itens produzidos.

A inclinação da reta é 2. Esse número representa o custo necessário para produzir cada unidade adicional. Para ver isso, calculamos alguns custos típicos.

Quantidade produzida	Custo total
$x = 1500$	$y = 2(1500) + 1000 = 4000$
$x = 1501$	$y = 2(1501) + 1000 = 4002$
$x = 1502$	$y = 2(1502) + 1000 = 4004$

Cada vez que x é aumentado em 1 unidade, o valor de y aumenta em 2 dólares. Esse número 2 é denominado *custo marginal*, que é o custo adicional acarretado pelo aumento em 1 unidade do nível de produção, de x para $x + 1$. ∎

EXEMPLO 2

Um edifício residencial dispõe de um tanque para armazenar o óleo destinado à calefação. O tanque estava cheio em 1º de janeiro, mas não ocorre entrega de óleo até março. Denote por t o número de dias contados a partir de 1º de janeiro e por y o número de galões de óleo no tanque. Os registros do edifício mostram que y e t estão aproximadamente relacionados pela equação

$$y = 30.000 - 400t. \tag{2}$$

Que interpretação pode ser dada para a inclinação dessa reta e do seu ponto de corte com o eixo y? (Ver Figura 5.)

Solução O ponto de corte com o eixo y é $(0, 30.000)$. Esse valor de y corresponde a $t = 0$, de modo que em 1º de janeiro havia 30.000 galões de óleo no tanque. Examinemos quão rápido é removido o óleo do tanque.

Dias depois de 1º de janeiro	Galões de óleo no tanque
$t = 0$	$y = 30.000 - 400(0) = 30.000$
$t = 1$	$y = 30.000 - 400(1) = 29.600$
$t = 2$	$y = 30.000 - 400(2) = 29.200$
$t = 3$	$y = 30.000 - 400(3) = 28.800$
⋮	⋮

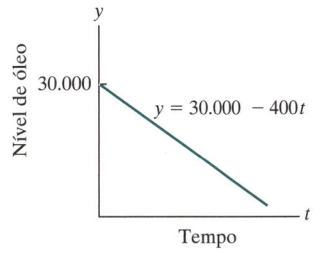

Figura 5 Quantidade de óleo num tanque.

O nível de óleo no tanque diminui 400 galões a cada dia, ou seja, o óleo é utilizado à taxa de 400 galões por dia. A inclinação da reta (2) é -400. Assim, a inclinação fornece a taxa segundo a qual varia o nível de óleo no tanque. O sinal negativo de -400 indica que o nível de óleo está diminuindo, não aumentando. ∎

EXEMPLO 3 O valor dos equipamentos de uma firma pode ser considerado menor a cada ano, para fins tributários. O valor da depreciação pode ser deduzido do imposto de renda.

Se x anos depois de sua compra o valor y de um certo equipamento for dado por

$$y = 500.000 - 50.000x,$$

interprete a inclinação e o ponto de corte do gráfico com o eixo y.

Solução O ponto de corte com o eixo y é $(0, 500.000)$ e corresponde ao valor de y quando $x = 0$. Logo, o coeficiente linear fornece o valor original de $500.000 do equipamento. A inclinação indica a razão segundo a qual varia o valor do equipamento. Assim, o equipamento está depreciando à taxa de 50.000 dólares por ano. ∎

Propriedades da inclinação de uma reta Examinemos algumas propriedades úteis da inclinação de uma reta. No final desta seção, explicaremos a validade dessas propriedades.

Propriedade 1 da inclinação Andamos 1 unidade para a direita a partir de um ponto inicial de uma reta de inclinação m. Para voltar à reta, devemos andar m unidades na direção e sentido do eixo y.

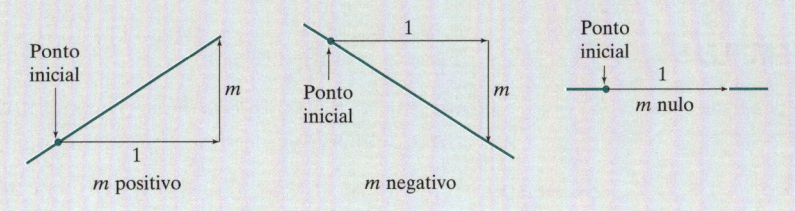

Propriedade 2 da inclinação Conhecendo dois pontos de uma reta, podemos calcular sua inclinação. Se (x_1, y_1) e (x_2, y_2) são dois pontos da reta, a inclinação da reta é

$$m = \frac{y_2 - y_1}{x_2 - x_1}.$$

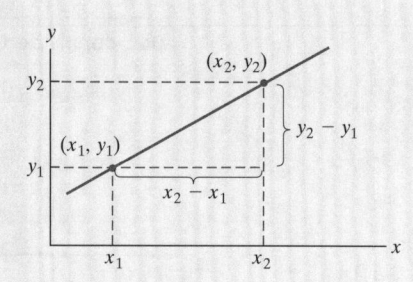

Propriedade 3 da inclinação Conhecendo a inclinação e um ponto de uma reta, podemos obter sua equação. Se a inclinação é m e (x_1, y_1) é um ponto da reta, a equação da reta é

$$y - y_1 = m(x - x_1). \tag{3}$$

Essa é a *equação ponto-inclinação* da reta.

Propriedade 4 da inclinação Retas distintas de mesma inclinação são paralelas. Reciprocamente, duas retas não verticais paralelas têm a mesma inclinação.

Propriedade 5 da inclinação O produto das inclinações de duas retas perpendiculares (exceto o caso de retas verticais e horizontais) é igual a -1.

Cálculos envolvendo a inclinação de uma reta

EXEMPLO 4 Encontre a inclinação e o ponto de corte com o eixo y da reta de equação $2x + 3y = 6$.

Solução Colocamos a equação na forma inclinação-corte resolvendo y em termos de x.

$$3y = -2x + 6$$
$$y = -\frac{2}{3}x + 2$$

A inclinação é $-\frac{2}{3}$ e o ponto de corte com o eixo y é $(0, 2)$. ∎

EXEMPLO 5 Esboce o gráfico da reta

(a) que passa pelo ponto $(2, -1)$ com inclinação 3,

(b) que passa pelo ponto $(2, 3)$ com inclinação $-\frac{1}{2}$.

Solução Utilizamos a Propriedade 1 da Inclinação. (Ver Figura 6.) Em cada caso, começamos no ponto dado e caminhamos uma unidade para a direita e, depois, m unidades na direção de y (para cima com m positivo e para baixo com m

negativo). O novo ponto alcançado também estará na reta. Traçamos a reta por esses dois pontos.

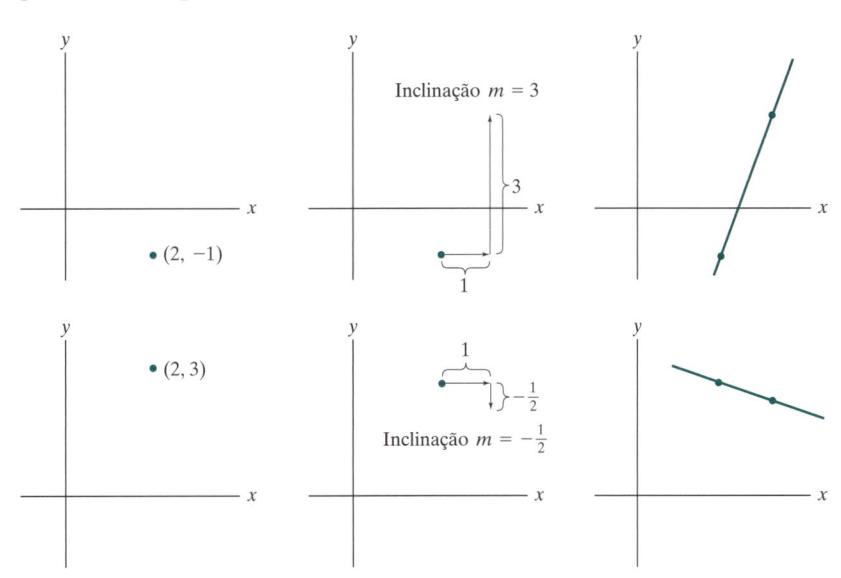

Figura 6

EXEMPLO 6 Encontre a inclinação da reta que passa pelos pontos $(6, -2)$ e $(9, 4)$.

Solução Aplicamos a Propriedade 2 da Inclinação com $(x_1, y_1) = (6, -2)$ e $(x_2, y_2) = (9, 4)$. Então

$$\frac{y_2 - y_1}{x_2 - x_1} = \frac{4 - (-2)}{9 - 6} = \frac{6}{3} = 2.$$

Assim, a inclinação é 2. [Teríamos obtido a mesma resposta se tivéssemos tomado $(x_1, y_1) = (9, 4)$ e $(x_2, y_2) = (6, -2)$.] A inclinação é simplesmente a diferença das coordenadas y dividida pela diferença das coordenadas x, sendo cada uma das diferenças tomada na mesma ordem.

EXEMPLO 7 Encontre uma equação da reta que passa por $(-1, 2)$ com inclinação 3.

Solução Tomamos $(x_1, y_1) = (-1, 2)$ e $m = 3$ e utilizamos a Propriedade 3 da Inclinação. A equação da reta é

$$y - 2 = 3[x - (-1)]$$

ou

$$y - 2 = 3(x + 1).$$

Se quisermos, podemos colocar essa equação no formato $y = mx + b$, como segue.

$$y - 2 = 3(x + 1) = 3x + 3$$
$$y = 3x + 5.$$

EXEMPLO 8 Encontre uma equação da reta que passa pelos pontos $(1, -2)$ e $(2, -3)$.

Solução Pela Propriedade 2 da Inclinação, a inclinação da reta é

$$\frac{-3 - (-2)}{2 - 1} = \frac{-3 + 2}{1} = -1.$$

Como (1, −2) está na reta, a Propriedade 3 nos dá a equação da reta, como segue.

$$y - (-2) = (-1)(x - 1)$$
$$y + 2 = -x + 1$$
$$y = -x - 1.$$

∎

EXEMPLO 9 Encontre uma equação da reta que passa por (5, 3) e é paralela à reta $2x + 5y = 7$.

Solução Começamos calculando a inclinação da reta $2x + 5y = 7$.

$$2x + 5y = 7$$
$$5y = 7 - 2x$$
$$y = -\frac{2}{5}x + \frac{7}{5}$$

A inclinação dessa reta é $-\frac{2}{5}$. Pela Propriedade 4 da Inclinação, qualquer reta paralela a essa reta também tem inclinação $-\frac{2}{5}$. Usando o ponto (5, 3) dado e a Propriedade 3 da Inclinação, obtemos a equação procurada, como segue.

$$y - 3 = -\frac{2}{5}(x - 5).$$

Essa equação também pode ser escrita como

$$y = -\frac{2}{5}x + 5.$$

∎

A inclinação como uma taxa de variação

Voltemos à discussão do Exemplo 2 relativa à taxa de variação e vejamos como essa noção se relaciona com a de inclinação. Dada uma função linear $y = L(x) = mx + b$, quando x varia de x_1 até x_2, y varia de $y_1 = L(x_1)$ até $y_2 = L(x_2)$. A *taxa de variação* de $y = L(x)$ ao longo do intervalo de x_1 a x_2 é a variação de y dividida pela variação de x, como segue.

$$\left[\begin{array}{c} \text{taxa de variação de } y = L(x) \\ \text{ao longo do intervalo de } x_1 \text{ a } x_2 \end{array} \right] = \frac{[\text{variação de } y]}{[\text{variação de } x]}$$

$$= \frac{y_2 - y_1}{x_2 - x_1} = m,$$

onde usamos a Propriedade 2. Assim, a taxa de variação de uma função linear ao longo de qualquer intervalo é constante e igual à inclinação m. Como já o fizemos no Exemplo 2, dizemos que a inclinação *é* a taxa de variação da função, sem menção a qualquer intervalo. O fato de a taxa de variação de uma função linear ser constante caracteriza as funções lineares (ver Exercício 63) e tem muitas aplicações importantes.

EXEMPLO 10 **O impacto da doença da vaca louca na exportação canadense de carne bovina** A descoberta no Canadá, em maio de 2003, de um caso isolado de encefalopatia espongiforme bovina (BSE), ou doença da vaca louca, levou a um embargo imediato de toda a exportação de carne bovina canadense. O embargo foi levantado no início de setembro de 2003 e as exportações de carne bovina canadense cresceram a uma taxa constante de 42,5 milhões de dólares por mês.* Expresse o valor da exportação mensal de carne bovina canadense como uma função do tempo para o período que inicia em 1º de setembro de

---

* *Fonte*: Divisão de Estatística do Comércio Externo, Canadá.

2003. Qual foi o valor da exportação mensal no final de dezembro de 2003, quando aparentemente as exportações voltaram ao seu nível normal?

Solução Sejam y o valor das exportações mensais em milhões de dólares e x o número de meses que decorreram desde 1º de setembro de 2003. Como a taxa de variação de y é constante, concluímos que y é uma função linear de x cuja inclinação é igual à taxa de variação, ou seja, $m = 42{,}5$. O valor das exportações em 1º de setembro (quando $x = 0$) era de 0 dólares, pois o embargo recém havia acabado. Logo, o ponto $(0, 0)$ está no gráfico de y. Para escrever y em termos de x, usamos a equação ponto-inclinação da reta, obtendo

$$y - 0 = 42{,}5(x - 0)$$
$$y = 42{,}5x$$

O final de dezembro de 2003 corresponde a $x = 4$, quando as exportações alcançaram o valor de $y = (42{,}5) \cdot (4) = 170$ milhões de dólares. (Ver Figura 7.)

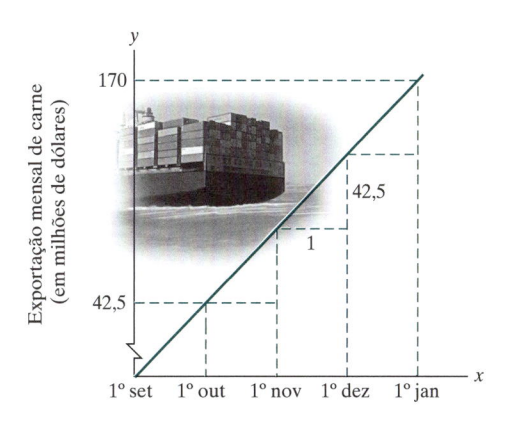

Figura 7

EXEMPLO 11

Temperatura numa cidade Quando uma frente fria passou por uma cidade do meio oeste norte-americano, a temperatura caiu à taxa de 3ºF por hora entre o meio-dia e as 8 horas da noite. Expresse a temperatura como uma função do tempo e encontre a temperatura ao meio-dia, sabendo que à 1 hora da tarde, a temperatura era de 47ºF.

Solução Sejam t o tempo medido em horas a partir do meio dia e $T(t)$ a temperatura na cidade no instante t. Sabendo que a temperatura estava caindo a uma taxa (constante) de 3ºF por hora, decorre que a temperatura é uma função linear de gráfico descendente. Assim, a inclinação do gráfico é $m = -3$ e, portanto, $T(t) = -3t + b$. Para determinar b, usamos a informação de que à 1 hora da tarde, a temperatura era de 47ºF, ou $T(1) = 47$, obtendo

$$(-3)(1) + b = 47$$
$$b = 50$$

Logo, $T(t) = -3t + 50$. O gráfico da temperatura é dado na Figura 8. Para determinar a temperatura ao meio-dia, tomamos $t = 0$ e obtemos $T(0) = 50$ºF.

Observe a importância do sinal da inclinação nos Exemplos 10 e 11. Uma função linear crescente tem uma taxa de variação positiva e, portanto, inclinação positiva. Uma função linear decrescente tem uma taxa de variação negativa e, portanto, inclinação negativa.

Verificação das propriedades da inclinação É conveniente verificar as propriedades da inclinação na ordem 2, 3 e 1. As verificações das Propriedades 4 e 5 estão esboçadas nos Exercícios 61 e 62.

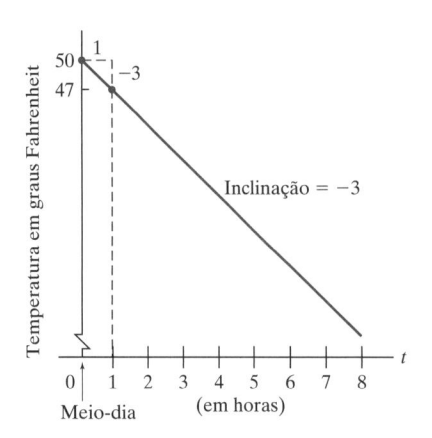

Figura 8 Temperatura numa cidade.

Verificação da Propriedade 2 Suponha que a equação de uma reta seja $y = mx + b$. Então, como (x_2, y_2) está na reta, temos $y_2 = mx_2 + b$. Analogamente, como (x_1, y_1) está na reta, temos $y_1 = mx_1 + b$. Subtraindo, vemos que

$$y_2 - y_1 = mx_2 - mx_1$$
$$y_2 - y_1 = m(x_2 - x_1),$$

de modo que

$$\frac{y_2 - y_1}{x_2 - x_1} = m.$$

Essa é a fórmula da inclinação m enunciada na Propriedade 2.

Verificação da Propriedade 3 A equação $y - y_1 = m(x - x_1)$ pode ser colocada na forma

$$y = mx + \underbrace{(y_1 - mx_1)}_{b}. \tag{4}$$

Essa é a equação de uma reta de inclinação m. Além disso, o ponto (x_1, y_1) está na reta porque a equação (4) permanece verdadeira quando substituímos x por x_1 e y por y_1. Assim, a equação $y - y_1 = m(x - x_1)$ corresponde à reta de inclinação m que passa pelo ponto (x_1, y_1).

Verificação da Propriedade 1 Seja $P = (x_1, y_1)$ um ponto de uma reta l, e seja y_2 a coordenada y do ponto R de l obtido movendo P uma unidade para a direita e, depois, continuando verticalmente até retornar à reta. (Ver Figura 9.) Pela Propriedade 2, a inclinação m dessa reta l satisfaz

$$m = \frac{y_2 - y_1}{(x_1 + 1) - x_1} = \frac{y_2 - y_1}{1} = y_2 - y_1.$$

Assim, a diferença entre as coordenadas y de R e Q é m. Essa é a Propriedade 1.

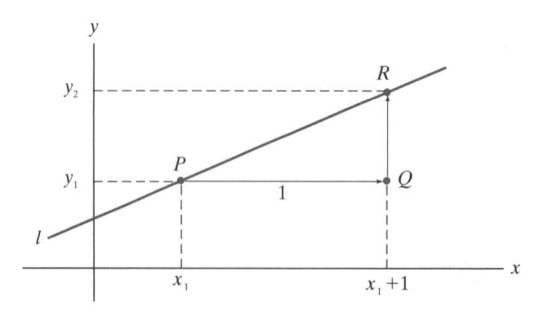

Figura 9

INCORPORANDO RECURSOS TECNOLÓGICOS

Ao final de cada seção do Capítulo 0, apresentamos detalhadamente várias técnicas úteis para traçar gráficos de funções nas calculadoras do tipo TI-83/84. Todas aquelas técnicas podem ser utilizadas para analisar os gráficos de funções lineares. Encorajamos o leitor a rever aquelas seções antes de tentar resolver os exercícios com calculadora propostos desta seção.

Exercícios de revisão 1.1

Encontre as inclinações das retas dadas.

1. A reta de equação $x = 3y - 7$.
2. A reta que passa pelos pontos $(2, 5)$ e $(2, 8)$.

Exercícios 1.1

Nos Exercícios 1-6, encontre a inclinação da reta e o corte com o eixo y.

1. $y = 3 - 7x$
2. $y = \dfrac{3x + 1}{5}$
3. $x = 2y - 3$
4. $y = 6$
5. $y = \dfrac{x}{7} - 5$
6. $4x + 9y = -1$

Nos Exercícios 7-26, encontre a equação da reta.

7. Inclinação -1; $(7, 1)$ na reta.
8. Inclinação 2; $(1, -2)$ na reta.
9. Inclinação $\tfrac{1}{2}$; $(2, 1)$ na reta.
10. Inclinação $\tfrac{7}{3}$; $\left(\tfrac{1}{4}, -\tfrac{2}{5}\right)$ na reta.
11. $\left(\tfrac{5}{7}, 5\right)$ e $\left(-\tfrac{5}{7}, -4\right)$ na reta.
12. $\left(\tfrac{1}{2}, 1\right)$ e $(1, 4)$ na reta.
13. $(0, 0)$ e $(1, 0)$ na reta.
14. $\left(-\tfrac{1}{2}, -\tfrac{1}{7}\right)$ e $\left(\tfrac{2}{3}, 1\right)$ na reta.
15. Horizontal por $(2, 9)$.
16. Passa pelo eixo x em 1 e pelo eixo y em -3.
17. Passa pelo eixo x em $-\pi$ e pelo eixo y em 1.
18. Inclinação 2 e passa pelo eixo x em -3.
19. Inclinação -2 e passa pelo eixo x em -2.
20. Horizontal por $(\sqrt{7}, 2)$.
21. Paralela a $y = x$; $(2, 0)$ na reta.
22. Paralela a $x + 2y = 0$; $(1, 2)$ na reta.
23. Paralela a $y = 3x + 7$; passa pelo eixo x em 2.
24. Paralela a $y - x = 13$; passa pelo eixo y em 0.
25. Perpendicular a $y + x = 0$; $(2, 0)$ na reta.
26. Perpendicular a $y = -5x + 1$; $(1, 5)$ na reta.

Nos Exercícios 27-30, é dada uma reta pela inclinação e um de seus pontos. Começando no ponto dado, use a Propriedade 1 da Inclinação para esboçar o gráfico da reta.

27. $m = 1$, $(1, 0)$ na reta.
28. $m = \tfrac{1}{2}$, $(-1, 1)$ na reta.
29. $m = -\tfrac{1}{3}$, $(1, -1)$ na reta.
30. $m = 0$, $(0, 2)$ na reta.
31. Cada uma das retas (A), (B), (C) e (D) da Figura 10 é o gráfico de uma das equações (a), (b), (c) e (d). Associe cada equação com seu gráfico.
    (a) $x + y = 1$
    (b) $x - y = 1$
    (c) $x + y = -1$
    (d) $x - y = -1$

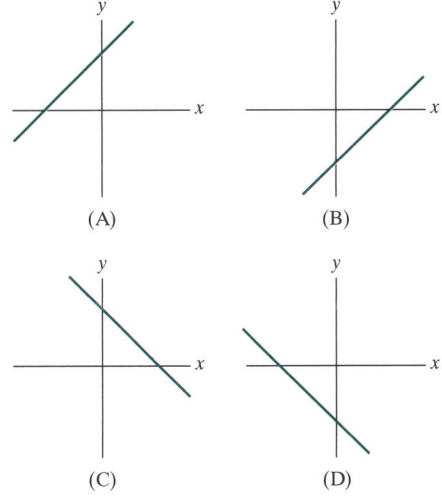

Figura 10

32. A reta pelos pontos $(-1, 2)$ e $(3, b)$ é paralela a $x + 2y = 0$. Encontre b.

Os Exercícios 33-36 referem-se a uma reta de inclinação m. Se começarmos num ponto da reta e nos deslocamos h unidades na direção e sentido de x, quantas unidades devemos nos deslocar na direção e sentido de y para retornar à reta?

33. $m = \frac{1}{3}, h = 3$ **34.** $m = 2, h = \frac{1}{2}$
35. $m = -3, h = 0{,}25$ **36.** $m = \frac{2}{3}, h = \frac{1}{2}$

Nos Exercícios 37-38, é dada uma reta pela inclinação e um de seus pontos. Alguns pontos dessa reta têm sua primeira coordenada conhecida. Encontre a segunda coordenada desses pontos sem deduzir a equação da reta.

37. Inclinação 2, (1, 3) na reta; (2,); (3,); (0,).
38. Inclinação −3, (2, 2) na reta; (3,); (4,); (1,).
39. Obtenha o valor de $f(3)$ se $f(x)$ for uma função linear com $f(1) = 0$ e $f(2) = 1$.
40. A reta que passa pelos pontos (3, 4) e (−1, 2) será paralela à reta $2x + 3y = 0$?

Nos Exercícios 41-42, determine qual das duas retas tem a maior inclinação.

41.

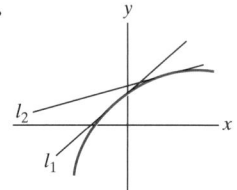

42.

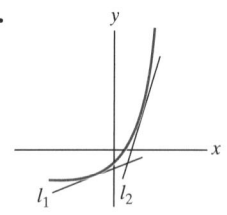

Nos Exercícios 43-44, encontre a equação e esboce o gráfico da reta.

43. Reta de inclinação −2 e ponto de corte com o eixo y em (0, −1).
44. Reta de inclinação $\frac{1}{3}$ e ponto de corte com o eixo y em (0, 1).

Nos Exercícios 45-46, duas retas intersectam o gráfico de uma função $y = f(x)$, conforme figura. Encontre a e f(a).

45.

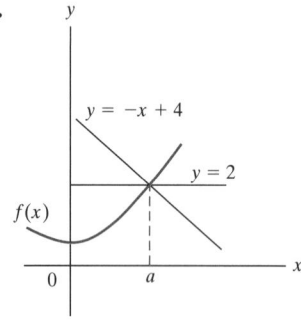

46.

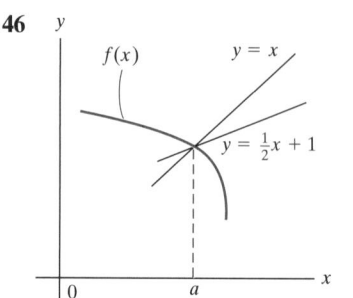

47. Custo marginal Seja $C(x) = 12x + 1.100$ o custo total diário de fabricar x unidades de um certo produto.
  (a) Qual é o custo total se a produção diária for de 10 unidades?
  (b) Qual é o custo marginal?
  (c) Use (b) para determinar o custo adicional para aumentar a produção diária de 10 para 11 unidades.

48. Continuação do Exercício 47. Use a fórmula de $C(x)$ para mostrar diretamente que $C(x + 1) − C(x) = 12$. Interprete o resultado obtido em termos de custo marginal.

49. Preço da gasolina O preço de um galão de gasolina para o consumidor norte-americano alcançou $4,89 em 1º de janeiro de 2009 e continuou aumentando à taxa de 6 centavos por mês durante os nove meses seguintes. Expresse o preço de um galão de gasolina como uma função do tempo a partir de 1º de janeiro de 2009. Qual era o preço de 15 galões em 1º de abril de 2009? E em 1º de setembro de 2009?

50. Custo marginal Seja $C(x)$ o custo (em milhares de dólares) da fabricação de x chips de computador. Suponha que $C(x)$ seja uma função linear. Se 100 for o custo marginal, qual é o custo adicional de aumentar a produção atual em 4.000 chips?

51. Uma livraria virtual, como despesas de remessa, cobra $5 mais 3% do preço de capa dos livros. Encontre uma função $C(x)$ que expresse as despesas de remessa de uma compra totalizando x dólares de livros.

52. Quociente de demissão Na indústria, o quociente de demissão de empregados é definido como o percentual de trabalhadores que se demitem durante o primeiro ano de trabalho. Existe uma relação entre o nível dos salários pagos e esse quociente de demissão. Enquanto uma grande cadeia de restaurantes pagava a seus empregados o salário mínimo por hora (a saber, $6,55 por hora) o quociente de demissão era de 0,2, ou 20 empregados a cada 100. Quando essa cadeia aumentou o salário para $8 por hora, o quociente de demissão caiu para 0,18, ou 18 empregados a cada 100.
  (a) Supondo que exista uma relação linear entre o quociente de demissão $Q(x)$ e o salário por hora x, encontre uma expressão para $Q(x)$.
  (b) Qual deveria ser o salário por hora para o quociente de demissão cair para 10 empregados a cada 100?

53. Preço afeta vendas Quando o dono de um posto de gasolina põe o preço de um galão de gasolina em $4,10, vende, aproximadamente, 1.500 galões por dia. Quando ele põe o preço em $4,25 por galão, vende, aproximadamente, 1.250 galões por dia. Seja $G(x)$ o número de galões de gasolina vendidos por dia quando o preço for de x dólares. Suponha que $G(x)$ seja uma função linear de x. Quantos galões são vendidos por dia se o preço por galão for de $4,35?

54. Continuação do Exercício 53. Qual deve ser o preço do galão se o dono do posto quiser vender 2.200 galões por dia?

55. **Análise de custo marginal** Uma companhia fabrica e vende caniços de pesca. A companhia tem um custo fixo de $1.500 diários e um custo total diário de $2.500 num nível de produção de 100 caniços diários. Suponha que o custo total seja uma função linear do nível de produção diário.
    (a) Expresse o custo total como uma função $C(x)$ do nível de produção diário x.
    (b) Qual é o custo marginal no nível de produção $x = 100$?
    (c) Qual é o custo adicional de aumentar o nível de produção diário de 100 para 101 caniços? Responda essa questão de duas maneiras: (1) usando o custo marginal e (2) calculando $C(101) - C(100)$.

56. O pagamento semanal de uma vendedora depende do volume de vendas. Se ela vender x unidades de bens, ela recebe $y = 5x + 60$ dólares. Dê uma interpretação para a inclinação 5 e para o coeficiente linear 60 dessa reta.

57. A equação de demanda para um monopolista é de $y = -0,02x + 7$, onde x é o número de unidades produzidas e y é o preço. Ou seja, para vender x unidades do produto, o preço deve ser de $y = -0,02x + 7$ dólares. Interprete a inclinação e o coeficiente linear dessa reta.

58. **Conversão de Fahrenheit para Celsius** As temperaturas de 32°F e 212°F correspondem às temperaturas de 0°C e 100°C. A equação linear $y = mx + b$ converte temperaturas Fahrenheit em temperaturas Celsius. Encontre m e b. Qual é a temperatura Celsius equivalente a 98,6°F?

59. **Injeção intravenosa** Uma droga é fornecida a um paciente por meio de uma injeção intravenosa à taxa de 6 mililitros por minuto. Supondo que o corpo do paciente já contenha 1,5 ml dessa droga no início da infusão, encontre uma expressão para a quantidade dessa droga no corpo x minutos contados a partir do início da infusão.

60. Continuação do Exercício 59. Se o corpo do paciente eliminar a droga à taxa de 2 ml por hora, encontre uma expressão para a quantidade dessa droga no corpo x minutos contados a partir do início da infusão.

61. Demonstre a Propriedade 4 da inclinação. [*Sugestão*: se $y = mx + b$ e $y = m'x + b'$ são duas retas, então essas retas têm um ponto em comum se, e só se, a equação $mx + b = m'x + b'$ tem alguma solução x.]

62. Demonstre a Propriedade 5 da inclinação. [*Sugestão*: sem perda de generalidade, suponha que ambas retas passem pela origem. Use a Propriedade 1 e o teorema de Pitágoras. Ver Figura 11.]

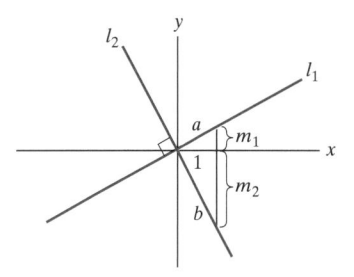

Figura 11

63. Seja m uma constante tal que
$$\frac{f(x_2) - f(x_1)}{x_2 - x_1} = m$$
para quaisquer $x_1 \neq x_2$. Mostre que $f(x) = mx + b$, em que b é alguma constante. [*Sugestão*: mantenha x_1 fixado, considere $x = x_2$ e resolva em $f(x)$.]

64. (a) Esboce o gráfico de alguma função $f(x)$ que passa pelo ponto (3, 2).
    (b) Escolha um ponto no eixo x à direita de $x = 3$ e identifique-o por $3 + h$.
    (c) Esboce a reta pelos pontos $(3, f(3))$ e $(3 + h, f(3 + h))$.
    (d) Qual é a inclinação dessa reta (em termos de h)?

Exercícios com calculadora

65. Seja y a porcentagem da população mundial que vive em regiões urbanas x anos contados a partir de 1980. De acordo com dados publicados recentemente, y tem sido uma função linear de x desde 1980. A porcentagem da população mundial urbana era de 39,5 em 1980 e de 45,2 em 1995.
    (a) Determine y como uma função de x.
    (b) Esboce o gráfico dessa função na janela [0, 30] por [30, 60].
    (c) Interprete a inclinação em termos do contexto.
    (d) Determine graficamente a porcentagem da população mundial que era urbana em 1990.
    (e) Determine graficamente o ano em que 50% da população mundial será urbana.
    (f) Qual é o aumento percentual da população mundial urbana a cada cinco anos?

66. Seja y a quantidade média de deduções apresentadas numa declaração de imposto de renda relativa a um rendimento de x dólares. De acordo com os dados da Receita Federal norte-americana, y é uma função linear de x. Além disso, em anos recentes, declarações de impostos relativas a rendimentos de $20.000 apresentaram uma média de $729 em deduções, enquanto declarações de impostos relativas a rendimentos de $50.000 apresentaram uma média de $1.380 de deduções.
    (a) Determine y como uma função de x.

(b) Esboce o gráfico dessa função na janela [0, 75.000] por [0, 2.000].
(c) Interprete a inclinação em termos do contexto.
(d) Determine graficamente a quantidade média de deduções apresentadas numa declaração de impostos relativa a rendimentos de $75.000.
(e) Determine graficamente o nível de rendimentos no qual a quantidade média de deduções apresentadas é de $1.600.
(f) Se o nível de rendimentos aumentar em $15.000, qual é o aumento da média de deduções apresentadas?

Soluções dos exercícios de revisão 1.1

1. Resolvemos y em termos de x.

$$y = \frac{1}{3}x + \frac{7}{3}$$

A inclinação dessa reta é o coeficiente de x, isto é, $\frac{1}{3}$.

2. A reta que passa por esses dois pontos é uma reta vertical; portanto, sua inclinação não está definida.

1.2 A inclinação de uma curva num ponto

Para estender o conceito de inclinação de retas para curvas mais gerais, precisamos discutir, antes de mais nada, a noção de reta tangente a uma curva num ponto.

Temos uma ideia bem clara do que significa a reta tangente a um círculo num ponto P. É a reta que toca o círculo em um único ponto P. Vamos nos concentrar na região perto de P, destacada pela região retangular tracejada da Figura 1. A porção ampliada desse círculo é muito parecida com uma reta e essa reta é a reta tangente. Ampliações maiores fariam o círculo perto de P parecer ainda mais reto e se parecer ainda mais com a reta tangente. Nesse sentido, a reta tangente ao círculo no ponto P é a reta por P que melhor aproxima o círculo na vizinhança de P. Em particular, a reta tangente em P reflete o quão íngreme é o círculo em P. Assim, parece razoável definir a *inclinação* do círculo em P como a inclinação da reta tangente em P.

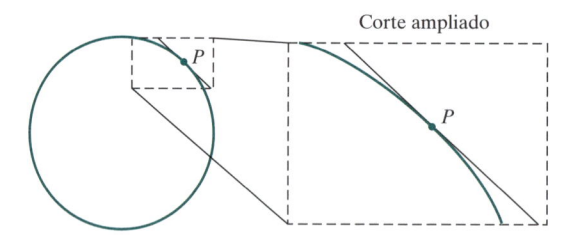

Figura 1 Porção ampliada de um círculo.

Um raciocínio similar nos leva a uma definição apropriada de inclinação de uma curva qualquer num ponto P. Considere as três curvas que aparecem na Figura 2. Apresentamos uma versão ampliada da caixa tracejada na vizinhança de cada ponto P. Observe que a porção de cada curva dentro da região dentro da caixa parece quase uma reta. Se ampliássemos mais ainda a curva perto de P, ela pareceria ainda mais reta. De fato, se ampliássemos cada vez mais a curva perto de P, praticamente obteríamos uma certa reta. (Ver Figura 3.) Essa reta é denominada *reta tangente à curva no ponto P*. Essa reta é a melhor aproximação da curva perto de P e nos leva à seguinte definição.

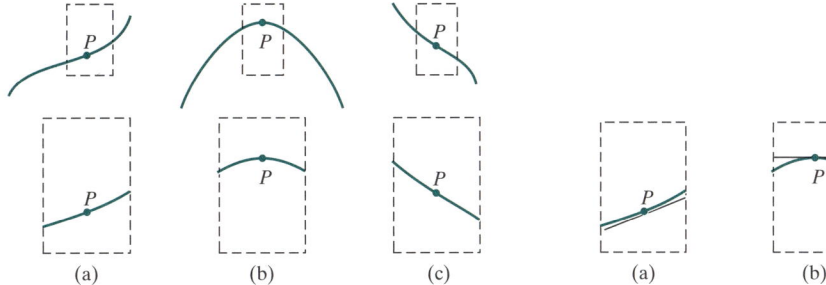

Figura 2 Porções aumentadas de curvas.

Figura 3 Retas tangentes a curvas.

> **DEFINIÇÃO Inclinação de uma curva** A *inclinação de uma curva num ponto P* é definida como a inclinação da reta tangente à curva em P.

Consideremos alguns exemplos e aplicações envolvendo a inclinação de curvas e retas tangentes. Mais adiante, na próxima seção, descreveremos um processo para construir a reta tangente e calcular sua inclinação.

EXEMPLO 1 **Inclinação de um gráfico** O gráfico de $f(x) = x^2$ e reta tangente no ponto $P = (1, 1)$ aparecem na Figura 4. Encontre a inclinação do gráfico em P.

Solução A inclinação do gráfico num ponto é, por definição, a inclinação da reta tangente naquele ponto. A Figura 4 mostra que a reta tangente em P cresce 2 unidades para cada unidade de variação em x. Assim, a inclinação da reta tangente em $P = (1, 1)$ é

$$[\text{inclinação da reta tangente em } P] = \frac{[\text{variação de } y]}{[\text{variação de } x]} = \frac{2}{1} = 2$$

(ver Figura 4) e, portanto, a inclinação do gráfico em P é 2.

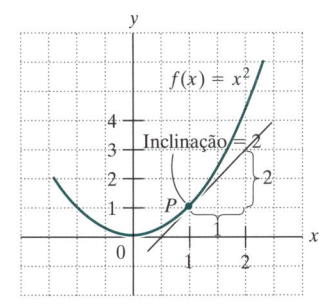

Figura 4 Reta tangente e inclinação num ponto P.

Inclinação de um gráfico como taxa de variação

Aprendemos na seção precedente que a inclinação de uma função linear mede sua taxa de crescimento ou decrescimento. Acabamos de definir a inclinação de uma curva num ponto P como a inclinação da reta tangente à curva em P. Acontece que a porção da curva perto de P pode, pelo menos aproximadamente, ser substituída pela reta tangente em P. Logo, pensando na curva como sendo aproximada pela reta tangente perto de P, obtemos a seguinte interpretação importante da inclinação de uma curva.

> **Inclinação de uma curva como taxa de variação** A inclinação de uma curva num ponto P, ou seja, a inclinação da reta tangente em P, mede a taxa de variação (a taxa de crescimento ou decrescimento) da curva quando ela passa por P.

EXEMPLO 2 No Exemplo 2 da Seção 1.1, o edifício residencial consumia 400 galões de óleo por dia. Suponha que o nível de óleo no tanque seja monitorado continuamente. O gráfico de um período típico de dois dias é dado na Figura 5. Qual é o significado físico da inclinação do gráfico no ponto P?

Solução Perto de P, a curva é bem aproximada por sua reta tangente. Assim, pense na curva como sendo substituída por sua reta tangente perto de P. Então a inclinação em P é simplesmente a taxa segundo a qual diminui o nível de óleo às 7 horas da manhã no dia 5 de março.

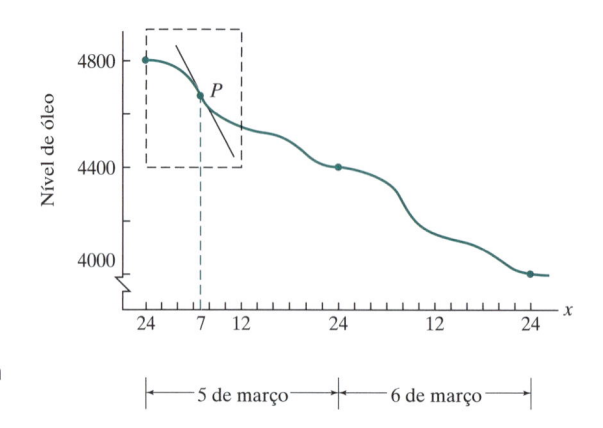

Figura 5 Nível de óleo num tanque.

Observe que, durante o dia 5 de março inteiro, o gráfico da Figura 5 parece ser mais íngreme às 7 da manhã. Ou seja, o nível de óleo está caindo mais rapidamente nesse hora. Isso corresponde ao fato de que a maioria das pessoas acordam por volta das 7 da manhã, aumentam a temperatura de seus termostatos, tomam banho e assim por diante. Podemos estimar a taxa de consumo óleo às 7 horas da manhã a partir da inclinação da reta tangente em P na Figura 5, como segue.

EXEMPLO 3

Inclinação de um gráfico Na Figura 6, mostramos uma versão ampliada da porção do gráfico destacada pelo retângulo tracejado da Figura 5. Dê uma estimativa da inclinação do gráfico no ponto P e dê uma interpretação do resultado obtido.

Solução

Por definição, a inclinação do gráfico em P é a inclinação da reta tangente em P. Na Figura 6, vemos que a reta tangente cai aproximadamente 250 unidades numa variação de 4 unidades de x. Logo, a inclinação do gráfico em P é

$$[\text{inclinação da reta tangente em } P] = \frac{[\text{variação de } y]}{[\text{variação de } x]} = \frac{-250}{4} = -62{,}5.$$

Como a inclinação em P é a taxa de crescimento ou decrescimento do nível de óleo, concluímos que, às 7 horas da manhã, o nível o óleo está baixando à taxa de 62,5 galões por hora.

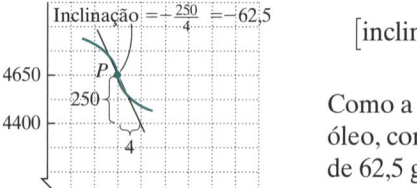

Figura 6 Nível de óleo num tanque perto das 7 horas da manhã.

Os Exemplos 2 e 3 fornecem uma ilustração típica da maneira pela qual podemos interpretar as inclinações como taxas de variação. Voltaremos a essa ideia importante em seções posteriores.

Fórmulas para a inclinação

Sabemos que a inclinação de uma reta é constante e não depende do ponto da reta sob consideração. Isso certamente não ocorre com outras curvas. Em geral, a inclinação de uma curva num ponto depende do ponto. Vimos no Exemplo 1 que a inclinação da reta tangente ao gráfico de $y = x^2$ no ponto $(1, 1)$ é 2. Na verdade, podemos mostrar que a inclinação da reta tangente ao gráfico de $y = x^2$ no ponto $(3, 9)$ é 6, e que a inclinação em $\left(-\frac{5}{2}, \frac{25}{4}\right)$ é -5. Essas três retas tangentes estão mostradas na Figura 7. Como demonstraremos na seção seguinte, geralmente podemos calcular as inclinações utilizando fórmulas. Para a parábola $y = x^2$, observamos que a inclinação em cada ponto é duas vezes a coordenada x do ponto. Isso é um fato geral para este gráfico, que podemos destacar na *fórmula da inclinação*

$$[\text{inclinação do gráfico de } y = x^2 \text{ no ponto } (x, y)] = 2x$$

(Ver Figura 8.) Essa fórmula simples será deduzida na próxima seção. Por enquanto, vamos utilizá-la para entender melhor os tópicos de inclinação e reta tangente.

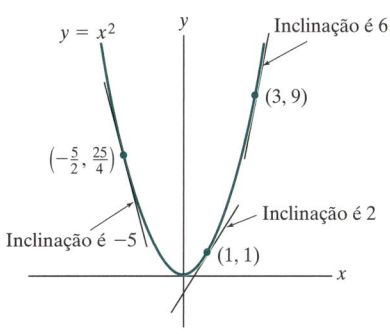

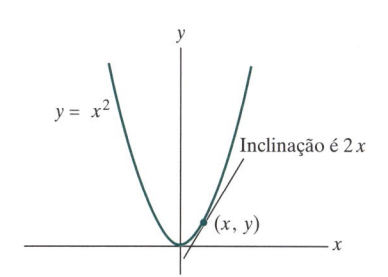

Figura 7 O gráfico de $y = x^2$.

Figura 8 Inclinação da reta tangente a $y = x^2$.

EXEMPLO 4

(a) Qual é a inclinação do gráfico de $y = x^2$ no ponto $\left(\frac{3}{4}, \frac{9}{16}\right)$?

(b) Escreva a equação da reta tangente ao gráfico de $y = x^2$ no ponto $\left(\frac{3}{4}, \frac{9}{16}\right)$.

Solução

(a) A coordenada x de $\left(\frac{3}{4}, \frac{9}{16}\right)$ é $\frac{3}{4}$, portanto, a inclinação de $y = x^2$ nesse ponto é $2\left(\frac{3}{4}\right) = \frac{3}{2}$.

(b) Utilizamos a forma ponto-inclinação. O ponto é $\left(\frac{3}{4}, \frac{9}{16}\right)$ e a inclinação, pela parte (a), é $\frac{3}{2}$. Logo, a equação é

$$y - \frac{9}{16} = \frac{3}{2}\left(x - \frac{3}{4}\right).$$

■

INCORPORANDO RECURSOS TECNOLÓGICOS

Aproximando a inclinação de um gráfico num ponto A inclinação de um gráfico num ponto pode ser aproximada dando um *zoom* no gráfico. Na Figura 9, temos o gráfico da curva $y = 3^x$ com especificação de janela ZDecimal, obtida com ZOOM 4. Agora ampliamos a região na vizinhança do ponto $(0, 1)$ com o comando TRACE para encontrar o ponto $(0, 1)$ e depois clicando ZOOM 2 ENTER para a ampliação. Se ampliarmos bastante (ver Figura 10), o gráfico começará a parecer uma reta. Aproximamos a inclinação dessa reta medindo a razão da subida vertical pelo percurso horizontal como na Figura 10(b), obtendo

$$\frac{3^{0,1} - 3^{-0,1}}{0,1 - (-0,1)} = \frac{1,116 - 0,896}{0,2} = \frac{0,22}{0,2} = 1,1.$$

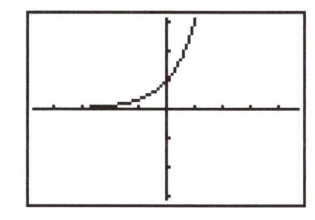

Figura 9

Logo, a inclinação da curva no ponto $(0, 1)$ é $1,1$, aproximadamente. (No Capítulo 4, veremos como calcular essa inclinação. Para encontrar um ponto do gráfico, use o comando TRACE e digite o valor de x.) ■

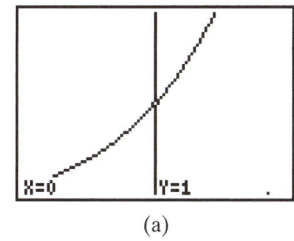

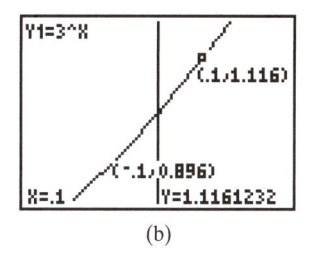

(a)   (b)

Figura 10

Exercícios de revisão 1.2

1. Observe a Figura 11.
   (a) Qual é a inclinação da curva em (3, 4)?
   (b) Qual é a equação da reta tangente no ponto em que $x = 3$?
2. Qual é a equação da reta tangente ao gráfico de $y = \frac{1}{2}x + 1$ no ponto (4, 3)?

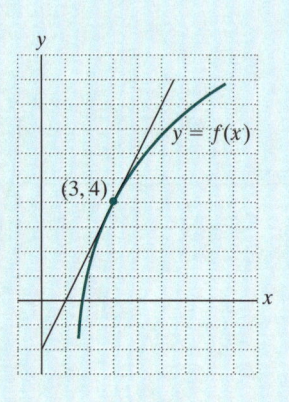

Figura 11

Exercícios 1.2

Nos Exercícios 1-4, dê uma estimativa da inclinação da curva no ponto P.

1.

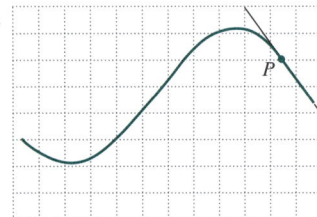

2.

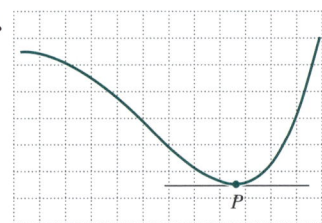

3.

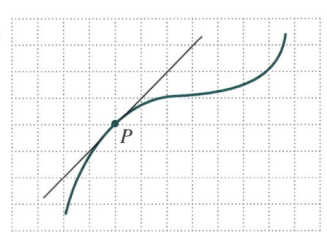

4.

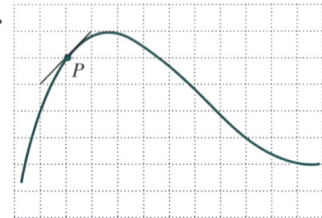

Nos Exercícios 5-10, associe a cada ponto indicado na Figura 12 uma das seguintes descrições: inclinação positiva grande, inclinação positiva pequena, inclinação nula, inclinação negativa pequena, inclinação negativa grande.

5. A 6. B 7. C 8. D 9. E 10. F

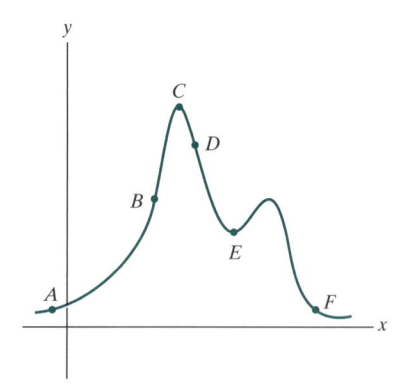

Figura 12

11. **Preço do petróleo** A Figura 13 mostra o preço do barril de petróleo na Bolsa de Valores de Nova York entre 1º de junho de 2007 e 1º de abril de 2008. Determine o aumento do preço entre 1º de junho e 1º de dezembro de 2007. Também determine se o preço estava aumentando, diminuindo ou se mantendo estável nesses dias.

12. Continuação do Exercício 11. Usando a informação da Figura 13, é verdade que a taxa do aumento do preço do barril de petróleo em 1º de julho de 2007 foi aproximadamente igual à taxa da queda do preço em 1º de agosto de 2007? Justifique sua resposta.

13. Continuação do Exercício 11. A Figura 14 mostra uma porção ampliada da curva da Figura 13. Dê uma estimativa do preço do barril de petróleo em 3 de abril de

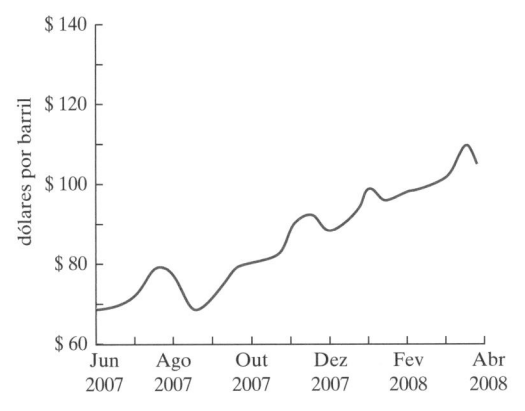

Figura 13 Preço do petróleo entre 1º de junho de 2007 e 1º de abril de 2008.

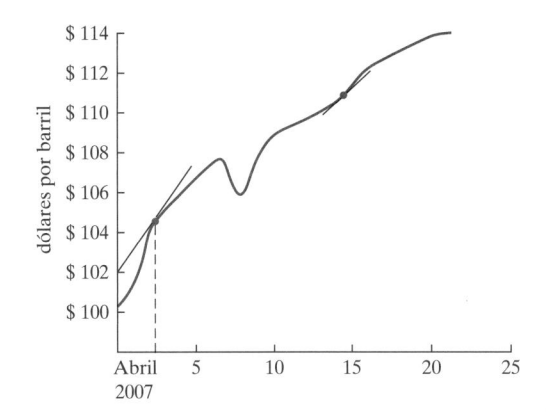

Figura 14 Preço do petróleo.

2008 e da taxa segundo a qual o preço estava subindo naquele dia. (A resposta para a taxa deveria ser de dólares por dia.)

14. Continuação do Exercício 11. Usando a Figura 14, dê uma estimativa do preço do barril de petróleo em 14 de abril de 2008 e da taxa segundo a qual o preço estava subindo naquele dia.

15. **Dívida pública dos Estados Unidos** A dívida pública dos Estados Unidos é a quantidade total do dinheiro devido pelo governo federal. Na Figura 15, podemos ver o gráfico da dívida pública, em trilhões de dólares, para os anos entre 1940 e 2004 (com projeções para o ano 2006).* Copie o gráfico e trace a reta tangente ao ponto correspondente a 1990. Use a reta tangente para aproximar a taxa de crescimento anual da dívida pública em 1990.

16. Repita o Exercício 15 usando o ano de 2002 em vez de 1990.

17. **Dívida por pessoa** A dívida por pessoa mede a quantidade média de dinheiro que cada pessoa deve nos Estados Unidos. A Figura 16 mostra o gráfico da dívida por pessoa em milhares de dólares para os anos de 1950 a 2004. Use o gráfico para responder as questões dadas.

    (a) Dê uma aproximação da dívida por pessoa em 1950, 1990, 2000 e 2004.

    (b) Copie o gráfico e trace a reta tangente ao ponto correspondente ao ano de 2000. Use a reta tangente para aproximar a taxa de crescimento anual da dívida por pessoa em 2000.

18. Continuação do Exercício 17. Use a Figura 16 para decidir se são corretas ou não as afirmações relativas à dívida por pessoa dadas a seguir. Justifique sua resposta.

    (a) A dívida por pessoa cresceu mais rapidamente em 1980 do que em 2000.

    (b) A dívida por pessoa permaneceu praticamente constante de 1950 a 1975 e depois cresceu a uma taxa praticamente constante de 1975 até 1985.

---

* Os Exercícios 15 e 16 utilizam dados do Departamento do Tesouro dos Estados Unidos.

Figura 15 Dívida pública dos Estados Unidos.

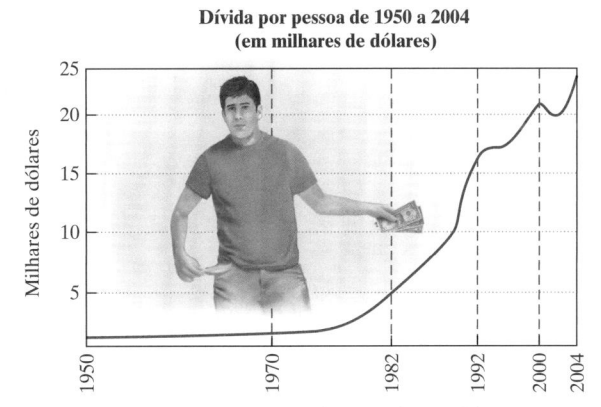

Figura 16 Dívida por pessoa dos Estados Unidos.

72 Capítulo 1 • A derivada

Nos Exercícios 19-21, encontre a inclinação da reta tangente ao gráfico de $y = x^2$ no ponto dado e, depois, escreva a equação da reta tangente correspondente.

19. $(-0,5; 0,25)$
20. $(-2, 4)$
21. $\left(\frac{1}{3}, \frac{1}{9}\right)$
22. Encontre a inclinação da reta tangente ao gráfico de $y = x^2$ no ponto em que $x = -\frac{1}{4}$.
23. Escreva a equação da reta tangente ao gráfico de $y = x^2$ no ponto em que $x = 2,5$.
24. A reta $y = 5x$ intersecta a parábola $y = x^2$ em dois pontos, digamos, A e B.
   (a) Encontre as coordenadas desses pontos A e B.
   (b) Encontre as equações das retas tangentes à parábola nos pontos A e B.
25. Encontre o ponto do gráfico de $y = x^2$ em que a curva tem inclinação $\frac{7}{2}$.
26. Encontre o ponto do gráfico de $y = x^2$ em que a curva tem inclinação -6.
27. Encontre o ponto do gráfico de $y = x^2$ em que a reta tangente é paralela à reta $2x + 3y = 4$.
28. Encontre o ponto do gráfico de $y = x^2$ em que a reta tangente é paralela à reta $3x - 2y = 2$.

Na próxima seção, veremos que a reta tangente ao gráfico de $y = x^3$ no ponto (x, y) tem inclinação $3x^2$. (Ver Figura 17). Usando esse resultado, encontre a inclinação da curva nos ponto dados nos Exercícios 29-31.

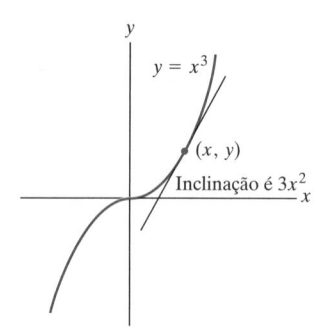

Figura 17 Inclinação da reta tangente a $y = x^3$.

29. $(2, 8)$
30. $\left(\frac{3}{2}, \frac{27}{8}\right)$
31. $\left(-\frac{1}{2}, -\frac{1}{8}\right)$
32. Escreva a equação da reta tangente ao gráfico de $y = x^3$ no ponto em que $x = -1$.

Nos Exercícios 33-34, é dada a reta tangente ao gráfico de $f(x) = x^2$ no ponto $(a, f(a))$. Encontre a, $f(a)$ e a inclinação da parábola em $(a, f(a))$.

33.

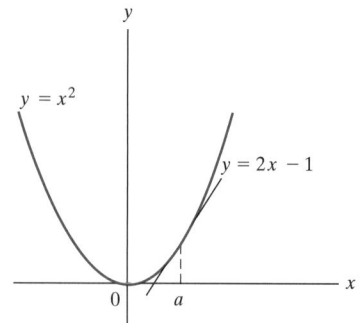

34.

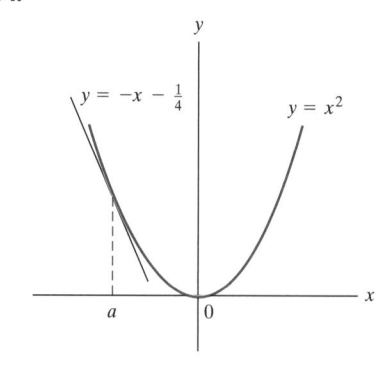

35. Encontre o(s) ponto(s) do gráfico da Figura 17 em que a inclinação é igual a $\frac{3}{2}$.
36. Encontre o(s) ponto(s) do gráfico da Figura 17 em que a reta tangente é paralela a $y = 2x$.
37. Seja l a reta pelos pontos P e Q da Figura 18.
   (a) Se $P = (2, 4)$ e $Q = (5, 13)$, encontre a inclinação da reta l e o comprimento do segmento d.
   (b) A inclinação da reta l aumenta ou diminui quando o ponto Q se move em direção a P?

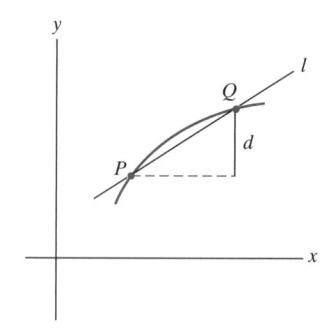

Figura 18 A inclinação de uma reta secante.

38. Na Figura 19, h representa um número positivo e $3 + h$ é o número que está h unidades à direita de 3. Esboce, no gráfico, os segmentos de reta que tenham os comprimentos seguintes.
   (a) $f(3)$
   (b) $f(3 + h)$
   (c) $f(3 + h) - f(3)$
   (d) h

(e) Esboce a reta de inclinação $\dfrac{f(3+h)-f(3)}{h}$.

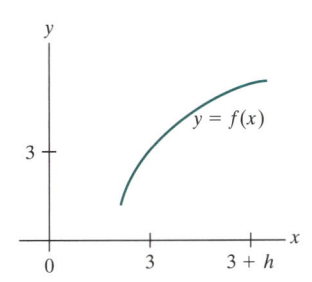

Figura 19 Representação geométrica de valores.

Exercícios com calculadora

Nos Exercícios 39-42, são dados uma função e um ponto do gráfico da função. Dê um zoom no gráfico no ponto fornecido até que o gráfico fique parecido com uma reta. Dê uma estimativa da inclinação do gráfico no ponto indicado e, depois, use essa informação para dar uma estimativa do valor da derivada.

39. $f(x) = 2x^2 - 3x + 2, (0,2), f'(0)$
40. $f(x) = \dfrac{x-1}{x+1}, (1,0), f'(1)$
41. $f(x) = \sqrt{x+3}, (1,2), f'(1)$
42. $f(x) = \sqrt[3]{x+6}, (2,2), f'(2)$

Soluções dos exercícios de revisão 1.2

1. (a) A inclinação da curva no ponto (3, 4) é, por definição, a inclinação da reta tangente em (3, 4). Observe que o ponto (4, 6) também está nessa reta. Logo, a inclinação é

$$\dfrac{6-4}{4-3} = \dfrac{2}{1} = 2.$$

(b) Use a equação ponto-inclinação. A equação da reta que passa pelo ponto (3, 4) com inclinação 2 é

$$y - 4 = 2(x - 3)$$

ou

$$y = 2x - 2.$$

2. A reta tangente em (4, 3) é, por definição, a reta que melhor aproxima a curva em (4, 3). Como a própria "curva" é, nesse caso, uma reta, a curva e sua reta tangente em (4, 3) (e em qualquer outro ponto) são iguais. Logo, a equação é $y = \tfrac{1}{2}x + 1$.

1.3 A derivada

Suponha que uma curva seja o gráfico de uma função $f(x)$ e que tenhamos uma reta tangente em cada ponto do gráfico. Na seção precedente, vimos que é possível encontrar uma fórmula que forneça a inclinação da curva $y = f(x)$ em cada ponto. Essa fórmula para a inclinação é denominada *derivada* de $f(x)$ e é denotada por $f'(x)$. Para cada valor de x, $f'(x)$ dá a inclinação da curva $y = f(x)$ no ponto com primeira coordenada x.* (Ver Figura 1.)

Na seção anterior consideramos alguns exemplos interessantes de fórmulas para a inclinação. Agora, acrescentamos mais alguns exemplos, que enunciamos na terminologia de derivadas. No final desta seção, utilizamos o fato de que a derivada é uma fórmula da inclinação da reta tangente para descrever uma construção geométrica da reta tangente e, portanto, da derivada. Essa construção nos leva, naturalmente, ao tópico de limites, que serão tratados detalhadamente na seção posterior. O processo de calcular $f'(x)$ para uma dada função $f(x)$ é denominado *derivação*.

---

* Como veremos, algumas curvas não têm retas tangentes em cada ponto. Nos valores de x correspondentes a esses pontos, a derivada $f'(x)$ não está definida. Para nossa discussão desse assunto, que foi projetada para desenvolver uma ideia intuitiva da derivada, vamos supor que o gráfico de $f(x)$ tem uma reta tangente em cada ponto x do domínio de f.

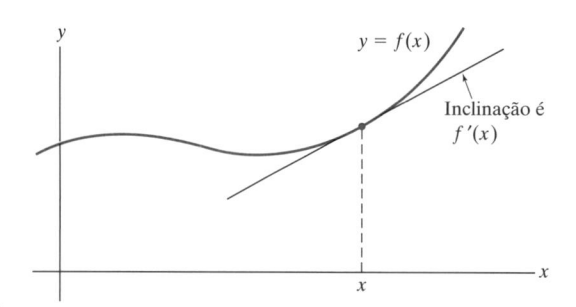

Figura 1 Definição de f'(x).

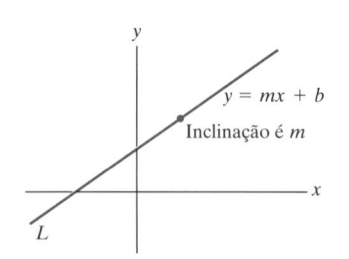

Figura 2 Derivada de uma função linear.

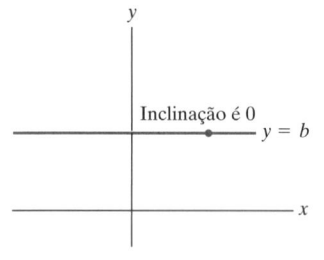

Figura 3 Derivada de uma função constante.

Exemplos de derivadas: a regra da potência

O caso de uma função linear $f(x) = mx + b$ é particularmente simples. O gráfico de $y = mx + b$ é uma reta L de inclinação m. Lembre que, por definição, a reta tangente a uma curva num ponto dado é a reta que melhor aproxima a curva naquele ponto. Como a própria curva L é uma reta, a reta tangente a L em qualquer ponto é a própria reta L. Logo, a inclinação do gráfico em cada ponto é m. (Ver Figura 2.) Em outras palavras, o valor da derivada $f'(x)$ é sempre igual a m. Resumimos esse fato como segue.

Se $f(x) = mx + b$, então temos

$$f'(x) = m \qquad (1)$$

Tomando $m = 0$ em $f(x) = mx + b$, a função passa a ser $f(x) = b$, que toma o valor b em cada valor de x. O gráfico é uma reta horizontal de inclinação 0, ou seja, $f'(x) = 0$ em cada x. (Ver Figura 3.) Assim, temos o seguinte fato.

A derivada de uma função constante $f(x) = b$ é zero; isto é,

$$f'(x) = 0 \qquad (2)$$

Em seguida, consideremos a função $f'(x) = x^2$. Conforme enunciamos na Seção 1.2 (e provaremos no final desta seção), a inclinação do gráfico de $y = x^2$ no ponto (x, y) é igual a $2x$. Isto é, o valor da derivada $f'(x)$ é $2x$, como segue.

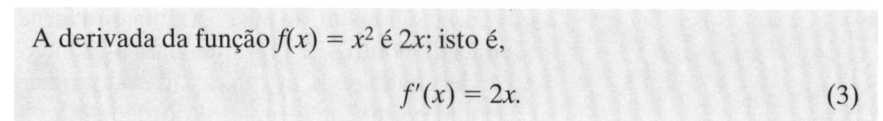

A derivada da função $f(x) = x^2$ é $2x$; isto é,

$$f'(x) = 2x. \qquad (3)$$

Nos Exercícios 29-32 da Seção 1.2, utilizamos o fato de que a inclinação do gráfico de $y = x^3$ no ponto (x, y) é $3x^2$. Isso pode ser reescrito em termos de derivadas como segue.

Se $f(x) = x^3$, então a derivada é $3x^2$; isto é,

$$f'(x) = 3x^2. \qquad (4)$$

Um motivo pelo qual o Cálculo é tão útil é porque ele fornece técnicas gerais que podem ser usadas facilmente para obter derivadas. Uma dessas regras gerais, que contém as fórmulas (3) e (4) como casos particulares, é a regra da potência.

Regra da potência Sejam r um número qualquer e $f(x) = x^r$. Então $f'(x) = rx^{r-1}$.

De fato, se $r = 2$, então $f(x) = x^2$ e $f'(x) = 2x^{2-1} = 2x$, que é a fórmula (3). Se $r = 3$, então $f(x) = x^3$ e $f'(x) = 3x^{3-1} = 3x^2$, que é (4). A regra da potência será demonstrada na Seção 4.6. Até lá, essa regra será utilizada para calcular derivadas.

EXEMPLO 1 Seja $f(x) = \sqrt{x}$. O que é $f'(x)$?

Solução Lembre que $\sqrt{x} = x^{1/2}$. Podemos aplicar a regra da potência com $r = \frac{1}{2}$.

$$f(x) = x^{1/2}$$
$$f'(x) = \tfrac{1}{2}x^{1/2-1} = \tfrac{1}{2}x^{-1/2}$$
$$= \frac{1}{2} \cdot \frac{1}{x^{1/2}} = \frac{1}{2\sqrt{x}}$$

Outro caso especial importante da regra da potência ocorre com $r = -1$, que corresponde a $f(x) = x^{-1}$. Nesse caso, $f'(x) = (-1)x^{-1-1} = -x^{-2}$. Contudo, como $x^{-1} = 1/x$ e $x^{-2} = 1/x^2$, a regra da potência com $r = -1$ também pode ser escrita como segue.*

Se $f(x) = \dfrac{1}{x}$, então $f'(x) = \dfrac{1}{x^2}$ ($x \neq 0$). (5)

Significado geométrico da derivada

Pelo menos no nosso estágio atual, convém lembrar, claramente, o significado geométrico da derivada. A Figura 4 mostra os gráficos de x^2 e x^3 juntamente com as interpretações das fórmulas (3) e (4) em termos de inclinação.

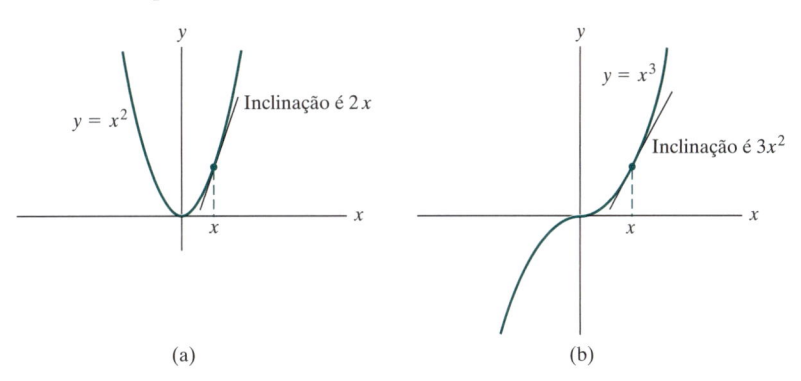

Figura 4 Derivadas de x^2 e x^3.

EXEMPLO 2 Encontre a inclinação da curva $y = 1/x$ em $\left(2, \tfrac{1}{2}\right)$.

Solução Seja $f(x) = 1/x$. O ponto $\left(2, \tfrac{1}{2}\right)$ corresponde a $x = 2$, portanto, para encontrar a inclinação nesse ponto, calculamos $f'(2)$. Por (5), obtemos

$$f'(2) = -\frac{1}{2^2} = -\frac{1}{4}.$$

Assim, a inclinação de $y = 1/x$ no ponto $\left(2, \tfrac{1}{2}\right)$ é $-\tfrac{1}{4}$. (Ver Figura 5.)

---

* A fórmula dá $f'(x)$ com $x \neq 0$. A derivada de $f(x)$ não está definida em $x = 0$, porque a própria $f(x)$ não está definida nesse ponto.

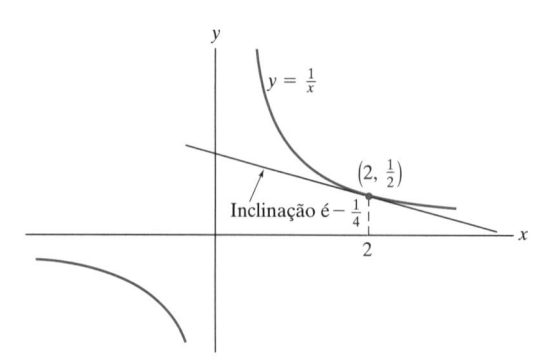

Figura 5 Derivada de $\frac{1}{x}$.

ADVERTÊNCIA Não confunda $f'(2)$, que é o valor da derivada em 2, com $f(2)$, que é o valor da coordenada y no ponto do gráfico em que $x = 2$. No Exemplo 2, temos $f'(2) = -\frac{1}{4}$, enquanto $f(2) = \frac{1}{2}$. O número $f'(2)$ dá a *inclinação* do gráfico em $x = 2$; o número $f(2)$ dá a *altura* do gráfico em $x = 2$.

Suponha que o gráfico de $y = f(x)$ tenha uma reta tangente no ponto $(a, f(a))$. Obviamente, $(a, f(a))$ é um ponto da reta tangente e, como a inclinação da reta tangente é $f'(a)$, obtemos a equação ponto-inclinação da reta tangente em $(a, f(a))$, como segue.

equação da reta tangente

$$y - f(a) = f'(a)(x - a) \tag{6}$$

Como uma aplicação, vamos deduzir a equação da reta tangente ao gráfico de $f(x) = 1/x$ em $(2, \frac{1}{2})$. (Ver Figura 5.) Tomando $a = 2$, temos $f(a) = \frac{1}{2}$ e $f'(2) = -\frac{1}{4}$, portanto, (6) dá a equação da reta tangente

$$y - \frac{1}{2} = -\frac{1}{4}(x - 2).$$

Não é necessário memorizar a fórmula (6), mas você deveria ser capaz de deduzi-la numa dada situação; em particular, você deveria ser capaz de distinguir cada um de seus ingredientes. Vejamos mais uma ilustração.

EXEMPLO 3 Encontre a equação da reta tangente ao gráfico de $f(x) = \sqrt{x}$ no ponto $(1, 1)$.

Solução Pelo Exemplo 1, temos $f'(x) = \frac{1}{2\sqrt{x}}$. Assim, a inclinação da reta tangente no ponto $(1, 1)$ é $f'(1) = \frac{1}{2\sqrt{1}} = \frac{1}{2}$. Como a reta tangente passa pelo ponto $(1, 1)$, sua equação ponto-inclinação é

$$y - 1 = \frac{1}{2}(x - 1).$$

Observe como isso segue de (6) com $a = 1, f(a) = 1$ e $f'(a) = f'(1) = \frac{1}{2}$. A Figura 6 mostra o gráfico de $y = \sqrt{x}$ e a reta tangente no ponto $(1, 1)$. (Para traçar a reta tangente, comece no ponto $(1, 1)$ e caminhe uma unidade para a direita e, em seguida, $\frac{1}{2}$ unidade para cima.)

EXEMPLO 4 **Reta tangente** A reta $y = -\frac{1}{3}x + b$ é tangente ao gráfico de $y = \frac{1}{x}$ no ponto $P = \left(a, \frac{1}{a}\right) (a > 0)$. Encontre P e obtenha b. (Ver Figura 7.)

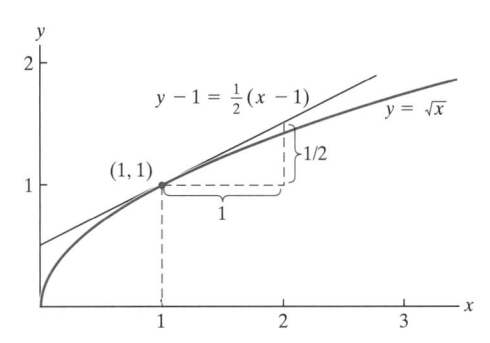

Figura 6 Tangente a $f(x) = \sqrt{x}$ no ponto $(1, 1)$. A inclinação da reta tangente é $f'(1) = \frac{1}{2\sqrt{1}} = \frac{1}{2}$.

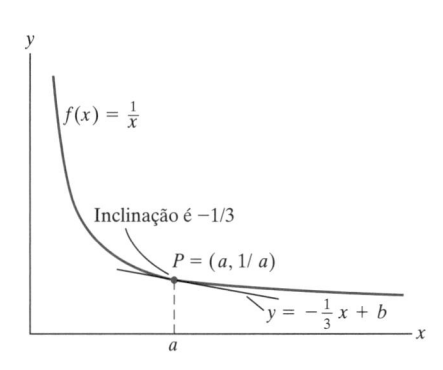

Figura 7

Solução Seja $f(x) = \frac{1}{x}$; então $f'(x) = -\frac{1}{x^2}$. Sabemos que a inclinação da reta tangente em qualquer ponto $P = \left(a, \frac{1}{a}\right)$ é igual ao valor da derivada $f'(x)$ em $x = a$, ou seja, $-\frac{1}{a^2}$. Como a inclinação da reta tangente $y = -\frac{1}{3}x + b$ é $-\frac{1}{3}$, concluímos que

$$-\frac{1}{a^2} = -\frac{1}{3};$$
$$a^2 = 3$$
$$a = \pm\sqrt{3}.$$

Tomamos $a = \sqrt{3}$, já que, por hipótese, $a > 0$. Logo, $P = \left(\sqrt{3}, \frac{1}{\sqrt{3}}\right)$. Para determinar b, usamos o fato de que P também está na reta tangente, portanto, suas coordenadas devem satisfazer a equação $y = -\frac{1}{3}x + b$. Logo,

$$\frac{1}{\sqrt{3}} = -\frac{\sqrt{3}}{3} + b,$$
$$1 = -1 + b\sqrt{3} \quad \text{(multiplicamos ambos lados por } \sqrt{3})$$
$$\frac{2}{\sqrt{3}} = b.$$

Segue que a equação da reta tangente é $y = -\frac{1}{3}x + \frac{2}{\sqrt{3}}$. ■

Notação A operação de calcular a derivada $f'(x)$ de uma função $f(x)$ também é indicada pelo símbolo $\frac{d}{dx}$ (que se lê "a derivada em relação a x"). Assim,

$$\frac{d}{dx}f(x) = f'(x).$$

Por exemplo,

$$\frac{d}{dx}(x^6) = 6x^5, \qquad \frac{d}{dx}(x^{5/3}) = \frac{5}{3}x^{2/3}, \qquad \frac{d}{dx}\left(\frac{1}{x}\right) = -\frac{1}{x^2}.$$

Quando trabalhamos com uma equação $y = f(x)$, muitas vezes escrevemos $\frac{dy}{dx}$ como um símbolo para a derivada $f'(x)$. Por exemplo, se $y = x^6$, podemos escrever

$$\frac{dy}{dx} = 6x^5.$$

O cálculo da derivada por meio da reta secante

Até agora, nada foi dito sobre como deduzir fórmulas de derivação como (3), (4) ou (5). Vamos remediar essa omissão agora. A derivada fornece a inclinação da reta tangente, logo precisamos descrever um procedimento para calcular essa inclinação.

A ideia fundamental para calcular a inclinação da reta tangente num ponto P é aproximar a reta tangente por *retas secantes* bem próximas. Um reta secante em P é uma reta que passa por P e um ponto Q da curva próximo. (Ver Figura 8.) Tomando Q bem próximo de P, podemos fazer a inclinação da reta secante aproximar a inclinação da reta tangente com qualquer precisão desejada. Vamos ver o que isso significa em termos numéricos.

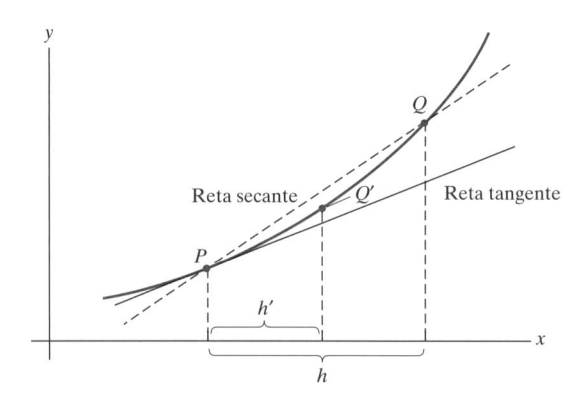

Figura 8 Uma aproximação da reta tangente por reta secante.

Suponha que o ponto P seja $(x, f(x))$ e que Q diste h unidades horizontais de P. Então Q tem a coordenada x dada por $x + h$ e a coordenada y dada por $f(x + h)$. A inclinação da reta secante que passa pelos pontos $P = (x, f(x))$ e $Q = (x + h, f(x + h))$ é, simplesmente,

$$[\text{inclinação da reta secante}] = \frac{f(x+h) - f(x)}{(x+h) - x} = \frac{f(x+h) - f(x)}{h}.$$

(Ver Figura 9.)

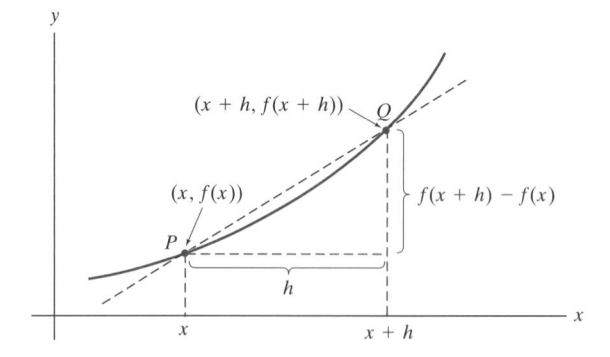

Figura 9 Calculando a inclinação de uma reta secante.

Para fazer Q se aproximar de P ao longo da curva, fazemos h tender a zero. Então a reta secante se aproxima da reta tangente e, portanto,

[inclinação da reta secante] tende à [inclinação da reta tangente],

ou seja,

$$\frac{f(x+h) - f(x)}{h} \quad \text{tende a} \quad f'(x).$$

Como podemos fazer a reta secante ficar tão próxima da reta tangente quanto quisermos tomando h suficientemente pequeno, podemos fazer a quantidade $[f(x + h) - f(x)]/h$ ficar próxima de $f'(x)$ com qualquer precisão desejada. Assim, chegamos ao seguinte método para calcular a derivada $f'(x)$.

> Para calcular $f'(x)$ em três passos.
>
> **Passo 1** Calcule o quociente $\dfrac{f(x+h)-f(x)}{h}$ para $h \neq 0$.
>
> **Passo 2** Faça h tender a zero.
>
> **Passo 3** A quantidade $\dfrac{f(x+h)-f(x)}{h}$ tende a $f'(x)$.

Na próxima seção, discutiremos detalhadamente esse método de três passos utilizando o conceito de limite. No entanto, é instrutivo aplicar esse método já agora para mostrar como pode ser usado para calcular uma derivada.

EXEMPLO 5

Verificação da regra da potência com $r = 2$ Aplicando o método dos três passos, confirme a fórmula (3), ou seja, mostre que a derivada de $f(x) = x^2$ é $f'(x) = 2x$.

Solução   Aqui $f(x) = x^2$, portanto, a inclinação da reta secante é

$$\frac{f(x+h)-f(x)}{h} = \frac{(x+h)^2 - x^2}{h} \quad (h \neq 0).$$

Entretanto, expandindo o quadrado, temos $(x + h)^2 = x^2 + 2xh + h^2$, de modo que

$$\frac{f(x+h)-f(x)}{h} = \frac{x^2 + 2xh + h^2 - x^2}{h} = \frac{(2x+h)\cancel{h}}{\cancel{h}}$$
$$= 2x + h.$$

(*Observação*: como $h \neq 0$, podemos dividir ambos, numerador e denominador, por h.)

Quando h tende a 0 (ou seja, quando a reta secante se aproxima da reta tangente), a quantidade $2x + h$ se aproxima de $2x$. Assim, obtemos

$$f'(x) = 2x$$

que é a fórmula (3). ∎

Na seção seguinte, reformulamos o método dos três passos que acabamos de apresentar por meio de limites e deduzimos a *definição via limite* da derivada.

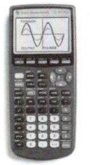

INCORPORANDO RECURSOS TECNOLÓGICOS

Derivadas numéricas e retas tangentes   As calculadoras TI-83/84 têm a rotina [`nDeriv`] para calcular derivadas numericamente; isso é feito usando as teclas [MATH] [8]. Por exemplo, para calcular a derivada de $f(x) = \sqrt{x}$ em $x = 3$, procedemos conforme indicado na Figura 10. Também podemos traçar a reta tangente a uma função num ponto. Por exemplo, para traçar a reta tangente de $f(x) = \sqrt{x}$ em $x = 3$, procedemos como segue. Começamos digitando $Y_1 = \sqrt{X}$ e pressionando [GRAPH]. Em seguida, na janela do gráfico, pressionamos [2nd] [DRAW] [5] para selecionar **Tangent**. Pressionamos [1] para colocar $x = 3$ e pressionamos [ENTER]. O resultado aparece na Figura 11. A equação da reta tangente também aparece na Figura 11. Observe como a inclinação é igual à derivada numérica que obtivemos na Figura 10. ∎

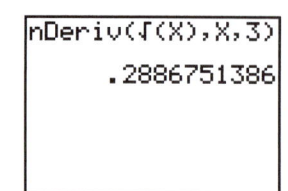

Figura 10

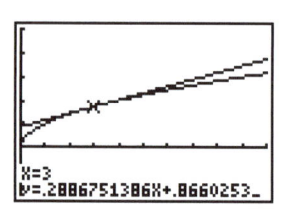

Figura 11

Exercícios de revisão 1.3

1. Considere a curva $y = f(x)$ da Figura 12
   (a) Encontre $f(5)$.
   (b) Encontre $f'(5)$.
2. Seja $f(x) = 1/x^4$.
   (a) Encontre a derivada de f.
   (b) Encontre $f'(2)$.

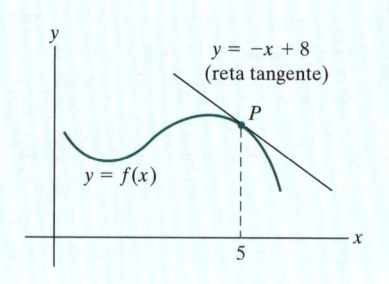

Figura 12

Exercícios 1.3

Nos Exercícios 1-16, use as fórmulas (1) e (2) e a regra da potência para encontrar a derivada da função dada.

1. $f(x) = 3x + 7$
2. $f(x) = -2x$
3. $f(x) = \dfrac{3x}{4} - 2$
4. $f(x) = \dfrac{2x - 6}{7}$
5. $f(x) = x^7$
6. $f(x) = x^{-2}$
7. $f(x) = x^{2/3}$
8. $f(x) = x^{-1/2}$
9. $f(x) = \dfrac{1}{\sqrt{x^5}}$
10. $f(x) = \dfrac{1}{x^3}$
11. $f(x) = \sqrt[3]{x}$
12. $f(x) = \dfrac{1}{\sqrt[5]{x}}$
13. $f(x) = \dfrac{1}{x^{-2}}$
14. $f(x) = \sqrt[7]{x^2}$
15. $f(x) = 4^2$
16. $f(x) = \pi$

Nos Exercícios 17-24, encontre a derivada de $f(x)$ no valor de x dado.

17. $f(x) = x^3$ em $x = \frac{1}{2}$
18. $f(x) = x^5$ em $x = \frac{3}{2}$
19. $f(x) = \dfrac{1}{x}$ em $x = \frac{2}{3}$
20. $f(x) = \frac{1}{3}$ em $x = 2$
21. $f(x) = x + 11$ em $x = 0$
22. $f(x) = x^{1/3}$ em $x = 8$
23. $f(x) = \sqrt{x}$ em $x = \frac{1}{16}$
24. $f(x) = \dfrac{1}{\sqrt[5]{x^2}}$ em $x = 32$

25. Encontre a inclinação da curva $y = x^4$ em $x = 2$.
26. Encontre a inclinação da curva $y = x^5$ em $x = \frac{1}{3}$.
27. Se $f(x) = x^3$, calcule $f(-5)$ e $f'(-5)$.
28. Se $f(x) = 2x + 6$, calcule $f(0)$ e $f'(0)$.
29. Se $f(x) = x^{1/3}$, calcule $f(8)$ e $f'(8)$.
30. Se $f(x) = 1/x^2$, calcule $f(1)$ e $f'(1)$.
31. Se $f(x) = 1/x^5$, calcule $f(-2)$ e $f'(-2)$.
32. Se $f(x) = x^{3/2}$, calcule $f(16)$ e $f'(16)$.

Nos Exercícios 33-40, encontre a equação da reta tangente ao gráfico de $y = f(x)$ no ponto x dado. Proceda conforme Exemplo 3, sem utilizar a fórmula (6).

33. $f(x) = x^3, x = -2$
34. $f(x) = x^2, x = -\frac{1}{2}$
35. $f(x) = 3x + 1, x = 4$
36. $f(x) = 5, x = -2$
37. $f(x) = \sqrt{x}, x = \frac{1}{9}$
38. $f(x) = \dfrac{1}{x}, x = 0,01$
39. $f(x) = \dfrac{1}{\sqrt{x}}, x = 1$
40. $f(x) = \dfrac{1}{x^3}, x = 3$

41. A equação ponto-inclinação da reta tangente ao gráfico de $y = x^4$ no ponto $(1, 1)$ é $y - 1 = 4(x - 1)$. Explique como essa equação decorre de (6).
42. A tangente ao gráfico de $y = \frac{1}{x}$ no ponto $P = \left(a, \frac{1}{a}\right)$, com $a > 0$, é perpendicular à reta $y = 4x + 1$. Encontre P.
43. A reta $y = 2x + b$ é tangente ao gráfico de $y = \sqrt{x}$ no ponto $P = (a, \sqrt{a})$. Encontre P e determine b.
44. A reta $y = ax + b$ é tangente ao gráfico de $y = x^3$ no ponto $P = (-3, -27)$. Encontre a e b.
45. (a) Encontre o ponto da curva $y = \sqrt{x}$ em que a reta tangente é paralela à reta $y = \frac{x}{8}$.
    (b) Num mesmo par de eixos, esboce a curva $y = \sqrt{x}$, a reta $y = \frac{x}{8}$ e a reta tangente a $y = \sqrt{x}$ que é paralela a $y = \frac{x}{8}$.

46. Existem dois pontos no gráfico de $y = x^3$ em que as retas tangentes são paralelas a $y = x$. Encontre esses dois pontos.

47. Existe algum ponto no gráfico de $y = x^3$ em que a reta tangente seja perpendicular a $y = x$? Justifique sua resposta.

48. O gráfico de $y = f(x)$ passa pelo ponto $(2, 3)$ e a equação da reta tangente naquele ponto é $y = -2x + 7$. Encontre $f(2)$ e $f'(2)$.

Nos Exercícios 49-56, encontre a derivada indicada.

49. $\dfrac{d}{dx}\left(x^8\right)$ **50.** $\dfrac{d}{dx}\left(x^{-3}\right)$

51. $\dfrac{d}{dx}\left(x^{3/4}\right)$ **52.** $\dfrac{d}{dx}\left(x^{-1/3}\right)$

53. $\dfrac{dy}{dx}$ se $y = 1$ **54.** $\dfrac{dy}{dx}$ se $y = x^{-4}$

55. $\dfrac{dy}{dx}$ se $x^{1/5}$ **56.** $\dfrac{dy}{dx}$ se $y = \dfrac{x-1}{3}$

57. Considere a curva $y = f(x)$ da Figura 13. Encontre $f(6)$ e $f'(6)$.

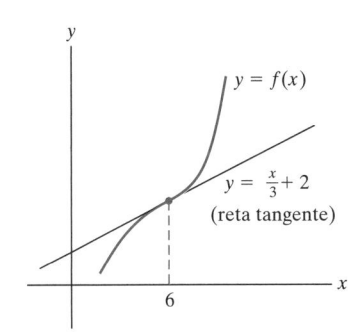

Figura 13

58. Considere a curva $y = f(x)$ da Figura 14. Encontre $f(1)$ e $f'(1)$.

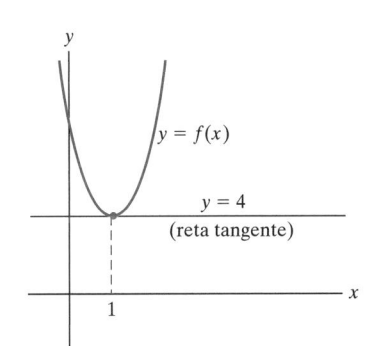

Figura 14

59. Na Figura 15, a reta $y = \tfrac{1}{4}x + b$ é tangente ao gráfico de $f(x) = \sqrt{x}$. Encontre os valores de a e b.

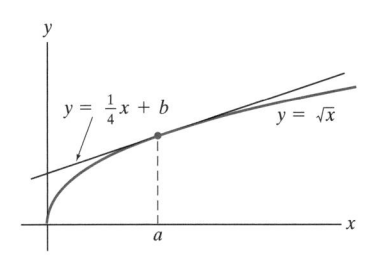

Figura 15

60. Na Figura 16, a reta é tangente ao gráfico de $f(x) = 1/x$. Encontre o valor de a.

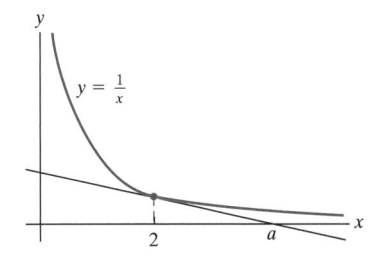

Figura 16

61. Considere a curva $y = f(x)$ da Figura 17. Encontre a e $f(a)$. Dê uma estimativa de $f'(a)$.

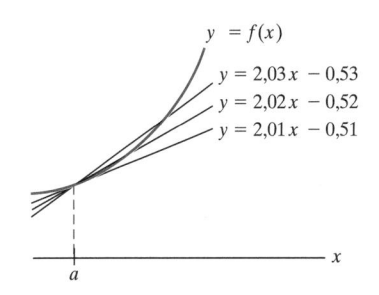

Figura 17

62. Considere a curva $y = f(x)$ da Figura 18. Dê uma estimativa de $f'(1)$.

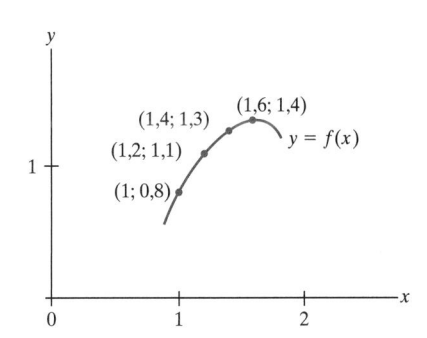

Figura 18

Capítulo 1 • A derivada

63. Na Figura 19, encontre a equação da reta tangente a $f(x)$ no ponto A.

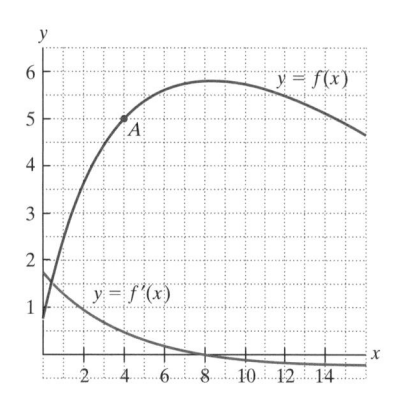

Figura 19

64. Na Figura 20, encontre a equação da reta tangente a $f(x)$ no ponto P.

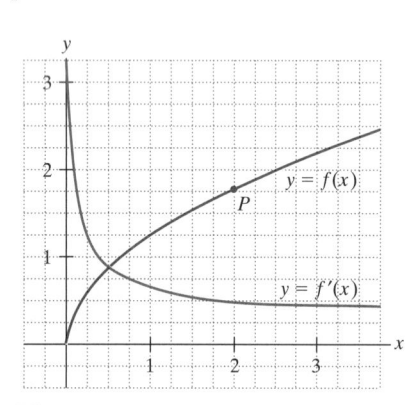

Figura 20

Nos Exercícios 65-70, calcule o quociente

$$\frac{f(x+h)-f(x)}{h}.$$

Simplifique sua resposta da melhor maneira.

65. $f(x) = 2x^2$
66. $f(x) = x^2 - 7$
67. $f(x) = -x^2 + 2x$
68. $f(x) = -2x^2 + x + 3$
69. $f(x) = x^3$ [*Sugestão*: $(a+b)^3 = a^3 + 3a^2b + 3ab^2 + b^3$.]
70. $f(x) = 2x^3 + x^2$

Nos Exercícios 71-76, aplique o método dos três passos para calcular a derivada da função dada.

71. $f(x) = -x^2$
72. $f(x) = 3x^2 - 2$
73. $f(x) = 7x^2 + x - 1$
74. $f(x) = x + 3$
75. $f(x) = x^3$
76. $f(x) = 2x^3 - x$

77. (a) Esboce dois gráficos que representem uma função $y = f(x)$ (à sua escolha) e seu deslocamento vertical $y = f(x) + 3$.

(b) Escolha dois pontos desses gráficos com a mesma abscissa $(x, f(x))$ e $(x, f(x) + 3)$. Trace as retas tangentes às curvas nesses pontos e descreva o que se observa.

(c) Usando a observação da parte (b), explique por que

$$\frac{d}{dx}f(x) = \frac{d}{dx}(f(x) + 3).$$

78. Use a abordagem do Exercício 77 para mostrar que

$$\frac{d}{dx}f(x) = \frac{d}{dx}(f(x) + c),$$

para qualquer constante c. [*Sugestão*: compare as retas tangentes aos gráficos de $f(x)$ e $f(x) + c$.]

Exercícios com calculadora

Nos Exercícios 79-84, use uma rotina de derivação para obter o valor da derivada. Forneça o valor com cinco casas decimais.

79. $f'(0)$, com $f(x) = 2^x$.
80. $f'(1)$, com $f(x) = \dfrac{1}{1+x^2}$.
81. $f'(1)$, com $f(x) = \sqrt{1+x^2}$.
82. $f'(3)$, com $f(x) = \sqrt{25-x^2}$.
83. $f'(2)$, com $f(x) = \dfrac{x}{1+x}$.
84. $f'(0)$, com $f(x) = 10^{1+x}$.

Nos Exercícios 85 e 86, seja Y_1 a função dada e use uma rotina de derivação para especificar Y_2 como sua derivada. Por exemplo, você poderia utilizar `Y₂ = nDeriv(Y1, X, X)` *ou* `y2 = der1(y1,x,x)`. *Então obtenha o gráfico de Y_2 na janela especificada e utilize a operação* TRACE *para obter o valor da derivada de Y_1 em $x = 2$.*

85. $f(x) = 3x^2 - 5$, $[0, 4]$ por $[-5, 40]$.
86. $f(x) = \sqrt{2x}$, $[0, 4]$ por $[-0,5; 3]$.

Nos Exercícios 87-90, utilize lápis e papel para encontrar a equação da reta tangente ao gráfico da função dada no ponto indicado. Depois obtenha o gráfico tanto da função quanto da reta para confirmar que a reta é, de fato, a reta tangente.

87. $f(x) = \sqrt{x}$, $(9, 3)$
88. $f(x) = \dfrac{1}{x}$, $(0,5, 2)$
89. $f(x) = \dfrac{1}{x^2}$, $(0,5, 4)$
90. $f(x) = x^3$, $(1,1)$

Nos Exercícios 91-94, $g(x)$ é a reta tangente ao gráfico de $f(x)$ em $x = a$. Obtenha os gráficos de $f(x)$ e $g(x)$ e determine o valor de a.

91. $f(x) = \dfrac{5}{x}$, $g(x) = 5 - 1{,}25x$
92. $f(x) = \sqrt{8x}$, $g(x) = x + 2$
93. $f(x) = x^3 - 12x^2 + 46x - 50$, $g(x) = 14 - 2x$
94. $f(x) = (x-3)^3 + 4$, $g(x) = 4$

Soluções dos exercícios de revisão 1.3

1. (a) O número $f(5)$ é a coordenada y do ponto P. Como a reta tangente passa pelo ponto P, as coordenadas de P satisfazem a equação $y = -x + 8$. Como a coordenada x de P é 5, sua coordenada y é $-5 + 8 = 3$. Portanto, $f(5) = 3$.

(b) O número $f'(5)$ é a inclinação da reta tangente em P, que claramente é -1.

2. (a) A função $1/x^4$ pode ser escrita como a função potência x^{-4}. Aqui $r = -4$. Portanto,

$$f'(x) = (-4)x^{(-4)-1} = -4x^{-5} = \frac{-4}{x^5}.$$

(b) $f'(x) = -4/2^5 = -4/32 = -\frac{1}{8}$.

1.4 Limites e a derivada

A noção de limite é uma das ideias fundamentais do Cálculo. Na verdade, qualquer desenvolvimento "teórico" do Cálculo recai num uso extensivo da teoria de limites. Mesmo neste livro, em que adotamos um ponto de vista intuitivo, os argumentos com limites são utilizados ocasionalmente (embora de modo informal). Na seção precedente, os limites foram usados para definir a derivada. Esses limites surgiram naturalmente na nossa construção geométrica da reta tangente como um *limite* de retas secantes. Nesta seção, continuamos nossa breve introdução a limites e enunciamos algumas propriedades adicionais que serão utilizadas no nosso desenvolvimento da derivada e de vários outros tópicos do Cálculo. Começamos com uma definição.

> **DEFINIÇÃO** **Limite de uma função** Sejam $g(x)$ uma função e a um número. Dizemos que o número L é o *limite de $g(x)$ quando x tende a a* se $g(x)$ estiver arbitrariamente próximo de L para todo x suficientemente próximo de (mas sem ser igual a) a. Nesse caso, escrevemos
>
> $$\lim_{x \to a} g(x) = L.$$

Dizemos que o limite de $g(x)$ quando x tende a a *não existe* se os valores de $g(x)$ não se aproximarem de algum número específico quando x tende a a. Vimos vários exemplos de limites na seção precedente. Antes de passar às propriedades dos limites, vejamos mais alguns exemplos básicos.

EXEMPLO 1 Determine $\lim_{x \to 2}(3x - 5)$.

Solução Produzimos uma tabela de valores de x tendendo a 2 e os correspondentes valores de $3x - 5$, como segue.

x	$3x - 5$	x	$3x - 5$
2,1	1,3	1,9	0,7
2,01	1,03	1,99	0,97
2,001	1,003	1,999	0,997
2,0001	1,0003	1,9999	0,9997

Quando x tende a 2, vemos que $3x - 5$ se aproxima de 1. Em termos de nossa notação,

$$\lim_{x \to 2}(3x - 5) = 1.$$

EXEMPLO 2

Para cada uma das funções na Figura 1, determine se existe $\lim_{x \to 2} g(x)$. (Os círculos desenhados nos gráficos representam quebras no gráfico, indicando que a função sob consideração não está definida em $x = 2$.)

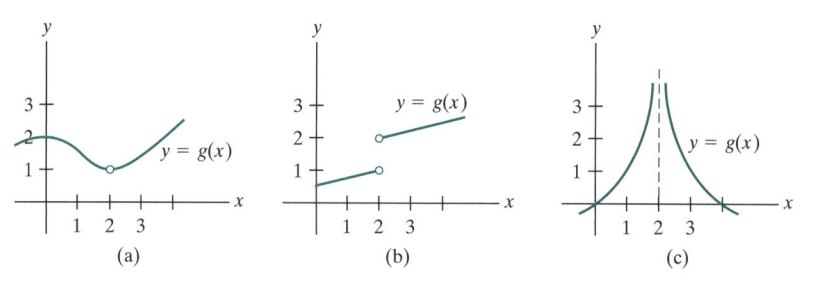

Figura 1 Funções sem definição num ponto.

(a) (b) (c)

Solução

(a) $\lim_{x \to 2} g(x) = 1$. Podemos ver que quando os valores de x se aproximam de 2, os valores de $g(x)$ se aproximam de 1. Isso vale tanto para valores de x à esquerda quanto à direita de 2.

(b) $\lim_{x \to 2} g(x)$ não existe. Quando x se aproxima de 2 pela direita, $g(x)$ se aproxima de 2. Entretanto, quando x se aproxima de 2 pela esquerda, $g(x)$ se aproxima de 1. Para que o limite exista, a função deve se aproximar do *mesmo* valor por ambos os lados.

(c) $\lim_{x \to 2} g(x)$ não existe. Quando x se aproxima de 2, os valores de $g(x)$ tornam-se cada vez maiores e não se aproximam de algum número fixado. ■

Os teoremas seguintes relativos a limites, que enunciamos sem demonstração, nos permitem simplificar o cálculo de limites para combinações de funções ao cálculo de limites envolvendo individualmente as funções.

> **Teoremas de limites** Se existem ambos $\lim_{x \to a} f(x)$ e $\lim_{x \to a} g(x)$, valem os resultados seguintes.
>
> (I) Se k é uma constante, então $\lim_{x \to a} k \cdot f(x) = k \cdot \lim_{x \to a} f(x)$.
>
> (II) Se r é uma constante positiva e $[f(x)]^r$ estiver definida em $x \neq a$, então $\lim_{x \to a} [f(x)]^r = \left[\lim_{x \to a} f(x) \right]^r$.
>
> (III) $\lim_{x \to a} [f(x) + g(x)] = \lim_{x \to a} f(x) + \lim_{x \to a} g(x)$.
>
> (IV) $\lim_{x \to a} [f(x) - g(x)] = \lim_{x \to a} f(x) - \lim_{x \to a} g(x)$.
>
> (V) $\lim_{x \to a} [f(x) \cdot g(x)] = \left[\lim_{x \to a} f(x) \right] \cdot \left[\lim_{x \to a} g(x) \right]$.
>
> (VI) Se $\lim_{x \to a} g(x) \neq 0$, então $\lim_{x \to a} \dfrac{f(x)}{g(x)} = \dfrac{\lim_{x \to a} f(x)}{\lim_{x \to a} g(x)}$.

EXEMPLO 3

Use os teoremas de limites para calcular os limites dados.

(a) $\lim_{x \to 2} x^3$ (b) $\lim_{x \to 2} 5x^3$ (c) $\lim_{x \to 2} (5x^3 - 15)$

(d) $\lim_{x \to 2} \sqrt{5x^3 - 15}$ (e) $\lim_{x \to 2} \left(\sqrt{5x^3 - 15}/x^5 \right)$

Solução (a) Como $\lim_{x \to 2} x = 2$, o Teorema de Limite II garante que

$$\lim_{x \to 2} x^3 = \left(\lim_{x \to 2} x \right)^3 = 2^3 = 8.$$

(b) $\lim_{x \to 2} 5x^3 = 5 \lim_{x \to 2} x^3$ (Teorema de Limite I com $k = 5$)

$= 5 \cdot 8$ [pela parte (a)]

$= 40$

(c) $\lim_{x \to 2}(5x^3 - 15) = \lim_{x \to 2} 5x^3 - \lim_{x \to 2} 15$ (Teorema de Limite IV)

Observe que $15 = 15$, já que a função constante $g(x) = 15$ sempre tem o valor 15, de modo que seu limite quando x tende a *qualquer* número é 15. Pelo parte (b), $\lim_{x \to 2} 5x^3 = 40$. Assim,

$$\lim_{x \to 2}(5x^3 - 15) = 40 - 15 = 25.$$

(d) $\lim_{x \to 2} \sqrt{5x^3 - 15} = \lim_{x \to 2}(5x^3 - 15)^{1/2}$

$= \left[\lim_{x \to 2}(5x^3 - 15)\right]^{1/2}$ [Teorema de Limite II com $r = \frac{1}{2}, f(x) = 5x^3 - 15$]

$= 25^{1/2}$ [pela parte (c)]

$= 5$

(e) O limite do denominador é $\lim_{x \to 2} x^5$, que é $2^5 = 32$, um número não nulo. Assim, pelo Teorema de Limite VI, temos

$$\lim_{x \to 2} \frac{\sqrt{5x^3 - 15}}{x^5} = \frac{\lim_{x \to 2} \sqrt{5x^3 - 15}}{\lim_{x \to 2} x^5}$$

$$= \frac{5}{32} \text{ [pela parte (d)].} \blacksquare$$

Os fatos listados a seguir, que podem ser deduzidos aplicando repetidamente os vários teoremas de limites, são extremamente úteis para calcular limites.

Teoremas de limites (continuação)

(VII) Limite de uma função polinomial Sejam $p(x)$ uma função polinomial e a um número qualquer. Então

$$\lim_{x \to a} p(x) = p(a).$$

(VIII) Limite de uma função racional Seja $r(x) = p(x)/q(x)$ uma função racional, em que $p(x)$ e $q(x)$ são polinômios. Seja a um número tal que $q(a) \neq 0$. Então

$$\lim_{x \to a} r(x) = r(a).$$

Em outras palavras, para determinar um limite de uma função polinomial ou racional, simplesmente calculamos o valor da função em $x = a$, desde que a função esteja definida em $x = a$. Por exemplo, podemos refazer a solução do Exemplo 3(c) como segue.

$$\lim_{x \to 2}(5x^3 - 15) = 5(2)^3 - 15 = 25.$$

Muitas situações requerem simplificações algébricas antes que os teoremas de limites possam ser aplicados.

EXEMPLO 4 Calcule os limites seguintes.

(a) $\lim_{x \to 3} \dfrac{x^2 - 9}{x - 3}$ (b) $\lim_{x \to 0} \dfrac{\sqrt{x + 4} - 2}{x}$

Solução (a) A função $\dfrac{x^2 - 9}{x - 3}$ não está definida em $x = 3$, pois

$$\frac{3^2 - 9}{3 - 3} = \frac{0}{0},$$

que não está definido. Isso não causa dificuldades, pois o limite quando x tende a 3 depende apenas dos valores de x *perto de* 3 e exclui considerações sobre o valor da função no próprio $x = 3$. Para calcular o limite, observe que $x^2 - 9 = (x - 3)(x + 3)$. Portanto, para $x \neq 3$,

$$\frac{x^2 - 9}{x - 3} = \frac{(x - 3)(x + 3)}{x - 3} = x + 3.$$

Quando x tende a 3, $x + 3$ se aproxima de 6. Assim,

$$\lim_{x \to 3} \frac{x^2 - 9}{x - 3} = 6.$$

(b) Não podemos aplicar o Teorema de Limite VI diretamente, porque o denominador se aproxima de zero quando tomamos o limite. Entretanto, o limite pode ser calculado se inicialmente aplicarmos o truque algébrico da "racionalização". Isso significa multiplicar o numerador e o denominador por $\sqrt{x + 4} + 2$.

$$\frac{\sqrt{x + 4} - 2}{x} \cdot \frac{\sqrt{x + 4} + 2}{\sqrt{x + 4} + 2} = \frac{(x + 4) - 4}{x(\sqrt{x + 4} + 2)}$$

$$= \frac{x}{x(\sqrt{x + 4} + 2)}$$

$$= \frac{1}{\sqrt{x + 4} + 2}$$

Assim,

$$\lim_{x \to 0} \frac{\sqrt{x + 4} - 2}{x} = \lim_{x \to 0} \frac{1}{\sqrt{x + 4} + 2}$$

$$= \frac{\lim_{x \to 0} 1}{\lim_{x \to 0}(\sqrt{x + 4} + 2)} \quad \text{(Teorema de Limite VI)}$$

$$= \frac{1}{4}. \qquad \blacksquare$$

Definição da derivada via limite

Nossa discussão da derivada na seção precedente partiu do conceito geométrico intuitivo da reta tangente. Essa abordagem geométrica nos levou ao método de três passos para calcular a derivada como o limite de um quociente de diferenças. Esse processo pode ser considerado independentemente de sua interpretação geométrica e usado para definir $f'(x)$. De fato, dizemos que f é *derivável em x* se

$$\frac{f(x + h) - f(x)}{h}$$

tender a algum número quando h tender a 0 e denotamos esse limite por $f'(x)$. Em símbolos, usando a notação de limite, temos a seguinte definição.

DEFINIÇÃO Derivada como um limite

$$f'(x) = \lim_{h \to 0} \frac{f(x+h) - f(x)}{h} \qquad (1)$$

Se o quociente

$$\frac{f(x+h) - f(x)}{h}$$

denominado *razão incremental*, não se aproximar de algum número específico quando h tende a 0, dizemos que f é *não derivável* em x. Praticamente todas as funções deste texto são deriváveis em todos os pontos de seus domínios. Algumas poucas exceções são descritas na Seção 1.5.

Usando limites para calcular $f'(a)$
Passo 1 Escreva a razão incremental $\dfrac{f(a+h) - f(a)}{h}$.
Passo 2 Simplifique a razão incremental.
Passo 3 Encontre o limite quando h tende a 0. Esse limite é $f'(a)$.

EXEMPLO 5 Use limites para calcular a derivada $f'(5)$ das funções dadas.

(a) $f(x) = 15 - x^2$ **(b)** $f(x) = \dfrac{1}{2x - 3}$

Solução **(a)** $\dfrac{f(5+h) - f(5)}{h} = \dfrac{[15 - (5+h)^2] - (15 - 5^2)}{h}$ (Passo 1)

$= \dfrac{15 - (25 + 10h + h^2) - (15 - 25)}{h}$ (Passo 2)

$= \dfrac{-10h - h^2}{h} = -10 - h$

Portanto, $f'(5) = \lim_{h \to 0} (-10 - h) = -10.$ (Passo 3)

(b) $\dfrac{f(5+h) - f(5)}{h} = \dfrac{\dfrac{1}{2(5+h) - 3} - \dfrac{1}{2(5) - 3}}{h}$ (Passo 1)

$= \dfrac{\dfrac{1}{7 + 2h} - \dfrac{1}{7}}{h} = \dfrac{\dfrac{7 - (7 + 2h)}{(7 + 2h)7}}{h}$ (Passo 2)

$= \dfrac{-2h}{(7 + 2h)7 \cdot h} = \dfrac{-2}{(7 + 2h)7} = \dfrac{-2}{49 + 14h}$

Portanto,

$$f'(5) = \lim_{h \to 0} \frac{-2}{49 + 14h} = -\frac{2}{49}. \qquad \text{(Passo 3)}$$

OBSERVAÇÃO Quando calculamos os limites no Exemplo 5, consideramos apenas valores de h perto de zero (e não o próprio $h = 0$). Portanto, tivemos liberdade para dividir ambos, o numerador e o denominador, por h.

É importante distinguir entre a derivada num ponto específico (como no Exemplo 5) e uma fórmula para a derivada. Uma derivada num ponto específico é um número, enquanto uma fórmula para a derivada é uma função. O método dos três passos que apresentamos pode ser utilizado para encontrar fórmulas para as derivadas, como veremos.

EXEMPLO 6 Encontre a derivada de $f(x) = x^2 + 2x + 2$.

Solução Temos

$$\frac{f(x+h)-f(x)}{h} = \frac{(x+h)^2 + 2(x+h) + 2 - (x^2 + 2x + 2)}{h} \quad \text{(Passo 1)}$$

$$= \frac{\cancel{x^2} + 2xh + h^2 + \cancel{2x} + 2h + \cancel{2} - \cancel{x^2} - \cancel{2x} - \cancel{2}}{h} \quad \text{(Passo 2)}$$

$$= \frac{2xh + h^2 + 2h}{h} = \frac{(2x + h + 2)\cancel{h}}{\cancel{h}}$$

$$= 2x + 2 + h.$$

Portanto,

$$f'(x) = \lim_{h \to 0}(2x + 2 + h) = 2x + 2. \quad \text{(Passo 3)}$$

Voltemos à regra da potência da seção precedente e verifiquemos os dois casos $r = -1$ e $r = \frac{1}{2}$.

EXEMPLO 7 Encontre a derivada de $f(x) = \frac{1}{x}$.

Solução Temos

$$\frac{f(x+h)-f(x)}{h} = \frac{\frac{1}{x+h} - \frac{1}{x}}{h} \quad \text{(Passo 1)}$$

$$= \frac{1}{h}\left[\frac{1}{x+h} - \frac{1}{x}\right] \quad \text{(Passo 2)}$$

$$= \frac{1}{h}\left[\frac{x-(x+h)}{(x+h)x}\right] = \frac{1}{\cancel{h}}\left[\frac{-\cancel{h}}{(x+h)x}\right]$$

$$= \frac{-1}{(x+h)x}.$$

Passo 3 Usando o Teorema de Limite VIII vemos que, quando h tende a 0, $\frac{-1}{(x+h)x}$ tende a $\frac{-1}{x^2}$. Portanto,

$$f'(x) = \frac{-1}{x^2}.$$

No cálculo do limite seguinte, utilizamos o truque de racionalização do Exemplo 4(b).

EXEMPLO 8 Encontre a derivada de $f(x) = \sqrt{x}$.

Solução Na simplificação da razão incremental, utilizamos a identidade algébrica $(a + b)(a - b) = a^2 - b^2$, como segue.

$$(\sqrt{x+h} - \sqrt{x})(\sqrt{x+h} + \sqrt{x}) = (\sqrt{x+h})^2 - (\sqrt{x})^2 = x + h - x = h.$$

Temos

$$\frac{f(x+h)-f(x)}{h} = \frac{\sqrt{x+h}-\sqrt{x}}{h} \qquad \text{(Passo 1)}$$

$$= \frac{\sqrt{x+h}-\sqrt{x}}{h} \cdot \frac{\sqrt{x+h}+\sqrt{x}}{\sqrt{x+h}+\sqrt{x}} \qquad \text{(Passo 2)}$$

$$= \frac{x+h-x}{h(\sqrt{x+h}+\sqrt{x})} = \frac{\not{h}}{\not{h}(\sqrt{x+h}+\sqrt{x})}$$

$$= \frac{1}{\sqrt{x+h}+\sqrt{x}}.$$

Portanto,

$$f'(x) = \lim_{h \to 0} \frac{1}{\sqrt{x+h}+\sqrt{x}} = \frac{1}{\sqrt{x}+\sqrt{x}} = \frac{1}{2\sqrt{x}}. \qquad \text{(Passo 3)}$$

Às vezes, podemos utilizar nosso conhecimento de derivação para calcular limites difíceis. Vejamos um exemplo.

EXEMPLO 9 Associe o limite

$$\lim_{x \to 0} \frac{(1+x)^{1/3}-1}{x}$$

com uma derivada e calcule o limite.

Solução Nesse caso, a ideia é identificar o limite dado como uma derivada dada pela fórmula (1) com uma escolha específica de f e de x. Com esse objetivo, substituímos x por h no limite dado. Isso não muda o limite, pois estamos somente mudando o nome da variável. O limite passa a ser

$$\lim_{h \to 0} \frac{(1+h)^{1/3}-1}{h}.$$

Agora voltemos a (1). Tomando $f(x) = x^{1/3}$ e calculando $f'(1)$ de acordo com (1), temos

$$f'(1) = \lim_{h \to 0} \frac{(1+h)^{1/3}-1}{h}.$$

Do lado direito, temos o limite procurado; do lado esquerdo, $f'(1)$ pode ser calculado usando a regra da potência, como segue.

$$f'(x) = \frac{1}{3}x^{-2/3}$$

$$f'(1) = \frac{1}{3}(1)^{-2/3} = \frac{1}{3}.$$

Portanto,

$$\lim_{h \to 0} \frac{(1+h)^{1/3}-1}{h} = f'(1) = \frac{1}{3}.$$

Infinito e limites Considere a função $f(x)$ cujo gráfico está esboçado na Figura 2. À medida que x cresce, o valor de $f(x)$ se aproxima de 2. Nessa circunstância, dizemos que 2 é o *limite de $f(x)$ quando x tende ao infinito*. O infinito é denotado pelo símbolo ∞. A afirmação precedente é expressa com a seguinte notação.

$$\lim_{x \to \infty} f(x) = 2.$$

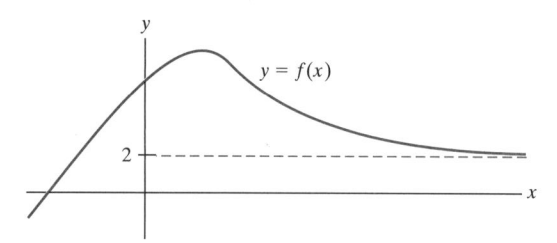

Figura 2 Uma função com um limite quando x tende ao infinito.

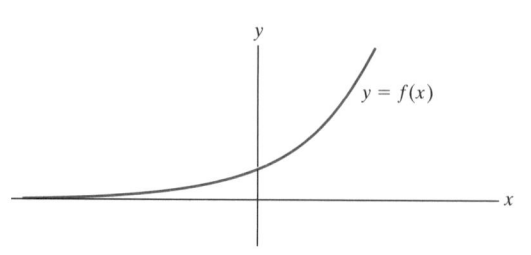

Figura 3 Uma função com um limite quando x tende a menos infinito.

De maneira análoga, considere a função cujo gráfico está esboçado na Figura 3.
À medida que x cresce no sentido negativo, o valor de $f(x)$ se aproxima de 0. Nessa circunstância, dizemos que 0 é o *limite de $f(x)$ quando x tende a menos infinito*. Em símbolos,

$$\lim_{x \to -\infty} f(x) = 0.$$

EXEMPLO 10 Calcule os limites seguintes.

(a) $\lim\limits_{x \to \infty} \dfrac{1}{x^2 + 1}$ (b) $\lim\limits_{x \to \infty} \dfrac{6x - 1}{2x + 1}$

Solução

(a) Quando x cresce sem cota, o mesmo ocorre com $x^2 + 1$. Portanto, $1/(x^2 + 1)$ se aproxima de zero quando x tende a ∞.

(b) Ambos, $6x - 1$ e $2x + 1$, crescem sem cota com x. Para determinar o limite de seu quociente, utilizamos um truque algébrico, a saber, dividimos o numerador e o denominador por x para obter

$$\lim_{x \to \infty} \frac{6x - 1}{2x + 1} = \lim_{x \to \infty} \frac{6 - \dfrac{1}{x}}{2 + \dfrac{1}{x}}.$$

Quando x cresce sem cota, $1/x$ tende a zero, portanto, $6 - (1/x)$ tende a 6 e $2 + (1/x)$ tende a 2. Assim, o limite procurado é $6/2 = 3$. ∎

INCORPORANDO RECURSOS TECNOLÓGICOS

Usando tabelas para encontrar limites Considere a função

$$y = \frac{x^2 - 9}{x - 3}$$

do Exemplo 4(a). Essa função não está definida em $x = 3$, mas examinando seus valores perto de $x = 3$, como na Figura 4, podemos nos convencer que

$$\lim_{x \to 3} \frac{x^2 - 9}{x - 3} = 6.$$

Para gerar as tabelas da Figura 4, pressione [Y=] e associe a função $\frac{x^2 - 9}{x - 3}$ a Y_1. Pressione [2nd] [TBLSET] e escolha **Indpnt** como **Ask**, deixando os outros parâmetros com seus valores default. Finalmente, pressione [2nd] [TABLE] e digite os valores mostrados para X. ∎

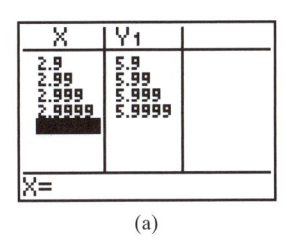

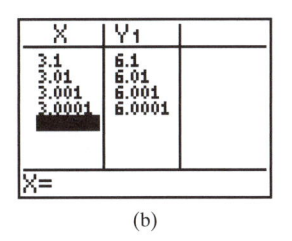

(a) (b)

Figura 4

Exercícios de revisão 1.4

Determine qual dos limites seguintes existe. Calcule os limites que existem.

1. $\lim_{x \to 6} \dfrac{x^2 - 4x - 12}{x - 6}$
2. $\lim_{x \to 6} \dfrac{4x + 12}{x - 6}$

Exercícios 1.4

Nos Exercícios 1-6, determine se $\lim_{x \to 3} g(x)$ existe ou não para a função $g(x)$ dada. Se existir, calcule o limite.

1. 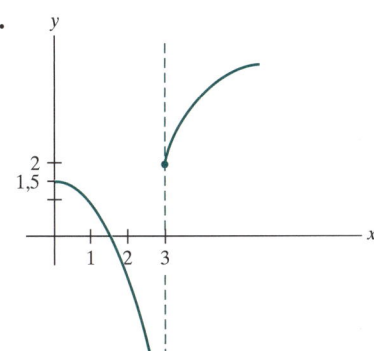
2. 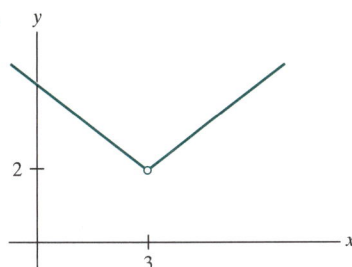
3. 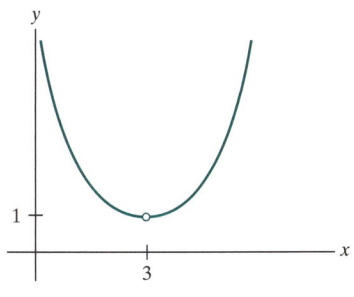
4. 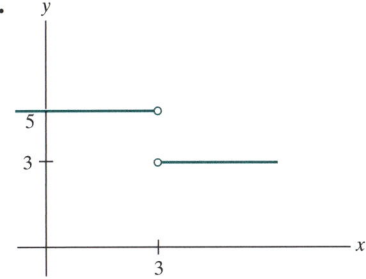
5. 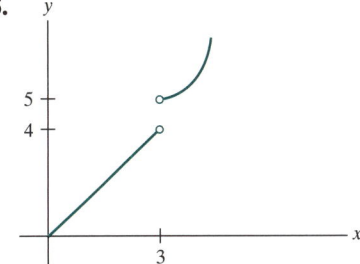
6.

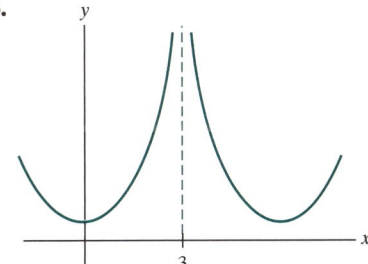

Nos Exercícios 7-26, determine se o limite existe. Se existir, calcule-o.

7. $\lim_{x \to 1} (1 - 6x)$
8. $\lim_{x \to 2} \dfrac{x}{x - 2}$
9. $\lim_{x \to 3} \sqrt{x^2 + 16}$
10. $\lim_{x \to 4} (x^3 - 7)$

11. $\lim_{x \to 5} \dfrac{x^2 + 1}{5 - x}$

12. $\lim_{x \to 6} \left(\sqrt{6x} + 3x - \dfrac{1}{x} \right) (x^2 - 4)$

13. $\lim_{x \to 7} (x + \sqrt{x - 6}) (x^2 - 2x + 1)$

14. $\lim_{x \to 8} \dfrac{\sqrt{5x - 4} - 1}{3x^2 + 2}$

15. $\lim_{x \to 9} \dfrac{\sqrt{x^2 - 5x - 36}}{8 - 3x}$

16. $\lim_{x \to 10} (2x^2 - 15x - 50)^{20}$

17. $\lim_{x \to 0} \dfrac{x^2 + 3x}{x}$

18. $\lim_{x \to 1} \dfrac{x^2 - 1}{x - 1}$

19. $\lim_{x \to 2} \dfrac{-2x^2 + 4x}{x - 2}$

20. $\lim_{x \to 3} \dfrac{x^2 - x - 6}{x - 3}$

21. $\lim_{x \to 4} \dfrac{x^2 - 16}{4 - x}$

22. $\lim_{x \to 5} \dfrac{2x - 10}{x^2 - 25}$

23. $\lim_{x \to 6} \dfrac{x^2 - 6x}{x^2 - 5x - 6}$

24. $\lim_{x \to 7} \dfrac{x^3 - 2x^2 + 3x}{x^2}$

25. $\lim_{x \to 8} \dfrac{x^2 + 64}{x - 8}$

26. $\lim_{x \to 9} \dfrac{1}{(x - 9)^2}$

27. Calcule os limites que existem, sabendo que

$$\lim_{x \to 0} f(x) = -\dfrac{1}{2} \quad \text{e} \quad \lim_{x \to 0} g(x) = \dfrac{1}{2}.$$

(a) $\lim_{x \to 0} (f(x) + g(x))$ (b) $\lim_{x \to 0} (f(x) - 2g(x))$

(c) $\lim_{x \to 0} f(x) \cdot g(x)$ (d) $\lim_{x \to 0} \dfrac{f(x)}{g(x)}$

28. Use a definição de derivada via limite para mostrar que, se $f(x) = mx + b$, então $f'(x) = m$.

Nos Exercícios 29-32, utilize limite para calcular a derivada.

29. $f'(3)$, com $f(x) = x^2 + 1$
30. $f'(2)$, com $f(x) = x^3$
31. $f'(0)$, com $f(x) = x^3 + 3x + 1$
32. $f'(0)$, com $f(x) = x^2 + 2x + 2$

Nos Exercícios 33-36, aplique o método dos três passos para calcular $f'(x)$ para a função dada. Siga os passos utilizados no Exemplo 6. Certifique-se que a razão incremental foi suficientemente simplificada.

33. $f(x) = x^2 + 1$
34. $f(x) = -x^2 + 2$
35. $f(x) = x^3 - 1$
36. $f(x) = 3x^2 + 1$

Nos Exercícios 37-48, use limite para calcular $f'(x)$. [Sugestão: nos Exercícios 45-48, use o truque de racionalização do Exemplo 8.]

37. $f(x) = 3x + 1$
38. $f(x) = -x + 11$
39. $f(x) = x + \dfrac{1}{x}$
40. $f(x) = \dfrac{1}{x^2}$
41. $f(x) = \dfrac{x}{x + 1}$
42. $f(x) = -1 + \dfrac{2}{x - 2}$
43. $f(x) = \dfrac{1}{x^2 + 1}$
44. $f(x) = \dfrac{x}{x + 2}$
45. $f(x) = \sqrt{x + 2}$
46. $f(x) = \sqrt{x^2 + 1}$
47. $f(x) = \dfrac{1}{\sqrt{x}}$
48. $f(x) = x\sqrt{x}$

Cada limite, nos Exercícios 49-54, é uma definição de $f'(a)$. Determine a função $f(x)$ e o valor de a.

49. $\lim_{h \to 0} \dfrac{(1 + h)^2 - 1}{h}$
50. $\lim_{h \to 0} \dfrac{(2 + h)^3 - 8}{h}$
51. $\lim_{h \to 0} \dfrac{\dfrac{1}{10 + h} - .1}{h}$
52. $\lim_{h \to 0} \dfrac{(64 + h)^{1/3} - 4}{h}$
53. $\lim_{h \to 0} \dfrac{\sqrt{9 + h} - 3}{h}$
54. $\lim_{h \to 0} \dfrac{(1 + h)^{-1/2} - 1}{h}$

Nos Exercícios 55-60, associe o limite dado com uma derivada e obtenha o limite calculando a derivada.

55. $\lim_{h \to 0} \dfrac{(h + 2)^2 - 4}{h}$
56. $\lim_{h \to 0} \dfrac{(h - 1)^3 + 1}{h}$
57. $\lim_{h \to 0} \dfrac{\sqrt{h + 2} - \sqrt{2}}{h}$
58. $\lim_{h \to 0} \dfrac{\sqrt{h + 4} - 2}{h}$
59. $\lim_{h \to 0} \dfrac{(8 + h)^{1/3} - 2}{h}$
60. $\lim_{h \to 0} \dfrac{1}{h} \left[\dfrac{1}{h + 1} - 1 \right]$

Nos Exercícios 61-66, calcule o limite.

61. $\lim_{x \to \infty} \dfrac{1}{x^2}$
62. $\lim_{x \to -\infty} \dfrac{1}{x^2}$
63. $\lim_{x \to \infty} \dfrac{1}{x - 8}$
64. $\lim_{x \to \infty} \dfrac{5x + 3}{3x - 2}$
65. $\lim_{x \to \infty} \dfrac{10x + 100}{x^2 - 30}$
66. $\lim_{x \to \infty} \dfrac{x^2 + x}{x^2 - 1}$

Nos Exercícios 67-72, utilize a Figura 5 para encontrar o limite.

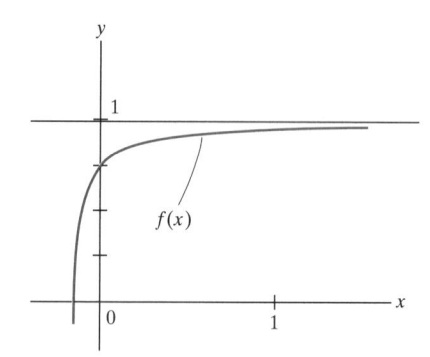

Figura 5

67. $\lim_{x \to 0} f(x)$
68. $\lim_{x \to \infty} f(x)$
69. $\lim_{x \to 0} x f(x)$
70. $\lim_{x \to \infty} (1 + 2 f(x))$
71. $\lim_{x \to \infty} (1 - f(x))$
72. $\lim_{x \to 0} [f(x)]^2$

Exercícios com calculadora

Nos Exercícios 73-76, examine o gráfico da função e calcule o valor da função com valores grandes de x para adivinhar o valor do limite.

73. $\lim_{x \to \infty} \sqrt{25 + x} - \sqrt{x}$
74. $\lim_{x \to \infty} \dfrac{x^2}{2^x}$
75. $\lim_{x \to \infty} \dfrac{x^2 - 2x + 3}{2x^2 + 1}$
76. $\lim_{x \to \infty} \dfrac{-8x^2 + 1}{x^2 + 1}$

Soluções dos exercícios de revisão 1.4

1. A função sob consideração é uma função racional. Como o denominador tem o valor 0 em $x = 6$, não podemos determinar imediatamente o limite apenas calculando o valor da função em $x = 6$. Também,

$$\lim_{x \to 6}(x - 6) = 0.$$

Como a função no denominador tem limite 0, não podemos aplicar o Teorema de Limite VI. Entretanto, como a definição de limites considera apenas valores de x distintos de 6, o quociente pode ser simplificado por fatoração e cancelamento.

$$\frac{x^2 - 4x - 12}{x - 6} = \frac{(x + 2)(x - 6)}{(x - 6)} = x + 2 \quad \text{com } x \neq 6$$

Agora, $\lim_{x \to 6}(x + 2) = 8$. e, portanto,

$$\lim_{x \to 6}\frac{x^2 - 4x - 12}{x - 6} = 8.$$

2. O limite não existe. É fácil ver que $\lim_{x \to 6}(4x + 12) = 36$ e $\lim_{x \to 6}(x - 6) = 0$. Quando x tende a 6, o denominador fica muito pequeno e o numerador tende a 36. Por exemplo, se $x = 6{,}00001$, o numerador é 36,00004, o denominador é 0,00001 e o quociente é 3.600.004. Quando x se aproxima ainda mais de 6, o quociente fica arbitrariamente grande e não pode se aproximar de algum limite.

1.5 Derivabilidade e continuidade

Na seção precedente, definimos a derivabilidade de $f(x)$ em $x = a$ em termos de um limite. Se esse limite não existir, dizemos que $f(x)$ é *não derivável* em $x = a$. Geometricamente, a não derivabilidade de $f(x)$ em $x = a$ pode manifestar-se de várias maneiras. Em primeiro lugar, o gráfico de $f(x)$ poderia não ter uma reta tangente em $x = a$. Em segundo lugar, o gráfico poderia ter uma reta tangente vertical em $x = a$. (Lembre que não se define a inclinação de uma reta vertical.) Algumas das várias possibilidades geométricas estão ilustradas na Figura 1.

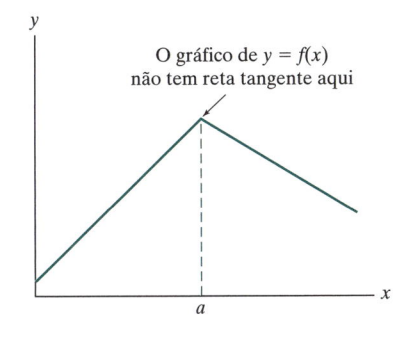

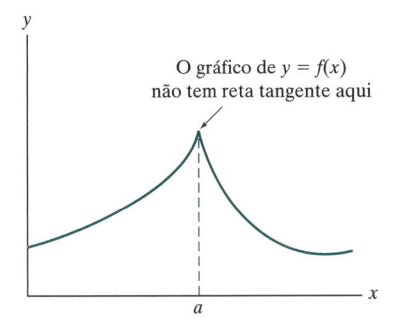

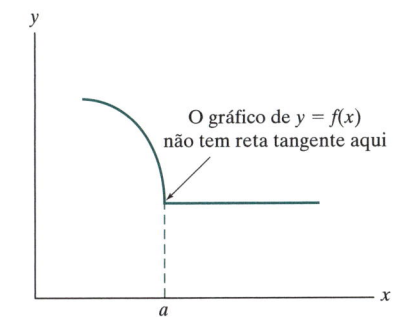

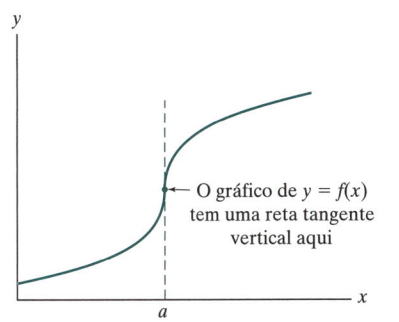

Figura 1 Funções que não são deriváveis em $x = a$.

O exemplo seguinte ilustra como a funções não deriváveis podem surgir na prática.

EXEMPLO 1 Uma companhia ferroviária gasta $10 por milha para puxar um vagão por até 200 milhas e $8 por milha que exceda as 200 iniciais. Além disso, a companhia cobra uma taxa de serviço de $1.000 por vagão. Faça o gráfico do custo para puxar um vagão por x milhas.

Solução Se x não é maior do que 200 milhas, o custo $C(x)$ é dado por $C(x) = 1.000 + 10x$ dólares. O custo para 200 milhas é $C(200) = 1.000 + 2.000 = 3.000$ dólares. Se x exceder 200 milhas, o custo total será de

$$C(x) = \underbrace{3000}_{\text{custo das primeiras 200 milhas}} + \underbrace{8(x - 200)}_{\text{custo das milhas que excedem 200}} = 1400 + 8x.$$

Assim,

$$C(x) = \begin{cases} 1000 + 10x, & \text{se } 0 < x \leq 200, \\ 1400 + 8x, & \text{se } x > 200. \end{cases}$$

O gráfico de $C(x)$ está esboçado na Figura 2. Note que $C(x)$ é não derivável em $x = 200$.

Figura 2 O custo de puxar um vagão.

O conceito de derivabilidade está bastante relacionado com o de continuidade. Dizemos que uma função $f(x)$ é *contínua* em $x = a$ se, de um modo geral, o gráfico da função não tem quebras ou saltos quando passa pelo ponto $(a, f(a))$. Isto é, $f(x)$ é contínua em $x = a$ se pudermos traçar o gráfico através do ponto $(a, f(a))$ sem levantar o lápis do papel. As funções cujos gráficos aparecem nas Figuras 1 e 2 são contínuas em todos os valores de x. Por outro lado, a função cujo gráfico aparece na Figura 3(a) não é contínua (e dizemos que ela é *descontínua*) em $x = 1$ e $x = 2$, pois seu gráfico tem quebras nesses pontos. Analogamente, a função cujo gráfico aparece na Figura 3(b) é descontínua em $x = 2$.

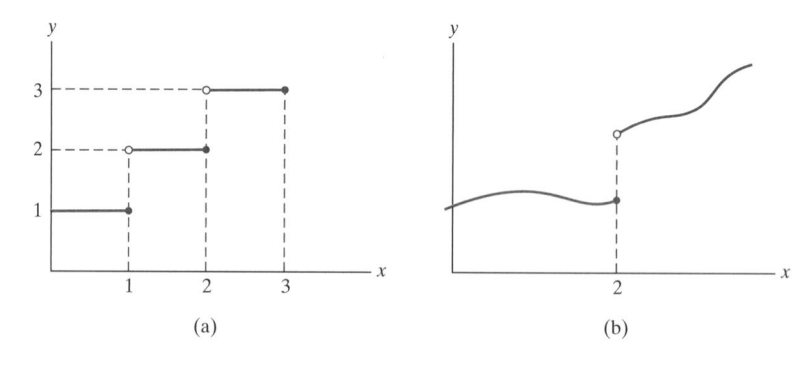

Figura 3 Funções com descontinuidades.

Funções descontínuas podem ocorrer em aplicações, como mostra o exemplo seguinte.

EXEMPLO 2 Uma fábrica é capaz de produzir 15.000 unidades num turno de 8 horas. Para cada turno de trabalho, existe um custo fixo de $2.000 (para luz, aquecimento, etc.). Se o custo variável (salários e matéria-prima) for de $2 por unidade, faça o gráfico do custo $C(x)$ de fabricação de x unidades.

Solução Se $x \leq 15.000$, basta um único turno, portanto,

$$C(x) = 2.000 + 2x, \quad 0 \leq x \leq 15.000.$$

Se x estiver entre 15.000 e 30.000, será necessário um turno extra e

$$C(x) = 4.000 + 2x, \quad 15.0000 < x \leq 30.000.$$

Se x estiver entre 30.000 e 45.000, a fábrica terá que operar três turnos e

$$C(x) = 6.000 + 2x, \quad 30.000 < x \leq 45.000.$$

O gráfico de $C(x)$ em $0 \leq x \leq 45.000$ aparece na Figura 4. Observe que o gráfico tem quebras em dois pontos. ∎

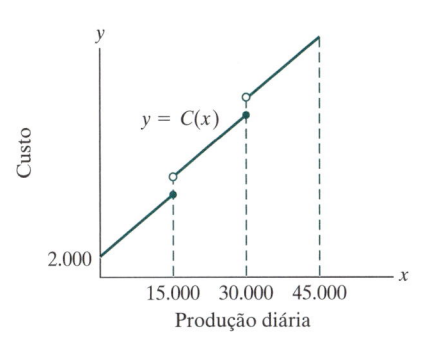

Figura 4 A função custo de uma fábrica.

A relação entre a derivabilidade e a continuidade é dada a seguir.

Teorema 1 Se $f(x)$ é derivável em $x = a$, então $f(x)$ é contínua em $x = a$.

Observe, entretanto, que a afirmação recíproca é definitivamente falsa, pois uma função pode ser contínua sem ser derivável em $x = a$. As funções cujos gráficos aparecem na Figura 1 fornecem exemplos desse fenômeno. O Teorema 1 será demonstrado no final desta seção.

Assim como a derivabilidade, a noção de continuidade pode ser expressa em termos de limites. Para $f(x)$ ser contínua em $x = a$, os valores de $f(x)$ para todos x próximos de a devem estar próximos de $f(a)$ (pois, caso contrário, o gráfico teria alguma quebra em $x = a$). De fato, quanto mais próximo x estiver de a, mais próximo $f(x)$ deve estar de $f(a)$ (novamente, para evitar uma quebra no gráfico). Portanto, em termos de limites, devemos ter

$$\lim_{x \to a} f(x) = f(a).$$

Reciprocamente, um argumento intuitivo mostra que, se a equação dada de limite for válida, então o gráfico de $y = f(x)$ não tem quebra em $x = a$.

DEFINIÇÃO Continuidade num ponto Uma função $f(x)$ é contínua em $x = a$ se for válida a equação de limite

$$\lim_{x \to a} f(x) = f(a). \qquad (1)$$

Para que a fórmula (1) valha, devem ser satisfeitas três condições.

1. $f(x)$ deve estar definida em $x = a$.
2. $\lim_{x \to a} f(x)$ deve existir.
3. O limite $\lim_{x \to a} f(x)$ deve ter o valor $f(a)$.

Uma função deixa de ser contínua em $x = a$ se qualquer uma dessas condições deixar de valer. As várias possibilidades estão ilustradas no exemplo seguinte.

EXEMPLO 3 Determine se as funções cujos gráficos aparecem na Figura 5 são contínuas em $x = 3$. Use a definição via limite.

Solução (a) Aqui $\lim_{x \to 3} f(x) = 2$. Contudo, $f(3) = 4$. Logo,
$$\lim_{x \to 3} f(x) \neq f(3)$$
e $f(x)$ não é contínua em $x = 3$. (Isso é evidente geometricamente. O gráfico tem uma quebra em $x = 3$.)

(b) $\lim_{x \to 3} g(x)$ não existe, portanto, $g(x)$ não é contínua em $x = 3$.

(c) $\lim_{x \to 3} h(x)$ não existe, portanto, $h(x)$ não é contínua em $x = 3$.

(d) $f(x)$ não está definida em $x = 3$, portanto, $f(x)$ não é contínua em $x = 3$. ∎

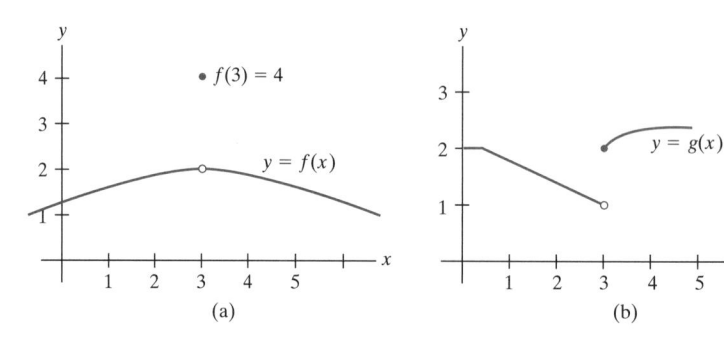

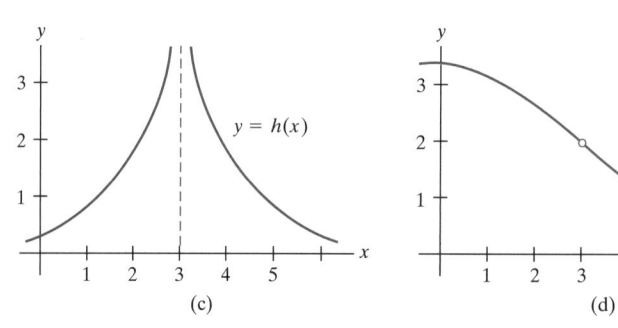

Figura 5

Usando nosso resultado sobre o limite de uma função polinomial (Seção 1.4), vemos que
$$p(x) = a_0 + a_1 x + \cdots + a_n x^n, \qquad a_0,\ldots,a_n \text{ constantes,}$$
é contínua em cada x. Analogamente, uma função racional
$$\frac{p(x)}{q(x)}, \qquad p(x), q(x) \text{ polinômios}$$
é contínua em cada x em que $q(x) \neq 0$.

Demonstração do Teorema 1 Suponha que f seja derivável em $x = a$ e mostremos que f é contínua em $x = a$. Basta mostrar que

$$\lim_{x \to a}(f(x) - f(a)) = 0. \qquad (2)$$

Para $x \neq a$, escreva $x = a + h$, com $h \neq 0$, e observe que x tende a a se, e só se, h tende a 0. Então

$$\lim_{x \to a}(f(x) - f(a)) = \lim_{h \to 0}\left[\frac{\overbrace{f(a+h)}^{f(x)} - f(a)}{h} \cdot h\right]$$

$$= \lim_{h \to 0}\left[\frac{f(a+h) - f(a)}{h}\right] \cdot \lim_{h \to 0} h,$$

pelo Teorema de Limite V da seção precedente. Para calcular o produto desses limites, observe que $\lim_{h \to 0} h = 0$ e, como f é derivável em a, vale

$$\lim_{h \to 0}\frac{f(a+h) - f(a)}{h} = f'(a).$$

Isso mostra que o produto dos limites é $f'(a) \cdot 0 = 0$ e, portanto, vale a fórmula (2).

INCORPORANDO RECURSOS TECNOLÓGICOS

Funções definidas por partes Esbocemos o gráfico da função

$$f(x) = \begin{cases} (5/2)x - 1/2 & \text{se } -1 \leq x \leq 1, \\ (1/2)x - 2 & \text{se } x > 1. \end{cases}$$

Para isso, digitamos a função na calculadora como

$$Y_1 = (-1 \leq X) * (X \leq 1) * ((5/2)X - (1/2)) + (X > 1) * ((1/2)X - 2)$$

e pressionamos GRAPH. O resultado aparece na Figura 6 com parâmetros de janela **ZDecimal** e modo de gráfico em **Dot**. O modo do gráfico pode ser alterado no menu MODE.

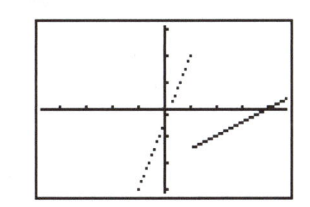

Figura 6

Para entender essa expressão, observemos de perto a primeira expressão. As desigualdades podem ser acessadas e digitadas a partir do menu com 2nd. A calculadora dá o valor 1 para a expressão $-1 \leq X$ quando o valor de X for maior do que ou igual a -1, e dá o valor 0 nos demais casos. Analogamente, a calculadora dá o valor 1 para a expressão $X \leq 1$ quando o valor de X for maior do que ou igual a 1, e dá o valor 0 nos demais casos. Portanto, $(-1 \leq X) * (X \leq 1)$ tem o valor 1 quando ambas desigualdades forem verdadeiras e tem o valor 0 nos demais casos. E, nesse caso, a desigualdade $X > 1$ terá o valor 0. Portanto, nossa fórmula para Y_1 toma o valor de

$$(5/2) X - (1/2)$$

quando $-1 \leq X \leq 1$ e, pelas mesmas regras, nossa fórmula toma o valor $(1/2) X - 2$ quando $X > 1$. ∎

Exercícios de revisão 1.5

Seja $f(x) = \begin{cases} \dfrac{x^2 - x - 6}{x - 3} & \text{se } x \neq 3 \\ 4 & \text{se } x = 3. \end{cases}$

1. $f(x)$ é contínua em $x = 3$?
2. $f(x)$ é derivável em $x = 3$?

Exercícios 1.5

Nos Exercícios 1-6, decida se é contínua a função cujo gráfico aparece na Figura 7 no valor de x dado.

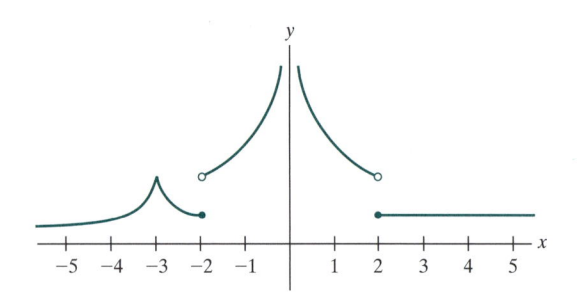

Figura 7

1. $x = 0$
2. $x = -3$
3. $x = 3$
4. $x = 0{,}001$
5. $x = -2$
6. $x = 2$

Nos Exercícios 7-12, decida se é derivável a função cujo gráfico aparece na Figura 7 no valor de x dado?

7. $x = 0$
8. $x = -3$
9. $x = 3$
10. $x = 0{,}001$
11. $x = -2$
12. $x = 2$

Nos Exercícios 13-20, determine se a função é contínua e/ou derivável em $x = 1$.

13. $f(x) = x^2$
14. $f(x) = \dfrac{1}{x}$
15. $f(x) = \begin{cases} x + 2 & \text{se } -1 \leq x \leq 1 \\ 3x & \text{se } 1 < x \leq 5 \end{cases}$
16. $f(x) = \begin{cases} x^3 & \text{se } 0 \leq x < 1 \\ x & \text{se } 1 \leq x \leq 2 \end{cases}$
17. $f(x) = \begin{cases} 2x - 1 & \text{se } 0 \leq x \leq 1 \\ 1 & \text{se } 1 < x \end{cases}$
18. $f(x) = \begin{cases} x & \text{se } x \neq 1 \\ 2 & \text{se } x = 1 \end{cases}$
19. $f(x) = \begin{cases} \dfrac{1}{x-1} & \text{se } x \neq 1 \\ 0 & \text{se } x = 1 \end{cases}$
20. $f(x) = \begin{cases} x - 1 & \text{se } 0 \leq x < 1 \\ 1 & \text{se } x = 1 \\ 2x - 2 & \text{se } x > 1 \end{cases}$

As funções dos Exercícios 21-26 estão definidas para todo x exceto para um único valor de x. Se possível, defina f(x) neste ponto excepcional de tal forma que f(x) resulte contínua em cada x.

21. $f(x) = \dfrac{x^2 - 7x + 10}{x - 5}$, $x \neq 5$

22. $f(x) = \dfrac{x^2 + x - 12}{x + 4}$, $x \neq -4$

23. $f(x) = \dfrac{x^3 - 5x^2 + 4}{x^2}$, $x \neq 0$

24. $f(x) = \dfrac{x^2 + 25}{x - 5}$, $x \neq 5$

25. $f(x) = \dfrac{(6 + x)^2 - 36}{x}$, $x \neq 0$

26. $f(x) = \dfrac{\sqrt{9 + x} - \sqrt{9}}{x}$, $x \neq 0$

27. O imposto de renda que se paga ao governo federal é uma porcentagem da nossa *renda tributável*, que é o que sobra do nosso rendimento bruto depois de subtrairmos as deduções permitidas. Num ano recente, havia, nos Estados Unidos, cinco faixas tributárias (alíquotas) para um contribuinte solteiro, conforme a Tabela 1.

TABELA 1 Alíquotas de pessoas físicas

Renda acima de	Mas não maior do que	Alíquota
$0	$27.050	15%
$27.050	$65.550	27,5%
$65.550	$136.750	30,5%
$136.750	$297.350	35,5%
$297.350	...	39,1%

Portanto, se você é solteiro e sua renda tributável anual foi inferior a $27.050, seu imposto é igual à sua renda tributável vezes 15% (0,15). O valor máximo que você pagará de imposto nessa primeira faixa é 15% de $27.050, ou $(0{,}15) \times 27.050 = 4057{,}50$ dólares. Se sua renda tributável anual for superior a $27.050, mas inferior a $65.550, seu imposto é de $4.057,50 acrescido de 27,5 % de tudo que exceder os $27.050. Por exemplo, se sua renda tributável é $50.000, seu imposto é de $4057,5 + 0,275(50.000 - 27.050) = 4057,5 + 0,275 \times 22.950 = 10.368,75$ dólares. Denotemos por x sua renda tributável anual e por $T(x)$ seu imposto nesse ano.

(a) Encontre uma fórmula para $T(x)$ se x não for superior a $136.750.
(b) Esboce o gráfico de $T(x)$ com $0 \leq x \leq 136.750$.
(c) Encontre o maior valor de imposto a ser pago sobre a porção da renda na segunda faixa tributária. Expresse essa quantia como uma diferença de dois valores de $T(x)$.

28. Continuação do Exercício 27.
(a) Encontre uma fórmula para $T(x)$ para qualquer renda tributável x.
(b) Esboce o gráfico de $T(x)$.
(c) Encontre o maior valor de imposto a ser pago sobre a porção da renda na quarta faixa tributária.

29. O proprietário de uma loja de fotocópias cobra 7 centavos por cópia para as primeiras 100 cópias e 4 centavos

por cópia excedente. Além disso, cobra um valor fixo de $2,50 a cada trabalho.
(a) Determine $R(x)$, a receita referente à venda de x cópias.
(b) Se o custo para o dono da loja for de 3 centavos por cópia, qual é o lucro da venda de x cópias? (Lembre que o lucro é a receita subtraída do custo.)

30. Continuação do Exercício 29. Refaça o exercício precedente se as primeiras 50 cópias custarem 10 centavos cada cópia e cada cópia excedente custar 5 centavos, não havendo valor fixo por trabalho.

31. O gráfico da Figura 8 mostra o total de vendas em milhares de dólares de uma loja de departamentos durante um período típico de 24 horas.
(a) Dê uma estimativa da taxa de vendas durante o período que vai das 8 às 10 horas da manhã.
(b) Qual é o intervalo de 2 horas durante o dia em que parece ocorrer a maior taxa de vendas e qual é essa taxa?

32. Continuação do Exercício 31.
(a) Quais intervalos de 2 horas têm a mesma taxa de vendas e qual é essa taxa?
(b) Qual é o total de vendas efetuadas entre a meia-noite e as 8 horas da manhã? Compare esse total com o total de vendas no período entre 8 e 10 da manhã.

Nos Exercícios 33-34, determine o valor de a que torna a função f(x) contínua em x = 0.

33. $\begin{cases} 1 & \text{se } x \geq 0 \\ x + a & \text{se } x < 0 \end{cases}$

34. $\begin{cases} 2(x - a) & \text{se } x \geq 0 \\ x^2 + 1 & \text{se } x < 0 \end{cases}$

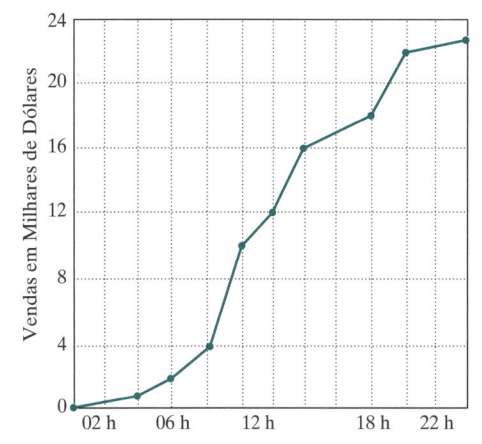

Figura 8

Soluções dos exercícios de revisão 1.5

1. A função $f(x)$ está definida em $x = 3$, sendo $f(3) = 4$. Quando calculamos $\lim_{x \to 3} f(x)$, excluímos $x = 3$ de consideração; logo, podemos simplificar a expressão de $f(x)$ como segue.

$$f(x) = \frac{x^2 - x - 6}{x - 3} = \frac{(x - 3)(x + 2)}{x - 3} = x + 2$$

$\lim_{x \to 3} f(x) = \lim_{x \to 3} (x + 2) = 5.$

Como $\lim_{x \to 3} f(x) = 5 \neq 4 = f(3), f(x)$ não é contínua em $x = 3$.

2. Não há necessidade de calcular qualquer limite para responder essa questão. Pelo Teorema 1, como $f(x)$ não é contínua em $x = 3$, não pode ser derivável nesse ponto.

1.6 Algumas regras de derivação

Três regras adicionais de derivação estendem consideravelmente o número de funções que podemos derivar.

1. Regra do Múltiplo Constante: $\frac{d}{dx}[k \cdot f(x)] = k \cdot \frac{d}{dx}[f(x)]$, k constante.

2. Regra da Soma: $\frac{d}{dx}[f(x) + g(x)] = \frac{d}{dx}[f(x)] + \frac{d}{dx}[g(x)]$.

3. Regra da Potência Geral: $\frac{d}{dx}([g(x)]^r) = r \cdot [g(x)]^{r-1} \cdot \frac{d}{dx}[g(x)]$.

Vamos discutir essas regras, apresentar algumas aplicações e, depois, provar as duas primeiras no final desta seção.

A regra do múltiplo constante   Começando com uma função $f(x)$, podemos multiplicá-la por um número constante k para obter uma nova função $k \cdot f(x)$. Por exemplo, se $f(x) = x^2 - 4x + 1$ e $k = 2$, então

$$2f(x) = 2(x^2 - 4x + 1) = 2x^2 - 8x + 2.$$

A regra do múltiplo constante diz que a derivada da nova função $k \cdot f(x)$ é simplesmente k vezes a derivada da função original.* Em outras palavras, quando precisarmos derivar uma constante vezes alguma função, simplesmente derivamos a função e mantemos a constante para multiplicar o resultado.

EXEMPLO 1

Calcule

(a) $\dfrac{d}{dx}(2x^5)$ (b) $\dfrac{d}{dx}\left(\dfrac{x^3}{4}\right)$ (c) $\dfrac{d}{dx}\left(-\dfrac{3}{x}\right)$ (d) $\dfrac{d}{dx}(5\sqrt{x})$

Solução   (a) Com $k = 2$ e $f(x) = x^5$, temos

$$\dfrac{d}{dx}(2 \cdot x^5) = 2 \cdot \dfrac{d}{dx}(x^5) = 2(5x^4) = 10x^4.$$

(b) Escrevemos $\dfrac{x^3}{4}$ no formato $\dfrac{1}{4} \cdot x^3$. Então

$$\dfrac{d}{dx}\left(\dfrac{x^3}{4}\right) = \dfrac{1}{4} \cdot \dfrac{d}{dx}(x^3) = \dfrac{1}{4}(3x^2) = \dfrac{3}{4}x^2.$$

(c) Escrevemos $-\dfrac{3}{x}$ no formato $(-3) \cdot \dfrac{1}{x}$. Então

$$\dfrac{d}{dx}\left(-\dfrac{3}{x}\right) = (-3) \cdot \dfrac{d}{dx}\left(\dfrac{1}{x}\right) = (-3) \cdot \dfrac{-1}{x^2} - \dfrac{3}{x^2}.$$

(d) $\dfrac{d}{dx}(5\sqrt{x}) = 5\dfrac{d}{dx}(\sqrt{x}) = 5\dfrac{d}{dx}(x^{1/2}) = \dfrac{5}{2}x^{-1/2}.$

Essa resposta também pode ser escrita na forma $\dfrac{5}{2\sqrt{x}}$.   ■

A regra da soma   Para derivar a soma de funções, derivamos cada função individualmente e somamos as derivadas.** Outra maneira de dizer isso é "a derivada de uma soma de funções é a soma das derivadas".

EXEMPLO 2

Encontre cada uma das derivadas seguintes.

(a) $\dfrac{d}{dx}(x^3 + 5x)$ (b) $\dfrac{d}{dx}\left(x^4 - \dfrac{3}{x^2}\right)$ (c) $\dfrac{d}{dx}(2x^7 - x^5 + 8)$

Solução   (a) Sejam $f(x) = x^3$ e $g(x) = 5x$. Então

$$\dfrac{d}{dx}(x^3 + 5x) = \dfrac{d}{dx}(x^3) = \dfrac{d}{dx}(5x) = 3x^2 + 5.$$

---

* Mais precisamente, a regra do múltiplo constante afirma que se $f(x)$ for derivável em $x = a$, então a função $k \cdot f(x)$ também é, e a derivada de $k \cdot f(x)$ em $x = a$ pode ser calculada utilizando a fórmula dada.

** Mais precisamente, a regra da soma afirma que se $f(x)$ e $g(x)$ forem deriváveis em $x = a$, então $f(x) + g(x)$ também é, e a derivada (em $x = a$) da soma é a soma das derivadas (em $x = a$).

(b) A regra da soma também pode ser aplicada a diferenças. (Ver Exercício 46.) De fato, pela regra da soma,

$$\frac{d}{dx}\left(x^4 - \frac{3}{x^2}\right) = \frac{d}{dx}(x^4) + \frac{d}{dx}\left(-\frac{3}{x^2}\right) \quad \text{(regra da soma)}$$

$$= \frac{d}{dx}(x^4) - 3\frac{d}{dx}(x^{-2}) \quad \text{(regra do múltiplo constante)}$$

$$= 4x^3 - 3(-2x^{-3})$$

$$= 4x^3 + 6x^{-3}.$$

Com alguma prática, podemos omitir a maioria dos passos intermediários e simplesmente escrever

$$\frac{d}{dx}\left(x^4 - \frac{3}{x^2}\right) = 4x^3 + 6x^{-3}.$$

(c) Aplicamos a regra da soma repetidamente e utilizamos o fato de que a derivada de uma função constante é 0.

$$\frac{d}{dx}(2x^7 - x^5 + 8) = \frac{d}{dx}(2x^7) - \frac{d}{dx}(x^5) + \frac{d}{dx}(8)$$

$$= 2(7x^6) - 5x^4 + 0$$

$$= 14x^6 - 5x^4. \quad \blacksquare$$

OBSERVAÇÃO A derivação de uma função *mais* uma constante é diferente da derivação de uma constante *vezes* uma função. A Figura 1 mostra os gráficos de $f(x)$, $f(x) + 2$ e $2 \cdot f(x)$, com $f(x) = x^3 - \frac{3}{2}x^2$. Para cada x, os gráficos de $f(x)$ e de $f(x) + 2$ têm a mesma inclinação. Diferente disso, para cada x, a inclinação do gráfico de $2 \cdot f(x)$ é duas vezes a inclinação do gráfico de $f(x)$. Com a derivação, uma constante somada desaparece, ao passo que uma constante que multiplica uma função permanece multiplicando. $\blacksquare$

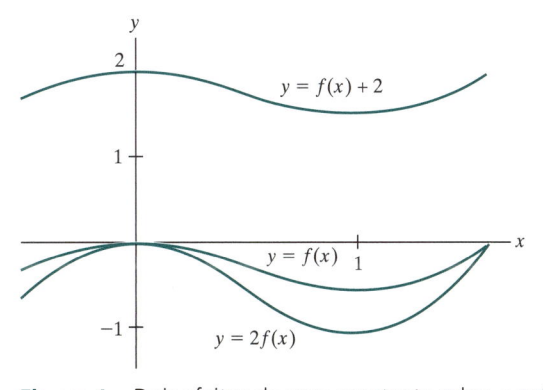

Figura 1 Dois efeitos de uma constante sobre o gráfico de $f(x)$.

A regra da potência geral Frequentemente encontramos expressões do tipo $[g(x)]^r$, por exemplo, $(x^3 + 5)^2$, em que $g(x) = x^3 + 5$ e $r = 2$. A regra da potência geral diz que, para derivar $[g(x)]^r$, começamos tratando $g(x)$ como se fosse simplesmente um x, formamos $r[g(x)]^{r-1}$ e, então, multiplicamos tudo por um "fator de correção" $g'(x)$.* Assim,

$$\frac{d}{dx}(x^3+5)^2 = 2(x^3+5)^1 \cdot \frac{d}{dx}(x^3+5)$$
$$= 2(x^3+5) \cdot (3x^2)$$
$$= 6x^2(x^3+5).$$

Nesse caso especial, é fácil verificar que a regra da potência geral dá a resposta correta. Começamos expandindo $(x^3+5)^2$ e derivamos, como segue.

$$(x^3+5)^2 = (x^3+5)(x^3+5) = x^6 + 10x^3 + 25$$

Pelas regras do múltiplo constante e da soma, temos

$$\frac{d}{dx}(x^3+5)^2 = \frac{d}{dx}(x^6 + 10x^3 + 25)$$
$$= 6x^5 + 30x^2 + 0$$
$$= 6x^2(x^3+5).$$

Os dois métodos dão a mesma resposta.

Observe que tomando $g(x) = x$ na regra da potência geral, recuperamos a regra da potência. Assim, a regra da potência geral contém a regra da potência como um caso especial.

EXEMPLO 3 Derive $\sqrt{1-x^2}$.

Solução
$$\frac{d}{dx}(\sqrt{1-x^2}) = \frac{d}{dx}[(1-x^2)^{1/2}] = \frac{1}{2}(1-x^2)^{-1/2} \cdot \frac{d}{dx}(1-x^2)$$
$$= \frac{1}{2}(1-x^2)^{-1/2} \cdot (-2x)$$
$$= \frac{-x}{(1-x^2)^{1/2}} = \frac{-x}{\sqrt{1-x^2}} \quad \blacksquare$$

EXEMPLO 4 Derive

$$y = \frac{1}{x^3+4x}.$$

Solução
$$y = \frac{1}{x^3+4x} = (x^3+4x)^{-1}$$
$$\frac{dy}{dx} = (-1)(x^3+4x)^{-2} \cdot \frac{d}{dx}(x^3+4x)$$
$$= \frac{-1}{(x^3+4x)^2}(3x^2+4)$$
$$= -\frac{3x^2+4}{(x^3+4x)^2} \quad \blacksquare$$

Algumas derivadas precisam de mais de uma regra de derivação.

---

* Mais precisamente, a regra da potência geral afirma que se $g(x)$ for derivável em $x = a$ e se $[g(x)]^{r-1}$ estiver definida em $x = a$, então $[g(x)]^r$ também é derivável em $x = a$ e sua derivada é dada pela fórmula enunciada na regra.

EXEMPLO 5 Derive $5\sqrt[3]{1+x^3}$.

Solução
$$\frac{d}{dx}(5\sqrt[3]{1+x^3}) = 5\frac{d}{dx}\left[\sqrt[3]{1+x^3}\right] \quad \text{(regra do múltiplo constante)}$$

$$= 5\frac{d}{dx}\left[(1+x^3)^{1/3}\right]$$

$$= 5\left(\frac{1}{3}\right)(1+x^3)^{\frac{1}{3}-1}\frac{d}{dx}\left[(1+x^3)\right] \text{ (regra da potência geral)}$$

$$= \frac{5}{3}(1+x^3)^{-\frac{2}{3}}(3x^2) = 5x^2(1+x^3)^{-\frac{2}{3}}.$$

O Exemplo 5 mostra como podem ser combinadas as regras de derivação. Por exemplo, como uma consequência das regras do múltiplo constante e da potência geral, temos

$$\frac{d}{dx}(k \cdot [g(x)]^r) = kr \cdot [g(x)]^{r-1} g'(x).$$

A derivada como taxa de variação

Suponha $P = (a, f(a))$ seja um ponto do gráfico de uma função $y = f(x)$. (Ver Figura 2.) Lembre de duas propriedades importantes da reta tangente ao gráfico em P.

- A reta tangente em P tem inclinação $f'(a)$.
- A reta tangente em P é a reta que melhor aproxima o gráfico perto de P.

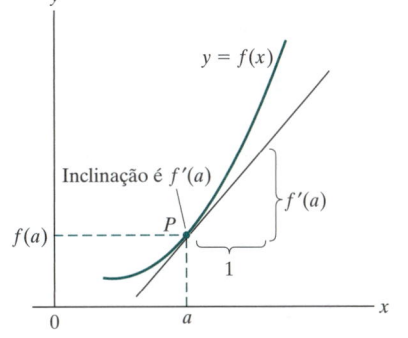

Figura 2 A inclinação do gráfico de $y = f(x)$ em P é a inclinação da reta tangente em P. Essa inclinação mede a taxa de variação de f quando seu gráfico passa por P.

A segunda propriedade nos permite pensar que a parte do gráfico perto de P é um segmento de reta de inclinação $f'(a)$. Sabemos desde a Seção 1.1 que a taxa de variação de uma função linear é igual a sua inclinação. Logo, se interpretarmos o gráfico de f perto de P como uma reta de inclinação $f'(a)$, segue que a taxa de variação do gráfico de f, quando passa por P, é igual à inclinação $f'(a)$. Isso nos dá a seguinte interpretação importante da derivada.

$$f'(a) = \text{taxa de variação de } f(x) \text{ em } x = a.$$

Assim, a derivada pode ser usada para medir a taxa de variação de quantidades. Neste livro podem ser encontradas muitas aplicações dessa observação.

EXEMPLO 6

Vendas em queda É de se esperar que as vendas numa loja de departamento caiam em janeiro, no final da temporada de fim de ano. (Ver Figura 3.) Estima-se que para no dia x de janeiro, as vendas sejam de

$$S(x) = 3 + \frac{9}{(x+1)^2} \quad \text{mil dólares}$$

Calcule $S(2)$ e $S'(2)$ e interprete seu resultado.

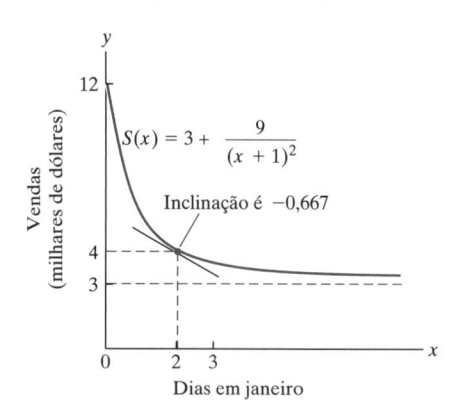

Figura 3 As vendas caem a partir de 1º de janeiro.

Solução Temos

$$S(2) = 3 + \frac{9}{(2+1)^2} = 4 \quad \text{mil dólares}$$

Para calcular $S'(2)$, escrevemos $\frac{9}{(x+1)^2}$ como $9 \cdot (x+1)^{-2}$ e então, usando todas as três regras de derivação, obtemos

$$S'(x) = \frac{d}{dx}[S(x)] = \overbrace{\frac{d}{dx}[3]}^{=0} + \frac{d}{dx}(9 \cdot (x+1)^{-2})$$

$$= 9 \cdot \frac{d}{dx}((x+1)^{-2})$$

$$= 9(-2)(x+1)^{-3}\frac{d}{dx}(x+1) = -18(x+1)^{-3}(1) = \frac{-18}{(x+1)^3};$$

$$S'(2) = \frac{-18}{(2+1)^3} = -\frac{2}{3} \approx -0{,}667.$$

As equações $S(2) = 4$ e $S'(2) = -0{,}667$ nos dizem que no dia 2 de janeiro as vendas são de \$4.000 e caem à taxa de 0,667 mil, ou \$667 dólares diários. ∎

EXEMPLO 7

Previsão de vendas Continuação do Exemplo 6. Use os valores $S(2) = 4$ e $S'(2) = -0{,}667$ para obter uma estimativa das vendas em 3 de janeiro. Compare o resultado obtido com o valor exato de vendas em 3 de janeiro, calculando $S(3)$.

Solução Em 2 de janeiro, as vendas foram de \$4.000 e estão caindo à taxa de 667 dólares diários. Logo, espera-se que as vendas em 3 de janeiro sejam \$667 inferiores às vendas de 2 de janeiro. Assim, nossa estimativa de vendas em 3 de janeiro é de 4.000 − 667 = \$3.333. Para comparar com o valor exato de vendas em 3 de janeiro, calculamos $S(3)$ a partir da fórmula do Exemplo 6, como segue.

$$S(3) = 3 + \frac{9}{(3+1)^2} = 3 + \frac{9}{16} = \frac{57}{16} = 3{,}5625 \quad \text{mil dólares,}$$

ou \$3.562,50. Isso está bem próximo de nossa estimativa de \$3.333. ■

Demonstração das regras do múltiplo constante e da soma

Verifiquemos ambas regras com $x = a$. Lembre que se $f(x)$ for derivável em $x = a$, então sua derivada é o limite

$$\lim_{h \to 0} \frac{f(a+h) - f(a)}{h}.$$

Regra do múltiplo constante Supomos $f(x)$ derivável em $x = a$. Queremos provar que $k \cdot f(x)$ é derivável em $x = a$ e que sua derivada é $k \cdot f'(x)$. Isso consiste em mostrar que existe o limite

$$\lim_{h \to 0} \frac{k \cdot f(a+h) - k \cdot f(a)}{h}$$

e tem o valor $k \cdot f'(a)$. Entretanto,

$$\lim_{h \to 0} \frac{k \cdot f(a+h) - k \cdot f(a)}{h}$$

$$= \lim_{h \to 0} k \left[\frac{f(a+h) - f(a)}{h} \right]$$

$$= k \cdot \lim_{h \to 0} \frac{f(a+h) - f(a)}{h} \quad \text{(pelo Teorema de Limite I)}$$

$$= k \cdot \lim_{h \to 0} \frac{f(a+h) - f(a)}{h} = kf'(a)$$

[pois $f(x)$ é derivável em $x = a$],

que é o que queríamos mostrar.

Regra da soma Supomos que ambas $f(x)$ e $g(x)$ são deriváveis em $x = a$. Queremos provar que $f(x) + g(x)$ é derivável em $x = a$ e que sua derivada é $f'(a) + g'(a)$. Portanto, devemos mostrar que existe o limite

$$\lim_{h \to 0} \frac{[f(a+h) + g(a+h)] - [f(a) + g(a)]}{h}$$

e é igual a $f'(a) + g'(a)$. Usando o Teorema de Limite III e o fato de que $f(x)$ e $g(x)$ são deriváveis em $x = a$, obtemos

$$\lim_{h \to 0} \frac{[f(a+h) + g(a+h)] - [f(a) + g(a)]}{h}$$

$$= \lim_{h \to 0} \left[\frac{f(a+h) - f(a)}{h} + \frac{g(a+h) - g(a)}{h} \right]$$

$$= \lim_{h \to 0} \frac{f(a+h) - f(a)}{h} + \lim_{h \to 0} \frac{g(a+h) - g(a)}{h}$$

$$= f'(a) + g'(a).$$

A regra da potência geral será demonstrada como um caso especial da regra da cadeia no Capítulo 3.

Exercícios de revisão 1.6

1. Encontre a derivada $\frac{d}{dx}(x)$.

2. Derive a função $y = \dfrac{x + (x^5 + 1)^{10}}{3}$.

Exercícios 1.6

Nos Exercícios 1-38, derive.

1. $y = x^3 + x^2$
2. $y = 3x^4$
3. $y = 2\sqrt{x}$
4. $y = \dfrac{1}{3x^3}$
5. $y = \dfrac{x}{2} - \dfrac{2}{x}$
6. $f(x) = 12 + \dfrac{1}{7^3}$
7. $f(x) = x^4 + x^3 + x$
8. $y = 4x^3 - 2x^2 + x + 1$
9. $y = (2x + 4)^3$
10. $y = (x^2 - 1)^3$
11. $y = (x^3 + x^2 + 1)^7$
12. $y = (x^2 + x)^{-2}$
13. $y = \dfrac{4}{x^2}$
14. $y = 4(x^2 - 6)^{-3}$
15. $y = 3\sqrt[3]{2x^2 + 1}$
16. $y = 2\sqrt{x + 1}$
17. $y = 2x + (x + 2)^3$
18. $y = (x - 1)^3 + (x + 2)^4$
19. $y = \dfrac{1}{5x^5}$
20. $y = (x^2 + 1)^2 + 3(x^2 + 1)^2$
21. $y = \dfrac{1}{x^3 + 1}$
22. $y = \dfrac{2}{x + 1}$
23. $y = x + \dfrac{1}{x + 1}$
24. $y = 2\sqrt[4]{x^2 + 1}$
25. $f(x) = 5\sqrt{3x^3 + x}$
26. $y = \dfrac{1}{x^3 + x + 1}$
27. $y = 3x + \pi^3$
28. $y = \sqrt{1 + x^2}$
29. $y = \sqrt{1 + x + x^2}$
30. $y = \dfrac{1}{2x + 5}$
31. $y = \dfrac{2}{1 - 5x}$
32. $y = \dfrac{7}{\sqrt{1 + x}}$
33. $y = \dfrac{45}{1 + x + \sqrt{x}}$
34. $y = (1 + x + x^2)^{11}$
35. $y = x + 1 + \sqrt{x + 1}$
36. $y = \pi^2 x$
37. $f(x) = \left(\dfrac{\sqrt{x}}{2} + 1\right)^{3/2}$
38. $y = \left(x - \dfrac{1}{x}\right)^{-1}$

Nos Exercícios 39-40, encontre a inclinação do gráfico de $y = f(x)$ no ponto dado.

39. $f(x) = 3x^2 - 2x + 1, (1, 2)$
40. $f(x) = x^{10} + 1 + \sqrt{1 - x}, (0, 2)$
41. Encontre a inclinação da reta tangente à curva $y = x^3 + 3x - 8$ em $(2, 6)$.
42. Escreva a equação da reta tangente à curva $y = x^3 + 3x - 8$ em $(2, 6)$.
43. Encontre a inclinação da reta tangente à curva $y = (x^2 - 15)^6$ em $x = 4$. Depois escreva a equação dessa reta tangente.
44. Encontre a equação da reta tangente à curva $y = \dfrac{8}{x^2 + x + 2}$ em $x = 2$.

45. Derive a função $f(x) = (3x^2 + x - 2)^2$ de duas maneiras, como segue.
    (a) Usando a regra da potência geral.
    (b) Multiplicando $3x^2 + x - 2$ por si mesmo e, depois, derivando o polinômio obtido.

46. Usando as regras da soma e do múltiplo constante, mostre que, para quaisquer funções $f(x)$ e $g(x)$ vale
$$\dfrac{d}{dx}[f(x) - g(x)] = \dfrac{d}{dx}f(x) - \dfrac{d}{dx}g(x).$$

47. A Figura 4 mostra as curvas $y = f(x)$ e $y = g(x)$ e a reta tangente a $y = f(x)$ em $x = 1$, com $g(x) = 3 \cdot f(x)$. Encontre $g(1)$ e $g'(1)$.

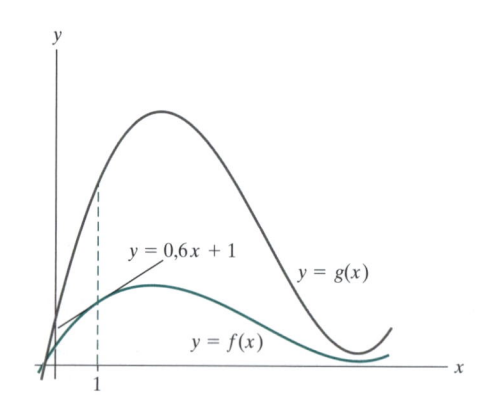

Figura 4 Os gráficos de $f(x)$ e $g(x) = 3 \cdot f(x)$.

48. A Figura 5 mostra as curvas $y = f(x)$, $y = g(x)$ e $y = h(x)$ e as retas tangentes a $y = f(x)$ e $y = g(x)$ em $x = 1$, com $h(x) = f(x) + g(x)$. Encontre $h(1)$ e $h'(1)$.

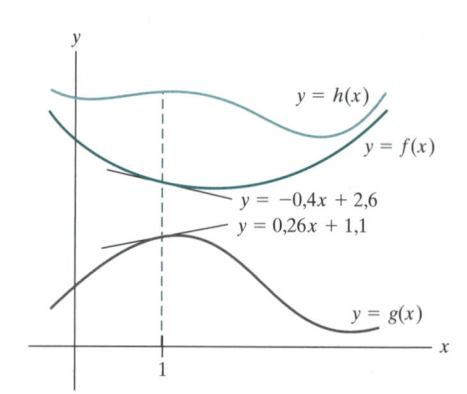

Figura 5 Os gráficos de $f(x)$, $g(x)$ e $h(x) = f(x) + g(x)$.

49. Se $f(5) = 2$, $f'(5) = 3$, $g(5) = 4$ e $g'(5) = 1$, encontre $h(5)$ e $h'(5)$, sendo $h(x) = 3f(x) + 2g(x)$.

50. Se $g(3) = 2$ e $g'(3) = 4$, encontre $f(3)$ e $f'(3)$, sendo $f(x) = 2 \cdot [g(x)]^3$.

51. Se $g(1) = 4$ e $g'(1) = 3$, encontre $f(1)$ e $f'(1)$, sendo $f(x) = 5 \cdot \sqrt{g(x)}$.

52. Se $h(x) = [f(x)]^2 + \sqrt{g(x)}$, determine $h(1)$ e $h'(1)$, sabendo que $f(1) 1$, $g(1) = 4$, $f'(1) = -1$ e $g'(1) = 4$.

53. A reta tangente à curva $y = \frac{1}{3}x^3 - 4x^2 + 18x + 22$ é paralela à reta $6x - 2y = 1$ em dois pontos da curva. Encontre os dois pontos.

54. A reta tangente à curva $y = x^3 - 6x^2 - 34x - 9$ tem inclinação 2 em dois pontos da curva. Encontre os dois pontos.

55. Na Figura 6, a reta dada é tangente ao gráfico de $f(x)$. Encontre $f(4)$ e $f'(4)$.

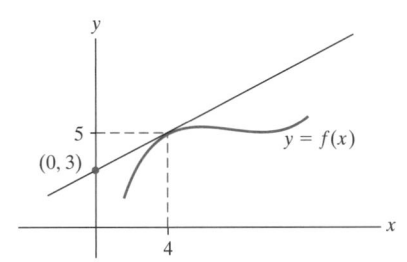

Figura 6

56. Na Figura 7, a reta dada é tangente à parábola. Encontre o valor de b.

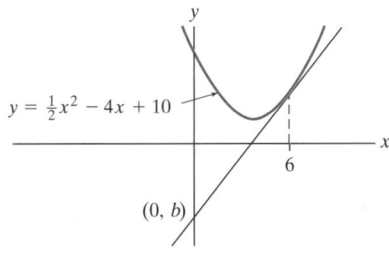

Figura 7

57. Seja $S(x)$ o total de vendas (em milhares de dólares) no mês x do ano de 2005 numa certa loja de departamentos. Represente cada uma das afirmações seguintes como uma equação envolvendo S ou S'.
  (a) As vendas no final de janeiro alcançaram $120.560 e cresciam à taxa de $1.500 mensais.
  (b) No final de março, as vendas desse mês caíram para $80.000 e diminuíam cerca de $200 diariamente. (Use 1 mês = 30 dias)

58. Comparando taxas de variação
  (a) No Exemplo 6, encontre o total de vendas em 10 de janeiro e determine a taxa segundo a qual as vendas caíam nesse dia.
  (b) Compare a taxa de variação das vendas em 2 de janeiro (Exemplo 6) com a taxa de 10 de janeiro [parte (a)]. O que pode ser inferido sobre a taxa de variação das vendas?

59. Previsão de vendas Continuação do Exemplo 6.
  (a) Calcule $S(10)$ e $S'(10)$.
  (b) Use os dados da parte (a) para obter uma estimativa do total de vendas em 11 de janeiro. Compare sua estimativa com o valor exato dado por $S(11)$.

60. Correção de predição Os analistas financeiros da loja do Exemplo 6 corrigiram suas projeções e agora estão esperando que o total de vendas no dia x de janeiro seja dado por

$$T(x) = \frac{24}{5} + \frac{36}{5(3x+1)^2} \quad \text{mil dólares.}$$

  (a) Seja $S(x)$ como no Exemplo 6. Calcule $T(1)$, $T'(1)$, $S(1)$ e $S'(1)$.
  (b) Compare e interprete os dados da parte (a) em relação às vendas em 1º de janeiro.

61. (a) Seja $A(x)$ o número de (centenas de) computadores vendidos quando forem gastos x mil dólares em propaganda. Represente a afirmação seguinte por equações envolvendo A ou A'. Quando foram gastos 8 mil dólares em propaganda, foram vendidos 1.200 computadores e esse número estava aumentando à taxa de 50 computadores para cada 1.000 dólares gastos em propaganda.
  (b) Obtenha uma estimativa do número de computadores que serão vendidos se forem gastos 9.000 dólares em propaganda.

62. Uma fábrica de brinquedos apresenta um novo videogame ao mercado. Seja $S(x)$ o número de vídeos vendidos no dia x desde a apresentação do jogo. Seja n um inteiro positivo. Interprete $S(n)$, $S'(n)$ e $S(n) + S'(n)$.

63. Dívida pública dos EUA Segundo os dados do Departamento do Tesouro norte-americano, a dívida pública (em trilhões de dólares) nos anos de 1995 a 2004 foi dada, aproximadamente, pela fórmula

$$D(x) = 4{,}95 + 0{,}402x - 0{,}1067x^2 + 0{,}0124x^3 - 0{,}00024x^4,$$

em que x é o número de anos decorridos desde o final de 1995. Obtenha uma estimativa da dívida pública no final de 1999 ($x = 4$) e a taxa segundo a qual aumentava naquela época.

64. Continuação do Exercício 63.
  (a) É verdade que a dívida pública ao final de 2003 era o dobro do que era ao final de 2001?
  (b) É verdade que a taxa de crescimento da dívida pública no final de 2003 era mais de duas vezes a taxa de crescimento da dívida pública ao final de 2001?

Soluções dos exercícios de revisão 1.6

1. O problema pede a derivada da função $y = x$, que é uma reta de inclinação 1. Logo,

$$\frac{d}{dx}(x) = 1.$$

O resultado também pode ser obtido a partir da regra da potência com $r = 1$. Se $f(x) = x^1$, então

$$\frac{d}{dx}(f(x)) = 1 \cdot x^{1-1} = x^0 = 1.$$

Ver Figura 8.

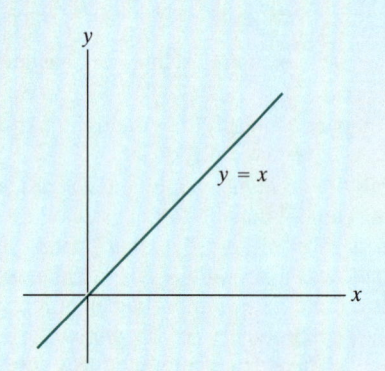

Figura 8

2. Todas as três regras são necessárias para derivar essa função.

$$\frac{dy}{dx} = \frac{d}{dx}\frac{1}{3} \cdot [x + (x^5 + 1)^{10}]$$

$$= \frac{1}{3}\frac{d}{dx}[x + (x^5 + 1)^{10}] \quad \text{(regra do múltiplo constante)}$$

$$= \frac{1}{3}\left[\frac{d}{dx}(x) + \frac{d}{dx}(x^5 + 1)^{10}\right] \quad \text{(regra da soma)}$$

$$= \frac{1}{3}[1 + 10(x^5 + 1)^9 \cdot (5x^4)] \quad \text{(regra do produto geral)}$$

$$= \frac{1}{3}[1 + 50x^4(x^5 + 1)^9]$$

1.7 Mais sobre derivadas

Em muitas aplicações, é conveniente usar variáveis diferentes de x e y. Poderíamos, por exemplo, estudar a função $f(t) = t^2$ em vez de escrever $f(x) = x^2$. Nesse caso, a notação de derivada envolve t e não x, mas o conceito de derivada como uma fórmula de inclinação permanece inalterado. (Ver Figura 1.)

Quando a variável independente for t em vez de x, escrevemos $\frac{d}{dt}$ em vez de $\frac{d}{dx}$. Por exemplo,

$$\frac{d}{dt}(t^3) = 3t^2, \qquad \frac{d}{dt}(2t^2 + 3t) = 4t + 3.$$

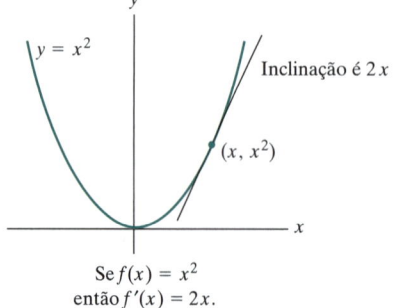

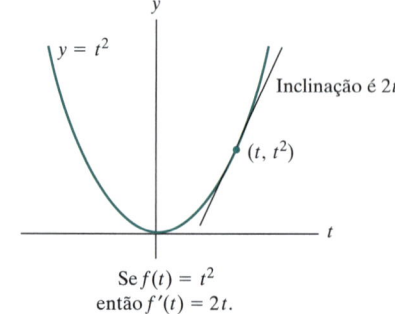

Figura 1 A mesma função, mas variáveis diferentes.

Se $f(x) = x^2$ então $f'(x) = 2x$.

Se $f(t) = t^2$ então $f'(t) = 2t$.

Lembre que, se y for uma função de x, digamos, $y = f(x)$, podemos escrever $\dfrac{dy}{dx}$ no lugar de $f'(x)$. Às vezes dizemos que $\dfrac{dy}{dx}$ é "a derivada de y em relação a x". Analogamente, se v for uma função de t, a derivada de v em relação a t é denotada por $\dfrac{dv}{dt}$. Por exemplo, se $v = 4t^2$, então $\dfrac{dv}{dt} = 8t$.

Evidentemente podemos usar outras letras para denotar variáveis. Todas as fórmulas

$$\frac{d}{dP}(P^3) = 3P^2, \qquad \frac{d}{ds}(s^3) = 3s^2, \qquad \frac{d}{dz}(z^3) = 3z^2$$

dizem o mesmo fato básico, a saber, que a fórmula da inclinação da curva cúbica $y = x^3$ é dada por $3x^2$.

EXEMPLO 1 Calcule

(a) $\dfrac{ds}{dp}$ se $3(p^2 + 5p + 1)^{10}$ (b) $\dfrac{d}{dt}(at^2 + St^{-1} + S^2)$

Solução (a) $\dfrac{d}{dp} 3(p^2 + 5p + 1)^{10} = 30(p^2 + 5p + 1)^9 \cdot \dfrac{d}{dp}(p^2 + 5p + 1)$

$\qquad = 30(p^2 + 5p + 1)^9 (2p + 5)$

(b) Embora a expressão $at^2 + St^{-1} + S^2$ contenha várias letras, a notação $\dfrac{d}{dt}$ indica que, para fins de calcular a derivada em relação a t, todas as letras exceto t devem ser consideradas como constantes. Logo,

$$\frac{d}{dt}(at^2 + St^{-1} + S^2) = \frac{d}{dt}(at^2) + \frac{d}{dt}(St^{-1}) + \frac{d}{dt}(S^2)$$

$$= a \cdot \frac{d}{dt}(t^2) + S \cdot \frac{d}{dt}(t^{-1}) + 0$$

$$= 2at - St^{-2}.$$

$\left[\text{A derivada } \dfrac{d}{dt}(S^2) \text{ é zero porque } S^2 \text{ é uma constante.}\right]$ ∎

A derivada segunda Quando derivamos uma função $f(x)$, obtemos uma nova função $f'(x)$ que é a fórmula para a inclinação da curva $y = f(x)$. Se derivarmos a função $f'(x)$, obteremos o que é denominada a *derivada segunda* de $f(x)$, denotada por $f''(x)$. Assim,

$$\frac{d}{dx} f'(x) = f''(x).$$

EXEMPLO 2 Encontre as derivadas segundas das funções seguintes.

(a) $f(x) = x^3 + (1/x)$ (b) $f(x) = 2x + 1$ (c) $f(x) = t^{1/2} + t^{-1/2}$

Solução (a) $f(x) = x^3 + (1/x) = x^3 + x^{-1}$
$f'(x) = 3x^2 - x^{-2}$
$f''(x) = 6x^2 + 2x^{-3}$

(b) $f(x) = 2x + 1$

$f'(x) = 2$ (uma função constante cujo valor é 2)

$f''(x) = 0$ (a derivada de uma função constante é nula)

(c) $f(x) = t^{1/2} + t^{-1/2}$

$f'(x) = \frac{1}{2}t^{-1/2} - \frac{1}{2}t^{-3/2}$

$f''(x) = -\frac{1}{4}t^{-3/2} + \frac{3}{4}t^{-5/2}$ ∎

A derivada primeira de uma função $f(x)$ dá a inclinação do gráfico de $f(x)$ em qualquer ponto. A derivada segunda de $f(x)$ dá informação adicional importante sobre o formato da curva perto de qualquer ponto. Esse assunto será cuidadosamente examinado no capítulo seguinte.

Outras notações para derivadas Infelizmente não existe uma notação padrão para o processo de derivação. Por consequência, é importante acostumar-se com a terminologia alternativa.

Se y for uma função de x, digamos, $y = f(x)$, poderemos denotar as derivadas primeira e segunda dessa função de várias maneiras.

Notação linha	Notação $\frac{d}{dx}$
$f'(x)$	$\frac{d}{dx}f(x)$
y'	$\frac{dy}{dx}$
$f''(x)$	$\frac{d^2}{dx^2}f(x)$
y''	$\frac{d^2y}{dx^2}$

A notação $\frac{d^2}{dx^2}$ é puramente simbólica, destacando que a derivada segunda é obtida pela derivação de $\frac{d}{dx}f(x)$, ou seja,

$$f'(x) = \frac{d}{dx}f(x)$$

$$f''(x) = \frac{d}{dx}\left[\frac{d}{dx}f(x)\right].$$

Se calcularmos a derivada $f'(x)$ num valor específico de x, digamos, $x = a$, obteremos um número $f'(a)$ que dá a inclinação da curva $y = f(x)$ no ponto $(a, f(a))$. Uma outra maneira de escrever $f'(a)$ é

$$\left.\frac{dy}{dx}\right|_{x=a}.$$

Se tivermos uma derivada segunda $f''(x)$, então seu valor em $x = a$ pode ser escrito como

$$f''(a) \text{ ou } \left.\frac{d^2y}{dx^2}\right|_{x=a}.$$

EXEMPLO 3

Se $y = x^4 - 5x^3 + 7$, encontre

$$\left.\frac{d^2y}{dx^2}\right|_{x=3}.$$

Solução

$$\frac{dy}{dx} = \frac{d}{dx}(x^4 - 5x^3 + 7) = 4x^3 - 15x^2$$

$$\frac{d^2y}{dx^2} = \frac{d}{dx}(4x^3 - 15x^2) = 12x^2 - 30x$$

$$\left.\frac{d^2y}{dx^2}\right|_{x=3} = 12(3)^2 - 30(3) = 108 - 90 = 18$$

EXEMPLO 4

Se $s = t^3 - 2t^2 + 3t$, encontre

$$\left.\frac{ds}{dt}\right|_{t=-2} \quad \text{e} \quad \left.\frac{d^2s}{dt^2}\right|_{t=-2}.$$

Solução

$$\frac{ds}{dt} = \frac{d}{dt}(t^3 - 2t^2 + 3t) = 3t^2 - 4t + 3$$

$$\left.\frac{ds}{dt}\right|_{t=-2} = 3(-2)^2 - 4(-2) + 3 = 12 + 8 + 3 = 23$$

Para encontrar o valor da derivada segunda em $t = -2$, primeiramente devemos derivar $\frac{ds}{dt}$.

$$\frac{d^2s}{dt^2} = \frac{d}{dt}(3t^2 - 4t + 3) = 6t - 4$$

$$\left.\frac{d^2s}{dt^2}\right|_{t=-2} = 6(-2) - 4 = -12 - 4 = -16$$

O conceito de marginal na economia

Na seção precedente, falamos sobre a derivada como uma taxa de variação. Vamos rever esse tópico num contexto que aparece na Economia. Para nossa discussão, vamos supor que $C(x)$ seja uma função custo, ou seja, o custo de produzir x unidades de uma mercadoria, medido em milhares de dólares.

Um problema de interesse dos economistas é aproximar a quantidade $C(a + 1) - C(a)$, que é o custo adicional provocado pelo aumento do nível de produção em uma unidade, de $x = a$ para $x = a + 1$. Observe que $C(a + 1) - C(a)$ também é o custo de produzir a unidade $(a + 1)$.

Para sermos mais específicos, se soubermos que $C(2) = 4$ e $C'(2) = 0,5$, será que sabemos aproximar o custo adicional $C(3) - C(2)$?

Para atacar esse problema, voltamos à equação $C'(2) = 0,5$, que diz que a inclinação do gráfico de $C(x)$ é 0,5 quando $x = 2$. (Ver Figura 2.) Ou seja, quando o gráfico de $y = C(x)$ passa pelo ponto $P = (2, 4)$, está subindo à taxa de 0,5 unidades a cada aumento de x em uma unidade. Se $C(x)$ fosse uma função linear (igual à sua reta tangente em P), o custo adicional seria exatamente 0,5 mil dólares, ou 500 dólares. (Ver Figura 2.) Em geral, a reta tangente aproxima o gráfico e tudo que podemos dizer é que o custo adicional é, *aproximadamente*, 0,5 mil dólares. Em símbolos,

$$\text{custo adicional} = C(3) - C(2) \approx 0,5 \text{ mil dólares.}$$

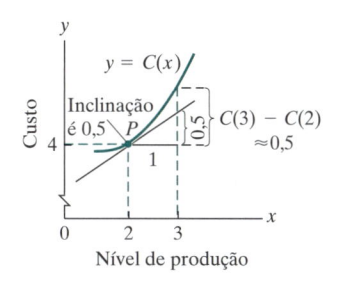

Figura 2 Aproximando o custo adicional com a derivada.

Lembre que $C'(2) = 0{,}5$, portanto,

$$\text{custo adicional} = C(3) - C(2) \approx C'(2).$$

A argumentação utilizada no nível $x = 2$ de produção funciona em qualquer nível $x = a$ e mostra que

$$\text{custo adicional} = C(a+1) - C(a) \approx C'(a). \quad (1)$$

onde utilizamos o símbolo $\approx$ para indicar que, em geral, não temos uma igualdade, mas sim uma aproximação. (Ver Figura 3.) Os economistas se referem à derivada $C'(a)$ como o *custo marginal no nível a de produção* ou o *custo marginal de produzir a unidades* de uma mercadoria. Resumindo, temos o seguinte resultado importante.

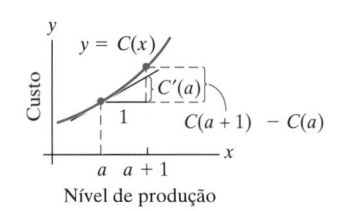

Figura 3 Aproximando a variação de uma função custo.

> **DEFINIÇÃO Custo marginal** Se $C(x)$ é uma função custo, então a *função custo marginal* é $C'(x)$. O custo marginal de produzir a unidades, $C'(a)$, é aproximadamente igual a $C(a+1) - C(a)$, que é o custo adicional provocado pelo aumento do nível de produção em uma unidade, de a para $a + 1$.

Antes de dar um exemplo, observemos que se $C(x)$ for medido em dólares, em que x é o número de itens, então $C'(x)$, sendo uma taxa de variação, é medido em dólares por item.

EXEMPLO 5 **Custo marginal** Suponha que o custo de produzir x itens seja de $C(x) = 0{,}005x^3 - 0{,}5x^2 + 28x + 300$ dólares e que a produção diária seja de 50 itens.

(a) Qual é o custo extra de aumentar a produção diária de 50 para 51 itens?
(b) Qual é o custo marginal se $x = 50$?

Solução (a) A variação no custo quando a produção diária é aumentada de 50 para 51 itens é de $C(51) - C(50)$, que é igual a

$$[0{,}005(51)^3 - 0{,}5(51)^2 + 28(51) + 300] - [0{,}005(50)^3 - 0{,}5(50)^2 + 28(50) + 300]$$
$$= 1.090{,}755 - 1.075$$
$$= 15{,}755.$$

(b) O custo marginal no nível 50 de produção é $C'(50)$.

$$C'(x) = 0{,}015x^2 - x + 28$$
$$C''(50) = 15{,}5$$

Observe que 15,5 está próximo do verdadeiro custo obtido na parte (a) de aumentar a produção em um item. ■

Nossa discussão sobre custo e custo marginal também pode ser aplicada a outras quantidades econômicas, como lucro e receita. De fato, as derivadas na Economia costumam ser descritas pelo adjetivo "marginal". Vejamos outras duas definições de funções marginais e sua interpretação.

> **DEFINIÇÃO Receita e lucro marginais** Se $R(x)$ é a função receita gerada pela produção de x unidades de uma certa mercadoria e $P(x)$ é o lucro correspondente, então a *função receita marginal* é R' e a *função lucro marginal* é $P'(x)$.

Seção 1.7 • Mais sobre derivadas

A receita marginal de produzir a unidades, $R'(a)$, é uma aproximação da receita adicional que resulta de um aumento do nível de produção em uma unidade, de a para $a + 1$.

$$R(a + 1) - R(a) \approx R'(a). \quad (2)$$

Analogamente, para o lucro marginal temos

$$P(a + 1) - P(a) \approx P'(a). \quad (3)$$

O exemplo seguinte ilustra como as funções marginais auxiliam no processo de tomada de decisão na Economia.

EXEMPLO 6 **Previsão de lucros** Seja $R(x)$ a receita (em milhares de dólares) gerada com a produção de x unidades de uma certa mercadoria.

(a) Sabendo que $R(4) = 7$ e que $R'(4) = -0{,}5$, dê uma estimativa da receita adicional que resulta do aumento do nível de produção em uma unidade, de $x = 4$ para $x = 5$.

(b) Dê uma estimativa da receita gerada pela produção de 5 unidades.

(c) Supondo que o custo (em milhares de dólares) de produzir x unidades seja dado por $C(x) = x + \frac{4}{x+1}$, será rentável aumentar a produção para 5 unidades?

Solução (a) Usando a fórmula (2) com $a = 1$, obtemos

$$R(5) - R(4) \approx R'(4) = -0{,}5 \quad \text{mil dólares.}$$

Assim, a receita cairá cerca de 500 dólares quando o nível de produção for aumentado para 5 unidades.

(b) A receita proveniente da produção de 4 unidades é de $R(4) = 7$, ou 7.000 dólares. Pela parte (a), a receita cairá cerca de 500 dólares quando o nível de produção for aumentado de 4 para 5 unidades. Assim, no nível $x = 5$ de produção, a receita será de, aproximadamente, $7.000 - 500 = 6.500$ dólares.

(c) Seja $P(x)$ o lucro (em milhares de dólares) que resulta da produção de x unidades. Temos $P(x) = R(x) - C(x)$. No nível $x = 5$ de produção, temos

$$C(5) = 5 + \frac{4}{5+1} = \frac{17}{3} \approx 5{,}667 \quad \text{mil dólares, ou } \$5.667;$$

também, pela parte (a), a receita é $R(5) \approx \$6.500$. Logo, o lucro no nível $x = 5$ de produção é $P(5) \approx \$6.500 - 5.667 = \$833$. Desse modo, ainda é rentável aumentar o nível de produção para $x = 5$, mesmo que o custo aumente e a receita caia. ∎

INCORPORANDO RECURSOS TECNOLÓGICOS

Embora possam ser especificadas (e derivadas) funções com calculadoras gráficas utilizando símbolos diferentes de X, os gráficos só podem ser obtidos com funções de X. Portanto, sempre utilizamos X como a variável.

A Figura 4 mostra os gráficos de $f(x) = x^2$ e de suas derivadas primeira e segunda. Esses três gráficos podem ser obtidos com qualquer uma das especificações para o editor de funções dadas nas Figuras 5(a) e 5(b). ∎

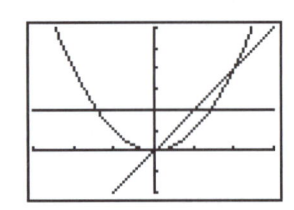

Figura 4 O gráfico de x^2 e suas derivadas primeira e segunda.

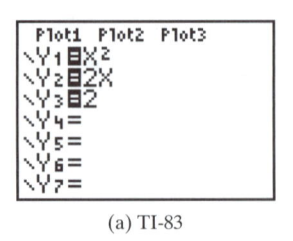

(a) TI-83 (b) TI-83

Figura 5

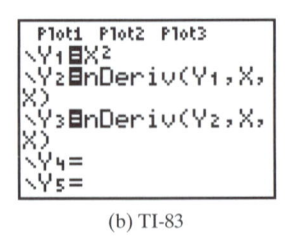

Exercícios de revisão 1.7

1. Seja $f(t) = t + (1/t)$. Encontre $f''(2)$.
2. Derive $g(r) = 2\pi r h$.

Exercícios 1.7

Nos Exercícios 1-6, encontre a derivada primeira.

1. $f(t) = (t^2 + 1)^5$
2. $f(P) = P^3 + 3P^2 - 7P + 2$
3. $v(t) = 4t^2 + 11\sqrt{t} + 1$
4. $g(y) = y^2 - 2y + 4$
5. $y = T^5 - 4T^4 + 3T^2 - T - 1$
6. $x = 16t^2 + 45t + 10$

Nos Exercícios 7-20, encontre as derivadas primeira e segunda.

7. Encontre $\dfrac{d}{dP}(3P^2 - \tfrac{1}{2}P + 1)$.
8. Encontre $\dfrac{d}{ds}\sqrt{s^2 + 1}$.
9. Encontre $\dfrac{d}{dt}(a^2 t^2 + b^2 t + c^2)$.
10. Encontre $\dfrac{d}{dP}(T^2 + 3P)^3$.
11. $y = x + 1$
12. $y = (x + 12)^3$
13. $y = \sqrt{x}$
14. $y = 100$
15. $y = \sqrt{x + 1}$
16. $v = 2t^2 + 3t + 11$
17. $f(r) = \pi r^2$
18. $y = \pi^2 + 3x^2$
19. $f(P) = (3P + 1)^5$
20. $T = (1 + 2t)^2 t^3$

Nos Exercícios 21-30, calcule a(s) derivada(s).

21. $\dfrac{d}{dx}(2x + 7)^2 \Big|_{x=1}$
22. $\dfrac{d}{dt}\left(t^2 + \dfrac{1}{t+1}\right)\Big|_{t=0}$
23. $\dfrac{d}{dz}(z^2 + 2z + 1)^7 \Big|_{z=-1}$
24. $\dfrac{d^2}{dx^2}(3x^4 + 4x^2)\Big|_{x=2}$
25. $\dfrac{d^2}{dx^2}(3x^3 - x^2 + 7x - 1)\Big|_{x=2}$
26. $\dfrac{d}{dx}\left(\dfrac{dy}{dx}\right)\Big|_{x=1}$, em que $y = x^3 + 2x - 11$
27. $f'(1)$ e $f''(1)$, se $f(t) = \dfrac{1}{2 + t}$
28. $g'(0)$ e $g''(0)$, sendo $g(T) = (T + 2)^3$
29. $\dfrac{d}{dt}\left(\dfrac{dv}{dt}\right)\Big|_{t=32}$, em que $v = 20t + 12$
30. $\dfrac{d}{dt}\left(\dfrac{dv}{dt}\right)$, em que $v = 2t^2 + \dfrac{1}{t+1}$

31. Uma companhia constata que a receita R gerada com o gasto de x dólares em propaganda é dada por $R = 1.000 + 80x - 0{,}02x^2$, com $0 \leq x \leq 2.000$. Encontre $\dfrac{dR}{dx}\Big|_{x=1.500}$.

32. Um supermercado constata que seu volume diário V de negócios (em milhares de dólares) e o número t de horas que a loja está aberta a cada dia estão, aproximadamente relacionados pela fórmula
$$V = 20\left(1 - \dfrac{100}{100 + t^2}\right), \quad 0 \leq t \leq 24.$$
Encontre $\dfrac{dV}{dt}\Big|_{t=10}$.

33. A *derivada terceira* de uma função $f(x)$ é a derivada da derivada segunda $f''(x)$ e é denotada por $f'''(x)$. Calcule $f'''(x)$ para as funções seguintes.
    (a) $f(x) = x^5 - x^4 + 3x$ (b) $f(x) = 4x^{5/2}$

34. Obtenha as derivadas terceiras das funções seguintes.
    (a) $f(t) = t^{10}$ (b) $f(z) = \dfrac{1}{z+5}$

35. Se $s = Tx^2 + 3xP + T^2$, encontre
    (a) $\dfrac{ds}{dx}$ (b) $\dfrac{ds}{dP}$ (c) $\dfrac{ds}{dT}$

36. Se $s = 7x^2 y\sqrt{z}$, encontre
    (a) $\dfrac{d^2 s}{dx^2}$ (b) $\dfrac{d^2 s}{dy^2}$ (c) $\dfrac{ds}{dz}$

37. Seja $C(x)$ o custo (em dólares) de fabricar x bicicletas por dia numa certa fabrica. Interprete $C(50) = 5.000$ e $C'(50) = 45$.

38. Continuação do Exercício 37. Dê uma estimativa para o custo de fabricar 51 bicicletas por dia.

39. A receita gerada pela produção (e venda) de x unidades de um produto é dada por $R(x) = 3x - 0{,}01x^2$ dólares.
  (a) Encontre a receita marginal no nível 20 de produção.
  (b) Encontre os níveis de produção em que a receita é $200.

40. Seja $P(x)$ o lucro com a produção (e venda) de x unidades de certo bem. Associe cada pergunta com a correspondente resposta.

Perguntas

  A. Qual é o lucro com a produção de 1.000 unidades de bens?
  B. Em qual nível de produção o lucro marginal será de 1.000 dólares?
  C. Qual é o lucro marginal com a produção de 1.000 unidades de bens?
  D. Em qual nível de produção o lucro será de 1.000 dólares?

Respostas

  a. Calcule $P'(1.000)$.
  b. Encontre um valor a para o qual $P'(a) = 1.000$.
  c. Considere $P(x) = 1.000$ e resolva para x.
  d. Calcule $P(1.000)$.

41. Seja $R(x)$ a receita (em milhares de dólares) gerada com a produção de x unidades por dia, sendo que cada unidade consiste em 100 chips.
  (a) Represente a afirmação seguinte por equações envolvendo R ou R'. Quando são produzidos 1.200 chips por dia, a receita é de $22.000 e a receita marginal é de $0,75 por chip.
  (b) Se o custo marginal com a produção de 1.200 chips é de $1,50 por chip, qual é o lucro marginal nesse nível de produção?

42. Continuação do Exercício 41. Se o custo de produção de 1.200 chips por dia for de $14.000, será rentável produzir 1.300 chips por dia?

Exercícios com calculadora

43. Para a função dada, esboce simultaneamente o gráfico das funções $f(x)$, $f'(x)$ e $f''(x)$ com a janela especificada. *Observação*: como ainda não aprendemos a derivar a função dada, você vai precisar usar o comando de derivação da calculadora gráfica para definir as derivadas.

$$f(x) = \frac{x}{1 + x^2}, [-4, 4] \text{ por } [-2, 2]$$

44. Considere a função custo do Exemplo 5.
  (a) Obtenha o gráfico de $C(x)$ na janela $[0, 60]$ por $[-300, 1.260]$.
  (b) Em qual nível de produção o custo será de $535?
  (c) Em qual nível de produção o custo marginal será de $14?

Soluções dos exercícios de revisão 1.7

1. $f(t) = t + t^{-1}$
$f'(t) = 1 + (-1)t^{(-1)-1} = 1 - t^{-2}$
$f''(t) = -(-2)t^{(-2)-1} = 2t^{-3} = \dfrac{2}{t^3}$

Logo,

$$f''(2) = \frac{2}{2^3} = \frac{1}{4}.$$

[*Observação*: é essencial calcular primeiro a função $f''(t)$ e só *depois* calcular o valor da função em $t = 2$.]

2. A expressão $2\pi rh$ contém dois números, 2 e π, e duas letras, r e h. A notação $g(r)$ nos diz que devemos encarar a expressão $2\pi rh$ como uma função de r. Portanto, h, bem como $2\pi rh$, deve ser tratado como uma constante e a derivação é feita em relação à variável r. Ou seja,

$$g(r) = (2\pi h)r$$
$$g'(r) = 2\pi h.$$

1.8 A derivada como uma taxa de variação

Em seções precedentes, vimos que uma interpretação importante da inclinação de uma função num ponto é como uma taxa de variação. Nesta seção, reexaminamos essa interpretação e discutimos algumas aplicações adicionais em que é útil. O primeiro passo é entender o que significa a "taxa de variação média" de uma função $f(x)$.

Considere uma função $y = f(x)$ definida num intervalo $a \leq x \leq b$. A taxa de variação média de $f(x)$ nesse intervalo é a variação de $f(x)$ dividida pelo comprimento do intervalo, isto é,

$$\left[\begin{array}{c} \text{taxa de variação média de } f(x) \\ \text{no intervalo } a \leq x \leq b \end{array}\right] = \frac{f(b) - f(a)}{b - a}.$$

EXEMPLO 1 Se $f(x) = x^2$, calcule a taxa de variação média de $f(x)$ nos intervalos dados.

(a) $1 \leq x \leq 2$ (b) $1 \leq x \leq 1{,}1$ (c) $1 \leq x \leq 1{,}01$

Solução (a) A taxa de variação média no intervalo $1 \leq x \leq 2$ é

$$\frac{2^2 - 1^2}{2 - 1} = \frac{3}{1} = 3.$$

(b) A taxa de variação média no intervalo $1 \leq x \leq 1{,}1$ é

$$\frac{1{,}1^2 - 1^2}{1{,}1 - 1} = \frac{0{,}21}{0{,}1} = 2{,}1.$$

(c) A taxa de variação média no intervalo $1 \leq x \leq 1{,}01$ é

$$\frac{1{,}01^2 - 1^2}{1{,}01 - 1} = \frac{0{,}0201}{0{,}01} = 2{,}01. \qquad \blacksquare$$

No caso especial em que b é $a + h$, o valor de $b - a$ é $(a + h) - a$, ou h, e a taxa de variação média da função no intervalo é a conhecida razão incremental

$$\frac{f(a + h) - f(a)}{h}.$$

Geometricamente, esse quociente é a inclinação da reta secante que aparece na Figura 1. Lembre que quando h tende a 0, a inclinação da reta secante tende à inclinação da reta tangente. Assim, a taxa de variação média tende a $f'(a)$. Por essa razão, dizemos que $f'(a)$ é a *taxa de variação* (*instantânea*) de $f(x)$ exatamente no ponto em que $x = a$. De agora em diante, a menos de menção explícita da palavra "média", quando considerarmos a taxa de variação de uma função, estaremos sempre pensando na taxa de variação "instantânea".

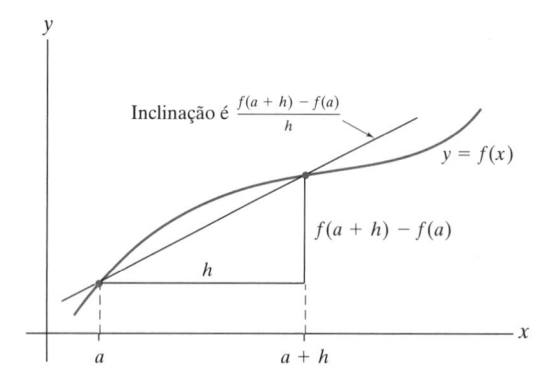

Figura 1 A taxa de variação média é a inclinação da reta secante.

A derivada $f'(a)$ mede a taxa de variação de $f(x)$ em $x = a$.

EXEMPLO 2 Considere a função $f(x) = x^2$ do Exemplo 1. Calcule a taxa de variação de $f(x)$ em $x = 1$.

Solução A taxa de variação de $f(x)$ em $x = 1$ é igual a $f'(1)$. Temos

$$f'(x) = 2x$$
$$f'(1) = 2 \cdot 1 = 2.$$

Portanto, a taxa de variação é de 2 unidades por unidade de variação de x. Observe como a taxa de variação média do Exemplo 1 tende à taxa de variação (instantânea) quando os intervalos começando em $x = 1$ encolhem. ∎

EXEMPLO 3 A função $f(t)$ da Figura 2 dá a população dos Estados Unidos t anos depois do início de 1800. A figura mostra também a reta tangente pelo ponto (40, 17).

(a) Qual foi a taxa de crescimento médio da população dos Estados Unidos de 1840 a 1870?
(b) Quão rápido crescia a população em 1840?
(c) Quando a população crescia mais rapidamente, em 1810 ou em 1880?

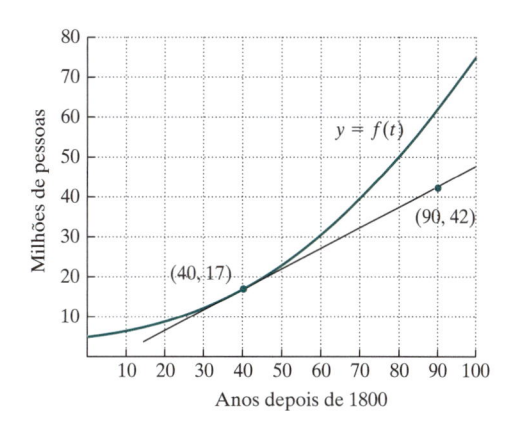

Figura 2 População dos Estados Unidos de 1800 a 1900.

Solução (a) Como 1870 é 70 anos depois de 1800 e 1840 é 40 anos depois de 1800, a questão pede a taxa de variação média de $f(t)$ no intervalo $40 \leq t \leq 70$. Esse valor é

$$\frac{f(70) - f(40)}{70 - 40} = \frac{40 - 17}{30} = \frac{23}{30} \approx 0{,}77.$$

Portanto, de 1840 a 1870 a população cresceu a uma taxa média de cerca de 0,77 milhões, ou 770.000 pessoas por ano.

(b) A taxa de crescimento de $f(t)$ em $t = 40$ é $f'(40)$, ou seja, a inclinação da reta tangente em $t = 40$. Como (40, 17) e (90, 42) são dois pontos da reta tangente, a inclinação da reta tangente é

$$\frac{42 - 17}{90 - 40} = \frac{25}{50} = 0{,}5.$$

Portanto, em 1840 a população estava crescendo à taxa de 0,5 milhão, ou 500.000, pessoas por ano.

(c) O gráfico é visivelmente mais íngreme em 1880 do que em 1810. Portanto, a população crescia mais rapidamente em 1880 do que em 1810. ∎

Velocidade e aceleração Uma ilustração da taxa de variação no nosso dia a dia é dada pela velocidade de um objeto em movimento. Suponha que estejamos dirigindo um carro ao longo de uma estrada reta e que, a cada instante t, nossa posição na estrada seja indicada por $s(t)$, medida a partir de algum ponto de referência conveniente. (Ver Figura 3, em que as distâncias são positivas para a direita.) Também vamos supor, pelo menos por enquanto, que estamos seguindo apenas no sentido positivo ao longo da estrada.

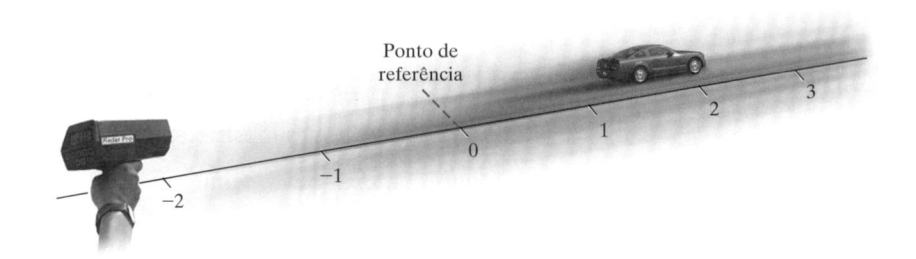

Figura 3 Posição de um carro em movimento numa estrada reta.

A qualquer instante, o velocímetro do carro nos informa a rapidez com que estamos nos movendo, isto é, quão rápido está variando a nossa posição $s(t)$. Para mostrar como a indicação do velocímetro está relacionada com o nosso conceito de derivada do Cálculo, vamos examinar o que está acontecendo num instante específico, digamos, em $t = 2$. Considere um pequeno intervalo de tempo, de duração h, de $t = 2$ até $t = 2 + h$. Nosso carro passa da posição $s(2)$ para a posição $s(2 + h)$, percorrendo uma distância de $s(2 + h) - s(2)$. Assim, a *velocidade média de $t = 2$ até $t = 2 + h$* é

$$\frac{[\text{distância percorrida}]}{[\text{tempo decorrido}]} = \frac{s(2 + h) - s(2)}{h}. \tag{1}$$

Se o carro estiver se movendo a uma velocidade constante durante esse intervalo de tempo, a leitura do velocímetro será igual à velocidade média da fórmula (1).

Pela nossa discussão na Seção 1.3, a razão (1) tende à derivada $s'(2)$ quando h tende a zero. Por essa razão, dizemos que $s'(2)$ é a *velocidade* (*instantânea*) *em $t = 2$*. Esse número irá concordar com a leitura do velocímetro em $t = 2$ porque, quando h for muito pequeno, a velocidade do carro será quase constante durante o intervalo de tempo de $t = 2$ até $t = 2 + h$; portanto, a velocidade média nesse intervalo de tempo é praticamente a mesma que a dada pelo velocímetro em $t = 2$.

O raciocínio utilizado em $t = 2$ também vale num t qualquer. Assim, a definição seguinte faz sentido.

DEFINIÇÃO Se $s(t)$ denota a função posição de um objeto em movimento retilíneo, então a velocidade $v(t)$ do objeto no instante t é dada por

$$v(t) = s'(t)$$

Nessa discussão, supomos que o carro se movia no sentido positivo. Se o carro estiver se movendo no sentido oposto, a razão (1) e o valor limite $s'(2)$ serão negativos. Dessa forma, interpretamos uma velocidade negativa como um movimento no sentido negativo ao longo da estrada.

A derivada da função velocidade $v(t)$ é denominada função aceleração e frequentemente é denotada por $a(t)$.

$$a(t) = v'(t)$$

Como $v'(t)$ mede a taxa de variação da velocidade $v(t)$, esse uso da palavra "aceleração" está de acordo com sua utilização em relação a automóveis. Observe que, como $v(t) = s'(t)$, a aceleração, de fato, é a derivada segunda da função posição $s(t)$, ou seja,

$$v(t) = s''(t)$$

EXEMPLO 4 Quando uma bola é jogada verticalmente para cima, sua posição pode ser medida como a distância vertical a partir do solo. Considerando "para cima" como o sentido positivo, seja $s(t)$ a altura (em pés) da bola depois de t segundos. Suponha que $s(t) = -16t^2 + 128t + 5$. A Figura 4 mostra um gráfico da função $s(t)$. *Observação*: o gráfico *não* mostra a trajetória da bola. A bola está subindo *diretamente* para cima e depois caindo *diretamente* para baixo.

(a) Qual é a velocidade depois de 2 segundos?
(b) Qual é a aceleração depois de 2 segundos?
(c) Em qual instante a velocidade é dada por -32 pés por segundo? (O sinal negativo indica que a altura da bola está diminuindo, ou seja, que a bola está caindo.)
(d) Quando a altura da bola é de 117 pés?

Solução (a) A velocidade é a taxa de variação da função altura, logo

$$v(t) = s'(t) = -32t + 128.$$

Quando $t = 2$, a velocidade é $v(2) = -32(2) + 128 = 64$ pés por segundo.

(b) $a(t) = v'(t) = -32$. A aceleração é de -32 pés por segundo ao quadrado para todo t. Essa aceleração constante é resultante da força da gravidade, que age na direção do solo (e, portanto, é negativa).

(c) Como a velocidade é dada e o tempo é desconhecido, tomamos $v(t) = -32$ e resolvemos para t, como segue.

$$-32t + 128 = -32$$
$$-32t = -160$$
$$t = 5.$$

Quando t for 5 segundos, a velocidade é de -32 pés por segundo.

(d) Aqui, a questão envolve a função altura, não a velocidade. Como a altura é dada e o tempo é desconhecido, tomamos $s(t) = 117$ e resolvemos para t, como segue.

$$-16t^2 + 128t + 5 = 117$$
$$-16(t^2 - 8t + 7) = 0$$
$$-16(t-1)(t-7) = 0.$$

A bola está a uma altura de 117 pés uma vez na subida (com $t = 1$) e uma vez na descida (com $t = 7$ segundos).

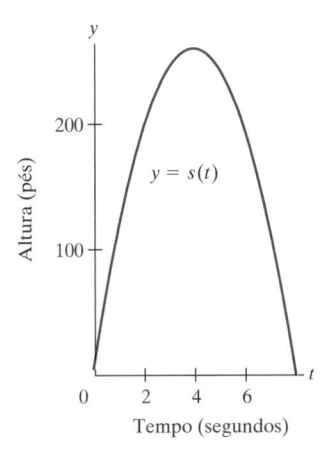

Figura 4 Altura da bola no ar.

Aproximando a variação numa função Considere a função $f(x)$ perto de $x = a$. Como acabamos de ver, a taxa de variação média de f num intervalo pequeno de comprimento h é aproximadamente igual à variação instantânea numa extremidade do intervalo, ou seja,

$$\frac{f(a+h)-f(a)}{h} \approx f'(a).$$

Multiplicando ambos os lados dessa aproximação por h, obtemos

$$f(a+h) - f(a) \approx f'(a) \cdot h. \qquad (2)$$

Se x varia de a até $a + h$, então a variação no valor da função $f(x)$ é igual, aproximadamente, a $f'(a)$ vezes a variação h do valor de x. Esse resultado vale tanto para valores positivos quanto negativos de h. Nas aplicações, o lado direito da fórmula (2) é calculado e utilizado para obter uma estimativa do lado esquerdo.

A Figura 5 mostra uma interpretação geométrica de (2). Dada a variação pequena h de x, a quantidade $f'(a) \cdot h$ dá a variação correspondente de y ao *longo da reta tangente* em $(a, f(a))$. Por outro lado, a quantidade $f(a + h) - f(a)$ dá a variação de y *ao longo da curva* $y = f(x)$. Quando h é pequeno, $f'(a) \cdot h$ é uma boa aproximação da variação em $f(x)$.

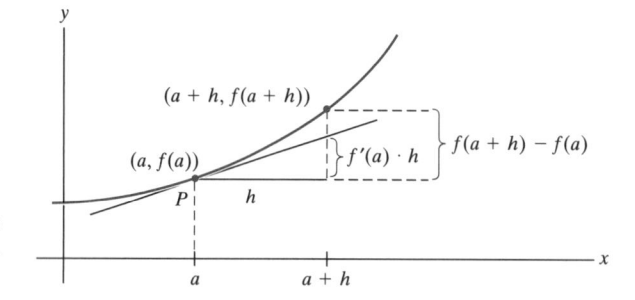

Figura 5 A variação de y ao longo da reta tangente e ao longo do gráfico de $y = f(x)$.

Antes de passar às aplicações, é instrutivo apresentar uma dedução alternativa de (2). Da Seção 1.3, sabemos que a equação da reta tangente em P é dada por

$$y - f(a) = f'(a)(x - a) \qquad (3)$$

Agora, a reta tangente aproxima o gráfico de f perto de P, portanto, trocando o valor da reta tangente y na fórmula (3) por $f(x)$, resulta

$$f(x) - f(a) \approx f'(a)(x - a) \qquad (4)$$

e vemos que (2) segue de (4), com $h = x - a$ e $x = a + h$.

EXEMPLO 5

Digamos que uma função produção $p(x)$ dê o número de unidades de bens produzidos empregando x unidades de trabalho. Se forem empregadas 5.000 unidades de trabalho, então $p(5000) = 300$ e $p'(5000) = 2$.

(a) Interprete $p(5000) = 300$.
(b) Interprete $p'(5000) = 2$.
(c) Dê uma estimativa do número de unidades de bens *adicionais* produzidos se x for aumentado de 5.000 para $5.000\frac{1}{2}$ unidades de trabalho.
(d) Dê uma estimativa da *variação* do número de unidades de bens produzidas se x for diminuído de 5.000 para 4.999 unidades de trabalho.

Solução
(a) Utilizando 5.000 unidades de trabalho, são produzidas 300 unidades de bens.
(b) Se 5.000 unidades de trabalho estão sendo utilizadas e se considerarmos adicionar mais trabalho, a produtividade irá aumentar à taxa de 2 unidades de bens para cada unidade adicional de trabalho.
(c) Aqui $h = \frac{1}{2}$. Pela fórmula (2), a variação de $p(x)$ será, aproximadamente,

$$p'(5000) \cdot \tfrac{1}{2} = 2 \cdot \tfrac{1}{2} = 1.$$

Cerca de uma unidade a mais será produzida. Portanto, serão produzidas cerca de 301 unidades de bens quando forem empregadas $5.000\frac{1}{2}$ unidades de trabalho.

(d) Aqui $h = -1$, pois a quantidade de trabalho diminuiu. A variação de $p(x)$ será, aproximadamente,

$$p'(5000) \cdot (-1) = 2 \cdot (-1) = -2.$$

Serão produzidas cerca de duas unidades de bens a menos (isto é, 298 unidades). ∎

Para simplificar o uso da fórmula (2) na análise de custo marginal, reescrevemos essa fórmula com uma função custo, como segue.

$$C(a + h) - C(a) \approx C'(a) \cdot h. \qquad (5)$$

Tomando $h = 1$, obtemos a fórmula conhecida por (1) na seção precedente, a saber,

$$C(a + 1) - C(a) \approx C'(a). \qquad (6)$$

Assim, com um aumento de uma unidade na produção ($h = 1$), a variação no custo é aproximadamente igual ao custo marginal, mas com um aumento de h unidades na produção, precisamos modificar proporcionalmente o custo marginal.

EXEMPLO 6

Custo marginal O custo total da produção em milhares de dólares de x unidades de uma certa mercadoria é $C(x) = 6x^2 + 2x + 10$.

(a) Encontre a função custo marginal.
(b) Encontre o custo e o custo marginal da produção de 10 unidades.
(c) Use o custo marginal para obter uma aproximação do custo de produção da 11ª unidade.
(d) Use o custo marginal para obter uma estimativa do custo adicional provocado por um aumento do nível de produção de 10 para 10,5 unidades.

Solução
(a) A função custo marginal é a derivada da função custo, ou seja,

$$C'(x) = 12x + 2 \text{ (mil dólares por unidade)}.$$

(b) Produzindo 10 unidades, o custo é de

$$C(10) = 6(10^2) + 2(10) + 10 = 630 \text{ mil dólares}$$

e o custo marginal é $C'(10) = 12(10) + 2 = 122$ mil dólares por unidade.

(c) O custo de produzir a 11ª unidade é a diferença no custo quando x varia de 10 para 11, ou $C(11) - C(10)$. Pela fórmula (6), essa diferença pode ser aproximada pelo custo marginal, que é $C'(10) = 122$. Isso significa que custa, aproximadamente, 122 mil dólares produzir a 11ª unidade.

(d) O custo adicional com o aumento do nível de produção em meia unidade, de 10 para 10,5, é de $C(10,5) - C(10)$. De acordo com a fórmula (6), com $a = 10$ e $h = 0,5$,

$$C(10,5) - C(10) \approx C'(10) \cdot (0,5) = (122)(0,5) = 61 \text{ mil dólares}.$$ ∎

Capítulo 1 • A derivada

Unidades de taxas de variação Na Tabela 1, mostramos as unidades que aparecem em vários exemplos desta seção. Em geral,

[unidade de medida de $f'(x)$]
$\quad$ = [unidade de medida de $f(x)$] por [unidade de medida de x].

TABELA 1 Unidades de medida

Exemplo	Unidade f(t) ou f(x)	Unidade de t ou x	Unidades de f'(t) ou f'(x)
População dos EUA	milhões de pessoas	ano	milhões de pessoas por ano
Bola no ar	pés	segundo	pés por segundo
Função custo	dólares	item	dólares por item

Exercícios de revisão 1.8

Seja f(t) a temperatura (em graus Celsius) de um líquido no instante t (em horas). A taxa de variação da temperatura tem o valor f'(a). A seguir listamos perguntas típicas sobre f(a) e sua inclinação em vários pontos. Associe cada pergunta com o correspondente método de resolução.

Questões

1. Qual é a temperatura do líquido depois de 6 horas (isto é, quando $t = 6$)?
2. Em que instante a temperatura está subindo à taxa de 6 graus por hora?
3. Em quantos graus a temperatura aumentou durante as primeiras 6 horas?
4. Quando a temperatura do líquido é de apenas 6 graus?
5. Quão rápido a temperatura do líquido está variando depois de 6 horas?
6. Qual é a taxa média do aumento na temperatura durante as primeiras 6 horas?

Métodos de resolução

(a) Calcule $f(6)$.
(b) Tome $f(t) = 6$ e resolva para t.
(c) Calcule $[f(6) - f(0)]/6$.
(d) Calcule $f'(6)$.
(e) Encontre o valor de a no qual $f'(a) = 6$.
(f) Calcule $f(6) - f(0)$.

Exercícios 1.8

1. Suponha que $f(x) = 4x^2$.
   (a) Qual é a taxa de variação média de $f(x)$ em cada um dos intervalos 1 até 2, 1 até 1,5 e 1 até 1,1?
   (b) Qual é a taxa de variação (instantânea) de $f(x)$ quando $x = 1$?

2. Suponha que $f(x) = -6/x$.
   (a) Qual é a taxa de variação média de $f(x)$ em cada um dos intervalos 1 até 2, 1 até 1,5 e 1 até 1,2?
   (b) Qual é a taxa de variação (instantânea) de $f(x)$ quando $x = 1$?

3. Suponha que $f(t) = t^2 + 3t - 7$.
   (a) Qual é a taxa de variação média de $f(t)$ no intervalo 5 até 6?
   (b) Qual é a taxa de variação (instantânea) de $f(t)$ quando $t = 5$?

4. Suponha que $f(t) = 3t + 2 - \dfrac{12}{t}$.
   (a) Qual é a taxa de variação média de $f(t)$ no intervalo 2 até 3?
   (b) Qual é a taxa de variação (instantânea) de $f(t)$ quando $t = 2$?

5. **Título do Tesouro dos Estados Unidos** A Figura 6 dá a porcentagem $f(t)$ de retorno (juros) t anos depois de 1º de janeiro de 1980 de um título do Tesouro dos Estados Unidos de 3 meses.
   (a) Qual foi a taxa de variação média do retorno de 1º de janeiro de 1981 até 1º de janeiro de 1985?
   (b) Quão rápido subia o percentual de retorno em 1º de janeiro de 1989?
   (c) O percentual de retorno subia mais rapidamente em 1º de janeiro de 1980 ou em 1º de janeiro de 1989?

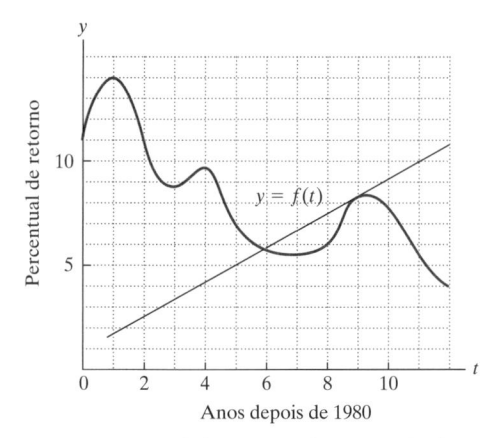

Figura 6 Percentual de retorno de um título do Tesouro dos EUA de 3 meses (1980-1992).

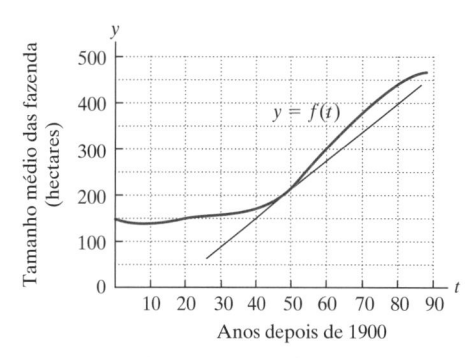

Figura 7 Tamanho médio das fazendas dos EUA de 1900 a 1990.

6. A Figura 7 dá o tamanho médio $f(t)$ (em hectares) t anos depois de 1º de janeiro de 1900 das fazendas dos Estados Unidos.
   (a) Qual foi a taxa de crescimento média do tamanho médio das fazendas de 1920 até 1960?
   (b) Quão rápido aumentava o tamanho médio das fazendas em 1º de janeiro de 1950?
   (c) O tamanho médio das fazendas aumentava mais rapidamente em 1º de janeiro de 1960 ou em 1º de janeiro de 1980?

7. Um objeto em movimento retilíneo percorre $s(t) = 2t^2 + 4t$ quilômetros em t horas.
   (a) Qual é a velocidade do objeto em $t = 6$?
   (b) Qual a distância percorrida pelo objeto em 6 horas?
   (c) Quando o objeto desenvolve a velocidade de 6 quilômetros por hora?

8. Depois de uma campanha publicitária, as vendas de um produto frequentemente aumentam e, depois, diminuem. Suponha que t dias depois do fim da campanha as vendas diárias sejam de $f(x) = -3t^2 + 32t + 100$ unidades. Qual é a taxa de crescimento média das vendas no quarto dia, ou seja, de $t = 3$ até $t = 4$? A que taxa (instantânea) variavam as vendas quando $t = 2$?

9. Uma análise da produção diária de uma linha de montagem mostra que cerca de $60t + t^2 - \frac{1}{12}t^3$ unidades são produzidas com t horas de trabalho, com $0 \le t \le 8$. Qual é a taxa de produção (em unidades por hora) quando $t = 2$?

10. Um líquido está sendo derramado num grande recipiente. Depois de t horas, o recipiente contém $5t + \sqrt{t}$ litros. Com que taxa (litros por hora) o líquido flui para o recipiente quando $t = 4$?

11. A posição de uma partícula em movimento retilíneo é dada por $s(t) = 2t^3 - 21t^2 + 60t$, $t \ge 0$, sendo t medido em segundo e s em metros.
    (a) Qual é a velocidade depois de 3 segundos? E depois de 6 segundos?
    (b) Quando a partícula está se movendo no sentido positivo?
    (c) Encontre a distância total percorrida pela partícula durante os primeiros 7 segundos.

12. A Figura 8 dá a posição $s(t)$ de um carro em movimento retilíneo.
    (a) O carro estava mais rápido em A ou em B?
    (b) A aceleração do carro era positiva ou negativa em B?
    (c) O que aconteceu com a velocidade do carro em C?
    (d) Em que sentido o carro ia em D?
    (e) O que aconteceu em E?
    (f) O que aconteceu depois de F?

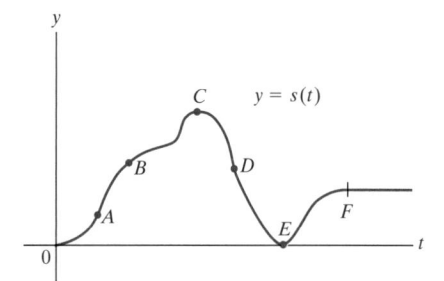

Figura 8

13. Um foguete de brinquedo é lançado verticalmente para cima e alcança a altura de $s(t) = 160t - 16t^2$ pés depois de t segundos.
    (a) Qual é a velocidade inicial do foguete (quando $t = 0$)?
    (b) Qual é a velocidade depois de 2 segundos?
    (c) Qual é a aceleração quando $t = 3$?
    (d) Em qual instante o foguete atinge o solo?
    (e) Qual é a velocidade do foguete ao atingir o solo?

14. Um helicóptero está subindo verticalmente. Sua distância ao solo t segundos após a decolagem é de $s(t)$, onde $s(t) = t^2 + t$ metros.
   (a) Em quanto tempo o helicóptero irá atingir a altura de 20 metros?
   (b) Encontre a velocidade e a aceleração do helicóptero a uma altura de 20 metros.

15. Seja $s(t)$ a altura (em metros) de uma bola jogada verticalmente para cima após t segundos. Associe cada pergunta com a correspondente solução.

Questões

A. Qual é a velocidade da bola após 3 segundos?
B. Quando a velocidade é de 3 metros por segundo?
C. Qual é a velocidade média durante os 3 primeiros segundos?
D. Quando a bola estará a 3 metros acima do solo?
E. Quando a bola irá atingir o solo?
F. Qual é a altura da bola após 3 segundos?
G. Qual é a distância percorrida pela bola durante os 3 primeiros segundos?

Soluções

a. Tome $s(t) = 0$ e resolva para t.
b. Calcule $s'(3)$.
c. Calcule $s(3)$.
d. Tome $s'(t) = 3$ e resolva para t.
e. Encontre um valor de a tal que $s(a) = 3$.
f. Calcule $[s(3) - s(0)]/3$.
g. Calcule $s(3) - s(0)$.

16. A Tabela 2 fornece a leitura do marcador de milhagem de um carro após uma hora de viagem e em alguns tempos próximos. Qual é a velocidade média durante o intervalo de tempo de 1 até 1,05 horas? Dê uma estimativa da velocidade com 1 hora de viagem.

TABELA 2 Leitura do marcador de milhagem

Tempo	Milhagem
0,96	43,2
0,97	43,7
0,98	44,2
0,99	44,6
1,00	45,0
1,01	45,4
1,02	45,8
1,03	46,3
1,04	46,8
1,05	47,4

17. A posição de uma partícula em movimento retilíneo no instante t (em segundos) é dada por $s(t) = t^2 + 3t + 2$ metros à direita de um ponto de referência, com $t \geq 0$.

   (a) Qual é a velocidade da partícula no instante de 6 segundos?
   (b) A partícula está se movendo em direção ao ponto de referência quando $t = 6$? Explique sua resposta.
   (c) Qual é a velocidade da partícula quando ela se encontra a 6 metros do ponto de referência?

18. Um carro está na estrada, na metade do caminho de Nova York para Boston. Seja $s(t)$ a distância a partir de Nova York durante o segundo seguinte. Associe cada comportamento com o correspondente gráfico de $s(t)$ da Figura 9.
   (a) O carro mantém uma velocidade constante.
   (b) O carro está parado.
   (c) O carro está freando.
   (d) O carro está acelerando.
   (e) O carro está desacelerando.

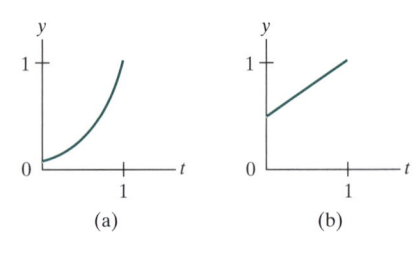

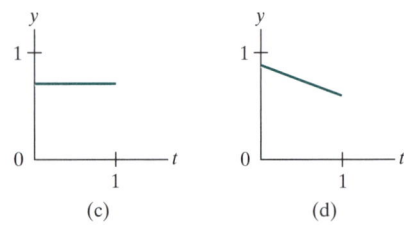

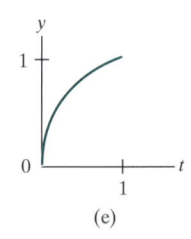

Figura 9 Possíveis gráficos de $s(t)$.

19. Se $f(100) = 5.000$ e $f'(100)$, dê uma estimativa para cada um dos valores seguintes.
   (a) $f(101)$
   (b) $f(100,5)$
   (c) $f(99)$
   (d) $f(98)$
   (e) $f(99,75)$

20. Se $f(25) = 10$ e $f'(25) = -2$, dê uma estimativa para cada um dos valores seguintes.
   (a) $f(27)$
   (b) $f(26)$
   (c) $f(25,25)$

(d) $f(24)$
(e) $f(23,5)$

21. Seja $f(t)$ a temperatura (em °F) de uma xícara de café t minutos depois de ter sido servida. Interprete $f(4) = 120$ e $f'(4) = -5$. Dê uma estimativa da temperatura do café decorridos 4 minutos e 6 segundos, isto é, depois de 4,1 minutos.

22. Suponha que 5 mg de uma droga sejam injetados na corrente sanguínea. Seja $f(t)$ a quantidade de droga presente na corrente sanguínea decorridas t horas. Interprete $f(3) = 2$ e $f'(3) = -0,5$. Dê uma estimativa do número de miligramas da droga na corrente sanguínea depois de $3\frac{1}{2}$ horas.

23. **O preço afeta as vendas** Seja $f(p)$ o número de carros vendidos quando o preço é de p dólares por carro. Interprete as afirmações $f(10.000) = 200.00$ e $f'(10.000) = -3$.

24. **Propaganda afeta as vendas** Seja $f(x)$ o número de brinquedos vendidos quando x dólares são gastos com propaganda. Interprete as afirmações $f(100.00) = 3.000.000$ e $f'(100.000) = 30$.

25. Seja $f(x)$ o número (em milhares) de computadores vendidos quando o preço é de x centenas de dólares por computador. Interprete as afirmações $f(12) = 60$ e $f'(12) = -2$. Dê uma estimativa do número de computadores vendidos se o preço for fixado em $1.250 por computador.

26. Seja $C(x)$ o custo (em dólares) da produção de x rádios. Interprete as afirmações $C(2.000) = 50.000$ e $C'(2.000) = 10$. Dê uma estimativa do custo da produção de 1.998 rádios.

27. Seja $P(x)$ o lucro (em dólares) obtido com a produção e venda de x carros de luxo. Interprete $P(100) = 90.000$ e $P'(100) = 1.200$. Dê uma estimativa do lucro obtido com a produção e vendas de 99 desses carros.

28. Seja $f(x)$ o valor em dólares de uma ação de uma companhia x dias depois de iniciar sua distribuição pública de ações.
    (a) Interprete as afirmações $f(100) = 16$ e $f'(100) = 0,25$.
    (b) Dê uma estimativa do valor de uma ação no 101º dia depois da companhia iniciar sua distribuição pública de ações.

29. **Análise de custo marginal** Considere a função custo $C(x) = 6x^2 + 14x + 18$ (mil dólares).
    (a) Qual é o custo marginal no nível $x = 5$ de produção?
    (b) Dê uma estimativa do custo de aumentar o nível de produção de $x = 5$ para $x = 5,25$.
    (c) Suponha que $R(x) = -x^2 + 37x + 38$ seja a receita em milhares de dólares gerada com a produção de x unidades. Qual é o nível de produção em que a receita é igual ao custo?
    (d) Calcule e compare a receita e o custo marginais no nível de produção em que a receita é igual ao custo. A companhia deveria aumentar o nível de produção além desse ponto? Justifique sua resposta usando marginais.

30. Dê uma estimativa da variação da função
$$f(x) = \frac{1}{1+x^2}$$
se x for diminuído de 1 para 0,9.

31. O gasto com a saúde pública nos Estados Unidos (em bilhões de dólares) de 1980 a 1998 é dado pela função $f(t)$ da Figura 10.
    (a) Qual foi a quantia gasta em 1987?
    (b) Quão rápido aumentavam os gastos, aproximadamente, em 1987?
    (c) Quando foi que os gastos alcançaram 1 trilhão?
    (d) Quando foi que os gastos aumentavam à taxa de 100 bilhões por ano?

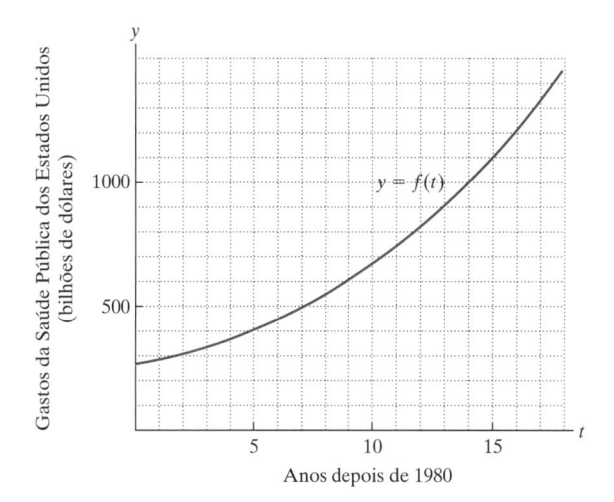

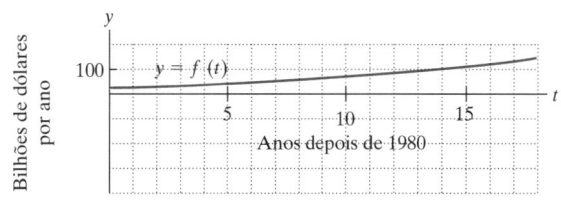

Figura 10

32. Num teste com duração de 8 segundos, um veículo é acelerado por vários segundos e, então, é desacelerado. A função $s(t)$ dá o número de metros percorridos após s segundos e seu gráfico é dado na Figura 11.
    (a) Qual é a distância percorrida pelo veículo depois de 3,5 segundos?
    (b) Qual é a velocidade depois de 2 segundos?
    (c) Qual é a aceleração depois de 1 segundo?
    (d) Quando o veículo terá percorrido 120 metros?
    (e) Quando, durante a segunda metade do teste, o veículo estará se movendo à taxa de 20 metros por segundo?
    (f) Qual é a maior velocidade? Em que instante é alcançada essa maior velocidade? Qual a distância percorrida pelo veículo até esse instante?

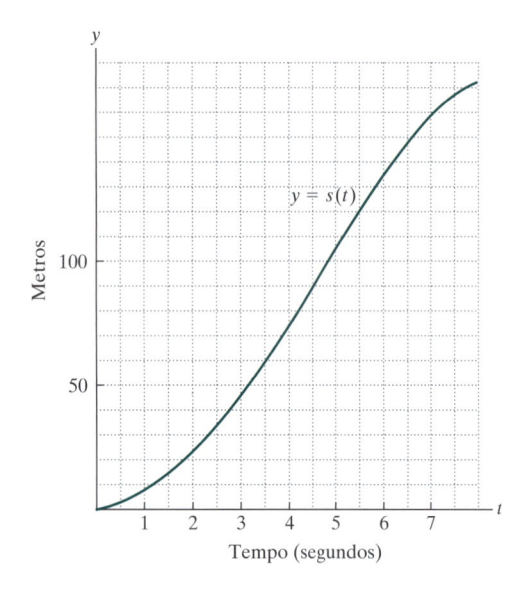

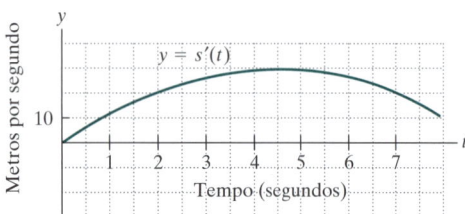

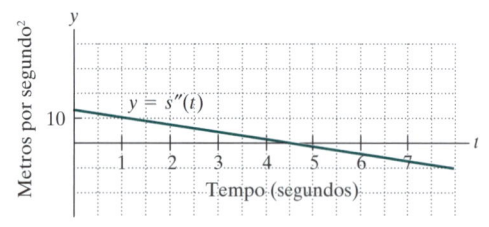

Figura 11

Exercícios com calculadora

33. Num experimento psicológico, pela prática, as pessoas melhoraram sua capacidade de reconhecer informações verbais e semânticas comuns.* O tempo necessário para esse reconhecimento depois de um período de t dias de prática era de $f(x) = 0,36 + 0,77(t - 0,5)$ segundos.

(a) Exiba os gráficos de $f(t)$ e $f'(t)$ na janela [0,5; 6] por [−3, 3]. Use esses gráficos para responder as demais questões.

(b) Qual era o tempo necessário para o reconhecimento depois de 4 dias de prática?

(c) Depois de quantos dias de prática o tempo de reconhecimento era cerca de 0,8 segundos?

(d) Após 4 dias de prática, qual era a taxa de variação do tempo necessário para o reconhecimento em relação aos dias de prática?

(e) Depois de quantos dias o tempo de reconhecimento variava à taxa de − 0,08 segundos por dia de prática?

34. Uma bola lançada verticalmente para cima tem sua altura dada por $s(t) = 102t - 16t^2$ pés depois de t segundos.

(a) Exiba os gráficos de $s(t)$ e $s'(t)$ na janela [0, 7] por [−100, 200]. Use esses gráficos para responder as demais questões.

(b) Qual é a altura da bola após 2 segundos?

(c) Quando, durante a descida, a altura é de 110 pés?

(d) Qual é a velocidade após 6 segundos?

(e) Quando a velocidade é de 70 pés por segundo?

(f) Qual é a velocidade da bola ao atingir o solo?

---

* John R. Anderson, "Automaticity and the ACT Theory," *American Journal of Psychology*, 105:2 (Summer 1992), 165-180.

Soluções dos exercícios de revisão 1.8

1. Método (a). A questão envolve $f(t)$, a temperatura no instante t. Como o tempo é dado, calcule $f(6)$.

2. Método (e). A questão envolve $f'(t)$, a taxa de variação da temperatura. A pergunta "quando" indica que desconhecemos o tempo. Tome $f'(t) = 6$ e resolva para t.

3. Método (f). A questão pede a variação do valor da função do tempo 0 até o tempo 6, ou seja, $f(6) - f(0)$.

4. Método (b). A questão envolve $f(t)$ e desconhecemos o tempo. Tome $f(t) = 6$ e resolva para t.

5. Método (d). A questão envolve $f'(t)$ e o tempo é dado. Calcule $f'(6)$.

6. Método (c). A questão pede pela taxa de variação média da função no intervalo de tempo de 0 até 6, $[f(6) - f(0)]/6$.

REVISÃO DE CONCEITOS FUNDAMENTAIS

1. Defina a inclinação de uma reta e dê uma interpretação física.
2. Qual é a equação ponto-inclinação de uma reta?
3. Descreva como encontrar uma equação da reta quando são conhecidas as coordenadas de dois pontos do gráfico de uma reta.
4. O que você pode dizer sobre as inclinações de duas retas paralelas? E de duas retas perpendiculares?
5. Dê uma descrição física do significado da inclinação de $f(x)$ no ponto $(2, f(2))$.
6. O que representa $f'(2)$?
7. Explique porque a derivada de uma função constante é 0.
8. Enuncie as regras da potência, do múltiplo constante e da soma, dando um exemplo de cada uma.
9. Explique como calcular $f'(2)$ como o limite das inclinações de retas secantes pelo ponto $(2, f(2))$.
10. Com suas palavras, explique o significado de $\lim_{x \to 2} f(x) = 3$. Dê um exemplo de uma função que tenha essa propriedade.
11. Dê a definição via limite de $f'(2)$, isto é, da inclinação de $f(x)$ no ponto $(2, f(2))$.
12. Com suas palavras, explique o significado de $\lim_{x \to \infty} f(x) = 3$. Dê um exemplo de uma tal função $f(x)$. Faça o mesmo com $\lim_{x \to -\infty} f(x) = 3$.
13. Com suas palavras, explique o significado de "$f(x)$ é contínua em $x = 2$". Dê um exemplo de uma função $f(x)$ que não seja contínua em $x = 2$.
14. Com suas palavras, explique o significado de "$f(x)$ é derivável em $x = 2$". Dê um exemplo de uma função $f(x)$ que não seja derivável em $x = 2$.
15. Enuncie a regra da potência geral e dê um exemplo.
16. Forneça duas notações distintas para a derivada primeira de $f(x)$ em $x = 2$. Faça o mesmo para a derivada segunda.
17. O que se quer dizer com a taxa de variação média de uma função num intervalo?
18. Qual a relação da taxa de variação (instantânea) com as taxas de variação médias?
19. Explique a relação entre derivadas e velocidade e aceleração.
20. Qual é a expressão envolvendo uma derivada que dá uma aproximação de $f(a + h) - f(a)$?
21. Com suas palavras, explique o significado de custo marginal.
22. Como se determinam as unidades corretas de uma taxa de variação? Dê um exemplo.

EXERCÍCIOS SUPLEMENTARES

Nos Exercícios 1-14, encontre a equação e esboce o gráfico da reta.

1. Com inclinação -2 e ponto de corte com o eixo y em $(0, 3)$.
2. Com inclinação $\frac{3}{4}$ e ponto de corte com o eixo y em $(0, -1)$.
3. Por $(2, 0)$ com inclinação 5.
4. Por $(1,4)$ com inclinação $-\frac{1}{3}$.
5. Paralela a $y = -2x$ passando por $(3, 5)$.
6. Paralela a $-2x + 3y = 6$ passando por $(0, 1)$.
7. Por $(-1, 4)$ e $(3, 7)$.
8. Por $(2, 1)$ e $(5, 1)$.
9. Perpendicular a $y = 3x + 4$ passando por $(1, 2)$.
10. Perpendicular a $3x + 4y = 5$ passando por $(6, 7)$.
11. Horizontal de altura 3 unidades acima do eixo x.
12. Vertical e 4 unidades à direita do eixo y.
13. O eixo y.
14. O eixo x.

Nos Exercícios 15-38, derive.

15. $y = x^7 + x^3$
16. $y = 5x^8$
17. $y = 6\sqrt{x}$
18. $y = x^7 + 3x^5 + 1$
19. $y = \dfrac{3}{x}$
20. $y = -\dfrac{4}{x}$
21. $y = (3x^2 - 1)^8$
22. $y = \frac{3}{4}x^{4/3} + \frac{4}{3}x^{3/4}$
23. $y = \dfrac{1}{5x - 1}$
24. $y = (x^3 + x^2 + 1)^5$
25. $y = \sqrt{x^2 + 1}$
26. $y = \dfrac{5}{7x^2 + 1}$
27. $f(x) = 1/\sqrt[4]{x}$
28. $f(x) = (2x + 1)^3$
29. $f(x) = 5$
30. $f(x) = \dfrac{5x}{2} - \dfrac{2}{5x}$
31. $f(x) = [x^5 - (x - 1)^5]^{10}$
32. $f(t) = t^{10} - 10t^9$
33. $g(t) = 3\sqrt{t} - \dfrac{3}{\sqrt{t}}$
34. $h(t) = 3\sqrt{2}$
35. $f(t) = \dfrac{2}{t - 3t^3}$
36. $g(P) = 4P^{0,7}$
37. $h(x) = \frac{3}{2}x^{3/2} - 6x^{2/3}$
38. $f(x) = \sqrt{x + \sqrt{x}}$
39. Se $f(t) = 3t^3 - 2t^2$, encontre $f'(2)$.
40. Se $V(r) = 15\pi r^2$, encontre $V'\left(\frac{1}{3}\right)$.

41. Se $g(u) = 3u - 1$, encontre $g(5)$ e $g'(5)$.

42. Se $h(x) = -\frac{1}{2}$, encontre $h(-2)$ e $h'(-2)$.

43. Se $f(x) = x^{5/2}$, o que é $f''(4)$?

44. Se $f(x) = \frac{1}{4}(2t - 7)^4$, o que é $g''(3)$?

45. Encontre a inclinação do gráfico de $y = (3x - 1)^3 - 4(3x - 1)^2$ em $x = 0$.

46. Encontre a inclinação do gráfico de $y = (4 - x)^5$ em $x = 5$.

Nos Exercícios 47-58, calcule.

47. $\dfrac{d}{dx}(x^4 - 2x^2)$

48. $\dfrac{d}{dt}(t^{5/2} + 2t^{3/2} - t^{1/2})$

49. $\dfrac{d}{dP}(\sqrt{1 - 3P})$

50. $\dfrac{d}{dn}(n^{-5})$

51. $\dfrac{d}{dz}(z^3 - 4z^2 + z - 3)\bigg|_{z=-2}$

52. $\dfrac{d}{dx}(4x - 10)^5 \bigg|_{x=3}$

53. $\dfrac{d^2}{dx^2}(5x + 1)^4$

54. $\dfrac{d^2}{dt^2}(2\sqrt{t})$

55. $\dfrac{d^2}{dt^2}(t^3 + 2t^2 - t)\bigg|_{t=-1}$

56. $\dfrac{d^2}{dP^2}(3P + 2)\bigg|_{P=4}$

57. $\dfrac{d^2 y}{dx^2}$, com $y = 4x^{3/2}$.

58. $\dfrac{d}{dt}\left(\dfrac{dy}{dt}\right)$, com $y = \dfrac{1}{3t}$

59. Qual é a inclinação do gráfico de $f(x) = x^3 - 4x^2 + 6$ em $x = 2$? Escreva a equação da reta tangente ao gráfico de $f(x)$ em $x = 2$.

60. Qual é a inclinação do gráfico de $y = 1/(3x - 5)$ em $x = 1$? Escreva a equação da reta tangente ao gráfico de $f(x)$ em $x = 1$.

61. Encontre a equação da reta tangente à curva $y = x^2$ no ponto $\left(\frac{3}{2}, \frac{9}{4}\right)$. Esboce o gráfico de $y = x^2$ junto com o da reta tangente em $\left(\frac{3}{2}, \frac{9}{4}\right)$.

62. Encontre a equação da reta tangente à curva $y = x^2$ no ponto $(-2, 4)$. Esboce o gráfico de $y = x^2$ junto com o da reta tangente em $(-2, 4)$.

63. Determine a equação da reta tangente à curva $y = 3x^2 - 5x^2 + x + 3$ em $x = 1$.

64. Determine a equação da reta tangente à curva $y = (2x^2 - 3x)^3$ em $x = 2$.

65. Na Figura 1, a reta tem inclinação -1 e é tangente ao gráfico de $f(x)$. Encontre $f(2)$ e $f'(2)$.

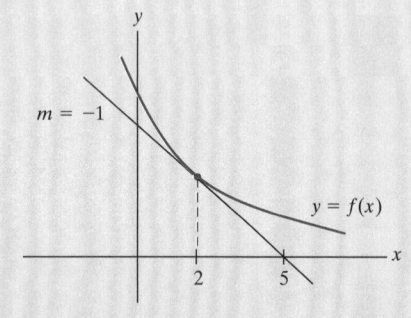

Figura 1

66. Na Figura 2, a reta é tangente ao gráfico de $f(x) = x^3$. Encontre o valor de a.

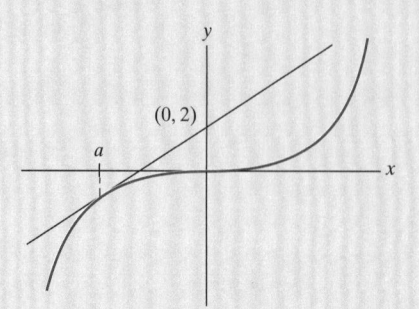

Figura 2

67. Um helicóptero está subindo à taxa de 32 pés por segundo. A uma altura de 128 pés, o piloto deixa cair um par de binóculos. Depois de t segundos, os binóculos estão a uma altura de $s(t) = -16t^2 + 32t + 128$ pés do solo. Com que velocidade os binóculos irão atingir o solo?

68. Diariamente, a produção total de uma mina de carvão depois de t horas de operação é aproximadamente $40t + t^2 - \frac{1}{15}t^3$ toneladas, com $0 \leq t \leq 12$. Qual é a taxa de produção (em toneladas de carvão por hora) às $t = 5$ horas?

Nos Exercícios 69-72, $s(t)$ é o número de metros percorridos, depois de t segundos, por uma pessoa caminhando ao longo de um trajeto retilíneo. (Ver Figura 3.)

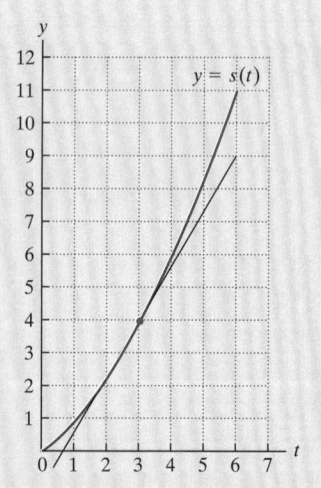

Figura 3 Caminhando.

69. Qual é a distância percorrida pela pessoa depois de 6 segundos?

70. Qual é a velocidade média da pessoa no intervalo de tempo de $t = 1$ a $t = 4$?

71. Qual é a velocidade da pessoa no instante $t = 3$?

72. Sem calcular velocidades, determine se a pessoa está caminhando mais rapidamente em $t = 5$ ou $t = 6$.

73. O custo da produção de x unidades de um item numa linha de montagem de uma fábrica é dado por $C(x) = 0{,}1x^3 - 6x^2 + 136x + 200$ dólares.
   (a) Calcule o custo extra $C(21) - C(20)$ de aumentar a produção de 20 para 21 unidades.
   (b) Encontre o custo marginal no nível de produção igual a 20 unidades.

74. O número de pessoas que, diariamente, usam o metrô entre duas estações dadas é uma função $f(x)$ da tarifa, em que x é dado em centavos. Se $f(235) = 4.600$ e $f'(235) = -100$, dê uma aproximação do número de pessoas que, diariamente, usam esse metrô para cada um dos custos seguintes.
   (a) 237 centavos
   (b) 234 centavos
   (c) 240 centavos
   (d) 232 centavos

75. Seja $h(t)$ a altura de um menino (em centímetros) aos t anos de idade. Se $h'(12) = 1{,}5$, quanto aumentará a altura desse menino entre as idades de 12 e $12\frac{1}{2}$ anos?

76. Se depositarmos $100 numa caderneta de poupança no final de cada mês por um período de 2 anos, o saldo será uma função $f(r)$ da taxa $r\%$ de juros. A 7% de juros (compostos mensalmente), temos $f(7) = 2568{,}10$ e $f'(7) = 25{,}06$. Dê uma aproximação de quanto mais teríamos se o banco pagasse $7\frac{1}{2}\%$ de juros.

Nos Exercícios 77-80, determine se o limite dado existe. Se existir, calcule-o.

77. $\lim\limits_{x \to 2} \dfrac{x^2 - 4}{x - 2}$

78. $\lim\limits_{x \to 3} \dfrac{1}{x^2 - 4x + 3}$

79. $\lim\limits_{x \to 4} \dfrac{x - 4}{x^2 - 8x + 16}$

80. $\lim\limits_{x \to 5} \dfrac{x - 5}{x^2 - 7x + 2}$

Nos Exercícios 81-82, utilize limite para calcular a derivada.

81. $f'(5)$, com $f(x) = 1/(2x)$.

82. $f'(3)$, com $f(x) = x^2 - 2x + 1$.

83. Qual interpretação geométrica pode ser dada a
$$\frac{(3+h)^2 - 3^2}{h}$$
em relação ao gráfico de $f(x) = x^2$?

84. Quando h tende a 0, qual é o valor aproximado por
$$\frac{\dfrac{1}{2+h} - \dfrac{1}{2}}{h}?$$

CAPÍTULO 2

APLICAÇÕES DA DERIVADA

- **2.1** Descrição de gráficos de funções
- **2.2** Os testes das derivadas primeira e segunda
- **2.3** Os testes das derivadas primeira e segunda e o esboço de curvas
- **2.4** Esboço de curvas (conclusão)
- **2.5** Problemas de otimização
- **2.6** Mais problemas de otimização
- **2.7** Aplicações de derivadas à Administração e Economia

As técnicas do Cálculo podem ser aplicadas a uma ampla variedade de problemas da vida real, como a descrição do crescimento de uma cultura de levedura vista no Capítulo 1. Neste capítulo, consideramos vários exemplos. Em cada caso, construímos uma função como um "modelo matemático" de algum problema e, então, analisamos a função e suas derivadas para obter informações adicionais sobre o problema original. Nosso método principal na análise de uma função será o esboço de seu gráfico. Por isso, a primeira parte do capítulo é dedicada ao esboço de gráficos.

2.1 Descrição de gráficos de funções

Examinemos o gráfico de uma função típica, como o que aparece na Figura 1, para o que introduzimos alguma terminologia para descrever o seu comportamento. Inicialmente, observe que o gráfico ou sobe ou desce, dependendo de olharmos da esquerda para a direita ou da direita para a esquerda. Para evitar confusão, adotamos a prática estabelecida de sempre ler um gráfico da esquerda para a direita.

Vamos, agora, examinar o comportamento de uma função $f(x)$ num intervalo em que esteja definida.

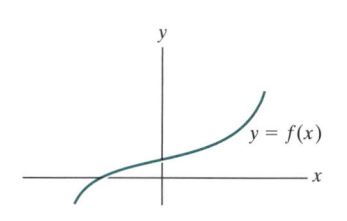

Figura 1 Uma função crescente.

DEFINIÇÃO Funções crescentes Dizemos que uma função $f(x)$ é *crescente num intervalo* se o gráfico sobe continuamente quando x vai da esquerda para a direita ao longo do intervalo. Ou seja, sempre que x_1 e x_2 estiverem no intervalo, com $x_1 < x_2$, teremos $f(x_1) < f(x_2)$. Dizemos que $f(x)$ é crescente em $x = c$ se $f(x)$ for crescente em algum intervalo aberto do eixo x que contenha o ponto c.

DEFINIÇÃO Funções decrescentes Dizemos que uma função $f(x)$ é *decrescente num intervalo* se o gráfico desce continuamente quando x vai da esquerda para a direita ao longo do intervalo. Ou seja, sempre que x_1 e x_2 estiverem no intervalo, com $x_1 < x_2$, teremos $f(x_1) > f(x_2)$. Dizemos que $f(x)$ é decrescente em $x = c$ se $f(x)$ for decrescente em algum intervalo aberto que contenha o ponto c.

A Figura 2 mostra gráficos que são crescentes e decrescentes em $x = c$. Observe, na Figura 2(d), que quando $f(c)$ é negativo e $f(x)$ é decrescente, os valores de $f(x)$ se tornam *mais* negativos. Quando $f(c)$ é negativo e $f(x)$ é crescente, como na Figura 2(e), os valores de $f(x)$ se tornam *menos* negativos.

Crescente em $x = c$
(crescente num intervalo contendo c)
(a)

Decrescente em $x = c$
(decrescente num intervalo contendo c)
(b)

Nem crescente nem decrescente em $x = c$
(c)

Função decrescente em $x = c$
(valores de $f(x)$ se tornam mais negativos)
(d)

Função crescente em $x = c$
(valores de $f(x)$ se tornam menos negativos)
(e)

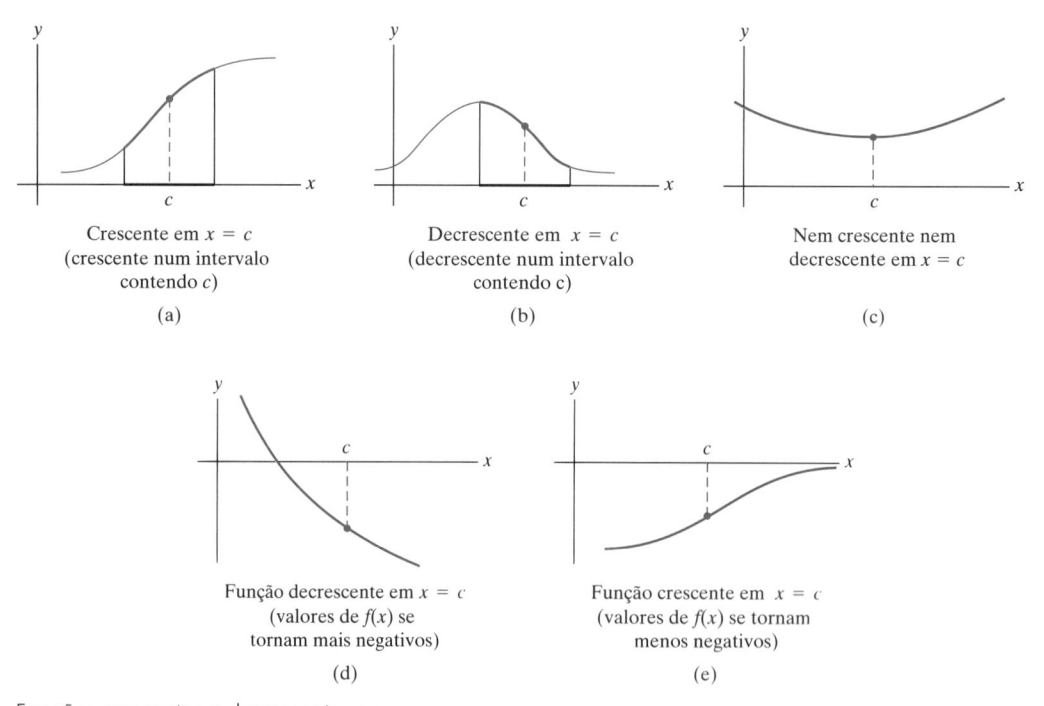

Figura 2 Funções crescentes e decrescentes em $x = c$.

Pontos extremos Um *ponto extremo relativo* de uma função ou, simplesmente, um *extremo*, é um ponto no qual seu gráfico muda de crescente para decrescente, ou vice-versa. Distinguimos as duas possibilidades da maneira óbvia.

DEFINIÇÃO Máximo e mínimo relativos Um *ponto de máximo relativo* é um ponto no qual o gráfico muda de crescente para decrescente; um *ponto de mínimo relativo* é um ponto no qual o gráfico muda de decrescente para crescente (Ver Figura 3.)

Seção 2.1 • Descrição de gráficos de funções

Máximo relativo em $x = a$ Mínimo relativo em $x = a$

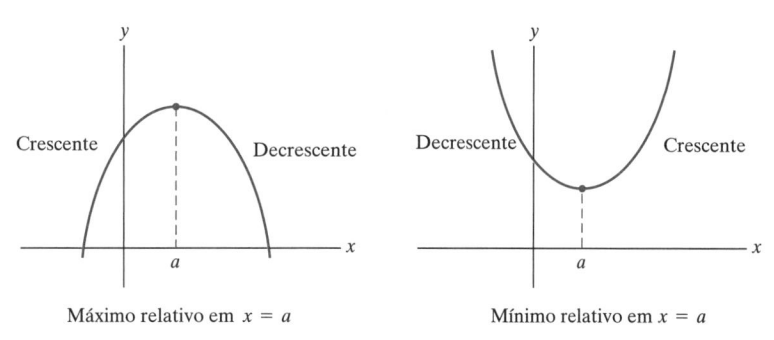

Figura 3 Pontos extremos relativos.

O adjetivo "relativo" nessas definições indica que um ponto é um máximo ou um mínimo somente em relação a pontos vizinhos no gráfico. Também utilizamos o termo "local" em vez de "relativo".

> **DEFINIÇÃO Máximo e mínimo absolutos** O *valor máximo* (ou *valor máximo absoluto*) de uma função é o maior valor que a função alcança em seu domínio. O *valor mínimo* (ou *valor mínimo absoluto*) de uma função é o menor valor que a função alcança em seu domínio.

As funções podem ou não ter valores máximos ou mínimos. (Ver Figura 4.) Entretanto, pode ser mostrado que uma função contínua cujo domínio seja um intervalo da forma $a \leq x \leq b$ tem tanto um valor máximo quanto um valor mínimo.

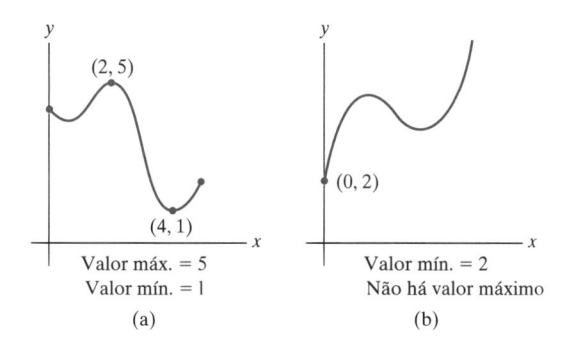

Valor máx. = 5
Valor mín. = 1
(a)

Valor mín. = 2
Não há valor máximo
(b)

Figura 4

Os valores máximos e mínimos de uma função geralmente ocorrem em pontos de máximo ou mínimo relativos, como na Figura 4(a). Entretanto, eles podem ocorrer em extremidades do domínio, como na Figura 4(b). Nesse caso, dizemos que a função tem um *valor extremo de fronteira* (ou *extremo de fronteira*).

Os pontos de máximo relativo e os pontos de máximo de fronteira são pontos mais elevados que quaisquer pontos vizinhos. O valor máximo de uma função é a coordenada *y* do ponto mais elevado do gráfico. (O ponto mais elevado é denominado *ponto de máximo absoluto*.) Considerações análogas se aplicam a mínimos.

EXEMPLO 1 A concentração nas veias de uma droga injetada no músculo tem a curva tempo-concentração dada na Figura 5. Descreva esse gráfico, usando a terminologia introduzida.

Solução Inicialmente (quando $t = 0$), não há droga nas veias. Quando injetada no músculo, a droga começa a se difundir na corrente sanguínea. A concentração nas

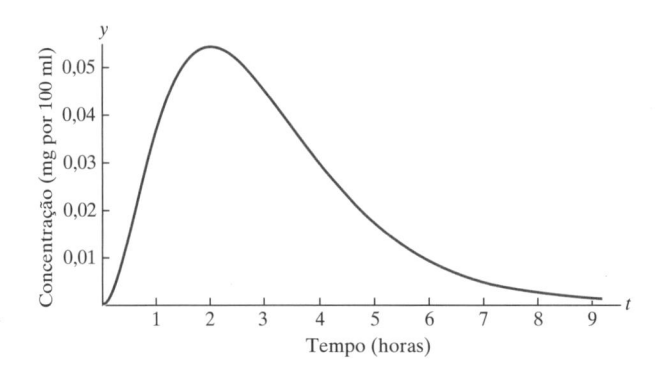

Figura 5 Uma curva tempo-concentração de droga.

veias aumenta e atinge seu valor máximo em $t = 2$. Depois disso, a concentração começa a diminuir por ser removida do sangue pelo metabolismo do corpo. Depois de um certo tempo, a concentração da droga decresce a um nível tão pequeno que, para fins práticos, é zero. ■

Variação da inclinação Uma característica importante, porém sutil, de um gráfico é a maneira com que sua inclinação *varia* (olhando da esquerda para a direita). Os dois gráficos da Figura 6 são crescentes, mas há uma diferença fundamental na maneira em que crescem. O gráfico I, que descreve o dívida pública *per capita* dos Estados Unidos, é mais íngreme em 1990 do que em 1960. Isto é, a *inclinação* do gráfico I *cresce* da esquerda para a direita. Uma descrição jornalística do gráfico I poderia ser

A dívida pública *per capita* dos Estados Unidos aumentou a uma taxa crescente durante os anos de 1960 a 1990.

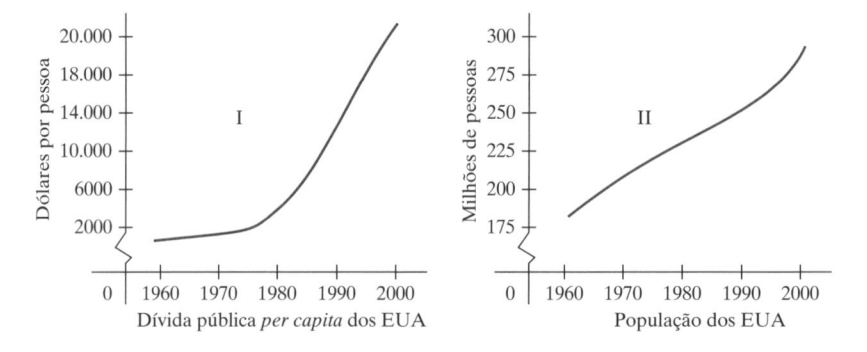

FIGURA 6 Inclinações crescentes e decrescentes.

Por outro lado, a *inclinação* do gráfico II *diminui* da esquerda para a direita de 1960 a 1990. Embora a população dos Estados Unidos esteja crescendo a cada ano, a taxa de crescimento diminui durante os anos de 1960 a 1990. Ou seja, a inclinação se torna menos positiva. A imprensa diria que

Durante os anos 1960, 1970 e 1980 a população dos Estados Unidos aumentou a uma taxa decrescente.

EXEMPLO 2 O número de horas diárias com luz solar em Washington, D.C. aumentou de 9,45 horas em 21 de dezembro para 12 horas em 21 de março e, depois, aumentou para 14,9 horas em 21 de junho. De 22 de dezembro a 21 de março, o aumento diário foi maior do que o aumento diário do dia anterior, e de 22 de março a 21 de junho, o aumento diário foi menor do que o aumento diário do dia anterior. Esboce um gráfico do número de horas com luz solar como uma função do tempo.

Seção 2.1 • Descrição de gráficos de funções   **135**

Solução   Seja $f(t)$ o número de horas com luz solar t meses depois de 21 de dezembro. (Ver Figura 7.) A primeira parte do gráfico, de 21 de dezembro a 21 de março, é crescente a uma taxa crescente. A segunda parte do gráfico, de 21 de março a 21 de junho, é crescente a uma taxa decrescente. ∎

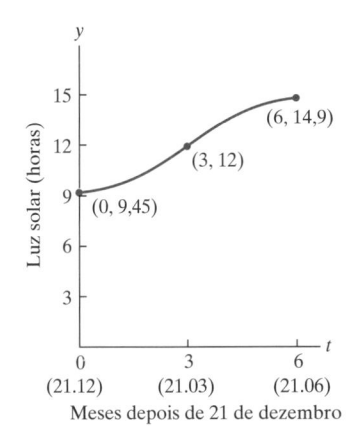

Figura 7 Horas de luz solar em Washington, D.C.

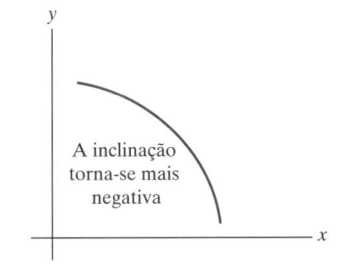

Figura 8 Inclinação decrescente.

Figura 9 Inclinação crescente.

ADVERTÊNCIA   Lembre que quando uma quantidade negativa diminui, ela se torna mais negativa. (Pense na temperatura externa quando estiver abaixo de zero e a temperatura estiver caindo.) Assim, se a inclinação de um gráfico for negativa e a inclinação estiver decrescendo, ela se torna mais negativa, como na Figura 8. Essa utilização técnica do termo "decrescente" vai contra a nossa intuição, porque, em geral, na linguagem do dia a dia, "decrescente" significa tornar-se menor em tamanho. ∎

É verdade que a curva na Figura 9 vai se tornando "menos íngreme" num sentido não técnico (já que o grau de íngreme, se fosse definido, provavelmente seria relacionado com a magnitude da inclinação). Entretanto, a inclinação da curva da Figura 9 é crescente, já que está se tornando menos negativa. A imprensa popular provavelmente descreveria a curva da Figura 9 como sendo decrescente a uma taxa decrescente, pois a taxa de queda tende a sumir. Não iremos utilizar essa terminologia, por ser potencialmente confusa.

Concavidade   Os gráficos da dívida pública e da população dos Estados Unidos na Figura 6 também podem ser descritos em termos geométricos, como segue. Entre 1960 e 1990, o gráfico I se abre para cima e fica acima de sua reta tangente em cada ponto, enquanto o gráfico II se abre para baixo e fica abaixo de sua reta tangente em cada ponto entre 1960 e 1990. (Ver Figura 10.)

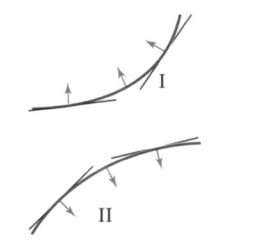

Figura 10 Relação entre concavidade e retas tangentes.

> **DEFINIÇÃO Concavidade**   Dizemos que uma função $f(x)$ é *côncava para cima* em $x = a$ se existir um intervalo aberto no eixo x contendo a em que o gráfico de $f(x)$ fica acima de sua reta tangente. Equivalentemente, $f(x)$ é côncava para cima em $x = a$ se a inclinação do gráfico cresce da esquerda para a direita passando pelo ponto $(a, f(a))$.

O gráfico da Figura 10(I) é um exemplo de uma função que é côncava para cima em cada ponto.

Analogamente, dizemos que uma função $f(x)$ é *côncava para baixo* em $x = a$ se existir um intervalo aberto no eixo x contendo a em que o gráfico de $f(x)$ fica abaixo de sua reta tangente. Equivalentemente, $f(x)$ é côncava para baixo em $x = a$ se a inclinação do gráfico decresce da esquerda para a direita passando pelo ponto $(a, f(a))$. O gráfico da Figura 10(II) é côncavo para baixo em cada ponto.

DEFINIÇÃO Ponto de inflexão Um *ponto de inflexão* é um ponto do gráfico de uma função em que a função é contínua e o gráfico muda de côncavo para cima para côncavo para baixo, ou vice-versa.

Num tal ponto, o gráfico cruza sua reta tangente. (Ver Figura 11.) A condição de continuidade significa que o gráfico não pode ter uma quebra num ponto de inflexão.

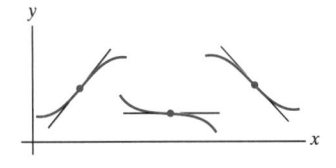

Figura 11 Pontos de inflexão.

EXEMPLO 3 Use a terminologia apresentada para descrever o gráfico da Figura 12.

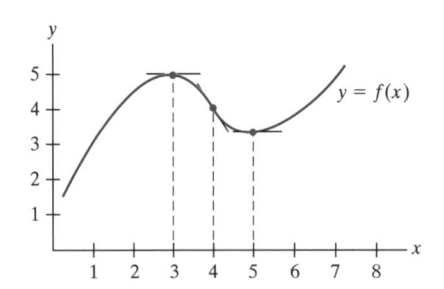

Figura 12

Solução
(a) Em cada $x < 3$, $f(x)$ é crescente e côncava para baixo.
(b) Ponto de máximo relativo em $x = 3$.
(c) Em cada $3 < x < 4$, $f(x)$ é decrescente e côncava para baixo.
(d) Ponto de inflexão em $x = 4$.
(e) Em cada $4 < x < 5$, $f(x)$ é decrescente e côncava para cima.
(f) Ponto de mínimo relativo em $x = 5$.
(g) Em cada $x > 5$, $f(x)$ é crescente e côncava para cima.

Pontos de corte, pontos sem definição e assíntotas Um ponto em que um gráfico cruza o eixo y é denominado *ponto de corte com o eixo y* e um ponto em que cruza o eixo x é denominado *ponto de corte com o eixo x*. Uma função pode ter, no máximo, um único ponto de corte com o eixo y. Caso contrário, seu gráfico falharia no teste da reta vertical de funções. Observe, entretanto, que uma função pode um número qualquer de cortes com o eixo x (e possivelmente nenhum). A coordenada x de um ponto de corte com o eixo x também costuma ser denominada "zero" da função, pois, num ponto desses, a função toma o valor zero. (Ver Figura 13.)

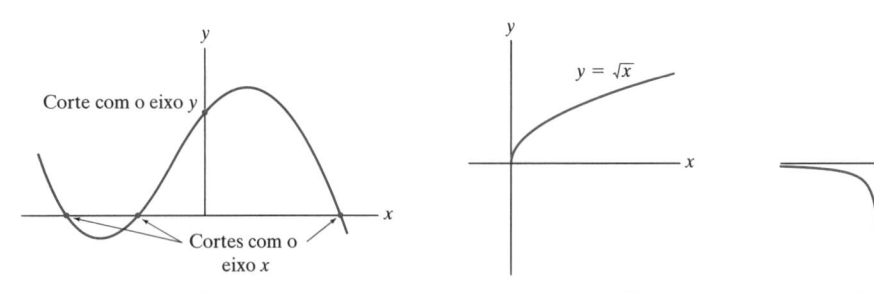

Figura 13 Pontos de corte com os eixos.

Figura 14 Gráficos com pontos sem definição.

Algumas funções não estão definidas em todos os valores de x. Por exemplo, $f(x) = 1/x$ não está definida em $x = 0$ e $f(x) = \sqrt{x}$ não está definida em cada $x < 0$. (Ver Figura 14.) Muitas funções que surgem em aplicações só estão definidas em $x \geq 0$. Um gráfico esboçado de forma correta não deveria deixar dúvidas sobre os valores de x em que a função está definida.

Em problemas aplicados, algumas vezes os gráficos se endireitam e tendem a alguma reta quando x fica grande. (Ver Figura 15.) Uma tal reta é denominada *assíntota* da curva. As assíntotas mais comuns são horizontais, como em (a) e (b) da Figura 15. No Exemplo 1, o eixo t é uma assíntota da curva tempo-concentração da droga.

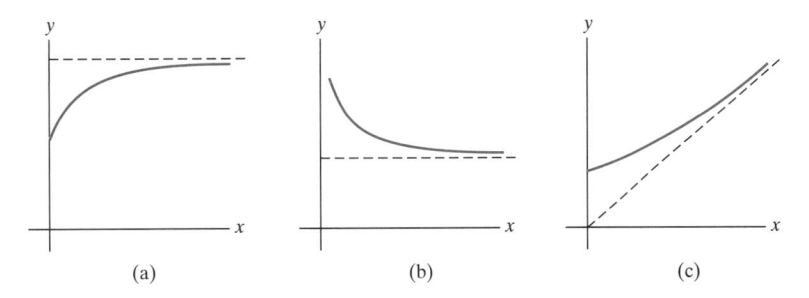

Figura 15 Gráficos que tendem a assíntotas com x crescente.

(a) (b) (c)

As assíntotas horizontais de um gráfico podem ser determinadas calculando os limites

$$\lim_{x \to \infty} f(x) \quad \text{e} \quad \lim_{x \to -\infty} f(x).$$

Se algum desses limites existe, o valor do limite determina a assíntota horizontal.

Ocasionalmente, um gráfico se aproxima de uma reta vertical quando x tende a algum valor fixado, como na Figura 16. Uma tal reta é uma *assíntota vertical*. Geralmente, uma assíntota vertical ocorre nos valores de x em que ocorreria uma divisão por zero na definição de $f(x)$. Por exemplo, $f(x) = 1/(x - 3)$ tem uma assíntota vertical em $x = 3$.

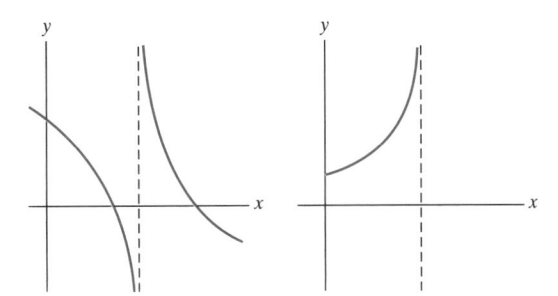

Figura 16 Exemplos de assíntotas verticais.

Temos, agora, seis categorias para descrever o gráfico de uma função.

> **Descrição de um gráfico**
>
> 1. Intervalos em que a função é crescente (ou decrescente), pontos de máximo relativos, pontos de mínimo relativos.
> 2. Valor máximo, valor mínimo.
> 3. Intervalos em que a função é côncava para cima (ou côncava para baixo), pontos de inflexão.
> 4. Pontos de corte com os eixos x e y.
> 5. Pontos em que a função não está definida.
> 6. Assíntotas.

Para o nosso estudo, as categorias mais importantes são as três primeiras. Entretanto, não devemos esquecer as três últimas.

Exercícios de revisão 2.1

1. A inclinação da curva na Figura 17 cresce ou decresce com x crescente?

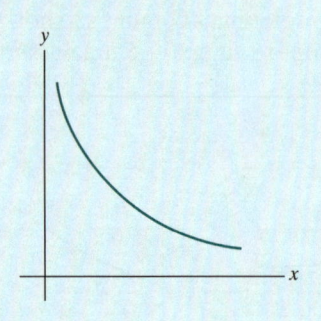

2. Em que valor de x a inclinação da curva na Figura 18 é minimizada?

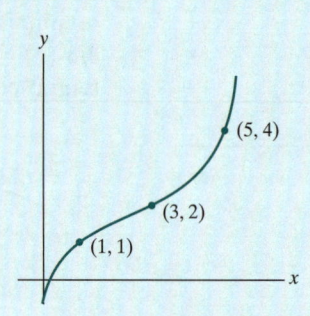

Figura 17

Figura 18

Exercícios 2.1

Nos Exercícios 1-4, use os gráficos (a)-(f) da Figura 19.

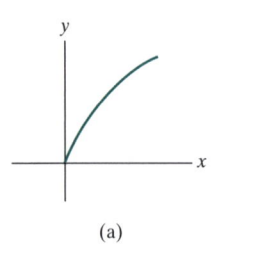

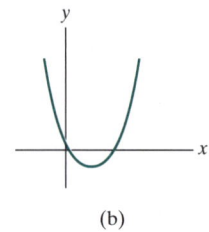

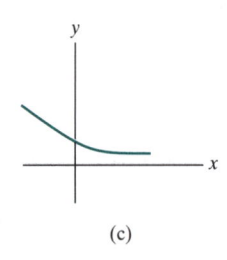

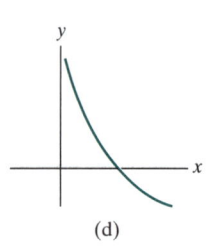

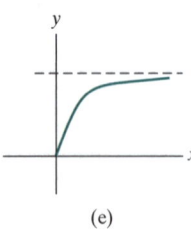

1. Quais funções são crescentes em todo x?
2. Quais funções são decrescentes em todo x?
3. Quais funções têm a propriedade de que a inclinação é sempre crescente com x crescente?
4. Quais funções têm a propriedade de que a inclinação é sempre decrescente com x crescente?

Nos Exercícios 5-12, descreva o gráfico dado. Sua descrição deve incluir cada uma das seis categorias listadas previamente.

5.

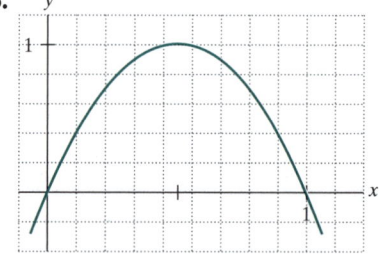

6.

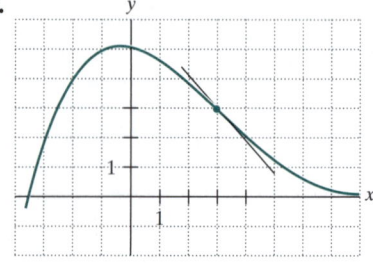

Figura 19

7.

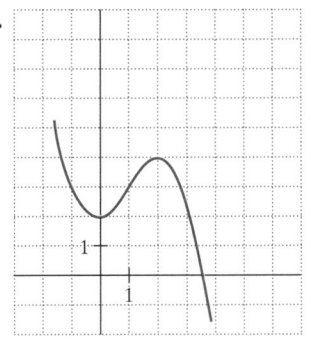

8.

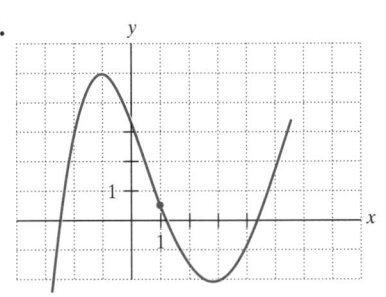

9.

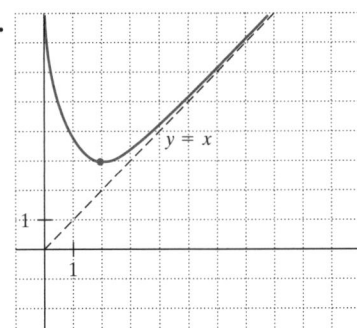

10.

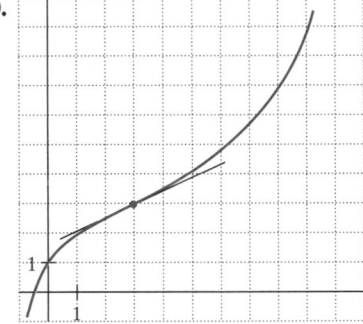

11.

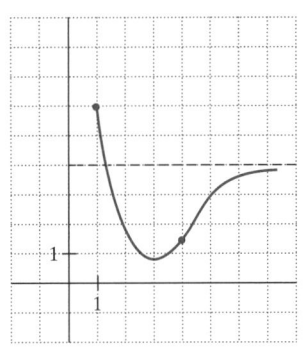

12.

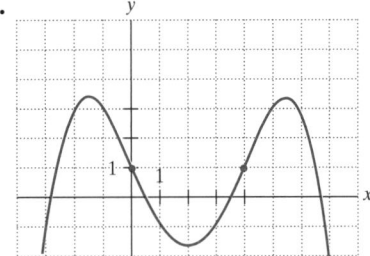

13. Descreva como a *inclinação* varia quando se vai da esquerda para a direita no gráfico do Exercício 5.

14. Descreva como a *inclinação* varia no gráfico do Exercício 6.

15. Descreva como a *inclinação* varia no gráfico do Exercício 8.

16. Descreva como a *inclinação* varia no gráfico do Exercício 10.

Nos Exercícios 17 e 18, use o gráfico da Figura 20.

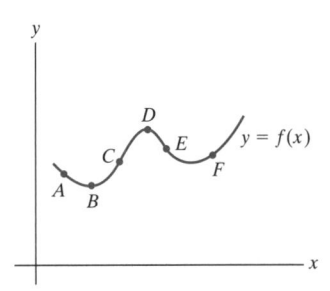

Figura 20

17. (a) Em quais dos pontos indicados a função é crescente?
(b) Em quais dos pontos indicados o gráfico é côncavo para cima?
(c) Qual dos pontos indicados tem a inclinação mais positiva?

18. (a) Em quais dos pontos indicados a função é decrescente?
(b) Em quais dos pontos indicados o gráfico é côncavo para baixo?
(c) Qual dos pontos indicados tem a inclinação mais negativa (ou seja, negativa com a maior magnitude)?

Nos Exercícios 19-22, esboce o gráfico de uma função y = f(x) com as propriedades dadas.

19. Tanto a função quanto a inclinação crescem quando x cresce.

20. A função cresce e a inclinação decresce quando x cresce.

21. A função decresce e a inclinação cresce quando x cresce. [*Observação*: a inclinação é negativa, mas se torna menos negativa.]

22. Tanto a função quanto a inclinação decrescem quando x cresce. [*Observação*: a inclinação é negativa e se torna mais negativa.]

23. O consumo mundial anual de petróleo cresce a cada ano. Além disso, o total do *aumento* anual do consumo mundial de petróleo também cresce a cada ano. Esboce um gráfico que poderia representar o consumo mundial anual de petróleo.

24. O salário médio anual de certas profissões tem aumentado a uma taxa crescente. Denote por $f(T)$ o salário médio anual no ano T das pessoas de uma dessas profissões e esboce um gráfico que poderia representar $f(T)$.

25. A temperatura de uma criança ao meio-dia é de 101ºF e está subindo a uma taxa crescente. À 1 hora da tarde, a criança recebe medicamento. Depois das 2 horas da tarde, a temperatura ainda está aumentando, mas a uma taxa decrescente. A temperatura alcança um pico de 103ºF às 3 horas da tarde e decresce a 100ºF pelas 5 horas da tarde. Esboce um gráfico que poderia representar a função $T(t)$ que dá a temperatura da criança no instante t.

26. O número de multas por estacionamento proibido emitidas por ano no Distrito de Colúmbia aumentou de 114.000, em 1950, para 1.500.000 em 1990. O aumento a cada ano também foi maior do que o aumento no ano anterior. Esboce um gráfico possível do número de multas anuais por estacionamento proibido como uma função do tempo t. [*Observação*: se $f(t)$ denota o número de multas por ano t anos depois de 1950, então $f(0) = 114$ e $f(40) = 1.500$ milhares de multas.]

27. Denote por $C(x)$ o custo total de fabricação de x unidades de algum produto. Então $C(x)$ é uma função crescente para todo x. Para valores pequenos de x, a taxa de crescimento de $C(x)$ diminui. (Isso se deve à economia obtida com a "produção em massa".) Entretanto, para valores grandes de x, o custo $C(x)$ acaba aumentando a uma taxa crescente. (Isso ocorre quando as instalações para a produção são exigidas demais e se tornam menos eficientes.) Esboce um gráfico que poderia representar $C(x)$.

28. Um método de determinação do nível de circulação sanguínea no cérebro requer que a pessoa inspire ar contendo uma concentração fixa de N_2O, óxido de nitrogênio. Durante o primeiro minuto, a concentração de N_2O na veia jugular aumenta a uma taxa crescente até o nível de 0,25%. Depois disso, aumenta a uma taxa decrescente e atinge a concentração de cerca de 4% depois de 10 minutos. Esboce um gráfico possível da concentração de N_2O na veia como uma função do tempo.

29. Suponha que um certo lixo orgânico seja jogado num lago no tempo $t = 0$ e que o conteúdo de oxigênio do lago no tempo t seja dado pelo gráfico da Figura 21. Descreva o gráfico em termos físicos. Indique o significado do ponto de inflexão em $t = b$.

30. A Figura 22 dá a produção de energia elétrica dos Estados Unidos em trilhões de quilowatts-horas de 1935 ($t = 0$) a 1995 ($t = 60$) e projeções. Em que ano o nível de produção cresceu com a maior taxa?

31. A Figura 23 dá o número de milhões de fazendas nos Estados Unidos de 1920 ($t = 20$) a 2000 ($t = 100$). Em que ano o número de fazendas decresceu mais rapidamente?

32. A Figura 24 mostra o gráfico do índice de preços ao consumidor nos Estados Unidos para os anos de 1983 ($t = 0$) até 2002 ($t = 19$). Esse índice mede quanto cus-

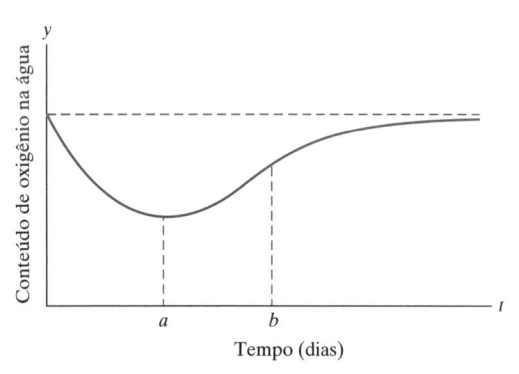

Figura 21 A recuperação de um lago poluído.

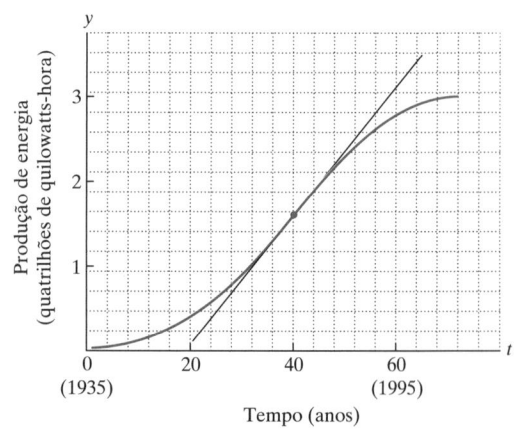

Figura 22 Produção de energia elétrica nos EUA.

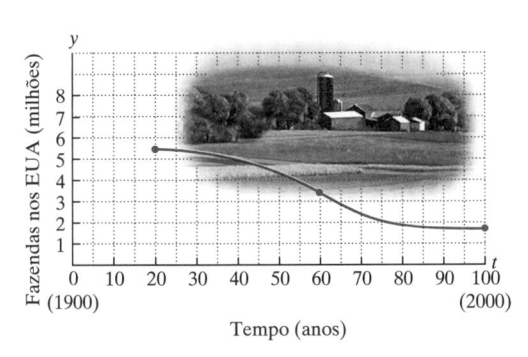

Figura 23 Número de fazendas nos EUA.

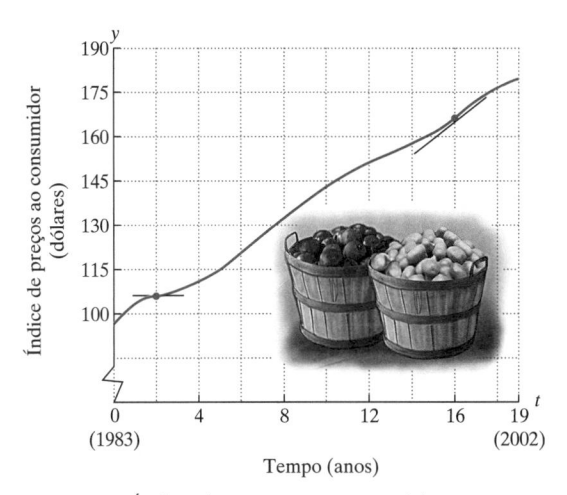

Figura 24 Índice de preços ao consumidor.

taria num dado ano uma cesta básica que custava 100 dólares no início de 1983. Em que ano a taxa de crescimento do índice foi a maior? E a menor?

33. Seja $s(t)$ a distância percorrida (em metros) por um paraquedista em t segundos contados a partir da abertura do paraquedas e suponha que $s(t)$ tenha a reta $y = -15t + 10$ como assíntota. O que isso implica sobre a velocidade do paraquedista? [*Observação*: a distância percorrida para baixo é dada por um valor negativo.]

34. Seja $P(t)$ a população de uma cultura de bactérias depois de t dias e suponha que $P(t)$ tenha a reta $y = 25.000.000$ como uma assíntota. O que isso implica sobre o tamanho da população?

Nos Exercícios 35-38, esboce o gráfico de uma função que tenha as propriedades indicadas.

35. Definida em $0 \leq x \leq 10$; ponto de máximo relativo em $x = 3$; valor máximo absoluto em $x = 10$.
36. Pontos de máximo relativo em $x = 1$ e $x = 5$; ponto de mínimo relativo em $x = 3$; pontos de inflexão em $x = 2$ e $x = 4$.
37. Definida e crescente em cada $x \geq 0$; ponto de inflexão em $x = 5$; assintótica à reta $y = (3/4)x + 5$.
38. Definida em $x \geq 0$; valor mínimo absoluto em $x = 0$; ponto de mínimo relativo em $x = 4$; assintótica à reta $y = (x/2) + 1$.
39. Considere uma curva lisa definida em todos os pontos.
    (a) Deve haver algum ponto de mínimo relativo se existirem dois pontos de máximo relativo?
    (b) Deve haver algum ponto de inflexão se existirem dois pontos de extremo relativo?
40. Se a função $f(x)$ tem um mínimo relativo em $x = a$ e um máximo relativo em $x = b$, o valor de $f(a)$ deve ser menor do que o valor de $f(b)$?

A diferença entre a pressão no interior dos pulmões e a pressão ao redor dos pulmões é denominada pressão transmural (ou gradiente de pressão transmural). A Figura 25 mostra como o volume dos pulmões está relacionado com a pressão transmural de três pessoas, com dados obtidos por medição estática quando não há ar fluindo através da boca. (A capacidade de reserva funcional mencionada no eixo vertical é o volume de ar nos pulmões ao final de uma expiração normal.) A taxa de variação do volume do pulmão em relação à pressão transmural é denominada complacência pulmonar. Nos Exercícios 41 e 42, use a Figura 25.

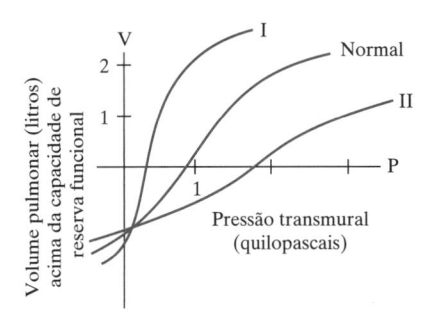

Figura 25 Curvas pressão-volume pulmonar.

41. Se os pulmões são menos flexíveis que o normal, um aumento de pressão causa uma variação menor do volume pulmonar quando comparado com um pulmão normal. Nesse caso, a complacência é relativamente alta ou baixa?
42. A maioria das doenças pulmonares causam uma diminuição da complacência pulmonar. Entretanto, a de uma pessoa com enfisema é maior do que a normal. Qual curva (I ou II) na Figura 25 poderia corresponder a uma pessoa com enfisema?

Exercícios com calculadora

43. Obtenha o gráfico da função

$$f(x) = \frac{1}{x^3 - 2x^2 + x - 2}$$

na janela $[0, 4]$ por $[-15, 15]$. Para qual valor de x o gráfico de $f(x)$ tem um assíntota vertical?

44. O gráfico da função

$$f(x) = \frac{2x^2 - 1}{0,5x^2 + 6}$$

tem uma assíntota horizontal da forma $y = c$. Dê uma estimativa do valor de c obtendo o gráfico de $f(x)$ na janela $[0, 50]$ por $[-1, 6]$.

45. Obtenha simultaneamente os gráficos das funções

$$y = \frac{1}{x} + x \quad \text{e} \quad y = x$$

na janela $[-6, 6]$ por $[-6, 6]$. Convença-se de que a reta esboçada é uma assíntota da primeira curva. Qual é a distância entre os dois gráficos quando $x = 6$?

46. Obtenha simultaneamente os gráficos das funções

$$y = \frac{1}{x} + x + 2 \quad \text{e} \quad y = x + 2$$

na janela $[-6, 6]$ por $[-4, 8]$. Convença-se de que a reta esboçada é uma assíntota da primeira curva. Qual é a distância entre os dois gráficos quando $x = 6$?

Soluções dos exercícios de revisão 2.1

1. A curva é côncava para cima, portanto, aumenta a inclinação. Mesmo que a própria curva seja decrescente, a inclinação se torna menos negativa indo da esquerda para a direita.

2. Em $x = 3$. Esboçamos as retas tangentes em três pontos na Figura 26. Observe que indo da esquerda para a direita, as inclinações decrescem continuamente até o ponto $(3, 2)$, quando começam a crescer. Isso é consistente com o fato de que o gráfico é côncavo para baixo (portanto, as inclinações decrescem) à esquerda de $(3, 2)$ e é côncavo para cima (portanto, as inclinações crescem) à direita de $(3, 2)$. Os valores extremos das inclinações sempre ocorrem em pontos de inflexão.

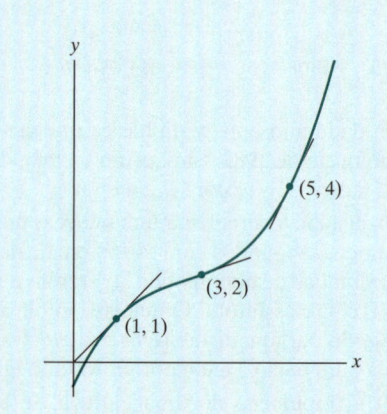

Figura 26

2.2 Os testes das derivadas primeira e segunda

Veremos agora como as propriedades do gráfico de uma função $f(x)$ são determinadas pelas propriedades das derivadas e $f''(x)$. Essas relações fornecem o ponto chave para esboçar curvas e resolver os problemas de otimização discutidos no restante deste capítulo.*

Começamos com uma discussão da derivada primeira de uma função $f(x)$. Suponha que para algum valor de x, digamos, $x = a$, a derivada $f'(a)$ seja positiva. Então a reta tangente em $(a, f(a))$ tem uma inclinação positiva e é uma reta que sobe (indo da esquerda para a direita, é claro). Como o gráfico de $f(x)$ perto de $(a, f(a))$ é parecido com a reta tangente, a função deve ser crescente em $x = a$. Analogamente, se $f'(a) < 0$, a função é decrescente em $x = a$. (Ver Figura 1.)

Assim, obtemos o resultado útil a seguir.

Teste da derivada primeira Se $f'(a) > 0$, então $f(x)$ é crescente em $x = a$. Se $f'(a) < 0$, então $f(x)$ é decrescente em $x = a$.

---

* Ao longo deste capítulo, vamos supor que estamos tratando com funções que não são "muito mal comportadas". Mais precisamente, basta supor que todas as nossas funções tenham derivadas primeira e segunda contínuas no(s) intervalo(s) (em x) em que estivermos considerando seus gráficos.

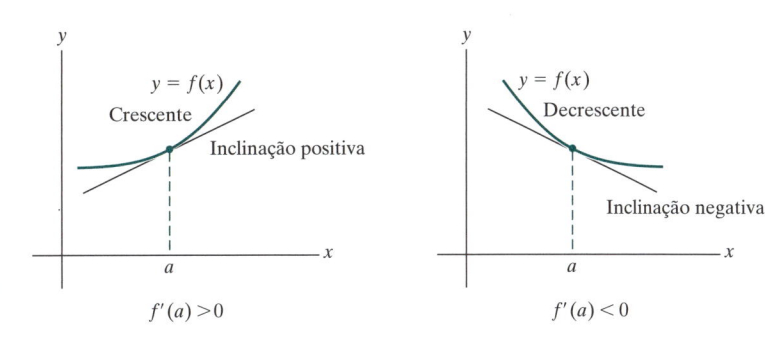

Figura 1 Ilustração do teste da derivada primeira.

Em outras palavras, uma função é crescente sempre que o valor de sua derivada for positivo; uma função é decrescente sempre que o valor de sua derivada for negativo. O teste da derivada primeira não afirma coisa alguma se a derivada de uma função for nula. Se $f'(a) = 0$, a função pode ser crescente ou decrescente, ou ter um ponto extremo relativo em $x = a$.

EXEMPLO 1

Esboce o gráfico de uma função $f(x)$ que tenha todas as propriedades seguintes.

(a) $f(3) = 4$
(b) $f'(x) > 0$ em $x < 3$, $f'(3) = 0$ e $f'(x) < 0$ em $x > 3$.

Solução O único ponto específico do gráfico é $(3, 4)$ [propriedade (a)]. Esboçamos esse ponto e então utilizamos o fato de que $f'(3) = 0$ para esboçar a reta tangente em $x = 3$. (Ver Figura 2.)

Pela propriedade (b) e do teste da derivada primeira, sabemos que $f(x)$ deve ser crescente para x menor do que 3 e decrescente para x maior do que 3. Um gráfico com essas propriedades pode ser parecido com a curva da Figura 3. ∎

A derivada segunda de uma função $f(x)$ dá informações úteis sobre a concavidade do gráfico de $f(x)$. Suponha que $f''(a)$ seja negativa. Então, como $f''(x)$ é a derivada de $f'(x)$, concluímos que $f'(x)$ tem uma derivada negativa em $x = a$. Nesse caso, $f'(x)$ deve ser uma função decrescente em $x = a$, isto é, a inclinação do gráfico de $f(x)$ decresce indo da esquerda para a direita no gráfico perto de $(a, f(a))$. (Ver Figura 4.) Isso significa que o gráfico de $f(x)$ é côncavo para baixo em $x = a$. Uma análise análoga mostra que se $f''(x)$ for positiva, então $f(x)$ é côncava para cima em $x = a$. Assim, temos o teste seguinte.

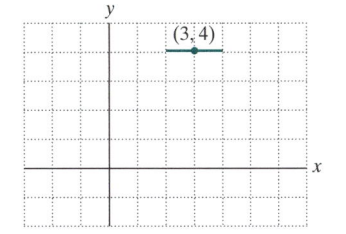

Figura 2

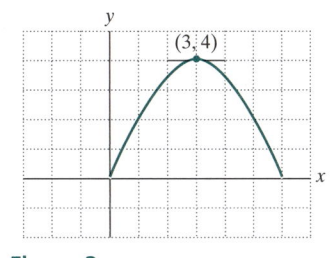

Figura 3

> **Teste da derivada segunda** Se $f''(a) > 0$, então $f(x)$ é côncava para cima em $x = a$. Se $f''(a) < 0$, então $f(x)$ é côncava para baixo em $x = a$.

Quando $f''(a) = 0$, o teste da derivada segunda não dá informações. Nesse caso, a função pode ser côncava para cima, côncava para baixo, ou nenhuma das duas em $x = a$.

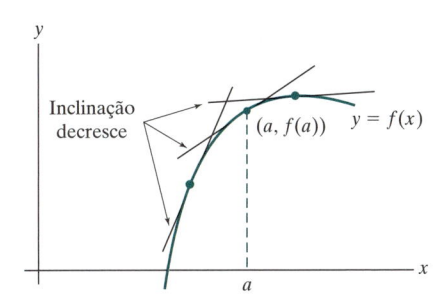

Figura 4 Ilustração do teste da derivada segunda.

A tabela a seguir mostra como um gráfico pode combinar as propriedades de crescente, decrescente, concavidade para cima e concavidade para baixo.

Condições nas derivadas	Descrição de f(x) em x = 4	Gráfico de y = f(x) perto de x = a
1. $f'(a)$ positiva $f''(a)$ positiva	$f(x)$ crescente $f(x)$ côncava para cima	
2. $f'(a)$ positiva $f''(a)$ negativa	$f(x)$ crescente $f(x)$ côncava para baixo	
3. $f'(a)$ negativa $f''(a)$ positiva	$f(x)$ decrescente $f(x)$ côncava para cima	
4. $f'(a)$ negativa $f''(a)$ negativa	$f(x)$ decrescente $f(x)$ côncava para baixo	

EXEMPLO 2

Esboce o gráfico de uma função $f(x)$ que tenha todas as propriedades seguintes.

(a) $(2, 3), (4, 5)$ e $(6, 7)$ estão no gráfico.
(b) $f'(6) = 0$ e $f'(2) = 0$
(c) $f''(x) > 0$ em $x < 4$, $f''(4) = 0$ e $f''(x) < 0$ em $x > 4$.

Solução Primeiro esboçamos os três pontos da propriedade (a) e depois esboçamos duas retas tangentes, utilizando a informação da propriedade (b). (Ver Figura 5.) Da propriedade (c) e do teste da derivada segunda, sabemos que $f(x)$ é côncava em $x < 4$. Em particular, $f(x)$ é côncava para cima em (2, 3). Além disso, $f(x)$ é côncava para baixo em $x > 4$ e, em particular, em (6, 7). Observe que $f(x)$ deve ter um ponto de inflexão em $x = 4$, porque nesse ponto a concavidade muda. Agora esboçamos pequenas porções da curva perto de (2, 3) e de (6, 7). (Ver Figura 6.) Podemos completar o esboço (Figura 7), cuidando para fazer a curva côncava para cima em $x < 4$ e côncava para baixo em $x > 4$. ∎

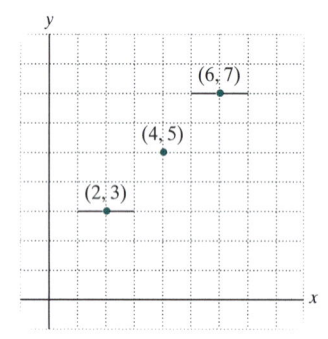

Figura 5

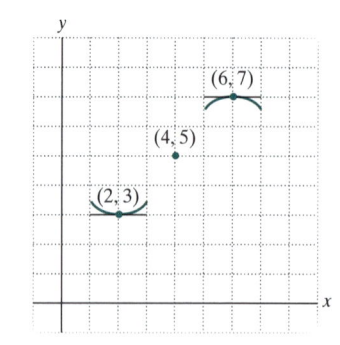

Figura 6

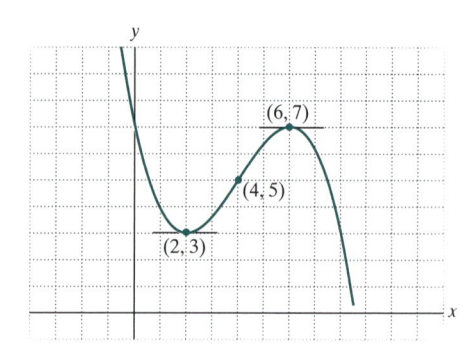

Figura 7

Relações entre os gráficos de f(x) e f'(x) Pense na derivada de $f(x)$ como uma "função inclinação" de $f(x)$. Os valores de y no gráfico de $f'(x)$ são as *inclinações* nos pontos correspondentes no gráfico original de $y = f(x)$. Essa relação importante é ilustrada nos próximos três exemplos.

EXEMPLO 3 O gráfico da função $f(x) = 8x - x^2$ é dado na Figura 8 juntamente com a inclinação em vários pontos. Como a inclinação está variando no gráfico? Compare as inclinações no gráfico com os pontos da coordenada y nos pontos do gráfico de $f'(x)$ na Figura 9.

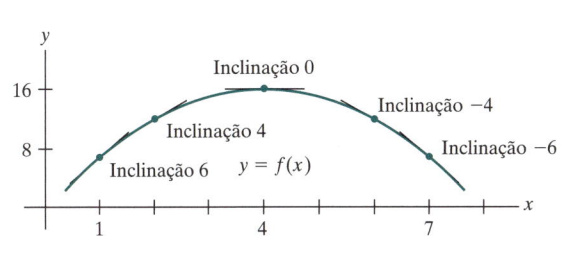

Figura 8 O gráfico de $f(x) = 8x - x^2$.

Figura 9 O gráfico da derivada da função da Figura 8.

Solução As inclinações são decrescentes (indo da esquerda para a direita), de modo que $f'(x)$ é uma função decrescente. Observe que os valores de y de $f(x)$ decrescem até zero em $x = 4$, continuando a decrescer para valores de x maiores do que 4. ∎

O gráfico na Figura 8 tem a forma típica de uma curva de receita de uma companhia. Nesse caso, o gráfico de $f'(x)$ da Figura 9 seria a *curva de receita marginal*. O gráfico no próximo exemplo tem a forma típica de uma função custo. Sua derivada produz uma *curva de custo marginal*.

EXEMPLO 4 O gráfico da função $f(x) = \frac{1}{3}x^3 - 4x^2 + 18x + 10$ é dado na Figura 10. A inclinação começa decrescendo e depois cresce. Utilize o gráfico de $f'(x)$ para verificar que a inclinação na Figura 10 é mínima no ponto de inflexão, onde $x = 4$.

Solução No gráfico de $f(x)$ estão indicadas várias inclinações. Esses valores são as coordenadas y no gráfico da derivada $f'(x) = x^2 + 8x + 18$. Observe, na Figura 11, que os valores de y no gráfico de $f'(x)$ primeiro decrescem e depois começam a crescer. O mínimo valor de $f'(x)$ ocorre em $x = 4$. ∎

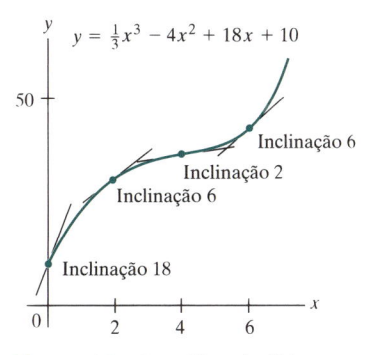

Figura 10 O gráfico de $f(x)$.

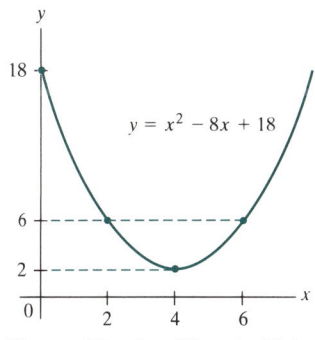

Figura 11 O gráfico de $f'(x)$.

EXEMPLO 5

A Figura 12 mostra o gráfico de $y = f'(x)$, a derivada de uma função $f(x)$.

(a) Qual é a inclinação do gráfico de $f(x)$ quando $x = 1$?
(b) Descreva como variam os valores de $f'(x)$ variam no intervalo $1 \leq x \leq 2$.
(c) Descreva a forma do gráfico de $f(x)$ no intervalo $1 \leq x \leq 2$.
(d) Para quais valores de x o gráfico de $f(x)$ tem uma reta tangente horizontal?
(e) Explique por que $f(x)$ tem um máximo relativo em $x = 3$.

Solução
(a) Como $f'(1)$ é 2, $f(x)$ tem inclinação 2 quando $x = 1$.
(b) Os valores de $f'(x)$ são positivos e decrescentes quando x cresce de 1 para 2.
(c) No intervalo $1 \leq x \leq 2$, a inclinação do gráfico de $f(x)$ é positiva e é decrescente quando x cresce. Portanto, o gráfico de $f(x)$ é crescente e côncavo para baixo.
(d) O gráfico de $f(x)$ tem uma reta tangente horizontal quando a inclinação é 0, isto é, quando $f'(x)$ é 0. Isso ocorre em $x = 3$.
(e) Como $f'(x)$ é positiva à esquerda de $x = 3$ e negativa à direita de $x = 3$, o gráfico de $f(x)$ muda de crescente para decrescente em $x = 3$. Portanto $f(x)$ tem um máximo relativo em $x = 3$.

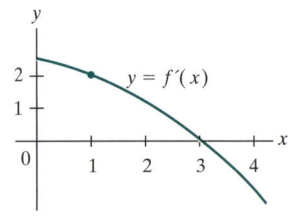

Figura 12

A Figura 13 mostra o gráfico de uma função $f(x)$ cuja derivada tem o aspecto mostrado na Figura 12. Releia o Exemplo 5 e sua solução referindo-se à Figura 13.

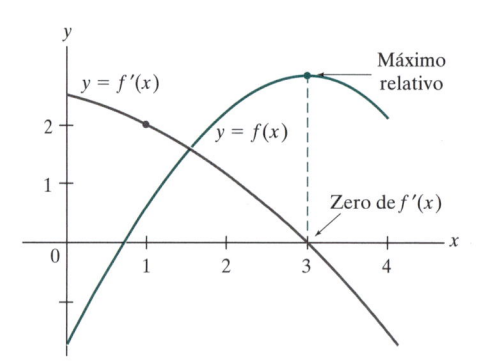

Figura 13

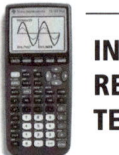

INCORPORANDO RECURSOS TECNOLÓGICOS

Esboçando o gráfico de derivadas Uma vez que tenhamos definida uma função Y_1 na calculadora, podemos traçar o gráfico tanto da função quanto de sua derivada tomando $Y_2 =$ **nDeriv**(Y_1, X, X). Na Figura 14 isso aparece para a função $f(x) = 8x - x^2$ do Exemplo 3.

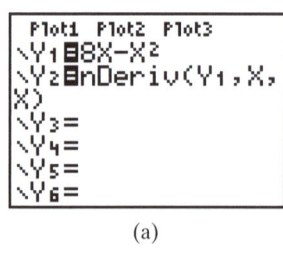

Figura 14

Exercícios de revisão 2.2

1. Obtenha um bom esboço da função $f(x)$ perto do ponto em que $x = 2$, sabendo que $f(2) = 5$, $f'(2) = 1$ e $f''(2) = -3$.
2. Na Figura 15 é dado o gráfico de $f(x) = x^3$.

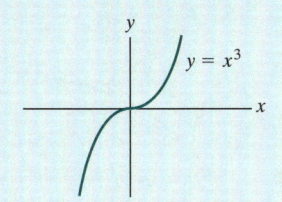

Figura 15

(a) A função é crescente em $x = 0$?

(b) Calcule $f'(0)$.
(c) Compatibilize suas respostas para as partes (a) e (b) com o teste da derivada primeira.

3. Na Figura 16 é dado o gráfico de $y = f'(x)$. Explique por que $f(x)$ deve ter um ponto de mínimo relativo em $x = 3$.

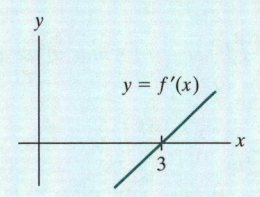

Figura 16

Exercícios 2.2

Nos Exercícios 1-4 utilize as funções cujos gráficos são dados na Figura 17.

1. Quais funções têm derivada primeira positiva em todo x?
2. Quais funções têm derivada primeira negativa em todo x?
3. Quais funções têm derivada segunda positiva em todo x?
4. Quais funções têm derivada segunda negativa em todo x?
5. Qual dos gráficos na Figura 18 poderia representar uma função $f(x)$ tal que $f(a) > 0$, $f'(a) = 0$ e $f''(a) < 0$?
6. Qual dos gráficos na Figura 18 poderia representar uma função $f(x)$ tal que $f(a) = 0$, $f'(a) < 0$ e $f''(a) > 0$?

Nos Exercícios 7-12, esboce o gráfico de uma função $f(x)$ que tenha as propriedades dadas.

7. $f(2) = 1$; $f'(2) = 0$; côncava para cima em todo x.
8. $f(-1) = 0$; $f'(x) < 0$ com $x < -1$, $f'(-1)$ e $f'(x) > 0$ com $x > -1$.

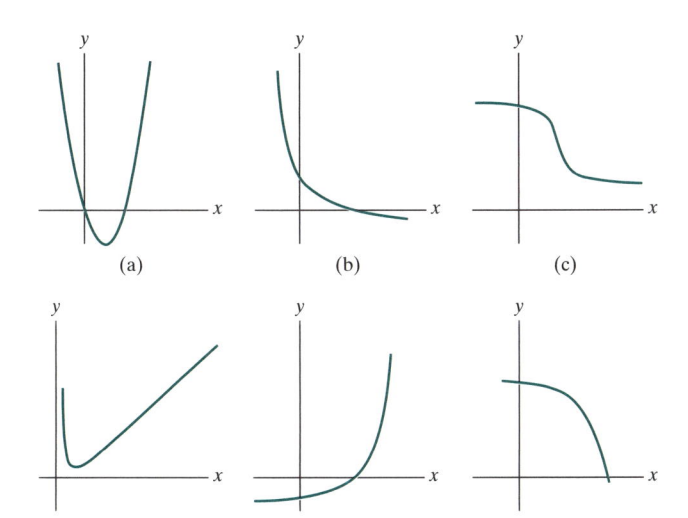

Figura 17

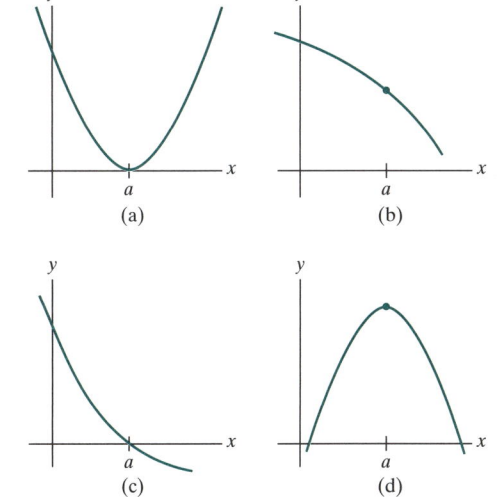

Figura 18

9. $f(3) = 5; f'(x) > 0$ com $x < 3, f'(3) = 0$ e $f'(x) > 0$ com $x > 3$.

10. $(-2, -1)$ e $(2, 5)$ estão no gráfico; $f'(-2) = 0$ e $f'(2) = 0; f''(x) > 0$ com $x < 0, f''(0) = 0$ e $f''(x) < 0$ com $x > 0$.

11. $(0, 6), (2, 3)$ e $(4, 0)$ estão no gráfico; $f'(0) = 0$ e $f'(4) = 0; f''(x) < 0$ com $x < 2, f''(2) = 0$ e $f''(x) > 0$ com $x > 2$.

12. $f(x)$ está definida somente em $x \geq 0$; $(0, 0)$ e $(5, 6)$ estão no gráfico; $f'(x) > 0$ com $x \geq 0$; $f''(x) < 0$ com $x < 5$, $f''(5) = 0, f''(x) > 0$ com $x > 5$.

Nos Exercícios 13-18, use a informação dada para fazer um bom esboço da função f(x) perto de x = 3.

13. $f(3) = 4, f'(3) = -\frac{1}{2}, f''(3) = 5$
14. $f(3) = -2, f'(3) = 0, f''(3) = 1$
15. $f(3) = 1, f'(3) = 0$, ponto de inflexão em $x = 3, f'(x) > 0$ com $x > 3$
16. $f(3) = 4, f'(3) = -\frac{3}{2}, f''(3) = -2$
17. $f(3) = -2, f'(3) = 2, f''(3) = 3$
18. $f(3) = 3, f'(3) = 1$, ponto de inflexão em $x = 3, f''(x) < 0$ com $x > 3$
19. Usando o gráfico da Figura 19, preencha cada entrada da tabela com POS(itivo), NEG(ativo) ou 0.

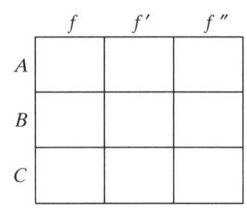

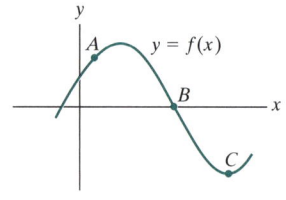

Figura 19

20. As derivadas primeira e segunda de uma função $f(x)$ têm os valores dados na Tabela 1.
    (a) Encontre as coordenadas x de todos os pontos extremos relativos.
    (b) Encontre as coordenadas x de todos os pontos de inflexão.

TABELA 1 Valores das derivadas primeira e segunda de uma função

x	f′(x)	f″(x)
$0 \leq x < 2$	Positiva	Negativa
2	0	Negativa
$2 < x < 3$	Negativa	Negativa
3	Negativa	0
$3 < x < 4$	Negativa	Positiva
4	0	0
$4 < x \leq 6$	Negativa	Negativa

21. Digamos que a Figura 20 mostre o gráfico de $y = s(t)$, que dá a distância percorrida por um carro depois de t horas. O carro está mais rápido em $t = 1$ ou $t = 2$?

22. Digamos que a Figura 20 mostre o gráfico de $y = v(t)$, que dá a velocidade de um carro depois de t horas. O carro está mais rápido em $t = 1$ ou $t = 2$?

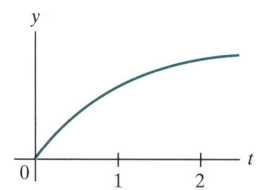

Figura 20

23. Resolva as questões relativas à Figura 21.

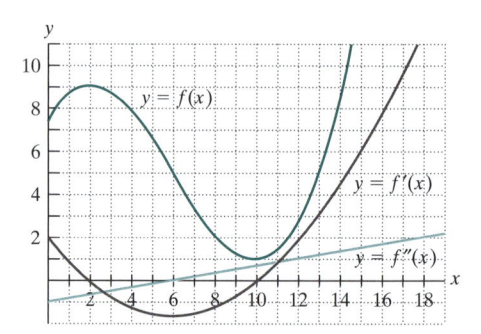

Figura 21

(a) Olhando para o gráfico de $f'(x)$, determine se $f(x)$ é crescente ou decrescente em $x = 9$. Confirme a sua resposta olhando para o gráfico de $f(x)$.

(b) Olhando para os valores de $f'(x)$ com $1 \leq x < 2$ e $2 < x \leq 3$, explique por que o gráfico de $f(x)$ deve ter um máximo relativo em $x = 2$. Quais são as coordenadas do ponto de máximo relativo?

(c) Olhando para os valores de $f'(x)$ com x perto de 10, explique por que o gráfico de $f(x)$ tem um mínimo relativo em $x = 10$.

(d) Olhando para o gráfico de $f''(x)$, determine se $f(x)$ é côncava para cima ou para baixo em $x = 2$. Confirme a sua resposta olhando para o gráfico de $f(x)$.

(e) Olhando para o gráfico de $f''(x)$, determine onde $f(x)$ tem um ponto de inflexão. Confirme a sua resposta olhando para o gráfico de $f(x)$. Quais são as coordenadas do ponto de inflexão?

(f) Encontre a coordenada x do ponto do gráfico de $f(x)$ em que $f(x)$ cresce à taxa de 6 unidades por unidade de variação de x.

24. Na Figura 22, o eixo t representa o tempo em minutos.

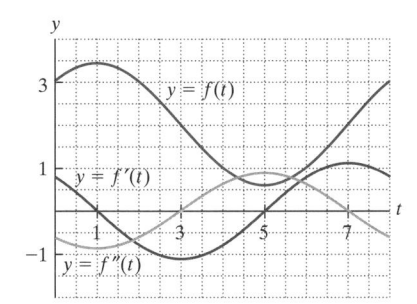

Figura 22

(a) Quanto vale $f(2)$?
(b) Resolva $f(t) = 1$.
(c) Quando $f(t)$ atinge o maior valor?
(d) Quando $f(t)$ atinge o menor valor?
(e) Qual é a taxa de variação de $f(t)$ em $t = 7,5$?
(f) Quando $f(t)$ decresce à taxa de uma unidade por minuto? Ou seja, quando é a taxa de variação igual a -1?
(g) Quando $f(t)$ decresce com a maior taxa?
(h) Quando $f(t)$ cresce com a maior taxa?

Nos Exercícios 25-36, use a Figura 23, que mostra o gráfico de $f'(x)$, a derivada da função $f(x)$.

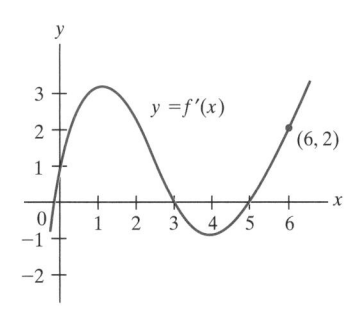

Figura 25

25. Explique por que $f(x)$ deve ser crescente em $x = 6$.
26. Explique por que $f(x)$ deve ser decrescente em $x = 4$.
27. Explique por que $f(x)$ tem um máximo relativo em $x = 3$.
28. Explique por que $f(x)$ tem um mínimo relativo em $x = 5$.
29. Explique por que $f(x)$ deve ser côncava para cima em $x = 0$.
30. Explique por que $f(x)$ deve ser côncava para baixo em $x = 2$.
31. Explique por que $f(x)$ tem um ponto de inflexão em $x = 1$.
32. Explique por que $f(x)$ tem um ponto de inflexão em $x = 4$.
33. Se $f(6) = 3$, qual é a equação da reta tangente ao gráfico de $y = f(x)$ em $x = 6$?
34. Se $f(6) = 8$, qual é um valor aproximado de $f(6,5)$?
35. Se $f(0) = 3$, qual é um valor aproximado de $f(0,25)$?
36. Se $f(0) = 3$, qual é a equação da reta tangente ao gráfico de $y = f(x)$ em $x = 0$?
37. O derretimento da neve causa o transbordamento de um rio e $h(t)$ é quantidade de centímetros de água que inunda a rua principal de uma cidade, t horas depois de a neve começar a derreter.
  (a) Se $h'(100) = \frac{1}{3}$, em quanto, aproximadamente, irá variar o nível da água durante a próxima meia hora?
  (b) Qual das condições seguintes é a melhor notícia?
     (i) $h(100) = 3, h'(100) = 2, h''(100) = -5$
     (ii) $h(100) = 3, h'(100) = -2, h''(100) = 5$
38. $T(t)$ é a temperatura em °C às t horas de um dia quente de verão.
  (a) Se $T'(10) = 4$, quanto irá subir a temperatura, aproximadamente, entre as 10 horas e as 10 horas e 45 minutos?
  (b) Qual das condições seguintes é a melhor notícia?
     (i) $T(10) = 95, T'(10) = 4, T''(10) = -3$
     (ii) $T(10) = 95, T'(10) = -4, T''(10) = 3$
39. Olhando para a derivada primeira, decida qual das curvas da Figura 24 *não* pode ser o gráfico de $f(x) = (3x^2 + 1)^4$ com $x \geq 0$.

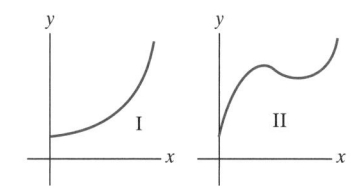

Figura 24

40. Olhando para a derivada primeira, decida qual das curvas da Figura 24 *não* pode ser o gráfico de $f(x) = x^3 - 9x^2 + 24x + 1$ com $x \geq 0$. [*Sugestão*: fatore a fórmula de $f'(x)$.]
41. Olhando para a derivada segunda, decida qual das curvas da Figura 25 pode ser o gráfico de $f(x) = x^{5/2}$.

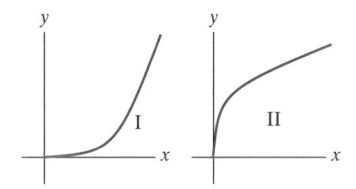

Figura 25

42. Associe cada observação (a)-(e) com uma conclusão (A)-(E).

Observações

(a) O ponto $(3, 4)$ está no gráfico de $f'(x)$.
(b) O ponto $(3, 4)$ está no gráfico de $f(x)$.
(c) O ponto $(3, 4)$ está no gráfico de $f''(x)$.

(d) O ponto (3, 0) está no gráfico de $f'(x)$ e o ponto (3, 4) está no gráfico de $f''(x)$.

(e) O ponto (3, 0) está no gráfico de $f'(x)$ e o ponto (3, −4) está no gráfico de $f''(x)$.

Conclusões

(A) $f(x)$ tem um ponto de mínimo relativo em $x = 3$.

(B) Quando $x = 3$, o gráfico de $f(x)$ é côncavo para cima.

(C) Quando $x = 3$, a reta tangente ao gráfico de $y = f(x)$ tem inclinação 4.

(D) Quando $x = 3$, o valor de $f(x)$ é 4.

(E) $f(x)$ tem um ponto de máximo relativo em $x = 3$.

43. O número de fazendas nos Estados Unidos t anos depois de 1925 é de $f(t)$ milhões, em que f é a função cujo gráfico é dado na Figura 26(a). [Os gráficos de $f'(x)$ e $f''(x)$ são dados na Figura 26(b).]

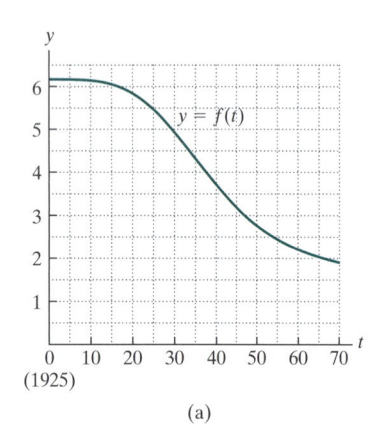

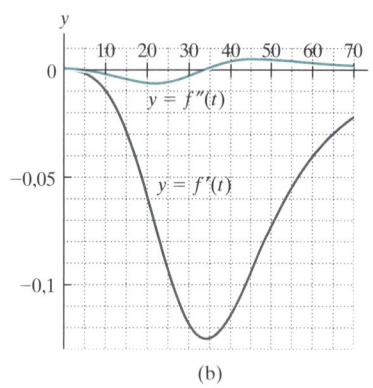

Figura 26

(a) Quantas fazendas havia em 1990, aproximadamente?

(b) A que taxa declinava o número de fazendas em 1990?

(c) Em que ano havia cerca de 6 milhões de fazendas?

(d) Quando o número de fazendas declinava à taxa de 60.000 fazendas por ano?

(e) Quando era mais rápido o declínio do número de fazendas?

44. Depois de ingerir uma droga, a quantidade de droga presente na corrente sanguínea depois de t horas é de $f(t)$ unidades. A Figura 27 mostra gráficos parciais de $f'(x)$ e $f''(x)$.

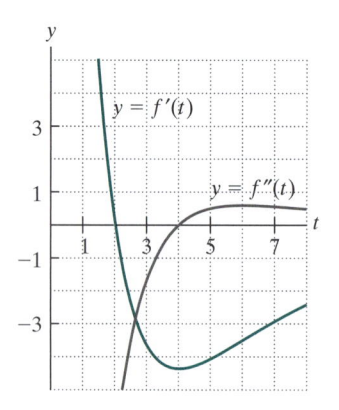

Figura 27

(a) A concentração da droga na corrente sanguínea cresce ou decresce em $t = 5$ horas?

(b) O gráfico de $f(t)$ é côncavo para cima ou para baixo em $t = 5$ horas?

(c) Quando a concentração da droga na corrente sanguínea decresce mais rapidamente?

(d) Em que instante é alcançada a maior concentração da droga na corrente sanguínea?

(e) Quando a concentração da droga na corrente sanguínea decresce à taxa de 3 unidades por hora?

Exercícios com calculadora

Nos Exercícios 45 e 46, obtenha o gráfico da derivada de $f(x)$ na janela especificada. Depois utilize o gráfico de $f'(x)$ para determinar os valores aproximados de x nos quais o gráfico de $f(x)$ tem pontos extremos relativos e pontos de inflexão. Finalmente, confira suas conclusões obtendo o gráfico de $f(x)$.

45. $3x^5 − 20x^3 − 120x$; $[−4, 4]$ por $[−325, 325]$

46. $x^4 − x^2$; $[−1,5; 1,5]$ por $[−0,75; 1]$

Soluções dos exercícios de revisão 2.2

1. Como $f(2) = 5$, o ponto (2, 5) está no gráfico. [Ver Figura 28(a).] Como $f'(2) = 1$, a reta tangente no ponto (2, 5) tem inclinação 1. Desenhe a reta tangente. [Ver Figura 28(b).] Perto do ponto (2, 5), o gráfico é parecido com a reta tangente. Como $f''(2) = −3$, um número negativo, o gráfico é côncavo para baixo no ponto (2, 5). Agora estamos prontos para esboçar o gráfico. [Ver Figura 28(c).]

(Continuação)

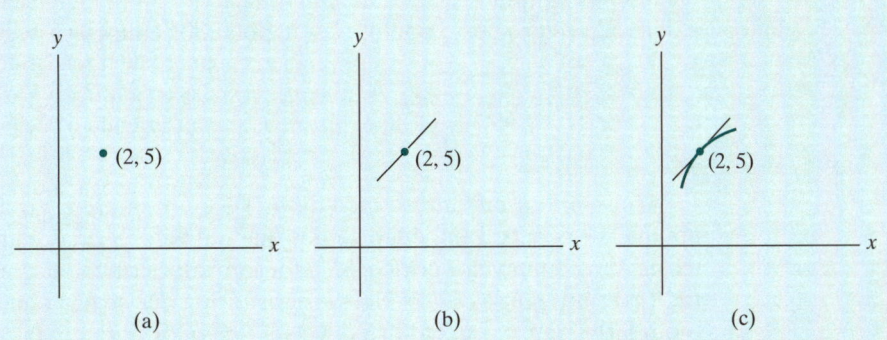

(a)   (b)   (c)

Figura 28

2. (a) Sim. O gráfico cresce continuamente quando passamos pelo ponto (0, 0).
   (b) Como $f'(x) = 3x^2$, $f'(0) = 3 \cdot 0^2 = 0$.
   (c) Aqui não há contradição. O teste da derivada primeira diz que a função é crescente se a derivada é positiva. Entretanto, ela não diz que essa é a única condição sob qual a função é crescente. Como acabamos de ver, às vezes podemos ter a derivada primeira nula e a função ainda ser crescente.

3. Como a derivada $f'(x)$ de $f(x)$ é negativa à esquerda de $x = 3$ e positiva à direita de $x = 3$, $f(x)$ é decrescente à esquerda de $x = 3$ e crescente à direita de $x = 3$. Portanto, pela definição de ponto de mínimo relativo, $f(x)$ tem um ponto de mínimo relativo em $x = 3$.

2.3 Os testes das derivadas primeira e segunda e o esboço de curvas

Nesta seção e na seguinte, desenvolvemos nossa habilidade em esboçar gráficos de funções. Existem duas razões importantes para se fazer isso. Primeiro, uma "visão" geométrica de uma função muitas vezes é mais fácil de ser entendida do que sua fórmula abstrata. Segundo, o material desta seção fornece um fundamento para as aplicações na Seção 2.5 até 2.7.

Um "esboço" do gráfico de uma função $f(x)$ deveria transmitir a forma geral do gráfico; deveria mostrar onde $f(x)$ está definida e onde é crescente e decrescente, devendo indicar, sempre que for possível, onde $f(x)$ é côncava para cima e côncava para baixo. Além disso, um ou mais pontos chave deveriam ser indicados precisamente no gráfico. Esses pontos geralmente incluem extremos relativos, pontos de inflexão e os cortes com os eixos x e y. Outras características de um gráfico também podem ser importantes, mas vamos discuti-las quando surgirem nos exemplos e aplicações.

Nossa abordagem geral para o esboço do gráfico envolve quatro passos principais.

1. A partir de $f(x)$, calculamos $f'(x)$ e $f''(x)$.
2. Depois, localizamos todos os pontos de máximo e mínimo relativos e fazemos um esboço parcial.
3. Estudamos a concavidade de $f(x)$ e localizamos todos os pontos de inflexão.
4. Consideramos outras propriedades do gráfico, como cortes com os eixos, e completamos o esboço.

O primeiro passo foi o assunto principal do Capítulo 1. Discutimos o segundo e o terceiro passos nesta seção e então, na seção seguinte, apresentamos vários exemplos completamente resolvidos seguindo todos os quatro passos.

Localizando pontos de extremos relativos

A reta tangente num ponto de máximo ou mínimo relativo de uma função $f(x)$ tem inclinação nula, ou seja, a derivada é zero nesse ponto. Assim, podemos enunciar a seguinte regra útil.

> Para encontrar os possíveis pontos extremos relativos de $f(x)$, resolvemos a equação $f'(x) = 0$ para x. (1)

Um *número* ou *valor crítico* de $f(x)$ é um número a no domínio de $f(x)$ em que $f'(a) = 0$. Também dizemos que um valor a do domínio em que não existe $f'(a)$ é um valor crítico. Se a for um valor crítico, dizemos que o ponto $(a, f(a))$ é um *ponto crítico*. Nossa regra afirma que se $f(x)$ tem um valor extremo relativo em $x = a$, então a deve ser um valor crítico. Mas nem todo valor crítico de $f(x)$ fornece um ponto extremo relativo. A condição $f'(a) = 0$ só nos diz que a reta tangente é horizontal em a. Na Figura 1, mostramos quatro casos que podem ocorrer com $f'(a) = 0$. Podemos ver da figura que temos um ponto extremo se a derivada primeira $f'(x)$ trocar de sinal em $x = a$. Mas se o sinal da derivada primeira não mudar, não temos um ponto extremo. A partir dessas observações e do teste da derivada primeira vista na seção precedente, obtemos o teste útil para pontos extremos que segue.

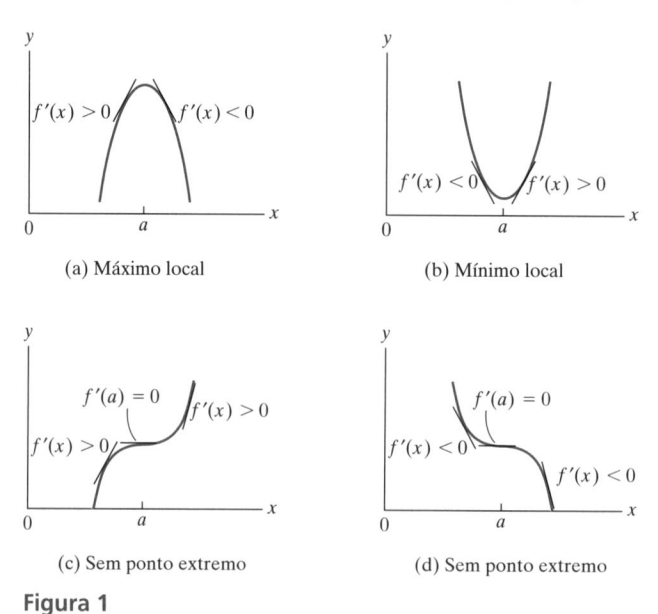

(a) Máximo local

(b) Mínimo local

(c) Sem ponto extremo

(d) Sem ponto extremo

Figura 1

Teste da derivada primeira (para pontos extremos locais)

Suponha que $f'(a) = 0$.

(a) Se $f'(x)$ passa de positiva para negativa em $x = a$, então $f(x)$ tem um máximo local em a. [Ver Figura 1(a).]

(b) Se $f'(x)$ passa de negativa para positiva em $x = a$, então $f(x)$ tem um mínimo local em a. [Ver Figura 1(b).]

(c) Se $f'(x)$ não troca de sinal em a [isto é, ou $f'(x)$ é positiva em ambos lados de a, como na Figura 1(c), ou negativa em ambos lados de a, como na Figura 1(d)], então $f(x)$ não tem um extremo local em a.

EXEMPLO 1

Aplicando o teste da derivada primeira Encontre os pontos de máximo e mínimo locais de $f(x) = \frac{1}{3}x^3 - 2x^2 + 3x + 1$.

Solução Primeiro encontramos os valores e pontos críticos de $f(x)$.

$$f'(x) = \frac{1}{3}(3)x^2 - 2(2)x + 3 = x^2 - 4x + 3$$
$$= (x-1)(x-3).$$

A derivada primeira $f'(x) = 0$ se $x - 1 = 0$ ou $x - 3 = 0$. Portanto, os valores críticos são

$$x = 1 \text{ e } x = 3.$$

Substituindo os valores críticos na expressão de $f(x)$, obtemos

$$f(1) = \frac{1}{3}(1)^3 - 2(1)^2 + 3(1) + 1 = \frac{1}{3} + 2 = \frac{7}{3};$$

$$f(3) = \frac{1}{3}(3)^3 - 2(3)^2 + 3(3) + 1 = 1.$$

Assim, os pontos críticos são $(1, \frac{7}{3})$ e $(3, 1)$. Para determinar se o ponto crítico é um máximo ou mínimo relativo ou nenhum desses, aplicamos o teste da derivada primeira. Isso envolve um estudo cuidadoso do sinal de $f'(x)$, o que pode ser facilitado com o auxílio de uma tabela. Vejamos como montar essa tabela.

- Divida a reta numérica em intervalos com extremidades nos valores críticos.
- Como o sinal de $f'(x)$ depende dos sinais dos dois fatores $x - 1$ e $x - 3$, determine o sinal desses fatores em cada intervalo. Em geral, isso é alcançado testando o sinal de um fator em pontos selecionados de cada intervalo.
- Em cada intervalo, use um sinal de mais se o fator for positivo ou um sinal de menos se o fator for negativo. Então, determine o sinal de $f'(x)$ em cada intervalo multiplicando os sinais dos fatores segundo as regras usuais

$$(+) \cdot (+) = +; (+) \cdot (-) = -; (-) \cdot (-) = +.$$

- Um sinal de mais em $f'(x)$ corresponde a uma porção crescente do gráfico de $f(x)$ e um sinal de menos a uma porção decrescente. Identificamos uma porção crescente com uma seta para cima e uma porção decrescente com uma seta para baixo. A sequência de setas deveria transmitir o formato geral do gráfico e, em particular, dizer se os valores críticos correspondem a pontos extremos. Aqui está a tabela.

Valores críticos		1		3	
	$x < 1$		$1 < x < 3$		$3 < x$
$x - 1$	−	0	+		+
$x - 3$	−		−	0	+
$f'(x)$	+	0	−	0	+
$f(x)$	Crescente em $(-\infty, 1)$	7/3	Decrescente em $(1, 3)$	1	Crescente em $(3, \infty)$

Máximo local em $(1, 7/3)$

Mínimo local em $(3, 1)$

Pode ser visto na tabela que o sinal de $f'(x)$ muda de positivo para negativo em $x = 1$. Assim, de acordo com o teste da derivada primeira, $f(x)$ tem um máximo local em $x = 1$. Da mesma forma, o sinal de $f'(x)$ muda de negativo para positivo em $x = 3$, de modo que $f(x)$ tem um mínimo local em $x = 3$. Essas afirmações podem ser confirmadas seguindo a direção das setas na última linha da tabela. Concluindo, $f(x)$ tem um máximo local em $(1, \frac{7}{3})$ e um mínimo local em $(3, 1)$. (Ver Figura 2.) ∎

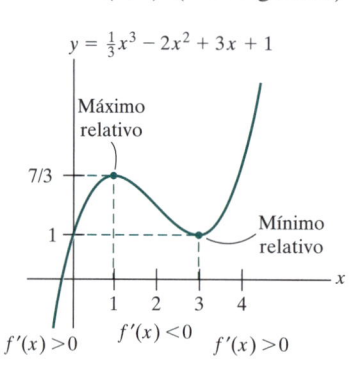

Figura 2

O exemplo precedente ilustra os casos (a) e (b) da Figura 1, que correspondem a pontos extremos locais do gráfico em cada ponto crítico. O exemplo que segue ilustra os casos (c) e (d) da Figura 1.

EXEMPLO 2

Aplicando o teste da derivada primeira Encontre os máximos e mínimos locais de $f(x) = (3x - 1)^3$.

Solução Começamos encontrando os valores e pontos críticos. Usando a regra da potência geral, obtemos

$$f'(x) = 3(3x - 1)^2(3) = 9(3x - 1)^2$$
$$f'(x) = 0 \Rightarrow 3x - 1 = 0$$
$$\Rightarrow x = \tfrac{1}{3}.$$

Substituindo esse valor na expressão original de $f(x)$, encontramos

$$f\left(\tfrac{1}{3}\right) = \left(3 \cdot \tfrac{1}{3} - 1\right)^3 = 0.$$

Assim, o único ponto crítico é $(\tfrac{1}{3}, 0)$ Para determinar se é um máximo ou mínimo relativo ou nenhum desses, usamos o teste da derivada primeira. Considere $f'(x) = 9(3x - 1)^2$. Essa expressão é sempre não negativa, porque um quadrado é sempre não negativo (e não há necessidade de fazer uma tabela de sinais nesse caso). Consequentemente, $f'(x)$ é positiva em ambos lados de $x = \tfrac{1}{3}$. Dessa forma, como $f'(x)$ não troca de sinal em $x = \tfrac{1}{3}$, concluímos pela parte (c) do teste da derivada primeira que não existe ponto de extremo relativo. De fato, como $f'(x) \geq 0$ em cada x, o gráfico é sempre crescente. (Ver Figura 3.) ∎

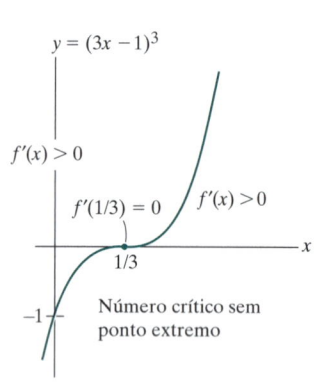

Figura 3

Usando a concavidade para determinar pontos extremos Pode ser muito enfadonho o estudo da variação do gráfico de $f(x)$ e a determinação dos pontos extremos. Qualquer atalho que nos ajude a evitar cálculos excessivos é sempre bem vindo. Voltando à Figura 1, vejamos uma descrição alternativa dos pontos extremos usando concavidade. Em $x = a$, a concavidade é para baixo na Figura 1(a), para cima na Figura 1(b) e nenhuma dessas nas Figuras 1(c) e 1(d). Essas observações, juntamente com o teste da derivada segunda da seção precedente, fundamentam o importante teste que segue.

Seção 2.3 • Os testes das derivadas primeira e segunda e o esboço de curvas

> **Teste da derivada segunda (para pontos extremos locais)**
>
> (a) Se $f'(a) = 0$ e $f''(a) < 0$, então $f(x)$ tem um máximo local em a. [Ver Figura 1(a).]
>
> (b) Se $f'(a) = 0$ e $f''(a) > 0$, então $f(x)$ tem um mínimo local em a. [Ver Figura 1(b).]

EXEMPLO 3   O gráfico da função quadrática $f(x) = \frac{1}{4}x^2 - x + 2$ é uma parábola e, portanto, tem um único extremo relativo. Encontre esse ponto e esboce o gráfico.

Solução   Começamos calculando as derivadas primeira e segunda de $f(x)$.

$$f(x) = \tfrac{1}{4}x^2 - x + 2$$
$$f'(x) = \tfrac{1}{2}x - 1$$
$$f''(x) = \tfrac{1}{2}$$

Tomando $f'(x) = 0$, obtemos $\frac{1}{2}x - 1 = 0$, de modo que $x = 2$ é o único valor crítico, ou seja, $f'(2) = 0$. Geometricamente, isso significa que o gráfico de $f(x)$ tem uma reta tangente horizontal no ponto em que $x = 2$. Para esboçar esse ponto, substituímos o valor 2 no lugar de x na expressão original de $f(x)$.

$$f(2) = \tfrac{1}{4}(2)^2 - (2) + 2 = 1$$

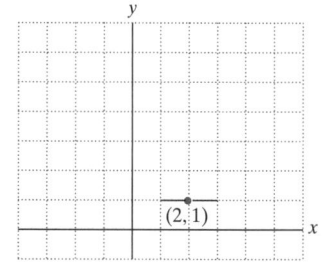

A Figura 4 mostra o ponto $(2, 1)$ junto com a reta tangente horizontal. Será o ponto $(2, 1)$ um extremo relativo? Para decidir, examinamos $f''(x)$. Como $f''(x) = \frac{1}{2}$, que é positivo, o gráfico de $f(x)$ é côncavo para cima em $x = 2$, de modo que $(2, 1)$ é um ponto de mínimo local, pelo teste da derivada segunda. Um esboço parcial do gráfico perto de $(2, 1)$ deveria ser parecido com o que é dado na Figura 5.

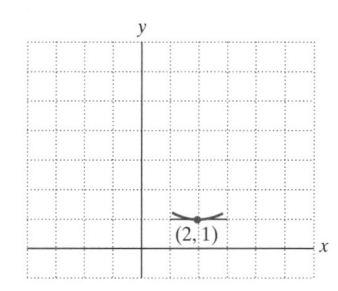

Figura 4

Figura 5 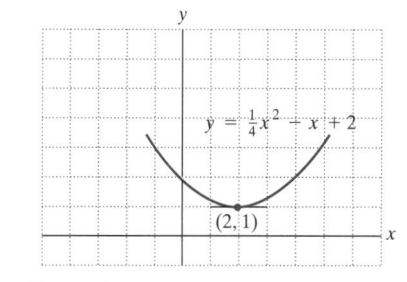   **Figura 6**

Vemos que $(2, 1)$ é um ponto de mínimo relativo. De fato, ele é o único ponto extremo relativo, pois não há outro lugar em que a reta tangente seja horizontal. Como o gráfico não tem outros "pontos de mudança", ele deve ser decrescente antes de chegar no ponto $(2, 1)$ e, depois, crescente à direita de $(2, 1)$. Observe que como $f''(x)$ é positivo (e igual a $\frac{1}{2}$) em cada x, o gráfico é côncavo para cima em cada ponto. Um esboço completo do gráfico é dado na Figura 6. ∎

EXEMPLO 2   **Aplicando o teste da derivada segunda**   Localize todos os possíveis pontos extremos relativos do gráfico da função $f(x) = x^3 - 3x^2 + 5$. Confira a concavidade nesses pontos e use essa informação para esboçar o gráfico de $f(x)$.

Solução Temos

$$f(x) = x^3 - 3x^2 + 5$$
$$f'(x) = 3x^2 - 6x$$
$$f''(x) = 6x - 6.$$

A maneira mais fácil de encontrar os valores críticos é fatorar a expressão de $f'(x)$, como segue.

$$3x^2 - 6x = 3x(x - 2).$$

A partir dessa fatoração, fica claro que $f'(x)$ é zero se, e só se, $x = 0$ ou $x = 2$. Em outras palavras, o gráfico terá retas tangentes horizontais em $x = 0$ e $x = 2$, e em nenhum outro lugar.

Para esboçar os pontos do gráfico em que $x = 0$ e $x = 2$, substituímos esses valores na expressão original de $f(x)$, isto é, calculamos

$$f(0) = (0)^3 - 3(0)^2 + 5 = 5$$
$$f(2) = (2)^3 - 3(2)^2 + 5 = 1.$$

A Figura 7 mostra os pontos $(0, 5)$ e $(2, 1)$, juntamente com as retas tangentes correspondentes.

Em seguida, conferimos o sinal de $f''(x)$ em $x = 0$ e $x = 2$ e aplicamos o teste da derivada segunda, obtendo

$$f''(0) = 6(0) - 6 = -6 < 0 \text{ (máximo local)}$$
$$f''(2) = 6(2) - 6 = 6 > 0 \text{ (mínimo local)}$$

Como $f''(0)$ é negativa, o gráfico é côncavo para baixo em $x = 0$; como $f''(2)$ é positiva, o gráfico é côncavo para cima em $x = 2$. Um esboço parcial do gráfico é dado na Figura 8.

Fica claro, a partir da Figura 8, que $(0, 5)$ é um ponto de máximo relativo e $(2, 1)$, um ponto de mínimo relativo. Como esses são os únicos pontos de mudança, o gráfico deve ser crescente antes de chegar a $(0, 5)$, decrescente entre $(0, 5)$ e $(2, 1)$ e, então, novamente crescente à direita de $(2, 1)$. Um esboço incorporando essas propriedades aparece na Figura 9. ■

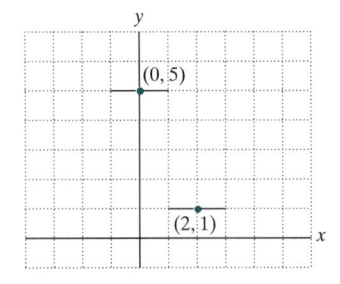

Figura 7

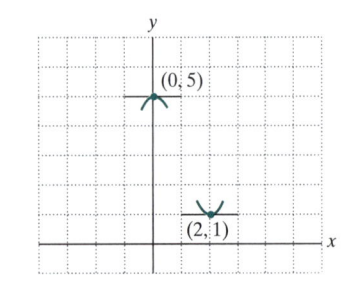

Figura 8

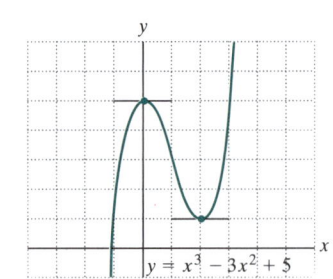

Figura 9

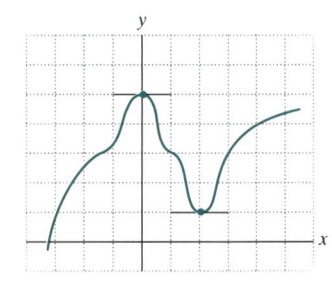

Figura 10

Os fatos que utilizamos para esboçar a Figura 9 poderiam ser igualmente utilizados para produzir o gráfico da Figura 10. Qual é o gráfico que de fato corresponde a $f(x) = x^3 - 3x^2 + 5$? A resposta ficará clara quando encontrarmos os pontos de inflexão do gráfico de $f(x)$.

Seção 2.3 • Os testes das derivadas primeira e segunda e o esboço de curvas

Localizando pontos de inflexão Um ponto de inflexão de uma função $f(x)$ só pode ocorrer num valor de x em que $f''(x)$ é nula, já que a curva é côncava para cima se $f''(x)$ for positiva e côncava para baixo se $f''(x)$ for negativa. Assim, temos a seguinte regra.

> Para encontrar os possíveis pontos de inflexão de $f(x)$, resolvemos a equação $f''(x) = 0$ para x. (2)

Uma vez conhecido um valor de x em que a derivada segunda é nula, digamos, $x = b$, devemos conferir a concavidade de $f(x)$ em pontos próximos para ver se a concavidade realmente muda em $x = b$.

EXEMPLO 5

Encontre os pontos de inflexão da função $f''(x) = x^3 - 3x^2 + 5$ e explique por que o gráfico da Figura 9 tem a forma correta.

Solução Do Exemplo 4, temos $f''(x) = 6x - 6 = (x - 1)$. Claramente, $f''(x) = 0$ se, e só se, $x = 1$. Queremos esboçar o ponto correspondente no gráfico, portanto calculamos

$$f(1) = (1)^3 - 3(1)^2 + 5 = 3.$$

Portanto, o único ponto de inflexão possível é $(1, 3)$.

Agora voltamos à Figura 8, em que indicamos a concavidade do gráfico nos pontos extremos relativos. Como $f(x)$ é côncava para baixo em $(0, 5)$ e côncava para cima em $(2, 1)$, a concavidade deve mudar em algum lugar entre esses dois pontos. Assim, $(1, 3)$ deve ser um ponto de inflexão. Além disso, como a concavidade de $f(x)$ não muda mais em lugar algum, a concavidade em todos os pontos à esquerda de $(1, 3)$ deve ser a mesma (isto é, para baixo). Analogamente, a concavidade em todos os pontos à direita de $(1, 3)$ deve ser a mesma (isto é, para cima). Assim, o gráfico da Figura 9 tem a forma correta. O gráfico da Figura 10 tem muitas "contorções", causadas por frequentes mudanças de concavidade, isto é, tem pontos de inflexão em excesso. Um esboço correto mostrando o único ponto de inflexão em $(1, 3)$ é dado na Figura 11. ∎

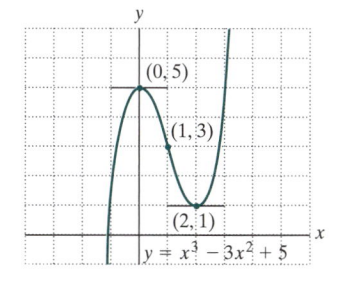

Figura 11

EXEMPLO 6

Esboce o gráfico de $y = -\frac{1}{3}x^3 + 3x^2 - 5x$.

Solução Seja

$$f(x) = -\frac{1}{3}x^3 + 3x^2 - 5x.$$

Então

$$f'(x) = -x^2 + 6x - 5$$
$$f''(x) = -2x + 6.$$

Passo 1: Encontrando os pontos críticos

Tomamos $f'(x) = 0$ e resolvemos para x, como segue.

$$-(x^2 - 6x + 5) = 0$$
$$-(x - 1)(x - 5) = 0$$
$$x = 1 \quad \text{ou} \quad x = 5 \quad \text{(valores críticos)}.$$

Substituindo esses valores de x de volta em $f(x)$, obtemos

$$f(1) = -\frac{1}{3}(1)^3 + 3(1)^2 - 5(1) = -\frac{7}{3}$$
$$f(5) = -\frac{1}{3}(5)^3 + 3(5)^2 - 5(5) = \frac{25}{3}.$$

Passo 2: Encontrando os pontos extremos

A informação que temos até aqui é dada na Figura 12(a). O esboço na Figura 12(b) é obtido calculando

$$f''(1) = -2(1) + 6 = 4 > 0 \text{ (mínimo local)}$$
$$f''(5) = -2(5) + 6 = -4 < 0 \text{ (máximo local)}$$

A curva é côncava para cima em $x = 1$ porque $f''(1)$ é positiva (mínimo local) e a curva é côncava para baixo em $x = 5$ porque $f''(5)$ é negativa (máximo local). Como a concavidade muda em algum lugar entre $x = 0$ e $x = 5$, deve existir pelo menos um ponto de inflexão. Tomando $f''(x) = 0$, obtemos

Passo 3: Concavidade e pontos de inflexão

$$-2x + 6 = 0$$
$$x = 3.$$

Portanto, o ponto de inflexão deve ocorrer em $x = 3$. Para esboçar o ponto de inflexão, calculamos

$$f(3) = -\tfrac{1}{3}(3)^3 + 3(3)^2 - 5(3) = 3.$$

O esboço final do gráfico é dado na Figura 13.

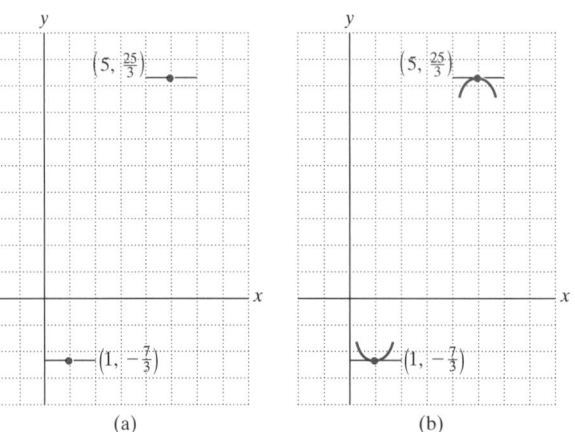

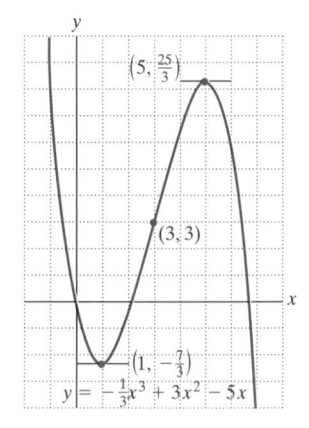

Figura 12

Figura 13

O argumento no Exemplo 6, de que deve haver um ponto de inflexão por causa da mudança de concavidade, é válido sempre que $f(x)$ for um polinômio. Entretanto, esse argumento não se aplica a uma função cujo gráfico tem uma quebra, Por exemplo, a função $f(x) = 1/x$ é côncava para baixo em $x = -1$ e côncava para cima em $x = 1$, mas não há ponto de inflexão entre esses valores.

Nos Exemplos 1 e 2, utilizamos o teste da derivada primeira para localizar os pontos extremos, mas nos demais exemplos utilizamos o teste da derivada segunda. Em geral, qual teste deveremos utilizar? Se for fácil calcular $f''(x)$ (por exemplo, se $f(x)$ for um polinômio), deveríamos tentar imediatamente o teste da derivada segunda. Se o cálculo da derivada segunda for muito enfadonho ou se $f''(a) = 0$, usamos o teste da derivada primeira. Lembre que, se $f''(a) = 0$, então o teste da derivada segunda não diz coisa alguma. Convém ter os dois exemplos seguintes de prontidão. A função $f(x) = x^3$ é sempre crescente e não tem máximos nem mínimos locais, mesmo com $f'(0) = 0$ e $f''(0) = 0$. A função $f(x) = x^4$ é dada na Figura 14. Temos $f'(x) = 4x^3$ e $f''(x) = 12x^2$. Logo, $f'(0) = 0$ e $f''(0) = 0$, mas como pode ser visto na Figura 14, ela tem um mínimo local em $x = 0$. O motivo disso é dado pelo teste da derivada primeira, já que $f'(x)$ muda de sinal em $x = 0$, passando de negativa para positiva.

Figura 14

Um resumo das técnicas para esboçar curvas aparece no final da próxima seção. Os passos 1, 2 e 3 podem ser de grande ajuda na resolução dos exercícios.

Exercícios de revisão 2.3

1. Quais das curvas da Figura 15 poderiam ser o gráfico de uma função da forma $f(x) = ax^2 + bx + c$, com $a \neq 0$?

2. Quais das curvas da Figura 16 poderiam ser o gráfico de uma função da forma $f(x) = ax^3 + bx^2 + cx + d$, com $a \neq 0$?

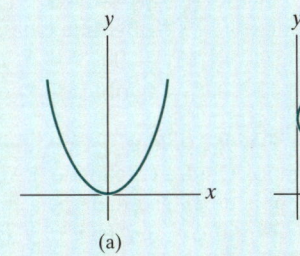

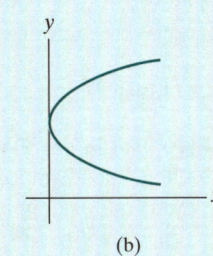

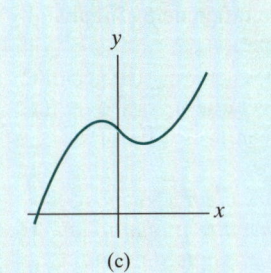

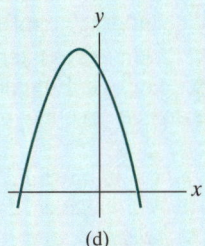

Figura 15

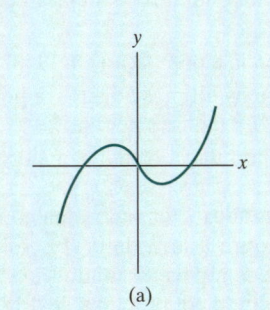

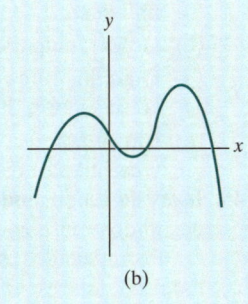

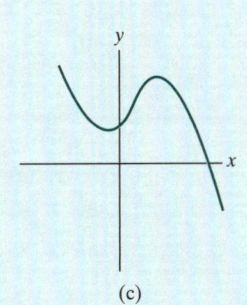

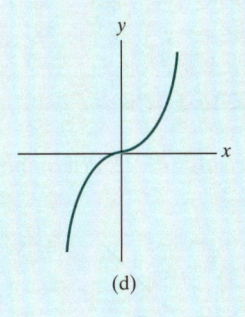

Figura 16

Exercícios 2.3

Cada um dos gráficos das funções nos Exercícios 1-8 tem um ponto de máximo relativo e um ponto de mínimo relativo. Encontre esses pontos usando o teste da derivada primeira. Use uma tabela de variação de sinais como no Exemplo 1.

1. $f(x) = x^3 - 27x$
2. $f(x) = x^3 - 6x^2 + 1$
3. $f(x) = -x^3 + 6x^2 - 9x + 1$
4. $f(x) = -6x^3 - \frac{3}{2}x^2 + 3x - 3$
5. $f(x) = \frac{1}{3}x^3 - x^2 + 1$
6. $f(x) = \frac{4}{3}x^3 - x + 2$
7. $f(x) = -x^3 + 12x^2 - 2$
8. $f(x) = 2x^3 + 3x^2 - 3$

Cada um dos gráficos das funções nos Exercícios 9-16 tem um ponto extremo relativo. Esboce esse ponto e confira a concavidade nesse ponto. Usando somente essa informação, esboce o gráfico. [Quando estiver resolvendo os exercícios, observe que se $f(x) = ax^2 + bx + c$, então $f(x)$ tem um ponto de mínimo relativo se $a > 0$ e um ponto de máximo relativo se $a < 0$].

9. $f(x) = 2x^2 - 8$
10. $f(x) = x^2$
11. $f(x) = \frac{1}{2}x^2 + x - 4$
12. $f(x) = -3x^2 + 12x + 2$
13. $f(x) = 1 + 6x - x^2$
14. $f(x) = \frac{1}{2}x^2 + \frac{1}{2}$
15. $f(x) = -x^2 - 8x - 10$
16. $f(x) = -x^2 + 2x - 5$

Cada um dos gráficos das funções nos Exercícios 17-24 tem um ponto de máximo relativo e um ponto de mínimo relativo. Esboce esses dois pontos e confira a concavidade nesses pontos. Usando somente essa informação, esboce o gráfico.

17. $f(x) = x^3 + 6x^2 + 9x$
18. $f(x) = \frac{1}{9}x^3 - x^2$
19. $f(x) = x^3 - 12x$
20. $f(x) = -\frac{1}{3}x^3 + 9x - 2$
21. $f(x) = -\frac{1}{9}x^3 + x^2 + 9x$
22. $f(x) = 2x^3 - 15x^2 + 36x - 12$
23. $f(x) = -\frac{1}{3}x^3 + 2x^2 - 12$
24. $f(x) = \frac{1}{3}x^3 + 2x^2 - 5x + \frac{8}{3}$

Nos Exercícios 25-32, esboce a curva dada, indicando todos os pontos extremos relativos e de inflexão.

25. $y = x^3 - 3x + 2$
26. $y = x^3 - 6x^2 + 9x + 3$
27. $y = 1 + 3x^2 - x^3$
28. $y = -x^3 + 12x - 4$
29. $y = \frac{1}{3}x^3 - x^2 - 3x + 5$

30. $y = x^4 + \frac{1}{3}x^3 - 2x^2 - x + 1$ [Sugestão: $4x^3 + x^2 - 4x + 1 = (x^2 - 1)(4x - 1)$]

31. $y = 2x^3 - 3x^2 - 36x + 20$

32. $y = x^4 - \frac{4}{3}x^3$

33. Sejam a, b, c números fixados com $a \neq 0$ e seja $f(x) = ax^2 + bx + c$. É possível que o gráfico de $f(x)$ tenha algum ponto de inflexão? Explique.

34. Sejam a, b, c, d números fixados com $a \neq 0$ e seja $f(x) = ax^3 + bx^2 + cx + d$. É possível que o gráfico de $f(x)$ tenha mais do que um ponto de inflexão? Explique.

O gráfico de cada uma das funções nos Exercícios 35-40 tem um ponto extremo relativo. Encontre-o (dando ambas as coordenadas) e determine se é um ponto de mínimo ou um máximo relativo. Não forneça um esboço do gráfico da função.

35. $f(x) = \frac{1}{4}x^2 - 2x + 7$ **36.** $f(x) = 5 - 12x - 2x^2$

37. $g(x) = 3 + 4x - 2x$ **38.** $g(x) = x^2 + 10x + 10$

39. $f(x) = 5x^2 + x - 3$

40. $f(x) = 30x^2 - 1.800x + 29.000$

Nos Exercícios 41 e 42, determine qual função é a derivada da outra.

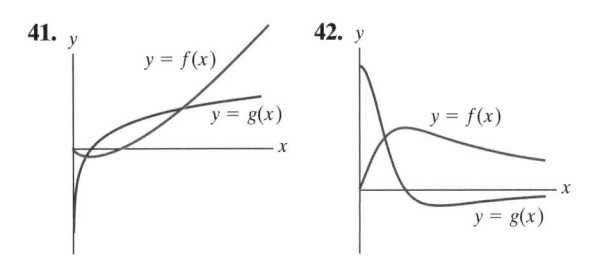

41.

42.

43. Considere o gráfico de $g(x)$ na Figura 17.
(a) Se $g(x)$ é a derivada primeira de $f(x)$, qual é o comportamento de $f(x)$ em $x = 2$?
(b) Se $g(x)$ é a derivada segunda de $f(x)$, qual é o comportamento de $f(x)$ em $x = 2$?

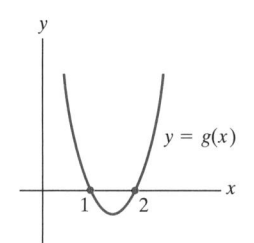

Figura 17

44. População dos Estados Unidos A população (em milhões) dos Estados Unidos (excluindo o Alasca e o Hawaí) t anos depois de 1800 é dada pela função $f(t)$ da Figura 18(a). Os gráficos de $f'(t)$ e de $f''(t)$ são dados nas Figuras 18(b) e 18(c).
(a) Qual era a população em 1925?
(b) Aproximadamente quando a população era de 25 milhões?
(c) Quão rápido crescia a população em 1950?
(d) Quando, durante os últimos 50 anos, a população crescia à taxa de 1,8 milhões por ano?
(e) Em que ano a população tinha a maior taxa de crescimento?

45. Taxas de fundos indexados Quando uma companhia de fundos mútuos cobra a taxa de 0,47% sobre seus fundos indexados, seus ativos no fundo são de 41 bilhões de dólares. Quando cobra a taxa de 0,18%, seus ativos no fundo são de 300 bilhões.*
(a) Seja x a taxa (média) que a companhia cobra como uma porcentagem do fundo indexado e $A(x)$ seus ativos no fundo. Expresse $A(x)$ como uma função linear de x.
(b) Em setembro de 2004, o Fundo Mútuo Fidelidade baixou suas taxas em vários fundos indexados de

---

* Dados do artigo "Fidelity slashes index-fund fees", *Boston Globe*, 1º de setembro de 2004.

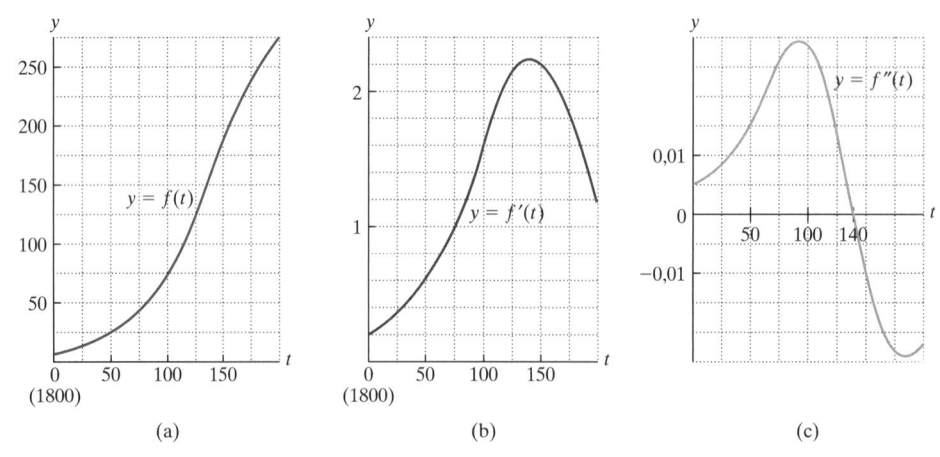

Figura 18 População (em milhões) dos EUA de 1800 a 1998.

uma média de 0,3% para 0,1%. Seja $R(x)$ a receita de taxas da companhia quando a taxa em fundos indexados for de $x\%$. Compare a receita da companhia antes e depois de baixar as taxas. [*Sugestão*: a receita é $x\%$ dos ativos.]

(c) Encontre a taxa que maximiza a receita da companhia e determine a receita máxima.

46. **Taxas de fundos indexados** Suponha que a função custo do Exercício 45 seja $C(x) = -2{,}5x + 1$, em que x é a taxa (média) dos fundos indexados. (A companhia tem um custo fixo de 1 bilhão de dólares e o custo diminui como uma função da taxa (média) dos fundos indexados.) Encontre o valor de x que maximiza o lucro. Como se compara o resultado obtido pelo Fundo Mútuo Fidelidade antes e depois de baixar a taxa (média) dos fundos indexados?

Exercícios com calculadora

47. Obtenha o gráfico de $f(x) = \frac{1}{6}x^3 - x^2 + 3x + 3$ na janela $[-2, 6]$ por $[-10, 20]$. O gráfico tem um ponto de inflexão em $x = 2$, mas não tem pontos extremos relativos. Aumente a janela algumas vezes e convença-se de que não existe ponto extremo relativo algum. O que isso lhe diz sobre $f'(x)$?

48. Obtenha o gráfico de $f(x) = \frac{1}{6}x^3 - \frac{5}{2}x^2 + 13x - 20$ na janela $[0, 10]$ por $[-20, 30]$. Determine, algebricamente, as coordenadas do ponto de inflexão. Ampliando e reduzindo a janela, convença-se de que não existe extremo relativo algum.

49. Obtenha o gráfico de

$$f(x) = 2x + \frac{18}{x} - 10$$

na janela $[0, 16]$ por $[0, 16]$. De que forma esse gráfico é parecido com o de uma parábola com concavidade para cima? De que forma é diferente?

50. Obtenha o gráfico de

$$f(x) = 3x + \frac{75}{x} - 25$$

na janela $[0, 25]$ por $[0, 50]$. Use a operação "trace" da calculadora ou computador para obter uma estimativa das coordenadas do ponto de mínimo relativo. Depois, determine as coordenadas algebricamente. Convença-se, tanto grafica (com a calculadora ou o computador) quanto algebricamente que essa função não tem pontos de inflexão.

Soluções dos exercícios de revisão 2.3

1. Resposta: (a) e (d). A curva (b) tem a forma de uma parábola, mas não é o gráfico de qualquer função, pois retas verticais cruzam a curva duas vezes. A curva (c) tem dois extremos relativos, mas a derivada de $f(x)$ é uma função linear, que não poderia tomar o valor zero em dois valores distintos de x.

2. Resposta: (a), (c), (d). A curva (b) tem três extremos relativos, mas a derivada de $f(x)$ é uma função quadrática, que não poderia tomar o valor zero em três valores distintos de x.

2.4 Esboço de curvas (conclusão)

Na Seção 2.3, discutimos as principais técnicas para esboçar uma curva. Aqui, acrescentamos alguns toques finais e examinamos algumas curvas ligeiramente mais complicadas.

Um gráfico se torna mais preciso à medida que colocarmos mais pontos nele. Essa afirmação é verdadeira mesmo para as curvas quadráticas e cúbicas simples da Seção 2.3. É claro que os pontos mais importantes de uma curva são os pontos de extremos relativos e os pontos de inflexão. Além desses, é claro que os pontos de corte com os eixos x e y muitas vezes têm algum interesse intrínseco em problemas aplicados. O corte com o eixo y é dado por $(0, f(0))$. Para encontrar os cortes do gráfico de $f(x)$ com o eixo x, precisamos encontrar aqueles valores de x em que $f(x) = 0$. Como isso pode ser um problema difícil (ou impossível), vamos procurar esses pontos de corte com o eixo x somente quando forem fáceis de encontrar ou quando um problema requerer especificamente que os encontremos.

Quando $f(x)$ é uma função quadrática, como no Exemplo 1, podemos calcular facilmente os pontos de corte com o eixo x (se existirem) ou fatorando a expressão para $f(x)$ ou utilizando a fórmula quadrática, que repetimos da Seção 0.4.

A fórmula quadrática

$$x = \frac{-b \pm \sqrt{b^2 - 4ac}}{2a}$$

O sinal $\pm$ nos diz para formar duas expressões, uma com $+$ e outra com $-$. A equação tem duas raízes distintas se $b^2 - 4ac > 0$, uma raiz dupla se $b^2 - 4ac = 0$ e nenhuma raiz (real) se $b^2 - 4ac < 0$.

EXEMPLO 1   **Aplicando o teste da derivada segunda**   Esboce o gráfico de $y = \frac{1}{2}x^2 - 4x + 7$.

Solução   Seja

$$f(x) = \tfrac{1}{2}x^2 - 4x + 7.$$

Então

$$f'(x) = x - 4$$
$$f''(x) = 1.$$

Como $f'(x) = 0$ só quando $x = 4$ e como $f''(4)$ é positiva, $f(x)$ deve ter um ponto de mínimo relativo em $x = 4$ (teste da derivada segunda). O ponto de mínimo relativo é $(4, f(4)) = (4, -1)$.

O ponto de corte com o eixo y é $(0, f(0)) = (0, 7)$. Para encontrar os pontos de corte com o eixo x, tomamos $f(x) = 0$ e resolvemos para x.

$$\tfrac{1}{2}x^2 - 4x + 7 = 0.$$

A expressão para $f(x)$ não é facilmente fatorada, por isso utilizamos a fórmula quadrática para resolver a equação.

$$x = \frac{-(-4) \pm \sqrt{(-4)^2 - 4(\tfrac{1}{2})(7)}}{2(\tfrac{1}{2})} = 4 \pm \sqrt{2}.$$

Os pontos de corte com o eixo x são $(4 - \sqrt{2}, 0)$ e $(4 + \sqrt{2}, 0)$. Para esboçar esses pontos, utilizamos a aproximação $\sqrt{2} \approx 1{,}4$. (Ver Figura 1.)

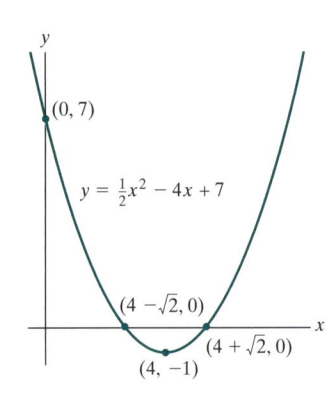

Figura 1

O próximo exemplo é interessante, por tratar de uma função sem pontos críticos.

EXEMPLO 2   **Uma função sem pontos críticos**   Esboce o gráfico de $f(x) = \tfrac{1}{6}x^3 - \tfrac{3}{2}x^2 + 5x + 1$.

Solução

$$f(x) = \tfrac{1}{6}x^3 - \tfrac{3}{2}x^2 + 5x + 1$$
$$f'(x) = \tfrac{1}{2}x^2 - 3x + 5$$
$$f''(x) = x - 3$$

Procurando os pontos críticos, tomamos $f'(x) = 0$ e tentamos resolver para x.

$$\tfrac{1}{2}x^2 - 3x + 5 = 0. \tag{1}$$

Aplicando a fórmula quadrática com $a = \frac{1}{2}$, $b = -3$ e $c = 5$, vemos que $b^2 - 4ac$ é negativo e, portanto, (1) não tem solução. Em outras palavras, $f'(x)$ nunca é zero. Assim, o gráfico não pode ter extremos relativos. Calculando $f'(x)$ em algum x, digamos, $x = 0$, vemos que a primeira derivada é positiva, portanto, $f(x)$ é crescente nesse valor. Como o gráfico de $f(x)$ é uma curva lisa sem pontos extremos relativos e sem quebras, $f(x)$ deve ser crescente em todo x. (Se uma função fosse crescente em $x = a$ e decrescente em $x = b$, teria um extremo relativo entre a e b.)

Agora examinaremos a concavidade.

	$f''(x) = x - 3$	Gráfico de $f(x)$
$x < 3$	Negativa	Côncavo para baixo
$x = 3$	Zero	Troca a concavidade
$x > 3$	Positiva	Côncavo para cima

Como $f''(x)$ troca de sinal em $x = 3$, temos um ponto de inflexão em $(3, 7)$. O ponto de corte com o eixo y é $(0, f(0)) = (0, 1)$. Omitimos o ponto de corte com o eixo x porque é difícil resolver a equação cúbica $\frac{1}{6}x^3 - \frac{3}{2}x^2 + 5x + 1 = 0$.

A qualidade do nosso esboço da curva será melhorada se primeiro traçarmos a reta tangente no ponto de inflexão. Para fazer isso, precisamos saber a inclinação do gráfico em $(3,7)$.

$$f'(3) = \tfrac{1}{2}(3)^2 - 3(3) + 5 = \tfrac{1}{2}.$$

Traçamos uma reta pelo ponto $(3, 7)$ de inclinação $\frac{1}{2}$ e completamos o esboço mostrado na Figura 2.

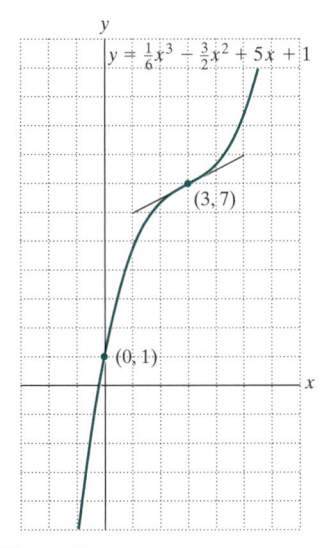

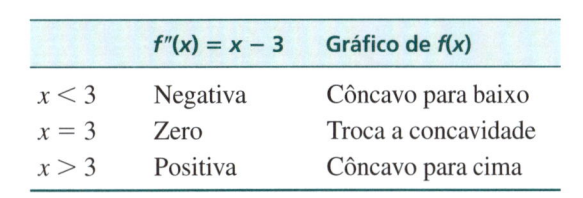

Figura 2

EXEMPLO 3 **Usando o teste da derivada primeira** Esboce o gráfico de $f(x) = (x - 2)^4 - 1$.

Solução
$$f(x) = (x - 2)^4 - 1$$
$$f'(x) = 4(x - 2)^3$$
$$f''(x) = 12(x - 2)^2$$

Claramente, $f'(x) = 0$ se, e só se, $x = 2$. Assim, a curva tem uma tangente horizontal em $(2, f(2)) = (2, -1)$. Como $f''(2) = 0$, o teste da derivada segunda não diz coisa alguma. Apliquemos o teste da derivada primeira. Observe que

$$f'(x) = 4(x - 2)^3 \begin{cases} \text{negativa se } x < 2 \\ \text{positiva se } x > 2 \end{cases}$$

pois o cubo de um número negativo é negativo e o cubo de um número positivo é positivo. Portanto, quando x varia da esquerda para a direita na vizinhança de 2, a derivada primeira troca de sinal e vai de negativa para positiva. Pelo teste da derivada primeira, o ponto $(2, -1)$ é um mínimo relativo.

O ponto de corte com o eixo y é $(0, f(0)) = (0, 15)$. Para encontrar os pontos de corte com o eixo x, tomamos $f(x) = 0$ e resolvemos para x, como segue.

$$(x - 2)^4 - 1 = 0$$
$$(x - 2)^4 = 1$$
$$x - 2 = 1 \quad \text{ou} \quad x - 2 = -1$$
$$x = 3 \quad \text{ou} \quad x = 1.$$

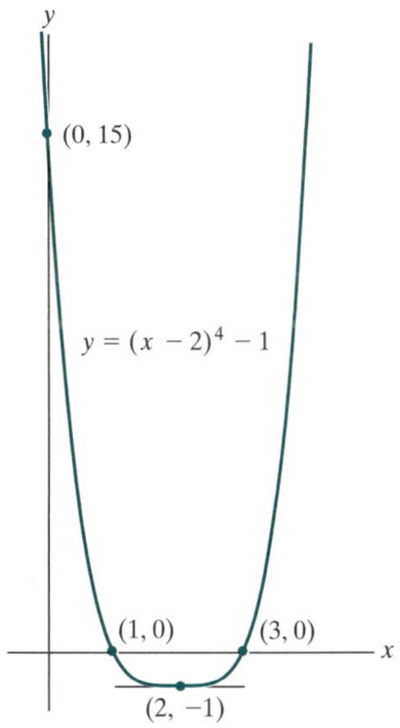

(Ver Figura 3.)

Figura 3

Um gráfico com assíntotas Gráficos parecidos com o do próximo exemplo aparecerão em várias aplicações mais adiante neste capítulo.

EXEMPLO 4

Assíntotas Esboce o gráfico de $f(x) = x + (1/x)$, com $x > 0$.

Solução
$$f(x) = x + \frac{1}{x}$$
$$f'(x) = 1 - \frac{1}{x^2}$$
$$f''(x) = \frac{2}{x^3}$$

Tomamos $f'(x) = 0$ e resolvemos para x.
$$1 - \frac{1}{x^2} = 0$$
$$1 = \frac{1}{x^2}$$
$$x^2 = 1$$
$$x = 1.$$

(Excluímos o caso $x = -1$ porque estamos considerando apenas valores positivos de x.) O gráfico tem uma tangente horizontal em $(1, f(1)) = (1, 2)$. Como $f''(1) = 2 > 0$, o gráfico é côncavo para cima em $x = 1$ e, pelo teste da derivada segunda, $(1, 2)$ é um ponto de mínimo relativo. De fato, $f''(x) = (2/x^3) > 0$ para cada x positivo e, portanto, o gráfico é côncavo para cima em todos os pontos.

Antes de esboçar o gráfico, observe que quando x tende a zero [um ponto em que $f(x)$ não está definida], o termo dominante na fórmula de $f(x)$ é $1/x$. Isto é, esse termo se torna arbitrariamente grande, enquanto o termo x contribui numa proporção cada vez menor no valor da função quando x tende a 0. Assim, $f(x)$ tem o eixo y como uma assíntota. Para grandes valores de x, o termo dominante é x. O valor de $f(x)$ é apenas ligeiramente maior do que x, uma vez que o termo $1/x$ tem importância decrescente quando x se torna arbitrariamente grande. Ou seja, o gráfico de $f(x)$ está ligeiramente acima do gráfico de $y = x$. Quando x cresce, o gráfico de $f(x)$ tem a reta $y = x$ como uma assíntota. (Ver Figura 4.) ∎

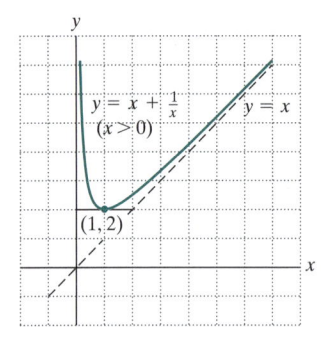

Figura 4

Resumo das técnicas de esboçar gráficos

1. Calcule $f'(x)$ e $f''(x)$.
2. Encontre todos os pontos de extremos relativos.
   (a) Encontre os valores críticos e os pontos críticos. Tomando $f'(x) = 0$, resolva para x. Suponha que $x = a$ seja uma solução (um valor crítico). Substitua $x = a$ em $f(x)$ para encontrar $f(a)$, esboce o ponto crítico $(a, f(a))$ e trace uma pequena reta tangente horizontal por esse ponto. Calcule $f''(a)$.

Teste da derivada segunda
   (i) Se $f''(a) > 0$, trace um pequeno arco de curva côncavo para cima com $(a, f(a))$, como seu ponto mais baixo. A curva tem um mínimo relativo em $x = a$.
   (ii) Se $f''(a) < 0$, trace um pequeno arco de curva côncavo para baixo com $(a, f(a))$, como seu ponto mais alto. A curva tem um máximo relativo em $x = a$.

Teste da derivada primeira
   (iii) Se $f''(a) = 0$, examine $f'(x)$ à esquerda e à direita de $x = a$ para determinar se a função muda de crescente para decrescente, ou

vice-versa. Se for indicado um extremo relativo, trace um arco apropriado como nas partes (i) e (ii).
  (b) Repita os passos precedentes para cada solução de $f'(x) = 0$.
3. Encontre todos os pontos de inflexão de $f(x)$.
  (a) Tomando $f''(x) = 0$, resolva para x. Suponha que $x = b$ seja uma solução. Calcule $f(b)$ e esboce o ponto $(b, f(b))$.
  (b) Teste a concavidade de $f(x)$ à esquerda e à direita de b. Se a concavidade mudar em $x = b$, então $(b, f(b))$ é um ponto de inflexão.
4. Considere outras propriedades da função e complete o esboço.
  (a) Se $f(x)$ estiver definida em $x = 0$, o corte com o eixo y é $(0, f(0))$.
  (b) O esboço parcial sugere que existam cortes com o eixo x? Se esse é o caso, esses pontos são encontradas tomando $f(x) = 0$ e resolvendo para x. (Resolva apenas nos casos simples ou quando o problema essencialmente requerer que você calcule os pontos de corte com o eixo x.)
  (c) Observe onde $f(x)$ está definida. Às vezes, a função é dada somente em valores restritos de x. Às vezes, a fórmula para $f(x)$ não faz sentido em certos valores de x.
  (d) Procure possíveis assíntotas.
      (i) Examine a fórmula para $f(x)$. Se alguns termos se tornarem insignificantes quando x fica grande e se o resto da fórmula dá a equação de uma reta, então a essa reta é uma assíntota.
      (ii) Suponha que exista algum ponto a tal que $f(x)$ está definida para x perto de a, mas não em a (por exemplo, $1/x$ em $x = 0$). Se $f(x)$ se tornar arbitrariamente grande (no sentido positivo ou negativo) quando x tende a a, então a reta vertical $x = a$ é uma assíntota do gráfico.
  (e) Complete o esboço.

Exercícios de revisão 2.4

Determine se cada uma das funções dadas tem uma assíntota quando x fica grande. Se for o caso, dê a equação da reta que é a assíntota.

1. $f(x) = \dfrac{3}{x} - 2x + 1$ 2. $f(x) = \sqrt{x} + x$

3. $f(x) = \dfrac{1}{2x}$

Exercícios 2.4

Nos Exercícios 1-6, encontre os pontos de corte com o eixo x da função dada.

1. $y = x^2 - 3x + 1$
2. $y = x^2 + 5x + 5$
3. $y = 2x^2 + 5x + 2$
4. $y = 4 - 2x - x^2$
5. $y = 4x - 4x^2 - 1$
6. $y = 3x^2 + 10x + 3$
7. Mostre que a função $f(x) = \frac{1}{3}x^3 - 2x^2 + 5x$ não tem pontos extremos relativos.
8. Mostre que a função $f(x) = -x^3 + 2x^2 - 6x + 3$ é sempre decrescente.

Nos Exercícios 9-22, esboce o gráfico da função dada.

9. $f(x) = x^3 - 6x + 12x - 6$
10. $f(x) = -x^3$
11. $f(x) = x^3 + 3x + 1$
12. $f(x) = x^3 + 2x^2 + 4x$
13. $f(x) = 5 - 13x + 6x^2 - x^3$
14. $f(x) = 2x^3 + x - 2$
15. $f(x) = \frac{4}{3}x^3 - 2x^2 + x$
16. $f(x) = -3x^3 - 6x^2 - 9x - 6$
17. $f(x) = 1 - 3x + 3x^2 - x^3$
18. $f(x) = x^3 - 6x^2 + 12x - 5$
19. $f(x) = x^4 - 6x^2$
20. $f(x) = 3x^4 - 6x^2 + 3$
21. $f(x) = (x - 3)^4$
21. $f(x) = (x + 2)^4 - 1$

Nos Exercícios 23-30, esboce o gráfico da função dada em $x > 0$.

23. $y = \dfrac{1}{x} + \dfrac{1}{4}x$
24. $y = \dfrac{2}{x}$
25. $y = \dfrac{9}{x} + x + 1$
26. $y = \dfrac{12}{x} + 3x + 1$

27. $y = \dfrac{2}{x} + \dfrac{x}{2} + 2$

28. $y = \dfrac{1}{x^2} + \dfrac{x}{4} - \dfrac{5}{4}$ [*Sugestão*: $(1, 0)$ é um corte com o eixo x.]

29. $y = 6\sqrt{x} - x$

30. $y = \dfrac{1}{\sqrt{x}} + \dfrac{x}{2}$

Nos Exercícios 31 e 32, determine qual função é a derivada da outra.

31.

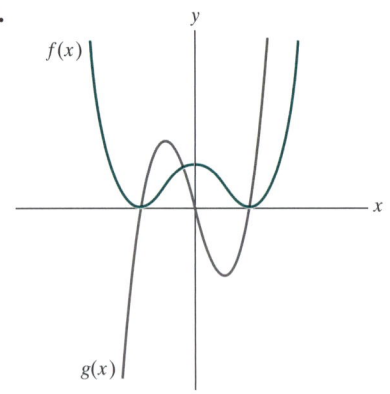

32.

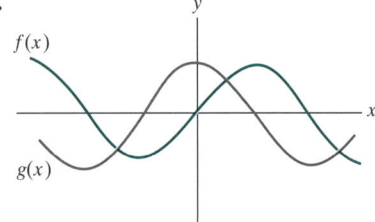

33. Encontre a função quadrática $f(x) = ax^2 + bx + c$ que passa por $(2, 0)$ e tem um máximo local em $(0, 1)$.

34. Encontre a função quadrática $f(x) = ax^2 + bx + c$ que passa por $(0, 1)$ e tem um máximo local em $(1, -1)$.

35. Se $f'(a) = 0$ e $f'(x)$ é crescente em $x = a$, explique por que $f(x)$ deve ter um mínimo local em $x = a$. [*Sugestão*: use o teste da derivada primeira.]

36. Se $f'(a) = 0$ e $f'(x)$ é decrescente em $x = a$, explique por que $f(x)$ deve ter um máximo local em $x = a$.

Exercícios com calculadora

37. Num experimento médico*, o peso de um rato recém--nascido do grupo de controle depois de t dias era dado por $f(t) = 4{,}96 + 0{,}48t + 0{,}17t^2 - 0{,}0048t^3$ gramas.
    (a) Obtenha o gráfico de $f(t)$ na janela $[0, 20]$ por $[-12, 50]$.
    (b) Aproximadamente, qual era o peso do rato depois de 7 dias?
    (c) Aproximadamente, quando o peso do rato atingiu 27 gramas?
    (d) Aproximadamente, quão rápido o rato ganhava peso depois de 4 dias?
    (e) Aproximadamente, quando o rato ganhava peso à taxa de 2 gramas por dia?
    (f) Aproximadamente, quando o rato ganhava peso mais rapidamente?

38. A altura (em metros) do capim-elefante** t dias depois de ter sido cortado (com $t \geq 32$) é $f(t) = -3{,}14 + 0{,}142t - 0{,}0016t + 0{,}0000079t^3 - 0{,}0000000133t^4$.
    (a) Obtenha o gráfico de $f(t)$ na janela $[32, 250]$ por $[-1{,}2;\ 4{,}5]$.
    (b) Qual era a altura do capim depois de 100 dias?
    (c) Quando o capim tem 2 metros de altura?
    (d) Quão rápido crescia o capim depois de 80 dias?
    (e) Quando o capim crescia à taxa de 2 centímetros por dia?
    (f) Aproximadamente, quando o capim crescia mais lentamente?
    (g) Aproximadamente, quando o capim crescia mais rapidamente?

---

* Johnson, Wogenrich, Hsi, Skipper and Greenberg, "Growth Retardation During the Sucking Period in Expanded Litters of Rats; Observations of Growth Patterns and Protein Turnover", *Growth, Development and Aging*, 55 (1991), 263-273.

** Woodward and Prine, "Crop Quality and Utilization", *Crop Science*, 33 (1993), 818-824.

Soluções dos exercícios de revisão 2.4

Funções com assíntotas quando x fica grande têm a forma $f(x) = g(x) + mx + b$, em que $g(x)$ tende a zero quando x fica grande. Muitas vezes a função $g(x)$ é parecida com c/x ou $c/(ax + d)$. A assíntota será a reta $y = mx + b$.

1. *Aqui $g(x) = 3/x$ e a assíntota é $y = -2x + 1$.*
2. *Essa função não tem assíntota quando x fica grande. É claro que ela pode ser escrita como $g(x) + mx + b$, em que $m = 1$ e $b = 0$. Entretanto, $g(x) = \sqrt{x}$ não tende a zero quando x fica grande.*
3. *Aqui $g(x) = \dfrac{1}{2x}$ e a assíntota é $y = 0$, ou seja, a função tem o eixo x como uma assíntota.*

2.5 Problemas de otimização

Uma das mais importantes aplicações do conceito de derivada está nos problemas de "otimização", nos quais alguma quantidade deve ser maximizada ou minimizada. Exemplos de tais problemas são abundantes em muitas áreas da vida. Uma companhia aérea deve decidir quantos voos diários devem ser programados entre duas cidades para maximizar seus lucros. Uma médica deseja encontrar a quantidade mínima de uma droga que irá produzir o efeito desejado em um de seus pacientes. Um fabricante precisa determinar a frequência com que certos equipamentos devem ser substituídos de forma a minimizar os custos de manutenção e substituição.

Nosso objetivo nesta seção é ilustrar como o Cálculo pode ser utilizado para resolver problemas de otimização. Em cada exemplo, encontramos ou construímos uma função que fornece um "modelo matemático" para o problema. Então, esboçando o gráfico dessa função, teremos condições de determinar a resposta do problema de otimização original, localizando o ponto mais alto ou mais baixo do gráfico. A coordenada y desse ponto será o valor máximo ou mínimo da função.

Os primeiros dois exemplos são bem simples, porque as funções a serem estudadas são dadas explicitamente.

EXEMPLO 1 Encontre o valor mínimo da função $f(x) = 2x^3 - 15x^2 + 24x + 19$ em $x \geq 0$.

Solução Utilizando as técnicas de esboçar curvas da Seção 2.3, obtemos o gráfico da Figura 1. Como parte desse processo, calculamos as derivadas

$$f'(x) = 6x^2 - 30x + 24$$
$$f''(x) = 12x - 30.$$

A coordenada x do ponto de mínimo satisfaz a equação

$$f'(x) = 0$$
$$6x^2 - 30x + 24 = 0$$
$$6(x-4)(x-1) = 0$$
$$x = 1, 4 \quad \text{(valores críticos)}.$$

Os pontos críticos correspondentes na curva são

$$(1, f(1)) = (1, 30)$$
$$(4, f(4)) = (4, 3).$$

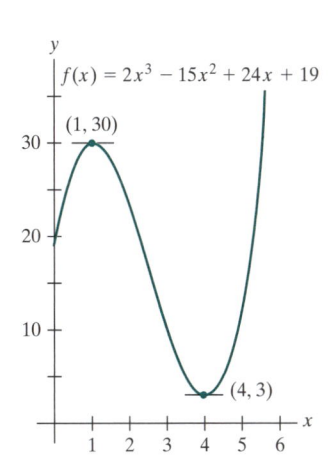

Figura 1

Aplicando o teste da derivada segunda, vemos que

$$f''(1) = 12 \cdot 1 - 30 = -18 < 0 \quad \text{(máximo)}$$
$$f''(4) = 12 \cdot 4 - 30 = 18 > 0 \quad \text{(mínimo)}.$$

Dessa forma, o ponto (1, 30) é um máximo relativo e o ponto (4, 3) é um mínimo relativo. O ponto mais baixo no gráfico é (4, 3). O *valor* mínimo da função $f(x)$ é a coordenada y desse ponto, a saber, 3. ■

EXEMPLO 2 Suponha que uma bola seja lançada verticalmente para cima e que sua altura após t segundos seja $4 + 48t - 16t^2$ pés. Determine quanto tempo a bola leva para atingir a sua altura máxima e determine a altura máxima atingida.

Solução Considere a função $f(t) = 4 + 48t - 16t^2$. Para cada valor de t, $f(t)$ é a altura da bola no instante de tempo t. Queremos encontrar o valor de t para o qual $f(t)$ é o maior. Utilizando as técnicas da Seção 2.3, esboçamos o gráfico de $f(t)$. (Ver Figura 2.) Observe que podemos ignorar as porções do gráfico que correspondem aos pontos para os quais ou $t < 0$ ou $f(t) < 0$. [Um valor negativo de $f(t)$ corresponderia à bola estar abaixo do solo.] A coordenada t que dá a maior altura é a solução da equação

$$f'(t) = 48 - 32t = 0$$
$$t = \tfrac{3}{2}.$$

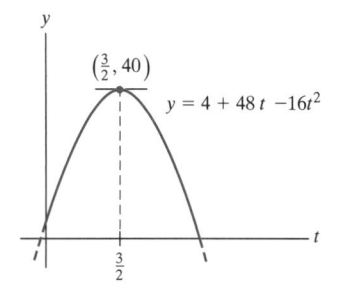

Como

$$f''(t) = -32$$
$$f''(\tfrac{3}{2}) = -32 < 0 \quad \text{(máximo)},$$

vemos pelo teste da derivada segunda que $t = \tfrac{3}{2}$ é a posição de um máximo relativo. Portanto, o maior $f(t)$ é atingido quando $t = \tfrac{3}{2}$. Nesse valor de t, a bola atinge uma altura de 40 pés. Assim, a bola alcança sua altura máxima de 40 pés em 1,5 segundos. [Observe que a curva na Figura 2 é o gráfico de $f(t)$, não uma imagem da trajetória física da bola.] ∎

Figura 2

EXEMPLO 3

Maximizando uma área Queremos plantar um jardim retangular ao longo de um dos lados de uma casa, construindo uma cerca nos três outros lados do jardim. Encontre as dimensões do maior jardim que pode ser cercado com 40 pés de cerca.

Solução Antes de partir para a resolução desse problema, vamos pensar um pouco a seu respeito. Com 40 pés de cerca, podemos cercar um jardim retangular ao longo de uma casa de muitas maneiras diferentes. Vejamos três possibilidades. Na Figura 3(a), a área cercada é de $10 \times 15 = 150$ pés quadrados, na Figura 3(b), é de $16 \times 12 = 192$ pés quadrados e na Figura 3(c), é de $32 \times 4 = 128$ pés quadrados. Claramente, a área total varia com nossa escolha de dimensões. Quais dimensões que totalizem 40 pés fornecerão a maior área? Vejamos como o Cálculo e as técnicas de otimização podem ser usados para resolver esse problema.

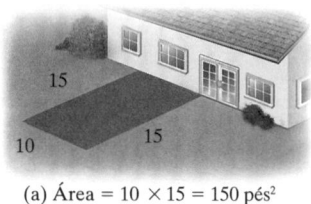

(a) Área = $10 \times 15 = 150$ pés²   (b) Área = $16 \times 12 = 192$ pés²   (c) Área = $32 \times 4 = 128$ pés²

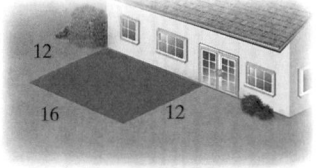

Figura 3 Jardins retangulares cercados com 40 pés de cerca.

Área = $w \cdot x$ pés²
Cerca utilizada = $2x + w$ pés

Figura 4 Caso geral.

Como não conhecemos as dimensões, o primeiro passo é fazer um diagrama simples que represente o caso geral e atribuir letras às quantidades que podem variar. Denotemos as dimensões do jardim retangular por w e x. (Ver Figura 4.) A frase "o maior jardim" indica que devemos maximizar a área A do jardim. Em termos das variáveis w e x, temos

$$A = wx. \tag{1}$$

A cerca nos três lados deve ter um comprimento total de 40 pés, isto é,

$$2x + w = 40. \tag{2}$$

Agora resolvemos a equação (2) para w em termos de x, obtendo

$$w = 40 - 2x. \tag{3}$$

Substituindo essa expressão para w na equação (1), obtemos
$$A = (40 - 2x)x = 40x - 2x^2. \tag{4}$$

Temos, agora, uma fórmula para a área A que depende de apenas uma variável. Do enunciado do problema, o valor de $2x$ pode ser, no máximo, 40 pés, portanto, o domínio da função consiste nos valores de x do intervalo $(0, 20)$. Assim, a função que queremos maximizar é
$$A(x) = 40x - 2x^2 \qquad 0 \le x \le 20$$

O gráfico dessa função é uma parábola virada para baixo. (Ver Figura 5.) Para encontrar o ponto máximo, calculamos
$$A'(x) = 0$$
$$40 - 4x = 0$$
$$x = 10.$$

Como esse valor está no domínio de nossa função, concluímos que o máximo absoluto de $A(x)$ ocorre em $x = 10$. Alternativamente, como $A''(x) = -4 < 0$, a concavidade da curva é sempre para baixo, portanto, o máximo local em $x = 10$ deve ser um máximo absoluto. [A área máxima é de $A(10) = 200$ pés quadrados, mas esse fato não é necessário para o problema.] A partir da equação (3) verificamos que, para $x = 10$,
$$w = 40 - 2(10) = 20$$

Concluindo, o jardim retangular com a maior área que pode ser cercado com 40 pés de cerca tem as dimensões dadas por $x = 10$ pés e $w = 20$ pés. ∎

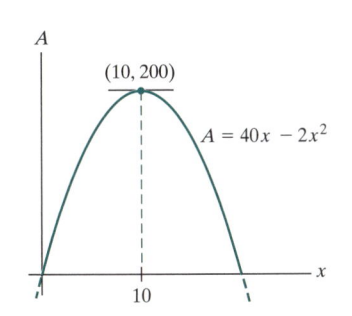

Figura 5

A equação (1) do Exemplo 3 é denominada *equação objetivo*. Ela expressa a quantidade a ser otimizada (a área do jardim) em termos das variáveis w e x. A equação (2) é denominada *equação de restrição*, porque ela impõe um condicionamento ou uma restrição na maneira com que x e w podem variar.

EXEMPLO 4   **Minimizando custos** A administração de uma loja de departamentos quer delimitar uma área retangular com 600 metros quadrados no estacionamento da loja para exibir algum tipo de equipamento. Em três lados da área delimitada serão construídas paredes feitas de madeira, a um custo de $14 por metro de comprimento. O quarto lado deverá ser construído com blocos de cimento, a um custo de $28 por metro de comprimento. Encontre as dimensões da área delimitada que minimizam o custo total dos materiais utilizados.

Solução Seja x o comprimento do lado a ser construído com blocos de cimento e seja y o comprimento de um dos lados adjacentes, como mostra a Figura 6. A frase "minimizar o custo total" nos diz que a equação objetivo deve ser uma fórmula que dê o custo total dos materiais utilizados.

[custo da madeira] = [comprimento dos lados de madeira] × [custo por metro]
$$= (x + 2y) \cdot 14 = 14x + 28y$$

[custo dos blocos de cimento] = [comprimento do lado com blocos de cimento] × [custo por metro]
$$= x \cdot 28$$

Se C denotar o custo total dos materiais, então
$$C = (14x + 28y) + 28x$$
$$C = 42x + 28y \quad \text{(equação objetivo)}. \tag{5}$$

Como a área delimitada deve ter 600 metros quadrados, a equação de restrição é
$$xy = 600. \tag{6}$$

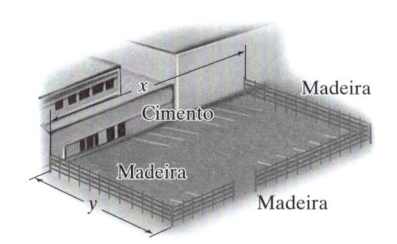

Figura 6 Área retangular delimitada.

Simplificamos a equação objetivo resolvendo a equação (6) para uma das variáveis, digamos, y e substituímos o resultado em (5). Como $y = 600/x$,

$$C = 42x + 28\left(\frac{600}{x}\right) = 42x + \frac{16.800}{x}.$$

Agora temos C como uma função apenas da variável x. Do contexto, devemos ter $x > 0$, pois um comprimento deve ser positivo. Entretanto, para qualquer valor positivo de x, existe um valor correspondente para C. Assim, o domínio de C consiste em todos os valores $x > 0$. Podemos esboçar, portanto, o gráfico de C. (Ver Figura 7.) (Uma curva análoga foi esboçada no Exemplo 4 da Seção 2.4.) A coordenada x do ponto de mínimo é uma solução de

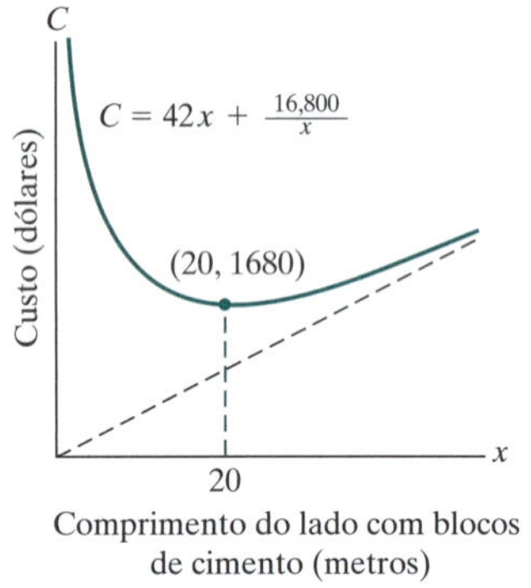

$$C'(x) = 0$$
$$42 - \frac{16.800}{x^2} = 0$$
$$42x^2 = 16.800$$
$$x^2 = 400$$
$$x = 20.$$

Figura 7

O valor correspondente de C é

$$C(20) = 42(20) + \frac{16.800}{20} = \$1680.$$

Dessa forma, o custo total mínimo de $\$1.680$ ocorre quando $x = 20$. Da equação (6) obtemos o valor correspondente de y, que é $\frac{600}{20} = 30$. Para minimizar o custo total da construção da área retangular delimitada de 600 metros quadrados, a administração deve utilizar as dimensões de $x = 20$ metros e $y = 30$ metros. ■

EXEMPLO 5   **Maximizando volume**   De acordo com o regulamento do serviço de encomendas postais dos Estados Unidos, o comprimento mais o perímetro de um pacote não deve exceder a 84 polegadas. Encontre as dimensões de um pacote cilíndrico que maximize o volume e que possa ser enviado pelo serviço de encomendas postais.

Solução   Sejam l o comprimento do pacote e r o raio da seção circular. (Ver Figura 8.) A frase "maximize o volume" nos diz que a equação objetivo deveria expressar o volume do pacote em termos das dimensões l e r. Seja V o volume do pacote. Então

$$V = [\text{área da base}] \cdot [\text{comprimento}]$$
$$V = \pi r^2 l \quad \text{(equação objetivo)}. \tag{7}$$

O perímetro do pacote é a circunferência da seção circular, ou seja, $2\pi r$. Como queremos que o pacote seja tão grande quanto possível, devemos utilizar todas as 84 polegadas permitidas, obtendo

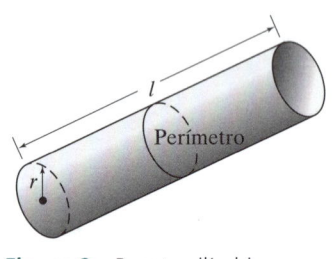

$$\text{comprimento} + \text{perímetro} = 84$$
$$l + 2\pi r = 84 \quad \text{(equação de restrição)}. \tag{8}$$

Figura 8   Pacote cilíndrico.

Agora resolvemos a equação (8) para uma das variáveis, digamos, $l = 84 - 2\pi r$. Substituindo essa expressão em (7), obtemos

$$V = \pi r^2 (84 - 2\pi r) = 84\pi r^2 - 2\pi^2 r^3. \qquad (9)$$

Seja $f(r) = 84\pi r^2 - 2\pi^2 r^3$. Então, para cada valor de r, $f(r)$ é o volume do pacote com uma seção circular de raio r que respeita a regulamentação dos Correios. Queremos encontrar o valor de r com o qual $f(r)$ seja o maior possível.

Utilizando as técnicas de esboçar curvas, obtemos o gráfico de $f(r)$ da Figura 9. O domínio exclui os valores de r que são negativos e os valores de r para os quais o volume $f(r)$ é negativo. Os pontos correspondentes aos valores de r que não estão no domínio estão representados com uma curva tracejada. Vemos que o volume é o maior com $r = 28/\pi$.

Pela equação (8), obtemos o valor correspondente de l, que é

$$l = 84 - 2\pi r = 84 - 2\pi \left(\frac{28}{\pi} \right) = 84 - 56 = 28.$$

O perímetro com $r = 28/\pi$ é

$$2\pi r = 2\pi \left(\frac{28}{\pi} \right) = 56.$$

Assim, as dimensões do pacote cilíndrico de maior volume são $l = 28$ polegadas e $r = 28/\pi$ polegadas. ∎

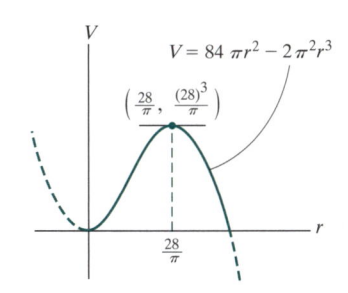

Figura 9

Sugestões para resolver um problema de otimização

1. Se possível, desenhe uma figura.
2. Decida qual é a quantidade Q a ser maximizada ou minimizada.
3. Atribua letras a outras quantidades que possam variar.
4. Determine a "equação objetivo" que expressa Q como uma função das variáveis atribuídas no passo 3.
5. Encontre a "equação de restrição" que relaciona as variáveis entre si e a quaisquer constantes que sejam dadas no problema.
6. Utilize a equação de restrição para simplificar a equação objetivo de tal maneira que Q se torne uma função de apenas uma variável. Determine o domínio dessa função.
7. Esboce o gráfico da função obtida no passo 6 e utilize esse gráfico para resolver o problema de otimização. Alternativamente, pode ser utilizado o teste da derivada segunda.

OBSERVAÇÃO Muitas vezes, os problemas de otimização envolvem fórmulas geométricas. As fórmulas mais comuns são dadas na Figura 10. ∎

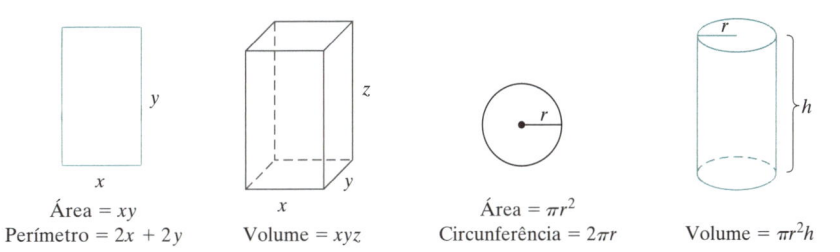

Figura 10

Área = xy
Perímetro = $2x + 2y$

Volume = xyz

Área = πr^2
Circunferência = $2\pi r$

Volume = $\pi r^2 h$

Exercícios de revisão 2.5

1. *(Volume)* Uma barraca de praia de lona tem um fundo, dois lados quadrados, e um topo. (Ver Figura 11.) Supondo que estejam disponíveis 96 pés quadrados de lona, encontre as dimensões da barraca que maximizam o espaço interno (o volume) da barraca.

2. Continuação do Exercício 1. Quais são as equações objetivo e restrição?

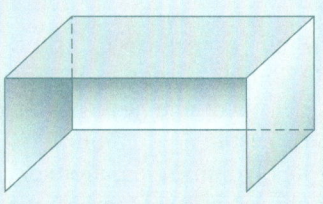

Figura 11 Barraca de praia.

Exercícios 2.5

1. Em qual x a função $g(x) = 10 + 40x - x^2$ atinge seu valor máximo?

2. Encontre o valor máximo da função $f(x) = 12x - x^2$ e dê o valor de x em que ocorre esse máximo.

3. Encontre o valor mínimo da função $f(t) = t^3 - 6t^2 + 40$, com $t \geq 0$, e dê o valor de t em que ocorre esse mínimo.

4. Em qual t a função $f(t) = t^2 - 24t$ atinge seu valor mínimo?

5. Encontre o máximo de $Q = xy$ se $x + y = 2$.

6. Encontre dois números positivos x e y que maximizem $Q = x^2 y$ se $x + y = 2$.

7. Encontre o mínimo de $Q = x^2 + y^2$ se $x + y = 6$.

8. Continuação do Exercício 7. Pode haver um máximo de $Q = x^2 + y^2$ se $x + y = 6$? Justifique.

9. Encontre os valores positivos de x e y que minimizem $S = x + y$ se $xy = 36$ e encontre esse valor mínimo.

10. Encontre os valores positivos de x, y e z que maximizem $Q = xyz$ se $x + y = 1$ e $y + z = 2$. Qual é esse valor máximo?

11. Área Dispomos de $320 para cercar um jardim retangular. A cerca no lado do jardim de frente para a rua custa $6 por metro e a cerca nos outros três lados custa $2 por metro. [Ver Figura 12(a).] Considere o problema de encontrar as dimensões do maior jardim possível.
  (a) Determine as equações objetivo e restrição.
  (b) Expresse a quantidade a ser maximizada como uma função de x.
  (c) Encontre os valores ótimos de x e y.

12. Volume A Figura 12(b) mostra uma caixinha retangular aberta com uma base quadrada. Considere o problema de encontrar os valores de x e h com os quais o volume seja de 32 centímetros cúbicos e a área de superfície total da caixinha seja mínima. (A área de superfície total é a soma das áreas das cinco faces da caixinha.)
  (a) Determine as equações objetivo e restrição.
  (b) Expresse a quantidade a ser minimizada como uma função de x.
  (c) Encontre os valores ótimos de x e h.

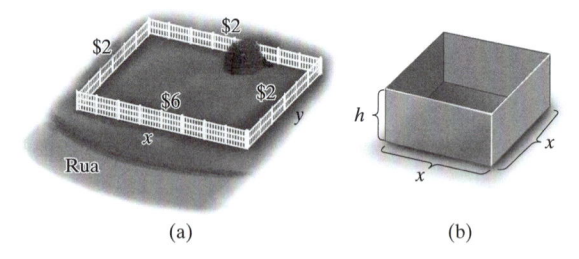

Figura 12

13. Volume A regulamentação postal dos Estados Unidos especifica que o comprimento de um pacote somado ao seu perímetro pode ter, no máximo, 84 polegadas. Considere o problema de encontrar as dimensões de um pacote retangular com fundo quadrado de maior volume que possa ser postado.
  (a) Desenhe uma caixa retangular com fundo quadrado. Identifique cada lado da base quadrada pela letra x e identifique a outra dimensão da caixa pela letra h.
  (b) Expresse o comprimento mais o perímetro em termos de x e h.
  (c) Determine as equações objetivo e restrição.

(d) Expresse a quantidade a ser maximizada como uma função de x.

(e) Encontre os valores ótimos de x e h.

14. **Perímetro** Considere o problema de encontrar as dimensões do jardim retangular de 100 metros quadrados de área para o qual a quantidade de cerca necessária para dar a volta no jardim seja a menor possível.

   (a) Desenhe a figura de um retângulo e selecione letras apropriadas para identificar as dimensões.

   (b) Determine as equações objetivo e restrição.

   (c) Encontre os valores ótimos das dimensões.

15. **Custo** Um jardim retangular de 75 metros quadrados de área deverá receber em três de seus lados um muro de tijolos, custando \$100 por metro, e no quarto lado uma cerca, custando \$50 por metro. Encontre as dimensões do jardim que minimizam o custo do material empregado.

16. **Custo** Uma caixinha fechada de lados retangulares e base quadrada deve ser construída utilizando dois tipos diferentes de material e ter um volume de 12 centímetros cúbicos. A base custa \$2 por centímetro quadrado, e os lados e o topo custam \$1 por centímetro quadrado. Encontre as dimensões da caixinha que minimizam o custo do material empregado.

17. **Área de superfície** Encontre as dimensões de uma caixa retangular fechada de base quadrada e com 8.000 centímetros cúbicos de volume que possa ser feita com a menor quantidade de material.

18. **Volume** Uma barraca de praia de lona tem um fundo, dois lados quadrados, e um topo e deve ter um volume de 250 pés cúbicos. Encontre as dimensões da barraca que exigem o mínimo possível de lona.

19. **Área** Um fazendeiro tem \$1.500 disponíveis para construir uma cerca com a forma da letra E ao longo de um rio, de modo a criar dois pastos retangulares idênticos. (Ver Figura 13.) O material para o lado paralelo ao rio custa \$6 por metro e o material para as outras três partes perpendiculares ao rio custa \$5 por metro. Encontre as dimensões com as quais a área cercada total seja a maior possível.

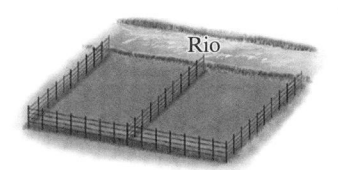

Figura 13 Pastos retangulares ao longo de um rio.

20. **Área** Encontre as dimensões de um jardim retangular de maior área que possa ser cercado (nos quatro lados) com 300 metros de cerca.

21. Encontre dois números positivos x e y cuja soma seja 100 e cujo produto seja o maior possível.

22. Encontre dois números positivos x e y cujo produto seja 100 e cuja soma seja a menor possível.

23. **Área** A Figura 14(a) mostra uma janela de Norman, que consiste num retângulo estendido com um semicírculo no topo. Encontre o valor de x tal que o perímetro da janela seja de 14 pés e a área da janela seja a maior possível.

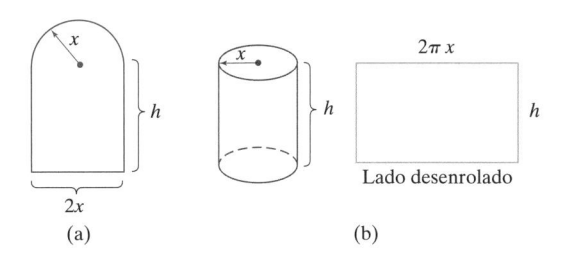

Figura 14

24. **Área de superfície** Uma lata grande de extrato de tomate é projetada de tal forma que possa conter 128π centímetros cúbicos de extrato. [Ver Figura 14(b).] Encontre os valores de x e h com os quais a quantidade de metal necessária seja a menor possível.

25. No Exemplo 3, é possível resolver a equação de restrição (2) para x em vez de w e obter $x = 20 - \frac{1}{2}w$. Substituindo essa expressão para x em (1), obtemos

$$A = xw = \left(20 - \tfrac{1}{2}w\right)w.$$

Esboce o gráfico da equação

$$A = 20w - \tfrac{1}{2}w^2$$

e mostre que o máximo ocorre com $w = 20$ e $x = 10$.

26. **Custo** Um navio utiliza $5x^2$ dólares de combustível por hora navegando a uma velocidade de x quilômetros por hora. As outras despesas necessárias para a operação do navio resultam em \$2.000 por hora. Qual é a velocidade que minimiza o custo de uma viagem de 500 km? [*Sugestão*: expresse o custo em termos da velocidade e do tempo. A equação de restrição é *distância = velocidade × tempo*.]

27. **Custo** A partir de um canto C do chão retangular de uma fábrica, deve ser instalado um cabo até uma máquina M. O cabo deve ir ao longo de uma parede de C até um ponto P a um custo de \$6 por metro e, depois, ser enterrado abaixo do piso, em linha reta de P a M a um custo de \$10 por metro. (Ver Figura 15.) Seja A o ponto da parede com C e P que está mais próximo de M. Se a distância de M a A for de 24 metros, a de C a A for de 20 metros e se x for a distância de C a P, encontre

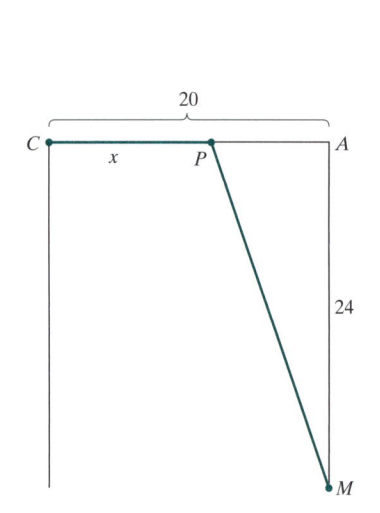

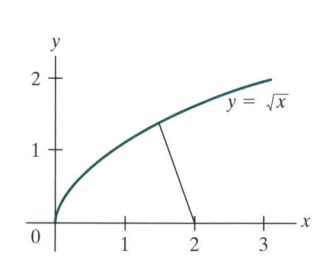

Figura 15

Figura 16

Figura 17 Menor distância de um ponto a uma curva.

o valor de x que minimiza o custo da instalação do cabo e determine o custo mínimo.

28. **Área** Um cartão retangular deve ter 50 cm² de área impressa com margens superior e inferior de 1 cm e margens laterais de 0,5 cm. (Ver Figura 16.) Encontre as dimensões do cartão que minimizem o tamanho do papel.

29. **Distância** Encontre o ponto do gráfico de $y = \sqrt{x}$ que está mais próximo do ponto $(2, 0)$. (Ver Figura 17.) [*Sugestão*: $\sqrt{(x-2)^2 + y^2}$ tem seu menor valor quando $(x-2)^2 + y^2$ tem seu menor valor. Portanto, basta minimizar a segunda expressão.]

30. **Distância** A administração municipal de duas vilas, A e B, deseja conectá-las a uma rodovia e planeja construir postos de gasolina e áreas de serviço na entrada da rodovia. Para minimizar o custo de construção da estrada, a administração precisa determinar o ponto de entrada da rodovia que minimize a distância total $d_1 + d_2$ das vilas A e B à rodovia. Seja x dado como na Figura 18. Encontre o valor de x que resolve o problema da administração e calcule a distância total mínima.

31. **Distância** Encontre o ponto da reta $y = -2x + 5$ que está mais próximo da origem.

Exercício com calculadora

32. Encontre o valor de x para o qual o retângulo inscrito no semicírculo de raio 3 da Figura 19 tenha a maior área. [*Observação*: a equação do semicírculo é $y = \sqrt{9 - x^2}$.]

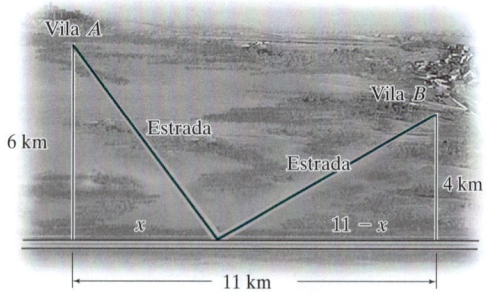

Figura 18

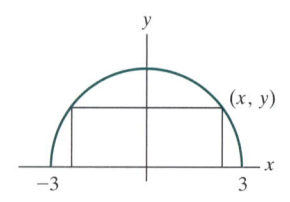

Figura 19

Soluções dos exercícios de revisão 2.5

1. Como os lados da barraca são quadrados, podemos denotar por x o comprimento de cada lado do quadrado. A outra dimensão da barraca pode ser denotada pela letra h. (Ver Figura 20.)

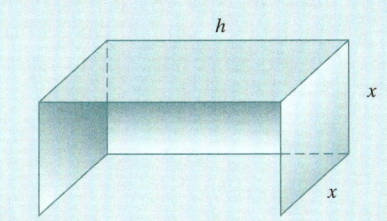

Figura 20

O volume da barraca é x^2h, que queremos maximizar. Como só aprendemos a maximizar funções de uma única variável, precisamos expressar h em termos de x. Devemos utilizar a informação de que serão utilizados 96 pés quadrados de lona, isto é, $2x^2 + 2xh = 96$. (*Observação*: o topo e o fundo da barraca têm, cada um, uma área de xh, e cada um dos lados tem uma área de x^2.) Agora, resolvemos essa equação para h.

$$2x^2 + 2xh = 96$$
$$2xh = 96 - 2x^2$$
$$h = \frac{96}{2x} - \frac{2x^2}{2x} = \frac{48}{x} - x$$

O volume V é

$$x^2h = x^2\left(\frac{48}{x} - x\right) = 48x - x^3.$$

Esboçando o gráfico de $V = 48x - x^3$, vemos que V tem um valor máximo com $x = 4$. Então $h = \frac{48}{4} - 4 = 12 - 4 = 8$. Logo, cada um dos lados da barraca deve ser um quadrado de 4 por 4 pés e o topo deve ter 8 pés de comprimento.

2. A equação objetivo é $V = x^2h$, pois expressa o volume (a quantidade a ser maximizada) em termos das variáveis. A equação de restrição é $2x^2 + 2xh = 96$, pois relaciona as variáveis entre si, de modo que pode ser utilizada para expressar uma das variáveis em termos da outra.

2.6 Mais problemas de otimização

Nesta seção, aplicamos as técnicas de otimização desenvolvidas na Seção 2.5 em algumas situações práticas.

Controle de estoque Quando uma firma encomenda e estoca produtos regularmente para uso posterior ou revenda, precisa decidir sobre o tamanho de cada encomenda. Se encomendar o suficiente para um estoque que dure o ano todo, o negócio implicará em altos *custos de manutenção*. Tais custos incluem seguros, custos de armazenamento e custos de capital que estão embutidos no estoque. Para reduzir esses custos, a firma poderia encomendar pequenas quantidades a intervalos frequentes. Entretanto, uma tal política aumenta os *custos de encomenda*. Esses podem incluir taxas mínimas de transporte, custo de pessoal de escritório para preparar os pedidos e os custos para receber e verificar as encomendas quando entregues. Certamente, a firma deve encontrar uma política de controle de estoque situada entre esses dois extremos.

Para compreender o problema de controle de estoque, começamos com um problema simples, que não envolve otimização.

EXEMPLO 1 A direção de um supermercado estima que serão vendidas 1.200 caixas de suco de laranja congelado a um fluxo constante de vendas durante o próximo ano. A direção planeja encomendar essas caixas pedindo a mesma quantidade em intervalos constantes ao longo do ano. Dado que custa $8 para manter uma caixa estocada por um ano, encontre os custos de manutenção se

(a) A direção fizer somente uma encomenda durante o ano.

(b) A direção fizer duas encomendas durante o ano.

(c) A direção fizer quatro encomendas durante o ano.

Os custos de manutenção devem ser calculados sobre o estoque médio entre duas encomendas consecutivas.

Solução (a) Esse plano propõe encomendar 1.200 caixas de uma só vez. Nesse caso, o estoque de suco de laranja congelado é mostrado na Figura 1(a). Começa com 1.200 e decresce constantemente a zero durante o período decorrido entre as encomendas. A qualquer momento durante o ano o estoque está entre 1.200 e 0. Portanto, em média, há $\frac{1200}{2}$, ou 600 caixas no estoque. Como o custo de manutenção é calculado sobre a média do estoque, nesse caso o custo é dado por $C = 600 \times 8 = 4.800$ dólares.

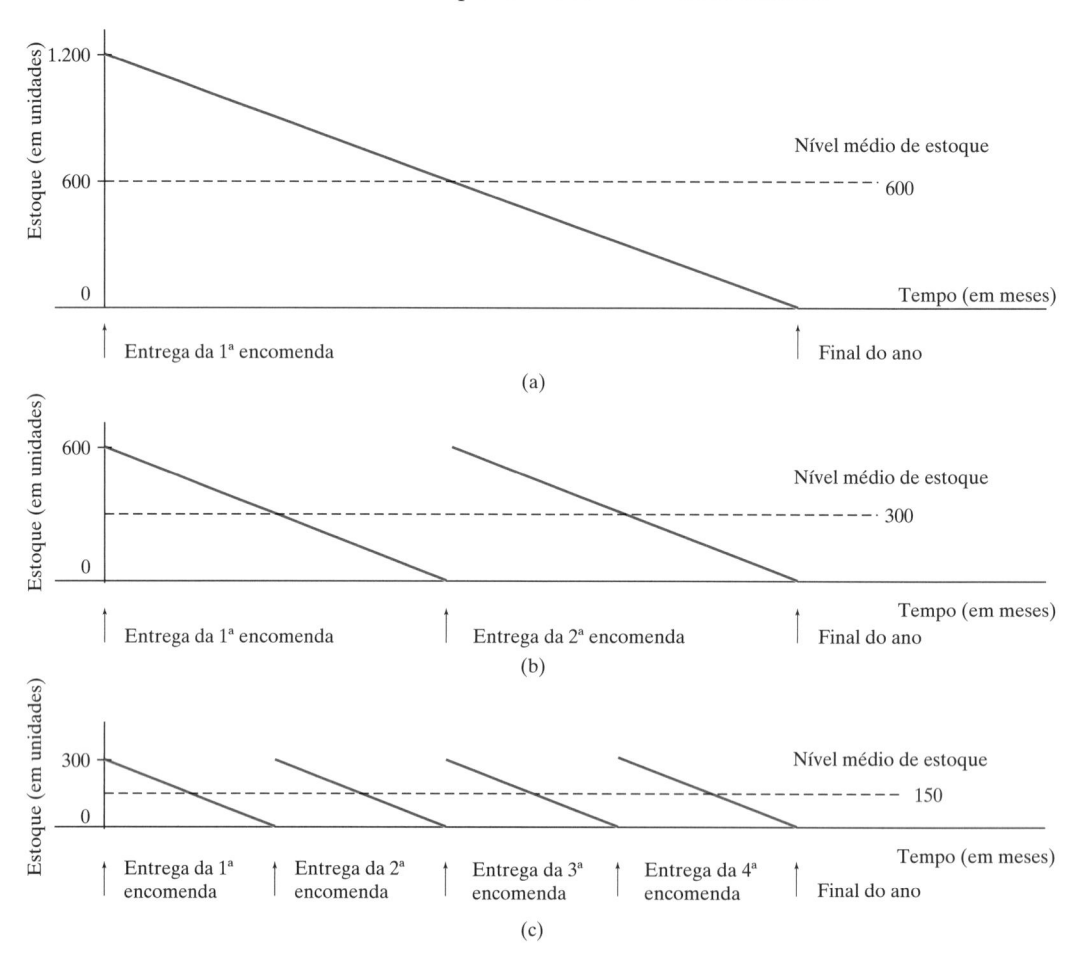

Figura 1

(b) Esse plano propõe encomendar 1.200 caixas em duas encomendas igualmente espaçadas de mesmo tamanho. Logo, o tamanho de cada encomenda é de $\frac{1200}{2}$, ou 600 caixas. O estoque de suco de laranja congelado nesse caso é mostrado na Figura 1(b). No início de cada período entre encomendas, o estoque é de 600 e decresce constantemente a 0 no final do período. Em qualquer tempo dado no período entre duas encomendas, o estoque está entre 600 e 0. Logo, em média, existem $\frac{600}{2}$, ou 300 caixas no estoque. Como os custos de manutenção são calculados sobre a média do estoque, nesse caso o custo é de $C = 300 \times 8 = 2.400$ dólares.

(c) Esse plano propõe encomendar 1.200 caixas em quatro encomendas igualmente espaçadas de mesmo tamanho. O tamanho de cada encomenda é de $\frac{1200}{4} = 300$, ou 300 caixas. O estoque de suco de laranja congelado nesse caso é mostrado na Figura 1(c). Em qualquer tempo no período entre duas encomendas, o estoque médio é de $\frac{300}{2}$, ou 150 caixas no estoque, portanto, o custo de manutenção é de $C = 150 \times 8 = 1.200$ dólares. ■

Aumentando o número de encomendas no Exemplo 1, a direção conseguiu diminuir os custos de manutenção de $4.200 para $2.400 e para $1.200. Claramente, a diretoria pode reduzir ainda mais o custo de manutenção fazendo encomendas com mais frequência. Na verdade, as coisas não são tão simples. Há um custo inerente a cada encomenda, e um aumento na quantidade de encomendas acarreta um aumento no custo anual de estocagem, em que

[custos de estocagem] = [custos de encomenda] + [custos de manutenção].

O problema de controle de estoque consiste em encontrar a "quantidade de encomenda econômica", comumente conhecida no mundo dos negócios por EOQ*, que minimiza os custos de estocagem. Veremos agora como o Cálculo pode ser usado para resolver esse problema.

EXEMPLO 2   **Controle de estoque**   Suponha que a direção do Exemplo 1 queira estabelecer uma política de estocagem ótima para o suco de laranja congelado. De novo, estima-se que serão vendidas um total de 1.200 caixas num fluxo de vendas constante durante o próximo ano. A direção planeja encomendar essas caixas pedindo a mesma quantidade em intervalos constantes ao longo do ano. Utilize os dados seguintes para determinar a quantidade de encomenda econômica, isto é, o tamanho das encomendas que minimizam os custos de encomenda e de manutenção totais.

1. O custo de cada encomenda é de $75.
2. Custa $8 para manter uma caixa de suco em estoque durante o período de um ano. (Os custos de manutenção devem ser calculados sobre o estoque médio entre duas encomendas consecutivas.)

Solução   Como não foi dado o tamanho de cada encomenda ou o número de encomendas que será feito durante o ano, denotemos por x o tamanho de cada encomenda e por r o número de encomendas feitas ao longo do ano. Como no Exemplo 1, o número de caixas de suco de laranja em estoque diminui constantemente de x caixas (cada vez que uma nova encomenda é entregue) até 0 caixas no final de cada período entre duas encomendas consecutivas. A Figura 2 mostra que o número médio de caixas em estoque durante o ano é $x/2$. Como

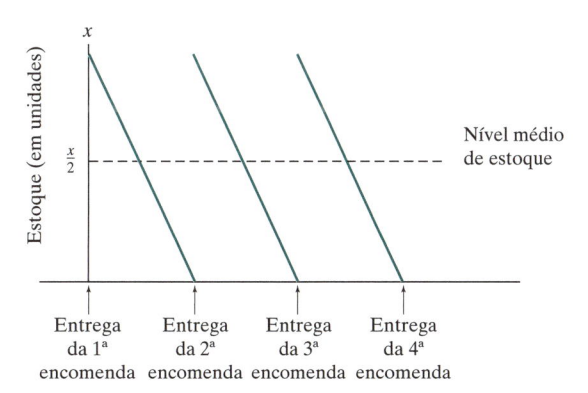

Figura 2   Nível médio de estoque.

---

* James C. Van Horne, *Financial Management and Policy*, 6th ed. (Upper Saddle River, N.J.: Prentice Hall, 1983), 416-420.

o custo de manutenção de uma caixa é $8 por ano, o custo de $x/2$ caixas é $8 \cdot (x/2)$ dólares. Agora,

[custos de estocagem] = [custos de encomenda] + [custos de manutenção].

$$= 75r + 8 \cdot \frac{x}{2}$$
$$= 75r + 4x.$$

Se C denotar os custos de estocagem, então a equação objetivo é

$$C = 75r + 4x.$$

Como há r encomendas de x caixas cada, o número total de caixas encomendadas durante o ano é $r \cdot x$. Portanto, a equação de restrição é

$$r \cdot x = 1.200$$

A equação de restrição diz que $r = 1.200/x$. Substituindo esse valor na equação objetivo, obtemos

$$C = \frac{90.000}{x} + 4x.$$

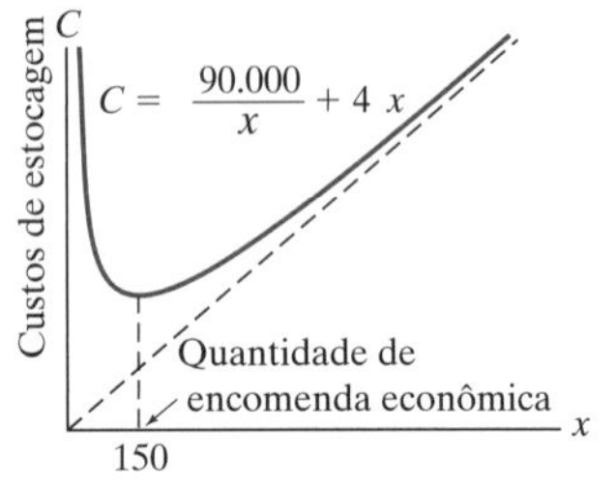

A Figura 3 dá o gráfico de C como uma função de x, com $x > 0$. O ponto de mínimo do gráfico ocorre onde a derivada primeira for zero. Encontramos esse ponto usando o cálculo

$$C'(x) = -\frac{90.000}{x^2} + 4 = 0$$
$$4x^2 = 90.000$$
$$x^2 = 22.500$$
$$x = 150 \quad \text{(ignore a raiz negativa, pois } x > 0\text{)}.$$

O custo total é um mínimo quando $x = 150$. Assim, a política ótima de estoque é encomendar 150 caixas de cada vez e colocar $1.200/150 = 8$ encomendas durante o ano. ∎

Figura 3 Função custo de problema de estoque.

EXEMPLO 3

Qual deveria ser a política de estocagem do Exemplo 2 se as vendas de suco de laranja congelado aumentarem quatro vezes (ou seja, 4.800 caixas vendidas anualmente), mas todas as outras condições permanecerem as mesmas?

Solução A única mudança na nossa solução anterior está na equação de restrição, que agora passa a ser

$$r \cdot x = 4.800.$$

A equação objetivo é, como antes,

$$C = 75r + 4x.$$

Como $r = 4.800/x$,

$$C = 75 \cdot \frac{4.800}{x} + 4x = \frac{360.000}{x} + 4x.$$

Agora,

$$C' = -\frac{360.000}{x^2} + 4.$$

Tomando $C' = 0$, obtemos

$$\frac{360.000}{x^2} = 4$$
$$90.000 = x^2$$
$$x = 300.$$

Portanto, a quantidade de encomenda econômica passa a ser 300 caixas. ∎

Observe que, embora as vendas tenham aumentado quatro vezes, a quantidade de encomenda econômica aumentou somente duas vezes $2\ (=\sqrt{4})$. Em geral, o estoque de um item numa loja deveria ser proporcional à raiz quadrada das vendas esperadas. (Ver Exercício 9 para uma dedução desse resultado.) Muitas lojas tendem a manter seus estoques médios a uma porcentagem fixa das vendas. Por exemplo, cada encomenda pode conter mercadoria suficiente para durar 4 ou 5 semanas. Essa política tende a criar estoques excessivos de itens que vendem muito e estoques incomodamente baixos de itens que vendem pouco.

Os fabricantes têm um problema de controle de estoque semelhante ao das lojas de varejo. Eles têm custos de manutenção dos produtos finalizados e custos iniciais para dar início ao processo de produção de cada item. O tamanho da produção de um item que minimiza a soma desses custos é denominado *tamanho de lote econômico*. Ver Exercícios 6 e 7.

EXEMPLO 4

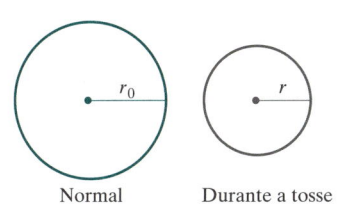

Figura 4 Contração da traqueia durante a tosse.

Limpeza de pulmões e traqueia Os médicos que estudam problemas de tosse precisam conhecer as condições mais efetivas para limpar os pulmões e a traqueia, ou seja, o raio da traqueia que dá a maior velocidade de passagem do ar. Usando os princípios seguintes de fluxo de fluidos, determine esse valor ótimo. (Ver Figura 4.) Sejam

r_0 = raio normal da traqueia
r = raio durante a tosse
P = aumento da pressão do ar na traqueia durante a tosse
v = velocidade do ar através da traqueia durante a tosse

(1) $r_0 - r = aP$, para alguma constante positiva a. (Experimentos têm mostrado que, durante a tosse, a diminuição do raio da traqueia é quase proporcional ao aumento da pressão do ar.)

(2) $v = b \cdot \pi r^2$, para alguma constante positiva b. (A teoria de fluxo de fluidos exige que a velocidade do ar forçado através da traqueia seja proporcional ao produto do aumento da pressão do ar pela área de uma seção transversal da traqueia.)

Solução Nesse problema, a equação de restrição (1) e a equação objetivo (2) são dadas diretamente. Resolvendo a equação (1) para P e substituindo esse resultado na equação (2), obtemos

$$v = b\left(\frac{r_0 - r}{a}\right)\pi r^2 = k(r_0 - r)r^2,$$

em que $k = b\pi/a$. Para encontrar o raio no qual a velocidade v atinge um máximo, calculamos primeiro as derivadas em relação a r, como segue.

$$v = k(r_0 r^2 - r^3)$$

$$\frac{dv}{dr} = k(2r_0 r - 3r^2) = kr(2r_0 - 3r)$$

$$\frac{d^2v}{dr^2} = k(2r_0 - 6r).$$

Vemos que $\frac{dv}{dr} = 0$ quando $r = 0$ ou quando $2r_0 - 3r = 0$, isto é, quando $r = \frac{2}{3}r_0$. É fácil ver que $\frac{d^2v}{dr^2}$ é positivo em $r = 0$ e negativo em $r = \frac{2}{3}r_0$. O gráfico de v como uma função de r é dado na Figura 5. A velocidade do ar é maximizada em $r = \frac{2}{3}r_0$.

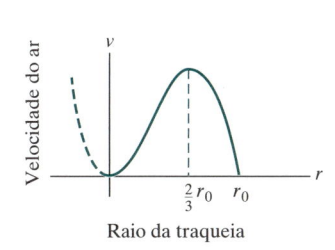

Figura 5 O gráfico do problema da traqueia.

Quando resolvemos problemas de otimização, procuramos o ponto máximo ou mínimo de um gráfico. Na nossa discussão sobre esboçar curvas, vimos que esse ponto ocorre ou num ponto extremo relativo ou numa extremidade do domínio de definição. Em todos os nossos problemas de otimização até aqui, os pontos de máximo ou mínimo foram extremos relativos. No próximo exemplo, o ponto ótimo é uma extremidade. Isso ocorre frequentemente em problemas aplicados.

EXEMPLO 5

Área Um fazendeiro tem 204 metros de cerca para construir dois currais: um quadrado e outro retangular, com comprimento igual ao dobro da largura. Encontre as dimensões que resultam na maior área combinada.

Solução Sejam x a largura do curral retangular e h o comprimento de cada lado do curral quadrado. (Ver Figura 6.) Seja A a área combinada. Então

$$A = [\text{área do quadrado}] + [\text{área do retângulo}] = h^2 + 2x^2.$$

A equação de restrição é

$$204 = [\text{perímetro do quadrado}] + [\text{perímetro do retângulo}] = 4h + 6x.$$

Como o perímetro do retângulo não pode exceder 204, devemos ter $0 \leq 6x \leq 204$, ou $0 \leq x \leq 34$. Resolvendo a equação de restrição para h e substituindo na equação objetivo, obtemos a função cujo gráfico aparece na Figura 7. O gráfico revela que a área é minimizada com $x = 18$. Entretanto, o problema pede pela *máxima* área possível. Pela Figura 7, vemos que isso ocorre no extremo $x = 0$. Assim, o fazendeiro deveria construir somente o curral quadrado, com $h = 204/4 = 51$ metros. Nesse exemplo, a função objetivo tem um valor extremo de fronteira: o valor máximo ocorre na extremidade em que $x = 0$. ∎

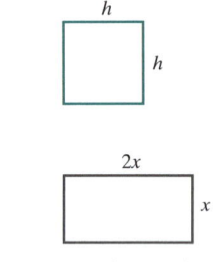

Figura 6 Dois currais.

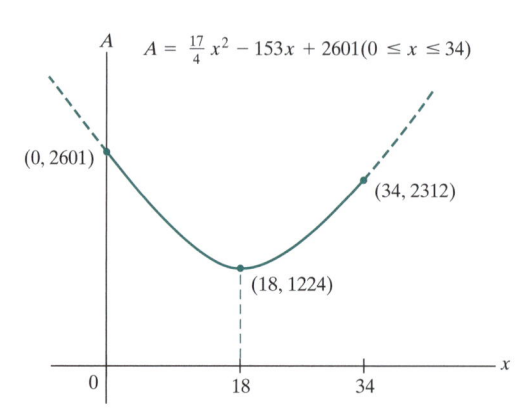

$$A = \tfrac{17}{4} x^2 - 153x + 2601 \quad (0 \leq x \leq 34)$$

Figura 7 Área combinada dos currais.

Exercícios de revisão 2.6

1. No problema de estocagem do Exemplo 2, suponha que o custo de cada encomenda seja o mesmo, mas que custe $9 manter uma caixa de suco de laranja no estoque por um ano e que os custos de manutenção são calculados sobre o estoque *máximo* no período entre duas encomendas consecutivas. Qual é a nova quantidade de encomenda econômica?

2. No problema de estocagem do Exemplo 2, suponha que as vendas de suco de laranja congelado aumentem nove vezes, isto é, que sejam vendidas 10.800 caixas anualmente. Qual é a nova quantidade de encomenda econômica?

Exercícios 2.6

1. A Figura 8 mostra o nível do estoque de passas de cereja numa loja de comida natural em Seattle (EUA) e os períodos entre encomendas sucessivas durante um ano. Use a figura para responder as questões seguintes.
   (a) Qual é a média de cerejas estocada entre duas encomendas consecutivas?
   (b) Qual é a maior quantidade de cerejas em estoque no intervalo entre duas encomendas consecutivas?
   (c) Quantas encomendas foram feitas no ano?
   (d) Quantos quilogramas de cerejas secas foram vendidos durante o ano?

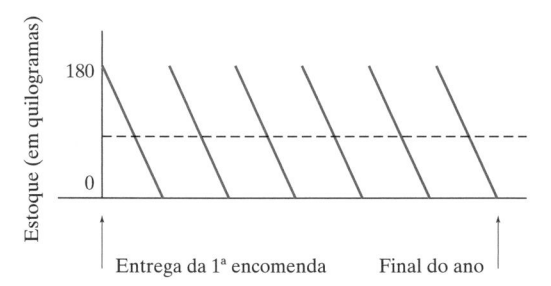

Figura 8

2. Continuação do Exercício 1. Suponha que
   (i) os custos de encomenda para cada entrega de cerejas secas seja de $50 e
   (ii) que custa $7 manter um quilograma de cerejas secas estocadas por um ano.
   (a) Qual é o custo de estocagem (manutenção mais encomenda) se os custos de manutenção são calculados pelo estoque médio no intervalo entre dois pedidos consecutivos?
   (b) Qual é o custo de estocagem (manutenção mais encomenda) se os custos de manutenção são calculados pelo maior estoque no intervalo entre dois pedidos consecutivos?

3. **Controle de estoque** Uma farmacêutica quer determinar uma política de estocagem ótima para um novo antibiótico cuja armazenagem requer refrigeração. Ela espera vender 800 embalagens do antibiótico a uma taxa constante durante o próximo ano e planeja encaminhar várias encomendas de mesmo tamanho igualmente espaçadas durante o ano. O custo de encomenda é de $16 por entrega e os custos de manutenção, calculados sobre a média do número de embalagens estocadas, é de $4 por ano por embalagem.
   (a) Sejam x a quantidade encomendada e r o número de encomendas encaminhadas durante o ano. Encontre o custo de estocagem (encomenda mais manutenção) em termos de x e r.
   (b) Encontre a função restrição.
   (c) Determine a quantidade de encomenda econômica que minimiza os custos de estocagem e, depois, calcule o custo de estocagem mínimo.

4. **Controle de estoque** Uma loja de móveis espera vender 640 sofás a uma taxa constante durante o próximo ano. O gerente da loja planeja encomendar esses sofás do fabricante encaminhando vários pedidos de mesmo tamanho e igualmente espaçados durante o ano. O custo de encomenda é de $160 por entrega e os custos de manutenção, calculados sobre a média do número de sofás estocados, totaliza $32 por ano por sofá.
   (a) Sejam x a quantidade encomendada e r o número de encomendas encaminhadas durante o ano. Encontre o custo de estocagem em termos de x e r.
   (b) Encontre a função restrição.
   (c) Determine a quantidade de encomenda econômica que minimiza os custos de estocagem e, depois, calcule o custo de estocagem mínimo.

5. **Controle de estoque** Um distribuidor de equipamento esportivo da Califórnia espera vender 10.000 tubos de bolas de tênis a uma taxa constante durante o próximo ano. Os custos de manutenção anuais (a serem calculados sobre a média de tubos estocados durante o ano) são de $10 por tubo e o custo de encaminhar uma encomenda ao fabricante é de $80.
   (a) Encontre os custos de estocagem no caso de o distribuidor encaminhar pedidos de 500 tubos de cada vez durante o ano.
   (b) Determine a quantidade de encomenda econômica, ou seja, o tamanho da encomenda que minimiza os custos de estocagem.

6. **Tamanho de lote econômico** A Companhia Americana de Pneus espera vender 600.000 pneus de um modelo e tamanho específicos durante o próximo ano. As vendas tendem a ser aproximadamente as mesmas de mês a mês. Os custos da produção de um lote desses pneus é de $15.000. Os custos de manutenção, calculados pelo número médio de pneus estocados, totalizam $5 por ano por pneu.
   (a) Determine os custos acarretados pela produção de 10 lotes durante o ano.
   (b) Encontre o tamanho de lote econômico (ou seja, o tamanho do lote que minimiza os custos de produção dos pneus).

7. **Tamanho de lote econômico** A Companhia Ótica Embaçada produz microscópios para laboratórios. O custo para a produção de cada lote é de $2.500. Os custos de seguro, calculados pelo número médio de microscópios estocados, é de $20 por microscópio por ano. Os custos de armazenamento, calculados pelo número máximo de microscópios estocados, somam $15 por microscópio por ano. Se a companhia espera vender 1.600 microscópios a uma taxa bastante constante durante o ano, determine o número de lotes que devem ser produzidos para minimizar as despesas totais da companhia.

8. **Controle de estoque** Uma livraria está tentando determinar a quantidade de encomenda mais econômica de um certo livro popular. A loja vende 8.000 cópias

desse livro por ano. A livraria estima que os custos para encaminhar uma nova encomenda sejam de $40. Os custos de manutenção (devidos principalmente a pagamentos de juros) são de $2 por livro, calculados sobre o maior estoque mantido entre dois pedidos consecutivos. Quantas encomendas deveriam ser encaminhadas anualmente?

9. **Controle de estoque** Um gerente de uma loja quer estabelecer uma política de estocagem ótima para um determinado item. Espera-se que as vendas ocorram a uma taxa constante ao longo do ano, devendo totalizar Q itens vendidos durante o ano. Cada vez que é encaminhada uma encomenda, o custo é de h dólares. Os custos de manutenção, calculados sobre a média de itens estocados durante o ano, é de s dólares por item. Mostre que o custo total de estocagem é minimizado quando o tamanho de cada encomenda é de $\sqrt{2hQ/s}$ itens.

10. No problema de estocagem do Exemplo 2, se o fabricante do suco oferecer um desconto de $1 por caixa para ordens de 600 ou mais caixas de suco congelado, a direção do supermercado deve alterar a quantidade encomendada?

11. **Área** Começando com uma parede de pedras de 100 metros de comprimento, um fazendeiro gostaria de construir um cercado retangular adicionando 400 metros de cerca, como aparece na Figura 9(a). Encontre os valores de x e w que resultam na maior área possível.

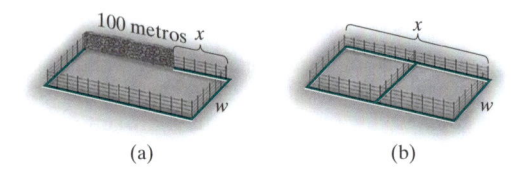

Figura 9 Cercados retangulares.

12. Refaça o Exercício 11 no caso em que apenas 200 metros de cerca sejam adicionados à parede de pedra.

13. **Comprimento** Um curral retangular de 54 metros quadrados deve ser cercado e também dividido em dois setores por uma cerca, como aparece na Figura 9(b). Encontre as dimensões do curral de forma que a quantidade de cerca a ser utilizada seja minimizada.

14. Continuação do Exercício 13. Se o custo da cerca externa for de $5 por metro e o da cerca divisória for de $2 por metro, encontre as dimensões do curral que minimizam o custo da cerca.

15. **Receita** Uma certa pizzaria vende 1.000 pizzas vegetarianas grandes a $18 por semana. Quando a pizzaria oferece um desconto de $5, passa a vender 1.500 por semana.
    (a) Suponha uma relação linear entre as vendas semanais $A(x)$ e o desconto x. Encontre $A(x)$.
    (b) Encontre o valor de x que maximiza a receita semanal. [*Sugestão*: receita = $A(x) \cdot$ (preço).]
    (c) Responda as questões (a) e (b) se o preço de uma pizza for de $9 e todos os demais dados permanecerem inalterados.

16. **Área de superfície** Projete uma caixa retangular aberta de extremidades laterais quadradas, com 36 decímetros cúbicos de volume, que minimize a quantidade de material necessário para a construção.

17. **Custo** Queremos construir um depósito com o formato de uma caixa de base quadrada com um volume de 150 metros cúbicos. O concreto da base custa $4 por metro quadrado, o material da cobertura, $2 por metro quadrado e o material para as laterais, $2,50 por metro quadrado. Encontre as dimensões do depósito mais econômico.

18. **Custo** Um supermercado deseja projetar um prédio retangular com uma área de piso de 12.000 pés quadrados. A frente do prédio terá a maior parte de vidro e um custo de $70 por pé linear. As outras três paredes serão construídas de tijolos e blocos de cimento, a um custo de $50 por pé linear. Ignore todos os outros custos (mão de obra, custo do alicerce e cobertura, e assim por diante) e encontre as dimensões da base do prédio que irão minimizar o custo dos materiais utilizados na construção das quatro paredes do prédio.

19. **Volume** Uma certa companhia aérea requer que pacotes retangulares carregados a bordo como bagagem de mão devem ser tais que a soma das três dimensões seja de 120 centímetros, no máximo. Encontre as dimensões de um pacote retangular de extremidades laterais quadradas que tenha o maior volume e esteja de acordo com essa restrição.

20. **Área** Um campo de atletismo consiste numa região retangular acrescida de uma região semicircular em cada extremidade. [Ver Figura 10(a).] O perímetro será utilizado como uma pista de 400 metros. Encontre o valor de x para o qual a área da região retangular seja a maior possível.

21. **Volume** Queremos construir uma caixa retangular aberta cortando cantos quadrados de um pedaço de pa-

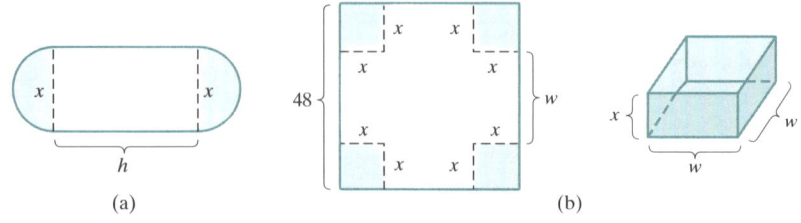

Figura 10

pelão quadrado de 48 centímetros de lado e dobrando as abas. [Ver Figura 10(b).] Encontre o valor de x para o qual o volume da caixa seja o maior possível.

22. **Volume** Queremos construir uma caixa retangular fechada com uma base que seja duas vezes mais longa do que larga. Se a área de superfície total deve ser de 27 decímetros quadrados, encontre as dimensões da caixa que fornecem o maior volume.

23. Seja $f(t)$ a quantidade de oxigênio (em unidades apropriadas) num lago, t dias depois um esgoto ter sido derramado no lago, e suponha que $f(t)$ seja dada, aproximadamente, por

$$f(t) = 1 - \frac{10}{t+10} + \frac{100}{(t+10)^2}.$$

Em que instante de tempo a quantidade de oxigênio está aumentando mais rápido?

24. A produção diária de uma mina de carvão depois de t horas de operação é de, aproximadamente, $40t + t^2 - \frac{1}{15}t^3$ toneladas, com $0 \le t \le 12$. Encontre a taxa de produção máxima (em toneladas de carvão por hora).

25. **Área** Considere um arco parabólico cuja forma possa ser representada pelo gráfico de $y = 9 - x^2$, sendo a base do arco situada no eixo x, de $x = -3$ a $x = 3$. Encontre as dimensões da janela retangular de área máxima que pode ser construída dentro do arco.

26. A campanha de publicidade de um certo produto foi encerrada e, t semanas depois, as vendas semanais são de $f(t)$ caixas, onde

$$f(t) = 1.000(t+8)^{-1} - 4.000(t+8)^{-2}.$$

Quando as vendas semanais caem mais rapidamente?

27. **Área de superfície** Uma caixinha retangular aberta de 400 centímetros cúbicos de volume tem uma base quadrada e uma divisória ao longo do meio. (Ver Figura 11.) Encontre as dimensões da caixinha com as quais a quantidade de material necessário seja a menor possível.

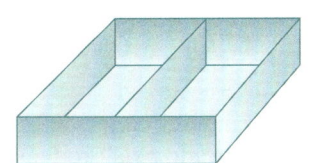

Figura 11 Caixa retangular aberta com uma divisória.

28. Se $f(x)$ estiver definida no intervalo $0 \le x \le 5$ e $f'(x)$ for negativa para todo x, em qual valor de x ocorre o maior valor de $f(x)$?

Exercícios com calculadora

29. **Volume** Uma embalagem de pizza é feita a partir de um pedaço retangular de papelão medindo 20 por 40 centímetros, cortando seis quadrados de igual tamanho, três ao longo de cada um dos lados longos do retângulo, e depois dobrando o papelão de maneira adequada para criar a embalagem. (Ver Figura 12.) Seja x o comprimento de cada um dos lados dos seis quadrados. Para qual valor de x a embalagem terá o volume máximo?

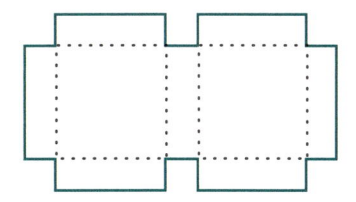

Figura 12

30. O consumo *per capita* de café nos Estados Unidos é o maior do mundo. Entretanto, devido a flutuações do preço do grão de café e preocupações com os efeitos da cafeína para a saúde, o consumo de café tem variado consideravelmente ao longo dos anos. De acordo com dados publicados pelo *Wall Street Journal*, o número $f(x)$ de copos consumidos diariamente por adulto no ano x (em que 1955 corresponde a $x = 0$) é dado pelo modelo matemático

$$f(x) = 2{,}77 + 0{,}0848x - 0{,}00832x^2 + 0{,}000144x^3.$$

(a) Obtenha o gráfico de $y = f(x)$ que mostra o consumo diário de café de 1955 a 1994.
(b) Utilize $f'(x)$ para determinar o ano em que o consumo de café foi o menor durante esse período. Qual era o consumo de café naquela época?
(c) Utilize $f'(x)$ para determinar o ano em que o consumo de café foi o maior durante esse período. Qual era o consumo de café naquela época?
(d) Utilize $f''(x)$ para determinar o ano em que o consumo de café diminuía à maior taxa.

Soluções dos exercícios de revisão 2.6

1. Denote por x a quantidade pedida em cada encomenda e por r o número de encomendas encaminhadas durante o ano. É claro, pela Figura 2, que o estoque máximo em qualquer momento entre duas encomendas consecutivas é de x caixas. Esse é o número de caixas em estoque no momento da entrega de uma encomenda. Como o custo de manutenção de uma caixa é de \$9, o custo de manutenção das x caixas é de $9 \cdot x$ dólares. Esse é o novo custo de manutenção. O custo de encomenda é o mesmo do Exemplo 2. Portanto, a função objetivo passa a ser

$$C = [\text{custos de encomenda}] + [\text{custos de manutenção}] = 75r + 9x.$$

A equação de restrição também é a mesma do Exemplo 2, porque o número total de caixas encomendadas durante o ano não foi alterado. Assim, $r \cdot x = 1.200$.

(Continuação)
A partir daqui, a resolução procede como no Exemplo 2.
Temos

$$r = \frac{1200}{x}$$

$$C = 75 \cdot \frac{1200}{x} + 9x = \frac{90.000}{x} + 9x$$

$$C'(x) = -\frac{90.000}{x^2} + 9.$$

Resolvendo $C'(x) = 0$, obtemos

$$-\frac{90.000}{x^2} + 9 = 0$$

$$9x^2 = 90.000$$

$$x^2 = 10.000$$

$$x = \sqrt{10.000} = 100 \quad \text{(ignore a raiz negativa, pois } x > 0\text{).}$$

O custo total atinge um mínimo quando $x = 100$. A política de estocagem ótima é encomendar 100 caixas de cada vez e encaminhar $\frac{1200}{100}$, ou 12 encomendas por ano.

2. Este problema pode ser resolvido da mesma maneira que resolvemos o Exemplo 3. Entretanto, o comentário feito ao final do Exemplo 3 indica que a quantidade de encomenda econômica deveria aumentar por um fator 3, já que $3 = \sqrt{9}$. Portanto, a quantidade de encomenda econômica é de $3 \cdot 150 = 450$ caixas.

2.7 Aplicações de derivadas à Administração e Economia

Em anos recentes, a tomada de decisões econômicas tem sido cada vez mais matematicamente orientada. Confrontados com uma imensa quantidade de dados estatísticos, dependendo de centenas ou mesmo de milhares de diferentes variáveis, cada vez mais os analistas de negócios e economistas têm se voltado para métodos matemáticos para ajudá-los a descrever o que está acontecendo, para prever os efeitos de várias alternativas de políticas e para escolher estratégias razoáveis dentre um caleidoscópio de possibilidades. Entre os métodos empregados está o Cálculo. Nesta seção, ilustramos algumas poucas dessas muitas aplicações do Cálculo à Administração e Economia. Todas as nossas aplicações estarão centradas em torno do que os economistas denominam a *teoria da firma*. Em outras palavras, estudamos a atividade de um negócio (ou, possivelmente, de toda uma indústria) e restringimos nossa análise a um período de tempo durante o qual as condições básicas (como fornecimento de matérias-primas, salários, impostos) possam ser consideradas praticamente constantes. Então mostramos como as derivadas podem ajudar a administração de tais firmas a tomar decisões vitais para a produção.

A administração, tendo ou não conhecimento de Cálculo, utiliza muitas funções do tipo que estivemos estudando. Exemplos dessas funções são

$C(x) = $ o custo de produzir x unidades do produto,
$R(x) = $ a receita gerada pela venda de x unidades do produto,
$P(x) = R(x) - C(x) = $ o lucro (ou perda) gerado pela produção e venda de x unidades do produto.

Observe que as funções $C(x)$, $R(x)$ e $P(x)$ muitas vezes estão definidas apenas para valores inteiros não negativos, isto é, para $x = 0, 1, 2, 3,...$. A razão disso é que não faz sentido falar sobre o custo de produzir -1 automóvel ou sobre a receita gerada pela venda de 3,62 refrigeradores. Assim, cada função pode dar origem a um conjunto discreto de pontos em um gráfico, como na Figura 1(a). No estudo dessas funções, entretanto, os economistas geralmente esboçam uma curva lisa passando pelos pontos e supõem que $C(x)$ esteja, de fato, definida para todo x positivo. É claro que, muitas vezes, devemos interpretar as respostas de problemas à luz do fato de que x, na maioria dos casos, é um inteiro não negativo.

Funções custo Supondo que uma função custo $C(x)$ tenha um gráfico liso como o da Figura 1(b), podemos utilizar as ferramentas do Cálculo para estudá-la. Uma função custo típica é analisada no Exemplo 1.

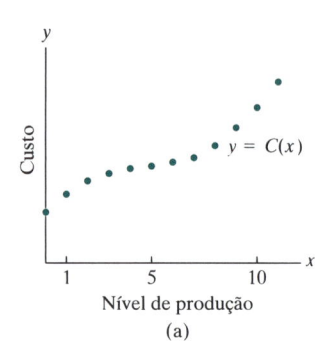

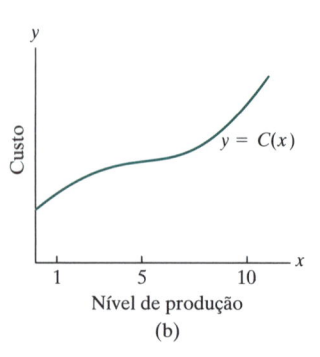

Figura 1 Uma função custo.

EXEMPLO 1

Análise de custo marginal Suponha que a função custo de um fabricante seja dada por $C(x) = (10^{-6})x^3 - 0{,}003x^2 + 5x + 1.000$ dólares.

(a) Descreva o comportamento do custo marginal.
(b) Esboce o gráfico de $C(x)$.

Solução As primeiras duas derivadas de $C(x)$ são dadas por

$$C'(x) = (3 \cdot 10^{-6})x^2 - 0{,}006x + 5$$
$$C''(x) = (6 \cdot 10^{-6})x - 0{,}006.$$

Primeiramente esboçamos o gráfico de $C'(x)$. A partir do comportamento de $C'(x)$, teremos condições de esboçar o gráfico de $C(x)$. A função custo marginal $y = (3 \cdot 10^{-6})x^2 - 0{,}006x + 5$ tem uma parábola aberta para cima como seu gráfico. Como $y' = C''(x) = 0{,}000006(x - 1.000)$, vemos que a parábola tem uma tangente horizontal em $x = 1.000$. Logo, o valor mínimo de $C'(x)$ ocorre em $x = 1.000$. A coordenada y correspondente é

$$(3 \cdot 10^{-6})(1000)^2 - 0{,}006 \cdot (1000) + 5 = 3 - 6 + 5 = 2.$$

O gráfico de $y = C'(x)$ é dado na Figura 2. Consequentemente, primeiro o custo marginal diminui, atingindo um mínimo de 2 no nível de produção 1.000 e aumentando daí em diante. Isso responde a parte (a). Vamos, agora, traçar o gráfico de $C(x)$. Como o gráfico dado na Figura 2 é o da derivada de $C(x)$, vemos que $C'(x)$ nunca é zero, portanto não há pontos extremos relativos. Como $C'(x)$ é sempre positiva, $C(x)$ é sempre crescente (como deveria ser qualquer curva de custo). Além disso, como $x = 1.000$ decresce com x menor do que 1.000 e cresce com x maior do que 1.000, vemos que $C(x)$ é côncava para baixo com x menor do que 1.000 e é côncava para cima com x maior do que 1.000, tendo um ponto de inflexão em $x = 1.000$. O gráfico de $C(x)$ é dado na Figura 3. Observe que o ponto de inflexão de $C(x)$ ocorre no mesmo valor de x em que o custo marginal é um mínimo. ∎

Figura 2 Uma função custo marginal.

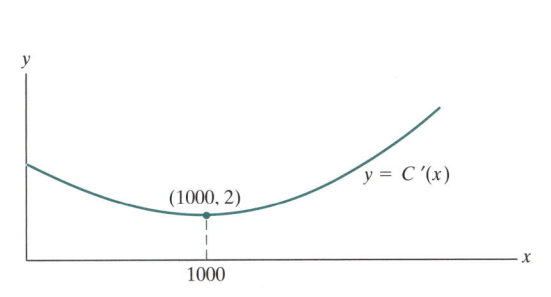

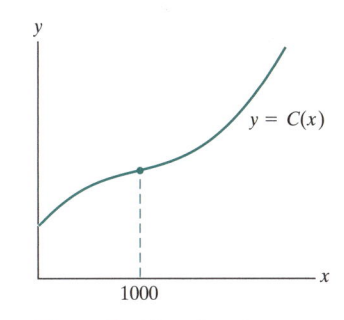

Figura 3 Uma função custo.

Na verdade, a maioria das funções custo marginal têm o mesmo formato geral que a função custo marginal do Exemplo 1. Isso porque, quando x é pequeno, a produção de uma unidade adicional se beneficia de economias de produção, o que diminui os custos unitários. Assim, para x pequeno, o custo marginal decresce. Entretanto, o aumento da produção eventualmente leva a horas extras, redução na eficiência das instalações mais velhas e competição por matérias-primas. Consequentemente, o custo de unidades adicionais irá aumentar para valores muito grandes de x. Logo, vemos que $C'(x)$ primeiro decresce e depois cresce.

Função receita Em geral, a preocupação de uma firma não se limita aos seus custos, mas também com sua receita. Lembre que, se $R(x)$ denota a receita com a venda de x unidades de algum bem, então a derivada $R'(x)$ é denominada *receita marginal*. Os economistas usam isso para medir a taxa de aumento da receita por unidade de aumento das vendas.

Se forem vendidas x unidades de um produto a um preço p por unidade, então a receita total $R(x)$ é dada por

$$R(x) = x \cdot p.$$

Se uma firma for pequena e estiver competindo com muitas outras companhias, suas vendas têm pouco efeito sobre o preço de mercado. Então, como o preço é constante do ponto de vista dessa uma firma, a receita marginal $R'(x)$ é igual ao preço p [ou seja, $R'(x)$ é a quantia que a firma recebe pela venda de uma unidade adicional]. Nesse caso, a função receita terá um gráfico como o da Figura 4.

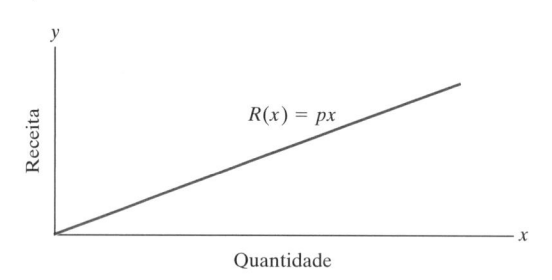

Figura 4 Uma curva de receita.

Surge um problema interessante quando um certo produto é oferecido por uma única firma, ou seja, quando a firma é monopolista. Os consumidores irão comprar grandes quantidades do bem se o preço unitário for baixo e menos se o preço subir. Para cada quantidade x, seja $f(x)$ o maior preço por unidade que pode ser estipulado para vender todas as x unidades para os consumidores. Como a venda de grandes quantidades requer uma diminuição do preço, $f(x)$ será uma função decrescente. A Figura 5 mostra uma "curva de demanda" típica que relaciona a quantidade em demanda x com o preço $p = f(x)$.

A *equação de demanda* $p = f(x)$ determina a função receita total. Se a firma quiser vender x unidades, o maior preço que ela pode estipular é $f(x)$ dólares por unidade, portanto, a receita total com a venda de x unidades é

$$R(x) = x \cdot p = x \cdot f(x) \qquad (1)$$

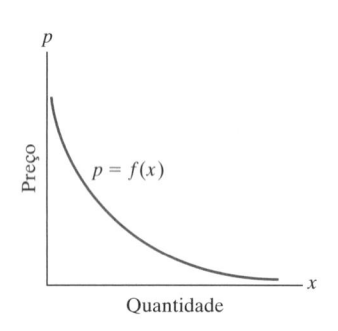

Figura 5 Uma curva de demanda.

O conceito de curva de demanda aplica-se não só à situação de uma única firma monopolista, mas também a um setor industrial como um todo (com vários produtores). Nesse caso, vários produtores oferecem à venda o mesmo produto. Se x denota a produção total da indústria, $f(x)$ é o preço de mercado por unidade produzida e $x \cdot f(x)$ é a receita total obtida com a venda de x unidades.

EXEMPLO 2   **Maximizando receita**   A equação de demanda de um certo produto é $p = 6 - \frac{1}{2}x$ dólares. Encontre o nível de produção que resulta em receita máxima.

Solução   Nesse caso, a função receita $R(x)$ é

$$R(x) = x \cdot p = x\left(6 - \tfrac{1}{2}x\right) = 6x - \tfrac{1}{2}x^2$$

dólares. A receita marginal é dada por

$$R'(x) = 6 - x.$$

O gráfico de $R(x)$ é uma parábola que abre para baixo. (Ver Figura 6.) Ela tem uma tangente horizontal exatamente nos valores de x em que $R'(x) = 0$—, isto é, nos quais a receita marginal for nula. O único tal x é $x = 6$. O valor correspondente da receita é

$$R(6) = 6 \cdot 6 - \tfrac{1}{2}(6)^2 = 18 \text{ dólares}$$

Assim, a taxa de produção que resulta na receita máxima é $x = 6$, que resulta numa receita total de 18 dólares.

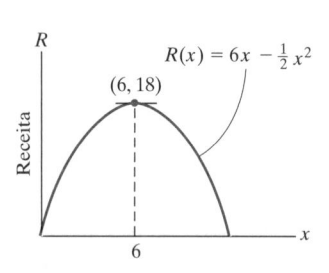

Figura 6 Maximizando receita.

EXEMPLO 3

Montando uma equação de demanda A companhia WMA de linhas de ônibus oferece passeios turísticos em Washington, D.C. Um dos passeios, que custa $7 por pessoa, tem uma demanda média de 1.000 clientes por semana. Quando o preço do bilhete foi baixado para $6, a demanda semanal subiu para 1.200 clientes. Supondo que a equação de demanda seja linear, encontre o preço do bilhete que deveria ser cobrado por pessoa para maximizar a receita total semanal.

Solução Começamos procurando a equação de demanda. Sejam x o número de clientes por semana e p o preço pago por um bilhete. Então $(x, p) = (1.000, 7)$ e $(x, p) = (1.200, 6)$ estão na curva de demanda. (Ver Figura 7.) Usando a equação ponto-inclinação da reta por esses dois pontos, obtemos

$$p - 7 = \frac{7-6}{1000-1200} \cdot (x - 1000) = -\frac{1}{200}(x - 1000) = -\frac{1}{200}x + 5,$$

portanto,

$$p = 12 - \frac{1}{200}x. \qquad (2)$$

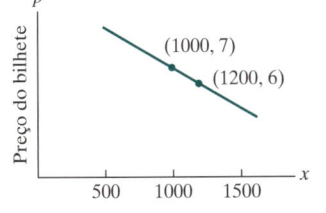

Figura 7 Uma curva de demanda.

Da equação (1) obtemos a função receita

$$R(x) = x\left(12 - \frac{1}{200}x\right) = 12x - \frac{1}{200}x^2.$$

A função receita marginal é

$$R'(x) = 12 - \frac{1}{100}x = -\frac{1}{100}(x - 1200).$$

Utilizando $R(x)$ e $R'(x)$, podemos esboçar o gráfico de $R(x)$. (Ver Figura 8.) A receita máxima ocorre quando a receita marginal for zero, isto é, quando $x = 1.200$. O preço correspondente a esse número de clientes é encontrado a partir da equação de demanda (2), como segue.

$$p = 12 - \frac{1}{200}(1200) = 6 \text{ dólares}.$$

Assim, o preço de $6 é o mais indicado para gerar a maior receita semanal. ∎

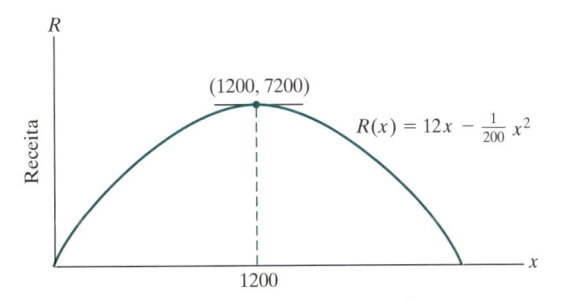

Figura 8 Maximizando receita.

Funções lucro Uma vez conhecidas as funções custo $C(x)$ e receita $R(x)$, podemos calcular a função lucro $P(x)$ a partir de

$$P(x) = R(x) - C(x).$$

EXEMPLO 4

Maximizando lucro Suponha que a equação de demanda de um monopolista seja $p = 100 - 0{,}01x$ e que a função custo seja $C(x) = 50x + 10.000$. Encontre o valor de x que maximiza o lucro e determine o preço correspondente e o lucro total para esse nível de produção. (Ver Figura 9.)

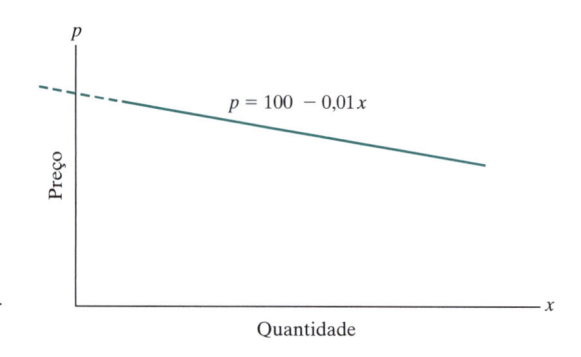

Figura 9 Uma curva de demanda.

Solução   A receita total é

$$R(x) = x \cdot p = x(100 - 0{,}01x) = 100x - 0{,}01x^2.$$

Logo, a função lucro é

$$\begin{aligned}P(x) &= R(x) - C(x) \\ &= 100x - 0{,}01x^2 - (50x + 10.000) \\ &= -0{,}01x^2 + 50x - 10.000.\end{aligned}$$

O gráfico dessa função é uma parábola que abre para baixo. (Ver Figura 10.)

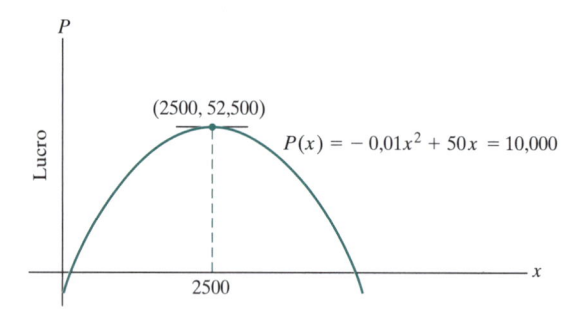

Figura 10 Maximizando lucro.

Seu ponto mais alto estará onde a curva tiver inclinação nula, isto é, quando o lucro marginal $P'(x)$ for zero. Agora,

$$P'(x) = -0{,}02x + 50 = -0{,}02(x - 2.500).$$

Logo, $P'(x) = 0$ com $x = 2.500$. O lucro neste nível de produção é de

$$P(2.500) = -0{,}01(2.500)^2 + 50(2.500) - 10.000 = 52.500 \text{ dólares}.$$

Finalmente, retornamos à equação de demanda para encontrar o maior preço que pode ser cobrado por unidade para que sejam vendidas todas as 2.500 unidades.

$$p = 100 - 0{,}01(2.500) = 100 - 25 = 75 \text{ dólares}.$$

Assim, para maximizar o lucro, deverão ser produzidas 2.500 unidades que deverão ser vendidas a \$75 por unidade. O lucro será de \$52.500. ∎

EXEMPLO 5   Refaça o Exemplo 4 com a condição adicional de que o governo impõe um imposto de \$10 por unidade.

Solução   Para cada unidade vendida, o produtor deverá pagar \$10 ao governo. Em outras palavras, $10x$ dólares são adicionados ao custo de produzir e vender x unidades. Agora, a função custo é

$$C(x) = (50x + 10.000) + 10x = 60x + 10.000.$$

A equação de demanda não é modificada por esse imposto, portanto, a receita permanece

$$R(x) = 100x - 0,01x^2.$$

Continuando como antes, obtemos

$$P(x) = R(x) - C(x)$$
$$= 100x - 0,01x^2 - (60x + 10.000)$$
$$= -0,01x^2 + 40x - 10.000.$$
$$P'(x) = -0,02x + 40 = -0,02(x - 2000).$$

O gráfico de $P(x)$ ainda é uma parábola que abre para baixo e o ponto mais alto ocorre quando $P'(x) = 0$, isto é, quando $x = 2.000$. (Ver Figura 11.) O lucro correspondente é

$$P(2.000) = -0,01(2.000)^2 + 40(2.000) - 10.000 = 30.000 \text{ dólares}$$

Da equação de demanda, $p = 100 - 0,01x$, encontramos o preço que corresponde a $x = 2.000$, a saber,

$$p = 100 - 0,01(2.000) = 80 \text{ dólares}.$$

Para maximizar o lucro, deverão ser produzidas 2.000 unidades que deverão ser vendidas a $80 por unidade. O lucro será de $30.000. ∎

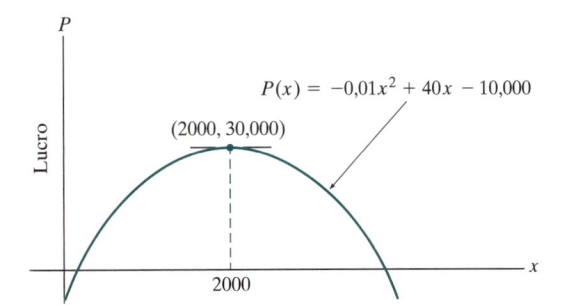

Figura 11 Lucro livre de impostos.

Observe no Exemplo 5 que o preço ótimo aumenta de $75 para $80. Se o monopolista deseja maximizar os lucros, deve repassar apenas a metade dos $10 dólares de imposto para o consumidor. O monopolista não consegue evitar o fato de que os seus lucros diminuem substancialmente devido à imposição do imposto. Essa é uma das razões pelas quais as indústrias fazem *lobby* contra a cobrança de impostos.

Determinando níveis de produção Suponha que uma firma tenha funções custo $C(x)$ e receita $R(x)$. Numa economia de mercado livre, a firma irá fixar a produção x de tal maneira a maximizar a função lucro

$$P(x) = R(x) - C(x).$$

Vimos que se $P(x)$ tem um máximo em $x = a$, então $P'(a) = 0$. Em outras palavras, como $P'(x) = R'(x) - C'(x)$, temos

$$R'(a) - C'(a) = 0$$
$$R'(a) = C'(a).$$

Assim, o lucro é maximizado no nível de produção em que a receita marginal é igual ao custo marginal. (Ver Figura 12.)

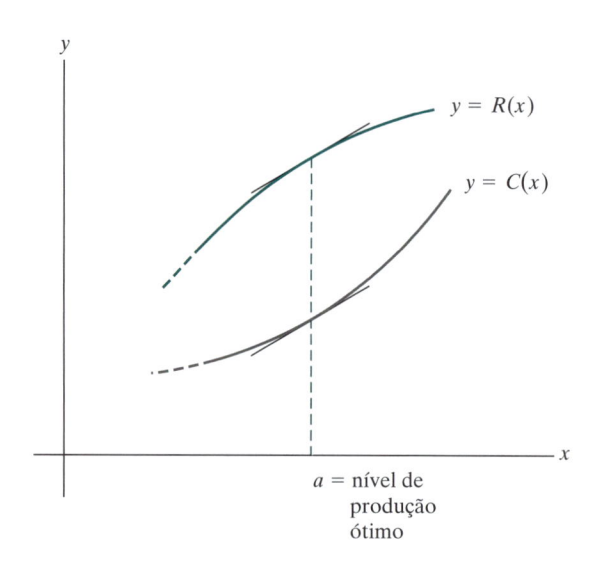

Figura 12 Lucro livre de impostos.

Exercícios de revisão 2.7

1. Refaça o Exemplo 4 encontrando o nível de produção em que a receita marginal é igual ao custo marginal.
2. Refaça o Exemplo 4 sob a condição de que o custo fixo sobe de $10.000 para $15.000.
3. Numa determinada rota, uma companhia aérea regional transporta 8.000 passageiros por mês, cada um deles pagando $50. A companhia quer aumentar a tarifa. Entretanto, o departamento de pesquisa de mercado estima que para cada $1 de aumento, a companhia perderá 100 passageiros. Determine o preço que maximiza a receita da companhia aérea.

Exercícios 2.7

1. Dada a função custo $C(x) = x^3 - 6x^2 + 13x + 15$, encontre o custo marginal mínimo.
2. Se uma função custo total for $C(x) = 0{,}0001x^3 - 0{,}06x^2 + 12x + 100$, o custo marginal está aumentando, diminuindo, ou permanece o mesmo com $x = 100$? Encontre o custo marginal mínimo.
3. A função receita de uma firma que produz um único produto é
$$R(x) = 200 - \frac{1600}{x+8} - x.$$
Encontre o valor de x que resulta na receita máxima.
4. A função receita de um certo produto é $R(x) = x(4 - 0{,}0001x)$. Encontre a maior receita possível.
5. **Custo e lucro** Uma firma que produz um único produto estima que sua função custo diário (em unidades apropriadas) seja dada por $C(x) = x^3 - 6x^2 + 13x + 15$ e que sua função receita seja $R(x) = 28x$. Encontre o valor de x que maximiza o lucro diário.
6. Uma pequena loja de gravatas vende gravatas a $3,50 cada. A função custo diário é estimada em $C(x)$ dólares, em que x é o número de gravatas vendidas num dia típico, com $C(x) = 0{,}0006x^3 - 0{,}03x^2 + 2x + 20$. Encontre o valor de x que maximiza o lucro diário.
7. **Demanda e receita** A equação de demanda de um certo bem é
$$p = \tfrac{1}{12}x^2 - 10x + 300,$$
com $0 \le x \le 60$. Encontre o valor de x e o preço p correspondente que maximiza a receita.
8. A equação de demanda de um produto é $p = 2 - 0{,}001x$. Encontre o valor de x e o preço p correspondente que maximiza a receita.
9. **Lucro** Há alguns anos, foi estimado que a demanda pelo aço satisfaria aproximadamente a equação $p = 256 - 50x$ e que o custo total de produzir x unidades de aço era $C(x) = 182 + 56x$. (A quantidade x era medida em milhões de toneladas e o preço e custo total eram medidos em milhões de dólares.) Determine o nível de produção e o preço correspondente que maximizam o lucro.
10. Considere um retângulo no plano xy de vértices $(0, 0)$, $(a, 0)$, $(0, b)$ e (a, b). Se (a, b) estiver no gráfico da equação $y = 30 - x$, encontre a e b tais que a área do retângulo seja maximizada. Que interpretações econômicas podem ser dadas à sua resposta se a equação $y = 30 - x$ representar uma curva de demanda e y for o preço correspondente à demanda x?

11. Demanda, receita e lucro Até recentemente, os hambúrgueres vendidos num certo estádio custavam $4 cada e a concessionária vendia uma média de 10.000 hambúrgueres durante um dia de jogo. Quando o preço foi elevado para $4,40, as vendas de hambúrgueres caíram para uma média de 8.000 por dia de jogo.
(a) Supondo uma curva de demanda linear, encontre o preço do hambúrguer que maximiza a receita por dia de jogo.
(b) Se a concessionária tiver custos fixos de $1.000 por dia de jogo e custos variáveis de $0,60 por hambúrguer, encontre o preço do hambúrguer que maximiza o lucro por dia de jogo.

12. Demanda e receita O preço médio do ingresso para uma apresentação de ópera num certo teatro era de $50 e a audiência média era de 4.000 pessoas. Quando o preço do ingresso foi elevado para $52, a audiência declinou para uma média de 3.800 pessoas por apresentação. Qual deveria ser o preço do ingresso para maximizar a receita do teatro? (Suponha que a curva de demanda seja linear.)

13. Demanda e receita Uma artista planeja vender gravuras assinadas do seu último trabalho. Se forem oferecidas 50 gravuras, ela poderá cobrar $400 por gravura. Entretanto, se fizer mais do que 50 cópias, para cada cópia que exceder 50 ela deverá baixar em $5 o preço de todas as cópias. Quantas cópias ela deve fazer para maximizar sua receita?

14. Demanda e receita Um clube de natação coloca títulos à venda ao preço de $200, desde que pelo menos 100 pessoas se associem. Para cada pessoa que exceder 100 membros, a taxa de adesão será reduzida de $1 por pessoa (para cada membro). Serão vendidos, no máximo, 160 títulos. Quantos títulos o clube deveria tentar vender para maximizar sua receita?

15. Lucro No projeto de uma cafeteria, estima-se que o lucro diário será de $10 por mesa se forem colocadas 12 mesas. Em razão de superlotação, para cada mesa adicional, o lucro por mesa (para cada mesa da cafeteria) será reduzido em $0,50. Quantas mesas deveriam ser oferecidas para maximizar o lucro da cafeteria?

16. Demanda e receita O movimento médio num certo pedágio é de 36.000 carros por dia quando o pedágio é de $1 por carro. Uma pesquisa concluiu que aumentar o preço do pedágio implicaria em 300 carros a menos para cada centavo de aumento. Qual deveria ser o valor do pedágio para maximizar a receita?

17. Determinando preço A equação de demanda mensal de uma companhia de energia elétrica é estimada em

$$p = 60 - (10^{-5})x,$$

em que p é medido em dólares e x é medido em milhares de quilowatts-hora. Os custos fixos da companhia são de $7.000.000 por mês e os custos variáveis são de $30 por 1.000 quilowatts-hora de eletricidade gerada, de modo que a função custo é

$$C(x) = 7 \cdot 10^6 + 30x.$$

(a) Encontre o valor de x e o preço correspondente por 1.000 quilowatts-hora que maximiza o lucro da companhia.
(b) Suponha que o aumento dos custos de combustíveis aumente os custos variáveis da companhia de $30 para $40, de modo que sua nova função custo seja

$$C_1(x) = 7 \cdot 10^6 + 40x.$$

A companhia deveria repassar todo esse aumento de $10 por mil quilowatts-hora para os consumidores? Explique.

18. Taxas, lucro e receita A equação de demanda de um monopolista é $p = 200 - 3x$ e a função custo é

$$C(x) = 75 + 80x - x^2, \quad 0 \le x \le 40.$$

(a) Determine o valor de x e o preço correspondente que maximiza o lucro.
(b) Se o governo impuser um imposto no monopolista de $4 por unidade produzida, determine o novo preço que maximiza o lucro.
(c) O governo impõe um imposto de T dólares por unidade produzida (com $0 \le T \le 120$), de modo que a nova função custo é

$$C(x) = 75 + (80 + T)x - x^2, \quad 0 \le x \le 40.$$

Determine o novo valor de x que maximiza o lucro do monopolista como uma função de T. Supondo que o monopolista corte sua produção para esse nível, expresse a arrecadação do governo pela cobrança do imposto como uma função de T. Finalmente, determine o valor de T que maximiza a arrecadação do governo.

19. Taxa de juros Uma financiadora estima que a quantidade de dinheiro depositado será 1.000.000 de vezes a taxa percentual de juros. Por exemplo, uma taxa de juros de 4% deve gerar $4.000.000 em depósitos. Se a financiadora conseguir emprestar todo o dinheiro depositado à taxa de 10% de juros, qual a taxa de juros sobre os depósitos irá gerar o maior lucro?

20. Seja $P(x)$ o lucro anual de um certo produto, em que x é o montante gasto com propaganda. (Ver Figura 13.)

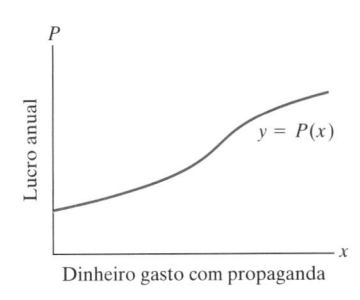

Figura 13 Lucro como função de propaganda.

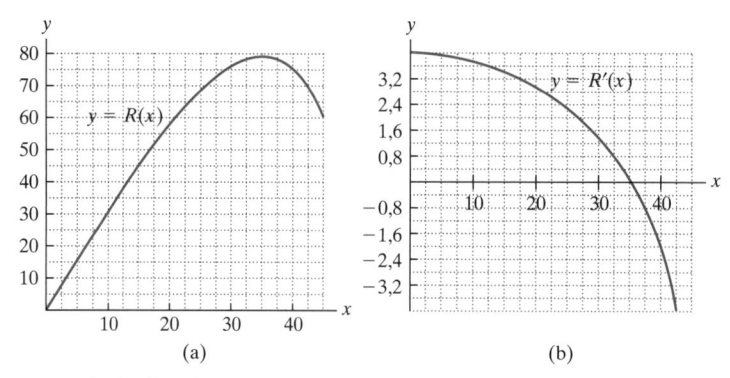

Figura 14 Função receita e sua derivada primeira.

(a) Interprete $P(0)$.
(b) Descreva como o lucro marginal varia conforme aumenta o montante gasto com propaganda.
(c) Explique o significado econômico do ponto de inflexão.

21. A receita de um manufaturador é de $R(x)$ mil dólares, em que x é o número de unidades de bens produzidos (e vendidos) e R e R' são as funções dadas na Figuras 14.

(a) Qual é a receita obtida com a manufatura de 40 unidades de bens?
(b) Qual é a receita marginal se forem produzidas 17,5 unidades de bens?
(c) A receita é de $45.000 em qual nível de produção?
(d) A receita marginal é de $800 em qual(is) nível(eis) de produção?
(e) A receita é maximizada em qual nível de produção?

22. A função custo de um manufaturador é dada por $C(x)$ dólares, em que x é o número de unidades de bens produzidos e C, C' e C'' são as funções dadas na Figura 15.

(a) Qual é o custo de manufaturar 60 unidades de bens?
(b) Qual é o custo marginal se forem manufaturadas 40 unidades de bens?
(c) O custo é de $1.200 em qual nível de produção?
(d) O custo marginal é de $22,50 em qual(is) nível(eis) de produção?
(e) Em qual nível de produção o custo marginal tem o menor valor? Qual é o custo marginal neste nível de produção?

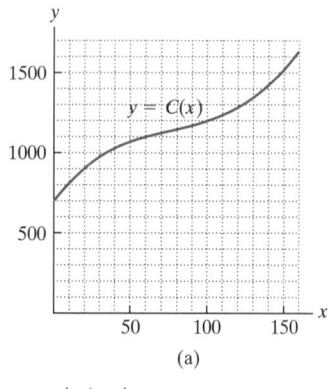

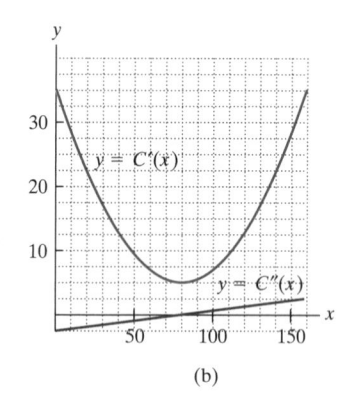

Figura 15 Função custo e suas derivadas.

Soluções dos exercícios de revisão 2.7

1. A função receita é $R(x) = 100x - 0,01x^2$, portanto, a receita marginal é $R'(x) = 100x - 0,02x$. A função custo é $C(x) = 50x + 10.000$, portanto, a função custo marginal é $C'(x) = 50$. Igualando as duas funções marginais e resolvendo para x, obtemos

$$R'(x) = C'(x)$$
$$100 - 0,02x = 50$$
$$-0,02x = -50$$
$$x = \frac{-50}{-0,02} = \frac{5000}{2} = 2500$$

É claro que obtemos o mesmo nível de produção de antes.

2. Com os custos fixos passando de $10.000 para $15.000, a nova função custo é $C(x) = 50x + 15.000$, mas a função custo marginal continua sendo $C'(x) = 50$. Portanto, a solução será a mesma: devem ser produzidas e vendidas 2.500 unidades ao preço de $75 por unidade. (Aumentos nos preços fixos não devem ser necessariamente repassados ao consumidor se o objetivo for maximizar o lucro.)

3. Sejam x o número de passageiros por mês e p o preço da passagem. O número de passageiros perdidos pelo aumento da tarifa é obtido multiplicando o número de dólares do aumento, $p - 50$, pelo número de passageiros perdidos com cada dólar de aumento. Logo,

$$x = 8.000 - (p - 50)100 = -100p + 13.000.$$

Resolvendo para p, obtemos a equação de demanda

$$p = -\frac{1}{100}x + 130.$$

Da equação (1), a função receita é

$$R(x) = x \cdot p = x\left(-\frac{1}{100}x + 130\right).$$

O gráfico é uma parábola aberta para baixo, com corte do eixo x em $x = 0$ e $x = 13.000$. (Ver Figura 16.) Seu máximo está no ponto médio dos cortes com o eixo x, em $x = 6.500$. O preço correspondente a esse número de passageiros é $p = -\frac{1}{100}(6.500) + 130 = 65$ dólares. Assim, o preço de $65 por bilhete trará a maior receita mensal para a companhia aérea.

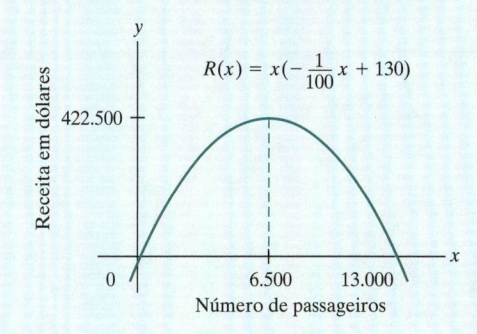

REVISÃO DE CONCEITOS FUNDAMENTAIS

1. Liste todos os termos utilizados para descrever gráficos de funções que você consegue lembrar.
2. Qual é a diferença entre ter um máximo relativo em $x = 2$ e ter um máximo absoluto em $x = 2$?
3. Dê três caracterizações do que significa o gráfico de $f(x)$ ser côncavo para cima em $x = 2$. O mesmo com côncavo para baixo.
4. O que significa dizer que o gráfico de $f(x)$ tem um ponto de inflexão em $x = 2$?
5. Qual é a diferença entre um corte de uma função com o eixo x e um com o eixo y?
6. Como é determinado o corte com o eixo y de uma função?
7. O que é uma assíntota? Dê um exemplo.
8. Enuncie as regras da derivada primeira e segunda.
9. Dê duas relações entre os gráficos de $f(x)$ e de $f'(x)$.
10. Esboce um método para localizar os pontos extremos relativos de uma função.
11. Esboce um método para localizar os ponto de inflexão de uma função.
12. Esboce um procedimento para esboçar o gráfico de uma função.
13. O que é uma equação objetivo?
14. O que é uma equação de restrição?
15. Esboce o procedimento para resolver um problema de otimização.
16. Qual é a relação entre as funções custo, receita e lucro?

EXERCÍCIOS SUPLEMENTARES

1. A Figura 1 mostra o gráfico de $f'(x)$, a derivada de $f(x)$. Use o gráfico para responder as questões seguintes relativas ao gráfico de $f(x)$.

   (a) O gráfico de $f(x)$ é crescente com quais valores de x? E decrescente?
   (b) O gráfico de $f(x)$ é côncavo para cima com quais valores de x? E côncavo para baixo?

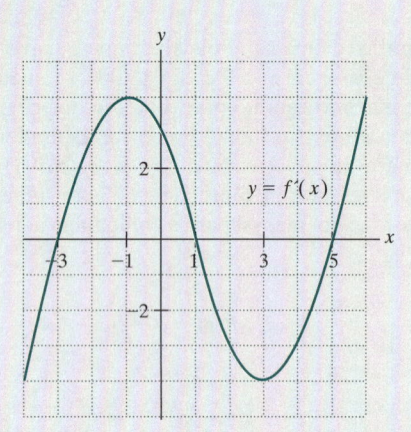

Figura 1

2. A Figura 2 mostra o gráfico da função $f(x)$ e sua reta tangente em $x = 3$. Encontre $f(3), f'(3)$ e $f''(2)$.

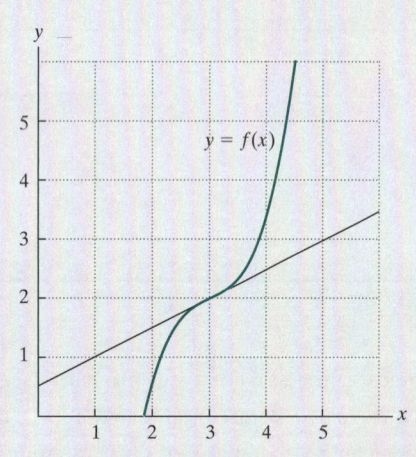

Figura 2

Nos Exercícios 3-6, esboce o gráfico de uma função $f(x)$ para a qual a função e sua derivada primeira têm a propriedade dada em cada x.

3. $f(x)$ e $f'(x)$ crescentes.
4. $f(x)$ e $f'(x)$ decrescentes.
5. $f(x)$ crescente e $f'(x)$ decrescente.
6. $f(x)$ decrescente e $f'(x)$ crescente.

Os Exercícios 7-12 referem-se ao gráfico da Figura 3. Dê todos os valores de x identificados no gráfico em que a derivada tem a propriedade dada.

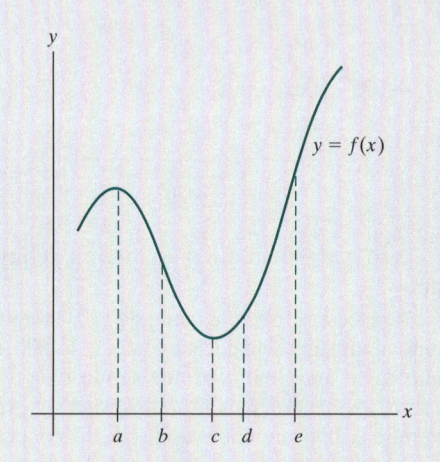

Figura 3

7. $f'(x)$ é positiva.
8. $f'(x)$ é negativa.
9. $f''(x)$ é positiva.
10. $f''(x)$ é negativa.
11. $f'(x)$ é maximizada.
12. $f'(x)$ é minimizada.

Nos Exercícios 13-20, são dadas as propriedades de uma função. Deduza alguma conclusão sobre o gráfico da função.

13. $f(1) = 2, f'(1) > 0$
14. $g(1) = 5, g'(1) = -1$
15. $h'(3) = 4, h''(3) = 1$
16. $F'(2) = -1, F''(2) < 0$
17. $G(10) = 2, G'(10) = 0, G''(10) > 0$
18. $f(4) = -2, f'(4) > 0, g''(4) = -1$
19. $g(5) = -1, g'(5) = -2, g''(5) = 0$
20. $H(0) = 0, H'(0) = 0, H''(0) = 1$
21. Na Figura 4, o eixo t representa o tempo em horas.
    (a) Quando é $f(t) = 1$?
    (b) Encontre $f(5)$.
    (c) Quando $f(t)$ está variando à taxa de $-0,08$ unidade por hora?
    (d) Quão rápido está variando $f(t)$ depois de 8 horas?
22. A produção de energia elétrica nos Estados Unidos (em trilhões de quilowatts-hora) no ano t (com 1900 correspondendo a $t = 0$) é dada por $f(t)$, sendo que $f(t)$ e suas derivadas têm o gráfico dado na Figura 5.
    (a) Quanta energia elétrica foi produzida em 1950?
    (b) Quão rápido a produção de energia estava aumentando em 1950?
    (c) Quando a produção de energia atingiu 3.000 trilhões de quilowatts-hora?
    (d) Quando o nível de produção de energia aumentava à taxa de 10 trilhões de quilowatts-hora por ano?

(a)

(b)

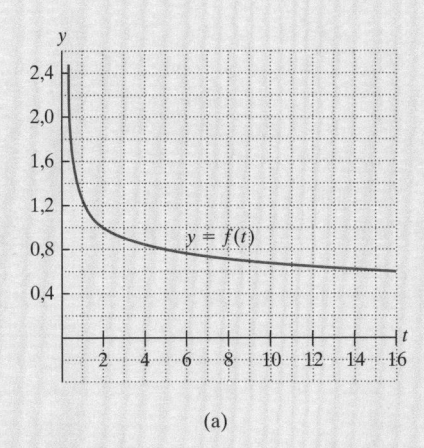

Figura 4

(e) Quando a produção de energia aumentava com a maior taxa? Qual era o nível de produção naquela época?

Nos Exercícios 23-32, esboce a parábola, incluindo os cortes com os eixos x e y.

23. $y = 3 - x^2$
24. $y = 7 + 6x - x^2$
25. $y = x^2 + 3x - 10$
26. $y = 4 + 3x - x^2$
27. $y = -2x^2 + 10x - 10$
28. $y = x^2 - 9x + 19$
29. $y = x^2 + 3x + 2$
30. $y = x^2 + 8x - 13$
31. $y = x^2 + 20x - 90$
32. $y = 2x^2 + x - 1$

Nos Exercícios 33-44, esboce a curva dada.

33. $y = 2x^3 + 3x^2 + 1$
34. $y = x^3 - \frac{3}{2}x^2 - 6x$
35. $y = x^3 - 3x^2 + 3x - 2$
36. $y = 100 + 36x - 6x^2 - x^3$
37. $y = \frac{11}{3} + 3x - x^2 - \frac{1}{3}x^3$
38. $y = x^3 - 3x^2 - 9x + 7$
39. $y = -\frac{1}{3}x^3 - 2x^2 - 5x$
40. $y = x^3 - 6x^2 - 15x + 50$
41. $y = x^4 - 2x^2$
42. $y = x^4 - 4x^3$
43. $y = \dfrac{x}{5} + \dfrac{20}{x} + 3 \quad (x > 0)$
44. $y = \dfrac{1}{2x} + 2x + 1 \quad (x > 0)$

45. Seja $f(x) = (x^2 + 2)^{3/2}$. Mostre que o gráfico de $f(x)$ tem um ponto de extremo relativo possivelmente em $x = 0$.

46. Mostre que a função $f(x) = (2x^2 + 3)^{3/2}$ é decrescente com $x < 0$ e crescente com $x > 0$.

47. Seja $f(x)$ a função cuja *derivada* é

$$f'(x) = \dfrac{1}{1 + x^2}.$$

Observe que $f'(x)$ é sempre positiva. Mostre que o gráfico de $f(x)$ certamente tem um ponto de inflexão em $x = 0$.

48. Seja $f(x)$ a função cuja *derivada* é

$$f'(x) = \sqrt{5x^2 + 1}.$$

(a)

(b)

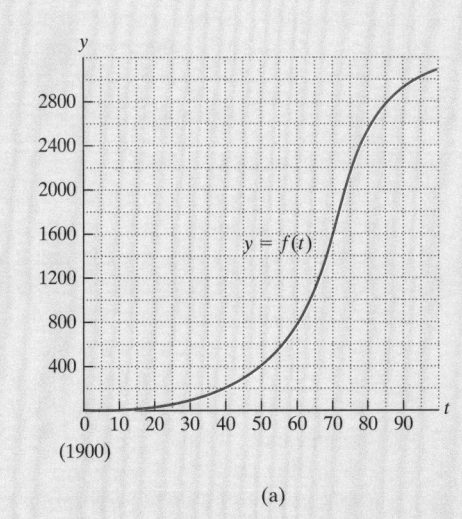

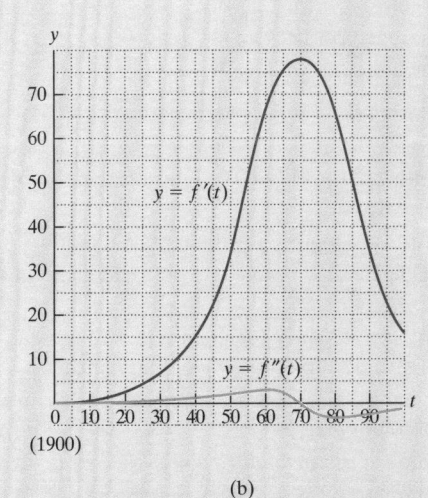

Figura 5 Produção de energia elétrica nos Estados Unidos.

Mostre que o gráfico de f(x) certamente tem um ponto de inflexão em x = 0.

49. Um carro está percorrendo uma estrada reta e s(t) é a distância percorrida após t horas. Associe cada conjunto de informações sobre s(t) e suas derivadas com a descrição correspondente do movimento do carro.

Informação

A. $s(t)$ é uma função constante.
B. $s'(t)$ é uma função constante positiva.
C. $s'(t)$ é positiva em $t = a$.
D. $s'(t)$ é negativa em $t = a$.
E. $s'(t)$ e $s''(t)$ são positivas em $t = a$.
F. $s'(t)$ é positiva e $s''(t)$ é negativa em $t = a$.

Descrições

a. No instante a o carro está se movendo para a frente e aumentando a velocidade.
b. No instante a o carro está andando para trás.
c. O carro está parado.
d. No instante a o carro está se movendo para a frente, mas diminuindo a velocidade.
e. O carro está se movendo para frente a uma velocidade constante.
f. No instante a o carro está se movendo para a frente.

50. O nível de água de um reservatório varia durante o ano. Seja $h(t)$ a profundidade (em metros) da água no tempo t dias, em que $t = 0$ corresponde ao início do ano. Associe cada conjunto de informações sobre $h(t)$ e suas derivadas com a descrição correspondente do nível de água do reservatório.

Informação

A. $h(t)$ tem o valor 10 com $1 \le t \le 2$.
B. $h'(t)$ tem o valor 0,1 com $1 \le t \le 2$.
C. $h'(t)$ é positiva em $t = a$.
D. $h'(t)$ é negativa em $t = a$.
E. $h'(t)$ e $h''(t)$ são positivas em $t = a$.
F. $h'(t)$ é positiva e $h''(t)$ é negativa em $t = a$.

Descrições

a. No instante $t = a$, o nível de água está subindo a uma taxa crescente.
b. No instante $t = a$, o nível de água está baixando.
c. O nível da água estava constante em 10 metros em 2 de janeiro.
d. No instante $t = a$, o nível de água estava aumentando, mas a taxa de aumento estava diminuindo.
e. Em 2 de janeiro a água subia a uma taxa constante de 0,1 metro por dia.
f. No instante $t = a$, o nível de água está aumentando.

51. Seja $f(x)$ o número de pessoas vivendo a menos de x quilômetros do centro de Berlim.

(a) O que representa $f(10 + h) - f(10)$?
(b) Explique por que $f'(10)$ não pode ser negativo.

52. Para qual valor de x a função $f(x) = \frac{1}{4}x^2 - x + 2$, $0 \le x \le 8$ atinge seu valor máximo?

53. Encontre o valor máximo da função $f(x) = 2 - 6x - x^2$, $0 \le x \le 5$, e dê o valor de x em que esse máximo ocorre.

54. Encontre o valor mínimo da função $g(t) = t^2 - 6t + 9$, $1 \le t \le 6$.

55. **Área de superfície** Uma caixa retangular aberta deverá ter 40 centímetros de comprimento e um volume de 200 decímetros cúbicos. Encontre as dimensões com as quais a quantidade de material necessária seja a menor possível.

56. **Volume** Uma caixa retangular fechada de base quadrada deverá ser construída utilizando dois tipos de madeira. A base deverá ser feita com uma madeira que custa $9 por metro quadrado e o restante com uma madeira que custa $3 por metro quadrado. Encontre as dimensões da caixa de maior volume que poderemos construir com $9.

57. **Volume** Uma folha de metal retangular comprida com 40 centímetros de largura será transformada numa calha dobrando-se uma faixa de cada lado verticalmente para cima. Quantos centímetros devem ser dobrados de cada lado para maximizar a quantidade de água que pode escoar pela calha?

58. **Maximizando a colheita** Um pequeno pomar colhe 25 cestos de frutas por árvore quando estiverem plantadas 40 árvores. Devido ao excesso de árvores, a produção por árvore (para cada árvore no pomar) é reduzida em meio cesto por árvore adicional plantada. Quantas árvores deveriam ser plantadas para maximizar a colheita do pomar?

59. **Controle de estoque** Uma editora vende 400.000 cópias de um certo livro por ano. Encomendar toda essa quantidade de cópias no início do ano implica na ocupação de valioso espaço de armazenagem e em gasto de capital. Entretanto, se encaminhar várias encomendas parciais ao longo do ano, há o custo adicional de $1.000 que a gráfica cobra para imprimir qualquer lote. Os custos de manutenção, calculados sobre a média de livros em estoque, são de $0,50 por livro. Encontre o tamanho do lote econômico, isto é, o tamanho da encomenda que minimiza os custos de armazenagem mais os gastos com a gráfica.

60. **Área** Um pequeno cartaz deverá ter uma área de 125 centímetros quadrados. A parte impressa deverá ser circundada por margens de 3 centímetros no topo e de 2 centímetros nos lados e na base. Encontre as dimensões do cartaz que maximizam a área da parte impressa.

61. **Lucro** Se a equação de demanda de um monopolista for $p = 150 - 0{,}02x$ e a função custo for $C(x) = 10x + 300$, encontre o valor de x que maximiza o lucro.

62. **Minimizando tempo** Uma fazendeira quer conduzir uma trilhadeira desde o ponto A de um lado de seu campo de 5 quilômetros de largura até o ponto B do outro lado do campo, conforme indicado na Figura 6. A

fazendeira poderia conduzir a trilhadeira diretamente através do campo até o ponto C e dali seguir 15 quilômetros ao longo da trilha até B ou, então, cruzar até algum ponto P entre C e B e dali seguir até B. Se ela consegue conduzir a trilhadeira a 8 quilômetros por hora através do campo e a 17 quilômetros por hora na trilha, encontre o ponto P para o qual ela deveria cruzar para minimizar o tempo que leva para alcançar B. [*Sugestão*: tempo = distância/velocidade.]

63. Uma agência de viagens oferece um cruzeiro caribenho de três dias e duas noites. Para um grupo de 12 pessoas, o custo por pessoa é de $800. Para cada pessoa além do mínimo de 12 pessoas, o custo por pessoa é reduzido em $20 para cada pessoa do grupo. O tamanho máximo para um grupo é de 25 pessoas. Qual é o tamanho do grupo de pessoas que oferece a maior receita para a agência de viagens?

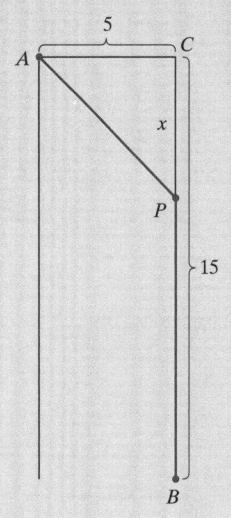

Figura 6

CAPÍTULO 3

TÉCNICAS DE DERIVAÇÃO

- **3.1** As regras do produto e do quociente
- **3.2** A regra da cadeia e a regra da potência geral
- **3.3** Derivação implícita e taxas relacionadas

Vimos que a derivada é útil em várias aplicações. Entretanto, nossa habilidade para derivar funções ainda permanece um tanto quanto limitada. Por exemplo, ainda não sabemos derivar rapidamente

$$f(x) = (x^2 - 1)^4(x^2 + 1)^5, \qquad g(x) = \frac{x^3}{(x^2 + 1)^4}.$$

Neste capítulo, desenvolvemos técnicas de derivação que se aplicam a funções como essas. Duas novas regras são a *regra do produto* e a *regra do quociente*. Na Seção 3.2, estendemos a regra da potência geral numa poderosa fórmula denominada *regra da cadeia*.

3.1 As regras do produto e do quociente

Na nossa discussão da regra da soma para derivadas, observamos que a derivada da soma de duas funções deriváveis é a soma das derivadas. Infelizmente, a derivada do produto $f(x) g(x)$ *não* é o produto das derivadas. Em vez disso, a derivada de um produto é determinada pela seguinte regra.

Regra do produto

$$\frac{d}{dx}[f(x)g(x)] = f(x)g'(x) + g(x)f'(x)$$

A derivada do produto de duas funções é a primeira função vezes a derivada da segunda mais a segunda função vezes a derivada da primeira. No final desta seção, mostraremos por que essa afirmação é verdadeira.

EXEMPLO 1   **Verificando a regra do produto**   Mostre que a regra do produto funciona no caso $f(x) = x^2$, $g(x) = x^3$.

Solução   Como $x^2 \cdot x^3 = x^5$, sabemos que

$$\frac{d}{dx}(x^2 \cdot x^3) = \frac{d}{dx}(x^5) = 5x^4.$$

Por outro lado, utilizando a regra do produto,

$$\frac{d}{dx}(x^2 \cdot x^3) = x^2 \cdot \frac{d}{dx}(x^3) + x^3 \cdot \frac{d}{dx}(x^2)$$

$$= x^2(3x^2) + x^3(2x)$$

$$= 3x^4 + 2x^4 = 5x^4.$$

Assim, a regra do produto dá a resposta correta. ∎

EXEMPLO 2   **Encontrando a derivada do produto**   Derive $y = (2x^3 - 5x)(3x + 1)$.

Solução   Sejam $f(x) = 2x^3 - 5x$ e $g(x) = 3x + 1$. Então

$$\frac{d}{dx}\left[(2x^3 - 5x)(3x + 1)\right] = (2x^3 - 5x) \cdot \frac{d}{dx}(3x + 1) + (3x + 1) \cdot \frac{d}{dx}(2x^3 - 5x)$$

$$= (2x^3 - 5x)(3) + (3x + 1)(6x^2 - 5)$$

$$= 6x^3 - 15x + 18x^3 - 15x + 6x^2 - 5$$

$$= 24x^3 + 6x^2 - 30x - 5. \quad \blacksquare$$

EXEMPLO 3   Aplique a regra do produto a $y = g(x) \cdot g(x)$.

Solução
$$\frac{d}{dx}[g(x) \cdot g(x)] = g(x) \cdot g'(x) + g(x) \cdot g'(x)$$
$$= 2g(x)g'(x)$$

Essa resposta coincide com a dada pela regra da potência geral, a saber,

$$\frac{d}{dx}[g(x) \cdot g(x)] = \frac{d}{dx}[g(x)]^2 = 2g(x)g'(x). \quad \blacksquare$$

EXEMPLO 4   Encontre

$$\frac{dy}{dx}, \quad \text{com } y = (x^2 - 1)^4(x^2 + 1)^5.$$

Solução Tomando $f(x) = (x^2 - 1)^4$, $g(x) = (x^2 + 1)^5$, usamos a regra do produto. Para calcular $f'(x)$ e $g'(x)$, usamos a regra da potência geral.

$$\frac{dy}{dx} = (x^2 - 1)^4 \cdot \frac{d}{dx}(x^2 + 1)^5 + (x^2 + 1)^5 \cdot \frac{d}{dx}(x^2 - 1)^4$$

$$= (x^2 - 1)^4 \cdot 5(x^2 + 1)^4(2x) + (x^2 + 1)^5 \cdot 4(x^2 - 1)^3(2x) \quad (1)$$

Essa forma de $\frac{dy}{dx}$ é apropriada para alguns propósitos. Por exemplo, se precisarmos calcular $\left.\frac{dy}{dx}\right|_{x=2}$, é mais fácil simplesmente substituir x por 2 na expressão do que simplificar a expressão e, depois, substituir. Entretanto, muitas vezes é útil simplificar a fórmula de $\frac{dy}{dx}$ como, por exemplo, no caso em que precisamos encontrar um x tal que $\frac{dy}{dx} = 0$.

Para simplificar a resposta na equação (1), escrevemos $\frac{dy}{dx}$ como um único produto e não como uma soma de dois produtos. O primeiro passo consiste em identificar os fatores comuns.

$$\frac{dy}{dx} = \overbrace{(x^2 - 1)^4} \cdot 5\overbrace{(x^2 + 1)^4} \underbrace{(2x)} + \overbrace{(x^2 + 1)^5} \cdot 4\overbrace{(x^2 - 1)^3} \underbrace{(2x)}$$

Ambos os termos contêm $2x$ e potências de $x^2 - 1$ e $x^2 + 1$. O máximo que podemos evidenciar de cada parcela é $2x(x^2 - 1)^3(x^2 + 1)^4$. Obtemos

$$\frac{dy}{dx} = 2x(x^2 - 1)^3(x^2 + 1)^4[5(x^2 - 1) + 4(x^2 + 1)].$$

Simplificando o fator mais à direita nesse produto, resulta

$$\frac{dy}{dx} = 2x(x^2 - 1)^3(x^2 + 1)^4[9x^2 - 1]. \quad (2)$$

(Ver Figura 3 e Exercício 34 para uma aplicação relacionada.) ∎

As respostas dos exercícios desta seção aparecem em dois formatos, do tipo (1) e (2) no exemplo precedente. As respostas não simplificadas permitirão verificar se você dominou as regras de derivação. Em cada caso, você deve se esforçar para transformar sua resposta original na versão simplificada. Os Exemplos 4 e 6 mostram como fazer isso.

A regra do quociente Uma outra fórmula útil para derivar funções é a regra do quociente.

> **Regra do quociente**
>
> $$\frac{d}{dx}\left[\frac{f(x)}{g(x)}\right] = \frac{g(x)f'(x) - f(x)g'(x)}{[g(x)]^2}$$

Devemos cuidar para lembrar a ordem correta dos termos nessa fórmula, por causa do sinal negativo no numerador.

EXEMPLO 5 Derive

$$y = \frac{x}{2x + 3}.$$

Solução Sejam $f(x) = x$ e $g(x) = 2x + 3$.

$$\frac{d}{dx}\left(\frac{x}{2x+3}\right) = \frac{(2x+3)\cdot\frac{d}{dx}(x) - (x)\cdot\frac{d}{dx}(2x+3)}{(2x+3)^2}$$

$$= \frac{(2x+3)\cdot 1 - x\cdot 2}{(2x+3)^2} = \frac{3}{(2x+3)^2} \quad \blacksquare$$

EXEMPLO 6

Simplificando depois da regra do quociente Encontre

$$\frac{dy}{dx}, \quad \text{com } y = \frac{x^3}{(x^2+1)^4}.$$

Solução Sejam $f(x) = x^3$ e $g(x) = (x^2 + 1)^4$.

$$\frac{d}{dx}\left(\frac{x^3}{(x^2+1)^4}\right) = \frac{(x^2+1)^4\cdot\frac{d}{dx}(x^3) - (x^3)\cdot\frac{d}{dx}(x^2+1)^4}{[(x^2+1)^4]^2}$$

$$= \frac{(x^2+1)^4\cdot 3x^2 - x^3\cdot 4(x^2+1)^3(2x)}{(x^2+1)^8}$$

Se quisermos uma forma simplificada de $\frac{dy}{dx}$, podemos dividir o numerador e o denominador pelo fator comum $(x^2+1)^3$, como segue.

$$\frac{dy}{dx} = \frac{(x^2+1)\cdot 3x^2 - x^3\cdot 4(2x)}{(x^2+1)^5}$$

$$= \frac{3x^4 + 3x^2 - 8x^4}{(x^2+1)^5}$$

$$= \frac{3x^2 - 5x^4}{(x^2+1)^5} = \frac{x^2(3-5x^2)}{(x^2+1)^5} \quad \blacksquare$$

A derivada obtida no Exemplo 6 é uma função racional. Para simplificá-la, podemos cancelar fatores comuns de todo o numerador e de todo o denominador, mas jamais podemos cancelar termos individuais nas frações. Vejamos mais um exemplo dessas regras.

EXEMPLO 7

Derive

$$y = \frac{x}{x + (x+1)^3}.$$

Solução Sejam $f(x) = x$ e $g(x) = x + (x+1)^3$. Então $f'(x) = 1$, $g'(x) = 1 + 3(x+1)^2$ e, portanto,

$$\frac{d}{dx}\left(\frac{x}{x+(x+1)^3}\right) = \frac{(x+(x+1)^3) - x\cdot(1+3(x+1)^2)}{(x+(x+1)^3)^2}.$$

Embora existam vários termos em comum no denominador e numerador, nenhum deles pode ser cancelado, porque nenhum deles é um fator comum de todo o numerador e também de todo o denominador. No entanto, podemos continuar simplificando, como segue.

$$\frac{dy}{dx} = \frac{\cancel{x} + (x+1)^3 - \cancel{x} - 3x(x+1)^2}{(x+(x+1)^3)^2}$$

$$= \frac{\overbrace{(x+1)^3} - 3x\overbrace{(x+1)^2}}{(x+(x+1)^3)^2}$$

$$= \frac{(x+1)^2[(x+1)-3x]}{(x+(x+1)^3)^2} = \frac{(x+1)^2(-2x+1)}{(x+(x+1)^3)^2}. \quad \blacksquare$$

EXEMPLO 8 **Minimizando o custo médio** Suponha que o custo total para manufaturar x unidades de um certo produto seja dado pela função $C(x)$. Então o *custo médio unitário*, AC, é definido por

$$AC = \frac{C(x)}{x}.$$

Lembre que o *custo marginal*, MC, é definido por

$$MC = C'(x)$$

Mostre que, no nível de produção em que o custo médio é um mínimo, o custo médio unitário é igual ao custo marginal.

Solução Na prática, as curvas do custo marginal e do custo médio unitário sempre terão o formato geral dado na Figura 1. Logo, o ponto de mínimo da curva do custo médio ocorre com $\frac{d}{dx}(AC) = 0$. Para calcular a derivada, precisamos da regra do quociente.

$$\frac{d}{dx}(AC) = \frac{d}{dx}\left(\frac{C(x)}{x}\right) = \frac{x \cdot C'(x) - C(x)}{x^2}.$$

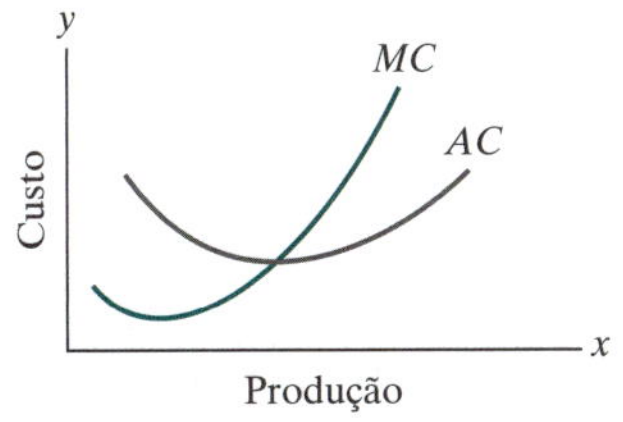

Igualando a derivada a zero e multiplicando por x^2, obtemos

$$0 = x \cdot C'(x) - C(x)$$

$$C(x) = x \cdot C'(x)$$

$$\frac{C(x)}{x} = C'(x)$$

$$AC = MC.$$

Figura 1 As funções custo marginal e médio.

Assim, quando a produção x for escolhida de tal forma que o custo médio é minimizado, o custo médio unitário é igual ao custo marginal. $\quad \blacksquare$

Verificação das regras do produto e do quociente

Verificação da regra do produto

A partir da nossa discussão de limites, calculamos a derivada de $f(x)g(x)$ em $x = a$ como o limite

$$\frac{d}{dx}[f(x)g(x)]\bigg|_{x=a} = \lim_{h \to 0} \frac{f(a+h)g(a+h) - f(a)g(a)}{h}.$$

Somando e subtraindo a quantidade $f(a)g(a+h)$ do numerador, fatoramos e aplicamos o Teorema de Limite III da Seção 1.4, obtendo

$$\lim_{h \to 0} \frac{[f(a+h)g(a+h) - f(a)g(a+h)] + [f(a)g(a+h) - f(a)g(a)]}{h}$$

$$= \lim_{h \to 0} g(a+h) \cdot \frac{f(a+h) - f(a)}{h} + \lim_{h \to 0} f(a) \cdot \frac{g(a+h) - g(a)}{h}.$$

Essa expressão pode ser reescrita pelo Teorema de Limite V da Seção 1.4 como

$$\lim_{h \to 0} g(a+h) \cdot \lim_{h \to 0} \frac{f(a+h) - f(a)}{h} + \lim_{h \to 0} f(a) \cdot \lim_{h \to 0} \frac{g(a+h) - g(a)}{h}.$$

Observe, entretanto, que como $g(x)$ é derivável em $x = a$, também é contínua nesse ponto e, portanto, $\lim_{h \to 0} g(a + h) = g(a)$. Dessa forma, a expressão precedente é igual a

$$g(a)f'(a) + f(a)g'(a).$$

Ou seja, provamos que

$$\frac{d}{dx}[f(x)g(x)]\bigg|_{x=a} = g(a)f'(a) + f(a)g'(a),$$

que é a regra do produto. Uma verificação alternativa da regra do produto sem envolver argumentação de limites está indicada no Exercício 66.

Verificação da regra do quociente

Da regra da potência geral, sabemos que

$$\frac{d}{dx}\left[\frac{1}{g(x)}\right] = \frac{d}{dx}[g(x)]^{-1} = (-1)[g(x)]^{-2} \cdot g'(x).$$

Agora podemos deduzir a regra do quociente a partir da regra do produto, como segue.

$$\frac{d}{dx}\left[\frac{f(x)}{g(x)}\right] = \frac{d}{dx}\left[\frac{1}{g(x)} \cdot f(x)\right]$$

$$= \frac{1}{g(x)} \cdot f'(x) + f(x) \cdot \frac{d}{dx}\left[\frac{1}{g(x)}\right]$$

$$= \frac{g(x)f'(x)}{[g(x)]^2} + f(x) \cdot (-1)[g(x)]^{-2} \cdot g'(x)$$

$$= \frac{g(x)f'(x) - f(x)g'(x)}{[g(x)]^2}$$

INCORPORANDO RECURSOS TECNOLÓGICOS

Um quociente de funções contínuas geralmente tem uma assíntota vertical em cada zero do denominador. As calculadoras gráficas não se dão bem traçando gráficos com assíntotas verticais. Por exemplo, o gráfico de

$$y = \frac{1}{x - 1}$$

tem uma assíntota vertical em $x = 1$ que aparece na tela da calculadora como um pico. O problema é que o modo padrão de traçar gráficos na maioria das calculadoras (o modo `Connected` nas calculadoras TI) conecta pontos consecutivos ao longo do gráfico. Não existe ponto acima de $x = 1$, pois, nesse ponto, a função não está definida. Quando a calculadora conecta os pontos dos dois lados da assíntota, aparece um pico. Para obter um gráfico com uma assíntota mais preciso, a maioria das calculadoras têm um modo `Dot`, em que pontos sucessivos são esboçados, mas não conectados por segmentos de reta. Na TI-83, o modo `Dot` é selecionado da janela `Mode`. O modo `Dot` permanece ativo até ser modificado. ■

Exercícios de revisão 3.1

1. Considere a função $y = (\sqrt{x} + 1)x$.
 (a) Derive y pela regra do produto.
 (b) Primeiro efetue a multiplicação na expressão de y e, então, derive.

2. Derive $y = \dfrac{5}{x^4 - x^3 + 1}$.

Exercícios 3.1

Nos Exercícios 1-28, derive a função.

1. $y = (x + 1)(x^3 + 5x + 2)$
2. $y = (-x^3 + 2)\left(\dfrac{x}{2} - 1\right)$
3. $y = (2x^4 - x + 1)(-x^5 + 1)$
4. $y = (x^2 + x + 1)^3(x - 1)^4$
5. $y = x(x^2 + 1)^4$
6. $y = x\sqrt{x}$
7. $y = (x^2 + 3)(x^2 - 3)^{10}$
8. $y = [(-2x^3 + x)(6x - 3)]^4$
9. $y = (5x + 1)(x^2 - 1) + \dfrac{2x + 1}{3}$
10. $y = x^7(3x^4 + 12x - 1)^2$
11. $y = \dfrac{x - 1}{x + 1}$
12. $y = \dfrac{1}{x^2 + x + 7}$
13. $y = \dfrac{x^2 - 1}{x^2 + 1}$
14. $y = \dfrac{x}{x + \frac{1}{x}}$
15. $y = \dfrac{x + 3}{(2x + 1)^2}$
16. $y = x^4 + 4\sqrt[4]{x}$
17. $y = \dfrac{1}{\pi} + \dfrac{2}{x^2 + 1}$
18. $y = \dfrac{ax + b}{cx + d}$
19. $y = \dfrac{3x^2 + 5x + 1}{3 - x^2}$
20. $y = \dfrac{x^2}{(x^2 + 1)^2}$
21. $y = [(3x^3 + 2x + 2)(x - 2)]^2$
22. $y = \dfrac{1}{\sqrt{x} - 2}$
23. $y = \dfrac{1}{\sqrt{x} + 1}$
24. $y = \dfrac{3}{\sqrt[3]{x} + 1}$
25. $y = \dfrac{x^4 - 4x^2 + 3}{x}$
26. $y = \dfrac{\sqrt{x} + 1}{\sqrt{x} - 1}$
27. $y = \sqrt{x + 2}(2x + 1)^2$
28. $y = \dfrac{\sqrt{3x - 1}}{x}$

29. Encontre a equação da reta tangente à curva $y = (x - 2)^5(x + 1)^2$ no ponto $(3, 16)$.
30. Encontre a equação da reta tangente à curva $y = (x + 1)/(x - 1)$ no ponto $(2, 3)$.
31. Encontre todas as coordenadas x dos pontos (x, y) da curva $y = (x - 2)^5/(x - 4)^3$ em que a reta tangente é horizontal.
32. Encontre os pontos de inflexão do gráfico de $y = \dfrac{1}{x^2 + 1}$. (Ver Figura 2.)

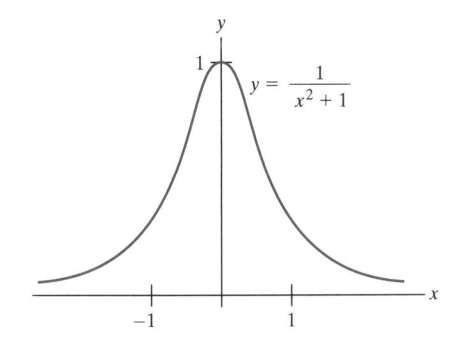

Figura 2

33. Encontre todos os valores de x tais que $\dfrac{dy}{dx} = 0$, com
$$y = (x^2 - 4)^3(2x^2 + 5)^5.$$
34. O gráfico de $y = (x^2 - 1)^4(x^2 + 1)^5$ é dado na Figura 3. Encontre as coordenadas dos máximos e mínimos locais. [*Sugestão*: use o Exemplo 4.]

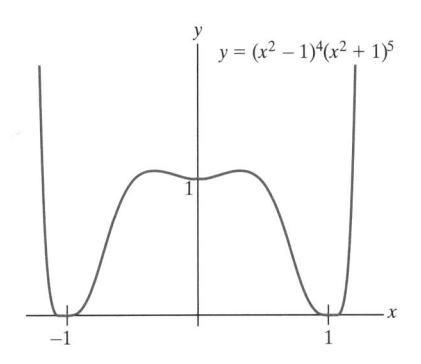

Figura 3

35. Encontre o(s) ponto(s) do gráfico de $y = (x^2 + 3x - 1)/x$ em que a inclinação é 5.
36. Encontre o(s) ponto(s) do gráfico de $y = (2x^4 + 1)(x - 5)$ em que a inclinação é 1.

Nos Exercícios 37-40, calcule $\dfrac{d^2y}{dx^2}$.

37. $y = (x^2 + 1)^4$
38. $y = \sqrt{x^2 + 1}$
39. $y = x\sqrt{x + 1}$
40. $y = \dfrac{2}{2 + x^2}$

Nos Exercícios 41-44, a função $h(x)$ está definida em termos de uma função derivável $f(x)$. Encontre uma expressão para $h'(x)$.

41. $h(x) = xf(x)$
42. $h(x) = (x^2 + 2x - 1)f(x)$
43. $h(x) = \dfrac{f(x)}{x^2 + 1}$
44. $h(x) = \left(\dfrac{f(x)}{x}\right)^2$

45. **Volume** Uma caixa retangular aberta tem 30 centímetros de comprimento e uma área de superfície de 16 decímetros quadrados. Encontre as dimensões da caixa tais que o volume seja o maior possível.
46. **Volume** Uma caixa retangular fechada será construída com um dos lados medindo 1 metro de comprimento. O material utilizado para o topo custa \$20 por metro quadrado e o material para as laterais e o fundo custa \$10 por metro quadrado. Encontre as dimensões da caixa com o maior volume possível que pode ser feita a um custo de \$240 de materiais.
47. **Custo médio** Uma refinaria de açúcar consegue produzir x toneladas de açúcar por semana a um custo semanal de $1x^2 + 5x + 2.250$ dólares. Encontre o nível de produção em que o custo médio é um mínimo e mostre que, para esse nível de produção, o custo médio é igual ao custo marginal.

48. Custo médio Um fabricante de charutos produz x caixas de charutos por dia a um custo diário de $50x(x + 200)/(x + 100)$ dólares. Mostre que seu custo aumenta e seu custo médio diminui à medida que a produção x aumenta.

49. Receita média Seja $R(x)$ a receita obtida com a venda de x unidades de um produto. A *receita média unitária* é definida por $AR = R(x)/x$. Mostre que a receita média é igual à receita marginal no nível de produção que maximiza a receita média.

50. Velocidade média Seja $s(t)$ o número de quilômetros percorridos por um carro em t horas. Então a velocidade média durante as t primeiras horas é $\overline{v}(t) = s(t)/t$ quilômetros por hora. Se a velocidade média for maximizada no instante t_0, mostre que, nesse instante, a velocidade média $\overline{v}(t_0)$ é igual à velocidade instantânea $s'(t_0)$. [*Sugestão*: calcule a derivada de $\overline{v}(t)$.]

51. Taxa de variação A largura de um retângulo está aumentada à taxa de 3 centímetros por segundo e seu comprimento está aumentado à taxa de 4 centímetros por segundo. A que taxa está aumentando a área do retângulo quando sua largura for de 5 centímetros e seu comprimento for de 6 centímetros? [*Sugestão*: sejam $L(t)$ e $C(t)$ a largura e o comprimento, respectivamente, no instante t.]

52. Custo-benefício de controle de emissão Um empresário planeja diminuir a quantidade de dióxido de enxofre lançado pelas chaminés de sua empresa. A função custo-benefício estimada é dada por

$$f(x) = \frac{3x}{105 - x}, \qquad 0 \leq x \leq 100,$$

em que $f(x)$ é o custo em milhões de dólares para eliminar $x\%$ do total de dióxido de enxofre. (Ver Figura 4.) Encontre o valor de x no qual a taxa de aumento da função custo-benefício é de 1,4 milhões de dólares por unidade. (Cada unidade equivale a 1 ponto percentual no aumento de poluente removido.)

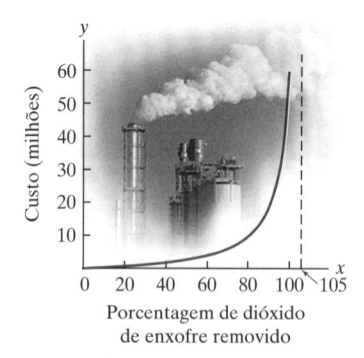

Figura 4 Uma função custo-benefício.

Nos Exercícios 53 e 54, use o fato de que a população dos Estados Unidos no começo de 1998 era de 268.924.000 pessoas e crescia à taxa de 1.856.000 pessoas por ano.

53. No início de 1998, o consumo *per capita* de gasolina nos Estados Unidos era de 52,3 galões e crescia à taxa de 0,2 galão por ano. A que taxa crescia o consumo total anual de gasolina nos Estados Unidos naquela época? (*Sugestão*: [consumo total anual] = [população] · [consumo *per capital* anual].)

54. No início de 1998, o consumo anual de sorvete nos Estados Unidos era de cerca de 25.164 milhões de litros e crescia à taxa de 424 milhões de litros por ano. A que taxa crescia o consumo *per capita* de sorvete naquela época? (*Sugestão*: [consumo *per capita* anual] = $\frac{\text{[consumo anual]}}{\text{[população total]}}$.)

55. A Figura 5 mostra o gráfico de

$$y = \frac{10x}{1 + 0{,}25x^2}$$

com $x \geq 0$. Encontre as coordenadas do ponto máximo.

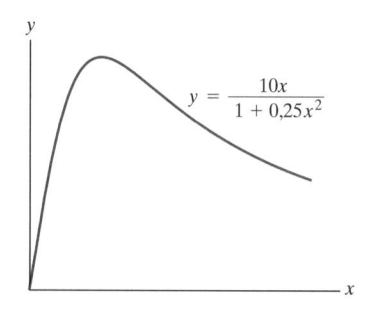

Figura 5

56. A Figura 6 mostra o gráfico de

$$y = \frac{1}{2} + \frac{x^2 - 2x + 1}{x^2 - 2x + 2}$$

com $0 \leq x \leq 2$. Encontre as coordenadas do ponto mínimo.

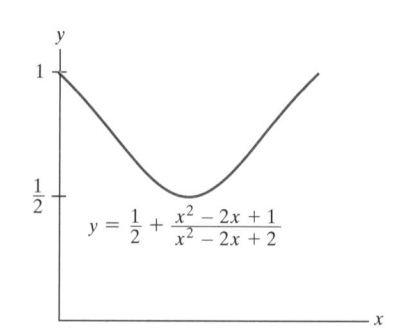

Figura 6

57. Mostre que a derivada de $\dfrac{x^4}{x^2 + 1}$ não é $\dfrac{4x^3}{2x}$.

58. Mostre que a derivada de $(5x^3)(2x^4)$ não é $(15x^2)(8x^3)$.

59. Se $f(x)$ for uma função cuja derivada é $f'(x) = \dfrac{1}{1 + x^2}$, encontre a derivada de $\dfrac{f(x)}{1 + x^2}$.

60. Se $f(x)$ e $g(x)$ são funções deriváveis tais que $f(1) = 2$, $f'(1) = 3$, $g(1) = 4$ e $g'(1) = 5$, encontre $\dfrac{d}{dx}[f(x)g(x)]\Big|_{x=1}$.

61. Continuação do Exercício 60. Calcule $\dfrac{d}{dx}\left[\dfrac{f(x)}{g(x)}\right]\Big|_{x=1}$.

62. Se $f(x)$ for uma função cuja derivada é $f'(x) = 1/x$, encontre a derivada de $xf(x) - x$.

63. Sejam $f(x) = 1/x$ e $g(x) = x^3$.
  (a) Mostre que a regra do produto fornece a derivada correta de $(1/x)x^3 = x^2$.
  (b) Calcule o produto $f'(x)\,g'(x)$ e observe que *não* é a derivada de $f(x)g(x)$.

64. A derivada de $(x^3 - 4x)/x$ obviamente é $2x$ com $x \neq 0$, porque $(x^3 - 4x)/x = x^2 - 4$ com $x \neq 0$. Verifique que a regra do quociente dá a mesma derivada.

65. Sejam $f(x)$, $g(x)$ e $h(x)$ funções deriváveis. Encontre uma fórmula para a derivada de $f(x)g(x)h(x)$. (*Sugestão*: primeiro derive $f(x)[g(x)h(x)]$.)

66. Verificação alternativa da regra do produto Utilize o caso especial da regra da potência geral

$$\dfrac{d}{dx}[h(x)]^2 = 2h(x)h'(x)$$

e a identidade

$$fg = \tfrac{1}{4}[(f+g)^2 - (f-g)^2]$$

para deduzir a regra do produto.

67. Índice de massa corporal O IMC é uma razão entre o peso de uma pessoa e o quadrado de sua altura. Denotando o IMC por $b(t)$, temos

$$b(t) = \dfrac{w(t)}{[h(t)]^2},$$

onde t é a idade da pessoa, $w(t)$ o peso em quilogramas e $h(t)$ a altura em metros. Encontre uma expressão para $b'(t)$.

68. Continuação do Exercício 67. Geralmente o IMC é usado como um parâmetro para avaliar se uma pessoa está acima ou abaixo de seu peso ideal. Por exemplo, de acordo com o Centro de Controle de Doenças, um menino de 12 anos corre o risco de estar com peso excessivo se seu IMC estiver entre 21 e 24 e está acima do peso ideal se seu IMC estiver acima de 24. Um menino de 13 anos corre o risco de estar com peso excessivo se seu IMC estiver entre 22 e 25 e está acima do peso ideal se seu IMC estiver acima de 25.

  (a) O peso de um menino de 12 anos era de 50 quilogramas e sua altura de 1,55 metro. Calcule seu IMC e decida se ele está acima do peso ideal ou corre o risco de estar acima do peso ideal.
  (b) Suponha que o peso do menino estava aumentando à taxa de 7 quilogramas por ano e sua altura estava aumentando à taxa de 5 cm por ano. Encontre a taxa de variação do seu IMC aos 12 anos, ou seja, $b'(12)$.
  (c) Use os valores de $b(12)$ e $b'(12)$ para estimar $b(13)$, que é o IMC do menino aos 13 anos. Esse menino corre o risco de ficar acima do peso ideal aos 13 anos? [*Sugestão*: use a fórmula 2 da Seção 1.8 para aproximar $b(13)$.]

Exercícios com calculadora

69. Área da pupila A relação entre a área da pupila do olho e a intensidade de luz foi analisada por B. H. Crawford.[*] Ele concluiu que a área da pupila é de

$$f(x) = \dfrac{160x^{-0.4} + 94{,}8}{4x^{-0.4} + 15{,}8} \qquad (0 \le x \le 37)$$

milímetros quadrados quando x unidades de luz estão entrando no olho por unidade de tempo.

  (a) Obtenha o gráfico de $f(x)$ e de $f'(x)$ na janela $[0, 6]$ por $[-5, 20]$.
  (b) Qual é o tamanho da pupila quando 3 unidades de luz entram no olho por unidade de tempo?
  (c) Com qual intensidade de luz o tamanho da pupila é de 11 milímetros quadrados?
  (d) Quando 3 unidades de luz estão entrando no olho por unidade de tempo, qual é a taxa de variação do tamanho da pupila em relação a uma variação de uma unidade de intensidade de luz?

---

[*] The dependence of pupil size on the external light stimulus under static and variable conditions, *Proceedings of the Royal Society Series B*, 121: 376-395, 1937.

Soluções dos exercícios de revisão 3.1

1. (a) Aplique a regra do produto a $y = (\sqrt{x} + 1)x$ com

$$f(x) = \sqrt{x} + 1 = x^{1/2} + 1$$
$$g(x) = x.$$

$$\frac{dy}{dx} = (x^{1/2} + 1) \cdot 1 + x \cdot \tfrac{1}{2}x^{-1/2}$$
$$= x^{1/2} + 1 + \tfrac{1}{2}x^{1/2}$$
$$= \tfrac{3}{2}\sqrt{x} + 1.$$

(b) $y + (\sqrt{x} + 1)x = (x^{1/2} + 1)x = x^{3/2} + x$

$$\frac{dy}{dx} = \tfrac{3}{2}x^{1/2} + 1.$$

Comparando as partes (a) e (b), observamos que é útil simplificar a função antes de derivar.

2. Podemos aplicar a regra do quociente a

$$y = \frac{5}{x^4 - x^3 + 1}.$$

$$\frac{dy}{dx} = \frac{(x^4 - x^3 + 1) \cdot 0 - 5 \cdot (4x^3 - 3x^2)}{(x^4 - x^3 + 1)^2}$$
$$= \frac{-5x^2(4x - 3)}{(x^4 - x^3 + 1)^2}$$

Entretanto, é um pouco mais rápido usar a regra da potência geral, pois $y = 5(x^4 - x^3 + 1)^{-1}$. Assim,

$$\frac{dy}{dx} = -5(x^4 - x^3 + 1)^{-2}(4x^3 - 3x^2)$$
$$= -5x^2(x^4 - x^3 + 1)^{-2}(4x - 3).$$

3.2 A regra da cadeia e a regra da potência geral

Nesta seção, mostramos que a regra da potência geral é um caso especial de uma poderosa técnica de derivação conhecida como regra da cadeia. Ao longo de todo o texto, aparecem aplicações da regra da cadeia.

Uma maneira útil de combinar funções $f(x)$ e $g(x)$ é substituir cada ocorrência da variável x em $f(x)$ pela função $g(x)$. A função resultante é denominada *composição* (ou função *composta*) de $f(x)$ e $g(x)$ e é denotada por $f(g(x))$.*

EXEMPLO 1   **Composição de funções**   Sejam

$$f(x) = \frac{x-1}{x+1}, \quad g(x) = x^3.$$

Qual é a função $f(g(x))$?

Solução   Substitua cada ocorrência de x em $f(x)$ por $g(x)$ para obter

$$f(g(x)) = \frac{g(x) - 1}{g(x) + 1} = \frac{x^3 - 1}{x^3 + 1}. \quad \blacksquare$$

Dada uma função composta $f(g(x))$, podemos pensar em $f(x)$ como a função "externa" que atua sobre os valores da função "interna" $g(x)$. Esse ponto de vista muitas vezes ajuda no reconhecimento de uma função composta.

EXEMPLO 2   **Decompondo funções compostas**   Escreva as funções dadas como compostas de funções mais simples.

(a) $h(x) = (x^5 + 9x + 3)^8$ (b) $k(x) = \sqrt{4x^2 + 1}$

Solução
(a) $h(x) = f(g(x))$, em que a função externa é a função potência $(\ldots)^8$, ou seja, $f(x) = x^8$. Dentro dessa potência, está $g(x) = x^5 + 9x + 3$.
(b) $k(x) = f(g(x))$, em que a função externa é a função raiz quadrada $f(x) = \sqrt{x}$ e a função interna é $g(x) = 4x^2 + 1$. $\blacksquare$

---

* Ver Seção 0.3 para informação adicional sobre composição de funções.

Uma função da forma $[g(x)]^r$ é uma composta $f(g(x))$, em que a função externa é $f(x) = x^r$. Já vimos a regra para derivar essa função, a saber,

$$\frac{d}{dx}[g(x)]^r = r[g(x)]^{r-1}g'(x).$$

A *regra de cadeia* tem a mesma forma, exceto que a função externa $f(x)$ pode ser *qualquer* função derivável.

> **Regra da cadeia** Para derivar $f(g(x))$, primeiro derive a função externa $f(x)$ e substitua cada ocorrência de x no resultado por $g(x)$. Então multiplique pela derivada da função interna $g(x)$. Simbolicamente,
>
> $$\frac{d}{dx}f(g(x)) = f'(g(x))g'(x).$$

EXEMPLO 3 **A regra da potência geral como regra da cadeia** Utilize a regra da cadeia para calcular a derivada de $f(g(x))$, em que $f(x) = x^8$ e $g(x) = x^5 + 9x + 3$.

Solução
$$f'(x) = 8x^7, \qquad g'(x) = 5x^4 + 9$$
$$f'(g(x)) = 8(x^5 + 9x + 3)^7$$

Pela regra da cadeia,

$$\frac{d}{dx}f(g(x)) = f'(g(x))g'(x) = 8(x^5 + 9x + 3)^7(5x^4 + 9).$$

Como neste exemplo a função externa é uma função potência, os cálculos são iguais aos cálculos quando usamos a regra da potência geral para derivar $y = (x^5 + 9x + 3)^8$. Aqui, entretanto, a organização da solução enfatiza a notação da regra da cadeia. ■

EXEMPLO 4 **Derivada de uma função não especificada** Se $h(x) = f(\sqrt{x})$, em que $f(x)$ é uma função derivável não especificada, calcule $h'(x)$ em termos de $f'(x)$.

Solução Se $g(x) = \sqrt{x}$, então $h(x)$ é a composta de $f(x)$ e $g(x)$, a saber, $h(x) = f(g(x))$. Temos $g'(x) = \dfrac{1}{2\sqrt{x}}$ e, pela regra da cadeia,

$$h'(x) = \frac{d}{dx}(f(g(x)) = f'(g(x))g'(x)$$
$$= f'(\sqrt{x}) \cdot \frac{1}{2\sqrt{x}} = \frac{f'(\sqrt{x})}{2\sqrt{x}}. \qquad ■$$

Existe uma outra maneira de escrever a regra da cadeia. Dada a função $y = f(g(x))$, denotemos $u = g(x)$, de modo que $y = f(u)$. Então y pode ser vista tanto como uma função de u quanto como uma função de x, indiretamente através de u. Com essa notação, temos $\dfrac{du}{dx} = g'(x)$ e $\dfrac{dy}{du} = f'(u) = f'(g(x))$. Assim, a regra da cadeia afirma que

$$\frac{dy}{dx} = \frac{dy}{du}\frac{du}{dx}.$$

Mesmo que os símbolos de derivadas em (1) não sejam realmente frações, o aparente cancelamento dos símbolos "du" fornece um processo mnemônico para lembrar dessa forma da regra da cadeia.

Vejamos uma ilustração que torna (1) uma fórmula plausível. Suponha que y, u e x sejam três quantidades variáveis, com y variando três vezes mais rápido do que u e u variando duas vezes mais rápido do que x. Parece razoável que y deva variar seis vezes mais rápido do que x. Ou seja, $\dfrac{dy}{dx} = \dfrac{dy}{du}\dfrac{du}{dx} = 3 \cdot 2 = 6$.

EXEMPLO 5

Regra da cadeia Encontre

$$\frac{dy}{dx} \quad \text{se } y = u^5 - 2u^3 + 8 \text{ e } u = x^2 + 1.$$

Solução Como y não é dada diretamente em função de x, não podemos calcular $\dfrac{dy}{dx}$ derivando y diretamente em relação a x. Podemos, contudo, derivar a relação $y = u^5 - 2u^3 + 8$ em relação a u, obtendo

$$\frac{dy}{du} + 5u^4 - 6u^2.$$

Analogamente, podemos derivar a relação $u = x^2 + 1$ em relação a x e obter

$$\frac{du}{dx} = 2x.$$

Aplicando a regra da cadeia, como indicado em (1), obtemos

$$\frac{dy}{dx} = \frac{dy}{du}\frac{du}{dx} = (5u^4 - 6u^2) \cdot (2x).$$

Em geral, é desejável expressar $\dfrac{dy}{dx}$ como uma função só de x, portanto, substituímos u por $x^2 + 1$ para obter

$$\frac{dy}{dx} = [5(x^2 + 1)^4 - 6(x^2 + 1)^2] \cdot 2x. \qquad \blacksquare$$

Você pode ter percebido uma outra maneira, totalmente mecânica, de desenvolver o Exemplo 5, como segue. Primeiro substituímos $u = x^2 + 1$ na fórmula original de y e obtemos $y = (x^2 + 1)^5 - 2(x^2 + 1)^3 + 8$. Então $\dfrac{dy}{dx}$ é facilmente calculado pelas regras da soma, da potência geral e da multiplicação por constante. A solução no Exemplo 5, entretanto, apresenta os fundamentos para as aplicações da regra da cadeia da Seção 3.3 e em outras situações.

Em muitas situações envolvendo funções compostas, a variável principal é o tempo t. Pode ser que x seja uma função de t, digamos, $x = g(t)$, e alguma outra variável como R seja uma função de x, digamos, $R = f(x)$. Então $R = f(g(t))$ e a regra da cadeia diz que

$$\frac{dR}{dt} = \frac{dR}{dx}\frac{dx}{dt}.$$

EXEMPLO 6

Receita marginal e taxa de variação em relação ao tempo Uma loja vende gravatas a \$12 cada. Sejam x o número de gravatas vendidas num dia e R a receita gerada pela venda das x gravatas, de forma que $R = 12x$. Se as vendas diárias estiverem aumentando à taxa de quatro gravatas por dia, quão rápido estará aumentando a receita?

Solução Claramente, a receita está aumentando à taxa de $48 por dia, porque cada uma das quatro gravatas adicionais acrescenta $12 à receita. Essa conclusão intuitiva também segue pela regra da cadeia, como segue.

$$\frac{dR}{dt} = \frac{dR}{dx} \cdot \frac{dx}{dt}$$

$$\begin{bmatrix}\text{taxa de variação}\\ \text{da receita em}\\ \text{relação ao tempo}\end{bmatrix} = \begin{bmatrix}\text{taxa de variação}\\ \text{da receita em}\\ \text{relação às vendas}\end{bmatrix} \cdot \begin{bmatrix}\text{taxa de variação}\\ \text{das vendas em}\\ \text{relação ao tempo}\end{bmatrix}$$

$$\begin{bmatrix}\text{aumento diário}\\ \text{de \$48}\end{bmatrix} = \begin{bmatrix}\text{aumento de}\\ \text{\$12 por gravata}\\ \text{adicional}\end{bmatrix} \cdot \begin{bmatrix}\text{quatro gravatas}\\ \text{adicionais por dia}\end{bmatrix}.$$

Observe que $\frac{dR}{dx}$ é, de fato, a receita marginal estudada anteriormente. Esse exemplo mostra que a taxa de variação da receita em relação ao tempo, $\frac{dR}{dt}$, é a receita marginal multiplicada pela taxa de variação das vendas em relação ao tempo. ∎

EXEMPLO 7 **Taxa de variação da receita em relação ao tempo** A equação de demanda de uma certa marca de calculadora gráfica é de $p = 86 - 0{,}002x$, em que p é o preço (em dólares) de uma calculadora e x é o número de calculadoras fabricadas e vendidas. Determine a taxa de variação (em relação ao tempo) da receita total se a companhia aumentar a produção em 200 calculadoras por dia quando o nível de produção estiver em 6.000 calculadoras.

Solução A receita total proveniente da fabricação e venda de x calculadoras é $R(x) = x \cdot p = x(86 - 0{,}002x) = -0{,}002x^2 + 86x$. É dado que, quando $x = 6.000$, a produção aumentará à taxa de 200 calculadoras por dia, ou seja, $\frac{dx}{dt} = 200$ quando $x = 6.000$. Queremos saber a taxa de variação da receita em relação ao tempo, $\frac{dR}{dt}$, quando $x = 6.000$. Como a receita R não foi dada diretamente como uma função de t, apelamos para a regra da cadeia para derivar R em relação a t. Temos

$$\frac{dR}{dt} = \frac{dR}{dx} \cdot \frac{dx}{dt}.$$

(Como no exemplo precedente, a taxa de variação da receita em relação ao tempo, $\frac{dR}{dt}$, é a receita marginal, $\frac{dR}{dx}$, multiplicada pela taxa de variação das vendas em relação ao tempo, $\frac{dx}{dt}$.) Como

$$\frac{dR}{dx} = \frac{d}{dx}\overbrace{(-0{,}002x^2 + 86x)}^{R(x)} = -0{,}004x + 86.$$

resulta

$$\frac{dR}{dt} = \overbrace{(-0{,}004x + 86)}^{dR/dx} \cdot \frac{dx}{dt}.$$

Substituindo $x = 6.000$ e $\frac{dx}{dt} = 200$, obtemos

$$\frac{dR}{dt} = [-0{,}004(6.000) + 86](200) = 12.400 \text{ dólares por dia.}$$

Assim, se no nível de produção $x = 6.000$ a companhia aumentar a produção em 200 calculadoras por dia, sua receita total aumentará à taxa de $12.400 dólares por dia. ∎

Verificação da regra da cadeia

Suponha que $f(x)$ e $g(x)$ sejam deriváveis e seja $x = a$ um número do domínio de $f(g(x))$. Como toda função derivável é contínua, temos

$$\lim_{h \to 0} g(a + h) = g(a),$$

o que implica

$$\lim_{h \to 0} [g(a + h) - g(a)] = 0. \qquad (2)$$

Agora, $g(a)$ é um número no domínio de $f(x)$ e a definição de derivada via limite nos dá

$$f'(g(a)) = \lim_{k \to 0} \frac{f(g(a) + k) - f(g(a))}{k}. \qquad (3)$$

Seja $k = g(a + h) - g(a)$. Pela equação (2), k tende a zero quando h tende a zero. Também, $g(a + h) = g(a) + k$. Portanto, (3) pode ser reescrito na forma

$$f'(g(a)) = \lim_{h \to 0} \frac{f(g(a + h)) - f(g(a))}{g(a + h) - g(a)}. \qquad (4)$$

[Na verdade, precisamos supor que o denominador nunca seja nulo em (4). Essa hipótese pode ser evitada utilizando um argumento diferente e mais técnico, que omitimos.] Finalmente, mostramos que a função $f(g(x))$ tem derivada em $x = a$. Para isso, utilizamos a definição de derivada via limite, o Teorema de Limite V e a equação (4).

$$\begin{aligned}\left.\frac{d}{dx} f(g(x))\right|_{x=a} &= \lim_{h \to 0} \frac{f(g(a + h)) - f(g(a))}{h} \\ &= \lim_{h \to 0} \left[\frac{f(g(a + h)) - f(g(a))}{g(a + h) - g(a)} \cdot \frac{g(a + h) - g(a)}{h}\right] \\ &= \lim_{h \to 0} \frac{f(g(a + h)) - f(g(a))}{g(a + h) - g(a)} \cdot \lim_{h \to 0} \frac{g(a + h) - g(a)}{h} \\ &= f'(g(a)) \cdot g'(a) \end{aligned}$$

Exercícios de revisão 3.2

Considere a função $h(x) = (2x^3 - 5)^5 + (2x^3 - 5)^4$.
1. Escreva $h(x)$ como uma função composta $f(g(x))$.
2. Calcule $f'(x)$ e $f'(g(x))$.
3. Use a regra da cadeia para derivar $h(x)$.

Exercícios 3.2

Nos Exercícios 1-4, calcule $f(g(x))$ com as funções $f(x)$ e $g(x)$ dadas.

1. $f(x) = \dfrac{x}{x + 1}$, $g(x) = x^3$
2. $f(x) = x - 1$, $g(x) = \dfrac{1}{x + 1}$
3. $f(x) = x(x^2 + 1)$, $g(x) = \sqrt{x}$
4. $f(x) = \dfrac{x + 1}{x - 3}$, $g(x) = x + 3$

Nos Exercícios 5-10, a função dada pode ser vista como uma função composta $h(x) = f(g(x))$. Encontre $f(x)$ e $g(x)$.

5. $h(x) = (x^3 + 8x - 3)^5$
6. $h(x) = (9x^2 + 2x - 5)^7$
7. $h(x) = \sqrt{4 - x^2}$
8. $h(x) = (5x^2 + 1)^{-1/2}$
9. $h(x) = \dfrac{1}{x^3 - 5x^2 + 1}$
10. $h(x) = (4x - 3)^3 + \dfrac{1}{4x - 3}$

Nos Exercícios 11-20, derive a função usando uma ou mais das regras de derivação discutidas até aqui.

11. $y = (x^2 + 5)^{15}$
12. $y = (x^4 + x^2)^{10}$
13. $y = 6x^2(x - 1)^3$
14. $y = 5x^3(2 - x)^4$
15. $y = 2(x^3 - 1)(3x^2 + 1)^4$
16. $y = 2(x - 1)^{5/4}(2x + 1)^{3/4}$

17. $y = \left(\dfrac{4}{1-x}\right)^3$ **18.** $y = \dfrac{4x^2 + x}{\sqrt{x}}$

19. $y = \left(\dfrac{4x-1}{3x+1}\right)^3$ **20.** $y = \left(\dfrac{x}{x^2+1}\right)^2$

Nos Exercícios 21-26, a função h(x) está definida em termos de uma função derivável f(x). Encontre uma expressão para h'(x).

21. $h(x) = f(x^2)$ **22.** $h(x) = 2f(2x+1)$
23. $h(x) = -f(-x)$ **24.** $h(x) = f(f(x))$
25. $h(x) = \dfrac{f(x^2)}{x}$ **26.** $h(x) = \sqrt{f(x^2)}$
27. Esboce o gráfico de $y = 4x/(x+1)^2$, $x > -1$.
28. Esboce o gráfico de $y = 2/(1+x^2)$.

Nos Exercícios 29-36, calcule $\dfrac{d}{dx}f(g(x))$ com as funções f(x) e g(x) dadas.

29. $f(x) = x^5$, $g(x) = 6x - 1$
30. $f(x) = \sqrt{x}$, $g(x) = x^2 + 1$
31. $f(x) = \dfrac{1}{x}$, $g(x) = 1 - x^2$
32. $f(x) = \dfrac{1}{1+\sqrt{x}}$, $g(x) = \dfrac{1}{x}$
33. $f(x) = x^4 - x^2$, $g(x) = x^2 - 4$
34. $f(x) = \dfrac{4}{x} + x^2$, $g(x) = 1 - x^4$
35. $f(x) = (x^3 + 1)^2$, $g(x) = x^2 + 5$
36. $f(x) = x(x-2)^4$, $g(x) = x^3$

Nos Exercícios 37-40, calcule $\dfrac{dy}{dx}$ usando a regra da cadeia da fórmula (1).

37. $y = u^{3/2}$, $u = 4x + 1$
38. $y = \sqrt{u+1}$, $u = 2x^2$
39. $y = \dfrac{u}{2} + \dfrac{2}{u}$, $u = x - x^2$
40. $y = \dfrac{u^2 + 2u}{u+1}$, $u = x(x+1)$

Nos Exercícios 41-44, calcule $\dfrac{dy}{dt}\Big|_{t=t_0}$

41. $y = x^2 - 3x$, $x = t^2 + 3$, $t_0 = 1$
42. $y = (x^2 - 2x + 4)^2$, $x = \dfrac{1}{t+1}$, $t_0 = 1$
43. $y = \dfrac{x+1}{x-1}$, $x = \dfrac{t^2}{4}$, $t_0 = 3$
44. $y = \sqrt{x+1}$, $x = \sqrt{t+1}$, $t_0 = 0$
45. Encontre a equação da reta tangente ao gráfico de $y = 2x(x-4)^6$ no ponto $(5, 10)$.
46. Encontre a equação da reta tangente ao gráfico de $y = \dfrac{x}{\sqrt{2-x^2}}$ no ponto $(1, 1)$.
47. Encontre a coordenada x de todos os pontos da curva $y = (-x^2 + 4x - 3)^3$ com reta tangente horizontal.

48. A função $f(x) = \sqrt{x^2 - 6x + 10}$ tem um ponto de mínimo relativo em $x \geq 0$. Encontre esse ponto.
49. O comprimento x da aresta de um cubo está aumentando.
 (a) Escreva a regra da cadeia para $\dfrac{dV}{dt}$, a taxa de variação do volume do cubo.
 (b) $\dfrac{dV}{dt}$ é igual a 12 vezes a taxa de crescimento de x para qual valor de x?
50. **Equação alométrica** Muitas relações na Biologia são expressas por funções potências, conhecidas como equações alométricas, do tipo $y = kx^a$, em que k e a são constantes. Por exemplo, o peso de uma certa espécie de cobra macho é de, aproximadamente, $446x^3$ gramas, em que x é seu comprimento em metros.* Se uma cobra dessas medir 40 centímetros e estiver crescendo à taxa de 20 centímetros por ano, a que taxa essa cobra está aumentando de peso?
51. Suponha que P, y e t sejam variáveis, em que P é uma função de y e y é uma função de t.
 (a) Escreva com os símbolos de derivada a taxa de variação de y em relação a t, a taxa de variação P em relação a y e a taxa de variação de P em relação a t. Escolha suas respostas dentre as opções seguintes.

$$\dfrac{dP}{dy}, \quad \dfrac{dy}{dP}, \quad \dfrac{dy}{dt}, \quad \dfrac{dP}{dt}, \quad \dfrac{dt}{dP} \text{ e } \dfrac{dt}{dy}.$$

 (b) Escreva a regra da cadeia para $\dfrac{dP}{dt}$.
52. Suponha que Q, x e y sejam variáveis, em que Q é uma função de x e x é uma função de y. (Leia isso com atenção.)
 (a) Escreva com os símbolos de derivada a taxa de variação de x em relação a y, a taxa de variação Q em relação a x e da taxa de variação de Q em relação a y. Escolha suas respostas dentre as opções seguintes.

$$\dfrac{dy}{dx}, \quad \dfrac{dx}{dy}, \quad \dfrac{dQ}{dx}, \quad \dfrac{dx}{dQ}, \quad \dfrac{dQ}{dy} \text{ e } \dfrac{dy}{dQ}.$$

 (b) Escreva a regra da cadeia para $\dfrac{dQ}{dy}$.
53. **Lucro marginal e taxa de variação em relação ao tempo** Quando uma companhia produz e vende x milhares de unidades por semana, seu lucro total semanal é de P milhares de dólares, com

$$P = \dfrac{200x}{100 + x^2}.$$

O nível de produção em t semanas contadas a partir de hoje é $x = 4 + 2t$.

---

* D. R. Platt, "Natural History of the Hognose Snakes *Heterodon Platyrhinos* and *Heterodon Nasicus*," University of Kansas Publications, *Museum of Natural History* 18:4 (1969), 253-420.

(a) Encontre o lucro marginal, $\dfrac{dP}{dx}$

(b) Encontre a taxa de variação do lucro em relação ao tempo, $\dfrac{dP}{dt}$.

(c) Quão rápido (em relação ao tempo) está variando o lucro quando $t = 8$?

54. Custo marginal e taxa de variação em relação ao tempo O custo de manufaturar x caixas de cereal é de C dólares, em que $C = 3x + 4\sqrt{x} + 2$. A produção semanal em t semanas contadas a partir de hoje é estimada em $x = 6.200 + 100t$ caixas.

(a) Encontre o custo marginal, $\dfrac{dC}{dx}$

(b) Encontre a taxa de variação do custo em relação ao tempo, $\dfrac{dC}{dt}$.

(c) Quão rápido (em relação ao tempo) estão variando os custos quando $t = 2$?

55. Um modelo para o nível de monóxido de carbono Os ecologistas estimam que quando a população de uma certa cidade for de x milhares de pessoas, o nível médio L de monóxido de carbono no ar acima da cidade será de L ppm (partes por milhão), em que $L = 10 + 0{,}4x + 0{,}0001x^2$. A população da cidade é estimada em $x = 752 + 23t + 0{,}5t^2$ milhares de pessoas em t anos contados a partir de hoje.

(a) Encontre a taxa de variação da quantidade de monóxido de carbono em relação à população da cidade.

(b) Encontre a taxa de variação da população quando $t = 2$.

(c) Quão rápido (em relação ao tempo) está variando o nível de monóxido de carbono quando $t = 2$?

56. Lucro Uma empresa que fabrica computadores estima que em t meses a partir de hoje estará vendendo x mil unidades mensais de sua principal linha de computadores, sendo $x = 0{,}05t^2 + 2t + 5$. Em virtude de redução no tamanho, o lucro P obtido com a produção e venda de x mil unidades é estimado em $P = 0{,}001x^2 + 0{,}1x - 0{,}25$ milhões de dólares. Calcule a taxa com a qual o lucro estará crescendo em 5 meses contados a partir de hoje.

57. Se $f(x)$ e $g(x)$ forem funções deriváveis, encontre $g(x)$ sabendo que

$$\dfrac{d}{dx} f(g(x)) = 3x^2 \cdot f'(x^3 + 1).$$

58. Se $f(x)$ e $g(x)$ forem funções deriváveis, encontre $g(x)$ sabendo que $f'(x) = 1/x$ e

$$\dfrac{d}{dx} f(g(x)) = \dfrac{2x + 5}{x^2 + 5x - 4}.$$

59. Se $f(x)$ e $g(x)$ forem funções deriváveis tais que $f(1) = 2$, $f'(1) = 3, f'(5) = 4, g(1) = 5, g'(1) = 6, g'(2) = 7$ e $g'(5) = 8$, encontre $\left.\dfrac{d}{dx} f(g(x))\right|_{x=1}$.

60. Continuação do Exercício 59. Encontre $\left.\dfrac{d}{dx} g(f(x))\right|_{x=1}$.

61. Efeito das ações no valor de uma companhia Depois que uma companhia de *software* para computadores tornou-se pública, o preço de uma de suas ações na Bolsa de Valores flutuou de acordo com o gráfico da Figura 1(a). O valor total da companhia depende do valor de suas ações e foi estimado em

$$W(x) = 10\,\dfrac{12 + 8x}{3 + x},$$

em que x é o valor de uma ação (em dólares) e $W(x)$ é o valor total da companhia em milhões de dólares. [Ver Figura 1(b).]

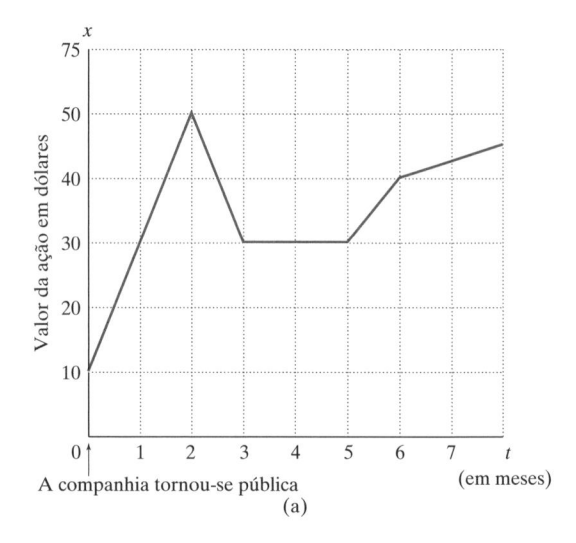

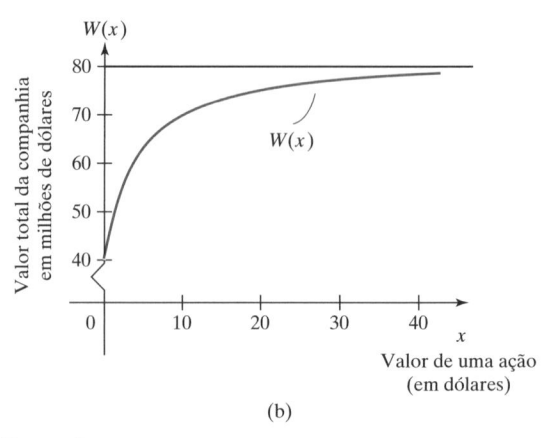

Figura 1

(a) Encontre o valor total da companhia quando $t = 1{,}5$ e quando $t = 3{,}5$.

(b) Encontre $\left.\dfrac{dx}{dt}\right|_{t=1{,}5}$ e $\left.\dfrac{dx}{dt}\right|_{t=3{,}5}$. Dê uma interpretação para esses valores.

62. Continuação do Exercício 61. Use a regra da cadeia para encontrar $\left.\dfrac{dW}{dt}\right|_{t=1{,}5}$ e $\left.\dfrac{dW}{dt}\right|_{t=3{,}5}$. Dê uma interpretação para esses valores.

63. Continuação do Exercício 61.

(a) Encontre $\dfrac{dx}{dt}\Big|_{t=2,5}$ e $\dfrac{dx}{dt}\Big|_{t=4}$. Dê uma interpretação para esses valores.

(b) Use a regra da cadeia para encontrar $\dfrac{dW}{dt}\Big|_{t=2,5}$ e $\dfrac{dW}{dt}\Big|_{t=4}$. Dê uma interpretação para esses valores.

64. Continuação do Exercício 61.

(a) Qual foi o valor máximo da companhia durante os seis primeiros meses depois de tornar-se pública e quando foi alcançado?

(b) Supondo que o valor de uma ação continuará a subir com a mesma taxa do período seguinte ao sexto mês, qual é a tendência do valor total da companhia quando t cresce?

65. Numa expressão da forma $f(g(x))$, dizemos que $f(x)$ é a função *externa* e $g(x)$ a função *interna*. Escreva por extenso uma descrição da regra da cadeia utilizando as palavras "externa" e "interna".

Soluções dos exercícios de revisão 3.2

1. Sejam $f(x) = x^5 + x^4$ e $g(x) = 2x^3 - 5$.

2. $f'(x) = 5x^4 + 4x^3$, $f'(g(x)) = 5(2x^3 - 5)^4 + 4(2x^3 - 5)^3$.

3. Temos $g'(x) = 6x^2$. Então, pela regra da cadeia e o resultado do Exercício 2, temos

$$h'(x) = f'(g(x))g'(x)$$
$$= [5(2x^3 - 5)^4 + 4(2x^3 - 5)^3](6x^2).$$

3.3 Derivação implícita e taxas relacionadas

Nesta seção, apresentamos duas aplicações distintas da regra da cadeia. Em cada caso, precisamos derivar uma ou mais funções compostas em que as funções "internas" não são conhecidas explicitamente.

Derivação implícita

Em algumas aplicações, as variáveis estão relacionadas por uma equação em vez de uma função. Nesses casos, ainda é possível determinar a taxa de variação de uma variável em relação à outra utilizando a técnica da derivação implícita. Como um exemplo, considere a equação

$$x^2 + y^2 = 4 \,(1) \tag{1}$$

O gráfico dessa equação é o círculo dado na Figura 1. Esse gráfico claramente não é o gráfico de uma função, pois, por exemplo, há dois pontos no gráfico de coordenada x igual a 1. (As funções devem satisfazer o teste da reta vertical. Ver Seção 0.1.)

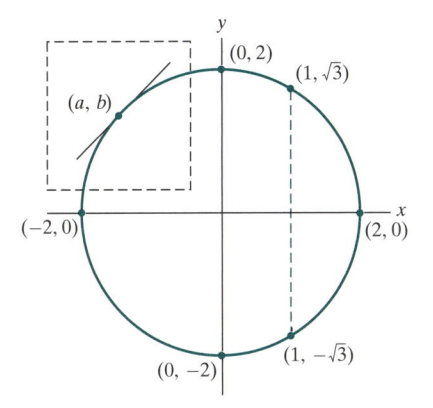

Figura 1 O gráfico de $x^2 + y^2 = 4$.

Denotamos a inclinação da curva no ponto $(1, \sqrt{3})$ por

$$\left.\frac{dy}{dx}\right|_{\substack{x=1 \\ y=\sqrt{3}}}.$$

Em geral, a inclinação num ponto (a, b) arbitrário é denotada por

$$\left.\frac{dy}{dx}\right|_{\substack{x=a \\ y=b}}.$$

A curva parece o gráfico de uma função numa pequena vizinhança do ponto (a, b). [Ou seja, nessa parte da curva, $y = g(x)$, para alguma função $g(x)$.] Dizemos que a função está *implicitamente* definida pela equação.* Obtemos a fórmula para $\frac{dy}{dx}$ tratando y como uma função de x e derivando ambos os lados da equação em relação a x.

EXEMPLO 1   Considere o gráfico da equação $x^2 + y^2 = 4$.

(a) Use derivação implícita para calcular $\frac{dy}{dx}$.

(b) Encontre a inclinação do gráfico nos pontos $(1, \sqrt{3})$ e $(1, -\sqrt{3})$.

Solução   (a) O primeiro termo x^2 tem derivada $2x$, como sempre. O segundo termo y^2 interpretamos como sendo da forma $[g(x)]^2$. Para derivar, usamos a regra da cadeia (mais especificamente, a regra da potência geral) e obtemos

$$\frac{d}{dx}[g(x)]^2 = 2[g(x)]g'(x)$$

ou, equivalentemente,

$$\frac{d}{dx}y^2 = 2y\frac{dy}{dx}.$$

Do lado direito da equação original, a derivada da função constante 4 é zero. Assim, a derivação implícita de $x^2 + y^2 = 4$ fornece

$$2x + 2y\frac{dy}{dx} = 0.$$

Resolvendo para $\frac{dy}{dx}$, temos

$$2y\frac{dy}{dx} = -2x.$$

Se $y \neq 0$, então

$$\frac{dy}{dx} = \frac{-2x}{2y} = -\frac{x}{y}.$$

Observe que essa fórmula da inclinação, além de x envolve y. Isso reflete o fato de que a inclinação do círculo num ponto depende, além da coordenada x, também da coordenada y do ponto.

(b) A inclinação no ponto $(1, \sqrt{3})$ é

$$\left.\frac{dy}{dx}\right|_{\substack{x=1 \\ y=\sqrt{3}}} = \left.-\frac{x}{y}\right|_{\substack{x=1 \\ y=\sqrt{3}}} = -\frac{1}{\sqrt{3}}.$$

---

* É claro que a reta tangente no ponto (a, b) não pode ser vertical. Nesta seção, vamos supor que as equações dadas determinam implicitamente funções deriváveis.

A inclinação no ponto $(1, -\sqrt{3})$ é

$$\left.\frac{dy}{dx}\right|_{\substack{x=1 \\ y=-\sqrt{3}}} = \left.-\frac{x}{y}\right|_{\substack{x=1 \\ y=-\sqrt{3}}} = -\frac{1}{-\sqrt{3}} = \frac{1}{\sqrt{3}}.$$

(Ver Figura 2.) A fórmula para $\dfrac{dy}{dx}$ dá a inclinação em cada ponto do gráfico de $x^2 + y^2 = 4$, exceto em $(-2, 0)$ e $(2, 0)$. Nesses dois pontos, a reta tangente é vertical e não está definida a inclinação da curva. ∎

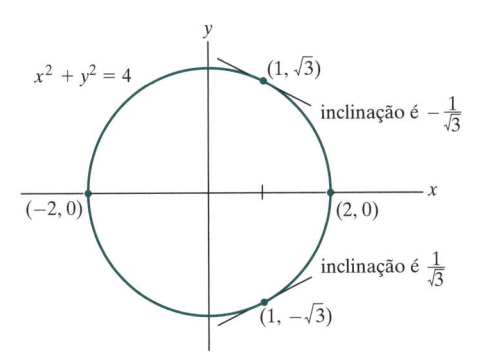

Figura 2 A inclinação da reta tangente.

O passo difícil no Exemplo 1(a) foi derivar y^2 corretamente. A derivada de y^2 *em relação a y* é $2y$, pela regra da potência simples. Mas a derivada de y^2 *em relação a x* precisa ser calculada pela regra da potência geral. Para entender essa distinção, pense em y como uma função de x, digamos, $y = f(x)$. Então

$$\frac{dy}{dx} = f'(x);$$
$$y^2 = [f(x)]^2;$$
$$\frac{d}{dx}y^2 = \frac{d}{dx}([f(x)]^2) = 2f(x)f'(x),$$

pela regra da potência geral. Substituindo $y = f(x)$ e $f'(x) = \dfrac{dy}{dx}$, obtemos

$$\frac{d}{dx}y^2 = 2y\frac{dy}{dx}.$$

Analogamente, se a for uma constante, então

$$\frac{d}{dx}(ay) = a\frac{dy}{dx};$$
$$\frac{d}{dx}(ay^2) = 2ay\frac{dy}{dx}.$$

Também, se r for uma constante, a regra da potência geral fornece

$$\frac{d}{dx}y^r = ry^{r-1}\frac{dy}{dx}.$$

Essa é a regra utilizada para calcular fórmulas para as inclinações nos dois exemplos a seguir.

EXEMPLO 2 Usando derivação implícita, calcule

$$\frac{dy}{dx}$$

para a equação $x^2 y^6 = 1$.

Solução Derive cada lado da equação $x^2 y^6 = 1$ em relação a x. Do lado esquerdo da equação, utilize a regra do produto tratando y como uma função de x.

$$x^2 \frac{d}{dx}(y^6) + y^6 \frac{d}{dx}(x^2) = \frac{d}{dx}(1)$$

$$x^2 \cdot 6y^5 \frac{dy}{dx} + y^6 \cdot 2x = 0$$

Resolva para $\frac{dy}{dx}$ movendo o termo independente de $\frac{dy}{dx}$ para o lado direito e dividindo pelo fator que multiplica $\frac{dy}{dx}$.

$$6x^2 y^5 \frac{dy}{dx} = -2xy^6$$

$$\frac{dy}{dx} = \frac{-2xy^6}{6x^2 y^5} = -\frac{y}{3x}$$

■

EXEMPLO 3 Usando derivação implícita, calcule

$$\frac{dy}{dx}$$

se y estiver relacionado a x pela equação $x^2 y + xy^3 - 3x = 5$.

Solução Derive a equação termo a termo, tomando o cuidado de derivar $x^2 y$ e xy^3 pela regra do produto.

$$x^2 \frac{d}{dx}(y) + y \frac{d}{dx}(x^2) + x \frac{d}{dx}(y^3) + y^3 \frac{d}{dx}(x) - 3 = 0$$

$$x^2 \frac{dy}{dx} + y \cdot 2x + x \cdot 3y^2 \frac{dy}{dx} + y^3 \cdot 1 - 3 = 0$$

Resolva para $\frac{dy}{dx}$ em termos de x e y de acordo com os passos a seguir.

Passo 1 Mantenha todos os termos envolvendo $\frac{dy}{dx}$ do lado esquerdo da equação e passe os demais termos para o lado direito.

$$x^2 \frac{dy}{dx} + 3xy^2 \frac{dy}{dx} = 3 - y^3 - 2xy$$

Passo 2 Fatore $\frac{dy}{dx}$ do lado esquerdo da equação.

$$(x^2 + 3xy^2) \frac{dy}{dx} = 3 - y^3 - 2xy$$

Passo 3 Divida ambos os lados da equação pelo fator que multiplica $\frac{dy}{dx}$.

$$\frac{dy}{dx} = \frac{3 - y^3 - 2xy}{x^2 + 3xy^2}$$

■

LEMBRETE Quando for derivada uma potência de y em relação a x, o resultado deve incluir o fator $\frac{dy}{dx}$. Quando for derivada uma potência de x, não há fator $\frac{dy}{dx}$. ■

Seção 3.3 • Derivação implícita e taxas relacionadas

O procedimento geral para derivar implicitamente é o seguinte.

> **Obtendo $\dfrac{dy}{dx}$ por derivação implícita**
>
> Derive cada termo da equação *em relação a x*, tratando *y* como uma função de *x*.
>
> Passe todos os termos envolvendo $\dfrac{dy}{dx}$ para o lado esquerdo da equação e passe os demais termos para o lado direito da equação.
>
> Fatore $\dfrac{dy}{dx}$ do lado esquerdo da equação.
>
> Divida ambos os lados da equação pelo fator que multiplica $\dfrac{dy}{dx}$.

Em modelos econômicos, com frequência surgem equações que definem funções implicitamente. O contexto de Economia da equação do próximo exemplo é discutido na Seção 7.1.

EXEMPLO 4   **Isoquantas e taxa marginal de substituição**   Suponha que *x* e *y* representem as quantidades de dois insumos básicos de um processo de produção e que a equação

$$60x^{3/4}y^{1/4} = 3.240$$

descreva todas as quantidades (x, y) desses insumos para as quais o resultado do processo de produção seja de 3.240 unidades. (O gráfico dessa equação é denominado *isoquanta de produção* ou *curva de produção constante*.) (Ver Figura 3.) Use derivação implícita para calcular a inclinação do gráfico no ponto da curva em que $x = 81, y = 16$.

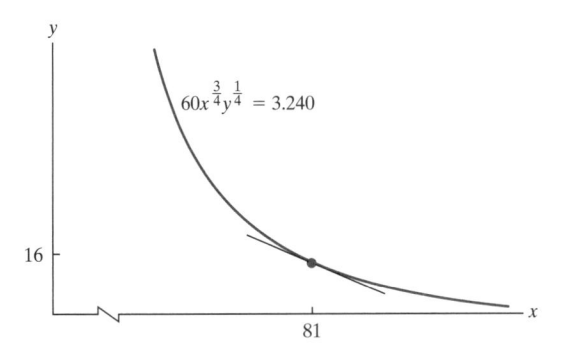

Figura 3 Uma isoquanta de produção.

Solução   Usamos a regra do produto e tratamos *y* como uma função de *x*.

$$60x^{3/4}\frac{d}{dx}(y^{1/4}) + y^{1/4}\frac{d}{dx}(60x^{3/4}) = 0$$

$$60x^{3/4} \cdot \left(\frac{1}{4}\right)y^{-3/4}\frac{dy}{dx} + y^{1/4} \cdot 60\left(\frac{3}{4}\right)x^{-1/4} = 0$$

$$15x^{3/4}y^{-3/4}\frac{dy}{dx} = -45x^{-1/4}y^{1/4}$$

$$\frac{dy}{dx} = \frac{-45x^{-1/4}y^{1/4}}{15x^{3/4}y^{-3/4}} = \frac{-3y}{x}$$

Quando $x = 81$ e $y = 16$, temos

$$\left.\frac{dy}{dx}\right|_{\substack{x=81\\y=16}} = \frac{-3(16)}{81} = -\frac{16}{27}.$$

O número $-\frac{16}{27}$ é a inclinação da isoquanta de produção no ponto (81, 16). Se o primeiro insumo (correspondente a x) for aumentado em uma pequena unidade, o segundo insumo (correspondente a y) deverá ser diminuído em aproximadamente $\frac{16}{27}$ unidades para manter a produção inalterada [ou seja, para manter (x, y) na curva]. Em terminologia econômica, o valor absoluto de $\frac{dy}{dx}$ é denominado *taxa marginal de substituição* do primeiro insumo pelo segundo insumo. ∎

Taxas relacionadas Na derivação implícita, derivamos uma equação envolvendo x e y, tratando y como uma função de x. Entretanto, em algumas aplicações em que x e y estão relacionados por alguma equação, ambas as variáveis são funções de uma terceira variável t (que pode representar o tempo). Muitas vezes, desconhecemos as fórmulas que descrevem x e y como funções de t. Quando derivamos uma tal equação em relação a t, obtemos uma relação entre as taxas de variação $\frac{dy}{dt}$ e $\frac{dx}{dt}$. Dizemos que essas derivadas são *taxas relacionadas*. A equação que relaciona as taxas pode ser usada para encontrar uma das taxas quando a outra for conhecida.

EXEMPLO 5   **Um ponto em movimento ao longo de um gráfico**   Suponha que x e y sejam duas funções deriváveis de t relacionadas pela equação

$$x^2 + 5y^2 = 36. \qquad (3)$$

(a) Derive cada termo na equação em relação a t e resolva a equação resultante para $\frac{dy}{dt}$.

(b) Calcule $\frac{dy}{dt}$ no instante em que $x = 4$, $y = 2$ e $\frac{dx}{dt} = 5$.

Solução   (a) Como x é uma função de t, a regra da potência geral dá

$$\frac{d}{dt}(x^2) = 2x\frac{dx}{dt}.$$

Uma fórmula análoga vale para a derivada de y^2. Derivando cada termo da equação (3) em relação a t, obtemos

$$\frac{d}{dt}(x^2) + \frac{d}{dt}(5y^2) = \frac{d}{dt}(36)$$

$$2x\frac{dx}{dt} + 5 \cdot 2y\frac{dy}{dt} = 0$$

$$10y\frac{dy}{dt} = -2x\frac{dx}{dt}$$

$$\frac{dy}{dt} = -\frac{x}{5y}\frac{dx}{dt}.$$

(b) Quando $x = 4$, $y = 2$ e $\frac{dx}{dt} = 5$,

$$\frac{dy}{dt} = -\frac{4}{5(2)} \cdot (5) = -2.$$

∎

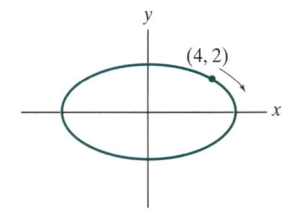

Figura 4 O gráfico de $x^2 + 5y^2 = 36$.

Há uma interpretação gráfica útil dos cálculos no Exemplo 5. Imagine um ponto que se move no sentido horário ao longo do gráfico da equação $x^2 + 5y^2 = 36$, que é uma elipse. (Ver Figura 4.) Suponha que quando o ponto estiver em (4, 2), a coordenada x do ponto esteja variando à taxa de 5 unidades por minuto, de modo que $\frac{dx}{dt} = 5$. No Exemplo 5(b), encontramos $\frac{dy}{dt} = -2$. Isso significa que a coordenada y estará decrescendo à taxa de 2 unidades por minuto quando o ponto em movimento passar por (4, 2).

EXEMPLO 6 **Relacionando vendas semanais ao preço** Suponha que possam ser vendidas semanalmente x mil unidades de um certo bem se o preço unitário for de p dólares e que x e p satisfaçam a equação de demanda

$$p + 2x + xp = 38.$$

(Ver Figura 5.) Quão rápido estão variando as vendas semanais quando $x = 4$, $p = 6$ e o preço estiver caindo à taxa de \$0,40 por semana?

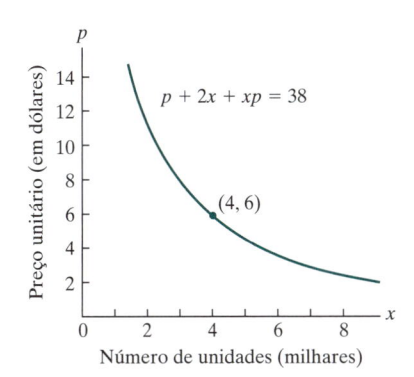

Figura 5 Uma curva de demanda.

Solução Suponha que p e x sejam funções deriváveis de t e derive a equação de demanda em relação a t.

$$\frac{d}{dt}(p) + \frac{d}{dt}(2x) + \frac{d}{dt}(xp) = \frac{d}{dt}(38)$$

$$\frac{dp}{dt} + 2\frac{dx}{dt} + x\frac{dp}{dt} + p\frac{dx}{dt} = 0 \qquad (4)$$

Queremos determinar $\frac{dx}{dt}$ quando $x = 4$, $p = 6$ e $\frac{dp}{dt} = -0,40$. (A derivada $\frac{dp}{dt}$ é negativa porque o preço está caindo.) Poderíamos resolver (4) para $\frac{dx}{dt}$ e, então, substituir os valores dados, mas como não precisamos de uma fórmula geral para $\frac{dx}{dt}$, é mais fácil substituir primeiro e depois resolver.

$$-0,40 + 2\frac{dx}{dt} + 4(-0,40) + 6\frac{dx}{dt} = 0$$

$$8\frac{dx}{dt} = 2$$

$$\frac{dx}{dt} = 0,25$$

Assim, as vendas estão aumentando à taxa de 0,25 mil unidades (ou 250 unidades) por semana. ∎

Sugestões para resolver problemas de taxas relacionadas

1. Se possível, esboce uma figura.
2. Associe letras às quantidades que variam e identifique uma variável, digamos, t, da qual as outras variáveis dependem.
3. Encontre uma equação que relacione as variáveis entre si.
4. Derive a equação em relação à variável independente t. Use a regra da cadeia sempre que for apropriado.
5. Substitua todos os valores dados para as variáveis e suas derivadas.
6. Resolva para a derivada que dá a taxa procurada.

INCORPORANDO RECURSOS TECNOLÓGICOS

O gráfico de uma equação em x e y pode ser obtido facilmente quando y puder ser expresso como uma ou mais funções de x. Por exemplo, o gráfico de $x^2 + y^2 = 4$ pode ser obtido traçando simultaneamente os gráficos de $y = \sqrt{4 - x^2}$ e $y = -\sqrt{4 - x^2}$. ∎

Exercícios de revisão 3.3

Suponha que x e y estejam relacionados pela equação $3y^2 - 3x^2 + y = 1$.

1. Use derivação implícita para encontrar uma fórmula da inclinação do gráfico da equação.

2. Suponha que x e y sejam funções de t na equação dada. Derive ambos os lados da equação em relação a t e encontre uma fórmula para $\dfrac{dy}{dt}$ em termos de x, y e $\dfrac{dx}{dt}$.

Exercícios 3.3

Nos Exercícios 1-18, suponha que x e y estejam relacionados pela equação dada e use derivação implícita para determinar $\dfrac{dy}{dx}$.

1. $x^2 - y^2 = 1$
2. $x^3 + y^3 - 6 = 0$
3. $y^5 - 3x^2 = x$
4. $x^4 + (y + 3)^4 = x^2$
5. $y^4 - x^4 = y^2 - x^2$
6. $x^3 + y^3 = x^2 + y^2$
7. $2x^2 + y = 2y^3 + x$
8. $x^4 + 4y = x - 4y^3$
9. $xy = 5$
10. $xy^3 = 2$
11. $x(y + 2)^5 = 8$
12. $x^2 y^3 = 6$
13. $x^3 y^2 - 4x^2 = 1$
14. $(x + 1)^2 (y - 1)^2 = 1$
15. $x^3 + y^3 = x^3 y^3$
16. $x^2 + 4xy + 4y = 1$
17. $x^2 y + y^2 x = 3$
18. $x^3 y + xy^3 = 4$

Nos Exercícios 19-24, use derivação implícita da equação para determinar a inclinação do gráfico no ponto dado.

19. $4y^3 - x^2 = -5;\ x = 3,\ y = 1$
20. $y^2 = x^3 + 1;\ x = 2,\ y = -3$
21. $xy^3 = 2;\ x = -\frac{1}{4},\ y = -2$
22. $\sqrt{x} + \sqrt{y} = 7;\ x = 9,\ y = 16$
23. $xy + y^3 = 14;\ x = 3,\ y = 2$
24. $y^2 = 3xy - 5;\ x = 2,\ y = 1$
25. Encontre a equação da reta tangente ao gráfico de $x^2 y^4 = 1$ no ponto $(4, \frac{1}{2})$ e no ponto $(4, -\frac{1}{2})$.
26. Encontre a equação da reta tangente ao gráfico de $x^4 y^2 = 144$ no ponto $(2, 3)$ e no ponto $(2, -3)$.
27. O gráfico de $x^4 + 2x^2 y^2 + y^4 = 4x^2 - 4y^2$ é a "lemniscata" da Figura 6.

    (a) Encontre $\dfrac{dy}{dx}$ com derivação implícita.

    (b) Encontre a inclinação da reta tangente à lemniscata em $(\sqrt{6}/2,\ \sqrt{2}/2)$.

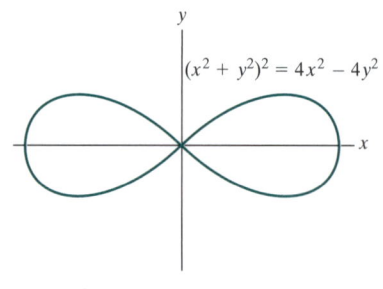

Figura 6 Uma lemniscata.

28. O gráfico de $x^4 + 2x^2y^2 + y^4 = 9x^2 - 9y^2$ é uma lemniscata parecida com a da Figura 6.
  (a) Encontre $\dfrac{dy}{dx}$ com derivação implícita.
  (b) Encontre a inclinação da reta tangente à lemniscata em $(\sqrt{5}, -1)$.

29. Taxa marginal de substituição Suponha que x e y representem as quantidades de dois insumos básicos de um processo de produção e que a equação

$$30x^{1/3}y^{2/3} = 1.080$$

descreva todas as quantidades desses insumos para as quais o resultado do processo de produção seja de 1.080 unidades.
  (a) Encontre $\dfrac{dy}{dx}$.
  (b) Qual é a taxa marginal de substituição de x por y quando $x = 16$ e $y = 54$?

30. Suponha que x e y representem as quantidades de dois insumos básicos de um processo de produção e que

$$10x^{1/2}y^{1/2} = 600.$$

Encontre $\dfrac{dy}{dx}$ quando $x = 50$ e $y = 72$.

Nos Exercícios 31-36, suponha que x e y sejam funções deriváveis de t relacionadas pela equação dada. Use derivação implícita em relação a t para determinar $\dfrac{dy}{dt}$ em termos de x, y e $\dfrac{dx}{dt}$.

31. $x^4 + y^4 = 1$ **32.** $y^4 - x^2 = 1$
33. $3xy - 3x^2 = 4$ **34.** $y^2 = 8 + xy$
35. $x^2 + 2xy = y^3$ **36.** $x^2y^2 = 2y^3 + 1$

37. Ponto numa curva Um ponto está em movimento ao longo do gráfico de $x^2 - 4y^2 = 9$. Quando o ponto está em $(5, -2)$, sua coordenada x está aumentando à taxa de três unidades por segundo. Quão rápido está variando a coordenada y nesse momento?

38. Ponto numa curva Um ponto está em movimento ao longo do gráfico de $x^3y^2 = 200$. Quando o ponto está em $(2, 5)$, sua coordenada x está variando à taxa de -4 unidades por segundo. Quão rápido está variando a coordenada y nesse momento?

39. Equação de demanda Suponha que o preço p (em dólares) e as vendas semanais x (em milhares de unidades) de um certo bem satisfaçam a equação de demanda

$$2p^3 + x^2 = 4.500.$$

Determine a taxa à qual estão variando as vendas quando $x = 50$, $p = 10$ e o preço estiver caindo à taxa de \$0,50 por semana.

40. Suponha que o preço p (em dólares) e a demanda x (em milhares de unidades) de um bem satisfazem a equação de demanda

$$6p + x + xp = 94.$$

Quão rápido está variando a demanda quando $x = 4$, $p = 9$ e o preço estiver aumentando à taxa de \$2 por semana?

41. Propaganda afeta receita A receita mensal A oriunda da propaganda e a circulação mensal x de uma revista estão relacionadas, aproximadamente, pela equação

$$A = 6\sqrt{x^2 - 400}, \qquad x \geq 20,$$

em que A é dada em milhares de dólares e x é medido em milhares de cópias vendidas. A qual taxa está variando a receita oriunda da propaganda se a circulação atual for de $x = 25$ mil cópias e a circulação estiver crescendo à taxa de 2 mil cópias por mês?
[*Sugestão:* use a regra da cadeia $\dfrac{dA}{dt} = \dfrac{dA}{dx}\dfrac{dx}{dt}$.]

42. Suponha que, em Boston, o preço p por atacado (em dólares por caixa) da laranja e o suprimento diário x (em milhares de caixas) estejam relacionados pela equação $px + 7x + 8p = 328$. Se existirem 4 mil caixas disponíveis hoje a um preço de \$25 por caixa e se o suprimento estiver variando à taxa de $-0,3$ mil caixas por dia, qual é a taxa segundo a qual está variando o preço?

43. Volume e pressão de um gás Sob certas condições (a saber, expansão adiabática) a pressão P e o volume V de um gás como o oxigênio satisfazem a equação $P^5V^7 = k$, em que k é uma constante. Suponha que, num dado momento, o volume do gás seja de 4 litros, a pressão de 200 unidades, e que a pressão esteja aumentando à taxa de cinco unidades por segundo. Encontre a taxa de variação (em relação ao tempo) segundo a qual varia o volume.

44. Volume esférico O volume V de um tumor canceríge-no esférico é dado por $V = \pi x^3/6$, sendo x o diâmetro do tumor. Um oncologista estima que o diâmetro esteja aumentando à taxa de 0,4 milímetro por dia num dia em que o diâmetro já é de 10 milímetros. Quão rápido está variando o volume do tumor nesse dia?

45. Taxas relacionadas A Figura 7 mostra uma escada de 10 pés encostada num muro.

Figura 7

(a) Use o Teorema de Pitágoras para encontrar uma equação relacionando x e y.

(b) Se o pé da escada estiver sendo puxado ao longo do solo à taxa de 3 pés por segundo, quão rápido o alto da escada está escorregando para baixo ao longo do muro no instante em que o pé da escada estiver a 8 pés do muro? Isto é, qual é o valor de $\frac{dy}{dt}$ no instante em que $\frac{dx}{dt} = 3$ e $x = 8$?

46. **Taxas relacionadas** Um avião voando a 390 pés por segundo passou diretamente acima de um observador a uma altitude de 5.000 pés. A Figura 8 mostra a relação entre o avião e o observador depois de decorrido algum tempo.
    (a) Encontre uma equação relacionando x e y.
    (b) Encontre o valor de x quando y for 13.000.
    (c) Quão rápido está variando a distância entre o observador e o avião quando o avião estiver a 13.000 pés do observador? Isto é, qual é o valor de $\frac{dy}{dt}$ no instante em que $\frac{dx}{dt} = 390$ e $y = 13.000$?

47. **Taxas relacionadas** Um "diamante" de um campo de beisebol é um quadrado com 90 pés de lado. (Ver Figura 9.) Um jogador corre da primeira para a segunda base a uma velocidade de 22 pés por segundo. Quão rápido está variando a distância entre o jogador e a terceira base quando ele se encontra a meio caminho entre a primeira e a segunda base? [*Sugestão*: se x for a distância entre o jogador e a segunda base e y a distância entre o jogador e a terceira base, então $x^2 + 90^2 = y^2$.]

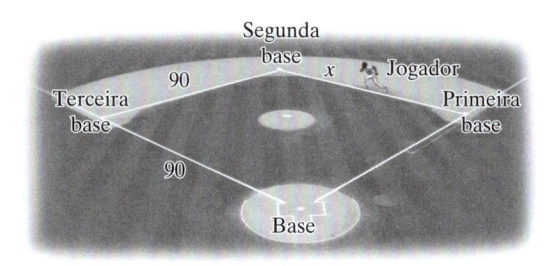

Figura 9 Um diamante do campo de beisebol.

48. Um motociclista sobe uma rampa a uma velocidade de 120 quilômetros por hora. (Ver Figura 10.) Quão rápido está aumentando sua altura? [*Sugestão*: use semelhança de triângulos para relacionar x com h e calcule dh/dt.]

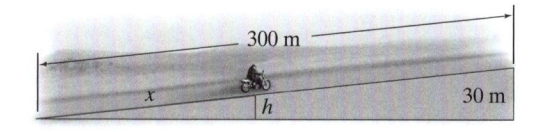

Figura 10

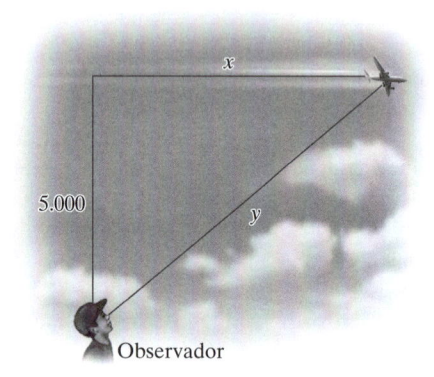

Figura 8

Soluções dos exercícios de revisão 3.3

1. $\frac{d}{dx}(3y^2) - \frac{d}{dx}(3x^2) + \frac{d}{dx}(y) = \frac{d}{dx}(1)$

    $6y\frac{dy}{dx} - 6x + \frac{dy}{dx} = 0$

    $(6y + 1)\frac{dy}{dx} = 6x$

    $\frac{dy}{dx} = \frac{6x}{6y + 1}$

2. Primeiro, aqui está a solução sem referência ao Exercício 1.

    $\frac{d}{dt}(3y^2) - \frac{d}{dt}(3x^2) + \frac{d}{dt}(y) = \frac{d}{dt}(1)$

    $6y\frac{dy}{dt} - 6x\frac{dx}{dt} + \frac{dy}{dt} = 0$

    $(6y + 1)\frac{dy}{dt} = 6x\frac{dx}{dt}$

    $\frac{dy}{dt} = \frac{6x}{6y + 1}\frac{dx}{dt}$

    Alternativamente, podemos usar a regra da cadeia e a fórmula de $\frac{dy}{dx}$ obtida no Exercício 1.

    $\frac{dy}{dt} = \frac{dy}{dx}\frac{dx}{dt} = \frac{6x}{6y + 1}\frac{dx}{dt}$

REVISÃO DE CONCEITOS FUNDAMENTAIS

1. Enuncie as regras do produto e do quociente.
2. Enuncie a regra da cadeia. Dê um exemplo.
3. Qual é a relação entre a regra da cadeia e a regra da potência geral?
4. O que significa uma função ser definida implicitamente por uma equação?
5. Enuncie a fórmula para $\frac{d}{dx}y^r$, em que y é definido implicitamente como uma função de x.
6. Elabore um roteiro para a resolução de um problema de taxas relacionadas.

EXERCÍCIOS SUPLEMENTARES

Nos Exercícios 1-12, derive a função dada.

1. $y = (4x - 1)(3x + 1)^4$
2. $y = 2(5 - x)^3(6x - 1)$
3. $y = x(x^5 - 1)^3$
4. $y = (2x + 1)^{5/2}(4x - 1)^{3/2}$
5. $y = 5(\sqrt{x} - 1)^4(\sqrt{x} - 2)^2$
6. $y = \dfrac{\sqrt{x}}{\sqrt{x} + 4}$
7. $y = 3(x^2 - 1)^3(x^2 + 1)^5$
8. $y = \dfrac{1}{(x^2 + 5x + 1)^6}$
9. $y = \dfrac{x^2 - 6x}{x - 2}$
10. $y = \dfrac{2x}{2 - 3x}$
11. $y = \left(\dfrac{3 - x^2}{x^3}\right)^2$
12. $y = \dfrac{x^3 + x}{x^2 - x}$

13. Seja $f(x) = (3x + 1)^4(3 - x)^5$. Encontre todos os x tais que $f'(x) = 0$.
14. Seja $f(x) = (x^2 + 1)/(x^2 + 5)$. Encontre todos os x tais que $f'(x) = 0$.
15. Encontre a equação da reta tangente ao gráfico de $y = (x^3 - 1)/(x^2 + 1)^4$ no ponto em que $x = -1$.
16. Encontre a equação da reta tangente ao gráfico de $y = \dfrac{x - 3}{\sqrt{4 + x^2}}$ no ponto em que $x = 0$.
17. Uma mostra botânica será apresentada num formato retangular com um lado margeando um rio e os outros três lados formados por uma calçada de 2 metros de largura. (Ver Figura 1.) A área para as plantas deve ter 800 metros quadrados. Encontre as dimensões externas da região de tal forma que a área da calçada seja mínima (e, portanto, minimizada a quantidade necessária de concreto).

18. Continuação do Exercício 17. Suponha que a calçada também deva margear o rio. Nesse caso, a região de 800 metros quadrados destinada às plantas terá dimensões de $x - 4$ por $y - 4$ metros.

19. Uma loja estima que seus custos para vender x luminárias por dia seja de C dólares, sendo $C = 40x + 30$ (o custo marginal por luminária é de \$40). Se as vendas diárias estão aumentando à taxa de três luminárias por dia, quão rápido estão aumentando os custos? Explique sua resposta usando a regra da cadeia.

20. Uma companhia paga y dólares de impostos quando o seu lucro anual é de P dólares. Se y for alguma função (derivável) de P e P for alguma função do tempo t, dê uma fórmula da regra da cadeia para a taxa de variação dos impostos $\dfrac{dy}{dt}$ em relação ao tempo.

Nos Exercícios 21-26, use os gráficos das funções $f(x)$ e $g(x)$ da Figura 2. Determine $h(1)$ e $h'(1)$.

21. $h(x) = 2f(x) - 3g(x)$
22. $h(x) = f(x) \cdot g(x)$
23. $h(x) = \dfrac{f(x)}{g(x)}$
24. $h(x) = [f(x)]^2$
25. $h(x) = f(g(x))$
26. $h(x) = g(f(x))$

Nos Exercícios 27-29, encontre uma fórmula para $\dfrac{d}{dx}f(g(x))$, em que $f(x)$ é uma função tal que $f'(x) = 1/(x^2 + 1)$.

27. $g(x) = x^3$
28. $g(x) = \dfrac{1}{x}$
29. $g(x) = x^2 + 1$

Nos Exercícios 30-32, encontre uma fórmula para $\dfrac{d}{dx}f(g(x))$, em que $f(x)$ é uma função tal que $f'(x) = x\sqrt{1 - x^2}$.

30. $g(x) = x^2$
31. $g(x) = \sqrt{x}$
30. $g(x) = x^{3/2}$

Nos Exercícios 33-35, encontre $\dfrac{dy}{dx}$, em que y é uma função de u tal que $\dfrac{dy}{du} = \dfrac{u}{u^2 + 1}$.

33. $u = x^{3/2}$
34. $u = x^2 + 1$
35. $u = \dfrac{5}{x}$

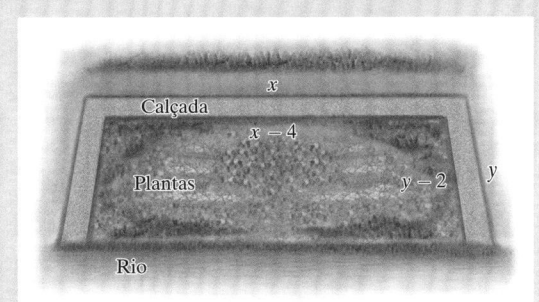

Figura 1 Uma mostra botânica.

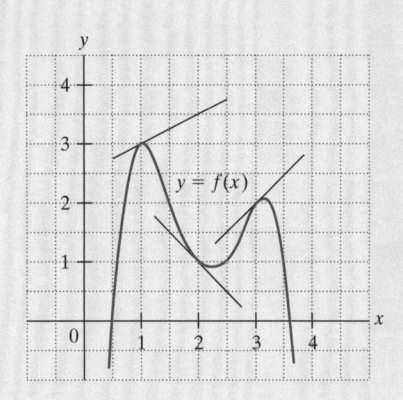

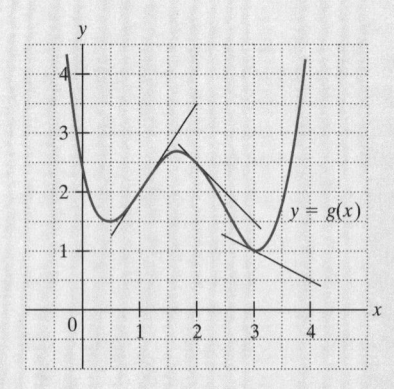

Figura 2

Nos Exercícios 36-38, encontre $\dfrac{dy}{dx}$, em que y é uma função de u tal que $\dfrac{dy}{du} = \dfrac{u}{\sqrt{1+u^4}}$.

36. $u = x^2$ **37.** $u = \sqrt{x}$ **38.** $u = \dfrac{2}{x}$

39. A receita R de uma companhia é uma função das vendas semanais x. O nível de vendas x também é uma função dos gastos semanais A com publicidade e A, por sua vez, é uma função que varia com o tempo.

(a) Escreva com os símbolos de derivada a taxa de variação da receita em relação aos gastos com publicidade, a taxa de variação dos gastos com publicidade em relação ao tempo, a receita marginal e a taxa de variação do nível de vendas em relação aos gastos com publicidade. Escolha suas respostas dentre as opções seguintes.

$$\dfrac{dR}{dx}, \quad \dfrac{dR}{dt}, \quad \dfrac{dA}{dt}, \quad \dfrac{dA}{dR}, \quad \dfrac{dA}{dx}, \quad \dfrac{dx}{dA} \quad \text{e} \quad \dfrac{dR}{dA}.$$

(b) Escreva um tipo de regra da cadeia que expresse a taxa de variação da receita, $\dfrac{dR}{dt}$, em termos de três das derivadas descritas na parte (a).

40. A quantidade de anestésico A que um certo hospital utiliza semanalmente é uma função do número S de operações cirúrgicas realizadas na semana. S também é uma função da população P da região atendida pelo hospital, enquanto P é uma função do tempo t.

(a) Escreva com os símbolos de derivada a taxa de crescimento da população, a taxa de variação da quantidade de anestésico utilizado em relação ao tamanho da população, a taxa de variação de operações cirúrgicas em relação ao tamanho da população e a taxa de variação da quantidade de anestésico utilizado em relação número de operações cirúrgicas. Escolha suas respostas dentre as opções seguintes.

$$\dfrac{dS}{dP}, \quad \dfrac{dS}{dt}, \quad \dfrac{dP}{dS}, \quad \dfrac{dP}{dt}, \quad \dfrac{dA}{dS}, \quad \dfrac{dA}{dP} \quad \text{e} \quad \dfrac{dS}{dA}.$$

(b) Escreva um tipo de regra da cadeia que expresse a taxa de variação da quantidade de anestésico utilizado em relação ao tempo, $\dfrac{dA}{dt}$, em termos de três das derivadas descritas na parte (a).

41. O gráfico de $x^{2/3} + y^{2/3} = 8$ é o *astroide* da Figura 3.

(a) Encontre $\dfrac{dy}{dx}$ com derivação implícita.

(b) Encontre a inclinação da reta tangente em $(8, -8)$.

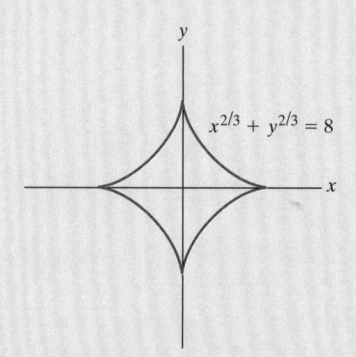

Figura 3   Um astroide

42. O gráfico de $x^3 + y^3 = 9xy$ é o *fólio de Descartes* da Figura 4.

(a) Encontre $\dfrac{dy}{dx}$ com derivação implícita.

(b) Encontre a inclinação da reta tangente em $(2, 4)$.

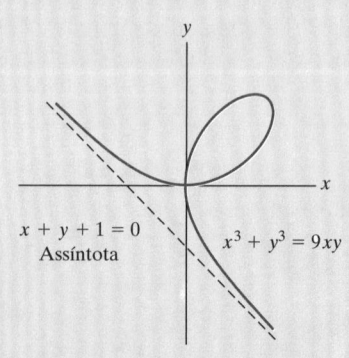

Figura 4   O fólio de Descartes

Nos Exercícios 43-46, x e y estão relacionados pela equação dada. Use derivação implícita para calcular o valor de $\frac{dy}{dx}$ nos valores dados de x e y.

43. $x^2y^2 = 9; x = 1, y = 3$
44. $xy^4 = 48; x = 3, y = 2$
45. $x^2 - xy^2 = 20; x = 5, y = 1$
46. $xy^2 - x^3 = 10; x = 2, y = 3$
47. Os custos de produção semanais y de uma fábrica e sua produção semanal x estão relacionados pela equação $y^2 - 5x^3 = 4$, em que y é dado em milhares de dólares e x é dado em milhares de unidades produzidas.
    (a) Use derivação implícita para encontrar uma fórmula para $\frac{dy}{dx}$, o custo marginal da produção.
    (b) Encontre o custo marginal da produção quando $x = 4$ e $y = 18$.
    (c) Suponha que a fábrica comece a variar o seu nível de produção semanal. Supondo que x e y sejam funções deriváveis do tempo t, use o método de taxas relacionadas para encontrar uma fórmula para $\frac{dy}{dt}$, a taxa de variação dos custos de produção em relação ao tempo.
    (d) Calcule $\frac{dy}{dt}$ quando $x = 4, y = 18$ e o nível de produção estiver aumentando à taxa de 0,3 mil unidades por semana (isto é, quando $\frac{dx}{dt} = 0,3$).
48. Uma biblioteca de cidade do interior estima que quando a população for de x mil pessoas, serão retirados aproximadamente y mil livros da biblioteca por ano, sendo x e y relacionados pela equação $y^3 - 8.000x^2 = 0$.
    (a) Use derivação implícita para encontrar uma fórmula para $\frac{dy}{dx}$, a taxa de variação da circulação da biblioteca em relação ao tamanho da população.
    (b) Encontre o valor de $\frac{dy}{dx}$ quando $x = 27$ mil pessoas e $y = 180$ mil livros por ano.
    (c) Supondo que x e y sejam funções deriváveis do tempo t, use o método de taxas relacionadas para encontrar uma fórmula para $\frac{dy}{dx}$, a taxa de variação da circulação da biblioteca em relação ao tempo.
    (d) Calcule $\frac{dy}{dx}$ quando $x = 27, y = 180$ e a população estiver aumentando à taxa de 1,8 mil pessoas por ano $\left(\frac{dx}{dt} = 1,8\right)$. Use a parte (a) ou use a parte (b) com a regra da cadeia.
49. Suponha que o preço p e a quantidade x de uma certa mercadoria satisfaçam a equação de demanda $6p + 5x + xp = 50$ e que p e x sejam funções do tempo, t. Determine a taxa segundo a qual varia a quantidade x quando $x = 4, p = 3$ e $\frac{dp}{dt} = -2$.
50. Um poço de petróleo na plataforma continental está vazando óleo na superfície do oceano, formando uma mancha de óleo circular com cerca de 5 milímetros de espessura. Se o raio da mancha for de r metros, o volume do óleo derramado será de $V = 0,005\pi r^2$ metros cúbicos. Se o óleo estiver vazando a uma taxa constante de 20 metros cúbicos por hora, de modo que $\frac{dV}{dt} = 20$, encontre a taxa segundo a qual aumenta o raio da mancha de óleo quando o raio for de 50 metros. [*Sugestão*: encontre uma relação entre $\frac{dV}{dt}$ e $\frac{dr}{dt}$.]
51. Fisiologistas de animais determinaram experimentalmente que o peso W (em quilogramas) e a área de superfície S (em metros quadrados) de um cavalo típico estão relacionados pela equação empírica $S = 0,1W^{2/3}$. Quão rápido está aumentando a área de superfície do cavalo quando o peso do cavalo for de 350 kg e estiver aumentando o peso à taxa de 200 kg por ano? [*Sugestão*: use a regra da cadeia.]
52. Suponha que as vendas e os gastos com publicidade mensais de uma companhia de eletrodomésticos estejam relacionadas aproximadamente pela equação $xy - 6x + 20y = 0$, em que x é o gasto com publicidade em milhares de dólares e y é a quantidade de máquinas de lavar louça vendidas em milhares. Atualmente, a companhia está gastando 10 mil dólares com publicidade e vendendo 2 mil máquinas de lavar louça a cada mês. Se a companhia planeja aumentar os gastos com publicidade à taxa de \$1,5 mil dólares por mês, quão rápido subirão as vendas de máquinas de lavar louça? Use derivação implícita para resolver essa questão.

AS FUNÇÕES EXPONENCIAL E LOGARITMO NATURAL

CAPÍTULO 4

- **4.1** Funções exponenciais
- **4.2** A função exponencial e^x
- **4.3** Derivação de funções exponenciais
- **4.4** A função logaritmo natural
- **4.5** A derivada de ln x
- **4.6** Propriedades da função logaritmo natural

Quando um investimento cresce constantemente a 15% ao ano, a taxa de crescimento do investimento, em qualquer momento, é proporcional ao valor do investimento naquele momento. Quando uma cultura de bactérias cresce num prato de laboratório, a taxa de crescimento da cultura, em qualquer momento, é proporcional ao número total de bactérias no prato naquele momento. Essas situações são exemplos daquilo que se chama *crescimento exponencial*. Uma pilha de urânio radioativo ^{235}U decai a uma taxa que, a cada momento, é proporcional à quantidade presente de ^{235}U. Esse decaimento do urânio (e de elementos radioativos em geral) é denominado *decaimento exponencial*. Tanto o crescimento quanto o decaimento exponenciais podem ser descritos e estudados em termos de funções exponenciais e da função logaritmo natural. As propriedades dessas funções são investigadas neste capítulo. Subsequentemente, exploraremos uma grande variedade de aplicações, em áreas como Administração, Biologia, Arqueologia, Saúde Pública e Psicologia.

4.1 Funções exponenciais

Ao longo de toda esta seção, b denota um número positivo. A função

$$f(x) = b^x$$

é denominada uma *função exponencial*, porque a variável x aparece no expoente. Dizemos que o número b é a *base* da função exponencial. Na Seção 0.5, revisamos a definição de b^x para vários valores de b e de x (embora tenhamos utilizado a letra r em vez de x). Por exemplo, se $f(x)$ é a função exponencial de base 2,

$$f(x) = 2^x$$

então

$$f(0) = 2^0 = 1, \quad f(1) = 2^1 = 2, \quad f(4) = 2^4 = 2 \cdot 2 \cdot 2 \cdot 2 = 16,$$

e

$$f(-1) = 2^{-1} = \tfrac{1}{2}, \quad f(\tfrac{1}{2}) = 2^{1/2} = \sqrt{2}, \quad f(\tfrac{3}{5}) = (2^{1/5})^3 = (\sqrt[5]{2})^3.$$

Na verdade, na Seção 0.5, definimos b^x apenas para valores racionais de x (ou seja, inteiros ou frações). Para outros valores de x (como $\sqrt{3}$ ou π) é possível definir b^x aproximando primeiro x por números racionais e depois aplicando um limite. Omitiremos os detalhes e supomos daqui em diante simplesmente que b^x possa ser definido para todos os números x de tal forma que permaneçam válidas as leis usuais da exponenciação.

Para referência, enunciamos as leis da exponenciação.

(i) $b^x \cdot b^y = b^{x+y}$ (iv) $(b^y)^x = b^{xy}$

(ii) $b^{-x} = \dfrac{1}{b^x}$ (v) $a^x b^x = (ab)^x$

(iii) $\dfrac{b^x}{b^y} = b^x \cdot b^{-y} = b^{x-y}$ (vi) $\dfrac{a^x}{b^x} = \left(\dfrac{a}{b}\right)^x$

A propriedade (iv) pode ser usada para mudar a aparência de uma função exponencial. Por exemplo, a função $f(x) = 8^x$ também pode ser escrita como $f(x) = (2^3)^x = 2^{3x}$, e $g(x) = (\tfrac{1}{9})^x$ pode ser escrita como $g(x) = (1/3^2)^x = (3^{-2})^x = 3^{-2x}$.

EXEMPLO 1 Use propriedades da exponenciação para escrever as expressões dadas no formato 2^{kz} com uma constante k conveniente.

(a) $4^{5x/2}$ (b) $(2^{4x} \cdot 2^{-x})^{1/2}$ (c) $8^{x/3} \cdot 16^{3x/4}$ (d) $\dfrac{10^x}{5^x}$

Solução   (a) Primeiro escrevemos a base 4 como uma potência de 2 e, depois, usamos a Propriedade (iv).

$$4^{5x/2} = (2^2)^{5x/2} = 2^{2(5x/2)} = 2^{5x}.$$

(b) Primeiro usamos a Propriedade (i) para simplificar a quantidade dentro dos parênteses e, depois, usamos a Propriedade (iv).

$$(2^{4x} \cdot 2^{-x})^{1/2} = (2^{4x-x})^{1/2} = (2^{3x})^{1/2} = 2^{(3/2)x}.$$

(c) Primeiro escrevemos as bases 8 e 16 como potências de 2 e, depois, usamos (iv) e (i).

$$8^{x/3} \cdot 16^{3x/4} = (2^3)^{x/3} \cdot (2^4)^{3x/4} = 2^x \cdot 2^{3x} = 2^{4x}.$$

(d) Usamos a Propriedade (v) para modificar o numerador 10^x e, depois, cancele o termo comum 5^x.

$$\frac{10^x}{5^x} = \frac{(2 \cdot 5)^x}{5^x} = \frac{2^x \cdot 5^x}{5^x} = 2^x.$$

Um método alternativo é usar a Propriedade (vi).

$$\frac{10^x}{5^x} = \left(\frac{10}{5}\right)^x = 2^x.$$ ■

Vejamos o gráfico da função exponencial $y = b^x$ com vários valores de b. Começamos com o caso especial $b = 2$.

Tabulamos os valores de 2^x com $x = 0, \pm 1, \pm 2, \pm 3$ e esboçamos esses valores na Figura 1. Outros valores intermediários de 2^x com $x = \pm 0{,}1, \pm 0{,}2, \pm 0{,}3,\ldots$ podem ser obtidos de tabelas ou de calculadoras gráficas. [Ver Figura 2(a).] Traçando uma curva lisa por esses pontos, obtemos o gráfico de $y = 2^x$ da Figura 2(b).

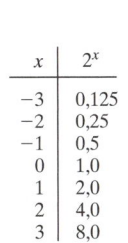

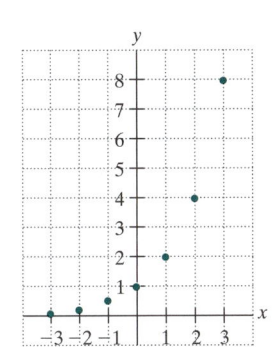

x	2^x
-3	0,125
-2	0,25
-1	0,5
0	1,0
1	2,0
2	4,0
3	8,0

Figura 1 Valores de 2^x.

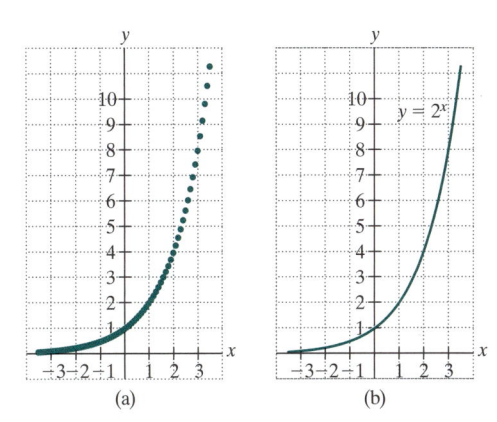

Figura 2 O gráfico de $y = 2^x$.

Da mesma forma, esboçamos o gráfico de $y = 3^x$. (Ver Figura 3.) Os gráficos de $y = 2^x$ e de $y = 3^x$ têm a mesma forma básica. Observe também que ambos passam pelo ponto $(0, 1)$ (porque $2^0 = 1, 3^0 = 1$).

Na Figura 4, esboçamos os gráficos de várias outras funções exponenciais. Observe que o gráfico de $y = 5^x$ tem uma inclinação grande em $x = 0$, pois o gráfico é muito íngreme em $x = 0$; contudo, o gráfico de $y = (1{,}1)^x$ é praticamente horizontal em $x = 0$ e, portanto, tem uma inclinação perto de zero.

Existe uma propriedade importante da função 3^x que é imediatamente aparente em seu gráfico. Como o gráfico está sempre crescendo, a função 3^x nunca passa pelo mesmo valor de y duas vezes. Isto é, a única maneira pela qual 3^r pode ser igual a 3^s é ter $r = s$. Esse fato é útil na resolução de certas equações envolvendo exponenciais.

EXEMPLO 2 Seja $f(x) = 3^{5x}$. Determine todos os x para os quais

$$f(x) = 27.$$

Solução Como $27 = 3^3$, queremos determinar todos os x para os quais

$$3^{5x} = 3^3.$$

Igualando os expoentes, obtemos

$$5x = 3$$
$$x = \tfrac{3}{5}.$$ ■

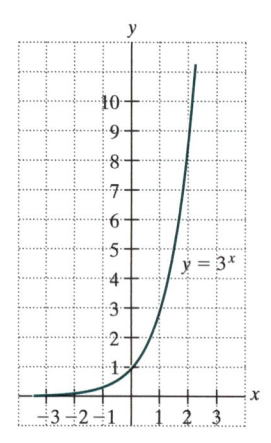

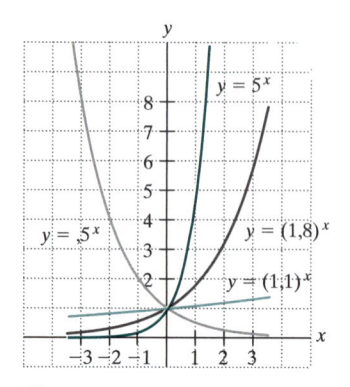

Figura 3

Figura 4

Em geral, para $b > 1$, a equação $b^r = b^s$ implica que $r = s$. Isso ocorre porque o gráfico de $y = b^x$ tem o mesmo formato básico de $y = 2^x$ e $y = 3^x$. Analogamente, se $0 < b < 1$, a equação $b^r = b^s$ implica que $r = s$, porque o gráfico de $y = b^x$ é parecido com o gráfico de $y = 0{,}5^x$ e é sempre decrescente.

Não há a necessidade, agora, de nos familiarizarmos com os gráficos das funções b^x. Mostramos alguns gráficos apenas para que o leitor se sinta mais à vontade com o conceito de uma função exponencial. O objetivo principal desta seção foi rever as propriedades de expoentes num contexto apropriado para o nosso trabalho futuro.

INCORPORANDO RECURSOS TECNOLÓGICOS

Resolvendo equações e interseções de gráficos Para determinar o valor de x em que $2^{2-4x} = 8$, podemos proceder como segue. Primeiro, digitamos $Y_1 = 2\wedge(2 - 4X)$ e $Y_2 = 8$. Em seguida, pressionamos [2nd] [CALC] [5] e entramos com [ENTER] duas vezes para aceitar Y_1 como primeira e Y_2 como segunda funções. Depois, digitamos um palpite, dando [ENTER] para aceitar o valor dado pela calculadora ou, então, colocando nosso próprio valor de X. Finalmente, dando [ENTER], a calculadora procura o ponto de interseção dos dois gráficos. Pela Figura 5, vemos que $2^{2-4x} = 8$ em $x = -0{,}25$. ∎

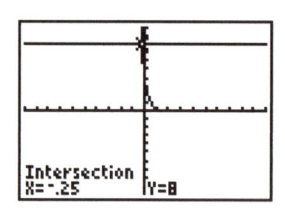

Figura 5

Exercícios de revisão 4.1

1. Uma função como $f(x) = 5^{3x}$ pode ser escrita da forma $f(x) = b^x$? Se puder, quem é b?

2. Resolva a equação $7 \cdot 2^{6-3x} = 28$.

Exercícios 4.1

Nos Exercícios 1-14, escreva a expressão da forma 2^{kz} ou 3^{kz}, para alguma constante k conveniente.

1. 4^x, $(\sqrt{3})^x$, $(\frac{1}{9})^x$
2. 27^x, $(\sqrt[3]{2})^x$, $(\frac{1}{8})^x$
3. $8^{2x/3}$, $9^{3x/2}$, $16^{-3x/4}$
4. $9^{-x/2}$, $8^{4x/3}$, $27^{-2x/3}$
5. $(\frac{1}{4})^{2x}$, $(\frac{1}{8})^{-3x}$, $(\frac{1}{81})^{x/2}$
6. $(\frac{1}{9})^{2x}$, $(\frac{1}{27})^{x/3}$, $(\frac{1}{16})^{-x/2}$
7. $6^x \cdot 3^{-x}$, $\dfrac{15^x}{5^x}$, $\dfrac{12^x}{2^{2x}}$
8. $7^{-x} \cdot 14^x$, $\dfrac{2^x}{6^x}$, $\dfrac{3^{2x}}{18^x}$
9. $\dfrac{3^{4x}}{3^{2x}}$, $\dfrac{2^{5x+1}}{2 \cdot 2^{-x}}$, $\dfrac{9^{-x}}{27^{-x/3}}$
10. $\dfrac{2^x}{6^x}$, $\dfrac{3^{-5x}}{3^{-2x}}$, $\dfrac{16^x}{8^{-x}}$
11. $2^{3x} \cdot 2^{-5x/2}$, $3^{2x} \cdot (\frac{1}{3})^{2x/3}$
12. $2^{5x/4} \cdot (\frac{1}{2})^x$, $3^{-2x} \cdot 3^{5x/2}$
13. $(2^{-3x} \cdot 2^{-2x})^{2/5}$, $(9^{1/2} \cdot 9^4)^{x/9}$
14. $(3^{-x} \cdot 3^{x/5})^5$, $(16^{1/4} \cdot 16^{-3/4})^{3x}$
15. Encontre um número b tal que a função $f(x) = 3^{-2x}$ possa ser escrita da forma $f(x) = bx$.
16. Encontre b tal que $8^{-x/3} = b^x$, para cada x.

Nos Exercícios 17-36, resolva a equação para x.

17. $5^{2x} = 5^2$
18. $10^{-x} = 10^2$
19. $(2,5)^{2x+1} = 100$
20. $(3,2)^{x-3} = (3,2)^5$
21. $10^{1-x} = 100$
22. $2^{4-x} = 8$
23. $3(2,7)^{5x} = 8,1$
24. $4(2,7)^{2x-1} = 10,8$
25. $(2^{2x+1} \cdot 2^{-3})^2 = 2$
26. $(3^{2x} \cdot 3^2)^4 = 3$
27. $2^{3x} = 4 \cdot 2^{5x}$
28. $3^{5x} \cdot 3^x - 3 = 0$
29. $(1+x)2^{-x} - 5 \cdot 2^{-x} = 0$
30. $(2-3x)5^x + 4 \cdot 5^{-x} = 0$
31. $2^x - \dfrac{8}{2^{2x}} = 0$
32. $2^x - \dfrac{1}{2^x} = 0$

[Sugestão: nos Exercícios 33-36, tome $X = 2^x$ ou $X = 3^x$.]

33. $2^{2x} - 6 \cdot 2^x + 8 = 0$
34. $2^{2x+2} - 17 \cdot 2^x + 4 = 0$
35. $3^{2x} - 12 \cdot 3^x + 27 = 0$
36. $2^{2x} - 4 \cdot 2^x - 32 = 0$

Nos Exercícios 37-42, fatore a expressão conforme indicado. Encontre os fatores que faltam.

37. $2^{3+h} = 2^3 (\ )$
38. $5^{2+h} = 25 (\ )$
39. $2^{x+h} - 2^x = 2^x (\ )$
40. $5^{x+h} + 5^x = 5^x (\ )$
41. $2^{x/2} + 3^{-x/2} = 3^{-x/2} (\ )$
42. $5^{7x/2} - 5^{x/2} = \sqrt{5^x} (\ )$

Exercícios com calculadora

43. Obtenha o gráfico da função $f(x) = 2^x$ na janela $[-1, 2]$ por $[-1, 4]$ e dê uma estimativa da inclinação do gráfico em $x = 0$.
44. Obtenha o gráfico da função $f(x) = 3^x$ na janela $[-1, 2]$ por $[-1, 8]$ e dê uma estimativa da inclinação do gráfico em $x = 0$.
45. Por tentativa e erro, encontre um número da forma $b = 2,\square$ (de uma casa decimal) com a propriedade de que a inclinação do gráfico de $y = b^x$ em $x = 0$ esteja tão próxima de 1 quanto possível.

Soluções dos exercícios de revisão 4.1

1. Se $5^{3x} = b^x$, então, com $x = 1$, vale $x = 1,5^{3(1)} = b^1$, o que diz que $b = 125$. Esse valor de b certamente funciona, porque

$$5^{3x} = (5^3)^x = 125^x.$$

2. Divida ambos os lados da equação por 7, obtendo

$$2^{6-3x} = 4.$$

Agora, 4 pode ser escrito como 2^2. Portanto, temos

$$2^{6-3x} = 2.$$

Igualando os expoentes, resulta

$$6 - 3x = 2$$
$$4 = 3x$$
$$x = \tfrac{4}{3}.$$

4.2 A função exponencial e^x

Começamos examinando os gráficos das funções exponenciais dadas na Figura 1. Todos eles passam pelo ponto $(0, 1)$, mas com inclinações diferentes nesse ponto. Observe que o gráfico de $y = 5^x$ é bem íngreme em $x = 0$, enquanto o gráfico de $y = (1,1)^x$ é praticamente horizontal em $x = 0$. Ocorre que, em $x = 0$, o gráfico de $y = 2^x$ tem uma inclinação de 0,693, aproximadamente, enquanto o gráfico de 3^x tem uma inclinação de 1,1, aproximadamente.

Capítulo 4 • As funções exponencial e logaritmo natural

Aparentemente, deve existir algum valor particular da base b, entre 2 e 3, tal que o gráfico de $y = b^x$ tenha uma inclinação *exatamente* igual a 1 em $x = 0$. Vamos considerar essa afirmação como sendo um fato e denotar esse valor especial de b pela letra e e, além disso, passar a dizer que

$$f(x) = e^x$$

é *a* função exponencial. O número e é uma constante importante da natureza, que tem sido calculada com milhares de casas decimais. Considerando os 10 primeiros algarismos significativos, temos $e = 2{,}718281828$. Para nossos objetivos, geralmente é suficiente pensar em e como "aproximadamente 2,7".

Nosso objetivo, nesta seção, é encontrar uma fórmula para a derivada de $y = e^x$. Ocorre que as contas para e^x e 2^x são muito parecidas. Como muitas pessoas se sentem mais à vontade trabalhando com 2^x em vez de e^x, analisaremos primeiro o gráfico de $y = 2^x$. Depois, tiraremos as conclusões apropriadas relativas ao gráfico de $y = e^x$.

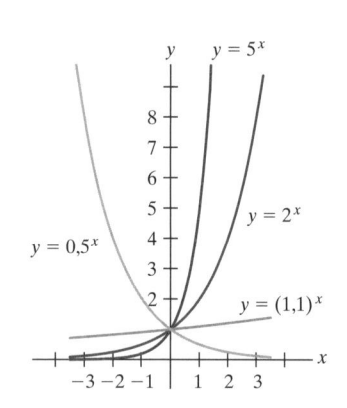

Figura 1 Várias funções exponenciais.

Antes de calcular a inclinação de $y = 2^x$ num x arbitrário, consideremos o caso especial $x = 0$. Denote a inclinação em $x = 0$ por m. Vamos usar a aproximação da derivada pela reta secante para aproximar m. Começamos construindo a reta secante da Figura 2. A inclinação da reta secante por $(0, 1)$ e $(h, 2^h)$ é $\dfrac{2^h - 1}{h}$. Quando h tende a zero, a inclinação da reta secante tende à inclinação de $y = 2^x$ em $x = 0$. Logo,

$$m = \lim_{h \to 0} \frac{2^h - 1}{h}. \tag{1}$$

Supondo que exista esse limite, podemos estimar o valor de m tomando h cada vez menor. A Tabela 1 mostra os valores da expressão com $h = 0{,}1;\ 0{,}01;\ldots;\ 0{,}0000001$. A partir da tabela, é razoável concluir que $m \approx 0{,}693$.

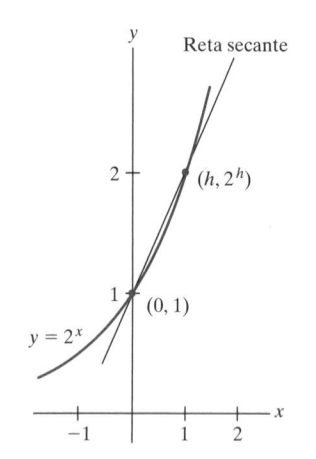

TABELA 1 $Y_1 = (2 \wedge X - 1)/X$

X	Y₁
.1	.71773
.01	.69556
.001	.69339
1E-4	.69317
1E-5	.69315
1E-6	.69315
1E-7	.69315

$Y_1 = {.}693147$

Figura 2 Uma reta secante ao gráfico de $y = 2^x$.

Como m é igual à inclinação de $y = 2^x$ em $x = 0$, temos

$$m = \left.\frac{d}{dx}(2^x)\right|_{x=0} \approx 0{,}693. \tag{2}$$

Agora que temos uma estimativa da inclinação de $y = 2^x$ em $x = 0$, calculemos a inclinação num valor arbitrário de x. Construímos uma reta secante por $(x, 2^x)$ e pelo ponto do gráfico $(x + h, 2^{x+h})$ próximo. A inclinação da reta secante é

$$\frac{2^{x+h} - 2^x}{h}. \tag{3}$$

Pela lei (i) da exponenciação, temos $2^{x+h} - 2^x = 2^x(2^h - 1)$ e, portanto, pela equação (1), vemos que

$$\lim_{h \to 0} \frac{2^{x+h} - 2^x}{h} = \lim_{h \to 0} 2^x \frac{2^h - 1}{h} = 2^x \lim_{h \to 0} \frac{2^h - 1}{h} = m\,2^x. \tag{4}$$

Contudo, a inclinação da reta secante (3) tende à derivada de 2^x quando h tende a zero. Consequentemente, temos

$$\frac{d}{dx}(2^x) = m\,2^x, \quad \text{com} \quad m = \frac{d}{dx}(2^x)\bigg|_{x=0}. \tag{5}$$

EXEMPLO 1 Calcule

(a) $\dfrac{d}{dx}(2^x)\bigg|_{x=3}$ e (b) $\dfrac{d}{dx}(2^x)\bigg|_{x=-1}$.

Solução (a) $\dfrac{d}{dx}(2^x)\bigg|_{x=3} = m \cdot 2^3 = 8m \approx 8(0{,}693) = 5{,}544.$

(b) $\dfrac{d}{dx}(2^x)\bigg|_{x=-1} = m \cdot 2^{-1} = 0{,}5m \approx 0{,}5(0{,}693) = 0{,}3465.$ ∎

Os cálculos que efetuamos para $y = 2^x$ podem ser feitos para $y = b^x$, com qualquer número positivo b. A equação (5) fica exatamente a mesma, apenas trocando 2 por b. Assim, temos a seguinte fórmula para a derivada da função $f(x) = b^x$.

$$\frac{d}{dx}(b^x) = mb^x, \quad \text{com} \quad m = \frac{d}{dx}(b^x)\bigg|_{x=0}. \tag{6}$$

Nossas contas mostraram que se $b = 2$, então $m \approx 0{,}693$. Se $b = 3$, mostra-se que $m \approx 1{,}1$. (Ver Exercício 1.) A fórmula da derivada em (6) é simples quando $m = 1$, isto é, quando o gráfico de $y = b^x$ tem inclinação 1 em $x = 0$. Como já mencionamos antes, esse valor especial de b é denotado pela letra e. Assim, o número e tem a propriedade de que

$$\frac{d}{dx}(e^x)\bigg|_{x=0} = 1 \tag{7}$$

e

$$\frac{d}{dx}(e^x) = 1 \cdot e^x = e^x. \tag{8}$$

A interpretação gráfica da equação (7) é que a curva $y = e^x$ tem inclinação 1 em $x = 0$. A interpretação gráfica de (8) é que a inclinação da curva $y = e^x$ num valor arbitrário de x é exatamente igual ao valor da função e^x nesse ponto. (Ver Figura 3.)

A função e^x é do mesmo tipo que 2^x e 3^x, exceto pelo fato de que é muito mais fácil derivar e^x. De fato, na próxima seção, mostramos que 2^x pode ser escrita como e^{kx} com uma constante k apropriada. O mesmo ocorre com a função 3^x. Por essa razão, as funções da forma e^{kx} são usadas em quase todas as aplicações que requeiram alguma função do tipo exponencial para descrever algum fenômeno físico, econômico ou biológico.

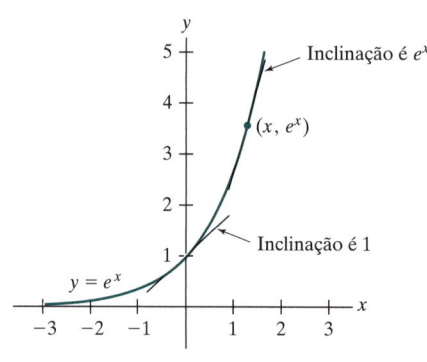

Figura 3 As propriedades fundamentais de e^x.   **Figura 4**

EXEMPLO 2

Esboce o gráfico de $y = e^{-x}$.

Solução Observe que, por ser $e > 1$, temos $0 < 1/e < 1$. De fato, $1/e \approx 0{,}37$. Agora,

$$y = e^{-x} = \frac{1}{e^x} = \left(\frac{1}{e}\right)^x;$$

e, portanto, $f(x) = e^{-x}$ é uma função exponencial de base $b = \frac{1}{e}$, que é menor do que 1. Dessa forma, o gráfico de $y = e^{-x}$ é sempre decrescente, sendo parecido com o da função exponencial $y = 0{,}5^x$. (Ver Figura 1.) Com a ajuda de uma calculadora, montamos uma tabela de valores de $y = e^{-x}$ para valores selecionados de x, como segue.

x	-3	-2	-1	0	1	2	3
e^{-x}	20,09	7,39	2,72	1	0,37	0,14	0,05

Usando esses valores, esboçamos o gráfico de $y = e^{-x}$ na Figura 4. ∎

Na próxima seção, calculamos a derivada de $y = e^{g(x)}$ com qualquer função derivável $g(x)$ e, em particular, de $y = e^{kx}$. Contudo, como veremos no próximo exemplo, relacionando e^{kx} com e^x também podemos derivar $y = e^{kx}$ pela regra da potência geral.

EXEMPLO 3

Encontre a derivada de $y = e^{-x}$.

Solução Se $f(x) = e^x$, então

$$e^{-x} = (e^x)^{-1} = (f(x))^{-1};$$

de modo que

$$\frac{d}{dx}[e^{-x}] = \frac{d}{dx}[(f(x))^{-1}]$$

$$= (-1)(f(x))^{-2}\frac{d}{dx}[f(x)] \quad \text{(regra da potência geral)}$$

$$= (-1)(e^x)^{-2}\frac{d}{dx}[e^x] \quad (f(x) = e^x)$$

$$= (-1)e^{-2x}e^x \quad \text{[por (8)]}$$

$$= -e^{-x} \quad ∎$$

Seção 4.2 • A função exponencial e^x

INCORPORANDO RECURSOS TECNOLÓGICOS

Todas as técnicas introduzidas em seções precedentes para analisar funções com a TI 83/84 são igualmente aplicáveis às funções exponenciais. Para entrar uma função exponencial, pressione [2nd] [e^x]. Por exemplo, na Figura 5, calculamos $e^{2/3}$, $e^{-2}/3$ e a derivada de e^x em $x = 0$. Enfatizamos a importância de utilizar parênteses ao calcular e^x. ■

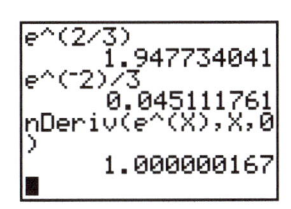

```
e^(2/3)
        1.947734041
e^(-2)/3
        0.045111761
nDeriv(e^(X),X,0
)
        1.000000167
```

Figura 5

Exercícios de revisão 4.2

Nos seguintes problemas, utilize o número 20 como valor aproximado de e^3.

1. Encontre a equação da reta tangente ao gráfico de $y = e^x$ em $x = 3$.

2. Resolva para x a equação
$$4e^{6x} = 80.$$

3. Derive $y = 3(x^2 + 1)e^x$.

Exercícios 4.2

1. Mostre que
$$\left.\frac{d}{dx}(3^x)\right|_{x=0} \approx 1{,}1$$

calculando a inclinação $\dfrac{3^h - 1}{h}$ da reta secante que passa pelos pontos $(0, 1)$ e $(h, 3^h)$. Considere $h = 0{,}1$; $0{,}01$ e $0{,}001$.

2. Mostre que
$$\left.\frac{d}{dx}(2{,}7^x)\right|_{x=0} \approx 0{,}99$$

calculando a inclinação $\dfrac{2{,}7^h - 1}{h}$ da reta secante que passa pelos pontos $(0, 1)$ e $(h, 2{,}7^h)$. Considere $h = 0{,}1$; $0{,}01$ e $0{,}001$.

Nos Exercícios 3-6, calcule a derivada usando as fórmulas (2), (5) e (6)-(8).

3. (a) $\left.\dfrac{d}{dx}(2^x)\right|_{x=1}$ (b) $\left.\dfrac{d}{dx}(2^x)\right|_{x=-2}$

4. (a) $\left.\dfrac{d}{dx}(2^x)\right|_{x=1/2}$ (b) $\left.\dfrac{d}{dx}(2^x)\right|_{x=2}$

5. (a) $\left.\dfrac{d}{dx}(e^x)\right|_{x=1}$ (b) $\left.\dfrac{d}{dx}(e^x)\right|_{x=-1}$

6. (a) $\left.\dfrac{d}{dx}(e^x)\right|_{x=e}$ (b) $\left.\dfrac{d}{dx}(e^x)\right|_{x=1/e}$

7. Dê uma estimativa da inclinação de e^x em $x = 0$ calculando a inclinação $\dfrac{e^h - 1}{h}$ da reta secante que passa pelos pontos $(0, 1)$ e (h, e^h). Considere $h = 0{,}01$; $0{,}001$ e $0{,}0001$.

8. Use (8) e uma regra de derivação conhecida para encontrar
$$\frac{d}{dx}(5e^x).$$

9. Use (8) e uma regra de derivação conhecida para encontrar
$$\frac{d}{dx}(e^x)^{10}.$$

10. Use o fato de que $e^{2+x} = e^2 \cdot e^x$ para encontrar
$$\frac{d}{dx}(e^{2+x}).$$

[Lembre que e^2 é só uma constante – aproximadamente, $(2{,}7)^2$.]

11. (a) Use o fato de que $e^{4x} = (e^x)^4$ para encontrar $\dfrac{d}{dx}(e^{4x})$. Simplifique o que for possível na derivada.

    (b) Seja k uma constante qualquer. Generalize os cálculos da parte (a), encontrando uma fórmula simples para $\dfrac{d}{dx}(e^{kx})$.

12. Encontre $\dfrac{d}{dx}(e^x + x^2)$.

Nos Exercícios 13-18, escreva a expressão na forma e^{kx} com uma constante k apropriada.

13. $(e^2)^x$, $\left(\dfrac{1}{e}\right)^x$

14. $(e^3)^{x/5}$, $\left(\dfrac{1}{e^2}\right)^x$

15. $\left(\dfrac{1}{e^3}\right)^{2x}$, $e^{1-x} \cdot e^{3x-1}$

16. $\left(\dfrac{e^5}{e^3}\right)^x$, $e^{4x+2} \cdot e^{x-2}$

17. $(e^{4x} \cdot e^{6x})^{3/5}$, $\dfrac{1}{e^{-2x}}$

18. $\sqrt{e^{-x} \cdot e^{7x}}$, $\dfrac{e^{-3x}}{e^{-4x}}$

Nos Exercícios 19-24, resolva a equação dada para x.

19. $e^{5x} = e^{20}$
20. $e^{1-x} = e^2$
21. $e^{x^2 - 2x} = e^8$
22. $e^{-x} = 1$
23. $e^x(x^2 - 1) = 0$
24. $4e^x(x^2 + 1) = 0$

Nos Exercícios 25-36, derive a função.

25. $y = 3e^x - 7x$
26. $y = \dfrac{2x + 4 - 5e^x}{4}$
27. $y = xe^x$
28. $y = (x^2 + x + 1)e^x$
29. $y = 8e^x(1 + e^x)^2$
30. $y = (1 + e^x)(1 - e^x)$
31. $y = \dfrac{e^x}{x + 1}$
32. $y = \dfrac{x + 1}{e^x}$
33. $y = \dfrac{e^x - 1}{e^x + 1}$
34. $y = \dfrac{1}{2e^x + 5}$
35. $y = \sqrt{2e^x + 1}$
36. $y = \sqrt[3]{1 + x + 2e^x}$

37. Encontre o ponto do gráfico de $y = (1 + x^2)e^x$ em que a reta tangente é horizontal.

38. Mostre que a reta tangente ao gráfico de $y = e^x$ no ponto (a, e^a) é perpendicular à reta tangente ao gráfico de $y = e^{-x}$ no ponto (a, e^{-a}).

39. Encontre a inclinação da reta tangente à curva $y = xe^x$ em $(0, 0)$.

40. Encontre a inclinação da reta tangente à curva $y = xe^x$ em $(1, e)$.

41. Encontre a inclinação da reta tangente à curva $y = \dfrac{e^x}{1 + 2e^x}$ em $(0, \tfrac{1}{3})$.

42. Encontre a inclinação da reta tangente à curva $y = \dfrac{e^x}{x + e^x}$ em $(0, 1)$.

Nos Exercícios 43 e 44, encontre as derivadas primeira e segunda.

43. $f(x) = e^x(1 + x)^2$
44. $f(x) = \dfrac{e^x}{x}$

45. A pressão atmosférica a uma altitude de x quilômetros é $f(x) = $ g/cm² (gramas por centímetro quadrado), em que $f(x) = 1.035 e^{-0,12x}$. Dê respostas aproximadas às questões seguintes usando os gráficos de $f(x)$ e $f'(x)$ dados na Figura 6.

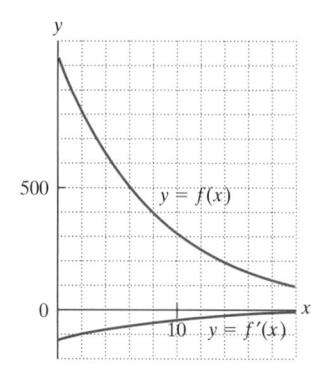

Figura 6

(a) Qual é a pressão a uma altitude de 2 quilômetros?
(b) A qual altitude a pressão é igual a 200 g/cm²?
(c) Qual é a taxa de variação da pressão atmosférica (em relação à altitude) a uma altitude de 8 quilômetros?
(d) A qual altitude a pressão atmosférica está caindo à taxa de 100 g/cm² por quilômetro?

46. Gastos com a saúde As despesas do governo dos Estados Unidos (em bilhões de dólares) com a saúde pública de 1960 a 1980 são dadas, aproximadamente, por $f(t) = 27e^{0,106t}$, com o tempo t medido em anos a partir de 1960. Dê respostas aproximadas às questões seguintes usando os gráficos de $f(t)$ e $f'(x)$ dados na Figura 7.

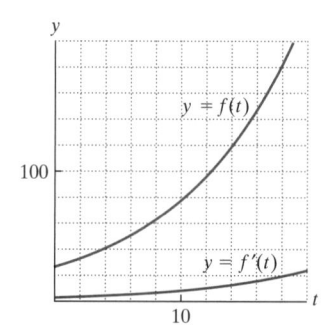

Figura 7

(a) Quanto dinheiro foi gasto em 1978?
(b) Quão rápido cresciam os gastos em 1972?
(c) Quando os gastos atingiram 120 bilhões de dólares?
(d) Quando os gastos estavam subindo à taxa de 20 bilhões de dólares por ano?

Exercícios com calculadora

47. Encontre a equação da reta tangente ao gráfico de $y = e^x$ em $x = 0$. Depois obtenha o gráfico da função e da reta tangente numa mesma janela para confirmar que sua resposta está correta.

48. (a) Obtenha o gráfico de $y = e^x$.

(b) Amplie a região perto de $x = 0$ até que a curva fique parecida com uma reta e dê uma estimativa da inclinação da reta. Esse número é uma estimativa de $\frac{d}{dx}e^x$ em $x = 0$. Compare sua resposta com o valor correto da inclinação, que é 1.

(c) Repita as partes (a) e (b) para $y = 2^x$. Observe que a inclinação em $x = 0$ não é 1.

49. Tomando $Y_1 = e^x$, utilize o comando de derivada da calculadora para especificar Y_2 como a derivada de Y_1. Obtenha os gráficos das duas funções simultaneamente na janela $[-1, 3]$ por $[-3, 20]$ e observe que os gráficos se sobrepõem.

50. Demonstre que e^x cresce mais rápido do que qualquer função potência. Por exemplo, obtenha o gráfico de $y = \frac{x^n}{e^x}$ com $n = 3$ na janela $[0, 16]$ por $[0, 25]$ e observe que a função se aproxima de zero quando x fica grande. Faça o mesmo para $n = 4$ e $n = 5$.

51. Calcule valores de $\frac{10^x - 1}{x}$ para pequenos valores de x e depois use-os para obter uma estimativa de $\frac{d}{dx}(10^x)\big|_{x=0}$. Qual é a fórmula para $\frac{d}{dx}(10^x)$?

52. O gráfico de $y = e^{x-2}$ pode ser obtido transladando o gráfico de $y = e^x$ duas unidades para a direita. Encontre uma constante k tal que o gráfico de $y = ke^x$ seja igual ao gráfico de $y = e^{x-2}$. Verifique seu resultado, obtendo o gráfico de ambas as funções.

Soluções dos exercícios de revisão 4.2

1. Para $x = 3$, temos $y = e^3 \approx 20$. Assim, o ponto $(3, 20)$ está na reta tangente. Como $\frac{d}{dx}(e^x) = e^x$, a inclinação da reta tangente é e^3, ou 20. Portanto, a equação da reta tangente é $y - 20 = 20(x - 3)$.

2. Esse exercício é parecido com o Exercício de Revisão 2 da Seção 4.1. Primeiro dividimos ambos os lados da equação por 4.

$$e^{6x} = 20$$

A ideia é expressar 20 como uma potência de e e então igual os expoentes.

$$e^{6x} = e^3$$
$$6x = 3$$
$$x = \tfrac{1}{2}.$$

3. $\frac{d}{dx}[3(x^2 + 1)e^x] = 3\frac{d}{dx}[(x^2 + 1)e^x]$

(regra do múltiplo constante)

$= 3(x^2 + 1)\frac{d}{dx}[e^x] + 3e^x\frac{d}{dx}[(x^2 + 1)]$

(regra do produto)

$= 3(x^2 + 1)e^x + 3e^x(2x)$

[por (8)]

$= 3e^x(x^2 + 2x + 1) = 3e^x(x + 1)^2$

4.3 Derivação de funções exponenciais

Já mostramos que $\frac{d}{dx}(e^x) = e^x$. Usando esse fato e a regra da cadeia, podemos derivar funções da forma $y = e^{g(x)}$, em que $g(x)$ é uma função derivável qualquer. Isso ocorre porque $e^{g(x)}$ é a composta de duas funções. De fato, se $f(x) = e^x$, então

$$e^{g(x)} = f(g(x)).$$

Pela regra da cadeia segue que

$$\frac{d}{dx}(e^{g(x)}) = f'(g(x))g'(x)$$
$$= f(g(x))g'(x) \quad \text{[pois } f'(x) = f(x)\text{]}$$
$$= e^{g(x)}g'(x).$$

Assim, verificamos o resultado seguinte.

Capítulo 4 • As funções exponencial e logaritmo natural

> **Regra da cadeia para funções exponenciais** Seja $g(x)$ uma função derivável qualquer. Então
>
> $$\frac{d}{dx}(e^{g(x)}) = e^{g(x)}g'(x). \qquad (1)$$
>
> Denotando $u = g(x)$, podemos reescrever (1) no formato
>
> $$\frac{d}{dx}(e^u) = e^u \frac{du}{dx}. \qquad (1a)$$

EXEMPLO 1 Derive $y = e^{x^2+1}$.

Solução Aqui $g(x) = x^2 + 1$ e $g'(x) = 2x$, portanto,

$$\frac{d}{dx}(e^{x^2+1}) = e^{x^2+1} \cdot 2x = 2xe^{x^2+1}.$$

EXEMPLO 2 Derive $y = e^{3x^2-(1/x)}$.

Solução $\dfrac{d}{dx}\left(e^{3x^2-(1/x)}\right) = e^{3x^2-(1/x)} \cdot \dfrac{d}{dx}\left(3x^2 - \dfrac{1}{x}\right) = e^{3x^2-(1/x)}\left(6x + \dfrac{1}{x^2}\right).$

EXEMPLO 3 Derive $y = e^{5x}$.

Solução $\dfrac{d}{dx}(e^{5x}) = e^{5x} \cdot \dfrac{d}{dx}(5x) = e^{5x} \cdot 5 = 5e^{5x}.$

Utilizando uma conta análoga à do Exemplo 3, podemos derivar $y = e^{kx}$ com qualquer constante k. (No Exemplo 3, temos $k = 5$.) O resultado é a fórmula útil a seguir.

> $$\frac{d}{dx}(e^{kx}) = ke^{kx}. \qquad (2)$$

Muitas aplicações envolvem funções exponenciais da forma $y = Ce^{kx}$, em que C e k são constantes. No próximo exemplo, derivamos tais funções.

EXEMPLO 4 Derive as funções exponenciais seguintes.

(a) $y = 3e^{5x}$ (b) $y = 3e^{kx}$, onde k é uma constante.
(c) $y = Ce^{kx}$, em que C e k são constantes.

Solução (a) $\dfrac{d}{dx}(3e^{5x}) = 3\dfrac{d}{dx}(e^{5x}) = 3 \cdot 5e^{5x} = 15e^{5x}.$

(b) $\dfrac{d}{dx}(3e^{kx}) = 3\dfrac{d}{dx}(e^{kx})$
$= 3 \cdot ke^{kx}$ [por (2)]
$= 3ke^{kx}.$

(c) $\dfrac{d}{dx}(Ce^{kx}) = C\dfrac{d}{dx}(e^{kx}) = Cke^{kx}.$

Seção 4.3 • Derivação de funções exponenciais

Tomando $y = Ce^{kx}$, então, pela parte (c) do Exemplo 4, temos

$$y' = Cke^{kx} = k \cdot (Ce^{kx}) = ky.$$

Em outras palavras, a derivada da função Ce^{kx} é k vezes a própria função. Registremos esse fato.

> Sejam C e k constantes quaisquer e $y = Ce^{kx}$. Então y satisfaz a equação
> $$y' = ky.$$

A equação $y' = ky$ expressa uma relação entre a função y e sua derivada y'. Qualquer equação expressando uma relação entre uma função y e uma ou mais de suas derivadas é denominada *equação diferencial*.

Nas aplicações, muitas vezes aparece uma função $y = f(x)$ que satisfaz a equação diferencial $y' = ky$. Pode ser mostrado que, nesse caso, y necessariamente é uma função exponencial do formato $y = Ce^{kx}$. Assim, temos o resultado seguinte.

> Se $y = f(x)$ satisfaz a equação diferencial
> $$y' = ky \qquad (3)$$
> então y é uma função exponencial do tipo
> $$y = Ce^{kx}, \quad C \text{ uma constante.}$$

Deixamos a verificação desse resultado para o Exercício 45.

EXEMPLO 5 Determine todas as funções $y = f(x)$ tais que $y' = -0{,}2y$.

Solução A equação $y' = -0{,}2y$ tem o formato $y' = ky$, com $k = -0{,}2$. Portanto, qualquer solução da equação tem a forma

$$y = Ce^{-0{,}2x},$$

com C constante. ∎

EXEMPLO 6 Determine todas as funções $y = f(x)$ tais que $y' = y/2$ e $f(0) = 4$.

Solução A equação $y' = y/2$ tem o formato $y' = ky$, com $k = \frac{1}{2}$. Portanto,

$$f(x) = Ce^{(1/2)x}$$

para alguma constante C. Também exigimos que $f(0) = 4$. Isto é,

$$4 = f(0) = Ce^{(1/2) \cdot 0} = Ce^0 = C$$

Dessa forma, $C = 4$ e

$$f(x) = 4e^{(1/2)x}.$$ ∎

As funções $f(x) = e^{kx}$ As funções exponenciais do tipo $f(x) = e^{kx}$ ocorrem em muitas aplicações. A Figura 1 mostra o gráfico de várias dessas funções, com k um número positivo. Essas curvas $y = e^{kx}$, com k positivo, têm várias propriedades em comum, como segue.

1. (0,1) está no gráfico.
2. O gráfico fica estritamente acima do eixo x (e^{kx} nunca é zero).
3. O eixo x é uma assíntota para x grande e negativo.

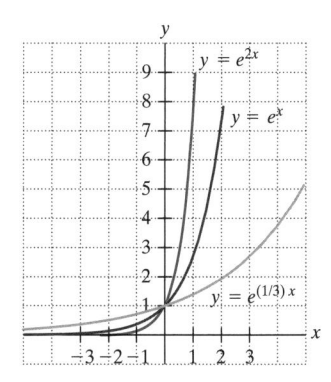

Figura 1

4. O gráfico é sempre crescente e côncavo para cima.

Quando k é negativo, o gráfico de $y = e^{kx}$ é decrescente. (Ver Figura 2.) Observe as propriedades seguintes das curvas $y = e^{kx}$, com k negativo.

1. $(0,1)$ está no gráfico.
2. O gráfico fica estritamente acima do eixo x (e^{kx} nunca é zero).
3. O eixo x é uma assíntota para x grande e positivo.
4. O gráfico é sempre decrescente e côncavo para cima.

As funções $f(x) = b^x$ Se b é um número positivo, a função $f(x) = b^x$ pode ser escrita no formato $f(x) = e^{kx}$, para algum k. Por exemplo, tomemos $b = 2$. Pela Figura 3 da seção precedente, fica claro que existe algum valor de x tal que $e^x = 2$. Denotemos esse valor por k, ou seja, $e^k = 2$. Então,

$$2^x = (e^k)^x = e^{kx}$$

para todo x. Em geral, sendo b um número positivo qualquer, existe algum valor de x, digamos, $x = k$, tal que $e^k = b$. Nesse caso, $b^x = (e^k)^x = e^{kx}$. Assim, todas as curvas $y = b^x$ discutidas na Seção 4.1 podem ser escritas na forma $y = e^{kx}$. Essa é uma razão pela qual concentramos nossa discussão na função exponencial de base e, em vez de estudarmos $y = 2^x$, $y = 3^x$, e assim por diante.

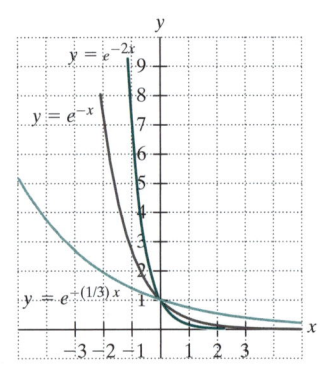

Figura 2

Exercícios de revisão 4.3

1. Derive $[e^{-3x}(1 + e^{6x})]^{12}$.

2. Determine todas as funções $y = f(x)$ tais que $y' = -y/20$, $f(0) = 2$.

Exercícios 4.3

Nos Exercícios 1-26, derive a função.

1. $f(x) = 4e^{2x}$
2. $f(x) = 3e^7$
3. $f(x) = 1 + 4x + e^{-2x}$
4. $f(x) = \dfrac{e^{3x}}{3}$
5. $f(t) = (1 + t)e^{t2}$
6. $f(t) = te^{-t}$
7. $y = (e^x + e^{-x})^3$
8. $f(x) = 2e^{\sqrt{x}}$
9. $y = \dfrac{e^{\frac{t}{2}+1}}{4}$
10. $f(x) = \sqrt{e^{2x} - 2}$
11. $g(t) = e^{3/t}$
12. $f(x) = \sqrt{e^{x^2} + 1}$
13. $y = e^{x^2 - 5x + 4}$
14. $f(x) = \dfrac{e^{2x} - 1}{e^{2x} + 1}$
15. $y = \dfrac{x + e^{2x}}{e^x}$
16. $f(t) = (e^{2t})^{-4}$
17. $f(t) = \dfrac{e^{3t} + e^{-3t}}{e^t}$
18. $f(t) = e^t(e^{2t} - e^{-2t})$

[Sugestão: nos Exercícios 16-18, simplifique $f(t)$ antes de derivar.]

19. $f(t) = (t + 1)^2 e^{2t}$
20. $f(t) = \sqrt{e^{x/2} + 1}$
21. $f(x) = e^{e^x}$
22. $f(x) = e^x e^{e^x}$
23. $f(x) = e^{4x}/(4 + x)$
24. $f(x) = e^{ex}$
25. $f(x) = \left(\dfrac{1}{x} + 3\right)e^{2x}$
26. $f(x) = \dfrac{4x^2}{x^2 + e^{2x}}$

Nos Exercícios 27-32, encontre os valores de x em que a função dada tem um ponto de máximo ou mínimo relativo possível. (Lembre que e^x é positivo em cada x.) Utilize a derivada segunda para determinar a natureza da função nesses pontos.

27. $f(x) = (1 + x)e^{-3x}$
28. $f(x) = (1 - x)e^{2x}$
29. $f(x) = \dfrac{3 - 4x}{e^{2x}}$
30. $f(x) = \dfrac{4x - 1}{e^{x/2}}$
31. $f(x) = (5x - 2)e^{1-2x}$
32. $f(x) = (2x - 5)e^{3x-1}$

33. Valorização de um bem Uma estimativa do valor de uma obra de arte comprada em 1998 por $100.000 é dada por $v(t) = 100.000 e^{t/5}$ dólares depois de t anos. A que taxa estava se valorizando essa obra de arte em 2003?

34. Desvalorização de um bem O valor de um computador t anos depois de comprado é dado por $v(t) = 2.000 e^{-0,35t}$ dólares. A que taxa está caindo o valor do computador depois de 3 anos?

35. Velocidade A velocidade de um paraquedista em queda livre é dada por

$$f(t) = 60(1 - e^{-0,17t})$$

metros por segundo. Responda as questões dadas usando o gráfico da Figura 3. (Lembre que a aceleração é a derivada da velocidade.)
(a) Qual é a velocidade quando $t = 8$ segundos?
(b) Qual é a aceleração quando $t = 0$?
(c) Quando a velocidade do paraquedista é de 30 m/seg?
(d) Quando a aceleração é de 5 m/seg²?

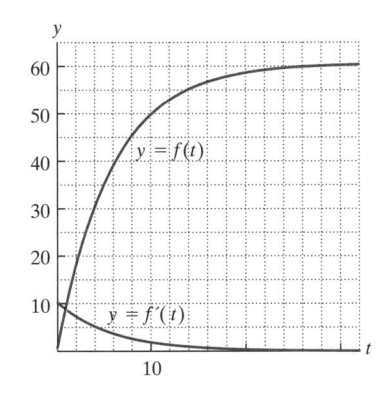

Figura 3

36. Suponha que a velocidade de um paraquedista seja dada por

$$v(t) = 65(1 - e^{-0,16t})$$

metros por segundo. O gráfico de $v(t)$ é parecido com o da Figura 3. Calcule a velocidade e a aceleração do paraquedista quando $t = 9$ segundos.

37. Altura de uma planta A altura de uma certa planta depois de t semanas é

$$f(t) = \frac{1}{0,05 + e^{-0,4t}}$$

centímetros. O gráfico de $f(t)$ é parecido com o gráfico dado na Figura 4. Calcule a taxa de crescimento dessa planta depois de 7 semanas.

38. Altura de uma planta O comprimento do caule de uma certa erva daninha depois de t semanas é

$$f(t) = \frac{6}{0,2 + 5e^{-0,5t}}$$

centímetros. Responda as questões dadas usando o gráfico da Figura 4.
(a) Quão rápido a erva está crescendo depois de 10 semanas?
(b) Quando o caule da erva terá 10 centímetros de comprimento?
(c) Quando a erva estará crescendo à taxa de 2 cm/semana?
(d) Qual é a taxa de crescimento máxima?

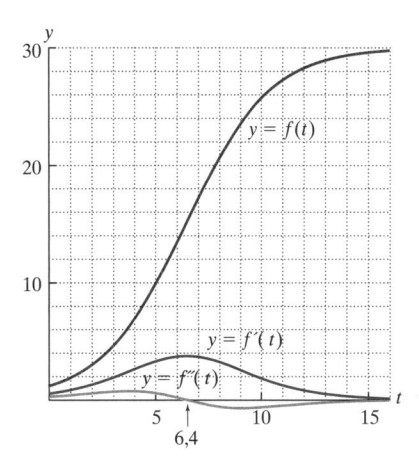

Figura 4

39. Curva de crescimento de Gompertz Sejam a e b números positivos. A curva dada pela equação $y = e^{-ae^{-bx}}$ é denominada *curva de crescimento de Gompertz*. Essas curvas são usadas na Biologia para descrever certos tipos de crescimento populacional. Calcule a derivada de $y = e^{-2e^{-0,01x}}$.

40. Encontre $\dfrac{dy}{dx}$ se $y = e^{-(1/10)e^{-x/2}}$.

41. Determine todas as soluções da equação diferencial $y' = -4y$.

42. Determine todas as soluções da equação diferencial $y' = \frac{1}{3}y$.

43. Determine todas as funções $y = f(x)$ tais que $y' = -0,5y$ e $f(0) = 1$.

44. Determine todas as funções $y = f(x)$ tais que $y' = 3y$ e $f(0) = \frac{1}{2}$.

45. Verifique o resultado da equação (3). [*Sugestão*: seja $g(x) = f(x)e^{-kx}$ e mostre que $g'(x) = 0$.] Você pode usar o fato de que só uma função constante tem derivada nula.

46. Seja $f(x)$ uma função com a propriedade de que $f'(x) = 1/x$ e considere $g(x) = f(e^x)$. Calcule $g'(x)$.

47. Quando h tende a 0, qual é o valor aproximado pela razão incremental $\dfrac{e^h - 1}{h}$? [*Sugestão*: $1 = e^0$.]

48. Quando h tende a 0, qual é o valor aproximado por $\dfrac{e^{2h} - 1}{h}$? [*Sugestão*: $1 = e^0$.]

Exercícios com calculadora

49. Tamanho de um tumor Num estudo, foi detectado que o volume de um tumor cancerígeno era de

$$f(t) = 1,825^3(1 - 1,6e^{-0,4196t})$$

mililitros depois de t semanas, com $t > 1$.*

---
* Baker, Goddard, Clark, and Whimster, "Proportion of Necrosis in Transplanted Murine Adenocarcinomas and Its Relationship to Tumor Growth," *Development and Aging*, 54 (1990), 85-93.

(a) Esboce os gráficos de $f(t)$ e $f'(t)$ com $1 \le t \le 15$. O que você percebe sobre o volume do tumor?
(b) Qual é o tamanho do tumor depois de 5 semanas?
(c) Quando o tumor terá um volume de 5 mililitros?
(d) Quão rápido o tumor está crescendo depois de 5 semanas?
(e) Quando o tumor está crescendo com a maior taxa?
(f) Qual é a maior taxa de crescimento do tumor?

50. Altura de uma planta Seja $f(t)$ a função do Exercício 37 que dá a altura (em centímetros) de uma planta depois de t semanas.
(a) Quando a planta terá 11 centímetros de altura?
(b) Quando a planta está crescendo à taxa de 1 centímetro por semana?
(c) Qual é a maior taxa de crescimento da planta e quando ocorre?

Soluções dos exercícios de revisão 4.3

1. Precisamos usar a regra da potência geral. Entretanto, a maneira mais fácil de fazer isso é começar simplificando a função entre colchetes pelas regras de exponenciação.

$$e^{-3x}(1 + e^{6x}) = e^{-3x} + e^{-3x} \cdot e^{6x} = e^{-3x} + e^{3x}.$$

Agora,

$$\frac{d}{dx}[e^{-3x} + e^{3x}]^{12}$$
$$= 12 \cdot [e^{-3x} + e^{3x}]^{11} \cdot (-3e^{-3x} + 3e^{3x})$$
$$= 36 \cdot [e^{-3x} + e^{3x}]^{11} \cdot (-e^{-3x} + e^{3x}).$$

2. A equação diferencial $y' = -y/20$ é do tipo $y' = ky$, com $k = -\frac{1}{20}$. Logo, qualquer solução tem a forma $f(x) = Ce^{-(1/20)x}$. Agora,

$$f(0) = Ce^{-(1/20) \cdot 0} = Ce^0 = C,$$

portanto, $C = 2$ para que $f(0) = 2$. Assim, a função procurada é $f(x) = 2e^{-(1/20)x}$.

4.4 A função logaritmo natural

Como uma preparação para a definição do logaritmo natural, fazemos uma digressão geométrica. Na Figura 1, aparecem indicados vários pares de pontos. Observe como eles estão relacionados com a reta $y = x$.

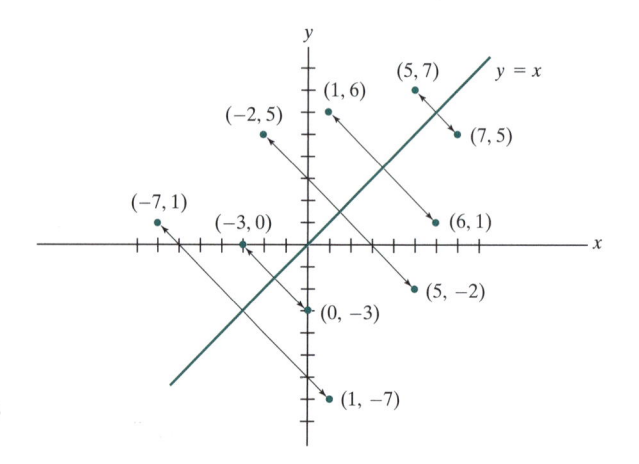

Figura 1 Reflexão dos pontos pela reta $y = x$.

Os pontos $(5, 7)$ e $(7, 5)$, por exemplo, estão à mesma distância de reta $y = x$. Se tivéssemos marcado o ponto $(5, 7)$ com tinta molhada e, antes da tinta secar, tivéssemos dobrado a página ao longo da reta $y = x$, o ponto de tinta $(5, 7)$ produziria um segundo ponto em $(7, 5)$. Se pensarmos na reta $y = x$ como um espelho, então $(7, 5)$ é a imagem espelhada de $(5, 7)$. Dizemos que $(7, 5)$ é a *reflexão* de (5, 7) pela reta $y = x$. Analogamente, (5, 7) é a reflexão de (7, 5) pela reta $y = x$.

Consideremos, agora, todos os pontos do gráfico da função exponencial $y = e^x$. [Ver Figura 2(a).] Se refletirmos cada um desses pontos pela reta $y = x$, obteremos um novo gráfico. [Ver Figura 2(b).] Para cada x positivo, existe exatamente um valor de y tal que (x, y) está no novo gráfico. Dizemos que esse valor de y é o *logaritmo natural de x*, denotado por $\ln x$. Assim, a reflexão de $y = e^x$ pela reta $y = x$ é o gráfico da função logaritmo natural $y = \ln x$.

A partir dessas observações, deduzimos a definição do logaritmo natural a seguir.

DEFINIÇÃO Logaritmo natural

$$y = \ln x \Leftrightarrow x = e^y$$

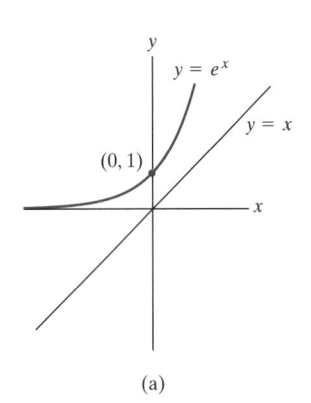

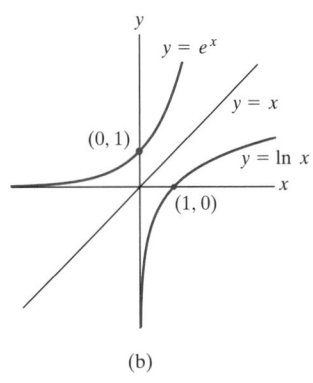

Figura 2 Obtendo o gráfico de $y = \ln x$ como uma reflexão de $y = e^x$.

Em outras palavras, a função logaritmo natural é a função inversa da função exponencial de base e.

Podemos deduzir algumas propriedades da função logaritmo natural a partir de seu gráfico.

1. O ponto $(1, 0)$ está no gráfico de $y = \ln x$ [porque $(0, 1)$ está no gráfico de $y = e^x$]. Em outras palavras,

$$\ln 1 = 0. \qquad (1)$$

2. $\ln x$ só está definido em valores positivos de x.
3. $\ln x$ é negativo com x entre 0 e 1.
4. $\ln x$ é positivo com x maior do que 1.
5. $\ln x$ é uma função crescente e côncava para baixo.

Estudemos mais detalhadamente a relação entre as funções logaritmo natural e exponencial. Da maneira pela qual obtivemos o gráfico de $\ln x$, sabemos que (a, b) está no gráfico de $y = \ln x$ se, e só se, (b, a) está no gráfico de $y = e^x$. Entretanto, um ponto típico no gráfico de $y = \ln x$ é de forma $(a, \ln a)$, com $a > 0$. Logo, dado qualquer valor positivo de a, o ponto $(\ln a, a)$ está no gráfico de $y = e^x$. Dessa forma,

$$e^{\ln a} = a.$$

Como a foi um número positivo arbitrário, obtemos a relação importante seguinte entre as funções logaritmo natural e exponencial.

$$e^{\ln x} = x, \text{ com } x > 0. \qquad (2)$$

A equação (2) pode ser traduzida em palavras.

Para cada número positivo x, $\ln x$ é o expoente ao qual deve ser elevado e para se obter x.

Se b é um número qualquer, então e^b é positivo e, portanto, (e^b) faz sentido. O que é (e^b)? Como (b, e^b) está no gráfico de e^x, sabemos que (e^b, b) deve estar no gráfico de $\ln x$, isto é, $\ln(e^b) = b$. Assim, mostramos que

$$\ln(e^x) = x, \text{ qualquer } x. \tag{3}$$

As identidades (2) e (3) expressam o fato de que o logaritmo natural é a função *inversa* da função exponencial (com $x > 0$). Por exemplo, (3) garante que se tomarmos um número x qualquer e calcularmos e^x, podemos desfazer o efeito da exponenciação calculando o logaritmo natural, ou seja, o logaritmo de e^x é igual ao valor original do número x. Analogamente, (2) garante que se tomarmos qualquer número positivo x e calcularmos $\ln x$, podemos desfazer o efeito do logaritmo natural elevando e à potência $\ln x$, ou seja, $e^{\ln x}$ é igual ao número original x.

EXEMPLO 1 Simplifique $e^{\ln 4 + 2\ln 3}$.

Solução Usando propriedades da função exponencial, obtemos

$$e^{\ln 4 + 2\ln 3} = e^{\ln 4} \cdot e^{2\ln 3}$$

e

$$e^{2\ln 3} = e^{(\ln 3) \cdot 2} = (e^{\ln 3})^2$$

Por (2), temos $e^{\ln 4} = 4$ e $(e^{\ln 3})^2 = 3^2$. Logo,

$$e^{\ln 4 + 2\ln 3} = e^{\ln 4} \cdot (e^{\ln 3})^2 = 4 \cdot 3^2 = 36.$$

As calculadoras científicas possuem uma tecla LN, que calcula o logaritmo natural de um número com até dez casas decimais. Por exemplo, entrando com o número 2 na calculadora e pressionando a tecla LN, obtemos $\ln 2 = 0{,}6931471806$ (com dez algarismos significativos).

As relações (2) e (3) entre e^x e $\ln x$ podem ser usadas para resolver equações, como mostram os exemplos seguintes.

EXEMPLO 2 Resolva a equação $5e^{x-3} = 4$ para x.

Solução Primeiro dividimos ambos os lados por 5,

$$e^{x-3} = 0{,}8.$$

Tomando o logaritmo de cada lado e usando (3), obtemos

$$\ln(e^{x-3}) = \ln 0{,}8$$
$$x - 3 = \ln 0{,}8$$
$$x = 3 + \ln 0{,}8.$$

[Se quisermos, podemos obter o valor numérico $x = 3 - 0{,}22314 = 2{,}77686$ (cinco casas decimais) com uma calculadora científica.]

EXEMPLO 3 Resolva a equação $2 \ln x + 7 = 0$ para x.

Solução
$$2 \ln x = -7$$
$$\ln x = -3{,}5$$
$$e^{\ln x} = e^{-3{,}5}$$
$$x = e^{-3{,}5} \quad \text{[por (2)]}.$$

Outras funções exponenciais e logarítmicas Na nossa discussão de funções exponenciais, mencionamos que todas as funções exponenciais da forma $y = b^x$, em que b é um número positivo fixado, podem ser expressas em termos da função exponencial $y = e^x$. Agora podemos ser bem explícitos. De fato, como $b = e^{\ln b}$, vemos que

$$b^x = (e^{\ln b})^x = e^{(\ln b)x}.$$

Dessa forma, mostramos que

$$b^x = e^{kx}, \text{ em que } k = \ln b.$$

Às vezes, a função logaritmo natural é denominada *logaritmo na base e*, por ser a inversa da função exponencial $y = e^x$. Se refletirmos o gráfico da função $y = 2^x$ pela reta $y = x$, obteremos o gráfico de uma função denominada *logaritmo na base 2*, denotada por $\log_2 x$. Analogamente, refletindo o gráfico de $y = 10^x$ pela reta $y = x$, obtemos o gráfico de uma função denominada *logaritmo na base 10*, denotada por $\log_{10} x$. (Ver Figura 3.)

Às vezes, os logaritmos na base 10 são denominados *logaritmos comuns*. Os logaritmos comuns são geralmente introduzidos em disciplinas de Álgebra com o objetivo de simplificar certos cálculos aritméticos. Contudo, com o surgimento dos computadores modernos e a atual disponibilidade generalizada de calculadoras gráficas, diminuiu consideravelmente a necessidade de logaritmos comuns. Mostra-se que

$$\log_{10} x = \frac{1}{\ln 10} \cdot \ln x,$$

de modo que $\log_{10} x$ é simplesmente um múltiplo constante de $\ln x$. Entretanto, não iremos precisar desse fato.

A função logaritmo natural é utilizada no Cálculo porque as fórmulas de derivação e integração são muito mais simples do que para $\log_{10} x$ ou $\log_2 x$, e assim por diante. (Lembre que, pelas mesmas razões, preferimos utilizar a função e^x em vez de 10^x ou 2^x.) Além disso, $\ln x$ surge "naturalmente" no processo de resolver certas equações diferenciais que descrevem vários processos de crescimento.

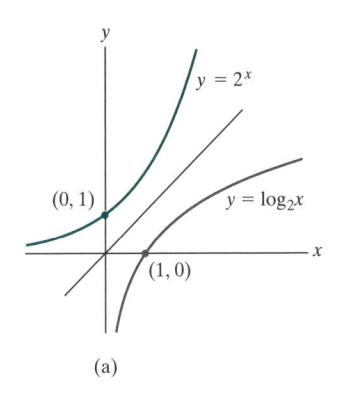

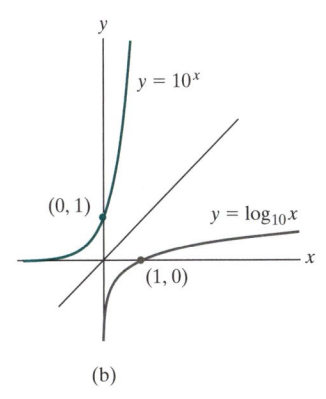

Figura 3 Os gráficos de $y = \log_2 x$ e $y = \log_{10} x$ como reflexões de $y = 2^x$ e $y = 10x$.

Exercícios de revisão 4.4

1. Encontre $\ln e$.

2. Resolva $e^{-3x} = 2$ usando a função logaritmo natural.

Exercícios 4.4

1. Encontre $\ln(\sqrt{e})$.
2. Encontre $\left(\dfrac{1}{e^2}\right)$.
3. Se $e^x = 5$, escreva x em termos do logaritmo natural.
4. Se $e^{-x} = 3{,}2$, escreva x em termos do logaritmo natural.
5. Se $\ln x = -1$, escreva x usando a função exponencial.
6. Se $\ln x = 4{,}5$, escreva x usando a função exponencial.

Nos Exercícios 7-18, simplifique a expressão.

7. $\ln e^{-3}$
8. $e^{\ln 4{,}1}$
9. $e^{e^{\ln 1}}$
10. $\ln(e^{-2\ln e})$
11. $\ln(\ln e)$
12. $e^{4\ln 1}$
13. $e^{2\ln x}$
14. $e^{x \ln 2}$
15. $e^{-2\ln 7}$
16. $\ln(e^{-2}e^4)$
17. $e^{\ln x + \ln 2}$
18. $e^{\ln 3 - 2\ln x}$

Nos Exercícios 19-38, resolva a equação para x.

19. $e^{2x} = 5$
20. $e^{1-3x} = 4$
21. $\ln(4 - x) = \frac{1}{2}$
22. $\ln 3x = 2$
23. $\ln x^2 = 9$
24. $e^{x^2} = 25$
25. $6e^{-0{,}00012x} = 3$
26. $4 - \ln x = 0$
27. $\ln 3x = \ln 5$
28. $\ln(x^2 - 5) = 0$
29. $\ln(\ln 3x) = 0$
30. $2\ln x = 7$
31. $2e^{x/3} - 9 = 0$
32. $e^{\sqrt{x}} = \sqrt{e^x}$

33. $5 \ln 2x = 8$

34. $750 e^{-0,4x} = 375$

35. $(e^2)^x \cdot e^{\ln 1} = 4$

36. $e^{5x} \cdot e^{\ln 5} = 2$

37. $4e^x \cdot e^{-2x} = 6$

38. $(e^x)^2 \cdot e^{2-3x} = 4$

39. O gráfico de $f(x) = -5x + e^x$ é dado na Figura 4. Encontre as coordenadas do ponto de mínimo.

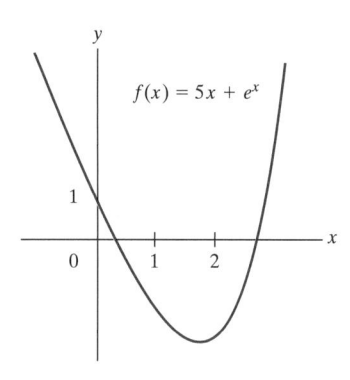

Figura 4

40. O gráfico de $f(x) = -1 + (x + 1)^2 e^x$ é dado na Figura 5. Encontre as coordenadas dos pontos de máximo e de mínimo.

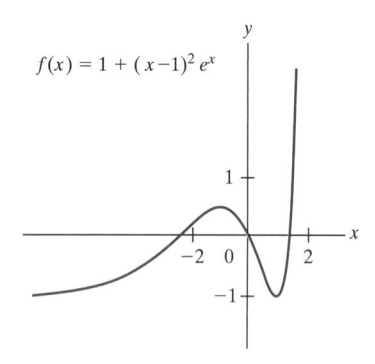

Figura 5

41. (a) Encontre o ponto do gráfico de $y = e^{-x}$ em que a reta tangente tem inclinação -2.

(b) Esboce os gráficos de $y = e^{-x}$ e da reta tangente da parte (a).

42. Encontre os pontos de corte com o eixo x da função $y = (x - 1)^2 \ln(x + 1)$, $x > -1$.

Nos Exercícios 43-44, encontre as coordenadas de cada ponto extremo relativo da função dada e determine se o ponto é um máximo relativo ou um mínimo relativo.

43. $f(x) = e^{-x} + 3x$

44. $f(x) = 5x - 2e^x$

45. Concentração de uma droga no sangue Quando uma droga ou vitamina é administrada por via intramuscular, a concentração no sangue no instante t depois da injeção pode ser aproximada por uma função da forma $f(t) = c(e^{-k1t} - e^{-k2t})$. O gráfico de $f(x) = 5(e^{-0,01t} - e^{-0,51t})$, com $t \geq 0$, é dado na Figura 6. Encontre o valor de t no qual essa função alcança seu valor máximo.

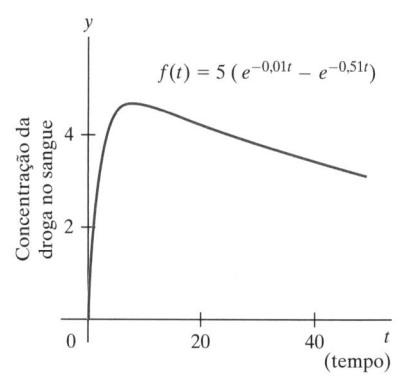

Figura 5

46. Velocidade do vento Sob certas condições geográficas, a velocidade do vento v a uma altura de x centímetros acima do solo é dada por $v = K \ln(x/x_0)$, em que K é uma constante positiva (que depende da densidade do ar, da velocidade média do vento, e outros fatores) e x_0 é um parâmetro de irregularidade (que depende da irregularidade da vegetação no solo).* Suponha que $x_0 = 0,7$ (um valor que se aplica a gramados com cerca de 3 centímetros de altura) e que $K = 300$ centímetros por segundo.

(a) A velocidade do vento é nula a que altura acima do solo?

(b) A que altura a velocidade do vento é de 1.200 centímetros por segundo?

47. Encontre k tal que $2^x = e^{kx}$, em todo x.

48. Encontre k tal que $2^{-x/5} = e^{kx}$, em todo x.

Exercícios com calculadora

49. Obtenha o gráfico da função $y = \ln(e^x)$ e utilize a operação TRACE para convencer-se de que esse gráfico é igual ao da função $y = x$. O que se observa no gráfico de $y = e^{\ln x}$?

50. Obtenha os gráficos de $y = e^{2x}$ e $y = 5$ numa mesma tela e determine a coordenada x do ponto em que se intersectam (com quatro casas decimais). Expresse esse número em termos de um logaritmo.

51. Obtenha os gráficos de $y = \ln 5x$ e $y = 2$ numa mesma tela e determine a coordenada x do ponto em que se intersectam (com quatro casas decimais). Expresse esse número em termos de uma potência de e.

---

* G. Cox, B. Collier, A. Johnson, and P. Miller, *Dynamic Ecology* (Englewood Cliffs, N.J.: Prentice-Hall, 1973), 113-115.

Soluções dos exercícios de revisão 4.4

1. A resposta é 1. O número $\ln e$ é o expoente ao qual e precisa ser elevado para resultar e.

2. Tome o logaritmo de cada lado e utilize (3) para simplificar o lado esquerdo, como segue.

$$\ln e^{-3x} = \ln 2$$
$$-3x = \ln 2$$
$$x = -\frac{\ln 2}{3}.$$

4.5 A derivada de ln x

Calculemos, agora, a derivada de $y = \ln x$, com $x > 0$. Como $e^{\ln x} = x$, temos

$$\frac{d}{dx}(e^{\ln x}) = \frac{d}{dx}(x) = 1. \tag{1}$$

Por outro lado, derivando $y = e^{\ln x}$ pela regra da cadeia, obtemos

$$\frac{d}{dx}(e^{\ln x}) = e^{\ln x} \cdot \frac{d}{dx}(\ln x) = x \cdot \frac{d}{dx}(\ln x), \tag{2}$$

onde, na última igualdade, utilizamos o fato de que $e^{\ln x} = x$. Combinando as equações (1) e (2), obtemos

$$x \cdot \frac{d}{dx}(\ln x) = 1.$$

Em outras palavras,

$$\frac{d}{dx}(\ln x) = \frac{1}{x}, \quad x > 0. \tag{3}$$

Essa fórmula, juntamente com a regra da cadeia, a regra do produto e a regra do quociente, nos dá as condições para derivar muitas funções envolvendo $\ln x$.

EXEMPLO 1 Derive.

(a) $y = (\ln x)^5$ (b) $y = x \ln x$ (c) $y = \ln(x^3 + 5x^2 + 8)$

Solução (a) Pela regra da potência geral,

$$\frac{d}{dx}(\ln x)^5 = 5(\ln x)^4 \cdot \frac{d}{dx}(\ln x) = 5(\ln x)^4 \cdot \frac{1}{x} = \frac{5(\ln x)^4}{x}.$$

(b) Pela regra do produto,

$$\frac{d}{dx}(x \ln x) = x \cdot \frac{d}{dx}(\ln x) + (\ln x) \cdot 1 = x \cdot \frac{1}{x} + \ln x = 1 + \ln x.$$

(c) Pela regra da cadeia,

$$\frac{d}{dx}\ln(x^3 + 5x^2 + 8) = \frac{1}{x^3 + 5x^2 + 8} \cdot \frac{d}{dx}(x^3 + 5x^2 + 8) = \frac{3x^2 + 10x}{x^3 + 5x^2 + 8}. \blacksquare$$

Seja $g(x)$ uma função derivável qualquer. A função $\ln(g(x))$ está definida em qualquer valor de x no qual $g(x)$ é positiva. Para um tal valor de x, a derivada é dada pela regra da cadeia, a saber,

$$\frac{d}{dx}[\ln g(x)] = \frac{1}{g(x)} \cdot \frac{d}{dx}g(x) = \frac{g'(x)}{g(x)} \qquad (4)$$

Se $u = g(x)$, a equação (4) pode ser escrita no formato

$$\frac{d}{dx}[\ln u] = \frac{1}{u}\frac{du}{dx}. \qquad (4a)$$

O Exemplo 1(c) ilustra um caso especial dessa fórmula.

EXEMPLO 2 A função $f(x) = (\ln x)/x$ tem um ponto extremo relativo em algum $x > 0$. Encontre esse ponto e determine se é um ponto de máximo ou mínimo relativo.

Solução Pela regra do quociente,

$$f'(x) = \frac{x \cdot \frac{1}{x} - (\ln x) \cdot 1}{x^2} = \frac{1 - \ln x}{x^2}$$

$$f''(x) = \frac{x^2 \cdot \left(-\frac{1}{x}\right) - (1 - \ln x)(2x)}{x^4} = \frac{2\ln x - 3}{x^3}.$$

Tomando $f'(x) = 0$, obtemos

$$1 - \ln x = 0$$
$$\ln x = 1$$
$$e^{\ln x} = e^1 = e$$
$$x = e.$$

Portanto, o único ponto extremo relativo possível é $x = e$. Quando $x = e$, temos $f(e) = (\ln e)/e = 1/e$. Além disso,

$$f''(e) = \frac{2\ln e - 3}{e^3} = -\frac{1}{e^3} < 0,$$

o que implica que o gráfico de $f(x)$ é côncavo para baixo em $x = e$. Assim, $(e, 1/e)$ é um ponto de máximo relativo do gráfico de $f(x)$. (Ver Figura 1.) ∎

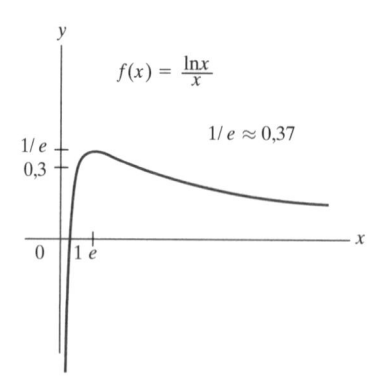

Figura 1

O próximo exemplo introduz uma função que utilizaremos quando estudarmos a integração.

EXEMPLO 3

A função $y = \ln |x|$ está definida em todos os valores não nulos de x. Seu gráfico está esboçado na Figura 2. Calcule a derivada de $y = \ln |x|$.

Solução Se x é positivo, então $|x| = x$ e, portanto.

$$\frac{d}{dx} \ln |x| = \frac{d}{dx} \ln x = \frac{1}{x}.$$

Se x é negativo, então $|x| = -x$ e, pela regra da cadeia,

$$\frac{d}{dx} \ln |x| = \frac{d}{dx} \ln(-x) = \frac{1}{-x} \cdot \frac{d}{dx}(-x) = \frac{1}{-x} \cdot (-1) = \frac{1}{x}.$$

Dessa forma, estabelecemos o importante fato destacado.

$$\frac{d}{dx} \ln |x| = \frac{1}{x}, \quad x \neq 0$$

Figura 2 O gráfico de $y = \ln |x|$.

Exercícios de revisão 4.5

Derive.

1. $f(x) = \dfrac{1}{\ln(x^4 + 5)}$

2. $f(x) = \ln(\ln x)$

Exercícios 4.5

Nos Exercícios 1-20, derive a função.

1. $y = \ln 2x$
2. $y = \dfrac{\ln x}{2}$
3. $y = \ln(x + 3) + \ln 5$
4. $y = \ln(6x^2 - 3x + 1)$
5. $y = \ln(e^x + e^{-x})$
6. $y = \ln(e^{x^2 + 2})$
7. $y = e^{\ln x + x}$
8. $y = (1 + \ln x)^3$
9. $y = \ln x \cdot \ln 2x$
10. $y = \ln 2 \cdot \ln x$
11. $y = (\ln x)^2 + \ln(x^2)$
12. $y = \dfrac{\ln x}{\ln 2x}$
13. $y = \ln(kx)$, k constante
14. $y = \ln\dfrac{1}{x}$
15. $y = (x^2 + 1)\ln(x^2 + 1)$
16. $y = \dfrac{1}{\ln x}$
17. $y = \ln\left(\dfrac{x - 1}{x + 1}\right)$
18. $y = [\ln(e^{2x} + 1)]^2$
19. $y = \ln(e^{5x} + 1)$
20. $y = \sqrt{\ln 2x}$

Nos Exercícios 21-22, calcule a derivada.

21. $\dfrac{d^2}{dt^2}(t^2 \ln t)$
22. $\dfrac{d^2}{dt^2} \ln(\ln t)$

23. Determine o domínio de definição da função dada.
 (a) $f(t) = \ln(\ln t)$ (b) $f(t) = \ln(\ln(\ln t))$

24. Encontre as equações das retas tangentes ao gráfico de $y = \ln |x|$ em $x = 1$ e $x = -1$.

25. Escreva a equação da reta tangente ao gráfico de $y = \ln(x^2 + e)$ em $x = 0$.

26. A função $f(x) = (\ln x + 1)/x$ tem um ponto extremo relativo em $x > 0$. Encontre as coordenadas desse ponto. É um ponto de máximo relativo?

27. O gráfico de $f(x) = (\ln x)/\sqrt{x}$ é dado na Figura 3. Encontre as coordenadas do ponto de máximo.

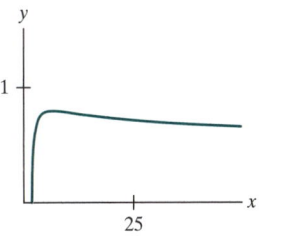

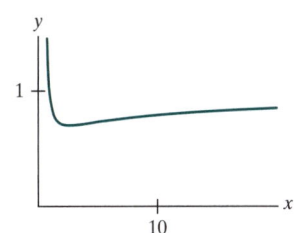

Figura 3

Figura 4

28. O gráfico de $f(x) = x/(\ln x + x)$ é dado na Figura 4. Encontre as coordenadas do ponto de mínimo.

29. Encontre as coordenadas do ponto extremo relativo de $y = x^2 \ln x$, $x > 0$. Depois use o teste da derivada segunda para decidir se o ponto é de máximo ou mínimo relativo.

30. Repita o Exercício 29 com $y = \sqrt{x} \ln x$.

31. Se $C(x) = (100 \ln x)/(40 - 3x)$, é uma função custo, encontre o custo marginal quando $x = 10$.

32. Se $C(x) = (1.000 \ln x)\sqrt{100 - 3x}$ é uma função custo, encontre o custo marginal quando $x = 25$.

33. Se a equação de demanda de um certo bem for $p = 45/(\ln x)$, determine a função receita marginal desse bem e calcule a receita marginal quando $x = 20$.

34. Suponha que a função receita total de uma firma seja $R(x) = 300 \ln(x + 1)$, de forma que a venda de x unidades de um produto gera uma receita de $R(x)$ dólares. Suponha, também, que o custo total de produção de x unidades seja de $C(x)$ dólares, com $C(x) = 2x$. Encontre o valor de x no qual a função lucro $R(x) - C(x)$ é maximizada. Mostre que a função lucro tem um máximo relativo e não um mínimo relativo nesse valor de x.

35. Calcule $\lim_{h \to 0} \dfrac{\ln(7 + h) - \ln 7}{h}$.

36. Um problema de área Encontre a área máxima de um retângulo do primeiro quadrante com um vértice na origem, um vértice oposto no gráfico de $y = -\ln x$ e dois lados nos eixos coordenados.

Exercícios com calculadora

37. Obtenha o gráfico da função $f(x) = \ln |x|$ na janela, $[-5, 5]$ por $[-2, 2]$ e verifique que a fórmula da derivada dá os valores corretos de $f'(x)$ em ± 1, ± 2 e ± 4.

38. Análise da eficácia de um repelente de insetos Mãos humanas, cobertas com tecidos de algodão impregnados com o repelente de insetos DEPA, foram inseridas durante cinco minutos numa câmara de teste contendo 200 mosquitos fêmeas.* A função $f(x) = 26{,}48 - 14{,}09 \ln x$ dá o número de picadas de mosquitos registradas quando a concentração do repelente era de x por cento. [*Observação*: as respostas das partes (b)-(e) podem ser obtidas tanto algebricamente quanto graficamente. Você poderia tentar ambos os métodos.]

(a) Obtenha os gráficos de $f(x)$ e $f'(x)$ com $0 \leq x \leq 6$.
(b) Quantas picadas foram registradas com a concentração de 3,25%?
(c) Qual concentração resultou em 15 picadas?
(d) A que taxa varia o número de picadas em relação à concentração do DEPA quando $x = 2{,}75$?
(e) Em qual concentração é a taxa de variação do número de picadas em relação à concentração igual a -10 picadas por aumento em uma unidade na porcentagem da concentração?

---

* Rao, K. M., Prakash, S., Kumar, S., Suryanarayana, M. V. S., Bhagwat, M. M., Gharia, M. M., and Bhavsar, R. B., "N-diethylphenylacetamide in Treated Fabrics, as a Repellent Against *Aedes aegypti* and *Culex quinquefasclatus* (Deptera: Culiciae)," *Journal of Medical Entomology*, 28 (January 1991), 1.

Soluções dos exercícios de revisão 4.5

1. Aqui $f(x) = [\ln(x^4 + 5)]^{-1}$. Pela regra da cadeia,

$$f'(x) = (-1) \cdot [\ln(x^4 + 5)]^{-2} \cdot \frac{d}{dx} \ln(x^4 + 5)$$

$$= -[\ln(x^4 + 5)]^{-2} \cdot \frac{4x^3}{x^4 + 5}.$$

2. $f'(x) = \dfrac{d}{dx} \ln(\ln x) = \dfrac{1}{\ln x} \cdot \dfrac{d}{dx} \ln x = \dfrac{1}{\ln x} \cdot \dfrac{1}{x} = \dfrac{1}{x \ln x}$.

4.6 Propriedades da função logaritmo natural

A função logaritmo natural $\ln x$ possui muitas das propriedades dos logaritmos na base 10 (os logaritmos comuns) conhecidas da Álgebra.

Sejam x e y números positivos e b um número qualquer.

LI $\ln(xy) = \ln x + \ln y$

LII $\ln\left(\dfrac{1}{x}\right) = -\ln x$

LIII $\ln\left(\dfrac{x}{y}\right) = \ln x - \ln y$

LIV $\ln(x^b) = b \ln x$

Verificação de LI Pela equação (2) da Seção 4.4, temos $e^{\ln(xy)} = xy$, $e^{\ln x} = x$ e $e^{\ln y} = y$. Logo,

$$e^{\ln(xy)} = xy = e^{\ln x} \cdot e^{\ln y} = e^{\ln x + \ln y}.$$

Igualando os expoentes, resulta LI.

Verificação de LII Como $e^{\ln(1/x)} = 1/x$, temos

$$e^{\ln(1/x)} = \frac{1}{x} = \frac{1}{e^{\ln x}} = e^{-\ln x}.$$

Igualando os expoentes, resulta LII.

Verificação de LIII Por LI e LII, obtemos

$$\ln\left(\frac{x}{y}\right) = \ln\left(x \cdot \frac{1}{y}\right) = \ln x + \ln\left(\frac{1}{y}\right) = \ln x - \ln y.$$

Verificação de LIV Como $e^{\ln(x^b)} = x^b$, temos

$$e^{\ln(x^b)} = x^b = (e^{\ln x})^b = e^{b \ln x}.$$

Igualando os expoentes, resulta LIV.

Essas propriedades do logaritmo natural deveriam ser completamente assimiladas. Elas serão úteis em muitas contas envolvendo $\ln x$ e a função exponencial.

EXEMPLO 1 Escreva $\ln 5 + 2\ln 3$ como um só logaritmo.

Solução
$$\begin{aligned}\ln 5 + 2\ln 3 &= \ln 5 + \ln 3^2 &&\text{(LIV)}\\ &= \ln 5 + \ln 9\\ &= \ln(5 \cdot 9) &&\text{(LI)}\\ &= \ln 45. \end{aligned}$$ ■

EXEMPLO 2 Escreva $\frac{1}{2}\ln(4t) - \ln(t^2 + 1)$ como um só logaritmo.

Solução
$$\begin{aligned}\tfrac{1}{2}\ln(4t) - \ln(t^2+1) &= \ln[(4t)^{1/2}] - \ln(t^2+1) &&\text{(LIV)}\\ &= \ln(2\sqrt{t}) - \ln(t^2+1)\\ &= \ln\left(\frac{2\sqrt{t}}{t^2+1}\right). &&\text{(LIII)} \end{aligned}$$ ■

EXEMPLO 3 Simplifique $\ln x + \ln 3 + \ln y - \ln 5$.

Solução Usando (LI) duas vezes e (LIII) uma, resulta

$$\begin{aligned}(\ln x + \ln 3) + \ln y - \ln 5 &= \ln 3x + \ln y - \ln 5\\ &= \ln 3xy - \ln 5\\ &= \ln\left(\frac{3xy}{5}\right). \end{aligned}$$ ■

EXEMPLO 4

Derive $f(x) = \ln[x(x+1)(x+2)]$.

Solução Primeiro reescrevemos $f(x)$, usando (LI).

$$f(x) = \ln[x(x+1)(x+2)] = \ln x + \ln(x+1) + \ln(x+2).$$

Então $f'(x)$ pode ser calculada facilmente.

$$f'(x) = \frac{1}{x} + \frac{1}{x+1} + \frac{1}{x+2}. \qquad \blacksquare$$

A função logaritmo natural pode ser usada para simplificar a tarefa de derivar produtos. Suponha, por exemplo, que estejamos interessados em derivar a função

$$g(x) = x(x+1)(x+2).$$

Como mostramos no Exemplo 4,

$$\frac{d}{dx}\ln g(x) = \frac{1}{x} + \frac{1}{x+1} + \frac{1}{x+2}.$$

Entretanto,

$$\frac{d}{dx}\ln g(x) = \frac{g'(x)}{g(x)}.$$

Portanto, igualando as duas expressões de $\frac{d}{dx}\ln g(x)$, obtemos

$$\frac{g'(x)}{g(x)} = \frac{1}{x} + \frac{1}{x+1} + \frac{1}{x+2}.$$

Finalmente, resolvemos para $g'(x)$.

$$g'(x) = g(x) \cdot \left(\frac{1}{x} + \frac{1}{x+1} + \frac{1}{x+2}\right)$$

$$= x(x+1)(x+2)\left(\frac{1}{x} + \frac{1}{x+1} + \frac{1}{x+2}\right).$$

Analogamente, podemos derivar o produto de um número qualquer de fatores tomando, antes de mais nada, o logaritmo natural do produto, depois derivando e, por último, resolvendo para a derivada procurada. Esse procedimento é denominado *derivação logarítmica*.

EXEMPLO 5

Derive a função $g(x) = (x^2+1)(x^3-3)(2x+5)$ com derivação logarítmica.

Solução ***Passo 1*** Começamos tomando o logaritmo natural de ambos os lados da equação dada.

$$\ln g(x) = \ln[(x^2+1)(x^3-3)(2x+5)]$$
$$= \ln(x^2+1) + \ln(x^3-3) + \ln(2x+5).$$

Passo 2 Agora derivamos.

$$\frac{d}{dx}(\ln g(x)) = \frac{g'(x)}{g(x)} = \frac{2x}{x^2+1} + \frac{3x^2}{x^3-3} + \frac{2}{2x+5}$$

Passo 3 Finalmente, resolvemos para $g'(x)$.

$$g'(x) = g(x)\left(\frac{2x}{x^2+1} + \frac{3x^2}{x^3-3} + \frac{2}{2x+5}\right)$$

$$= (x^2+1)(x^3-3)(2x+5)\left(\frac{2x}{x^2+1} + \frac{3x^2}{x^3-3} + \frac{2}{2x+5}\right). \qquad \blacksquare$$

Com a derivação logarítmica, podemos estabelecer, finalmente, a regra da potência

$$\frac{d}{dx}(x^r) = rx^{r-1}.$$

Verificação da regra da potência com $x > 0$

Seja $f(x) = x^r$. Então

$$\ln f(x) = x^r = r \ln x.$$

Derivando essa equação, obtemos

$$\frac{f'(x)}{f(x)} = r \cdot \frac{1}{x}$$

$$f'(x) = r \cdot \frac{1}{x} \cdot f(x) = r \cdot \frac{1}{x} \cdot x^r = rx^{r-1}.$$

Exercícios de revisão 4.6

1. Derive $f(x) = \ln\left[\dfrac{e^x \sqrt{x}}{(x+1)^6}\right]$.

2. Use derivação logarítmica para derivar

$$f(x) = (x+1)^7 (x+2)^8 (x+3)^9.$$

Exercícios 4.6

Nos Exercícios 1-12, simplifique a expressão.

1. $\ln 5 + \ln x$
2. $\ln x^5 - \ln x^3$
3. $\frac{1}{2} \ln 9$
4. $3 \ln \frac{1}{2} + \ln 16$
5. $\ln 4 + \ln 6 - \ln 12$
6. $\ln 2 - \ln x + \ln 3$
7. $e^{2 \ln x}$
8. $\frac{3}{2} \ln 4 - 5 \ln 2$
9. $5 \ln x - \frac{1}{2} \ln y + 3 \ln z$
10. $e^{\ln x^2 + 3 \ln y}$
11. $\ln x - \ln x^2 + \ln x^4$
12. $\frac{1}{2} \ln xy + \frac{3}{2} \ln \frac{x}{y}$

13. Qual é maior, $2 \ln 5$ ou $3 \ln 3$?
14. Qual é maior, $\frac{1}{2} \ln 5$ ou $\frac{1}{3} \ln 27$?

Nos Exercícios 15-18, calcule a expressão usando $\ln 2 = 0{,}69$ e $\ln 3 = 1{,}1$.

15. (a) $\ln 4$ (b) $\ln 6$ (c) $\ln 54$
16. (a) $\ln 12$ (b) $\ln 16$ (c) $\ln(9 \cdot 2^4)$
17. (a) $\ln \frac{1}{6}$ (b) $\ln \frac{2}{9}$ (c) $\ln \frac{1}{\sqrt{2}}$
18. (a) $\ln 100 - 2 \ln 5$ (b) $\ln 10 + \ln \frac{1}{5}$ (c) $\ln \sqrt{108}$

19. Qual das seguintes é igual a $4 \ln 2x$?
 (a) $\ln 8x$ (b) $8 \ln x$
 (c) $\ln 8 + \ln x$ (d) $\ln 16x^4$

20. Qual das seguintes é igual a $\ln(9x) - \ln(3x)$?
 (a) $\ln 6x$ (b) $\ln(9x)/\ln(3x)$
 (c) $6 \cdot \ln(x)$ (d) $\ln 3$

21. Qual das seguintes é igual a $\dfrac{\ln 8x^2}{\ln 2x}$?

 (a) $\ln 4x$ (b) $4x$
 (c) $\ln 8x^2 - \ln 2x$ (d) Nenhuma dessas.

22. Qual das seguintes é igual a $9x^2$?
 (a) $2 \cdot \ln 9x$ (b) $3x \cdot \ln 3x$
 (c) $2 \cdot \ln 3x$ (d) Nenhuma dessas.

Nos Exercícios 23-32, resolva a equação para x.

23. $\ln x - \ln x^2 + \ln 3 = 0$
24. $\ln \sqrt{x} - 2 \ln 3 = 0$
25. $\ln x^4 - 2 \ln x = 0$
26. $\ln x^2 - \ln 2x + 1 = 0$
27. $(\ln x)^2 - 1 = 0$
28. $3 \ln x - \ln 3x = 0$
29. $\ln \sqrt{x} = \sqrt{\ln x}$
30. $2(\ln x)^2 + \ln x - 1 = 0$
31. $\ln(x+1) - \ln(x-2) = 0$
32. $\ln[(x-3)(x+2)] - \ln(x+2)^2 - \ln 7 = 0$

Nos Exercícios 33-42, derive.

33. $y = \ln[(x+5)(2x-1)(4-x)]$
34. $y = \ln[(x+1)(2x+1)(3x+1)]$
35. $y = \ln[(1+x)^2(2+x)^3(3+x)^4]$
36. $y = \ln[e^{2x}(x^3+1)(x^4+5x)]$
37. $y = \ln\left[\sqrt{x}e^{x^2+1}\right]$
38. $y = \ln \dfrac{x+1}{x-1}$
39. $y = \ln \dfrac{(x+1)^4}{e^{x-1}}$
40. $y = \ln \dfrac{(x+1)^4(x^3-2)}{x-1}$
41. $y = \ln(3x+1)\ln(5x+1)$
42. $y = (\ln 4x)(\ln 2x)$

Nos Exercícios 43-50, derive com derivação logarítmica.

43. $f(x) = (x+1)^4(4x-1)^2$ **44.** $f(x) = e^x(3x-4)^8$

45. $f(x) = \dfrac{(x+1)(2x+1)(3x+1)}{\sqrt{4x+1}}$

46. $f(x) = \dfrac{(x-2)^3(x-3)^4}{(x+4)^5}$ **47.** $f(x) = 2^x$

48. $f(x) = \sqrt[x]{3}$ **49.** $f(x) = x^x$ **50.** $f(x) = \sqrt[x]{x}$

51. Equação alométrica Existe uma quantidade substancial de dados empíricos para mostrar que, se x e y medem os tamanhos de dois órgãos de um certo animal, então x e y estão relacionados por uma *equação alométrica* da forma

$$\ln y - k \ln x = \ln c,$$

em que k e c são constantes positivas que dependem apenas do tipo das partes ou órgãos que estão sendo medidos e são as mesmas para todos os animais da mesma espécie.* Resolva essa equação para y em termos de x, k e c.

52. Modelo de epidemia No estudo de epidemias, encontramos a equação

$$\ln(1-y) - \ln y = C - rt,$$

em que y é a fração da população que tem uma doença específica no instante t. Resolva a equação para y em termos de t e das constantes C e r.

53. Determine os valores de h e k para os quais o gráfico de $y = he^{kx}$ passa pelos pontos $(1, 6)$ e $(4, 48)$.

54. Encontre os valores de k e r para os quais o gráfico de $y = kx^r$ passa pelos pontos $(2, 3)$ e $(4, 15)$.

---

* E. Batschelet, *Introduction to Mathematics for Life Scientists* (New York: Springer-Verlag, 1971), 305-307.

Soluções dos exercícios de revisão 4.6

1. Use as propriedades do logaritmo natural para expressar $f(x)$ como uma soma de funções simples antes de derivar.

$$f(x) = \ln\left[\dfrac{e^x \sqrt{x}}{(x+1)^6}\right]$$

$$f(x) = \ln e^x + \ln \sqrt{x} - \ln(x+1)^6$$

$$= x + \tfrac{1}{2}\ln x - 6\ln(x+1)$$

$$f'(x) = 1 + \dfrac{1}{2x} - \dfrac{6}{x+1}.$$

2. $f(x) = (x+1)^7(x+2)^8(x+3)^9$

$\ln f(x) = 7\ln(x+1) + 8\ln(x+2) + 9\ln(x+3).$

Agora derivamos ambos os lados da equação.

$$\dfrac{f'(x)}{f(x)} = \dfrac{7}{x+1} + \dfrac{8}{x+2} + \dfrac{9}{x+3}$$

$$f'(x) = f(x)\left(\dfrac{7}{x+1} + \dfrac{8}{x+2} + \dfrac{9}{x+3}\right)$$

$$= (x+1)^7(x+2)^8(x+3)^9 \cdot$$
$$\left(\dfrac{7}{x+1} + \dfrac{8}{x+2} + \dfrac{9}{x+3}\right).$$

REVISÃO DE CONCEITOS FUNDAMENTAIS

1. Enuncie todas as leis de exponenciação que você consegue lembrar.
2. O que é e?
3. Escreva a equação diferencial satisfeita por $y = Ce^{kt}$.
4. Enuncie as propriedades que os gráficos da forma $y = e^{kx}$ têm em comum quando k é positivo. Idem quando k é negativo.
5. Quais são as coordenadas da reflexão do ponto (a, b) pela reta $y = x$?
6. O que é um logaritmo?
7. Qual é o ponto de corte do gráfico da função logaritmo natural com o eixo x?
8. Enuncie as principais características do gráfico de $y = \ln x$.
9. Enuncie as duas equações fundamentais que relacionam e^x e $\ln x$. [*Sugestão*: o lado direito de cada equação é só x.]
10. Qual é a diferença entre um logaritmo natural e um logaritmo comum?
11. Dê a fórmula que converte uma função do tipo b^x numa função exponencial de base e.
12. Enuncie a fórmula de derivação de cada uma das funções seguintes.

    (a) $f(x) = e^{kx}$ (b) $f(x) = e^{g(x)}$ (c) $f(x) = \ln g(x)$

13. Enuncie as quatro propriedades algébricas da função logaritmo natural.
14. Dê um exemplo da utilização da derivação logarítmica.

EXERCÍCIOS SUPLEMENTARES

Nos Exercícios 1-8, calcule.

1. $27^{4/3}$
2. $4^{1,5}$
3. 5^{-2}
4. $16^{-0,25}$
5. $(2^{5/7})^{14/5}$
6. $8^{1/2} \cdot 2^{1/2}$
7. $\dfrac{9^{5/2}}{9^{3/2}}$
8. $4^{0,2} \cdot 4^{0,3}$

Nos Exercícios 9-14, simplifique.

9. $(e^{x^2})^3$
10. $e^{5x} \cdot e^{2x}$
11. $\dfrac{e^{3x}}{e^x}$
12. $2^x \cdot 3^x$
13. $(e^{8x} + 7e^{-2x})e^{3x}$
14. $\dfrac{e^{5x/2} - e^{3x}}{\sqrt{e^x}}$

Nos Exercícios 15-18, resolva para x.

15. $e^{-3x} = e^{-12}$
16. $e^{x^2-x} = e^2$
17. $(e^x \cdot e^2)^3 = e^{-9}$
18. $e^{-5x} \cdot e^4 = e$

Nos Exercícios 19-26, derive.

19. $y = 10e^{7x}$
20. $y = e^{\sqrt{x}}$
21. $y = xe^{x^2}$
22. $y = \dfrac{e^x + 1}{x - 1}$
23. $y = e^{e^x}$
24. $y = (\sqrt{x} + 1)e^{-2x}$
25. $y = \dfrac{x^2 - x + 5}{e^{3x} + 3}$
26. $y = x^e$

27. Determine todas as soluções da equação diferencial $y' = -y$.
28. Determine todas as funções $y = f(x)$ tais que $y' = -1,5y$ e $f(0) = 2.000$.
29. Determine todas as soluções da equação diferencial $y' = 1,5y$ e $f(0) = 2$.
30. Determine todas as soluções da equação diferencial $y' = \tfrac{1}{3}y$.

Nos Exercícios 31-36, trace o gráfico.

31. $y = e^{-x} + x$
32. $y = e^x - x$
33. $y = e^{-(1/2)x^2}$
34. $y = 100(x - 2)e^{-x}$ for $x \geq 2$
35. $y = e^{2x} + 2e^{-x}$
36. $y = \dfrac{1}{e^x + e^{-x}}$

37. Encontre a equação da reta tangente ao gráfico de $y = \dfrac{e^x}{1 + e^x}$ em $(0; 0,5)$.

38. Mostre que as retas tangentes ao gráfico de $y = \dfrac{e^x - e^{-x}}{e^x + e^{-x}}$ em $x = 1$ e $x = -1$ são paralelas.

Nos Exercícios 39-44, simplifique a expressão.

39. $e^{(\ln 5)/2}$
40. $e^{\ln(x^2)}$
41. $\dfrac{\ln x^2}{\ln x^3}$
42. $e^{2\ln 2}$
43. $e^{-5\ln 1}$
44. $\left[e^{\ln x}\right]^2$

Nos Exercícios 45-50, resolva a equação para t.

45. $t^{\ln t} = e$
46. $\ln(\ln 3t) = 0$
47. $3e^{2t} = 15$
48. $3e^{t/2} - 12 = 0$
49. $2\ln t = 5$
50. $2e^{-0,3t} = 1$

Nos Exercícios 51-74, derive.

51. $y = \ln(x^6 + 3x^4 + 1)$
52. $y = \dfrac{x}{\ln x}$
53. $y = \ln(5x - 7)$
54. $y = \ln(9x)$
55. $y = (\ln x)^2$
56. $y = (x \ln x)^3$
57. $y = \ln\left(\dfrac{xe^x}{\sqrt{1+x}}\right)$
58. $y = \ln[e^{6x}(x^2 + 3)^5 (x^3 + 1)^{-4}]$
59. $y = x \ln x - x$
60. $y = e^{2\ln(x + 1)}$
61. $y = \ln(\ln \sqrt{x})$
62. $y = \dfrac{1}{\ln x}$
63. $y = e^x \ln x$
64. $y = \ln(x^2 + e^x)$
65. $y = \ln\sqrt{\dfrac{x^2 + 1}{2x + 3}}$
66. $y = \ln|-2x + 1|$
67. $y = \ln\left(\dfrac{e^{x^2}}{x}\right)$
68. $y = \ln\sqrt[3]{x^3 + 3x - 2}$
69. $y = \ln(2x)$
70. $y = \ln(3^{x+1}) - \ln 3$
71. $y = \ln|x - 1|$
72. $y = e^{2\ln(2x + 1)}$
73. $y = \ln\left(\dfrac{1}{e^{\sqrt{x}}}\right)$
74. $y = \ln(e^x + 3e^{-x})$

Nos Exercícios 75-86, derive com derivação logarítmica.

75. $f(x) = \sqrt[5]{\dfrac{x^5 + 1}{x^5 + 5x + 1}}$
76. $f(x) = 2^x$
77. $f(x) = x^{\sqrt{x}}$
78. $f(x) = b^x$, onde $b > 0$
79. $f(x) = (x^2 + 5)^6(x^3 + 7)^8(x^4 + 9)^{10}$
80. $f(x) = x^{1+x}$
81. $f(x) = 10^x$
82. $f(x) = \sqrt{x^2 + 5}\, e^{x^2}$
83. $f(x) = \sqrt{\dfrac{xe^x}{x^3 + 3}}$
84. $f(x) = \dfrac{e^x\sqrt{x + 1}(x^2 + 2x + 3)^2}{4x^2}$
85. $f(x) = e^{x+1}(x^2 + 1)x$
86. $f(x) = e^x x^2 2^x$

Nos Exercícios 87-94, trace o gráfico.

87. $y = \ln(1 + e^x)$
88. $y = \ln(1 + e^{-x})$
89. $y = \ln(e^x + e^{-x})$
90. $y = \ln(ex + 0,5e^{-x})$
91. $y = (\ln x)^2$
92. $y = \ln(x^2 + 1)$
93. $y = x - \ln x$
94. $y = 5(\ln x)^3$

95. Encontre $\dfrac{dy}{dx}$ se $e^y - e^x = 3$.
96. Encontre $\dfrac{dy}{dt}$ se $e^{t+y} = t$.
97. Encontre $\dfrac{dy}{dx}$ no ponto $(1, 0)$ se $e^{xy} = x$.
98. Encontre $\dfrac{dy}{dx}$ se $e^{2x} + e^{2y} = 4$.

APLICAÇÕES DAS FUNÇÕES EXPONENCIAL E LOGARITMO NATURAL

CAPÍTULO 5

5.1 Crescimento e decaimento exponenciais

5.2 Juros compostos

5.3 Aplicações da função logaritmo natural à Economia

5.4 Outros modelos exponenciais

No Capítulo 4, introduzimos a função exponencial $y = e^x$ e a função logaritmo natural, $y = \ln x$ e estudamos suas propriedades mais importantes. Da maneira como essas funções foram apresentadas, de modo algum parece claro que elas tenham qualquer ligação substancial com o mundo físico. Entretanto, como será mostrado neste capítulo, as funções exponencial e logaritmo natural estão envolvidas no estudo de muitos problemas físicos, muitas vezes de forma curiosa e inesperada.

Aqui, o fato mais significante é que exigimos que a função exponencial seja caracterizada de maneira única por sua equação diferencial. Em outras palavras, faremos uso constante do fato seguinte, cujo enunciado preciso segue.

> A função* $y = Ce^{kt}$ satisfaz a equação diferencial
> $$y' = ky.$$
> Reciprocamente, se $y = f(t)$ satisfaz essa equação diferencial, então $y = Ce^{kt}$ com alguma constante C.

---

* Observe que utilizamos a variável independente t em vez de x em todo este capítulo. A razão é que, na maioria das aplicações, a variável da função exponencial é o tempo.

Se $f(t) = Ce^{kt}$, então, tomando $t = 0$, obtemos

$$f(0) = Ce^0 = C.$$

Dessa forma, C é o valor de $f(t)$ em $t = 0$.

5.1 Crescimento e decaimento exponenciais

Na Biologia, na Química e na Economia, é necessário, muitas vezes, estudar o comportamento de uma quantidade que cresce com o passar do tempo. Se, em cada instante, a taxa de crescimento da quantidade for proporcional à quantidade presente naquele instante, dizemos que a quantidade está *crescendo exponencialmente* ou *exibindo crescimento exponencial*. Um exemplo simples de crescimento exponencial é o do crescimento de bactérias numa cultura. Sob condições ideais de laboratório, uma cultura de bactérias cresce a uma taxa proporcional ao número de bactérias presentes. Isso ocorre porque o crescimento da cultura se deve à divisão das bactérias. Quanto mais bactérias estiverem presentes num dado instante, maiores serão as possibilidades de divisão e, portanto, maior será a taxa de crescimento.

Estudemos o crescimento de uma cultura de bactérias como um exemplo típico de crescimento exponencial. Seja $P(t)$ o número de bactérias de uma cultura no instante t. A taxa de crescimento da cultura no instante t é $P'(t)$. Vamos supor que essa taxa de crescimento seja proporcional ao tamanho da cultura no instante t, ou seja,

$$P'(t) = kP(t), \tag{1}$$

em que k é uma constante de proporcionalidade positiva. Se $y = P(t)$, então a fórmula (1) pode ser escrita como

$$y' = ky.$$

Portanto, pela nossa discussão no início deste capítulo, vemos que

$$y = P(t) = P_0 e^{kt}, \tag{2}$$

em que P_0 é o número de bactérias na cultura no instante $t = 0$. O número k é denominado *constante de crescimento*.

EXEMPLO 1

Crescimento exponencial Uma certa cultura de bactérias cresce a uma taxa proporcional ao seu tamanho. No instante $t = 0$, estão presentes 20.000 bactérias, aproximadamente. Em 5 horas, há 400.000 bactérias. Determine uma função que expresse o tamanho da cultura como função do tempo, medido em horas.

Solução Seja $P(t)$ o número de bactérias presentes no instante t. Por hipótese, $P(t)$ satisfaz uma equação diferencial da forma $y' = ky$, portanto, $P(t)$ é do tipo

$$P(t) = P_0 e^{kt}$$

em que as constantes P_0 e k devem ser determinadas. O valor de P_0 e k podem ser obtidos a partir dos dados que dão o tamanho da população em dois instantes distintos. Foi informado que

$$P(0) = 20.000, \quad P(5) = 400.000. \tag{3}$$

A primeira condição implica imediatamente que $P_0 = 20.000$, portanto,
$$P(t) = 20.000 e^{kt}.$$

Usando a segunda condição da fórmula (3), obtemos
$$20.000 e^{k(5)} = P(5) = 400.000$$
$$e^{5k} = 20$$
$$5k = \ln 20$$
$$k = \frac{\ln 20}{5} \approx 0{,}60. \qquad (4)$$

Portanto, podemos tomar
$$P(t) = 20.000 e^{0{,}6t}.$$

Essa função é um modelo matemático para o crescimento da cultura de bactérias. (Ver Figura 1.) ∎

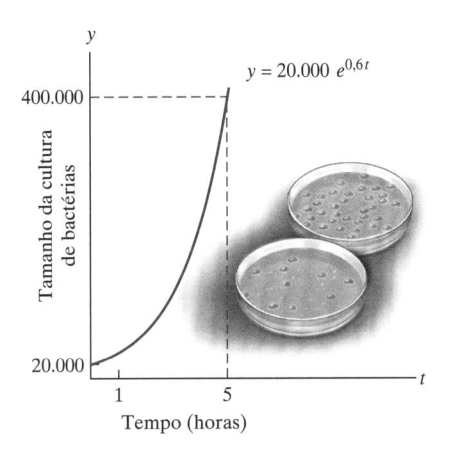

Figura 1 Um modelo para o crescimento bacteriano.

EXEMPLO 2   **Determinando a constante de crescimento**   Uma colônia de moscas-das-frutas está crescendo de acordo com a lei exponencial $P(t) = P_0 e^{kt}$ e o tamanho da colônia dobra a cada 9 dias. Determine a constante de crescimento k.

Solução   Não sabemos o tamanho da população inicial em $t = 0$. Entretanto, nos é informado que $P(9) = 2P(0)$, isto é,
$$P_0 e^{k(9)} = 2P_0$$
$$e^{9k} = 2$$
$$9k = \ln 2$$
$$k = \frac{\ln 2}{9} \approx 0{,}077. \qquad ∎$$

O tamanho inicial P_0 da população não foi fornecido no Exemplo 2, mas fomos capazes de determinar a constante de crescimento, porque nos foi informado o tempo que a colônia leva para dobrar de tamanho. Assim, a constante de crescimento não depende do tamanho da população inicial. Essa propriedade é característica do crescimento exponencial.

EXEMPLO 3

O tamanho inicial da colônia no Exemplo 2 foi de 100.

(a) Qual será o tamanho da colônia depois de 41 dias?
(b) Quão rápido a colônia estará crescendo depois de 41 dias?
(c) Quando a colônia terá 800 moscas-das-frutas?

Solução

(a) Do Exemplo 2, temos $P(t) = P_0 e^{0,077t}$. Como $P(0) = 100$, concluímos que

$$P(t) = 100 e^{0,077t}.$$

Portanto, depois de 41 dias, o tamanho da colônia será de

$$P(41) = 100 e^{0,077(41)} = 100 e^{3,157} \approx 2.350$$

(b) Como a função satisfaz a equação diferencial $y' = 0,077y$,

$$P'(t) = 0,077 P(t).$$

Em particular, com $t = 41$,

$$P'(t) = 0,077 P(41) = 0,077 \cdot 2.350 \approx 181.$$

Portanto, depois de 41 dias, a colônia estará crescendo à taxa de 181 moscas-das-frutas por dia, aproximadamente.

(c) Usamos a fórmula de $P(t)$ e tomamos $P(t) = 800$.

$$100 e^{0,077 t} = 800$$
$$e^{0,077 t} = 8$$
$$0,077 t = \ln 8$$

$$t = \frac{\ln 8}{0,077} \approx 27 \text{ dias}. \blacksquare$$

Decaimento exponencial Um exemplo de crescimento exponencial negativo, ou *decaimento exponencial*, é dado pela desintegração de um elemento radioativo como o urânio 235. É sabido que, em qualquer instante, a taxa segundo a qual uma substância radioativa decai é proporcional à quantidade da substância que ainda não desintegrou. Se $P(t)$ é a quantidade presente no instante t, então $P'(t)$ é a taxa de decaimento. É claro que $P'(t)$ deve ser negativo, pois $P(t)$ está decrescendo. Assim, podemos escrever $P'(t)$ com alguma constante negativa k. Para enfatizar o fato de que a constante é negativa, frequentemente substituímos k por $-\lambda$, onde λ é uma constante positiva.* Então, $P(t)$ satisfaz a equação diferencial

$$P'(t) = -\lambda P(t). \qquad (5)$$

A solução geral de (5) tem o formato

$$P(t) = P_0 e^{-\lambda t}$$

com algum número positivo P_0. Dizemos que uma função dessas é uma *função de decaimento exponencial*. A constante λ é a *constante de decaimento*.

EXEMPLO 4

Decaimento exponencial A constante de decaimento do estrôncio 90 é $\lambda = 0,0244$, sendo o tempo medido em anos. Quanto tempo leva para que uma quantidade P_0 de estrôncio 90 decaia para a metade de sua massa inicial?

Solução Temos

$$P(t) = P_0 e^{-0,0244 t}.$$

---

* λ é a letra grega lambda minúscula.

Agora igualamos $P(t)$ com $\frac{1}{2}P_0$ e resolvemos para t.

$$P_0 e^{-0,0244\,t} = \tfrac{1}{2}P_0$$
$$e^{-0,0244\,t} = \tfrac{1}{2} = 0,5$$
$$-0,0244t = \ln 0,5$$
$$t = \frac{\ln 0,5}{-0,0244} \approx 28 \text{ anos.} \quad \blacksquare$$

A *meia-vida* de um elemento radioativo é o tamanho do intervalo de tempo necessário para que uma dada quantidade do elemento decaia para a metade de sua massa original. Assim, o estrôncio 90 tem uma meia-vida de aproximadamente 28 anos. Ele leva 28 anos para decair até a metade da sua massa original, mais 28 anos para decair até $\frac{1}{4}$ de sua massa original, outros 28 anos para decair até $\frac{1}{8}$, e assim por diante. (Ver Figura 2.) Observe, do Exemplo 4, que a meia-vida não depende da quantidade inicial P_0.

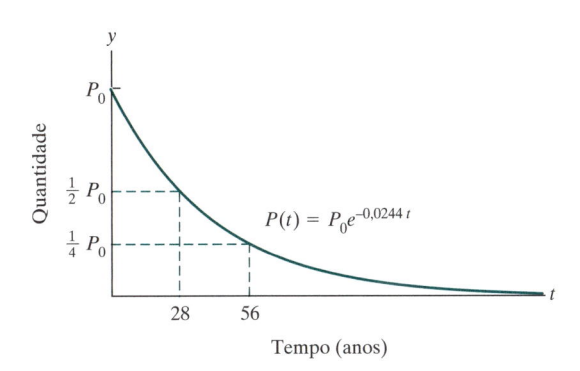

Figura 2 A meia-vida do estrôncio 90 radioativo.

EXEMPLO 5 **Meia-vida e constante de decaimento** O carbono 14 é um elemento radioativo que tem uma meia-vida de 5.730 anos, aproximadamente. Encontre sua constante de decaimento.

Solução Se P_0 denota a quantidade inicial de carbono 14, a quantidade depois de t anos será

$$P(t) = P_0 e^{-\lambda t}$$

Depois de 5.730 anos, $P(t)$ será igual a $\frac{1}{2}P_0$. Logo,

$$P_0 e^{-\lambda(5.730)} = P(5.730) = \tfrac{1}{2}P_0 = 0,5P_0.$$

Resolvendo para λ, obtemos

$$e^{-5.730\,\lambda} = 0,5$$
$$-5.730\lambda = \ln 0,5$$
$$\lambda = \frac{\ln 0,5}{-5.730} \approx 0,00012. \quad \blacksquare$$

Um dos problemas relacionados com explosões nucleares na atmosfera é a precipitação radioativa que se acumula nas plantas e na grama, que formam o suprimento alimentício de animais. O estrôncio 90 é um dos mais perigosos componentes nesse processo, porque tem uma meia-vida relativamente longa. Além disso, por ser quimicamente parecido com o cálcio, é absorvido pela estrutura óssea dos animais (incluindo os humanos) que ingerirem o alimento contaminado. O iodo 131 também é produzido em explosões nucleares, mas apresenta menos perigo, porque sua meia-vida é de 8 dias.

EXEMPLO 6

O nível de iodo nos laticínios Se as vacas leiteiras comerem capim contendo muito iodo radioativo, seu leite será inadequado para o consumo. Se o capim contiver 10 vezes o nível máximo de iodo 131 permitido, quantos dias o capim deveria ser armazenado antes de ser dado como alimento para as vacas leiteiras?

Solução Seja P_0 a quantidade de iodo radioativo presente no capim. Então, a quantidade no instante t é $P(t) = P_0 e^{-\lambda t}$ (t em dias). A meia-vida do iodo 131 é de 8 dias, de modo que

$$P_0 e^{-\lambda(8)} = 0{,}5 P_0$$
$$e^{-8\lambda} = 0{,}5$$
$$-8\lambda = \ln 0{,}5$$
$$\lambda = \frac{\ln 0{,}5}{-8} \approx 0{,}087$$

e

$$P(t) = P_0 e^{-0{,}087 t}.$$

Agora que temos a fórmula de $P(t)$, queremos encontrar t tal que $P(t) = \frac{1}{10} P_0$. Temos

$$P_0 e^{-0{,}087 t} = 0{,}1 P_0,$$

logo

$$e^{-0{,}087 t} = 0{,}1$$
$$-0{,}087 t = \ln 0{,}1$$
$$t = \frac{\ln 0{,}1}{-0{,}087} \approx 26 \text{ dias}.$$
∎

Datação por radiocarbono O conhecimento do decaimento radioativo é valioso para arqueólogos e antropólogos que desejam estimar a idade de objetos pertencentes a civilizações antigas. Várias substâncias diferentes são úteis para as técnicas de datação radioativa; a mais comum é o radiocarbono. O carbono 14 (^{14}C) é produzido na atmosfera superior quando os raios cósmicos reagem com o nitrogênio da atmosfera. Como o ^{14}C acaba decaindo, sua concentração não pode passar de certos níveis. É alcançado um equilíbrio quando o ^{14}C é produzido à mesma taxa com que decai. Os cientistas geralmente concordam que a quantidade total de ^{14}C na biosfera tem permanecido constante durante os últimos 50.000 anos. Consequentemente, supõe-se que a *razão* entre ^{14}C e o carbono comum não radioativo (^{12}C) tem permanecido constante durante esse mesmo período. (A razão é de cerca de uma parte de ^{14}C para 10^{12} partes de ^{12}C.) Ambos, ^{14}C e ^{12}C estão presentes na atmosfera como constituintes de dióxido de carbono. Todos os vegetais vivos e a maioria da vida animal contêm ^{14}C e ^{12}C na mesma proporção que a atmosfera, porque as plantas absorvem dióxido de carbono na fotossíntese. O ^{14}C e o ^{12}C das plantas são distribuídos pela cadeia alimentar para quase toda a vida animal.

Quando um organismo morre, ele para de repor seu carbono; dessa forma, a quantidade de ^{14}C começa a decrescer pelo decaimento radioativo, mas o ^{12}C permanece constante no organismo morto. A razão entre ^{14}C e ^{12}C pode ser medida mais tarde para determinar quando o organismo morreu. (Ver Figura 3.)

EXEMPLO 7

Datação por carbono Foi descoberto um fragmento de pergaminho com cerca de 80% do nível de ^{14}C presente hoje em matéria viva. Dê uma estimativa da idade do pergaminho.

Solução Vamos supor que o nível original de ^{14}C no pergaminho seja igual ao dos organismos vivos de hoje em dia. Dessa forma, permanecem cerca de oito décimos

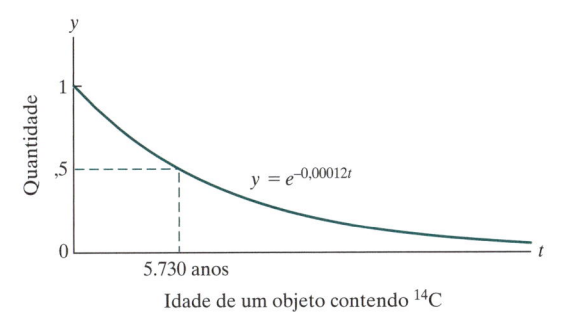

Figura 3 A razão entre ^{14}C e ^{12}C comparada com a razão em plantas vivas.

do nível original de ^{14}C. No Exemplo 5, obtemos a fórmula da quantidade de ^{14}C que permanece t anos depois do pergaminho ter sido fabricado a partir da pele de um animal, a saber,

$$P(t) = P_0 e^{-0,00012t},$$

em que P_0 = a quantidade inicial. Queremos determinar t tal que $P(t) = 0,8P_0$.

$$P_0 e^{-0,00012\,t} = 0,8 P_0$$
$$e^{-0,00012\,t} = 0,8$$
$$-0,00012t = \ln 0,8$$
$$t = \frac{\ln 0,8}{-0,00012} \approx 1.860 \text{ anos de idade.}$$

Uma curva de decaimento de vendas Estudos de mercado* demonstram que se a propaganda e outras promoções de um produto particular são interrompidas e se outras condições de mercado permanecem constantes, então, em qualquer instante t, as vendas do produto irão declinar a uma taxa proporcional ao número de unidades que estão sendo vendidas no instante t. (Ver Figura 4.) Se S_0 for o número de vendas no último mês durante o qual havia a propaganda e se $S(t)$ for o nível mensal de vendas t meses depois da interrupção dos esforços promocionais, então um bom modelo matemático para $S(t)$ é

$$S(t) = S_0 e^{-\lambda t},$$

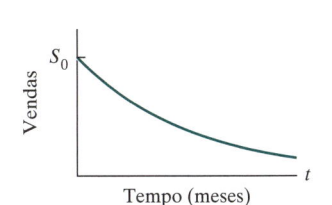

Figura 4 Decaimento exponencial de vendas.

em que λ é um número positivo denominado *constante de decaimento de vendas*. O valor de λ depende de vários fatores, como o tipo de produto, o número de anos de propaganda anterior, o número de produtos concorrentes e outras características do mercado.

A constante de tempo Considere uma função de decaimento exponencial $y = Ce^{-\lambda t}$. A Figura 5 mostra a reta tangente à curva de decaimento quando $t = 0$. A inclinação nesse ponto é a taxa de decaimento inicial. Se o processo de decaimento continuasse com a mesma taxa, a curva seguiria a reta tangente e y seria zero em algum instante T. Esse tempo é denominado *constante de tempo* da curva de decaimento. Pode ser mostrado que $T = 1/\lambda$ para a curva $y = Ce^{-\lambda t}$. (Ver Exercício 30.) Assim, $\lambda = 1/T$ e a curva de decaimento pode ser escrita da forma

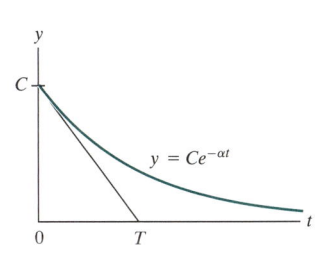

Figura 5 A constante de tempo T no decaimento exponencial: $T = 1/\lambda$.

$$y = Ce^{-t/T}.$$

Se dispusermos de dados experimentais que tendam a se distribuir ao longo de uma curva de decaimento exponencial, podemos obter os valores numéricos constantes da curva a partir da Figura 5. Primeiro, esboçamos a curva e estime

---

* M. Vidale and H. Wolfe, "An Operations-Research Study of Sales Response to Advertising," *Operations Research*, 5 (1957), 370-381. Reproduzido em F. Bass et al., *Mathematical Models and Methods in Marketing* (Homewood, Ill.: Richard D. Irwin, Inc., 1961).

seu corte C com o eixo y. Depois esboçamos uma reta tangente aproximada e, com ela, obtemos uma estimativa da constante de tempo T. Na Biologia e na Medicina, às vezes, é utilizado esse processo.

Exercícios de revisão 5.1

1. (a) Resolva a equação diferencial $P'(t) = -0,6P(t)$, $P(0) = 50$.
   (b) Resolva a equação diferencial $P'(t) = kP(t)$, $P(0) = 4.000$, em que k é alguma constante.
   (c) Encontre o valor de k na parte (b) para o qual $P(2) = 100 P(0)$.

2. Sob condições ideais, uma colônia da bactéria *Escherichia coli* pode crescer 100 vezes a cada duas horas. Se inicialmente estiverem presentes 4.000 bactérias, quanto tempo levará para que o número chegue a 1.000.000 bactérias?

Exercícios 5.1

1. **Crescimento populacional** Seja $P(t)$ a população (em milhões) de uma determinada cidade, t anos depois de 1990, e suponha que $P(t)$ satisfaça a equação diferencial

   $$P'(t) = 0,02P(t), P(0) = 3$$

   (a) Encontre a fórmula de $P(t)$.
   (b) Qual era a população inicial, isto é, a população em 1990?
   (c) Qual é a constante de crescimento?
   (d) Qual era a população em 1998?
   (e) Use a equação diferencial para determinar quão rápido cresce a população quando ela atinge 4 milhões de pessoas.
   (f) Qual é o tamanho da população quando ela está crescendo à taxa de 70.000 pessoas por ano?

2. **Crescimento de bactérias** Aproximadamente 10.000 bactérias são colocadas numa cultura. Seja $P(t)$ o número de bactérias presentes na cultura depois de t horas e suponha que $P(t)$ satisfaça a equação diferencial

   $$P'(t) = 0,55P(t).$$

   (a) Qual é o valor de $P(0)$?
   (b) Encontre a fórmula de $P(t)$.
   (c) Quantas bactérias há depois de 5 horas?
   (d) Qual é a constante de crescimento?
   (e) Use a equação diferencial para determinar quão rápido cresce a cultura de bactérias quando ela atinge 100.000.
   (f) Qual é o tamanho da cultura de bactérias quando ela está crescendo à taxa de 34.000 bactérias por hora?

3. **Crescimento de células** Depois de t horas existem $P(t)$ células numa cultura, com $P(t) = 5.000e^{0,2t}$.
   (a) Quantas células estavam presentes inicialmente?
   (b) Dê uma equação diferencial satisfeita por $P(t)$.
   (c) Quando a população irá dobrar?
   (d) Quando o número de células será de 20.000?

4. **População de insetos** O tamanho da população de um determinado inseto é dado por $P(t) = 300e^{0,01t}$, com t medido em dias.
   (a) Quantas células estavam presentes inicialmente?
   (b) Dê uma equação diferencial satisfeita por $P(t)$.
   (c) Quando a população irá dobrar?
   (d) Quando o número de insetos será de 1.200?

5. Determine a constante de crescimento de uma população que está crescendo a uma taxa proporcional ao seu tamanho, sendo que a população dobra a cada 40 dias.

6. Determine a constante de crescimento de uma população que está crescendo a uma taxa proporcional ao seu tamanho, sendo que a população triplica a cada 10 anos.

7. Uma população está crescendo exponencialmente com uma constante de crescimento 0,05. Em quantos anos terá triplicado a atual população?

8. Uma população está crescendo exponencialmente com uma constante de crescimento 0,04. Em quantos anos terá duplicado a atual população?

9. A taxa de crescimento de uma certa cultura de células é proporcional ao seu tamanho. Em 10 horas, uma população de 1 milhão de células cresceu para 9 milhões. Qual será o tamanho dessa cultura de células depois de 15 horas?

10. **População mundial** A população mundial era de 5,51 bilhões em 1° de janeiro de 1993 e de 5,88 bilhões em 1° de janeiro de 1998. Suponha que a qualquer tempo a população cresça a uma taxa proporcional à população naquele instante. Em que ano a população mundial será de 7 bilhões?

11. **População da Cidade de México** No começo de 1990, viviam 20,2 milhões de pessoas na área metropolitana da Cidade do México e a população estava crescendo exponencialmente. A população era de 23 milhões em 1995. (Parte desse crescimento é devido à migração.) Se essa tendência continuou, qual deve ter sido a população em 2010?

12. A população (em milhões) de um certo estado t anos depois de 1970 é dada pelo gráfico da função exponencial $y = P(t)$ com constante de crescimento 0,025 dado na Figura 6. [*Sugestão*: nas partes (c) e (d), use a equação diferencial satisfeita por $P(t)$.]

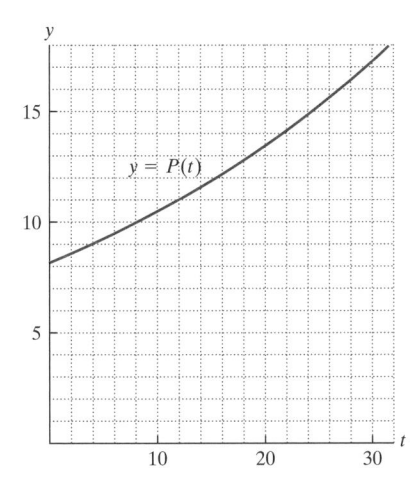

Figura 6

(a) Qual era a população em 1974?
(b) Quando a população era de 10 milhões?
(c) Quão rápido crescia a população em 1974?
(d) Quando a população estava crescendo à taxa de 275.000 pessoas por ano?

13. Decaimento radioativo Uma amostra com 8 gramas de material radioativo é colocada num cofre. Seja $P(t)$ a quantidade do material radioativo que permanece depois de t anos e suponha que $P(t)$ satisfaz a equação diferencial $P'(t) = -0{,}021 P(t)$.

(a) Encontre a fórmula de $P(t)$.
(b) Qual é o valor de $P(0)$?
(c) Qual é a constante de decaimento?
(d) Quanto do material estará presente depois de 10 anos?
(e) Use a equação diferencial para determinar quão rápido a amostra desintegra quando restar apenas 1 grama.
(f) Qual é a quantidade da amostra que permanece quando ela está desintegrando à taxa de 0,105 grama por ano?
(g) O material radioativo tem uma meia-vida de 33 anos. Quanto irá permanecer depois de 33 anos? E de 66 anos? E de 99 anos?

14. Decaimento radioativo O rádio 226 é utilizado em radioterapia no tratamento de câncer, como uma fonte de nêutrons em alguns projetos de pesquisa e como um dos ingredientes de tintas luminescentes. Seja $P(t)$ o número de gramas de rádio 226 numa amostra que permanece depois de t anos e suponha que $P(t)$ satisfaz a equação diferencial

$$P'(t) = -0{,}00043 P(t),\ P(0) = 12$$

(a) Encontre a fórmula de $P(t)$.
(b) Qual foi a quantidade inicial?
(c) Qual é a constante de decaimento?
(d) Aproximadamente, quanto do radio estará presente depois de 943 anos?
(e) Quão rápido a amostra desintegra quando restar apenas 1 grama? Use a equação diferencial.
(f) Qual é o peso da amostra quando ela está desintegrando à taxa de 0,004 gramas por ano?
(g) O material radioativo tem uma meia-vida de aproximadamente 1.612 anos. Quanto irá permanecer depois de 1.612 anos? E de 3.224 anos? E de 4.836 anos?

15. Decaimento da penicilina na corrente sanguínea Uma pessoa recebe uma injeção de 300 miligramas de penicilina no instante $t = 0$. Seja $f(t)$ a quantidade (em miligramas) de penicilina presente na corrente sanguínea da pessoa t horas depois da injeção. A quantidade de penicilina decai exponencialmente e uma fórmula típica é $f(t) = 300 e^{-0{,}6t}$.

(a) Dê a equação diferencial satisfeita por $f(t)$.
(b) Quanto permanece depois de $t = 5$ horas?
(c) Qual é a meia-vida biológica da penicilina (isto é, o tempo que leva para a metade se decompor) nesse caso?

16. Decaimento radioativo Dez gramas de uma substância radioativa com constante de decaimento 0,04 são armazenados num cofre. Seja $P(t)$ a quantidade da substância que permanece depois de t dias.

(a) Encontre a fórmula de $P(t)$.
(b) Dê a equação diferencial satisfeita por $P(t)$.
(c) Quantos gramas permanecem depois de 5 dias?
(d) Qual é a meia-vida dessa substância radioativa?

17. A constante de decaimento do elemento radioativo césio 137 é 0,023 com o tempo medido em anos. Encontre sua meia-vida.

18. O elemento radioativo cobalto 60 tem uma meia-vida de 5,3 anos. Encontre sua constante de decaimento.

19. Uma amostra de um material radioativo desintegra de 5 para 2 gramas em 100 dias. Depois de quantos dias restará apenas 1 grama?

20. Dez gramas de um material radioativo desintegram para 3 gramas em 5 anos. Qual é a meia vida do material radioativo?

21. Decaimento do sulfato na corrente sanguínea Num hospital veterinário, são injetadas 8 unidades de sulfato num cachorro. Depois de 50 minutos, permaneciam apenas 4 unidades nesse animal. Seja $f(t)$ a quantidade de sulfato presente depois de t minutos. A qualquer tempo a taxa de variação de $f(t)$ é proporcional ao valor de $f(t)$. Encontre uma fórmula para $f(t)$.

22. Quarenta gramas de um determinado material radioativo desintegram para 16 gramas depois de 220 anos. Quanto desse material permanece depois de 300 anos?

23. Decaimento radioativo Uma amostra de um material radioativo decai no tempo (medido em horas) com constante de decaimento de 0,2. O gráfico da função exponencial $y = P(t)$ da Figura 7 dá o número de gramas que permanece depois de t horas. [*Sugestão*: nas partes (c) e (d) use a equação diferencial satisfeita por $P(t)$.]

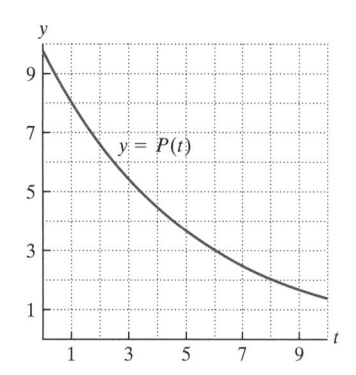

Figura 7

(a) Quanto da amostra permanecia depois de 1 hora?
(b) Dê uma aproximação da meia-vida do material.
(c) Quão rápido decaía a amostra depois de 6 horas?
(d) Quando a amostra estava decaindo à taxa de 0,4 gramas por hora?

24. Uma amostra de um material radioativo tem constante de decaimento 0,25, com o tempo medido em horas. Quão rápido a amostra estará se desintegrando quando o tamanho da amostra for de 8 gramas? Com qual tamanho a amostra estará decrescendo à taxa de 2 gramas por dia?

25. Datação por carbono Uma caverna com belas pinturas pré-históricas foi descoberta em Lascaux, na França, em 1947. Algum carvão encontrado na caverna continha 20% do ^{14}C presente em árvores vivas. Qual é a idade das pinturas da caverna de Lascaux? (Lembre que a constante de decaimento do ^{14}C é 0,00012.)

26. A távola redonda do rei Arthur De acordo com a lenda, no século V, o rei Arthur e seus cavaleiros se reuniam em torno de uma enorme mesa redonda. Uma mesa redonda que supostamente pertencera ao rei Arthur foi encontrada no Castelo de Winchester, na Inglaterra. Em 1976, a datação com carbono determinou que a quantidade de radiocarbono da mesa era 91% do radiocarbono presente em árvores vivas. Existe possibilidade de que a mesa tenha realmente pertencido ao rei Arthur? Por quê? (Lembre que a constante de decaimento do ^{14}C é 0,00012.)

27. Uma cômoda de madeira de 4.500 anos de idade foi encontrada na tumba do rei Meskalumdug, de Ur, na Caldeia, que viveu no século XXV a.C. Qual é a porcentagem do ^{14}C original que você espera encontrar nessa cômoda de madeira?

28. População do noroeste da costa do Pacífico Em 1938, foram encontradas numa caverna em Fort Rock Creek, no estado de Oregon, EUA, sandálias feitas com cordões, fabricados a partir de cascas de árvores, contendo 34% do nível de ^{14}C encontrado em árvores vivas. Qual é a idade aproximada dessas sandálias? [*Nota*: essa descoberta do antropólogo Luther Cressman, da University of Oregon, forçou os cientistas a dobrarem suas estimativas de há quanto tempo pessoas chegaram à costa noroeste do Pacífico.]

29. A época da quarta era do gelo Muitos cientistas acreditam ter havido quatro eras do gelo no último milhão de anos. Antes de ser conhecida a técnica da datação com carbono, os geólogos acreditavam erroneamente que o recuo da Quarta Era do Gelo teria iniciado há cerca de 25.000 anos. Em 1950, foram encontradas toras de antigos pinheiros sobre restos glaciais nas proximidades de Two Creeks, no estado de Wisconsin, EUA. Os geólogos determinaram que essas árvores haviam sido esmagadas com o avanço do gelo durante a Quarta Era do Gelo. A madeira desses pinheiros continha aproximadamente 27% do nível de ^{14}C encontrado em pinheiros vivos. Aproximadamente, há quanto tempo realmente ocorreu a Quarta Era do Gelo?

30. Constante de tempo Seja T a constante de tempo da curva $y = Ce^{-\lambda t}$, conforme definida na Figura 5. Mostre que $T = 1/\lambda$. [*Sugestão*: expresse a inclinação da reta tangente da Figura 5 em termos de C e T e, então, iguale essa inclinação à inclinação da curva $y = Ce^{-\lambda t}$ em $t = 0$.]

31. A quantidade em gramas de um certo material radioativo presente depois de t anos é dada pela função $P(t)$. Associe cada resposta com a correspondente pergunta.

Respostas

a. Resolva $P(t) = 0{,}5P(0)$ para t.
b. Resolva $P(t) = 0{,}5$ para t.
c. $P(0{,}5)$.
d. $P'(0{,}5)$
e. $P(0)$.
f. Resolva $P'(t) = -0{,}5$ para t.
g. $y' = ky$
h. $P_0 e^{kt}, k < 0$

Perguntas

A. Dê a equação diferencial satisfeita por $P(t)$.
B. Quão rápido o material radioativo estará se desintegrando em meio ano?
C. Dê a forma geral da função $P(t)$.
D. Encontre a meia-vida do material radioativo.
E. Quantos gramas do material permanecerão depois de meio ano?
F. Quando o material radioativo estará se desintegrando à taxa de meio grama por ano?
G. Quando restará meio grama?
H. Quanto material radioativo havia inicialmente?

32. Constante de tempo e meia-vida Considere uma função de decaimento exponencial $P(t) = P_0 e^{-\lambda t}$ e seja T sua constante de tempo. Mostre que em $t = T$ a função $P(t)$ decai a aproximadamente um terço de seu tamanho inicial. Conclua que a constante de tempo é sempre maior do que a meia-vida.

33. Suponha que a função $P(t)$ satisfaça a equação diferencial

$$y'(t) = -0{,}5y(t),\ y(0) = 10.$$

(a) Encontre uma equação da reta tangente ao gráfico de $y = P(t)$ em $t = 0$. [*Sugestão*: o que são $P'(0)$ e $P(0)$?]

(b) Encontre $P(t)$.

(c) Qual é a constante de tempo da curva de decaimento $y = P(t)$?

34. Tempo para terminar Considere a função de decaimento exponencial $y = P_0 e^{-\lambda t}$ com constante de tempo T. Definimos o tempo para terminar como o tempo que leva para a função decair a 1% de seu valor inicial P_0. Mostre que o tempo para terminar é aproximadamente quatro vezes a constante de tempo.

Soluções dos exercícios de revisão 5.1

1. (a) Resposta: $P(t) = 50e^{-0{,}6t}$. Equações diferenciais do tipo $y' = ky$ têm suas soluções dadas por $P(t) = Ce^{kt}$, em que C é $P(0)$.

(b) Resposta: $P(t) = 4.000e^{kt}$. Esse exercício é como o da parte (a), exceto que a constante não é especificada. Precisamos de informação adicional se quisermos determinar um valor específico de k.

(c) Resposta: $P(t) = 4.000e^{2,3t}$. Da solução da parte (b) sabemos que $P(t) = 4.000e^{kt}$. É dado que $P(2) = 100P(0) = 100(4000) = 400.000$. Logo,

$$P(2) = 4000e^{k(2)} = 400.000$$
$$e^{2k} = 100$$
$$2k = \ln 100$$
$$k = \frac{\ln 100}{2} \approx 2{,}3.$$

2. Seja $P(t)$ o número de bactérias presentes depois de t horas. Precisamos primeiro encontrar uma expressão para $P(t)$ e, depois, determinar o valor de t no qual $P(t) = 1.000.000$. Da discussão no início da seção, sabemos que $P'(t) = k \cdot P(t)$. Também é dado que $P(2)$ (a população depois de 2 horas) é $100P(0)$ (ou seja, 100 vezes a população inicial). Do exercício 1(c), temos uma expressão para $P(t)$, a saber,

$$P(t) = 4.000e^{2,3t}.$$

Agora precisamos resolver $P(t) = 1.000.000$ para t.

$$4000e^{2,3t} = 1{,}000{,}000$$
$$e^{2,3t} = 250$$
$$2{,}3t = \ln 250$$
$$t = \frac{\ln 250}{2{,}3} \approx 2{,}4.$$

Logo, depois de 2,4 horas haverá 1.000.000 bactérias.

5.2 Juros compostos

Na Seção 0.5, introduzimos a noção de juros compostos. Vamos rever a fórmula fundamental que foi desenvolvida naquela seção. Se o montante principal P for composto m vezes por ano à taxa de juros anual r durante t anos, então o montante composto A, que é o saldo ao final tempo t, é dado pela fórmula

$$A = P\left(1 + \frac{r}{m}\right)^{mt}.$$

Por exemplo, suponha que sejam investidos \$1.000 durante um ano à taxa de juros de 6%. Na fórmula, isso corresponde a $P = 1000$, $m = 1$, $r = 0{,}06$ e $t = 1$ ano. Se os juros são compostos anualmente, o montante na conta ao final de um ano será de

$$A = P(1 + r)^1 = 1.000(1 + 0{,}06) = \$1.060{,}00.$$

Se os juros forem compostos trimestralmente ($m = 4$), o saldo na conta ao final de um ano será de

$$A = P\left(1 + \frac{r}{4}\right)^{4t} = 1000\left(1 + \frac{0{,}06}{4}\right)^4 \approx \$1061{,}36.$$

A Tabela 1 contém esses resultados juntamente com os em que a composição é mensal e diária durante um ano.

TABELA 1 Efeito de períodos crescentes na composição

Frequência da composição	Anual	Trimestral	Mensal	Diária
m	1	4	12	360
Saldo depois de um ano	1.060,00	1.061,36	1.061,68	1.061,83

O saldo da conta da Tabela 1 seria muito maior se os juros fossem compostos a cada hora? A cada minuto? Ocorre que, independentemente da frequência com que os juros sejam compostos, o saldo na conta não excederá $1.061,84 (arredondado para o centavo mais próximo). Para entender por que, conectamos o conceito de juros compostos com a função exponencial e^{rt}. Começamos com a fórmula de juros compostos e a escrevemos no formato

$$A = P\left(1 + \frac{r}{m}\right)^{mt} = P\left(1 + \frac{r}{m}\right)^{(m/r)\cdot rt}.$$

Tomando $h = r/m$, temos $1/h = m/r$ e

$$A = P(1 + h)^{(1/h)\cdot rt}.$$

Aumentando a frequência com que os juros são compostos, m cresce e $h = r/m$ tende a zero. Para determinar o que acontece com o montante composto, precisamos examinar o limite

$$\lim_{h \to 0} P(1 + h)^{(1/h)\cdot rt}.$$

No apêndice ao final desta seção, está demonstrado o seguinte fato notável.

$$\lim_{h \to 0}(1 + h)^{1/h} = e.$$

Usando esse fato com dois teoremas de limites, obtemos

$$\lim_{h \to 0} P(1 + h)^{(1/h)rt} = P\left[\lim_{h \to 0}(1 + h)^{1/h}\right]^{rt} = Pe^{rt}.$$

Esses cálculos mostram que o montante composto calculado a partir da fórmula

$$P\left(1 + \frac{r}{m}\right)^{mt}$$

tende a Pe^{rt} quando o número m de períodos de juros por ano aumenta. Quando utilizamos a fórmula

$$A = Pe^{rt} \qquad (1)$$

para calcular o montante composto, dizemos que os juros são *compostos continuamente*.

Se investirmos $1.000 por um ano a 6% de juros compostos continuamente, $P = 1.000$, $r = 0,06$ e $t = 1$ e o saldo composto é

$$1.000e^{0,06(1)} \approx \$1.061,84.$$

Isso é apenas 1 centavo a mais do que o resultado da composição diária mostrada na Tabela 1. Consequentemente, uma composição frequente (como uma a cada hora ou a cada segundo) produzirá só mais um centavo, no máximo.

Em muitas contas, é mais simples usar a fórmula de juros compostos continuamente em vez da fórmula de juros compostos comum, e é costume utilizar os juros compostos continuamente como uma aproximação para a composição de juros comum.

Quando os juros são compostos continuamente, o montante composto $A(t)$ é uma função exponencial do número de anos t em que os juros são pagos, $A(t) = Pe^{rt}$. Logo, $A(t)$ satisfaz a equação diferencial

$$\frac{dA}{dt} = rA.$$

A taxa de crescimento do montante composto é proporcional ao montante presente. Como o crescimento provém dos juros, concluímos que, com composição contínua, os juros são pagos continuamente a uma taxa de crescimento proporcional ao montante presente.

A fórmula $A = Pe^{rt}$ contém quatro variáveis. (Lembre que a letra e representa uma constante específica, $e = 2{,}718....$) Num problema típico, são dados os valores de três dessas variáveis e precisamos resolver para a quarta variável.

EXEMPLO 1

Juros compostos São investidos mil dólares à taxa de juros de 5% compostos continuamente.

(a) Dê a fórmula para $A(t)$, o montante composto depois de t anos.
(b) Qual será o saldo na conta depois de 6 anos?
(c) Depois de 6 anos, $A(t)$ estará crescendo a que taxa?
(d) Quanto tempo é necessário para que o investimento inicial dobre?

Solução

(a) $P = 1000$ e $r = 0{,}05$. Pela fórmula (1), $A(t) = 1.000e^{0{,}05t}$.
(b) $A(6) = 1.000e^{0{,}05(6)} = 1.000e^{0{,}3} \approx \$1.349{,}89$.
(c) A taxa de crescimento é diferente da taxa de juros. A taxa de juro está fixada em 5% e não varia com o tempo. Por outro lado, a taxa de crescimento $A'(t)$ está variando sempre. Como $A(t) = 1.000e^{0{,}05t}$, $A'(t) = 1.000 \cdot 0{,}05e^{0{,}05t} = 50e^{0{,}05t}$.

$$A'(6) = 50e^{0{,}05(6)} = 50e^{0{,}3} \approx \$67{,}49.$$

Depois de 6 anos, o investimento está crescendo à taxa de \$67,49 por ano.

Há uma maneira mais fácil de responder a parte (c). Como $A(t)$ satisfaz a equação diferencial $A'(t) = rA(t)$, temos

$$A'(6) = 0{,}05A(6) = 0{,}05 \cdot 1.349{,}86 \approx \$67{,}49$$

(d) Precisamos encontrar t tal que $A(t) = 2.000$. Portanto, escrevemos $1.000e^{0{,}05t} = 2.000$ e resolvemos para t.

$$1000e^{0{,}05t} = 2000$$

$$e^{0{,}05t} = 2$$

$$\ln e^{0{,}05t} = \ln 2$$

$$0{,}05t = \ln 2$$

$$t = \frac{\ln 2}{0{,}05} \approx 13{,}86 \text{ anos.} \qquad \blacksquare$$

OBSERVAÇÃO Os cálculos no Exemplo 1(d) permaneceriam essencialmente iguais depois do primeiro passo se a quantia inicial do investimento fosse alterada de \$1.000 para uma quantia P qualquer. Quando esse investimento dobrar, o montante composto será $2P$. Logo, escrevemos $2P = Pe^{0,05t}$ e resolvemos para t como já o fizemos para concluir que, com juros de 5% compostos continuamente, qualquer montante dobra em 13,86 anos, aproximadamente. ∎

EXEMPLO 2 **Valorização de um quadro** O quadro "O Sonho", de Pablo Picasso, foi comprado em 1941 pelo preço desvalorizado durante a guerra de $7.000. O quadro foi vendido em 1997 por $48,4 milhões, o segundo maior preço pago por um quadro de Picasso em leilão. Qual é a taxa de juros compostos continuamente que esse investimento rendeu?

Solução Seja Pe^{rt} o valor (em milhões) do quadro t anos depois de 1941. Como o valor inicial é de 0,007 milhão, temos $P = 0,007$. Como o valor depois de 56 anos é 48,4 milhões de dólares, temos $0,007e^{r(56)} = 48,4$. Dividindo ambos os lados da equação por 0,007, tomando o logaritmo em ambos os lados e, então, resolvendo para r, obtemos

$$e^{r(56)} = \frac{48,4}{0,007} \approx 6.914,29$$

$$r(56) = \ln 6.914,29$$

$$r = \frac{\ln 6.914,29}{56} \approx 0,158.$$

Portanto, como um investimento, a pintura rendeu à taxa de juros de 15,8%. ∎

Se P dólares forem investidos hoje, a fórmula $A = Pe^{rt}$ dá o valor desse investimento em t anos (supondo juros compostos continuamente). Dizemos que P é o *valor presente* do montante A a ser recebido em t anos. Resolvendo para P em termos de A, obtemos

$$P = Ae^{-rt}. \qquad (2)$$

O conceito de valor presente do dinheiro é uma ferramenta teórica importante na Administração e na Economia. Os problemas envolvendo depreciação de equipamento, por exemplo, podem ser analisados com técnicas do Cálculo quando o valor presente do dinheiro é calculado a partir de (2) usando juros compostos continuamente.

EXEMPLO 3 Encontre o valor presente de $5.000 recebidos em 2 anos se o dinheiro puder ser investido a 12% compostos continuamente.

Solução Usamos a fórmula (2) com $A = 5.000$, $r = 0,12$ e $t = 2$.

$$P = 5000e^{-(0,12)(2)} = 5000e^{-0,24}$$

$$\approx \$3933,14. \qquad ∎$$

APÊNDICE **A fórmula de e como limite**

Para $h \neq 0$, temos

$$\ln(1 + h)^{1/h} = (1/h)\ln(1 + h).$$

Tomando a exponencial em ambos os lados, obtemos

$$(1 + h)^{1/h} = e^{(1/h)\ln(1+h)}.$$

Como a função exponencial é contínua,

$$\lim_{h \to 0}(1 + h)^{1/h} = e^{\left[\lim_{h \to 0}(1/h)\ln(1 + h)\right]}. \qquad (3)$$

Para examinar o limite dentro da função exponencial, observamos que $\ln 1 = 0$ e, portanto,

$$\lim_{h \to 0}\left(\frac{1}{h}\right)\ln(1 + h) = \lim_{h \to 0}\frac{\ln(1 + h) - \ln 1}{h}.$$

O limite à direita é uma razão incremental do tipo usado para calcular derivadas. De fato,

$$\lim_{h \to 0}\frac{\ln(1 + h) - \ln 1}{h} = \frac{d}{dx}\ln x\bigg|_{x=1} = \frac{1}{x}\bigg|_{x=1} = 1.$$

Logo, o limite dentro da função exponencial em (3) é 1. Assim,

$$\lim_{h \to 0}(1 + h)^{1/h} = e^{[1]} = e.$$

Exercícios de revisão 5.2

1. São investidos mil dólares em um banco por 4 anos. Uma taxa de juros de 8% compostos semestralmente é melhor do que uma taxa de juros de $7\frac{3}{4}\%$ compostos continuamente?

2. Um prédio foi comprado por $150.000 e vendido 10 anos mais tarde por $400.000. Qual é a taxa de juros compostos continuamente que esse investimento rendeu?

Exercícios 5.2

1. **Caderneta de poupança** Seja $A(t) = 5.000e^{0,04t}$ o saldo de uma caderneta de poupança depois de t anos.
   (a) Que montante foi depositado originalmente?
   (b) Qual é a taxa de juros?
   (c) Qual será o saldo da caderneta depois de 10 anos?
   (d) Qual é a equação diferencial satisfeita por $y = A(t)$?
   (e) Use os resultados das partes (c) e (d) para determinar quão rápido o saldo está aumentando depois de 10 anos.
   (f) Qual será o saldo da caderneta quando ele aumentar à taxa de $280 por ano?

2. **Caderneta de poupança** Seja $A(t)$ o saldo em uma caderneta de poupança depois de t anos e suponha que $A(t)$ satisfaz a equação diferencial

   $$A'(t) = 0,045A(t), A(0) = 3.000.$$

   (a) Que montante foi depositado originalmente na caderneta?
   (b) Qual é a taxa de juros que está sendo paga?
   (c) Encontre a fórmula de $A(t)$.
   (d) Qual é o saldo da caderneta depois de 5 anos?
   (e) Use a parte (d) e a equação diferencial para determinar quão rápido o saldo está aumentando depois de 5 anos.
   (f) Qual será o saldo da caderneta quando ele aumentar à taxa de $270 por ano?

3. **Caderneta de poupança** São depositados $4.000 numa caderneta de poupança a juros de 3,5% compostos continuamente.
   (a) Qual é a fórmula de $A(t)$, o saldo depois de t anos?
   (b) Qual é a equação diferencial satisfeita por $A(t)$, o saldo depois de t anos?
   (c) Quanto dinheiro vai ter na caderneta depois de 2 anos?
   (d) Quando o saldo vai alcançar $5.000?
   (e) Quão rápido está aumentando o saldo quando ele alcançar $5.000?

4. **Caderneta de poupança** São depositados $10.000 numa caderneta de poupança a juros de 4,6% compostos continuamente.
   (a) Qual é a equação diferencial satisfeita por $A(t)$, o saldo depois de t anos?
   (b) Qual é a fórmula de $A(t)$?

(c) Quanto dinheiro vai ter na caderneta depois de 3 anos?

(d) Quando o saldo vai triplicar?

(e) Quão rápido está aumentando o saldo quando ele triplicar?

5. Análise de investimento Um investimento rende 4,2% de juros compostos continuamente. Quão rápido está crescendo o investimento quando seu valor for de $9.000?

6. Análise de investimento Um investimento rende 5,1% de juros compostos continuamente e atualmente cresce à taxa de $765 por ano. Qual é o valor atual do investimento?

7. Composição contínua São depositados mil dólares numa caderneta de poupança a 6% compostos continuamente. Quantos anos são necessários para que o saldo na conta chegue a $2.500?

8. Composição contínua São depositados dez mil dólares a juros de 6,5% compostos continuamente. Quando esse investimento vale $41.787?

9. Ações de tecnologia Cem ações de uma companhia de tecnologia foram compradas em 2 de janeiro de 1990 por $1.200 e vendidas em 2 de janeiro de 1998 por $12.500. Qual é a taxa de juros compostos continuamente que esse investimento rendeu?

10. Valorização de obra de arte O quadro "Angel Fernandez de Soto", de Pablo Picasso, foi comprado em 1946 pelo preço desvalorizado do pós-guerra de $22.220. O quadro foi vendido em 1995 por $29,1 milhões. Qual é a taxa de juros compostos continuamente que esse investimento rendeu?

11. Análise de investimento Quantos anos são necessários para que um investimento dobre de valor se ele estiver valorizando à taxa de juros de 4% compostos continuamente?

12. Qual é a taxa de juros (compostos continuamente) paga a um investimento que dobra em dez anos?

13. Se um investimento triplica em 15 anos, qual é a taxa de juros (compostos continuamente) que o investimento recebe?

14. Investimento imobiliário Se os imóveis de uma determinada cidade valorizam à taxa de 15% compostos continuamente, quando um imóvel adquirido em 1998 triplicará seu valor?

15. Investimento imobiliário Numa determinada cidade, o valor das propriedades triplicou de 1980 a 1995. Se essa tendência continuar, em que ano o valor das propriedades será cinco vezes o valor de 1980? (Utilize um modelo exponencial para o valor da propriedade no instante t.)

16. Investimento imobiliário Um terreno comprado por $5.000 em 1980 foi avaliado em $60.000 em 1998. Se o terreno continuar se valorizando à mesma taxa, quando ele valerá $100.000?

17. Investimento Imobiliário Uma fazenda comprada por $1.000.000 em 1985 foi avaliada em $3.000.000 em 1995. Se o terreno continuar se valorizando à mesma taxa (com composição contínua), quando ela valerá $10.000.000?

18. Investimento imobiliário Um terreno comprado por $10.000 em 1990 valia $16.000 em 1995. Se o terreno continuar se valorizando à mesma taxa, em que ano ele valerá $45.000?

19. Valor presente Encontre o valor presente de $1.000 pagáveis ao final de 3 anos, se o dinheiro pode ser investido a 8% com composição contínua.

20. Valor presente Encontre o valor presente de $2.000 a serem recebidos em 10 anos, se o dinheiro pode ser investido a 8% com composição contínua.

21. Valor presente Quanto dinheiro devemos investir agora a juros de 4,5% compostos continuamente para que tenhamos $10.000 no final de 5 anos?

22. Valor presente Se $559,90 for o valor presente de $1.000 a serem recebidos em 5 anos, qual é a taxa de juros compostos continuamente que foi utilizada para calcular esse valor presente?

23. Um investimento A tem hoje um valor de $70.200 e está crescendo à taxa de 13% ao ano compostos continuamente. Um investimento B tem hoje um valor de $60.000 e está crescendo à taxa de 14% ao ano compostos continuamente. Depois de quantos anos os dois investimentos terão o mesmo valor?

24. Dez mil dólares são depositados num fundo financeiro que paga 8% de juros compostos continuamente. Qual será o total de juros recebidos durante o segundo ano do investimento?

25. Um pequeno montante de dinheiro é depositado numa caderneta de poupança que paga juros compostos continuamente. Seja $A(t)$ o saldo na poupança depois de t anos. Associe cada resposta com a pergunta correspondente.

Respostas

a. Pe^{rt} b. $A(3)$ c. $A(0)$ d. $A'(3)$

e. Resolva $A'(t) = 3$ para t.

f. Resolva $A(t) = 3$ para t.

g. $y' = ry$

h. Resolva $A(t) = 3A(0)$ para t.

Perguntas

A. Quão rápido está crescendo o saldo em 3 anos?

B. Dê a fórmula geral da função $A(t)$.

C. Quanto tempo leva para o depósito inicial triplicar?

D. Encontre o saldo depois de 3 anos.

E. Quando o saldo será de 3 dólares?

F. Quando o saldo está aumentando à taxa de 3 dólares por ano?

G. Qual foi o montante principal?

H. Dê uma equação diferencial satisfeita por $A(t)$.

26. A curva da Figura 1 mostra o crescimento do saldo de uma caderneta de poupança com juros compostos continuamente.

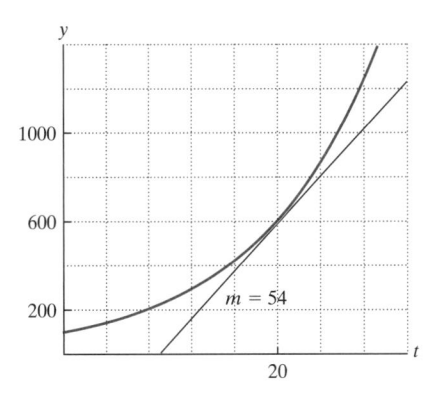

Figura 1 O crescimento do saldo de uma caderneta de poupança.

(a) Qual é o saldo depois de 20 anos?
(b) A que taxa cresce o saldo depois de 20 anos?
(c) Use as respostas das partes (a) e (b) para determinar a taxa de juros.

27. A função $A(t)$ da Figura 2(a) dá o saldo de uma caderneta de poupança depois de t anos com juros compostos continuamente. A Figura 2(b) mostra a derivada de $A(t)$.

(a) Qual é o saldo depois de 20 anos?
(b) Quão rápido cresce o saldo depois de 20 anos?
(c) Use as respostas das partes (a) e (b) para determinar a taxa de juros.
(d) Quando o saldo é de $300?
(e) Quando o saldo está crescendo à taxa de $12 por ano?
(f) Por que os gráficos de $A(t)$ e $A'(t)$ parecem iguais?

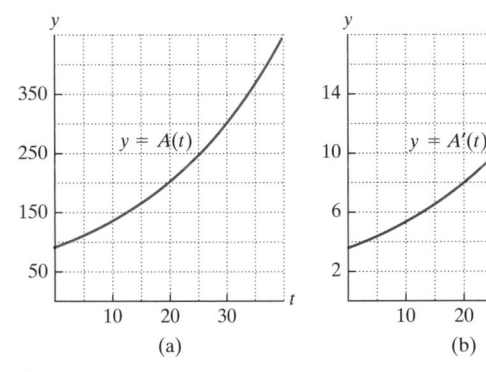

Figura 2

28. Quando são depositados $1.000 à taxa de r% de juros compostos continuamente por 10 anos, o saldo é $f(r)$ dólares, em que $f(r)$ é a função da Figura 3.

(a) Qual será o saldo a 7% de juros?
(b) Com qual taxa de juros o saldo será de $3.000?
(c) Se a taxa de juros for de 9%, qual é a taxa de crescimento do saldo em relação ao aumento de uma unidade na taxa de juros?

Exercícios com calculadora

29. Convença-se de que $\lim_{h \to 0} (1 + h)^{1/h} = e$ obtendo o gráfico de $f(x) = (1 + x)^{1/x}$ perto de $x = 0$ e examinando os valores de $f(x)$ com x perto de 0. Por exemplo, utilize uma janela tipo $[-0,5; 0,5]$ por $[-0,5; 4]$.

30. Convença-se de que a composição diária é praticamente a mesma que a composição contínua, obtendo o gráfico de $y = 100[1 + (0,05/360)]^{360x}$ junto com o de $y = 100e^{0,05x}$ na janela $[0, 64]$ por $[250, 2.500]$. Os dois gráficos deveriam parecer iguais na tela. Aproximadamente qual é a distância entre os gráficos quando $x = 32$? E quando $x = 64$?

31. Taxa de retorno interna Um investimento de $2.000 rende pagamentos de $1.200 em 3 anos, $800 em 4 anos e $500 em 5 anos. Depois, o investimento não rende mais. Que taxa de juros r o investimento necessitaria para produzir esses pagamentos? O número r é denominado *taxa de retorno interna* do investimento. Podemos considerar o investimento como consistindo em três partes, cada uma fornecendo um pagamento. A soma dos valores presentes das três partes deve totalizar $2.000. Isso fornece a equação

$$200 = 1.200e^{-3r} + 800e^{-4r} + 500e^{-5r}.$$

Resolva essa equação para encontrar o valor de r.

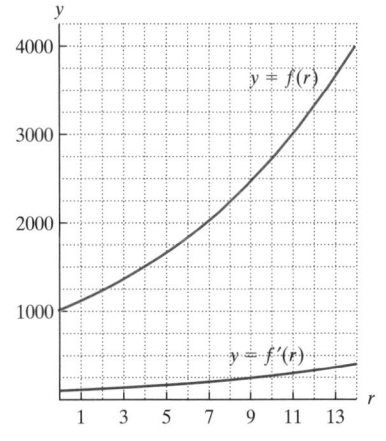

Figura 3 Efeito da taxa de juros no saldo.

Soluções dos exercícios de revisão 5.2

1. Calculemos o saldo depois de 4 anos para cada um dos tipos de juros.

8% compostos semestralmente Use a fórmula dada no início desta seção. Aqui $P = 1000$, $r = 0,08$, $m = 2$ (semestralmente significa que há dois períodos de juros por ano) e $t = 4$. Logo,

$$A = 1000\left(1 + \frac{0,08}{2}\right)^{2 \cdot 4} = 1000(1,04)^8 \approx \$1368,57.$$

$7\frac{3}{4}\%$ *compostos semestralmente:* Use a fórmula $A = Pe^{rt}$ com $P = 1000$, $r = 0,0775$ e $t = 4$. Então,

$$A = 1.000e^{(0,0775) \cdot 4} = 1.000e^{0,31} \approx \$1.363,43$$

Portanto, 8% compostos semestralmente é melhor.

2. Se os $150.000 tivessem sido compostos continuamente por 10 anos à taxa de juros r, o saldo seria de $150.000e^{r \cdot 10}$. A pergunta é com qual valor de r esse saldo é de $400.000? Para isso, precisamos resolver uma equação para r.

$$150.000e^{r \cdot 10} = 400.000$$
$$e^{r \cdot 10} \approx 2,67$$
$$r \cdot 10 = \ln 2,67$$
$$r = \frac{\ln 2,67}{10} \approx ,098.$$

Portanto, o investimento rendeu juros de 9,8% ao ano.

5.3 Aplicações da função logaritmo natural à Economia

Nesta seção, consideramos duas aplicações do logaritmo natural na Economia. Nossa primeira aplicação se refere a taxas de variação relativas e a segunda à elasticidade de demanda.

Taxas de variação relativas A *derivada logarítmica* de uma função $f(t)$ é definida pela equação

$$\frac{d}{dt}\ln f(t) = \frac{f'(t)}{f(t)}. \tag{1}$$

A quantidade de cada um dos lados da equação (1) costuma ser denominada *taxa de variação relativa de $f(t)$ por variação unitária de t*. De fato, essa quantidade compara a taxa de variação de $f(t)$ [ou seja, $f'(t)$] com a própria $f(t)$. A *taxa de variação percentual* é a taxa de variação relativa de $f(t)$ expressa como uma porcentagem.

Um exemplo simples irá ilustrar esses conceitos. Suponha que $f(t)$ denote o preço médio por quilograma de contrafilé no tempo t e que $g(t)$ denota o preço médio de um automóvel novo de um certo modelo e marca no tempo t, sendo $f(t)$ e $g(t)$ dados em dólares e o tempo em anos. Então as derivadas comuns $f'(t)$ e $g'(t)$ podem ser interpretadas como as taxas de variação do preço de um quilograma de contrafilé e de um carro novo, respectivamente, sendo ambas medidas em dólares por ano. Suponha que, num dado instante de tempo t_0, tenhamos $f(t_0) = \$5,25$ e $g(t_0) = \$12.000$ e que, também, $f'(t_0) = \$0,75$ e $g'(t_0) = \$1.500$. Então, no instante t_0, o preço do contrafilé está aumentando à taxa de $0,75 por ano, enquanto o preço de um carro novo está aumentando à taxa de $1.500 por ano. Qual desses preços está aumentando mais rápido? Não faz sentido dizer que o peço do carro novo está aumentando mais rápido porque $1.500 é maior do que $0,75. Precisamos levar em conta a enorme diferença entre o custo de um carro e o da carne. A base usual de comparação entre aumentos de preços é a taxa de aumento percentual. Em outras palavras, em $t = t_0$, o preço do contrafilé está aumentando à taxa de variação percentual de

$$\frac{f'(t_0)}{f(t_0)} = \frac{0,75}{5,25} \approx 0,143 = 14,3\%$$

por ano, mas nesse mesmo tempo o de um carro novo está aumentando à taxa de variação percentual de

$$\frac{g'(t_0)}{g(t_0)} = \frac{1.500}{12.000} = 0{,}125 = 12{,}5\%$$

por ano. Assim, o preço do contrafilé está aumentando a uma taxa percentual maior do que o preço de um carro novo.

Muitas vezes, os economistas usam taxas de variação relativas (ou taxas de variação percentual) quando discutem o crescimento de várias quantidades econômicas, como renda *per capita* ou a dívida pública nacional, porque comparações entre essas taxas fazem sentido.

EXEMPLO 1

Produto Interno Bruto Uma certa escola de economistas modelou o Produto Interno Bruto dos Estados Unidos no tempo t (medindo em anos a partir de 1º de janeiro de 1990) pela fórmula

$$f(t) = 3{,}4 + 0{,}04t + 0{,}13e^{-t},$$

em que o Produto Interno Bruto (PIB) é medido em trilhões de dólares. (Ver Figura 1.) Qual era a taxa de crescimento (ou decrescimento) percentual prevista para a economia em $t = 0$ e $t = 1$?

Solução Como

$$f'(t) = 0{,}04 - 0{,}13e^{-t},$$

vemos que

$$\frac{f'(0)}{f(0)} = \frac{0{,}04 - 0{,}13}{3{,}4 + 0{,}13} = -\frac{0{,}09}{3{,}53} \approx -2{,}5\%;$$

$$\frac{f'(1)}{f(1)} = \frac{0{,}04 - 0{,}13e^{-1}}{3{,}4 + 0{,}04 + 0{,}13e^{-1}} \approx -\frac{0{,}00782}{3{,}4878} \approx -0{,}2\%.$$

Logo, em 1º de janeiro de 1990, a previsão era de que a economia estaria se contraindo ou declinando à taxa relativa de 2,5% ao ano; em 1º de janeiro de 1991, a previsão era de que a economia ainda estaria contraindo, mas só à taxa relativa de 0,2% ao ano. ■

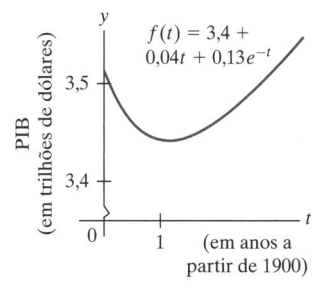

Figura 1

EXEMPLO 2

Valor de um investimento O valor em dólares de um certo investimento comercial no tempo t pode ser aproximado empiricamente pela função $f(t) = 750.000\,e^{0{,}6\sqrt{t}}$. Utilize uma derivada logarítmica para descrever quão rápido está aumentando o valor do investimento quando $t = 5$ anos.

Solução Temos

$$\frac{f'(t)}{f(t)} = \frac{d}{dt}\ln f(t) = \frac{d}{dt}\left(\ln 750.000 + \ln e^{0{,}6\sqrt{t}}\right)$$

$$= \frac{d}{dt}(\ln 750.000 + 0{,}6\sqrt{t})$$

$$= (0{,}6)\left(\frac{1}{2}\right)t^{-1/2} = \frac{0{,}3}{\sqrt{t}}.$$

Quanto $t = 5$,

$$\frac{f'(5)}{f(5)} = \frac{0{,}3}{\sqrt{5}} \approx 0{,}134 = 13{,}4\%.$$

Assim, quando $t = 5$ anos, o valor do investimento está aumentando à taxa relativa de 13,4% por ano. Logo, quando $t = 5$, deveríamos esperar que o investimento crescesse 13,4% em um ano. (Ver Figura 2.) De fato, se calcularmos o

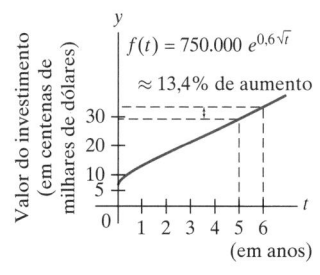

Figura 2

crescimento do investimento entre $t = 5$ e $t = 6$ e dividirmos pelo valor em $t = 5$ para obter o aumento percentual, encontramos

$$[\text{taxa de variação percentual}] = \frac{f(6) - f(5)}{f(5)} \approx \frac{32{,}6 - 28{,}7}{28{,}7} \approx 0{,}136$$

ou 13,6%. Esse percentual está perto de 13,4%, a taxa de variação relativa de $f(t)$ em $t = 5$. ∎

Em certos modelos matemáticos, supõe-se que, por um período limitado de tempo, a taxa de variação percentual de uma função específica seja constante. O exemplo seguinte mostra que uma tal função deve ser uma função exponencial.

EXEMPLO 3 Se a função $f(t)$ tem uma taxa de variação relativa constante k, mostre que $f(t) = Ce^{kt}$ para alguma constante C.

Solução É dado que

$$\frac{f'(t)}{f(t)} = k.$$

Logo, $f'(t) = kf(t)$. Porém, essa é justamente a equação diferencial satisfeita pela função exponencial. Logo, devemos ter $f(t) = Ce^{kt}$ para alguma constante C. ∎

Elasticidade de demanda Na Seção 2.7, consideramos equações demanda para monopolistas e para setores industriais inteiros. Lembre que a equação de demanda expressa, para cada quantidade x a ser produzida, o valor de mercado que irá gerar uma demanda exatamente igual a x. Por exemplo, a equação de demanda

$$p = 150 - 0{,}01x. \tag{2}$$

diz que para vender x unidades, o preço deve ser fixado em $150 - 0{,}01x$ dólares. Especificamente, para que se vendam 6.000 unidades, o preço unitário deve ser fixado em $150 - 0{,}01(6000) = \$90$.

A equação (2) pode ser resolvida para x em termos de p, fornecendo

$$x = 100(150 - p). \tag{3}$$

Essa última equação dá quantidade em termos de preço. Se a letra q representar a quantidade, a equação (3) se torna

$$q = 100(150 - p). \tag{3a}$$

Essa equação é da forma $q = f(p)$ em que, nesse caso, $f(p)$ é a função $f(p) = 100(150 - p)$. No que segue, será conveniente escrever nossas funções demanda de tal forma que a quantidade q seja expressa como uma função $f(p)$ do preço p.

Um aumento no preço de um bem geralmente diminui a demanda. Logo, uma função demanda típica $q = f(p)$ é decrescente e tem inclinação negativa em todo ponto. (Ver Figura 3.)

Lembramos que a derivada $f(p)$ compara a variação na quantidade demandada com a variação no preço. Em contrapartida, o conceito de elasticidade foi criado para comparar a taxa de variação *relativa* da quantidade demandada com a taxa de variação *relativa* do preço.

Sejamos mais explícitos. Considere uma função demanda $q = f(p)$ específica. Pela nossa interpretação da derivada logarítmica em (1), sabemos que a taxa de variação relativa da quantidade demandada em relação a p é

$$\frac{(d/dp)f(p)}{f(p)} = \frac{f'(p)}{f(p)}.$$

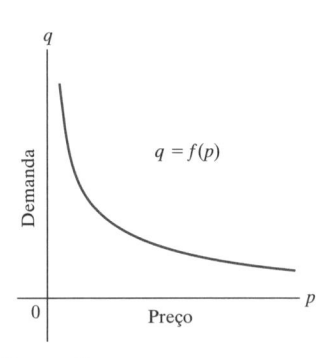

Figura 3

Seção 5.3 • Aplicações da função logaritmo natural à Economia

Analogamente, a taxa de variação relativa de preço em relação a p é

$$\frac{(d/dp)p}{p} = \frac{1}{p}.$$

Portanto, a razão entre a taxa de variação relativa da quantidade demandada e a taxa de variação relativa do preço é

$$\frac{[\text{taxa de variação relativa da demanda}]}{[\text{taxa de variação relativa do preço}]} = \frac{f'(p)/f(p)}{1/p} = \frac{pf'(p)}{f(p)}.$$

Como $f'(p)$ é sempre negativa para uma função demanda típica, a quantidade $pf'(p)/f'(p)$ também será negativa em cada valor de p. Por conveniência, os economistas preferem trabalhar com números positivos e, portanto, a *elasticidade de demanda* é definida como sendo essa quantidade multiplicada por -1.

> A elasticidade de demanda $E(p)$ a um preço p para a função demanda $q = f(p)$ é definida como sendo
>
> $$E(p) = \frac{-pf'(p)}{f(p)}.$$

EXEMPLO 4   **Elasticidade de demanda**   Se a função demanda de um certo metal for $q = 100 - 2p$, em que p é o preço por quilograma e q é a quantidade demandada (em milhares de toneladas).

(a) Que quantidade pode ser vendida a $30 por quilograma?
(b) Determina a função $E(p)$.
(c) Determine e interprete a elasticidade de demanda a $p = 30$.
(d) Determine e interprete a elasticidade de demanda a $p = 20$.

Solução   (a) Nesse caso, $q = f(p)$, em que $f(p) = 100 - 2p$. Quando $p = 30$, temos $q = f(30) = 100 - 2(30) = 40$. Assim, podem ser vendidas 40 mil toneladas do metal. Dizemos também que a *demanda* é de 40 mil toneladas.

(b) $E(p) = \dfrac{-pf'(p)}{f(p)} = \dfrac{-p(-2)}{100 - 2p} = \dfrac{2p}{100 - 2p}.$

(c) A elasticidade de demanda ao preço $p = 30$ é $E(30)$.

$$E(30) = \frac{2(30)}{100 - 2(30)} = \frac{60}{40} = \frac{3}{2}$$

Quando o preço é fixado em $30 por quilograma, um pequeno aumento no preço resulta numa taxa de diminuição relativa da quantidade demandada de aproximadamente $\frac{3}{2}$ vezes a taxa de aumento relativa do preço. Por exemplo, se o preço for aumentado de $30 em 1%, a quantidade demandada diminuirá em cerca de 1,5%.

(d) Quando $p = 20$, temos

$$E(20) = \frac{2(20)}{100 - 2(20)} = \frac{40}{60} = \frac{2}{3}.$$

Quando o preço é fixado em $20 por quilograma, um pequeno aumento no preço resulta numa taxa de diminuição relativa da quantidade demandada de apenas $\frac{2}{3}$ da taxa de aumento relativa do preço. Por exemplo, se o preço for aumentado de $20 em 1%, a quantidade demandada diminuirá $\frac{2}{3}$ de 1%. ∎

Os economistas dizem que a demanda é *elástica* ao preço p_0 se $E(p_0) > 1$ e *inelástica* ao preço p_0 se $E(p_0) < 1$. No Exemplo 4, a demanda para o metal é elástica a \$30 por quilograma e inelástica a \$20 por quilograma.

O significado do conceito de elasticidade talvez possa ser melhor apreciado estudando como a receita $R(p)$ responde a variações no preço. Vejamos essa resposta num exemplo concreto.

EXEMPLO 5 A Figura 4 mostra a elasticidade de demanda do metal do Exemplo 4.

$$E(p) = \frac{2p}{100 - 2p}$$

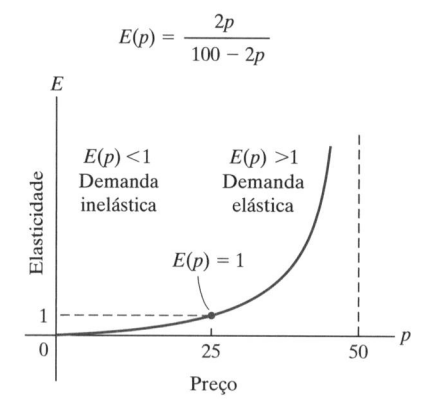

Figura 4

(a) A demanda é elástica a quais valores de p? E inelástica?
(b) Encontre e esboce a função receita com $0 < p < 50$.
(c) Como a receita responde a um aumento ne preço quando a demanda é elástica ou, respectivamente, inelástica?

Solução (a) No Exemplo 4(b), vimos que a elasticidade de demanda é

$$E(p) = \frac{2p}{100 - 2p}.$$

Vamos resolver $E(p) = 1$ para p.

$$\frac{2p}{100 - 2p} = 1$$
$$2p = 100 - 2p$$
$$4p = 100$$
$$p = 25.$$

Por definição, a demanda é elástica ao preço p se $E(p) > 1$ e inelástica se $E(p) < 1$. Pela Figura 4, vemos que a demanda é elástica se $25 < p < 50$ e inelástica se $0 < p < 25$.

(b) Lembre que

[receita] = [quantidade] · [preço unitário].

Usando a fórmula para a demanda (em milhares de toneladas) do Exemplo 4, obtemos a função receita

$$R = (100 - 2p) \cdot p = p(100 - 2p) \quad \text{(em milhares de toneladas).}$$

O gráfico da receita é uma parábola com abertura para baixo que corta o eixo p em $p = 0$ e $p = 50$. Seu máximo está localizado no ponto médio entre esses dois cortes, ou $p = 25$. (Ver Figura 5.)

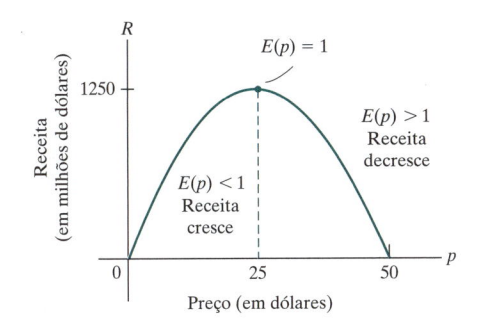

Figura 5

[Gráfico: Receita (em milhões de dólares) vs Preço (em dólares), com pico em 1250 em p = 25, atingindo 0 em p = 50. $E(p) < 1$ Receita cresce para $0 < p < 25$; $E(p) = 1$ em p = 25; $E(p) > 1$ Receita decresce para $25 < p < 50$.]

(c) Na parte (a), determinamos que a demanda é elástica em $25 < p < 50$. Para p nessa faixa de preço, a Figura 5 mostra que um aumento no preço resulta numa diminuição da receita e uma diminuição no preço resulta num aumento da receita. Portanto, concluímos que quando a demanda é elástica, a variação na receita ocorre no sentido inverso da variação no preço. Analogamente, quando a demanda é inelástica ($0 < p < 25$) a Figura 5 mostra que a variação na receita ocorre no mesmo sentido da variação no preço. ■

O Exemplo 5 ilustra uma aplicação importante de elasticidade como um indicador da resposta da receita a uma variação no preço. Como mostraremos agora, essa análise de resposta pode ser aplicada em geral.

Começamos expressando a receita como uma função do preço

$$R(p) = f(p) \cdot p,$$

em que $f(p)$ é a função demanda. Derivando $R(p)$ com a regra do produto, obtemos

$$R'(p) = \frac{d}{dp}[f(p) \cdot p] = f(p) \cdot 1 + p \cdot f'(p)$$

$$= f(p)\left[1 + \frac{pf'(p)}{f(p)}\right]$$

$$= f(p)[1 - E(p)]. \tag{4}$$

Agora suponha que a demanda seja elástica a algum preço p_0. Então $E(p_0) > 1$ e $1 - E(p_0)$ é negativo. Como $f(p)$ é sempre positiva, vemos em (4) que $R'(p_0)$ é negativa. Dessa forma, pelo teste da derivada primeira, $R(p)$ é decrescente em p_0. Logo, um aumento no preço resulta numa diminuição da receita, e um decréscimo no preço resulta num aumento da receita. Por outro lado, se a demanda for inelástica em p_0, temos $1 - E(p_0)$ positivo e, portanto, $R'(p_0)$ é positiva. Nesse caso, um aumento no preço resulta num aumento da receita, e um decréscimo no preço resulta numa diminuição da receita. Podemos resumir essas observações como segue.

> A variação na receita se dá no sentido oposto à variação no preço quando a demanda for elástica e no mesmo sentido quando a demanda for inelástica.

Exercícios de revisão 5.3

O valor atual do pedágio cobrado numa certa rodovia é de $2,50. Um estudo conduzido pelo Departamento de Estradas e Rodagem determinou que com um pedágio de p dólares, q veículos irão utilizar a rodovia a cada dia, sendo $q = 60.000e^{-0,5p}$.

1. Calcule a elasticidade de demanda a $p = 2,5$.
2. A demanda é elástica ou inelástica a $p = 2,5$?
3. Se o estado aumentar o pedágio um pouco, a receita irá aumentar ou diminuir?

Exercícios 5.3

Nos Exercícios 1-8, determine a taxa de variação percentual da função no ponto dado.

1. $f(t) = t^2$ em $t = 10$ e $t = 50$
2. $f(t) = t^{10}$ em $t = 10$ e $t = 50$
3. $f(x) = e^{0,3x}$ em $x = 10$ e $x = 20$
4. $f(x) = e^{-0,05x}$ em $x = 1$ e $x = 10$
5. $f(x) = e^{0,3t^2}$ em $t = 1$ e $t = 5$
6. $G(s) = e^{-0,05s^2}$ em $s = 1$ e $s = 10$
7. $f(p) = 1/(p + 2)$ em $p = 2$ e $p = 8$
8. $g(p) = 5/(2p + 3)$ em $p = 1$ e $p = 11$
9. **Taxa de crescimento percentual** As vendas anuais S (em dólares) de uma companhia podem ser aproximadas empiricamente pela fórmula

$$S = 50.000\sqrt{e^{\sqrt{t}}},$$

em que t é o número de anos contados a partir de uma data de referência fixada. Use uma derivada logarítmica para determinar a taxa de crescimento percentual das vendas em $t = 4$.

10. **Taxa de variação percentual** O preço da saca de trigo no tempo t (em meses) é dado, aproximadamente, por

$$f(x) = 4 + 0,001t + 0,01e^{-t}.$$

Quais são as taxas de variação percentuais de $f(t)$ em $t = 0, t = 1$ e $t = 2$?

11. Um investimento cresce à taxa contínua de 12% ao ano. Em quantos anos terá dobrado o valor do investimento?
12. O valor de uma propriedade está crescendo à taxa contínua de $r\%$ ao ano e o valor dobrou em 3 anos. Encontre r.

Nos Exercícios 13-18, encontre $E(p)$ da função demanda dada e determine se a demanda é elástica ou inelástica (ou nenhuma dessas opções) ao preço indicado.

13. $q = 700 - 5p, p = 80$
14. $q = 600e^{-0,2p}, p = 10$
15. $q = 400(116 - p^2), p = 6$
16. $q = (77/p^2) + 3, p = 1$
17. $q = p^2 e^{-(p+3)}, p = 4$
18. $q = 700/(p + 5), p = 15$
19. **Elasticidade de demanda** Hoje, 1.800 pessoas utilizam diariamente uma certa linha de trem para o trabalho, pagando $4 por bilhete. O número de pessoas q dispostas a tomar o trem quando o preço do bilhete for p é $q = 600(5 - \sqrt{p})$. A companhia ferroviária gostaria de aumentar sua receita.
    (a) A demanda é elástica ou inelástica ao preço $p = 4$?
    (b) O preço do bilhete deveria ser aumentado ou reduzido?
20. **Elasticidade de demanda** Uma loja de artigos eletrônicos consegue vender $q = 10.000/(p + 50) - 30$ telefones celulares ao preço unitário de p dólares. O preço atual é de $150.
    (a) A demanda é elástica ou inelástica ao preço $p = 150$?
    (b) Se o preço for reduzido ligeiramente, a receita irá aumentar ou diminuir?
21. **Elasticidade de demanda** Uma sala de cinema tem uma capacidade de 3.000 pessoas. O número de pessoas que assiste a uma sessão quando o preço do ingresso é de p dólares é $q = (18.000/p) - 1.500$. Atualmente, o preço do ingresso é de $6.
    (a) A demanda é elástica ou inelástica ao preço $p = 6$?
    (b) Se o preço for reduzido, a receita irá aumentar ou diminuir?
22. **Elasticidade de demanda** Um metrô cobra 65 centavos por pessoa e tem 10.000 usuários por dia. A função demanda do metrô é $q = 2.000\sqrt{90 - p}$.
    (a) A demanda é elástica ou inelástica ao preço $p = 65$?
    (b) O preço do bilhete deveria ser aumentado ou reduzido para aumentar a arrecadação do metrô?
23. **Elasticidade de demanda** Um determinado país é um dos principais produtores de um certo bem e deseja melhorar a sua balança comercial diminuindo o preço do bem. A função demanda é $q = 1.000/p^2$.
    (a) Calcule $E(p)$.
    (b) O país terá sucesso em aumentar sua receita?
24. Mostre que qualquer função demanda da forma $q = a/p^m$ tem constante de elasticidade m.

Uma função custo $C(x)$ dá o custo total da produção de x unidades de um produto. A elasticidade de custo à quantidade x, denotada por $E_c(x)$, é definida como a razão entre a taxa de variação relativa do custo (em relação a x) e a taxa de variação relativa da quantidade (em relação a x).

25. Mostre que $E_c(x) = x \cdot C'(x)/C(x)$.

26. Mostre que E_c é igual ao custo marginal dividido pelo custo médio.
27. Seja $C(x) = (1/10)x^2 + 5x + 300$. Mostre que $E_c(50) < 1$. (Portanto, no nível de produção de 50 unidades, um pequeno aumento relativo na produção resulta num aumento relativo ainda menor do custo total. Além disso, o custo médio da produção de 50 unidades é maior que o custo marginal em $x = 50$.)
28. Seja $C(x) = 1.000e^{0,02x}$. Determine e simplifique a fórmula de $E_c(x)$. Mostre que $E_c(60) > 1$ e interprete esse resultado.

Exercícios com calculadora

29. Considere a função demanda $q = 60.000e^{-0,5p}$ dos exercícios de revisão.
    (a) Determine o valor de p no qual o valor de $E(p)$ seja 1. A quais valores de p a demanda é inelástica?
    (b) Obtenha o gráfico da função receita na janela $[0, 4]$ por $[-5.000, 50.000]$ e determine onde ocorre seu valor máximo. A receita é uma função crescente em quais valores de p?

Soluções dos exercícios de revisão 5.3

1. A função demanda é $f(p) = 60.000e^{-0,5p}$.

$$f'(p) = -30.000e^{-0,5p}$$

$$E(p) = \frac{-pf'(p)}{f(p)} = \frac{-p(-30.000)e^{-0,5p}}{60.000e^{-0,5p}} = \frac{p}{2}$$

$$E(2,5) = \frac{2,5}{2} = 1,25.$$

2. A demanda é elástica, pois $E(2,5) > 1$.
3. Como a demanda é elástica a \$2,50, uma ligeira variação no preço causará uma variação no sentido oposto da receita, ou seja, a receita diminuirá.

5.4 Outros modelos exponenciais

Depois de saltar do avião, o paraquedista cai a uma taxa crescente. Entretanto, o ar voando pelo corpo do paraquedista cria uma força para cima que começa a contrabalançar a força para baixo da gravidade. Esse atrito do ar acaba se tornando tão grande que a velocidade do paraquedista alcança um valor limite denominado *velocidade terminal*. Se $v(t)$ denotar a velocidade do paraquedista depois de t segundos de queda livre, um bom modelo matemático para $v(t)$ é dado por

$$v(t) = M(1 - e^{-kt}), \qquad (1)$$

em que M é a velocidade terminal e k é alguma constante positiva. (Ver Figura 1.) Quando t está próximo de zero, e^{-kt} está próximo de 1 e a velocidade é pequena. À medida que t aumenta, e^{-kt} fica pequeno e $v(t)$ tende a M.

EXEMPLO 1 **Velocidade de um paraquedista** Mostre que a velocidade dada em (1) satisfaz as equações

$$v'(t) = k[M - v(t)], v(0) = 0 \qquad (2)$$

Solução De (1), temos que $v(t) = M - Me^{-kt}$. Então

$$v'(t) = Mke^{-kt}.$$

Entretanto,

$$k[M - v(t)] = k[M - (M - Me^{-kt})] = kMe^{-kt},$$

portanto, vale a equação diferencial $v'(t) = k[M - v(t)]$. Também,

$$v(0) = M - Me^0 = M - M = 0.$$

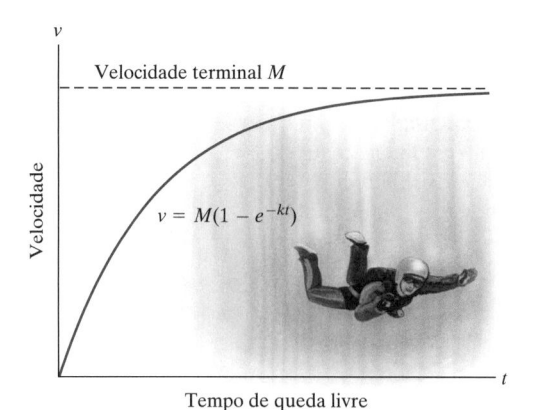

Figura 1 Velocidade de um paraquedista

Tempo de queda livre

$v = M(1 - e^{-kt})$

Velocidade terminal M

A equação diferencial (2) diz que a taxa de variação em v é proporcional à diferença entre a velocidade terminal M e a velocidade real v. Não é difícil mostrar que a única solução de (2) é dada pela fórmula em (1).

As duas equações (1) e (2) surgem como modelos matemáticos numa variedade de situações. A seguir, descrevemos algumas dessas aplicações.

A curva de aprendizado Os psicólogos verificaram que, em muitas situações de aprendizado, a taxa à qual uma pessoa aprende é rápida no começo e depois diminui. Finalmente, quando uma tarefa é apreendida, o desempenho de uma pessoa atinge um nível acima do qual é quase impossível passar. Por exemplo, dentro de limites razoáveis, cada pessoa parece ter uma certa capacidade máxima para memorizar uma lista qualquer de sílabas aleatórias. Suponha que, num teste, uma pessoa consiga memorizar M sílabas seguidas se lhe for dado tempo suficiente para estudar a lista, digamos, uma hora, mas não consiga memorizar $M + 1$ sílabas seguidas mesmo que lhe fosse permitido estudar a lista por várias horas. Dando a essa pessoa listas diferentes de sílabas e intervalos de tempo variados para estudar as listas, o psicólogo pode determinar uma relação empírica entre o número de sílabas aleatórias memorizadas corretamente e o número de minutos do tempo de estudo. Ocorre que um bom modelo para essa situação é

$$f(t) = M(1 - e^{-kt})$$

com alguma constante positiva k apropriada. (Ver Figura 2.)

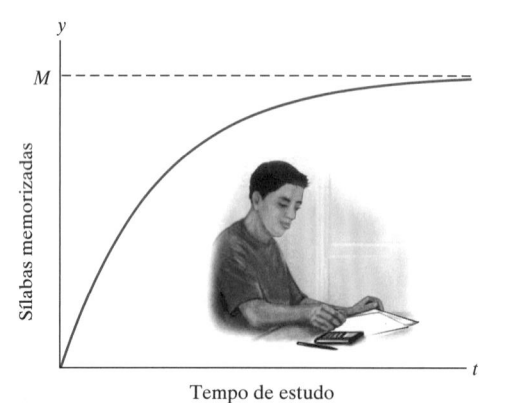

Figura 2 A curva de aprendizado $f(t) = M(1 - e^{-kt})$.

A *inclinação* dessa curva de aprendizado no instante t é aproximadamente o número de sílabas adicionais que podem ser memorizadas se a pessoa testada tiver um minuto a mais de tempo de estudo. Assim, a inclinação mede a *taxa de aprendizado*. A equação diferencial satisfeita pela função $y = f(t)$ é

$$y' = k(M - y), \qquad f(0) = 0.$$

Essa equação diz que, se for dada uma lista de M sílabas aleatórias à pessoa testada, a taxa de memorização é proporcional ao número de sílabas que resta memorizar.

Difusão de informação em meios de comunicação de massa Os sociólogos verificaram que a equação diferencial (2) fornece um bom modelo para o modo pelo qual a informação se espalha ou difunde na população quando a informação é constantemente veiculada pelos meios de comunicação de massa, como a televisão ou as revistas.* Dada uma população fixa P, seja $f(t)$ o número de pessoas que já ouviram uma certa notícia no tempo t. Então $P - f(t)$ é o número de pessoas que ainda não têm conhecimento da notícia. Além disso, $f'(t)$ é a taxa à qual aumenta o número de pessoas que ouviu a notícia, a "taxa de difusão" da informação. Se a informação está sendo veiculada frequentemente por algum meio de comunicação de massa, é de se esperar que o número de pessoas que *passam a ouvir* a notícia por unidade de tempo seja proporcional ao número de pessoas que ainda não ouviram a notícia. Assim,

$$f'(t) = k[p - f(t)] \qquad (3)$$

Suponha que $f(0) = 0$ (ou seja, houve um instante $t = 0$ em que ninguém tinha ouvido a notícia). Então a observação que segue o Exemplo 1 mostra que

$$f(t) = P(1 - e^{-kt}). \qquad (4)$$

(Ver Figura 3.)

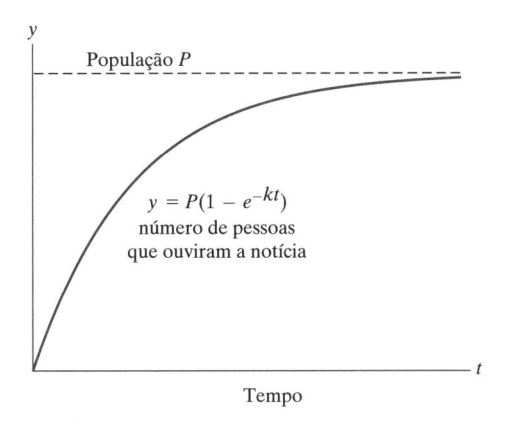

Figura 3 Difusão da informação pela mídia.

EXEMPLO 2

A notícia da renúncia de um ocupante de cargo público foi transmitida com frequência pelas estações de rádio e televisão. A metade dos habitantes de uma cidade ouviu a notícia nas 4 primeiras horas depois de sua veiculação. Use o modelo exponencial (4) para estimar quando 90% dos habitantes terão conhecimento da notícia.

Solução Precisamos encontrar o valor de k em (4). Se P é o número de habitantes, o número de pessoas que terão ouvido a notícia nas primeiras 4 horas é

---

* J. Coleman, *Introduction to Mathematical Sociology* (New York: The Free Press, 1964), 43.

dado por (4), com $t = 4$. Por hipótese, esse número é metade da população. Logo,

$$\tfrac{1}{2}P = P(1 - e^{-k4})$$
$$0{,}5 = 1 - e^{-4k}$$
$$e^{-4k} = 1 - 0{,}5 = 0{,}5.$$

Resolvendo para k, obtemos $k = \tfrac{\ln 2}{4} \approx 0{,}1733$. Portanto, o modelo para essa particular situação é

$$f(t) = P(1 - e^{-kt}), \quad \text{com } k = \tfrac{\ln 2}{4}.$$

Agora queremos encontrar t tal que $f(t) = 0{,}90P$. Resolvemos para t, obtendo

$$0{,}90P = P(1 - e^{-kt})$$
$$0{,}90 = 1 - e^{-kt}$$
$$e^{-kt} = 1 - 0{,}90 = 0{,}10$$
$$-kt = \ln 0{,}10$$
$$t = \frac{\ln 0{,}10}{-k} = -4\frac{\ln 0{,}10}{\ln 2} \approx 13{,}29.$$

Portanto, 90% dos habitantes terão ouvido a notícia em 13 horas contadas a partir de sua veiculação. ■

Infusão intravenosa de glicose O corpo humano tanto produz como usa glicose. Geralmente, há um balanço entre esses dois processos, de forma que a corrente sanguínea apresenta um certo nível de equilíbrio de glicose. Suponha que é dada a um paciente uma única injeção intravenosa de glicose e que $A(t)$ seja a quantidade de glicose (em miligramas) acima do nível de equilíbrio. Então, o corpo irá começar a usar a glicose excessiva a uma taxa proporcional à quantidade em excesso, isto é,

$$A'(t) = -\lambda A(t), \tag{5}$$

em que λ é uma constante positiva denominada *constante da velocidade de eliminação*. Essa constante depende de quão rápido o metabolismo do paciente elimina o excesso de glicose do sangue. A equação (5) descreve um processo de decaimento exponencial simples.

Agora suponha que, em vez de uma única aplicação, o paciente receba uma infusão contínua de glicose. Uma solução de glicose é suspensa acima do paciente e um tubinho leva a glicose para baixo até uma agulha inserida numa veia. Nesse caso, há duas influências na quantidade de excesso de glicose no sangue: a glicose sendo adicionada constantemente e a glicose sendo removida pelo metabolismo. Seja r a taxa de infusão de glicose (geralmente de 10 a 100 miligramas por minuto). Se o corpo não removesse qualquer glicose, o excesso de glicose aumentaria a uma taxa constante de r miligramas por minuto, isto é,

$$A'(t) = r \tag{6}$$

Levando em conta as duas influências sobre $A'(t)$ dadas por (5) e (6), podemos escrever

$$A'(t) = r - \lambda A(t) \tag{7}$$

Defina M por r/λ e observe que, inicialmente, não há excesso de glicose; então

$$A'(t) = \lambda(M - A(t)), \quad A(0) = 0.$$

Como já vimos no Exemplo 1, uma solução dessa equação diferencial é dada por

$$A(t) = M(1 - e^{-\lambda t}) = \frac{r}{\lambda}(1 - e^{-\lambda t}). \tag{8}$$

Observe que M é o valor limite do nível de glicose. Raciocinando como no Exemplo 1, concluímos que a quantidade de glicose em excesso aumenta até chegar a um nível estável. (Ver Figura 4.)

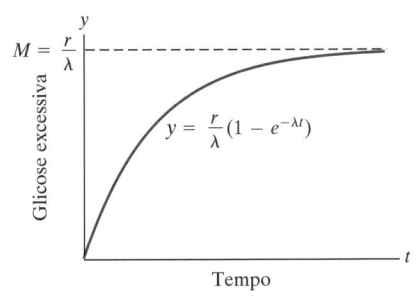

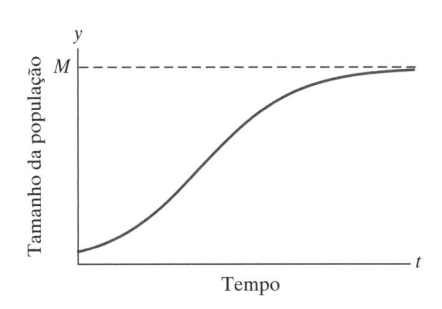

Figura 4 Infusão contínua de glicose.

Figura 5 Crescimento logístico.

A curva de crescimento logístico O modelo de crescimento exponencial simples discutido na Seção 5.1 é adequado para descrever o crescimento de vários tipos de populações, mas obviamente uma população não pode crescer exponencialmente para sempre. O modelo de crescimento exponencial simples torna-se inaplicável quando o ambiente começa a inibir o crescimento populacional. A curva de crescimento logístico é um modelo exponencial importante que leva em consideração alguns efeitos do ambiente na população. (Ver Figura 5.) Para pequenos valores de t, a curva tem a mesma forma básica que uma curva de crescimento exponencial. Depois, quando a população começa a sofrer com excesso de população ou falta de alimentos, a taxa de crescimento (a inclinação da curva de população) começa a diminuir. Finalmente, a taxa de crescimento tende a zero, à medida que a população atinge o tamanho máximo suportado pelo ambiente. Essa segunda parte da curva se assemelha às curvas de crescimento já estudadas nesta seção.

A equação do crescimento logístico tem a forma geral

$$y = \frac{M}{1 + Be^{-Mkt}}, \tag{9}$$

em que B, M e k são constantes positivas. Podemos mostrar que y satisfaz a equação diferencial

$$y' = ky(M - y). \tag{10}$$

O fator y reflete o fato de que a taxa de crescimento (y') depende em parte do tamanho y da população. O fator $M - y$ reflete o fato de que a taxa de crescimento também depende do quão próximo y está do nível máximo M.

Muitas vezes, a curva logística é usada para ajustar dados experimentais localizados ao longo de uma curva com forma de S. Exemplos disso são dados pelo crescimento de uma população de peixes num lago e pelo crescimento de uma população de moscas-de-fruta num recipiente em laboratório. Certas reações enzimáticas em animais também seguem uma lei logística. Uma das primeiras aplicações da curva logística ocorreu por volta de 1840, quando o sociólogo belga P. Verhulst ajustou os dados de seis censos dos Estados Unidos entre 1790 e 1840 a uma curva logística e fez uma estimativa para a população dos Estados Unidos de 1940. Sua previsão errou por menos de um milhão de habitantes (menos de 1%).

EXEMPLO 3 **Crescimento logístico** São depositados 100 peixes num lago e, depois de três meses, há 250 peixes no lago. Um estudo ecológico prevê que o lago pode suportar até 1.000 peixes. Encontre uma fórmula para o número $P(t)$ de peixes no lago t meses depois dos primeiros 100 peixes terem sido depositados ali.

Solução A população limite M é de 1.000 peixes. Portanto, temos

$$P(t) = \frac{1.000}{1 + Be^{-1.000\,kt}}.$$

Em $t = 0$ havia 100 peixes, de modo que

$$100 = P(0) = \frac{1.000}{1 + Be^0} = \frac{1.000}{1 + B}.$$

Logo, $1 + B = 10$, ou $B = 9$. Finalmente, como $P(3) = 250$, obtemos

$$250 = \frac{1.000}{1 + 9e^{-3.000\,k}}$$

$$1 + 9e^{-3.000\,k} = 4$$

$$e^{-3.000\,k} = \tfrac{1}{3}$$

$$-3.000k = \ln \tfrac{1}{3}$$

$$k \approx 0{,}00037.$$

Assim,

$$P(t) = \frac{1.000}{1 + 9e^{-0{,}37t}}. \blacksquare$$

Podem ser dadas várias justificativas teóricas para utilizar (9) e (10) nas situações em que o ambiente impede uma população de exceder um certo tamanho. Uma discussão desse tópico pode ser encontrada em *Mathematical Models and Applications*, de D. Maki e M. Thompson (Englewood Cliffs, N.J.: Prentice-Hall, Inc. 1973), páginas 312-317.

Um modelo epidemiológico Será instrutivo "construir" de fato um modelo matemático. Nosso exemplo refere-se à disseminação de uma doença altamente contagiosa. Começamos introduzindo várias hipóteses simplificadoras, como segue.

1. A população é um número fixo P e cada membro da população é suscetível à doença.
2. A duração da doença é longa, portanto, não ocorrem curas durante o período de tempo sob estudo.
3. Todos os indivíduos infectados são contagiosos e circulam livremente entre a população.
4. Durante cada período de tempo (como um dia ou uma semana) cada pessoa infectada faz c contatos e cada contato com uma pessoa não infectada resulta na transmissão da doença.

Considere um período curto de tempo de t a $t + h$. Cada pessoa infectada faz $c \cdot h$ contatos. Quantos desses contatos são com pessoas não infectadas? Se $f(t)$ é o número de pessoas infectadas no tempo t, então $P - f(t)$ é o número de pessoas não infectadas, e $[P - f(t)]/P$ é a fração da população não infectada. Assim, de $c \cdot h$ contatos feitos,

$$\left[\frac{P - f(t)}{P}\right] \cdot c \cdot h$$

serão com pessoas não infectadas. Esse é o número de novas infecções produzidas por uma pessoa infectada durante o período de tempo de duração h. O número total de *novas* infecções durante esse período é

$$f(t)\left[\frac{P - f(t)}{P}\right] ch.$$

Mas esse número precisa ser igual a $f(t + h) - f(t)$, em que $f(t + h)$ é o número total de pessoas infectadas no tempo $t + h$. Logo,

$$f(t+h) - f(t) = f(t)\left[\frac{P - f(t)}{P}\right]ch.$$

Dividindo por h, a duração do período de tempo, obtemos o número médio de novas infecções por unidade de tempo (durante o período curto de tempo), a saber,

$$\frac{f(t+h) - f(t)}{h} = \frac{c}{P}f(t)[P - f(t)].$$

Deixando h tender a zero e denotando $f(t)$ por y, o lado esquerdo tende à taxa de variação do número de pessoas infectadas e deduzimos a equação

$$\frac{dy}{dt} = \frac{c}{P}y(P - y). \tag{11}$$

Esse é o mesmo tipo de equação que utilizamos em (10) para o crescimento logístico, apesar de as duas situações que levaram a esse modelo parecerem bem diferentes.

Comparando (11) com (10), vemos que o número de indivíduos infectados no tempo t é descrito por uma curva logística com $M = P$ e $k = c/P$. Portanto, por (9), podemos escrever

$$f(t) = \frac{P}{1 + Be^{-ct}}.$$

B e c podem ser determinados a partir das características da epidemia. (Ver Exemplo 4.)

A curva logística tem um ponto de inflexão no valor de t em que $f(t) = P/2$. A posição desse ponto de inflexão tem um grande significado para as aplicações da curva logística. Por inspeção de um gráfico da curva logística, vemos que o ponto de inflexão é o ponto em que a curva tem a maior inclinação. Em outras palavras, o ponto de inflexão corresponde ao instante de maior crescimento da curva logística. Isso significa, por exemplo, que no modelo para epidemias que consideramos, a doença estará se espalhando com a maior velocidade precisamente quando a metade da população estiver infectada. Qualquer tentativa de controle epidemiológico (por exemplo, por meio de imunização) deve tentar reduzir a incidência da doença a um nível tão baixo quanto possível, mas de qualquer forma abaixo do ponto de inflexão em $P/2$, no qual a epidemia estará se espalhando com a maior velocidade.

EXEMPLO 4

Disseminação de uma epidemia O Serviço de Saúde Pública de uma cidade de 500.000 habitantes monitora a disseminação de uma epidemia de gripe de uma variedade de resistência particularmente longa. No início da primeira semana de monitoração, haviam sido registrados 200 casos; durante a primeira semana, são registrados 300 novos casos. Dê uma estimativa do número de indivíduos infectados depois de 6 semanas.

Solução

Aqui, $P = 500.000$. Se $f(t)$ denota o número de casos ao final de t semanas, então

$$f(t) = \frac{P}{1 + Be^{-ct}} = \frac{500.000}{1 + Be^{-ct}}.$$

Além disso, $f(0) = 200$, logo

$$200 = \frac{500.000}{1 + Be^0} = \frac{500.000}{1 + B},$$

e $B = 2.499$. Consequentemente, como $f(1) = 300 + 200 = 500$, temos

$$500 = f(1) = \frac{500.000}{1 + 2.499e^{-c}},$$

de forma que $e^{-c} \approx 0{,}4$ e $c \approx 0{,}92$. Finalmente,
$$f(t) = \frac{500.000}{1 + 2.499e^{-0{,}92t}}$$
e
$$f(6) = \frac{500.000}{1 + 2.499e^{-0{,}92(6)}} \approx 45.000.$$

Depois de 6 semanas, aproximadamente 45.000 indivíduos estarão infectados. ■

Esse modelo epidemiológico é usado por sociólogos para descrever a difusão de um rumor (continuando a denominá-lo modelo epidemiológico). Na Economia, o modelo é utilizado para descrever a difusão do conhecimento sobre um produto. Uma "pessoa infectada" representa um indivíduo que possui conhecimento sobre o produto. Em ambos os casos, supõe-se que os membros da população são os responsáveis primários pela disseminação do rumor ou conhecimento do produto. Essa situação contrasta com o modelo descrito anteriormente, em que a informação era espalhada para a população por fontes externas, como o rádio e a televisão.

Existem várias limitações a esse modelo epidemiológico. Cada uma das quatro hipóteses simplificadoras que introduzimos é irreal de várias formas. Modelos mais complicados podem ser construídos, que corrijam um ou mais desses defeitos, mas também requerem ferramentas matemáticas mais avançadas.

A função exponencial na fisiologia do pulmão Concluímos esta seção deduzindo um modelo útil para a pressão nos pulmões de uma pessoa quando se permite que o ar escape de forma passiva dos pulmões sem que a pessoa utilize seus músculos. Seja V o volume de ar nos pulmões e seja P a pressão relativa nos pulmões quando comparada com a pressão na boca. A *complacência total* (do sistema respiratório) é definida como a derivada $\frac{dV}{dP}$. Para valores normais de V e P, podemos supor que a complacência total seja uma constante positiva, digamos, C, isto é,

$$\frac{dV}{dP} = C. \tag{12}$$

Supomos que é suave e não turbulento o fluxo de ar durante a respiração passiva. Então, a lei de Poiseuille para fluxos fluidos diz que a taxa de variação do volume como uma função do tempo (ou seja, a taxa de fluxo do ar) satisfaz

$$\frac{dV}{dt} = -\frac{P}{R}, \tag{13}$$

onde R é uma constante (positiva) denominada *resistência das vias aéreas*. Sob essas condições, podemos deduzir uma fórmula para P como função do tempo. Como volume é uma função da pressão e esta, por sua vez, é uma função do tempo, podemos usar a regra da cadeia para escrever

$$\frac{dV}{dt} = \frac{dV}{dP} \cdot \frac{dP}{dt}.$$

De (12) e (13), obtemos

$$-\frac{P}{R} = C \cdot \frac{dP}{dt},$$

portanto,

$$\frac{dP}{dt} = -\frac{1}{RC} \cdot P.$$

Dessa equação diferencial, concluímos que P deve ser uma função exponencial de t. De fato,

$$P = P_0 e^{kt},$$

em que P_0 é a pressão inicial no instante $t = 0$ e $k = -1/RC$. Essa relação entre k e o produto RC é útil para os especialistas em pulmão, porque eles podem calcular k e a complacência C experimentalmente e, então, usar a fórmula $k = -1/RC$ para determinar a resistência das vias aéreas R.

Exercícios de revisão 5.4

1. Foi feito um estudo sociológico* para examinar o processo pelo qual os médicos decidem adotar um novo medicamento. Os médicos foram divididos em dois grupos. Os do grupo A tinham pouca interação com outros médicos e, por isso, recebiam a maioria de suas informações dos meios de comunicação de massa. Os médicos do grupo B tinham um contato intenso com outros médicos e, por isso, a maioria de suas informações era proveniente de colegas. Para cada grupo, seja $f(t)$ o número dos médicos que haviam tomado conhecimento do novo medicamento depois de t meses. Examine a equação diferencial apropriada para explicar por que os dois gráficos foram do tipo dos apresentados na Figura 6.

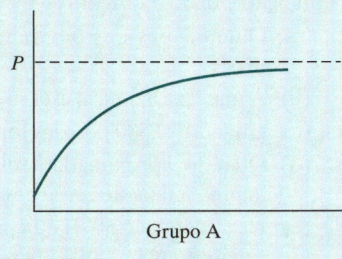

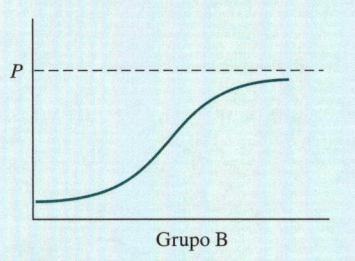

Figura 6 Resultados de um estudo sociológico.

James S. Coleman, Eliku Katz, and Herbert Menzel, "The Diffusion of an Innovation among Physicians," *Sociometry*, 20 (1957), 253-270.

Exercícios 5.4

1. Considere a função $f(x) = 5(1 - e^{-2x}), x \geq 0$.
   (a) Mostre que $f(x)$ é crescente e côncava para baixo em $x \geq 0$.
   (b) Explique por que $f(x)$ tende a 5 quando x fica grande.
   (c) Esboce o gráfico de $f(x), x \geq 0$.
2. Considere a função $g(x) = 10 - 10e^{-0,1x}, x \geq 0$.
   (a) Mostre que $g(x)$ é crescente e côncava para baixo em $x \geq 0$.
   (b) Explique por que $g(x)$ tende a 10 quando x fica grande.
   (c) Esboce o gráfico de $g(x), x \geq 0$.
3. Se $y = 2(1 - e^{-x})$, calcule y' e mostre que $y' = 2 - y$.
4. Se $y = 5(1 - e^{-2x})$, calcule y' e mostre que $y' = 10 - 2y$.
5. Se $f(x) = 3(1 - e^{-10x})$, mostre que $y = f(x)$ satisfaz a equação diferencial

$$y' = 10(3 - y), f(0) = 0.$$

6. **Modelo de Ebbinghaus para a perda de memória** Um estudante aprende uma certa quantidade de matéria em alguma disciplina. Seja $f(t)$ a porcentagem dessa matéria que o estudante consegue lembrar t semanas mais tarde. O psicólogo Ebbinghaus descobriu que essa porcentagem de retenção pode ser modelada por uma função da forma

$$f(x) = (100 - a)e^{-\lambda t} + a,$$

onde λ e a são constantes positivas com $0 < a < 100$. Esboce o gráfico da função $f(t) = 85e^{-0,5t} + 15, t \geq 0$.

7. **Espalhamento de notícia** Quando o júri considerou o prefeito de uma certa cidade culpado por aceitar suborno, o jornal, a rádio e a televisão começaram imediatamente a veicular a notícia. Dentro de uma hora, uma quarta parte dos cidadãos tinha conhecimento da decisão. Dê uma estimativa de quando três quartas partes da cidade tinham conhecimento da notícia.

292 Capítulo 5 • Aplicações das funções exponencial e logaritmo natural

8. Examine a fórmula (8) para a quantidade $A(t)$ de glicose excessiva na corrente sanguínea de um paciente em função do tempo t. Descreva o que aconteceria se a taxa r de infusão de glicose fosse dobrada.

9. **Eliminação de glicose** Descreva uma experiência que um médico pode efetuar para determinar a constante da velocidade da eliminação de glicose de um determinado paciente.

10. **Concentração de glicose na corrente sanguínea** Em geral, os fisiologistas descrevem a infusão intravenosa contínua de glicose em termos da *concentração* excessiva de glicose, $C(t) = A(t)/V$, onde V é o volume total de sangue do paciente. Nesse caso, a taxa de aumento na concentração de glicose resultante da injeção contínua é r/V. Encontre uma equação diferencial que modele a taxa de variação da concentração excessiva de glicose.

11. **Espalhamento de notícia** Uma notícia é espalhada boca a boca para uma audiência potencial de 10.000 pessoas. Depois de t dias,

$$f(t) = \frac{10.000}{1 + 50e^{-0,4t}}$$

pessoas têm conhecimento da notícia. O gráfico dessa função é dado na Figura 7.

(a) Quantas pessoas, aproximadamente, ouviram a notícia depois de 7 dias?

(b) A que taxa, aproximadamente, a notícia está se espalhando depois de 14 dias?

(c) Quando, aproximadamente, 7.000 pessoas ouviram a notícia?

(d) Quando, aproximadamente, a notícia está se espalhando uma taxa de 600 pessoas por dia?

(e) Quando, aproximadamente, é máxima a taxa à qual a notícia se espalha?

(f) Use as equações (9) e (10) para determinar a equação diferencial satisfeita por $f(t)$.

(g) A que taxa a notícia está se espalhando quando metade da audiência potencial tiver ouvido a notícia?

12. **Espalhamento de notícia** Uma notícia é espalhada pelos meios de comunicação em massa para uma audiência potencial de 50.000 pessoas. Depois de t dias,

$$f(t) = 50.000(1 - e^{-0,3t})$$

pessoas têm conhecimento da notícia. O gráfico dessa função é dado na Figura 8.

(a) Quantas pessoas ouviram a notícia depois de 10 dias?

(b) A que taxa a notícia está se espalhando inicialmente?

(c) Quando 22.500 pessoas terão ouvido a notícia?

(d) Quando, aproximadamente, a notícia está se espalhando à taxa de 2.500 pessoas por dia?

(e) Use as equações (3) e (4) para determinar a equação diferencial satisfeita por $f(t)$.

(f) A que taxa a notícia está se espalhando quando metade da audiência potencial tiver ouvido a notícia?

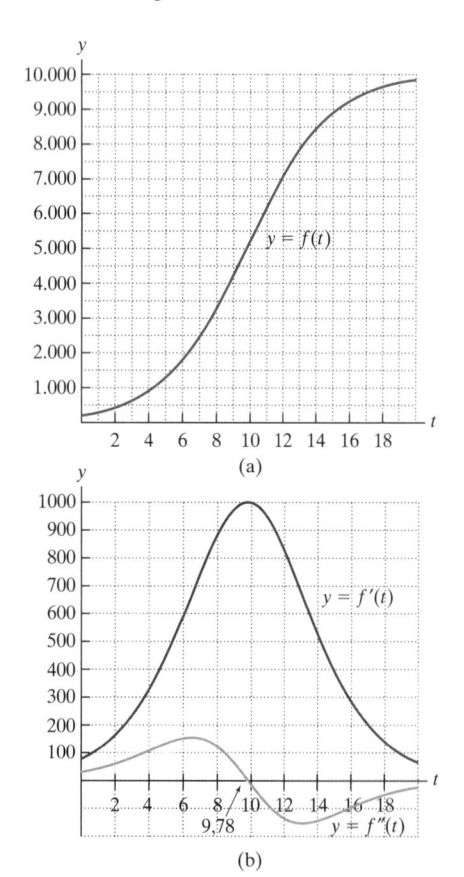

Figura 7

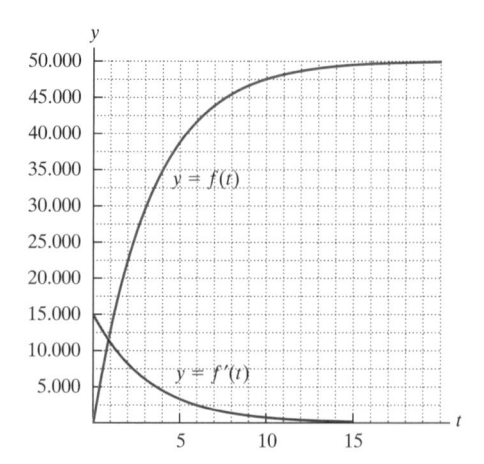

Figura 8

Exercícios com calculadora

13. Tomando um medicamento por via oral, a quantidade do medicamento na corrente sanguínea depois de t horas é $f(t) = 122(e^{-0,2t} - e^{-t})$ unidades.

(a) Obtenha o gráfico de $f(t)$, $f'(t)$ e $f''(t)$ na janela $[0, 12]$ por $[-20, 75]$.

(b) Quantas unidades do medicamento estão na corrente sanguínea depois de 7 horas?

(c) A que taxa está aumentando o nível do medicamento na corrente sanguínea depois de 1 hora?
(d) Enquanto o nível está decrescendo, quando o nível do medicamento na corrente sanguínea é de 20 unidades?
(e) Qual é o maior nível do medicamento na corrente sanguínea e quando ele é atingido?
(f) Quando decresce mais rapidamente o nível do medicamento na corrente sanguínea?

14. Um modelo incorporando restrições de crescimento para o número de bactérias numa cultura depois de t dias é dado por $f(t) = 5.000(20 + te^{-0,04t})$.

(a) Obtenha os gráficos de $f'(t)$ e $f''(t)$ na janela $[0, 100]$ por $[-700, 300]$.
(b) Quão rápido varia a cultura depois de 100 dias?
(c) Quando, aproximadamente, a cultura cresce à taxa de 76,6 bactérias por dia?
(d) Quando é máximo o tamanho da cultura?
(e) Quando decresce mais rapidamente o tamanho da cultura?

Soluções dos exercícios de revisão 5.4

1. A diferença entre a transmissão de informação pelos meios de comunicação de massa e a transmissão de boca a boca é que no segundo caso a taxa de transmissão depende não apenas do número de pessoas que ainda não recebeu a informação, mas também do número de pessoas que conhecem a informação e que, portanto, são capazes de divulgá-la. Dessa forma, para o grupo A, temos $f'(t) = k[P - f(t)]$ e, para o grupo B, $f'(t) = kf(t)[P - f(t)]$. Observe que a disseminação da informação boca a boca segue o mesmo padrão do espalhamento de uma epidemia.

REVISÃO DE CONCEITOS FUNDAMENTAIS

1. Qual equação diferencial é a chave para resolver problemas de crescimento e decaimento exponenciais? Enuncie um resultado sobre a solução dessa equação diferencial.
2. O que é uma constante de crescimento? E uma constante de decaimento?
3. O que se quer dizer com meia-vida de um elemento radioativo?
4. Explique como funciona o processo de datação com radiocarbono.
5. Escreva a fórmula para cada uma das quantidades seguintes.

(a) O montante composto de P dólares em t anos à taxa de juros r composta continuamente.
(b) O valor presente de A dólares em n anos à taxa de juros r composta continuamente.

6. Qual é a diferença entre uma taxa de variação relativa e uma taxa de variação percentual?
7. Defina a elasticidade de demanda, $E(p)$, de uma função demanda. Como é utilizada $E(p)$?
8. Descreva uma aplicação da equação diferencial $y' = k(M - y)$.
9. Descreva uma aplicação da equação diferencial $y' = ky(M - y)$.

EXERCÍCIOS SUPLEMENTARES

1. A pressão atmosférica $P(x)$ (medida em polegadas de mercúrio) a uma altura de x milhas acima do nível do mar satisfaz a equação diferencial $P'(x) = -0,2P(x)$. Encontre a fórmula de $P(x)$ se a pressão atmosférica ao nível do mar for 29,92.
2. A população de gaivotas de arenque na América do Norte tem dobrado a cada 13 anos desde 1900. Dê uma equação diferencial satisfeita por $P(t)$, a população t anos depois de 1900.
3. Encontre o valor presente de $10.000 pagáveis ao final de 5 anos, se o dinheiro puder ser investido a 12% de juros compostos continuamente.
4. São depositados mil dólares numa caderneta de poupança à taxa de juros de 10% compostos continuamente. Quantos anos são necessários para que o saldo da poupança alcance $3.000?
5. A meia-vida do elemento radioativo trítio é 12 anos. Encontre sua constante de decaimento.

6. Um pedaço de carvão encontrado em Stonehenge, na Inglaterra, continha 63% do nível de ^{14}C encontrado em árvores vivas. Quão antigo, aproximadamente, é esse pedaço de carvão?

7. A população do Texas cresceu de 17 milhões para 19,3 milhões entre 1º de janeiro de 1990 e 1º de janeiro de 1997.
   (a) Dê a fórmula para a população t anos depois de 1990.
   (b) Se continuar esse crescimento, qual seria a população do Texas no ano 2000?
   (c) Em que ano a população atingirá os 25 milhões?

8. Uma carteira de ações se valorizou de $100.000 para $117.000 em 2 anos. Qual é a taxa de juros compostos continuamente que esse investimento rendeu?

9. Um investidor faz um investimento especulativo inicial de $10.000. Suponha que o investimento tenha um ganho de 20% compostos continuamente durante um período de 5 anos e, depois, tenha um ganho de 6% compostos continuamente durante os próximos 5 anos.
   (a) Para quanto cresceu o investimento de $10.000 depois de 10 anos?
   (b) O investidor tem a alternativa de um investimento que paga 14% de juros compostos continuamente. Qual investimento é superior ao longo de um período de 10 anos e por quanto?

10. Duas colônias distintas de bactérias estão crescendo perto de uma poça de água estagnada. A primeira colônia inicialmente tem 1000 bactérias e dobra a cada 21 minutos. A segunda colônia tem 710.000 bactérias e dobra a cada 33 minutos. Quanto tempo vai levar até que a primeira colônia se torne tão grande quanto a segunda?

11. A população de uma cidade t anos depois de 1990 satisfaz a equação diferencial $y' = 0,02y$. Qual é a constante de crescimento? Quão rápido estará crescendo a população quando atingir 3 milhões de pessoas? Em qual nível populacional a população estará crescendo à taxa de 100.000 pessoas por ano?

12. Uma colônia de bactérias está crescendo exponencialmente com uma constante de crescimento 0,4, sendo o tempo medido em horas. Determine o tamanho da colônia quando ela estiver crescendo à taxa de 200.000 bactérias por hora. Determine a taxa à qual a colônia estará crescendo quando o seu tamanho for 1.000.000.

13. A população de um certo país está crescendo exponencialmente. A população total (em milhões) em t anos é dada pela função $P(t)$. Associe cada resposta com a correspondente pergunta.

Respostas

a. Resolva $P(t) = 2$ para t.
b. $P(2)$.
c. $P'(2)$.
d. Resolva $P'(t) = 2$ para t.
e. $y' = ky$

f. Resolva $P(t) = 2P(0)$ para t.
g. $P_0 e^{kt}, k > 0$
h. $P(0)$.

Perguntas

A. Quão rápido estará crescendo a população em dois anos?
B. Dê a forma geral da função $P(t)$.
C. Quanto tempo levará para dobrar a população atual?
D. Qual será o tamanho da população em 2 anos?
E. Qual é o tamanho inicial da população?
F. Quando o tamanho da população será de 2 milhões?
G. Quando a população estará crescendo à taxa de 2 milhões de pessoas por ano?
H. Dê a equação diferencial satisfeita por $P(t)$.

14. Você dispõe de 80 gramas de um certo material radioativo, e a quantidade que permanece depois de t anos é dada pela função $f(t)$ dada na Figura 1.
    (a) Quanto permanecerá depois de 5 anos?
    (b) Quando restarão 10 gramas?
    (c) Qual é a meia-vida desse material radioativo?
    (d) A que taxa o material radioativo estará se desintegrando depois de um ano?
    (e) Depois de quantos anos o material radioativo estará se desintegrando à taxa de 5 gramas por ano?

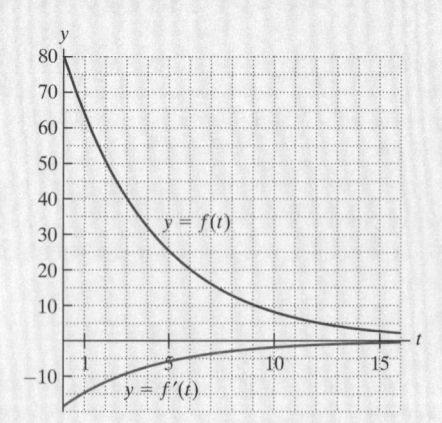

Figura 1

15. Poucos anos depois de ser depositado dinheiro num banco, o montante composto é de $1.000 e está crescendo à taxa de $60 por ano. Esse dinheiro está rendendo a que taxa de juros (compostos continuamente)?

16. O saldo atual de uma caderneta de poupança é de $1.230 e a taxa de juros é de 4,5%. A que taxa está crescendo o montante composto atualmente?

17. Encontre a taxa de variação percentual da função $f(t) = 50e^{0,2t^2}$ em $t = 10$.

18. Encontre $E(p)$ para a função demanda $q = 4.000 - 40p^2$, e determine se a demanda é elástica ou inelástica a $p = 5$.

19. Para uma certa função demanda, $E(8) = 1,5$. Se o preço for aumentado para $8,16, dê uma estimativa do decréscimo percentual da quantidade demandada. A receita irá aumentar ou diminuir?

20. Encontre a taxa de variação percentual da função $f(p) = \dfrac{1}{3p+1}$ em $p = 1$.

21. Uma companhia consegue vender $q = 1000p^2 e^{-0,02(p+5)}$ calculadoras ao preço de p dólares por calculadora. O preço atual é de $200. Se o preço for reduzido, a receita irá aumentar ou diminuir?

22. Considere uma função demanda da forma $q = ae^{-bp}$, onde a e b são números positivos. Encontre $E(p)$ e mostre que a elasticidade é igual a 1 quando $p = 1/b$.

23. Continuação do Exercício de Revisão 5.4. Dentre 100 médicos do grupo A, nenhum tinha conhecimento do medicamento no instante $t = 0$, mas 66 deles estavam familiarizados com o mesmo passados 13 meses. Encontre a fórmula de $f(t)$.

24. O crescimento de um certo capim é descrito por uma fórmula $f(t)$ do tipo (9) da Seção 5.4. Um capim desses tem um comprimento de 8 centímetros depois de 9 dias, um comprimento de 48 centímetros depois de 25 dias e atinge o comprimento de 55 centímetros em sua maturidade. Encontre a fórmula para $f(t)$.

25. Quando uma barra de aço fundido à temperatura de 1.800°F é colocada num recipiente grande com água à temperatura de 60°F, a temperatura da barra depois de t segundos é dada por

$$f(t) = 60(1 + 29e^{-0,15t})°F$$

O gráfico dessa função aparece na Figura 2.

(a) Qual é a temperatura da barra depois de 11 segundos?
(b) A que taxa está variando a temperatura da barra depois de 6 segundos?
(c) Quando, aproximadamente, a temperatura da barra é de 200°F?
(d) Quando, aproximadamente, a barra está resfriando à taxa de 200°F por segundo?

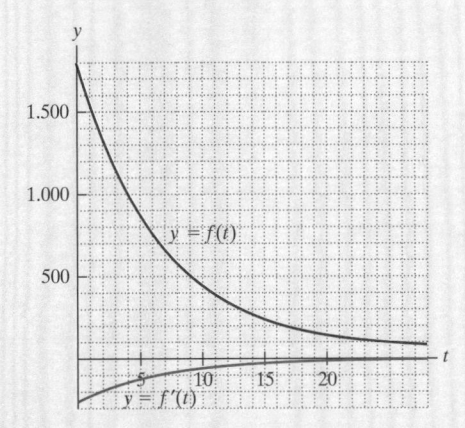

Figura 2

26. Uma certa cultura de bactérias cresce a uma taxa proporcional ao seu tamanho. Se 10.000 bactérias crescem à taxa de 500 bactérias por dia, quão rápido estará crescendo a cultura quando alcançar 15.000 bactérias?

A INTEGRAL DEFINIDA

CAPÍTULO 6

- **6.1** Antiderivação
- **6.2** Áreas e somas de Riemann
- **6.3** Integrais definidas e o teorema fundamental
- **6.4** Áreas no plano *xy*
- **6.5** Aplicações da integral definida

Existem dois problemas fundamentais no Cálculo, a saber, (1) encontrar a inclinação de uma curva num ponto e (2) encontrar a área de uma região sob uma curva. Esses problemas são bem simples quando a curva é uma reta, como na Figura 1. Tanto a inclinação da reta quanto a área do trapézio sombreado podem ser calculadas por princípios geométricos. Quando o gráfico consiste em vários segmentos de reta, como na Figura 2, a inclinação de cada segmento de reta pode ser calculada separadamente, e a área da região pode ser encontrada somando as áreas das regiões sob cada segmento de reta.

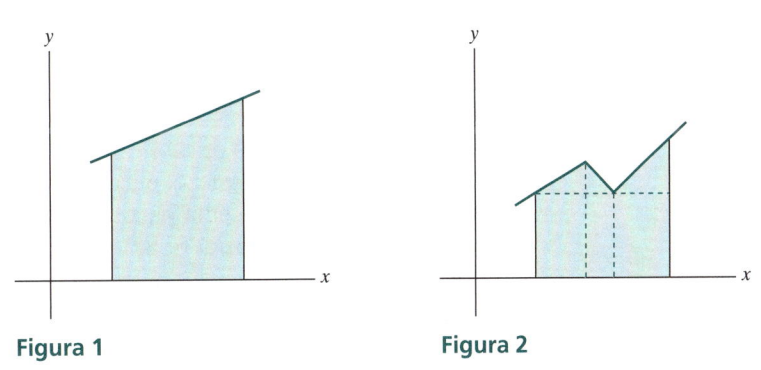

Figura 1

Figura 2

6.1 Antiderivação

Desenvolvemos várias técnicas de cálculo para obter a derivada $F'(x)$ de uma função $F(x)$. Entretanto, em muitas aplicações, é necessário proceder ao contrário. Nos é dada a derivada $F'(x)$ e precisamos determinar a função $F(x)$. O processo de determinar $F(x)$ a partir de $F'(x)$ é denominado *antiderivação*. O exemplo seguinte dá uma aplicação típica envolvendo antiderivação.

EXEMPLO 1   **Gastos com a saúde pública**   Segundo os dados do governo, os gastos do governo federal dos Estados Unidos com a saúde pública entre os últimos anos da década de 1990 e os primeiros anos da década de 2000 cresciam a uma taxa exponencial, com constante de crescimento de 0,12, aproximadamente. No início de 2000, essa taxa era cerca de 380 bilhões de dólares anuais. Denotemos por $R(t)$ (em bilhões de dólares por ano) a taxa dos gastos com a saúde pública no tempo t, em que t é o número de anos desde o início de 2000. Então, um modelo razoável para $R(t)$ é dado por

$$R(t) = 380e^{0,12t}. \qquad (1)$$

Supondo que os gastos com a saúde pública continuem crescendo a essa taxa, use a fórmula de $R(t)$ para determinar o total de gastos com a saúde pública entre 2000 e 2010.

Solução   Denotemos por $T(t)$ o gasto do governo federal com a saúde pública desde o tempo 0 (2000) até o tempo t. Queremos calcular $T(10)$, o total de gastos com a saúde pública de 2000 a 2010. Faremos isso determinando, primeiro, uma fórmula de $T(t)$. Como $T(t)$ denota os gastos com a saúde pública, a derivada $T'(t)$ é a *taxa* de variação dos gastos com a saúde pública, ou $R(t)$. Assim, embora ainda não tenhamos uma fórmula de $T(t)$, sabemos que

$$T'(t) = R(t) = 380e^{0,12t}.$$

Dessa forma, o problema de determinar uma fórmula para $T(t)$ foi reduzido a um problema de antiderivação: encontrar uma função cuja derivada seja $R(t)$. Resolveremos esse problema particular depois de desenvolver técnicas para resolver problemas de antiderivação em geral. ∎

> **Antiderivada**   Sejam $f(x)$ uma função dada e $F(x)$ uma função que tem $f(x)$ como sua derivada, isto é, $F'(x) = f(x)$. Dizemos que $F(x)$ é uma *antiderivada* de $f(x)$.

EXEMPLO 2   Encontre uma antiderivada de $f(x) = x^2$.

Solução A derivada de x^3 é $3x^2$, que é quase o mesmo que x^2, exceto pelo fator 3. Para transformar esse fator em 1, tomamos $F(x) = \frac{1}{3}x^3$. Então

$$F'(x) = \underbrace{\frac{d}{dx}\left(\frac{1}{3}x^3\right) = \frac{1}{3}\left(\frac{d}{dx}x^3\right)}_{\text{regra do múltiplo constante}} = \frac{1}{3}\cdot 3x^2 = x^2.$$

Logo, $F(x)$ é uma antiderivada de x^2. Uma outra antiderivada é $\frac{1}{3}x^3 + 5$, já que a derivada de uma função constante é zero.

$$\frac{d}{dx}\left(\frac{1}{3}x^3 + 5\right) = \frac{d}{dx}\left(\frac{1}{3}x^3\right) + \frac{d}{dx}(5) = x^2 + 0 = x^2.$$

De fato, se C é uma constante qualquer, a função $F(x) = \frac{1}{3}x^3 + C$ também é uma antiderivada de x^2, porque

$$\frac{d}{dx}\left(\frac{1}{3}x^3 + C\right) = \frac{1}{3}\cdot 3x^2 + 0 = x^2.$$

(A derivada de uma função constante é zero.) ∎

EXEMPLO 3 Encontre uma antiderivada da função $f(x) = e^{-2x}$.

Solução Lembre que a derivada de e^{rx} é só uma constante vezes e^{rx}. Para uma antiderivada de e^{-2x}, tentamos uma função da forma ke^{-2x}, em que k é alguma constante a ser determinada. Então

$$\frac{d}{dx}ke^{-2x} = k\cdot(-2e^{-2x}) = -2ke^{-2x}.$$

Escolha k de tal modo que $-2k = 1$, isto é, escolha $k = -\frac{1}{2}$. Então

$$\frac{d}{dx}\left(-\frac{1}{2}e^{-2x}\right) = \left(-\frac{1}{2}\right)(-2e^{-2x}) = 1\cdot e^{-2x} = e^{-2x}.$$

Assim, $-\frac{1}{2}e^{-2x}$ é uma antiderivada de e^{-2x}. Além disso, dada qualquer constante C, a função $-\frac{1}{2}e^{-2x} + C$ é uma antiderivada e^{-2x}, porque

$$\frac{d}{dx}\left(-\frac{1}{2}e^{-2x} + C\right) = e^{-2x} + 0 = e^{-2x}.$$ ∎

Os Exemplos 2 e 3 ilustram o fato de que, sendo $F(x)$ uma antiderivada de $f(x)$, então também $F(x) + C$ é uma antiderivada, sendo C uma constante. [A derivada da função constante C é zero.] O teorema seguinte diz que *todas* as antiderivadas de $f(x)$ podem ser produzidas dessa maneira.

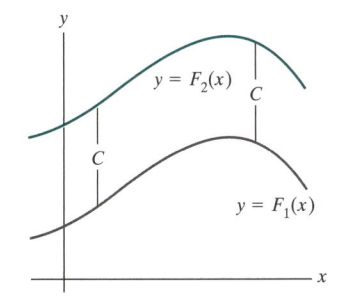

Figura 1 Duas antiderivadas da mesma função.

> **Teorema I** Suponha que $f(x)$ seja uma função contínua num intervalo I. Se $F_1(x)$ e $F_2(x)$ são duas antiderivadas de $f(x)$, então $F_1(x)$ e $F_2(x)$ diferem por uma constante em I. Em outras palavras, existe alguma constante C tal que
> $$F_2(x) = F_1(x) + C \quad \text{em cada } x \text{ de } I.$$

Geometricamente, o gráfico de qualquer antiderivada $F_2(x)$ é obtido deslocando verticalmente o gráfico de $F_1(x)$. (Ver Figura 1.)

Nossa verificação do Teorema I utiliza o seguinte fato, que consiste em outro resultado importante.

> **Teorema II** Se $F'(x)$ em cada x de um intervalo I, então existe alguma constante C tal que $F(x) = C$, em cada x de I.

É fácil ver por que a afirmação do Teorema II é razoável. (Uma prova formal do teorema requer um resultado teórico importante denominado teorema do valor médio.) Se $F'(x) = 0$ em cada x, a curva $y = F(x)$ tem uma inclinação nula em cada ponto. Logo, a reta tangente a $y = F(x)$ em cada ponto é horizontal, o que implica que o gráfico de $y = F(x)$ é uma reta horizontal. (Tente desenhar o gráfico de uma função com tangente horizontal em cada ponto. Não há outra jeito a não ser manter o seu lápis movendo numa reta horizontal!) Se a reta horizontal for $y = C$, então $F(x) = C$ em cada x.

Verificação do Teorema I Se $F_1(x)$ e $F_2(x)$ são duas antiderivadas de $f(x)$, a função $F(x) = F_2(x) - F_1(x)$ tem a derivada

$$F'(x) = F'_2(x) - F'_1(x) = f(x) - f(x) = 0$$

Assim, pelo Teorema II, sabemos que $F(x) = C$ para alguma constante C. Em outras palavras, $F_2(x) - F_1(x) = C$, portanto,

$$F_2(x) = F_1(x) + C,$$

o que é o Teorema I.

Usando o Teorema I, podemos encontrar *todas* as antiderivadas de uma dada função, se conhecermos uma de suas antiderivadas. Por exemplo, como uma antiderivada de x^2 é $\frac{1}{3}x^3$ (Exemplo 2), todas as antiderivadas de x^2 têm a forma $\frac{1}{3}x^3 + C$, em que C é uma constante.

> **DEFINIÇÃO Integral indefinida** Suponha que $f(x)$ seja uma função cujas antiderivadas são $F(x) + C$. A maneira padrão de expressar esse fato é escrever
>
> $$\int f(x)\,dx = F(x) + C.$$

Dizemos que o símbolo $\int$ é o *sinal de integral*. A notação completa $\int f(x)dx$ é denominada *integral indefinida*, e representa a antiderivação da função $f(x)$.

Sempre colocamos a letra d antes da variável que nos interessa. Por exemplo, se a variável que nos interessa for t em vez de x, escrevemos $\int f(t)dt$ para a antiderivada.

EXEMPLO 4

Determine

(a) $\displaystyle\int x^r\,dx$, r uma constante $\neq -1$ **(b)** $\displaystyle\int e^{kx}\,dx$, k uma constante $\neq 0$

Solução **(a)** Pelas regras do múltiplo constante e da potência,

$$\frac{d}{dx}\left(\frac{1}{r+1}x^{r+1}\right) = \frac{1}{r+1}\cdot\frac{d}{dx}x^{r+1} = \frac{1}{r+1}\cdot(r+1)x^r = x^r.$$

Assim, $x^{r+1}/(r+1)$ é uma antiderivada de x^r. Deixando C representar uma constante qualquer, obtemos

$$\int x^r\,dx = \frac{1}{r+1}x^{r+1} + C, \qquad r \neq -1. \tag{2}$$

(b) Uma antiderivada de e^{kx} é e^{kx}/k, pois

$$\frac{d}{dx}\left(\frac{1}{k}e^{kx}\right) = \frac{1}{k}\cdot\frac{d}{dx}e^{kx} = \frac{1}{k}(ke^{kx}) = e^{kx}.$$

Portanto,

$$\int e^{kx}\, dx = \frac{1}{k} e^{kx} + C, \qquad k \neq 0. \tag{3}$$

EXEMPLO 5   Determine

(a) $\displaystyle\int \sqrt{x}\, dx$ (b) $\displaystyle\int \frac{1}{x^2}\, dx$

Solução   Ambas as integrais seguem da fórmula (2). Na parte (a), tomamos $r = 1/2$ em (2) e obtemos

$$\int x^{\frac{1}{2}}\, dx = \frac{1}{\frac{1}{2}+1} x^{\frac{1}{2}+1} + C = \frac{1}{3/2} x^{\frac{3}{2}} + C = \frac{2}{3} x^{\frac{3}{2}} + C.$$

Na parte (b), tomamos $r = -2$ em (2) e obtemos

$$\int x^{-2}\, dx = \frac{1}{-2+1} x^{-2+1} + C = -x^{-1} + C = -\frac{1}{x} + C. \qquad \blacksquare$$

Há uma sutileza a ser destacada em relação à integral indefinida de uma função descontínua. Considere a integral indefinida de $f(x) = \frac{1}{x^2}$ do Exemplo 5(b). Como $f(x)$ não está definida em $x = 0$ e é contínua em todos os demais pontos, o Teorema I só nos diz que as antiderivadas de $f(x)$ são $(-1/x) + C$ em qualquer intervalo que não contenha 0. Logo, para expressar as antiderivadas de $f(x)$, excluímos 0 e escrevemos

$$\int \frac{1}{x^2}\, dx = \begin{cases} -\frac{1}{x} + C_1 & \text{se } x > 0, \\ -\frac{1}{x} + C_2 & \text{se } x < 0. \end{cases}$$

Observe que, por termos dois intervalos distintos ($x < 0$ e $x > 0$), deveríamos usar duas constantes de integração distintas, C_1 e C_2. Entretanto, por conveniência de notação, continuamos utilizando somente uma constante de integração, como no Exemplo 5(b).

A fórmula (2) não dá a antiderivada de x^{-1} porque $1/(r+1)$ não está definida em $r = -1$. Entretanto, sabemos que a derivada de $\ln|x|$ é $1/x$ em $x \neq 0$. Portanto, $\ln|x|$ é uma antiderivada de $1/x$, e obtemos

$$\int \frac{1}{x}\, dx = \ln|x| + C, \qquad x \neq 0.$$

A fórmula (4) fornece o caso que faltava ($r = -1$) na fórmula (2). Já que $1/x$ não está definida em $x = 0$ (ver comentário depois do Exemplo 5), deveríamos distinguir os dois intervalos de validade da fórmula (4) e interpretá-la com o sentido seguinte.

$$\int \frac{1}{x}\, dx = \begin{cases} \ln x + C_1 & \text{se } x > 0, \\ \ln(-x) + C_2 & \text{se } x < 0. \end{cases}$$

Cada uma das fórmulas (2), (3) e (4) foi obtida "revertendo" uma regra de derivação conhecida. De maneira similar, podemos usar as regras da soma e do múltiplo constante de derivadas para obter regras correspondentes de antiderivadas.

$$\int [f(x) + g(x)]\, dx = \int f(x)\, dx + \int g(x)\, dx. \tag{5}$$

$$\int k f(x)\, dx = k \int f(x)\, dx, \qquad k \text{ uma constante.} \tag{6}$$

Em palavras, (5) diz que a soma de funções pode ser antiderivada termo a termo e (6) diz que um múltiplo constante pode ser movida pelo sinal de integral.

EXEMPLO 6

Calcule
$$\int \left(x^{-3} + 7e^{5x} + \frac{4}{x}\right) dx.$$

Solução Utilizando as regras precedentes, obtemos

$$\int \left(x^{-3} + 7e^{5x} + \frac{4}{x}\right) dx = \int x^{-3}\, dx + \int 7e^{5x}\, dx + \int \frac{4}{x}\, dx$$

$$= \int x^{-3}\, dx + 7\int e^{5x}\, dx + 4\int \frac{1}{x}\, dx$$

$$= \frac{1}{-2}x^{-2} + 7\left(\frac{1}{5}e^{5x}\right) + 4\ln|x| + C$$

$$= -\frac{1}{2}x^{-2} + \frac{7}{5}e^{5x} + 4\ln|x| + C. \quad \blacksquare$$

Com alguma prática, podemos omitir a maioria dos passos intermediários exibidos na solução do Exemplo 6.

Uma função tem uma infinidade de diferentes antiderivadas, correspondendo às várias escolhas possíveis da constante C. Nas aplicações, muitas vezes é necessário satisfazer uma condição adicional que, então, determina um valor específico de C.

EXEMPLO 7

Encontre a função $f(x)$ para a qual $f'(x) = x^2 - 2$ e $f(1) = \frac{4}{3}$. [Equivalentemente, pede-se a resolução da equação diferencial $y' = x^2 - 2$, $y(1) = \frac{4}{3}$.]

Solução A função desconhecida $f(x)$ é uma antiderivada de $x^2 - 2$. Uma antiderivada de $x^2 - 2$ é $\frac{1}{3}x^3 - 2x$. Portanto, pelo Teorema I,

$$f(x) = \frac{1}{3}x^3 - 2x + C, \qquad C \text{ uma constante.}$$

A Figura 2 mostra os gráficos de $f(x)$ para diferentes escolhas de C. Queremos a função cujo gráfico passe por $(1, \frac{4}{3})$. Para encontrar o valor de C que faz $f(1) = \frac{4}{3}$, tomamos

$$\tfrac{4}{3} = f(1) = \tfrac{1}{3}(1)^3 - 2(1) + C = -\tfrac{5}{3} + C$$

e encontramos $C = \frac{4}{3} + \frac{5}{3} = 3$. Assim, $f(x) = \frac{1}{3}x^3 - 2x + 3$. $\blacksquare$

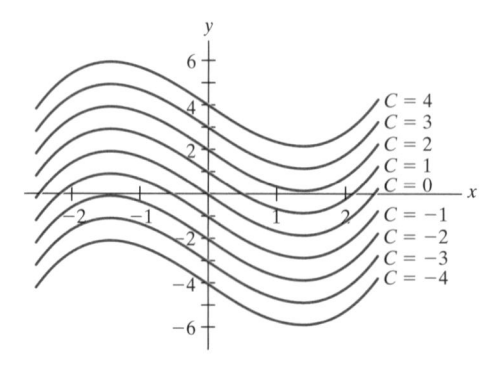

Figura 2 Várias antiderivadas de $x^2 - 2$.

Tendo introduzido os conceitos básicos da antiderivação, vejamos como resolver o problema dos gastos com a saúde pública do Exemplo 1.

Solução do Exemplo 1 (continuação) A taxa de gastos do governo federal dos Estados Unidos com a saúde pública no tempo t é dada por $R(t) = 380e^{0,12t}$ bilhões de dólares anuais. Vimos que os gastos $T(t)$ com a saúde pública, do instante 0 ao instante t, é uma antiderivada de $R(t)$. Usando as fórmulas (3) e (6), obtemos

$$T(t) = \int 380e^{0,12t}\, dt = \frac{380}{0,12}e^{0,12t} + C = 3.166{,}67e^{0,12t} + C,$$

em que C é uma constante. Entretanto, no nosso exemplo particular, $T(0) = 0$, pois $T(0)$ representa os gastos do tempo 0 ao tempo 0. Portanto, a constante C deve satisfazer

$$0 = T(0) = 3.166{,}67e^{0,12(0)} + C = 3.166{,}67 + C$$
$$C = -3.166{,}67.$$

Assim,

$$T(t) = 3.166{,}67e^{0,12t} - 3.166{,}67 = 3.166{,}67(e^{0,12t} - 1),$$

e, portanto,

$$T(10) = 3.166{,}67(e^{0,12(10)} - 1) \approx 7.347 \text{ bilhões de dólares.}$$

Logo, os gastos com a saúde pública de 2000 a 2010 devem exceder os 7 trilhões de dólares. ∎

EXEMPLO 8

Posição de um foguete Um foguete é disparado verticalmente para cima. Sua velocidade no instante t segundos depois do disparo é $v(t) = 6t + 0,5$ metros por segundo. Antes do lançamento, a ponta do foguete está a 8 metros acima da plataforma de lançamento. Encontre a altura em que se encontra o foguete no instante t, medindo a altura desde a ponta do foguete até a plataforma de lançamento.

Solução Se $s(t)$ denota a altura do foguete no instante t, então $s'(t)$ é a taxa à qual varia sua altura. Isto é, $s'(t) = v(t)$ e, portanto, $s(t)$ é uma antiderivada de $v(t)$. Logo,

$$s(t) = \int v(t)\, dt = \int (6t + 0,5)\, dt = 3t^2 + 0,5t + C,$$

em que C é uma constante. Quando $t = 0$, a altura do foguete é de 8 metros, ou seja, $s(0) = 8$ e

$$8 = s(0) = 3(0)^2 + 0,5(0) + C = C.$$

Assim, $C = 8$ e

$$s(t) = 3t^2 + 0,5t + 8.$$ ∎

EXEMPLO 9

Função custo A função custo marginal de uma companhia é dada por $C'(x) = 0,015x^2 - 2x + 80$ dólares, onde x denota o número de unidades produzidas em um dia. A companhia tem custos fixos de \$1.000 por dia.

(a) Encontre o custo de produzir x unidades por dia.
(b) Se o nível de produção atual for de $x = 30$, determine em quanto os custos aumentariam se o nível de produção fosse elevado para $x = 60$ unidades.

Solução (a) Seja $C(x)$ o custo de produzir x unidades em um dia. A derivada $C'(x)$ é o custo marginal. Em outras palavras, $C(x)$ é uma antiderivada da função custo marginal. Logo,

$$C(x) = \int (0,015x^2 - 2x + 80)\, dx = 0,005x^3 - x^2 + 80x + C.$$

Os custos fixos de $1.000 são os custos com a produção de 0 unidades, ou seja, $C(0) = 1000$. Portanto,

$$1.000 = C(0) = 0{,}005(0)^3 - (0)^2 + 80(0) + C.$$

Assim, $C = 1000$ e

$$C(x) = 0{,}005x^3 - x^2 + 80x + 1.000.$$

(b) O custo com $x = 30$ é $C(30)$ e o custo com $x = 60$ é $C(60)$. Dessa forma, o *aumento* no custo quando a produção é elevada de $x = 30$ para $x = 60$ é $C(60) - C(30)$. Calculamos

$$C(60) = 0{,}005(60)^3 - (60)^2 + 80(60) + 1.000 = 3.280$$

$$C(30) = 0{,}005(30)^3 - (30)^2 + 80(30) + 1.000 = 2.635.$$

Assim, o aumento nos custos é de $3280 - 2635 = \$645$. ∎

INCORPORANDO RECURSOS TECNOLÓGICOS

Traçando o gráfico de uma antiderivada e resolvendo uma equação diferencial Para traçar o gráfico da solução da equação diferencial do Exemplo 7, proceda da maneira seguinte. Comece pressionando [Y=] e digite $Y_1 =$ **fnInt**($X^2 - 2, X, 1, X$) + 4/3. Para chamar **fnInt**, pressione [MATH][9]. Pressionando [GRAPH], pode ser percebido que o gráfico de Y_1 é traçado muito lentamente. Isso pode ser acelerado escolhendo xRes (na tela [WINDOW]) num valor maior. A Figura 3 mostra o gráfico da solução do Exemplo 7. ∎

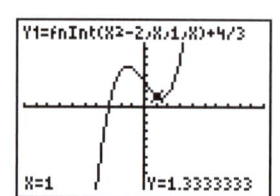

Figura 3

Exercícios de revisão 6.1

1. Determine as antiderivadas

(a) $\displaystyle\int t^{7/2}\,dt$ (b) $\displaystyle\int \left(\frac{x^3}{3} + \frac{3}{x^3} + \frac{3}{x}\right) dx$

2. Encontre o valor de k que torna verdadeira a fórmula de antiderivação seguinte.

$$\int (1 - 2x)^3\,dx = k(1 - 2x)^4 + C.$$

Exercícios 6.1

Nos Exercícios 1-6, encontre todas as antiderivadas.

1. $f(x) = x$ **2.** $f(x) = 9x^8$ **3.** $f(x) = e^{3x}$

4. $f(x) = e^{-3x}$ **5.** $f(x) = 3$ **6.** $f(x) = -4x$

Nos Exercícios 7-24, determine as antiderivadas.

7. $\displaystyle\int 4x^3\,dx$ **8.** $\displaystyle\int \frac{x}{3}\,dx$ **9.** $\displaystyle\int 7\,dx$

10. $\displaystyle\int k^2\,dx$ (k constante)

11. $\displaystyle\int \frac{x}{c}\,dx$ (c uma constante $\neq 0$)

12. $\displaystyle\int x \cdot x^2\,dx$ **13.** $\displaystyle\int \left(\frac{2}{x} + \frac{x}{2}\right) dx$

14. $\displaystyle\int \frac{1}{7x}\,dx$ **15.** $\displaystyle\int x\sqrt{x}\,dx$

16. $\int \left(\dfrac{2}{\sqrt{x}} + 2\sqrt{x}\right) dx$

17. $\int \left(x - 2x^2 + \dfrac{1}{3x}\right) dx$

18. $\int \left(\dfrac{7}{2x^3} - \sqrt[3]{x}\right) dx$

19. $\int 3e^{-2x} dx$

20. $\int e^{-x} dx$

21. $\int e \, dx$

22. $\int \dfrac{7}{2e^{2x}} dx$

23. $\int -2(e^{2x} + 1) dx$

24. $\int \left(-3e^{-x} + 2x - \dfrac{e^{0,5x}}{2}\right) dx$

Nos Exercícios 25-36, encontre o valor de k que torna verdadeira a fórmula de antiderivação. [Observação: a resposta pode ser conferida sem olhar o apêndice no final do livro. Como?]

25. $\int 5e^{-2t} dt = ke^{-2t} + C$

26. $\int 3e^{t/10} dt = ke^{t/10} + C$

27. $\int 2e^{4x-1} dx = ke^{4x-1} + C$

28. $\int \dfrac{4}{e^{3x+1}} dx = \dfrac{k}{e^{3x+1}} + C$

29. $\int (5x - 7)^{-2} dx = k(5x - 7)^{-1} + C$

30. $\int \sqrt{x + 1} \, dx = k(x + 1)^{3/2} + C$

31. $\int (4 - x)^{-1} dx = k \ln|4 - x| + C$

32. $\int \dfrac{7}{(8 - x)^4} dx = \dfrac{k}{(8 - x)^3} + C$

33. $\int (3x + 2)^4 dx = k(3x + 2)^5 + C$

34. $\int (2x - 1)^3 dx = k(2x - 1)^4 + C$

35. $\int \dfrac{3}{2 + x} dx = k \ln|2 + x| + C$

36. $\int \dfrac{5}{2 - 3x} dx = k \ln|2 - 3x| + C$

Nos Exercícios 37-40, encontre todas as funções f(t) com a propriedade dada.

37. $f'(t) = t^{3/2}$

38. $f'(t) = \dfrac{4}{6 + t}$

39. $f'(t) = 0$

40. $f'(t) = t^2 - 5t - 7$

Nos Exercícios 41-46, encontre todas as funções f(x) com a propriedade dada.

41. $f'(t) = 0{,}5e^{-0,2x}, f(0) = 0$

42. $f'(t) = 2x - e^{-x}, f(0) = 1$

43. $f'(x) = x, f(0) = 3$

44. $f'(t) = 8x^{1/3}, f(1) = 4$

45. $f'(t) = \sqrt{x} + 1, f(4) = 0$

46. $f'(t) = x^2 + \sqrt{x}, f(1) = 3$

47. A Figura 4 mostra os gráficos de várias funções $f(x)$ para as quais $f'(x) = \dfrac{2}{x}$. Encontre a expressão da função $f(x)$ cujo gráfico passa por (1, 2).

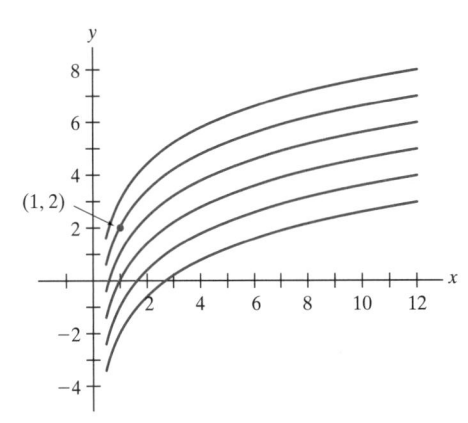

Figura 4

48. A Figura 5 mostra os gráficos de várias funções $f(x)$ para as quais $f'(x) = \tfrac{1}{3}$. Encontre a expressão da função $f(x)$ cujo gráfico passa por (6, 3).

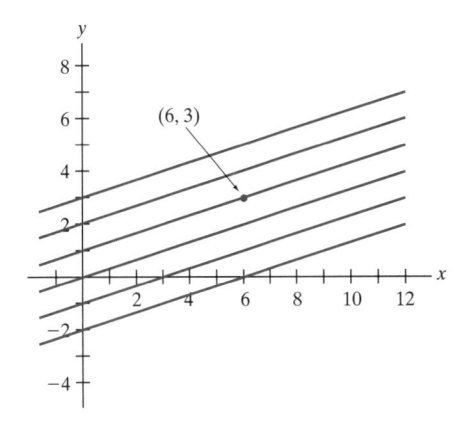

Figura 5

49. Qual das seguintes alternativas é $\int \ln x \, dx$?

(a) $\dfrac{1}{x} + C$

(b) $x \cdot \ln x - x + C$

(c) $\dfrac{1}{2} \cdot (\ln x)^2 + C$

50. Qual das seguintes alternativas é $\int x\sqrt{x + 1} \, dx$?

(a) $\tfrac{2}{5}(x + 1)^{5/2} - \tfrac{2}{3}(x + 1)^{3/2} + C$

(b) $\tfrac{1}{2}x^2 \cdot \tfrac{2}{3}(x + 1)^{3/2} + C$

51. A Figura 6 dá o gráfico de uma função $F(x)$. No mesmo sistema de coordenadas, esboce o gráfico da função $G(x)$ que satisfaz $G(0) = 0$ e $G'(x) = F'(x)$ em cada x.

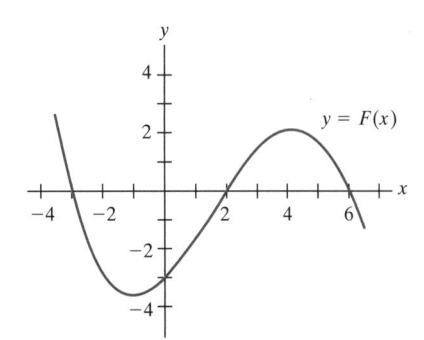

Figura 6

52. A Figura 7 dá uma antiderivada da função $f(x)$. Esboce o gráfico de uma outra antiderivada de $f(x)$.

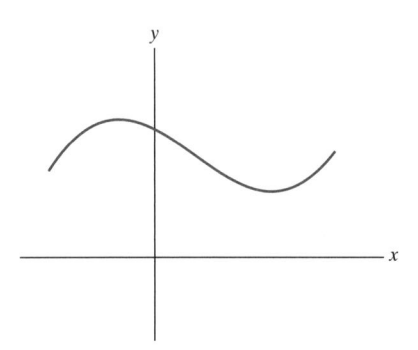

Figura 7

53. A função $g(x)$ da Figura 8 foi obtida transladando 3 unidades para cima o gráfico de $f(x)$. Se $f'(5) = \frac{1}{4}$, quanto vale $g'(5)$?

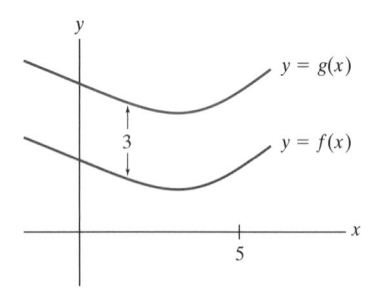

Figura 8

54. A função $g(x)$ da Figura 9 foi obtida transladando 2 unidades para cima o gráfico de $f(x)$. Qual é a derivada de $h(x) = g(x) - f(x)$?

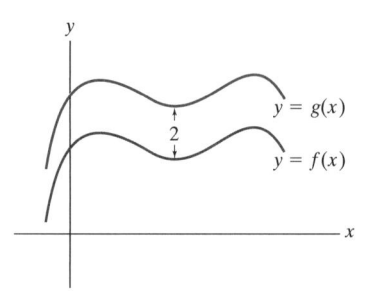

Figura 9

55. Posição de uma bola Uma bola é jogada verticalmente para cima de uma altura de 256 pés acima do solo, com velocidade inicial de 96 pés por segundo. Da Física, sabe-se que a velocidade no instante t é $v(t) = 96 - 32t$ pés por segundo.
  (a) Encontre $s(t)$, a função que dá a altura da bola no instante t.
  (b) Quanto tempo leva a bola para atingir o solo?
  (c) Qual é altura alcançada pela bola?

56. Uma pedra é largada do alto de um penhasco de 400 pés de altura. Sua velocidade no instante t segundos depois de solta é $v(t) = -32t$ pés por segundo.
  (a) Encontre $s(t)$, a altura da pedra acima do solo no instante t.
  (b) Quanto tempo leva a pedra para atingir o solo?
  (c) Qual é a velocidade da pedra ao atingir o solo?

57. Seja $P(t)$ a produção total da linha de montagem de uma fábrica depois de t horas de trabalho. Se a taxa de produção no instante t for de $P'(t) = 60 + 2t - \frac{1}{4}t^2$ unidades por hora, encontre a fórmula para $P(t)$.

58. Depois de t horas de operação, uma mina de carvão está produzindo carvão à taxa de $C'(t) = 40 + 2t - \frac{1}{5}t^2$ toneladas por hora. Encontre uma fórmula para a produção total da mina depois de t horas de operação.

59. Difusão do calor Uma embalagem de morangos congelados é retirada de um congelador a uma temperatura de $-5°C$ para uma temperatura ambiente de $20°C$. No instante t, a temperatura média dos morangos sobe à taxa de $T'(t) = 10e^{-0,4t}$ graus Celsius por hora. Encontre a temperatura dos morangos no instante t.

60. Epidemia Uma epidemia de gripe atinge uma cidade. Seja $P(t)$ o número de pessoas doentes com a gripe no instante t, medido em dias a partir do início da epidemia, com $P(0) = 100$. Se a gripe estiver se espalhando à taxa de $P'(t) = 120t - 3t^2$ pessoas por dia, encontre a fórmula para $P(t)$.

61. Lucro Uma pequena loja de gravatas constata que no nível de vendas de x gravatas por dia, seu lucro marginal é de $MP(x)$ dólares por gravata, com $MP(x) = 1,30 + 0,06x - 0,0018x^2$. Além disso, a loja perde \$95 por dia no nível de vendas $x = 0$. Encontre o lucro obtido quando o nível de vendas for de x gravatas por dia.

62. Custo Um produtor de sabão estima que seu custo marginal com a produção de sabão em pó seja de $C'(x) = 0,2x + 1$ centenas de dólares por tonelada quando o nível de produção for de x toneladas por dia. Os custos fixos são de $200 por dia. Encontre o custo de produzir x toneladas de sabão em pó por dia.

63. **Consumo de minério de ferro nos Estados Unidos** Os Estados Unidos têm consumido minério de ferro a uma taxa de $R(t)$ milhões de toneladas por ano no tempo t, em que $t = 0$ corresponde a 1980 e $R(t) = 94e^{0,016t}$. Encontre uma fórmula para o consumo total de minério de ferro nos Estados Unidos entre 1980 e o tempo t.

64. **Produção de gás natural dos Estados Unidos** Desde 1987, a taxa de produção de gás natural nos Estados Unidos tem sido de aproximadamente $R(t)$ quatrilhões de unidades térmicas britânicas por ano no tempo t, em que $t = 0$ corresponde a 1987 e $R(t) = 17,04e^{0,016t}$. Encontre uma fórmula para a produção total de gás natural dos Estados Unidos entre 1987 e o tempo t.

65. **Custo** O processo de perfuração de um poço de petróleo tem um custo fixo de $10.000 e um custo marginal de $C'(x) = 1.000 + 50x$ dólares por metro, em que x é a profundidade em metros. Encontre a expressão para $C(x)$, o custo total de perfurar x metros. [*Observação*: $C(0) = 10.000$.]

Exercícios com calculadora

Nos Exercícios 66 e 67, encontre uma antiderivada de f(x), denote-a por F(x) e compare os gráficos de F(x) e f(x) na janela dada para conferir se a expressão de F(x) é razoável. [Isto é, determine se os dois gráficos são consistentes. Quando F(x) tem um ponto extremo relativo, f(x) deveria ser zero; quando F(x) cresce, f(x) deveria ser positiva, e assim por diante.]

66. $f(x) = 2x - e^{-0,02x}$, [–10, 10] por [–20, 100]
67. $f(x) = e^{2x} + e^{-x} + \frac{1}{2}x^2$, [–2,4; 1,7] por [–10, 10]
68. Esboce o gráfico da equação diferencial $y' = e^{-x^2}$, $y(0) = 0$. Observe que o gráfico tende ao valor $\sqrt{\pi}/2 \approx 0,9$ quando x cresce.

Soluções dos exercícios de revisão 6.1

1. (a) $\displaystyle\int t^{7/2}\, dt = \frac{1}{\frac{9}{2}}t^{9/2} + C = \frac{2}{9}t^{9/2} + C$

   (b) $\displaystyle\int \left(\frac{x^3}{3} + \frac{3}{x^3} + \frac{3}{x}\right) dx$

   $= \displaystyle\int \left(\frac{1}{3} \cdot x^3 + 3x^{-3} + 3 \cdot \frac{1}{x}\right) dx$

   $= \dfrac{1}{3}\left(\dfrac{1}{4}x^4\right) + 3\left(-\dfrac{1}{2}x^{-2}\right) + 3\ln|x| + C$

   $= \dfrac{1}{12}x^4 - \dfrac{3}{2}x^{-2} + 3\ln|x| + C.$

2. Como foi dado que a antiderivada tem a forma geral $k(1 - 2x)^4$, resta determinar o valor de k. Derivando, obtemos

   $$4k(1 - 2x)^3(-2) \text{ or } -8k(1 - 2x)^3,$$

   que deveria ser igual a $(1 - 2x)^3$. Portanto, $-8k = 1$, logo $k = -\frac{1}{8}$.

6.2 Áreas e somas de Riemann

Nesta seção e na próxima, revelamos a importante conexão entre antiderivadas e áreas de regiões delimitadas por curvas. Embora a história completa tenha de esperar até a próxima seção, já podemos dar uma ideia descrevendo como "área" está relacionada com um problema resolvido na Seção 6.1.

O Exemplo 9 da Seção 6.1 trata da função custo marginal de uma companhia, dada por $f(x) = 0,015x^2 - 2x + 80$. Um cálculo com uma antiderivada de $f(x)$ mostra que se o nível de produção for aumentado de $x = 30$ para $x = 60$ unidades por dia, então a variação no custo total será de $645. Como veremos, essa variação no custo é exatamente a área da região sob a curva de custo marginal indicada na Figura 1, entre $x = 30$ e $x = 60$. Antes disso, porém, precisamos aprender a encontrar áreas de tais regiões.

Área sob um gráfico Se $f(x)$ for uma função contínua não negativa no intervalo $a \leq x \leq b$, dizemos que a área da região indicada na Figura 2 é a *área sob o gráfico de f(x) de a até b*.

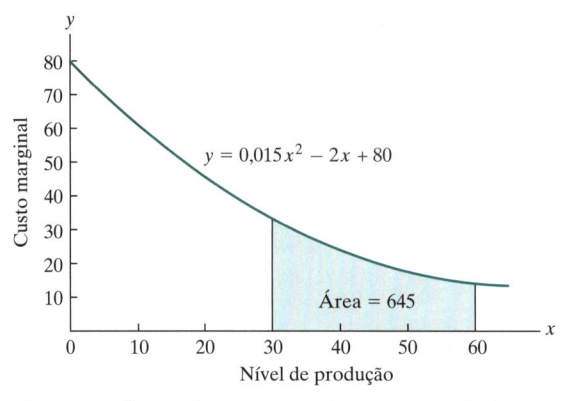

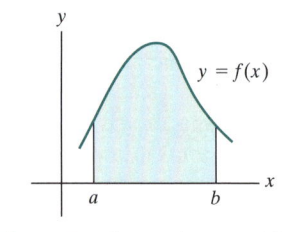

Figura 1 Área sob uma curva de custo marginal.

Figura 2 Área sob um gráfico.

O cálculo da área na Figura 2 *não* é um assunto trivial quando a fronteira superior da região for curva. Entretanto, podemos *estimar* a área com qualquer grau de precisão solicitado. A ideia básica é construir retângulos cuja área total seja aproximadamente a mesma que a área a ser calculada. É claro que é fácil calcular a área de cada retângulo.

A Figura 3 mostra três aproximações retangulares para a área sob um gráfico. Quando os retângulos são estreitos, a diferença entre os retângulos e a região sob o gráfico é relativamente pequena. Em geral, podemos obter uma aproximação retangular tão próxima quanto quisermos da área exata, bastando usar retângulos suficientemente estreitos.

Dada uma função $f(x)$ contínua e não negativa no intervalo $a \leq x \leq b$, dividimos o intervalo do eixo x em n subintervalos iguais, onde n é algum inteiro positivo. Uma tal subdivisão é denominada *partição* do intervalo de a até b. Como o comprimento total do intervalo é $b - a$, o comprimento de cada um dos n subintervalos é $(b - a)/n$. Para simplificar a escrita, denotamos esse comprimento por Δx, isto é,

$$\Delta x = \frac{b-a}{n} \quad \text{(comprimento de um subintervalo)}.$$

Em cada subintervalo, selecionamos um ponto. (Qualquer ponto do subintervalo serve.) Seja x_1 o ponto selecionado no primeiro subintervalo, x_2 o ponto do segundo subintervalo e assim por diante. Esses pontos são utilizados para formar retângulos que aproximam a região sob o gráfico de $f(x)$. Construímos o primeiro retângulo de altura $f(x_1)$ com base dada pelo primeiro subintervalo, como na Figura 4. O topo do retângulo corta o gráfico diretamente acima de x_1. Observe que

[área do primeiro retângulo] = [altura][largura] = $f(x_1) \Delta x$.

O segundo retângulo tem por base o segundo subintervalo e altura $f(x_2)$. Assim,

[área do segundo retângulo] = [altura][largura] = $f(x_2) \Delta x$.

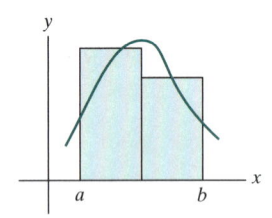

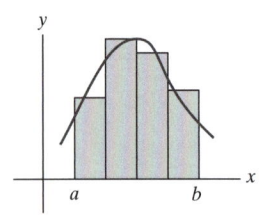

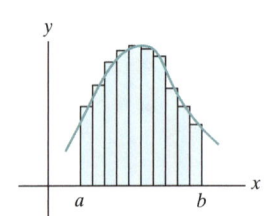

Figura 3 Aproximando uma região com retângulos.

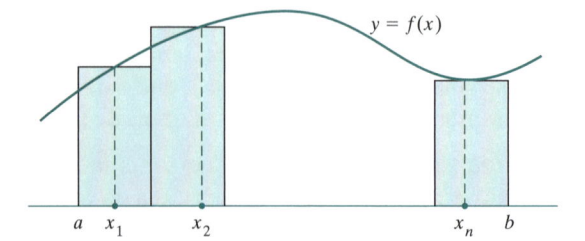

Figura 4 Retângulos de alturas $f(x_1), \ldots, f(x_n)$.

Continuando dessa forma, construímos n retângulos com uma área combinada de

$$f(x_1)\,\Delta x + f(x_2)\,\Delta x + \cdots + f(x_n)\,\Delta x. \qquad (1)$$

Uma soma como a de (1) é denominada *soma de Riemann* e fornece uma aproximação para a área sob o gráfico de $f(x)$ quando $f(x)$ é não negativa e contínua. De fato, quando o número de subintervalos cresce indefinidamente, as somas de Riemann de (1) tendem a um valor limite, a área sob o gráfico.*

O valor em (1) é mais fácil de calcular se for escrito como

$$[f(x_1) + f(x_2) + \cdots + f(x_n)]\,\Delta x.$$

Essa conta exige apenas uma multiplicação.

EXEMPLO 1   Dê uma estimativa da área sob o gráfico da função custo marginal $f(x) = 0{,}015x^2 - 2x + 80$ de $x = 30$ até $x = 60$. Use partições de 5, 20 e 100 subintervalos. Use os pontos médios dos intervalos como $x_1, x_2, \ldots, x_n$ para construir os retângulos. (Ver Figura 5.)

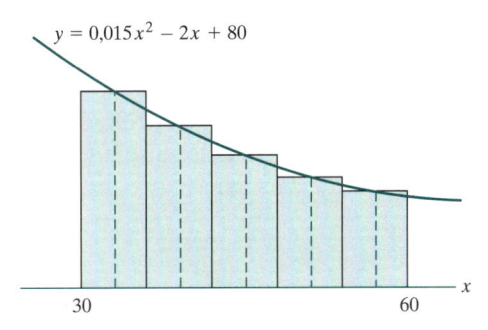

Figura 5   Estimativa da área sob uma curva de custo marginal.

Solução   A partição de $30 \le x \le 60$ com $n = 5$ é dada na Figura 6. O comprimento de cada subintervalo é

$$\Delta x = \frac{60 - 30}{5} = 6.$$

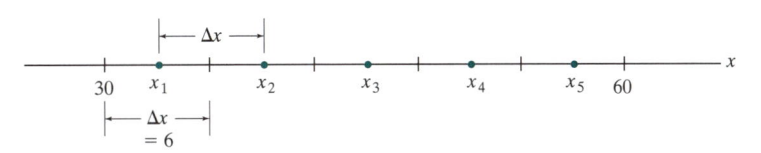

Figura 6   Uma partição do intervalo $30 \le x \le 60$.

Observe que o primeiro ponto médio está a $\Delta x/2$ unidades da extremidade esquerda do intervalo, e a distância entre os próprios pontos médios é de Δx unidades. O primeiro ponto médio é $x_1 = 30 + \Delta x/2 = 30 + 3 = 33$. Os pontos médios subsequentes são encontrados somando sucessivamente $\Delta x = 6$, e obtemos

pontos médios: 33, 39, 45, 51, 57.

---

* O nome "somas de Riemann" homenageia o matemático alemão G. B. Riemann, do século XIX, que as utilizou extensivamente em seu trabalho em Cálculo. O conceito de uma soma de Riemann tem várias utilidades: aproximação de áreas sob curvas, construção de modelos matemáticos em problemas aplicados e a definição formal de área. Na próxima seção, as somas de Riemann serão utilizadas para definir a integral definida de uma função.

A estimativa correspondente da área sob o gráfico de f(x) é

$$f(33)\Delta x + f(39)\Delta x + f(45)\Delta x + f(51)\Delta x + f(57)\Delta x$$
$$= [f(33) + f(39) + f(45) + f(51) + f(57)]\Delta x$$
$$= [30{,}335 + 24{,}815 + 20{,}375 + 17{,}015 + 14{,}735]\cdot 6$$
$$= 107{,}275 \cdot 6 = 643{,}65.$$

Um cálculo parecido, com 20 subintervalos, fornece uma aproximação de 644,916. Com 100 subintervalos, a estimativa é de 644,997. ■

As aproximações do Exemplo 1 parecem confirmar a afirmação do começo desta seção, de que a área sob a curva de custo marginal é igual à variação no custo total, de $645. A verificação desse fato será dada na próxima seção.

Mesmo que muitas vezes sejam selecionados os pontos médios dos subintervalos como $x_1, x_2, ..., x_n$, também podemos utilizar extremidades dos subintervalos.

EXEMPLO 2

Use uma soma de Riemann com $n = 4$ para obter uma estimativa da área sob o gráfico de $f(x) = x^2$ de 1 até 3. Selecione as extremidades direitas dos subintervalos como x_1, x_2, x_3, x_4.

Solução Aqui $\Delta x = (3 - 1)/4 = 0{,}5$. A extremidade direita do primeiro subintervalo é $1 + \Delta x = 1{,}5$. As extremidades direitas subsequentes são obtidas somando 0,5 sucessivamente, como segue.

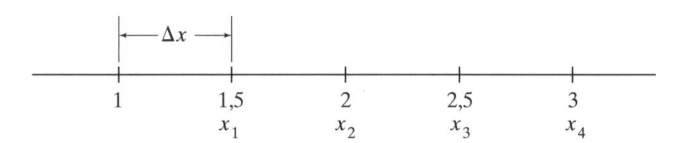

A soma de Riemann correspondente é

$$f(x_1)\Delta x + f(x_2)\Delta x + f(x_3)\Delta x + f(x_4)\Delta x$$
$$= [f(x_1) + f(x_2) + f(x_3) + f(x_4)]\Delta x$$
$$= [(1{,}5)^2 + (2)^2 + (2{,}5)^2 + (3)^2](0{,}5)$$
$$= [2{,}25 + 4 + 6{,}25 + 9](0{,}5)$$
$$= 21{,}5 \cdot (0{,}5) = 10{,}75.$$

Os retângulos usados para essa soma de Riemann aparecem na Figura 7. As extremidades direitas usadas dão uma estimativa para a área, que é obviamente maior do que a área exata. Os pontos médios forneceriam uma aproximação melhor. Porém, se os retângulos forem suficientemente estreitos, mesmo uma soma de Riemann utilizando extremidades direitas estará próxima da área exata. ■

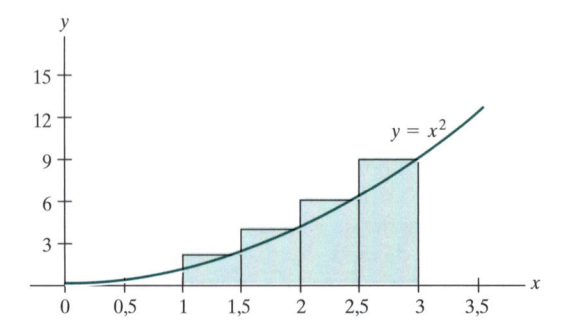

Figura 7 Uma soma de Riemann usando extremidades direitas.

EXEMPLO 3

Para obter uma estimativa da área de um terreno de frente para o mar, foram feitas medidas da distância entre a rua e a linha da água em intervalos de 20 metros iniciando a 10 m de um dos lados do terreno. Use os dados da Figura 8 para construir uma soma de Riemann que aproxime a área do terreno.

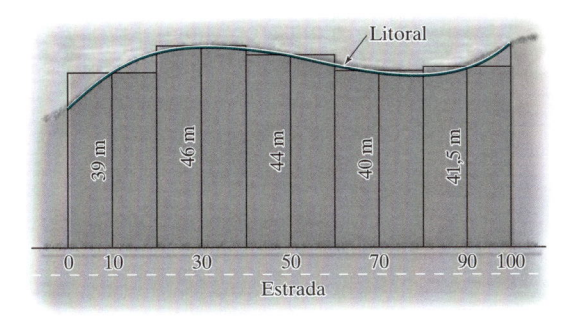

Figura 8 Levantamento de uma propriedade litorânea.

Solução Consideramos a rua como sendo o eixo x e a linha da água ao longo do terreno como o gráfico de uma função $f(x)$ definida no intervalo de 0 a 100. As cinco distâncias "verticais" correspondem a $f(x_1),...,f(x_5)$, em que $x_1 = 10,..., x_5 = 90$. Como há cinco pontos $x_1,..., x_5$ ao longo do intervalo $0 \leq x \leq 100$, particionamos o intervalo em cinco subintervalos, com $\Delta x = \frac{100}{5} = 20$. Felizmente, cada subintervalo contém um dos x_i. (De fato, cada x_i é o ponto médio de um subintervalo.) Assim, a área do terreno é aproximada pela soma de Riemann

$$f(x_1)\Delta x + \cdots + f(x_5)\Delta x = [f(x_1) + \cdots + f(x_5)]\Delta x$$
$$= [39 + 46 + 44 + 40 + 41{,}5] \cdot 20$$
$$= 210{,}5 \cdot 20 = 4.210 \text{ metros quadrados.}$$

Para obter uma melhor aproximação da área, deveremos dispor de um número maior de medidas da distância entre a rua e a linha da água. Note que fomos capazes de estimar a área mesmo sem conhecer uma expressão analítica de $f(x)$. ∎

O último exemplo mostra como surgem somas de Riemann em aplicações. Como a variável é o tempo t, escrevemos Δt em vez de Δx.

EXEMPLO 4

A velocidade de um foguete no instante t é de $v(t)$ metros por segundo. Construa uma soma de Riemann que aproxime a distância percorrida pelo foguete durante os 10 primeiros segundos. (*Observação*: não calcule a soma de Riemann, apenas monte-a.) O que acontece quando o número de subintervalos na partição crescer indefinidamente?

Solução Particionamos o intervalo $0 \leq t \leq 10$ em n subintervalos de comprimento Δt e selecionamos pontos $t_1, t_2,..., t_n$ desses subintervalos. Embora a velocidade do foguete não seja constante, ela não varia muito durante um subintervalo de tempo pequeno. Portanto, podemos utilizar $v(t_1)$ como uma aproximação da velocidade do foguete durante o primeiro subintervalo. Ao longo desse subintervalo de comprimento $\Delta t = (10 - 0)/n$, temos

$$[\text{distância percorrida}] \approx [\text{velocidade}] \cdot [\text{tempo}]$$
$$= v(t_1)\,\Delta t. \tag{2}$$

A distância percorrida durante o segundo subintervalo de tempo é $v(t_2)\,\Delta t$, aproximadamente, e assim por diante. Assim, uma estimativa para a distância total percorrida é

$$v(t_1)\,\Delta t + v(t_2)\,\Delta t + \cdots + v(t_n)\,\Delta t. \tag{3}$$

A soma em (3) é uma soma de Riemann da função velocidade no intervalo $0 \le t \le 10$. Quando n cresce, essa soma de Riemann tende à área sob o gráfico da função velocidade. Entretanto, da nossa dedução em (3), parece razoável que, quando n cresce, as somas se tornam estimativas cada vez melhores da distância total percorrida. Concluímos que

$$\begin{bmatrix} \text{distância total percorrida pelo foguete} \\ \text{durante os primeiros 10 segundos} \end{bmatrix} = \begin{bmatrix} \text{área sob o gráfico de} \\ v(t) \text{ em } 0 \le t \le 10 \end{bmatrix}.$$

(Ver Figura 9.)

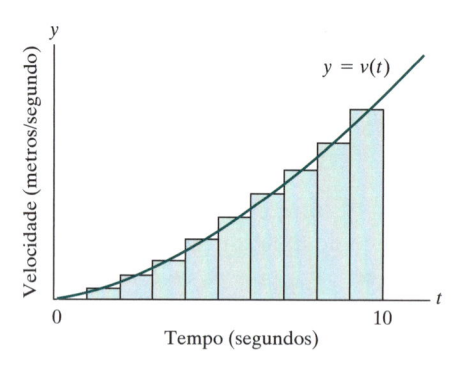

Figura 9 A área sob uma curva de velocidade.

É útil olhar o Exemplo 4 de um ponto de vista ligeiramente diferente. A altura do foguete é uma quantidade crescente e $v(t)$ é a *taxa* de variação da altura no tempo t. A área sob o gráfico de $v(t)$ do tempo $a = 0$ até o tempo $b = 10$ é o *quanto* aumentou a altura durante os primeiros 10 segundos.

Essa conexão entre a taxa de variação de uma função e o quanto cresceu a função pode ser generalizada para uma variedade de situações.

> Se uma quantidade é crescente, então a área sob a função taxa de variação no intervalo de a até b é o quanto cresceu a quantidade de a até b.

A Tabela 1 mostra quatro instâncias desse princípio. O resultado é justificado na próxima seção. O primeiro exemplo na tabela foi discutido no Exemplo 1.

TABELA 1 Interpretações de áreas

Função	a até b	Área sob o gráfico de a até b
Custo marginal no nível de produção x	30 até 60	Custo adicional quando a produção aumenta de 30 para 60 unidades
Taxa de emissão de enxofre de uma fábrica t anos depois de 1990	1 até 3	Quantidade de enxofre emitida de 1991 a 1993
Taxa de natalidade t anos depois de 1980 (em bebês por ano)	0 até 10	Número de bebês nascidos entre 1980 e 1990
Taxa de consumo de gás t anos depois de 1985	3 até 6	Quantidade de gás utilizado entre 1988 e 1991

INCORPORANDO RECURSOS TECNOLÓGICOS

Somas de Riemann Quando todos os pontos selecionados para uma soma de Riemann são pontos médios, extremidades esquerdas, ou extremidades direitas, $[f(x_1) + f(x_2) + \cdots + f(x_n)]$ é a soma da sequência de valores $f(x_1)$, $f(x_2),\ldots, f(x_n)$, em que os números sucessivos $x_1, x_2,\ldots, x_n$ diferem pelo valor Δx. Nesse caso, essa soma de uma sequência pode ser calculada com uma calculadora gráfica. A Figura 10 mostra o cálculo da soma de Riemann usada no

Seção 6.2 • Áreas e somas de Riemann

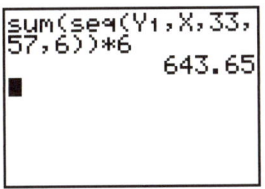

```
sum(seq(Y₁,X,33,
57,6))*6
              643.65
```

Figura 10

Exemplo 1. Para isso, coloque $Y_1 = 0{,}015X^2 - 2X + 80$. Voltando para a tela inicial, pressione [2nd] e mova o cursor para MATH. Pressione [5] para aparecer **sum(** e pressione [2nd] [LIST]; depois mova o cursor para OPS. Pressione [5] para aparecer **seq(**. Agora complete as expressões como na Figura 10. Os números 33, 57 e 6 são determinados como no Exemplo 1. ∎

Exercícios de revisão 6.2

1. Determine Δx e os pontos médios dos subintervalos obtidos pela partição do intervalo $-2 \leq x \leq 2$ em cinco subintervalos.

2. O gráfico da Figura 11 dá a taxa segundo a qual foram criados empregos (em milhões de empregos por ano) nos Estados Unidos com $t = 0$ correspondendo a 1983. Por exemplo, em 1º de janeiro de 1986 estavam sendo criados empregos à taxa de 2,4 milhões empregos novos por ano. Interprete a área da região sombreada.

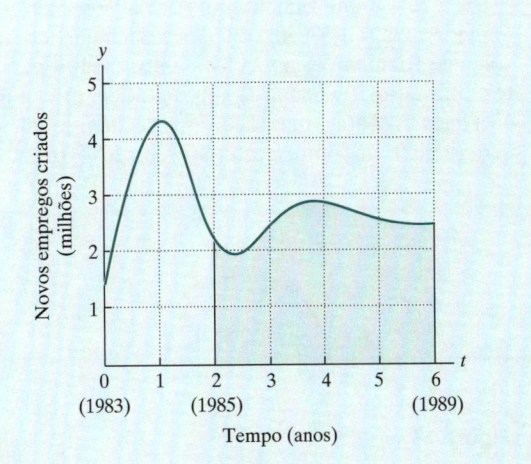

Figura 11 Taxa de criação de empregos.

Exercícios 6.2

Nos Exercícios 1-4, determine Δx e os pontos médios dos subintervalos formados pela partição do intervalo dado em n subintervalos. [Sugestão: às vezes, os números decimais são mais fáceis de usar do que as frações.]

1. $0 \leq x \leq 2; n = 4$
2. $0 \leq x \leq 3; n = 6$
3. $1 \leq x \leq 4; n = 5$
4. $3 \leq x \leq 5; n = 5$

Nos Exercícios 5-10, use uma soma de Riemann para aproximar a área sob o gráfico da função f(x) no intervalo dado, selecionando os pontos indicados.

5. $f(x) = x^2; 1 \leq x \leq 3, n = 4$, pontos médios dos subintervalos.
6. $f(x) = x^2; -2 \leq x \leq 2, n = 4$, pontos médios dos subintervalos.
7. $f(x) = x^3; 1 \leq x \leq 3, n = 5$, extremidades esquerdas.
8. $f(x) = x^3; 0 \leq x \leq 1, n = 5$, extremidades direitas.
9. $f(x) = e^{-x}; 2 \leq x \leq 3, n = 5$, extremidades direitas.
10. $f(x) = \ln x; 2 \leq x \leq 4, n = 5$, extremidades esquerdas.

Nos Exercícios 11-14, use uma soma de Riemann para aproximar a área sob o gráfico de f(x) da Figura 12 no intervalo dado, selecionando os pontos indicados. Desenhe os retângulos utilizados.

11. $0 \leq x \leq 8, n = 4$, pontos médios dos subintervalos.
12. $3 \leq x \leq 7, n = 4$, extremidades esquerdas.
13. $4 \leq x \leq 9, n = 5$, extremidades direitas.
14. $1 \leq x \leq 7, n = 3$, pontos médios dos subintervalos.

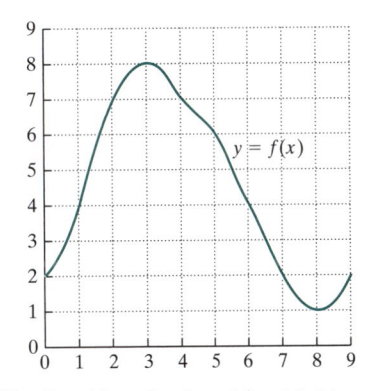

Figura 12 O gráfico dos Exercícios 11-14.

15. Use uma soma de Riemann com $n = 4$ e extremidades esquerdas para obter uma estimativa da área sob o gráfico de $f(x) = 4 - x$ no intervalo $1 \leq x \leq 4$. Então repita o exercício com $n = 4$ e pontos médios. Compare as

respostas com a resposta exata, que é 4,5 e que pode ser obtida da fórmula da área de um triângulo.

16. Use uma soma de Riemann com $n = 4$ e extremidades direitas para obter uma estimativa da área sob o gráfico de $f(x) = 2x - 4$ no intervalo $2 \leq x \leq 3$. Então repita o exercício com $n = 4$ e pontos médios. Compare as respostas com a resposta exata, que é 1 e que pode ser calculada da fórmula da área de um triângulo.

17. O gráfico da função $f(x) = \sqrt{1-x^2}$ no intervalo $-1 \leq x \leq 1$ é um semicírculo. A área sob o gráfico é $\frac{1}{2}\pi(1)^2 = \pi/2 = 1,57080$, com cinco decimais. Use uma soma de Riemann com $n = 5$ e pontos médios para obter uma estimativa da área sob o gráfico. (Ver Figura 13.) Faça as contas com cinco casas decimais e calcule o erro (a diferença entre a estimativa e 1,57080).

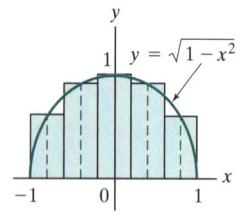

Figura 13

18. Use uma soma de Riemann com $n = 5$ e pontos médios para obter uma estimativa da área sob o gráfico de $f(x) = \sqrt{1-x^2}$ no intervalo $0 \leq x \leq 1$. O gráfico é um quarto de círculo e a área sob o gráfico é 0,78540, com cinco casas decimais. (Ver Figura 14.) Faça as contas com cinco casas decimais e calcule o erro. O dobro da estimativa obtida é mais preciso do que a estimativa calculada no Exercício 17?

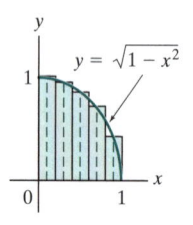

Figura 14

19. **O fluxo do ar pelos pulmões** Os fisiologistas do pulmão medem a velocidade do ar passando pela garganta do paciente utilizando um pneumômetro, que produz um gráfico da taxa do fluxo de ar como uma função do tempo. O gráfico da Figura 15 mostra a taxa de fluxo enquanto o paciente expira. A área sob o gráfico dá o volume total de ar durante uma expiração. Dê uma estimativa desse volume com uma soma de Riemann. Use $n = 5$ e pontos médios.

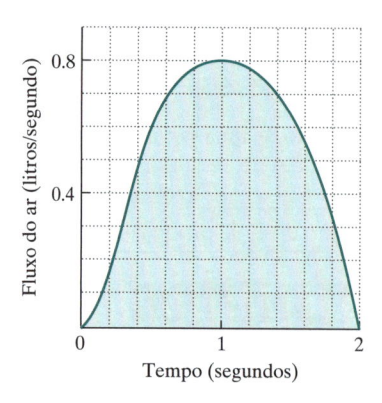

Figura 15 Dados de um pneumômetro.

20. Dê uma estimativa da área (em metros quadrados) do terreno cujos dados são mostrados na Figura 16.

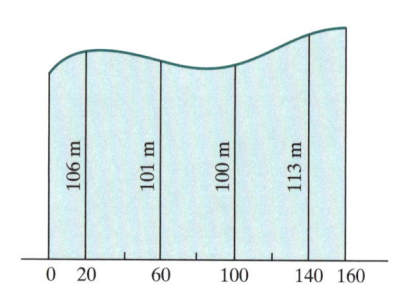

Figura 16 Um terreno.

21. **Velocidade** A velocidade de um carro (em pés por segundo) é registrada pelo hodômetro a cada 10 segundos, começando 5 segundos depois do carro iniciar o movimento. (Ver Tabela 2.) Use uma soma de Riemann para obter uma estimativa da distância percorrida pelo carro durante os 60 primeiros segundos. [*Observação*: cada velocidade é dada na *metade* do intervalo de 10 segundos. O primeiro intervalo se estende de 0 a 10, e assim por diante.]

TABELA 2 A velocidade de um carro

Tempo	5	15	25	35	45	55
Velocidade	20	44	32	39	65	80

22. A Tabela 3 mostra a velocidade (em pés por segundo) ao final de cada segundo de uma pessoa iniciando uma corrida matinal. Faça três estimativas com somas de Riemann para a distância total corrida desde o instante $t = 2$ até $t = 8$.
    (a) $n = 6$, extremidades esquerdas
    (b) $n = 6$, extremidades direitas
    (c) $n = 3$, pontos médios.

TABELA 3 A velocidade de um corredor

Tempo	0	1	2	3	4	5	6	7	8
Velocidade	0	2	3	5	5	6	6	7	8

TABELA 4 Interpretações de áreas

Função	a até b	Área sob o gráfico de a até b
Taxa de crescimento de uma população t anos depois de 1900 (em milhões de pessoas por ano)	10 até 50	
	5 até 7	Número de cigarros fumados de 1990 até 1992
Lucro marginal no nível de produção x		Lucro adicional quando a produção aumenta de 20 para 50 unidades

23. Complete os três dados que faltam na Tabela 4.
24. Interprete a área da região sombreada na Figura 17.
25. Interprete a área da região sombreada na Figura 18.
26. Interprete a área da região sombreada na Figura 19.

Nos Exercícios 27 e 28, A é a área sob o gráfico de $y = f(x)$ de $x = a$ até $x = b$.

27. Se a função $f(x)$ é sempre crescente no intervalo $a \leq x \leq b$, explique por que [aproximação dada por uma soma de Riemann usando extremidades esquerdas] $<$ $A <$ [aproximação dada por uma soma de Riemann usando extremidades direitas].

28. Se a função $f(x)$ é sempre decrescente no intervalo $a \leq x \leq b$, explique por que [aproximação dada por uma soma de Riemann usando extremidades esquerdas] $>$ $A >$ [aproximação dada por uma soma de Riemann usando extremidades direitas].

Exercícios com calculadora

Nos Exercícios 29-34, calcule uma soma de Riemann para aproximar a área sob o gráfico de f(x) no intervalo dado, selecionando os pontos indicados.

29. $f(x) = x\sqrt{1 + x^2}$; $1 \leq x \leq 3$, $n = 20$, pontos médios dos subintervalos.
30. $f(x) = \sqrt{1 + x^2}$; $-1 \leq x \leq 1$, $n = 20$, pontos médios dos subintervalos.
31. $f(x) = e^{-x^2}$; $-2 \leq x \leq 2$, $n = 100$, extremidades esquerdas.
32. $f(x) = x \ln x$; $2 \leq x \leq 6$, $n = 100$, extremidades direitas.
33. $f(x) = (\ln x)^2$; $2 \leq x \leq 3$, $n = 200$, extremidades direitas.
34. $f(x) = (1 + x)^2 e^{0,4x}$; $2 \leq x \leq 4$, $n = 200$, extremidades esquerdas.

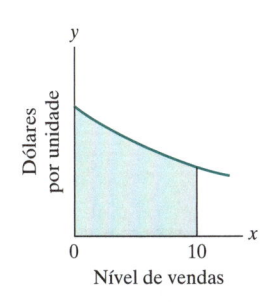

Figura 17 Receita marginal.

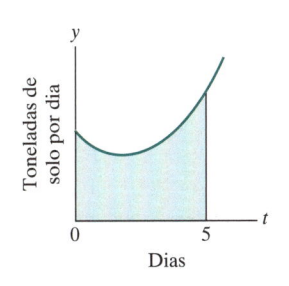

Figura 18 Taxa de erosão do solo.

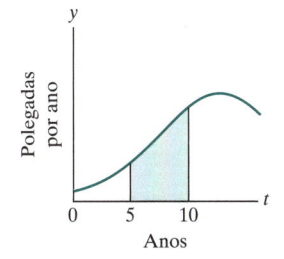

Figura 19 A taxa de crescimento de uma criança.

Soluções dos exercícios de revisão 6.2

1. Como $n = 5$, $\Delta x = \frac{2-(-2)}{5} = \frac{4}{5} = 0,8$. O primeiro ponto médio é $x_1 = -2 + 0,8/2 = -1,6$. Os pontos médios subsequentes são obtidos somando 0,8 sucessivamente, para obter $x_2 = -0,8$, $x_3 = 0$, $x_4 = 0,8$ e $x_5 = 1,6$.

2. A área sob a curva de $t = 2$ até $t = 6$ corresponde ao número de novos empregos criados entre 1985 e 1989.

6.3 Integrais definidas e o teorema fundamental

Na Seção 6.2, vimos que a área sob o gráfico de uma função $f(x)$ contínua não negativa de a até b é o valor limite de somas de Riemann da forma

$$f(x_1) \Delta x + f(x_2) \Delta x + \cdots + f(x_n) \Delta x$$

quando n cresce sem parar ou, equivalentemente, quando Δx tende a zero. (Lembre que $x_1, x_2, \ldots, x_n$ são pontos selecionados de uma partição de $a \leq x \leq b$

e Δx é o comprimento de cada um dos n subintervalos.) Pode ser mostrado que mesmo quando $f(x)$ tem valores negativos, as somas de Riemann ainda tendem a um valor limite quando $\Delta x \to 0$. Esse número é denominado *integral definida de f(x) de a até b* e é denotado por

$$\int_a^b f(x)\,dx.$$

Logo,

$$\int_a^b f(x)\,dx = \lim_{\Delta x \to 0}[f(x_1)\Delta x + f(x_2)\Delta x + \cdots + f(x_n)\Delta x].$$

Se $f(x)$ é uma função não negativa, sabemos da Seção 6.2 que as somas de Riemann no lado direito de (1) tendem à área sob o gráfico de $f(x)$ de a até b. Assim, *a integral definida de uma função não negativa $f(x)$ é igual à área sob o gráfico de $f(x)$*.

EXEMPLO 1

Calcule

$$\int_1^4 \left(\tfrac{1}{3}x + \tfrac{2}{3}\right)dx.$$

Solução A Figura 1 mostra o gráfico da função $f(x) = \tfrac{1}{3}x + \tfrac{2}{3}$. Como $f(x)$ é não negativa em $1 \leq x \leq 4$, a integral definida de $f(x)$ é igual à área da região sombreada na Figura 1. A região consiste em um retângulo e um triângulo. Por Geometria,

[área do retângulo] = [largura] · [altura] = $3 \cdot 1 = 3$,

[área do triângulo] = $\tfrac{1}{2}$[largura] · [altura] = $\tfrac{1}{2} \cdot 3 \cdot 1 \tfrac{3}{2}$.

Assim, a área sob o gráfico é $4\tfrac{1}{2}$ e temos

$$\int_1^4 \left(\tfrac{1}{3}x + \tfrac{2}{3}\right)dx = 4\tfrac{1}{2}.$$

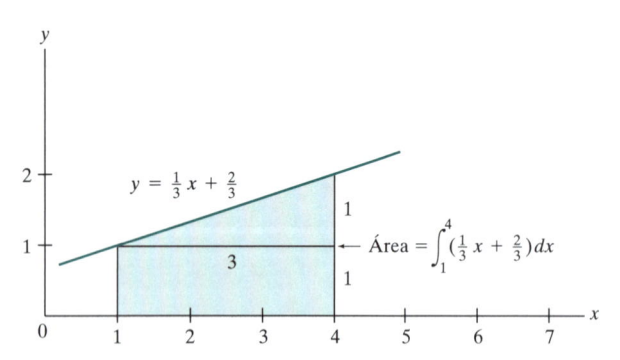

Figura 1 Uma integral definida como a área sob uma curva.

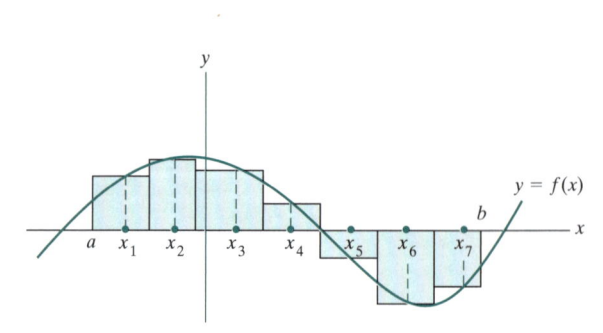

Figura 2

Se $f(x)$ for negativa em alguns pontos no intervalo, ainda podemos dar uma interpretação geométrica para a integral definida. Considere a função $f(x)$ mostrada na Figura 2. A figura mostra uma aproximação retangular da região entre o gráfico e o eixo x de a até b. Considere um retângulo típico localizado acima ou abaixo do ponto selecionado x_i. Se $f(x_i)$ for não negativo, a área do retângulo é igual a $f(x_i)\Delta x$. Caso $f(x_i)$ seja negativo, a área do retângulo é

Seção 6.3 • Integrais definidas e o teorema fundamental

igual a $(-f(x_i))\,\Delta x$. Logo, a expressão $f(x_i)\,\Delta x$ ou é igual à área do retângulo correspondente ou é igual a menos a área, dependendo de $f(x_i)$ ser positivo ou negativo, respectivamente. Em particular, a soma de Riemann

$$f(x_1)\,\Delta x + f(x_2)\,\Delta x + \cdots + f(x_n)\,\Delta x$$

é igual à área dos retângulos acima do eixo x menos a área dos retângulos abaixo do eixo x. Tomemos o limite quando Δx tende a zero. Por um lado, a soma de Riemann tende à integral definida. Por outro lado, as aproximações retangulares tendem à área da região limitada pelo gráfico que está acima do eixo x menos a área limitada pelo gráfico que está abaixo do eixo x. Isso nos dá a interpretação geométrica da integral definida que segue.

Suponha que $f(x)$ seja contínua no intervalo $a \leq x \leq b$. Então

$$\int_a^b f(x)\,dx$$

é igual à área acima do eixo x limitada pelo gráfico de $y = f(x)$ de $x = a$ até $x = b$ menos a área abaixo do eixo x. Em relação à Figura 3, temos

$$\int_a^b f(x)\,dx = [\text{área de } B \text{ e } D] - [\text{área de } A \text{ e } C]$$

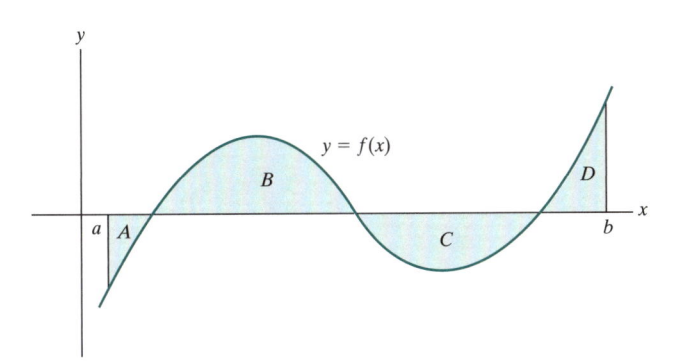

Figura 3 Regiões acima e abaixo do eixo x.

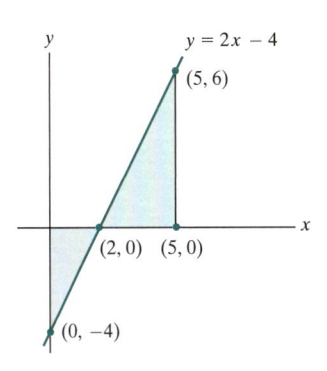

Figura 4

EXEMPLO 2

Calcule

$$\int_0^5 (2x - 4)\,dx.$$

Solução A Figura 4 mostra o gráfico da função $f(x) = 2x - 4$ no intervalo $0 \leq x \leq 5$. A área do triângulo acima do eixo x é 9 e a área do triângulo abaixo do eixo x é 4. Portanto, pela Geometria, obtemos

$$\int_0^5 (2x - 4)\,dx = 9 - 4 = 5.\qquad\blacksquare$$

Os valores das integrais definidas nos Exemplos 1 e 2 decorreram de fórmulas geométricas simples. Para integrais de funções mais complexas, não existem fórmulas análogas. Naturalmente, sempre podemos usar somas de Riemann para obter estimativas do valor de uma integral definida com qualquer grau de precisão. Entretanto, para a maioria das integrais deste texto, o teorema fundamental do Cálculo seguinte nos salva dessas contas.

Teorema fundamental do Cálculo Suponha que $f(x)$ seja contínua no intervalo $a \leq x \leq b$ e seja $F(x)$ uma antiderivada de $f(x)$. Então

$$\int_a^b f(x)\, dx = F(b) - F(a). \qquad (2)$$

Esse teorema relaciona os dois conceitos fundamentais do Cálculo, a integral e a derivada. Uma explicação da validade desse teorema é dada mais adiante nesta seção. Primeiro vamos mostrar como usar o teorema para calcular integrais definidas.

EXEMPLO 3

Use o teorema fundamental do Cálculo para calcular as integrais definidas dadas.

(a) $\displaystyle\int_1^4 \left(\tfrac{1}{3}x + \tfrac{2}{3}\right) dx$
(b) $\displaystyle\int_0^5 (2x - 4)\, dx$

Solução (a) Uma antiderivada de $f(x) = \tfrac{1}{3}x + \tfrac{2}{3}$ é $F(x) = \tfrac{1}{6}x^2 + \tfrac{2}{3}x$. Logo, pelo teorema fundamental,

$$\int_1^4 \left(\tfrac{1}{3}x + \tfrac{2}{3}\right) dx = F(4) - F(1)$$
$$= \left[\tfrac{1}{6}(4)^2 + \tfrac{2}{3}(4)\right] - \left[\tfrac{1}{6}(1)^2 + \tfrac{2}{3}(1)\right]$$
$$= \left[\tfrac{16}{6} + \tfrac{8}{3}\right] - \left[\tfrac{1}{6} + \tfrac{2}{3}\right] = 4\tfrac{1}{2}.$$

Esse resultado é igual ao obtido no Exemplo 1.

(b) Uma antiderivada de $f(x) = 2x - 4$ é $F(x) = x^2 - 4x$. Logo,

$$\int_0^5 (2x - 4)\, dx = F(5) - F(0) = \left[5^2 - 4(5)\right] - \left[0^2 - 4(0)\right] = 5.$$

Esse resultado é igual ao obtido no Exemplo 2. ■

EXEMPLO 4

Calcule

$$\int_2^5 3x^2\, dx.$$

Solução Uma antiderivada de $f(x) = 3x^2$ é $F(x) = x^3 + C$, em que C é uma constante qualquer. Então,

$$\int_2^5 3x^2\, dx = F(5) - F(2) = \left[5^3 + C\right] - \left[2^3 + C\right] = 5^3 + C - 2^3 - C = 117.$$

Observe como o C em $F(2)$ é subtraído do C em $F(5)$. Assim, o valor da integral definida não depende da escolha da constante C. Por conveniência, podemos omitir C ao calcular uma integral definida. ■

A quantidade $F(b) - F(a)$ é denominada *variação líquida de $F(x)$ de $x = a$ até $x = b$*, sendo abreviada pelo símbolo $F(x)\big|_a^b$. Por exemplo, a variação líquida de $F(x) = \tfrac{1}{3}e^{3x}$ de $x = 0$ até $x = 2$ é escrita como $\tfrac{1}{3}e^{3x}\big|_0^2$ e calculada como $F(2) - F(0)$.

EXEMPLO 5

Calcule

$$\int_0^2 e^{3x}\, dx.$$

Solução   Uma antiderivada de $f(x) = e^{3x}$ é $F(x) = \tfrac{1}{3}e^{3x}$. Logo,

$$\int_0^2 e^{3x}\, dx = \tfrac{1}{3}e^{3x}\Big|_0^2 = \tfrac{1}{3}e^{3(2)} - \tfrac{1}{3}e^{3(0)} = \tfrac{1}{3}e^6 - \tfrac{1}{3}.$$

EXEMPLO 6

Calcule a área sob a curva $y = x^2 - 4x + 5$ de $x = -1$ até $x = 3$.

Solução   O gráfico de $f(x) = x^2 - 4x + 5$ é dado na Figura 5. Como $f(x)$ é não negativa em $-1 \le x \le 3$, a área sob a curva é dada pela integral definida

$$\int_{-1}^3 (x^2 - 4x + 5)\, dx = \left(\frac{x^3}{3} - 2x^2 + 5x\right)\Big|_{-1}^3$$

$$= \left[\frac{(3)^3}{3} - 2(3)^2 + 5(3)\right] - \left[\frac{(-1)^3}{3} - 2(-1)^2 + 5(-1)\right]$$

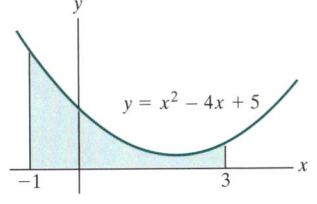

$$= [9 - 18 + 15] - [-\tfrac{1}{3} - 2 - 5]$$

$$= [6] - [-\tfrac{22}{3}] = \tfrac{18}{3} + \tfrac{22}{3} = \tfrac{40}{3}.$$

Figura 5

Estude cuidadosamente essa solução. Os cálculos mostram como usar os parênteses para evitar erros aritméticos. É particularmente importante incluir os colchetes externos em torno do valor da antiderivada em -1.

Áreas em aplicações   No final da Seção 6.2, descrevemos como a área sob um gráfico pode representar o quanto varia uma quantidade (ou seja, a "variação líquida"). Essa interpretação da área segue imediatamente do teorema fundamental do Cálculo, que podemos reescrever como

$$\int_a^b F'(x)\, dx = F(b) - F(a) \tag{3}$$

porque a $f(x)$ em (2) é a derivada de $F(x)$. Se a derivada for não negativa, então a integral em (3) é a área sob o gráfico da função "taxa de variação" $F'(x)$. A equação (3) afirma que essa área é igual à variação líquida de $F(x)$ no intervalo de a até b.

EXEMPLO 7

Posição de um foguete   Um foguete é disparado verticalmente para cima. Sua velocidade t segundos depois do lançamento é de $v(t) = 6t + 0{,}5$ metros por segundo.

(a) Descreva a região cuja área representa a distância percorrida pelo foguete desde o instante $t = 40$ até $t = 100$ segundos.

(b) Calcule a distância da parte (a).

Solução   (a) Seja $s(t)$ a posição do foguete no instante t medida a partir de algum ponto de referência. (No Exemplo 8 da Seção 6.1, por exemplo, medimos a distância a partir da plataforma de lançamento.) Então a distância percorrida é $s(100) - s(40)$, a variação líquida da posição no intervalo $40 \le t \le 100$. Essa distância é representada pela área sob a curva de velocidade entre 40 e 100. (Ver Figura 6.)

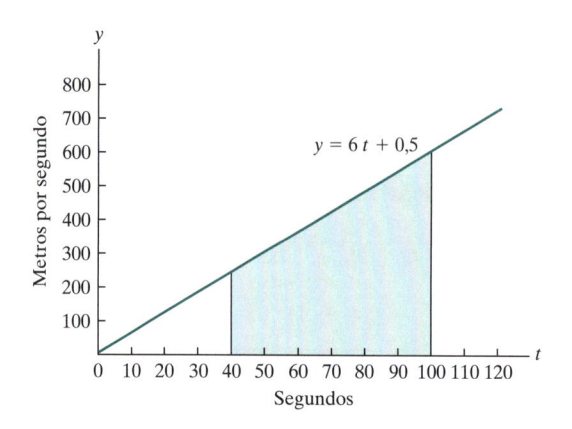

Figura 6 A área sob a curva de velocidade é a distância percorrida.

(b) Agora que já sabemos a conexão entre antiderivadas e área, podemos calcular facilmente a área em (a) que corresponde à distância percorrida pelo foguete.

$$s(100) - s(40) = \int_{40}^{100} s'(t)\,dt = \int_{40}^{100} v(t)\,dt$$

$$= \int_{40}^{100} (6t + 0{,}5)\,dt = \left(3t^2 + 0{,}5t\right)\Big|_{40}^{100}$$

$$= \left[3(100)^2 + 0{,}5(100)\right] - \left[3(40)^2 + 0{,}5(40)\right]$$

$$= 30.050 - 4.820 = 25.230 \text{ metros.} \quad \blacksquare$$

EXEMPLO 8

Consumo mundial de petróleo Durante o começo dos anos 1970, a taxa anual de consumo de petróleo era de $R(t) = 16{,}1e^{0{,}07t}$ bilhões de barris de petróleo por ano, em que t é o número de anos desde o começo de 1970.

(a) Determine a quantidade de petróleo consumido de 1972 até 1974.
(b) Represente a resposta da parte (a) como uma área.

Solução **(a)** Estamos interessados em $T(4) - T(2)$, onde $T(t)$ é o consumo total de petróleo desde 1970. A diferença é a variação líquida em $T(t)$ no período de $t = 2$ (1972) a $t = 4$ (1974). Ocorre que $T(t)$ é uma antiderivada da função taxa $R(t)$. Portanto,

$$T(4) - T(2) = \int_{2}^{4} R(t)\,dt = \int_{2}^{4} 16{,}1e^{0{,}07t}\,dt = \frac{16{,}1}{0{,}07}e^{0{,}07t}\Big|_{2}^{4}$$

$$= 230e^{0{,}07(4)} - 230e^{0{,}07(2)t} \approx 39{,}76 \text{ bilhões de barris de petróleo.}$$

(b) A variação líquida em $T(t)$ é a área da região sob o gráfico da função taxa $T'(t) = R(t)$ de $t = 2$ a $t = 4$. (Ver Figura 7.) $\quad \blacksquare$

Verificação do teorema fundamental do Cálculo Daremos duas explicações da validade do teorema fundamental do Cálculo. Ambas transmitem ideias importantes sobre integrais definidas e o teorema fundamental.

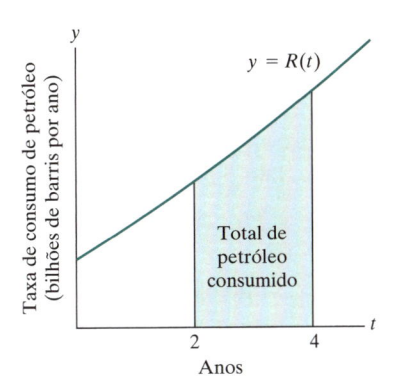

Figura 7 O total de petróleo consumido.

A primeira justificativa do teorema fundamental é calcada diretamente na definição de integral por somas de Riemann. Como havíamos observado anteriormente, o teorema fundamental pode ser escrito na forma

$$\int_a^b F'(x)\,dx = F(b) - F(a), \qquad (4)$$

onde $F(x)$ é qualquer função com uma derivada contínua em $a \le x \le b$. Há três ideias fundamentais numa explicação da validade de (4).

I. Se o intervalo $a \le x \le b$ for particionado em n subintervalos de comprimento $\Delta x = (a - b)/n$, a variação líquida de $F(x)$ em $a \le x \le b$ é a soma das variações líquidas de $F(x)$ em cada subintervalo.

Por exemplo, dividindo o intervalo $a \le x \le b$ em três subintervalos, denotamos as extremidades esquerdas por x_1, x_2, x_3, como segue.

Então

[variação de $F(x)$ no 1º intervalo] $= F(x_2) - F(a)$,

[variação de $F(x)$ no 2º intervalo] $= F(x_3) - F(x_2)$,

[variação de $F(x)$ no 3º intervalo] $= F(b) - F(x_3)$.

Quando somamos essas variações, os termos intermediários cancelam, e obtemos

$$F(b) - F(x_3) + F(x_3) - F(x_2) + F(x_2) - F(a) = F(b) - F(a).$$

II. Se Δx for pequeno, a variação de $F(x)$ no i-ésimo subintervalo é $F'(x_i)\,\Delta x$, aproximadamente.

Essa é a aproximação da variação de uma função discutida na Seção 1.8. Aqui x_i é a extremidade esquerda do i-ésimo subintervalo, como segue.

III. A soma das aproximações em (II) é uma soma de Riemann para a integral definida $\int_a^b F'(x)\,dx$.

Logo,

$$F(b) - F(a)$$
$$= \begin{bmatrix} \text{variação no} \\ \text{1º subintervalo} \end{bmatrix} + \begin{bmatrix} \text{variação no} \\ \text{2º subintervalo} \end{bmatrix} + \cdots + \begin{bmatrix} \text{variação no enésimo} \\ \text{subintervalo} \end{bmatrix}$$
$$\approx F'(x_1)\Delta x + F'(x_2)\Delta x + \cdots + F'(x_n)\Delta x.$$

Quando $\Delta x \to 0$, essas aproximações melhoram. Assim, no limite,

$$F(b) - F(a) = \int_a^b F'(x)\,dx.$$

Em resumo, a derivada de $F(x)$ determina a variação aproximada de $F(x)$ em subintervalos pequenos. A integral definida soma essas variações aproximadas e, no limite, dá a variação exata de $F(x)$ no intervalo $a \leq x \leq b$ inteiro.

Voltando à solução do Exemplo 4 da Seção 6.2, podemos observar o mesmo argumento, essencialmente. A distância percorrida por um foguete é a soma das distâncias que ele percorre em intervalos de tempo pequenos. Em cada subintervalo, a distância é a velocidade (a derivada) vezes Δt, aproximadamente.

Uma função área como antiderivada A segunda explicação do teorema fundamental do Cálculo só é aplicável se $f(x)$ for não negativa. Começamos com o teorema seguinte, que descreve a relação básica entre áreas e antiderivadas. De fato, esse teorema costuma ser considerado uma versão alternativa do teorema fundamental do Cálculo.

Teorema III Seja $f(x)$ uma função contínua não negativa em $a \leq x \leq b$. Seja $A(x)$ a área da região sob o gráfico da função de a até o número x. (Ver Figura 8.) Então $A(x)$ é uma antiderivada de $f(x)$.

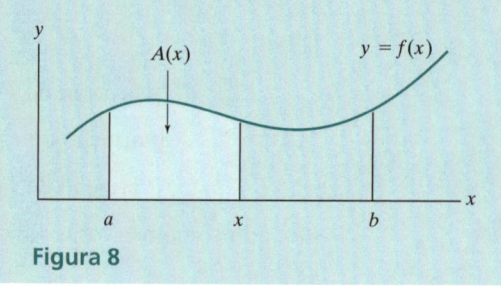

Figura 8

O teorema fundamental do Cálculo para uma função não negativa segue imediatamente do Teorema III. Seja $F(x)$ uma antiderivada de $f(x)$. Como a "função área" $A(x)$ também é uma antiderivada de $f(x)$, o Teorema III garante que

$$A(x) = F(x) + C$$

para alguma constante C. Observe que $A(a)$ é 0 e $A(b)$ é igual à área da região sob o gráfico de $f(x)$ em $a \leq x \leq b$. Portanto,

$$\int_a^b f(x)\,dx = A(b) = A(b) - A(a)$$
$$= [F(b) + C] - [F(a) + C]$$
$$= F(b) - F(a).$$

Mesmo sem dar uma prova formal do Teorema III, não é difícil explicar por que esse resultado é razoável. Se h é um número positivo e pequeno,

$A(x + h) - A(x)$ é a área da região sombreada na Figura 9. Essa região sombreada é aproximadamente um retângulo de largura h, altura $f(x)$ e área $h \cdot f(x)$. Assim,

$$A(x + h) - A(x) \approx h \cdot f(x),$$

em que a aproximação fica melhor quando h tende a zero. Dividindo por h, temos

$$\frac{A(x + h) - A(x)}{h} \approx f(x).$$

Como a aproximação melhora quando h tende a zero, a razão incremental necessariamente tende a $f(x)$. Entretanto, a definição de derivada via limite nos diz que a razão incremental tende a $A'(x)$ quando h tende a zero. Logo, temos $A'(x) = f(x)$. Como x representa qualquer número entre a e b, mostramos que $A(x)$ é uma antiderivada de $f(x)$.

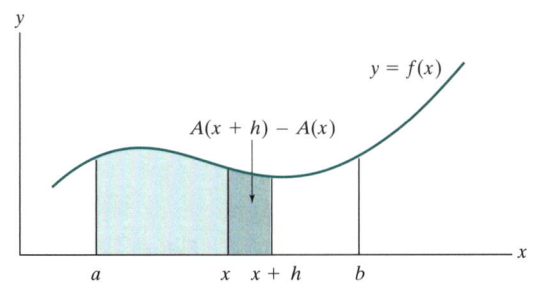

Figura 9

Figura 10

INCORPORANDO RECURSOS TECNOLÓGICOS

Integral definida A integral definida do Exemplo 4 está calculada na Figura 10. Para isso, selecione MATH 9 para aparecer **fnInt**. Agora complete a expressão para ter **fnInt**($3X^2$, X, 2, 5) e pressione ENTER. O resultado está na Figura 10. ∎

Exercícios de revisão 6.3

1. Encontre a área sob a curva $y = e^{x/2}$ de $x = -3$ até $x = 2$.

2. Seja $MR(x)$ a receita marginal de uma companhia no nível de produção x. Dê uma interpretação econômica do número $\int_{75}^{80} MR(x)\, dx$.

Exercícios 6.3

Nos Exercícios 1-3, monte a integral definida que dá a área da região sombreada.

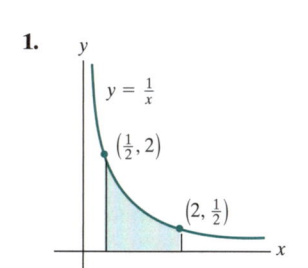

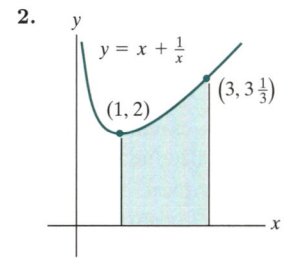

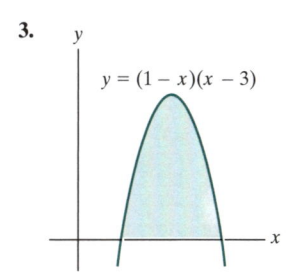

1. $y = \frac{1}{x}$, $\left(\frac{1}{2}, 2\right)$, $\left(2, \frac{1}{2}\right)$

2. $y = x + \frac{1}{x}$, $(1, 2)$, $\left(3, 3\frac{1}{3}\right)$

3. $y = (1 - x)(x - 3)$

Nos Exercícios 4-6, esboce a região cuja área é dada pela integral definida.

4. $\int_2^4 x^2\,dx$ **5.** $\int_0^4 (8-2x)\,dx$

6. $\int_0^4 \sqrt{x}\,dx$

Nos Exercícios 7-28, calcule a integral definida.

7. $\int_{-1}^1 x\,dx$ **8.** $\int_0^1 \left(x+\dfrac{1}{2}\right)dx$

9. $\int_1^2 5\,dx$ **10.** $\int_1^4 x^2\sqrt{x}\,dx$

11. $\int_1^4 \dfrac{1}{2\sqrt{x}}\,dx$ **12.** $\int_0^1 (4x^3-1)\,dx$

13. $\int_0^1 4e^{-3x}\,dx$ **14.** $\int_0^1 2e^{2x}\,dx$

15. $\int_{-1}^1 \dfrac{e^x+e^{-x}}{2}\,dx$ **16.** $\int_0^1 \sqrt{e^x}\,dx$

17. $\int_0^{\ln 3} e^{-2t}\,dt$ **18.** $\int_{\ln 2}^{\ln 3} \dfrac{3}{e^{3t}}\,dt$

19. $\int_3^6 x^{-1}\,dx$ **20.** $\int_1^e \dfrac{1}{7x}\,dx$

21. $\int_{\frac{1}{5}}^5 \dfrac{2}{x}\,dx$

22. $\int_1^2 \left(\dfrac{x}{2}+\dfrac{2}{x}+\dfrac{1}{2x^2}\right)dx$

23. $\int_0^1 (3x^{1/3}-1-e^{0,5x})\,dx$

24. $\int_{-1}^1 \dfrac{1-x-e^{-x}}{2}\,dx$

25. $\int_0^3 (x^3+x-7)\,dx$ **26.** $\int_0^1 \left(e^{x/3}-\dfrac{2x}{5}\right)dx$

27. $\int_2^3 (5-2t)^4\,dt$ **28.** $\int_4^9 \dfrac{3}{t-2}\,dt$

Nos Exercícios 29-34, encontre a área sob a curva dada.

29. $y=4x;\ x=2$ até $x=3$
30. $y=3x^2;\ x=-1$ até $x=1$
31. $y=e^{x/2};\ x=0$ até $x=1$
32. $y=\sqrt{x};\ x=0$ até $x=4$
33. $y=(x-3)^4;\ x=1$ até $x=4$
34. $y=e^{3x};\ x=-\frac{1}{3}$ até $x=0$

35. Seja $f(x)$ a função dada na Figura 11. Determine se $\int_0^7 f(x)\,dx$ é positiva, negativa ou zero.

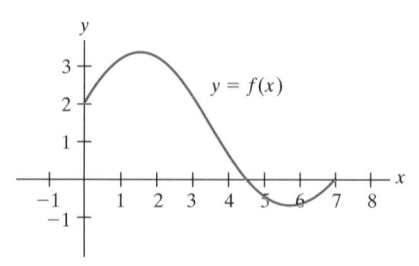

Figura 11

36. Seja $g(x)$ a função dada na Figura 12. Determine se $\int_0^7 g(x)\,dx$ é positiva, negativa ou zero.

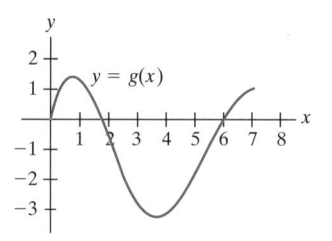

Figura 12

37. Consumo de cigarros O consumo mundial de cigarros (em trilhões de cigarros por ano) desde 1960 é dado, aproximadamente, pela função $c(t)=0{,}1t+2{,}4$, em que $t=0$ corresponde a 1960. Determine o número de cigarros vendidos de 1980 até 1998.

38. Suponha que $p(t)$ seja a taxa (em toneladas por ano) à qual são derramados poluentes num lago, em que t é o número de anos desde 1990. Interprete $\int_5^7 p(t)\,dt$.

39. Um helicóptero está subindo verticalmente e sua velocidade no instante t é dada por $v(t)=2t+1$ metros por segundo.
  (a) Quão alto sobe o helicóptero durante os primeiros 5 segundos?
  (b) Represente a resposta da parte (a) como uma área.

40. Produção Depois de t horas de operação, uma linha de montagem está produzindo cortadores de grama à taxa de $r(t)=21-\frac{4}{5}t$ cortadores por hora.
  (a) Quantos cortadores de grama são produzidos durante o tempo de $t=2$ até $t=5$ horas?
  (b) Represente a resposta da parte (a) como uma área.

41. Custo Suponha que a função custo marginal de um fabricante de sacolas seja $C'(x)=\frac{3}{32}x^2-x+200$ dólares por unidade quando o nível de produção for x (centenas de sacolas).
  (a) Encontre o custo total de produzir 6 unidades adicionais se atualmente estiverem sendo produzidas 2 unidades.
  (b) Descreva (em palavras, não esboçando) a resposta da parte (a) como uma área.

42. Lucro Suponha que a função lucro marginal de uma companhia seja $P'(x) = 100 + 50x - 3x^2$ no nível de produção x.
   (a) Encontre o lucro extra obtido com a venda de 3 unidades adicionais se atualmente estiverem sendo produzidas 5 unidades.
   (b) Descreva (não esboçando) a resposta da parte (a) como uma área.

43. Seja $MP(x)$ o lucro marginal de uma companhia no nível de produção x. Dê uma interpretação econômica do número $\int_{44}^{48} MP(x)\,dx$.

44. Seja $MC(x)$ o custo marginal de uma companhia no nível de produção x. Dê uma interpretação econômica do número $\int_0^{100} MC(x)\,dx$. [*Observação*: em qualquer nível de produção, o custo total é igual aos custos fixos mais o total dos custos variáveis.]

45. Difusão do calor Alguma comida é colocada num *freezer*. Depois de t horas, a temperatura da comida está caindo à taxa de $r(t)$ graus Fahrenheit por hora, sendo $r(t) = 12 + 4/(t+3)^2$.
   (a) Calcule a área sob o gráfico de $y = r(t)$ no intervalo $0 \le t \le 2$.
   (b) O que representa a área da parte (a)?

46. Velocidade Suponha que a velocidade de um carro no instante t seja dada por $v(t) = 40 + 8/(t+1)^2$ quilômetros por hora.
   (a) Calcule a área sob a curva velocidade de $t = 1$ até $t = 9$.
   (b) O que representa a área da parte (a)?

47. Desmatamento e carvão vegetal O desmatamento é um dos maiores problemas enfrentados na África sub-saariana. Mesmo que a principal razão para o corte de florestas tenha sido a agricultura, a constantemente crescente demanda por carvão vegetal vem se tornando um fator importante. A Figura 13 resume as projeções do Banco Mundial. A taxa de consumo (em milhões de metros cúbicos por ano) de carvão vegetal no Sudão t anos depois de 1980 é dada pela função $c(t) = 76{,}2e^{0,03t}$, aproximadamente. Determine a quantidade de carvão vegetal consumido de 1980 a 2000.

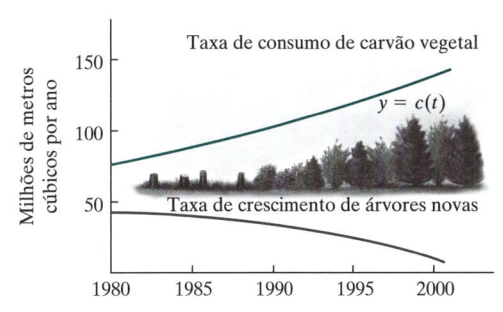

Figura 13 Dados de "Sudan and Options in the Energy Sector", World Bank/UNDP, Julho de 1983.

48. (a) Calcule $\int_1^b \dfrac{1}{t}\,dt$, em que $b > 1$.
   (b) Explique de que maneira o logaritmo de um número maior do que 1 pode ser interpretado como a área de uma região sob uma curva. (Qual é a curva?)

49. Para cada número positivo x, seja $A(x)$ a área da região sob a curva $y = x^2 + 1$ de 0 até x. Encontre $A'(3)$.

50. Para cada número $x > 2$, seja $A(x)$ a área da região sob a curva $y = x^3$ de 2 até x. Encontre $A'(6)$.

Exercícios com calculadora

Nos Exercícios 51-54, primeiro utilize o teorema fundamental do Cálculo para calcular a integral definida e, depois, confira sua resposta numericamente com uma calculadora gráfica.

51. $\displaystyle\int_2^3 \dfrac{1}{x}\,dx$

52. $\displaystyle\int_1^3 10x^4\,dx$

53. $\displaystyle\int_0^4 5\sqrt{x}\,dx$

54. $\displaystyle\int_0^3 6e^{2x}\,dx$

Soluções dos exercícios de revisão 6.3

1. A área procurada é
$$\int_{-3}^{2} e^{x/2}\,dx = 2e^{x/2}\Big|_{-3}^{2} = 2e - 2e^{-3/2} \approx 4{,}99.$$

2. O número $\int_{75}^{80} MR(x)$ é a variação líquida na receita quando o nível de produção é elevado de $x = 75$ para $x = 80$ unidades.

6.4 Áreas no plano xy

Nesta seção, mostramos como usar a integral definida para calcular a área de uma região que fica entre os gráficos de duas ou mais funções. Para isso, serão utilizadas, repetidamente, três propriedades simples, porém importantes, da integral.

Sejam $f(x)$ e $g(x)$ funções e a, b e k constantes quaisquer. Então

$$\int_a^b f(x)\,dx + \int_a^b g(x)\,dx = \int_a^b [f(x) + g(x)]\,dx \qquad (1)$$

$$\int_a^b f(x)\,dx - \int_a^b g(x)\,dx = \int_a^b [f(x) - g(x)]\,dx \qquad (2)$$

$$\int_a^b kf(x)\,dx = k\int_a^b f(x)\,dx. \qquad (3)$$

Para verificar a propriedade (1), sejam $F(x)$ e $G(x)$ antiderivadas de $f(x)$ e $g(x)$, respectivamente. Então $F(x) + G(x)$ é uma antiderivada de $f(x) + g(x)$. Pelo teorema fundamental do Cálculo,

$$\int_a^b [f(x) + g(x)]\,dx = [F(x) + G(x)]\Big|_a^b$$

$$= [F(b) + G(b)] - [F(a) + G(a)]$$

$$= [F(b) - F(a)] + [G(b) - G(a)]$$

$$= \int_a^b f(x)\,dx + \int_a^b g(x)\,dx.$$

As verificações das propriedades (2) e (3) são análogas e utilizam os fatos de que $F(x) - G(x)$ é uma antiderivada de $f(x) - g(x)$ e $kF(x)$ é uma antiderivada de $kf(x)$.

Consideremos, agora, regiões que são limitadas tanto por cima como por baixo por gráficos de funções. Na Figura 1, por exemplo, gostaríamos de encontrar uma expressão simples para a área sombreada sob o gráfico de $y = f(x)$ e acima do gráfico de $y = g(x)$ de $x = a$ até $x = b$. Essa é a região sob o gráfico de $y = f(x)$ da qual foi removida a região sob o gráfico de $y = g(x)$. Logo,

[área da região sombreada] = [área sob $f(x)$] − [área sob $g(x)$]

$$= \int_a^b f(x)\,dx - \int_a^b g(x)\,dx$$

$$= \int_a^b [f(x) - g(x)]\,dx \qquad \text{[pela propriedade (2)]}.$$

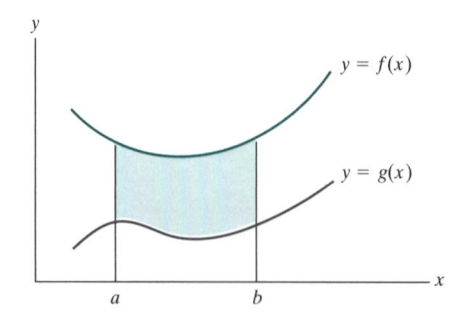

Figura 1

Seção 6.4 • Áreas no plano xy

Área entre duas curvas Se $y = f(x)$ fica acima de $y = g(x)$ de $x = a$ até $x = b$, a área da região entre $f(x)$ e $g(x)$ de $x = a$ até $x = b$ é

$$\int_a^b [f(x) - g(x)]\, dx.$$

EXEMPLO 1 Encontre a área da região entre $y = 2x^2 - 4x + 6$ e $y = -x^2 + 2x + 1$ de $x = 1$ até $x = 2$.

Solução Esboçando os dois gráficos (ver Figura 2), vemos que $f(x) = 2x^2 - 4x + 6$ fica acima de $g(x) = -x^2 + 2x + 1$ em $1 \leq x \leq 2$. Logo, nossa fórmula dá a área da região sombreada como

$$\int_1^2 [(2x^2 - 4x + 6) - (-x^2 + 2x + 1)]\, dx = \int_1^2 (3x^2 - 6x + 5)\, dx$$

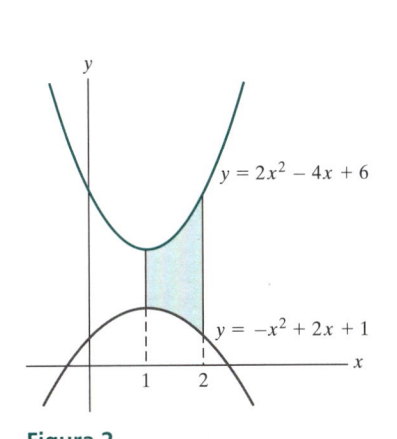

$$= (x^3 - 3x^2 + 5x)\Big|_1^2 = 6 - 3 = 3.\; \blacksquare$$

Figura 2

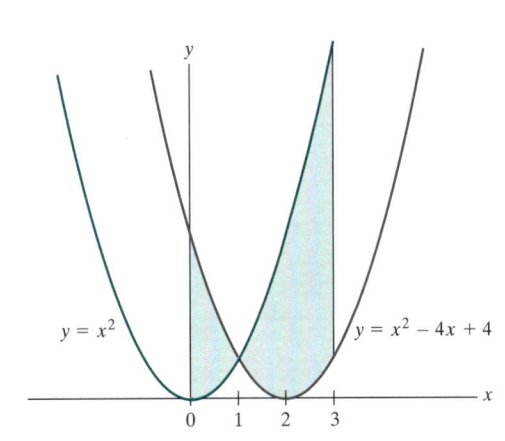

Figura 3

EXEMPLO 2 Encontre a área da região entre $y = x^2$ e $y = (x-2)^2 = x^2 - 4x + 4$ de $x = 0$ até $x = 3$.

Solução Esboçando os gráficos (ver Figura 3), vemos que os dois gráficos se cruzam; tomando $x^2 = x^2 - 4x + 4$, vemos que os dois gráficos se cruzam em $x = 1$. Portanto, um gráfico não fica sempre acima do outro de $x = 0$ a $x = 3$ e, por isso, não podemos aplicar diretamente nossa regra para encontrar a área entre duas curvas. Entretanto, essa dificuldade é facilmente superada se separarmos a região em duas partes, a área de $x = 0$ até $x = 1$ e a área de $x = 1$ até $x = 3$. Com x de $x = 0$ até $x = 1$, $y = x^2 - 4x + 4$ está em cima e, com x de $x = 1$ até $x = 3$, $y = x^2$ está em cima. Consequentemente,

$$[\text{área de } x = 0 \text{ até } x = 1] = \int_0^1 [(x^2 - 4x + 4) - (x^2)]\, dx$$

$$= \int_0^1 (-4x + 4)\, dx$$

$$= (-2x^2 + 4x)\Big|_0^1 = 2 - 0 = 2.$$

$$[\text{área de } x = 1 \text{ até } x = 3] = \int_1^3 [(x^2) - (x^2 - 4x + 4)]\, dx$$

$$= \int_1^3 (4x - 4)\, dx$$

$$= (2x^2 - 4x)\Big|_1^3 = 6 - (-2) = 8.$$

Assim, a área total é $2 + 8 = 10$.

Na nossa dedução da fórmula para a área entre duas curvas, examinamos funções não negativas. Entretanto, o enunciado da regra não contém essa exigência e, de fato, não deveria. Considere o caso em que $f(x)$ e $g(x)$ não são sempre positivas. Determinemos a área da região sombreada na Figura 4(a). Escolha alguma constante c tal que os gráficos das funções $f(x) + c$ e $g(x) + c$ fiquem completamente acima do eixo x. [Ver Figura 4(b).] A região entre esses gráficos tem a mesma área que a região original. Utilizando a regra para funções não negativas, obtemos

$$[\text{área da região}] = \int_a^b [(f(x) + c) - (g(x) + c)]\, dx$$

$$= \int_a^b [f(x) - g(x)]\, dx.$$

Logo, vemos que a nossa regra é válida para quaisquer funções $f(x)$ e $g(x)$, desde que o gráfico de $f(x)$ fique acima do gráfico de $g(x)$ em cada x de $x = a$ até $x = b$.

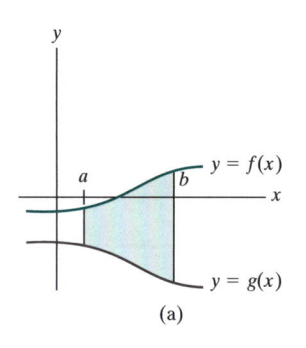

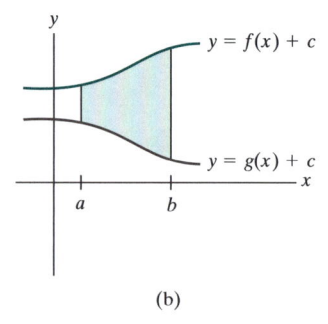

Figura 4

EXEMPLO 3 Monte a integral que dá a área entre as curvas $y = x^2 - 2x$ e $y = -e^x$ de $x = -1$ até $x = 2$.

Solução Como $y = x^2 - 2x$ fica acima de $y = -e^x$ (ver Figura 5), podemos aplicar diretamente a regra para encontrar a área entre curvas. A área entre as curvas é

$$\int_{-1}^{2} (x^2 - 2x + e^x)\, dx.$$

Algumas vezes, precisamos encontrar a área entre duas curvas sem que os valores de a e b tenham sido dados. Nesses casos, existe uma região que está completamente cercada pelas duas curvas. Como ilustram os próximos exemplos, começamos encontrando os pontos de interseção das duas curvas para obter os valores de a e b. Nesses problemas, é particularmente importante esboçar as duas curvas com cuidado.

EXEMPLO 4 Monte a integral que dá a área da região limitada pelas curvas $y = x^2 + 2x + 3$ e $y = 2x + 4$.

Solução As duas curvas estão esboçadas na Figura 6, e a região por elas limitada está sombreada. Para encontrar os pontos de interseção, tomamos $x^2 + 2x + 3 = 2x + 4$ e resolvemos para x, obtendo $x^2 = 1$, ou $x = -1$ e $x = +1$. Quando $x = -1$, $2x + 4 = 2(-1) + 4 = 2$. Quando $x = 1$, $2x + 4 = 2(1) + 4 = 6$. Logo, as curvas intersectam em $(1, 6)$ e $(-1, 2)$.

Como $y = 2x + 4$ está acima de $y = x^2 + 2x + 3$ de $x = -1$ a $x = 1$, a área entre as curvas é dada por

$$\int_{-1}^{1} [(2x + 4) - (x^2 + 2x + 3)] \, dx = \int_{-1}^{1} (1 - x^2) \, dx.$$ ∎

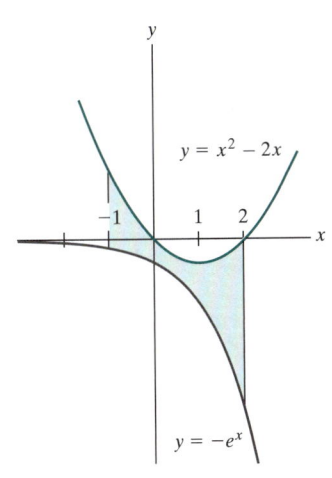

Figura 5

Figura 6

EXEMPLO 5

Monte a integral que dá a área limitada pelas duas curvas $y = 2x^2$ e $y = x^3 - 3x$.

Solução Começamos com um esboço aproximado das duas curvas. (Ver Figura 7.) As duas curvas intersectam se $x^3 - 3x = 2x^2$, ou $x^3 - 2x^2 - 3x = 0$. Observe que

$$x^3 - 2x^2 - 3x = x(x^2 - 2x - 3) = x(x - 3)(x + 1).$$

Logo, as soluções de $x^3 - 2x^2 - 3x = 0$ são $x = 0, 3, -1$ e as curvas intersectam em $(-1, 2)$, $(0, 0)$ e $(3, 18)$. De $x = -1$ até $x = 0$, a curva $y = x^3 - 3x$ fica acima de $y = 2x^2$. Porém, de $x = 0$ até $x = 3$, ocorre o contrário. Assim, a área entre as curvas é dada por

$$\int_{-1}^{0} (x^3 - 3x - 2x^2) \, dx + \int_{0}^{3} (2x^2 - x^3 + 3x) \, dx.$$ ∎

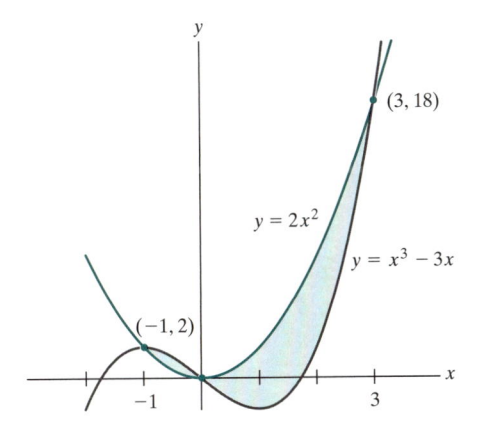

Figura 7

EXEMPLO 6

Consumo de petróleo A partir de 1974, quando começou o dramático aumento no preço do petróleo, a taxa de crescimento exponencial do consumo de petróleo diminuiu da constante de crescimento de 7% para a constante de crescimento de 4% ao ano. Um modelo razoavelmente bom para a taxa de consumo anual de petróleo desde 1974 é dado por

$$R_1(t) = 21{,}3e^{0{,}04(t-4)}, \qquad t \geq 4,$$

onde $t = 0$ corresponde a 1970. Determine a quantidade total de petróleo economizado entre 1976 e 1980 devido ao fato de o petróleo não ter sido consumido à taxa prevista no modelo do Exemplo 8, Seção 6.3, ou seja,

$$R(t) = 16{,}1e^{0{,}07t}, \qquad t \geq 0.$$

Solução Se o consumo de petróleo tivesse continuado a crescer como crescia antes de 1974, então o consumo total entre 1976 e 1980 teria sido

$$\int_6^{10} R(t)\,dt. \tag{4}$$

Entretanto, levando em conta o crescimento mais lento da taxa de consumo do petróleo desde 1974, vemos que o total de petróleo consumido entre 1976 e 1980 foi de, aproximadamente,

$$\int_6^{10} R_1(t)\,dt. \tag{5}$$

As integrais nas fórmulas (4) e (5) podem ser interpretadas como as áreas sob as curvas $y = R(t)$ e $y = R_1(t)$, respectivamente, de $t = 6$ até $t = 10$. (Ver Figura 8.) Sobrepondo as duas curvas, vemos que a área entre elas de $t = 6$ até $t = 10$ representa a quantidade total de petróleo que foi economizado consumindo petróleo à taxa dada por $R_1(t)$ em vez de $R(t)$. (Ver Figura 9.) A área entre as duas curvas é igual a

$$\int_6^{10} [R(t) - R_1(t)]\,dt = \int_6^{10} \left[16{,}1e^{0{,}07t} - 21{,}3e^{0{,}04(t-4)}\right] dt$$

$$= \left(\frac{16{,}1}{0{,}07}e^{0{,}07t} - \frac{21{,}3}{0{,}04}e^{0{,}04(t-4)}\right)\bigg|_6^{10}$$

$$\approx 13{,}02.$$

Assim, foram economizados cerca de 13 bilhões de barris de petróleo entre 1976 e 1980. ∎

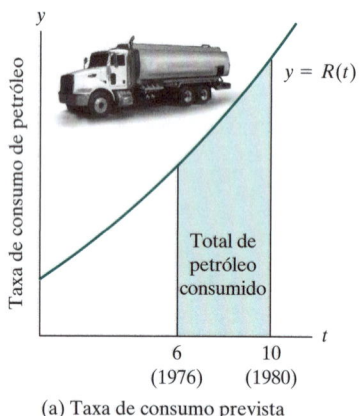

Figura 8
(a) Taxa de consumo prevista pelos dados pré-1974
(b) Taxa de consumo modificada pelo aumento do preço do petróleo pós-1974

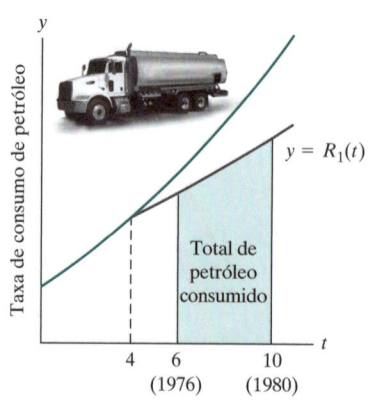

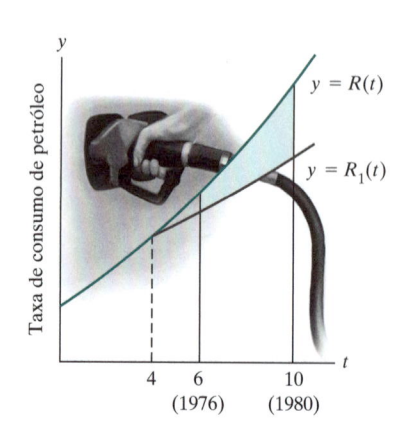

Figura 9

INCORPORANDO RECURSOS TECNOLÓGICOS

Área entre duas curvas Vejamos como sombrear a área entre duas curvas usando as funções do Exemplo 1. Inicialmente, coloque $Y_1 = -X^2 + 2X + 1$ e $Y_2 = 2X^2 - 4X + 6$. Agora pressione [2nd] [DRAW] [7] para aparecer **Shade**. Complete a expressão para ter **Shade**$(Y_1, Y_2, 1, 2)$ e pressione [ENTER]. Isso sombreia a área acima de Y_1 e abaixo de Y_2, com $1 \le X \le 2$. O resultado aparece na Figura 10(a). Observe que, na rotina **Shade**, é preciso listar primeiro a função de baixo e só depois a função de cima.

A integral definida do Exemplo 1 é calculada para encontrar a área entre as curvas. Selecione [MATH] [9] para aparecer **fnInt**. Agora complete a expressão para ter **fnInt**$(Y_2 - Y_1, 1, 2)$ e pressione [ENTER]. O resultado aparece na Figura 10(b).

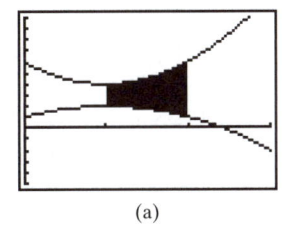

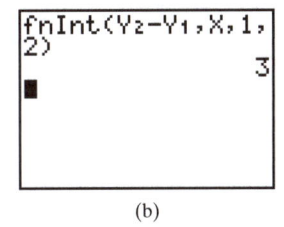

(a)   (b)

Figura 10

Exercícios de revisão 6.4

1. Encontre a área entre as curvas $y = x + 3$ e $y = \frac{1}{2}x^2 + x - 7$ de $x = -2$ até $x = 1$.

2. Uma companhia planeja aumentar sua produção de 10 para 15 unidades diárias. A função custo marginal atual é $MC_1(x) = x^2 - 20x + 108$. Alterando o processo de produção e comprando equipamento novo, a companhia consegue mudar a função custo marginal para $MC_2(x) = \frac{1}{2}x^2 - 12x + 75$. Determine a área entre os gráficos das duas curvas de custo marginal de $x = 10$ até $x = 15$. Interprete essa área em termos econômicos.

Exercícios 6.4

1. Escreva uma integral definida ou uma soma de integrais definidas que deem a área das porções sombreadas na Figura 11.

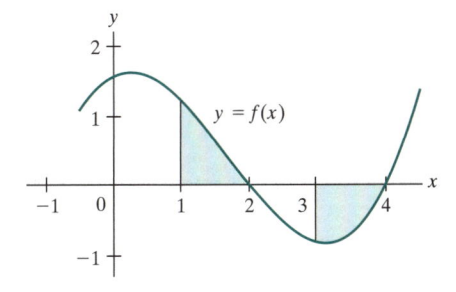

Figura 11

2. Escreva uma integral definida ou uma soma de integrais definidas que deem a área das porções sombreadas na Figura 12.

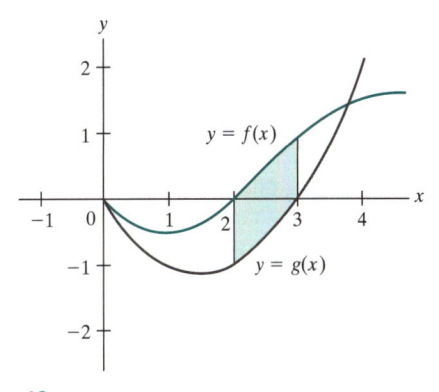

Figura 12

3. Sombreie a porção da Figura 13 cuja área é dada pela integral

$$\int_0^2 [f(x) - g(x)]\,dx + \int_2^4 [h(x) - g(x)]\,dx.$$

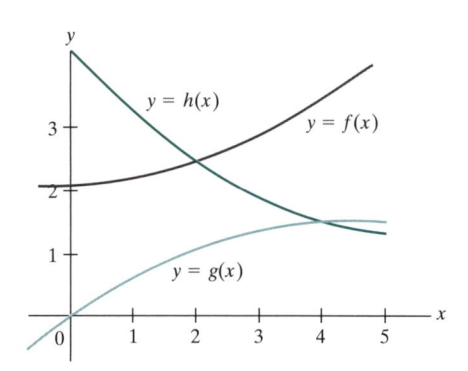

Figura 13

4. Sombreie a porção da Figura 14 cuja área é dada pela integral

$$\int_0^1 [f(x) - g(x)] + \int_1^2 [g(x) - f(x)]\,dx.$$

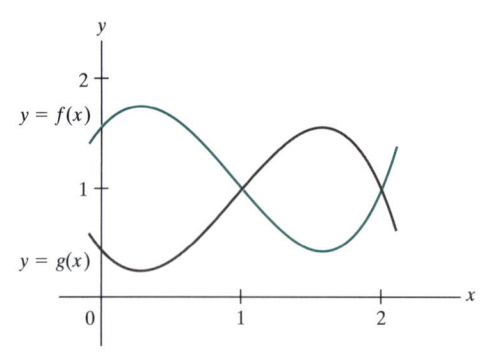

Figura 14

Nos Exercícios 5-10, encontre a área da região entre as curvas.

5. $y = 2x^2$ e $y = 8$ (uma reta horizontal) de $x = -2$ até $x = 2$.
6. $y = x^2 + 1$ e $y = -x^2 - 1$ de $x = -1$ até $x = 1$.
7. $y = x^2 - 6x + 12$ e $y = 1$ de $x = 0$ até $x = 4$.
8. $y = x(2 - x)$ e $y = 2$ de $x = 0$ até $x = 2$.
9. $y = e^x$ e $y = \dfrac{1}{x^2}$ de $x = 1$ até $x = 2$.
10. $y = e^{2x}$ e $y = 1 - x$ de $x = 0$ até $x = 1$.

Nos Exercícios 11-18, encontre a área da região limitada pelas curvas.

11. $y = x^2$ e $y = x$
12. $y = 4x(1 - x)$ e $y = \tfrac{3}{4}$
13. $y = -x^2 + 6x - 5$ e $y = 2x - 5$
14. $y = x^2 - 1$ e $y = 3$
15. $y = x(x^2 - 1)$ e o eixo x.
16. $y = x^3$ e $y = 2x^2$
17. $y = 8x^2$ e $y = \sqrt{x}$
18. $y = \dfrac{4}{x}$ e $y = 5 - x$

19. Encontre a área da região entre $y = x^2 - 3x$ e o eixo x.
    (a) de $x = 0$ até $x = 3$,
    (b) de $x = 0$ até $x = 4$,
    (c) de $x = -2$ até $x = 3$.
20. Encontre a área da região entre $y = x^2$ e $y = 1/x^2$.
    (a) de $x = 1$ até $x = 4$,
    (b) de $x = \tfrac{1}{2}$ até $x = 4$.
21. Encontre a área da região limitada por $y = 1/x^2$, $y = x$ e $y = 8x$, com $x \geq 0$. (Ver Figura 15.)

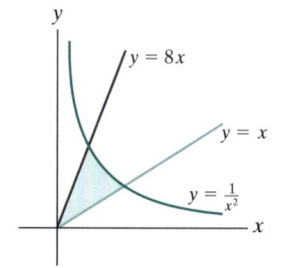

Figura 15

22. Encontre a área da região limitada por $y = 1/x$, $y = 4x$ e $y = x/2$, com $x \geq 0$. (A região é parecida com a região sombreada da Figura 15.)
23. Encontre a área da região sombreada da Figura 16(a), limitada por $y = 12/x$, $y = \tfrac{3}{2}\sqrt{x}$ e $y = x/3$.

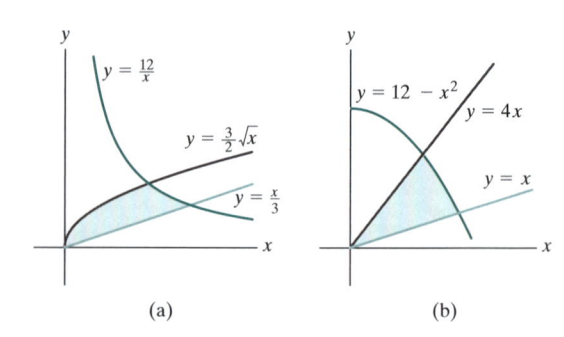

(a)   (b)

Figura 16

24. Encontre a área da região sombreada da Figura 16(b), limitada por $y = 12 - x^2$, $y = 4x$ e $y = x$.

25. Continuação do Exercício 47 da Seção 6.3. A taxa de crescimento de árvores novas (em milhões de metros cúbicos por ano) no Sudão t anos depois de 1980 é dada, aproximadamente, pela função $g(t) = 50 - 6{,}03e^{0{,}09t}$. Monte a integral definida que dá a quantidade de floresta destruída pelo excesso de consumo de carvão vegetal menos o crescimento de árvores novas no período de 1980 a 2000.

26. Continuação do Exemplo 6. Suponha que, em 1970, a constante de crescimento do consumo anual de petróleo tivesse sido mantida em 0,04. Qual efeito isso teria tido no consumo de petróleo de 1970 a 1974?

27. Lucro O lucro marginal de uma certa companhia é $MP_1(x) = -x^2 + 14x - 24$. A companhia espera que o nível de produção diária aumente de $x = 6$ para $x = 8$ unidades. A direção está considerando um plano que teria o efeito de mudar o lucro marginal para $M_2(x) = -x^2 + 12x - 20$. A companhia deveria adotar esse plano? Determine a área entre os gráficos das duas funções lucro marginal de $x = 6$ até $x = 8$. Interprete essa área em termos econômicos.

28. Dois foguetes são lançados simultânea e verticalmente para cima. Suas velocidades (em metros por segundo), são $v_1(t)$ e $v_2(t)$, respectivamente, com $v_1(t) \geq v_2(t)$ para $t \geq 0$. Denote por A a área da região entre os gráficos de $y = v_1(t)$ e $y = v_2(t)$ com $0 \leq t \leq 10$. Qual interpretação física pode ser dada ao valor de A?

29. Distância percorrida Dois carros A e B partem do mesmo lugar e viajam na mesma direção com velocidades depois de t horas dadas pelas funções $v_A(t)$ e $v_B(t)$ da Figura 17.

(a) O que representa a área entre as duas curvas de $t = 0$ a $t = 1$?

(b) Em que instante ocorre a maior distância entre os dois carros?

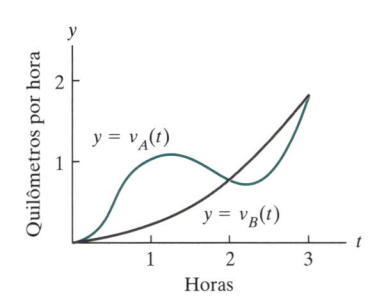

Figura 17

Exercícios com calculadora

Nos Exercícios 30-33, utilize uma calculadora gráfica para encontrar os pontos de interseção das curvas e, depois, utilize a calculadora para encontrar a área da região limitada pelas curvas.

30. $y = e^x$, $y = 4x + 1$

31. $y = 5 - (x-2)^2$, $y = e^x$

32. $y = \sqrt{x+1}$, $y = (x-1)^2$

33. $y = 1/x$, $y = 3 - x$

Soluções dos exercícios de revisão 6.4

1. Começamos esboçando o gráfico das duas curvas, como na Figura 18. A curva $y = x + 3$ fica acima. Logo, a área entre as curvas é

$$\int_{-2}^{1} \left[(x + 3) - \left(\tfrac{1}{2}x^2 + x - 7\right)\right] dx$$

$$= \int_{-2}^{1} \left(-\tfrac{1}{2}x^2 + 10\right) dx$$

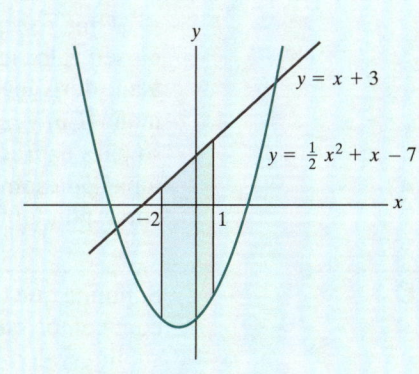

$$= \left(-\tfrac{1}{6}x^3 + 10x\right)\Big|_{-2}^{1} = 28{,}5.$$

Figura 18

(Continuação)

2. Traçando o gráfico das duas funções custo marginal, obtemos os resultados da Figura 19. Logo, a área entre as curvas é igual a

$$\int_{10}^{15} [MC_1(x) - MC_2(x)] \, dx$$

$$= \int_{10}^{15} [(x^2 - 20x + 108) - (\tfrac{1}{2}x^2 - 12x + 75)] \, dx$$

$$= \int_{10}^{15} \left[\tfrac{1}{2}x^2 - 8x + 33\right] dx$$

$$= \left(\tfrac{1}{6}x^3 - 4x^2 + 33x\right)\Big|_{10}^{15} = 60\tfrac{5}{6}.$$

Essa quantidade representa a economia nos custos com o aumento da produção (de 10 para 15), desde que seja utilizado o novo processo de produção.

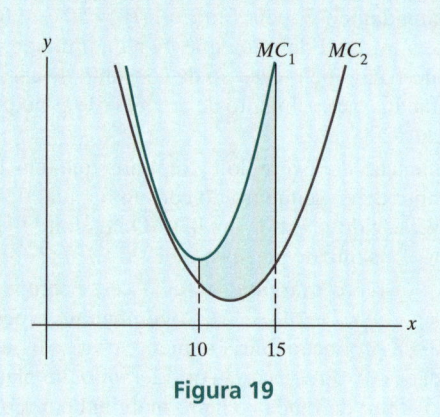

Figura 19

6.5 Aplicações da integral definida

As aplicações desta seção têm duas características em comum. Em primeiro lugar, cada exemplo contém alguma quantidade que é calculada por meio de uma integral definida. Em segundo lugar, a fórmula da integral definida é deduzida por meio de somas de Riemann.

Em cada aplicação, mostramos que uma certa quantidade, digamos, Q, pode ser aproximada particionando um intervalo em subintervalos iguais e formando uma soma apropriada. Então, observamos que essa soma é uma soma de Riemann para alguma função $f(x)$. (Algumas vezes, essa função nem é fornecida nos dados do problema.) As somas de Riemann tendem a Q quando aumenta o número de subintervalos. Como as somas de Riemann também tendem a uma integral definida, concluímos que o valor de Q é dado pela integral definida.

Uma vez que expressamos Q como uma integral definida, podemos calcular seu valor usando o teorema fundamental do Cálculo, que reduz as cálculos à antiderivação. Não é necessário calcular o valor de qualquer soma de Riemann. Em vez disso, utilizamos as somas de Riemann apenas como um recurso para expressar Q como uma integral definida. O passo chave é reconhecer uma dada soma como uma soma de Riemann e determinar a integral definida correspondente. O Exemplo 1 ilustra esse passo.

EXEMPLO 1 Suponha que o intervalo $1 \leq x \leq 2$ seja dividido em 50 subintervalos, cada um com comprimento Δx. Denote por $x_1, x_2, \ldots, x_{50}$ os pontos selecionados desses subintervalos. Encontre uma aproximação para o valor da soma

$$(8x_1^7 + 6x_1)\Delta x + (8x_2^7 + 6x_2)\Delta x + \cdots + (8x_{50}^7 + 6x_{50})\Delta x.$$

Solução A soma é claramente uma soma de Riemann para a função $f(x) = 8x^7 + 6x$ no intervalo $1 \leq x \leq 2$. Logo, uma aproximação para a soma é dada pela integral

$$\int_1^2 (8x^7 + 6x) \, dx.$$

Podemos calcular essa integral usando o teorema fundamental do Cálculo.

$$\int_1^2 (8x^7 + 6x)\,dx = (x^8 + 3x^2)\Big|_1^2$$

$$= [2^8 + 3(2^2)] - [1^8 + 3(1^2)]$$

$$= 268 - 4 = 264.$$

Portanto, a soma é aproximadamente 264. ∎

O valor médio de uma função Seja $f(x)$ uma função contínua no intervalo $a \leq x \leq b$. A integral definida pode ser usada para definir o *valor médio* de $f(x)$ nesse intervalo. Para calcular a média de uma coleção de números $y_1, y_2,\ldots, y_n$, somamos os números e dividimos por n, obtendo

$$\frac{y_1 + y_2 + \cdots + y_n}{n}.$$

Para determinar o valor médio de $f(x)$, procedemos de forma similar. Escolhemos n valores de x, digamos, $x_1, x_2,\ldots, x_n$, e calculamos os correspondentes valores $f(x_1), f(x_2),\ldots, f(x_n)$ da função. A média desses valores é

$$\frac{f(x_1) + f(x_2) + \cdots + f(x_n)}{n}. \tag{1}$$

Nosso objetivo agora é obter uma definição razoável da média de todos os valores de $f(x)$ no intervalo $a \leq x \leq b$. Se os pontos $x_1, x_2,\ldots, x_n$ estão "igualmente" espalhados no intervalo, a média (1) deveria ser uma boa aproximação do nosso conceito intuitivo de valor médio de $f(x)$. De fato, quando n cresce, a média (1) deveria tender ao valor médio de $f(x)$ com a precisão que quisermos. Para garantir que os pontos $x_1, x_2,\ldots, x_n$ estejam "igualmente" espalhados de a até b, dividimos o intervalo de $x = a$ até $x = b$ em n subintervalos de comprimento igual a $\Delta x = (b-a)/n$. Então, escolhemos x_1 no primeiro subintervalo, x_2 no segundo e assim por diante. A média (1) que corresponde a esses pontos pode ser arranjada na forma de uma soma de Riemann, como segue.

$$\frac{f(x_1) + f(x_2) + \cdots + f(x_n)}{n}$$

$$= f(x_1)\cdot\frac{1}{n} + f(x_2)\cdot\frac{1}{n} + \cdots + f(x_n)\cdot\frac{1}{n}$$

$$= \frac{1}{b-a}\left[f(x_1)\cdot\frac{b-a}{n} + f(x_2)\cdot\frac{b-a}{n} + \cdots + f(x_n)\cdot\frac{b-a}{n}\right]$$

$$= \frac{1}{b-a}[f(x_1)\Delta x + f(x_2)\Delta x + \cdots + f(x_n)\Delta x].$$

A soma entre colchetes é uma soma de Riemann para a integral definida de $f(x)$. Assim, vemos que com um número grande de pontos x_i, a média em (1) tende à quantidade

$$\frac{1}{b-a}\int_a^b f(x)\,dx.$$

Esse argumento serve de motivação para a definição seguinte.

O *valor médio* de uma função contínua $f(x)$ no intervalo $a \leq x \leq b$ é definido pela quantidade

$$\frac{1}{b-a}\int_a^b f(x)\,dx. \tag{2}$$

EXEMPLO 2

Calcule o valor médio da função $f(x) = \sqrt{x}$ no intervalo $0 \le x \le 9$.

Solução Utilizando (2) com $a = 0$ e $b = 9$, o valor médio de $f(x) = \sqrt{x}$ no intervalo $0 \le x \le 9$ é igual a

$$\frac{1}{9-0}\int_0^9 \sqrt{x}\,dx.$$

Como $\sqrt{x} = x^{1/2}$, uma antiderivada de $f(x) = \sqrt{x}$ é $F(x) = \frac{2}{3}x^{3/2}$. Portanto,

$$\frac{1}{9}\int_0^9 \sqrt{x}\,dx = \frac{1}{9}\left(\frac{2}{3}x^{3/2}\right)\Big|_0^9 = \frac{1}{9}\left(\frac{2}{3}\cdot 9^{3/2} - 0\right) = \frac{1}{9}\left(\frac{2}{3}\cdot 27\right) = 2,$$

de modo que o valor médio de $f(x) = \sqrt{x}$ no intervalo $0 \le x \le 9$ é 2. A área da região sombreada é igual à área do retângulo que aparece na Figura 1. ∎

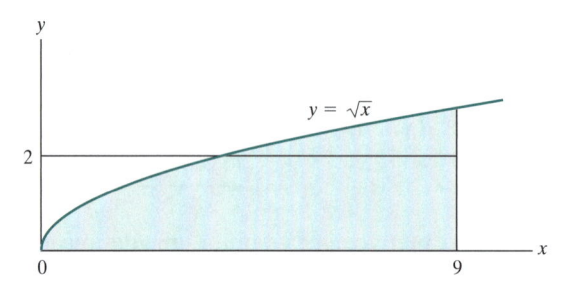

Figura 1 Valor médio de uma função.

EXEMPLO 3

Em 1º de janeiro de 1998, a população mundial era de 5,9 bilhões de pessoas e crescia à taxa anual de 1,34%. Supondo que essa taxa de crescimento se mantenha, a população mundial em t anos contados a partir de então será dada pela lei de crescimento exponencial.

$$P(t) = 5{,}9e^{0{,}0134t}.$$

Determine a população mundial média durante os 30 anos seguintes. (Essa média é importante para o planejamento a longo prazo da produção agrícola e para a alocação de bens e serviços.)

Solução O valor médio da população $P(t)$ de $t = 0$ até $t = 30$ é

$$\frac{1}{30-0}\int_0^{30} P(t)\,dt = \frac{1}{30}\int_0^{30} 5{,}9e^{0{,}0134t}\,dt$$

$$= \frac{1}{30}\left(\frac{5{,}9}{0{,}0134}e^{0{,}0134t}\right)\Big|_0^{30} = \frac{5{,}9}{0{,}402}(e^{0{,}402} - 1)$$

$$\approx 7{,}26 \text{ bilhões.} \quad \blacksquare$$

Excedente do consumidor Usando uma curva de demanda da Economia, podemos derivar uma fórmula para o montante que os consumidores lucram em um sistema aberto sem discriminação de preços. A Figura 2(a) é uma *curva de demanda* para um certo bem. Ela é determinada por fatores econômicos complexos e dá uma relação entre a quantidade vendida e o preço unitário da mercadoria. Especificamente, ela diz que, para vender x unidades, o preço deve ser fixado em $f(x)$ dólares por unidade. Como, para a maioria dos bens, vender maiores quantidades requer uma diminuição do preço, as curvas de demanda são, geralmente, decrescentes. As interações entre estoque e demanda determinam o volume da quantidade disponível. Denotemos por A a quantidade atualmente disponível do bem e por $B = f(A)$ o preço atual de venda.

Dividimos o intervalo de 0 a A em n subintervalos, cada um de comprimento $\Delta x = (A - 0)/n$ e como x_i tomamos a extremidade direita do i-ésimo subintervalo. Considere o primeiro subintervalo, de 0 a x_1. [Ver Figura 2(b).] Suponha que estejam disponíveis apenas x_1 unidades. Então o preço unitário poderia ser fixado em $f(x_1)$ dólares e estas x_1 seriam vendidas. Naturalmente, a esse preço, não poderíamos ter vendido nenhuma unidade adicional. Entretanto, essas pessoas que pagaram $f(x_1)$ dólares tinham uma grande demanda pelo bem. Para elas, o bem era extremamente valioso e, com aquele preço, não havia vantagem alguma em substituí-lo por um outro bem. Elas estavam realmente pagando o que o bem valia para elas. Logo, em teoria, as primeiras x_1 unidades do bem poderiam ser vendidas para essas pessoas ao preço de $f(x_1)$ dólares por unidade, fornecendo

[preço por unidade] · [número de unidades] = $f(x_1) \cdot (x_1) = f(x_1) \cdot \Delta x$ dólares.

Suponha que, depois da venda das primeiras x_1 unidades, tornem-se disponíveis mais unidades, de modo que, agora, tenham sido produzidas um total de x_2 unidades. Fixando o preço em $f(x_2)$, podem ser vendidas as $x_2 - x_1 = \Delta x$ unidades remanescentes, fornecendo $f(x_2)$ dólares. Aqui, novamente, nesse segundo grupo, os compradores pagaram pelo bem tanto quanto ele valia para eles. Continuando esse processo de discriminação de preços, o montante de dinheiro pago pelos consumidores seria

$$f(x_1) \Delta x + f(x_2) \Delta x + \cdots + f(x_n) \Delta x$$

Tomando n grande, vemos que essa soma de Riemann tende a $\int_0^A f(x)\, dx$. Como $f(x)$ é positiva, essa integral é igual à área sob o gráfico de $f(x)$ de $x = 0$ a $x = A$.

Naturalmente, num sistema aberto, todos pagam o mesmo preço, B, de forma que o montante total pago é [preço por unidade] · [número de unidades] = BA. Como BA é a área do retângulo sob o gráfico da reta $p = B$ de $x = 0$ a $x = A$, o montante de dinheiro economizado pelos consumidores é a área da região sombreada na Figura 2(c). Logo, a área entre as curvas $p = f(x)$ e $p = B$ fornece um valor numérico para um benefício de uma economia moderna e eficiente.

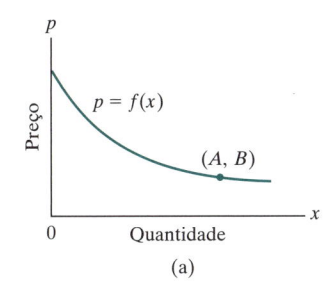

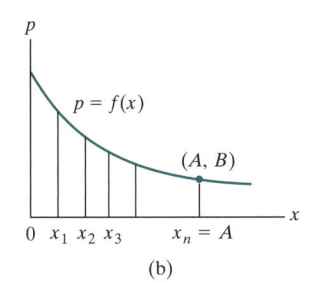

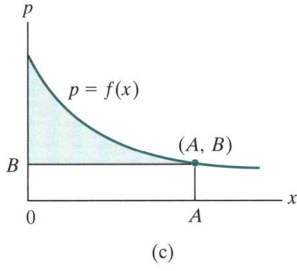

Figura 2 Excedente do consumidor.

> **DEFINIÇÃO** O *excedente do consumidor* para um bem com uma curva de demanda $p = f(x)$ é
>
> $$\int_0^A [f(x) - B]\, dx,$$
>
> em que a quantidade demandada é A e o preço é $B = f(A)$.

EXEMPLO 4 Encontre o excedente do consumidor para a curva de demanda $p = 50 - 0{,}06x^2$ no nível de vendas $x = 20$.

Solução Como são vendidas 20 unidades, o preço deve ser

$$B = 50 - 0{,}06(20)^2 = 50 - 24 = 26.$$

Logo, o excedente do consumidor é

$$\int_0^{20} [(50 - 0{,}06x^2) - 26]\, dx = \int_0^{20} (24 - 0{,}06x^2)\, dx$$

$$= (24x - 0{,}02x^3)\Big|_0^{20}$$

$$= 24(20) - 0{,}02(20)^3$$

$$= 480 - 160 = 320.$$

Dessa forma, o excedente do consumidor é de \$320.

Valor futuro de um fluxo de rendimento O próximo exemplo mostra como a integral definida pode ser usada para aproximar a soma de um número grande de parcelas.

EXEMPLO 5 Suponha que seja depositado dinheiro diariamente numa caderneta de poupança à taxa anual de $1.000. A caderneta paga 6% de taxa de juros compostos diariamente. Dê uma aproximação para o montante na caderneta ao final de cinco anos.

Solução Dividimos o intervalo de tempo de 0 a 5 em subintervalos diários. Logo, cada subintervalo terá uma duração de $\Delta t = \frac{1}{365}$ anos. Sejam $t_1, t_2,..., t_n$ pontos escolhidos desses subintervalos. Como estamos depositando dinheiro à taxa anual de $1.000, a quantia depositada num subintervalo é de 1.000 Δt dólares. Se essa quantidade é depositada no instante t_i, os 1.000 Δt dólares renderão juros ao longo dos $5 - t_i$ anos restantes. Então, o total resultante desse um depósito específico no instante t_i é

$$1.000 \, \Delta t e^{0,06(5-t_i)}.$$

Somando os efeitos dos depósitos nos instantes $t_1, t_2,..., t_n$, obtemos o saldo total da poupança, a saber,

$$A = 1.000 e^{0,06(5-t_1)} \Delta t + 1.000 e^{0,06(5-t_2)} \Delta t + \cdots + 1.000 e^{0,06(5-t_n)} \Delta t.$$

Isso é uma soma de Riemann para a função $f(x) = 1.000 e^{0,06(5-t)}$ no intervalo $0 \le t \le 5$. Como Δt é muito pequeno na comparação com o intervalo, o montante total na poupança A é de, aproximadamente,

$$\int_0^5 1.000 e^{0,06(5-t)} \, dt = \frac{1.000}{-0,06} e^{0,06(5-t)} \Big|_0^5 = \frac{1.000}{-0,06} (1 - e^{0,3}) \approx 5.831.$$

Dessa forma, o saldo aproximado na poupança ao final do quinto ano é $5.831. ∎

OBSERVAÇÃO A antiderivada foi calculada observando que, como a derivada de $e^{0,06(5-t)}$ é $e^{0,06(5-t)}(-0,06)$, devemos dividir o integrando por $-0,06$ para obter a antiderivada. ∎

No Exemplo 5, o dinheiro foi depositado diariamente na caderneta. Se o dinheiro tivesse sido depositado várias vezes ao dia, a integral definida teria dado uma aproximação ainda melhor do saldo. De fato, quanto mais frequentemente o dinheiro for depositado, tanto melhor é a aproximação. Os economistas consideram uma situação hipotética em que dinheiro é depositado continuamente durante o ano. Esse fluxo de dinheiro é denominado *fluxo de rendimento contínuo*, sendo o saldo da poupança dado exatamente pela integral definida.

DEFINIÇÃO O *valor futuro de um fluxo de rendimento contínuo* de K dólares por ano durante N anos à taxa de juros r compostos continuamente é

$$\int_0^N K e^{r(N-t)} \, dt.$$

Sólidos de revolução A região da Figura 3(a) gera um sólido se for girada em torno do eixo x. [Ver Figura 3(b).] As somas de Riemann podem ser utilizadas para deduzir a fórmula para o volume desse *sólido de revolução*. Particionemos o eixo x de a até b num número grande n de subintervalos, cada um de comprimento $\Delta x = (b-a)/n$. Usando cada subintervalo como uma base, podemos dividir a região em faixas. (Ver Figura 4.)

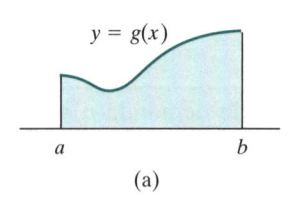

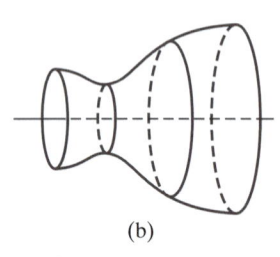

Figura 3

Seção 6.5 • Aplicações da integral definida 339

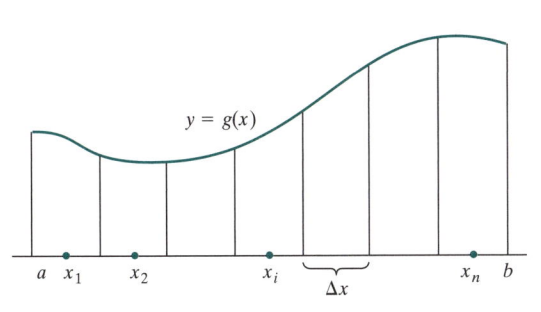

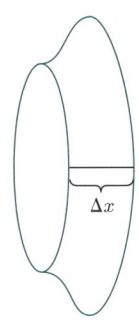

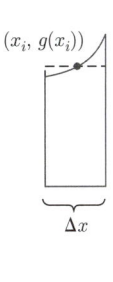

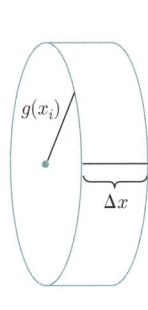

Figura 4

Figura 5

Seja x_i um ponto do i-ésimo subintervalo. Então o volume gerado girando a i-ésima faixa é aproximadamente igual ao volume do cilindro gerado girando um retângulo de altura $g(x_i)$ e base Δx em torno do eixo x. (Ver Figura 5.) O volume desse cilindro é

[área do lado circular] · [largura] $= \pi[g(x_i)]^2 \cdot \Delta x.$

O volume total gerado por todas as faixas é aproximado pelo volume total gerado pelos retângulos, que é

[volume] $\approx \pi[g(x_1)]^2 \Delta x + \pi[g(x_2)]^2 \Delta x + \cdots + \pi[g(x_n)]^2 \Delta x.$

Quando n cresce, essa aproximação fica arbitrariamente próxima do volume verdadeiro. A expressão do lado direito é uma soma de Riemann para a integral definida de $f(x) = \pi[g(x)]^2$. Logo, o volume do sólido é igual ao valor da integral definida.

> O volume do *sólido de revolução* obtido pela rotação da região sob o gráfico de $y = g(x)$ de $x = a$ até $x = b$ em torno do eixo x é
>
> $$\int_a^b \pi[g(x)]^2 \, dx.$$

EXEMPLO 6 Encontre o volume do sólido de revolução obtido pela rotação da região da Figura 6 em torno do eixo x.

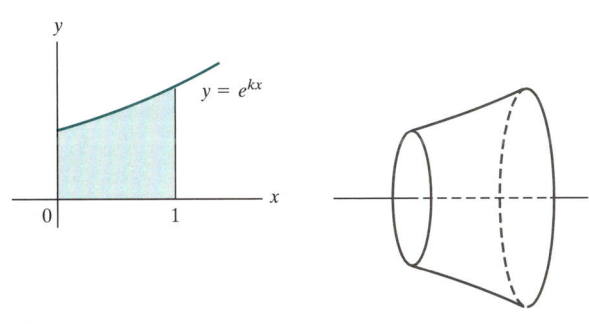

Figura 6

Solução Aqui $g(x) = e^{kx}$ e

$$[\text{volume}] = \int_0^1 \pi(e^{kx})^2 \, dx = \int_0^1 \pi e^{2kx} \, dx = \frac{\pi}{2k} e^{2kx} \Big|_0^1 = \frac{\pi}{2k}(e^{2k} - 1). \blacksquare$$

EXEMPLO 7

Encontre o volume de um cone circular reto de raio r e altura h.

Solução O cone da Figura 7(a) é o sólido de revolução obtido quando a região sombreada da Figura 7(b) é girada em torno do eixo x. Utilizando a fórmula desenvolvida anteriormente, o volume do cone é

$$\int_0^h \pi \left(\frac{r}{h}x\right)^2 dx = \frac{\pi r^2}{h^2} \int_0^h x^2\, dx = \frac{\pi r^2}{h^2} \frac{x^3}{3}\bigg|_0^h = \frac{\pi r^2 h}{3}.$$

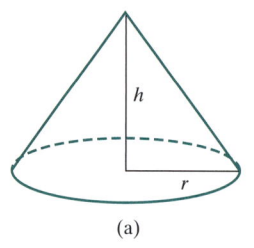

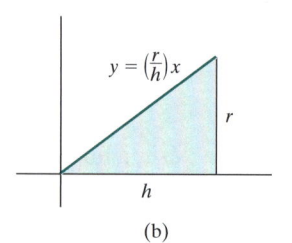

Figura 7 (a) (b)

Exercícios de revisão 6.5

1. Uma pedra largada de uma ponte tem a velocidade de $-32t$ pés por segundo depois de t segundos. Encontre a velocidade média da pedra durante os três primeiros segundos.

2. Um investimento rende $300 anuais compostos continuamente durante 10 anos à taxa de juros de 10%. Qual é o valor (futuro) desse fluxo de rendimento contínuo ao final de 10 anos?

Exercícios 6.5

Nos Exercícios 1-6, obtenha o valor médio de f(x) no intervalo de x = a até x = b.

1. $f(x) = x^2; a = 0, b = 3$
2. $f(x) = 1 - x; a = -1, b = 1$
3. $f(x) = 100e^{-0,5x}; a = 0, b = 4$
4. $f(x) = 2; a = 0, b = 1$
5. $f(x) = 1/x; a = 1/3, b = 3$
6. $f(x) = \dfrac{1}{\sqrt{x}}; a = 1, b = 9$

7. **Temperatura média** Durante um determinado período de 12 horas, a temperatura no instante t (medido em horas a partir do início do período) era de $T(t) = 47 + 4t - \frac{1}{3}t^2$ graus Fahrenheit. Qual foi a temperatura média durante esse período?

8. **População média** Supondo que atualmente a população de um país seja de 3 milhões e que esteja aumentando exponencialmente com constante de crescimento 0,02, qual será a população média durante os próximos 50 anos?

9. **Quantidade média de rádio** Num cofre de concreto, são depositados cem gramas de rádio radioativo, com meia-vida de 1.690 anos. Qual será a quantidade média de rádio no cofre durante os próximos 1.000 anos?

10. **Saldo médio** Num banco, são depositados cem dólares à taxa de 5% de juros compostos continuamente. Qual será o saldo médio na conta durante os próximos 20 anos?

Nos Exercícios 11-14, encontre o excedente do consumidor para a curva de demanda no nível de vendas dados.

11. $p = 3 - \dfrac{x}{10}; x = 20$
12. $p = \dfrac{x^2}{200} - x + 50; x = 20$
13. $p = \dfrac{500}{x + 10} - 3; x = 40$
14. $p = \sqrt{16 - 0,02x}; x = 350$

A Figura 8 mostra uma curva de oferta de um determinado bem, que dá a relação entre o preço de venda do bem e a quantidade que os produtores irão manufaturar. A um preço mais alto, será produzida uma quantidade maior e, portanto, a curva é crescente. Seja (A, B) um ponto da curva. Para estimular a produção de A unidades do bem, o preço unitário deve ser de B dólares. Naturalmente, alguns produtores estarão dispostos a produzir o bem até a um preço de venda menor. Como todos pagam o mesmo preço numa economia *aberta eficiente, a maioria dos produtores está recebendo mais do que o seu preço mínimo. Esse excesso é denominado excedente do produtor. Usando um argumento análogo ao do excedente do consumidor, podemos mostrar que o excedente total do produtor ao preço B é a área sombreada na Figura 8. Nos Exercícios 15-18, encontre o excedente do produtor para a curva de oferta no nível de vendas dado.*

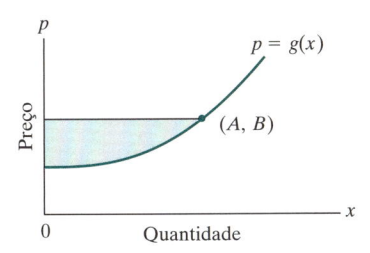

Figura 8 Excedente do produtor.

15. $p = 0,01x + 3; x = 200$ **16.** $p = \dfrac{x^2}{9} + 1; x = 3$

17. $p = \dfrac{x}{2} + 7; x = 10$ **18.** $p = 1 + \tfrac{1}{2}\sqrt{x}; x = 36$

Para um bem específico, a quantidade produzida e o preço unitário são dados pelas coordenadas do ponto em que as curvas de oferta e demanda se cortam. Nos Exercícios 19 e 20, determine o ponto de corte (A, B) e os excedentes do consumidor e do produtor do par de curvas de oferta e demanda dado. (Ver Figura 9.)

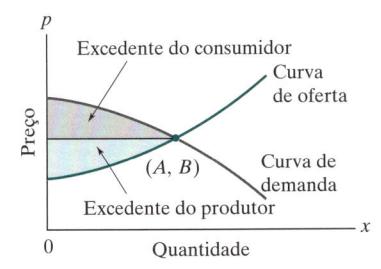

Figura 9

19. Curva de demanda: $p = 12 - (x/50)$; curva de oferta: $p = (x/20) + 5$.
20. Curva de demanda: $p = \sqrt{25 - 0,1x}$; curva de oferta: $p = \sqrt{0,1x + 9} - 2$.
21. Valor futuro Suponha que sejam feitos depósitos diários numa caderneta de poupança à taxa anual de $1.000. Se a poupança pagar juros de 5% compostos continuamente, dê uma estimativa do saldo na poupança ao final de 3 anos.
22. Valor futuro Suponha que sejam feitos depósitos diários numa caderneta de poupança à taxa anual de $2.000. Se a poupança pagar juros de 6% compostos continuamente, aproximadamente qual será o saldo na poupança ao final de 2 anos?

23. Valor futuro Suponha que sejam feitos depósitos continuamente numa caderneta de poupança à taxa anual de $16.000. Determine o saldo ao final de 4 anos se a poupança pagar juros de 8% compostos continuamente.
24. Valor futuro Suponha que sejam feitos depósitos continuamente numa caderneta de poupança à taxa anual de $14.000. Determine o saldo ao final de 6 anos se a poupança pagar juros de 4,5% compostos continuamente.
25. Um investimento paga 10% de juros compostos continuamente. Se for investido dinheiro continuamente à taxa anual de $5.000, quanto tempo levará para que o valor do investimento alcance $140.000?
26. Um investimento paga 4,25% de juros compostos continuamente. A que taxa anual deve ser depositado dinheiro para se acumular um saldo de $100.000 ao final de 10 anos?
27. Suponha que nos próximos 5 anos sejam feitos depósitos diários à taxa anual de $1.000 numa caderneta de poupança que paga juros de 4% compostos continuamente. Divida o intervalo de 0 a 5 em subintervalos diários, cada um de duração $\Delta t = \tfrac{1}{365}$ anos. Sejam $t_1,..., t_n$ pontos escolhidos desses subintervalos.
  (a) Mostre que o valor presente de um depósito diário no instante t_i é $1.000 \, \Delta t \, e^{-0,04 t_i}$.
  (b) Encontre a soma de Riemann correspondente à soma dos valores presentes de todos os depósitos.
  (c) Quais são a função e o intervalo correspondentes à soma de Riemann da parte (b)?
  (d) Dê a integral definida que aproxima a soma de Riemann da parte (b).
  (e) Calcule a integral definida da parte (d). Esse número é o *valor presente de um fluxo de rendimento contínuo*.
28. Usando o resultado do Exercício 27, calcule o valor presente de um fluxo de rendimento contínuo de $5.000 por ano durante 10 anos à taxa de 5% de juros compostos continuamente.

Nos Exercícios 29-36, encontre o volume do sólido de revolução gerado pela rotação em torno do eixo x da região sob a curva.

29. $y = \sqrt{4 - x^2}$ de $x = -2$ até $x = 2$ (gera uma esfera de raio 2)
30. $y = \sqrt{r^2 - x^2}$ de $x = -r$ até $x = r$ (gera uma esfera de raio r)
31. $y = x^2$ de $x = 1$ até $x = 2$
32. $y = kx$ de $x = 0$ até $x = h$ (gera um cone)
33. $y = \sqrt{x}$ de $x = 0$ até $x = 4$ (o sólido gerado é denominado *paraboloide*)
34. $y = 2x - x^2$ de $x = 0$ até $x = 2$
35. $y = e^{-x}$ de $x = 0$ até $x = 1$

36. $y = 2x + 1$ de $x = 0$ até $x = 1$ (o sólido gerado é denominado *cone truncado*)

Nos Exercícios 37-40, determine n, b e f(x) da soma de Riemann.

37. $[(8,25)^3 + (8,75)^3 + (9,25)^3 + (9,75)^3] (0,5); a = 8$

38. $\left[\dfrac{3}{1} + \dfrac{3}{1,5} + \dfrac{3}{2} + \dfrac{3}{2,5} + \dfrac{3}{3} + \dfrac{3}{3,5}\right](0,5); a = 1$

39. $[(5 + e^5) + (6 + e^6) + (7 + e^7)] (1); a = 4$

40. $[3(0,3)^2 + 3(0,9)^2 + 3(1,5)^2 + 3(2,7)^2] (0,6); a = 0$

41. Suponha que o intervalo $0 \leq x \leq 3$ seja dividido em 100 subintervalos de comprimento $\Delta x = 0,03$. Sejam $x_1, x_2,..., x_{100}$ pontos desses subintervalos. Suponha que numa determinada aplicação seja necessário obter uma estimativa da soma

$$(3 - x_1)^2 \Delta x + (3 - x_2)^2 \Delta x + \cdots + (3 - x_{100})^2 \Delta x.$$

Mostre que essa soma é aproximadamente igual a 9.

42. Suponha que o intervalo $0 \leq x \leq 1$ seja dividido em 100 subintervalos de comprimento $\Delta x = 0,01$. Mostre que a soma seguinte é aproximadamente igual a 5/4.

$$\left[2(0,01) + (0,01)^3\right] \Delta x + \left[2(0,02) + (0,02)^3\right] \Delta x$$
$$+ \cdots + \left[2(1,0) + (1,0)^3\right] \Delta x$$

Exercícios com calculadora

Nos Exercícios 43-46, pede-se a determinação de uma quantidade x desconhecida. Depois de montar a fórmula apropriada de uma integral definida, use o teorema fundamental para calcular a integral definida como uma expressão em x. Como a equação resultante será muito complicada para resolver algebricamente, você deve usar uma calculadora gráfica para obter a solução. (Observação: se a quantidade x for uma taxa de juros paga por uma caderneta de poupança, provavelmente terá um valor entre 0 e 0,10.)

43. Um único depósito de $1.000 é feito numa caderneta de poupança, e os juros (compostos continuamente) são acumulados durante 3 anos. Logo, o saldo ao final de t anos é $1.000e^{rt}$.

(a) Encontre uma expressão (envolvendo r) que dê o saldo médio na caderneta durante o período de três anos $0 \leq t \leq 3$.

(b) Encontre a taxa de juros r à qual o saldo médio na caderneta durante o período de três anos é de $1.070,60.

44. Um único depósito de $100 é feito numa caderneta de poupança que paga 4% de juros compostos continuamente. Por quanto tempo deve ser mantido o dinheiro na caderneta para que o saldo médio nesse período seja de $122,96?

45. Numa caderneta de poupança, é depositado dinheiro de forma contínua à taxa de $1.000 por ano.

(a) Encontre a expressão (envolvendo r) que dê o (futuro) saldo na caderneta no final de 6 anos.

(b) Encontre a taxa de juros que irá resultar num saldo de $6.997,18 depois de 6 anos.

46. Numa caderneta de poupança, é depositado dinheiro de forma contínua à taxa de $3.000 por ano. Depois de 10 anos, o saldo é de $36.887. Qual foi a taxa de juros paga, supondo que os juros tenham sido compostos continuamente?

Soluções dos exercícios de revisão 6.5

1. Por definição, o valor médio da função $v(t) = -32t$ de $t = 0$ até $t = 3$ é

$$\frac{1}{3-0}\int_0^3 -32t\, dt = \frac{1}{3}(-16t^2)\Big|_0^3 = \frac{1}{3}(-16 \cdot 3^2)$$

$$= -48 \text{ pés por segundo.}$$

Observação: uma outra maneira de abordar esse problema é lembrar que

$$[\text{velocidade média}] = \frac{[\text{distância percorrida}]}{[\text{tempo decorrido}]}.$$

Conforme discutimos na Seção 6.2, a distância percorrida é igual à área sob a curva velocidade. Logo,

$$[\text{velocidade média}] = \frac{\int_0^3 -32t\, dt}{3}.$$

2. De acordo com a fórmula desenvolvida no texto, o valor futuro de um fluxo de rendimento contínuo depois de 10 anos é igual a

$$\int_0^{10} 300 e^{0,1(10-t)}\, dt = -\frac{300}{0,1} e^{0,1(10-t)}\Big|_0^{10}$$

$$= -3.000 e^0 - (-3.000 e^1)$$

$$= 3.000 e - 3.000$$

$$\approx \$5.154,85.$$

REVISÃO DE CONCEITOS FUNDAMENTAIS

1. O que significa antiderivar uma função?
2. Enuncie a fórmula de $\int h(x)\, dx$ para cada uma das funções seguintes.
   (a) $h(x) = x^r, r \neq -1$ (b) $h(x) = e^{kx}$
   (c) $h(x) = \dfrac{1}{x}$ (d) $h(x) = f(x) + g(x)$
   (e) $h(x) = kf(x)$
3. O que denotam a, b, n e Δx na fórmula $\Delta x = \dfrac{b-a}{n}$
4. O que é uma soma de Riemann?
5. Dê uma interpretação da área sob a função taxa de variação. Dê um exemplo concreto.
6. O que é uma integral definida?
7. Qual é a diferença entre uma integral definida e uma integral indefinida?
8. Enuncie o teorema fundamental do Cálculo.
9. Como se calcula a expressão $F(x)\big|_a^b$ e como é denominada?
10. Elabore um roteiro para encontrar a área de uma região limitada por duas curvas.
11. Escreva a fórmula de cada uma das quantidades seguintes.
    (a) valor médio de uma função
    (b) excedente do consumidor
    (c) valor futuro de um fluxo de rendimento contínuo
    (d) volume de um sólido de revolução

EXERCÍCIOS SUPLEMENTARES

Nos Exercícios 1-26, calcule a integral.

1. $\int 3^2\, dx$
2. $\int (x^2 - 3x + 2)\, dx$
3. $\int \sqrt{x+1}\, dx$
4. $\int \dfrac{2}{x+4}\, dx$
5. $2\int (x^3 + 3x^2 - 1)\, dx$
6. $\int \sqrt[5]{x+3}\, dx$
7. $\int e^{-x/2}\, dx$
8. $\int \dfrac{5}{\sqrt{x-7}}\, dx$
9. $\int (3x^4 - 4x^3)\, dx$
10. $\int (2x+3)^7\, dx$
11. $\int \sqrt{4-x}\, dx$
12. $\int \left(\dfrac{5}{x} - \dfrac{x}{5}\right) dx$
13. $\int_{-1}^{1} (x+1)^2\, dx$
14. $\int_0^{1/8} \sqrt[3]{x}\, dx$
15. $\int_{-1}^{2} \sqrt{2x+4}\, dx$
16. $2\int_0^1 \left(\dfrac{2}{x+1} - \dfrac{1}{x+4}\right) dx$
17. $\int_1^2 \dfrac{4}{x^5}\, dx$
18. $\dfrac{2}{3}\int_0^8 \sqrt{x+1}\, dx$
19. $\int_1^4 \dfrac{1}{x^2}\, dx$
20. $\int_3^6 e^{2-(x/3)}\, dx$
21. $\int_0^5 (5+3x)^{-1}\, dx$
22. $\int_{-2}^2 \dfrac{3}{2e^{3x}}\, dx$
23. $\int_0^{\ln 2} (e^x - e^{-x})\, dx$
24. $\int_{\ln 2}^{\ln 3} (e^x + e^{-x})\, dx$
25. $\int_0^{\ln 3} \dfrac{e^x + e^{-x}}{e^{2x}}\, dx$
26. $\int_0^1 \dfrac{3 + e^{2x}}{e^x}\, dx$

27. Encontre a área sob a curva $y = (3x-2)^{-3}$ de $x = 1$ até $x = 2$.
28. Encontre a área sob a curva $y = 1 + \sqrt{x}$ de $x = 1$ até $x = 9$.

Nos Exercícios 29-36, encontre a área da região sombreada.

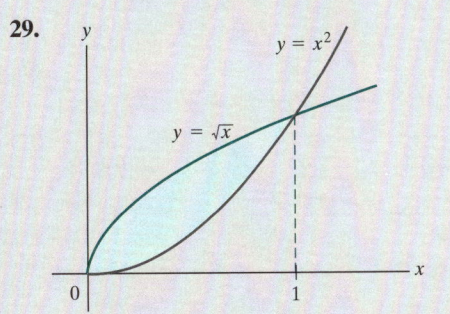

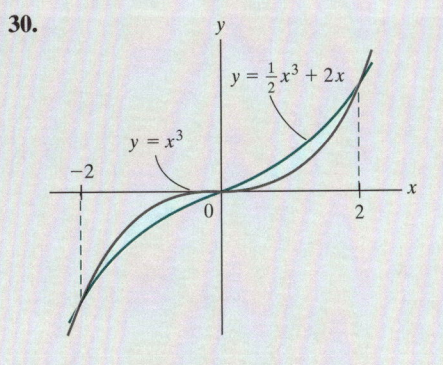

29.

30.

31. [gráfico: $y = e^{-x}$, $y = e^x$, ln 2, 1]

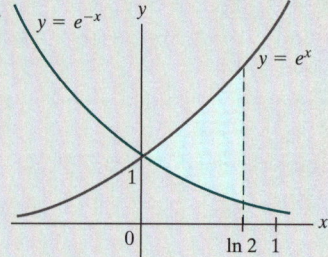

32. [gráfico: $y = x^2$, $y = \sqrt{x}$, 1,21]

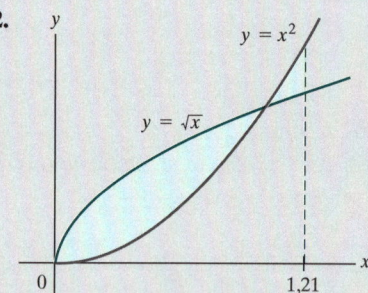

33. [gráfico: $y = 4 - x^2$, $y = 1 - x^2$]

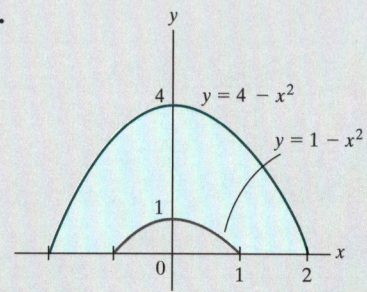

34. [gráfico: $y = x^2 - \tfrac{3}{2}x - \tfrac{1}{2}$, $y = 1 - 1/x$]

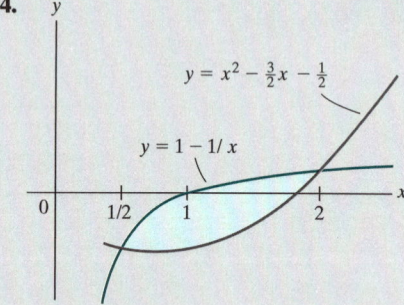

35. [gráfico: $y = e^x - ex$]

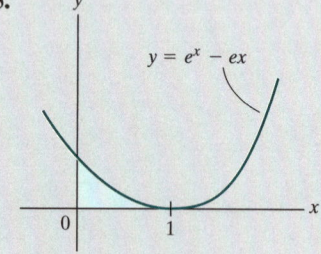

36. [gráfico: $y = x^3$, $y = 2x^3 - x^2 - 6x$, -2, 3] e

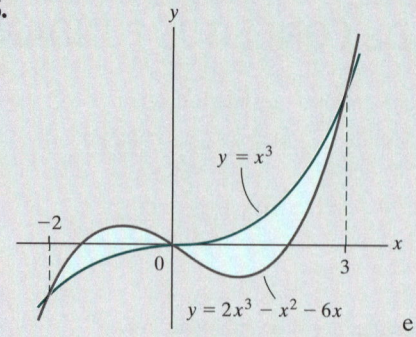

37. Encontre a área da região limitada pelas curvas $y = x^3 - 3x + 1$ e $y = x + 1$.

38. Encontre a área da região entre as curvas $y = 2x^2 + x$ e $y = x^2 + 2$ de $x = 0$ até $x = 2$.

39. Encontre a função $f(x)$ tal que $f'(x) = (x - 5)^2$, $f(8) = 2$.

40. Encontre a função $f(x)$ tal que $f'(x) = e^{-5x}$, $f(0) = 1$.

41. Descreva todas as soluções das equações diferenciais dadas, em que y representa uma função de t.

 (a) $y' = 4t$ (b) $y' = 4y$ (c) $y' = e^{4t}$

42. Sejam k uma constante e $y = f(t)$ uma função tal que $y' = kty$. Mostre que $y = Ce^{kt^2/2}$, para alguma constante C. [*Sugestão*: use a regra do produto para calcular $\dfrac{d}{dt}[f(t)e^{-kt^2/2}]$ e, então, aplique o Teorema II da Seção 6.1.]

43. Uma fábrica de pneus para aviões conclui que o custo marginal da produção de pneus é de $0,04x + 150$ dólares no nível de produção de x pneus por dia. Se os custos fixos são de $500 por dia, encontre o custo de produção de x pneus por dia.

44. Se a função receita marginal de uma companhia é $400 - 3x^2$, encontre a receita adicional fornecida pela duplicação da produção atual de 10 unidades.

45. Um medicamento é injetado num paciente à taxa de $f(t)$ centímetros cúbicos por minuto no instante t. O que representa a área sob o gráfico de $y = f(t)$ de $t = 0$ até $t = 4$?

46. Uma pedra lançada verticalmente para cima tem a velocidade $v(t) = -9,8t + 20$ metros por segundo depois de t segundos.

 (a) Determine a distância percorrida pela pedra durante os 2 primeiros segundos.

 (b) Represente a resposta da parte (a) como uma área.

47. Use uma soma de Riemann com $n = 4$ e extremidades esquerdas para obter uma estimativa da área sob o gráfico da Figura 1 em $0 \leq x \leq 2$.

48. Refaça o Exercício 47 usando extremidades direitas.

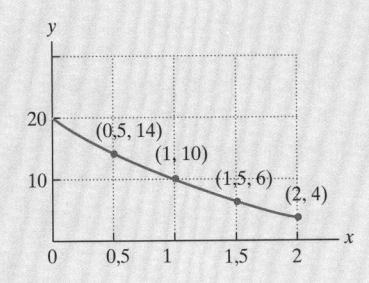

Figura 1

Pontos: (0,5, 14), (1, 10), (1,5, 6), (2, 4)

49. Use uma soma de Riemann com $n = 2$ e pontos médios para obter uma estimativa da área sob o gráfico de

$$f(x) = \frac{1}{x+2}$$

no intervalo $0 \le x \le 2$. Depois use uma integral definida para encontrar o valor exato da área, com uma precisão de cinco casas decimais.

50. Use uma soma de Riemann com $n = 5$ e pontos médios para obter uma estimativa da área sob o gráfico de $f(x) = e^{2x}$ no intervalo $0 \le x \le 1$. Depois, use uma integral definida para encontrar o valor exato da área, com uma precisão de cinco casas decimais.

51. Encontre o excedente do consumidor para a curva de demanda $p = \sqrt{25 - 0,04x}$ no nível de vendas de 400 unidades.

52. Suponha que sejam depositados $3.000 dólares numa conta que paga juros de 4% compostos continuamente. Qual será o valor médio do saldo da conta durante os 10 próximos anos?

53. Encontre o valor médio de $f(x) = 1/x^3$ de $x = \frac{1}{3}$ até $x = \frac{1}{2}$.

54. Suponha que o intervalo $0 \le x \le 1$ seja dividido em 100 subintervalos de comprimento $\Delta x = 0,01$. Mostre que a soma

$$\left[3e^{-0,01}\right]\Delta x + \left[3e^{-0,02}\right]\Delta x + \left[3e^{-0,03}\right]\Delta x + \cdots + \left[3e^{-1}\right]\Delta x$$

é aproximadamente igual a $3(1 - e^{-1})$.

55. Na Figura 2, estão indicadas três regiões pelas suas respectivas áreas. Determine $\int_a^c f(x)\,dx$ e $\int_a^d f(x)\,dx$.

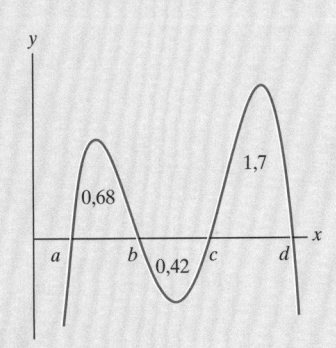

Figura 2

Áreas: 0,68; 0,42; 1,7. Pontos no eixo x: a, b, c, d.

56. Encontre o volume do sólido de revolução gerado pela rotação em torno do eixo x da região sob a curva $y = 1 - x^2$ de $x = 0$ até $x = 1$.

57. Uma loja tem um estoque de Q unidades de um certo produto no instante $t = 0$. A loja vende produto à taxa constante Q/A unidades semanais e acaba com o estoque em A semanas.

(a) Encontre uma fórmula $f(t)$ para o número de unidades em estoque no instante t.

(b) Encontre o nível médio do estoque no período $0 \le t \le A$.

58. Uma loja vende um certo produto à taxa de $g(t) = rt$ unidades por semana no tempo t. No instante $t = 0$, a loja tem um estoque de Q unidades do produto.

(a) Encontre uma fórmula $f(t)$ para o número de unidades em estoque no instante t.

(b) Encontre o valor de r na parte (a) com o qual o estoque acaba em A semanas.

(c) Usando $f(t)$, com r dado na parte (b), encontre o nível médio do estoque no período $0 \le t \le A$.

59. Seja x um número positivo qualquer e defina $g(x)$ como o número dado pela integral definida

$$g(x) = \int_0^x \frac{1}{1+t^2}\,dt.$$

(a) Dê uma interpretação geométrica do número $g(3)$.

(b) Encontre a derivada $g'(x)$.

60. Para cada número x tal que $-1 \le x \le 1$, defina $h(x)$ por

$$h(x) = \int_{-1}^x \sqrt{1-t^2}\,dt.$$

(a) Dê uma interpretação geométrica dos valores $h(0)$ e $h(1)$.

(b) Encontre a derivada $h'(x)$.

61. Suponha que o intervalo $0 \le t \le 3$ seja dividido em 1.000 subintervalos de comprimento Δt. Denote por $t_1, t_2, \ldots, t_{1.000}$ as extremidades direitas desses intervalos e suponha que precisemos dar uma estimativa da soma

$$5.000 e^{-0,1 t_1}\Delta t + 5.000 e^{-0,1 t_2}\Delta t + \cdots + 5.000 e^{-0,1 t_{1.000}}\Delta t,$$

Mostre que essa soma é aproximadamente igual a 1.300. [*Observação*: uma soma dessas surgiria se quiséssemos calcular o valor presente de um fluxo de rendimento contínuo de $5.000 por ano ao longo de 3 anos, com juros de 10% compostos continuamente.]

62. Qual é o número aproximado pela soma

$$\left[e^0 + e^{1/n} + e^{2/n} + e^{3/n} + \cdots + e^{(n-1)/n}\right] \cdot \frac{1}{n}$$

quando n fica muito grande?

63. Qual é o número aproximado pela soma

$$\left[1^3 + \left(1 + \frac{1}{n}\right)^3 + \left(1 + \frac{2}{n}\right)^3 + \left(1 + \frac{3}{n}\right)^3 \right.$$
$$\left. + \cdots + \left(1 + \frac{n-1}{n}\right)^3\right] \cdot \frac{1}{n}$$

quando n fica muito grande?

64. O retângulo da Figura 3 tem a mesma área que a região sob o gráfico de $f(x)$. Qual é o valor médio de $f(x)$ no intervalo $2 \leq x \leq 6$?

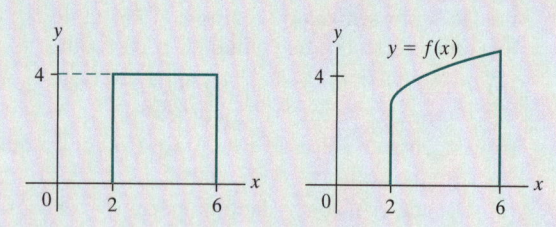

Figura 3

65. *Verdadeiro ou Falso?* Se $3 \leq f(x) \leq 4$ com $0 \leq x \leq 5$, então $3 \leq \frac{1}{5}\int_0^5 f(x)\,dx \leq 4$.

66. Suponha que esteja fluindo água para dentro de um tanque à taxa de $r(t)$ litros por hora, em que a taxa depende do tempo t de acordo com a fórmula

$$r(t) = 20 - 4t,\ 0 \leq t \leq 5.$$

(a) Considere um período de tempo pequeno, digamos, de t_1 a t_2. A duração desse período é $\Delta t = t_2 - t_1$. Durante esse período, a taxa de fluxo não muda muito, sendo de $20 - 4t_1$, aproximadamente, que é a taxa no início do intervalo de tempo pequeno. Quanta água, aproximadamente, flui para dentro do tanque durante o intervalo de tempo de t_1 a t_2?

(b) Explique por que o total de água acrescentada ao tanque durante o intervalo de tempo de $t = 0$ até $t = 5$ é dado por $\int_0^5 r(t)\,dt$.

67. A taxa de consumo mundial de água t anos depois de 1960, com $t \leq 35$, foi de $860e^{0,04t}$ quilômetros cúbicos por ano, aproximadamente. Quanta água foi usada entre 1960 e 1995?

68. Se forem feitos depósitos continuamente numa caderneta de poupança à taxa anual de $4.500, determine o saldo ao final de 1 ano se a poupança pagar juros de 9% compostos continuamente.

69. Determine uma função $f(x)$ cujo gráfico passe pelo ponto $(1, 1)$ e cuja inclinação num ponto $(x, f(x))$ qualquer seja $3x^2 - 2x + 1$.

70. A área sombreada da Figura 4 é igual a 1 para qual valor de a?

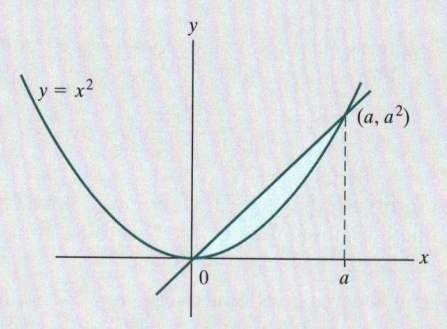

Figura 4

71. Mostre que para qualquer número positivo b vale

$$\int_0^{b^2} \sqrt{x}\,dx + \int_0^b x^2\,dx = b^3.$$

72. *Generalização do resultado do Exercício 71.* Seja n um inteiro positivo. Mostre que para qualquer número positivo b vale

$$\int_0^{b^n} \sqrt[n]{x}\,dx + \int_0^b x^n\,dx = b^{n+1}.$$

73. Mostre que

$$\int_0^1 (\sqrt{x} - x^2)\,dx = \frac{1}{3}.$$

74. *Generalização do resultado do Exercício 73.* Seja n um inteiro positivo. Mostre que

$$\int_0^1 (\sqrt[n]{x} - x^n)\,dx = \frac{n-1}{n+1}.$$

FUNÇÕES DE VÁRIAS VARIÁVEIS

CAPÍTULO 7

- **7.1** Exemplos de funções de várias variáveis
- **7.2** Derivadas parciais
- **7.3** Máximos e mínimos de funções de várias variáveis
- **7.4** Multiplicadores de Lagrange e otimização condicionada
- **7.5** O método dos mínimos quadrados
- **7.6** Integrais duplas

Até aqui, a maioria de nossas aplicações do Cálculo têm envolvido funções de uma variável. Entretanto, na vida real, uma quantidade que nos interessa muitas vezes depende de mais de uma variável. Por exemplo, o nível de vendas de um produto pode depender não apenas de seu preço, mas também dos preços dos produtos competidores, da quantia gasta com propaganda e, talvez, da época do ano. O custo total para manufaturar o produto depende do custo das matérias-primas, trabalho, manutenção da fábrica e assim por diante.

Neste capítulo, introduzimos as ideias básicas do Cálculo para funções de mais de uma variável. Na Seção 7.1, apresentamos vários exemplos que serão utilizados ao longo do capítulo. As derivadas são tratadas na Seção 7.2 e, então, utilizadas nas Seções 7.3 e 7.4 para resolver problemas de otimização mais gerais do que os do Capítulo 2. Nas duas seções finais, nos dedicamos a problemas de mínimos quadrados e a uma breve introdução à integração de funções de duas variáveis.

7.1 Exemplos de funções de várias variáveis

Uma função $f(x, y)$ das duas variáveis x e y é uma regra que associa um número a cada par de valores das variáveis; por exemplo,

$$f(x, y) = e^x(x^2 - 2y).$$

Um exemplo de uma função de três variáveis é

$$f(x, y, z) = 5xy^2z.$$

EXEMPLO 1 Um supermercado vende o quilograma de salmão a $25 e o de pescada a $14. A receita com a venda de x quilogramas de salmão e y de pescada é dada pela função

$$f(x, y) = 25x + 14y.$$

Determine e interprete $f(200, 300)$.

Solução $f(200, 300) = 25(200) + 14(300) = 5.000 + 4.200 = 9.200$. A receita com a venda de 200 quilogramas de salmão e 300 de pescada é $9.200. ∎

O gráfico de uma função $f(x, y)$ de duas variáveis pode ser traçado de maneira análoga ao de funções de uma variável. É necessário utilizar um sistema de coordenadas tridimensional, em que cada ponto é identificado por três coordenadas (x, y, z). Para cada escolha de x, y, o gráfico de $f(x, y)$ inclui o ponto $(x, y, f(x, y))$. Esse gráfico é, geralmente, uma superfície no espaço tridimensional, de equação $z = f(x, y)$. (Ver Figura 1.) Três gráficos de funções específicas são dados na Figura 2.

Aplicação a projetos arquitetônicos Ao projetar um edifício, gostaríamos de saber, pelo menos aproximadamente, quanto calor o edifício dissipa por dia. A perda de calor afeta muitos aspectos do projeto, como o dimensionamento do sistema de aquecimento, o tamanho e a localização do sistema de dutos, etc. Um edifício perde calor pelas suas laterais, teto e piso. A quantidade de calor perdida é, em geral, diferente para cada lateral e depende de fatores como o isolamento, o material de construção, a exposição da lateral (norte, sul, leste ou oeste) e do clima. É possível estimar a quantidade de calor perdida por metro quadrado em cada lateral. Usando esses dados, podemos construir uma função para a perda de calor como no exemplo seguinte.

EXEMPLO 2 Um prédio industrial retangular de dimensões x, y e z está dado na Figura 3(a). Na Figura 3(b), damos a quantidade de calor perdida por dia em cada uma das faces do prédio medida em unidades apropriadas de calor por metro quadrado. Seja $f(x, y, z)$ a perda de calor diária total desse prédio.

(a) Encontre uma fórmula para $f(x, y, z)$.
(b) Encontre a perda de calor diária total se o prédio tiver 100 m de comprimento, 70 m de largura e 50 m de altura.

Solução (a) A perda de calor total é a soma da quantidade de calor perdida em cada face do prédio. A perda de calor pelo teto é

[perda de calor por metro quadrado] · [área do teto em metros quadrados] = $10xy$.

Analogamente, a perda de calor pela face leste é $8yz$. Continuando dessa maneira, vemos que a perda de calor diária total é

$$f(x, y, z) = 10xy + 8yz + 6yz + 10xz + 5xz + 1 \cdot xy.$$

Figura 1 O gráfico de f(x, y).

Figura 2

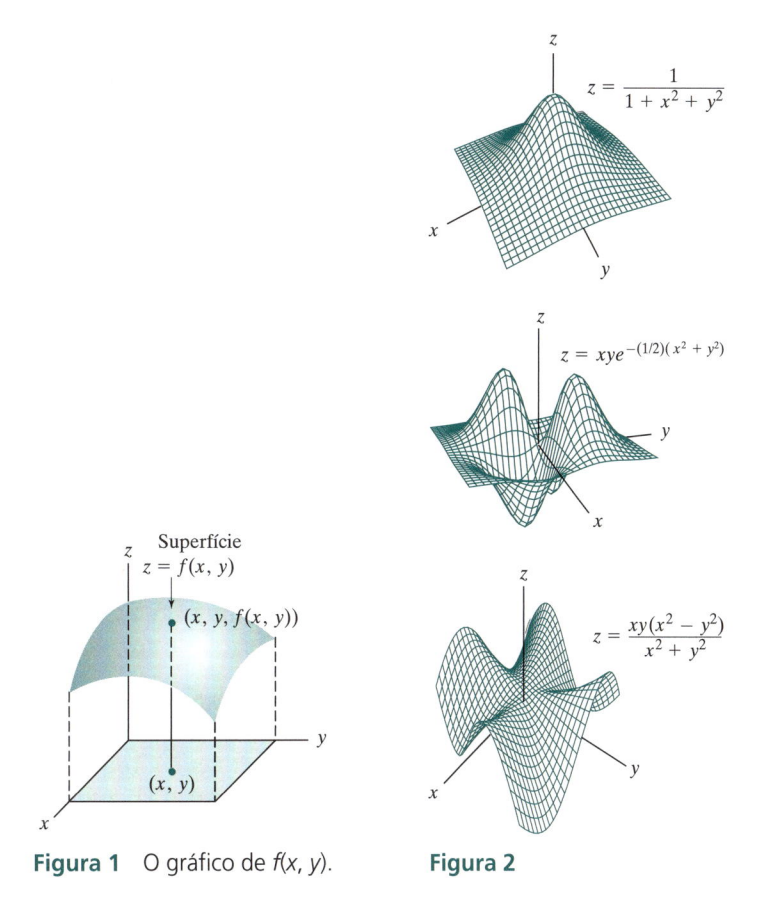

Agrupando os termos, obtemos

$$f(x, y, z) = 11xy + 14yz + 15xz.$$

(b) A quantidade de calor perdida quando $x = 100$, $y = 70$ e $z = 50$ é dada por $f(100, 70, 50)$, que é igual a

$$f(100, 70, 50) = 11(100)(70) + 14(70)(50) + 15(100)(50)$$
$$= 77.000 + 49.000 + 75.000 = 201.000.$$

Na Seção 7.3, determinaremos as dimensões x, y e z que minimizam a perda de calor para um prédio de volume específico.

Funções de produção na economia Os custos do processo de manufatura podem, geralmente, ser classificados como um desses tipos: os custos do trabalho e os custos do capital. O significado do custo do trabalho é evidente. Por custos do capital queremos dizer o custo de prédios, ferramentas, maquinaria e itens similares utilizados no processo de produção. Um manufaturador geralmente tem algum controle sobre as partes relativas do trabalho e capital utilizados no processo produtivo. Ele pode automatizar completamente sua produção, com o que o trabalho se reduzirá a um mínimo, ou pode utilizar principalmente trabalho e pouco capital. Suponha que sejam utilizadas x unidades trabalho e y unidades de capital.* Seja $f(x, y)$ o número de unidades de

---

* Os economistas normalmente utilizam L e K para o trabalho e capital, respectivamente. Entretanto, para simplificar, continuamos utilizando x e y.

	Teto	Face Leste	Face Oeste	Face Norte	Face Sul	Piso
Perda de calor (por m²)	10	8	6	10	5	1
Área (m²)	xy	yz	yz	xz	xz	xy

(a) (b)

Figura 3 Perda de calor de um prédio industrial.

produto acabado que são manufaturadas. Os economistas descobriram que, frequentemente, $f(x, y)$ é uma função da forma

$$f(x, y) = Cx^A y^{1-A},$$

em que A e C são constantes, com $0 < A < 1$. Uma tal função é denominada *função de produção Cobb-Douglas*.

EXEMPLO 3

Produção numa firma Suponha que, durante um certo período de tempo, o número de unidades de bens produzidos utilizando x unidades de trabalho e y unidades de capital seja $f(x, y) = 60x^{3/4}y^{1/4}$.

(a) Quantas unidades de bens serão produzidas utilizando 81 unidades de trabalho e 16 unidades de capital?

(b) Mostre que a produção será dobrada sempre que as quantidades de trabalho e capital forem dobradas. (Economistas dizem que a função de produção tem "retornos constante de escala").

Solução

(a) $f(81, 16) = 60(81)^{3/4} \cdot (16)^{1/4} = 60 \cdot 27 \cdot 2 = 3.240$. Serão produzidos 3.240 unidades de bens.

(b) A utilização de a unidades de trabalho e b unidades de capital resulta na produção de $f(a, b) = 60a^{3/4}b^{1/4}$ unidades de bens. A utilização de $2a$ e $2b$ unidades de trabalho e capital, respectivamente, resulta em $f(2a, 2b)$ unidades produzidas. Tomando $x = 2a$ e $y = 2b$, vemos que

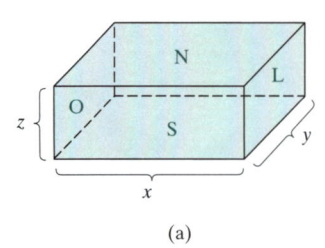

$$f(2a, 2b) = 60(2a)^{3/4}(2b)^{1/4}$$
$$= 60 \cdot 2^{3/4} \cdot a^{3/4} \cdot 2^{1/4} \cdot b^{1/4}$$
$$= 60 \cdot 2^{(3/4+1/4)} \cdot a^{3/4} b^{1/4}$$
$$= 2^1 \cdot 60 a^{3/4} b^{1/4}$$
$$= 2f(a, b).$$

O gráfico de $f(x, y) = x^2 + y^2$

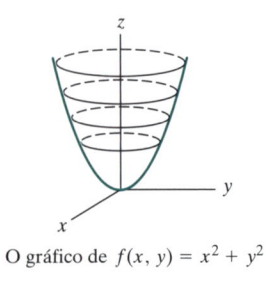

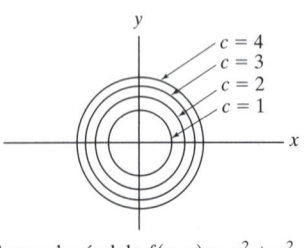

Curvas de nível de $f(x, y) = x^2 + y^2$

Figura 4 Curvas de nível.

Curvas de nível É possível descrever graficamente uma função $f(x, y)$ de duas variáveis usando uma família de curvas denominadas *curvas de nível*. Seja c um número qualquer. Então o gráfico da equação $f(x, y) = c$ é uma curva do plano xy denominada *curva de nível de altura c*. Essa curva descreve todos os pontos de altura c do gráfico da função $f(x, y)$. À medida que c varia, temos uma família de curvas de nível indicando os conjuntos de pontos nos quais $f(x, y)$ atinge os vários valores de c. Na Figura 4, esboçamos o gráfico de várias curvas de nível da função $f(x, y) = x^2 + y^2$.

Muitas vezes, as curvas de nível têm interpretações físicas interessantes. Por exemplo, os agrimensores traçam *mapas topográficos* que usam curvas de nível para representar pontos que têm a mesma altitude. Aqui $f(x, y) = $ a altitude no ponto (x, y). A Figura 5(a) mostra o gráfico de $f(x, y)$ para uma região

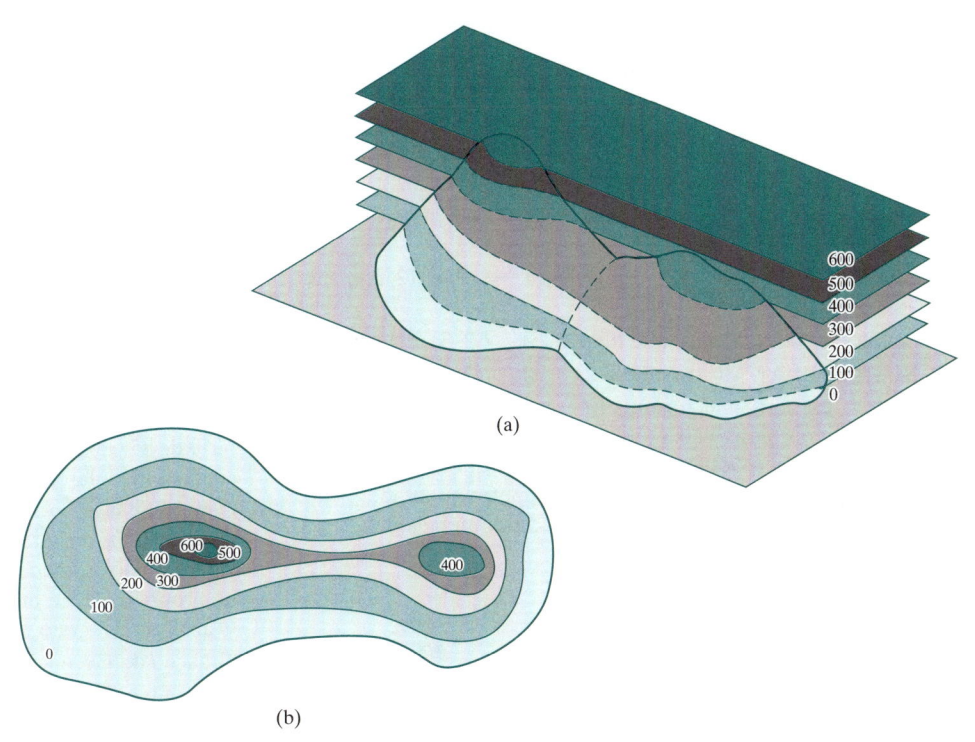

Seção 7.1 • Exemplos de funções de várias variáveis

Figura 5 Curvas de nível topográficas mostram altitudes.

montanhosa típica. A Figura 5(b) mostra as curvas de nível correspondentes a várias altitudes. Observe que quando as curvas de nível estão mais próximas, a superfície é mais íngreme.

EXEMPLO 4

Determine a curva de nível de altura 600 para a função de produção $f(x, y) = 60x^{3/4}y^{1/4}$ do Exemplo 3.

Solução A curva de nível é o gráfico de $f(x, y) = 600$, ou

$$60x^{3/4}y^{1/4} = 600$$

$$y^{1/4} = \frac{10}{x^{3/4}}$$

$$y = \frac{10.000}{x^3}.$$

Figura 6 Uma curva de nível de uma função de produção.

Naturalmente, como x e y representam quantidades de trabalho e capital, ambas devem ser positivas. Esboçamos um gráfico da curva de nível na Figura 6. Os pontos na curva são precisamente as combinações de capital e de trabalho que fornecem 600 unidades de produção. Os economistas denominam essa curva uma *isoquanta*. ∎

Exercícios de revisão 7.1

1. Seja $f(x, y, z) = x^2 + y/(x - z) - 4$. Calcule $f(3, 5, 2)$.
2. A demanda diária por café num determinado país é dada por $f(x, y) = 16p_1/p_2$ mil quilogramas, em que p_1 e p_2 são, respectivamente, os preços do chá e do café por quilograma. Calcule e interprete $f(3, 4)$.

Exercícios 7.1

1. Seja $f(x, y) = x^2 - 3xy - y^2$. Calcule $f(5, 0)$, $f(5, -2)$ e $f(a, b)$.
2. Seja $g(x, y) = \sqrt{x^2 + 2y^2}$. Calcule $g(1, 1)$, $g(0, -1)$ e $g(a, b)$.
3. Seja $g(x, y, z) = x/(y - z)$. Calcule $g(2, 3, 4)$ e $g(7, 46, 44)$.
4. Seja $f(x, y, z) = x^2 e^{\sqrt{y^2 + z^2}}$. Calcule $f(1, -1, 1)$ e $f(2, 3, -4)$.
5. Seja $f(x, y) = xy$. Mostre que $f(2 + h, 3) - f(2, 3) = 3h$.
6. Seja $f(x, y) = xy$. Mostre que $f(2, 3 + k) - f(2, 3) = 2k$.
7. **Custo** Encontre uma fórmula $C(x, y, z)$ que dê o custo dos materiais para a caixa retangular fechada da Figura 7(a), com dimensões em metros. Suponha que o material para o topo e a base custem \$3 por metro quadrado e que o material para os lados custe \$5 por metro quadrado.

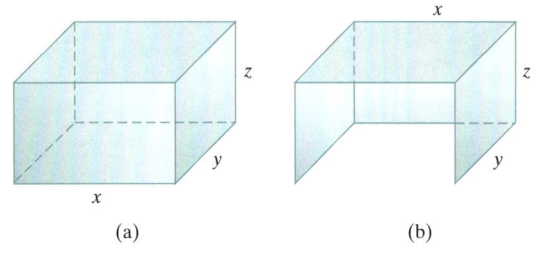

(a) (b)

Figura 7

8. **Custo** Encontre uma fórmula $C(x, y, z)$ que dê o custo dos materiais para o invólucro retangular da Figura 7(b), com dimensões em metros. Suponha que o material para o topo custe \$3 por metro quadrado e que o material para o fundo e os dois lados custe \$5 por metro quadrado.
9. Considere a função de produção Cobb-Douglas $f(x, y) = 20x^{1/3}y^{2/3}$. Calcule $f(8, 1)$, $f(1, 27)$ e $f(8, 27)$. Mostre que, para qualquer constante positiva k, $f(8k, 27k) = kf(8, 27)$.
10. Seja $f(x, y) = 10x^{2/5}y^{3/5}$. Mostre que $f(3a, 3b) = 3f(a, b)$.
11. O valor presente de A dólares a serem pagos em t anos no futuro (supondo a taxa de 5% de juros contínuos) é $P(A, t) = Ae^{-0,05t}$. Encontre a interprete $P(100; 13,8)$.
12. Continuação do Exemplo 3. Se o trabalho custar \$100 por unidade e o capital custar \$200 por unidade, expresse o custo de usar x unidades de trabalho e y unidades de capital como uma função $C(x, y)$ de duas variáveis.
13. **Imposto e isenção do proprietário** O valor de uma propriedade residencial para fins de imposto predial é geralmente muito menor que seu valor real de mercado. Se v for o valor de mercado, então o *valor venal* utilizado para o imposto predial pode ser apenas 40% de v. Suponha que o imposto predial T numa comunidade seja dado pela função

$$T = f(r, v, x) = \frac{r}{100}(0{,}40v - x),$$

em que v é o valor de mercado estimado da propriedade (em dólares), x é uma *isenção do proprietário* (um número de dólares que depende do tipo de propriedade) e r é a alíquota do imposto (dada em dólares por centenas de dólares) de valor líquido estimado.
  (a) Determine o imposto predial de uma propriedade avaliada em \$200.000 com uma isenção do proprietário de \$5.000, supondo uma alíquota de \$2,50 por centena de dólares do valor líquido estimado.
  (b) Determine o imposto devido se a alíquota for elevada em 20% para \$3,00 por centena de dólares do valor líquido estimado, com o mesmo valor avaliado da propriedade e a mesma isenção do proprietário. O acréscimo no valor do imposto também é de 20%?
14. Continuação do Exercício 13.
  (a) Determine o imposto predial de uma propriedade avaliada em \$100.000 com uma isenção do proprietário de \$5.000, considerando a alíquota de \$2,20 por centena de dólares do valor líquido estimado.
  (b) Determine o imposto predial quando o valor de mercado aumentar 20% para \$120.000, com as mesmas isenção do proprietário e alíquota de \$2,20 por centena de dólares do valor líquido estimado. O acréscimo no valor do imposto também é de 20%?

Nos Exercícios 15-16, esboce as curvas de nível de alturas 0, 1 e 2 da função.

15. $f(x, y) = 2x - y$
16. $f(x, y) = -x^2 + 2y$
17. Esboce a curva de nível da função $f(x, y) = x - y$ que contém o ponto $(0, 0)$.
18. Esboce a curva de nível da função $f(x, y) = xy$ que contém o ponto $(\frac{1}{2}, 4)$.
19. Encontre uma função $f(x, y)$ que tenha a reta $y = 3x - 4$ como curva de nível.
20. Encontre uma função $f(x, y)$ que tenha a curva $y = 2/x^2$ como curva de nível.
21. Suponha que um mapa topográfico seja visto como o gráfico de uma certa função $f(x, y)$. O que são as curvas de nível?
22. Um certo processo produtivo usa trabalho e capital. Se as quantidades desses bens forem x e y, respectivamente, o custo total é $100x + 200y$ dólares. Esboce as curvas de nível de alturas 600, 800 e 1.000 dessa função. Explique o significado dessas curvas. (Frequentemente, os economistas se referem a essas curvas como *linhas de orçamento* ou *linhas de isocusto*.)

Nos Exercícios 23-26, associe os gráficos das funções com os sistemas de curvas de nível mostrados na Figura 8.

23.

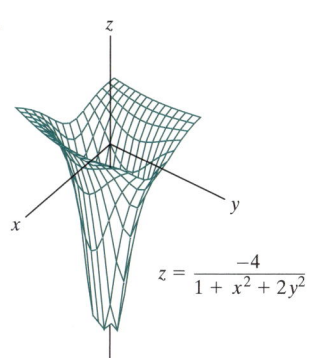

$$z = \frac{-4}{1 + x^2 + 2y^2}$$

24.

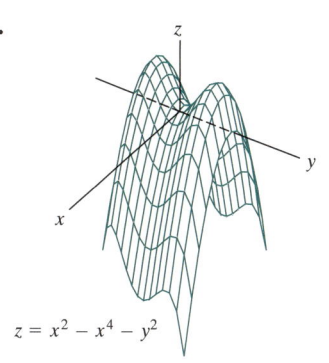

$$z = x^2 - x^4 - y^2$$

25.

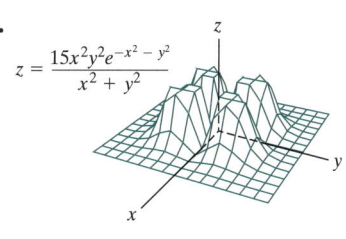

$$z = \frac{15x^2 y^2 e^{-x^2 - y^2}}{x^2 + y^2}$$

26.

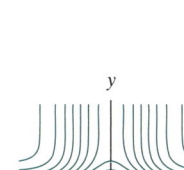

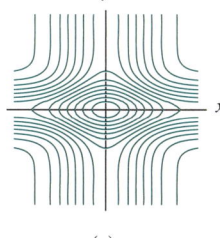

$$z = e^{-x^2} + e^{-4y^2}$$

(a) (b) (c) (d)

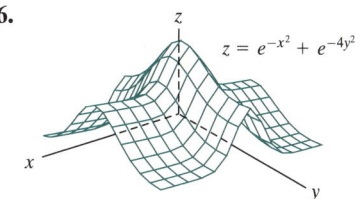

Figura 8

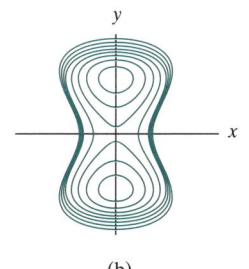

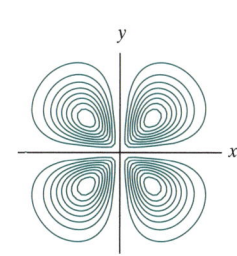

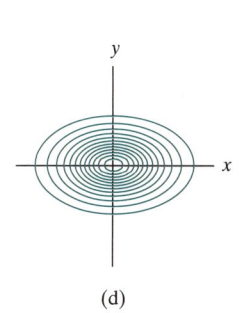

Soluções dos exercícios de revisão 7.1

1. Substituímos x por 3, y por 5 e z por 2, obtendo

$$f(3, 5, 2) = 3^2 + \frac{5}{3-2} - 4 = 10.$$

2. Para calcular $f(3, 4)$, substituímos p_1 por 3 e p_2 por 4 em $f(x, y) = 16p_1/p_2$. Assim,

$$f(3, 4) = 16 \cdot \tfrac{3}{4} = 12.$$

Portanto, se o preço do chá for $3 por quilograma e o preço do café for $4 por quilograma, então serão vendidos 12.000 quilogramas de café diariamente. (Observe que a demanda por café diminui à medida que seu preço aumenta.)

7.2 Derivadas parciais

No Capítulo 1, introduzimos a noção de derivada para medir a taxa à qual varia uma função $f(x)$ em relação a mudanças na variável x. Agora vamos estudar o análogo da derivada para funções de duas (ou mais) variáveis.

Seja $f(x, y)$ uma função das duas variáveis x e y. Já que queremos saber como $f(x, y)$ varia em relação a variações em ambas variáveis x e y, definiremos duas derivadas de $f(x, y)$ (que serão as derivadas parciais), uma em relação a cada variável.

> **DEFINIÇÃO** A *derivada parcial de $f(x, y)$ em relação a x*, escrita $\dfrac{\partial f}{\partial x}$, é a derivada de $f(x, y)$ em que y é tratada como uma constante e $f(x, y)$ é considerada como uma função apenas de x. A *derivada parcial de $f(x, y)$ em relação a y*, escrita $\dfrac{\partial f}{\partial y}$, é a derivada de $f(x, y)$ em que x é tratada como uma constante.

EXEMPLO 1 Seja $f(x, y) = 5x^3y^2$. Calcule

$$\frac{\partial f}{\partial x} \quad \text{e} \quad \frac{\partial f}{\partial y}.$$

Solução Para calcular $\dfrac{\partial f}{\partial x}$, pensamos em $f(x, y)$ escrita como

$$f(x, y) = [5y^2]\, x^3,$$

em que os colchetes enfatizam que $5y^2$ deve ser tratado como uma constante. Portanto, quando derivamos em relação a x, $f(x, y)$ é só uma constante vezes x^3. Lembre que se k é uma constante qualquer, então

$$\frac{d}{dx}(kx^3) = 3 \cdot k \cdot x^2.$$

Assim,

$$\frac{\partial f}{\partial x} = 3 \cdot [5y^2] \cdot x^2 = 15x^2y^2.$$

Depois de praticar um pouco, não é necessário colocar o y^2 na frente do x^3 antes de derivar.

Agora, para calcular $\dfrac{\partial f}{\partial y}$, pensamos em

$$f(x, y) = [5x^3]\, y^2.$$

Derivando em relação a y, $f(x, y)$ é simplesmente uma constante (ou seja, $5x^3$) vezes y^2. Portanto,

$$\frac{\partial f}{\partial y} = 2 \cdot [5x^3] \cdot y = 10x^3y. \quad \blacksquare$$

EXEMPLO 2 Seja $f(x, y) = 3x^2 + 2xy + 5y$. Calcule

$$\frac{\partial f}{\partial x} \quad \text{e} \quad \frac{\partial f}{\partial y}.$$

Solução Para calcular $\dfrac{\partial f}{\partial x}$, pensamos em

$$f(x, y) = 3x^2 + [2y]x + [5y].$$

Agora derivamos $f(x, y)$ como se fosse um polinômio quadrático em x, ou seja,

$$\dfrac{\partial f}{\partial x} = 6x + [2y] + 0 = 6x + 2y.$$

Note que $5y$ foi tratado como uma constante quando derivamos em relação a x, de modo que a derivada parcial de $5y$ em relação a x é zero.

Para calcular $\dfrac{\partial f}{\partial y}$, pensamos em

$$f(x, y) = [3x^2] + [2x]y + 5y$$

Então,

$$\dfrac{\partial f}{\partial y} = 0 + [2x] + 5 = 2x + 5.$$

Note que $3x^2$ foi tratado como uma constante quando derivamos em relação a y, de modo que a derivada parcial de $3x^2$ em relação a y é zero. ∎

EXEMPLO 3

Calcule

$$\dfrac{\partial f}{\partial x} \quad \text{e} \quad \dfrac{\partial f}{\partial y}$$

para cada uma das funções seguintes.

(a) $f(x, y) = (4x + 3y - 5)^8$ **(b)** $f(x, y) = e^{xy^2}$ **(c)** $f(x, y) = y/(x + 3y)$

Solução **(a)** Para calcular $\dfrac{\partial f}{\partial x}$, pensamos em

$$f(x, y) = (4x + [3y - 5])^8.$$

Pela regra da potência geral,

$$\dfrac{\partial f}{\partial x} = 8 \cdot (4x + [3y - 5])^7 \cdot 4 = 32(4x + 3y - 5)^7.$$

Aqui usamos o fato de que a derivada de $4x + 3y - 5$ em relação a x é 4.

Para calcular $\dfrac{\partial f}{\partial y}$, pensamos em

$$f(x, y) = ([4x] + 3y - 5)^8.$$

Então,

$$\dfrac{\partial f}{\partial y} = 8 \cdot ([4x] + 3y - 5)^7 \cdot 3 = 24(4x + 3y - 5)^7.$$

(b) Para calcular $\dfrac{\partial f}{\partial x}$, observamos que

$$f(x, y) = e^{x[y^2]},$$

de modo que

$$\dfrac{\partial f}{\partial x} = [y^2] e^{x[y^2]} = y^2 e^{xy^2}.$$

Para calcular $\dfrac{\partial f}{\partial y}$, pensamos em

$$f(x, y) = e^{[x]y^2}.$$

Assim,

$$\frac{\partial f}{\partial y} = e^{[x]y^2} \cdot 2[x]y = 2xye^{xy^2}.$$

(c) Para calcular $\frac{\partial f}{\partial x}$, usamos a regra da potência geral para derivar $[y](x + [3y])^{-1}$ em relação a x, como segue.

$$\frac{\partial f}{\partial x} = (-1) \cdot [y](x + [3y])^{-2} \cdot 1 = -\frac{y}{(x + 3y)^2}.$$

Para calcular $\frac{\partial f}{\partial y}$, utilizamos a regra do quociente para derivar

$$f(x, y) = \frac{y}{[x] + 3y}$$

em relação a y. Obtemos

$$\frac{\partial f}{\partial y} = \frac{([x] + 3y) \cdot 1 - y \cdot 3}{([x] + 3y)^2} = \frac{x}{(x + 3y)^2}.$$

Inicialmente, é útil usar colchetes para destacar constantes no cálculo de derivadas parciais. Daqui em diante, passamos a identificar só mentalmente esses termos que devem ser tratados como constantes e deixamos de usar colchetes. ∎

Uma derivada parcial de uma função de várias variáveis também é uma função de várias variáveis e pode, portanto, ser calculada em valores específicos das variáveis. Escrevemos

$$\frac{\partial f}{\partial x}(a, b)$$

para $\frac{\partial f}{\partial x}$ calculada em $x = a$, $y = b$. Analogamente,

$$\frac{\partial f}{\partial x}(a, b)$$

denota a função $\frac{\partial f}{\partial y}$ calculada em $x = a$, $y = b$.

EXEMPLO 4 Seja $f(x, y) = 3x^2 + 2xy + 5y$.

(a) Calcule $\frac{\partial f}{\partial x}(1, 4)$.   **(b)** Calcule $\frac{\partial f}{\partial y}$ em $(x, y) = (1, 4)$.

Solução **(a)** $\frac{\partial f}{\partial x} = 6x + 2y$, $\frac{\partial f}{\partial x}(1, 4) = 6 \cdot 1 + 2 \cdot 4 = 14$.

(b) $\frac{\partial f}{\partial y} = 2x + 5$, $\frac{\partial f}{\partial y}(1, 4) = 2 \cdot 1 + 5 = 7$. ∎

Interpretação geométrica das derivadas parciais Considere a superfície tridimensional $z = f(x, y)$ da Figura 1. Se y for mantido constante em b e x puder variar, a equação

$$z = f(x, b) \quad \underset{\text{constante}}{\uparrow}$$

descreve uma curva na superfície. [A curva é formada cortando a superfície $z = f(x, y)$ com um plano vertical paralelo ao plano xz.] O valor de $\frac{\partial f}{\partial x}(a, b)$ é a inclinação da reta tangente à curva no ponto em que $x = a$ e $y = b$.

Seção 7.2 • Derivadas parciais

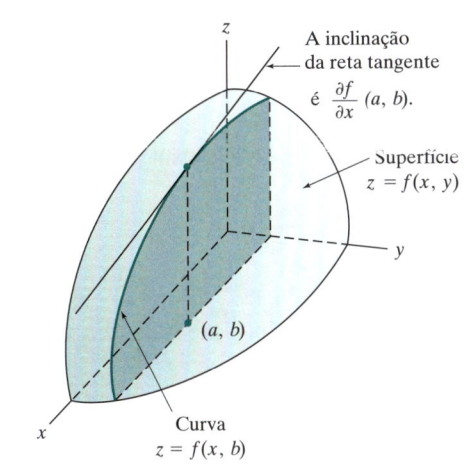

Figura 1 $\frac{\partial f}{\partial x}$ dá a inclinação de uma curva formada mantendo y constante.

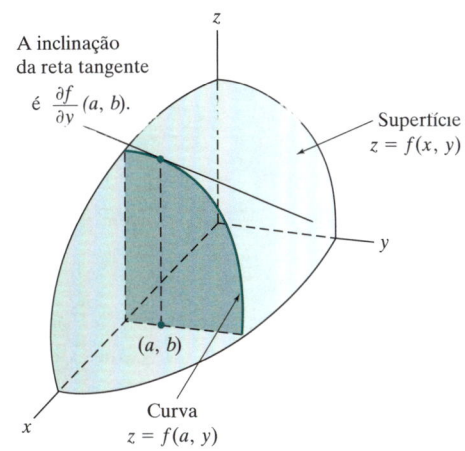

Figura 2 $\frac{\partial f}{\partial y}$ dá a inclinação de uma curva formada mantendo x constante.

Analogamente, se x for mantido constante em a e y puder variar, a equação

$$z = f(a, y)$$

↑ constante

descreve a curva na superfície $z = f(x, y)$ mostrada na Figura 2. O valor da derivada parcial $\frac{\partial f}{\partial y}(a, b)$ é a inclinação dessa curva no ponto em que $x = a$ e $y = b$.

Derivadas parciais e taxas de variação Como $\frac{\partial f}{\partial x}$ é simplesmente a derivada usual com y mantido constante, $\frac{\partial f}{\partial x}$ dá a taxa de variação de $f(x, y)$ em relação a x com y mantido constante. Em outras palavras, manter y constante e aumentar x por uma unidade (pequena) produz uma variação em $f(x, y)$ que é dada aproximadamente por $\frac{\partial f}{\partial x}$. Uma interpretação análoga vale para $\frac{\partial f}{\partial y}$.

EXEMPLO 5 Interprete as derivadas parciais de $f(x, y) = 3x^2 + 2xy + 5y$ calculadas no Exemplo 4.

Solução Mostramos no Exemplo 4 que

$$\frac{\partial f}{\partial x}(1, 4) = 14, \qquad \frac{\partial f}{\partial y}(1, 4) = 7.$$

O fato de que

$$\frac{\partial f}{\partial x}(1, 4) = 14$$

significa que se y for mantido constante em 4 e se x puder variar perto de 1, então $f(x, y)$ varia a uma taxa de 14 vezes a variação em x. Ou seja, se x aumentar uma unidade pequena, então $f(x, y)$ aumenta aproximadamente 14 unidades. Se x aumentar h unidades (em que h é pequeno), então $f(x, y)$ aumenta aproximadamente $14 \cdot h$ unidades. Isto é,

$$f(1 + h, 4) - f(1, 4) \approx 14 \cdot h.$$

Analogamente, o fato de que

$$\frac{\partial f}{\partial y}(1, 4) = 7$$

significa que se mantivermos x constante em 1 e deixarmos y variar perto de 4, então $f(x, y)$ varia a uma taxa igual a sete vezes a variação em y. Logo, para um valor pequeno de k, temos

$$f(1, 4 + k) - f(1, 4) \approx 7 \cdot k.$$

Podemos generalizar as interpretações de $\dfrac{\partial f}{\partial x}$ e $\dfrac{\partial f}{\partial y}$ dadas no Exemplo 5 para obter os seguintes fatos gerais.

> Seja $f(x, y)$ uma função de duas variáveis. Então, se h e k forem pequenos, teremos
>
> $$f(a + h, b) - f(a, b) \approx \frac{\partial f}{\partial x}(a, b) \cdot h,$$
>
> $$f(a, b + k) - f(a, b) \approx \frac{\partial f}{\partial y}(a, b) \cdot k.$$

As derivadas parciais podem ser calculadas para funções com qualquer número de variáveis. Quando tomarmos a derivada parcial em relação a uma variável, tratamos as outras variáveis como constantes.

EXEMPLO 6 Seja $f(x, y, z) = x^2yz - 3z$.

(a) Calcule $\dfrac{\partial f}{\partial x}, \dfrac{\partial f}{\partial y}$ e $\dfrac{\partial f}{\partial z}$. (b) Calcule $\dfrac{\partial f}{\partial z}(2, 3, 1)$.

Solução (a) $\dfrac{\partial f}{\partial x} = 2xyz, \dfrac{\partial f}{\partial y} = x^2z, \dfrac{\partial f}{\partial z} = x^2y - 3.$

(b) $\dfrac{\partial f}{\partial z}(2, 3, 1) = 2^2 \cdot 3 - 3 = 12 - 3 = 9.$

EXEMPLO 7 Seja $f(x, y, z)$ a função perda de calor calculada no Exemplo 2 da Seção 7.1. Ou seja, $f(x, y, z) = 11xy + 14yz + 15xz$. Calcule e interprete $\dfrac{\partial f}{\partial x}(10, 7, 5)$.

Solução Temos

$$\frac{\partial f}{\partial x} = 11y + 15z$$

$$\frac{\partial f}{\partial x}(10, 7, 5) = 11 \cdot 7 + 15 \cdot 5 = 77 + 75 = 152.$$

É costume referir-se à quantidade $\dfrac{\partial f}{\partial x}$ como a *perda marginal de calor em relação à variação em x*. Especificamente, se x for alterado de 10 por h unidades (em que h é pequeno) e os valores de y e z permanecerem fixados em 7 e 5, a quantidade de calor perdida irá variar aproximadamente $152 \cdot h$ unidades.

EXEMPLO 8 **Produção** Considere a função de produção $f(x, y) = 60x^{3/4}y^{1/4}$ que dá o número de unidades de bens produzidos utilizando x unidades de trabalho e y unidades de capital.

(a) Encontre $\dfrac{\partial f}{\partial x}$ e $\dfrac{\partial f}{\partial y}$.

(b) Calcule $\dfrac{\partial f}{\partial x}$ e $\dfrac{\partial f}{\partial y}$ em $x = 81$, $y = 16$.

(c) Interprete os números calculados na parte (b).

Solução (a) $\dfrac{\partial f}{\partial x} = 60 \cdot \dfrac{3}{4} x^{-1/4} y^{1/4} = 45 x^{-1/4} y^{1/4} = 45 \dfrac{y^{1/4}}{x^{1/4}},$

$\dfrac{\partial f}{\partial y} = 60 \cdot \dfrac{1}{4} x^{3/4} y^{-3/4} = 15 x^{3/4} y^{-3/4} = 15 \dfrac{x^{3/4}}{y^{3/4}}.$

(b) $\dfrac{\partial f}{\partial x}(81, 16) = 45 \cdot \dfrac{16^{1/4}}{81^{1/4}} = 45 \cdot \dfrac{2}{3} = 30,$

$\dfrac{\partial f}{\partial y}(81, 16) = 15 \cdot \dfrac{81^{3/4}}{16^{3/4}} = 15 \cdot \dfrac{27}{8} = \dfrac{405}{8} = 50\tfrac{5}{8}.$

(c) Dizemos que as quantidades $\dfrac{\partial f}{\partial x}$ e $\dfrac{\partial f}{\partial y}$ são a *produtividade marginal do trabalho* e a *produtividade marginal do capital*. Se a quantidade de capital for mantida constante em $y = 16$ e a quantidade de trabalho aumentar em 1 unidade, a quantidade de bens produzidos aumentará aproximadamente em 30 unidades. Analogamente, um aumento de 1 unidade de capital (com o trabalho fixado em 81) resulta num aumento aproximado de $50\tfrac{5}{8}$ unidades da produção. ■

Da mesma maneira que formamos as derivadas segundas de funções de uma variável, podemos formar derivadas parciais segundas de uma função $f(x, y)$ de duas variáveis. Como $\dfrac{\partial f}{\partial x}$ é uma função de x e y, podemos derivá-la em relação a x ou y. A derivada parcial de $\dfrac{\partial f}{\partial x}$ em relação a x é denotado por $\dfrac{\partial^2 f}{\partial x^2}$. A derivada parcial de $\dfrac{\partial f}{\partial x}$ em relação a y é denotada por $\dfrac{\partial^2 f}{\partial y \partial x}$. Analogamente, a derivada parcial da função $\dfrac{\partial f}{\partial y}$ em relação a x é denotado por $\dfrac{\partial^2 f}{\partial y \partial x}$ e a derivada parcial de $\dfrac{\partial f}{\partial y}$ em relação a y é denotada por $\dfrac{\partial^2 f}{\partial y^2}$. Quase todas as funções $f(x, y)$ encontradas em aplicações [e todas as funções $f(x, y)$ deste texto] têm a propriedade de que

$$\dfrac{\partial^2 f}{\partial y \partial x} = \dfrac{\partial^2 f}{\partial x \partial y}.$$

Ao calcular $\dfrac{\partial^2 f}{\partial y \partial x}$ e $\dfrac{\partial^2 f}{\partial x \partial y}$, observe que conferir essa última equação é uma verificação de que a derivação foi feita corretamente.

EXEMPLO 9 Seja $f(x, y) = x^2 + 3xy + 2y^2$. Calcule

$$\dfrac{\partial^2 f}{\partial x^2}, \quad \dfrac{\partial^2 f}{\partial y^2}, \quad \dfrac{\partial^2 f}{\partial x \partial y} \quad \text{e} \quad \dfrac{\partial^2 f}{\partial y \partial x}.$$

Solução Primeiro calculamos $\dfrac{\partial f}{\partial x}$ e $\dfrac{\partial f}{\partial y}$.

$$\dfrac{\partial f}{\partial x} = 2x + 3y, \qquad \dfrac{\partial f}{\partial y} = 3x + 4y.$$

Para calcular $\dfrac{\partial^2 f}{\partial x^2}$, derivamos $\dfrac{\partial f}{\partial x}$ em relação a x, obtendo

$$\dfrac{\partial^2 f}{\partial x^2} = 2.$$

Analogamente, para calcular $\dfrac{\partial^2 f}{\partial y^2}$, derivamos $\dfrac{\partial f}{\partial y}$ em relação a y,

$$\dfrac{\partial^2 f}{\partial y^2} = 4.$$

Para calcular $\dfrac{\partial^2 f}{\partial x \partial y}$, derivamos $\dfrac{\partial f}{\partial y}$ em relação a x, obtendo

$$\dfrac{\partial^2 f}{\partial x \partial y} = 3.$$

Finalmente, para calcular $\dfrac{\partial^2 f}{\partial x \partial y}$, derivamos $\dfrac{\partial f}{\partial x}$ em relação a y,

$$\dfrac{\partial^2 f}{\partial y \partial x} = 3.$$

INCORPORANDO RECURSOS TECNOLÓGICOS

Calculando derivadas parciais A função do Exemplo 4 e suas derivadas parciais primeiras estão especificadas na Figura 3(a) e calculadas na Figura 3(b). Lembre que a expressão $1 \to X$ é digitada com $\boxed{1}$ $\boxed{\text{STO} \triangleright}$ $\boxed{\text{X,T,}\Theta\text{,}n}$ e indica que estamos tomando $X = 1$. A expressão $4 \to X$ tem um sentido análogo, mas a variável Y é digitada usando $\boxed{\text{ALPHA}}$ [Y]. Também podemos calcular outras derivadas parciais. Por exemplo, a derivada parcial $\dfrac{\partial^2 f}{\partial x \partial y}$ poderia ser encontrada, nesse caso, tomando $Y_4 = \text{nDeriv}(Y_3, X, X)$.

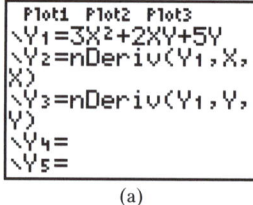

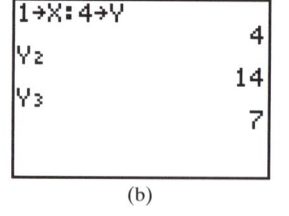

Figura 3   (a)   (b)

Exercícios de revisão 7.2

1. O número de televisores vendidos semanalmente numa loja especializada é dado por uma função $f(x, y)$ de duas variáveis, em que x é o preço de um televisor e y é o montante gasto com propaganda por semana. Suponha que o preço atual seja $400 por aparelho de televisão e que atualmente sejam gastos $2.000 em propaganda por semana.

   (a) Será que $\dfrac{\partial f}{\partial x}(400, 2.000)$ é positiva ou negativa?

   (b) Será que $\dfrac{\partial f}{\partial y}(400, 2.000)$ é positiva ou negativa?

2. O pagamento mensal referente à hipoteca de uma casa é uma função $f(A, r)$ de duas variáveis, em que A é o montante financiado à taxa de juros de $r\%$. Numa hipoteca de 30 anos, temos $f(92.000, 9) = 740,25$ e $\dfrac{\partial f}{\partial r}(92.000, 9) = 66,20$. Qual é o significado do número 66,20?

Exercícios 7.2

Nos Exercícios 1-12, encontre $\frac{\partial f}{\partial x}$ e $\frac{\partial f}{\partial y}$ da função dada.

1. $f(x, y) = 5xy$
2. $f(x, y) = x^2 - y^2$
3. $f(x, y) = 2x^2 e^y$
4. $f(x, y) = xe^{xy}$
5. $f(x, y) = \frac{x}{y} + \frac{y}{x}$
6. $f(x, y) = \frac{1}{x + y}$
7. $f(x, y) = (2x - y + 5)^2$
8. $f(x, y) = \frac{e^x}{1 + e^y}$
9. $f(x, y) = x^2 e^{3x} \ln y$
10. $f(x, y) = \ln(xy)$
11. $f(x, y) = \frac{x - y}{x + y}$
12. $f(x, y) = \sqrt{x^2 + y^2}$

13. Seja $f(L, K) = 3\sqrt{LK}$. Encontre $\frac{\partial f}{\partial L}$.

14. Seja $f(p, q) = 1 - p(1 + q)$. Encontre $\frac{\partial f}{\partial q}$ e $\frac{\partial f}{\partial p}$.

15. Seja $f(x, y, z) = (1 + x^2 y)/z$. Encontre $\frac{\partial f}{\partial x}, \frac{\partial f}{\partial y}$ e $\frac{\partial f}{\partial z}$.

16. Seja $f(x, y, z) = ze^{x/y}$. Encontre $\frac{\partial f}{\partial x}, \frac{\partial f}{\partial y}$ e $\frac{\partial f}{\partial z}$.

17. Seja $f(x, y, z) = xze^{yz}$. Encontre $\frac{\partial f}{\partial x}, \frac{\partial f}{\partial y}$ e $\frac{\partial f}{\partial z}$.

18. Seja $f(x, y, z) = \frac{xy}{z}$. Encontre $\frac{\partial f}{\partial x}, \frac{\partial f}{\partial y}$ e $\frac{\partial f}{\partial z}$.

19. Seja $f(x, y) = x^2 + 2xy + y^2 + 3x + 5y$. Encontre $\frac{\partial f}{\partial x}(2, -3)$ e $\frac{\partial f}{\partial y}(2, -3)$.

20. Seja $f(x, y) = (x + y^2)^3$. Calcule $\frac{\partial f}{\partial x}$ e $\frac{\partial f}{\partial y}$ em $(x, y) = (1, 2)$.

21. Seja $f(x, y, z) = xy^2 z + 5$. Calcule $\frac{\partial f}{\partial x}$ em $(x, y, z) = (2, -1, 3)$.

22. Seja $f(x, y, z) = \frac{x}{y - z}$. Calcule $\frac{\partial f}{\partial y}(2, -1, 3)$.

23. Seja $f(x, y) = x^3 y + 2xy^2$. Encontre $\frac{\partial^2 f}{\partial x^2}, \frac{\partial^2 f}{\partial y^2}, \frac{\partial^2 f}{\partial x \partial y}$ e $\frac{\partial^2 f}{\partial y \partial x}$.

24. Seja $f(x, y) = xe^y + x^4 y + y^3$. Encontre $\frac{\partial^2 f}{\partial x^2}, \frac{\partial^2 f}{\partial y^2}, \frac{\partial^2 f}{\partial x \partial y}$ e $\frac{\partial^2 f}{\partial y \partial x}$.

25. **Produção** Um fazendeiro consegue produzir $f(x, y) = 200\sqrt{6x^2 + y^2}$ unidades de um produto agrícola utilizando x unidades de trabalho e y unidades de capital. (O capital é utilizado para alugar ou comprar terra, materiais e equipamento.)
    (a) Calcule as produtividades marginais do trabalho e do capital quando $x = 10$ e $y = 5$.
    (b) Seja h um número pequeno. Use o resultado da parte (a) para determinar o efeito aproximado na produção provocado pela mudança na quantidade de trabalho de 10 para $10 + h$ unidades, enquanto o capital permanece fixado em 5 unidades.
    (c) Use a parte (b) para obter uma estimativa da variação na produção quando a quantidade de trabalho decresce de 10 para 9,5 unidades e o capital permanece fixo em 5 unidades.

26. A produtividade de um país é dada por $f(x, y) = 300x^{2/3} y^{1/3}$, em que x e y são as quantidades de trabalho e capital.
    (a) Calcule as produtividades marginais do trabalho e do capital quando $x = 125$ e $y = 64$.
    (b) Utilize o resultado da parte (a) para determinar o efeito aproximado na produtividade provocado pelo aumento de capital de 64 para 66 unidades, enquanto a trabalho permanece fixado em 125 unidades.
    (c) Qual seria o efeito aproximado de decrescer a trabalho de 125 para 124 unidades mantendo o capital fixado em 64 unidades?

27. **Demanda** Numa certa comunidade suburbana, os moradores podem se deslocar ao centro de ônibus ou trem. A demanda para esses tipos de transporte varia com seu custo. Seja $f(p_1, p_2)$ o número de pessoas que tomam o ônibus se p_1 for o preço da passagem de ônibus e p_2 o da de trem. Por exemplo, se $f(4{,}50; 6) = 7.000$, então 7.000 pessoas tomarão o ônibus quando a passagem de ônibus custar \$4,50 e o preço da passagem do trem for \$6,00. Explique por que $\frac{\partial f}{\partial p_1} < 0$ e $\frac{\partial f}{\partial p_2} > 0$.

28. Continuação do Exercício 27. Seja $g(p_1, p_2)$ o número de pessoas que tomam o trem se p_1 for o preço da passagem de ônibus e p^2 o da de trem. É de se esperar que $\frac{\partial g}{\partial p_1}$ seja positiva ou negativa? E quanto a $\frac{\partial g}{\partial p_2}$?

29. Sejam p_1 o preço médio de aparelhos de DVD, p_2 o preço médio dos DVDs, $f(p_1, p_2)$ a demanda para aparelhos de DVD e $g(p_1, p_2)$ a demanda para DVDs. Explique por que $\frac{\partial f}{\partial p_2} < 0$ e $\frac{\partial g}{\partial p_1} < 0$.

30. A demanda para um certo carro que consome muito combustível é dada por $f(p_1, p_2)$, onde p_1 é o preço do carro e p_2 é o da gasolina. Explique por que $\frac{\partial f}{\partial p_1} < 0$ e $\frac{\partial f}{\partial p_2} < 0$.

31. O volume (V) de uma certa quantidade de gás é determinado pela temperatura (T) e pela pressão (P) pela fórmula $V = 0{,}08(T/P)$. Calcule e interprete $\frac{\partial V}{\partial P}$ e $\frac{\partial V}{\partial T}$ quando $P = 20$ e $T = 300$.

32. Consumo de cerveja Utilizando dados coletados de 1929 a 1941, Richard Stone[*] determinou que a quantidade de cerveja consumida anualmente no Reino Unido era dada aproximadamente pela fórmula $Q = f(m, p, r, s)$, em que

$$f(m, p, r, s) = (1{,}058)m^{0{,}136}p^{-0{,}727}r^{0{,}914}s^{0{,}816}$$

e m é a renda agregada real (renda pessoal depois da dedução dos impostos, ajustada pela inflação), p é o preço médio no varejo da mercadoria (nesse caso, da cerveja), r é o preço médio no varejo de todos os outros bens de consumo e serviços e s é uma medida da qualidade da cerveja. Determine quais derivadas parciais são positivas e quais são negativas, fornecendo interpretações. (Por exemplo, como $\frac{\partial f}{\partial r} > 0$, as pessoas compram mais cerveja quando os preços dos outros bens aumentarem e os demais fatores permanecerem constantes.)

33. Richard Stone (ver Exercício 32) determinou que o consumo anual de alimentos nos Estados Unidos era dado por

$$f(m, p, r) = (2{,}186)m^{0{,}595}p^{-0{,}543}r^{0{,}922}.$$

Determine quais derivadas parciais são positivas e quais são negativas, fornecendo uma interpretação desses fatos.

34. Distribuição de receita Para a função de produção $f(x, y) = 60x^{3/4}y^{1/4}$ considerada no Exemplo 8, pense em $f(x, y)$ como a receita utilizando x unidades de trabalho e y unidades de capital. Em condições reais de operação, digamos, $x = a$ e $y = b$, a derivada $\frac{\partial f}{\partial x}(a, b)$ é denominada *salário por unidade de trabalho* e $\frac{\partial f}{\partial y}(a, b)$ é o *salário por unidade de capital*. Mostre que

$$f(a, b) = a \cdot \left[\frac{\partial f}{\partial x}(a, b)\right] + b \cdot \left[\frac{\partial f}{\partial y}(a, b)\right].$$

(Essa equação mostra como a receita é distribuída entre trabalho e capital.)

35. Continuação do Exercício 34. Calcule $\frac{\partial^2 f}{\partial x^2}$, where $f(x, y) = 60x^{3/4}y^{1/4}$. Explique por que $\frac{\partial^2 f}{\partial x^2}$ é sempre negativa.

36. Continuação do Exercício 34. Calcule $\frac{\partial^2 f}{\partial y^2}$, where $f(x, y) = 60x^{3/4}y^{1/4}$. Explique por que $\frac{\partial^2 f}{\partial y^2}$ é sempre negativa.

37. Seja $f(x, y) = 3x^2 + 2xy + 5y$, como no Exemplo 5. Mostre que

$$f(1 + h, 4) - f(1, 4) = 14h + 3h^2.$$

Logo, o erro na aproximação de $f(1 + h, 4) - f(1, 4)$ por $14h$ é $3h^2$. (Por exemplo, se $h = 0{,}01$, o erro é de apenas $0{,}0003$.)

38. Área de superfície corporal Os médicos, especialmente pediatras, algumas vezes precisam saber a área de superfície do corpo de um paciente. Por exemplo, a área de superfície é usada para ajustar os resultados de certos testes de eficiência renal. Existem tabelas que fornecem um valor aproximado da área de superfície corporal A em metros quadrados de uma pessoa que pesa W quilogramas e tem H centímetros de altura. Também é utilizada a fórmula empírica[**] dada a seguir.

$$A = 0{,}007W^{0{,}425}H^{0{,}725}.$$

Calcule $\frac{\partial A}{\partial W}$ e $\frac{\partial A}{\partial H}$ com $W = 54$ e $H = 165$, fornecendo uma interpretação física para suas respostas. Utilize as aproximações $(54)^{0{,}425} \approx 5{,}4$, $(54)^{-0{,}575} \approx 0{,}10$, $(165)^{0{,}725} \approx 40{,}5$ e $(165)^{-0{,}275} \approx 0{,}25$.

---

[*] Richard Stone, "The Analysis of Market Demand", *Journal of the Royal Statistical Society*, 108 (1945), 286-391.

[**] J. Routh, *Mathematical Preparation for Laboratory Technicians* (Philadelphia: W. B. Saunders Co., 1971), p. 92.

Soluções dos exercícios de revisão 7.2

1. (a) Negativa. $\frac{\partial f}{\partial x}(400, 2.000)$ é aproximadamente a variação nas vendas decorrente do aumento de \$1 no preço x. Como aumentar preços diminui vendas, é de se esperar que $\frac{\partial f}{\partial x}(400, 2.000)$ seja negativa.

(b) Positiva. $\frac{\partial f}{\partial y}(400, 2.000)$ é aproximadamente a variação na vendas decorrente do aumento de \$1 nos gastos com propaganda. Como gastar mais dinheiro com propaganda atrai mais clientes, é de se esperar que as vendas aumentem, isto é, $\frac{\partial f}{\partial y}(400, 2.000)$ é provavelmente positiva.

2. Se a taxa de juros for aumentada de 9% para 10%, os pagamentos mensais aumentarão em cerca de \$66,20. [Um aumento para $9\frac{1}{2}$% causa um aumento nos pagamentos mensais de cerca de $\frac{1}{2} \cdot (66{,}20)$ ou \$33,10, e assim por diante.]

7.3 Máximos e mínimos de funções de várias variáveis

Já estudamos a determinação de máximos e mínimos de funções de uma única variável. Agora estendemos aquela discussão a funções de várias variáveis.

Se $f(x, y)$ for uma função de duas variáveis, dizemos que $f(x, y)$ tem um *máximo relativo* quando $x = a$ e $y = b$ se $f(x, y)$ é no máximo igual a $f(a, b)$ sempre que x estiver perto de a e y de b. Geometricamente, o gráfico de $f(x, y)$ tem um pico no ponto $(x, y) = (a, b)$. [Ver Figura 1(a).] Analogamente, dizemos que $f(x, y)$ tem um *mínimo relativo* quando $x = a$ e $y = b$ se $f(x, y)$ é no mínimo igual a $f(a, b)$ sempre que x estiver perto de a e y de b. Geometricamente, o gráfico de $f(x, y)$ tem um poço cujo fundo ocorre em $(x, y) = (a, b)$. [Ver Figura 1(b).]

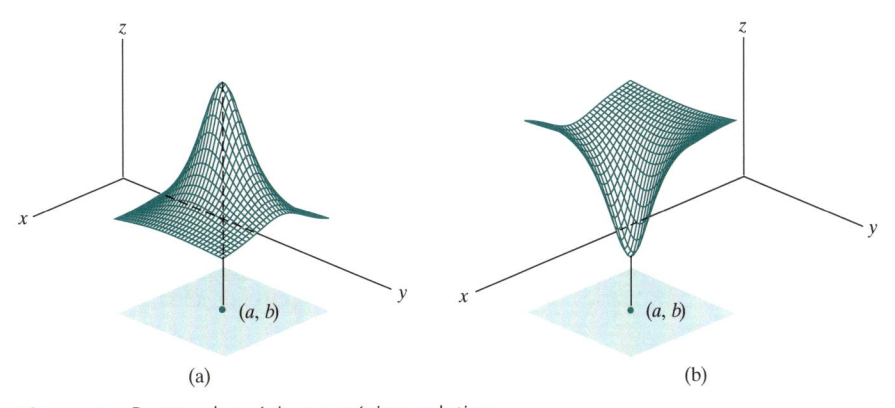

Figura 1 Pontos de máximo e mínimo relativos.

Suponha que a função $f(x, y)$ tenha um mínimo relativo em $(x, y) = (a, b)$, como na Figura 2. Quando y for mantido constante em b, $f(x, y)$ é uma função de x com um mínimo relativo em $x = a$. Portanto, a reta tangente à curva $z = f(x, b)$ é horizontal em $x = a$ e sua inclinação é zero. Isto é,

$$\frac{\partial f}{\partial x}(a, b) = 0.$$

Da mesma forma, quando x é mantido constante em a, $f(x, y)$ é uma função de y com um mínimo relativo em $y = b$. Por isso, sua derivada em relação a y é zero em $y = b$, isto é,

$$\frac{\partial f}{\partial y}(a, b) = 0.$$

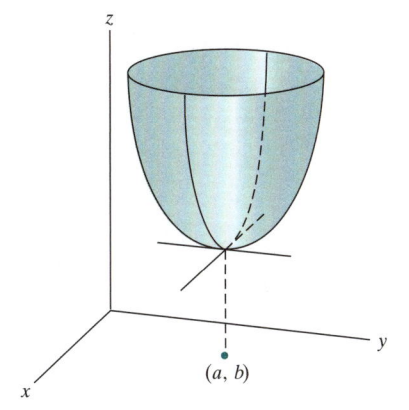

Figura 2 Retas tangentes horizontais num mínimo relativo.

Considerações análogas aplicam se $f(x, y)$ tem um máximo relativo em $(x, y) = (a, b)$.

> **Teste da derivada primeira para funções de duas variáveis** Se $f(x, y)$ tem um máximo ou mínimo relativo em $(x, y) = (a, b)$, então
>
> $$\frac{\partial f}{\partial x}(a, b) = 0$$
>
> e
>
> $$\frac{\partial f}{\partial y}(a, b) = 0.$$

Um máximo ou mínimo relativo pode ou não ser um máximo ou mínimo absoluto. Entretanto, para simplificar a discussão neste texto, os exemplos e exercícios foram escolhidos de tal forma que, se existir um extremo absoluto de $f(x, y)$, ele ocorrerá num ponto em que $f(x, y)$ tem um extremo relativo.

EXEMPLO 1 O gráfico da função $f(x, y) = 3x^2 - 4xy + 3y^2 + 8x - 17y + 30$ aparece na Figura 2. Encontre o ponto (a, b) em que $f(x, y)$ atinge seu valor mínimo.

Solução Procuramos aqueles valores de x e y nos quais ambas derivadas parciais são zero. As derivadas parciais são

$$\frac{\partial f}{\partial x} = 6x - 4y + 8,$$

$$\frac{\partial f}{\partial x} = -4x + 6y - 17.$$

Tomando $\frac{\partial f}{\partial x} = 0$ e $\frac{\partial f}{\partial y} = 0$, obtemos

$$6x - 4y + 8 = 0 \quad \text{ou} \quad y = \frac{6x + 8}{4},$$

$$-4x + 6y - 17 = 0 \quad \text{ou} \quad y = \frac{4x + 17}{6}.$$

Igualando essas duas expressões para y, obtemos

$$\frac{6x + 8}{4} = \frac{4x + 17}{6}.$$

Multiplicando cruzado, vemos que

$$36x + 48 = 16x + 68$$
$$20x = 20$$
$$x = 1.$$

Quando substituímos esse valor de x na nossa primeira equação para y em termos de x, obtemos

$$y = \frac{6x + 8}{4} = \frac{6 \cdot 1 + 8}{4} = \frac{7}{2}.$$

Se $f(x, y)$ tem um mínimo, ele deve ocorrer quando $\frac{\partial f}{\partial x} = 0$ e $\frac{\partial f}{\partial y} = 0$. Dessa forma, determinamos que as derivadas parciais são zero apenas quando $x = 1$, $y = \frac{7}{2}$. Da Figura 2, sabemos que $f(x, y)$ tem um mínimo, portanto ele deve ocorrer em $(x, y) = (1, \frac{7}{2})$. ∎

EXEMPLO 2

Discriminação de preço Um monopolista comercializa um produto em dois países e pode cobrar preços diferentes em cada país. Sejam x o número de unidades a serem vendidas no primeiro país e y o número de unidades a serem vendidas no segundo. Devido às leis de demanda, o monopolista precisa fixar o preço em $97 - (x/10)$ dólares no primeiro país e em $83 - (y/20)$ dólares no segundo, para vender todas as unidades. O custo na produção dessas unidades é de $20.000 + 3(x + y)$. Encontre os valores de x e y que maximizam o lucro.

Solução Seja $f(x, y)$ o lucro obtido com a venda de x unidades no primeiro país e y unidades no segundo. Então

$f(x, y) = $ [receita do primeiro país] + [receita do segundo país] − [custo]

$$= \left(97 - \frac{x}{10}\right)x + \left(83 - \frac{y}{20}\right)y - [20.000 + 3(x + y)]$$

$$= 97x - \frac{x^2}{10} + 83y - \frac{y^2}{20} - 20.000 - 3x - 3y$$

$$= 94x - \frac{x^2}{10} + 80y - \frac{y^2}{20} - 20.000.$$

Para encontrar onde $f(x, y)$ tem seu valor máximo, procuramos aqueles valores de x e y para os quais ambas derivadas parciais são zero.

$$\frac{\partial f}{\partial x} = 94 - \frac{x}{5},$$

$$\frac{\partial f}{\partial y} = 80 - \frac{y}{10}.$$

Tomando $\frac{\partial f}{\partial x} = 0$ e $\frac{\partial f}{\partial y} = 0$, obtemos

$$94 - \frac{x}{5} = 0 \quad \text{ou} \quad x = 470,$$

$$80 - \frac{y}{10} = 0 \quad \text{ou} \quad y = 800.$$

Portanto, a firma deveria ajustar seus preços ao nível de vender 470 unidades no primeiro país e 800 unidades no segundo. ∎

EXEMPLO 3

Perda de calor Digamos que se queira projetar um prédio industrial retangular com volume de 147.800 metros cúbicos. Supondo que a perda diária de calor seja dada por

$$w = 11xy + 14yz + 15xz,$$

onde x, y e z são, respectivamente, o comprimento, a largura e a altura do prédio, encontre as dimensões do prédio para as quais a perda de calor diária seja mínima.

Solução Devemos minimizar a função

$$w = 11xy + 14yz + 15xz, \tag{1}$$

em que x, y e z satisfazem a equação de restrição (ver Seção 2.5)

$$xyz = 147.840.$$

Para simplificar, vamos denotar 147.800 por V. Então $xyz = V$, de modo que $z = V/xy$. Substituímos essa expressão de z na função objetivo (1) para obter uma função perda de calor $g(x, y)$ de duas variáveis, como segue.

$$g(x, y) = 11xy + 14y\frac{V}{xy} + 15x\frac{V}{xy} = 11xy + \frac{14V}{x} + \frac{15V}{y}.$$

Para minimizar essa função, calculamos primeiro as derivadas parciais em relação a x e y e, depois, as igualamos a zero.

$$\frac{\partial g}{\partial x} = 11y - \frac{14V}{x^2} = 0,$$

$$\frac{\partial g}{\partial y} = 11x - \frac{15V}{y^2} = 0.$$

Essas duas equações fornecem

$$y = \frac{14V}{11x^2}, \qquad (2)$$

$$11xy^2 = 15V. \qquad (3)$$

Substituindo o valor de y em (2) na equação (3), vemos que

$$11x\left(\frac{14V}{11x^2}\right)^2 = 15V$$

$$\frac{14^2 V^2}{11 x^3} = 15V$$

$$x^3 = \frac{14^2 \cdot V^2}{11 \cdot 15 \cdot V} = \frac{14^2 \cdot V}{11 \cdot 15}$$

$$= \frac{14^2 \cdot 147.840}{11 \cdot 15}$$

$$= 175.616.$$

Dessa forma (usando uma calculadora), vemos que

$$x = 56.$$

Da equação (2), obtemos

$$y = \frac{14 \cdot V}{11 x^2} = \frac{14 \cdot 147.840}{11 \cdot 56^2} = 60.$$

Finalmente,

$$z = \frac{V}{xy} = \frac{147.840}{56 \cdot 60} = 44.$$

Assim, o prédio deveria ter 56 metros de comprimento, 60 metros de largura e 44 metros de altura para minimizar a perda de calor.[*] ∎

Ao considerar uma função de duas variáveis, encontramos pontos (x, y) nos quais $f(x, y)$ pode ter um possível máximo ou mínimo relativo tomando $\frac{\partial f}{\partial x}$

---

[*] Para uma discussão mais aprofundada desse problema de perda de calor, bem como de outros exemplos de otimização em projetos arquitetônicos, ver L. March, "Elementary Models of Built Forms", Capítulo 3, em *Urban Space and Structures*, L. Martin and L. March, eds. (New York: Cambridge University Press, 1972).

e $\frac{\partial g}{\partial y}$ iguais a zero e resolvendo em x e y. Entretanto, se não dispusermos de informação adicional a respeito de $f(x, y)$, pode ser difícil determinar se encontramos um máximo ou mínimo (ou nenhum desses). No caso de uma função de uma variável, estudamos a concavidade e deduzimos o teste da derivada segunda. Existe um análogo ao da derivada segunda para funções de duas variáveis, mas que é muito mais complicado que o de uma variável. Enunciamos esse teste sem demonstrar.

> **Teste da derivada segunda para funções de duas variáveis** Sejam $f(x, y)$ uma função e (a, b) um ponto em que
>
> $$\frac{\partial f}{\partial x}(a, b) = 0 \quad \text{e} \quad \frac{\partial f}{\partial y}(a, b) = 0,$$
>
> e denotemos
>
> $$D(x, y) = \frac{\partial^2 f}{\partial x^2} \cdot \frac{\partial^2 f}{\partial y^2} - \left(\frac{\partial^2 f}{\partial x \partial y}\right)^2.$$
>
> **1.** Se
>
> $$D(a, b) > 0 \quad \text{e} \quad \frac{\partial^2 f}{\partial x^2}(a, b) > 0,$$
>
> então $f(x, y)$ tem um mínimo relativo em (a, b).
>
> **2.** Se
>
> $$D(a, b) > 0 \quad \text{e} \quad \frac{\partial^2 f}{\partial x^2}(a, b) < 0,$$
>
> então $f(x, y)$ tem um máximo relativo em (a, b).
>
> **3.** Se
>
> $$D(a, b) < 0,$$
>
> então $f(x, y)$ não tem nem um mínimo relativo nem um máximo relativo em (a, b).
>
> **4.** Se $D(a, b) = 0$, então nenhuma conclusão pode ser tirada desse teste.

O gráfico em forma de sela da Figura 3 ilustra uma função $f(x, y)$ tal que $D(a, b) < 0$. Ambas derivadas parciais são zero em $(x, y) = (a, b)$, no entanto, a função não tem nem um máximo relativo nem um mínimo relativo nesse ponto. (Observe que a função tem um máximo relativo em relação a x quando y é mantido constante e um mínimo relativo em relação a y quando x é mantido constante.)

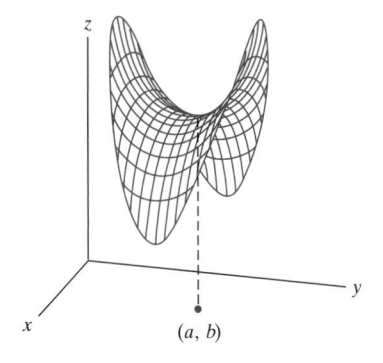

Figura 3

EXEMPLO 4

Seja $f(x, y) = x^3 - y^2 - 12x + 6y + 5$. Encontre todos os pontos de máximo ou mínimo relativos possíveis de $f(x, y)$. Use o teste da derivada segunda para determinar a natureza de cada um desses pontos.

Solução Como

$$\frac{\partial f}{\partial x} = 3x^2 - 12, \qquad \frac{\partial f}{\partial y} = -2y + 6,$$

vemos que $f(x, y)$ tem um possível ponto extremos se

$$3x^2 - 12 = 0,$$
$$-2y + 6 = 0.$$

Da primeira equação, $3x^2 = 12$, $x^2 = 4$, e $x = \pm 2$. Da segunda equação, $y = 3$. Assim, $\dfrac{\partial f}{\partial x}$ e $\dfrac{\partial f}{\partial y}$ são ambas zero quando $(x, y) = (2, 3)$ e quando $(x, y) = (-2, 3)$. Para aplicar o teste da derivada segunda, calculamos

$$\frac{\partial^2 f}{\partial x^2} = 6x, \qquad \frac{\partial^2 f}{\partial y^2} = -2, \qquad \frac{\partial^2 f}{\partial x \partial y} = 0,$$

e

$$D(x, y) = \frac{\partial^2 f}{\partial x^2} \cdot \frac{\partial^2 f}{\partial y^2} - \left(\frac{\partial^2 f}{\partial x \partial y}\right)^2 = (6x)(-2) - 0^2 = -12x. \qquad (4)$$

Como $D(2, 3) = -12(2) = -24$ é negativo, o caso 3 do teste da derivada segunda diz que $f(x, y)$ não tem nem um máximo nem um mínimo relativo em $(2, 3)$. No entanto, $D(-2, 3) = -12(-2) = 24$. Como $D(-2, 3)$ é positivo, a função $f(x, y)$ tem ou um máximo relativo ou um mínimo relativo em $(-2, 3)$. Para determinar qual deles, calculamos

$$\frac{\partial^2 f}{\partial x^2}(-2, 3) = 6(-2) = -12 < 0.$$

Pelo caso 2 do teste da derivada segunda, a função $f(x, y)$ tem um máximo relativo em $(-2, 3)$. ∎

Nesta seção, restringimo-nos a funções de duas variáveis, mas os casos de três ou mais variáveis podem ser tratados de forma análoga. Por exemplo, a versão do teste da derivada primeira para funções de três variáveis é a que segue.

Se $f(x, y, z)$ tem um máximo ou mínimo relativo em $(x, y, z) = (a, b, c)$, então

$$\frac{\partial f}{\partial x}(a, b, c) = 0,$$

$$\frac{\partial f}{\partial y}(a, b, c) = 0,$$

$$\frac{\partial f}{\partial z}(a, b, c) = 0.$$

Exercícios de revisão 7.3

1. Encontre todos os pontos (x, y) nos quais $f(x, y) = x^3 - 3xy + \frac{1}{2}y^2 + 8$ tem um possível máximo ou mínimo relativo.

2. Aplique o teste da derivada segunda à função $g(x, y)$ do Exemplo 3 para confirmar que ocorre um mínimo relativo em $x = 56$ e $y = 60$.

Exercícios 7.3

Nos Exercícios 1-8, encontre todos os pontos (x, y) em que f(x, y) tem um possível máximo ou mínimo relativo.

1. $f(x, y) = x^2 - 3y^2 + 4x + 6y + 8$
2. $f(x, y) = \frac{1}{2}x^2 + y^2 - 3x + 2y - 5$
3. $f(x, y) = x^2 - 5xy + 6y^2 + 3x - 2y + 4$
4. $f(x, y) = -3x^2 + 7xy - 4y^2 + x + y$
5. $f(x, y) = x^3 + y^2 - 3x + 6y$
6. $f(x, y) = x^2 - y^3 + 5x + 12y + 1$
7. $f(x, y) = \frac{1}{3}x^3 - 2y^3 - 5x + 6y - 5$
8. $f(x, y) = x^4 - 8xy + 2y^2 - 3$
9. A função $f(x, y) = 2x + 3y + 9 - x^2 - xy - y^2$ tem um máximo em algum ponto (x, y). Encontre os valores de x e y nos quais ocorre esse máximo.
10. A função $f(x, y) = \frac{1}{2}x^2 + 2xy + 3y^2 - x + 2y$ tem um mínimo em algum ponto (x, y). Encontre os valores de x e y nos quais ocorre esse mínimo.

Nos Exercícios 11-16, ambas derivadas parciais primeiras da função f(x, y) são zero nos pontos dados. Use o teste da derivada segunda para determinar a natureza de f(x, y) em cada um desses pontos. Se o teste da derivada segunda não der informação, escreva isso.

11. $f(x, y) = 3x^2 - 6xy + y^3 - 9y; (3, 3), (-1, -1)$
12. $f(x, y) = 6xy^2 - 2x^2 - 3y^4; (0, 0), (1, 1), (1, -1)$
13. $f(x, y) = 2x^2 - x^4 - y^2; (-1, 0), (0, 0), (1, 0)$
14. $f(x, y) = x^4 - 4xy + y^4; (0, 0), (1, 1), (-1, -1)$
15. $f(x, y) = ye^x - 3x - y + 5; (0, 3)$
16. $f(x, y) = \dfrac{1}{x} + \dfrac{1}{y} + xy; (1, 1)$

Nos Exercícios 17-26, encontre todos os pontos (x, y) em que f(x, y) tem um possível máximo ou mínimo relativo. Então use o teste da derivada segunda para determinar, se possível, a natureza de f(x, y) em cada um desses pontos. Se o teste da derivada segunda não der informação, escreva isso.

17. $f(x, y) = x^2 - 2xy + 4y^2$
18. $f(x, y) = 2x^2 + 3xy + 5y^2$
19. $f(x, y) = -2x^2 + 2xy - y^2 + 4x - 6y + 5$
20. $f(x, y) = -x^2 - 8xy - y^2$
21. $f(x, y) = x^2 + 2xy + 5y^2 + 2x + 10y - 3$
22. $f(x, y) = x^2 - 2xy + 3y^2 + 4x - 16y + 22$
23. $f(x, y) = x^3 - y^2 - 3x + 4y$
24. $f(x, y) = x^3 - 2xy + 4y$
25. $f(x, y) = 2x^2 + y^3 - x - 12y + 7$
26. $f(x, y) = x^2 + 4xy + 2y^4$
27. Encontre os possíveis valores de x, y, z nos quais

$$f(x, y, z) = 2x^2 + 3y^2 + z^2 - 2x - y - z$$

atinge seu valor mínimo.

28. Encontre os possíveis valores de x, y, z nos quais

$$f(x, y, z) = 5 + 8x - 4y + x^2 + y^2 + z^2$$

atinge seu valor mínimo.

29. As regras do correio dos Estados Unidos requerem que o comprimento mais o perímetro de uma encomenda não exceda 84 polegadas. Encontre as dimensões do pacote retangular de maior volume que possa ser mandado. [*Observação*: pela Figura 4, vemos que 84 = (comprimento) + (perímetro) = $l + (2x + 2y)$.]

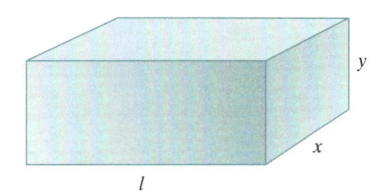

Figura 4

30. Encontre as dimensões da caixa retangular de menor área de superfície que tenha um volume de 1.000 centímetros cúbicos.
31. Uma companhia produz e vende dois produtos, I e II, que vende a $10 e $9 por unidade, respectivamente. O custo de produção de x unidades do produto I e y unidades do produto II é

$$400 + 2x + 3y + 0{,}01(3x^2 + xy + 3y^2).$$

Encontre os valores de x e y que maximizam os lucros da companhia. [*Observação*: lucro = (receita) − (custo).]
32. Um monopolista fabrica e vende dois produtos competidores, I e II, cuja produção custa $30 e $20 por unidade, respectivamente. A receita da comercialização de x unidades do produto I e y unidades do produto II é $98x + 112y - 0{,}04xy - 0{,}1x^2 - 0{,}2y^2$. Encontre os valores de x e y que maximizam os lucros do monopolista.
33. Uma companhia produz e vende dois produtos, I e II, que vende a p_I e p_{II} por unidade, respectivamente. Seja $C(x, y)$ o custo para da produção de x unidades do produto I e y unidades do produto II. Mostre que se os lucros da companhia forem maximizados com $x = a, y = b$, então

$$\frac{\partial C}{\partial x}(a, b) = p_I \quad \text{e} \quad \frac{\partial C}{\partial y}(a, b) = p_{II}.$$

34. Um monopolista fabrica e vende dois produtos competidores, I e II, cuja produção custa p_I e p_{II} por unidade, respectivamente. Seja $R(x, y)$ a receita da comercialização de x unidades do produto I e y unidades do produto II. Mostre que se os lucros do monopolista forem maximizados com $x = a, y = b$, então

$$\frac{\partial R}{\partial x}(a, b) = p_I \quad \text{e} \quad \frac{\partial R}{\partial y}(a, b) = p_{II}.$$

Soluções dos exercícios de revisão 7.3

1. Calcule as derivadas parciais primeiras de $f(x, y)$ e resolva o sistema de equações resultante de igualar as derivadas parciais a zero.

$$\frac{\partial f}{\partial x} = 3x^2 - 3y = 0,$$

$$\frac{\partial f}{\partial y} = -3x + y = 0.$$

Resolva cada equação para y em termos de x.

$$\begin{cases} y = x^2 \\ y = 3x. \end{cases}$$

Igualando as expressões de y, resolva para x.

$$x^2 = 3x$$
$$x^2 - 3x = 0$$
$$x(x - 3) = 0$$
$$x = 0 \quad \text{ou} \quad x = 3.$$

Quando $x = 0$, $y = 0^2 = 0$. Quando $x = 3$, $y = 3^2 = 9$. Portanto, os pontos de máximo ou mínimo relativos possíveis são $(0, 0)$ e $(3, 9)$.

2. Temos

$$g(x, y) = 11xy + \frac{14V}{x} + \frac{15V}{y},$$

$$\frac{\partial g}{\partial x} = 11y - \frac{14V}{x^2} \quad \text{e} \quad \frac{\partial g}{\partial y} = 11x - \frac{15V}{y^2}.$$

Agora,

$$\frac{\partial^2 g}{\partial x^2} = \frac{28V}{x^3}, \quad \frac{\partial^2 g}{\partial y^2} = \frac{30V}{y^3} \quad \text{e} \quad \frac{\partial^2 g}{\partial x \partial y} = 11.$$

Portanto,

$$D(x, y) = \frac{28V}{x^3} \cdot \frac{30V}{y^3} - (11)^2$$

$$D(56, 60) = \frac{28(147.840)}{(56)^3} \cdot \frac{30(147.840)}{(60)^3} - 121$$

$$= 484 - 121 = 363 > 0,$$

e

$$\frac{\partial^2 g}{\partial x^2}(56, 60) = \frac{28(147.840)}{(56)^3} > 0.$$

Segue que $g(x, y)$ tem um mínimo relativo em $x = 56$, $y = 60$.

7.4 Multiplicadores de Lagrange e otimização condicionada

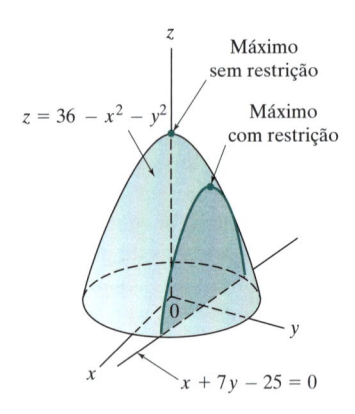

Figura 1 Um problema de otimização condicionado.

Vimos vários problemas de otimização nos quais tínhamos de minimizar (ou maximizar) uma função objetivo em que as variáveis estavam sujeitas a uma equação de restrição, como no Exemplo 4 da Seção 2.5, em que minimizamos o custo de delimitar uma área retangular minimizando a função objetivo $42x + 28y$, em que x e y estavam sujeitos à equação de restrição $600 - xy = 0$. Na seção precedente (ver Exemplo 3), minimizamos a perda de calor diária de um prédio minimizando a função objetivo $11xy + 14yz + 15xz$, sujeita à equação de restrição $147.840 - xyz = 0$.

A Figura 1 dá uma ilustração gráfica do que acontece quando uma função objetivo é maximizada sujeita a uma restrição. O gráfico da função objetivo é a superfície cônica $z = 36 - x^2 - y^2$, e a curva destacada na superfície consiste naqueles pontos cujas coordenadas x e y satisfazem a condição $x + 7y - 25 = 0$. O máximo condicionado ocorre no ponto mais alto dessa curva. Naturalmente, a própria superfície tem um "máximo sem restrição" mais alto em $(x, y, z) = (0, 0, 36)$, mas esses valores de x e y não satisfazem a condição.

Nesta seção, introduzimos uma poderosa técnica para resolver problemas desse tipo. Começamos com o problema geral seguinte, que envolve duas variáveis.

Problema Sejam $f(x, y)$ e $g(x, y)$ funções de duas variáveis. Encontre os valores de x e y que maximizam (ou minimizam) a função objetivo $f(x, y)$ e que também satisfazem a equação de restrição $g(x, y) = 0$.

Naturalmente, se pudermos resolver a equação $g(x, y) = 0$ para uma das variáveis em termos da outra e substituirmos a expressão resultante em $f(x, y)$, chegaremos a uma função de uma variável que pode ser minimizada (ou maximizada) usando os métodos do Capítulo 2. Entretanto essa técnica pode ser insatisfatória por duas razões. Primeiro, pode ser difícil resolver a equação $g(x, y) = 0$ para x ou para y. Por exemplo, se $g(x, y) = x^4 + 5x^3y + 7x^2y^3 + y^5 - 17 = 0$, é difícil escrever y como uma função de x, ou x como uma função de y. Segundo, mesmo se $g(x, y) = 0$ puder ser resolvida para uma variável em termos da outra, a substituição do resultado em $f(x, y)$ pode fornecer uma função complicada.

Uma ideia genial para tratar desse problema foi descoberta pelo matemático Lagrange, do século XVIII, e a técnica que ele apresentou é conhecida hoje pelo seu nome, o *método dos multiplicadores de Lagrange*. A ideia básica desse método é substituir $f(x, y)$ por uma função auxiliar de três variáveis $F(x, y, \lambda)$ definida por

$$F(x, y, \lambda) = f(x, y) + \lambda g(x, y).$$

A nova variável λ (lambda) é denominada *multiplicador de Lagrange* e sempre multiplica a função de restrição $g(x, y)$. O teorema seguinte é enunciado sem demonstração.

> **Teorema** Suponha que, sujeita à condição $g(x, y) = 0$, a função $f(x, y)$ tenha um máximo ou mínimo relativo em $(x, y) = (a, b)$. Então existe um valor de λ, digamos, $\lambda = c$, tal que as derivadas parciais de $F(x, y, \lambda)$ são todas iguais a zero em $(x, y, \lambda) = (a, b, c)$.

O teorema implica que se localizarmos todos os pontos (x, y, λ) em que as derivadas parciais de $F(x, y, \lambda)$ forem todas zero, então, dentre os pontos (x, y) correspondentes, encontraremos todos os possíveis lugares em que $f(x, y)$ pode ter um máximo ou mínimo condicionado. Assim, o primeiro passo no método dos multiplicadores de Lagrange é igualar a zero as derivadas parciais de $F(x, y, \lambda)$ e resolver para x, y e λ.

$$\frac{\partial F}{\partial x} = 0 \tag{L-1}$$

$$\frac{\partial F}{\partial y} = 0 \tag{L-2}$$

$$\frac{\partial F}{\partial \lambda} = 0 \tag{L-3}$$

Pela definição de $F(x, y, \lambda)$, vemos que $\frac{\partial F}{\partial \lambda} = g(x, y)$. Assim, a terceira equação (L-3) é simplesmente a equação de restrição $g(x, y) = 0$ original. Logo, quando encontrarmos um ponto (x, y, λ) que satisfaz (L-1), (L-2) e (L-3), as coordenadas x e y satisfarão automaticamente a equação de restrição.

O primeiro exemplo aplica esse método ao problema descrito na Figura 1.

EXEMPLO 1 Maximize $36 - x^2 - y^2$ sujeita à restrição $x + 7y - 25 = 0$.

Solução Aqui $f(x, y) = 36 - x^2 - y^2$, $g(x, y) = x + 7y - 25$ e

$$F(x, y, \lambda) = 36 - x^2 - y^2 + \lambda(x + 7y - 25).$$

As equações (L-1) a (L-3) são

$$\frac{\partial F}{\partial x} = -2x + \lambda = 0, \tag{1}$$

$$\frac{\partial F}{\partial y} = -2y + 7\lambda = 0, \tag{2}$$

$$\frac{\partial F}{\partial \lambda} = x + 7y - 25 = 0. \tag{3}$$

Começamos resolvendo as duas primeiras equações para λ.

$$\lambda = 2x$$

$$\lambda = \tfrac{2}{7}y. \tag{4}$$

Igualando essas duas expressões para λ, obtemos

$$2x = \tfrac{2}{7}y$$

$$x = \tfrac{1}{7}y. \tag{5}$$

Substituindo essa expressão para x na equação (3), obtemos

$$\tfrac{1}{7}y + 7y - 25 = 0$$

$$\tfrac{50}{7}y = 25$$

$$y = \tfrac{7}{2}.$$

Com esse valor para y, as equações (4) e (5) produzem os valores de x e λ seguintes.

$$x = \tfrac{1}{7}y = \tfrac{1}{7}\left(\tfrac{7}{2}\right) = \tfrac{1}{2},$$

$$\lambda = \tfrac{2}{7}y = \tfrac{2}{7}\left(\tfrac{7}{2}\right) = 1.$$

Portanto, as derivadas parciais de $F(x, y, \lambda)$ são zero quando $x = \tfrac{1}{2}$ e $y = \tfrac{7}{2}$ e $\lambda = 1$. Logo, o valor máximo de $36 - x^2 - y^2$ sujeito à restrição $x + 7y - 25 = 0$ é

$$36 - \left(\tfrac{1}{2}\right)^2 - \left(\tfrac{7}{2}\right)^2 = \tfrac{47}{2}. \qquad \blacksquare$$

A técnica precedente para resolver três equações nas três variáveis x, y e λ geralmente pode ser aplicada para resolver problemas de multiplicadores de Lagrange. O procedimento básico é o seguinte.

1. Resolva (L-1) e (L-2) para λ em termos de x e y e, então, iguale as expressões resultantes para λ.
2. Resolva a equação resultante para uma das variáveis.
3. Substitua a expressão obtida na equação (L-3) e resolva a equação resultante de uma variável.
4. Use a variável conhecida e as equações dos passos 1 e 2 para determinar as outras duas variáveis.

Na maioria das aplicações, sabemos que existe um máximo ou mínimo absoluto (condicionado). Se o método dos multiplicadores de Lagrange produzir exatamente um extremo relativo possível, supomos que, de fato, esse é o valor extremo absoluto procurado. Por exemplo, o enunciado do Exemplo 1 dá a entender que existe um valor máximo absoluto. Como determinamos que existe apenas um extremo relativo possível, concluímos que correspondia ao valor máximo absoluto.

EXEMPLO 2 Utilizando multiplicadores de Lagrange, minimize $42x + 28y$ sujeita à condição $600 - xy = 0$, em que x e y se restringem a valores positivos. (Esse problema surgiu no Exemplo 4 da Seção 2.5, onde $42x + 28y$ era o custo de delimitar uma área retangular de 600 metros quadrados com dimensões x e y.)

Solução Temos $f(x, y) = 42x + 28y$, $g(x, y) = 600 - xy$ e

$$F(x, y, \lambda) = 42x + 28y + \lambda(600 - xy).$$

As equações (L-1) a (L-3) nesse caso são

$$\frac{\partial F}{\partial x} = 42 - \lambda y = 0,$$

$$\frac{\partial F}{\partial y} = 28 - \lambda x = 0,$$

$$\frac{\partial F}{\partial \lambda} = 600 - xy = 0.$$

Das primeiras duas equações, vemos que

$$\lambda = \frac{42}{y} = \frac{28}{x}. \qquad \text{(passo 1)}$$

Portanto,

$$42x = 28y$$

e

$$x = \frac{2}{3}y. \qquad \text{(passo 2)}$$

Substituindo essa expressão para x na terceira equação, deduzimos

$$600 - \left(\frac{2}{3}y\right)y = 0$$

$$y^2 = \frac{3}{2} \cdot 600 = 900$$

$$y = \pm 30. \qquad \text{(passo 3)}$$

Descartamos o caso $y = -30$ porque estamos interessados apenas em valores positivos de x e y. Usando $y = 30$, obtemos

$$\left.\begin{array}{c} x = \dfrac{2}{3}(30) = 20 \\[6pt] \lambda = \dfrac{28}{20} = \dfrac{7}{5}. \end{array}\right\} \qquad \text{(passo 4)}$$

Logo, o valor mínimo de $42x + 28y$ com x e y condicionados ocorre com $x = 20$, $y = 30$ e $\lambda = \frac{7}{5}$. Esse valor mínimo é

$$42 \cdot (20) + 28 \cdot (30) = 1.680 \qquad \blacksquare$$

EXEMPLO 3 **Produção** Suponha que x unidades de trabalho e y unidades de capital produzam $f(x, y) = 60x^{3/4}y^{1/4}$ unidades de um certo produto. Suponha também que cada unidade de trabalho custe $100, ao passo que cada unidade de capital custe $200. Suponha que estão disponíveis $30.000 para gastar com a produção. Quantas unidades de trabalho e quantas unidades de capital deveriam ser utilizadas para maximizar a produção?

Solução O custo de x unidades de trabalho e y unidades de capital é igual a $100x + 200y$. Logo, como queremos utilizar todo o dinheiro disponível (\$30.000), devemos satisfazer a condição

$$100x + 200y = 30.000$$

ou

$$g(x, y) = 30.000 - 100x - 200y = 0.$$

A função objetivo é $f(x, y) = 60x^{3/4}y^{1/4}$. Nesse caso, temos

$$F(x, y, \lambda) = 60x^{3/4}y^{1/4} \lambda (30.000 - 100x - 200y).$$

As equações (L-1) a (L-3) são

$$\frac{\partial F}{\partial x} = 45x^{-1/4}y^{1/4} - 100\lambda = 0, \qquad \text{(L-1)}$$

$$\frac{\partial F}{\partial y} = 15x^{3/4}y^{-3/4} - 200\lambda = 0, \qquad \text{(L-2)}$$

$$\frac{\partial F}{\partial \lambda} = 30.000 - 100x - 200y = 0. \qquad \text{(L-3)}$$

Resolvendo as duas primeiras equações para l, vemos que

$$\lambda = \frac{45}{100}x^{-1/4}y^{1/4} = \frac{9}{20}x^{-1/4}y^{1/4},$$

$$\lambda = \frac{15}{200}x^{3/4}y^{-3/4} = \frac{3}{40}x^{3/4}y^{-3/4}.$$

Portanto, devemos ter

$$\frac{9}{20}x^{-1/4}y^{1/4} = \frac{3}{40}x^{3/4}y^{-3/4}.$$

Para resolver para y em termos de x, multiplicamos ambos os lados dessa equação por $x^{1/4}y^{3/4}$.

$$\frac{9}{20}y = \frac{3}{40}x$$

ou

$$y = \frac{1}{6}x.$$

Inserindo esse resultado em (L-3), obtemos

$$100x + 200\left(\frac{1}{6}x\right) = 30.000$$

$$\frac{400x}{3} = 30.000$$

$$x = 225.$$

Logo

$$y = \frac{225}{6} = 37,5.$$

Dessa forma, a produção máxima é obtida usando 225 unidades de trabalho e 37,5 unidades de capital. ∎

No Exemplo 3, ocorre que, nos valores ótimos de x e y, valem

$$\lambda = \frac{9}{20}x^{-1/4}y^{1/4} = \frac{9}{20}(225)^{-1/4}(37{,}5)^{1/4} \approx 0{,}2875,$$

$$\frac{\partial f}{\partial x} = 45x^{-1/4}y^{1/4} = 45(225)^{-1/4}(37{,}5)^{1/4}, \tag{6}$$

$$\frac{\partial f}{\partial y} = 15x^{3/4}y^{-3/4} = 15(225)^{3/4}(37{,}5)^{-3/4}. \tag{7}$$

Pode ser mostrado que o multiplicador de Lagrange λ pode ser interpretado como a *produtividade marginal do dinheiro*. Isto é, se estiver disponível um dólar adicional, então podem ser produzidas aproximadamente 0,2875 unidades adicionais do produto.

Lembre que as derivadas parciais $\dfrac{\partial f}{\partial x}$ e $\dfrac{\partial f}{\partial y}$ são denominadas produtividade marginal do trabalho e do capital, respectivamente. Pelas equações (6) e (7), temos que

$$\frac{[\text{produtividade marginal do trabalho}]}{[\text{produtividade marginal do capital}]} = \frac{45(225)^{-1/4}(37{,}5)^{1/4}}{15(225)^{3/4}(37{,}5)^{-3/4}}$$

$$= \frac{45}{15}(225)^{-1}(37{,}5)^{1}$$

$$= \frac{3(37{,}5)}{225} = \frac{37{,}5}{75} = \frac{1}{2}.$$

Por outro lado,

$$\frac{[\text{custo por unidade de trabalho}]}{[\text{custo por unidade de capital}]} = \frac{100}{200} = \frac{1}{2}.$$

Esse resultado ilustra a seguinte lei da Economia. *Se o trabalho e o capital estiverem em seus níveis ótimos, então a razão de suas produtividades marginais é igual à razão de seus custos unitários.*

O método dos multiplicadores de Lagrange pode ser generalizado para funções de um número qualquer de variáveis. Por exemplo, podemos maximizar $f(x, y, z)$ sujeita à equação de restrição $g(x, y, z) = 0$, considerando a função de Lagrange

$$F(x, y, z, \lambda) = f(x, y, z) + \lambda g(x, y, z).$$

Os análogos das equações (L-1) a (L-3) são

$$\frac{\partial F}{\partial x} = 0, \quad \frac{\partial F}{\partial y} = 0, \quad \frac{\partial F}{\partial z} = 0, \quad \frac{\partial F}{\partial \lambda} = 0.$$

Vejamos como resolver o problema de perda de calor da Seção 7.3 usando esse método.

EXEMPLO 4 Utilize multiplicadores de Lagrange para encontrar os valores de x, y, z que minimizam a função

$$f(x, y, z) = 11xy + 14yz + 15xz,$$

sujeita à restrição

$$xyz = 147.840.$$

Solução A função de Lagrange é

$$F(x, y, z, \lambda) = 11xy + 14yz + 15xz + \lambda(147.840 - xyz).$$

As condições para um mínimo relativo são

$$\frac{\partial F}{\partial x} = 11y + 15z - \lambda yz = 0,$$

$$\frac{\partial F}{\partial y} = 11x + 14z - \lambda xz = 0,$$

$$\frac{\partial F}{\partial z} = 14y + 15x - \lambda xy = 0,$$

$$\frac{\partial F}{\partial \lambda} = 147.840 - xyz = 0. \tag{8}$$

Das primeiras três equações, obtemos

$$\left.\begin{array}{l} \lambda = \dfrac{11y + 15z}{yz} = \dfrac{11}{z} + \dfrac{15}{y} \\[6pt] \lambda = \dfrac{11x + 14z}{xz} = \dfrac{11}{z} + \dfrac{14}{x} \\[6pt] \lambda = \dfrac{14y + 15x}{xy} = \dfrac{14}{x} + \dfrac{15}{y} \end{array}\right\}. \tag{9}$$

Igualando as duas expressões para λ, obtemos

$$\frac{11}{z} + \frac{15}{y} = \frac{11}{z} + \frac{14}{x}$$

$$\frac{15}{y} = \frac{14}{x}$$

$$x = \frac{14}{15}y.$$

Em seguida, igualamos a segunda e a terceira expressões para λ em (9).

$$\frac{11}{z} + \frac{14}{x} = \frac{14}{x} + \frac{15}{y}$$

$$\frac{11}{z} = \frac{15}{y}$$

$$z = \frac{11}{15}y.$$

Agora substituímos as expressões para x e z na equação de restrição (8) e obtemos

$$\frac{14}{15}y \cdot y \cdot \frac{11}{15}y = 147.840$$

$$y^3 = \frac{(147.840)(15)^2}{(14)(11)} = 216.000$$

$$y = 60.$$

Disso, segue que

$$x = \frac{14}{15}(60) = 56 \quad \text{e} \quad z = \frac{11}{15}(60) = 44.$$

Concluímos que a perda de calor é minimizada quando $x = 56$, $y = 60$ e $z = 44$.

Na solução do Exemplo 4, vimos que nos valores ótimos de x, y e z,

$$\frac{14}{x} = \frac{15}{y} = \frac{11}{z}.$$

Voltando ao Exemplo 2 da Seção 7.1, vemos que 14 é a perda de calor combinada através das paredes do lado Leste e Oeste do prédio, 15 é a perda de calor através das paredes do lado Norte e Sul e 11 é a perda de calor através do piso e do teto. Assim, sob condições ótimas, temos

$$\frac{[\text{perda de calor através dos lados Leste e Oeste}]}{[\text{distância entre os lados Leste e Oeste}]}$$

$$= \frac{[\text{perda de calor através dos lados Norte e Sul}]}{[\text{distância entre os lados Norte e Sul}]}$$

$$= \frac{[\text{perda de calor através do piso e do teto}]}{[\text{distância entre o piso e o teto}]}.$$

Esse é um princípio do projeto ótimo: a mínima perda de calor ocorre quando a distância entre cada par de lados opostos é alguma constante fixada vezes a perda de calor através do par de lados.

O valor de λ no Exemplo 4 correspondendo aos valores ótimos de x, y e z é

$$\lambda = \frac{11}{z} + \frac{15}{y} = \frac{11}{44} + \frac{15}{60} = \frac{1}{2}.$$

É possível mostrar que o multiplicador de Lagrange λ é a perda de calor marginal em relação ao volume. Isto é, se for projetado de modo ótimo um prédio de volume ligeiramente maior do que 147.840 metros cúbicos, então será perdida $\frac{1}{2}$ unidade de calor para cada metro cúbico de volume adicional.

Exercícios de revisão 7.4

1. Seja $F(x, y, \lambda) = 2x + 3y + \lambda(90 - 6x^{1/3}y^{2/3})$. Encontre $\dfrac{\partial F}{\partial x}$.

2. Continuação do Exercício 29 da Seção 7.3. Qual é a função $F(x, y, l, \lambda)$ se o exercício for resolvido usando o método dos multiplicadores de Lagrange?

Exercícios 7.4

Resolva todos os exercícios utilizando o método dos multiplicadores de Lagrange.

1. Minimize $x^2 + 3y^2 + 10$ sujeita à restrição $8 - x - y = 0$.
2. Maximize $x^2 - y^2$ sujeita à restrição $2x + y - 3 = 0$.
3. Maximize $x^2 + xy - 3y^2$ sujeita à restrição $2 - x - 2y = 0$.
4. Minimize $\frac{1}{2}x^2 - 3xy + y^2 + \frac{1}{2}$ sujeita à restrição $3x - y - 1 = 0$.
5. Encontre os valores de x, y que maximizam

$$-2x^2 - 2xy - \tfrac{3}{2}y^2 + x + 2y,$$

sujeita à restrição $x + y - \tfrac{5}{2} = 0$.

6. Encontre os valores de x, y que minimizam

$$x^2 + xy + y^2 - 2x - 5y$$

sujeita à restrição $1 - x + y = 0$.

7. Encontre os dois números positivos cujo produto é 25 e cuja soma é a menor possível.

8. Para cercar um jardim retangular, dispomos de quatrocentos e oitenta dólares. A cerca dos lados Norte e Sul do jardim custa $10 por metro e a cerca dos lados Leste e Oeste custa $15 por metro. Encontre as dimensões do maior jardim possível.

9. Dispomos de trezentos centímetros quadrados de material para construir uma caixinha retangular aberta de base quadrada. Encontre as dimensões da caixinha que maximizam o volume.

10. A quantidade de espaço requerida por uma certa firma é $f(x, y) = 1.000\sqrt{6x^2 + y^2}$, em que x e y são, respectivamente, o número de unidades de trabalho e de capital utilizadas. Suponha que a trabalho custe \$480 por unidade, o capital custe \$40 por unidade e que a empresa disponha de \$5.000 para gastar. Determine as quantidades de trabalho e capital que deveriam ser utilizadas para minimizar o espaço requerido.

11. Encontre as dimensões do retângulo de área máxima que pode ser inserido no círculo unitário. [Ver Figura 2(a).]

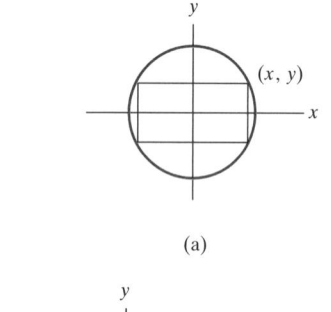

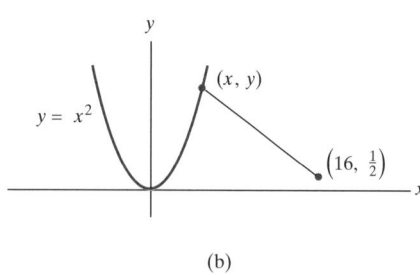

Figura 2

12. Encontre o ponto da parábola $y = x^2$ que está mais à menor distância do ponto $(16, \frac{1}{2})$. [Ver Figura 2(b).] [*Sugestão*: se d denota a distância de (x, y) a $(16, \frac{1}{2})$, então $d^2 = (x - 16)^2 + (y - \frac{1}{2})^2$. Se d^2 for minimizado, então d será minimizado.]

13. Suponha que uma firma comercialize os dois produtos A e B que usam a mesma matéria-prima. Dada uma quantidade fixada de matéria-prima e uma quantidade fixada de trabalho, a firma deve decidir quanto de seus recursos devem ser alocados na produção de A e quanto na produção de B. Se forem produzidas x unidades de A e y unidades de B, suponha que x e y devam satisfazer

$$9x^2 + 4y^2 = 18.000.$$

O gráfico dessa equação (com $x \geq 0, y \geq 0$) é denominada *curva de possibilidades de produção*. (Ver Figura 3.) Um ponto (x, y) nessa curva representa um *crono-grama de produção* para a firma, comprometendo-a a produzir x unidades de A e y unidades de B. O motivo para a relação entre x e y envolve as limitações no trabalho e matéria-prima disponíveis para a firma. Suponha que cada unidade de A gere um lucro de \$3, enquanto cada unidade de B gere um lucro de \$4. Então o lucro da firma é

$$P(x, y) = 3x + 4y.$$

Encontre o cronograma de produção que maximiza a função lucro $P(x, y)$.

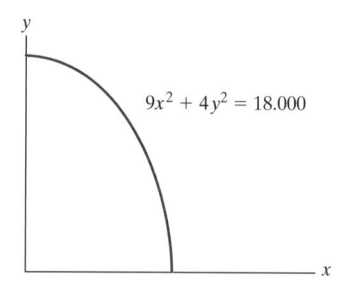

Figura 3 Uma curva de possibilidades de produção.

14. Uma firma produz x unidades de um produto A e y unidades de um produto B, com uma curva de possibilidade de produção dada pela equação $4x^2 + 25y^2 = 50.000$ para $x \geq 0, y \geq 0$. (Ver Exercício 13.) Suponha que os lucros sejam de \$2 por unidade do produto A e \$10 por unidade do produto B. Encontre o cronograma de produção que maximiza o lucro total.

15. A função de produção de uma firma é $f(x, y) = 60x^{3/4}y^{1/4}$, onde x e y denotam o número de unidades de trabalho e de capital utilizadas. Suponha que o trabalho custe \$96 por unidade, que o capital custe \$162 por unidade e que a firma decida produzir 3.456 unidades de bens.
   (a) Determine as quantidades de trabalho e capital que deveriam ser utilizadas para minimizar o custo. Ou seja, encontre os valores de x e y que minimizam $96x + 162y$ condicionada a $3.456 - 60x^{3/4}y^{1/4} = 0$.
   (b) Encontre o valor de l no nível de produção ótimo.
   (c) Mostre que, no nível de produção ótimo, temos

   $$\frac{[\text{produtividade marginal do trabalho}]}{[\text{produtividade marginal do capital}]} = \frac{[\text{preço unitário do trabalho}]}{[\text{preço unitário do capital}]}.$$

16. Continuação do Exemplo 2 da Seção 7.3. Suponha que o monopolista precise fixar o mesmo preço nos dois países. Isto é, $97 - (x/10) = 83 - (y/20)$. Encontre os valores de x e y que maximizam os lucros diante dessa nova restrição.

17. Encontre os valores de x, y e z que maximizam xyz condicionada a $36 - x - 6y - 3z = 0$.

18. Encontre os valores de x, y e z que maximizam $xy + 3xz + 3yz$ condicionada a $9 - xyz = 0$.

19. Encontre os valores de x, y e z que maximizam

$$3x + 5y + z - x^2 - y^2 - z^2,$$

condicionada a $6 - x - y - z = 0$.

20. Encontre os valores de x, y e z que minimizam

$$x^2 + y^2 + z^2 - 3x - 5y - z,$$

condicionada a $20 - 2x - y - z = 0$.

21. O material para o topo de uma caixa retangular fechada custa \$2 por metro quadrado e para as laterais e base custa \$1 por metro quadrado. Encontre as dimensões com as quais o volume da caixa seja de 12 metros cúbicos e o custo dos materiais seja minimizado. [Ver Figura 4(a), em que o custo é $3xy + 2xz + 2yz$.]

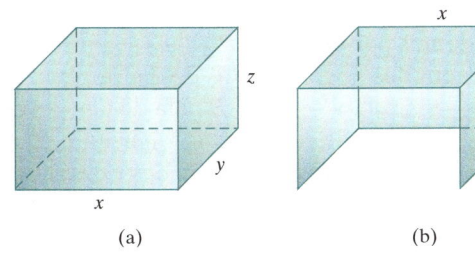

(a)   (b)

Figura 4

22. Encontre os três números positivos cuja soma seja 15 e cujo produto é o maior possível.

23. Encontre as dimensões de um tanque de vidro retangular aberto cujo volume seja de 32 decímetros cúbicos e para o qual a quantidade de vidro seja minimizada. [Ver Figura 4(a).]

24. Uma barraca de praia de lona tem três laterais e um teto. [Ver Figura 4(b).] Encontre as dimensões que maximizam o volume e requeiram 96 pés quadrados de lona.

25. Seja $f(x, y)$ uma função de produção qualquer, onde x representa o trabalho (que custa \$$a$ por unidade) e y representa o capital (que custa \$$b$ por unidade). Supondo uma disponibilidade de \$$c$, mostre que, nos valores de x e y que maximizam a produção,

$$\frac{\dfrac{\partial f}{\partial x}}{\dfrac{\partial f}{\partial y}} = \frac{a}{b}.$$

Observação: seja $F(x, y, \lambda) = f(x, y) + \lambda(c - ax - by)$. O resultado segue de (L-1) e (L-2).

26. Continuação do Exercício 25. Dada a função de produção $f(x, y) = kx^{\alpha}y^{\beta}$, mostre que, para os valores de x e y que maximizam a produção, temos

$$\frac{y}{x} = \frac{a\beta}{b\alpha}.$$

(Isso nos diz que a razão entre o capital e o trabalho não depende do montante de dinheiro disponível nem do nível de produção, mas apenas dos números a, b, α e β.)

Soluções dos exercícios de revisão 7.4

1. A função pode ser escrita como

$$F(x, y, \lambda) = 2x + 3y + \lambda \cdot 90 - \lambda \cdot 6x^{1/3}y^{2/3}.$$

Derivando em relação a x, ambos y e λ devem ser tratados como constantes (ou seja, $\lambda \cdot 90$ e $\lambda \cdot 6$ também são considerados constantes).

$$\frac{\partial F}{\partial x} = 2 - \lambda \cdot 6 \cdot \frac{1}{3}x^{-2/3} \cdot y^{2/3}$$

$$= 2 - 2\lambda x^{-2/3}y^{2/3}.$$

(*Observação*: não é necessário escrever por extenso a multiplicação por λ como o fizemos. A maioria das pessoas faz isso só mentalmente e então deriva.)

2. A quantidade a ser maximizada é o volume xyl. A restrição é que o comprimento mais o perímetro seja 84. Isso se translada para $84 = l + 2x + 2y$ ou $84 - l - 2x - 2y = 0$. Logo,

$$F(x, y, l, \lambda) = xyl + \lambda(84 - l - 2x - 2y).$$

7.5 O método dos mínimos quadrados

Hoje, as pessoas conseguem compilar gráficos de literalmente milhares de diferentes quantidades: o poder de compra do dólar como uma função do tempo, a pressão de um volume fixado de ar como uma função da temperatura, a renda média da população como uma função dos anos de educação formal ou a incidência de derrames como uma função da pressão arterial. Os pontos observados em tais gráficos tendem a ser distribuídos irregularmente devido à natureza complicada do fenômeno subjacente, bem como a erros cometidos na observação. (Por exemplo, um dado procedimento para medir a renda média pode ignorar certos grupos).

Apesar da natureza imperfeita dos dados, muitas vezes nos deparamos com o problema de tirar conclusões e fazer predições baseadas nesses dados. Grosso modo, esse problema consiste numa filtragem das fontes de erros dos dados e no isolamento da tendência básica subjacente. Frequentemente, tomando por base alguma suspeita ou hipótese de trabalho, podemos suspeitar que a tendência subjacente seja linear, ou seja, que os pontos de dados deveriam formar uma reta. Mas qual reta? O *método dos mínimos quadrados* tem por objetivo tentar responder esse problema. Para sermos mais específicos, consideremos o problema a seguir.

Problema de ajustar uma reta aos dados Fornecidos os pontos de dados experimentais $(x_1, y_1), (x_2, y_2),..., (x_N, y_N)$ num gráfico, encontre a reta que melhor se ajusta a esses pontos.

Para entender completamente o enunciado do problema em consideração, precisamos definir o que entendemos por uma reta "melhor se ajustar" a um conjunto de pontos. Se (x_i, y_i) é um dos nossos pontos de dados observados, mediremos sua distância a uma dada reta $y = Ax + B$ pela distância vertical desse ponto à reta. Como o ponto na reta de coordenada x igual a x_i é $(x_i, Ax_i + B)$, essa distância vertical é a distância entre as coordenadas y dadas por $Ax_i + B$ e y_i. (Ver Figura 1.) Se $E_i = (Ax_i + B) - y_i$, então a distância vertical de (x_i, y_i) à reta é E_i ou $-E_i$. Para evitar essa ambiguidade, trabalhamos com o quadrado dessa distância vertical,

$$E_i^2 = (Ax_i + B - y_i)^2.$$

O erro total na aproximação aos pontos de dados $(x_1, y_1),..., (x_N, y_N)$ pela reta $y = Ax + B$ geralmente é medido pela soma E dos quadrados das distâncias verticais dos pontos à reta,

$$E = E_1^2 + E_2^2 + \cdots + E_N^2.$$

Dizemos que E é o *erro de mínimos quadrados* dos pontos de dados observados em relação à reta. Se todos os pontos observados estiverem na reta $y = Ax + B$, então todos os E_i serão iguais a zero e o erro E será zero. Se algum dos pontos dados estiver muito longe da reta, o correspondente E_i^2 será grande e dá, portanto, uma grande contribuição para ao erro E.

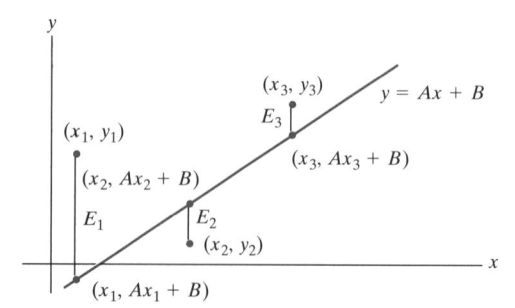

Figura 1 Ajustando uma reta a pontos de dados.

Em geral, não podemos esperar encontrar uma reta $y = Ax + B$ que ajuste os pontos de dados tão bem que o erro E seja zero. De fato, essa situação ocorrerá apenas quando os pontos observados forem colineares. Entretanto, podemos reformular nosso problema original como segue.

Seção 7.5 • O método dos mínimos quadrados

Problema Fornecidos os dados experimentais $(x_1, y_1), (x_2, y_2),..., (x_N, y_N)$, encontre uma reta $y = Ax + B$ para a qual o erro E seja o menor possível. Essa reta é denominada *reta de mínimos quadrados* ou *reta de regressão*.

Ocorre que esse problema é um problema de minimização nas duas variáveis A e B que pode ser resolvido utilizando os métodos da Seção 7.3. Consideremos um exemplo.

EXEMPLO 1 Encontre a reta que minimiza o erro de mínimos quadrados para os pontos $(1, 4), (2, 5), (3, 8)$.

Solução Considere a reta $y = Ax + B$. Quando $x = 1, 2, 3$ a coordenada y do ponto correspondente na reta é $A + B, 2A + B, 3A + B$, respectivamente. Portanto, os quadrados das distâncias verticais entre os pontos $(1, 4), (2, 5), (3, 8)$ e a reta são, respectivamente,

$$E_1^2 = (A + B - 4)^2,$$
$$E_2^2 = (2A + B - 5)^2,$$
$$E_3^2 = (3A + B - 8)^2.$$

(Ver Figura 2.) Assim, o erro de mínimos quadrados é

$$E = E_1^2 + E_2^2 + E_3^2 = (A + B - 4)^2 + (2A + B - 5)^2 + (3A + B - 8)^2.$$

Esse erro obviamente depende das escolhas de A e B. Denotemos esse erro de mínimos quadrados por $f(A, B)$. Queremos encontrar os valores de A e B que minimizam $f(A, B)$. Para isso, tomamos as derivadas parciais em relação a A e B e as igualamos a zero, como segue.

$$\frac{\partial f}{\partial A} = 2(A + B - 4) + 2(2A + B - 5)\cdot 2 + 2(3A + B - 8)\cdot 3$$
$$= 28A + 12B - 76 = 0,$$

$$\frac{\partial f}{\partial B} = 2(A + B - 4) + 2(2A + B - 5) + 2(3A + B - 8)$$
$$= 12A + 6B - 34 = 0.$$

Para encontrar A e B, precisamos resolver o sistema de equações lineares

$$28A + 12B = 76$$
$$12A + 6B = 34$$

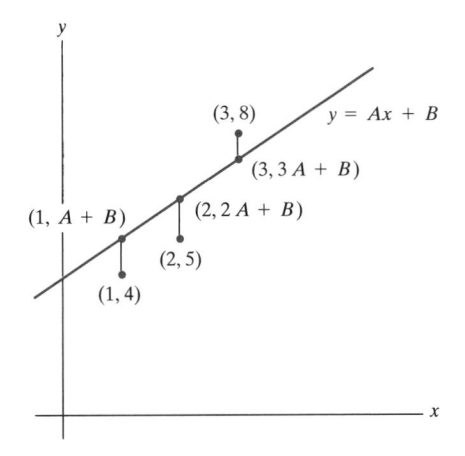

Figura 2

Multiplicando a segunda equação por 2 e subtraindo da primeira equação, temos $4A = 8$, ou $A = 2$. Assim, $B = \frac{5}{3}$ e a reta que minimiza o erro de mínimos quadrados é $y = 2x + \frac{5}{3}$. ∎

O processo de minimização usado no Exemplo 1 pode ser aplicado a um conjunto qualquer $(x_1, y_1),..., (x_N, y_N)$ de pontos de dados para obter a fórmula algébrica para A e B que segue.

$$A = \frac{N \cdot \Sigma xy - \Sigma x \cdot \Sigma y}{N \cdot \Sigma x^2 - (\Sigma x)^2},$$

$$B = \frac{\Sigma y - A \cdot \Sigma x}{N},$$

em que

Σx = soma das coordenadas x dos pontos de dados
Σy = soma das coordenadas y dos pontos de dados
Σxy = soma dos produtos das coordenadas dos pontos de dados
Σx^2 = soma dos quadrados das coordenadas x dos pontos de dados
N = número de pontos de dados.

Ou seja,

$$\Sigma x = x_1 + x_2 + \cdots + x_N$$
$$\Sigma y = y_1 + y_2 + \cdots + y_N$$
$$\Sigma xy = x_1 \cdot y_1 + x_2 \cdot y_2 + \cdots + x_N \cdot y_N$$
$$\Sigma x^2 = x_1^2 + x_2^2 + \cdots + x_N^2.$$

EXEMPLO 2 A tabela seguinte[*] contém dados de vários países referentes aos números de mortes de homens por câncer de pulmão em 1950 e ao consumo de cigarros por pessoa em 1930.

País	Consumo de cigarros (por pessoa)	Mortes por câncer de pulmão (por milhão de homens)
Noruega	250	95
Suécia	300	120
Dinamarca	350	165
Austrália	470	170

(a) Use as fórmulas precedentes para obter a reta que melhor ajusta esses dados.

(b) Em 1930, o consumo de cigarros na Finlândia era de 1.100 cigarros por pessoa. Use a reta encontrada na parte (a) para obter uma estimativa do número de mortes por câncer de pulmão na Finlândia em 1950.

Solução (a) Os pontos aparecem na Figura 3. As somas estão calculadas na Tabela 1 e, então, são usadas para determinar os valores de A e B.

---

[*] Esses dados foram obtidos de *Smoking and Health*, Report of the Advisory Committee to the Surgeon General of the Public Health Service, U.S. Department of Health, Education, and Welfare, Washington, D.C., Public Health Publication No. 1103, p. 176.

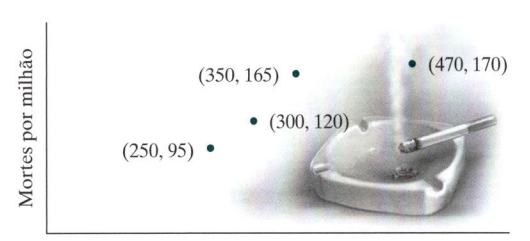

Figura 3 Dados sobre câncer de pulmão para análise de mínimos quadrados.

TABELA 1 Cálculo de mínimos quadrados para dados sobre fumantes

x	y	xy	x²
250	95	23.750	62.500
300	120	36.000	90.000
350	165	57.750	122.500
470	170	79.900	220.900
$\Sigma x = 1.370$	$\Sigma y = 550$	$\Sigma xy = 197.400$	$\Sigma x^2 = 495.900$

$$A = \frac{4 \cdot 197.400 - 1370 \cdot 550}{4 \cdot 495.900 - 1370^2} = \frac{36.100}{106.700} = \frac{361}{1067} \approx 0{,}338,$$

$$B = \frac{550 - \frac{361}{1067} \cdot 1370}{4} = \frac{1067 \cdot 550 - 361 \cdot 1370}{1067 \cdot 4} = \frac{92.280}{4268} \approx 21{,}621.$$

Portanto, a equação da reta de mínimos quadrados é $y = 0{,}338x + 21{,}621$.

(b) Usamos a reta para estimar a taxa de mortes por câncer de pulmão na Finlândia tomando $x = 1.100$. Segue que

$$y = 0{,}338(1.100) + 21{,}621 = 393{,}421 \approx 393.$$

Portanto, temos uma estimativa da taxa de mortes por câncer de pulmão na Finlândia, como sendo de 393 mortes por milhão de homens. (*Observação*: a taxa real foi de 350 mortes por milhão de homens.) ∎

INCORPORANDO RECURSOS TECNOLÓGICOS

Método dos mínimos quadrados Para implementar o método dos mínimos quadrados numa calculadora TI-83/84, pressione SELECT 1 para a tela EDIT e obtenha uma tabela para registrar os dados. Se necessário, limpe os dados registrados nas colunas L_1 e/ou L_2 movendo o cursor para o topo da coluna e pressionando CLEAR ENTER. [Ver Figura 4(a).]

Depois de ter colocado os valores de x e y em listas de uma calculadora gráfica, usamos a rotina LinReg (reta de regressão) da Estatística para calcular os coeficientes da reta de mínimos quadrados. Agora pressione STAT ◁ para o menu CALC e pressione 4 para colocar **LinReg(ax + b)** na tela básica. Pressione ENTER para obter a inclinação e o corte com o eixo y da reta de mínimos quadrados. [Ver Figura 4(b)].

Se desejado, a equação da reta pode ser automaticamente associada a uma função e esboçada junto com os pontos originais. Iniciamos associando a equação da reta de mínimos quadrados a uma função. Selecionando Y=, movemos o cursor até a função e pressionamos CLEAR para apagar qualquer expressão corrente. Agora pressione VARS 5 para selecionar as variáveis **Statistics**. Mova o cursor para o menu EQ e pressione 1 para **RegEQ** (equação de regressão).

Para traçar essa reta, pressione GRAPH. Para exibir essa reta junto com os dados originais, proceda como segue. Com Y= e tendo selecionado somente a reta de mínimos quadrados, pressione 2nd [STAT PLOT] ENTER para selecionar **Plot1** e pressione ENTER para ativar o **Plot1 ON**. Agora selecione o primeiro registro gráfico dos seis ícones para o tipo **Type** do gráfico, que corresponde a um gráfico de dispersão. Finalmente, pressione GRAPH para exibir esses pontos. [Ver Figura 4(c).] ■

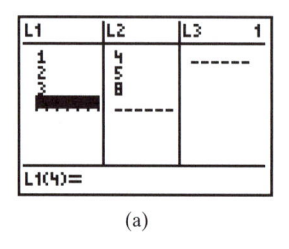

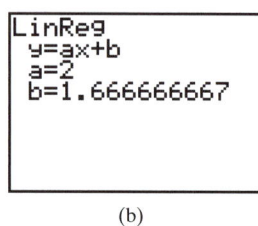

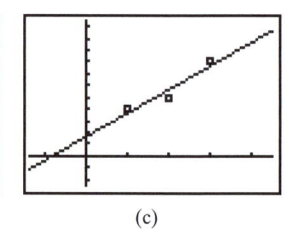

Figura 4 (a) (b) (c)

Exercícios de revisão 7.5

1. Seja $E = (A + B + 2)^2 + (3A + B)^2 + (6A + B - 8)^2$. O que é $\dfrac{\partial E}{\partial A}$?

2. Encontre a fórmula (do tipo da do Exercício 1) que dá o erro E dos mínimos quadrados para os pontos $(1, 10)$, $(5, 8)$ e $(7, 0)$.

Exercícios 7.5

1. Encontre o erro E dos mínimos quadrados para a reta ajustada aos quatro pontos da Figura 5.

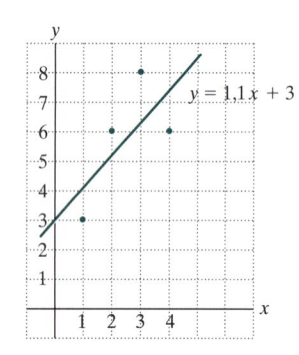

Figura 5

2. Encontre o erro E dos mínimos quadrados para a reta ajustada aos cinco pontos da Figura 6.

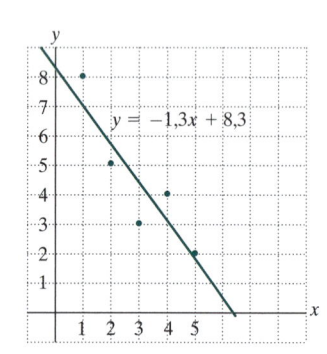

Figura 6

3. Encontre a fórmula (do tipo da do Exercício de Revisão 1) que dá o erro dos mínimos quadrados para os pontos $(2, 6)$, $(5, 10)$ e $(9, 15)$.

4. Encontre a fórmula (do tipo da do Exercício de Revisão 1) que dá o erro dos mínimos quadrados para os pontos $(8, 4)$, $(9, 2)$ e $(10, 3)$.

Nos Exercícios 5-8, use derivadas parciais para obter a equação da reta de melhor ajuste de mínimos quadrados aos pontos de dados.

5. $(1, 2), (2, 5), (3, 11)$
6. $(1, 8), (2, 4), (4, 3)$
7. $(1, 9), (2, 8), (3, 6), (4, 3)$
8. $(1, 5), (2, 7), (3, 6), (4, 10)$

9. Complete a Tabela 2 e encontre os valores de A e B da reta que dá o melhor ajuste de mínimos quadrados aos pontos de dados.

TABELA 2

x	y	xy	x²
1	7		
2	6		
3	4		
4	3		
$\Sigma x =$	$\Sigma y =$	$\Sigma xy =$	$\Sigma x^2 =$

10. Complete a Tabela 3 e encontre os valores de A e B da reta que dá o melhor ajuste de mínimos quadrados aos pontos de dados.

TABELA 3

x	y	xy	x^2
1	2		
2	4		
3	7		
4	9		
5	12		
$\Sigma x =$	$\Sigma y =$	$\Sigma xy =$	$\Sigma x^2 =$

Nos Exercícios 11-15, utilize um ou mais dos três métodos discutidos nesta seção (derivadas parciais, fórmulas e recursos gráficos) para obter a fórmula da reta de mínimos quadrados.

11. A Tabela 4* dá os gastos por pessoa com a saúde pública nos Estados Unidos nos anos 1990-1994.

TABELA 4 Gastos por pessoa com a saúde pública nos Estados Unidos

Anos (depois de 1990)	Dólares (em milhares)
0	2,688
1	2,902
2	3,144
3	3,331
4	3,510

(a) Encontre a reta de mínimos quadrados desses dados.
(b) Use a reta de mínimos quadrados para obter uma estimativa dos gastos por pessoa com a saúde pública no ano 2000.
(c) Use a reta de mínimos quadrados para obter uma estimativa de quando os gastos por pessoa com a saúde pública alcançarão $6.000.

12. A Tabela 5 mostra o preço (em dólares norte-americanos) de um galão de gasolina em 1994 e a média de milhagem percorrida por automóvel em vários países.**
(a) Encontre a reta que dá o melhor ajuste de mínimos quadrados desses dados.
(b) Em 1994, o preço da gasolina no Japão era de $4,14 por galão. Use a reta da parte (a) para obter uma estimativa da milhagem percorridas por automóveis no Japão.

TABELA 5 Efeito do preço da gasolina na milhagem percorrida

País	Preço por galão	Média de milhagem por automóvel
Canadá	$1,57	10.371
Inglaterra	$2,86	10.186
França	$3,31	8.740
Alemanha	$3,34	7.674
Suécia	$3,44	7.456
EUA	$1,24	11.099

13. A Tabela 6 dá a porcentagem de pessoas com 25 anos ou mais que completaram quatro ou mais anos de educação superior nos Estados Unidos*

TABELA 6 Taxas de conclusão universitária

Ano	1970	1975	1980	1985	1990	1995
Porcentagem	10,7	13,9	16,2	19,4	21,3	23,0

(a) Use o método dos mínimos quadrados para obter a reta de melhor ajuste desses dados. [*Sugestão*: inicialmente, converta *Anos* para *Anos depois de 1970*.]
(b) Dê uma estimativa da porcentagem para o ano de 1993.
(c) Se continuar a tendência dada na reta da parte (a), quando a porcentagem atingirá 27,1?

14. A Tabela 7 dá o número (em milhões) de carros em circulação nos Estados Unidos** em certos anos.

TABELA 7 Automóveis em circulação

Ano	Carros	Ano	Carros
1980	104,6	1991	123,3
1985	114,7	1992	120,3
1989	122,8	1993	121,1
1990	123,3	1994	122

(a) Use o método dos mínimos quadrados para obter a reta de melhor ajuste desses dados. [*Sugestão*: inicialmente, converta *Anos* para *Anos depois de 1980*.]
(b) Dê uma estimativa do número de carros em circulação em 1983.
(c) Se continuar a tendência dada na reta da parte (a), quando o número de carros em circulação atingirá 130 milhões?

---

* U.S. Health Care Financing Administration, *Health Care Financing Review*, Spring 1996.
** Energy Information Administration, *International Energy Annual*. U.S. Highway Administration, *Highway Statistics*, 1994.

* U.S. Bureau of the Census.
** American Automobile Manufacturers Association, Inc., Detroit, Michigan, *Motor Vehicle Facts and Figures*.

15. Um ecologista desejava saber se certas espécies de insetos aquáticos têm seus domínios ecológicos limitados pela temperatura. Ele coletou os dados na Tabela 8, relacionando a temperatura média diária em diferentes porções de um riacho com a elevação (acima do nível do mar) daquela porção do riacho.*

    (a) Encontre a reta que dá o melhor ajuste de mínimos quadrados desses dados.

    (b) Use a função linear para obter uma estimativa da temperatura média diária desse riacho a uma altitude de 3,2 quilômetros.

TABELA 8 Relação entre elevação e temperatura num riacho

Elevação (km)	Temperatura média (°c)
2,7	11,2
2,8	10
3,0	8,5
3,5	7,5

---

* Os autores agradecem ao Dr. J. David Allen, antigo membro do Departamento de Zoologia da Universidade de Maryland, por fornecer os dados para este exercício.

Soluções dos exercícios de revisão 7.5

1. $\dfrac{\partial E}{\partial A} = 2(A + B + 2)\cdot 1 + 2(3A + B)\cdot 3$
    $\qquad + 2(6A + B - 8)\cdot 6$
    $= (2A + 2B + 4) + (18A + 6B)$
    $\qquad + (72A + 12B - 96)$
    $= 92A + 20B - 92.$

   (Observe que usamos a regra da potência geral ao derivar e, portanto, sempre multiplicamos pela derivada da quantidade entre parênteses. Você também poderia ser tentado a primeiro elevar ao quadrado os termos na expressão para E e só depois derivar. Recomendamos que você resista a essa tentação.)

2. $E = (A + B - 10)^2 + (5A + B - 8)^2 + (7A + B)^2.$
   Em geral, E é uma soma de quadrados, um para cada pontos sendo ajustado. O ponto (a, b) dá origem ao termo $(aA + B - b)^2.$

7.6 Integrais duplas

Até este ponto, nossa discussão do Cálculo de várias variáveis ficou restrita ao estudo da derivação. Agora passamos ao tópico da integração de funções de várias variáveis. Como tem sido o caso em quase todo este capítulo, restringimos nossa discussão a funções $f(x, y)$ de duas variáveis.

Começamos com alguma motivação. Antes de definir o conceito de integral para funções de várias variáveis, vamos rever alguns aspectos essenciais da integral em uma variável.

Considere a integral definida $\int_a^b f(x)\, dx$. Para escrever essa integral, são necessários dois tipos de informação. A primeira é a função $f(x)$. A segunda é o intervalo sobre o qual a integração será executada. Nesse caso, o intervalo é a porção do eixo x de $x = a$ até $x = b$. O valor da integral definida é um número. No caso em que a função $f(x)$ é não negativa ao longo do intervalo de $x = a$ até $x = b$, esse número é igual à área sob o gráfico de $f(x)$ de $x = a$ até $x = b$. (Ver Figura 1.) Se $f(x)$ for negativa em alguns valores de x no intervalo, a integral ainda é igual à área delimitada pelo gráfico, mas as áreas abaixo do eixo x contam como negativas.

Generalizemos os ingredientes precedentes para uma função $f(x, y)$ de duas variáveis. Primeiro, devemos fornecer um análogo bidimensional do intervalo de $x = a$ até $x = b$. Isso é fácil. Tomamos uma região bidimensional R do plano como a região dada na Figura 2. Como nossa generalização de $f(x)$,

Seção 7.6 • Integrais duplas

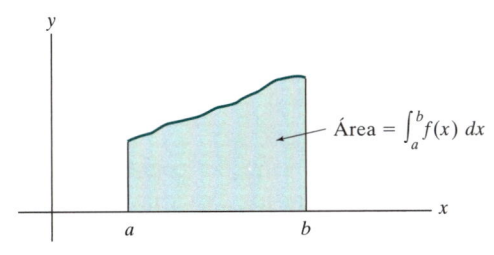

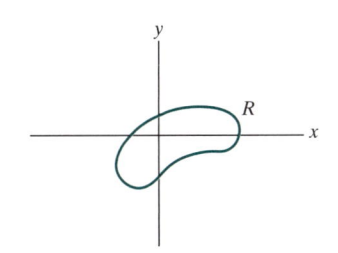

Figura 1

Área = $\int_a^b f(x)\,dx$

Figura 2 Uma região no plano xy.

Figura 3 O gráfico de f(x, y) acima da região R.

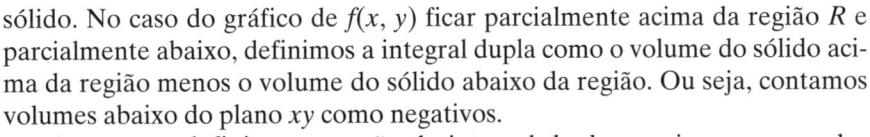

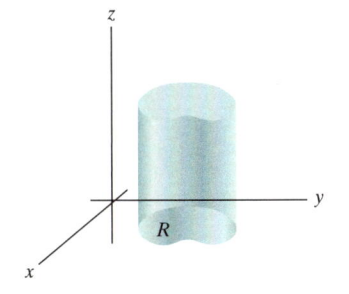

Figura 4 O sólido delimitado por f(x, y) acima de R.

tomamos uma função $f(x, y)$ de duas variáveis. Nossa generalização da integral definida é denotada por

$$\iint_R f(x, y)\, dx\, dy$$

e é denominada *integral dupla de f(x, y) sobre a região R*. O valor da integral dupla é um número definido como se segue. Para simplificar, começamos supondo que $f(x, y) \geq 0$ em todos os pontos (x, y) da região R. [Isso é o análogo da hipótese que $f(x) \geq 0$ em cada x no intervalo de $x = a$ até $x = b$.] Isso significa que o gráfico de $f(x, y)$ fica acima da região R no espaço tridimensional. (Ver Figura 3.) A porção do gráfico acima de R determina uma figura sólida. (Ver Figura 4.) Dizemos que essa figura é o *sólido delimitado por f(x, y) sobre a região R*. Definimos a integral dupla $\iint_R f(x, y)\, dx\, dy$ como o volume desse sólido. No caso do gráfico de $f(x, y)$ ficar parcialmente acima da região R e parcialmente abaixo, definimos a integral dupla como o volume do sólido acima da região menos o volume do sólido abaixo da região. Ou seja, contamos volumes abaixo do plano xy como negativos.

Agora que definimos a noção de integral dupla, precisamos aprender como calcular o seu valor. Para fazer isso, introduzimos a noção de uma integral iterada. Sejam $f(x, y)$ uma função de duas variáveis, $g(x)$ e $h(x)$ duas funções só da variável x e a e b números. Então uma *integral iterada* é uma expressão da forma

$$\int_a^b \left(\int_{g(x)}^{h(x)} f(x, y)\, dy \right) dx.$$

Para explicar o significado dessa coleção de símbolos, procedemos de dentro para fora. Calculamos a integral

$$\int_{g(x)}^{h(x)} f(x, y)\, dy$$

considerando $f(x, y)$ como uma função apenas de y. Isso está sendo indicado pelo dy na integral interna. Tratamos x como uma constante nessa integração. Logo, calculamos essa integral encontrando primeiro uma antiderivada $F(x, y)$ em relação a y. Então a integral interna é calculada como sendo

$$F(x, h(x)) - F(x, g(x)).$$

Ou seja, calculamos a antiderivada entre os limites $y = g(x)$ e $y = h(x)$. Isso nos dá uma função apenas de x. Para completar o cálculo da integral, integramos essa função de $x = a$ até $x = b$. Os dois próximos exemplos ilustram o procedimento para calcular integrais iteradas.

EXEMPLO 1 Calcule a integral iterada

$$\int_1^2 \left(\int_3^4 (y-x)\, dy \right) dx.$$

Solução Aqui $g(x)$ e $h(x)$ são funções constantes, $g(x) = 3$ e $h(x) = 4$. Primeiro calculamos a integral interior. A variável nessa integral é y, portanto, tratamos x como uma constante.

$$\int_3^4 (y-x)\, dy = \left(\frac{1}{2}y^2 - xy\right)\bigg|_3^4$$

$$= \left(\frac{1}{2}\cdot 16 - x\cdot 4\right) - \left(\frac{1}{2}\cdot 9 - x\cdot 3\right)$$

$$= 8 - 4x - \frac{9}{2} + 3x$$

$$= \frac{7}{2} - x.$$

Agora efetuamos a integração em relação a x, como segue.

$$\int_1^2 \left(\frac{7}{2} - x\right) dx = \frac{7}{2}x - \frac{1}{2}x^2 \bigg|_1^2$$

$$= \left(\frac{7}{2}\cdot 2 - \frac{1}{2}\cdot 4\right) - \left(\frac{7}{2} - \frac{1}{2}\cdot 1\right)$$

$$= (7 - 2) - (3) = 2.$$

Logo, o valor da integral iterada é 2. ■

EXEMPLO 2 Calcule a integral iterada

$$\int_0^1 \left(\int_{\sqrt{x}}^{x+1} 2xy\, dy \right) dx.$$

Solução Primeiro calculamos a integral interior.

$$\int_{\sqrt{x}}^{x+1} 2xy\, dy = xy^2 \bigg|_{\sqrt{x}}^{x+1} = x(x+1)^2 - x(\sqrt{x})^2$$

$$= x(x^2 + 2x + 1) - x\cdot x$$

$$= x^3 + 2x^2 + x - x^2$$

$$= x^3 + x^2 + x.$$

Agora calculamos a integração exterior.

$$\int_0^1 (x^3 + x^2 + x)\, dx = \frac{1}{4}x^4 + \frac{1}{3}x^3 + \frac{1}{2}x^2 \bigg|_0^1 = \frac{1}{4} + \frac{1}{3} + \frac{1}{2} = \frac{13}{12}$$

Logo, o valor da integral iterada é $\frac{13}{12}$. ■

Retornemos, agora, à discussão da integral dupla $\iint_R f(x, y)\, dx\, dy$. Quando a região R tem uma forma especial, a integral dupla pode ser expressa como uma integral iterada, como segue. Suponha que R seja delimitada pelos gráficos de $y = g(x)$, $y = h(x)$ e pelas retas verticais $x = a$ e $x = b$. (Ver Figura

5.) Nesse caso, temos o resultado fundamental seguinte, que enunciamos sem demonstração.

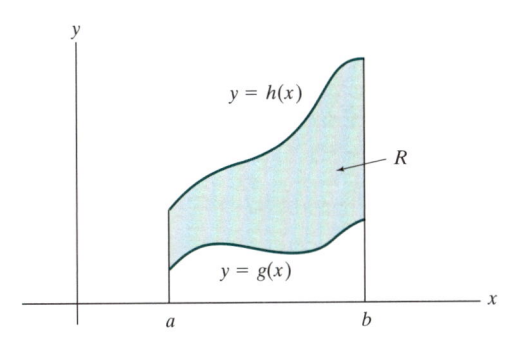

Figura 5

Seja R a região no plano xy delimitada pelos gráficos de $y = g(x)$, $y = h(x)$ e pelas retas verticais $x = a$ e $x = b$. Então

$$\iint_R f(x, y)\, dx\, dy = \int_a^b \left(\int_{g(x)}^{h(x)} f(x, y)\, dy \right) dx.$$

Como o valor da integral dupla fornece o volume do sólido delimitado pelo gráfico de $f(x, y)$ acima da região R, o resultado precedente pode ser utilizado para calcular volumes, como mostram os dois exemplos seguintes.

EXEMPLO 3 Calcule o volume do sólido delimitado acima pela função $f(x, y) = y - x$ e situado acima da região retangular R: $1 \leq x \leq 2$, $3 \leq y \leq 4$. (Ver Figura 6.)

Solução O volume procurado é dado pela integral dupla $\iint_R (y - x)\, dx\, dy$. Pelo resultado que acabamos de enunciar, essa integral dupla é igual à integral iterada

$$\int_1^2 \left(\int_3^4 (y - x)\, dy \right) dx.$$

No Exemplo 2, mostramos que o valor dessa integral iterada é 2, portanto, o volume do sólido mostrado na Figura 6 é 2. ∎

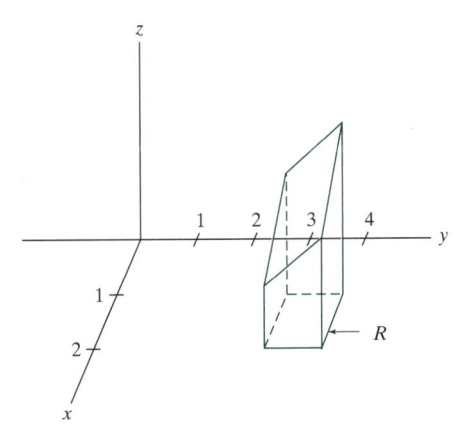

Figura 6

EXEMPLO 4

Calcule $\iint_R 2xy\, dx\, dy$, em que R é a região mostrada na Figura 7.

Solução A região R é delimitada abaixo por $y = \sqrt{x}$, acima por $y = x + 1$, à esquerda por $x = 0$ e à direita por $x = 1$. Logo,

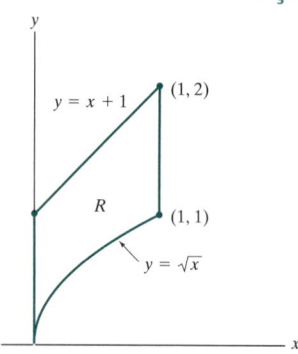

$$\iint_R 2xy\, dx\, dy = \int_0^1 \left(\int_{\sqrt{x}}^{x+1} 2xy\, dy \right) dx = \frac{13}{12} \quad \text{(pelo Exemplo 2)}. \quad \blacksquare$$

Na nossa discussão, restringimo-nos a integrais iteradas em que a integral interna era em relação a y. De uma maneira completamente análoga, podemos tratar integrais iteradas em que a integral interna é em relação a x. Essas integrais iteradas podem ser usadas para calcular integrais duplas sobre regiões R delimitadas por curvas da forma $x = g(y)$, $x = h(y)$ e retas horizontais $y = a$, $y = b$. Os cálculos são análogos aos dados nesta seção.

Figura 7

Exercícios de revisão 7.6

1. Calcule a integral iterada

$$\int_0^2 \left(\int_0^{x/2} e^{2y-x}\, dy \right) dx.$$

2. Calcule

$$\iint_R e^{2y-x}\, dx\, dy$$

em que R é a região da Figura 8.

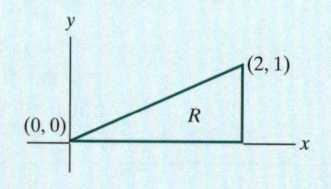

Figura 8

Exercícios 7.6

Nos Exercícios 1-8, calcule a integral iterada.

1. $\int_0^1 \left(\int_0^1 e^{x+y}\, dy \right) dx$

2. $\int_{-1}^1 \left(\int_{-1}^1 xy\, dx \right) dy$

3. $\int_{-2}^0 \left(\int_{-1}^1 xe^{xy}\, dy \right) dx$

4. $\int_0^1 \left(\int_{-1}^1 \frac{1}{3} y^3 x\, dy \right) dx$

5. $\int_1^4 \left(\int_x^{x^2} xy\, dy \right) dx$

6. $\int_0^3 \left(\int_x^{2x} y\, dy \right) dx$

7. $\int_{-1}^1 \left(\int_x^{2x} (x+y)\, dy \right) dx$

8. $\int_0^1 \left(\int_0^x e^{x+y}\, dy \right) dx$

Seja R o retângulo consistindo em todos os pontos (x, y), tais que $0 \leq x \leq 2$, $2 \leq y \leq 3$. Nos Exercícios 9-12, calcule a integral dupla e interprete-a como um volume.

9. $\iint_R xy^2\, dx\, dy$

10. $\iint_R (xy + y^2)\, dx\, dy$

11. $\iint_R e^{-x-y}\, dx\, dy$

12. $\iint_R e^{y-x}\, dx\, dy$

Nos Exercícios 13-14, calcule o volume acima da região R delimitado acima pelo gráfico de $f(x, y) = x^2 + y^2$.

13. R é a região retangular delimitada pelas retas $x = 1$, $x = 3$, $y = 0$ e $y = 1$.

14. R é a região delimitada pelas retas $x = 0$, $x = 1$, $y = 0$ e pela curva $y = \sqrt[3]{x}$.

Soluções dos exercícios de revisão 7.6

1. $\int_0^2 \left(\int_0^{x/2} e^{2y-x} \, dy \right) dx = \int_0^2 \left(\frac{1}{2} e^{2y-x} \Big|_0^{x/2} \right) dx$

$= \int_0^2 \left(\frac{1}{2} e^{2(x/2)-x} - \frac{1}{2} e^{2(0)-x} \right) dx$

$= \int_0^2 \left(\frac{1}{2} - \frac{1}{2} e^{-x} \right) dx$

$= \frac{1}{2} x + \frac{1}{2} e^{-x} \Big|_0^2$

$= \frac{1}{2} \cdot 2 + \frac{1}{2} e^{-2} - \left(\frac{1}{2} \cdot 0 + \frac{1}{2} e^{-0} \right)$

$= 1 + \frac{1}{2} e^{-2} - 0 - \frac{1}{2}$

$= \frac{1}{2} + \frac{1}{2} e^{-2}.$

2. A reta que passa pelos pontos $(0, 0)$ e $(2, 1)$ tem equação $y = x/2$. Portanto, a região R é delimitada abaixo por $y = 0$, acima por $y = x/2$, à esquerda por $x = 0$ e à direita por $x = 2$. Logo,

$$\iint_R e^{2y-x} \, dx \, dy = \int_0^2 \left(\int_0^{x/2} e^{2y-x} \, dy \right) dx$$

$$= \frac{1}{2} + \frac{1}{2} e^{-2}$$

pelo Exercício 1.

REVISÃO DE CONCEITOS FUNDAMENTAIS

1. Dê um exemplo de uma curva de nível de uma função de duas variáveis.
2. Explique como encontrar uma derivada parcial primeira de uma função de duas variáveis.
3. Explique como encontrar uma derivada parcial segunda de uma função de duas variáveis.
4. Qual é a expressão que envolve uma derivada parcial e fornece uma aproximação para $f(a + h, b) - f(a, b)$?
5. Interprete $\frac{\partial f}{\partial y}(2, 3)$ como uma taxa de variação.
6. Dê um exemplo de uma função de produção Cobb-Douglas. O que é a produtividade marginal do trabalho? E do capital?
7. Explique como encontrar pontos extremos relativos possíveis de uma função de várias variáveis.
8. Enuncie o teste da derivada segunda para funções de duas variáveis.
9. Elabore um roteiro que explique como o método dos multiplicadores de Lagrange é usado para resolver um problema de otimização.
10. Qual é a reta de mínimos quadrados que aproxima um conjunto de pontos de dados? Como é determinada essa reta?
11. Dê uma interpretação geométrica de $\iint_R f(x, y) \, dx \, dy$, em que $f(x, y) \geq 0$.
12. Dê uma fórmula para calcular uma integral dupla em termos de uma integral iterada.

EXERCÍCIOS SUPLEMENTARES

1. Seja $f(x, y) = x\sqrt{y}/(1 + x)$. Calcule $f(2, 9), f(5, 1)$ e $f(0, 0)$.
2. Seja $f(x, y, z) = x^2 e^{y/z}$. Calcule $f(-1, 0, 1), f(1, 3, 3)$ e $f(5, -2, 2)$.
3. Se A dólares forem depositados num banco à taxa de 6% compostos continuamente, o montante depois de t anos é dado por $f(A, t) = Ae^{0,06t}$. Calcule e interprete $f(10; 11,5)$.
4. Seja $f(x, y, \lambda) = xy + \lambda(5 - x - y)$. Calcule $f(1, 2, 3)$.
5. Seja $f(x, y) = 3x^2 + xy + 5y^2$. Encontre $\frac{\partial f}{\partial x}$ e $\frac{\partial f}{\partial y}$.
6. Seja $f(x, y) = 3x - \frac{1}{2}y^4 + 1$. Encontre $\frac{\partial f}{\partial x}$ e $\frac{\partial f}{\partial y}$.
7. Seja $f(x, y) = e^{x/y}$. Encontre $\frac{\partial f}{\partial x}$ e $\frac{\partial f}{\partial y}$.
8. Seja $f(x, y) = x/(x - 2y)$. Encontre $\frac{\partial f}{\partial x}$ e $\frac{\partial f}{\partial y}$.
9. Seja $f(x, y, z) = x^3 + yz^2$. Encontre $\frac{\partial f}{\partial x}, \frac{\partial f}{\partial y}$ e $\frac{\partial f}{\partial z}$.
10. Seja $f(x, y, \lambda) = xy + \lambda(5 - x - y)$. Encontre $\frac{\partial f}{\partial x}, \frac{\partial f}{\partial y}$ e $\frac{\partial f}{\partial \lambda}$.

11. Seja $f(x, y) = x^3y + 8$. Calcule $\frac{\partial f}{\partial x}(1, 2)$ e $\frac{\partial f}{\partial y}(1, 2)$.

12. Seja $f(x, y, z) = (x + y)z$. Calcule $\frac{\partial f}{\partial y}$ em $(x, y, z) = (2, 3, 4)$.

13. Seja $f(x, y) = x^5 - 2x^3y + \frac{1}{2}y^4$. Encontre $\frac{\partial^2 f}{\partial x^2}, \frac{\partial^2 f}{\partial y^2}, \frac{\partial^2 f}{\partial x \partial y}$ e $\frac{\partial^2 f}{\partial y \partial x}$.

14. Seja $f(x, y) = 2x^3 + x^2y - y^2$. Calcule $\frac{\partial^2 f}{\partial x^2}, \frac{\partial^2 f}{\partial y^2}$ e $\frac{\partial^2 f}{\partial x \partial y}$ em $(x, y) = (1, 2)$.

15. Uma vendedora de uma certa marca de calculadoras eletrônicas constata que (dentro de certos limites) o número de calculadoras que ela consegue vender por semana é dado por $f(p, t) = -p + 6t - 0{,}02pt$, em que p é o preço da calculadora e t é o número de dólares gastos com propaganda. Calcule $\frac{\partial f}{\partial p}(25, 10.000)$ e $\frac{\partial f}{\partial t}(25, 10.000)$ e interprete esses números.

16. A taxa de criminalidade numa certa cidade pode ser aproximada por uma função $f(x, y, z)$, em que x é a taxa de desemprego, y é quantidade de serviços sociais disponíveis e z é o tamanho da força policial. Explique por que $\frac{\partial f}{\partial x} > 0, \frac{\partial f}{\partial y} < 0$ e $\frac{\partial f}{\partial z} < 0$.

Nos Exercícios 17-20, encontre todos os pontos (x, y) em que $f(x, y)$ tem um máximo ou mínimo relativo possível.

17. $f(x, y) = -x^2 + 2y^2 + 6x - 8y + 5$

18. $f(x, y) = x^2 + 3xy - y^2 - x - 8y + 4$

19. $f(x, y) = x^3 + 3x^2 + 3y^2 - 6y + 7$

20. $f(x, y) = \frac{1}{2}x^2 + 4xy + y^3 + 8y^2 + 3x + 2$

Nos Exercícios 21-23, encontre todos os pontos (x, y) em que $f(x, y)$ tem um máximo ou mínimo relativo possível. Então use o teste da derivada segunda para determinar, se possível, a natureza de $f(x, y)$ em cada um desses pontos. Se o teste da derivada segunda não der informação, escreva isso.

21. $f(x, y) = x^2 + 3xy + 4y^2 - 13x - 30y + 12$

22. $f(x, y) = 7x^2 - 5xy + y^2 + x - y + 6$

23. $f(x, y) = x^3 + y^2 - 3x - 8y + 12$

24. Encontre os valores de x, y, z nos quais

$$f(x, y, z) = x^2 + 4y^2 + 5z^2 - 6x + 8y + 3$$

atinge seu valor mínimo.

Nos Exercícios 25-30, use o método dos multiplicadores de Lagrange.

25. Maximize a função $3x^2 + 2xy - y^2$, sujeita à restrição $5 - 2x - y = 0$.

26. Encontre os valores de x, y que minimizam $-x^2 - 3xy - \frac{1}{2}y^2 + y + 10$, sujeita à restrição $10 - x - y = 0$.

27. Encontre os valores de x, y, z que minimizam $3x^2 + 2y^2 + z^2 + 4x + y + 3z$, sujeita à restrição $4 - x - y - z = 0$.

28. Encontre as dimensões da caixa retangular de 1.000 decímetros cúbicos de volume para a qual é minimizada a soma das dimensões.

29. Uma pessoa quer fazer um jardim retangular ao longo de um lado de uma casa e colocar uma cerca nos outros três lados. (Ver Figura 1.) Encontre as dimensões do jardim de maior área que pode ser cercado utilizando 40 metros de cerca.

Figura 1 Um jardim.

30. A solução do exercício precedente é $x = 10, y = 20$, $\lambda = 10$. Se um metro adicional de cerca tornar-se disponível, calcule as novas dimensões ótimas e a nova área. Mostre que o acréscimo na área (comparada com a área no Exercício 29) é aproximadamente igual a 10 (que é o valor de λ).

Nos Exercícios 31-33, encontre a reta que melhor ajusta os pontos de dados, onde "melhor" significa no sentido de mínimos quadrados.

31. $(1, 1), (2, 3), (3, 6)$

32. $(1, 1), (3, 4), (5, 7)$

33. $(0, 1), (1, -1), (2, -3), (3, -5)$

Nos Exercícios 34-35, calcule a integral iterada.

34. $\int_0^1 \left(\int_0^4 (x\sqrt{y} + y)\, dy \right) dx$

35. $\int_0^5 \left(\int_1^4 (2xy^4 + 3)\, dy \right) dx$

Nos Exercícios 36-37, seja R o retângulo consistindo em todos os pontos (x, y) tais que $0 \leq x \leq 4, 1 \leq y \leq 3$ e calcule a integral dupla.

36. $\iint_R (2x + 3y)\, dx\, dy$ **37.** $\iint_R 5\, dx\, dy$

38. O valor presente de y dólares depois de x anos investidos a 15% de juros compostos continuamente é dado por $f(x, y) = ye^{-0{,}15x}$. Esboce algumas curvas de nível escolhidas. (Os economistas denominam essa coleção de curvas de nível um *sistema de descontos*.)

CAPÍTULO 8

AS FUNÇÕES TRIGONOMÉTRICAS

8.1 O radiano como medida de ângulo
8.2 O seno e o cosseno
8.3 Derivação e integração de sen t e cos t
8.4 A tangente e outras funções trigonométricas

Neste capítulo, introduzimos as funções trigonométricas, expandindo a coleção de funções às quais podemos aplicar o Cálculo. Como veremos, essas funções são *periódicas*, isto é, depois de um certo ponto os seus gráficos se repetem. Esse fenômeno repetitivo não é exibido por qualquer uma das funções que consideramos até agora. No entanto, vários fenômenos naturais são repetitivos ou cíclicos, por exemplo, o movimento dos planetas em nosso sistema solar, as vibrações de um terremoto e o ritmo natural do batimento cardíaco. Assim, as funções introduzidas neste capítulo ampliam consideravelmente nossa capacidade de descrever processos físicos.

8.1 O radiano como medida de ângulo

Os antigos babilônios introduziram a medida de ângulos em termos de graus, minutos e segundos, e essas unidades ainda são amplamente utilizadas nos dias atuais na navegação e em medições práticas. No Cálculo, entretanto, é mais conveniente medir os ângulos em termos de *radianos*, pois as fórmulas de derivação das funções trigonométricas, nesse caso, são mais simples de serem lembradas e utilizadas. Além disso, o uso do radiano está se tornando mais comum hoje em dia em trabalhos científicos, porque é a unidade de medida de ângulos no Sistema Internacional de Unidades (SI).

Para definir um radiano, consideramos um círculo de raio 1 e medimos os ângulos em termos de distâncias ao longo da circunferência. Dizemos que o ângulo central determinado por um arco de comprimento 1 ao longo da circunferência tem a medida de 1 *radiano*. (Ver Figura 1.) Como a circunferência do círculo de raio 1 tem comprimento 2π, existem 2π radianos em uma rotação completa do círculo. Equivalentemente,

$$360° = 2\pi \text{ radianos} \qquad (1)$$

As relações importantes a seguir deveriam ser memorizadas. (Ver Figura 2.)

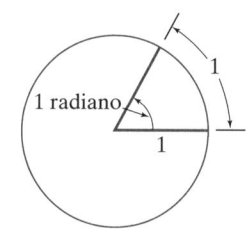

Figura 1

$$90° = \frac{\pi}{2} \text{ radianos} \quad \text{(um quarto de rotação)}$$

$$180° = \pi \text{ radianos} \quad \text{(meia rotação)}$$

$$270° = \frac{3\pi}{2} \text{ radianos} \quad \text{(três quartos de rotação)}$$

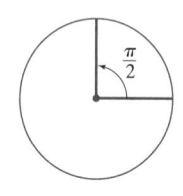

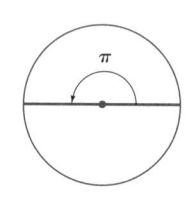

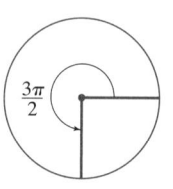

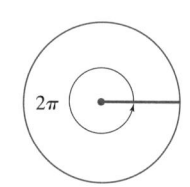

$$360° = 2\pi \text{ radianos} \quad \text{(uma rotação completa)}$$

Figura 2

Da fórmula (1), vemos que

$$1° = \frac{2\pi}{360} \text{ radians} = \frac{\pi}{180} \text{ radians}.$$

Se d for um número qualquer, então

$$d° = d \times \frac{\pi}{180} \text{ radianos}. \qquad (2)$$

Isto é, para converter graus em radianos, multiplique o número de graus por $\pi/180$.

EXEMPLO 1 Converta 45°, 60° e 135° em radianos.

Solução
$$45° = \overset{1}{\cancel{45}} \times \frac{\pi}{\underset{4}{\cancel{180}}} \text{ radianos} = \frac{\pi}{4} \text{ radianos},$$

$$60° = \overset{1}{\cancel{60}} \times \frac{\pi}{\underset{3}{\cancel{180}}} \text{ radianos} = \frac{\pi}{3} \text{ radianos},$$

$$135° = \overset{3}{\cancel{135}} \times \frac{\pi}{\underset{4}{\cancel{180}}} \text{ radianos} = \frac{3\pi}{4} \text{ radianos}.$$

Esses três ângulos aparecem na Figura 3.

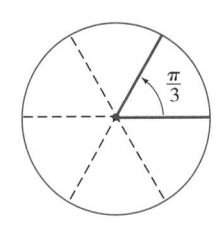

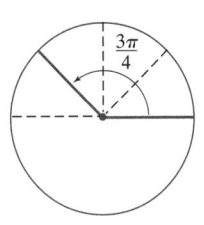

Figura 3

Geralmente, omitimos a palavra "radiano" quando medimos ângulos, porque todas as nossas medidas de ângulos serão em radianos, a menos que esteja explicitamente indicada a medida em graus.

Para os nossos objetivos, é importante poder falar em ângulos tanto positivos como negativos, de modo que passamos a definir o que significa um ângulo negativo. Vamos considerar, geralmente, ângulos que estejam em *posição padrão* num sistema de coordenadas, com o vértice do ângulo em $(0,0)$ e um lado, denominado "lado inicial", ao longo do eixo x positivo. Medimos um tal ângulo desde o lado inicial até o "lado final", sendo um *ângulo anti-horário* positivo e um *ângulo horário* negativo. Alguns exemplos estão dados na Figura 4.

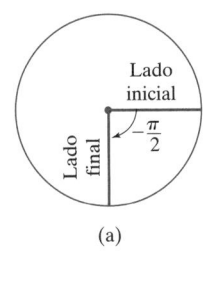

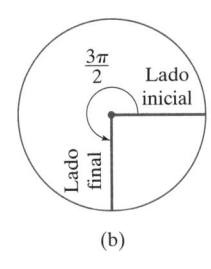

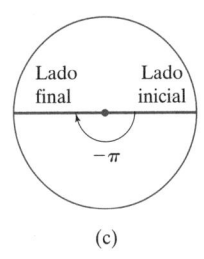

Figura 4   (a)   (b)   (c)

Observe nas Figuras 4(a) e (b) como o mesmo desenho pode descrever mais de um ângulo.

Considerando ângulos formados por mais de uma rotação (no sentido positivo ou negativo), podemos construir ângulos cuja medida é de tamanho arbitrário (isto é, não necessariamente entre -2π e 2π). Três exemplos estão ilustrados na Figura 5.

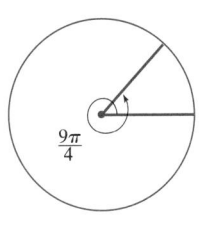

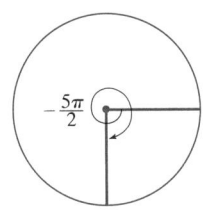

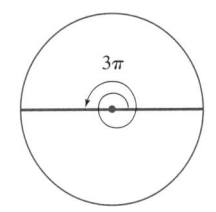

Figura 5

EXEMPLO 2

(a) Qual é a medida em radianos do ângulo na Figura 6?
(b) Construa um ângulo de $5\pi/2$ radianos.

Solução

(a) O ângulo descrito na Figura 6 consiste em uma rotação completa (2π radianos) mais três quartos de rotação [$3 \times (\pi/2)$ radianos], logo,

$$t = 2\pi + 3 \times \frac{\pi}{2} = 4 \times \frac{\pi}{2} + 3 \times \frac{\pi}{2} = \frac{7\pi}{2}.$$

(b) Pense em $5\pi/2$ radianos como $5 \times (\pi/2)$ radianos, ou seja, cinco quartos de rotação do círculo. Isso é uma rotação completa mais um quarto de rotação. Um ângulo de $5\pi/2$ radianos é dado na Figura 7. ∎

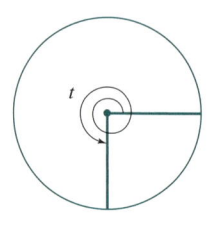

Figura 6

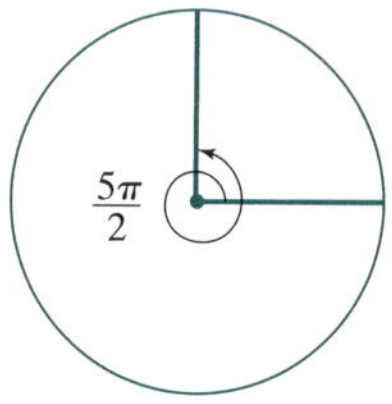

Figura 7

Exercícios de revisão 8.1

1. Um triângulo retângulo tem um ângulo de $\pi/3$ radianos. Quais são os outros ângulos do triângulo?

2. Quantos radianos há num ângulo de $-780°$? Desenhe o ângulo.

Exercícios 8.1

Nos Exercícios 1-4, converta os ângulos em radianos.

1. $30°, 120°, 315°$
2. $18°, 72°, 150°$
3. $450°, -210°, -90°$
4. $990°, -270°, -540°$

Nos Exercícios 5-12, dê a medida em radianos do ângulo descrito.

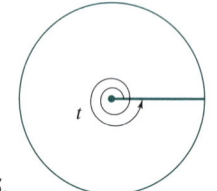

5.
6. 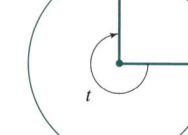
7. 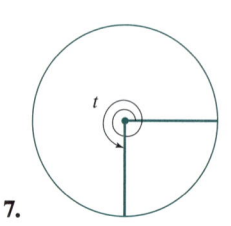
8. 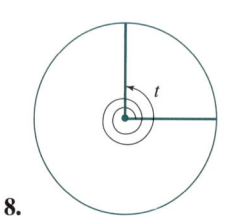
9. 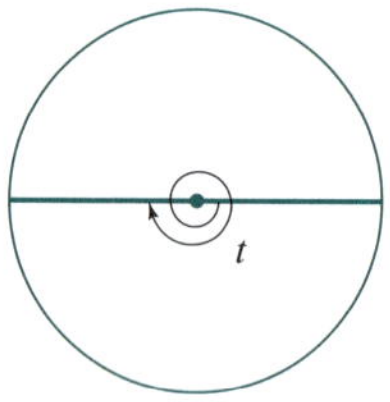
10. 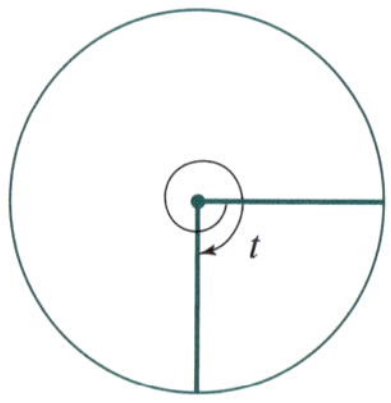
11. 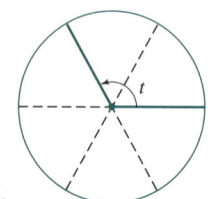
12. 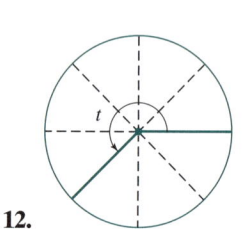

Nos Exercícios 13-18, desenhe ângulos com os radianos dados.

13. $3\pi/2, 3\pi/4, 5\pi$
14. $\pi/3, 5\pi/2, 6\pi$
15. $-\pi/3, -3\pi/4, -7\pi/2$
16. $-\pi/4, -3\pi/2, -3\pi$
17. $\pi/6, -2\pi/3, -\pi$
18. $2\pi/3, -\pi/6, 7\pi/2$

Soluções dos exercícios de revisão 8.1

1. A soma dos ângulos de um triângulo é 180°, ou π radianos. Como um ângulo reto tem $\pi/2$ radianos e um dos ângulos mede $\pi/3$ radianos, o último ângulo mede $\pi - (\pi/2 + \pi/3) = \pi/6$ radianos.

2. $-780° = -780 \times (\pi/180)$ radianos
$= -13\pi/3$ radianos.

Como $-13\pi/3 = -4\pi - \pi/3$, desenhamos o ângulo primeiro percorrendo duas revoluções completas na sentido negativo e então uma rotação de $\pi/3$ no sentido negativo. (Ver Figura 8.)

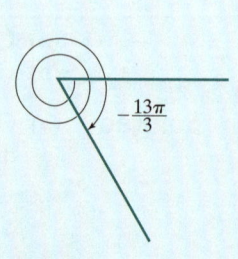

Figura 8

8.2 O seno e o cosseno

Dado um número t, consideramos um ângulo de t radianos na posição padrão, como na Figura 1 e denotemos por P um ponto no lado final desse ângulo. Denote as coordenadas de P por (x, y) e seja r o comprimento do segmento OP; isto é, $r = \sqrt{x^2 + y^2}$. O *seno* e o *cosseno* de t, denotados por sen t e cos t, respectivamente, são definidos pelas razões

$$\operatorname{sen} t = \frac{y}{r}$$
$$\cos t = \frac{x}{r}. \qquad (1)$$

Não importa qual o ponto no raio por P que escolhemos para definir sen t e cos t. Se $P' = (x', y')$ for um outro ponto no mesmo raio e se r' for o comprimento de OP' (Figura 2), então, pelas propriedades de triângulos semelhantes, temos

$$\frac{y'}{r'} = \frac{y}{r} = \operatorname{sen} t,$$
$$\frac{x'}{r'} = \frac{x}{r} = \cos t.$$

Três exemplos que ilustram as definições de sen t e cos t são dados na Figura 3.

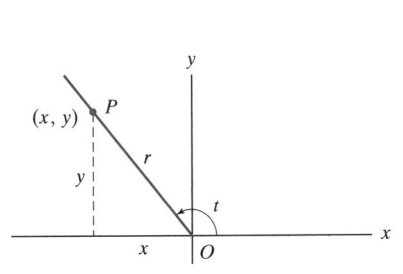

Figura 1 O diagrama das definições de seno e cosseno.

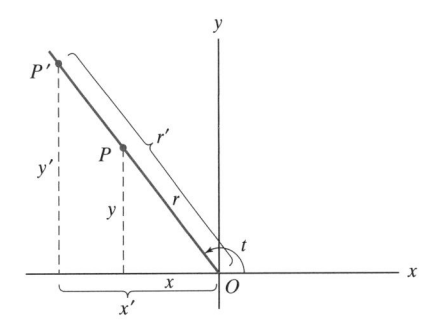

Figura 2

sen $t = \frac{y}{r} = \frac{3}{5}$
cos $t = \frac{x}{r} = \frac{4}{5}$

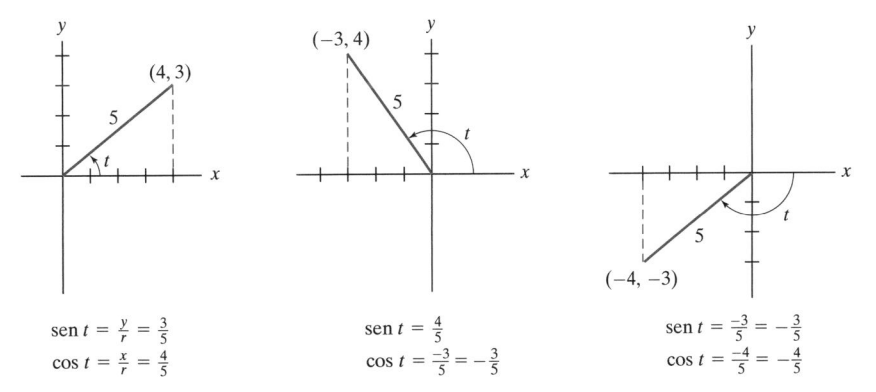

sen $t = \frac{4}{5}$
cos $t = \frac{-3}{5} = -\frac{3}{5}$

sen $t = \frac{-3}{5} = -\frac{3}{5}$
cos $t = \frac{-4}{5} = -\frac{4}{5}$

Figura 3 Calculando seno e cosseno.

Quando $0 < t < \pi/2$, os valores de sen t e cos t podem ser expressos como quocientes entre os comprimentos dos lados de um triângulo retângulo. De fato, num triângulo retângulo como o da Figura 4, temos

$$\operatorname{sen} t = \frac{\text{oposto}}{\text{hipotenusa}}, \qquad \cos t = \frac{\text{adjacente}}{\text{hipotenusa}}. \tag{2}$$

Uma aplicação típica de (2) aparece no Exemplo 1.

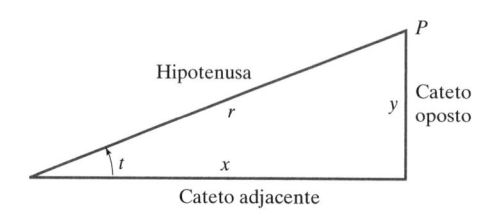

Figura 4

EXEMPLO 1

A hipotenusa de um triângulo retângulo mede 4 unidades e um ângulo mede 0,7 radianos. Determine o comprimento do cateto oposto a esse ângulo.

Solução Ver Figura 5. Como $y/4 = \operatorname{sen} 0{,}7$, temos

$$y = 4 \operatorname{sen} 0{,}7$$
$$\approx 4(0{,}64422) = 2{,}57688.$$

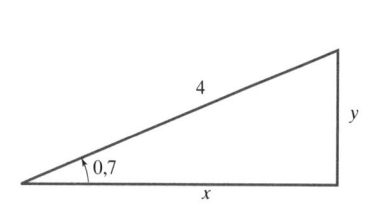

Figura 5

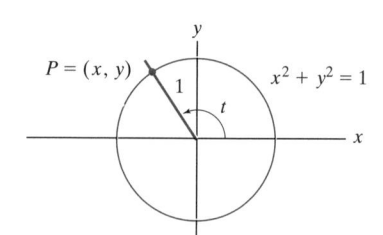

Figura 6

Outra maneira de descrever as funções seno e cosseno é escolher o ponto P da Figura 1 de forma que $r = 1$. Isto é, escolhemos P no círculo unitário. (Ver Figura 6.) Nesse caso,

$$\operatorname{sen} t = \frac{y}{1} = y,$$

$$\cos t = \frac{x}{1} = x.$$

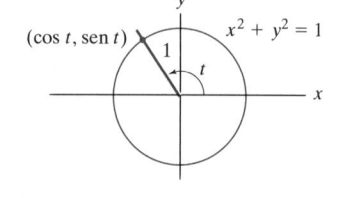

Figura 7

Logo, a coordenada y de P é sen t e a coordenada x de P é cos t. Assim, obtemos o resultado seguinte.

> **Definição alternativa das funções seno e cosseno** Podemos pensar em cos t e sen t como as coordenadas x e y do ponto P do círculo unitário que é determinado por um ângulo de t radianos. (Ver Figura 7.)

EXEMPLO 2

Encontre um valor de t tal que $0 < t < \pi/2$ e $\cos t = \cos(-\pi/3)$.

Solução No círculo unitário, localizamos o ponto P que é determinado por um ângulo de $-\pi/3$ radianos. A coordenada x de P é $(-\pi/3)$. Existe um outro ponto Q no círculo unitário com a mesma coordenada x. (Ver Figura 8.) Seja t a medida em radianos do ângulo determinado por Q. Então

$$\cos t = \cos\left(-\frac{\pi}{3}\right)$$

porque Q e P têm a mesma coordenada x. Também, $0 < t < \pi/2$. Pela simetria do diagrama, é claro que $t = \pi/3$. ∎

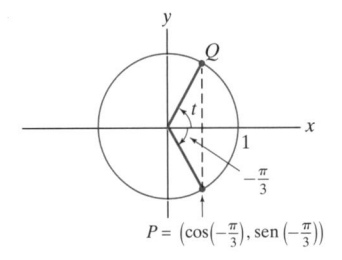

Figura 8

Propriedades das funções seno e cosseno Cada número t determina um ponto $(\cos t, \operatorname{sen} t)$ no círculo unitário $x^2 + y^2 = 1$, como na Figura 7. Portanto, $(\cos t)^2 + (\operatorname{sen} t)^2 = 1$. É conveniente (e tradicional) escrever $\operatorname{sen}^2 t$ em vez de $(\operatorname{sen} t)^2$ e $\cos^2 t$ em vez de $(\cos t)^2$. Assim, podemos escrever a última fórmula como segue.

$$\cos^2 t + \operatorname{sen}^2 t = 1. \tag{3}$$

Os números t e $t \pm 2\pi$ determinam o mesmo ponto do círculo unitário (porque 2π representa uma rotação completa no círculo). Porém, $t + 2\pi$ e $t - 2\pi$ correspondem aos pontos $(\cos(t + 2\pi), \operatorname{sen}(t + 2\pi))$ e $(\cos(t - 2\pi), \operatorname{sen}(t - 2\pi))$, respectivamente. Logo,

$$\cos(t \pm 2\pi) = \cos t, \operatorname{sen}(t \pm 2\pi) = \operatorname{sen} t. \tag{4}$$

A Figura 9(a) ilustra uma outra propriedade do seno e do cosseno, a saber,

$$\cos(-t) = \cos t, \operatorname{sen}(-t) = -\operatorname{sen} t. \tag{5}$$

A Figura 9(b) mostra que os pontos P e Q correspondendo a t e $\pi/2$ são reflexões, um do outro, pela reta $y = x$. Consequentemente, as coordenadas de Q são obtidas trocando entre si as coordenadas de P. Isso significa que

$$\cos\left(\frac{\pi}{2} - t\right) = \operatorname{sen} t, \quad \operatorname{sen}\left(\frac{\pi}{2} - t\right) = \cos t. \tag{6}$$

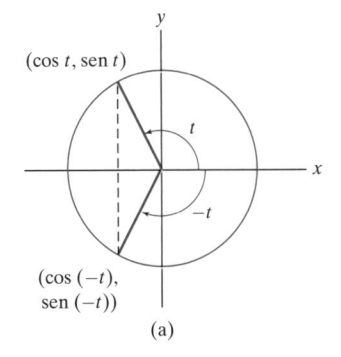

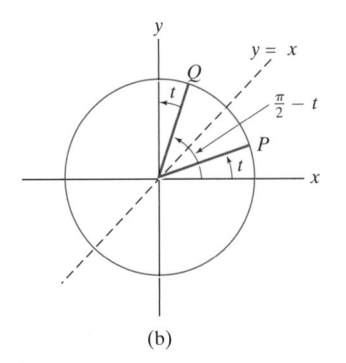

Figura 9 Diagramas para duas identidades.

As equações em (3) a (6) são denominadas *identidades* porque valem para todos os valores de t. Uma outra identidade que vale para quaisquer números s e t é

$$\operatorname{sen}(s + t) = \operatorname{sen} s \cos t + \cos s \operatorname{sen} t. \tag{7}$$

Uma prova de (7) pode ser encontrada em qualquer livro introdutório de Trigonometria. Existem muitas outras identidades relacionadas a funções trigonométricas, mas não necessitamos delas neste texto.

O gráfico de sen t Analisemos o que acontece com sen t quando t cresce de 0 até π. Quando $t = 0$, o ponto $P = (\cos t, \operatorname{sen} t)$ está em $(1, 0)$, como na Figura 10(a). Quando t cresce, P se move no sentido anti-horário em torno do círculo unitário. A coordenada y de P, a saber, sen t, cresce até $t = \pi/2$, quando

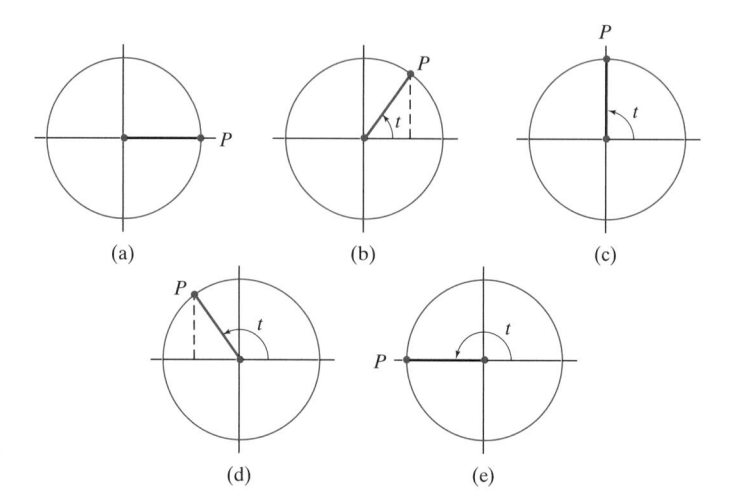

Figura 10 Movimento ao longo do círculo unitário.

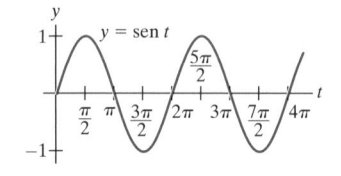

Figura 11

$P = (0, 1)$. [Ver Figura 10(c).] à medida que t cresce de $\pi/2$ até π, a coordenada y de P, a saber, sen t, decresce de 1 para 0. [Ver Figuras 10(d) e (e).]

Uma parte do gráfico de sen t está esboçada na Figura 11. Observe que, para t entre 0 e π, os valores de sen t crescem de 0 até 1 e então decrescem de volta até 0, exatamente como previmos na Figura 10. Para t entre π e 2π, os valores de sen t são negativos. O gráfico de $y = $ sen t com t entre 2π e 4π é exatamente igual ao gráfico com t entre 0 e 2π. Esse resultado segue da fórmula (4). Dizemos que a função seno é *periódica com período* 2π, porque o gráfico se repete a cada 2π unidades. Podemos usar esse fato para fazer um esboço rápido da parte do gráfico para valores negativos de t. (Ver Figura 12.)

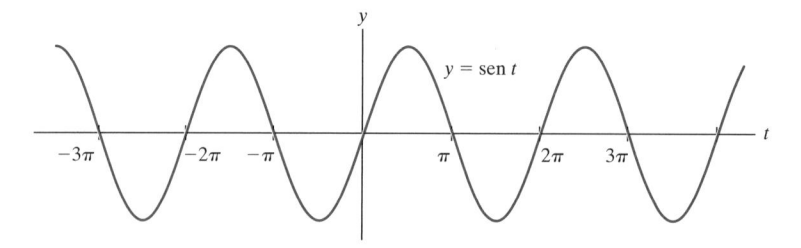

Figura 12 O gráfico da função seno.

O gráfico de cos t Analisando o que acontece com a primeira coordenada do ponto (cos t, sen t) quando t varia, obtemos o gráfico de cos t. Observe pela Figura 13 que o gráfico da função cosseno também é periódico com período 2π.

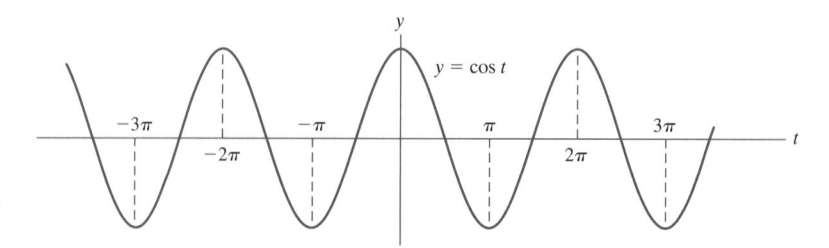

Figura 13 O gráfico da função cosseno.

UMA OBSERVAÇÃO SOBRE A NOTAÇÃO

As funções seno e cosseno associam a cada número t os valores sen t e cos t, respectivamente. Não há nada de especial, entretanto, a respeito da letra t. Embora tenhamos escolhido utilizar as letras t, x, y e r na *definição* de seno e cosseno, da mesma forma poderiam ter sido utilizadas outras letras. Agora que estão definidos o seno e o cosseno de cada número, estamos livres para utilizar *qualquer* letra para representar a variável independente. ∎

INCORPORANDO RECURSOS TECNOLÓGICOS

Traçando o gráfico de funções trigonométricas O modo ZTrig da janela está otimizado para exibir gráficos de funções trigonométricas. Isso pode ser acessado via ZOOM 7 que põe as dimensões da janela em $[-2\pi, 2\pi]$ por $[-4, 4]$ com uma escala de x igual a $\pi/2$. A Figura 14 dá o gráfico de $y = \operatorname{sen} x$ nesses parâmetros. ∎

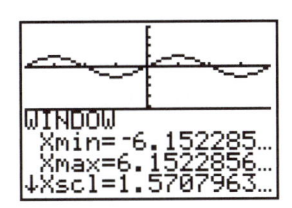

Figura 14

Exercícios de revisão 8.2

1. Encontre $\cos t$, sendo t é a medida em radianos do ângulo mostrado na Figura 15.

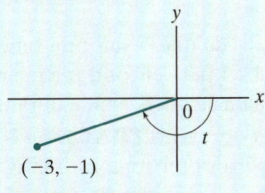

Figura 15

2. Suponha que $\cos(1{,}17) = 0{,}390$. Use propriedades do cosseno e do seno para determinar $\operatorname{sen}(1{,}17)$, $\cos(1{,}17 + 4\pi)$, $\cos(-1{,}17)$ e $\operatorname{sen}(-1{,}17)$.

Exercícios 8.2

Nos Exercícios 1-12, dê os valores de $\operatorname{sen} t$ e $\cos t$, sendo t a medida em radianos do ângulo dado.

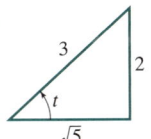

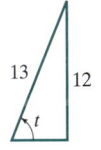

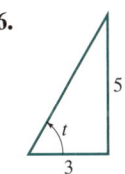

1. 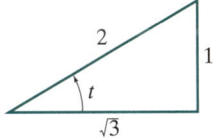 (triângulo com catetos $\sqrt{3}$ e 1, hipotenusa 2, ângulo t)

2. (triângulo com catetos $\sqrt{5}$ e 2, hipotenusa 3, ângulo t)

3. (triângulo com catetos 3 e 2, ângulo t)

4. (triângulo com catetos 4 e 1, ângulo t)

5. (triângulo com hipotenusa 13, cateto 12, ângulo t)

6. (triângulo com hipotenusa 5, cateto 3, ângulo t)

7. (ponto $(-2, 1)$, ângulo t)

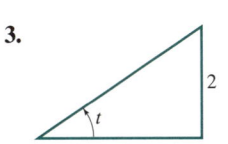

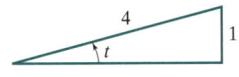

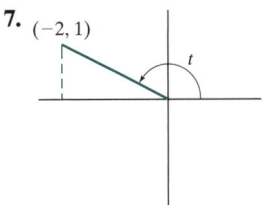

8. (ponto $(2, -3)$, ângulo t)

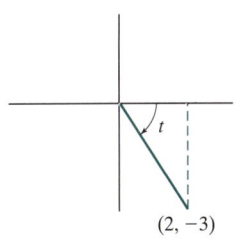

9. (−2, 2)

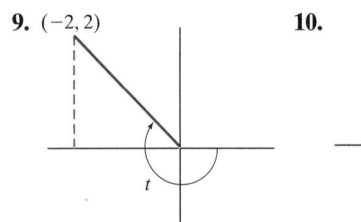

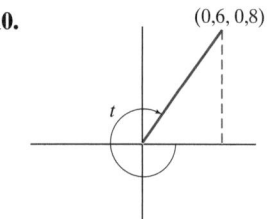

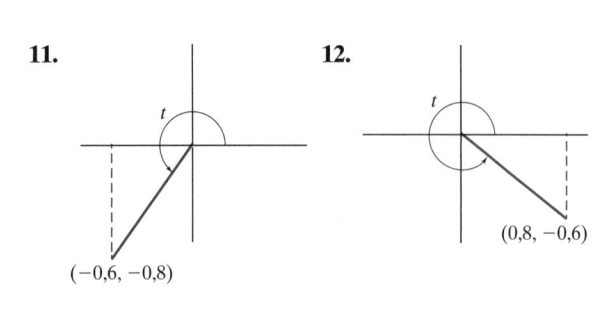

10. (0,6, 0,8)

11. (−0,6, −0,8)

12. (0,8, −0,6)

Os Exercícios 13-20 referem-se a vários triângulos retângulos cujos lados e ângulos estão indicados como na Figura 16. Arredonde todos os comprimentos de lados para uma casa decimal.

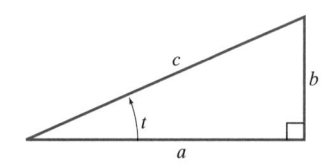

Figura 16

13. Obtenha uma estimativa de t se $a = 12$, $b = 5$ e $c = 13$.
14. Se $t = 1,1$ e $c = 10,0$, encontre b.
15. Se $t = 1,1$ e $b = 3,2$, encontre c.
16. Se $t = 0,4$ e $c = 5,0$, encontre a.
17. Se t $= 0,4$ e $a = 10,0$, encontre c.
18. Se $t = 0,9$ e $c = 20,0$, encontre a e b.
19. Se $t = 0,5$ e $a = 2,4$, encontre b e c.
20. Se $t = 1,1$ e $b = 3,5$, encontre a e c.

Nos Exercícios 21-26, encontre t com $0 \le t \le \pi$ que satisfaça a condição dada.

21. $\cos t = \cos(-\pi/6)$
22. $\cos t = \cos(3\pi/2)$
23. $\cos t = \cos(5\pi/4)$
24. $\cos t = \cos(-4\pi/6)$
25. $\cos t = \cos(-5\pi/8)$
26. $\cos t = \cos(-3\pi/4)$

Nos Exercícios 27-34, encontre t com $-\pi/2 \le t \le \pi/2$ que satisfaça a condição dada.

27. $\text{sen } t = \text{sen}(3\pi/4)$
28. $\text{sen } t = \text{sen}(7\pi/6)$
29. $\text{sen } t = \text{sen}(-4\pi/3)$
30. $\text{sen } t = \text{sen}(3\pi/8)$
31. $\text{sen } t = \text{sen}(\pi/6)$
32. $\text{sen } t = \text{sen}(-\pi/3)$
33. $\text{sen } t = \cos t$
33. $\text{sen } t = -\cos t$

35. Descreva o que acontece com $\cos t$ quando t cresce de 0 até π. (*Sugestão*: use a Figura 10.)

36. Use o círculo unitário para descrever o que acontece com sen t quando t cresce de π até 2π.

37. Determine o valor de sen t quando $t = 5\pi$, -2π, $17\pi/2$, $-13\pi/2$.

38. Determine o valor de cos t quando $t = 5\pi$, -2π, $17\pi/2$, $-13\pi/2$.

39. Suponha que $\cos(0,19) = 0,98$. Use propriedades do cosseno e do seno para determinar sen(0,19), $\cos(0,19 - 4\pi)$, $\cos(-0,19)$ e sen(−0,19).

40. Suponha que sen(0,42) $= 0,41$. Use propriedades do cosseno e do seno para determinar sen(−0,42), sen($6\pi - 0,42$) e cos(0,42).

Exercícios com calculadora

41. Numa dada localidade qualquer, a temperatura da água encanada varia durante o ano. Em Dallas, no Texas, EUA, a temperatura da água encanada (em graus Fahrenheit) t dias depois do começo de um ano é dada, aproximadamente, pela fórmula[*]

$$T = 59 + 14 \cos\left[\frac{2\pi}{365}(t - 208)\right], \qquad 0 \le t \le 365.$$

(a) Trace o gráfico da função na janela [0, 365] por [−10, 73].
(b) Qual é a temperatura em 14 de fevereiro, isto é, com $t = 45$?
(c) Use o fato de que o valor da função cosseno varia entre −1 e 1 para encontrar a maior e a menor temperatura da água encanada durante o ano.
(d) Utilize a operação **TRACE** ou o comando **MINIMUM** para obter uma estimativa do dia durante o qual a temperatura da água encanada é a mais baixa. Algebricamente, encontre o dia exato utilizando o fato de que $\cos(-\pi) = -1$.
(e) Utilize a operação **TRACE** ou o comando **MAXIMUM** para obter uma estimativa do dia durante o qual a temperatura da água encanada é a mais alta. Algebricamente, encontre o dia exato utilizando o fato de que $\cos 0 = 1$.
(f) A temperatura média da água encanada durante o ano é 59°. Encontre os dois dias em que essa temperatura média é atingida. [*Observação*: responda gráfica e algebricamente.]

42. Numa dada localidade qualquer, o número de horas diárias com luz solar varia durante o ano. Em Des Moines, Iowa, Estados Unidos, o número de minutos diários com luz solar t dias depois do começo de um ano é dado, aproximadamente, pela fórmula[**]

$$D = 720 + 200 \text{ sen}\left[\frac{2\pi}{365}(t - 79,5)\right], \qquad 0 \le t \le 365.$$

---
[*] D. Rapp, *Solar Energy* (Upper Saddle River, N.J.: Prentice-Hall, Inc., 1981), 171.
[**] D. R. Ducan et al., "Climate Curves," *School Science and Mathematics*, vol. 76 (January 1976), 41-49.

(a) Trace o gráfico da função na janela [0, 365] por [−100, 940].
(b) Quantos minutos diários com luz solar há em 14 de fevereiro, isto é, com t = 45?
(c) Use o fato de que o valor da função cosseno varia entre −1 e 1 para encontrar a maior e a menor quantidade de minutos diários com luz solar durante o ano.
(d) Utilize a operação **TRACE** ou o comando **MINIMUM** para obter uma estimativa do dia no qual há a menor quantidade de minutos com luz solar. Algebricamente, encontre o dia exato utilizando o fato de que sen$(3\pi/2) = -1$.
(e) Utilize a operação **TRACE** ou o comando **MAXIMUM** para obter uma estimativa do dia no qual há a maior quantidade de minutos com luz solar. Algebricamente, encontre o dia exato utilizando o fato de que $\cos 0 = 1$.
(f) Encontre os dois dias nos quais há a mesma quantidade de minutos com luz solar do que sem luz solar. (Dizemos que esses dois dias são os *equinócios*.) [*Observação*: responda gráfica e algebricamente.]

Soluções dos exercícios de revisão 8.2

1. Aqui $P = (x, y) = (-3, -1)$. O comprimento do segundo de reta OP é

$$r = \sqrt{x^2 + y^2} = \sqrt{(-3)^2 + (-1)^2} = \sqrt{10}.$$

Então,

$$\cos t = \frac{x}{r} = \frac{-3}{\sqrt{10}} \approx -0{,}94868.$$

2. Dado que $\cos(1{,}17) = 0{,}390$, usamos a relação $\cos^2 t + \mathrm{sen}^2 t = 1$ com $t = 1{,}17$ e resolva para sen$(1{,}17)$.

$$\cos^2(1{,}17) + \mathrm{sen}^2(1{,}17) = 1$$
$$\mathrm{sen}^2(1{,}17) = 1 - \cos^2(1{,}17)$$
$$= 1 - (0{,}390)^2 = 0{,}8479.$$

Logo,

$$\mathrm{sen}(1{,}17) = \sqrt{0{,}8479} \approx 0{,}921.$$

Também, pelas propriedades (4) e (5),

$$\cos(1{,}17 + 4\pi) = \cos(1{,}17) = 0{,}390$$
$$\cos(-1{,}17) = \cos(1{,}17) = 0{,}390$$
$$\mathrm{sen}(-1{,}17) = -\mathrm{sen}(1{,}17) = -0{,}921$$

8.3 Derivação e integração de sen *t* e cos *t*

Nesta seção, estudamos as duas regras de derivação

$$\frac{d}{dt} \mathrm{sen}\, t = \cos t, \qquad (1)$$

$$\frac{d}{dt} \cos t = -\mathrm{sen}\, t. \qquad (2)$$

Não é difícil ver porque essas regras podem ser verdadeiras. A fórmula (1) diz que a inclinação da curva $y = \mathrm{sen}\, t$ num valor particular de t é dada pelo valor correspondente de $\cos t$. Para verificar isso, esboçamos cuidadosamente um gráfico de $y = \mathrm{sen}\, t$ e calculamos a inclinação em vários pontos. (Ver Figura 1.) Esbocemos a inclinação como uma função de t. (Ver Figura 2.) Como pode ser visto, a "função inclinação" (ou seja, a derivada) de sen t tem um gráfico análogo ao da curva $y = \cos t$. Assim, a fórmula (1) é bem razoável. Uma análise análoga do gráfico de $y = \cos t$ mostraria por que (2) pode ser verdadeira. Uma justificativa informal dessas regras de derivação está dada no apêndice ao final desta seção.

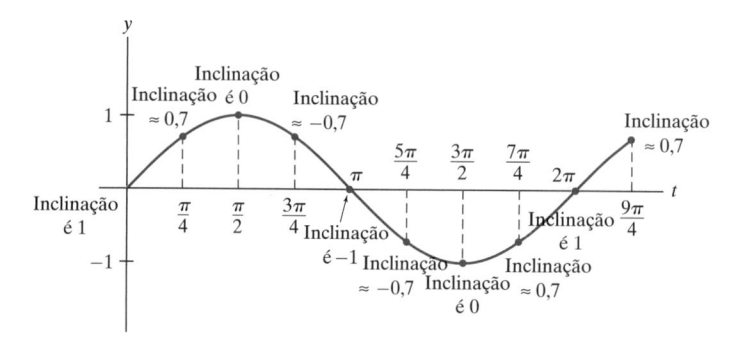

Figura 1 Estimativas da inclinação do gráfico de $y = \text{sen } t$.

Combinando (1), (2) e a regra da cadeia, obtemos as regras gerais seguintes.

$$\frac{d}{dt}(\text{sen } g(t)) = [\cos g(t)]g'(t), \tag{3}$$

$$\frac{d}{dt}(\cos g(t)) = [-\text{sen } g(t)]g'(t). \tag{4}$$

EXEMPLO 1 Derive

(a) $\text{sen } 3t$ (b) $(t^2 + 3 \text{ sen } t)^5$.

Solução (a) $\dfrac{d}{dt}(\text{sen } 3t) = (\cos 3t)\dfrac{d}{dt}(3t) = (\cos 3t) \cdot 3 = 3 \cos 3t$

(b) $\dfrac{d}{dt}(t^2 + 3 \text{ sen } t)^5 = 5(t^2 + 3 \text{ sen } t)^4 \cdot \dfrac{d}{dt}(t^2 + 3 \text{ sen } t)$

$= 5(t^2 + 3 \text{ sen } t)^4 (2t + 3 \cos t).$ ∎

EXEMPLO 2 Derive

(a) $\cos(t^2 + 1)$ (b) $\cos^2 t$.

Solução (a) $\dfrac{d}{dt} \cos(t^2 + 1) = -\text{sen}(t^2 + 1)\dfrac{d}{dt}(t^2 + 1) = -\text{sen}(t^2 + 1) \cdot (2t)$

$= -2t \text{ sen}(t^2 + 1).$

(b) Lembre que a notação $\cos^2 t$ significa $(\cos t)^2$.

$\dfrac{d}{dt} \cos^2 t = \dfrac{d}{dt}(\cos t)^2 = 2(\cos t)\dfrac{d}{dt} \cos t = -2 \cos t \text{ sen } t.$ ∎

EXEMPLO 3 Derive

(a) $t^2 \cos 3t$ (b) $(\text{sen } 2t)/t$.

Solução (a) Pela regra do produto, temos

$\dfrac{d}{dt}(t^2 \cos 3t) = t^2 \dfrac{d}{dt} \cos 3t + (\cos 3t)\dfrac{d}{dt} t^2$

$= t^2(-3 \text{ sen } 3t) + (\cos 3t)(2t)$

$= -3t^2 \text{ sen } 3t + 2t \cos 3t.$

Seção 8.3 • Derivação e integração de sen t e cos t

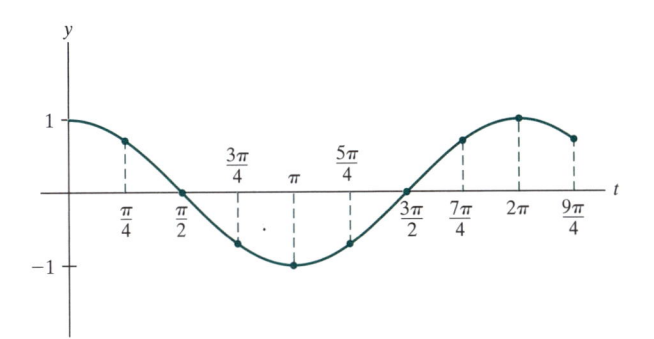

Figura 2 O gráfico da função inclinação de $y = \text{sen } t$.

(b) Pela regra do quociente, temos

$$\frac{d}{dt}\left(\frac{\text{sen } 2t}{t}\right) = \frac{t\frac{d}{dt}\text{sen } 2t - (\text{sen } 2t) \cdot 1}{t^2} = \frac{2t\cos 2t - \text{sen } 2t}{t^2}.$$ ∎

EXEMPLO 4 Devemos construir uma calha com seção transversal em forma de V com lados de 200 centímetros de comprimento e 30 centímetros de largura. (Ver Figura 3.) Encontre o ângulo t entre os lados que maximiza a capacidade da calha.

Solução O volume da calha é seu comprimento multiplicado pela área de sua seção transversal. Como o comprimento é constante, é suficiente maximizar a área da seção transversal. Giremos o diagrama da seção transversal de tal modo que um de seus lados seja horizontal. (Ver Figura 4.) Observe que $h/30 = \text{sen } t$, logo $h = 30 \text{ sen } t$. Assim, a área da seção transversal é

$$A = \tfrac{1}{2} \cdot \text{base} \cdot \text{altura}$$

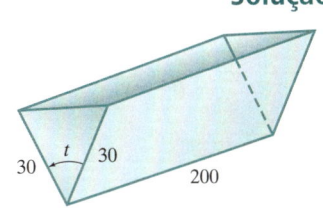

Figura 3

$$= \tfrac{1}{2}(30)(h) = 15(30 \text{ sen } t) = 450 \text{ sen } t.$$

Para descobrir quando A é máxima, igualamos a derivada a zero e resolvemos para t.

$$\frac{dA}{dt} = 0$$

$$450 \cos t = 0$$

As considerações físicas nos forçam a considerar somente valores de t entre 0 e π. No gráfico de $y = \cos t$, vemos que $t = \pi/2$ é o único valor de t entre 0 e π que faz $\cos t = 0$. Logo, para maximizar o volume da calha, os dois lados deveriam ser perpendiculares. ∎

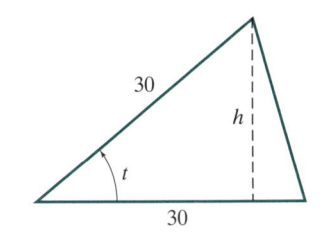

Figura 4

EXEMPLO 5 Calcule as integrais indefinidas

(a) $\int \text{sen } t \, dt$ (b) $\int \text{sen } 3t \, dt$

Solução (a) Como $\frac{d}{dt}(-\cos t) = \text{sen } t$, temos

$$\int \text{sen } t \, dt = -\cos t + C,$$

sendo C uma constante arbitrária.

(b) Pela parte (a), podemos adivinhar que uma antiderivada de sen $3t$ deveria ser parecida com a função $-\cos 3t$. Entretanto, se derivarmos, encontraremos

$$\frac{d}{dt}(-\cos 3t) = (\operatorname{sen} 3t) \cdot \frac{d}{dt}(3t) = 3 \operatorname{sen} 3t,$$

que é três vezes demais. Logo, multiplicamos essa última equação por $\frac{1}{3}$ para obter

$$\frac{d}{dt}\left(-\tfrac{1}{3}\cos 3t\right) = \operatorname{sen} 3t,$$

e, portanto,

$$\int \operatorname{sen} 3t\, dt = -\tfrac{1}{3}\cos 3t + C. \blacksquare$$

EXEMPLO 6

Encontre a área sob a curva $y = \operatorname{sen} 3t$ de $t = 0$ até $t = \pi/3$.

Solução A área está sombreada na Figura 5.

$$[\text{área sombreada}] = \int_0^{\pi/3} \operatorname{sen} 3t\, dt$$

$$= -\frac{1}{3}\cos 3t \Big|_0^{\pi/3}$$

$$= -\frac{1}{3}\cos\left(3 \cdot \frac{\pi}{3}\right) - \left(-\frac{1}{3}\cos 0\right)$$

$$= -\frac{1}{3}\cos\pi + \frac{1}{3}\cos 0$$

$$= \frac{1}{3} + \frac{1}{3} = \frac{2}{3}. \blacksquare$$

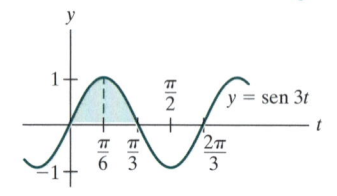

Figura 5

Como já mencionamos, as funções trigonométricas são necessárias para modelar situações repetitivas (ou periódicas). O exemplo seguinte ilustra uma tal situação.

EXEMPLO 7

Em muitos modelos matemáticos usados no estudo da interação entre predadores e presa, tanto o número de predadores como o de presas é descrito por funções periódicas. Suponha que num tal modelo, o número de predadores no tempo t (numa região geográfica particular) seja dado pela equação

$$N(t) = 5.000 + 2.000 \cos(2\pi t/36),$$

em que t é medido em meses a partir de 1º de junho de 1990.

(a) A que taxa está variando o número de predadores em 1º de agosto de 1990?

(b) Qual é o número médio de predadores durante o intervalo de tempo de 1º de junho de 1990 até 1º de junho de 2002?

Solução **(a)** A data de 1º de agosto de 1990 corresponde a $t = 2$. A taxa de variação de $N(t)$ é dada pela derivada $N'(t)$, como segue.

$$N'(t) = \frac{d}{dt}\left[5000 + 2000\cos\left(\frac{2\pi t}{36}\right)\right]$$

$$= 2000\left[-\operatorname{sen}\left(\frac{2\pi t}{36}\right) \cdot \left(\frac{2\pi}{36}\right)\right]$$

$$= -\frac{1000\pi}{9}\operatorname{sen}\left(\frac{2\pi t}{36}\right),$$

$$N'(2) = -\frac{1000\pi}{9}\operatorname{sen}\left(\frac{\pi}{9}\right)$$

$$\approx -119.$$

Assim, em 1º de agosto de 1990, o número de predadores está decrescendo à taxa de 119 por mês.

(b) O intervalo de tempo de 1º de junho de 1990 até 1º de junho de 1993 corresponde a $t = 0$ até $t = 144$. (Existem 144 meses em 12 anos!) O valor médio de $N(t)$ ao longo deste intervalo é

$$\frac{1}{144-0}\int_0^{144} N(t)\,dt = \frac{1}{144}\int_0^{144}\left[5000 + 2000\cos\left(\frac{2\pi t}{36}\right)\right]dt$$

$$= \frac{1}{144}\left[5000t + \frac{2000}{2\pi/36}\operatorname{sen}\left(\frac{2\pi t}{36}\right)\right]\Bigg|_0^{144}$$

$$= \frac{1}{144}\left[5000\cdot 144 + \frac{2000}{2\pi/36}\operatorname{sen}(8\pi)\right]$$

$$- \frac{1}{144}\left[5000\cdot 0 + \frac{2000}{2\pi/36}\operatorname{sen}(0)\right]$$

$$= 5000.$$

O gráfico de $N(t)$ está esboçado na Figura 6. Observe como $N(t)$ oscila em torno do valor médio de 5.000.

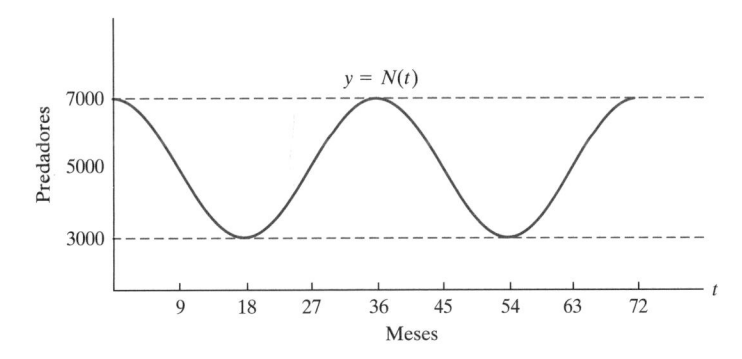

Figura 6 Flutuações periódicas de uma população de predadores.

APÊNDICE Justificativa informal das regras de derivação do sen *t* e cos *t*

Inicialmente, examinemos as derivadas de cos *t* e sen *t* em *t* = 0. A função cos *t* tem um máximo em *t* = 0 e, portanto, sua derivada nesse ponto precisa ser zero. [Ver Figura 7(a).] Se aproximarmos a reta tangente em *t* = 0 por uma reta secante, como na Figura 7(b), a inclinação da reta secante precisa tender a 0 com *h* → 0. Como a inclinação da reta secante é (cos *h* − 1)/*h*, concluímos que

$$\lim_{h \to 0} \frac{\cos h - 1}{h} = 0. \tag{5}$$

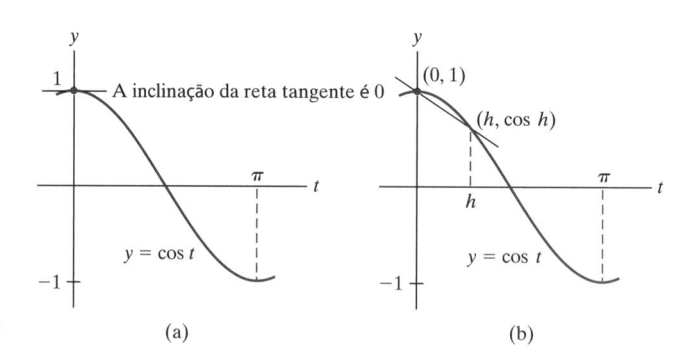

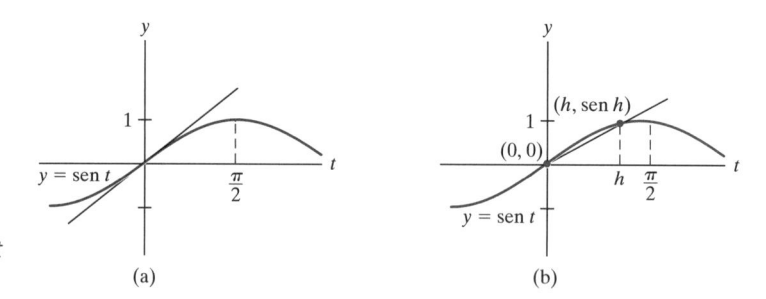

Figura 7 (a) (b)

Figura 8 A inclinação de sen *t* em *t* = 0.
(a) (b)

No gráfico de *y* = sen *t*, parece que a reta tangente em *t* = 0 tem inclinação 1. [Ver Figura 8(a).] Se tiver, a inclinação da reta secante que próxima na Figura 8(b) precisa tender a 1. Como a inclinação dessa reta é (sen *h*)/*h*, isso implicaria que

$$\lim_{h \to 0} \frac{\operatorname{sen} h}{h} = 1. \tag{6}$$

Podemos calcular (sen *h*)/*h* para valores pequenos de *h* com uma calculadora. (Ver Figura 9.) A evidência numérica não demonstra (6), mas deveria ser suficientemente convincente para nossos objetivos.

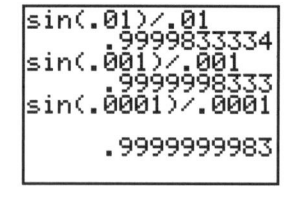

Figura 9

Para obter a fórmula de derivação do sen *t*, aproximamos a inclinação da reta tangente pela inclinação da reta secante. (Ver Figura 10.) A inclinação da reta secante é

$$\frac{\operatorname{sen}(t + h) - \operatorname{sen} t}{h}.$$

Pela fórmula (7) da Seção 8.2, vemos que sen(*t* + *h*) = sen *t* cos *h* + cos *t* sen *h*.

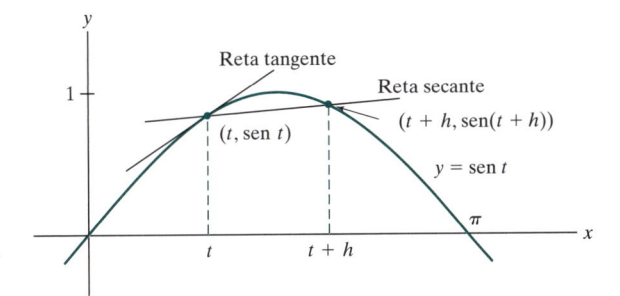

Figura 10 A aproximação de y = sen t por uma reta secante.

Assim,

$$[\text{inclinação da reta secante}] = \frac{(\operatorname{sen} t \cos h + \cos t \operatorname{sen} h) - \operatorname{sen} t}{h}$$

$$= \frac{\operatorname{sen} t (\cos h - 1) + \cos t \operatorname{sen} h}{h}$$

$$= (\operatorname{sen} t)\frac{\cos h - 1}{h} + (\cos t)\frac{\operatorname{sen} h}{h}.$$

De (5) e (6), segue que

$$\frac{d}{dt}\operatorname{sen} t = \lim_{h \to 0}\left[(\operatorname{sen} t)\frac{\cos h - 1}{h} + (\cos t)\frac{\operatorname{sen} h}{h}\right]$$

$$= (\operatorname{sen} t)\lim_{h \to 0}\frac{\cos h - 1}{h} + (\cos t)\lim_{h \to 0}\frac{\operatorname{sen} h}{h}$$

$$= (\operatorname{sen} t) \cdot 0 + (\cos t) \cdot 1$$

$$= \cos t.$$

Um argumento análogo pode ser dado para verificar a fórmula para a derivada de cos t. Também há uma prova mais curta que usa a regra da cadeia e as duas identidades

$$\cos t = \operatorname{sen}\left(\frac{\pi}{2} - t\right), \quad \operatorname{sen} t = \cos\left(\frac{\pi}{2} - t\right).$$

[Ver fórmula (6) da Seção 8.2.] Temos

$$\frac{d}{dt}\cos t = \frac{d}{dt}\operatorname{sen}\left(\frac{\pi}{2} - t\right)$$

$$= \cos\left(\frac{\pi}{2} - t\right) \cdot \frac{d}{dt}\left(\frac{\pi}{2} - t\right)$$

$$= \cos\left(\frac{\pi}{2} - t\right) \cdot (-1)$$

$$= -\operatorname{sen} t.$$

Exercícios de revisão 8.3

1. Derive $y = 2\operatorname{sen}[t^2 + (\pi/6)]$.

2. Derive $y = e^t \operatorname{sen} 2t$.

Exercícios 8.3

Nos Exercícios 1-30, derive em relação a t ou x.

1. $y = \text{sen } 4t$
2. $y = 2\cos 2t$
3. $y = 4\text{sen } t$
4. $y = \cos(-4t)$
5. $y = 2\cos 3t$
6. $y = -\dfrac{\text{sen } 3t}{3}$
7. $y = t + \cos \pi t$
8. $y = t\cos t$
9. $y = \text{sen }(\pi - t)$
10. $y = \dfrac{\cos(2x+2)}{2}$
11. $y = \cos^3 t$
12. $y = \text{sen}^3 t^2$
13. $y = \text{sen}\sqrt{x-1}$
14. $y = \cos(e^x)$
15. $y = \sqrt{\text{sen}(x-1)}$
16. $y = e^{\cos x}$
17. $y = (1+\cos t)^8$
18. $y = \sqrt[3]{\text{sen }\pi t}$
19. $y = \cos^2 x^3$
20. $y = \cos^2 x + \text{sen}^2 x$
21. $y = e^x \text{ sen } x$
22. $y = (\cos x + \text{sen } x)^2$
23. $y = \text{sen } 2x \cos 3x$
24. $y = \dfrac{1+x}{\cos x}$
25. $y = \dfrac{\text{sen } t}{\cos t}$
26. $y = \cos(e^{2x+3})$
27. $y = \ln(\cos t)$
28. $y = \ln(\text{sen } 2t)$
29. $y = \text{sen}(\ln t)$
30. $y = (\cos t)\ln t$

31. Encontre a inclinação da reta tangente ao gráfico de $y = \cos 3x$ em $x = 13\pi/6$.
32. Encontre a inclinação da reta tangente ao gráfico de $y = \text{sen } 2x$ em $x = 5\pi/4$.
33. Encontre a equação da reta tangente ao gráfico de $y = 3\text{sen } x + \cos 2x$ em $x = \pi/2$.
34. Encontre a equação da reta tangente ao gráfico de $y = 3\text{sen } 2x - \cos 2x$ em $x = 3\pi/4$.

Nos Exercícios 35-46, encontre a integral indefinida.

35. $\int \cos 2x \, dx$
36. $\int 3\text{sen } 3x \, dx$
37. $\int -\dfrac{1}{2}\cos \dfrac{x}{7} \, dx$
38. $\int 2\text{sen}\dfrac{x}{2} \, dx$
39. $\int (\cos x - \text{sen } x) \, dx$
40. $\int \left(2\text{sen } 3x + \dfrac{\cos 2x}{2}\right) dx$
41. $\int (-\text{sen } x + 3\cos(3x)) \, dx$
42. $\int \text{sen}(-2x) \, dx$
43. $\int \text{sen}(4x+1) \, dx$
44. $\int \cos\dfrac{x-2}{2} \, dx$
45. $\int 7\text{sen}(3x-2) \, dx$
46. $\int (\cos(2x) + 3) \, dx$

47. A pressão arterial P de uma pessoa no tempo t (em segundos) é dada por $P = 100 + 20\cos 6t$.
    (a) Encontre o valor máximo de P (denominado pressão sistólica) e o valor mínimo de P (denominado pressão diastólica) e dê um ou dois valores de t em que ocorrem esses valores máximo e mínimo de P.
    (b) Sendo o tempo medido em segundos, aproximadamente quantas batidas cardíacas por minuto são previstas pela equação de P?

48. O *metabolismo basal* (MB) de um organismo durante um certo período de tempo pode ser descrito como o número total de calor em quilocalorias (kcal) que o organismo produz durante esse período, supondo que o organismo esteja em repouso e não sujeito a estresse. A *taxa metabólica basal* (TMB) é a taxa em kcal por hora com a qual o organismo produz calor. A TMB de um animal como um rato do deserto flutua em resposta às variações da temperatura e outros fatores ambientais. A TMB segue geralmente um ciclo *diário*, aumentando de noite durante temperaturas mais baixas e diminuindo durante as horas diurnas mais quentes. Encontre o MB de 1 dia se a TMB$(t) = 0{,}4 + 0{,}2\cos(\pi t/12)$ kcal por hora ($t = 0$ corresponde à meia-noite). (Ver Figura 11.)

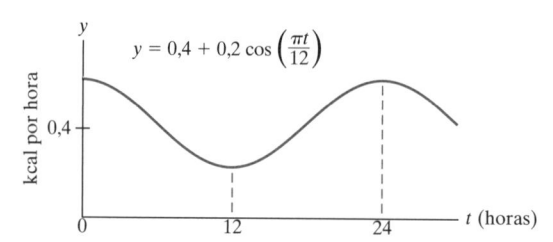

Figura 11 Ciclo diurno da taxa metabólica basal.

49. Quando h tende a 0, qual valor é aproximado por
$$\dfrac{\text{sen}\left(\dfrac{\pi}{2}+h\right)-1}{h}?$$
[*Sugestão:* sen $\dfrac{\pi}{2} = 1$.]

50. Quando h tende a 0, qual valor é aproximado por
$$\dfrac{\cos(\pi+h)+1}{h}?$$
[*Sugestão:* cos $\pi = +1$.]

51. **Temperatura média** A temperatura semanal média (em °F) t semanas depois do início do ano em Washington, D.C., é dada por
$$f(t) = 54 + 23\,\text{sen}\left[\dfrac{2\pi}{52}(t-12)\right].$$
O gráfico dessa função está esboçado na Figura 12.
(a) Qual é a temperatura semanal média durante a semana 18?
(b) Quão rápido varia a temperatura na semana 20?
(c) Em qual(is) semana(s) a temperatura semanal média é de 39°F?
(d) Em qual(is) semana(s) a temperatura semanal média está caindo à taxa de 1 grau por semana?

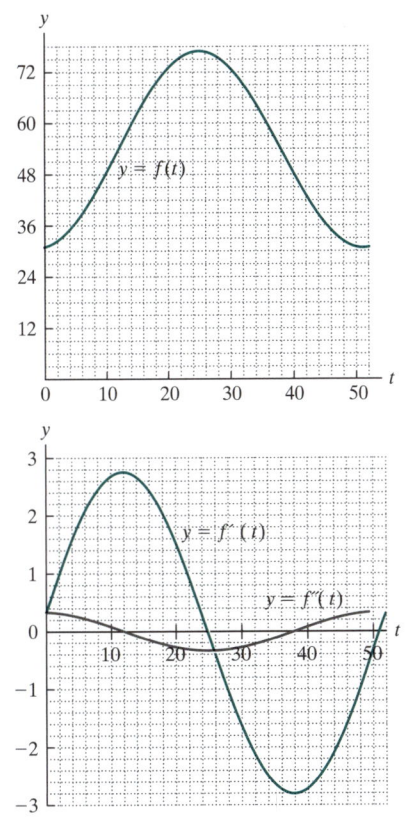

Figura 12

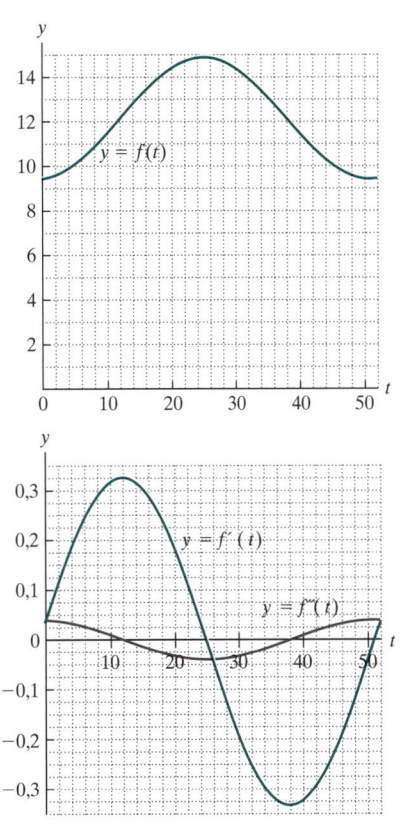

Figura 13

(e) Em qual(is) semana(s) ocorre a maior temperatura semanal média? E a menor?
(f) Em qual(is) semana(s) a temperatura semanal média cresce mais rápido? E decresce mais rápido?

52. Média de horas diárias com luz solar O número de horas diárias com luz solar t semanas depois do início do ano em Washington, D.C., é dado por

$$f(t) = 12{,}18 + 2{,}725 \operatorname{sen}\left[\frac{2\pi}{52}(t-12)\right].$$

O gráfico dessa função está esboçado na Figura 13.

(a) Quantas horas diárias de luz solar ocorrem na semana 42?
(b) Depois de 32 semanas, quão rápido decresce o número de horas diárias com luz solar?
(c) Quando há 14 horas diárias de luz solar?
(d) Quando o número de horas diárias com luz solar está crescendo à taxa de 15 minutos por semana?
(e) Quando os dias são mais longos? E mais curtos?
(f) Quando o número de horas diárias com luz solar está aumentando mais rapidamente? E decrescendo mais rapidamente?

Soluções dos exercícios de revisão 8.3

1. Pela regra da cadeia,

$$y' = 2\cos\left(t^2 + \frac{\pi}{6}\right) \cdot \frac{d}{dt}\left(t^2 + \frac{\pi}{6}\right)$$

$$= 2\cos\left(t^2 + \frac{\pi}{6}\right) \cdot 2t$$

$$= 4t\cos\left(t^2 + \frac{\pi}{6}\right).$$

2. Pela regra do produto,

$$y' = e^t \frac{d}{dt}(\operatorname{sen} 2t) + (\sin 2t)\frac{d}{dt}e^t$$

$$= 2e^t \cos 2t + e^t \operatorname{sen} 2t.$$

8.4 A tangente e outras funções trigonométricas

Certas funções envolvendo as funções seno e cosseno ocorrem tão frequentemente em aplicações que receberam nomes especiais. A *tangente* (tg), *cotangente* (cotg), *secante* (sec) e *cossecante* (cosec) são tais funções e são definidas como segue.

$$\operatorname{tg} t = \frac{\operatorname{sen} t}{\cos t}, \quad \operatorname{cotg} t = \frac{\cos t}{\operatorname{sen} t},$$

$$\sec t = \frac{1}{\cos t}, \quad \operatorname{cosec} t = \frac{1}{\operatorname{sen} t}.$$

Elas só estão definidas naqueles valores de t em que os denominadores dos quocientes que as definem não sejam zero. Essas quatro funções, junto com o seno e o cosseno, são denominadas *funções trigonométricas*. Nosso principal interesse nesta seção é dedicado à função tangente. Algumas propriedades da cotangente, secante e cossecante estão desenvolvidas nos exercícios.

Muitas identidades envolvendo as funções trigonométricas podem ser deduzidas das identidades dadas na Seção 8.2. Mencionamos apenas uma.

$$\operatorname{tg}^2 t + 1 = \sec^2 t. \tag{1}$$

[Aqui, $\operatorname{tg}^2 t$ significa $(\operatorname{tg} t)^2$ e $\sec^2 t$ significa $(\sec t)^2$.] Essa identidade segue da identidade $\operatorname{sen}^2 t + \cos^2 t = 1$ dividindo tudo por $\cos^2 t$.

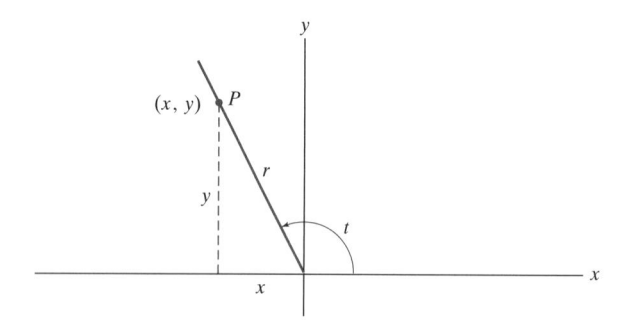

Figura 1

Uma interpretação importante da função tangente pode ser dada em termos do diagrama utilizado para definir seno e cosseno. Para um dado t, construímos um ângulo de t radianos. (Ver Figura 1.) Como $\operatorname{sen} t = y/r$ e $\cos t = x/r$, temos

$$\frac{\operatorname{sen} t}{\cos t} = \frac{y/r}{x/r} = \frac{y}{x},$$

sendo que essa fórmula vale em cada $x \neq 0$. Assim,

$$\operatorname{tg} t = \frac{y}{x}. \tag{2}$$

Três exemplos que ilustram essa propriedade da tangente aparecem na Figura 2.

Quando $0 < t < \pi/2$, o valor de $\operatorname{tg} t$ é uma razão entre os comprimentos dos lados de um triângulo retângulo. Em outras palavras, dado um triângulo como na Figura 3, temos

Seção 8.4 • A tangente e outras funções trigonométricas

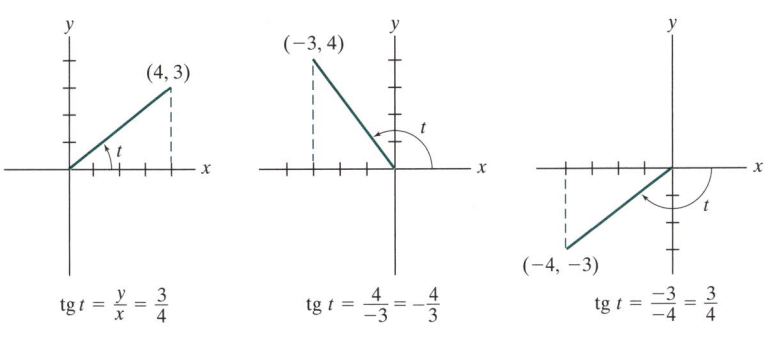

Figura 2

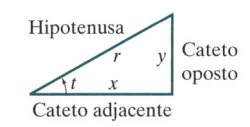

$\operatorname{tg} t = \dfrac{y}{x} = \dfrac{3}{4}$ $\operatorname{tg} t = \dfrac{4}{-3} = -\dfrac{4}{3}$ $\operatorname{tg} t = \dfrac{-3}{-4} = \dfrac{3}{4}$

Figura 3

$$\operatorname{tg} t = \dfrac{\text{oposto}}{\text{adjacente}}. \qquad (3)$$

EXEMPLO 1 O ângulo de elevação de um observador até o alto de um prédio é de 29°. (Ver Figura 4.) Se o observador estiver a 100 metros da base do prédio, qual é a altura do prédio?

Solução Seja h a altura do prédio. Então a fórmula (3) implica que

$$\dfrac{h}{100} = \operatorname{tg} 29°$$

$$h = 100 \operatorname{tg} 29°.$$

Convertemos 29° em radianos. Obtemos $29° = (\pi/180) \cdot 29$ radianos $\approx 0{,}5$ radiano e $0{,}5 \approx 0{,}54630$. Portanto,

$$h \approx 100(0{,}54630) = 54{,}63 \text{ metros.} \qquad \blacksquare$$

Figura 4

A derivada de tg t Como tg t está definida em termos de sen t e cos t, podemos calcular a derivada de tg t com nossas regras de derivação. Isto é, aplicando a regra do quociente da derivação, temos

$$\dfrac{d}{dt}(\operatorname{tg} t) = \dfrac{d}{dt}\left(\dfrac{\operatorname{sen} t}{\cos t}\right) = \dfrac{(\cos t)(\cos t) - (\operatorname{sen} t)(-\operatorname{sen} t)}{(\cos t)^2}$$

$$= \dfrac{\cos^2 t + \operatorname{sen}^2 t}{\cos^2 t} = \dfrac{1}{\cos^2 t}.$$

Agora,

$$\dfrac{1}{\cos^2 t} = \dfrac{1}{(\cos t)^2} = \left(\dfrac{1}{\cos t}\right)^2 = (\sec t)^2 = \sec^2 t.$$

Logo, a derivada de tg t pode ser expressa de duas formas equivalentes, como segue.

$$\dfrac{d}{dt}(\operatorname{tg} t) = \dfrac{1}{\cos^2 t} = \sec^2 t. \qquad (4)$$

Combinando (4) com a regra da cadeia, obtemos

$$\dfrac{d}{dt}(\operatorname{tg} g(t)) = [\sec^2 g(t)]g'(t). \qquad (5)$$

EXEMPLO 2

Derive

(a) $\text{tg}(t^3 + 1)$ (b) $\text{tg}^3 t$.

Solução (a) De (5) obtemos

$$\frac{d}{dt}[\text{tg}(t^3 + 1)] = \sec^2(t^3 + 1) \cdot \frac{d}{dt}(t^3 + 1)$$

$$= 3t^2 \sec^2(t^3 + 1).$$

(b) Escrevemos $\text{tg}^3 t$ como $(\text{tg } t)^3$ e usamos a regra da cadeia (nesse caso, é a regra da potência geral), como segue.

$$\frac{d}{dt}(\text{tg } t)^3 = (3\text{ tg}^2 t) \cdot \frac{d}{dt}\text{tg } t = 3\text{ tg}^2 t \sec^2 t. \quad \blacksquare$$

O gráfico de tg t   Lembre que tg t está definida para todo t exceto onde $\cos t = 0$. (Não podemos ter zero no denominador de sen t/cos t.) O gráfico da tg t está esboçado na Figura 5. Observe que tg t é periódica com período π.

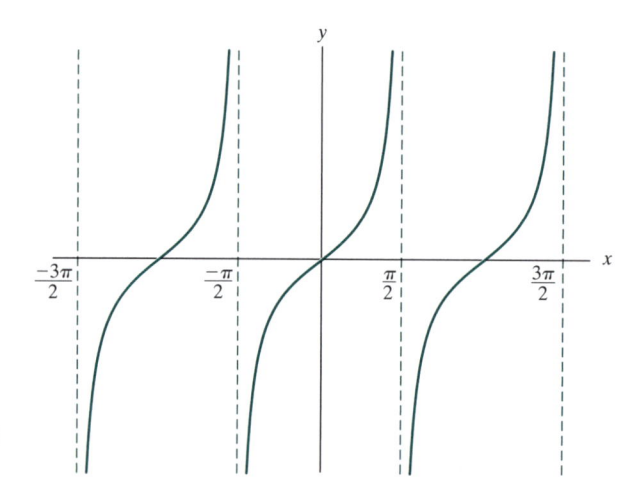

Figura 5   O gráfico da função tangente.

Exercícios de revisão 8.4

1. Mostre que a inclinação de uma reta é igual à tangente do ângulo que a reta faz com o eixo x.

2. Calcule $\int_0^{\pi/4} \sec^2 t \, dt$.

Exercícios 8.4

1. Se $0 < t < \pi/2$, use a Figura 3 para descrever sec t como uma razão entre os comprimentos dos lados de um triângulo retângulo.

2. Descreva cotg t com $0 < t < \pi/2$ como uma razão entre os comprimentos dos lados de um triângulo retângulo.

Nos Exercícios 3-10, dê os valores de tg t e sec t, em que t é a medida em radianos do ângulo indicado.

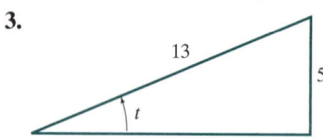

3.

Seção 8.4 • A tangente e outras funções trigonométricas

4.

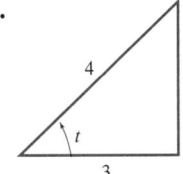

5. $(-2, 1)$

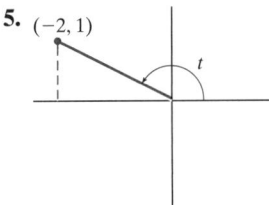

6.

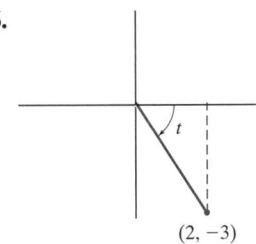

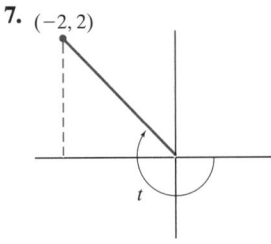

7. $(-2, 2)$ ... $(2, -3)$

8. $(0.6, 0.8)$

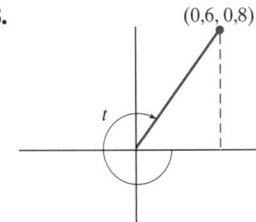

9. $(-0.6, -0.8)$

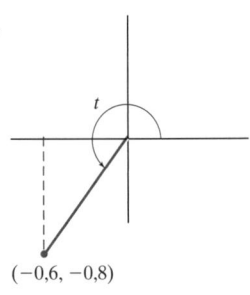

10. $(0.8, -0.6)$

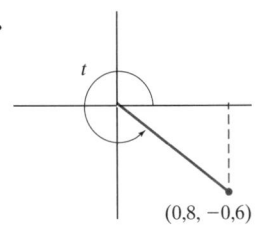

11. Encontre a largura de um rio nos pontos A e B se o ângulo BAC for de 90°, o ângulo ACB for de 40° e a distância de A a C for de 75 metros. (Ver Figura 6.)

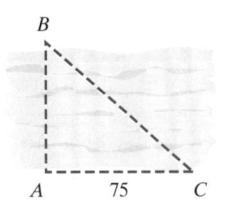

Figura 6

12. O ângulo de elevação de um observador até o alto do prédio de uma igreja é de 0,3 radianos, enquanto o ângulo de elevação do observador até o alto da torre da igreja é de 0,4 radianos. Se o observador estiver a 70 metros de distância da igreja, qual é a altura da torre no alto da igreja?

Nos Exercícios 13-32, derive em relação a t ou x.

13. $f(t) = \sec t$
14. $f(t) = \operatorname{cosec} t$
15. $f(t) = \operatorname{cotg} t$
16. $f(t) = \operatorname{cotg} 3t$
17. $f(t) = \operatorname{tg} 4t$
18. $f(t) = \operatorname{tg} \pi t$
19. $f(x) = 3 \operatorname{tg}(\pi - x)$
20. $f(x) = 5 \operatorname{tg}(2x + 1)$
21. $f(x) = 4 \operatorname{tg}(x^2 + x + 3)$
22. $f(x) = 3 \operatorname{tg}(1 - x^2)$
23. $y = \operatorname{tg} \sqrt{x}$
24. $y = 2 \operatorname{tg} \sqrt{x^2 - 4}$
25. $y = x \operatorname{tg} x$
26. $y = e^{3x} \operatorname{tg} 2x$
27. $y = \operatorname{tg}^2 x$
28. $y = \sqrt{\operatorname{tg} x}$
29. $y = (1 + \operatorname{tg} 2t)^3$
30. $y = \operatorname{tg}^4 3t$
31. $y = \ln(\operatorname{tg} t + \sec t)$
32. $y = \ln(\operatorname{tg} t)$

33. (a) Encontre a equação da reta tangente ao gráfico de $y = \operatorname{tg} x$ no ponto $(\frac{\pi}{4}, 1)$.
(b) Copie a parte do gráfico de $y = \operatorname{tg} x$ com $-\frac{\pi}{2} < x < \frac{\pi}{2}$ da Figura 5 e, então, desenhe nesse gráfico a reta tangente encontrada na parte (a).

34. Repita o Exercício 33(a) e (b) usando o ponto $(0,0)$ no gráfico de $y = \operatorname{tg} x$ em vez do ponto $(\frac{\pi}{4}, 1)$.

Nos Exercícios 35-40, calcule a integral.

35. $\int \sec^2 3x \, dx$
36. $\int \sec^2 (2x + 1) \, dx$
37. $\int_{-\pi/4}^{\pi/4} \sec^2 x \, dx$
38. $\int_{-\pi/8}^{\pi/8} \sec^2 \left(x + \frac{\pi}{8}\right) dx$
39. $\int \frac{1}{\cos^2 x} \, dx$
40. $\int \frac{3}{\cos^2 2x} \, dx$

Soluções dos exercícios de revisão 8.4

1. Uma reta de inclinação positiva m é dada na Figura 7(a). Aqui, tg $\theta = m/1 = m$. Suponha que $y = mx + b$, com inclinação m negativa. A reta $y = mx$ tem a mesma inclinação e faz o mesmo ângulo com o eixo x. [Ver Figura 7(b).] Vemos que tg $\theta = -m/-1 = m$.

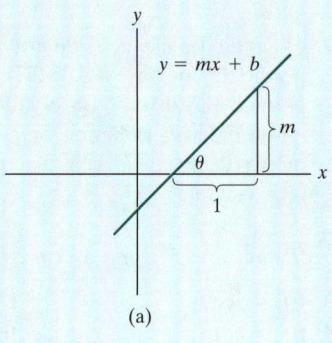

2. $\int_0^{\pi/4} \sec^2 t \, dt = \text{tg } t \Big|_0^{\pi/4} = \text{tg } \dfrac{\pi}{4} - \text{tg } 0 = 1 - 0 = 1.$

Figura 7

REVISÃO DE CONCEITOS FUNDAMENTAIS

1. Explique o radiano como medida de um ângulo.
2. Dê uma fórmula para converter medidas de graus para radianos.
3. Dê a interpretação via triângulos de sen t, cos t e tg t, com t entre 0 e $\pi/2$.
4. Defina sen t, cos t e tg t para um ângulo de medida t, com qualquer t.
5. O que significa dizer que as funções seno e cosseno são periódicas com período 2π?
6. Dê descrições verbais dos gráficos de sen t, cos t e tg t.
7. Enuncie tantas identidades quanto lembrar envolvendo as funções seno e cosseno.
8. Defina cotg t, sec t e cosec t para um ângulo de medida t.
9. Enuncie uma identidade envolvendo tg t e sec t.
10. Quais são as derivadas de sen $g(t)$, cos $g(t)$ e tg $g(t)$?

EXERCÍCIOS SUPLEMENTARES

Nos Exercícios 1-3, determine a medida em radianos do ângulo dado.

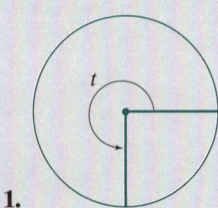

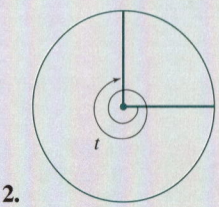

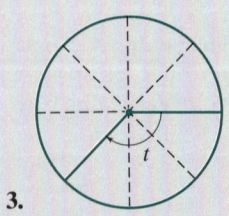

1. **2.** **3.**

Nos Exercícios 4-6, construa um ângulo com a medida em radianos dada.

4. $-\pi$ **5.** $\dfrac{5\pi}{4}$ **6.** $-\dfrac{9\pi}{2}$

Nos Exercícios 7-10, o ponto com as coordenadas dadas determina um ângulo de t radianos, com $0 \leq t \leq 2\pi$. Encontre sen t, cos t e tg t.

7. (3, 4)
8. (−0,6; 0,8)
9. (−0,6; −0,8)
10. (3, −4)
11. Se sen $t = \frac{1}{5}$, quais são os valores possíveis de cos t?
12. Se cos $t = -\frac{2}{3}$, quais são os valores possíveis de sen t?
13. Encontre os quatro valores de t entre -2π e 2π nos quais sen $t = \cos t$.
14. Encontre os quatro valores de t entre -2π e 2π nos quais sen $t = -\cos t$.
15. tg t é positiva ou negativa com $-\pi/2 < t < 0$?
16. sen t é positivo ou negativo com $\pi/2 < t < \pi$?
17. Uma meia-água com uma inclinação de 23° deverá ser construída como telhado de um galpão de 5 metros de largura. Determine o comprimento mínimo das vigas que sustentam esse telhado.
18. Uma árvore projeta uma sombra de 20 m quando o ângulo de elevação do sol (medido a partir da horizontal) é de 53°. Qual é a altura dessa árvore?

Nos Exercícios 19-42, derive em relação a t ou x.

19. $f(t) = 3$ sen t
20. $f(t) = $ sen $3t$
21. $f(t) = $ sen $\sqrt{t}$
22. $f(t) = \cos t^3$
23. $g(x) = x^3$ sen x
24. $g(x) = $ sen$(-2x) \cos 5x$
25. $f(x) = \dfrac{\cos 2x}{\text{sen } 3x}$
26. $f(x) = \dfrac{\cos x - 1}{x^3}$
27. $f(x) = \cos^3 4x$
28. $f(x) = $ tg$^3 2x$
29. $y = $ tg$(x^4 + x^2)$
30. $y = $ tg e^{-2x}
31. $y = $ sen(tg x)
32. $y = $ tg(sen x)
33. $y = $ sen x tg x
34. $y = \ln x \cos x$
35. $y = \ln($sen $x)$
36. $y = \ln(\cos x)$
37. $y = e^{3x}$ sen$^4 x$
38. $y = $ sen$^4 e^{3x}$
39. $f(t) = \dfrac{\text{sen } t}{\text{tg } 3t}$
40. $f(t) = \dfrac{\text{tg } 2t}{\cos t}$
41. $f(t) = e^{\text{tg } t}$
42. $f(t) = e^t$ tg t
43. Se $f(t) = $ sen$^2 t$, encontre $f''(t)$.
44. Mostre que $y = 3$ sen $2t + \cos 2t$ satisfaz a equação diferencial $y'' = -4y$.
45. Se $f(s, t) = $ sen $s \cos 2t$, encontre $\dfrac{\partial f}{\partial s}$ e $\dfrac{\partial f}{\partial t}$.
46. Se $z = $ sen wt, encontre $\dfrac{\partial z}{\partial w}$ e $\dfrac{\partial z}{\partial t}$.
47. Se $f(s, t) = t$ sen st, encontre $\dfrac{\partial f}{\partial s}$ e $\dfrac{\partial f}{\partial t}$.
48. A identidade

$$\text{sen}(s + t) = \text{sen } s \cos s + \cos s \text{ sen } t$$

foi dada na Seção 8.2. Calcule a derivada parcial de cada lado em relação a t para obter uma identidade envolvendo $\cos(s + t)$.

49. Encontre a equação da reta tangente ao gráfico de $y = $ tg t em $t = \pi/4$.
50. Esboce o gráfico de $f(t) = $ sen $t + \cos t$ com $-2\pi \leq t \leq 2\pi$, seguindo os passos seguintes.
    (a) Encontre todos t entre -2π e 2π tais que $f'(t) = 0$. Indique esses pontos no gráfico de $y = f(t)$.
    (b) Confira a concavidade de $f(t)$ nos pontos da parte (a). Esboce o gráfico perto desses pontos.
    (c) Determine quaisquer pontos de inflexão e esboce-os. Então complete o esboço do gráfico.
51. Esboce o gráfico de $y = t + $ sen t com $0 \leq t \leq 2\pi$.
52. Encontre a área sob a curva $y = 2 + $ sen $3t$ de $t = 0$ até $t = \pi/2$.
53. Encontre a área da região entre a curva $y = $ sen t e o eixo t de $t = 0$ até $t = 2\pi$.
54. Encontre a área da região entre a curva $y = \cos t$ e o eixo t de $t = 0$ até $t = 3\pi/2$.
55. Encontre a área da região delimitada pelas curvas $y = x$ e $y = $ sen x de $x = 0$ até $x = \pi$.

Nos Exercícios 56-58, use a informação seguinte. Um espirógrafo é um aparelho que registra num gráfico o volume de ar nos pulmões de uma pessoa como uma função do tempo. Se uma pessoa hiperventila espontaneamente, o traçado do espirógrafo aproxima de perto o gráfico do seno. Um traçado típico é dado por

$$V(t) = 3 + 0{,}05 \text{ sen}\left(160\pi t - \frac{\pi}{2}\right),$$

onde t é medido em minutos e V(t) é o volume dos pulmões em litros. (Ver Figura 1.)

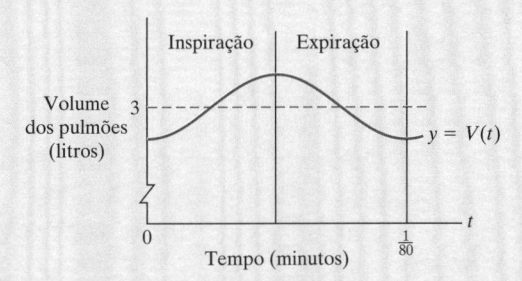

Figura 1 O traçado de um espirógrafo.

56. (a) Calcule $V(0)$, $V(\frac{1}{320})$, $V(\frac{1}{160})$ e $V(\frac{1}{80})$
    (b) Qual é o volume máximo dos pulmões?
57. (a) Encontre uma fórmula para a taxa do fluxo de ar nos pulmões no tempo t.
    (b) Encontre a taxa máxima do fluxo de ar durante a inspiração (ao encher os pulmões). Essa taxa é denominada *pico do fluxo inspiratório*.
    (c) A inspiração ocorre durante o tempo de $t = 0$ até $t = 1/160$. Encontre a taxa média do fluxo de ar durante a inspiração. Essa quantidade é denominada *média do fluxo inspiratório*.

58. Continuação do Exercício 57. O *volume de um minuto* é definido como a quantidade total de ar inspirado durante um minuto. De acordo com um teste padrão da fisiologia pulmonar[*], quando uma pessoa hiperventila espontaneamente, o pico do fluxo inspiratório é igual a π vezes o volume de um minuto e a média do fluxo inspiratório é igual a duas vezes o volume de um minuto. Verifique essas afirmações.

Nos Exercícios 59-66, calcule a integral.

59. $\int \text{sen}(\pi - x)\, dx$

60. $\int (3\cos 3x - 2\,\text{sen}\, 2x)\, dx$

61. $\int_0^{\pi/2} \cos 6x\, dx$

62. $\int \cos(6 - 2x)\, dx$

63. $\int_0^{\pi} (x - 2\cos(\pi - 2x))\, dx$

64. $\int_{-\pi}^{\pi} (\cos 3x + 2\,\text{sen}\, 7x)\, dx$

65. $\int \sec^2 \frac{x}{2}\, dx$

66. $\int 2\sec^2 2x\, dx$

Nos Exercícios 67-70, calcule a área da região dada..

67. A_1.
68. A_2.
69. A_3.
70. A_4.

---
[*] J. F. Nunn, *Applied Respiratory Physiology*, 2nd ed. (London: Butterworths, 1977), 122.

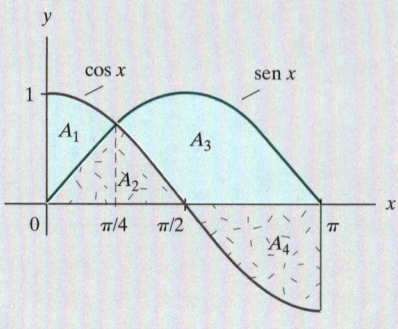

Figura 2

Nos Exercícios 71-74 encontre a média da função f(t) no intervalo dado.

71. $f(t) = 1 + \text{sen}\, 2t - \frac{1}{3}\cos 2t,\ 0 \leq t \leq 2\pi$

72. $f(t) = t - \cos 2t,\ 0 \leq t \leq \pi$

73. $f(t) = 1.000 + 200\,\text{sen}\, 2(t - \frac{\pi}{4}),\ 0 \leq t \leq \frac{3\pi}{4}$

74. $f(t) = \cos t + \text{sen}\, t,\ -\pi \leq t \leq 0$

Nos Exercícios 75-80, calcule a integral. [Sugestão: use a identidade (1) da Seção 8.4 para transformar a integral antes de calculá-la.]

75. $\int \text{tg}^2 x\, dx$

76. $\int \text{tg}^2 3x\, dx$

77. $\int (1 + \text{tg}^2 x)\, dx$

78. $\int (2 + \text{tg}^2 x)\, dx$

79. $\int_0^{\pi/4} \text{tg}^2 x\, dx$

80. $\int_0^{\pi/4} (2 + 2\text{tg}^2 x)\, dx$

CAPÍTULO 9

TÉCNICAS DE INTEGRAÇÃO

9.1 Integração por substituição
9.2 Integração por partes
9.3 Cálculo de integrais definidas
9.4 Aproximação de integrais definidas
9.5 Algumas aplicações da integral
9.6 Integrais impróprias

Neste capítulo, desenvolvemos técnicas para calcular integrais, tanto indefinidas como definidas. A necessidade dessas técnicas foi justificada nos capítulos precedentes. Além de ampliar nosso fundo de aplicações, veremos mais claramente como, nos problemas físicos, surge a necessidade de calcular integrais.

A integração é o processo inverso da derivação. Entretanto, a integração é muito mais difícil de ser efetuada. Se uma função é uma expressão envolvendo funções elementares (como x^r, sen x, e^x,...), então sua derivada também o será. Ademais, fomos capazes de desenvolver métodos de calcular que nos permitiram derivar, com relativa facilidade, quase qualquer função que consigamos escrever. Embora muitos problemas de integração tenham essas características, alguns não as têm. Para algumas funções elementares (por exemplo, e^{x^2}), não é possível expressar antiderivada alguma em termos de funções elementares. Mesmo quando existir alguma antiderivada elementar, as técnicas para encontrá-la são frequentemente complicadas. Por essa razão, precisamos estar munidos com uma grande amplitude de ferramentas para lidar com o problema de calcular integrais. Dentre as ideias a serem discutidas neste capítulo, citamos as seguintes.

1. Técnicas para calcular integrais indefinidas. Nossa discussão está concentrada em dois métodos: a integração por substituição e integração por partes.
2. Cálculo de integrais definidas.
3. Aproximação de integrais definidas. Desenvolveremos duas técnicas novas para obter aproximações numéricas de $\int_a^b f(x)\, dx$. Essas técnicas são

especialmente úteis naqueles casos em que não pode ser encontrada uma antiderivada de $f(x)$.

Vamos rever os fatos mais elementares sobre integração. A integral indefinida

$$\int f(x)\,dx$$

é, por definição, uma função cuja derivada é $f(x)$. Se $F(x)$ for uma dessas funções, então a função mais geral cuja derivada é $f(x)$ é simplesmente $F(x) + C$, onde C é uma constante qualquer. Escrevemos

$$\int f(x)\,dx = F(x) + C$$

para significar que todas as antiderivadas de $f(x)$ são precisamente as funções $F(x) + C$, com C uma constante qualquer.

Cada vez que derivamos uma função, obtemos também uma fórmula de integração. Por exemplo, o fato de que

$$\frac{d}{dx}(3x^2) = 6x$$

pode ser transformado na fórmula de integração

$$\int 6x\,dx = 3x^2 + C.$$

Algumas das fórmulas que seguem de imediato das fórmulas de derivação estão listadas na tabela a seguir.

Fórmula de derivação	Fórmula de integração correspondente
$\frac{d}{dx}(x^r)\,dx = rx^{r-1}$	$\int rx^{r-1}\,dx = x^r + C$ ou $\int x^r\,dx = \frac{x^{r+1}}{r+1} + C,\ r \neq -1$
$\frac{d}{dx}(e^x) = e^x$	$\int e^x\,dx = e^x + C$
$\frac{d}{dx}(\ln|x|) = \frac{1}{x}$	$\int \frac{1}{x}\,dx = \ln|x| + C$
$\frac{d}{dx}(\operatorname{sen} x) = \cos x$	$\int \cos x\,dx = \operatorname{sen} x + C$
$\frac{d}{dx}(\cos x) = -\operatorname{sen} x$	$\int \operatorname{sen} x\,dx = -\cos x + C$
$\frac{d}{dx}(\operatorname{tg} x) = \sec^2 x$	$\int \sec^2 x\,dx = \operatorname{tg} x + C$

Essa tabela ilustra a necessidade de técnicas de integração, pois mesmo que sen x, cos x e sec² x apareçam como derivadas de funções trigonométricas simples, as funções tg x e cotg x não estão em nossa lista. De fato, se experimentarmos com várias combinações elementares das funções trigonométricas, é fácil nos convencermos de que as antiderivadas de tg x e cotg x não são fáceis de calcular. Neste capítulo, desenvolvemos técnicas para obter (entre outras) tais antiderivadas.

9.1 Integração por substituição

Cada fórmula de derivação pode ser transformada numa fórmula correspondente de integração. Isso é verdadeiro mesmo para a regra da cadeia. A fórmula resultante é denominada *integração por substituição* e é frequentemente usada para transformar uma integral complicada numa mais simples.

Sejam dadas duas funções $f(x)$ e $g(x)$ e seja $F(x)$ uma antiderivada de $f(x)$. A regra da cadeia afirma que

$$\frac{d}{dx}[F(g(x))] = F'(g(x))g'(x)$$
$$= f(g(x))g'(x) \quad [\text{pois } F'(x) = f(x)].$$

Transformando essa fórmula numa de integração, temos

$$\int f(g(x))g'(x)\,dx = F(g(x)) + C, \tag{1}$$

em que C é qualquer constante.

EXEMPLO 1 Determine

$$\int (x^2 + 1)^3 \cdot 2x\,dx.$$

Solução Se tomarmos $f(x) = x^3$, $g(x) = x^2 + 1$, então $f(g(x)) = (x^2 + 1)^3$ e $g'(x) = 2x$. Logo, podemos aplicar a fórmula (1). Uma antiderivada $F(x)$ de $f(x)$ é dada por

$$F(x) = \frac{1}{4}x^4,$$

de modo que, pela fórmula (1), obtemos

$$\int (x^2 + 1)^3 \cdot 2x\,dx = F(g(x)) + C = \frac{1}{4}(x^2 + 1)^4 + C. \quad \blacksquare$$

A fórmula (1) pode ser promovida do *status* de fórmula útil, às vezes, para uma técnica de integração pela introdução de um simples recurso mnemônico. Suponha que precisemos integrar uma função da forma $f(g(x))g'(x)$. É claro que sabemos a resposta da fórmula (1). Entretanto, vamos proceder um pouco diferente. Substitua a expressão $g(x)$ por uma nova variável u e substitua $g'(x)$ por du. Uma substituição dessas tem a vantagem de reduzir a geralmente complexa expressão $f(g(x))$ para a forma mais simples $f(u)$. Em termos de u, o problema de integração pode ser escrito como

$$\int f(g(x))g'(x)\,dx = \int f(u)\,du.$$

Entretanto, a integral da direita é fácil de calcular, pois

$$\int f(u)\,du = F(u) + C.$$

Como $u = g(x)$, obtemos

$$\int f(g(x))g'(x)\,dx = F(u) + C = F(g(x)) + C,$$

que é a resposta correta por virtude de (1). Lembre, entretanto, que a substituição de $g'(x)$ por du somente tem o *status* de afirmação matematicamente correta porque, com ela, obtemos respostas corretas. Não pretendemos, neste livro, explicar de qualquer forma mais profunda o significado dessa substituição.

Vamos refazer o Exemplo 1 utilizando esse método.

Segunda solução do Exemplo 1

Denotemos $u = x^2 + 1$. Então $du = \dfrac{d}{dx}(x^2 + 1)\,dx = 2x\,dx$ e

$$\int (x^2 + 1)^3 \cdot 2x\,dx = \int u^3\,du$$
$$= \frac{1}{4}u^4 + C$$
$$= \frac{1}{4}(x^2 + 1)^4 + C \quad (\text{pois } u = x^2 + 1).\ \blacksquare$$

EXEMPLO 2

Calcule

$$\int 2xe^{x^2}\,dx.$$

Solução Seja $u = x^2$, de modo que $du = \dfrac{d}{dx}(x^2)\,dx = 2x\,dx$. Logo,

$$\int 2xe^{x^2}\,dx = \int e^{x^2} \cdot 2x\,dx$$
$$= \int e^u\,du$$
$$= e^u + C$$
$$= e^{x^2} + C.\ \blacksquare$$

Dos Exemplos 1 e 2, podemos deduzir o seguinte método de integração de funções da forma $f(g(x))g'(x)$.

> **Integração por substituição**
>
> 1. Defina uma nova variável $u = g(x)$, em que $g(x)$ é escolhida de tal forma que, escrito em termos de u, o integrando seja mais simples do que quando escrito em termos de x.
> 2. Transforme a integral em relação a x numa integral em relação a u, substituindo $g(x)$ por u e $g'(x)$ por du.
> 3. Integre a função de u resultante.
> 4. Reescreva a resposta em termos de x, substituindo u por $g(x)$.

Tentemos mais alguns exemplos.

EXEMPLO 3

Calcule

$$\int 3x^2 \sqrt{x^3 + 1}\,dx.$$

Solução O primeiro problema com que nos deparamos é encontrar uma substituição apropriada que simplifique a integral. Uma possibilidade imediata é oferecida por $u = x^3 + 1$. Então $\sqrt{x^3 + 1}$ se torna $\sqrt{u}$, uma simplificação significativa. Se $u = x^3 + 1$, então $du = \dfrac{d}{dx}(x^3 + 1)\,dx = 3x^2\,dx$, portanto,

$$\int 3x^2\sqrt{x^3+1}\,dx = \int \sqrt{u}\,du$$

$$= \frac{2}{3}u^{3/2} + C$$

$$= \frac{2}{3}(x^3+1)^{3/2} + C.$$

EXEMPLO 4 Encontre

$$\int \frac{(\ln x)^2}{x}\,dx.$$

Solução Seja $u = \ln x$. Então $du = (1/x)\,dx$ e

$$\int \frac{(\ln x)^2}{x}\,dx = \int (\ln x)^2 \cdot \frac{1}{x}\,dx$$

$$= \int u^2\,du$$

$$= \frac{u^3}{3} + C$$

$$= \frac{(\ln x)^3}{3} + C \quad (\text{pois}\ \ u = \ln x).$$

Saber fazer a substituição correta é uma habilidade que se desenvolve com a prática. Basicamente, procuramos uma ocorrência de composição de funções $f(g(x))$ em que $f(x)$ seja uma função que saibamos integrar e em que $g'(x)$ também apareça no integrando. Às vezes, $g'(x)$ não aparece exatamente no integrando, mas pode ser obtido multiplicando por uma constante. Um problema como esse pode ser facilmente remediado, como ilustram os Exemplos 5 e 6.

EXEMPLO 5 Encontre

$$\int x^2 e^{x^3}\,dx.$$

Solução Seja $u = x^3$; então $du = 3x^2\,dx$. O integrando envolve $x^2\,dx$, mas não $3x^2\,dx$. Para introduzir o fator 3 que falta, escrevemos

$$\int x^2 e^{x^3}\,dx = \int \frac{1}{3}\cdot 3x^2 e^{x^3}\,dx = \frac{1}{3}\int e^{x^3} 3x^2\,dx.$$

(Lembre, da Seção 6.1, que múltiplos constantes podem ser movidos através do sinal de integral.) Substituindo, obtemos

$$\int x^2 e^{x^3}\,dx = \frac{1}{3}\int e^u\,du = \frac{1}{3}e^u + C$$

$$= \frac{1}{3}e^{x^3} + C \quad (\text{pois}\ \ u = x^3).$$

Uma outra maneira de lidar com o fator 3 que falta é escrever

$$u = x^3, \quad du = 3x^2\,dx \quad \text{e} \quad \frac{1}{3}du = x^2\,dx.$$

Então a substituição fornece

$$\int x^2 e^{x^3}\, dx = \int e^{x^3} \cdot x^2\, dx = \int e^u \cdot \frac{1}{3}\, du = \frac{1}{3}\int e^u\, du$$

$$= \frac{1}{3} e^u + C = \frac{1}{3} e^{x^3} + C.$$

EXEMPLO 6

Encontre

$$\int \frac{2-x}{\sqrt{2x^2 - 8x + 1}}\, dx.$$

Solução Seja $u = 2x^2 - 8x + 1$; então $du = (4x - 8)\, dx$. Observe que $4x - 8 = -4(2 - x)$. Logo, multiplicamos o integrando por -4 e compensamos colocando um fator de $-\frac{1}{4}$ na frente da integral.

$$\int \frac{1}{\sqrt{2x^2 - 8x + 1}} \cdot (2 - x)\, dx = -\frac{1}{4} \int \frac{1}{\sqrt{2x^2 - 8x + 1}} \cdot (-4)(2 - x)\, dx$$

$$= -\frac{1}{4} \int \frac{1}{\sqrt{u}}\, du = -\frac{1}{4} \int u^{-1/2}\, du$$

$$= -\frac{1}{4} \cdot 2u^{1/2} + C = -\frac{1}{2} u^{1/2} + C$$

$$= -\frac{1}{2}(2x^2 - 8x + 1)^{1/2} + C.$$

EXEMPLO 7

Encontre

$$\int \frac{2x}{x^2 + 1}\, dx.$$

Solução Observamos que a derivada de $x^2 + 1$ é $2x$. Assim, substituímos $u = x^2 + 1$, $du = 2x\, dx$ para deduzir

$$\int \frac{2x}{x^2 + 1}\, dx = \int \frac{1}{u}\, du = \ln|u| + C = \ln(x^2 + 1) + C.$$

EXEMPLO 8

Calcule

$$\int \operatorname{tg} x\, dx.$$

Solução Como $\operatorname{tg} x = \dfrac{\operatorname{sen} x}{\cos x}$, temos

$$\int \operatorname{tg} x\, dx = \int \frac{\operatorname{sen} x}{\cos x}\, dx.$$

Seja $u = \cos x$, de modo que $du = -\operatorname{sen} x\, dx$. Então,

$$\int \frac{\operatorname{sen} x}{\cos x}\, dx = -\int \frac{-\operatorname{sen} x}{\cos x}\, dx$$

$$= -\int \frac{1}{u}\, du$$

$$= -\ln|u| + C$$

$$= -\ln|\cos x| + C.$$

Observe que

$$-\ln|\cos x| = \ln\left|\frac{1}{\cos x}\right| = \ln|\sec x|.$$

Dessa forma, a fórmula precedente pode ser escrita

$$\int \operatorname{tg} x\, dx = \ln|\sec x| + C.$$ ∎

Exercícios de revisão 9.1

1. (*Revisão*) Derive as funções seguintes.
(a) $e^{(2x^3+3x)}$ (b) $\ln x^5$
(c) $\ln \sqrt{x}$ (d) $\ln 5|x|$
(e) $x \ln x$ (f) $\ln(x^4 + x^2 + 1)$
(g) $\operatorname{sen} x^3$ (h) $\operatorname{tg} x$

2. Use a substituição $u = \dfrac{3}{x}$ para determinar $\displaystyle\int \frac{e^{3/x}}{x^2}\, dx$.

Exercícios 9.1

Nos Exercícios 1-36, use substituições apropriadas para determinar a integral.

1. $\displaystyle\int 2x(x^2+4)^5\, dx$
2. $\displaystyle\int 2(2x-1)^7\, dx$
3. $\displaystyle\int \frac{2x+1}{\sqrt{x^2+x+3}}\, dx$
4. $\displaystyle\int (x^2+2x+3)^6 (x+1)\, dx$
5. $\displaystyle\int 3x^2 e^{(x^3-1)}\, dx$
6. $\displaystyle\int 2xe^{-x^2}\, dx$
7. $\displaystyle\int x\sqrt{4-x^2}\, dx$
8. $\displaystyle\int \frac{(1+\ln x)^3}{x}\, dx$
9. $\displaystyle\int \frac{1}{\sqrt{2x+1}}\, dx$
10. $\displaystyle\int (x^3-6x)^7 (x^2-2)\, dx$
11. $\displaystyle\int xe^{x^2}\, dx$
12. $\displaystyle\int \frac{e^{\sqrt{x}}}{\sqrt{x}}\, dx$
13. $\displaystyle\int \frac{\ln(2x)}{x}\, dx$
14. $\displaystyle\int \frac{\sqrt{\ln x}}{x}\, dx$
15. $\displaystyle\int \frac{x^4}{x^5+1}\, dx$
16. $\displaystyle\int \frac{x}{\sqrt{x^2+1}}\, dx$
17. $\displaystyle\int \frac{x-3}{(1-6x+x^2)^2}\, dx$
18. $\displaystyle\int x^{-2}\left(\frac{1}{x}+2\right)^5 dx$
19. $\displaystyle\int \frac{\ln \sqrt{x}}{x}\, dx$
20. $\displaystyle\int \frac{x^2}{3-x^3}\, dx$
21. $\displaystyle\int \frac{x^2-2x}{x^3-3x^2+1}\, dx$
22. $\displaystyle\int \frac{\ln(3x)}{3x}\, dx$
23. $\displaystyle\int \frac{8x}{e^{x^2}}\, dx$
24. $\displaystyle\int \frac{3}{(2x+1)^3}\, dx$
25. $\displaystyle\int \frac{1}{x \ln x^2}\, dx$
26. $\displaystyle\int \frac{2}{x(\ln x)^4}\, dx$
27. $\displaystyle\int (3-x)(x^2-6x)^4\, dx$
28. $\displaystyle\int \frac{dx}{3-5x}$
29. $\displaystyle\int e^x (1+e^x)^5\, dx$
30. $\displaystyle\int e^x \sqrt{1+e^x}\, dx$
31. $\displaystyle\int \frac{e^x}{1+2e^x}\, dx$
32. $\displaystyle\int \frac{e^x + e^{-x}}{e^x - e^{-x}}\, dx$
33. $\displaystyle\int \frac{e^{-x}}{1-e^{-x}}\, dx$
34. $\displaystyle\int \frac{(1+e^{-x})^3}{e^x}\, dx$

[*Sugestão*: nos Exercícios 35 e 36, multiplique o numerador e o denominador por e^{-x}.]

35. $\displaystyle\int \frac{1}{1+e^x}\, dx$
36. $\displaystyle\int \frac{e^{2x}-1}{e^{2x}+1}\, dx$

37. A Figura 1 mostra o gráfico de várias funções $f(x)$ tais que a inclinação em cada x é dada por $x/\sqrt{x^2+9}$. Encontre a expressão da função $f(x)$ cujo gráfico passa por (4, 8).

38. A Figura 2 mostra o gráfico de várias funções $f(x)$ tais que a inclinação em cada x é dada por $(2\sqrt{x}+1)/\sqrt{x}$. Encontre a expressão da função $f(x)$ cujo gráfico passa por (4, 15).

Nos Exercícios 39-42, determine a integral usando a substituição indicada.

39. $\displaystyle\int (x+5)^{-1/2} e^{\sqrt{x+5}}\, dx;\ u = \sqrt{x+5}$

40. $\displaystyle\int \frac{x^4}{x^5-7} \ln(x^5-7)\, dx;\ u = \ln(x^5-7)$

41. $\displaystyle\int x \sec^2 x^2\, dx;\ u = x^2$

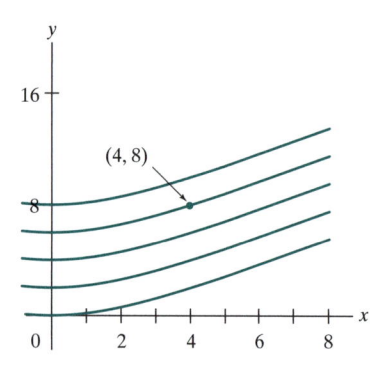

Figura 1

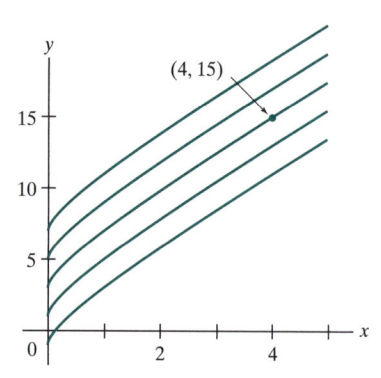

Figura 2

42. $\int (1 + \ln x)\,\text{sen}(x \ln x)\, dx;\ u = x \ln x$

Nos Exercícios 43-52, determine a integral usando alguma substituição.

43. $\int \text{sen}\, x \cos x\, dx$

44. $\int 2x \cos x^2\, dx$

45. $\int \dfrac{\cos \sqrt{x}}{\sqrt{x}}\, dx$

46. $\int \dfrac{\cos x}{(2 + \text{sen}\, x)^3}\, dx$

47. $\int \cos^3 x\, \text{sen}\, x\, dx$

48. $\int (\text{sen}\, 2x)e^{\cos 2x}\, dx$

49. $\int \dfrac{\cos 3x}{\sqrt{2 - \text{sen}\, 3x}}\, dx$

50. $\int \cot x\, dx$

51. $\int \dfrac{\text{sen}\, x + \cos x}{\text{sen}\, x - \cos x}\, dx$

52. $\int \text{tg}\, x \sec^2 x\, dx$

53. Determine $\int 2x(x^2 + 5)\, dx$ usando alguma substituição. Depois determine a integral multiplicando os fatores do integrando e antiderivando. Explique a diferença nos dois resultados.

Soluções dos exercícios de revisão 9.1

1. (a) $\dfrac{d}{dx} e^{(2x^3+3x)} = e^{(2x^3+3x)} \cdot (6x^2 + 3)$ (regra da cadeia)

(b) $\dfrac{d}{dx} \ln x^5 = \dfrac{d}{dx} 5 \ln x = 5 \cdot \dfrac{1}{x}$ (Propriedade LIV do logaritmo) (Ver Seção 4.6.)

(c) $\dfrac{d}{dx} \ln \sqrt{x} = \dfrac{d}{dx} \dfrac{1}{2} \ln x = \dfrac{1}{2} \cdot \dfrac{1}{x} = \dfrac{1}{2x}$ (Propriedade LIV do logaritmo)

(d) $\dfrac{d}{dx} \ln 5|x| = \dfrac{d}{dx}[\ln 5 + \ln |x|] = 0 + \dfrac{1}{x} = \dfrac{1}{x}$ (Propriedade LI do logaritmo)

(e) $\dfrac{d}{dx} x \ln x = x \cdot \dfrac{1}{x} + (\ln x) \cdot 1 = 1 + \ln x$ (regra do produto)

(f) $\dfrac{d}{dx} \ln(x^4 + x^2 + 1) = \dfrac{4x^3 + 2x}{x^4 + x^2 + 1}$ (regra da cadeia)

(g) $\dfrac{d}{dx} \text{sen}\, x^3 = (\cos x^3) \cdot (3x^2)$ (regra da cadeia)

(h) $\dfrac{d}{dx} \text{tg}\, x = \sec^2 x$ (fórmula da derivada da tangente)

2. Sejam $u = 3/x$, $du = (-3/x^2)\, dx$. Então

$$\int \dfrac{e^{3/x}}{x^2}\, dx = -\dfrac{1}{3} \int e^{3/x} \cdot \left(-\dfrac{3}{x^2}\right) dx$$

$$= -\dfrac{1}{3} \int e^u\, du = -\dfrac{1}{3} e^u + C = -\dfrac{1}{3} e^{3/x} + C.$$

9.2 Integração por partes

Na seção anterior, desenvolvemos o método de integração por substituição transformando a regra da cadeia numa fórmula de integração. Vamos fazer o mesmo com a regra do produto. Sejam $f(x)$ e $g(x)$ duas funções quaisquer e seja $G(x)$ uma antiderivada de $g(x)$. A regra do produto afirma que

$$\frac{d}{dx}[f(x)G(x)] = f(x)G'(x) + f'(x)G(x)$$
$$= f(x)g(x) + f'(x)G(x) \quad [\text{pois } G'(x) = g(x)].$$

Portanto,

$$f(x)G(x) = \int f(x)g(x)\,dx + \int f'(x)G(x)\,dx.$$

Essa fórmula pode ser rescrita da forma mais útil a seguir.

$$\int f(x)g(x)\,dx = f(x)G(x) - \int f'(x)G(x)\,dx. \qquad (1)$$

A equação (1) é o princípio da *integração por partes* que consiste numa das mais importantes técnicas de integração.

EXEMPLO 1

Calcule

$$\int xe^x\,dx.$$

Solução Tomamos $f(x) = x$, $g(x) = e^x$. Então $f'(x) = 1$, $G(x) = e^x$ e a equação (1) fornece

$$\int xe^x\,dx = xe^x - \int 1 \cdot e^x\,dx = xe^x - e^x + C. \qquad \blacksquare$$

Os princípios seguintes subjacentes ao Exemplo 1 também ilustram as características gerais das situações em que a integração por partes pode ser aplicada.

1. O integrando é o produto de duas funções $f(x) = x$ e $g(x) = e^x$.
2. É fácil calcular $f'(x)$ e $G(x)$, ou seja, conseguimos derivar $f(x)$ e integrar $g(x)$.
3. A integral $f'(x)G(x)$ pode ser calculada.

Consideremos um outro exemplo para ver como esses princípios funcionam.

EXEMPLO 2

Calcule

$$\int x(x+5)^8\,dx.$$

Solução Nossas contas podem ser organizadas como segue.

$$f(x) = x, \qquad g(x) = (x+5)^8,$$
$$f'(x) = 1, \qquad G(x) = \frac{1}{9}(x+5)^9.$$

Então,

$$\int x(x+5)^8\,dx = x \cdot \frac{1}{9}(x+5)^9 - \int 1 \cdot \frac{1}{9}(x+5)^9\,dx$$

$$= \frac{1}{9}x(x+5)^9 - \frac{1}{9}\int (x+5)^9\,dx$$

$$= \frac{1}{9}x(x+5)^9 - \frac{1}{9} \cdot \frac{1}{10}(x+5)^{10} + C$$

$$= \frac{1}{9}x(x+5)^9 - \frac{1}{90}(x+5)^{10} + C. \quad \blacksquare$$

Fomos levados a tentar usar integração por partes, porque nosso integrando é o produto de duas funções. Escolhemos $f(x) = x$ [e não $(x+5)^8$], porque $f'(x) = 1$, de modo que o novo integrando só tem o fator $x+5$, simplificando a integral.

EXEMPLO 3 Calcule

$$\int x\,\mathrm{sen}\,x\,dx.$$

Solução Tomamos

$$f(x) = x, \qquad g(x) = \mathrm{sen}\,x,$$
$$f'(x) = 1, \qquad G(x) = -\cos x.$$

Então

$$\int x\,\mathrm{sen}\,x\,dx = -x\cos x - \int 1 \cdot (-\cos x)\,dx$$

$$= -x\cos x + \int \cos x\,dx$$

$$= -x\cos x + \mathrm{sen}\,x + C. \quad \blacksquare$$

EXEMPLO 4 Calcule

$$\int x^2 \ln x\,dx.$$

Solução Tomamos

$$f(x) = \ln x, \qquad g(x) = x^2$$

$$f'(x) = \frac{1}{x}, \qquad G(x) = \frac{x^3}{3}.$$

Então

$$\int x^2 \ln x\,dx = \frac{x^3}{3}\ln x - \int \frac{1}{x} \cdot \frac{x^3}{3}\,dx$$

$$= \frac{x^3}{3}\ln x - \frac{1}{3}\int x^2\,dx$$

$$= \frac{x^3}{3}\ln x - \frac{1}{9}x^3 + C. \quad \blacksquare$$

O próximo exemplo mostra como a integração por partes pode ser usada para calcular uma integral razoavelmente complicada.

EXEMPLO 5

Encontre
$$\int \frac{xe^x}{(x+1)^2}\,dx.$$

Solução Sejam $f(x) = xe^x$, $g(x) = \dfrac{1}{(x+1)^2}$. Então

$$f'(x) = xe^x + e^x \cdot 1 = (x+1)e^x, \qquad G(x) = \frac{-1}{x+1}.$$

Em decorrência disso, temos

$$\int \frac{xe^x}{(x+1)^2}\,dx = xe^x \cdot \frac{-1}{x+1} - \int (x+1)e^x \cdot \frac{-1}{x+1}\,dx$$

$$= -\frac{xe^x}{x+1} + \int e^x\,dx$$

$$= -\frac{xe^x}{x+1} + e^x + C = \frac{e^x}{x+1} + C. \qquad \blacksquare$$

Às vezes, precisamos usar a integração por partes mais de uma vez.

EXEMPLO 6

Encontre
$$\int x^2 \operatorname{sen} x\,dx.$$

Solução Sejam $f(x) = x^2$, $g(x) = \operatorname{sen} x$. Então $f'(x) = 2x$ e $G(x) = -\cos x$. Aplicando nossa fórmula para integração por partes, temos

$$\int x^2 \operatorname{sen} x\,dx = -x^2 \cos x - \int 2x \cdot (-\cos x)\,dx$$

$$= -x^2 \cos x + 2\int x \cos x\,dx. \qquad (2)$$

A própria integral $\int x \cos x\,dx$ pode ser tratada com integração por partes. Sejam $f(x) = x$, $g(x) = \cos x$. Então $f'(x) = 1$ e $G(x) = \operatorname{sen} x$, logo,

$$\int x \cos x\,dx = x \operatorname{sen} x - \int 1 \cdot \operatorname{sen} x\,dx$$

$$= x \operatorname{sen} x + \cos x + C. \qquad (3)$$

Combinando (2) e (3), vemos que

$$\int x^2 \operatorname{sen} x\,dx = -x^2 \cos x + 2(x \operatorname{sen} x + \cos x) + C$$

$$= -x^2 \cos x + 2x \operatorname{sen} x + 2\cos x + C. \qquad \blacksquare$$

EXEMPLO 7

Calcule
$$\int \ln x\,dx.$$

Solução Como $\ln x = 1 \cdot \ln x$, podemos ver $\ln x$ como um produto $f(x)g(x)$, em que $f(x) = \ln x$ e $g(x) = 1$. Então

$$f'(x) = \frac{1}{x}, \qquad G(x) = x.$$

Finalmente,

$$\int \ln x \, dx = x \ln x - \int \frac{1}{x} \cdot x \, dx$$

$$= x \ln x - \int 1 \, dx$$

$$= x \ln x - x + C.$$

Exercícios de revisão 9.2

Calcule as integrais dadas.

1. $\int \dfrac{x}{e^{3x}} \, dx$

2. $\int \ln \sqrt{x} \, dx$

Exercícios 9.2

Nos Exercícios 1-24, calcule a integral.

1. $\int x e^{5x} \, dx$
2. $\int x e^{x/2} \, dx$
3. $\int x(x+7)^4 \, dx$
4. $\int x(2x-3)^3 \, dx$
5. $\int \dfrac{x}{e^x} \, dx$
6. $\int x^2 e^x \, dx$
7. $\int \dfrac{x}{\sqrt{x+1}} \, dx$
8. $\int \dfrac{x}{\sqrt{3+2x}} \, dx$
9. $\int e^{2x}(1-3x) \, dx$
10. $\int (1+x)^2 e^{2x} \, dx$
11. $\int \dfrac{6x}{e^{3x}} \, dx$
12. $\int \dfrac{x+2}{e^{2x}} \, dx$
13. $\int x\sqrt{x+1} \, dx$
14. $\int x\sqrt{2-x} \, dx$
15. $\int \sqrt{x} \ln \sqrt{x} \, dx$
16. $\int x^5 \ln x \, dx$
17. $\int x \cos x \, dx$
18. $\int x \operatorname{sen} 8x \, dx$
19. $\int x \ln 5x \, dx$
20. $\int x^{-3} \ln x \, dx$
21. $\int \ln x^4 \, dx$
22. $\int \dfrac{\ln(\ln x)}{x} \, dx$
23. $\int x^2 e^{-x} \, dx$
24. $\int \ln \sqrt{x+1} \, dx$

Nos Exercícios 25-36, calcule a integral usando qualquer técnica estudada até aqui.

25. $\int x(x+5)^4 \, dx$
26. $\int 4x \cos(x^2+1) \, dx$
27. $\int x(x^2+5)^4 \, dx$
28. $\int 4x \cos(x+1) \, dx$
29. $\int (3x+1)e^{x/3} \, dx$
30. $\int \dfrac{(\ln x)^5}{x} \, dx$
31. $\int x \sec^2(x^2+1) \, dx$
32. $\int \dfrac{\ln x}{x^5} \, dx$
33. $\int (xe^{2x} + x^2) \, dx$
34. $\int (x^{3/2} + \ln 2x) \, dx$
35. $\int (xe^{x^2} - 2x) \, dx$
36. $\int (x^2 - x \operatorname{sen} 2x) \, dx$

37. A Figura 1 mostra o gráfico de várias funções $f(x)$ tais que a inclinação em cada x é dada por $x/\sqrt{x+9}$. Encontre a expressão da função $f(x)$ cujo gráfico passa por $(0, 2)$.

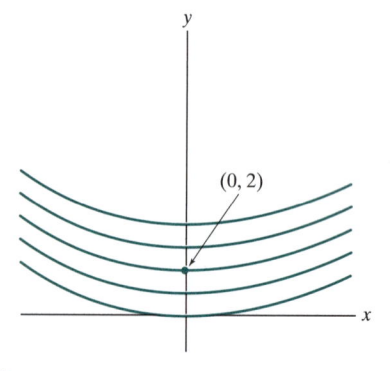

Figura 1

38. A Figura 1 mostra o gráfico de várias funções $f(x)$ tais que a inclinação em cada x é dada por $\dfrac{x}{e^{x/3}}$. Encontre a expressão da função $f(x)$ cujo gráfico passa por $(0, 6)$.

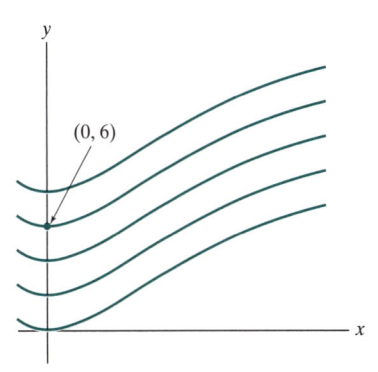

Figura 2

Soluções dos exercícios de revisão 9.2

1. $\dfrac{x}{e^{3x}}$ é igual a xe^{-3x}, um produto de duas funções conhecidas. Sejam $f(x) = x$, $g(x) = e^{-3x}$. Então

$$f'(x) = 1, \qquad G(x) = -\dfrac{1}{3}e^{-3x},$$

portanto,

$$\int \dfrac{x}{e^{3x}}\,dx = x \cdot \left(-\dfrac{1}{3}e^{-3x}\right) - \int 1 \cdot \left(-\dfrac{1}{3}e^{-3x}\right) dx$$

$$= -\dfrac{1}{3}xe^{-3x} + \dfrac{1}{3}\int e^{-3x}\,dx$$

$$= -\dfrac{1}{3}xe^{-3x} + \dfrac{1}{3}\left[-\dfrac{1}{3}e^{-3x}\right] + C$$

$$= -\dfrac{1}{3}xe^{-3x} - \dfrac{1}{9}e^{-3x} + C.$$

2. Este problema é parecido com o do Exemplo 7, em que se pede $\int \ln x\,dx$, e pode ser abordado da mesma maneira tomando $f(x) = \ln \sqrt{x}$ e $g(x) = 1$. Uma outra abordagem é usar uma propriedade dos logaritmos para simplificar o integrando.

$$\int \ln \sqrt{x}\,dx = \int \ln(x)^{1/2}\,dx$$

$$= \int \dfrac{1}{2}\ln x\,dx$$

$$= \dfrac{1}{2}\int \ln x\,dx.$$

Como conhecemos $\int \ln x\,dx$ do Exemplo 7,

$$\int \ln \sqrt{x}\,dx = \dfrac{1}{2}\int \ln x\,dx = \dfrac{1}{2}(x \ln x - x) + C.$$

9.3 Cálculo de integrais definidas

Discutimos anteriormente técnicas para determinar antiderivadas (integrais indefinidas). Uma das mais importantes aplicações dessas técnicas se refere ao cálculo de integrais definidas. Pois, se $F(x)$ for uma antiderivada de $f(x)$, então

$$\int_a^b f(x)\,dx = F(b) - F(a).$$

Assim, as técnicas das seções precedentes podem ser usadas para calcular integrais definidas. Aqui simplificaremos o método de calcular integrais definidas naqueles casos em que a antiderivada for encontrada via integração por substituição ou por partes.

EXEMPLO 1 Calcule

$$\int_0^1 2x(x^2 + 1)^5\,dx.$$

Solução – primeiro método Sejam $u = x^2 + 1$, $du = 2x\,dx$. Então,

$$\int 2x(x^2+1)^5\,dx = \int u^5\,du = \frac{u^6}{6} + C = \frac{(x^2+1)^6}{6} + C.$$

Consequentemente,

$$\int_0^1 2x(x^2+1)^5\,dx = \frac{(x^2+1)^6}{6}\bigg|_0^1 = \frac{2^6}{6} - \frac{1^6}{6} = \frac{21}{2}.$$

Solução – segundo método Novamente fazemos a substituição $u = x^2 + 1$, $du = 2x\,dx$. Entretanto, aplicamos também a substituição aos limites da integração. Quando $x = 0$ (o limite inferior da integração), temos $u = 0^2 + 1 = 1$ e, quando $x = 1$ (o limite superior da integração), temos $u = 1^2 + 1 = 2$. Logo,

$$\int_0^1 2x(x^2+1)^5\,dx = \int_1^2 u^5\,du = \frac{u^6}{6}\bigg|_1^2 = \frac{2^6}{6} - \frac{1^6}{6} = \frac{21}{2}.$$

Observe que, usando o segundo método, não foi necessário reescrever a função $u^6/6$ em termos de x.

O cálculo precedente é um exemplo de um método geral de cálculo, que pode ser expresso como segue.

> **Regra da troca dos limites de integração** Suponha que a integral $\int f(g(x))g'(x)\,dx$ seja submetida à substituição $u = g(x)$, com o que $\int f(g(x))g'(x)\,dx$ se torna $\int f(u)\,du$. Então
>
> $$\int_a^b f(g(x))g'(x)\,dx = \int_{g(a)}^{g(b)} f(u)\,du.$$

Justificação da regra da troca dos limites de integração Se $F(x)$ for uma antiderivada de $f(x)$, então

$$\frac{d}{dx}[F(g(x))] = F'(g(x))g'(x) = f(g(x))g'(x).$$

Logo,

$$\int_a^b f(g(x))g'(x)\,dx = F(g(x))\bigg|_a^b = F(g(b)) - F(g(a)) = \int_{g(a)}^{g(b)} f(u)\,du.$$

EXEMPLO 2 Calcule

$$\int_3^5 x\sqrt{x^2 - 9}\,dx.$$

Solução Seja $u = x^2 - 9$, com $du = 2x\,dx$. Quando $x = 3$, temos $u = 3^2 - 9 = 0$. Quando $x = 5$, temos $u = 5^2 - 9 = 16$. Assim,

$$\begin{aligned}\int_3^5 x\sqrt{x^2-9}\,dx &= \frac{1}{2}\int_3^5 2x\sqrt{x^2-9}\,dx\\ &= \frac{1}{2}\int_0^{16}\sqrt{u}\,du\\ &= \frac{1}{2}\cdot\frac{2}{3}u^{3/2}\Big|_0^{16}\\ &= \frac{1}{3}\cdot\left[16^{3/2}-0\right] = \frac{1}{3}\cdot 16^{3/2}\\ &= \frac{1}{3}\cdot 64 = \frac{64}{3}.\end{aligned}$$ ■

EXEMPLO 3

Determine a área da elipse $x^2/a^2 + y^2/b^2 = 1$. (Ver Figura 1.)

Solução Devido à simetria da elipse, a área é igual a duas vezes a área da metade superior da elipse. Resolvendo para y,

$$\begin{aligned}\frac{y^2}{b^2} &= 1-\frac{x^2}{a^2}\\ \frac{y}{b} &= \pm\sqrt{1-\left(\frac{x}{a}\right)^2}\\ y &= \pm b\sqrt{1-\left(\frac{x}{a}\right)^2}.\end{aligned}$$

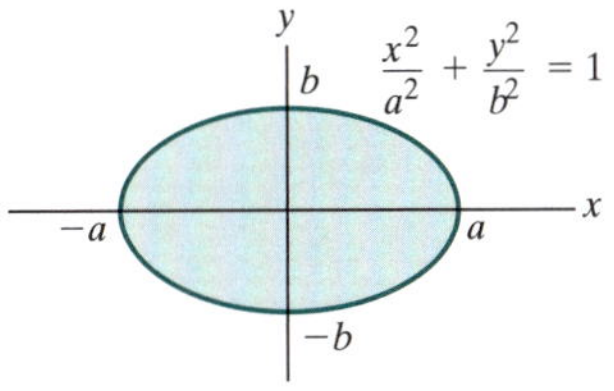

Figura 1

Como a área da metade superior da elipse é a área sob a curva

$$y = b\sqrt{1-\left(\frac{x}{a}\right)^2},$$

a área da elipse é dada pela integral

$$2\int_{-a}^{a} b\sqrt{1-\left(\frac{x}{a}\right)^2}\,dx.$$

Seja $u = x/a$, com $du = 1/a\,dx$. Quando $x = -a$, temos $u = -a/a = -1$. Quando $x = a$, temos $u = a/a = 1$. Logo,

$$\begin{aligned}2\int_{-a}^{a} b\sqrt{1-\left(\frac{x}{a}\right)^2}\,dx &= 2b\cdot a\int_{-a}^{a}\frac{1}{a}\sqrt{1-\left(\frac{x}{a}\right)^2}\,dx\\ &= 2ba\int_{-1}^{1}\sqrt{1-u^2}\,du.\end{aligned}$$

Não sabemos calcular essa integral com nossas técnicas; o seu valor é obtido imediatamente observando que, como a área sob a curva $y = \sqrt{1-x^2}$ de $x = -1$ até $x = 1$ é a metade superior do círculo unitário e, como sabemos que a área do círculo unitário é π, resulta que a área da elipse é $2ba\cdot(\pi/2) = \pi ab$. ■

Integração por partes em integrais definidas

EXEMPLO 4 Calcule
$$\int_0^{\pi/2} x \cos x \, dx.$$

Solução Usamos integração por partes para encontrar uma antiderivada de $x \cos x$. Sejam $f(x) = x$, $g(x) = \cos x$, $f'(x) = 1$, $G(x) = \operatorname{sen} x$. Então,

$$\int x \cos x \, dx = x \operatorname{sen} x - \int 1 \cdot \operatorname{sen} x \, dx = x \operatorname{sen} x + \cos x + C.$$

Logo,

$$\int_0^{\pi/2} x \cos x \, dx = (x \operatorname{sen} x + \cos x) \Big|_0^{\pi/2}$$

$$= \left(\frac{\pi}{2} \operatorname{sen} \frac{\pi}{2} + \cos \frac{\pi}{2}\right) - (0 + \cos 0)$$

$$= \frac{\pi}{2} - 1. \quad \blacksquare$$

EXEMPLO 5 Calcule
$$\int_0^5 \frac{x}{\sqrt{x+4}} \, dx.$$

Solução Sejam $f(x) = x$, $g(x) = (x+4)^{-1/2}$, $f'(x) = 1$ e $G(x) = 2(x+4)^{1/2}$. Então

$$\int_0^5 \frac{x}{\sqrt{x+4}} \, dx = 2x(x+4)^{1/2} \Big|_0^5 - \int_0^5 1 \cdot 2(x+4)^{1/2} \, dx$$

$$= 2x(x+4)^{1/2} \Big|_0^5 - \frac{4}{3}(x+4)^{3/2} \Big|_0^5$$

$$= \left[10(9)^{1/2} - 0\right] - \left[\frac{4}{3}(9)^{3/2} - \frac{4}{3}(4)^{3/2}\right]$$

$$= [30] - \left[36 - \frac{32}{3}\right] = 4\frac{2}{3}. \quad \blacksquare$$

Exercícios de revisão 9.3

Calcule as integrais definidas dadas.

1. $\displaystyle\int_0^1 (2x+3)e^{x^2+3x+6} \, dx$

2. $\displaystyle\int_e^{e^{\pi/2}} \frac{\operatorname{sen}(\ln x)}{x} \, dx$

Exercícios 9.3

Nos Exercícios 1-20, calcule a integral definida.

1. $\displaystyle\int_{5/2}^3 2(2x-5)^{14} \, dx$

2. $\displaystyle\int_2^6 \frac{1}{\sqrt{4x+1}} \, dx$

3. $\displaystyle\int_0^2 4x(1+x^2)^3 \, dx$

4. $\displaystyle\int_0^1 \frac{2x}{\sqrt{x^2+1}} \, dx$

5. $\displaystyle\int_0^3 \frac{x}{\sqrt{x+1}} \, dx$

6. $\displaystyle\int_0^1 x(3+x)^5 \, dx$

7. $\displaystyle\int_3^5 x\sqrt{x^2-9}\,dx$ 8. $\displaystyle\int_0^1 \frac{1}{(1+2x)^4}\,dx$ 22. $\displaystyle\int_0^{\sqrt{2}} \sqrt{4-x^4}\cdot 2x\,dx$

9. $\displaystyle\int_{-1}^2 (x^2-1)(x^3-3x)^4\,dx$

23. $\displaystyle\int_{-6}^0 \sqrt{-x^2-6x}\,dx$ [Sugestão: complete o quadrado, $-x^2-6x = 9-(x+3)^2$.]

10. $\displaystyle\int_0^1 (2x-1)(x^2-x)^{10}\,dx$

Nos Exercícios 24 e 25, encontre a área da região sombreada.

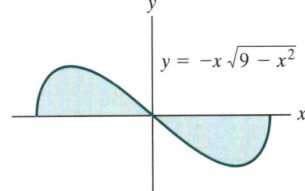

11. $\displaystyle\int_0^1 \frac{x}{x^2+3}\,dx$ 12. $\displaystyle\int_0^4 8x(x+4)^{-3}\,dx$

24.

13. $\displaystyle\int_1^3 x^2 e^{x^3}\,dx$ 14. $\displaystyle\int_{-1}^1 2xe^x\,dx$

15. $\displaystyle\int_1^e \frac{\ln x}{x}\,dx$ 16. $\displaystyle\int_1^e \ln x\,dx$

17. $\displaystyle\int_0^\pi e^{\operatorname{sen} x}\cos x\,dx$ 18. $\displaystyle\int_0^{\pi/4} \tan x\,dx$

19. $\displaystyle\int_0^1 x\,\operatorname{sen} \pi x\,dx$ 20. $\displaystyle\int_0^{\pi/2} \operatorname{sen}\left(2x-\frac{\pi}{2}\right)dx$

25.

Nos Exercícios 21-23, calcule a integral definida usando substituição e o fato de que o círculo de raio r tem área πr^2..

21. $\displaystyle\int_{-\pi/2}^{\pi/2} \sqrt{1-\operatorname{sen}^2 x}\,\cos x\,dx$

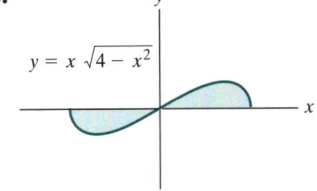

Soluções dos exercícios de revisão 9.3

1. Seja $u = x^2 + 3x + 6$, com $du = (2x+3)\,dx$. Quando $x = 0$, $u = 6$; quando $x = 1$, $u = 10$. Assim,

$$\int_0^1 (2x+3)e^{x^2+3x+6}\,dx = \int_6^{10} e^u\,du = e^u\Big|_6^{10}$$
$$= e^{10} - e^6.$$

2. Seja $u = \ln x$, com $du = (1/x)\,dx$. Quando $x = e$, $u = \ln e = 1$; quando $x = e^{\pi/2}$, $u = \ln e^{\pi/2} = \pi/2$. Assim,

$$\int_e^{e^{\pi/2}} \frac{\operatorname{sen}(\ln x)}{x}\,dx = \int_1^{\pi/2} \operatorname{sen} u\,du = -\cos u\Big|_1^{\pi/2}$$
$$= -\cos\frac{\pi}{2} + \cos 1 \approx 0{,}54030.$$

9.4 Aproximação de integrais definidas

As integrais definidas que surgem em problemas práticos nem sempre podem ser calculadas pela variação líquida de uma antiderivada, como o fizemos na seção precedente. Os matemáticos compilaram tabelas extensas de antiderivadas. Além disso, existem vários aplicativos excelentes que podem ser usados para determinar antiderivadas. No entanto, o formato de uma antiderivada pode ser bastante complexo e, em alguns casos, realmente pode não ser possível expressar alguma antiderivada em termos de funções elementares. Nesta seção, discutimos três métodos para aproximar o valor numérico da integral definida

$$\int_a^b f(x)\,dx$$

sem calcular a antiderivada.

Dado um inteiro positivo n, dividimos o intervalo $a \leq x \leq b$ em n subintervalos iguais, cada um de comprimento $\Delta x = (b - a)/n$. Denotamos as extremidades dos subintervalos por $a_0, a_1, \ldots, a_n$, e os pontos médios dos subintervalos por $x_1, x_2, \ldots, x_n$. (Ver Figura 1.) Lembre, do Capítulo 6, que a integral definida é o limite de somas de Riemann. Quando os pontos médios dos subintervalos na Figura 1 são usados para construir uma soma de Riemann, a aproximação resultante de $\int_a^b f(x)\, dx$ é denominada *regra do ponto médio*.

Figura 1

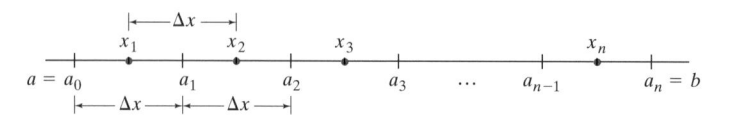

Regra do ponto médio

$$\int_a^b f(x)\, dx \approx f(x_1)\Delta x + f(x_2)\Delta x + \cdots + f(x_n)\Delta x$$
$$= [f(x_1) + f(x_2) + \cdots + f(x_n)]\Delta x. \quad (1)$$

EXEMPLO 1 Use a regra do ponto médio com $n = 4$ para aproximar

$$\int_0^2 \frac{1}{1 + e^x}\, dx.$$

Solução Temos $\Delta x = (b - a)/n = (2 - 0)/4 = 0{,}5$. As extremidades dos quatro subintervalos começam em $a = 0$ e estão espaçados de 0,5 unidades. O primeiro ponto médio é $a + \Delta x/2 = 0{,}25$.

Os pontos médios também estão espaçados de 0,5 unidades. De acordo com a regra do ponto médio, a integral é aproximadamente igual a

$$\left[\frac{1}{1 + e^{\,0{,}25}} + \frac{1}{1 + e^{\,0{,}75}} + \frac{1}{1 + e^{\,1{,}25}} + \frac{1}{1 + e^{\,1{,}75}}\right](0{,}5)$$

$$\approx 0{,}5646961 \text{ (com sete casas decimais).} \quad \blacksquare$$

Um segundo método de aproximação, a *regra do trapézio*, usa os valores de $f(x)$ nas extremidades dos subintervalos do intervalo $a \leq x \leq b$.

Regra do trapézio

$$\int_a^b f(x)\, dx \approx [f(a_0) + 2f(a_1) + \cdots + 2f(a_{n-1}) + f(a_n)]\frac{\Delta x}{2}. \quad (2)$$

Mais adiante, nesta seção, discutiremos a origem da regra do trapézio e a razão dessa nomenclatura.

EXEMPLO 2 Utilize a regra do trapézio com $n = 4$ para aproximar

$$\int_0^2 \frac{1}{1 + e^x}\, dx.$$

Solução Como no Exemplo 1, $\Delta x = 0{,}5$ e as extremidades dos subintervalos são $a_0 = 0$, $a_1 = 0{,}5$, $a_2 = 1$, $a_3 = 1{,}5$ e $a_4 = 2$. A regra do trapézio dá

$$\left[\frac{1}{1+e^0} + 2\cdot\frac{1}{1+e^{.5}} + 2\cdot\frac{1}{1+e^1} + 2\cdot\frac{1}{1+e^{1,0}} + \frac{1}{1+e^2}\right]\cdot\frac{0{,}5}{2}$$

$$\approx 0{,}5692545 \text{ (com sete casas decimais).} \quad \blacksquare$$

Quando a função $f(x)$ é dada explicitamente, podemos usar tanto a regra do ponto médio como a do trapézio para aproximar a integral definida. Entretanto, às vezes, os valores de $f(x)$ podem ser conhecidos somente nas extremidades dos subintervalos. Isso pode acontecer, por exemplo, quando os valores de $f(x)$ são obtidos a partir de dados experimentais. Nesse caso, não podemos usar a regra do ponto médio.

EXEMPLO 3 **Medindo o débito cardíaco*** Cinco miligramas de contraste são injetados numa veia que leva ao coração. A cada 2 segundos, durante 22 segundos, é determinada a concentração do contraste na aorta, uma artéria saindo do coração. (Ver Tabela 1.) Seja $c(t)$ a concentração na aorta depois de t segundos. Use a regra do trapézio para obter uma estimativa de $\int_0^{22} C(t)\, dt$.

TABELA 1 Concentração de contraste na aorta

Segundos depois da injeção	0	2	4	6	8	10	12	14	16	18	20	22
Concentração (mg/litro)	0	0	0,6	1,4	2,7	3,7	4,1	3,8	2,9	1,5	0,9	0,5

Solução Seja $n = 11$. Então $a = 0$, $b = 22$ e $\Delta t = (22 - 0)/11 = 2$. As extremidades dos subintervalos são $a_0 = 0$, $a_1 = 2$, $a_2 = 4,\ldots$, $a_{10} = 20$ e $a_{11} = 22$. Pela regra do trapézio,

$$\int_0^{22} c(t)\, dt \approx [c(0) + 2c(2) + 2c(4) + 2c(6) + \cdots + 2c(20) + c(22)]\left(\frac{2}{2}\right)$$

$$= [0 + 2(0) + 2(0{,}6) + 2(1{,}4) + \cdots + 2(0{,}9) + 0{,}5](1)$$

$$\approx 43{,}7 \text{ litros.}$$

O *débito cardíaco* é a taxa (geralmente medida em litros por minuto) à qual o coração bombeia sangue, que pode ser calculado pela fórmula

$$R = \frac{60D}{\int_0^{22} c(t)\, dt},$$

onde D é a quantidade de contraste injetada. Para os dados anteriores, temos $R = 60(5)/43{,}7 \approx 6{,}9$ litros por minuto. $\quad\blacksquare$

Voltemos às aproximações de $\int_0^2 \frac{1}{1+e^x}\, dx$ encontradas nos Exemplos 1 e 2. Esses números aparecem na Figura 2 junto com o valor exato da integral

---

* Dados de B. Horelick and S. Koont, Project UMAP, *Measuring Cardiac Output* (Newton, MA: Educational Development Center, Inc., 1978).

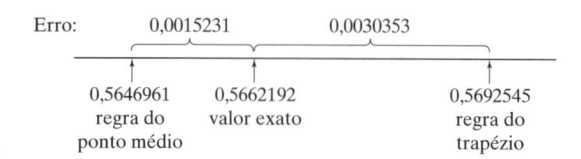

Figura 2

Erro: 0,0015231   0,0030353

0,5646961 — regra do ponto médio
0,5662192 — valor exato
0,5692545 — regra do trapézio

definida, todos dados com sete casas decimais e o erro das duas aproximações. [A escala aparece bastante ampliada. O valor exato da integral é $\ln 2 - \ln(1 + e^{-2}) \approx 0{,}5662192$. Para obtê-lo, use o Exercício 35 da Seção 9.1.] Pode ser demonstrado que, em geral, o erro da regra do ponto médio é aproximadamente a metade do erro da regra do trapézio e que as estimativas dessas duas regras geralmente ficam em lados opostos do valor exato da integral definida. Essas observações sugerem que poderíamos melhorar nossa estimativa do valor da integral definida utilizando uma "média ponderada" dessas duas estimativas. Denotemos por M e T as estimativas obtidas com a regra do ponto médio e a regra do trapézio, respectivamente, e definamos

$$S = \frac{2}{3}M + \frac{1}{3}T = \frac{2M + T}{3}. \quad (3)$$

O uso de S como uma estimativa do valor da integral definida é denominado *regra de Simpson*. Se usarmos a regra de Simpson para estimar a integral definida dos Exemplos 1 e 2, encontraremos

$$S = \frac{2(0{,}5646961) + 0{,}5692545}{3} \approx 0{,}5662156$$

Aqui, o erro é de apenas 0,0000036. O erro da regra do trapézio, nesse exemplo, é mais de 800 vezes maior!

À medida que o número n de subintervalos aumenta, a regra de Simpson se torna mais precisa do que as regras do ponto médio e do trapézio. Para uma dada integral definida, o erro nas regras do ponto médio e do trapézio é proporcional a $1/n^2$, de modo que o erro será dividido por 4 se dobrarmos n. Entretanto, o erro na regra de Simpson é proporcional a $1/n^4$, de modo que, dobrando n, o erro será dividido por 16 e, multiplicando n por um fator 10, o erro será dividido por 10.000.

É possível combinar as fórmulas das regras do ponto médio e do trapézio numa única fórmula para a regra de Simpson, usando que $S = (4M + 2T)/6$.

Regra de Simpson

$$\int_a^b f(x)\,dx \approx [f(a_0) + 4f(x_1) + 2f(a_1) + 4f(x_2) + 2f(a_2) \\ + \cdots + 2f(a_{n-1}) + 4f(x_n) + f(a_n)]\frac{\Delta x}{6}. \quad (4)$$

Distribuição de QIs Os psicólogos usam vários testes padronizados para medir a inteligência. O método mais comum utilizado para descrever os resultados desses testes é um quociente de inteligência, ou QI. Um QI é um número positivo que, em teoria, indica como a idade mental de uma pessoa se compara com a idade cronológica da pessoa. O QI mediano é fixado, arbitrariamente, em 100, de forma que metade da população tem um QI abaixo de 100 e metade acima. Os QIs são distribuídos de acordo com uma curva em forma de sino, denominada *curva normal*, esboçada na Figura 3. A proporção

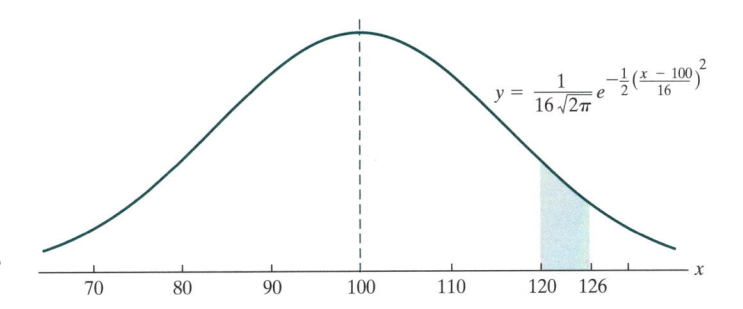

Figura 3 Proporção de QIs entre 120 e 126.

de todas as pessoas com QI entre A e B é dada pela área sob a curva de A até B, isto é, pela integral

$$\frac{1}{16\sqrt{2\pi}} \int_A^B e^{-(1/2)[(x-100)/16]^2}\, dx.$$

EXEMPLO 4 Obtenha uma estimativa da proporção de todas as pessoas com QI entre 120 e 126.

Solução Vimos que essa proporção é dada por

$$\frac{1}{16\sqrt{2\pi}} \int_{120}^{126} f(x)\, dx, \quad \text{em que } f(x) = e^{-(1/2)[(x-100)/16]^2}.$$

Aproximemos essa integral definida pela regra de Simpson com $n = 3$. Então $\Delta x = (126 - 120)/3 = 2$. As extremidades dos subintervalos são 120, 122, 124 e 126; os pontos médios desses subintervalos são 121, 123 e 125. A regra de Simpson dá

$$[f(120) + 4f(121) + 2f(122) + 4f(123) + 2f(124) + 4f(125) + f(126)]\frac{\Delta x}{6}$$

$$\approx [0{,}4578 + 1{,}6904 + 0{,}7771 + 1{,}4235 + 0{,}6493 + 1{,}1801 + 0{,}2671]\left(\frac{2}{6}\right)$$

$$\approx 2{,}1484.$$

Multiplicando essa estimativa por $1/(16\sqrt{2\pi})$, a constante na frente da integral, obtemos 0,0536. Assim, aproximadamente, 5,36% da população têm QIs entre 120 e 126. ∎

Interpretação geométrica das regras de aproximação Seja $f(x)$ uma função contínua não negativa de $a \leq x \leq b$. As regras de aproximação previamente discutidas podem ser interpretadas como métodos para estimar a área sob o gráfico de $f(x)$. A regra do ponto médio surge substituindo essa área por uma coleção de n retângulos, um acima de cada subintervalo, o primeiro tendo altura $f(x_1)$, o segundo altura $f(x_2)$, e assim por diante. (Ver Figura 4.)

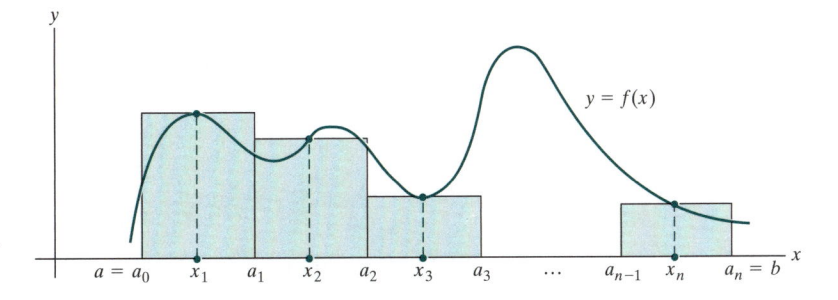

Figura 4 Uma aproximação por retângulos.

Se aproximarmos a área sob o gráfico de $f(x)$ por trapézios, como na Figura 5, veremos que a área total desses trapézios será o número dado pela regra do trapézio (o que explica a nomenclatura).

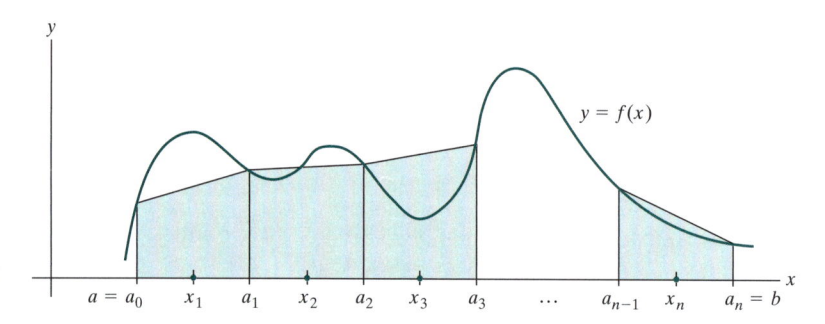

Figura 5 Uma aproximação por trapézios.

A regra de Simpson corresponde a aproximar o gráfico de $f(x)$ em cada subintervalo por uma parábola, em vez da reta nas regras do ponto médio e do trapézio. Em cada subintervalo, a parábola é escolhida de forma a intersectar o gráfico de $f(x)$ no ponto médio e em ambas extremidades do subintervalo. (Ver Figura 6.) Pode ser mostrado que a soma das áreas sob essas parábolas é o número dado pela regra de Simpson. Regras de aproximações ainda mais poderosas podem ser obtidas aproximando o gráfico de $f(x)$ em cada subintervalo por curvas cúbicas, ou por gráficos de polinômios de grau maior.

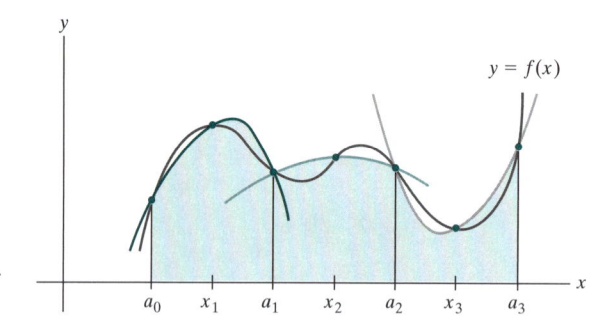

Figura 6 Uma aproximação por parábolas.

Análise do erro Uma medida simples do erro de uma aproximação de uma integral definida é a quantidade

$$|[\text{valor aproximado}] - [\text{valor exato}]|.$$

O teorema seguinte dá uma ideia de quão pequeno esse erro deve ser para as várias regras de aproximação. Num exemplo concreto, o erro verdadeiro de uma aproximação pode até ser substancialmente menor do que a "estimativa do erro" dada no teorema.

> **Teorema do erro da aproximação** Seja n o número de subintervalos usados numa aproximação da integral definida
>
> $$\int_a^b f(x)\,dx.$$
>
> **1.** O erro para a regra do ponto médio é, no máximo, $\dfrac{A(b-a)^3}{24n^2}$, onde A é um número tal que $|f''(x)| \leq A$, para cada x satisfazendo $a \leq x \leq b$.

Seção 9.4 • Aproximação de integrais definidas

> **2.** O erro para a regra do trapézio é, no máximo, $\dfrac{A(b-a)^3}{12n^2}$, onde A é um número tal que $|f''(x)| \leq A$, para cada x satisfazendo $a \leq x \leq b$.
>
> **3.** O erro para a regra de Simpson é, no máximo, $\dfrac{A(b-a)^5}{2.880n^4}$, onde A é um número tal que $|f''''(x)| \leq A$, para cada x satisfazendo $a \leq x \leq b$.

EXEMPLO 5 Obtenha uma estimativa para o erro usando a regra do trapézio com $n = 20$ para aproximar

$$\int_0^1 e^{x^2}\, dx.$$

Solução Aqui $a = 0$, $b = 1$ e $f(x) = e^{x^2}$. Derivando duas vezes, obtemos

$$f''(x) = (4x^2 + 2)e^{x^2}.$$

Quão grande poderia ser $|f''(x)|$ se x satisfaz $0 \leq x \leq 1$? Como a função $(4x^2 + 2)e^{x^2}$ é claramente crescente no intervalo de 0 até 1, seu maior valor ocorre em $x = 1$. (Ver Figura 7.) Logo, seu maior valor é

$$(4 \cdot 1^2 + 2)e^{1^2} = 6e,$$

de modo que podemos tomar $A = 6e$ no teorema precedente. O erro da aproximação obtida usando a regra do trapézio é, no máximo, de

$$\frac{6e(1-0)^3}{12(20)^2} = \frac{e}{800} \approx \frac{2{,}71828}{800} \approx 0{,}003398$$

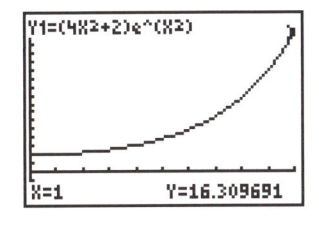

Figura 7

INCORPORANDO RECURSOS TECNOLÓGICOS

Aproximando integrais Na parte Incorporando Recursos Tecnológicos da Seção 6.2, vimos como usar as funções **sum** e **seq** da Ti-83/84 para calcular somas de Riemann. Aqui utilizamos essa técnica para demonstrar como implementar as aproximações discutidas nesta seção. Na Figura 8, usamos a regra do ponto médio como no Exemplo 1 e armazenamos o resultado como a variável M.

Na Figura 9, implementamos a regra do trapézio e armazenamos o resultado como a variável T. Aqui calculamos a primeira parcela separadamente, usamos **sum(seq** para somar as três parcelas do meio e depois calculamos a última parcela separadamente.

Figura 8 Os cálculos do Exemplo 1.

Figura 9 Os cálculos do Exemplo 2.

Figura 10 A regra de Simpson.

Na Figura 10, aplicamos a regra de Simpson para a mesma função e mostramos que o resultado é bem próximo do valor muito preciso dado por **fnInt**.

Também podemos utilizar a TI-83/84 para determinar um valor apropriado de A do teorema do erro da aproximação, encontrando o maior valor de $f''(x)$ ou $f''''(x)$. Na parte Incorporando Recursos Tecnológicos da Seção 2.2, explicamos como traçar o gráfico de derivadas. O método apresentado lá pode ser estendido facilmente para traçar o gráfico das derivadas segunda e quarta de uma função.

Exercícios de revisão 9.4

Nos exercícios, considere $\int_{1}^{3,4} (5x-9)^2\, dx$.

1. Divida o intervalo $1 \leq x \leq 3,4$ em três subintervalos. Liste Δx, as extremidades e os pontos médios dos subintervalos.
2. Aproxime a integral pela regra do ponto médio com $n = 3$.
3. Aproxime a integral pela regra do trapézio com $n = 3$.
4. Aproxime a integral pela regra de Simpson com $n = 3$.
5. Encontre o valor exato da integral por integração.

Exercícios 9.4

Nos Exercícios 1 e 2, divida o intervalo dado em n subintervalos e liste Δx e as extremidades $a_0, a_1,..., a_n$ dos subintervalos.

1. $3 \leq x \leq 5; n = 5$
2. $-1 \leq x \leq 2; n = 5$

Nos Exercícios 3 e 4, divida o intervalo dado em n subintervalos e liste Δx e os pontos médios $x_1,..., x_n$ dos subintervalos.

3. $-1 \leq x \leq 1; n = 4$
4. $0 \leq x \leq 3; n = 6$

Nos Exercícios 5 e 6, refira-se à Figura 11.

5. Esboce os retângulos que aproximam a área sob a curva de 0 até 8 usando a regra do ponto médio com $n = 4$.

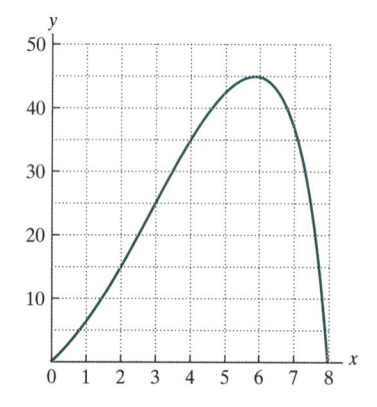

Figura 11

6. Aplique a regra do trapézio com $n = 4$ para obter uma estimativa da área sob a curva.

Nos Exercícios 7-10, aproxime a integral pela regra do ponto médio e, então, encontre o valor exato por integração. Dê sua resposta com cinco casas decimais.

7. $\int_{0}^{4} (x^2 + 5)\, dx; n = 2.4$
8. $\int_{1}^{5} (x - 1)^2\, dx; n = 2.4$
9. $\int_{0}^{1} e^{-x}\, dx; n = 5$
10. $\int_{1}^{2} \frac{1}{x+1}\, dx; n = 5$

Nos Exercícios 11-14, aproxime a integral pela regra do trapézio e, então, encontre o valor exato por integração. Dê sua resposta com cinco casas decimais.

11. $\int_{0}^{1} \left(x - \frac{1}{2}\right)^2 dx; n = 4$
12. $\int_{4}^{9} \frac{1}{x-3}\, dx; n = 5$
13. $\int_{1}^{5} \frac{1}{x^2}\, dx; n = 3$
14. $\int_{-1}^{1} e^{2x}\, dx; n = 2.4$

Nos Exercícios 15-20, aproxime a integral pelas regras do ponto médio, do trapézio e de Simpson. Depois, encontre o valor exato por integração. Dê sua resposta com cinco casas decimais.

15. $\int_{1}^{4} (2x - 3)^3\, dx; n = 3$
16. $\int_{10}^{20} \frac{\ln x}{x}\, dx; n = 5$
17. $\int_{0}^{2} 2xe^{x^2}\, dx; n = 4$
18. $\int_{0}^{3} x\sqrt{4-x}\, dx; n = 5$
19. $\int_{2}^{5} xe^x\, dx; n = 5$
20. $\int_{1}^{5} (4x^3 - 3x^2)\, dx; n = 2$

Nos Exercícios 21-24, a integral não pode ser calculada em termos de antiderivadas elementares. Encontre um valor aproximado pela regra de Simpson. Dê sua resposta com cinco casas decimais.

21. $\int_{0}^{2} \sqrt{1 + x^3}\, dx; n = 4$
22. $\int_{0}^{1} \frac{1}{x^3 + 1}\, dx; n = 2$
23. $\int_{0}^{2} \sqrt{\text{sen}\, x}\, dx; n = 5$
24. $\int_{-1}^{1} \sqrt{1 + x^4}\, dx; n = 4$

25. **Área** Num levantamento topográfico de uma propriedade litorânea, foram feitas medidas da distância até a praia a cada 50 metros ao longo de um lado de 200 metros. (Ver Figura 12.) Use a regra do trapézio para obter uma estimativa da área da propriedade.

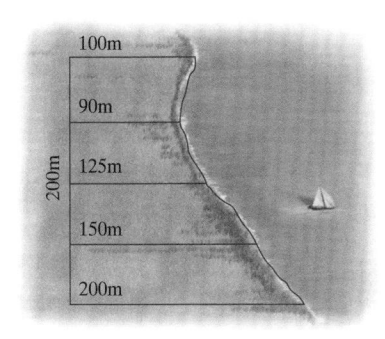

Figura 12 Levantamento de uma propriedade litorânea.

26. **Área** Para determinar o volume do fluxo de água de um determinado rio de 100 metros de largura, os engenheiros precisam saber a área da seção vertical do rio. As medidas da profundidade do rio foram feitas a cada 20 metros desde uma margem até a outra. As medidas obtidas foram 0, 2, 4, 6, 2, 0. Use a regra do trapézio para obter uma estimativa da área da seção transversal do rio.

27. **Distância percorrida** Após o lançamento, a leitura da velocidade de um foguete é registrada a cada segundo durante 10 segundos, foram 0, 30, 75, 115, 155, 200, 250, 300, 360, 420 e 490 pés por segundo. Use a regra do trapézio para obter uma estimativa da distância percorrida pelo foguete durante os 10 primeiros segundos. [*Sugestão*: se $s(t)$ é a distância e $v(t)$ é a velocidade no tempo t, então $s(10) = \int_0^{10} v(t)\, dt$.]

28. **Distância percorrida** Num passeio ao longo de uma estrada no campo, a leitura da velocidade (em milhas por hora, mph) é registrada a cada minuto durante 5 minutos.

Tempo (minutos)	0	1	2	3	4	5
Velocidade (mph)	33	32	28	30	32	35

Use a regra do trapézio para obter uma estimativa da distância percorrida durante os 5 minutos. [*Sugestão*: sendo o tempo medido em minutos, a velocidade deve ser expressa em distância por minuto. Por exemplo, 35 mph é $\frac{35}{60}$ milhas por minuto. Também veja a sugestão no Exercício 27.]

29. Considere $\int_0^2 f(x)\, dx$, com $f(x) = \frac{1}{12}x^4 + 3x^2$.
    (a) Esboce o gráfico de $f''(x)$ com $0 \le x \le 2$.
    (b) Encontre um número A tal que $|f''(x)| \le A$ para cada x satisfazendo $0 \le x \le 2$.
    (c) Obtenha uma cota do erro, usando a regra do ponto médio com $n = 10$ para aproximar a integral definida.
    (d) O valor exato da integral definida (com quatro casas decimais) é 8,5333 e a regra do ponto médio com $n = 10$ dá 8,5089. Qual é o erro da aproximação do ponto médio? Esse erro satisfaz a cota obtida na parte (c)?
    (e) Refaça a parte (c) com o número de intervalos dobrado para $n = 20$. A margem de erro foi reduzida à metade? À quarta parte?

30. Considere $\int_1^2 f(x)\, dx$, com $f(x) = 3 \ln x$.
    (a) Esboce o gráfico da derivada quarta de $f(x)$ com $1 \le x \le 2$.
    (b) Encontre um número A tal que $|f''''(x)|$ para cada x satisfazendo $1 \le x \le 2$.
    (c) Obtenha uma cota do erro, usando a regra de Simpson com $n = 2$ para aproximar a integral definida.
    (d) O valor exato da integral definida (com quatro casas decimais) é 1,1589 e a regra de Simpson com $n = 2$ dá 1,1588. Qual é o erro da aproximação de Simpson? Esse erro satisfaz a cota obtida na parte (c)?
    (e) Refaça a parte (c) com o número de intervalos triplicado para $n = 6$. A margem de erro reduziu-se à terça parte?

31. (a) Mostre que a área do trapézio da Figura 13(a) é $\frac{1}{2}(h + k)l$. [*Sugestão*: divida o trapézio num retângulo e num triângulo.]
    (b) Mostre que a área do primeiro trapézio à esquerda na Figura 13(b) é $\frac{1}{2}[f(a_0) + f(a_1)]\, \Delta x$.
    (c) Deduza a regra do trapézio no caso $n = 4$.

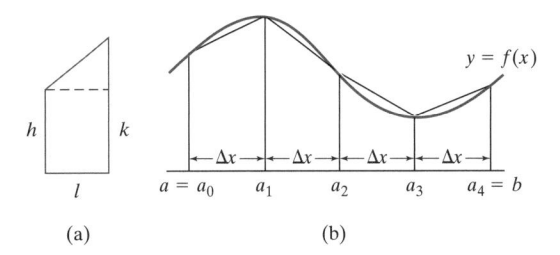

Figura 13 Dedução da regra do trapézio.

32. Aproxime o valor de $\int_a^b f(x)\, dx$, em que $f(x) \ge 0$, dividindo o intervalo $a \le x \le b$ em quatro subintervalos e construindo cinco retângulos. (Ver Figura 14.) Observe que a largura dos três retângulos internos é Δx, enquanto a largura dos dois retângulos externos é $\Delta x/2$. Calcule a soma das áreas desses cinco retângulos e compare essa soma com a regra do trapézio com $n = 4$.

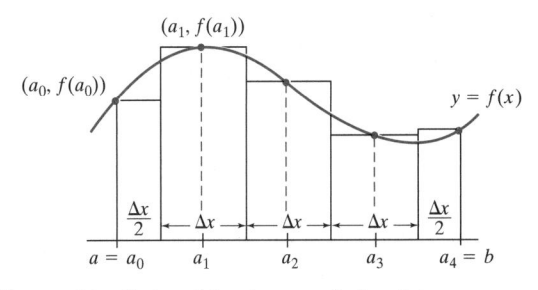

Figura 14 Outra visão da regra do trapézio.

33. (a) Suponha que o gráfico de $f(x)$ fique acima do eixo x e seja côncavo para baixo no intervalo $a_0 \leq x \leq a_1$. Seja x_1 o ponto médio desse intervalo, denote $\Delta x = a_1 - a_0$ e construa a reta tangente ao gráfico de $f(x)$ em $(x_1, f(x_1))$. [Ver Figura 15(a).] Mostre que a área do trapézio sombreado na Figura 15(a) é igual à área do retângulo sombreado na Figura 15(c), a saber, $f(x_1)\,\Delta x$. [*Sugestão*: observe e Figura 15(b).] Isso mostra que a área do retângulo da Figura 15(c) excede a área sob o gráfico de $f(x)$ no intervalo $a_0 \leq x \leq a_1$.

(b) Suponha que o gráfico de $f(x)$ fique acima do eixo x e seja côncavo para baixo em cada x do intervalo $a \leq x \leq b$. Explique por que $T \leq \int_a^b f(x)\,dx \leq M$, em que M e T são as aproximações dadas pelas regras do ponto médio e do trapézio, respectivamente.

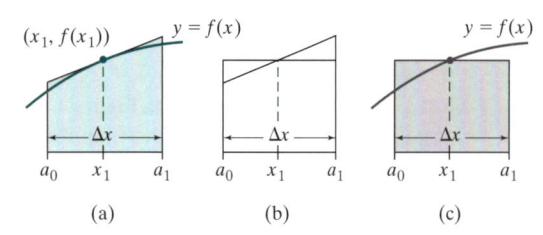

Figura 15

34. Derivação da fórmula do débito cardíaco por meio de somas de Riemann (ver Exemplo 3) Subdivida o intervalo $0 \leq t \leq 22$ em n subintervalos de comprimento $\Delta t = 22/n$ segundos. Seja t_i um ponto do i-ésimo subintervalo.

(a) Mostre que $(R/60)\,\Delta t \approx$ [número de litros de sangue fluindo pelo ponto de monitoração durante o i-ésimo intervalo de tempo].

(b) Mostre que $c(t_i)\,(R/60)\,\Delta t \approx$ [quantidade de contraste fluindo pelo ponto de monitoração durante o i-ésimo intervalo de tempo].

(c) Suponha que basicamente todo o contraste tenha fluido pelo ponto de monitoração durante os 22 segundos. Explique por que $D \approx (R/60)[c(t_1) + c(t_2) + \cdots + c(t_n)]\,\Delta t$, em que a aproximação melhora quando n fica grande.

(d) Conclua que $D = \int_0^{22} (R/60)\,c(t)\,dt$ e resolva para R.

Exercícios com calculadora

35. Na Figura 16, uma integral definida da forma $\int_a^b f(x)\,dx$ é aproximada pela regra do ponto médio. Determine $f(x)$, a, b e n.

Figura 16

36. Na Figura 17, uma integral definida da forma $\int_a^b f(x)\,dx$ é aproximada pela regra do trapézio. Determine $f(x)$, a, b e n.

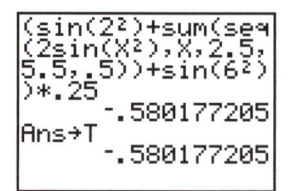

Figura 17

Nos Exercícios 37-40, aproxime a integral pelas regras do ponto médio, do trapézio e de Simpson com $n = 10$. Depois, encontre o valor exato por integração e dê o erro de cada aproximação. Dê sua resposta com toda a precisão fornecida pelo seu recurso computacional.

37. $\displaystyle\int_1^{11} \frac{1}{x}\,dx$

38. $\displaystyle\int_0^{\pi/2} \cos x\,dx$

39. $\displaystyle\int_0^{\pi/4} \sec^2 x\,dx$

40. $\displaystyle\int_0^1 2xe^{x^2}\,dx$

Nos Exercícios 41 e 42, refira-se à integral definida $\int_0^1 \dfrac{4}{1+x^2}\,dx$, cujo valor é π.

41. Suponha que seja usada a regra do ponto médio com $n = 20$ para obter uma estimativa de π. Trace o gráfico da derivada segunda da função na janela [0, 1] por [–10, 10] e, depois, use o gráfico para obter uma cota para o erro da estimativa.

42. Suponha que seja usada a regra do trapézio com $n = 15$ para obter uma estimativa de π. Trace o gráfico da derivada segunda da função na janela [0, 1] por [–10, 10] e, depois, use o gráfico para obter uma cota para o erro da estimativa.

Soluções dos exercícios de revisão 9.4

1. $\Delta x = (3,4 - 1)/3 = 2,4/3 = 8$. Cada subintervalo terá um comprimento de 0,8. Uma boa maneira de proceder é primeiro desenhar duas marcas que subdividam o intervalo em três subintervalos iguais. [Ver Figura 18(a).] Então, identificar as marcas sucessivamente somando 0,8 à extremidade esquerda. [Ver Figura 18(b).] O primeiro ponto médio pode ser obtido somando metade de 0,8 à extremidade esquerda. Então, soma-se 0,8 para obter o próximo ponto médio, e assim por diante. [Ver Figura 18(c).]

2. A regra do ponto médio usa só os pontos médios dos subintervalos.

$$\int_1^{3,4} (5x-9)^2\, dx \approx \{(5[1,4]-9)^2 + (5[2,2]-9)^2$$
$$+ (5[3]-9)^2\}(0,8)$$
$$= \{(-2)^2 + 2^2 + 6^2\}(0,8)$$
$$= 35,2.$$

3. A regra do trapézio usa só as extremidades dos subintervalos.

$$\int_1^{3,4} (5x-9)^2\, dx \approx \{(5[1]-9)^2 + 2(5[1,8]-9)^2$$
$$+ 2(5[2,6]-9)^2$$
$$+ (5[3,4]-9)^2\}\left(\frac{0,8}{2}\right)$$
$$= \{(-4)^2 + 2(0)^2 + 2(4)^2 + 8^2\}(0,4)$$
$$= 44,8.$$

4. Usando a fórmula $S = \dfrac{2M + T}{3}$, obtemos

$$\int_1^{3,4} (5x-9)^2\, dx \approx \frac{2(35,2) + 44,8}{3} = \frac{115,2}{3} = 38,4.$$

Essa aproximação também pode ser obtida diretamente com a fórmula (4), mas a Aritmética requer praticamente o mesmo trabalho do que calcular primeiro as aproximações pelas regras do ponto médio e do trapézio separadamente e depois combiná-las, como o fizemos aqui.

5. $\displaystyle\int_1^{3,4} (5x-9)^2\, dx = \frac{1}{15}(5x-9)^3\bigg|_1^{3,4}$

$$= \frac{1}{15}\left[8^3 - (-4)^3\right]$$
$$= 38,4.$$

(Observe que aqui a regra de Simpson dá a resposta exata. Isso ocorre porque a função integrada é um polinômio quadrático. De fato, a regra de Simpson dá o valor exato para a integral definida de qualquer polinômio de grau no máximo 3. A razão disso pode ser inferida a partir do **teorema do erro da aproximação**.)

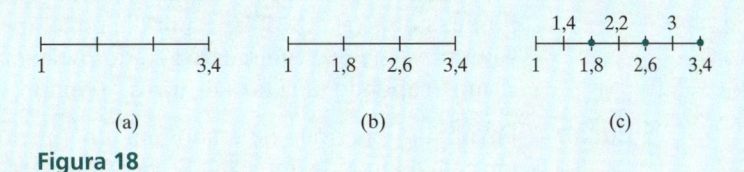

(a)   (b)   (c)

Figura 18

9.5 Algumas aplicações da integral

Lembre que a integral

$$\int_a^b f(t)\, dt$$

pode ser aproximada por uma soma de Riemann, como segue. Dividimos o eixo t de a até b em n subintervalos adicionando pontos intermediários $t_0, t_1, \ldots, t_{n-1}, t_n = b$.

Supomos que os pontos estejam igualmente espaçados, de forma que cada subintervalo tenha comprimento $\Delta t = (b-a)/n$. Para n grande, a integral é muito bem aproximada pela soma de Riemann

$$\int_a^b f(t)\, dt \approx f(t_1)\Delta t + f(t_2)\Delta t + \cdots + f(t_n)\Delta t.$$

A aproximação em (1) funciona em ambos os sentidos. Se encontrarmos uma soma de Riemann como a de (1), podemos aproximá-la pela integral correspondente. A aproximação torna-se melhor à medida que o número de subintervalos cresce, isto é, quando n fica grande. Assim, com n ficando grande, a soma tende ao valor da integral. Essa será a nossa abordagem nos exemplos seguintes.

Nossos primeiros dois exemplos envolvem o conceito de valor presente do dinheiro. Suponha que façamos um investimento que promete um retorno de A dólares no tempo t (medindo o presente como o tempo 0). Quanto deveríamos estar dispostos a pagar por tal investimento? Obviamente, não iríamos querer pagar tanto quanto A dólares, pois se tivéssemos A dólares agora, poderíamos investi-los à taxa de juros atual e, no tempo t, teríamos de volta nossos A dólares originais mais os juros acumulados. Em vez disso, deveríamos estar dispostos a pagar apenas um montante P que, investido por t anos, gerasse um retorno de A dólares. Dizemos que P é o *valor presente de A dólares em t anos*. No que segue, supomos composição contínua dos juros. Se a taxa de juros atual (anual) for r, então P dólares investidos por t anos gerarão um retorno de Pe^{rt} dólares. (Ver Seção 5.2.) Ou seja,

$$Pe^{rt} = A.$$

Assim, a fórmula do valor presente de A dólares em t anos à taxa de juros r é

$$P = Ae^{-rt}.$$

EXEMPLO 1 **Valor presente de um fluxo de rendimento** Considere uma pequena gráfica que faz a maioria de seu trabalho numa única impressora. Os lucros da firma são influenciados diretamente pela quantidade de material que a impressora pode produzir (supondo que outros fatores, como salários, sejam mantidos constantes). Podemos dizer que a impressora está produzindo um fluxo de rendimento contínuo para a gráfica. Naturalmente, a eficiência da impressora pode declinar à medida que envelheça. No tempo t, seja $K(t)$ a taxa anual de rendimento da impressora. [Isso significa que a impressora está produzindo $K(t) \cdot \frac{1}{365}$ dólares por dia no tempo t.] Encontre um modelo para o valor presente do rendimento gerados pela impressora ao longo dos próximos T anos, supondo uma taxa de juros r (compostos continuamente).

Solução Dividimos o período de T anos em n pequenos subintervalos de tempo, cada um com Δt anos de duração. (Se cada subintervalo fosse de 1 dia, por exemplo, então Δt seria igual a $\frac{1}{365}$.)

```
              |← Δt →|
    +----+----+---...---+----+---...----+
   t₀=0  t₁   t₂      t_{j-1} t_j       t_n = T
```

Consideremos, agora, o rendimento produzidos pela impressora durante um intervalo de tempo pequeno, de t_{j-1} a t_j. Como Δt é pequeno, a taxa $K(t)$ do rendimento da produção varia apenas por um montante insignificante nesse subintervalo e pode ser considerado aproximadamente igual a $K(t_j)$. Como $K(t_j)$ dá uma taxa de rendimento anual, o rendimento efetivo produzido durante o período de Δt anos é $K(t_j)\,\Delta t$. Esse rendimento será produzido, aproximadamente, no tempo t_j (isto é, a t_j anos de $t = 0$), portanto, seu valor presente é

$$[K(t_j)\,\Delta t]e^{-rt_j}.$$

O valor presente do rendimento total produzido ao longo do período de T anos é a soma dos valores presentes dos montantes produzidos durante cada subintervalo, isto é,

$$K(t_1)e^{-rt_1}\Delta t + K(t_2)e^{-rt_2}\Delta t + \cdots + K(t_n)e^{-rt_n}\Delta t. \qquad (2)$$

À medida que o número de subintervalos aumenta, o comprimento Δt de cada subintervalo torna-se pequeno e a soma em (2) tende à integral

$$\int_0^T K(t)e^{-rt}\, dt. \qquad (3)$$

Dizemos que essa quantidade é o *valor presente do fluxo de rendimento* produzido pela impressora ao longo do período de $t = 0$ até $t = T$ anos. (A taxa de juros r usada para calcular o valor presente costuma ser denominada *taxa interna de retorno* da companhia.) ∎

O conceito de valor presente de um fluxo de rendimento contínuo é uma ferramenta importante no processo decisório da administração de uma companhia que envolva a seleção ou substituição de equipamento. Também é útil na análise de várias oportunidades de investimento. Mesmo quando $K(t)$ é uma função simples, o cálculo da integral em (3) normalmente requer técnicas especiais, como a integração por partes, como veremos no exemplo seguinte.

EXEMPLO 2 Uma companhia estima que a receita produzida por uma máquina no tempo t seja de $5000 - 100t$ dólares por ano. Encontre o valor presente desse fluxo de rendimento contínuo ao longo dos próximos 4 anos à taxa de juros de 16%.

Solução Usamos a fórmula (3) com $K(t) = 5000 - 100t$, $T = 4$ e $r = 0{,}16$. O valor presente desse fluxo de rendimento é

$$\int_0^4 (5.000 - 100t)e^{-0{,}16t}\, dt.$$

Usando integração por partes, com $f(t) = 5000 - 100t$ e $g(t) = e^{-0{,}16t}$, vemos que a integral precedente é igual a

$$(5000 - 100t)\frac{1}{-0{,}16}e^{-0{,}16t}\Big|_0^4 - \int_0^4 (-100)\frac{1}{-0{,}16}e^{-0{,}16t}\, dt$$

$$\approx 16.090 - \frac{100}{0{,}16}\cdot\frac{1}{-0{,}16}e^{-0{,}16t}\Big|_0^4$$

$$\approx 16.090 - 1.847 = \$14.243. \qquad ∎$$

Uma pequena modificação na discussão do Exemplo 1 fornece o resultado geral a seguir enunciado.

Valor presente de um fluxo de rendimento contínuo

$$[\text{valor presente}] = \int_{T_1}^{T_2} K(t)e^{-rt}\, dt,$$

onde

1. $K(t)$ dólares por ano é a taxa anual dos rendimentos no tempo t,
2. r é a taxa de juros anual do investimento em dinheiro,
3. T_1 até T_2 (anos) é o período de tempo do fluxo de rendimento.

EXEMPLO 3 **Um modelo demográfico** Foi constatado* que, em 1940, a densidade populacional a t milhas do centro da cidade de Nova York era de aproximadamente

---

* C. Clark, "Urban Population Densities," *Journal of the Royal Statistical Society*, Series A, 114 (1951), 490-496. Ver também M. J. White, "On Cumulative Urban Growth and Urban Density Functions," *Journal of Urban Economics*, 4 (1977), 104-112.

$120e^{-0,2t}$ mil pessoas por milha quadrada. Obtenha uma estimativa do número de pessoas que viviam a menos de 2 milhas do centro de Nova York em 1940.

Solução Escolha uma linha reta fixada começando no centro da cidade ao longo da qual mediremos a distância. Subdivida essa linha de $t = 0$ até $t = 2$ num número grande de subintervalos, cada um de comprimento Δt. Cada subintervalo determina um anel. (Ver Figura 1.)

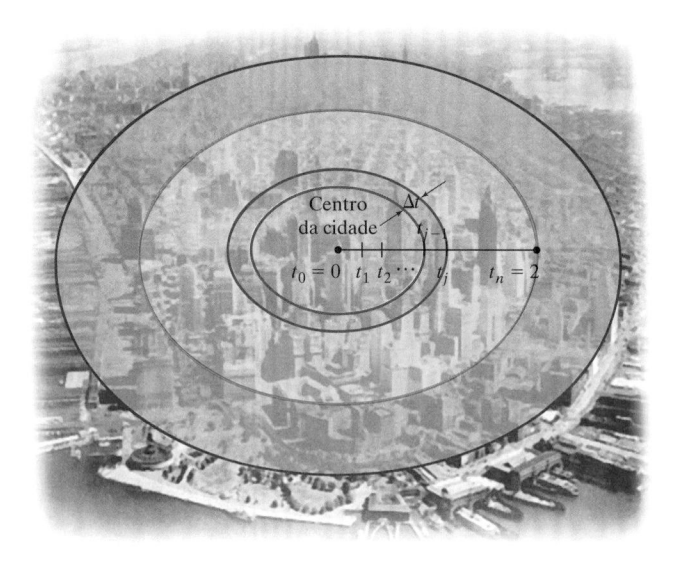

Figura 1 Um anel em torno do centro da cidade.

Vamos estimar a população em cada anel e, então, somar essas populações para obter a população total. Suponha que j seja um índice variando entre 1 e n. Se o círculo exterior do j-ésimo anel estiver a uma distância t_j do centro, o círculo interno desse anel estará a uma distância $t_{j-1} = t_j - \Delta t$ do centro. A área do j-ésimo anel é

$$\pi t_j^2 - \pi t_{j-1}^2 = \pi t_j^2 - \pi(t_j - \Delta t)^2$$
$$= \pi t_j^2 - \pi[t_j^2 - 2t_j \Delta t + (\Delta t)^2]$$
$$= 2\pi t_j \Delta t - \pi(\Delta t)^2.$$

Suponha que Δt seja bem pequeno. Então $\pi(\Delta t)^2$ é muito menor do que $2\pi t_j \Delta t$. Portanto, a área desse anel está bem próxima de $2\pi t_j \Delta t$.

No interior do j-ésimo anel, a densidade de pessoas é de cerca de $120e^{-0,2t}$ mil pessoas por milha quadrada. Assim, o número de pessoas nesse anel é, aproximadamente,

[densidade populacional] · [área do anel] $\approx 120e^{-0,2t_j} \cdot 2\pi t_j \Delta t$
$$= 240\pi t_j e^{-0,2t_j} \Delta t.$$

Somando as populações de todos os anéis, obtemos um total de

$$240\pi t_1 e^{-0,2t_1} \Delta t + 240\pi t_2 e^{-0,2t_2} \Delta t + \cdots + 240\pi t_n e^{-0,2t_n} \Delta t,$$

que é uma soma de Riemann da função $f(t) = 240\pi t e^{-0,2t}$ no intervalo de $t = 0$ até $t = 2$. Essa aproximação da população torna-se melhor à medida que o número n aumenta. Assim, o número de pessoas (em milhares) que viviam a menos de 2 milhas do centro da cidade era de

$$\int_0^2 240\pi t e^{-0,2t} \, dt = 240\pi \int_0^2 t e^{-0,2t} \, dt.$$

A última integral pode ser calculada via integração por partes para obter

$$240\pi \int_0^2 te^{-0,2t}\,dt = 240\pi \left.\frac{te^{-0,2t}}{-0,2}\right|_0^2 - 240\pi \int_0^2 \frac{e^{-0,2t}}{-0,2}\,dt$$

$$= -2.400\pi e^{-0,4} + 1.200\pi \left.\left(\frac{e^{-0,2t}}{-0,2}\right)\right|_0^2$$

$$= -2.400\pi e^{-0,4} + (-6.000\pi e^{-0,4} + 6.000\pi)$$

$$\approx 1.160.$$

Assim, em 1940, aproximadamente 1.160.000 pessoas viviam a menos de 2 milhas do centro da cidade de Nova York. ■

Um argumento análogo ao do Exemplo 3 leva ao resultado seguinte.

População total num anel em torno do centro da cidade

$$[\text{população}] = \int_a^b 2\pi t D(t)\,dt,$$

onde
1. $D(t)$ é a densidade populacional (em pessoas por milha quadrada) à distância de t milhas do centro da cidade.
2. O anel inclui todas as pessoas que moram a uma distância entre a e b milhas do centro da cidade.

Exercícios 9.5

1. Encontre o valor presente de um fluxo de rendimento contínuo no período de 5 anos se a taxa anual dos rendimentos é constante igual a $35.000 e a taxa de juros é de 7%.

2. Um fluxo de rendimento contínuo está sendo produzido à taxa anual constante de $60.000. Encontre o valor presente do fluxo de rendimento gerado durante o tempo de $t = 2$ até $t = 6$ anos, à taxa de juros de 6%.

3. Encontre o valor presente de um fluxo de rendimento contínuo ao longo do período de $t = 1$ até $t = 5$ anos se a taxa de juros é de 10% e o fluxo de rendimento está sendo produzido à taxa anual constante de $12.000.

4. Encontre o valor presente de um fluxo de rendimento contínuo no período de 4 anos se o fluxo de rendimento é de $25e^{-0,02t}$ mil dólares anuais e a taxa de juros é de 8%.

5. Encontre o valor presente de um fluxo de rendimento contínuo no período de 3 anos se o fluxo de rendimento é de $80e^{-0,08t}$ mil dólares anuais no tempo t e a taxa de juros é de 11%.

6. Um fluxo de rendimento contínuo está sendo produzido à taxa de $20e^{1-0,09t}$ mil dólares anuais no tempo t e o dinheiro investido rende 6% de juros.
   (a) Escreva uma integral definida que dê o valor presente desse fluxo de rendimento no período de $t = 2$ até $t = 5$ anos.
   (b) Calcule o valor presente descrito na parte (a).

7. Suponha que o rendimento líquido de uma certa companhia tenda a aumentar a cada ano, sendo gerados, no tempo t, à taxa de $30 + 5t$ milhões de dólares anuais.
   (a) Escreva uma integral definida que dê o valor presente dos rendimentos dessa companhia nos dois próximos anos, usando a taxa de juros de 10%.
   (b) Calcule o valor presente descrito na parte (a).

8. Encontre o valor presente de um fluxo de rendimento contínuo gerados nos próximos 2 anos à taxa de $50 + 7t$ mil dólares anuais no tempo t, usando a taxa de juros de 10%.

9. **Um modelo demográfico** A densidade populacional da cidade de Filadélfia, EUA, a t milhas do centro da cidade era de $120e^{-0,65t}$ mil pessoas por milha quadrada em 1900.
   (a) Escreva uma integral definida cujo valor seja igual ao número de pessoas (em milhares) que moravam a menos de 5 milhas do centro da cidade.
   (b) Calcule a integral definida da parte (a).

10. Continuação do Exercício 9. Calcule o número de pessoas que moravam a uma distância entre 3 e 5 milhas do centro da cidade.

11. Continuação do Exercício 9. A densidade populacional de Filadélfia, em 1940, era dada pela função $60e^{-0,4t}$. Calcule o número de pessoas que moravam a menos de

5 milhas do centro da cidade. Esboce os gráficos das densidades populacionais da Filadélfia em 1900 e 1940 num mesmo sistema de eixos coordenados. Qual é a tendência sugerida pelos gráficos?

12. **Um modelo ecológico** Um vulcão entra em erupção e espalha lava em todas as direções. A densidade dos depósitos à distância de t quilômetros do centro é de $D(t)$ mil toneladas por quilômetro quadrado, sendo $D(t) = 11(t^2 + 10)^{-2}$. Encontre a tonelagem de lava depositada a uma distância entre 1 e 10 quilômetros do centro.

13. Suponha que a função densidade da população de uma cidade seja $40e^{-0,5t}$ mil pessoas por quilômetro quadrado. Seja $P(t)$ a população total que vive a menos de t quilômetros do centro da cidade e seja Δt um número positivo pequeno.

    (a) Considere um anel ao redor da cidade cujo círculo interno esteja a t quilômetros e o círculo externo esteja a $t + \Delta t$ quilômetros. No texto, vimos que a área desse anel é de, aproximadamente, $2\pi t \, \Delta t$ quilômetros quadrados. Quantas pessoas moram nesse anel, aproximadamente? (A resposta envolverá t e Δt.)

    (b) O quociente
    $$\frac{P(t + \Delta t) - P(t)}{\Delta t}$$
    tende a qual valor quando Δt tende a zero?

    (c) O que representa a quantidade $P(5 + \Delta t) - P(5)$?

    (d) Use as partes (a) e (c) para encontrar uma fórmula para
    $$\frac{P(t + \Delta t) - P(t)}{\Delta t}$$
    e, a partir dela, obtenha uma fórmula aproximada para a derivada $P'(t)$. Essa fórmula dá a taxa de variação da população total em relação à distância t do centro da cidade.

    (e) Dados dois números positivos a e b, encontre uma fórmula, envolvendo uma integral definida, para o número de pessoas que vivem na cidade entre a e b quilômetros do centro da cidade. [*Sugestão*: use a parte (d) e o teorema fundamental do cálculo para calcular $P(b) - P(a)$.]

9.6 Integrais impróprias

Nas aplicações do Cálculo, especialmente à Estatística, com frequência é necessário considerar a área de uma região que se estende indefinidamente para a direita ou para a esquerda ao longo do eixo x. Algumas dessas regiões aparecem na Figura 1. Observe que não é necessariamente infinita a área sob uma curva que se entende indefinidamente ao longo do eixo x. As áreas de tais regiões "infinitas" podem ser calculadas usando *integrais impróprias*.

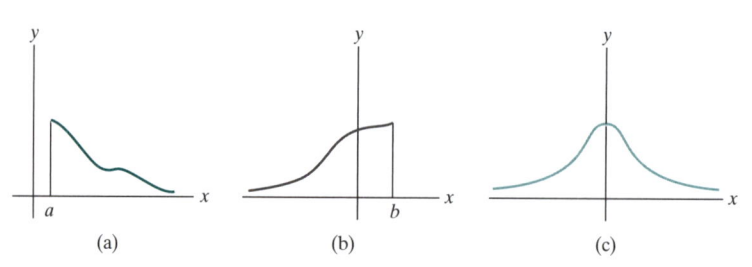

Figura 1

Para motivar a ideia de integral imprópria, tentemos calcular a área sob a curva $y = 3/x^2$ à direita de $x = 1$. (Ver Figura 2.)

Inicialmente calculamos a área sob o gráfico dessa função de $x = 1$ até $x = b$, com b algum número maior do que 1. [Ver Figura 3(a).] Então examinamos como a área cresce à medida que b fica maior. [Ver Figuras 3(b) e (c).] A área de 1 até b é dada por

$$\int_1^b \frac{3}{x^2} \, dx = -\frac{3}{x}\Big|_1^b = \left(-\frac{3}{b}\right) - \left(-\frac{3}{1}\right) = 3 - \frac{3}{b}.$$

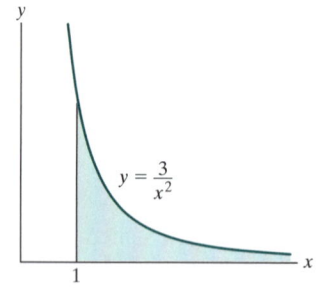

Figura 2

Quando b é grande, $3/b$ é pequeno e a integral é quase igual a 3. Ou seja, a área sob a curva de 1 até b é quase igual a 3. (Ver Tabela 1.) De fato, a área fica arbitrariamente próxima de 3 quando b cresce. Assim, é razoável dizer que a região sob a curva $y = 3/x^2$ com $x \geq 1$ tem área 3.

Seção 9.6 • Integrais impróprias

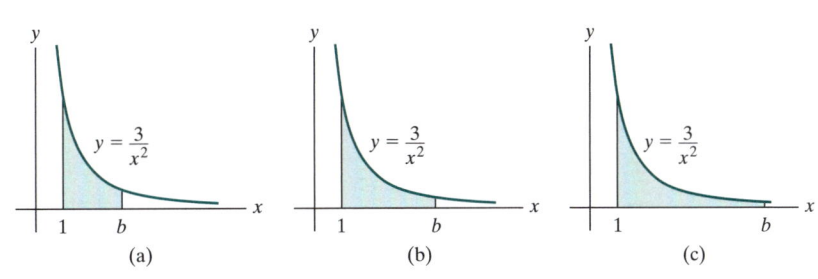

Figura 3

TABELA 1 Valor de uma área "infinitamente longa" como um limite

b	Área = $\int_1^b \frac{3}{x^2}\,dx = 3 - \frac{3}{b}$
10	2,7000
100	2,9700
1.000	2,9970
10.000	2,9997

Lembre que, no Capítulo 1, escrevemos $b \to \infty$ como uma notação para "b se torna arbitrariamente grande, sem cota". Então, para expressar o fato de que o valor de

$$\int_1^b \frac{3}{x^2}\,dx$$

tende a 3 com $b \to \infty$, escrevemos

$$\int_1^\infty \frac{3}{x^2}\,dx = \lim_{b \to \infty} \int_1^b \frac{3}{x^2}\,dx = 3.$$

Dizemos que $\int_1^\infty \frac{3}{x^2}\,dx$ é uma *integral imprópria* porque o limite superior da integral é ∞ (infinito), em vez de um número finito.

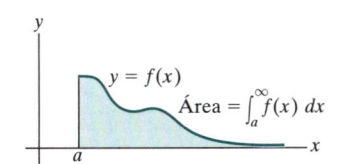

Figura 4 A área definida por uma integral imprópria.

> **DEFINIÇÃO** Seja a fixado e suponha que $f(x)$ seja uma função não negativa em $x \geq a$. Se $\lim_{b\to\infty} \int_a^b f(x)\,dx = L$, definimos
>
> $$\int_a^\infty f(x)\,dx = \lim_{b\to\infty} \int_a^b f(x)\,dx = L.$$
>
> Dizemos que a integral imprópria $\int_a^\infty f(x)\,dx$ é *convergente* e que a região sob a curva $y = f(x)$ com $x \geq a$ tem área L. (Ver Figura 4.)

É possível considerar integrais impróprias em que $f(x)$ toma valores tanto positivos como negativos. Entretanto, consideramos apenas funções não negativas, que é o caso que ocorre na maioria das aplicações.

EXEMPLO 1

Encontre a área sob a curva $y = e^{-x}$ com $x \geq 0$. (Ver Figura 5.)

Solução Devemos calcular a integral imprópria

$$\int_0^\infty e^{-x}\, dx.$$

Figura 5

Tomamos $b > 0$ e calculamos

$$\int_0^b e^{-x}\, dx = -e^{-x}\Big|_0^b = (-e^{-b}) - (-e^0) = 1 - e^{-b} = 1 - \frac{1}{e^b}.$$

Agora consideramos o limite com $b \to \infty$ e observamos que $1/e^b$ tende a zero. Assim,

$$\int_0^\infty e^{-x}\, dx = \lim_{b\to\infty} \int_0^b e^{-x}\, dx = \lim_{b\to\infty}\left(1 - \frac{1}{e^b}\right) = 1.$$

Portanto, a região na Figura 5 tem área 1. ∎

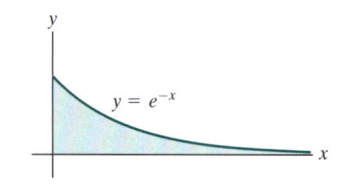

EXEMPLO 2

Calcule a integral imprópria

$$\int_7^\infty \frac{1}{(x-5)^2}\, dx.$$

Solução

$$\int_7^b \frac{1}{(x-5)^2}\, dx = -\frac{1}{x-5}\Big|_7^b = -\frac{1}{b-5} - \left(-\frac{1}{7-5}\right) = \frac{1}{2} - \frac{1}{b-5}.$$

Quando $b \to \infty$, a fração $1/(b-5)$ tende a zero, logo,

$$\int_7^\infty \frac{1}{(x-5)^2}\, dx = \lim_{b\to\infty}\int_7^b \frac{1}{(x-5)^2}\, dx = \lim_{b\to\infty}\left(\frac{1}{2} - \frac{1}{b-5}\right) = \frac{1}{2}. \quad\blacksquare$$

Nem toda integral imprópria é convergente. Se o valor de $\int_a^b f(x)\, dx$ não tem um limite com $b \to \infty$, não podemos associar valor numérico algum a $\int_a^\infty f(x)\, dx$ e dizemos que a integral imprópria $\int_a^\infty f(x)\, dx$ é *divergente*.

EXEMPLO 3

Mostre que

$$\int_1^\infty \frac{1}{\sqrt{x}}\, dx$$

é divergente.

Solução Para $b > 1$ temos

$$\int_1^b \frac{1}{\sqrt{x}}\, dx = 2\sqrt{x}\Big|_1^b = 2\sqrt{b} - 2.$$

Quando $b \to \infty$, a quantidade $2\sqrt{b}-2$ cresce sem cota, ou seja, $2\sqrt{b}-2$ pode ser tomado maior do que qualquer número específico. Portanto, $\int_1^b \frac{1}{\sqrt{x}}\, dx$ não tem limite com $b \to \infty$, de modo que $\int_1^\infty \frac{1}{\sqrt{x}}\, dx\, dx$ é divergente. ∎

Em alguns casos, é necessário considerar integrais impróprias da forma

$$\int_{-\infty}^b f(x)\, dx.$$

Seja b fixado e examinemos o valor de $\int_a^b f(x)\,dx$ com $a \to \infty$, isto é, quando a se move indefinidamente para a esquerda na reta numérica. Se $\lim_{a \to -\infty} \int_a^b f(x)\,dx = L$, dizemos que a integral imprópria $\int_{-\infty}^b f(x)\,dx$ é *convergente* e escrevemos

$$\int_{-\infty}^b f(x)\,dx = L.$$

Caso contrário, a integral imprópria é divergente. Uma integral da forma $\int_{-\infty}^b f(x)\,dx$ pode ser usada para calcular a área de uma região como a que aparece na Figura 1(b).

EXEMPLO 4 Determine se $\int_{-\infty}^0 e^{5x}\,dx$ é convergente. Se for, encontre seu valor.

Solução $\int_{-\infty}^0 e^{5x}\,dx = \lim_{a \to -\infty} \int_a^0 e^{5x}\,dx = \lim_{a \to -\infty} \frac{1}{5} e^{5x} \Big|_a^0 = \lim_{a \to -\infty} \left(\frac{1}{5} - \frac{1}{5} e^{5a} \right).$

Quando $a \to -\infty$, e^{5a} tende a 0, logo $\frac{1}{5} - \frac{1}{5} e^{5a}$ tende a $\frac{1}{5}$. Assim, a integral imprópria converge e tem valor $\frac{1}{5}$. ∎

As áreas de regiões que se estendem indefinidamente para a direita *e* para a esquerda, como a região da Figura 1(c), são calculadas usando integrais impróprias da forma

$$\int_{-\infty}^\infty f(x)\,dx.$$

Definimos uma integral dessas como tendo o valor

$$\int_{-\infty}^0 f(x)\,dx + \int_0^\infty f(x)\,dx,$$

desde que as duas últimas integrais impróprias convirjam.

Uma área importante que surge na teoria de probabilidades é a área sob a curva conhecida por curva normal, cuja equação é

$$y = \frac{1}{\sqrt{2\pi}} e^{-x^2/2}.$$

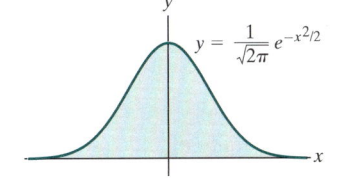

Figura 6 A curva normal padrão.

(Ver Figura 6.) É de fundamental importância para a teoria de probabilidades que essa área seja 1. Em termos de uma integral imprópria, esse fato pode ser escrito como

$$\int_{-\infty}^\infty \frac{1}{\sqrt{2\pi}} e^{-x^2/2}\,dx = 1.$$

A prova desse resultado está além do alcance deste livro.

INCORPORANDO RECURSOS TECNOLÓGICOS

Integrais impróprias Embora as calculadoras gráficas não saibam dizer se alguma integral imprópria converge, podemos usar a calculadora para obter indicações confiáveis sobre o comportamento da integral. Basta olhar para valores de $\int_a^b f(x)\,dx$ com b crescente. As Figuras 7(a) e (b), criadas tomando `Y₁ = fnInt(e^(-X), X, 0, X)`, dão evidência convincente de que o valor da integral imprópria do Exemplo 1 é 1. O x final em `fnInt(e^(-X), X, 0, X)` é o limite superior da integração, isto é, b. ∎

Capítulo 9 • Técnicas de integração

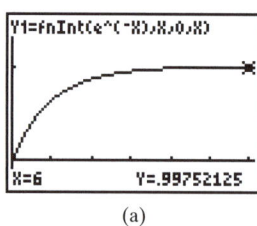

Figura 7

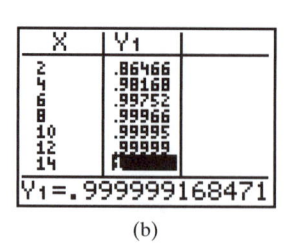

Exercícios de revisão 9.6

1. Será que $1 - 2(1 - 3b)^{-4}$ tende a algum limite com $b \to \infty$?
2. Calcule $\displaystyle\int_1^\infty \frac{x^2}{x^3 + 8}\, dx$.
3. Calcule $\displaystyle\int_{-\infty}^{-2} \frac{1}{x^4}\, dx$.

Exercícios 9.6

Nos Exercícios 1-12, determine se a expressão dada tende a algum limite com $b \to \infty$; se tender, encontre esse número.

1. $\dfrac{5}{b}$
2. b^2
3. $-3e^{2b}$
4. $\dfrac{1}{b} + \dfrac{1}{3}$
5. $\dfrac{1}{4} - \dfrac{1}{b^2}$
6. $\dfrac{1}{2}\sqrt{b}$
7. $2 - (b + 1)^{-1/2}$
8. $5 - (b - 1)^{-1}$
9. $5(b^2 + 3)^{-1}$
10. $4(1 - b^{-3/4})$
11. $e^{-b/2} + 5$
12. $2 - e^{-3b}$

13. Encontre a área sob o gráfico de $y = 1/x^2$ com $x \geq 2$.
14. Encontre a área sob o gráfico de $y = (x + 1)^{-2}$ com $x \geq 0$.
15. Encontre a área sob o gráfico de $y = e^{-x/2}$ com $x \geq 0$.
16. Encontre a área sob o gráfico de $y = 4e^{-4x}$ com $x \geq 0$.
17. Encontre a área sob o gráfico de $y = (x + 1)^{-3/2}$ com $x \geq 3$.
18. Encontre a área sob o gráfico de $y = (2x + 6)^{-4/3}$ com $x \geq 1$. (Ver Figura 8.)

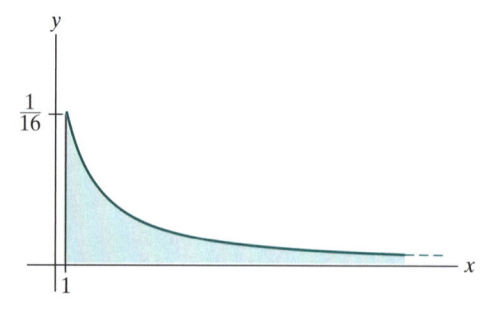

Figura 8

19. Mostre que não existe número finito algum associado à área da região sob o gráfico de $y = (14x + 18)^{-4/5}$ com $x \geq 1$. (Ver Figura 9.)

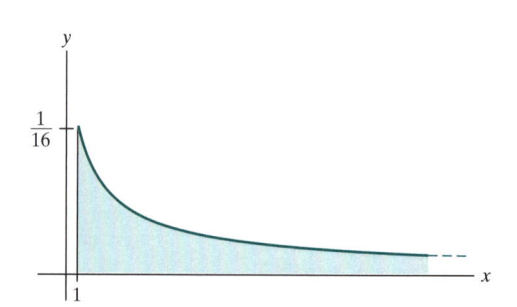

Figura 9

20. Mostre que não existe número finito algum associado à área da região sob o gráfico de $y = (x - 1)^{-1/3}$ com $x \geq 2$.

Nos Exercícios 21-44, calcule a integral imprópria se for convergente.

21. $\displaystyle\int_1^\infty \frac{1}{x^3}\, dx$
22. $\displaystyle\int_1^\infty \frac{2}{x^{3/2}}\, dx$
23. $\displaystyle\int_0^\infty \frac{1}{(2x + 3)^2}\, dx$
24. $\displaystyle\int_0^\infty e^{-3x}\, dx$
25. $\displaystyle\int_0^\infty e^{2x}\, dx$
26. $\displaystyle\int_0^\infty (x^2 + 1)\, dx$
27. $\displaystyle\int_2^\infty \frac{1}{(x - 1)^{5/2}}\, dx$
28. $\displaystyle\int_2^\infty e^{2-x}\, dx$
29. $\displaystyle\int_0^\infty 0{,}01 e^{-0{,}01x}\, dx$
30. $\displaystyle\int_0^\infty \frac{4}{(2x + 1)^3}\, dx$
31. $\displaystyle\int_0^\infty 6e^{1-3x}\, dx$
32. $\displaystyle\int_1^\infty e^{-0{,}2x}\, dx$
33. $\displaystyle\int_3^\infty \frac{x^2}{\sqrt{x^3 - 1}}\, dx$
34. $\displaystyle\int_2^\infty \frac{1}{x \ln x}\, dx$
35. $\displaystyle\int_0^\infty x e^{-x^2}\, dx$
36. $\displaystyle\int_0^\infty \frac{x}{x^2 + 1}\, dx$

37. $\int_0^\infty 2x(x^2+1)^{-3/2}\,dx$ **38.** $\int_1^\infty (5x+1)^{-4}\,dx$

39. $\int_{-\infty}^0 e^{4x}\,dx$ **40.** $\int_{-\infty}^0 \dfrac{8}{(x-5)^2}\,dx$

41. $\int_{-\infty}^0 \dfrac{6}{(1-3x)^2}\,dx$ **42.** $\int_{-\infty}^0 \dfrac{1}{\sqrt{4-x}}\,dx$

43. $\int_0^\infty \dfrac{e^{-x}}{(e^{-x}+2)^2}\,dx$ **44.** $\int_{-\infty}^\infty \dfrac{e^{-x}}{(e^{-x}+2)^2}\,dx$

45. Se $k > 0$, mostre que $\int_0^\infty ke^{-kx}\,dx = 1$.

46. Se $k > 0$, mostre que $\int_1^\infty \dfrac{k}{x^{k+1}}\,dx = 1$.

47. Se $k > 0$, mostre que $\int_e^\infty \dfrac{k}{x(\ln x)^{k+1}}\,dx = 1$.

O valor capital de um ativo, como uma máquina, às vezes é definido como o valor presente de todos os rendimentos líquidos futuros. (Ver Seção 9.5.) O tempo de vida exato desse ativo pode não ser conhecido e, como alguns podem durar indefinidamente, o valor capital do ativo pode ser escrito na forma

$$[\text{Valor capital}] = \int_0^\infty K(t)e^{-rt}\,dt,$$

onde r é a taxa de juros anual, compostos continuamente.

48. Encontre o valor capital de um ativo que gera rendimentos à taxa de $5.000 por ano, considerando a taxa de juros de 10%.

49. Construa uma fórmula para o valor capital de uma propriedade alugada que vai gerar um fluxo de rendimento fixado à taxa de K dólares por ano indefinidamente, considerando a taxa de juros anual de r.

50. Suponha que uma grande fazenda com um reservatório subterrâneo conhecido de gás natural venda os direitos de exploração desse gás a uma companhia em troca de um pagamento garantido à taxa de $10.000e^{0,04t}$ dólares por ano. Encontre o valor presente desse fluxo de rendimento perpétuo, considerando a taxa de juros de 12% compostos continuamente.

Soluções dos exercícios de revisão 9.6

1. A expressão $1 - 2(1-3b)^{-4}$ também pode ser escrita na forma

$$1 - \dfrac{2}{(1-3b)^4}.$$

Quando b for grande, $(1-3b)^4$ é muito grande, logo $2/(1-3b)^4$ é muito pequeno. Assim, $1 - 2(1-3b)^{-4}$ tende a 1 com $b \to \infty$.

2. O primeiro passo é encontrar uma antiderivada de $x^2/(x^3+8)$. Usando a substituição $u = x^3+8$, $du = 3x^2\,dx$, obtemos

$$\int \dfrac{x^2}{x^3+8}\,dx = \dfrac{1}{3}\int \dfrac{1}{u}\,du$$
$$= \dfrac{1}{3}\ln|u| + C$$
$$= \dfrac{1}{3}\ln|x^3+8| + C.$$

Agora,

$$\int_1^b \dfrac{x^2}{x^3+8}\,dx = \dfrac{1}{3}\ln|x^3+8|\Big|_1^b$$
$$= \dfrac{1}{3}\ln(b^3+8) - \dfrac{1}{3}\ln 9.$$

Finalmente, examinamos o que acontece com $b \to \infty$. Certamente, $b^3 + 8$ fica arbitrariamente grande, logo $\ln(b^3+8)$ também deve ficar arbitrariamente grande. Portanto,

$$\int_1^b \dfrac{x^2}{x^3+8}\,dx$$

não tem limite com $b \to \infty$ e a integral imprópria

$$\int_1^\infty \dfrac{x^2}{x^3+8}\,dx$$

é divergente.

3.
$$\int_a^{-2} \dfrac{1}{x^4}\,dx = \int_a^{-2} x^{-4}\,dx$$
$$= \dfrac{x^{-3}}{-3}\bigg|_a^{-2} = \dfrac{1}{-3x^3}\bigg|_a^{-2}$$
$$= \dfrac{1}{-3(-2)^3} - \left(\dfrac{1}{-3\cdot a^3}\right)$$
$$= \dfrac{1}{24} + \dfrac{1}{3a^3}$$

$$\int_{-\infty}^{-2} \dfrac{1}{x^4}\,dx = \lim_{a\to -\infty} \int_a^{-2} \dfrac{1}{x^4}\,dx$$
$$= \lim_{a\to -\infty} \left(\dfrac{1}{24} + \dfrac{1}{3a^3}\right) = \dfrac{1}{24}$$

REVISÃO DE CONCEITOS FUNDAMENTAIS

1. Descreva com suas palavras a integração por substituição.
2. Descreva com suas palavras a integração por partes.
3. Descreva a regra da troca dos limites de integração de uma integral definida na integração por substituição.
4. Enuncie a fórmula da integração por partes de uma integral definida.
5. Enuncie a regra do ponto médio. (Inclua o significado de todos os símbolos usados.)
6. Enuncie a regra do trapézio. (Inclua o significado de todos os símbolos usados.)
7. Explique a fórmula $S = \dfrac{2M + T}{3}$.
8. Enuncie o teorema do erro da aproximação para cada uma das três regras de aproximação.
9. Escreva a fórmula para cada uma das quantidades seguintes.
   (a) O valor presente de um fluxo de rendimento contínuo.
   (b) A população total de um anel em torno do centro de uma cidade.
10. Como podemos determinar se uma integral imprópria é convergente?

EXERCÍCIOS SUPLEMENTARES

Nos Exercícios 1-18, determine a integral indefinida.

1. $\int x \operatorname{sen} 3x^2 \, dx$
2. $\int \sqrt{2x+1} \, dx$
3. $\int x(1 - 3x^2)^5 \, dx$
4. $\int \dfrac{(\ln x)^5}{x} \, dx$
5. $\int \dfrac{(\ln x)^2}{x} \, dx$
6. $\int \dfrac{1}{\sqrt{4x+3}} \, dx$
7. $\int x\sqrt{4-x^2} \, dx$
8. $\int x \operatorname{sen} 3x \, dx$
9. $\int x^2 e^{-x^3} \, dx$
10. $\int \dfrac{x \ln(x^2+1)}{x^2+1} \, dx$
11. $\int x^2 \cos 3x \, dx$
12. $\int \dfrac{\ln(\ln x)}{x \ln x} \, dx$
13. $\int \ln x^2 \, dx$
14. $\int x\sqrt{x+1} \, dx$
15. $\int \dfrac{x}{\sqrt{3x-1}} \, dx$
16. $\int x^2 \ln x^2 \, dx$
17. $\int \dfrac{x}{(1-x)^5} \, dx$
18. $\int x(\ln x)^2 \, dx$

Nos Exercícios 19-36, decida se deve ser utilizada a integração por partes ou a substituição para calcular a integral indefinida. Se for a substituição, indique a substituição que deve ser feita. Se for por partes, indique as funções f(x) e g(x) a serem usadas na fórmula (1) da Seção 9.2.

19. $\int xe^{2x} \, dx$
20. $\int (x-3)e^{-x} \, dx$
21. $\int (x+1)^{-1/2} e^{\sqrt{x+1}} \, dx$
22. $\int x^2 \operatorname{sen}(x^3 - 1) \, dx$
23. $\int \dfrac{x - 2x^3}{x^4 - x^2 + 4} \, dx$
24. $\int \ln\sqrt{5-x} \, dx$
25. $\int e^{-x}(3x-1)^2 \, dx$
26. $\int xe^{3-x^2} \, dx$
27. $\int (500 - 4x)e^{-x/2} \, dx$
28. $\int x^{5/2} \ln x \, dx$
29. $\int \sqrt{x+2} \ln(x+2) \, dx$
30. $\int (x+1)^2 e^{3x} \, dx$
31. $\int (x+3) e^{x^2+6x} \, dx$
32. $\int \operatorname{sen}^2 x \cos x \, dx$
33. $\int x \cos(x^2 - 9) \, dx$
34. $\int (3-x) \operatorname{sen} 3x \, dx$
35. $\int \dfrac{2 - x^2}{x^3 - 6x} \, dx$
36. $\int \dfrac{1}{x(\ln x)^{3/2}} \, dx$

Nos Exercícios 37-42, calcule a integral definida.

37. $\int_0^1 \dfrac{2x}{(x^2+1)^3} \, dx$
38. $\int_0^{\pi/2} x \operatorname{sen} 8x \, dx$
39. $\int_0^2 xe^{-(1/2)x^2} \, dx$
40. $\int_{1/2}^1 \dfrac{\ln(2x+3)}{2x+3} \, dx$
41. $\int_1^2 xe^{-2x} \, dx$
42. $\int_1^2 x^{-3/2} \ln x \, dx$

Nos Exercícios 43-46, aproxime a integral definida pelas regras do ponto médio, do trapézio e de Simpson.

43. $\int_1^9 \dfrac{1}{\sqrt{x}} \, dx; \, n = 4$
44. $\int_0^{10} e^{\sqrt{x}} \, dx; \, n = 5$
45. $\int_1^4 \dfrac{e^x}{x+1} \, dx; \, n = 5$
46. $\int_{-1}^1 \dfrac{1}{1+x^2} \, dx; \, n = 5$

Nos Exercícios 47-52, calcule a integral imprópria sempre que for convergente.

47. $\int_0^\infty e^{6-3x} \, dx$
48. $\int_1^\infty x^{-2/3} \, dx$

49. $\displaystyle\int_{1}^{\infty} \frac{x+2}{x^2+4x-2}\, dx$ **50.** $\displaystyle\int_{0}^{\infty} x^2 e^{-x^3}\, dx$

51. $\displaystyle\int_{-1}^{\infty} (x+3)^{-5/4}\, dx$ **52.** $\displaystyle\int_{-\infty}^{0} \frac{8}{(5-2x)^3}\, dx$

53. Pode ser mostrado que $\displaystyle\lim_{b\to\infty} be^{-b} = 0$. Use esse fato para calcular $\displaystyle\int_{1}^{\infty} xe^{-x}\, dx$.

54. Seja k um número positivo. Pode ser mostrado que $\displaystyle\lim_{b\to\infty} be^{-kb} = 0$. Use esse fato para calcular $\displaystyle\int_{0}^{\infty} xe^{-kx}\, dx$.

55. Encontre o valor presente de um fluxo de rendimento contínuo no período dos próximos 4 anos se o fluxo de rendimento é de $50e^{-0,08t}$ mil dólares anuais no tempo t e a taxa de juros é de 12%.

56. Suponha que a t quilômetros do centro de uma certa cidade, o imposto territorial seja de $R(t)$ mil dólares por quilômetro quadrado, aproximadamente, sendo $R(t) = 50e^{-t/20}$. Use esse modelo para prever o total de imposto territorial que é gerado por uma propriedade a menos de 10 quilômetros do centro da cidade.

57. Suponha que uma máquina exija manutenção diária e seja $M(t)$ a taxa *anual* das despesas de manutenção no tempo t. Suponha que o intervalo $0 \leq t \leq 2$ seja dividido em n subintervalos de extremidades $t_0 = 0, t_1, \ldots, t_n = 2$.

(a) Dê uma soma de Riemann que aproxime o total das despesas de manutenção durante os próximos 2 anos. Então escreva a integral que essa soma de Riemann aproxima para valores grandes de n.

(b) Dê uma soma de Riemann que aproxime o valor presente do total das despesas de manutenção durante os próximos 2 anos usando a taxa de juros anual de 10%, compostos continuamente. Então escreva a integral que essa soma de Riemann aproxima para valores grandes de n.

58. O *custo capitalizado* de um ativo é o total do custo original e do valor presente de todas as "renovações" ou substituições futuras. Esse conceito é útil, por exemplo, ao selecionar o equipamento fabricado por diversas companhias distintas. Digamos que uma corporação calcule o valor presente de despesas futuras utilizando uma taxa de juros anual r compostos continuamente. Suponha que o custo original do ativo seja de $80.000 e que as despesas anuais de renovações serão de $50.000, distribuídas mais ou menos uniformemente ao longo de cada ano, para um número grande, porém indefinido, de anos. Encontre uma fórmula envolvendo uma integral que dê o custo capitalizado do ativo.

CAPÍTULO 10

EQUAÇÕES DIFERENCIAIS

- **10.1** Soluções de equações diferenciais
- **10.2** Separação de variáveis
- **10.3** Equações diferenciais lineares de primeira ordem
- **10.4** Aplicações de equações diferenciais lineares de primeira ordem
- **10.5** Gráficos de soluções de equações diferenciais
- **10.6** Aplicações de equações diferenciais
- **10.7** Solução numérica de equações diferenciais

Uma *equação diferencial* é uma equação em que ocorrem as derivadas de alguma função desconhecida $y = f(t)$. Exemplos de tais equações são

$$y' = 6t + 3,\ y' = 6y,\ y'' = 3y' - x \text{ e } y' + 3y + t = 0.$$

Como veremos, muitos processos físicos podem ser descritos por equações diferenciais. Neste capítulo, exploramos alguns tópicos da teoria de equações diferenciais e usamos nosso conhecimento adquirido para estudar problemas de várias áreas diferentes, incluindo Administração, Genética e Ecologia.

10.1 Soluções de equações diferenciais

Uma equação diferencial é uma equação envolvendo uma função incógnita y e uma ou mais dentre as derivadas y', y'', y''' e assim por diante. Suponha que y seja alguma função da variável t. Uma *solução* de uma equação diferencial é qualquer função $f(t)$ tal que a equação diferencial se torna uma afirmação verdadeira quando y for substituído por $f(t)$, y' por $f'(t)$, y'' por $f''(t)$ e assim por diante.

EXEMPLO 1

Mostre que a função $f(t) = 5e^{-2t}$ é uma solução da equação diferencial

$$y' + 2y = 0. \tag{1}$$

Solução A equação diferencial (1) diz que $y' + 2y$ é igual a zero em todos os valores de t. Devemos mostrar que esse resultado vale se y for substituído por $5e^{-2t}$ e y' for substituído por $(5e^{-2t})' = -10e^{-2t}$. Agora,

$$\overbrace{(5e^{-2t})'}^{y'} + 2\overbrace{(5e^{-2t})}^{y} = -10e^{-2t} + 10e^{-2t} = 0.$$

Portanto, $y = 5e^{-2t}$ é uma solução da equação diferencial (1). ∎

EXEMPLO 2

Mostre que a função $f(t) = \frac{1}{9}t + \text{sen }3t$ é uma solução da equação diferencial

$$y'' + 9y = t. \tag{2}$$

Solução Se $f(t) = \frac{t}{9} + \text{sen }3t$, então

$$f'(t) = \tfrac{1}{9} + 3\cos 3t,$$

$$f''(t) = -9\,\text{sen}\,3t.$$

Substituindo $f(t)$ por y e $f''(t)$ por y'' no lado esquerdo de (2), obtemos

$$\overbrace{-9\,\text{sen}\,3t}^{y''} + 9\,\overbrace{\left(\tfrac{1}{9}t + \text{sen}\,3t\right)}^{y} = -9\,\text{sen}\,3t + t + 9\,\text{sen}\,3t = t.$$

Logo, $y'' + 9y = t$ se $y = \frac{1}{9}t + \text{sen }3t$ e, portanto, $y = \frac{1}{9}t + \text{sen }3t$ é uma solução de $y'' + 9y = t$. ∎

Dizemos que a equação diferencial do Exemplo 1 é de *primeira ordem*, por envolver a derivada primeira da função incógnita y. A equação diferencial do Exemplo 2 é de *segunda ordem*, já que envolve a derivada segunda de y. Em geral, a *ordem* de uma equação diferencial é a ordem da maior derivada que aparece na equação.

O processo de determinar todas as funções que são soluções de uma equação diferencial é denominado *resolução da equação diferencial*. O processo de antiderivação consiste em resolver um tipo simples de equação diferencial. Por exemplo, uma solução da equação diferencial

$$y' = 3t^2 - 4 \tag{3}$$

é uma função y cuja derivada é $3t^2 - 4$. Assim, resolver (3) consiste em encontrar todas as antiderivadas de $3t^2 - 4$. Claramente, y precisa ser da forma $y = t^3 - 4t + C$, em que C é uma constante. As soluções de (3) correspondentes a algumas escolhas de C estão esboçadas na Figura 1. Cada gráfico é denominado *curva solução*.

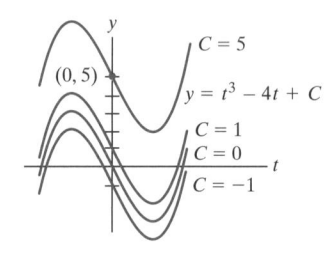

Figura 1 Soluções típicas de $y' = 3t^2 - 4$.

Encontramos equações diferenciais do tipo

$$y' = 2y \tag{4}$$

em nossa discussão de funções exponenciais. Diferentemente de (3), a equação (4) não dá uma fórmula específica para y', mas sim descreve uma propriedade de y': y', a saber, que é proporcional a y (sendo 2 a constante de proporcionalidade). Até agora, a única maneira que temos para "resolver" (4) é simplesmente saber de antemão quais são as soluções. Lembre que, no Capítulo 4, vimos que soluções de (4) têm a forma $y = Ce^{2t}$ para qualquer constante C. Algumas soluções típicas de (4) estão esboçadas na Figura 2. Na próxima seção, discutiremos um método para resolver uma classe de equações diferenciais que incluem (3) e (4) como casos particulares.

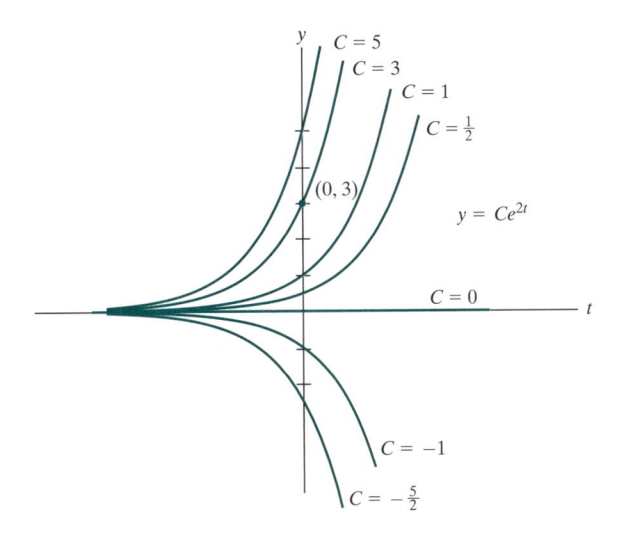

Figura 2 Soluções típicas de $y' = 2y$.

As Figuras 1 e 2 ilustram duas diferenças importantes entre equações diferenciais e equações algébricas (como $ax^2 + bx + c = 0$). Em primeiro lugar, uma solução de uma equação diferencial é uma *função* em vez de um número. Em segundo lugar, geralmente uma equação diferencial tem uma infinidade de soluções.

Às vezes, queremos encontrar uma solução particular que satisfaça certas condições adicionais denominadas *condições iniciais*. As condições iniciais especificam o valor da solução e de um certo número de suas derivadas em algum valor específico de t, que frequentemente é $t = 0$. Se a solução de uma equação diferencial for $y = f(t)$, costumamos escrever $y(0)$ para $f(0)$, $y'(0)$ para $f'(0)$, e assim por diante. O problema de determinar uma solução de uma equação diferencial que satisfaça alguma condição inicial dada é denominado *problema de valor inicial*.

EXEMPLO 3

(a) Resolva o problema de valor inicial $y' = 3t^2 - 4$, $y(0) = 5$.
(b) Resolva o problema de valor inicial $y' = 2y$, $y(0) = 3$.

Solução

(a) Já observamos que a solução geral de $y' = 3t^2 - 4$ é $f(t) = t^3 - 4t + C$. Queremos a solução particular que satisfaça $f(0) = 5$. Geometricamente, estamos procurando a curva da Figura 1 que passa pelo ponto $(0, 5)$. Usando a fórmula geral de $f(t)$, temos

$$5 = f(0) = (0)^3 - 4(0) + C = C$$
$$C = 5.$$

Assim, $f(t) = t^3 - 4t + 5$ é a solução procurada.

(b) A solução geral de $y' = 2y$ é $y = Ce^{2t}$. A condição $y(0) = 3$ significa que y deve ser 3 quando $t = 0$, isto é, o ponto $(0, 3)$ deve estar no gráfico da solução de $y' = 2y$. (Ver Figura 2.) Temos

$$3 = y(0) = Ce^{2(0)} = C \cdot 1 = C$$
$$C = 3.$$

Assim, $y = 3e^{2t}$ é a solução procurada. ∎

Uma função constante que satisfaz uma equação diferencial é denominada *solução constante* da equação diferencial. Soluções constantes ocorrem em muitos dos problemas aplicados que consideramos mais adiante neste capítulo.

EXEMPLO 4   Encontre uma solução constante de $y' = 3y - 12$.

Solução   Seja $f(t) = c$ em cada t. Então $f'(t)$ é zero em cada t. Se $f(t)$ satisfaz a equação diferencial

$$f'(t) = 3 \cdot f(t) - 12,$$

então

$$0 = 3 \cdot c - 12,$$

e, portanto, $c = 4$. Esse é o único valor possível para uma solução constante. A substituição mostra que a função $f(t) = 4$ é, de fato, uma solução da equação diferencial. ∎

Modelagem com equações diferenciais

As equações que descrevem condições num processo físico são conhecidas como *modelos matemáticos*, e a determinação dessas equações é denominada *modelagem*. No nosso exemplo seguinte, mostramos como podemos usar uma equação diferencial para modelar um processo físico. O exemplo deveria ser estudado com cuidado, pois contém a chave do entendimento de muitos problemas similares que aparecem nos exercícios e em seções posteriores.

EXEMPLO 5   **Lei de Newton do resfriamento**   Suponha que uma barra de aço incandescente seja mergulhada num banho de água fria. Seja $f(t)$ a temperatura da barra no instante t e suponha que a água seja mantida a uma temperatura constante de 10°C. De acordo com a lei de Newton do resfriamento, a taxa de variação de $f(t)$ é proporcional à diferença entre as duas temperaturas 10° e $f(t)$. Encontre uma equação diferencial que descreva essa lei física.

Solução   As duas ideias fundamentais são "taxa de variação" e "proporcional". A taxa de variação de $f(t)$ é a derivada $f'(t)$. Como esta é proporcional à diferença $10 - f(t)$, existe alguma constante k tal que

$$f'(t) = k[10 - f(t)]. \qquad (5)$$

O termo "proporcional" não nos diz se k é positivo ou negativo (ou zero). Isso deve ser decidido, se possível, a partir do contexto do problema. Na situação presente, a barra de metal é mais quente do que a água, portanto, $10 - f(t)$ é negativa. Também, $f(t)$ decresce com o tempo, logo, $f'(t)$ deve ser negativa. Assim, para fazer $f'(t)$ negativa em (5), k precisa ser um número positivo. De (5), vemos que $y = f(t)$ satisfaz uma equação diferencial da forma

$$y' = k(10 - y), \qquad k \text{ uma constante positiva.} \qquad ∎$$

EXEMPLO 6   Suponha que a constante de proporcionalidade no Exemplo 5 seja $k = 0{,}2$ e que o tempo seja medido em segundos. Quão rápido varia a temperatura da barra de aço quando a temperatura for de 110°C?

Solução   A relação entre a temperatura e a taxa de variação da temperatura é dada pela equação diferencial $y' = 0{,}2(10 - y)$, onde $y = f(t)$ é a temperatura depois de t segundos. Quando $y = 110$, a taxa de variação é

$$y' = 0{,}2(10 - 110) = 0{,}2(-100) = -20.$$

A temperatura está decrescendo à taxa de 20 graus por segundo. ∎

Seção 10.1 • Soluções de equações diferenciais

A equação diferencial nos Exemplos 5 e 6 é um caso especial da equação diferencial

$$y' = k(M - y).$$

As equações diferenciais desse tipo descrevem não apenas o resfriamento, mas também muitas aplicações importantes na Economia, Medicina, dinâmica populacional e Engenharia. Algumas dessas aplicações estão discutidas nos exercícios e nas Seções 10.4 e 10.6.

Significado geométrico de uma equação diferencial: campos de direções

Como já observamos, uma equação diferencial como

$$y' = t - y \qquad (6)$$

não dá uma fórmula específica para y' em termos da variável t. Em vez disso, descreve uma propriedade de y'. A chave para entender essa propriedade é lembrar da interpretação geométrica da derivada como uma fórmula de inclinação. Assim, se $y = f(t)$ é uma solução de (6) e (t, y) um ponto do gráfico dessa solução, a equação (6) nos diz que a inclinação do gráfico no ponto (t, y) (isto é, $y'(t)$) é simplesmente $t - y$. Por exemplo, se uma curva solução passa pelo ponto $(1, 2)$, sem dispor da fórmula dessa solução podemos dizer que a inclinação da solução pelo ponto $(1, 2)$ é

$$y'(1) = 1 - 2 = -1.$$

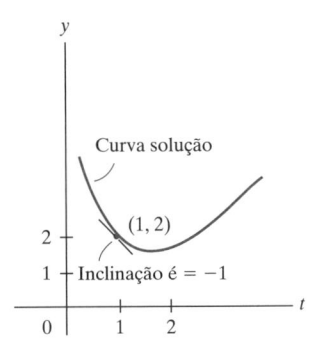

Essa informação nos dá a direção e o sentido da curva solução pelo ponto $(1, 2)$. A Figura 3 mostra uma parte da curva solução pelo ponto $(1, 2)$ junto com a reta tangente nesse ponto. Note como a inclinação da reta tangente coincide com o valor $y'(1) = -1$.

Imagine agora a repetição da construção que fizemos da reta tangente em muitos pontos do plano ty, não só no ponto $(1, 2)$. Esse processo trabalhoso geralmente é feito com a ajuda de um computador ou de uma calculadora gráfica que saiba gerar uma coleção de pequenos segmentos de reta, conhecida como *campo de direções* ou *campo de inclinações* da equação diferencial. [Ver Figura 4(a).] Como cada segmento de reta do campo de direções é tangente à curva solução, podemos visualizar uma curva solução seguindo o fluxo do campo de direções. [Ver Figura 4(b).]

Figura 3 A curva soluções de $y' = t - y$ e uma reta tangente pelo ponto $(1, 2)$.

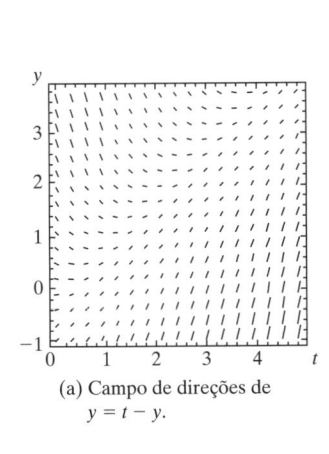

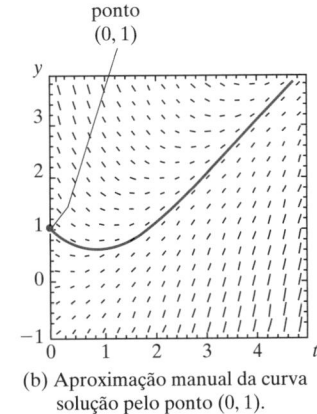

Figura 4
(a) Campo de direções de $y = t - y$.
(b) Aproximação manual da curva solução pelo ponto $(0, 1)$.
(c) Parte da curva solução exata por $(0, 1)$.

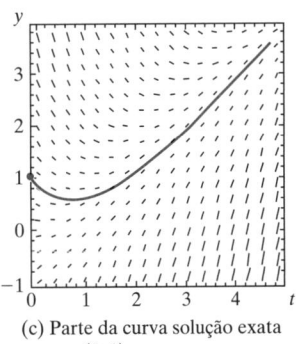

EXEMPLO 7   Use o campo de direções da equação diferencial $y' = t - y$, mostrado na Figura 4(a), para desenhar manualmente uma parte da curva solução que passa pelo ponto $(0, 1)$.

Solução   Temos um ponto na curva solução e o campo de direções. Para desenhar a curva procurada, começamos no ponto $(0, 1)$ e traçamos no plano ty uma curva tangente aos segmentos de reta do campo de direções. O resultado é a curva exibida na Figura 4(b). A Figura 4(c) mostra uma porção da curva solução exata para fins de comparação. Como pode ser visto, a curva desenhada à mão na Figura 4(b) é uma aproximação bastante boa da curva solução exata. ∎

Em geral, podemos construir um campo de direções para qualquer equação diferencial de primeira ordem da forma

$$y' = g(t, y), \tag{7}$$

onde $g(t, y)$ é uma função de t e y. A ideia é que em qualquer ponto (a, b) dado de uma curva solução, a inclinação $y'(a)$ é dada por $g(a, b)$.

Como nosso exemplo a seguir mostra, os campos de direções são úteis para deduzir propriedades qualitativas das soluções.

EXEMPLO 8   Seja $f(t)$ o número de pessoas que contraíram um certo tipo de resfriado depois de t dias. A função $f(t)$ satisfaz o problema de valor inicial $y' = 0{,}0002y(5.000 - y)$, $y(0) = 1.000$. Um campo de direções da equação diferencial é dado na Figura 5(a). Pode ser inferido a partir do campo de direções se o número de pessoas infectadas excederá 5.000 algum dia?

Solução   A condição inicial $f(0) = 1.000$ nos diz que o ponto $(0, 1000)$ está no gráfico da curva solução $y = f(t)$. Começando nesse ponto do plano ty e traçando uma curva tangente aos segmentos de reta do campo de direções, obtemos uma aproximação para uma parte da curva solução pelo ponto $(0, 1000)$. [Ver Figura 5(b).] De acordo com essa curva, podemos concluir que a curva solução chegará muito próximo do valor 5.000, mas não o excederá. Portanto, o número de pessoas infectadas não ultrapassará 5.000. ∎

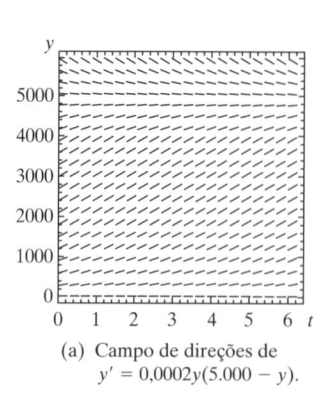

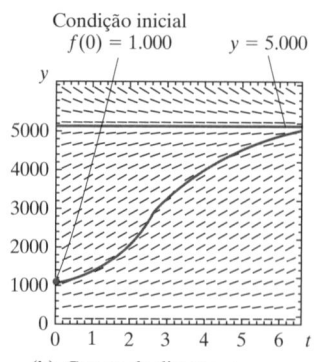

(a) Campo de direções de $y' = 0{,}0002y(5.000 - y)$.

(b) Campo de direções e aproximação manual da solução de $y = 0{,}0002y(5.000 - y)$, $y(0) = 1.000$.

Figura 5

A equação diferencial do Exemplo 8 é um caso especial da equação diferencial logística, que surge frequentemente no estudo de crescimento populacional em ambientes restritos. Essa equação importante será estudada detalhadamente em seções posteriores.

Em toda esta seção, supomos que as funções solução y são funções da variável t, que, nas aplicações, normalmente representa o tempo. Na maior parte deste capítulo, continuamos a utilizar a variável t. Entretanto, se ocasionalmente usarmos uma outra variável, digamos, x, explicitaremos isso escrevendo $\frac{dy}{dx}$ em vez de y'.

INCORPORANDO RECURSOS TECNOLÓGICOS

Campos de direções Traçar campos de direções com uma calculadora TI-83/84 Plus exige um programa que pode ser baixado livremente da página (em inglês) education.ti.com da Texas Instruments. Nessa página, procure por SLPFLD.8xp, baixe o arquivo para um computador, conecte a calculadora ao computador e use o programa TI-Connect© para transferir o arquivo para a calculadora.

Para demonstrar o uso do programa SLPFLD, consideremos a equação diferencial $y' = t - y$. O programa SLPFLD exige que a variável independente seja X (e não t), de modo que começamos pressionando [Y=] e atribuindo $Y_1 = X - Y$. Agora volte para a tela inicial e pressione [PRGM]. No menu **EXEC**, desça até **SLPFLD** e pressione [ENTER], com o que **prgmSLPFLD** aparece na tela. Pressione [ENTER]. A Figura 6 mostra o resultado. ∎

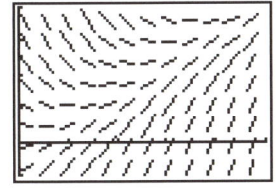

Figura 6

Exercícios de revisão 10.1

1. Mostre que qualquer função da forma $y = Ae^{t^3/3}$, em que A é uma constante, é uma solução da equação diferencial $y' - t^2y = 0$.
2. Se a função $f(t)$ for uma solução do problema de valor inicial $y' = (t + 2)y$, $y(0) = 3$, encontre $f(0)$ e $f'(0)$.
3. Seja $f(t)$ o tamanho de uma população depois de t dias. Suponha que $y = f(t)$ satisfaça $y' = 0{,}06y$, $y(0) = 1.000$. Descreva esse problema de valor inicial em palavras, incluindo a frase "é proporcional a". Quão rápido está crescendo a população quando contiver 3.000 membros?

Exercícios 10.1

1. Mostre que a função $f(t) = \frac{3}{2}e^{t^2} - \frac{1}{2}$ é uma solução da equação diferencial $y' - 2ty = t$.
2. Mostre que a função $f(t) = t^2 - \frac{1}{2}$ é uma solução da equação diferencial $(y')^2 - 4y = 2$.
3. Mostre que a função $f(t) = (e^{-t} + 1)^{-1}$ satisfaz $y' + y^2 = y$, $y(0) = \frac{1}{2}$.
4. Mostre que a função $f(t) = 5e^{2t}$ satisfaz $y'' - 3y' + 2y = 0$, $y(0) = 5$, $y'(0) = 10$.

Nos Exercícios 5 e 6, dê a ordem da equação diferencial e verifique que a função dada é uma solução.

5. $(1 - t^2)y'' - 2ty' + 2y = 0$, $y(t) = t$
6. $(1 - t^2)y'' - 2ty' + 6y = 0$, $y(t) = \frac{1}{2}(3t^2 - 1)$
7. A função constante $f(t) = 3$ será uma solução da equação diferencial $y' = 6 - 2y$?
8. A função constante $f(t) = -4$ será uma solução da equação diferencial $y' = t^2(y + 4)$?
9. Encontre uma solução constante de $y' = t^2y - 5t^2$.
10. Encontre duas soluções constantes de $y' = 4y(y - 7)$.
11. Se $f(t)$ for uma solução do problema de valor inicial $y' = 2y - 3$, encontre $f(0)$ e $f'(0)$.
12. Se $f(t)$ for uma solução do problema de valor inicial $y' = e^t + y$, $y(0) = 0$, encontre $f(0)$ e $f'(0)$.
13. Seja $y = v(t)$ a velocidade de queda (em pés por segundo) de um paraquedista depois de t segundos de queda livre. Essa função satisfaz a equação diferencial $y' = 0{,}2(160 - y)$, $y(0) = 0$. Qual é a aceleração do paraquedista quando sua velocidade de queda é de 60 pés por segundo? [*Observação*: a aceleração é a derivada da velocidade.]
14. Uma população de 100 peixes é colocada num lago. Seja $f(t)$ o número de peixes depois de t meses e suponha que $y = f(t)$ satisfaça a equação diferencial $y' = 0{,}0004y(1.000 - y)$. A Figura 6 mostra o gráfico da solução dessa equação diferencial. O gráfico é assintótico à reta $y = 1.000$, o número máximo de peixes que o lago consegue manter. Quão rápido está crescendo a população de peixes quando ela atinge metade de sua população máxima?

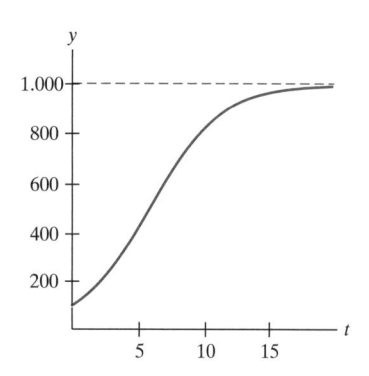

Figura 7 Crescimento de uma população de peixes.

15. Seja $f(t)$ o saldo de uma caderneta de poupança ao final de t anos e suponha que $y = f(t)$ satisfaça a equação diferencial $y' = 0{,}05y - 10.000$.
    (a) Suponha que depois de um ano o saldo seja de \$150.000. Nesse tempo, o saldo está crescendo ou decrescendo? A que taxa o saldo está crescendo ou decrescendo?
    (b) Escreva a equação diferencial na forma $y' = k(y - M)$.
    (c) Descreva essa equação diferencial em palavras.

16. Seja $f(t)$ o saldo de uma caderneta de poupança ao final de t anos e suponha que $y = f(t)$ satisfaça a equação diferencial $y' = 0{,}04y + 2.000$.
    (a) Suponha que, depois de um ano, o saldo seja de \$10.000. Nesse tempo, o saldo está crescendo ou decrescendo? A que taxa o saldo está crescendo ou decrescendo?
    (b) Escreva a equação diferencial na forma $y' = k(y + M)$.
    (c) Descreva essa equação diferencial em palavras.

17. Uma certa notícia é colocada no ar para uma audiência potencial de 200.000 pessoas. Seja $f(t)$ o número de pessoas que ouviram a notícia depois de t horas. Suponha que $y = f(t)$ satisfaça

    $$y' = 0{,}07y(200.000 - y), \quad y(0) = 10.$$

    Descreva esse problema de valor inicial em palavras.

18. Seja $f(t)$ o tamanho de uma população de protozoários depois de t dias. Suponha que $y = f(t)$ satisfaça a equação diferencial

    $$y' = 0{,}003y(500 - y), \quad y(0) = 20.$$

    Descreva esse problema de valor inicial em palavras.

19. Seja $f(t)$ o montante de capital investido no tempo t por uma certa firma de negócios. A taxa de variação $f'(t)$ do capital investido é denominada, às vezes, de *taxa de investimento líquido*. A administração da firma decide que o nível ótimo de investimento deveria ser de C dólares e que, a qualquer tempo, a taxa de investimento líquido deve ser proporcional à diferença entre C e o capital total investido. Construa uma equação diferencial que descreva essa situação.

20. Um objeto frio é colocado numa sala mantida a uma temperatura constante de 20°C. A taxa à qual a temperatura do objeto aumenta é proporcional à diferença entre a temperatura da sala e a temperatura do objeto. Denotando por $y = f(t)$ a temperatura do objeto no tempo t, obtenha uma equação diferencial que descreva a taxa de variação de $f(t)$.

21. **Difusão do dióxido de carbono nos pulmões durante a respiração presa** Quando a respiração é presa, o dióxido de carbono (CO_2) se difunde do sangue para os pulmões a uma taxa constantemente decrescente. Sejam P_0 e P_b a pressão de CO_2 nos pulmões e no sangue, respectivamente, no instante em que a respiração é presa. Suponha que P_b seja constante durante a suspensão da respiração e denote por $P(t)$ a pressão de CO_2 nos pulmões no tempo $t > 0$. Os experimentos mostram que a taxa de variação de $P(t)$ é proporcional à diferença entre as duas pressões $P(t)$ e P_b. Encontre um problema de valor inicial que descreva a difusão de CO_2 nos pulmões durante a suspensão da respiração.

22. O campo de direções da Figura 4(a) sugere que a curva solução da equação diferencial $y' = t - y$ pelo ponto $(0, -1)$ é uma reta.
    (a) Supondo que isso seja verdade, encontre a equação da reta. [*Sugestão*: use a equação diferencial para obter a inclinação da reta pelo ponto $(0, -1)$.]
    (b) Verifique que a função encontrada na parte (a) é uma solução substituindo sua fórmula na equação diferencial.

23. Verifique que função $f(t) = 2e^{-t} + t - 1$ é uma solução do problema de valor inicial $y' = t - y, y(0) = 1$. [Essa é a função dada na Figura 4(c). Na Seção 10.3, veremos como deduzir essa solução.]

24. No campo de direções da Figura 5(a), ou numa cópia, desenhe a solução do problema de valor inicial $y' = 0{,}0002y(5.000 - y), y(0) = 500$.

25. Continuação do Exemplo 8. As autoridades de saúde que estudaram a epidemia de gripe cometeram um erro na contagem do número inicial de pessoas infectadas. Agora eles afirmam que o número $f(t)$ de pessoas infectadas depois de t dias é uma solução do problema de valor inicial $y' = 0{,}0002y(5.000 - y), y(0) = 1.500$. Sob essa nova hipótese, $f(t)$ pode exceder 5.000? [*Sugestão*: como a equação diferencial é a mesma, pode ser usado o campo de direções da Figura 5(a) para responder essa questão.]

26. No campo de direções da Figura 4(a), ou numa cópia, desenhe uma aproximação da parte da curva solução da equação diferencial $y' = t - y$ que passa pelo ponto $(0, 2)$. Na sua opinião, olhando para o campo de direções, podemos dizer que essa solução passa pelo ponto $(0{,}5; 2{,}2)$?

27. A Figura 8 mostra um campo de direções da equação diferencial $y' = 2y(1 - y)$. Com a ajuda dessa figura determine, se existirem, as soluções constantes da equação diferencial. Verifique sua resposta substituindo-a de volta na equação.

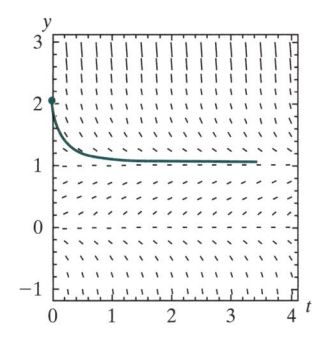

Figura 8 O campo de direções de $y' = 2y(1 - y)$.

cente em cada $t > 0$? Responda essa questão tomando como base o campo de direções dado na Figura 7.

30. Responda a questão do Exercício 29 usando a equação diferencial para determinar o sinal de $f'(t)$.

Exercícios com calculadora

31. Considere a equação diferencial $y' = 0{,}2(10 - y)$ do Exemplo 6. Se a temperatura inicial da barra de aço for 510°, então a função $f(t) = 10 + 500e^{-0{,}2t}$ é a solução da equação diferencial.
    (a) Trace o gráfico da função na janela [0, 30] por [–75, 550].
    (b) Na tela original da calculadora, calcule $0{,}2(10 - f(5))$ e comparece esse valor com $f'(5)$.

32. A função $f(t) = \dfrac{5000}{1 + 49\,e^{-t}}$ é a solução da equação diferencial $y' = 0{,}0002(5.000 - y)$ do Exemplo 8.
    (a) Trace o gráfico da função na janela [0, 10] por [–750, 5750].
    (b) Na tela original da calculadora, calcule $0{,}0002f(3)(5.000 - f(3))$ e comparece esse valor com $f'(3)$.

28. A Figura 8 mostra uma parte da curva solução da equação diferencial $y' = 2y(1 - y)$ pelo ponto $(0, 2)$. Na Figura 8, ou numa cópia, desenhe uma aproximação da curva solução da equação diferencial $y' = 2y(1 - y)$ pelo ponto $(0, 3)$. Use o campo de direções para desenhar o gráfico.

29. Se $y_0 > 1$, será verdade que a solução $y = f(t)$ do problema de valor inicial $y' = 2y(1 - y), y(0) = y_0$ é decrescente em cada $t > 0$?

Soluções dos exercícios de revisão 10.1

1. Se $y = Ae^{t^3/3}$, então

$$\underbrace{(Ae^{t^3/3})'}_{y'} - t^2\underbrace{(Ae^{t^3/3})}_{y} = At^2 e^{t^3/3} - t^2 Ae^{t^3/3} = 0.$$

Logo, $y' = t^2 y = 0$ se $y = Ae^{t^3/3}$.

2. A condição inicial $y(0) = 3$ diz que $f(0) = 3$. Como $f(t)$ é uma solução de $y' = (t + 2)y$,

$$f'(t) = (t + 2)f(t)$$

e, portanto,

$$f'(0) = (0 + 2)f(0) = 2 \cdot 3 = 6.$$

3. Inicialmente a população tem 1.000 membros. Em qualquer tempo, a taxa de crescimento da população é proporcional ao tamanho da população naquele tempo e a constante de proporcionalidade é 0,06. Quando $y = 3.000$,

$$y' = 0{,}06y = 0{,}06 \cdot 3.000 = 180.$$

Portanto, a população está crescendo à taxa de 180 membros por dia.

10.2 Separação de variáveis

Aqui descrevemos uma técnica para resolver uma classe importante de equações diferenciais da forma

$$y' = p(t)q(y)$$

em que $p(t)$ é uma função apenas de t e $q(y)$ é uma função apenas de y. Duas equações desse tipo são

$$y' = \frac{3t^2}{y^2} \qquad \left[p(t) = 3t^2,\ q(y) = \frac{1}{y^2}\right], \tag{1}$$

$$y' = e^{-y}(2t + 1) \qquad \left[p(t) = 2t + 1,\ q(y) = e^{-y}\right]. \tag{2}$$

A principal característica dessas equações é que podemos *separar as variáveis*, isto é, podemos reescrever as equações de tal forma que y ocorre apenas de um dos lados da equação e t no outro. Por exemplo, multiplicando ambos os lados da equação (1) por y^2, a equação se torna

$$y^2 y' = 3t^2;$$

multiplicando ambos os lados da equação (2) por e^y, a equação se torna

$$e^y y' = 2t + 1.$$

Deveria ser observado que a equação diferencial

$$y' = 3t^2 - 4$$

também é desse tipo. Aqui, $p(t) = 3t^2 - 4$ e $q(y) = 1$. As variáveis já estão separadas. Analogamente, a equação diferencial

$$y' = 5y$$

é desse tipo, com $p(t) = 5$, $q(y) = y$. Podemos separar as variáveis escrevendo a equação como

$$\frac{1}{y} y' = 5.$$

No próximo exemplo, apresentamos um procedimento para resolver equações diferenciais de variáveis separadas.

EXEMPLO 1   Encontre todas as soluções da equação diferencial $y^2 y' = 3t^2$.

Solução

(a) Escrevemos y' como $\dfrac{dy}{dt}$.

$$y^2 \frac{dy}{dt} = 3t^2.$$

(b) Integramos ambos os lados em relação a t.

$$\int y^2 \frac{dy}{dt}\, dt = \int 3t^2\, dt.$$

(c) Reescrevemos o lado esquerdo "cancelando o dt".

$$\int y^2\, dy = \int 3t^2\, dt.$$

(Para uma explicação do sentido exato disso, ver a discussão subsequente.)

(d) Calculamos as antiderivadas.

$$\frac{1}{3} y^3 + C_1 = t^3 + C_2.$$

(e) Resolvemos para y em termos de t.

$$y^3 = 3(t^3 + C_2 - C_1)$$

$$y = \sqrt[3]{3t^3 + C}, \quad C \text{ uma constante.}$$

Podemos verificar que esse método funciona mostrando que $y = \sqrt[3]{3t^3 + C}$ é uma solução de $y^2 y' = 3t^2$. Como $y = (3t^3 + C)^{1/3}$, temos

$$y' = \frac{1}{3}(3t^3 + C)^{-2/3} \cdot 3 \cdot 3t^2 = 3t^2 (3t^3 + C)^{-2/3}$$

$$y^2 y' = \left[(3t^3 + C)^{1/3}\right]^2 \cdot 3t^2 (3t^3 + C)^{-2/3}$$

$$= 3t^2.$$

A Figura 1 mostra curvas solução para vários valores de C. Observe a solução linear que corresponde a $C = 0$.

Discussão do passo (c) Suponha que $y = f(t)$ seja uma solução da equação diferencial $y^2 y' = 3t^2$. Então

$$[f(t)]^2 f'(t) = 3t^2.$$

Integrando, temos

$$\int [f(t)]^2 f'(t)\, dt = \int 3t^2\, dt.$$

Fazendo a substituição $y = f(t)$, $dy = f'(t)\, dt$ no lado esquerdo, obtemos

$$\int y^2\, dy = \int 3t^2\, dt.$$

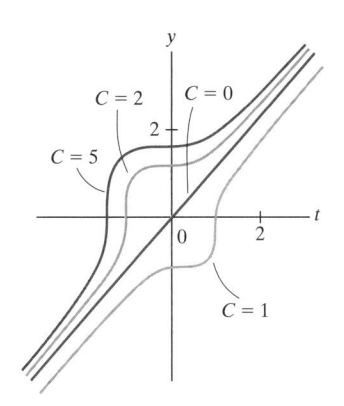

Figura 1 Curvas solução do Exemplo 1.

Isso é exatamente o resultado do passo (c). O processo de "cancelar o dt" e integrar em relação a y é exatamente equivalente a fazer a substituição $y = f(t)$, $dy = f'(t)\, dt$. ■

A técnica empregada no Exemplo 1 pode ser usada em qualquer equação diferencial de variáveis separáveis. Suponha que nos seja dada uma tal equação, digamos,

$$h(y) y' = p(t).$$

em que $h(y)$ é uma função apenas de y e $p(t)$ é uma função apenas de t. Nosso método de resolução pode ser resumido como segue.

a. Escreva y' como $\dfrac{dy}{dt}$:

$$h(y) \frac{dy}{dt} = p(t).$$

b. Integre ambos os lados em relação a t.

$$\int h(y) \frac{dy}{dt}\, dt = \int p(t)\, dt.$$

c. Reescreva o lado esquerdo "cancelando o dt".

$$\int h(y)\, dy = \int p(t)\, dt.$$

d. Obtenha as antiderivadas $H(y)$ de $h(y)$ e $P(t)$ de $p(t)$.

$$H(y) = P(t) + C.$$

e. Resolva para y em termos de t.

$$y = \dots.$$

OBSERVAÇÃO Não há necessidade de escrever duas constantes de integração no passo (d) (como o fizemos no Exemplo 1), pois elas serão combinadas em uma no passo (e). ■

EXEMPLO 2

Resolva $e^y y' = 2t + 1$, $y(0) = 1$.

Solução

(a) $e^y \dfrac{dy}{dt} = 2t + 1$

(b) $\displaystyle\int e^y \dfrac{dy}{dt}\, dt = \int (2t + 1)\, dt$

(c) $\displaystyle\int e^y\, dy = \int (2t + 1)\, dt$

(d) $e^y = t^2 + t + C$

(e) $y = \ln(t^2 + t + C)$ [Tome o logaritmo de ambos os lados da equação do passo (d).]

Se quisermos que $y = \ln(t^2 + t + C)$ satisfaça a condição inicial $y(0) = 1$, então

$$1 = y(0) = \ln(0^2 + 0 + C) = \ln C,$$

de modo que $C = e$ e $y = \ln(t^2 + t + e)$. A Figura 2 mostra soluções da equação diferencial para vários valores de C. A curva que passa pelo ponto $(0, 1)$ é a solução do problema de valor inicial. ∎

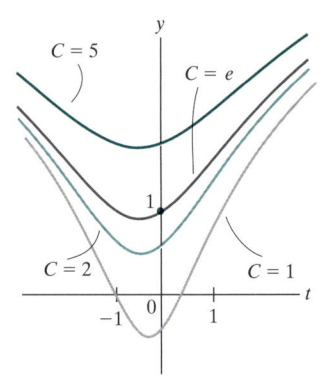

Figura 2 Curvas solução e a solução do problema de valor inicial do Exemplo 2.

EXEMPLO 3

Resolva $y' = t^3 y^2 + y^2$.

Solução

Do jeito que a equação é dada, o lado direito não é da forma $p(t)q(y)$. No entanto, podemos reescrever a equação da forma $y' = (t^3 + 1)y^2$. Agora podemos separar as variáveis, dividindo ambos os lados por y^2, para obter

$$\dfrac{1}{y^2} y' = t^3 + 1. \tag{3}$$

Agora aplicamos nosso método de resolução.

(a) $\dfrac{1}{y^2} \dfrac{dy}{dt} = t^3 + 1$

(b) $\displaystyle\int \dfrac{1}{y^2} \dfrac{dy}{dt}\, dt = \int (t^3 + 1)\, dt$

(c) $\displaystyle\int \dfrac{1}{y^2}\, dy = \int (t^3 + 1)\, dt$

(d) $-\dfrac{1}{y} = \dfrac{1}{4} t^4 + t + C$, C uma constante

(e) $y = -\dfrac{1}{\frac{1}{4} t^4 + t + C}$

Nosso método fornece todas as soluções da equação (3). Entretanto, ignoramos um ponto importante. Desejamos resolver $y' = y^2(t^3 + 1)$ e não a equação (3). Serão precisamente iguais as soluções dessas duas equações? Obtivemos a equação (3) da equação dada dividindo por y^2. Essa é uma operação permitida, desde que y não seja igual a zero em cada t. (É claro que se y for zero em algum t, entende-se que a equação diferencial resultante só é válida em algum conjunto restrito de valores de t.) Assim, ao dividir por y^2, devemos supor que y não seja a função zero. Entretanto, observe que $y = 0$ é uma solução da equação original, pois

$$0 = (0)' = t^3 \cdot 0^2 + 0^2.$$

Assim, quando dividimos por y^2, "perdemos" a solução $y = 0$. Finalmente, vemos que as soluções da equação diferencial $y' = t^3 y^2 + y^2$ são

$$y = -\frac{1}{\frac{1}{4}t^4 + t + C}, \quad C \text{ uma constante}$$

e

$$y = 0.$$

A Figura 3 mostra duas soluções correspondentes a valores diferentes da constante C e a solução $y = 0$. É interessante notar quão grande é a diversidade de soluções que resultam de uma equação diferencial relativamente simples. ∎

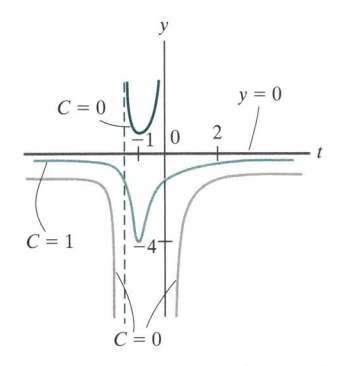

Figura 3 Curvas solução do Exemplo 3.

ADVERTÊNCIA Se a equação no Exemplo 3 fosse

$$y' = t^3 y^2 + 1,$$

não teríamos conseguido usar o método de separação de variáveis, porque a expressão $t^3 y^2 + 1$ não pode ser escrita na forma $p(t)q(y)$. ∎

EXEMPLO 4 Resolva o problema de valor inicial $3y' + y^4 \cos t = 0$, $y(\frac{\pi}{2}) = \frac{1}{2}$.

Solução Escreva a equação na forma

$$3y' = -y^4 \cos t. \qquad (4)$$

Evidentemente a função constante $y = 0$ é uma solução da equação diferencial, porque torna nulos ambos os lados da equação (4) em cada t. Agora, supondo que $y \neq 0$, podemos dividir por y^4 e obter

$$\frac{3}{y^4} y' = -\cos t$$

$$\int \frac{3}{y^4} \frac{dy}{dt} dt = -\int \cos t \, dt$$

$$-y^{-3} = -\operatorname{sen} t + C, \quad C \text{ uma constante}$$

$$y^{-3} = \operatorname{sen} t + C.$$

No último passo, não há necessidade de trocar o sinal de C, pois representa uma constante arbitrária. Resolvendo para y em termos de t, encontramos

$$y^3 = \frac{1}{\operatorname{sen} t + C}$$

$$y = \frac{1}{\sqrt[3]{\operatorname{sen} t + C}}.$$

Se quisermos que y satisfaça a condição inicial $y(\frac{\pi}{2}) = \frac{1}{2}$, devemos ter

$$\frac{1}{2} = y\left(\frac{\pi}{2}\right) = \frac{1}{\sqrt[3]{\text{sen}(\frac{\pi}{2}) + C}} = \frac{1}{\sqrt[3]{1 + C}} \qquad [\text{Lembre que sen}(\tfrac{\pi}{2}) = 1.]$$

$$2 = \sqrt[3]{1 + C} \qquad [\text{Tomando recíprocos.}]$$

$$2^3 = 1 + C$$

$$C = 7.$$

Portanto, a solução procurada é

$$y = \frac{1}{\sqrt[3]{\text{sen}\, t + 7}}.$$

O gráfico de y na Figura 4 passa pelo ponto $(\frac{\pi}{2}, \frac{1}{2})$.

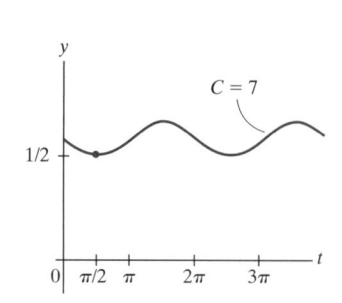

Figura 4 Solução do problema de valor inicial do Exemplo 4.

EXEMPLO 5

Resolva $y' = te^t/y$, $y(0) = -5$.

Solução Separando as variáveis, temos

$$yy' = te^t$$

$$\int y\, \frac{dy}{dt}\, dt = \int te^t\, dt$$

$$\int y\, dy = \int te^t\, dt.$$

A integral $\int te^t\, dt$ pode ser obtida com integração por partes.

$$\int te^t\, dt = te^t - \int 1 \cdot e^t\, dt = te^t - e^t + C.$$

Portanto,

$$\tfrac{1}{2}y^2 = te^t - e^t + C$$

$$y^2 = 2te^t - 2e^t + C_1$$

$$y = \pm\sqrt{2te^t - 2e^t + C_1}.$$

Observe que o sinal $\pm$ aparece porque há duas raízes quadradas de $2te^t - 2e^t + C_1$ que diferem por um sinal de menos. Assim, as soluções são de dois tipos,

$$y = +\sqrt{2te^t - 2e^t + C_1}$$

$$y = -\sqrt{2te^t - 2e^t + C_1}.$$

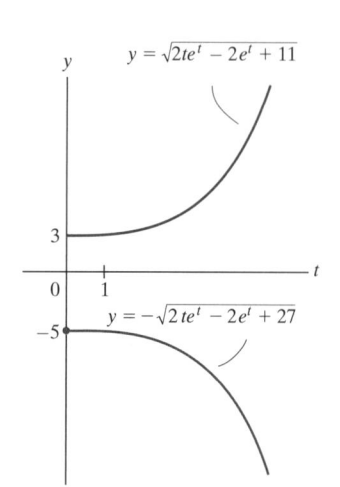

Duas dessas soluções estão dadas na Figura 5 com sinais diferentes na frente da raiz quadrada. Precisamos escolher C_1 tal que $y(0) = -5$. Como os valores de y para a primeira solução são sempre positivos, a condição inicial dada precisa corresponder à segunda solução, e devemos ter

$$-5 = y(0) = -\sqrt{2 \cdot 0 \cdot e^0 - 2e^0 + C_1} = -\sqrt{-2 + C_1}$$

$$-2 + C_1 = 25$$

$$C_1 = 27.$$

Figura 5 Curvas solução do Exemplo 5.

Portanto, a solução procurada é

$$y = -\sqrt{2te^t - 2e^t + 27}.$$

Seu gráfico passa pelo ponto $(0, -5)$ na Figura 5.

Para resolver os exercícios no final desta seção, uma boa estratégia é primeiro encontrar a(s) solução(ões) constante(s), se houver alguma. A função constante $y = c$ é uma solução de $y' = p(t)q(y)$ se, e somente se, $q(c) = 0$. [Pois $y = c$ implica que $y' = (c)' = 0$ e $p(t)q(y)$ será zero em cada t se, e somente se, $q(y) = 0$, ou seja, $q(c) = 0$.] Depois de listar as soluções constantes, podemos supor que $q(y) \neq 0$ e dividir ambos os lados da equação $y' = p(t)q(y)$ por $q(y)$ para separar as variáveis.

Exercícios de revisão 10.2

1. Resolva o problema de valor inicial $y' = 5y$, $y(0) = 2$, por separação de variáveis.
2. Resolva $y' = \sqrt{ty}$, $y(1) = 4$.

Exercícios 10.2

Nos Exercícios 1-18, resolva a equação diferencial.

1. $\dfrac{dy}{dt} = \dfrac{5-t}{y^2}$
2. $\dfrac{dy}{dt} = te^{2y}$
3. $\dfrac{dy}{dt} = \dfrac{e^t}{e^y}$
4. $\dfrac{dy}{dt} = -\dfrac{1}{t^2 y^2}$
5. $\dfrac{dy}{dt} = t^{1/2} y^2$
6. $\dfrac{dy}{dt} = \dfrac{t^2 y^2}{t^3 + 8}$
7. $y' = \left(\dfrac{t}{y}\right)^2 e^{t^3}$
8. $y' = e^{4y} t^3 - e^{4y}$
9. $y' = \sqrt{\dfrac{y}{t}}$
10. $y' = \left(\dfrac{e^t}{y}\right)^2$
11. $y' = 3t^2 y^2$
12. $(1 + t^2) y' = ty^2$
13. $y' e^y = te^{t^2}$
14. $y' = \dfrac{1}{ty + y}$
15. $y' = \dfrac{\ln t}{ty}$
16. $y^2 y' = \text{tg } t$
17. $y' = (y-3)^2 \ln t$
18. $yy' = t\,\text{sen}(t^2 + 1)$

Nos Exercícios 19-30, resolva a equação diferencial com a condição inicial dada.

19. $y' = 2te^{-2y} - e^{-2y}$, $y(0) = 3$
20. $y' = y^2 - e^{3t} y^2$, $y(0) = 1$
21. $y^2 y' = t \cos t$, $y(0) = 2$
22. $y' = t^2 e^{-3y}$, $y(0) = 2$
23. $3y^2 y' = -\text{sen } t$, $y(\tfrac{\pi}{2}) = 1$
24. $y' = -y^2 \text{sen } t$, $y(\tfrac{\pi}{2}) = 1$
25. $\dfrac{dy}{dt} = \dfrac{t+1}{ty}$, $t > 0$, $y(1) = -3$
26. $\dfrac{dy}{dt} = \left(\dfrac{1+t}{1+y}\right)^2$, $y(0) = 2$
27. $y' = 5ty - 2t$, $y(0) = 1$
28. $y' = \dfrac{t^2}{y}$, $y(0) = -5$
29. $\dfrac{dy}{dx} = \dfrac{\ln x}{\sqrt{xy}}$, $y(1) = 4$
30. $\dfrac{dN}{dt} = 2tN^2$, $N(0) = 5$

31. Um modelo que descreva a relação entre o preço e as vendas semanais de um produto pode ter um formato como

$$\dfrac{dy}{dp} = -\dfrac{1}{2}\left(\dfrac{y}{p+3}\right),$$

em que y é o volume de vendas e p é o preço unitário. Isto é, a qualquer instante a taxa de diminuição de vendas em relação ao preço é diretamente proporcional ao nível de vendas e inversamente proporcional ao preço de venda mais alguma constante. Resolva essa equação diferencial. (A Figura 6 mostra várias soluções típicas.)

32. Um problema em Psicologia é determinar a relação entre alguns estímulos físicos e a sensação ou reação correspondente produzida no paciente. Suponha que, medida em unidades apropriadas, a intensidade de um estímulo é s e que a intensidade da sensação correspondente é alguma função de s, digamos, $f(s)$. Alguns dados experimentais sugerem que a taxa de variação da intensidade da sensação em relação ao estímulo é

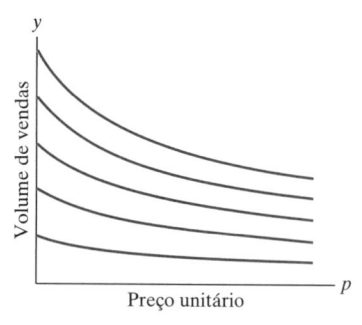

Figura 6 Curvas de demanda.

Figura 7 Reação a um estímulo.

diretamente proporcional à intensidade da sensação e inversamente proporcional à intensidade do estímulo, isto é, que $f(s)$ satisfaz a equação diferencial

$$\frac{dy}{ds} = k\frac{y}{s}$$

com alguma constante positiva k. Resolva essa equação diferencial. (A Figura 7 mostra várias soluções correspondendo a $k = 0{,}4$.)

33. Sejam t o número total de horas anuais que um motorista de caminhão passa dirigindo numa certa rodovia ligando duas cidades e $p(t)$ a probabilidade do motorista sofrer pelo menos algum acidente durante essas t horas. Então $0 \leq p(t) \leq 1$ e $1 - p(t)$ representa a probabilidade do motorista não sofrer acidente algum. Sob condições normais, a taxa de aumento na probabilidade de um acidente (como função de t) é proporcional à probabilidade do motorista não sofrer acidente algum. Construa e resolva uma equação diferencial para essa situação.

34. Em certas situações de aprendizado, existe uma quantidade máxima M de informação que pode ser aprendida e a qualquer tempo a taxa de aprendizado é proporcional à quantidade do que ainda falta aprender. Seja $y = f(t)$ a quantidade de informação aprendida até o tempo t. Construa e resolva uma equação diferencial satisfeita por $f(t)$.

35. As bolinhas de naftalina tendem a evaporar a uma taxa proporcional à área de sua superfície. Se V é o volume de uma bolinha de naftalina, então a área de sua superfície é, aproximadamente, uma constante vezes $V^{2/3}$. Logo, o volume de uma bolinha de naftalina diminui a uma taxa proporcional a $V^{2/3}$. Suponha que, inicialmente, uma pastilha de naftalina tenha o volume de 27 centímetros cúbicos e quatro semanas mais tarde, tenha o volume de 15,625 centímetros cúbicos. Construa e resolva uma equação diferencial satisfeita pelo volume no tempo t. Depois determine se e quando a bolinha de naftalina desaparecerá ($V = 0$).

36. Algumas apólices de seguros de imóveis incluem correção automática resultante da inflação baseada em índices do custo da construção civil. A cada ano, a cobertura aumenta de um montante obtido da variação desses índices. Seja $f(t)$ o índice do custo da construção civil em t anos contados a partir de 1º de janeiro de 1990, com $f(0) = 100$. Suponha que o índice do custo da construção civil está aumentado a uma taxa proporcional ao seu valor e que o índice era de 115 em 1º de janeiro de 1992. Construa e resolva uma equação diferencial satisfeita por $f(t)$. Depois determine quando o índice do custo da construção civil atingirá 200.

37. A equação do crescimento de Gompertz é

$$\frac{dy}{dt} = -ay \ln \frac{y}{b},$$

em que a e b são constantes positivas. Essa equação é usada na Biologia para descrever o crescimento de certas populações. Encontre a forma geral das soluções dessa equação diferencial. (A Figura 8 mostra várias soluções correspondendo a $a = 0{,}04$ e $b = 90$.)

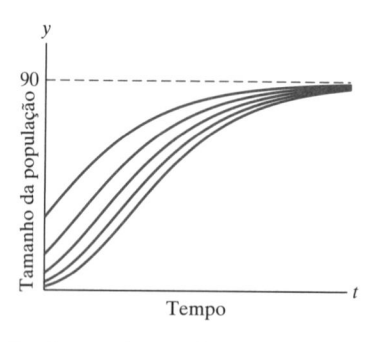

Figura 8 Curvas de crescimento de Gompertz.

38. Quando uma certa substância líquida A é aquecida num recipiente, ela se decompõe numa substância B a uma taxa (medida em unidades de A por hora) que, a qualquer tempo t, é proporcional ao quadrado da quantidade da substância A presente. Seja $y = f(t)$ a quantidade da substância A presente no tempo t. Construa e resolva uma equação diferencial que seja satisfeita por $f(t)$.

39. Seja $f(t)$ o número (em milhares) de peixes num lago depois de t anos e suponha que $f(t)$ satisfaça a equação diferencial

$$y' = 0{,}1y(5 - y).$$

O campo de direções dessa equação é dado na Figura 9.

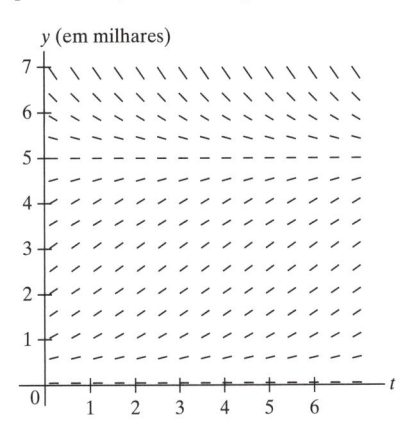

Figura 9

(a) Com a ajuda do campo de direções, discuta o que acontece com uma população inicial de 6.000 peixes. Ela aumenta ou diminui?

(b) O com uma população inicial de 1.000 peixes? Ela aumenta ou diminui?

(c) No campo de direções da Figura 9, ou numa cópia, desenhe a solução do problema de valor inicial

$$y' = 0{,}1y(5 - y), \ y(0) = 1.$$

O que representa essa solução?

40. Continuação do Exercício 39.

(a) Evidentemente, começando com zero peixes, $f(t) = 0$ em cada t. Confirme isso no campo de direções. Existem outras soluções constantes?

(b) Descreva a população de peixes se a população inicial for maior do que 5.000, ou menor do que 5.000. No campo de direções da Figura 9, ou numa cópia, desenhe curvas solução que ilustrem sua descrição.

Soluções dos exercícios de revisão 10.2

1. A função constante $y = 0$ é uma solução de $y' = 5y$. Se $y \neq 0$, podemos dividir por y e obter

$$\frac{1}{y} y' = 5$$

$$\int \frac{1}{y} \frac{dy}{dt} \, dt = \int 5 \, dt$$

$$\int \frac{1}{y} \, dy = \int 5 \, dt$$

$$\ln|y| = 5t + C$$

$$|y| = e^{5t+C} = e^C \cdot e^{5t}$$

$$y = \pm e^C \cdot e^{5t}.$$

Esses dois tipos de solução e a solução constante podem ser todas escritas na forma

$$y = A e^{5t},$$

onde A é uma constante arbitrária (positiva, negativa, ou zero). A condição inicial $y(0) = 2$ implica que

$$2 = y(0) = A e^{5(0)} = A.$$

Portanto, a solução do problema de valor inicial é $y = 2e^{5t}$.

2. Reescrevemos $y' = \sqrt{ty}$ como $y' = \sqrt{t} \cdot \sqrt{y}$. A função constante $y = 0$ é uma solução. Para encontrar as outras, supomos que $y \neq 0$ e dividimos por $\sqrt{y}$ para obter

$$\frac{1}{\sqrt{y}} y' = \sqrt{t}$$

$$\int y^{-1/2} \frac{dy}{dt} \, dt = \int t^{1/2} \, dt$$

$$\int y^{-1/2} \, dy = \int t^{1/2} \, dt$$

$$2y^{1/2} = \frac{2}{3} t^{3/2} + C$$

$$y^{1/2} = \frac{1}{3} t^{3/2} + C_1 \quad (5)$$

$$y = \left(\frac{1}{3} t^{3/2} + C_1 \right)^2. \quad (6)$$

Devemos escolher C_1 de tal forma que $y(1) = 4$. O método mais rápido consiste em utilizar (5) em vez de (6). Temos $y = 4$ quando $t = 1$, logo

$$4^{1/2} = \frac{1}{3}(1)^{3/2} + C_1$$

$$2 = \frac{1}{3} + C_1$$

$$C_1 = \frac{5}{3}.$$

Portanto, a solução desejada é

$$y = \left(\frac{1}{3} t^{3/2} + \frac{5}{3} \right)^2.$$

10.3 Equações diferenciais lineares de primeira ordem

Nesta seção, estudamos equações diferenciais de primeira ordem da forma

$$y' + a(t)y = b(t), \qquad (1)$$

em que $a(t)$ e $b(t)$ são funções contínuas de um intervalo dado. A equação (1) é denominada equação diferencial *linear de primeira ordem em forma padrão*.

Exemplos de equações diferenciais lineares de primeira ordem seguem.

$$y' - 2ty = 0 \qquad [a(t) = -2t,\ b(t) = 0]$$
$$y' + y = 2 \qquad [a(t) = 1,\ b(t) = 2]$$
$$ty' = ty + t^2 + 1 \qquad \left[y' - y = \frac{t^2+1}{t},\ a(t) = -1,\ b(t) = \frac{t^2+1}{t}\right]$$
$$e^t y' + e^t y = 5 \qquad [y' + y = 5e^{-t},\ a(t) = 1,\ b(t) = 5e^{-t}]$$

Nos dois últimos exemplos, reescrevemos a equação na forma padrão para depois determinar as funções $a(t)$ e $b(t)$.

Dada a equação (1), formamos a função $e^{A(t)}$, denominada *fator integrante*, onde $A(t) = \int a(t)\,dt$. Observe que, como consequência das regras da cadeia e do produto,

$$\frac{d}{dt}\left[e^{A(t)}\right] = e^{A(t)}\frac{d}{dt}A(t) = e^{A(t)}a(t) = a(t)e^{A(t)},$$

e

$$\frac{d}{dt}\left[e^{A(t)}y\right] = e^{A(t)}y' + a(t)e^{A(t)}y$$

$$= e^{A(t)}[\,\overbrace{y' + a(t)y}^{\text{lado esquerdo de (1)}}\,]. \qquad (2)$$

Voltando à equação (1), multiplicamos os dois lados por $e^{A(t)}$ e simplificamos a equação resultante com a ajuda de (2), como segue.

$$e^{A(t)}[y' + a(t)y] = e^{A(t)}b(t)$$
$$\frac{d}{dt}\left[e^{A(t)}y\right] = e^{A(t)}b(t) \quad [\text{por (2)}]. \qquad (3)$$

A equação (3) é equivalente à equação (1). Integrando ambos os lados para se livrar da derivada do lado esquerdo de (3), obtemos

$$e^{A(t)}y = \int e^{A(t)}b(t)\,dt + C.$$

Resolvemos para y multiplicando ambos os lados por $e^{-A(t)}$.

$$y = e^{-A(t)}\left[\int e^{A(t)}b(t)\,dt + C\right], \qquad C \text{ uma constante.}$$

Essa fórmula fornece todas as soluções da equação (1). Isso é denominado *solução geral* de (1). Como ilustram os exemplos seguintes, para resolver uma equação diferencial linear de primeira ordem, podemos utilizar (4) diretamente, ou usar um fator integrante e repetir os passos que levam a (4).

EXEMPLO 1 Resolva $y' = 3 - 2y$.

Seção 10.3 • Equações diferenciais lineares de primeira ordem

Solução

Passo 1 Coloque a equação em forma padrão: $y' + 2y = 3$.

Passo 2 Encontre um fator integrante $e^{A(t)}$. Temos $a(t) = 2$, logo

$$A(t) = \int a(t)\,dt = \int 2\,dt = 2t.$$

Observe como escolhemos uma antiderivada de $a(t)$ fazendo a constante de integração igual a zero. Logo, o fator integrante é $e^{A(t)} = e^{2t}$.

Passo 3 Multiplique ambos os lados da equação diferencial pelo fator integrante e^{2t}:

$$\underbrace{e^{2t}y' + 2e^{2t}y}_{\frac{d}{dt}[e^{2t}y]} = 3e^{2t}.$$

Reconhecendo os termos do lado esquerdo com uma derivada do produto $e^{2t}y$, obtemos

$$\frac{d}{dt}\left[e^{2t}y\right] = 3e^{2t}.$$

Passo 4 Integrando ambos os lados e resolvendo para y, obtemos

$$e^{2t}y = \int 3e^{2t}\,dt = \frac{3}{2}e^{2t} + C$$

$$y = e^{-2t}\left[\frac{3}{2}e^{2t} + C\right] = \frac{3}{2} + Ce^{-2t}.$$

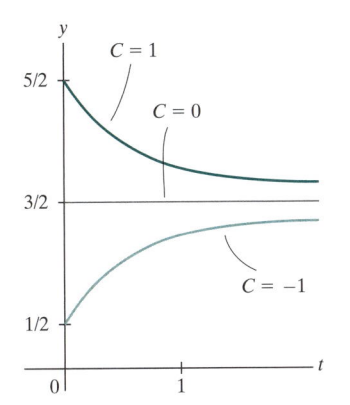

A Figura 1 mostra curvas solução para vários valores de C. Observe a solução constante $y = \frac{3}{2}$, correspondente a $C = 0$. ∎

Figura 1 Soluções típicas da equação diferencial $y' + 2y = 3$ do Exemplo 1.

A partir do exemplo precedente, podemos enunciar um processo passo a passo de resolução de uma equação diferencial linear de primeira ordem.

Resolvendo uma equação diferencial linear de primeira ordem

Passo 1 Coloque a equação na forma padrão $y' + a(t)y = b(t)$.

Passo 2 Calcule uma antiderivada $A(t) = \int a(t)\,dt$ de $a(t)$. [Ao calcular $\int a(t)\,dt$, é comum escolher 0 como a constante de integração.] Forme o fator integrante $e^{A(t)}$.

Passo 3 Multiplique a equação diferencial pelo fator integrante $e^{A(t)}$. Isso transforma os termos do lado esquerdo da equação na derivada de um produto, $\frac{d}{dt}\left[e^{A(t)}y\right]$, como na equação (3).

Passo 4 Integre para se livrar da derivada e, então, resolva para y.

EXEMPLO 2

Resolva

$$\frac{1}{3t^2}y' + y = 4, \quad t > 0.$$

Solução

Passo 1 Multiplicamos tudo por $3t^2$ para obter

$$y' + 3t^2 y = 12t^2.$$

Portanto, $a(t) = 3t^2$.

Passo 2 Uma antiderivada de $a(t)$ é

$$A(t) = \int a(t)\,dt = \int 3t^2\,dt = t^3.$$

Logo, o fator integrante é $e^{A(t)} = e^{t^3}$.

Passo 3 Multiplicamos ambos os lados da equação diferencial por e^{t^3} e obtemos

$$e^{t^3} y' + 3t^2 e^{t^3} y = 12t^2 e^{t^3}$$

$$\frac{d}{dt}\left[e^{t^3} y\right] = 12t^2 e^{t^3}.$$

Passo 4 Integrando ambos os lados, obtemos

$$e^{t^3} y = \int 12t^2 e^{t^3}\, dt = 4e^{t^3} + C$$

$$y = e^{-t^3}\left[4e^{t^3} + C\right] = 4 + Ce^{-t^3}.$$

Ao calcular a integral $\int 12t^2 e^{t^3}\, dt$, usamos integração por substituição. (Ver Seção 9.1.) Tomamos $u = t^3$, $du = 3t^2\, dt$. Então

$$\int 12t^2 e^{t^3}\, dt = 4 \int \overbrace{e^{t^3}}^{e^u} \overbrace{3t^2\, dt}^{du} = 4 \int e^u\, du = 4e^u + C = 4e^{t^3} + C.$$

A Figura 2 mostra curvas solução para vários valores de C. Observe a solução constante $y = 4$, que corresponde a $C = 0$. ∎

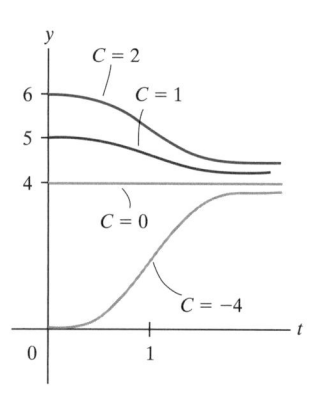

Figura 2 Soluções típicas da equação diferencial do Exemplo 2.

EXEMPLO 3

Resolva o problema de valor inicial $t^2 y' + ty = 2$, $y(1) = 1$, $t > 0$.

Solução

Passo 1 Dividimos por t^2 para colocar a equação em forma padrão.

$$y' + \frac{1}{t} y = \frac{2}{t^2}.$$

Passo 2 Uma antiderivada de $a(t) = \frac{1}{t}$ é

$$A(t) = \int \frac{1}{t}\, dt = \ln t.$$

Logo, o fator integrante é $e^{A(t)} = e^{\ln t} = t$.

Passo 3 Multiplicamos ambos os lados da equação diferencial por t e obtemos

$$ty' + y = \frac{2}{t}$$

$$\frac{d}{dt}[ty] = \frac{2}{t}.$$

Passo 4 Integrando ambos os lados, obtemos

$$ty = \int \frac{2}{t}\, dt = 2 \ln t + C$$

$$y = \frac{2 \ln t + C}{t}.$$

Para satisfazer a condição inicial, devemos ter

$$1 = y(1) = \frac{2 \ln(1) + C}{1} = C \quad [\ln(1) = 0].$$

Portanto, a solução do problema de valor inicial é

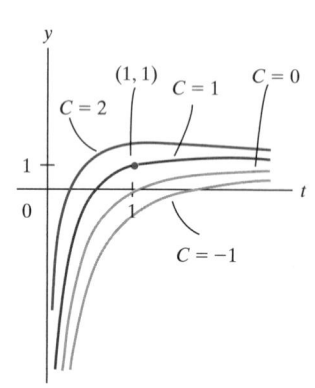

$$y = \frac{2 \ln t + 1}{t}, \quad t > 0.$$

Figura 3 Soluções do problema de valor inicial $t^2 y' + ty = 2$, $y(1) = 1$, $t > 0$.

Dentre todas as curvas solução mostradas na Figura 3, a solução do problema de valor inicial é a que passa pelo ponto $(1, 1)$. ∎

Exercícios de revisão 10.3

1. Usando um fator integrante, resolva $y' + y = 1 + e^{-t}$.

2. Encontre um fator integrante para a equação diferencial $y' = -\dfrac{y}{1+t} + 1$, $t \geq 0$.

Exercícios 10.3

Nos Exercícios 1-6, encontre um fator integrante para cada equação. Tome $t > 0$.

1. $y' - 2y = t$
2. $y' + ty = 6t$
3. $t^3 y' + y = 0$
4. $y' + \sqrt{t}\, y = 2(t+1)$
5. $y' - \dfrac{y}{10+t} = 2$
6. $y' = t^2(y+1)$

Nos Exercícios 7-20, resolva a equação usando um fator integrante. Tome $t > 0$.

7. $y' + y = 1$
8. $y' + 2ty = 0$
9. $y' - 2ty = -4t$
10. $y' = 2(20 - y)$
11. $y' = 0,5(35 - y)$
12. $y' + y = e^{-t} + 1$
13. $y' + \dfrac{y}{10+t} = 0$
14. $y' - 2y = e^{2t}$
15. $(1+t)y' + y = -1$
16. $y' = e^{-t}(y + 1)$
17. $6y' + ty = t$
18. $e^t y' + y = 1$
19. $y' + y = 2 - e^t$
20. $\dfrac{1}{\sqrt{t+1}} y' + y = 1$

Nos Exercícios 21-28, resolva o problema de valor inicial.

21. $y' + 2y = 1$, $y(0) = 1$
22. $ty' + y = \ln t$, $y(e) = 0$, $t > 0$
23. $y' + \dfrac{y}{1+t} = 20$, $y(0) = 10$, $t \geq 0$
24. $y' = 2(10 - y)$, $y(0) = 1$
25. $y' + y = e^{2t}$, $y(0) = -1$
26. $ty' - y = -1$, $y(1) = 1$, $t > 0$
27. $y' + 2y \cos(2t) = 2\cos(2t)$, $y(\tfrac{\pi}{2}) = 0$
28. $ty' + y = \text{sen}\, t$, $y(\tfrac{\pi}{2}) = 0$, $t > 0$

Exercícios com calculadora

29. Considere o problema de valor inicial
$$y' = -\dfrac{y}{1+t} + 10, \quad y(0) = 50.$$

(a) A solução é crescente ou decrescente em $t = 0$? [*Sugestão*: calcule $y'(0)$.]

(b) Encontre a solução e esboce-a com $0 \leq t \leq 4$.

Soluções dos exercícios de revisão 10.3

1. Seguimos o método passo a passo dado nesta seção. A equação $y' + y = 1 + e^{-t}$ já está em forma padrão. Temos $a(t)$, $A(t) = \int 1\, dt = t$, e, portanto, o fator integrante é $e^{A(t)} = e^t$. Multiplicando a equação pelo fator integrante, transformamos os termos do lado esquerdo na derivada de um produto, como segue.

$e^t(y' + y) = e^t(1 + e^{-t})$ [Multiplique a equação pelo fator integrante e^t.]

$e^t y' + e^t y = e^t + 1$ [O lado esquerdo é a derivada do produto $e^t y$.]

$\dfrac{d}{dt}\left[e^t y\right] = e^t + 1$

Integrando ambos os lados, nos livramos da derivada e obtemos

$$e^t y = \int (e^t + 1)\, dt = e^t + t + C.$$

Para resolver para y, multiplicamos ambos os lados por e^{-t} e obtemos

$$y = e^{-t}(e^t + t + C) = 1 + te^{-t} + Ce^{-t}.$$

2. Em forma padrão, a equação é

$$y' + \dfrac{y}{1+t} = 1.$$

Temos $a(t) = \dfrac{1}{1+t}$. Uma derivada de $a(t)$ é

$$A(t) = \int \dfrac{1}{1+t}\, dt = \ln|1+t|.$$

Mas, como $t \geq 0$, segue que $1 + t \geq 0$, portanto, $\ln|1+t| = \ln(1+t)$. Logo, o fator integrante é

$$e^{A(t)} = e^{\ln(1+t)} = 1 + t.$$

10.4 Aplicações de equações diferenciais lineares de primeira ordem

Nesta seção, discutimos várias aplicações interessantes que levam a equações diferenciais lineares de primeira ordem. Modelar ou construir equações matemáticas é uma parte crucial da solução. Você pode desenvolver sua habilidade em modelagem estudando cuidadosamente os detalhes que conduzem às equações matemáticas em cada um dos exemplos seguintes. Procure pela expressão chave "taxa de variação" e traduza-a por uma derivada. Então, continue sua descrição da taxa de variação para obter uma equação diferencial.

Os primeiros exemplos estão relacionados aos tópicos de juros compostos da Seção 5.2 e valor futuro de um fluxo de rendimento da Seção 6.5.

EXEMPLO 1 Plano de previdência privada Um plano de previdência privada paga juros anuais de 6%. Fazemos um depósito inicial de $1.000 e planejamos efetuar depósitos futuros à taxa de $2.400 por ano. Admita que os depósitos sejam feitos continuamente e que os juros sejam compostos continuamente. Seja $P(t)$ o volume de dinheiro na conta t anos depois do depósito inicial.

(a) Monte um problema de valor inicial que é satisfeito por $P(t)$.
(b) Encontre $P(t)$.

Solução (a) Se não forem feitos depósitos ou retiradas, são apenas os juros que estão sendo adicionados à conta a uma taxa proporcional ao saldo na conta, com constante de proporcionalidade $k = 0{,}06$, ou 6%. Como o crescimento de $P(t)$, nesse caso, advém somente de juros, segue que $P(t)$ satisfaz a equação

$$\underbrace{y'}_{\begin{bmatrix}\text{taxa de}\\ \text{variação de } y\end{bmatrix}} = \underbrace{0{,}06}_{\begin{bmatrix}\text{constante de}\\ \text{proporcionalidade}\end{bmatrix}} \times \underbrace{y}_{\begin{bmatrix}\text{saldo na}\\ \text{conta}\end{bmatrix}}.$$

Levando os depósitos em consideração, que estão adicionando dinheiro na conta à taxa de $2.400 por ano, vemos que o modo pelo qual o dinheiro na conta cresce é influenciado por dois fatores: a taxa segundo a qual são pagos os juros e a taxa segundo a qual são feitos os depósitos. A taxa de variação de $P(t)$ é o *efeito líquido* dessas duas influências. Isto é, agora $P(t)$ satisfaz a equação diferencial linear de primeira ordem

$$\underbrace{y'}_{\begin{bmatrix}\text{taxa de}\\ \text{variação de } y\end{bmatrix}} = \underbrace{0{,}06y}_{\begin{bmatrix}\text{taxa decorrente}\\ \text{de juros}\end{bmatrix}} + \underbrace{2400}_{\begin{bmatrix}\text{taxa decorrente}\\ \text{de depósitos}\end{bmatrix}}.$$

Como o depósito inicial na conta foi de $1.000, segue que $P(t)$ satisfaz a condição inicial $y(0) = 1.000$. Colocando a equação na forma padrão [ver equação (1) da Seção 10.3], concluímos que $P(t)$ satisfaz o problema de valor inicial

$$y' = 0{,}06y = 2.400, \quad y(0) = 1.000.$$

(b) Para resolver a equação, use o método passo a passo da seção precedente. Temos $a(t) = -0{,}06$. Logo, $A(t) = -\int 0{,}06\, dt = -0{,}06t$ e, portanto, o fator integrante é $e^{A(t)} = e^{-0{,}06t}$. Multiplicando ambos os lados da equação pelo fator integrante, obtemos

$$e^{-0{,}06t}[y' - 0{,}06y] = 2.400 e^{-0{,}06t}$$

$$e^{-0{,}06t} y' - 0{,}06 e^{-0{,}06t} y = 2.400 e^{-0{,}06t} \qquad \text{[O lado esquerdo é a derivada de um produto.]}$$

$$\frac{d}{dt}\left[e^{-0{,}06t} y\right] = 2.400 e^{-0{,}06t}.$$

Seção 10.4 • Aplicações de equações diferenciais lineares de primeira ordem

Integrando ambos os lados e resolvendo para y, obtemos

$$e^{-0,06t}y = \int 2.400e^{-0,06t}\,dt$$

$$e^{-0,06t}y = -40.000e^{-0,06t} + C \qquad \left[\int 2.400e^{-0,06t}\,dt = -\frac{2.400}{0,06}e^{-0,06t} + C\right]$$

$$y = e^{0,06t}\left[-40.000e^{-0,06t} + C\right] \qquad \text{[Resolva para } y\text{.]}$$

$$y = -40.000 + Ce^{0,06t} \qquad \text{[Simplifique.]}$$

Assim, a solução é $P(t) = -40.000 + Ce^{0,06t}$. Para satisfazer a condição inicial, devemos ter

$$1000 = P(0) = -40.000 + Ce^{0,06\cdot(0)} = -40.000 + C$$

$$C = 41.000$$

Portanto, o saldo na conta no tempo t é dado por

$$P(t) = -40.000 + 41.000e^{0,06t}.$$

O gráfico de $P(t)$ é dado na Figura 1. ∎

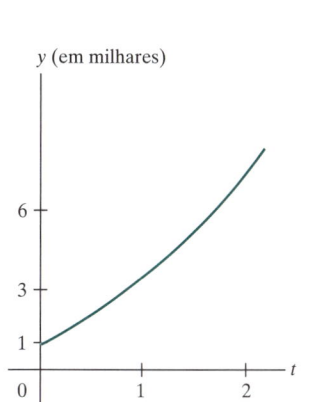

Figura 1 A conta $P(t)$ do Exemplo 1.

Examinemos rapidamente as ideias de modelagem do Exemplo 1. A quantidade que estávamos procurando é o montante de dinheiro na conta no tempo t. Sua taxa de variação era afetada por duas influências: a taxa de juros e a taxa à qual era depositado o dinheiro. Para descrever a taxa de variação do dinheiro na conta, somamos ambas as taxas de variação e obtivemos a equação diferencial $y' = 0,06y + 2.400$.

Muitas situações interessantes podem ser modeladas refinando essas ideias. Comece identificando a quantidade relevante (montante de dinheiro na conta). Depois, identifique as várias influências que afetam a taxa de variação dessa quantidade (taxa de juros, taxa de depósitos). Finalmente, deduza uma equação diferencial expressando a taxa de variação da quantidade relevante em termos das taxas de variação das várias influências. No Exemplo 1, somamos duas taxas de variação para descrever y'. Como ilustra o nosso próximo exemplo, para modelar problemas envolvendo amortização de empréstimos pessoais e hipotecas, podemos precisar subtrair duas taxas de variação.

EXEMPLO 2

Pagando o financiamento de um carro Digamos que você pagou um carro novo com um empréstimo de $25.000. A taxa de juros do empréstimo é de 5% compostos continuamente. Por meio de seu acesso *on-line* ao banco, você agendou pagamentos diários totalizando $4.800 por ano. Isso permite supor que seus pagamentos são contínuos. Denote por $P(t)$ a quantia devida no empréstimo no tempo t (em anos). Monte um problema de valor inicial satisfeito por $P(t)$.

Solução Como no Exemplo 1, há duas influências sobre a maneira que varia a quantia de dinheiro devido: a taxa com que os juros são adicionados ao dinheiro devido e a taxa pela qual os pagamentos são subtraídos da dívida. Sabemos que os juros são adicionados a uma taxa proporcional ao total devido, com constante de proporcionalidade $k = 0,05$. O efeito dos pagamentos é a diminuição da dívida à taxa de $4.800 por ano. Como a taxa de variação de $P(t)$ é o *efeito líquido* dessas duas influências, vemos que $P(t)$ satisfaz a equação diferencial linear de primeira ordem

$$y' = 0,05y - 4.800$$

$$\begin{bmatrix}\text{taxa de}\\ \text{variação de }y\end{bmatrix} = \begin{bmatrix}\text{taxa}\\ \text{de juros}\end{bmatrix} - \begin{bmatrix}\text{taxa de}\\ \text{pagamentos}\end{bmatrix}.$$

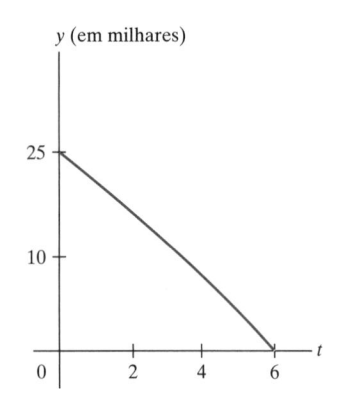

Figura 2 P(t) é o total devido no tempo t. O empréstimo será totalmente pago em aproximadamente 6 anos.

Lembrando a condição inicial e reescrevendo a equação na forma padrão, vemos que $P(t)$ satisfaz o problema de valor inicial

$$y' = 0{,}05y - 4.800,\ y(0) = 25.000.$$

Usando um fator integrante e procedendo de uma maneira muito parecida à do Exemplo 1, vemos que a solução do problema de valor inicial do Exemplo 2 é

$$P(t) = 96.000 - 71.000 e^{0{,}05t}.$$

O gráfico de $P(t)$ é dado na Figura 2. Do gráfico, vemos que $P(t) = 0$ quando $t \approx 6$ anos. Isso é quanto tempo leva para pagar todo o empréstimo.

Nos exemplos precedentes, as taxas anuais de depósitos ou pagamentos de empréstimos eram constantes. Se você espera que sua renda anual cresça (que é uma expectativa razoável), você pode querer aumentar a taxa de seus depósitos de poupança ou considerar a possibilidade de pagar o empréstimo a uma taxa mais rápida. A modelagem envolvida nessas situações é análoga à dos exemplos precedentes, mas pode levar a equações diferenciais mais complicadas. Veja os exercícios para ilustrações diversas.

No Capítulo 5, aprendemos que modelos simples populacionais têm por base a hipótese de que a taxa de crescimento de uma população é proporcional ao tamanho da população no tempo t. A constante de proporcionalidade é denominada constante de crescimento e é específica da população. Na verdade, a taxa de crescimento de uma população pode ser afetada por muitos outros fatores. No exemplo seguinte, consideramos o efeito da emigração no tamanho de uma população.

EXEMPLO 3

Um modelo de população com emigração Em 1995, as pessoas de um certo país com sérios problemas econômicos começaram a emigrar para outros países em busca de trabalho e melhores condições de vida. Seja $P(t)$ a população do país em milhões, t anos depois de 1995. Os sociólogos que estudam essa população constataram que, nos 30 anos seguintes, o número de pessoas emigrantes cresceria gradualmente à medida que se espalhassem as notícias de melhores perspectivas fora do país. Suponha que a taxa de emigração seja dada por $0{,}004 e^{0{,}04t}$ milhões por ano, t anos depois de 1995. Suponha, além disso, que a constante de crescimento da população seja de $\frac{3}{125}$. Encontre uma equação diferencial satisfeita por $P(t)$.

Solução

Nesse modelo, nos 30 anos seguintes (a partir de 1995), a taxa de crescimento da população é afetada por duas influências: a taxa pela qual cresce a população e a taxa pela qual emigra a população. A taxa de variação da população é o *efeito líquido* dessas duas influências. Portanto, $P(t)$ satisfaz a equação diferencial

$$\underbrace{y'}_{\begin{bmatrix}\text{taxa de}\\ \text{variação de } y\end{bmatrix}} = \underbrace{\tfrac{3}{125} y}_{\begin{bmatrix}\text{taxa de crescimento}\\ \text{da população}\end{bmatrix}} - \underbrace{(0{,}004 e^{0{,}04t} + 0{,}04)}_{\begin{bmatrix}\text{taxa de emigração}\\ \text{da população}\end{bmatrix}}.$$

Colocando a equação em forma padrão, obtemos

$$y' - \frac{3}{125} y = -0{,}004 e^{0{,}04t} - 0{,}04.$$

Para obter uma fórmula da população no Exemplo 3, precisamos conhecer a população inicial. Por exemplo, se em 1995 a população era de 2 milhões, então $P(0) = 2$. Resolvendo a equação diferencial, sujeita a essa condição inicial, obtemos

$$P(t) = \frac{7}{12} e^{\frac{3}{125} t} - \frac{1}{4} e^{\frac{t}{25}} + \frac{5}{3}.$$

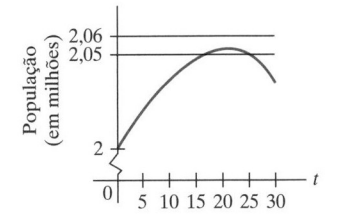

Figura 3 População com emigração.

(Os detalhes são imediatos e deixados para o Exercício 16.) A Figura 3 mostra o tamanho da população desde 1995. A partir de 1995, a população continua a crescer a uma taxa decrescente. De acordo com nosso modelo, e supondo que as condições econômicas se mantenham, a população atingirá um máximo de aproximadamente 2.055 milhões entre os anos 2015 e 2020 e, depois, começará a decrescer.

Nosso último tópico trata da lei de Newton relativa ao resfriamento do Exemplo 5 da Seção 10.1. As ideias de modelagem envolvidas são úteis em muitas aplicações interessantes, como determinar a hora da morte de uma pessoa e o estudo da concentração de dejetos no corpo e sua eliminação por rins artificiais (diálise).

EXEMPLO 4

Lei de Newton do resfriamento Um estudante esfomeado, na pressa de comer, ligou o forno e, sem aquecê-lo previamente, colocou nele uma pizza congelada. Sejam $f(t)$ a temperatura da pizza e $T(t)$ a temperatura do forno t minutos depois de ser ligado. De acordo com a lei de Newton do resfriamento, a taxa de variação de $f(t)$ é proporcional à diferença entre as temperaturas do forno e da pizza. Encontre uma equação diferencial satisfeita por $f(t)$.

Solução Raciocinamos da mesma forma que no Exemplo 5 da Seção 10.1. A taxa de variação da temperatura da pizza é a derivada de $f(t)$. Essa derivada é proporcional à diferença $T(t) - f(t)$. Assim, existe uma constante k tal que

$$f'(t) = k[T(t) - f(t)].$$

Será k positivo ou negativo? Enquanto a pizza está esquentando, a temperatura está subindo. Portanto, $f'(t)$ é positivo. A temperatura do forno também é sempre maior do que a temperatura da pizza. Portanto, $T(t) - f(t)$ é positivo. Assim, para fazer $T(t) - f(t)$ positiva, k precisa ser um número positivo. Consequentemente, a equação diferencial satisfeita por $f(t)$ é

$$y' = k[T(t) - y],$$

em que k é uma constante positiva. ∎

O Exemplo 5 trata de um caso interessante do modelo do Exemplo 4. Em sua solução, utilizaremos a integral

$$\int (at + b)e^{ct} \, dt = \frac{1}{c^2} e^{ct}(act + bc - a) + C \quad (c \neq 0). \tag{1}$$

Não é necessário memorizar essa fórmula, mas você deveria ser capaz de calcular integrais dessa forma usando integração por partes, como segue. Escrevemos $f(t) = at + b$ e $g(t) = e^{ct}$. Então, $f'(t) = a$ e $G(t) = \frac{1}{c}e^{ct}$. Integrando por partes, obtemos

$$\int (at + b)e^{ct} \, dt = \frac{1}{c}(at + b)e^{ct} - \int \frac{a}{c}e^{ct} \, dt$$

$$= \frac{1}{c}(at + b)e^{ct} - \frac{a}{c^2}e^{ct} + C$$

$$= \frac{1}{c^2}e^{ct}(c(at + b) - a) + C,$$

e a equação (1) segue por simplificação.

EXEMPLO 5 Suponha que a temperatura (em graus Fahrenheit) do forno do Exemplo 4 seja dada por $T(t) = 70 + 50t$, com $0 \le t \le 8$. [Dessa forma, quando o estudante ligou o forno ($t = 0$), a temperatura do forno era de 70°F e depois começou a aumentar à taxa de 50° por minuto nos 8 minutos seguintes. Presumivelmente, o estudante regulou a temperatura do forno para 470°.] Suponha também que a constante de proporcionalidade seja $k = 0{,}1$ e que a temperatura inicial da pizza congelada era de 27°F. Determine a temperatura da pizza durante os primeiros 8 minutos de aquecimento. Qual é a temperatura da pizza depois de 8 minutos de aquecimento?

Solução Substituindo $T(t) = 70 + 50t$ e $k = 0{,}1$ na equação diferencial do Exemplo 4, vemos que $f(t)$ satisfaz

$$y' = 0{,}1[70 + 50t - y].$$

Colocando a equação em forma padrão e lembrando a condição inicial $f(0) = 27$, obtemos o problema de valor inicial

$$y' + 0{,}1y = 5t + 7, \quad y(0) = 27.$$

Multiplicando ambos os lados da equação pelo fator integrante $e^{0,1t}$ e combinando termos, obtemos

$$\frac{d}{dt}\left[e^{0,1t} y\right] = (5t + 7)e^{0,1t}.$$

Integrando ambos os lados, obtemos

$$e^{0,1t} y = \int (5t + 7)e^{0,1t}\, dt$$

$$= 100e^{0,1t}(0{,}5t + 0{,}7 - 5) + C,$$

onde usamos a equação (1) com $a = 5$, $b = 7$ e $c = 0{,}1$. Multiplicando ambos os lados por $e^{0,1t}$, encontramos

$$y = 100(0{,}5t - 4{,}3) + Ce^{-0,1t} = 50t - 430 + Ce^{-0,1t}.$$

Para satisfazer a condição inicial, precisamos ter

$$f(0) = 27 = -430 + C.$$

Logo, $C = 457$ e, portanto, a temperatura da pizza no tempo t é

$$f(t) = 50t - 430 + 457e^{-0,1t}.$$

Depois de 8 minutos de aquecimento, a temperatura da pizza é

$$f(8) = 50(8) - 430 + 457e^{-0,1(8)} = -30 + 457e^{-0,8} \approx 175° \quad \blacksquare$$

As técnicas de modelagem desta seção têm muitas aplicações interessantes na Administração, Biologia, Medicina e Sociologia. Algumas dessas aplicações aparecem nos exercícios.

Exercício de revisão 10.4

1. Uma caderneta de poupança rende 4% de juros ao ano, compostos continuamente, sendo efetuados saques contínuos à taxa de $1.200 por ano. Monte uma equação diferencial que é satisfeita pela quantidade $f(t)$ de dinheiro na caderneta no tempo t.

Exercícios 10.4

1. Continuação do Exemplo 1.
   (a) Quão rápido crescia o dinheiro no plano quando atingiu $30.000?
   (b) Quanto dinheiro havia no plano quando sua taxa de crescimento era o dobro da taxa de depósito anual?
   (c) Quanto tempo é preciso para o dinheiro no plano alcançar $40.000?
2. Continuação do Exemplo 2. Responda as questões (a) e (b) do Exercício 1 se a taxa de juros for de 7%. Nesse caso, quanto tempo leva para pagar totalmente o empréstimo?
3. Uma pessoa, planejando sua aposentadoria, providencia depósitos contínuos numa caderneta de poupança à taxa de $3.600 por ano. A caderneta rende 5% de juros compostos continuamente.
   (a) Monte uma equação diferencial satisfeita pela quantidade $f(t)$ de dinheiro na conta no tempo t.
   (b) Supondo que $f(0) = 0$, resolva equação diferencial da parte (a) e determine quanto dinheiro haverá na caderneta ao final de 25 anos.
4. Uma pessoa deposita $10.000 numa conta bancária e decide fazer depósitos adicionais à taxa de A dólares anuais. O banco compõe juros continuamente à taxa anual de 6% e os depósitos são feitos continuamente na conta.
   (a) Monte uma equação diferencial satisfeita pela quantia $f(t)$ na conta no tempo t.
   (b) Determine $f(t)$ (como uma função de A).
   (c) Determine A para o depósito inicial dobrar em cinco anos.
5. Vinte anos antes de sua aposentadoria, Eduarda abriu uma caderneta de poupança que paga juros de 5% ao ano compostos continuamente e depositou nessa conta à taxa anual de $1.200 durante 20 anos. Dez anos antes de sua aposentadoria, Rodrigo também abriu uma caderneta de poupança que paga juros de 5% ao ano compostos continuamente e decidiu depositar nessa conta à taxa anual de $2.400 por 10 anos. No momento de sua aposentadoria, quem tinha mais dinheiro em sua caderneta? (Suponha que os depósitos sejam feitos continuamente.)
6. Responda a pergunta do Exercício 5 se Rodrigo depositou à taxa anual de $3.000 por 10 anos.
7. Uma pessoa toma um empréstimo de $100.000 de um banco que cobra 7,5% de juros compostos continuamente. Qual deveria ser a taxa anual de pagamentos se o empréstimo deve ser pago totalmente em exatamente 10 anos? (Suponha que os pagamentos sejam feitos continuamente ao longo do ano.)
8. **Preços dos carros em 2001** A associação de vendedores de carros dos Estados Unidos relatou que o preço médio de venda no varejo de um carro novo[*] em 2001 foi de $25.800. Uma pessoa que só consegue pagar $500 por mês comprou um carro novo pelo preço médio e financiou o valor total. Suponha que seus pagamentos sejam feitos a uma taxa anual contínua e que os juros sejam compostos continuamente à taxa de 3,5%.
   (a) Monte uma equação diferencial que seja satisfeita pelo montante $f(t)$ do dinheiro devido no financiamento do carro no tempo t.
   (b) Quanto tempo levará para pagar a dívida?
9. **Preços dos imóveis em 2001** O departamento federal que trata do sistema hipotecário dos Estados Unidos relatou que o preço médio nacional de casas para famílias pequenas em outubro de 2001 foi de $219.600.[**] Naquela mesma data, a taxa média de juros prefixados de uma hipoteca convencional de 30 anos era de 6,76%. Uma pessoa comprou uma casa pelo preço médio, pagando 10% do preço de entrada e financiou o restante com uma hipoteca de 30 anos com taxa prefixada. Suponha que seus pagamentos sejam feitos a uma taxa anual contínua constante A e que os juros sejam compostos continuamente à taxa de 6,76%.
   (a) Monte uma equação diferencial satisfeita pelo total $f(t)$ do dinheiro devido na hipoteca no tempo t.
   (b) Determine a taxa anual de pagamento A necessária para quitar a hipoteca em 30 anos. De quanto serão os pagamentos mensais?
   (c) Determine o total de juros pagos durante os 30 anos da hipoteca.
10. Refaça todo o Exercício 9 supondo que a pessoa comprou a casa totalmente financiada pelo preço médio com uma hipoteca de 15 anos com taxa prefixada de 6% e que pretende quitar a hipoteca em 15 anos.
11. **Elasticidade de demanda** Seja $q = f(p)$ a função demanda de um certo bem, sendo q a quantidade demandada e p o preço unitário. Na Seção 5.3, definimos a elasticidade da demanda como sendo

$$E(p) = \frac{-pf'(p)}{f(p)}.$$

   (a) Encontre uma equação diferencial satisfeita pela função demanda $f(p)$ se a elasticidade da demanda for uma função linear do preço dada por $E(p) = p + 1$.
   (b) Encontre a função demanda na parte (a), sabendo que $f(1) = 100$.

---

[*] Dados obtidos na página da National Automobile Dealers Association, www.nada.com.

[**] Dados obtidos na página do Federal Housing Finance Board, www.fhfb.gov.

12. Continuação do Exercício 11. Encontre a função demanda se a elasticidade da demanda for uma função linear do preço dada por $E(p) = ap + b$, em que a e b são constantes.

13. Quando uma barra de aço incandescente é mergulhada numa bacia de água mantida à temperatura constante de 10°C, a temperatura $f(t)$ da barra no tempo t satisfaz a equação diferencial

$$y' = k[10 - y],$$

onde $k > 0$ é uma constante de proporcionalidade. Determine $f(t)$ se a temperatura inicial da barra for $f(0) = 350°C$ e $k = 1$.

14. Continuação do Exercício 13. Refaça todo o exercício para um metal com constante de proporcionalidade $k = 0,2$. Qual barra esfria mais rápido, a que tem constante de proporcionalidade $k = 0,1$ ou a que tem $k = 0,2$? O que pode ser dito sobre o efeito da variação da constante de proporcionalidade num problema de resfriamento?

15. Determinando a hora da morte Um corpo foi encontrado num quarto cuja temperatura era de 70°F. Denote por $f(t)$ a temperatura do corpo t horas depois da morte. De acordo com a lei de Newton do resfriamento, $f(t)$ satisfaz uma equação diferencial da forma

$$y' = k(T - y).$$

(a) Encontre T.

(b) Depois de várias medidas da temperatura do corpo, foi determinado que quando a temperatura do corpo era de 80°F ela decrescia à taxa de 5°F por hora. Encontre k.

(c) Suponha que, na hora da morte, a temperatura do corpo era aproximadamente normal, digamos, 98°F. Determine $f(t)$.

(d) Quando o corpo foi encontrado, sua temperatura era de 85°F. Determine há quanto tempo a pessoa estava morta.

16. Continuação do Exemplo 3. Deduza a fórmula para a população se a população em 1995 era de 2 milhões. (A fórmula está dada depois da solução do Exemplo 3.)

17. Num experimento, um certo tipo de bactéria estava sendo acrescentado a uma cultura à taxa de $e^{0,03t} + 2$ mil bactérias por hora. Suponha que a bactéria se multiplica a uma taxa proporcional ao tamanho da cultura no tempo t, com constante de proporcionalidade $k = 0,45$. Seja $P(t)$ o número de bactérias na cultura no tempo t. Encontre uma equação diferencial satisfeita por $P(t)$.

18. Continuação do Exercício 17. Encontre uma fórmula para $P(t)$ se inicialmente havia 10.000 bactérias presentes na cultura.

19. Diálise e a eliminação de creatinina De acordo com uma fundação norte-americana, mais de 260.000 norte-americanos sofriam de falência renal crônica e necessitavam de um rim artificial (diálise) para se manter vivos em 1997.[*] Quando os rins estão deficientes, aparecem substâncias tóxicas no sangue, como a creatinina. Uma maneira de removê-las é usar um processo conhecido como diálise peritonial, no qual o peritônio do paciente ou o revestimento do abdômen é usado como filtro. Quando a cavidade abdominal é preenchida com uma certa solução a ser dialisada, os dejetos do sangue são filtrados pelo peritônio para a solução. Depois de um período de várias horas, a solução é drenada para fora do corpo junto com os dejetos.

Numa sessão de diálise, o abdômen de um paciente com uma concentração elevada de creatinina no sangue de 110 gramas por litro foi preenchido com dois litros de solução (sem creatinina). Seja $f(t)$ a concentração de creatinina na solução no tempo t. A taxa de variação de $f(t)$ é proporcional à diferença entre 110 (a concentração máxima possível na solução) e $f(t)$. Assim, $f(t)$ satisfaz a equação diferencial

$$y' = k(100 - y)$$

(a) Suponha que, ao final de uma sessão de quatro horas de diálise, a concentração na solução era de 75 gramas por litro e crescia à taxa de 10 gramas por litro por hora. Encontre k.

(b) Qual é a taxa de variação da concentração no início da sessão de diálise? Por comparação com a taxa ao final da sessão, podemos justificar (simplificadamente) a drenagem e substituição da solução ao final de 4 horas de diálise? [*Sugestão*: não é necessário resolver a equação diferencial.]

20. O rádio 226 é uma substância radioativa com constante de decaimento de 0,00043. Suponha que rádio 226 esteja sendo acrescentado continuamente a um contêiner inicialmente vazio à taxa constante de 3 miligramas por ano. Denote por $P(t)$ o número de gramas de rádio 226 remanescentes no contêiner depois de t anos.

(a) Encontre um problema de valor inicial satisfeito por $P(t)$.

(b) Resolva o problema de valor inicial para $P(t)$.

(c) Qual é o limite da quantidade de rádio 226 no contêiner quando t tende ao infinito?

Nos Exercícios 21-25, a resolução da equação diferencial proveniente da modelagem pode exigir integração por partes. [Ver Fórmula (1).]

21. Uma pessoa deposita uma herança de $100.000 numa caderneta de poupança que rende 4% de juros compostos continuamente. Essa pessoa pretende efetuar saques que gradativamente crescem de valor com o tempo. Suponha que a taxa anual de saques seja de $2.000 + 500t$ dólares t anos depois da caderneta ter sido aberta.

---

[*] Dados obtidos na página da National Kidney Foundation, www.kidney.org.

(a) Suponha que os saques sejam efetuados a uma taxa contínua. Monte uma equação diferencial satisfeita pelo saldo $f(t)$ na caderneta no tempo t.

(b) Determine $f(t)$.

(c) Com ajuda da uma calculadora, trace o gráfico de $f(t)$ e obtenha uma aproximação do tempo necessário para que a conta seja zerada.

22. Uma pessoa faz um depósito inicial de $500 numa caderneta de poupança e planeja fazer depósitos futuros a uma taxa anual que cresce gradualmente com $90t + 810$ dólares por ano t anos depois do depósito inicial. Suponha que os depósitos sejam feitos continuamente e que os juros sejam compostos continuamente à taxa de 6%. Denote por $P(t)$ o saldo na conta.

(a) Monte um problema de valor inicial que é satisfeito por $P(t)$.

(b) Encontre $P(t)$.

23. Depois de depositar uma quantia inicial de $10.000 numa caderneta de poupança que rende 4% de juros compostos continuamente, uma pessoa continuou a fazer depósitos durante um certo período de tempo e, depois, começou a efetuar saques da caderneta. A taxa anual de depósitos era de $3.000 - 500t$ dólares por ano t anos depois da abertura da caderneta. (Aqui, taxas negativas de depósito correspondem a saques.)

(a) Por quantos anos a pessoa contribuiu para o saldo da conta antes de começar a sacar dinheiro?

(b) Seja $P(t)$ o saldo na caderneta t anos depois do depósito inicial. Encontre um problema de valor inicial satisfeito por $P(t)$. (Suponha que os depósitos e os saques eram feitos continuamente.)

24. Continuação do Exercício 23. A Figura 4 contém a solução do problema de valor inicial.

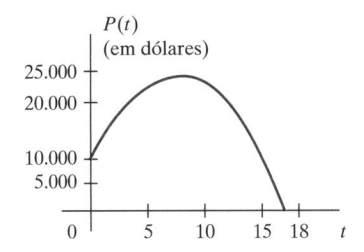

Figura 4

(a) Com a ajuda do gráfico, obtenha uma aproximação do tempo necessário para zerar a caderneta.

(b) Resolva o problema de valor inicial para determinar $P(t)$.

(c) Use a fórmula para $P(t)$ para verificar a resposta dada em (a) com a ajuda de uma calculadora.

25. **Infusão de morfina** A morfina é uma droga largamente utilizada para controlar a dor. Entretanto, a morfina pode ser fatal por causar parada respiratória. Como a percepção da dor e a tolerância à droga variam de acordo com o paciente, a morfina é ministrada gradualmente, com pequenos incrementos, até que a dor seja controlada ou os efeitos colaterais comecem a aparecer.

Numa infusão intravenosa, foi injetada morfina continuamente a uma taxa crescente de t miligramas por hora. Suponha que o organismo elimine a droga a uma taxa proporcional ao montante da droga presente no corpo, com constante de proporcionalidade $k = 0,35$. Seja $f(t)$ a quantidade de morfina no corpo t horas depois do início da infusão.

(a) Encontre uma equação diferencial satisfeita por $f(t)$.

(b) Supondo que a infusão durou 8 horas, determine a quantidade de morfina no corpo durante a infusão se no início o corpo estava livre de morfina.

Exercícios com calculadora

26. **Nível terapêutico de uma droga** Uma certa droga é ministrada por meio intravenoso a um paciente à taxa contínua de r miligramas por hora. O corpo do paciente elimina a droga da corrente sanguínea a uma taxa proporcional à quantidade da droga no sangue, com constante de proporcionalidade $k = 0,5$.

(a) Escreva uma equação diferencial satisfeita pela quantidade $f(t)$ da droga no sangue no tempo t (em horas).

(b) Encontre $f(t)$, supondo que $f(0) = 0$. (Dê sua resposta em termos de r.)

(c) Numa infusão terapêutica de duas horas, a quantidade de droga no corpo deveria atingir 1 miligrama no decorrer de uma hora da ministração e ficar acima desse nível por uma outra hora. Entretanto, para evitar intoxicação, a quantidade de droga no corpo não deveria, em momento algum, exceder 2 miligramas. Trace o gráfico de $f(t)$ no intervalo $1 \le t \le 2$, quando r varia entre 1 e 2 com incrementos de 0,1. Isto é, trace o gráfico de $f(t)$ com $r = 1; 1,1; 1,2; 1,3,..., 2$. Investigando os gráficos, selecione os valores de r que dão uma infusão terapêutica e não tóxica de duas horas.

Solução do exercício de revisão 10.4

1. Argumentamos como no Exemplo 1. Há duas influências na maneira com que muda a caderneta de poupança: a taxa à qual são acrescentados os juros e a taxa à qual o dinheiro é sacado da conta. Sabemos que o juro é acrescentado a uma taxa proporcional ao montante de dinheiro na conta e que os saques são feitos à taxa de \$1.200 por ano. Como a taxa de variação de $f(t)$ é o efeito líquido dessas duas influências, vemos que $f(t)$ satisfaz a equação diferencial de primeira ordem

$$\underbrace{y'}_{\begin{bmatrix}\text{taxa de}\\ \text{variação de } y\end{bmatrix}} = \underbrace{0{,}04y}_{\begin{bmatrix}\text{taxa à qual são}\\ \text{acrescentados juros}\end{bmatrix}} - \underbrace{1.200}_{\begin{bmatrix}\text{taxa à qual é}\\ \text{sacado o dinheiro}\end{bmatrix}}.$$

A forma padrão da equação diferencial de primeira ordem é $y' - 0{,}04y = -1.200$.

10.5 Gráficos de soluções de equações diferenciais

Nesta seção, apresentamos uma técnica para esboçar soluções de equações diferenciais da forma $y' = g(y)$ *sem ter que resolver a equação diferencial*. Essa técnica se baseia na interpretação geométrica de uma equação diferencial que introduzimos na Seção 10.1 e usamos para construir campos de direções. A técnica é valiosa por três motivos. O primeiro é que existem muitas equações diferenciais cujas soluções não podem ser dadas explicitamente. O segundo é que, mesmo quando for possível determinar uma solução explícita, ainda precisamos encarar o problema de determinar seu comportamento. Por exemplo, a solução cresce ou decresce? Se crescer, tende a alguma assíntota ou se torna arbitrariamente grande? O terceiro motivo e, provavelmente, o mais significativo, é que em muitas aplicações, a fórmula explícita de uma solução é desnecessária; necessita-se apenas de um conhecimento geral de seu comportamento. Isto é, basta um entendimento qualitativo da solução.

A teoria introduzida nesta seção é parte do que é conhecido como a *teoria qualitativa de equações diferenciais*. Limitamos nossa atenção a equações diferenciais da forma $y' = g(y)$. Essas equações diferenciais são ditas *autônomas*. O termo "autônomo" significa "independente do tempo" e se refere ao fato de que o lado direito de $y' = g(y)$ depende apenas de y e não de t. Todas as aplicações estudadas na próxima seção envolvem equações diferenciais autônomas.

Ao longo desta seção, consideramos os valores de cada solução $y = f(t)$ apenas com $t \geq 0$. Para introduzir a teoria qualitativa, examinemos os gráficos de várias soluções típicas da equação diferencial $y' = \frac{1}{2}(1-y)(4-y)$. As curvas solução na Figura 1 ilustram as propriedades seguintes.

Propriedade I Correspondendo a cada zero de $g(y)$, existe uma solução constante da equação diferencial. Especificamente, se $g(y) = 0$, a função constante $y = c$ é uma solução. (As soluções constantes na Figura 1 são $y = 1$ e $y = 4$.)

Propriedade II As soluções constantes dividem o plano ty em faixas horizontais. Cada solução não constante fica completamente dentro de alguma faixa.

Propriedade III Cada solução não constante é estritamente crescente ou decrescente.

Propriedade IV Cada solução não constante é assintótica a uma solução constante ou cresce ou decresce sem cota.

Pode ser mostrado que as Propriedades I a IV valem para as soluções de qualquer equação diferencial autônoma $y' = g(y)$, desde que $g(y)$ seja uma função "suficientemente bem comportada". Neste capítulo, vamos supor válidas essas propriedades.

Seção 10.5 • Gráficos de soluções de equações diferenciais   **489**

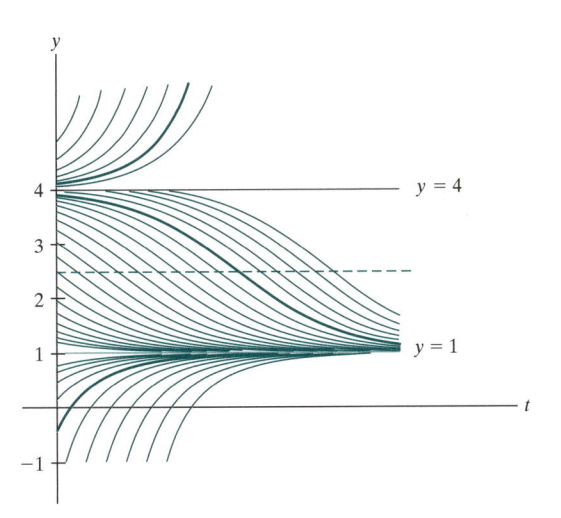

Figura 1 Soluções de $y' = \frac{1}{2}(1 - y)(4 - y)$.

Usando as propriedades I a IV, podemos esboçar o aspecto geral de qualquer curva solução analisando o gráfico da função $g(y)$ e o comportamento desse gráfico perto de $y(0)$. Esse procedimento está ilustrado no exemplo a seguir.

EXEMPLO 1

Esboce a solução de $y' = e^{-y}$ que satisfaz $y(0) = -2$.

Solução

Temos $g(y) = e^{-y} - 1$. Num sistema de coordenadas yz, desenhamos o gráfico da função $z = g(y) = e^{-y} - 1$. [Ver Figura 2(a).] A função $g(y) = e^{-y} - 1$ tem um zero em $y = 0$. Portanto, a equação diferencial $y' = e^{-y} - 1$ tem a solução constante $y = 0$. Indicamos essa solução constante num sistema de coordenadas ty na Figura 2(b). Para iniciar o esboço da solução que satisfaz $y(0) = -2$, identificamos esse valor inicial de y no eixo y (horizontal) da Figura 2(a) e no eixo y (vertical) da Figura 2(b).

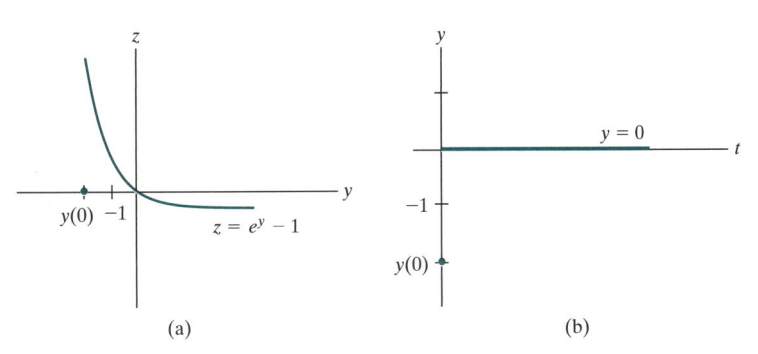

Figura 2

Para determinar se a solução cresce ou decresce quando se afasta do ponto inicial $y(0)$ no gráfico ty, olhamos para o gráfico yz e observamos que $z = g(y)$ é positiva em $y = -2$. [Ver Figura 3(a).] Consequentemente, como $y' = g(y)$, a derivada da solução é positiva, o que implica que a solução é crescente. Indicamos esse fato por uma seta no ponto inicial na Figura 3(b). Além disso, a solução y cresce assintoticamente para a solução constante $y = 0$, pelas Propriedades III e IV de equações diferenciais autônomas.

Em seguida, posicionamos uma seta na Figura 4(a) para lembrar que y se move de $y = -2$ para $y = 0$. À medida que y se move para a direita em direção a $y = 0$ na Figura 4(a), a coordenada z dos pontos do gráfico de $g(y)$ se torna menos positiva, isto é, $g(y)$ se torna menos positiva. Consequentemente, como

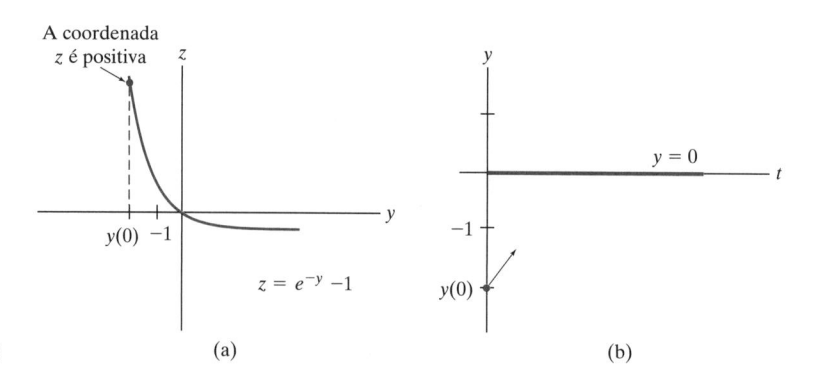

Figura 3

$y' = g(y)$, a inclinação da curva solução se torna menos positiva. Assim, a curva solução é côncava para baixo. [Ver Figura 4(b).]

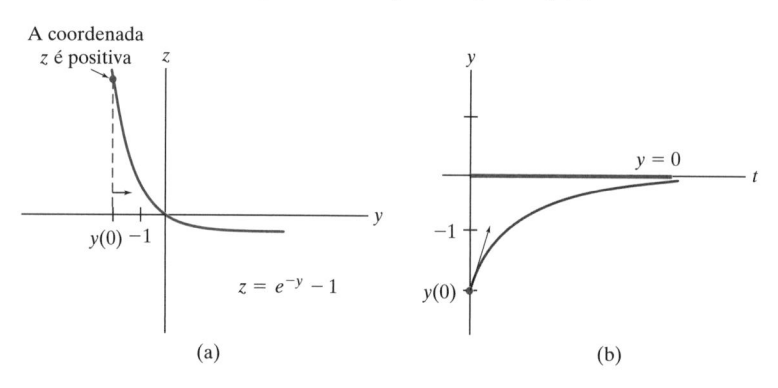

Figura 4

Um ponto importante para ser lembrado quando esboçamos soluções é que as coordenadas z do gráfico yz são valores de $g(y)$ e, como $y' = g(y)$, uma coordenada z dá a *inclinação* da curva solução no ponto correspondente no gráfico ty.

EXEMPLO 2 Esboce os gráficos das soluções de $y' = y + 2$ satisfazendo

(a) $y(0) = 1$ (b) $y(0) = -3$

Solução Aqui $g(y) = y + 2$. O gráfico de $z = g(y)$ é uma reta de inclinação 1 e corte do eixo z em 2. [Ver Figura 5(a).] Essa reta só corta o eixo y em $y = -2$. Assim, a equação diferencial $y' = y + 2$ tem uma solução constante, $y = -2$. [Ver Figura 5(b).]

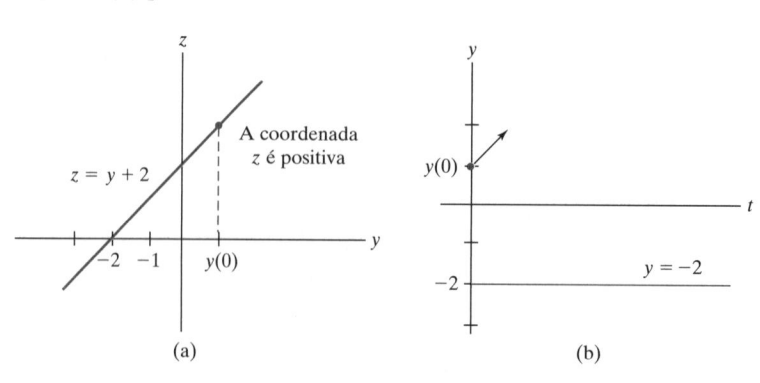

Figura 5

(a) Identificamos o valor inicial $y(0) = 1$ no eixo y dos dois gráficos da Figura 5. A coordenada z correspondente no gráfico yz é positiva, portanto, a solução no gráfico ty tem inclinação positiva e é crescente ao se afastar do ponto inicial. Isso está indicado com uma seta na Figura 5(b). A propriedade IV das equações diferenciais autônomas implica que y crescerá sem cota a partir do seu valor inicial. À medida que deixamos y crescer a partir de 1 na Figura 6(a), vemos que aumentam as coordenadas z [os valores de $g(y)$]. Consequentemente, y' é crescente, logo, o gráfico da solução é côncavo para cima. A solução está esboçada na Figura 6(b).

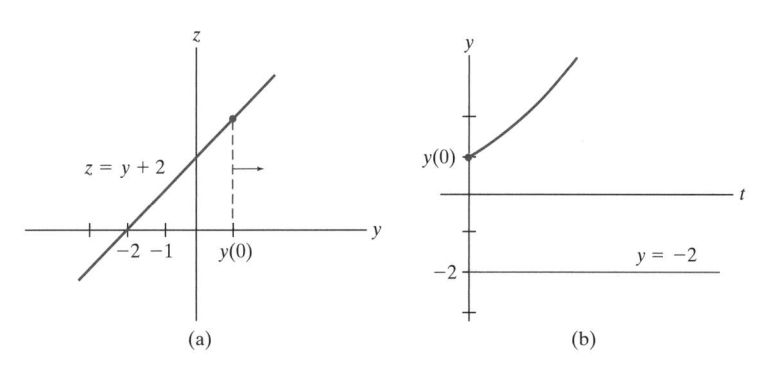

Figura 6

(b) Agora esboçamos a solução tal que $y(0) = -3$. Pelo gráfico de $z = y + 2$, vemos que z é negativo quando $y = -3$. Isso implica que a solução é decrescente ao se afastar do ponto inicial. (Ver Figura 7.) Segue que os valores de y continuarão a decrescer sem cota, tornando-se cada vez mais negativos. Isso significa que y deve se mover para a esquerda no gráfico yz. [Ver Figura 8(a).] Examinemos, agora, o que acontece com $g(y)$ quando y se move para a esquerda. (Esse é o sentido oposto daquele em que costumamos olhar um gráfico.) A coordenada z se torna mais negativa, portanto, as inclinações da curva solução se tornam mais negativas. Assim, a curva solução deve ser côncava para baixo, como na Figura 8(b). ∎

Figura 7

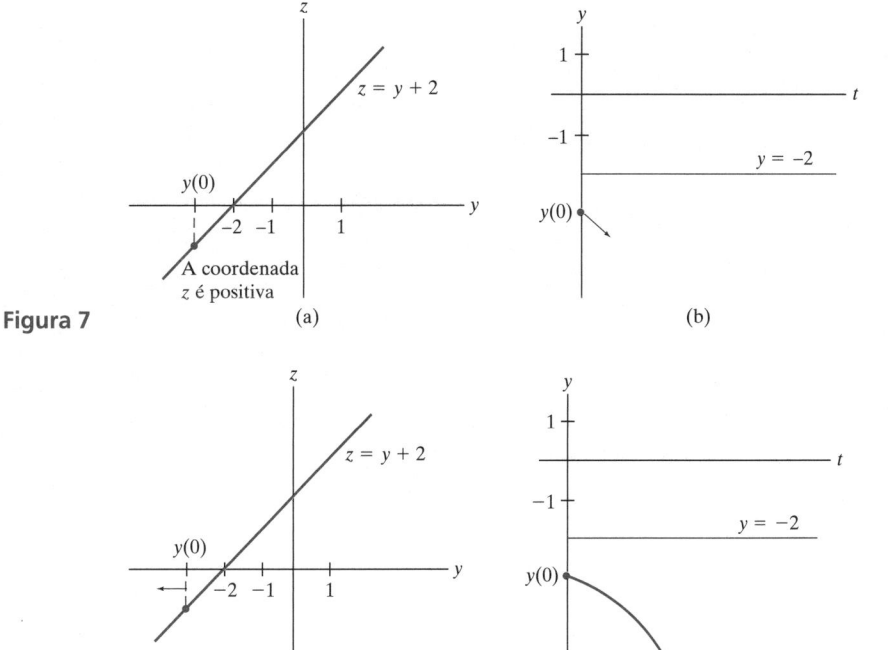

Figura 8

A partir dos exemplos precedentes, podemos enunciar algumas regras para esboçar uma solução de $y' = g(y)$ com $y(0)$ dado.

1. Esboce o gráfico de $z = g(y)$ num sistema de coordenadas yz. Encontre e identifique os zeros de $g(y)$.
2. Para cada zero c de $g(y)$, desenhe a solução constante $y = c$ no sistema de coordenadas ty.
3. Identifique $y(0)$ no eixo y dos dois sistemas de coordenadas.
4. Determine se o valor de $g(y)$ é positivo ou negativo quando $y = y(0)$. Isso nos diz se a solução é crescente ou decrescente. No gráfico ty, indique a direção da solução por $y(0)$.
5. No gráfico yz, indique em qual sentido y deveria se mover. (*Observação*: se y estiver se movendo *para baixo* no gráfico ty, então y se move para a *esquerda* no gráfico yz.) À medida que y se move no sentido correto no gráfico yz, determine se $g(y)$ se torna mais positivo, menos positivo, mais negativo ou menos negativo. Isso nos dá a concavidade da solução.
6. Esboce a solução começando em $y(0)$ no gráfico ty, guiado pelo princípio de que a solução crescerá (positiva ou negativamente) sem cota, a menos que encontre uma solução constante. Nesse caso, a solução tenderá assintoticamente à solução constante.

EXEMPLO 3

Esboce as soluções de $y' = y^2 - 4y$ satisfazendo $y(0) = 4,5$ e $y(0) = 3$.

Solução Usamos a Figura 9. Como $g(y) = y^2 - 4y = y(y - 4)$, os zeros de $g(y)$ são 0 e 4, de modo que as soluções constantes são $y = 0$ e $y = 4$. A solução satisfazendo $y(0) = 4,5$ é crescente porque a coordenada z é positiva quando $y = 4,5$ no gráfico yz. Essa solução continua a crescer sem cota. A solução satisfazendo $y(0) = 3$ é decrescente porque a coordenada z é negativa quando $y = 3$ no gráfico yz. Essa solução continua decrescendo e tende assintoticamente à solução constante $y = 0$.

Uma informação adicional sobre a solução satisfazendo $y(0) = 3$ pode ser obtida do gráfico de $y = g(y)$. Sabemos que y decresce de 3 e tende a 0. Pelo gráfico de $z = g(y)$ na Figura 9, parece que, no início, as coordenadas z ficam mais negativas até y atingir o valor 2 e, depois, ficam menos negativas à medida que y se move em direção a 0. Como essas coordenadas z são inclinações da curva solução, concluímos que, à medida que a solução se move para baixo a partir do ponto inicial no sistema de coordenadas ty, sua inclinação fica mais

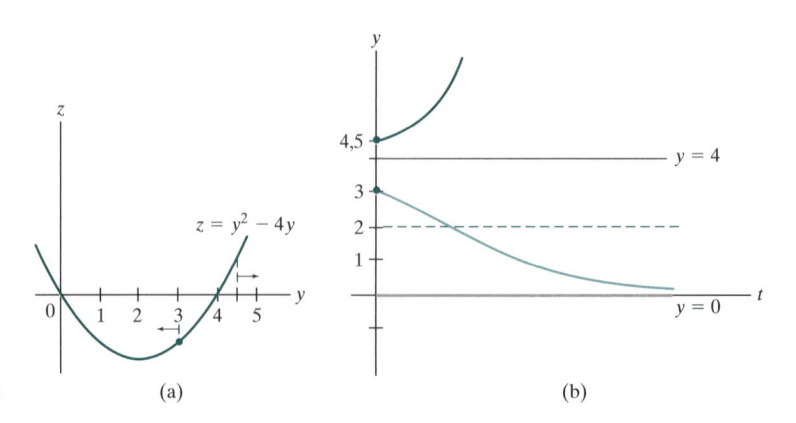

Figura 9 (a) (b)

negativa até a coordenada y ser 2 e, depois, sua inclinação fica menos negativa à medida que y se move em direção a 0. Portanto, a solução é côncava para baixo até $y = 2$ e, depois, é côncava para cima. Assim, existe um ponto de inflexão em $y = 2$, onde muda a concavidade. ∎

Vimos, no Exemplo 3, que o ponto de inflexão em $y = 2$ decorreu da existência de um mínimo de $g(y)$ em $y = 2$. Uma generalização desse argumento no Exemplo 3 mostra que os pontos de inflexão de curvas solução ocorrem em cada valor de y no qual $g(y)$ tem um máximo ou mínimo relativo não nulo. Assim, podemos formular uma regra adicional para esboçar uma solução de $y' = g(y)$.

7. No sistema de coordenadas ty, trace linhas horizontais em todos os valores de y para os quais $g(y)$ tem um máximo ou mínimo relativo *diferente de zero*. Uma curva solução terá um ponto de inflexão sempre que cruzar uma dessas linhas tracejadas.

É útil observar que quando $g(y)$ é uma função quadrática, como no Exemplo 3, seu ponto de máximo ou mínimo ocorre num valor de y à meia distância entre os zeros de $g(y)$. Isto ocorre porque o gráfico de uma função quadrática é uma parábola, que é simétrica em relação à linha vertical que passa por seu vértice.

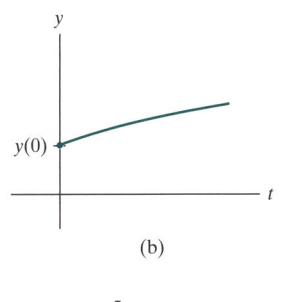

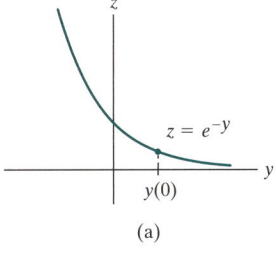

Figura 10

EXEMPLO 4

Esboce uma solução de $y' = e^{-y}$ com $y(0) > 0$.

Solução Usamos a Figura 10. Como $g(y) = e^{-y}$ é sempre positiva, a equação diferencial não possui soluções constantes e toda solução crescerá sem cota. Quando desenhamos soluções que se aproximam assintoticamente de uma linha horizontal, não temos escolha quanto à concavidade da curva ser para cima ou para baixo. Essa decisão será óbvia pelo comportamento crescente ou decrescente e pelo conhecimento dos pontos de inflexão. Entretanto, com soluções que crescem sem cota, precisamos conferir $g(y)$ para determinar a concavidade. Nesse exemplo, os valores de y crescem com t. Quando y cresce, $g(y)$ se torna menos positiva. Como $g(y) = y'$, deduzimos que a inclinação da curva solução se torna menos positiva, portanto, a curva solução é côncava para baixo. ∎

Exercícios de revisão 10.5

Considere a equação diferencial $y' = g(y)$, em que $g(y)$ é a função cujo gráfico está dado na Figura 11.

1. Quantas soluções constantes possui a equação diferencial $y' = g(y)$?
2. Para quais valores iniciais $y(0)$ a solução correspondente da equação diferencial é uma função crescente?
3. Se o valor inicial $y(0)$ estiver perto de 4, será a solução correspondente a esse valor inicial assintótica à solução constante $y = 4$?
4. Para quais valores iniciais $y(0)$ a solução correspondente da equação diferencial tem um ponto de inflexão?

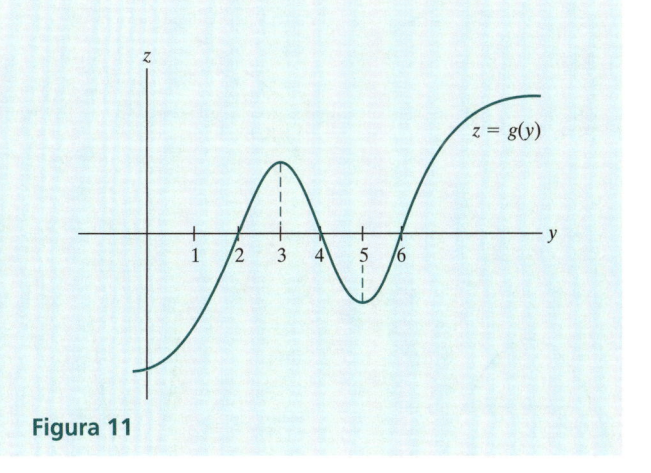

Figura 11

Exercícios 10.5

Nos Exercícios 1-6, esboce o gráfico de uma função com as propriedades dadas, como uma revisão dos conceitos que são importantes nesta seção.

1. Domínio $0 \leq t \leq 3$; $(0, 1)$ está no gráfico; a inclinação é sempre positiva e se torna menos positiva (com t crescente).
2. Domínio $0 \leq t \leq 4$; $(0, 2)$ está no gráfico; a inclinação é sempre positiva e se torna mais positiva (com t crescente).
3. Domínio $0 \leq t \leq 5$; $(0, 3)$ está no gráfico; a inclinação é sempre negativa e se torna menos negativa.
4. Domínio $0 \leq t \leq 6$; $(0, 4)$ está no gráfico; a inclinação é sempre negativa e se torna mais negativa.
5. Domínio $0 \leq t \leq 7$; $(0, 2)$ está no gráfico; a inclinação é sempre positiva e se torna mais positiva com t crescendo de 0 a 3 e menos positiva com t crescendo de 3 a 7.
6. Domínio $0 \leq t \leq 8$; $(0, 6)$ está no gráfico; a inclinação é sempre negativa e se torna mais negativa com t crescendo de 0 a 3 e menos negativa com t crescendo de 3 a 8.

Nos Exercícios 7-36, são dadas uma ou mais condições iniciais para a equação diferencial. Use a teoria qualitativa de equações diferenciais autônomas para esboçar os gráficos das soluções correspondentes. Inclua um gráfico yz se não estiver dado. Indique sempre as soluções constantes no gráfico ty independentemente de serem ou não mencionadas.

7. $y' = 3 - \frac{1}{2}y$, $y(0) = 8$. (O gráfico de $z = g(y)$ está dado na Figura 12.)
8. $y' = \frac{2}{3}y - 3$, $y(0) = 3$, $y(0) = 6$. (Ver Figura 13.)
9. $y' = y^2 - 5$, $y(0) = -4$, $y(0) = 2$, $y(0) = 3$. (Ver Figura 14.)
10. $y' = 6 - y^2$, $y(0) = -3$, $y(0) = 3$. (Ver Figura 15.)
11. $y' = -\frac{1}{3}(y + 2)(y - 4)$, $y(0) = -3$, $y(0) = -1$, $y(0) = 6$. (Ver Figura 16.)
12. $y' = y^2 - 6y + 5$ ou $y' = (y - 1)(y - 5)$, $y(0) = -2$, $y(0) = 2$, $y(0) = 4$, $y(0) = 6$. (Ver Figura 17.)
13. $y' = y^3 - 9y$ ou $y' = y(y^2 - 9)$, $y(0) = -4$, $y(0) = -1$, $y(0) = 2$, $y(0) = 4$. (Ver Figura 18.)
14. $y' = 9y - y^3$, $y(0) = -4$, $y(0) = -1$, $y(0) = 2$, $y(0) = 4$. (Ver Figura 19.)
15. Use o gráfico da Figura 20 para esboçar as soluções da equação de crescimento de Gompertz

$$\frac{dy}{dt} = -\frac{1}{10}y \ln \frac{y}{100}$$

satisfazendo $y(0) = 10$ e $y(0) = 150$.

16. O gráfico de $z = -\frac{1}{2}y \ln(y/30)$ tem o mesmo aspecto geral do gráfico na Figura 20 com ponto de máximo relativo em $y \approx 11,0364$ e corte no eixo y em $y = 30$. Esboce as soluções da equação de crescimento de Gompertz

$$\frac{dy}{dt} = -\frac{1}{2}y \ln \frac{y}{30}.$$

satisfazendo $y(0) = 1$, $y(0) = 20$ e $y(0) = 40$.

17. $y' = g(y)$, $y(0) = -0,5$, $y(0) = 0,5$, em que $z = g(y)$ é a função cujo gráfico está dado na Figura 21.

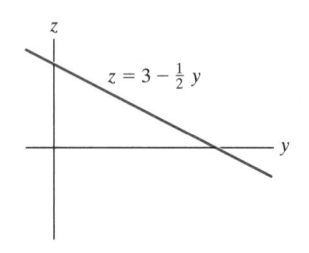

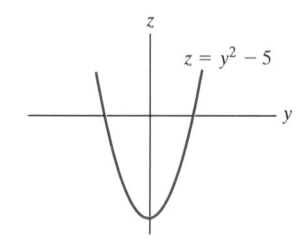

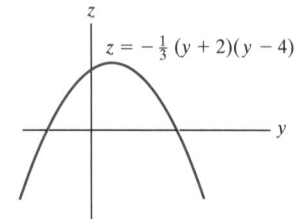

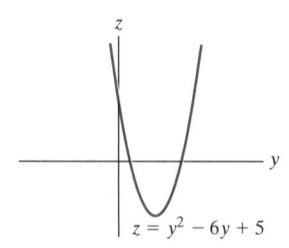

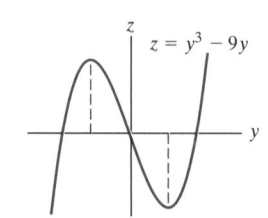

Figura 12 $z = 3 - \frac{1}{2}y$

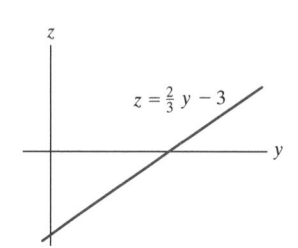

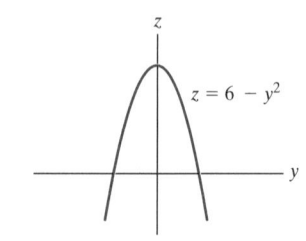

Figura 13 $z = \frac{2}{3}y - 3$

Figura 14 $z = y^2 - 5$

Figura 15 $z = 6 - y^2$

Figura 16 $z = -\frac{1}{3}(y + 2)(y - 4)$

Figura 17 $z = y^2 - 6y + 5$

Figura 18 $z = y^3 - 9y$

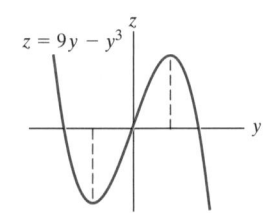

Figura 19 $z = 9y - y^3$

Seção 10.5 • Gráficos de soluções de equações diferenciais

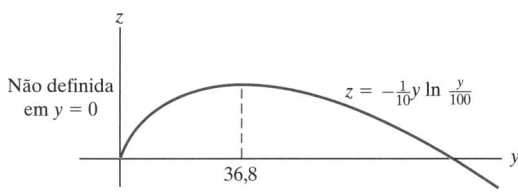

Figura 20

Figura 21

18. $y' = g(y), y(0) = 0, y(0) = 4$, sendo o gráfico de $z = g(y)$ dado na Figura 22.

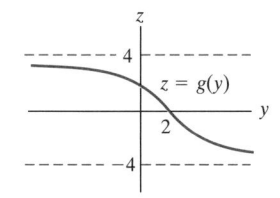

Figura 22

19. $y' = g(y), y(0) = 0, y(0) = 1{,}2, y(0) = 5, y(0) = 7$, sendo o gráfico de $z = g(y)$ dado na Figura 23.

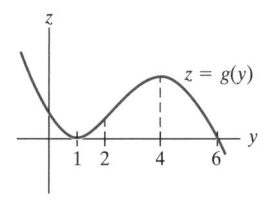

Figura 23

20. $y' = g(y), y(0) = 1, y(0) = 3, y(0) = 11$, sendo o gráfico de $z = g(y)$ dado na Figura 24.

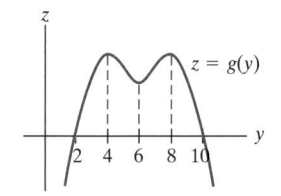

Figura 24

21. $y' = \frac{3}{4}y - 3, y(0) = 2, y(0) = 4, y(0) = 6$
22. $y' = \frac{1}{2}y, y(0) = -2, y(0) = 0, y(0) = 2$
23. $y' = 5y - y^2, y(0) = 1, y(0) = 7$
24. $y' = -y^2 + 10y - 21, y(0) = 1, y(0) = 4$

25. $y' = y^2 - 3y - 4, y(0) = 0, y(0) = 3$
26. $y' = \frac{1}{2}y^2 - 3y, y(0) = 3, y(0) = 6, y(0) = 9$
27. $y' = y^2 + 2, y(0) = -1, y(0) = 1$
28. $y' = y - \frac{1}{4}y^2, y(0) = -1, y(0) = 1$
29. $y' = \operatorname{sen} y, y(0) = -\pi/6, y(0) = \pi/6, y(0) = 7\pi/4$
30. $y' = 1 + \operatorname{sen} y, y(0) = 0, y(0) = \pi$
31. $y' = 1/y, y(0) = -1, y(0) = 1$
32. $y' = y^3, y(0) = -1, y(0) = 1$
33. $y' = ky^2$, onde k é uma constante negativa, $(0) = -2$, $y(0) = 2$.
34. $y' = ky(M - y)$, onde $k > 0, M > 10$ e $y(0) = 1$.
35. $y' = ky - A$, onde k e A são constantes positivas. Esboce as soluções com $0 < y(0) < A/k$ e $y(0) > A/k$.
36. $y' = k(y - A)$, onde $k < 0$ e $A > 0$. Esboce as soluções com $y(0) < A$ e $y(0) > A$.
37. Suponha que a taxa de crescimento de um girassol em qualquer tempo depois de iniciar seu crescimento seja proporcional ao produto de sua altura pela diferença entre suas alturas na maturidade e a atual. Dê uma equação diferencial que é satisfeita pela altura $f(t)$ do girassol no tempo t e esboce a solução.
38. Um paraquedista tem uma velocidade terminal de -176 pés por segundo. Isto é, independentemente de seu tempo de queda, sua velocidade não excede 176 pés por segundo chegando, no entanto, arbitrariamente próxima desse valor. A velocidade $v(t)$ em pés por segundo depois de t segundos satisfaz a equação diferencial $v'(t) = 32 - k \cdot v(t)$. Qual é o valor de k?

Exercícios com calculadora

39. Trace o gráfico de $g(x) = (x-2)^2(x-6)^2$ e use o gráfico para esboçar as soluções da equação diferencial $y' = (y-2)^2(y-6)^2$ com condições iniciais $y(0) = 1, y(0) = 3, y(0) = 5$ e $y(0) = 7$ num sistema de coordenadas ty.
40. Trace o gráfico de $g(x) = e^x - 100x^2 - 1$ e use o gráfico para esboçar as soluções da equação diferencial $y' = e^y - 100y^2 - 1$ com condições iniciais $y(0) = 4$ num sistema de coordenadas ty.

Soluções dos exercícios de revisão 10.5

1. Três. A função $g(y)$ tem zeros quando y é 2, 4 e 6. Portanto, $y' = g(y)$ tem as funções constantes $y = 2$, $y = 4$ e $y = 6$ como soluções.

2. Para $2 < y(0) < 4$ e $y(0) > 6$. Como soluções não constantes só podem ser estritamente crescentes ou estritamente decrescentes, uma solução é uma função crescente sempre que for crescente no tempo $t = 0$. Isso ocorre quando a derivada primeira for positiva em $t = 0$. Quando $t = 0$, temos $y' = g(y(0))$. Portanto, a solução correspondente a $y(0)$ é crescente sempre que $g(y(0))$ for positiva.

3. Sim. Se $y(0)$ está um pouco à direita de 4, então $g(y(0))$ é negativa, portanto a solução correspondente será uma função decrescente com valores se movendo para a esquerda cada vez mais próximos de 4. Se $y(0)$ está um pouco à esquerda de 4, então $g(y(0))$ é positiva, portanto a solução correspondente será uma função crescente com valores se movendo para a direita cada vez mais próximos de 4. (Dizemos que a solução constante $y = 4$ é uma solução constante *estável*. A solução com valor inicial 4 permanece em 4 e as soluções com valores iniciais perto de 4 se aproximam de 4. A solução constante $y = 2$ é *instável*. As soluções com valores iniciais perto de 2 se afastam de 2.)

4. Para $2 < y(0) < 3$ e $5 < y(0) > 6$. Os pontos de inflexão de soluções correspondem a máximos e mínimos relativos da função $g(y)$. Se $2 < y(0) < 3$, a solução correspondente será uma função crescente. Os valores de y se moverão para a direita (em direção a 4) e, portanto, cruzarão 3, onde $g(y)$ tem um ponto de máximo relativo. Analogamente, se $5 < y(0) < 6$, a solução correspondente será uma função decrescente. Os valores de y no gráfico yz se moverão para a esquerda e cruzarão 5.

10.6 Aplicações de equações diferenciais

Nesta seção, estudamos situações da vida real que podem ser modeladas por uma equação diferencial autônoma $y' = g(y)$. Aqui, y representa alguma quantidade que varia com o tempo, e a equação $y' = g(y)$ será obtida de uma descrição da taxa de variação de y.

Já encontramos muitas situações em que a taxa de variação de y é *proporcional* a alguma quantidade. Por exemplo, vimos

1. $y' = ky$, em que "a taxa de variação de y é proporcional a y" (crescimento ou decaimento exponencial) e
2. $y' = k(M - y)$, em que "a taxa de variação de y é proporcional à diferença entre M e y" (a lei de Newton do resfriamento, por exemplo).

Ambas situações envolvem equações diferenciais *lineares* de primeira ordem. O exemplo seguinte dá origem a uma equação que não é linear. Ela se refere à taxa à qual uma inovação tecnológica pode se espalhar numa indústria, um assunto de interesse tanto de sociólogos quanto de economistas.

EXEMPLO 1 Os fornos de coque apareceram pela primeira vez na indústria siderúrgica em 1894. Levou cerca de 30 anos até que todos os principais produtores de aço adotassem essa inovação. Seja $f(t)$ a porcentagem de produtores que haviam instalado os novos fornos de coque no tempo t. Um modelo razoável para a forma com que $f(t)$ aumentou é dado pela hipótese de que a taxa de variação de $f(t)$ no tempo t era proporcional ao produto de $f(t)$ pela porcentagem de firmas que ainda não tinham instalado os novos fornos de coque no tempo t.*
Escreva uma equação diferencial satisfeita por $f(t)$.

Solução Como $f(t)$ é a *porcentagem* de firmas que têm o novo forno de coque, $100 - f(t)$ é a porcentagem de firmas que ainda não têm os novos fornos de coque instalados. É dado que a taxa de variação de $f(t)$ é proporcional ao produto de

---

* E. Mansfield, "Technical Change and the Rate of Imitation," *Econometrica*, 29 (1961), 741-766.

$f(t)$ por $100 - f(t)$. Portanto, existe uma constante de proporcionalidade k tal que

$$f'(t) = kf(t)[100 - f(t)].$$

Substituindo $f(t)$ por y e $f'(t)$ por y', obtemos a equação diferencial procurada,

$$y' = ky(100 - y).$$

Observe que ambos y e $100 - y$ são quantidades não negativas. Evidentemente, y' deve ser positiva, porque $y = f(t)$ é uma função crescente. Logo, a constante k deve ser positiva. ∎

A equação diferencial obtida no Exemplo 1 é um caso especial da *equação diferencial logística*

$$y' = ky(a - y), \tag{1}$$

em que k e a são constantes positivas. Essa equação é utilizada como um modelo matemático simples de uma grande variedade de fenômenos físicos. Na Seção 5.4, descrevemos aplicações da equação logística ao crescimento populacional restrito e à disseminação de uma epidemia. Agora utilizamos a teoria qualitativa de equações diferenciais para melhorar nosso entendimento dessa equação importante.

O primeiro passo para esboçar as soluções de (1) é traçar o gráfico yz. Reescrevendo a equação $z = ky(a - y)$ na forma

$$z = -ky^2 + kay,$$

vemos que a equação é quadrática em y e, portanto, seu gráfico é uma parábola. A parábola é côncava para baixo, porque o coeficiente de y^2 é negativo (já que k é uma constante positiva). Os zeros da expressão quadrática $ky(a - y)$ ocorrem em $y = 0$ e $y = a$. Como a representa alguma constante positiva, selecionamos um ponto arbitrário na porção positiva do eixo y e o identificamos com a. Com essa informação, podemos esboçar um gráfico representativo. (Ver Figura 1.) Observe que o vértice da parábola ocorre em $y = a/2$, que é o ponto médio entre pontos de corte com o eixo y. (O leitor deveria revisar a obtenção desse gráfico sabendo apenas que k e a são constantes positivas. Situações semelhantes aparecem nos exercícios.)

Iniciamos o gráfico ty mostrando as soluções constantes e colocando uma linha tracejada em $y = a/2$, onde certas curvas solução terão um ponto de inflexão. (Ver Figura 2.) De cada lado das soluções constantes, escolhemos valores iniciais para y, digamos, y_1, y_2, y_3, y_4. Então usamos o gráfico yz para esboçar as curvas solução correspondentes. (Ver Figura 3.)

A solução na Figura 3(b) que começa em y_2 tem o formato geral que costuma ser chamado de *curva logística*. Esse é o tipo de solução que modelaria a situação descrita no Exemplo 1. A solução na Figura 3(b) que começa em y_1 geralmente não tem significado físico. As outras soluções mostradas na Figura 3(b) podem ocorrer na prática, em particular, no estudo de crescimento populacional.

Na Ecologia, muitas vezes o crescimento populacional é descrito por uma equação logística escrita da forma

$$\frac{dN}{dt} = rN\frac{K - N}{K} \tag{2}$$

ou, equivalentemente,

$$\frac{dN}{dt} = \frac{r}{K}N(K - N),$$

em que N é utilizado em vez de y para denotar o tamanho da população no tempo t. Soluções típicas dessa equação estão esboçadas na Figura 4. A constante K é denominada *capacidade populacional* do ambiente. Se a população

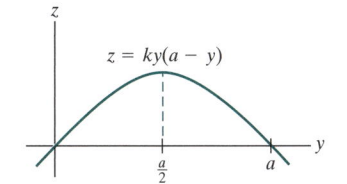

Figura 1 O gráfico yz da equação diferencial logística.

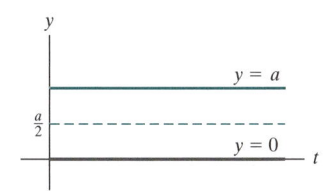

Figura 2

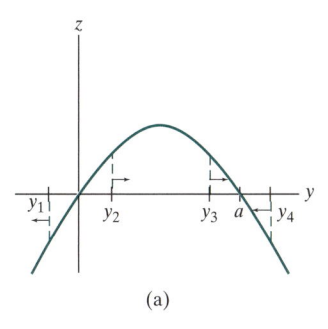

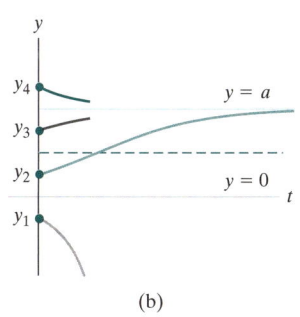

Figura 3

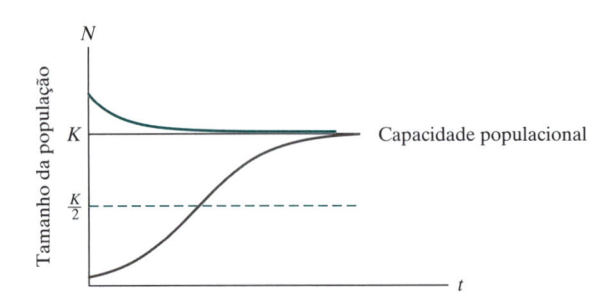

Figura 4 Um modelo logístico para a variação populacional.

inicial estiver perto de zero, a curva população tem uma forma típica da letra S, e N tende assintoticamente à capacidade populacional. Quando a população inicial é maior do que K, a população diminui de tamanho, novamente tendendo assintoticamente à capacidade populacional.

A quantidade $(K - N)/K$ na equação (2) é uma fração entre 0 e 1 que reflete o efeito limitante do ambiente sobre a população, sendo próxima de 1 quando N estiver perto de zero. Se essa fração fosse substituída pela constante 1, então (2) se tornaria

$$\frac{dN}{dt} = rN.$$

Essa é a equação de um crescimento exponencial comum, sendo r é a taxa de crescimento. Por essa razão, o parâmetro r em (2) é denominado *taxa de crescimento intrínseca* da população, que expressa o quanto a população cresceria se o ambiente permitisse um crescimento exponencial irrestrito.

Consideremos uma situação concreta que dá origem a uma equação logística.

EXEMPLO 2

Uma população de peixes Um lago de uma fazenda de peixes tem uma capacidade populacional de 1.000 peixes. Inicialmente, o lago tinha 100 peixes. Seja $N(t)$ o número de peixes no lago depois de t meses.

(a) Monte uma equação logística satisfeita por $N(t)$ e trace um gráfico aproximado da população de peixes.

(b) Encontre o tamanho da população de peixes com a maior taxa de crescimento. Encontre essa taxa, dado que a taxa intrínseca de crescimento é 0,3.

Solução

(a) É dado que a equação é uma equação logística com capacidade populacional $K = 1.000$. Portanto, por (2), a equação é

$$\frac{dN}{dt} = rN\frac{1000 - N}{1000} = \frac{r}{1000}N(1000 - N).$$

A população de peixes no tempo t é dada pela solução dessa equação diferencial com a condição inicial $N(0) = 100$. Mesmo que não tenhamos um valor numérico para a taxa intrínseca r, ainda podemos estimar a forma da solução usando técnicas qualitativas. Inicialmente esboçamos as soluções constantes $N = 0$ e $N = 1.000$ e então tracejamos uma reta em $N = 500$, onde certas soluções têm pontos de inflexão. A solução começando em $N = 100$ é uma curva logística típica. Ela é crescente, com assíntota horizontal $N = 1.000$ e ponto de inflexão em $N = 500$, onde o gráfico muda de concavidade. Uma curva solução satisfazendo essas propriedades aparece na Figura 5(b).

(b) Como a questão diz respeito à taxa de crescimento, deveríamos olhar para a própria equação para as respostas. A equação nos diz que a taxa de crescimento é dada pela função quadrática

$$\frac{dN}{dt} = \frac{r}{1000}N(1000 - N),$$

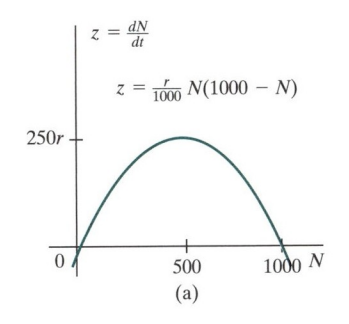

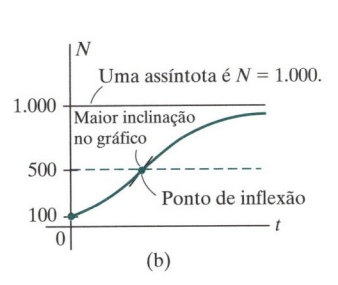

Figura 5

cujo gráfico é uma parábola invertida com cortes do eixo x em $N = 0$ e $N = 1.000$. [Ver Figura 5(a).] Como a parábola tem concavidade para baixo, ela tem um máximo no ponto médio $N = 500$ entre 0 e 1.000. Assim, o tamanho da população com a maior taxa de crescimento é 500. Para encontrar o valor numérico da taxa de crescimento mais rápida com taxa intrínseca $r = 0{,}3$, substituímos $r = 0{,}3$ e $N = 500$ na equação e obtemos

$$\left.\frac{dN}{dt}\right|_{N=500} = \frac{0{,}3}{1.000}(500)(1.000 - 500) = 75 \text{ peixes por mês.}$$

Essa é a taxa de crescimento máxima da população de peixes e é atingida quando existirem 500 peixes no lago. Note que 500 não é o tamanho máximo da população. De fato, sabemos que a população de peixes tende assintoticamente a 1.000. [Ver Figura 5(b).] ∎

Passamos, agora, a aplicações que envolvem um tipo diferente de equação diferencial autônoma. A ideia central é ilustrada no exemplo familiar de uma caderneta de poupança, discutido na Seção 10.4, a seguir.

EXEMPLO 3 Uma caderneta de poupança rende 6% de juros por ano, compostos continuamente, sendo que saques contínuos são efetuados à taxa de $900 por ano. Monte uma equação diferencial que seja satisfeita pelo saldo $f(t)$ na caderneta no tempo t. Esboce soluções típicas da equação diferencial.

Solução Inicialmente ignoramos os saques da caderneta. Na Seção 5.2, discutimos juros compostos continuamente e mostramos que, na ausência de depósitos ou saques, $f(t)$ satisfaz a equação

$$y' = 0{,}06y.$$

Ou seja, o saldo na caderneta cresce a uma taxa proporcional ao saldo. Como esse crescimento é resultante dos juros, concluímos que *os juros estão sendo acrescentados na conta a uma taxa proporcional ao saldo da conta.*

Agora suponha que saques contínuos sejam efetuados nessa mesma caderneta à taxa de $900 por ano. Então existem duas influências na maneira com que o saldo da conta varia: a taxa com que os juros são acrescentados e a taxa com que os saques são efetuados. A taxa de variação de $f(t)$ é o *efeito líquido* dessas duas influências. Logo, $f(t)$ satisfaz a equação

$$y' = 0{,}06y - 900$$

$$\begin{bmatrix}\text{taxa de} \\ \text{variação de } y\end{bmatrix} = \begin{bmatrix}\text{taxa com que os juros} \\ \text{são acrescentados}\end{bmatrix} - \begin{bmatrix}\text{taxa com que os} \\ \text{saques são efetuados}\end{bmatrix}.$$

Os esboços qualitativos para essa equação diferencial estão na Figura 6. Encontramos a solução constante resolvendo $0,06y - 900 = 0$, que dá $y = 900/0,06 = 15.000$. O saldo na conta será sempre igual a \$15.000 se o saldo inicial $y(0)$ da caderneta for \$15.000. O saldo na conta crescerá sem cota se o saldo inicial for maior do que \$15.000. O saldo na conta decrescerá se o saldo inicial for menor do que \$15.000. Certamente o banco sustará os saques quando o saldo atingir zero. ∎

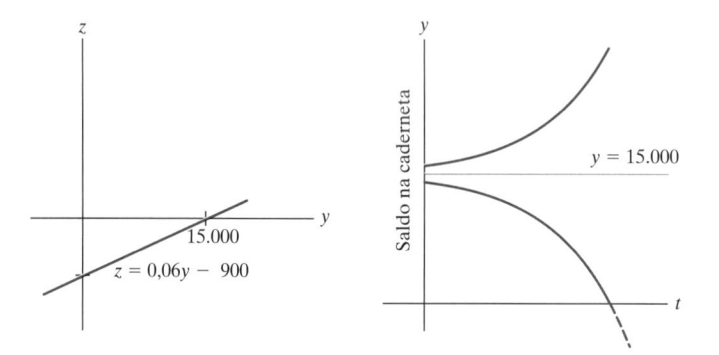

Figura 6 A equação $y' = 0,06y - 900$ é um modelo de equação diferencial para uma caderneta de poupança.

Podemos pensar na caderneta de poupança do Exemplo 3 como um compartimento ou contêiner no qual dinheiro (juros) é continuamente acrescentado e também do qual dinheiro (saques) está sendo continuamente retirado. (Ver Figura 7.)

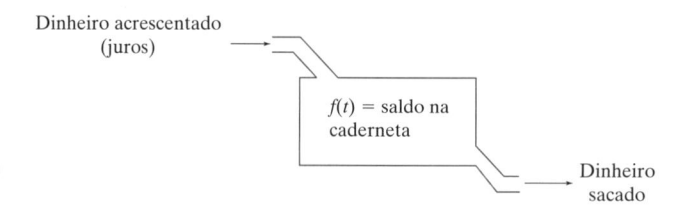

Figura 7 Um modelo de um compartimento na Economia.

Na Fisiologia, frequentemente surge uma situação análoga no que é denominado "problemas de um compartimento".* Exemplos típicos de compartimentos são os pulmões de uma pessoa, o aparelho digestivo e o sistema cardiovascular. Um problema comum é estudar a taxa à qual a quantidade de alguma substância no compartimento está variando quando dois ou mais processos agem sobre a substância no compartimento. Em muitos casos importantes, cada um desses processos altera a substância segundo uma taxa constante ou proporcional à quantidade no compartimento.

Um exemplo anterior de um problema de um compartimento, discutido na Seção 5.4, tratava da infusão de glicose na corrente sanguínea de um paciente. Uma situação semelhante é discutida no exemplo seguinte.

EXEMPLO 4   **Processo de mistura num compartimento**   Considere um compartimento que contenha 3 litros de água salgada. Suponha que água contendo 25 gramas de sal por litro esteja sendo bombeada no compartimento à taxa de 2 litros por hora e que a mistura, homogeneizada continuamente, é bombeada para fora do compartimento à mesma taxa. Encontre uma equação diferencial satisfeita pela quantidade $f(t)$ de sal no compartimento no tempo t.

---

* W. Simon, *Mathematical Techniques for Physiology and Medicine* (New York: Academic Press, 1972), Chapter 5.

Solução Seja $f(t)$ a quantidade de sal medida em gramas. Como o volume da mistura no compartimento é mantido constante em 3 litros, a concentração de sal no tempo t é

$$[\text{concentração}] = \frac{[\text{quantidade de sal}]}{[\text{volume da mistura}]} = \frac{f(t) \text{ gramas}}{3 \text{ litros}} = \frac{1}{3}f(t) \frac{\text{gramas}}{\text{litro}}.$$

Em seguida, calculamos as taxas às quais o sal está entrando e saindo do compartimento no tempo t.

$[\text{taxa de sal entrando}] = [\text{concentração de entrada}] \times [\text{taxa de fluxo}]$

$$= \left[25 \frac{\text{gramas}}{\text{litro}}\right] \times \left[2 \frac{\text{litros}}{\text{hora}}\right]$$

$$= 50 \frac{\text{gramas}}{\text{hora}}.$$

$[\text{taxa de sal saindo}] = [\text{concentração de saída}] \times [\text{taxa de fluxo}]$

$$= \left[\frac{1}{3}f(t) \frac{\text{gramas}}{\text{litro}}\right] \times \left[2 \frac{\text{litro}}{\text{hora}}\right]$$

$$= \frac{2}{3}f(t) \frac{\text{gramas}}{\text{hora}}.$$

A taxa de variação *líquida* do sal (em gramas por hora) no tempo t é $f'(t) = 50 - \frac{2}{3}f(t)$. Portanto, a equação diferencial procurada é

$$y' = 50 - \tfrac{2}{3}y. \qquad \blacksquare$$

Equações diferenciais em genética populacional Na Genética Populacional, os fenômenos hereditários são estudados em nível de população e não em nível individual. Considere um aspecto hereditário específico de um animal, como o comprimento dos pelos. Suponha que, basicamente, existam dois tipos de pelos para um certo animal, o pelo longo e o pelo curto. Suponha também que o pelo longo seja o tipo dominante. Denotemos por A o gene responsável pelo pelo longo e por a o gene responsável pelo pelo curto. Cada animal tem um par desses genes, AA (indivíduos "dominantes"), aa (indivíduos "recessivos") ou Aa (indivíduos "híbridos"). Se existirem N animais na população, então existem $2N$ genes controladores do comprimento dos pelos na população. Cada indivíduo Aa tem um gene a e cada indivíduo aa tem dois genes a. O número total de genes a na população dividido por $2N$ dá a fração de genes a. Essa fração é denominada *frequência do gene a* na população. Analogamente, a fração de genes A é a frequência do gene A. Observe que

$$\begin{bmatrix}\text{frequência}\\ \text{do gene } a\end{bmatrix} + \begin{bmatrix}\text{frequência}\\ \text{do gene } A\end{bmatrix} = \frac{[\text{número de genes } a]}{2N} + \frac{[\text{número de genes } A]}{2N}$$

$$= \frac{2N}{2N} = 1. \qquad (3)$$

Denotaremos a frequência do gene a por q. De (3) segue que a frequência do gene A é $1 - q$.

Um problema importante em Genética Populacional envolve a maneira segundo a qual varia a frequência de genes q à medida que os animais da população se reproduzem. Se cada unidade no eixo do tempo representa uma "geração", podemos considerar q como uma função do tempo t. (Ver Figura 8.) Geralmente são estudadas várias centenas ou milhares de gerações, de forma que o tempo correspondente a uma geração é pequeno em comparação ao período total considerado. Para vários propósitos, q é considerado como sendo

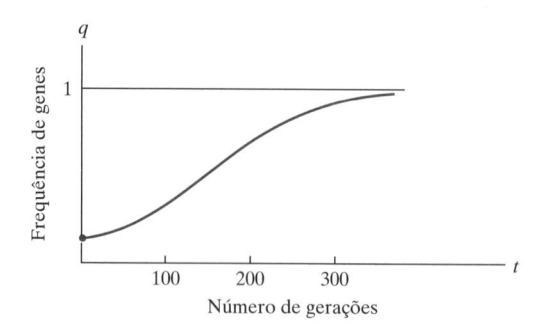

Figura 8 Frequência de genes numa população.

uma função derivável de t. No que se segue, supomos que os cruzamentos da população ocorrem aleatoriamente e que a distribuição de genes a e A é a mesma para machos e fêmeas. Nesse caso, podemos mostrar com teoria elementar de probabilidades que a frequência de genes é essencialmente constante de uma geração para a próxima, desde que não ocorram "fatores de distúrbios" como mutações ou influências externas sobre a população. Aqui discutiremos equações diferenciais que descrevem o efeito de tais fatores de distúrbios sobre $q(t)$.[*]

Suponha que, a cada geração, uma fração v dos genes a sofram uma mutação e se tornem genes do tipo A. Então a taxa de variação na frequência de genes q resultante dessa mutação é

$$\frac{dq}{dt} = -vq. \qquad (4)$$

Para entender essa equação, pense em q como uma medida do número de genes do tipo a e pense nos genes do tipo a como uma população que está perdendo membros à taxa percentual constante de $100v\%$ por geração (isto é, por unidade de tempo). Esse é um processo de decaimento exponencial, portanto, q satisfaz a equação de decaimento exponencial (4). Agora, em vez disso, suponha que, em cada geração, uma fração μ de genes do tipo A sofram uma mutação e se tornem genes do tipo a. Como a frequência de genes do tipo A é $1 - q$, a diminuição da frequência de genes do tipo A em função da mutação é de $\mu(1 - q)$ por geração. Entretanto, essa taxa deve ser igual ao aumento na frequência de genes do tipo a, pois (3) diz que a soma das duas frequências de genes é constante. Assim, a taxa de variação da frequência de genes do tipo a em função de mutações de A para a é dada por

$$\frac{dq}{dt} = \mu(1 - q).$$

Quando ocorrem mutações, muitas vezes acontece que, em cada geração, uma fração μ de A sofre mutação para a e, ao mesmo tempo, uma fração v de a sofre uma mutação para A. O *efeito líquido* dessas duas influências na frequência de genes q é descrito pela equação

$$\frac{dq}{dt} = \mu(1 - q) - vq. \qquad (5)$$

(Essa situação é análoga à dos problemas de um compartimento discutidos anteriormente.)

Façamos uma análise qualitativa da equação (5). Para sermos específicos, tomamos $\mu = 0{,}00003$ e $v = 0{,}00001$. Então,

$$\frac{dq}{dt} = 0{,}00003(1-q) - 0{,}00001q = 0{,}00003 - 0{,}00004q$$

---

[*] C. C. Li, *Population Genetics* (Chicago: University of Chicago Press, 1955), 240-263, 283-286.

ou

$$\frac{dq}{dt} = -0{,}00004(q - 0{,}75{.}) \qquad (6)$$

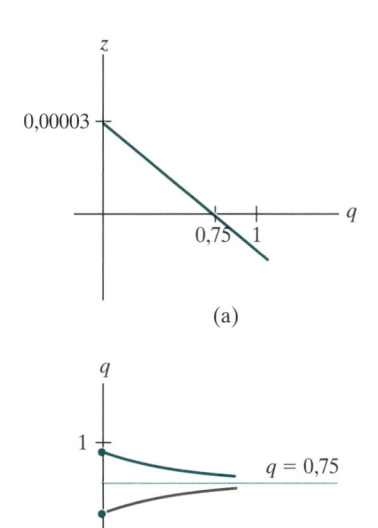

A Figura 9(a) mostra o gráfico de $z = -0{,}00004(q - 0{,}75)$ com a escala do eixo z bastante aumentada. Curvas solução típicas aparecem na Figura 9(b). Vemos que a frequência de genes $q = 0{,}75$ é um valor de equilíbrio. Se o valor inicial de q for menor que $0{,}75$, o valor de q aumentará sob efeito das mutações; depois de muitas gerações, ele será aproximadamente $0{,}75$. Se o valor inicial de q estiver entre $0{,}75$ e $1{,}00$, q vai acabar decrescendo para $0{,}75$. O valor de equilíbrio é completamente determinado pelas magnitudes das duas taxas de mutações μ e ν que se contrapõe. Por (6), vemos que a taxa de variação da frequência de genes é proporcional à diferença entre q e o valor de equilíbrio $0{,}75$.

No estudo da adaptação de uma população ao ambiente num período longo de tempo, os geneticistas supõem que alguns tipos hereditários têm uma vantagem sobre outros na sobrevivência e reprodução. Suponha que a adaptatividade dos indivíduos híbridos (Aa) seja ligeiramente maior do que a de ambos os tipos (AA) dominante e (aa) recessivo. Nesse caso, a taxa de variação da frequência de genes devido a esse processo de "pressão seletiva" é

$$\frac{dq}{dt} = q(1-q)(c - dq), \qquad (7)$$

em que c e d são constantes positivas, com $c < d$. Por outro lado, se a capacidade adaptativa dos indivíduos híbridos for ligeiramente menor que os dominantes e os recessivos, pode ser mostrado que

$$\frac{dq}{dt} = kq(1-q)(2q-1), \qquad (8)$$

em que k é uma constante entre 0 e 1, denominada *coeficiente de seleção contra híbridos*.

É possível considerar os efeitos conjuntos de mutação e seleção natural. Suponha que as mutações de a para A ocorram à taxa μ por geração e as de a para A à taxa ν por geração. Suponha também que a seleção seja contra indivíduos recessivos (ou seja, que os recessivos não se adaptem tão bem quanto o resto da população). Então a taxa de variação líquida da frequência de genes é dada por

$$\frac{dq}{dt} = \mu(1-q) - \nu q - kq^2(1-q).$$

Aqui, $\mu(1-q)$ representa o ganho de genes a das mutações $A \to a$, o termo νq é a perda de genes a das mutações $a \to A$ e o termo $kq^2(1-q)$ representa a perda de genes a devido às pressões da seleção natural.

Figura 9

Exercícios de revisão 10.6

1. **Continuação do Exemplo 4.** A quantidade $f(t)$ de sal no compartimento no tempo t é uma função crescente ou decrescente?
2. **Taxa de acumulação de resíduos** Numa certa floresta tropical, ao resíduos (principalmente resultantes da vegetação morta, como folhas e galhos) se acumulam no solo à taxa de 10 gramas por centímetro quadrado por ano. Ao mesmo tempo, entretanto, esses resíduos se decompõem à taxa de 80% ao ano. Seja $f(t)$ a quantidade de resíduos (em gramas por centímetro quadrado) presentes no tempo t. Encontre uma equação diferencial satisfeita por $f(t)$.

Exercícios 10.6

Nos Exercícios 1-4, é dada uma equação logística com uma ou mais condições iniciais. (a) Determine a capacidade populacional e a taxa intrínseca. (b) Esboce o gráfico de $\frac{dN}{dt}$ por N num plano Nz. (c) No plano tN, esboce as soluções constantes e coloque uma linha tracejada onde pode mudar a concavidade de certas soluções. (d) Esboce a curva solução correspondente a cada condição inicial dada.

1. $dN/dt = N(1 - N)$, $N(0) = 0{,}75$
2. $dN/dt = 0{,}3N(100 - N)$, $N(0) = 25$
3. $dN/dt = -0{,}01N^2 + N$, $N(0) = 5$
4. $dN/dt = -N^2 + N$, $N(0) = 0{,}5$
5. Continuação do Exemplo 2. Responda a parte (a) supondo que, inicialmente, o lago tinha 600 peixes e que nenhum outro dado tenha sido modificado. Nesse caso, como o gráfico da população de peixes difere do obtido no Exemplo 2?
6. Continuação do Exemplo 2. Responda as partes (a) e (b) supondo que a capacidade populacional do lago seja de 2.000 peixes e que nenhum outro dado tenha sido modificado.
7. **Difusão social** Para informação sendo espalhada pelos meios de comunicação de massa e não por contato individual, a taxa com que a informação se espalha a qualquer instante é proporcional à porcentagem da população que não dispõe da informação naquele instante. Dê a equação diferencial satisfeita por $y = f(t)$, a porcentagem da população que dispõe da informação no tempo t. Suponha que $f(0) = 1$. Esboce a solução.
8. **Gravidade** Numa determinada época de seus estudos sobre a queda de um objeto a partir do repouso, Galileu conjecturou que sua velocidade a qualquer instante é proporcional à distância que caiu. Usando essa hipótese, monte uma equação diferencial cuja solução seja $y = f(t)$, a distância caída no tempo t. Usando o valor inicial, mostre por que a conjetura original de Galileu não vale.
9. **Reação autocatalítica** Numa reação autocatalítica, uma substância é convertida numa segunda substância de tal forma que a segunda substância catalisa sua própria formação. Esse é o processo pelo qual o tripsinogênio é convertido na enzima tripsina. A reação se inicia apenas na presença de alguma tripsina e cada molécula de tripsinogênio fornece uma molécula de tripsina. A taxa de formação da tripsina é proporcional ao produto das quantidades presentes das duas substâncias. Monte a equação diferencial que é satisfeita por $y = f(t)$, a quantidade (número de moléculas) de tripsina presente no tempo t. Esboce a solução. Para qual valor de y a reação ocorre mais rápido? [*Observação*: se M denota a quantidade total das duas substâncias, a quantidade de tripsinogênio presente no tempo t é $M - f(t)$.]
10. **Secagem** Um material poroso seca ao ar livre a uma taxa que é proporcional ao conteúdo de umidade. Monte a equação diferencial cuja solução $y = f(t)$ seja a quantidade de umidade de uma toalha no tempo t estendida num varal. Esboce a solução.
11. **Movimento de soluções através de uma membrana celular** Seja c a concentração de uma solução no exterior de uma célula, que supomos ser constante durante o processo, isto é, não é afetada pelo pequeno influxo da solução através da membrana devido à diferença de concentração. A taxa de variação da concentração da solução no interior da célula em qualquer tempo t é proporcional à diferença entre a concentração externa e a concentração interna. Monte a equação diferencial cuja solução $y = f(t)$ seja a concentração da solução no interior da célula no tempo t. Esboce uma solução.
12. Uma experiência descreve que um certo tipo de bactérias cresce a uma taxa proporcional ao quadrado do tamanho da população. Monte uma equação diferencial que descreva o crescimento da população. Esboce uma solução.
13. **Reação química** Suponha que uma substância A seja convertida numa substância B a uma taxa que, a qualquer tempo t, é proporcional ao quadrado da quantidade de A. Essa situação ocorre, por exemplo, quando é necessário que duas moléculas de A colidam para criar uma molécula de B. Monte a equação diferencial que é satisfeita por $y = f(t)$, a quantidade da substância A no tempo t. Esboce uma solução.
14. **Belicismo** L. F. Richardson propôs o modelo seguinte para descrever a disseminação de apoio a uma guerra.[*] Se $y = f(t)$ é a porcentagem da população que apoia a guerra no tempo t, a taxa de variação de $f(t)$ em qualquer tempo t é proporcional ao produto da porcentagem da população que apoia a guerra pela porcentagem que não apoia a guerra. Monte uma equação diferencial que é satisfeita por $y = f(t)$ e esboce uma solução.
15. **Modelo de investimento de capital** O modelo seguinte é usado na teoria econômica para descrever uma política de investimento de capital possível. Seja $f(t)$ o capital total investido por uma companhia no instante t. O capital adicional é investido sempre que $f(t)$ estiver abaixo de um certo valor de equilíbrio E e o capital é retirado sempre que $f(t)$ exceda E. A taxa de investimento é proporcional à diferença entre $f(t)$ e E. Monte uma equação diferencial cuja solução seja $f(t)$ e esboce duas ou três soluções típicas.
16. **Modelo de Evans para o ajuste do preço** Considere um certo bem que seja produzido por várias companhias e adquirido por muitas outras firmas. Ao longo de um período relativamente curto, tende a haver um preço de equilíbrio p_0 por unidade do bem, que regula a oferta e a demanda. Suponha que, por alguma razão, o pre-

---
[*] L. F. Richardson, "War Moods I," *Psychometrica*, 1948, p. 13.

ço seja diferente do preço de equilíbrio. O modelo de Evans para o ajuste do preço diz que a taxa de variação do preço em relação ao tempo é proporcional à diferença entre o preço de mercado p e o preço de equilíbrio. Escreva uma equação diferencial que expresse essa relação. Esboce duas ou mais curvas solução.

17. **Anuidade contínua** Uma *anuidade contínua* é um fluxo de rendimento contínuo que é pago para alguma pessoa. Uma anuidade pode ser estabelecida, por exemplo, fazendo um depósito inicial em numa caderneta de poupança e depois pagando a anuidade contínua com saques contínuos. Suponha que tenha sido feito um depósito inicial de $5.400 numa caderneta de poupança que rende juros de $5\frac{1}{2}\%$ compostos continuamente e que, imediatamente, sejam efetuados saques contínuos à taxa de $300 por ano. Monte uma equação diferencial que seja satisfeita pelo saldo $f(t)$ na conta no tempo t. Esboce a solução.

18. **População de peixes com pesca** A população de peixes num lago de capacidade populacional de 1.000 é modelada pela equação logística

$$\frac{dN}{dt} = \frac{0,4}{1.000}N(1.000 - N).$$

Aqui $N(t)$ denota o número de peixes no tempo t em anos. Quando o número de peixes atinge 250, o proprietário do lago decide remover 50 peixes por ano.

(a) Modifique a equação diferencial para modelar a população de peixes a partir do momento em que atinge 250.

(b) Esboce várias curvas solução da nova equação, incluindo a curva solução com $N(0) = 250$.

(c) Será sustentável a pesca de 50 peixes por ano ou ela dizimará a população de peixes do lago? Algum dia o tamanho da população de peixes chegará a um valor próximo da capacidade populacional do lago?

19. Uma companhia deseja dispor de fundos para uma expansão futura e, para isso, efetua *depósitos* contínuos numa caderneta de poupança à taxa de $10.000 por ano. A caderneta rende juros de 5% compostos continuamente.

(a) Monte a equação diferencial que é satisfeita pelo saldo $f(t)$ da caderneta no tempo t.

(b) Resolva a equação diferencial da parte (a), supondo que $f(0) = 0$ e determine o saldo na caderneta ao final de 5 anos.

20. Uma companhia faz depósitos contínuos numa caderneta de poupança à taxa de P dólares por ano. A conta acumula juros de 5% compostos continuamente. Encontre o valor aproximado de P que possibilitará um saldo de $50.000 em 4 anos.

21. O ar numa sala lotada de pessoas contém 0,25% de dióxido de carbono (CO_2). É ligado um ar-condicionado que introduz ar fresco a uma taxa de 500 pés cúbicos por minuto. O ar fresco se mistura com o ar viciado e a mistura deixa a sala à taxa de 500 pés cúbicos por minuto. O ar fresco contém 0,01% de CO_2 e a sala tem um volume de 2.500 pés cúbicos.

(a) Encontre uma equação diferencial satisfeita pela quantidade $f(t)$ de CO_2 na sala no tempo t.

(b) O modelo da parte (a) ignora o CO_2 produzido pela respiração das pessoas na sala. Suponha que as pessoas gerem 0,08 pés cúbicos de CO_2 por minuto. Modifique a equação diferencial obtida na parte (a) para levar em conta essa fonte adicional de CO_2.

22. Uma certa droga é ministrada por via intravenosa num paciente à taxa contínua de 5 miligramas por hora. O corpo do paciente remove a droga da corrente sanguínea a uma taxa proporcional à quantidade da droga no sangue. Escreva uma equação diferencial que seja satisfeita pela quantidade $f(t)$ da droga no sangue no tempo t. Esboce uma solução típica.

23. Uma única dose de iodo é injetada por via intravenosa num paciente. O iodo se mistura totalmente ao sangue antes que qualquer quantidade seja eliminada por processos metabólicos (ignorando o tempo necessário para que ocorra esse processo de mistura). O iodo deixará o sangue e entrará na glândula tireoide a uma taxa que é proporcional à quantidade de iodo no sangue. O iodo também deixará o sangue, passando para a urina a uma (diferente) taxa proporcional à quantidade de iodo presente no sangue. Suponha que iodo entre na tireoide à taxa de 4% por hora e que o iodo entre na urina à taxa de 10% por hora. Seja $f(t)$ a quantidade de iodo no sangue no tempo t. Escreva uma equação diferencial satisfeita por $f(t)$.

24. Continuação do Exercício de Revisão 2. Mostre que o modelo matemático prediz que a quantidade de resíduo no solo da floresta estabilizará. Qual é o "nível de equilíbrio" do resíduo naquele problema? [*Observação*: hoje, a maioria das florestas está próxima do seu valor de equilíbrio. Esse não era o caso durante o Período Carbonífero, quando foram formados os grandes depósitos de carvão vegetal.]

25. No estudo dos efeitos da seleção natural numa população, encontramos a equação diferencial

$$\frac{dq}{dt} = -0,0001q^2(1-q),$$

em que q é a frequência de um gene a e a pressão seletiva é contra o genótipo recessivo aa. Esboce uma solução dessa equação quando $q(0)$ estiver próximo, porém ligeiramente abaixo de 1.

26. Valores típicos de c e d na equação (7) são $c = 0,15$ e $d = 0,50$, sendo $k = 0,05$ um valor típico de k na equação (8). Esboce soluções representativas das equações

(a) $dq/dt = q(1-q)(0,15 - 0,50q)$ (seleção favorecendo híbridos),

(b) $dq/dt = 0,05q(1-q)(2q-1)$ (seleção contra híbridos).

Considere várias condições iniciais com $q(0)$ entre 0 e 1. Discuta interpretações genéticas possíveis dessas curvas, isto é, descreva o efeito da seleção na frequência de genes q em termos das várias condições iniciais.

Soluções dos exercícios de revisão 10.6

1. A natureza da função $f(t)$ depende da quantidade inicial de água salgada no compartimento. A Figura 10 mostra soluções para três quantidades iniciais $y(0)$ diferentes. Se a quantidade inicial for menor do que 75 gramas, a quantidade de sal no compartimento aumentará assintoticamente para 75. Se a concentração for maior do que 75 gramas, a quantidade de sal no compartimento diminuirá assintoticamente para 75. É claro que se a concentração inicial for exatamente 75 gramas, a quantidade de sal no compartimento permanecerá constante.

2. Este problema é parecido com um problema de um compartimento, em que o compartimento é o solo da floresta. Temos

$$\begin{bmatrix} \text{taxa de variação} \\ \text{do resíduo} \end{bmatrix} = \begin{bmatrix} \text{taxa de formação} \\ \text{de resíduos} \end{bmatrix} - \begin{bmatrix} \text{taxa de decomposição} \\ \text{dos resíduos} \end{bmatrix}.$$

Se $f(t)$ é a quantidade de resíduo (em gramas por centímetro quadrado) no tempo t, então a taxa de decomposição de 80% significa que, no tempo t, os resíduos estão decaindo à taxa de 0,80 $f(t)$ gramas por centímetro quadrado por ano. Assim, a taxa de variação líquida dos resíduos é $f'(t) = 10 - 0{,}80f(t)$. A equação diferencial procurada é

$$y' = 10 - 0{,}80y.$$

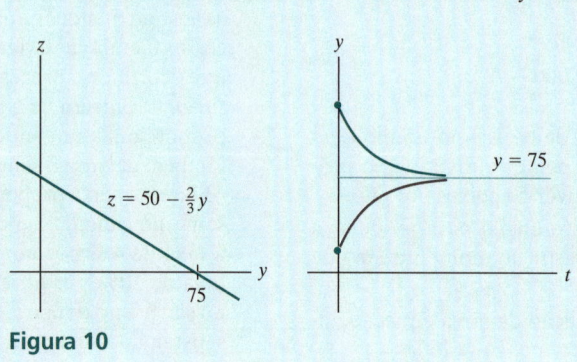

Figura 10

10.7 Solução numérica de equações diferenciais

Muitas equações diferenciais que surgem em aplicações da vida real não podem ser resolvidas por *qualquer* método conhecido. Entretanto, podem ser obtidas soluções aproximadas com várias técnicas numéricas diferentes. Nesta seção, descrevemos o que é conhecido como o *método de Euler* para aproximar soluções de problemas de valor inicial da forma

$$y' = g(t, y), \qquad y(a) = y_0 \tag{1}$$

para valores de t em algum intervalo $a \leq t \leq b$. Aqui, $g(t, y)$ é alguma função de duas variáveis razoavelmente bem comportada. As equações da forma $y' = p(t)q(y)$ (estudadas na Seção 10.2) e as equações lineares da forma $y' = -a(t)y + b(t)$ (estudadas nas Seções 10.3 e 10.4) são casos especiais de (1).

Na discussão a seguir, supomos que $f(t)$ seja uma solução de (1) com $a \leq t \leq b$. A ideia em que se baseia o método de Euler consiste no que segue. Se o gráfico de $y = f(t)$ passa por algum ponto (t, y) dado, a inclinação do gráfico (isto é, o valor de y') nesse ponto é precisamente $g(t, y)$, porque $y' = g(t, y)$. Essa é a mesma ideia utilizada na Seção 10.1 na nossa discussão de campos de direções. O método de Euler usa essa observação para aproximar o gráfico de $f(t)$ por uma trajetória poligonal. (Ver Figura 1.)

Seção 10.7 • Solução numérica de equações diferenciais

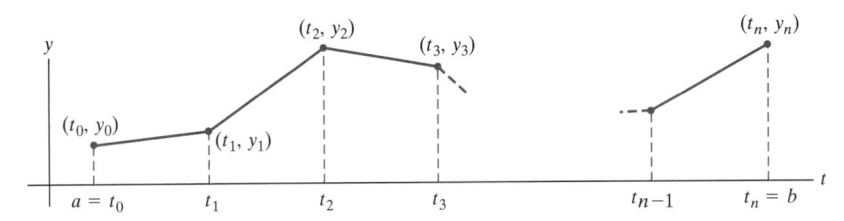

Figura 1 Uma trajetória poligonal.

O eixo t de a até b é subdividido por pontos igualmente espaçados $t_0, t_1, \ldots, t_n$. Cada um dos n subintervalos tem comprimento $h = (b - a)/n$. A condição inicial $y(a) = y_0$ em (1) implica que o gráfico da solução $f(t)$ passa pelo ponto (t_0, y_0). Como já observamos, a inclinação desse gráfico em (t_0, y_0) deve ser (t_0, y_0). Assim, no primeiro subintervalo, o método de Euler aproxima o gráfico de $f(t)$ pela reta

$$y = y_0 + g(t_0, y_0) \cdot (t - t_0),$$

que passa por (t_0, y_0) e tem inclinação $g(t_0, y_0)$. (Ver Figura 2.) Quando $t = t_1$, a coordenada y dessa reta é

$$y_1 = y_0 + g(t_0, y_0) \cdot (t_1 - t_0) = y_0 + g(t_0, y_0) \cdot h.$$

Como o gráfico de $f(t)$ está perto do ponto (t_1, y_1) da reta, a inclinação do gráfico de $f(t)$ em $t = t_1$ está perto de $g(t_1, y_1)$. Logo, traçamos a reta

$$y = y_1 + g(t_1, y_1) \cdot (t - t_1) \qquad (2)$$

por (t_1, y_1) de inclinação $g(t_1, y_1)$ e usamos essa reta para aproximar $f(t)$ no segundo subintervalo. De (2), podemos obter uma estimativa para o valor de $f(t)$ em $t = t_2$, a saber,

$$y_2 = y_1 + g(t_1, y_1) \cdot h.$$

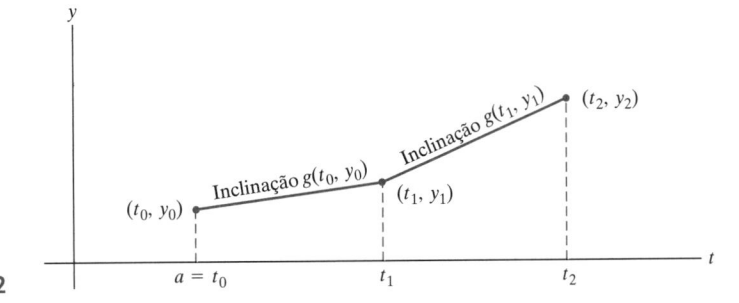

Figura 2

Agora, a estimativa da inclinação do gráfico de $f(t)$ em t_2 é $g(t_2, y_2)$, e assim por diante. Podemos resumir esse procedimento como segue.

Método de Euler As extremidades $(t_0, y_0), \ldots, (t_n, y_n)$ dos segmentos de reta que aproximam a solução de (1) no intervalo $a \leq t \leq b$ são dados pelas fórmulas seguintes, em que $h = (b - a)/n$.

$$t_0 = a \text{ (dado)}, \qquad y_0 \text{ (dado)}$$
$$t_1 = t_0 + h, \qquad y_1 = y_0 + g(t_0, y_0) \cdot h,$$
$$t_2 = t_1 + h, \qquad y_2 = y_1 + g(t_1, y_1) \cdot h,$$
$$\vdots \qquad \qquad \vdots$$
$$t_n = t_{n-1} + h, \qquad y_n = y_{n-1} + g(t_{n-1}, y_{n-1}) \cdot h.$$

EXEMPLO 1 Use o método de Euler com $n = 4$ para aproximar a solução $f(t)$ de $y' = 2t - 3y$, $y(0) = 4$, com t no intervalo $0 \leq t \leq 2$. Em particular, aproxime $f(2)$.

Solução Aqui $g(t, y) = 2t - 3y$, $a = 0$, $b = 2$, $y_0 = 4$ e $h = (2 - 0)/4 = \frac{1}{2}$. Começando com $(t_0, y_0) = (0, 4)$, encontramos $g(0, 4) = -12$. Assim,

$$t_1 = \frac{1}{2}, \qquad y_1 = 4 + (-12) \cdot \frac{1}{2} = -2.$$

Em seguida, $g(\frac{1}{2}, -2) = 7$, logo,

$$t_2 = 1, \qquad y_2 = -2 + 7 \cdot \frac{1}{2} = \frac{3}{2}.$$

Em seguida, $g(1, \frac{3}{2}) = -\frac{5}{2}$, logo,

$$t_3 = \frac{3}{2}, \qquad y_3 = \frac{3}{2} + \left(-\frac{5}{2}\right) \cdot \frac{1}{2} = \frac{1}{4}.$$

Finalmente, $g(\frac{3}{2}, \frac{1}{4}) = \frac{9}{4}$, logo,

$$t_4 = 2, \qquad y_4 = \frac{1}{4} + \frac{9}{4} \cdot \frac{1}{2} = \frac{11}{8}.$$

Assim, a aproximação da solução $f(t)$ é dada pela trajetória poligonal mostrada na Figura 3. O último ponto $(2, \frac{11}{8})$ está próximo do gráfico de $f(t)$ em $t = 2$, logo, $f(2) \approx \frac{11}{8}$. ∎

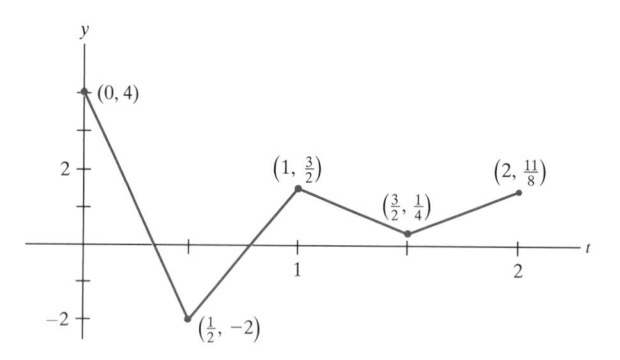

Figura 3

Na verdade, essa trajetória poligonal é um pouco enganosa. A precisão pode ser melhorada drasticamente aumentando o valor de n. A Figura 4 mostra as aproximações de Euler com $n = 8$ e $n = 20$. O gráfico da solução exata é dado para comparação.

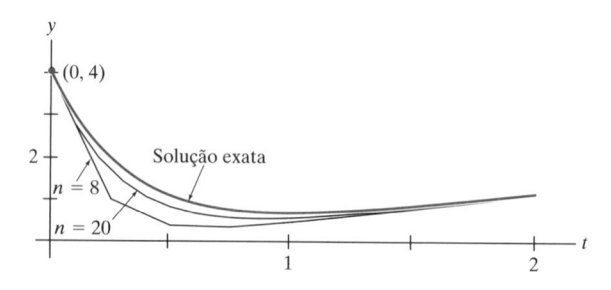

Figura 4 Aproximando uma solução exata por uma trajetória poligonal.

Para muitos propósitos, podemos obter gráficos satisfatórios rodando o método de Euler com valores grandes de n num computador. No entanto, há um limite para a precisão que pode ser obtida, porque cada conta do computador envolve ligeiros erros de arredondamento. Quando n é muito grande, o erro acumulado dos arredondamentos pode se tornar significativo.

INCORPORANDO RECURSOS TECNOLÓGICOS

O método de Euler Mostramos, aqui, como implementar o método de Euler numa TI-83/84 para aproximar a solução da equação diferencial do Exemplo 1. Mais precisamente, aproximaremos a solução de $y' = 2t - 3y$ e $y(0) = 4$ com t no intervalo $0 \le t \le 2$. Conforme indicado no Exemplo 1, a precisão da aproximação obtida com o método de Euler pode ser aumentada usando valores grandes de n, para o que é necessário um computador ou uma calculadora. Nesse exemplo, implementamos o método de Euler com $n = 100$.

O método que apresentamos requer a utilização da calculadora no modo sequência. Para abrir o modo sequência, pressione [MODE], mova o cursor para baixo até a quarta linha, mova o cursor para a direita até **Seq** e pressione [ENTER]. Agora pressione [Y=] para acessar o editor de sequência.

Com a calculadora no modo sequência, os valores de $t_0, t_1, t_2, \ldots$ são armazenados como os valores sequenciais $u(0), u(1), u(2),\ldots$, e os valores de $y_0, y_1, y_2,\ldots$ são armazenados como os valores sequenciais $v(0), v(1), v(2),\ldots$.

Começamos contando nossa sequência com $n = 0$, de modo que deve ser fixado nMin = 0 com o cursor.

Lembre que, no método de Euler, cada valor sucessivo de t é obtido a partir do valor anterior de t pela soma do tamanho h do passo. Para implementar isso, tomamos $u(n) = u(n - 1) + 0{,}02$. [No modo Seq, pressionando [2nd] [u] (a segunda função da tecla [7]) geramos u e pressionando [x,T,Θ,n] geramos n. Nesse exemplo, $h = (2 - 0)/100 = 0{,}02$.]

No nosso exemplo, temos $t_0 = 0$, portanto, colocamos u(nMin) = 0.

A fórmula para calcular os sucessivos valores da variável dependente no método de Euler é $y_n = y_{n-1} + g(t_{n-1}, y_{n-1})h$ e, no nosso exemplo, $g(t, y) = 2t - 3y$. Para implementar isso, tomamos $v(n) = v(n - 1) + (2u(n - 1) - 3v(n - 1))0{,}02$. [No modo Seq, pressionando [2nd][v] (a segunda função da tecla [8]) geramos v.]

Figura 5

Figura 6

No nosso exemplo, temos $y_0 = 4$, portanto, colocamos v(nMin) = 4.

Agora estamos quase prontos para traçar o gráfico da aproximação, mas antes precisamos preparar a tela para que o gráfico apareça corretamente. Para começar, preparamos a calculadora para traçar u no eixo horizontal e v no eixo vertical. Pressione [2nd] [FORMAT], movimente o cursor na primeira linha até **uv** e pressione [ENTER].

Agora pressione [WINDOW] e selecione nMin = 0, nMax = 100. Nossa variável t está em [0, 2], portanto, selecionamos Xmin = 0 e Xmax = 2. Finalmente, tomamos Ymin = 0 e Ymax = 4, deixando Xscl, Yscl, PlotStart e PlotStep em seus valores prefixados em 1.

Agora, para exibir o gráfico da solução, pressione [GRAPH]. (Ver Figura 5.)

Para exibir uma tabela dos pontos da solução dada pelo método de Euler, primeiro pressione [2nd] [TBLSET] e selecione TblStart = 0 e ΔTbl = 1, deixando os outros itens em Auto. Então pressione [2nd] [TABLE]. Os valores sucessivos de t e y estão contidos nas colunas $u(n)$ e $v(n)$, respectivamente. (Ver Figura 6.)

Observação: depois de usar o método de Euler, retorne a calculadora para o modo função pressionando [MODE] e movendo o cursor para **Func** na quarta linha e pressionando [ENTER]. ∎

Exercícios de revisão 10.7

Seja $f(t)$ a solução de $y' = \sqrt{ty}$, $y(1) = 4$.

1. Use o método de Euler com $n = 2$ no intervalo $0 \le t \le 2$ para aproximar $f(2)$.

2. Esboce a trajetória poligonal correspondente à aplicação ao método de Euler no Exercício 1.

Exercícios 10.7

1. Suponha que $f(t)$ seja uma solução da equação diferencial $y' = ty - 5$ e que o gráfico de $f(t)$ passe pelo ponto $(2, 4)$. Qual é a inclinação do gráfico nesse ponto?

2. Suponha que $f(t)$ seja uma solução de $y' = t^2 - y^2$ e que o gráfico de $f(t)$ passe pelo ponto $(2, 3)$. Encontre a inclinação do gráfico com $t = 2$.

3. Suponha que $f(t)$ satisfaça o problema de valor inicial $y' = y^2 + ty - 7$, $y(0) = 3$. Será $f(t)$ crescente ou decrescente em $t = 0$?

4. Suponha que $f(t)$ satisfaça o problema de valor inicial $y' = y^2 + ty - 7$, $y(0) = 2$. Será o gráfico de $f(t)$ crescente ou decrescente em $t = 0$?

5. Use o método de Euler com $n = 2$ no intervalo $0 \le t \le 1$ para aproximar a solução $f(t)$ de $y' = t^2 y$, $y(0) = -2$. Em particular, obtenha uma estimativa de $f(1)$.

6. Use o método de Euler com $n = 2$ no intervalo $2 \le t \le 3$ para aproximar a solução $f(t)$ de $y' = t - 2y$, $y(2) = 3$. Obtenha uma estimativa de $f(3)$.

7. Use o método de Euler com $n = 4$ para aproximar a solução $f(t)$ de $y' = 2t - y + 1$, $y(0) = 5$ com $0 \le t \le 2$. Obtenha uma estimativa de $f(2)$.

8. Seja $f(t)$ a solução de $y' = y(2t - 1)$, $y(0) = 8$. Use o método de Euler com $n = 4$ para obter uma estimativa de $f(1)$.

9. Seja $f(t)$ a solução de $y' = -(t + 1)y^2$, $y(0) = 1$. Use o método de Euler com $n = 5$ para obter uma estimativa de $f(1)$. Depois, resolva a equação diferencial, encontre uma fórmula explícita para $f(t)$ e calcule $f(1)$. Quão preciso é o valor estimado de $f(1)$?

10. Seja $f(t)$ a solução de $y' = 10 - y$, $y(0) = 1$. Use o método de Euler com $n = 5$ para obter uma estimativa de $f(1)$. Depois, resolva a equação diferencial e encontre o valor exato de $f(1)$.

11. Suponha que o órgão oficial que fiscaliza a segurança de produtos vendidos ao consumidor publique novas regulamentações que afetam a indústria de brinquedos. Cada fabricante de brinquedos terá de alterar seus processos de produção. Seja $f(t)$ a fração dos fabricantes que terão implementadas as modificações necessárias em t meses. Observe que $0 \le f(t) \le 1$. Suponha que a taxa segundo a qual as companhias implementam as modificações seja proporcional à fração das companhias que ainda não as implementaram, com constante de proporcionalidade $k = 0,1$.
    (a) Construa uma equação diferencial satisfeita por $f(t)$.
    (b) Use o método de Euler com $n = 3$ para obter uma estimativa da fração das companhias que estão de acordo com a regulamentação nos três primeiros meses.
    (c) Resolva a equação diferencial da parte (a) e calcule $f(3)$.
    (d) Compare as respostas das partes (b) e (c) e aproxime o erro na utilização do método de Euler.

12. O Zoológico de Los Angeles planeja transportar um leão marinho californiano para o Zoológico de San Diego. Durante a viagem, o animal será enrolado num cobertor molhado. A qualquer tempo t, o cobertor perderá água (por evaporação) a uma taxa que é proporcional à quantidade $f(t)$ de água no cobertor, com constante de proporcionalidade $k = -0,3$. Inicialmente o cobertor conterá 7 litros de água do mar.
    (a) Monte uma equação diferencial satisfeita por $f(t)$.
    (b) Use o método de Euler com $n = 2$ para obter uma estimativa da quantidade de água no cobertor depois de 1 hora.
    (c) Resolva a equação diferencial da parte (a) e calcule $f(1)$.
    (d) Compare as respostas nas partes (b) e (c) e aproxime o erro na utilização do método de Euler.

Exercícios com calculadora

13. A equação diferencial $y' = 0,5(1 - y)(4 - y)$ tem cinco tipos de soluções identificadas por A-E. Para cada um dos valores iniciais dados, esboce o gráfico da solução da equação diferencial e identifique o tipo de solução. Use um valor pequeno de h, deixe t variar de 0 a 4 e deixe y variar de -1 a 5. Use a técnica da Seção 10.6 para conferir sua resposta.
    (a) $y(0) = -1$ (b) $y(0) = 1$ (c) $y(0) = 2$
    (d) $y(0) = 3,9$ (e) $y(0) = 4,1$
    A. Solução constante.
    B. Decrescente, tem algum ponto de inflexão e assintótica à reta $y = 1$.
    C. Crescente, côncava para baixo e assintótica à reta $y = 1$.
    D. Côncava para cima e cresce indefinidamente.
    E. Decrescente, côncava para cima e assintótica à reta $y = 1$.

14. A equação diferencial $y' = 0,5(y - 1)(4 - y)$ tem cinco tipos de soluções identificadas por A-E. Para cada um dos valores iniciais dados, esboce o gráfico da solução da equação diferencial e identifique o tipo de solução. Use um valor pequeno de h, deixe t variar de 0 a 4 e deixe y variar de -1 a 5. Use a técnica da Seção 10.6 para conferir sua resposta.
    (a) $y(0) = 0,9$ (b) $y(0) = 1,1$ (c) $y(0) = 3$
    (d) $y(0) = 4$ (e) $y(0) = 5$
    A. Solução constante.
    B. Decrescente, côncava para cima e assintótica à reta $y = 4$.
    C. Crescente, tem algum ponto de inflexão e assintótica à reta $y = 4$.
    D. Crescente, côncava para baixo e assintótica à reta $y = 4$.
    E. Côncava para baixo e decresce indefinidamente.

Revisão de conceitos fundamentais

15. A equação diferencial $y' = e^t - 2y$, $y(0) = 1$, tem solução $y = \frac{1}{3}(2e^{-2t} + e^t)$. Na tabela seguinte, preencha a segunda linha com os valores obtidos usando algum método numérico e a terceira linha com valores exatos calculados da solução. Qual é a maior diferença entre valores correspondentes na segunda e terceira linhas?

t_i	0	0,25	0,50	0,75	1	1,25	1,5	1,75	2
y_i	1								
y	1	0,8324							2,4752

16. A equação diferencial $y' = 2ty + e^{t^2}$ tem solução $y = (t + 5)e^{t^2}$. Na tabela seguinte, preencha a segunda linha com os valores obtidos usando algum método numérico e a terceira linha com valores exatos calculados da solução. Qual é a maior diferença entre valores correspondentes na segunda e terceira linhas?

t_i	0	0,2	0,4	0,6	0,8	1	1,2	1,4	1,6	1,8	2
y_i	5										
y	5	5,412									382,2

Soluções dos exercícios de revisão 10.7

1. Aqui $g(t, y) = \sqrt{ty}$, $a = 1$, $b = 2$, $y_0 = 4$ e $h = (2-1)/2 = \frac{1}{2}$. Temos

$$t_0 = 1, \quad y_0 = 4, \qquad g(1, 4) = \sqrt{1 \cdot 4} = 2,$$

$$t_1 = \tfrac{3}{2}, \quad y_1 = 4 + 2\left(\tfrac{1}{2}\right) = 5, \quad g\left(\tfrac{3}{2}, 5\right) = \sqrt{\tfrac{3}{2} \cdot 5} = 2{,}7386,$$

$$t_2 = 2, \quad y_2 = 5 + (2{,}7386)\left(\tfrac{1}{2}\right) = 6{,}3693.$$

Logo, $f(2) \approx y_2 = 6{,}3693$. [Nos Exercícios de Revisão 10.2, vimos que a solução de $y' = \sqrt{ty}$, $y(1) = 4$, é $f(t) = (\tfrac{1}{3}t^{3/2} + \tfrac{5}{3})^2$. Obtemos $f(2) = 6{,}8094$ (com quatro casas decimais). O erro $6{,}8094 - 6{,}3693 = 0{,}4401$ na aproximação precedente é cerca de 6,5%.]

2. Para encontrar a trajetória poligonal, traçamos os pontos (t_0, y_0) e (t_1, y_1) e (t_2, y_2) ligando-os por segmentos de reta. (Ver Figura 7.)

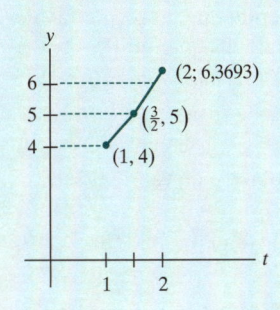

Figura 7

REVISÃO DE CONCEITOS FUNDAMENTAIS

1. O que é uma equação diferencial?
2. O que significa uma função ser uma solução de uma equação diferencial?
3. O que é uma curva solução?
4. O que é uma solução constante de uma equação diferencial?
5. O que é o campo de direções?
6. Descreva a técnica de separação de variáveis para obter a solução de uma equação diferencial.
7. O que é uma equação diferencial linear de primeira ordem?
8. O que é um fator integrante e como ele ajuda na resolução de uma equação diferencial linear de primeira ordem?
9. O que é uma equação diferencial autônoma?
10. Como podemos reconhecer uma equação diferencial autônoma a partir de seu campo de direções?
11. Elabore um roteiro que explique o procedimento para esboçar uma solução de uma equação diferencial autônoma.
12. Qual é a equação diferencial logística?
13. Descreva o método de Euler para aproximar a solução de uma equação diferencial.

EXERCÍCIOS SUPLEMENTARES

Nos Exercícios 1-10, resolva a equação diferencial.

1. $y^2 y' = 4t^3 - 3t^2 + 2$
2. $\dfrac{y'}{t+1} = y + 1$
3. $y' = \dfrac{y}{t} - 3y,\ t > 0$
4. $(y')^2 = t$
5. $y = 7y' + ty',\ y(0) = 3$
6. $y' = te^{t+y},\ y(0) = 0$
7. $yy' + t = 6t^2,\ y(0) = 7$
8. $y' = 5 - 8y,\ y(0) = 1$
9. $y' - \dfrac{2}{1-t} y = (1-t)^4$
10. $y' - \dfrac{1}{2(1+t)} y = 1 + t,\ t \geq 0$

11. Encontre uma curva no plano xy passando pela origem e cuja inclinação no ponto (x, y) seja $x + y$.

12. Denote por $P(t)$ o preço em dólares de um certo bem no tempo t em dias. Suponha que a taxa de variação de $P(t)$ seja proporcional à diferença $D - S$ entre a demanda D e a oferta S no tempo t. Suponha também que a demanda e a oferta estejam relacionadas ao preço por $D = 10 - 0{,}3P$ e $S = -2 + 3P$.
    (a) Encontre uma equação diferencial satisfeita por $P(t)$, sabendo que o preço estava caindo à taxa de um dólar ao dia quando $D = 10$ e $S = 20$.
    (b) Encontre $P(t)$ dado que $P(0) = 1$.

13. Se $f(t)$ é uma solução de $y' = (2 - y)e^{-y}$, será $f(t)$ crescente ou decrescente em algum valor de t em que $f(t) = 3$?

14. Resolva o problema de valor inicial
$$y' = e^{y^2} (\cos y)(1\,2\,e^{y-1}), \qquad y(0) = 1.$$

Nos Exercícios 15-24, esboce a solução da equação diferencial indicando, também, as soluções constantes.

15. $y' = 2\cos y,\ y(0) = 0$
16. $y' = 5 + 4y - y^2,\ y(0) = 1$
17. $y' = y^2 + y,\ y(0) = -\dfrac{1}{3}$
18. $y' = y^2 + 2y + 1,\ y(0) = -1$
19. $y' = \ln y,\ y(0) = 2$
20. $y' = 1 + \cos y,\ y(0) = -\dfrac{3}{4}$
21. $y' = \dfrac{1}{y^2 + 1},\ y(0) = -1$
22. $y' = \dfrac{3}{y + 3},\ y(0) = 2$
23. $y' = 0{,}4 y^2 (1 - y),\ y(0) = -1,\ y(0) = 0{,}1,\ y(0) = 2$
24. $y' = y^3 - 6y^2 + 9y,\ y(0) = -\dfrac{1}{4},\ y(0) = \dfrac{1}{4},\ y(0) = 4$

25. A taxa de nascimento numa certa cidade é de 3,5% ao ano e a taxa de mortalidade é de 2% ao ano. Também há uma movimentação líquida da população para fora da cidade à taxa constante de 3.000 pessoas por ano. Seja $N = f(t)$ a população da cidade no tempo t.
    (a) Escreva uma equação diferencial satisfeita por N.
    (b) Use uma análise qualitativa da equação para determinar se existe um tamanho no qual a população permaneceria constante. É de se esperar que a cidade tenha uma tal população constante?

26. Suponha que numa reação química cada grama da substância A se combine com 3 gramas da substância B para formar 4 gramas da substância C. A reação começa na presença de 10 gramas de A, 15 gramas de B e 0 gramas de C. Seja $y = f(t)$ a quantidade de C presente no tempo t. A taxa pela qual é formada a substância C é proporcional ao produto das quantidades presentes que ainda não reagiram de A e B. Ou seja, suponha que $f(t)$ satisfaça a equação diferencial
$$y' = k(10 - \tfrac{1}{4} y)(15 - \tfrac{3}{4} y),\ y(0) = 0,$$
em que k é uma constante.
    (a) O que representam as quantidades $10 - \tfrac{1}{4} f(t)$ e $15 - \tfrac{3}{4} f(t)$?
    (b) A constante k deve ser negativa ou positiva?
    (c) Faça um esboço qualitativo da solução da equação diferencial dada.

27. Uma conta bancária tem um saldo de \$20.000 rendendo juros de 5% compostos continuamente. Um pensionista utiliza a conta para pagar a si mesmo uma anuidade, efetuando saques continuamente à taxa de \$2.000 por ano. Quanto tempo levará até que o saldo na conta caia para zero?

28. Uma anuidade contínua de \$12.000 por ano deverá ser estabelecida por saques de uma caderneta de poupança que rende juros de 6% compostos continuamente.
    (a) Qual é o menor saldo inicial na caderneta que mantém uma tal anuidade para sempre?
    (b) Qual é o saldo inicial que mantém uma tal anuidade por exatamente 20 anos (quando o saldo na caderneta será zero)?

29. Seja $f(t)$ a solução de $y' = 2e^{2t-y},\ y(0) = 0$. Use o método de Euler com $n = 4$ em $0 \leq t \leq 2$ para obter uma estimativa de $f(2)$. Depois, resolvendo a equação diferencial, mostre que o método de Euler dá o valor exato de $f(2)$.

30. Seja $f(t)$ a solução de $y' = (t + 1)/y,\ y(0) = 1$. Use o método de Euler com $n = 3$ em $0 \leq t \leq 1$ para obter uma estimativa de $f(1)$. Depois, resolvendo a equação diferencial, mostre que o método de Euler dá o valor exato de $f(1)$.

31. Use o método de Euler com $n = 6$ no intervalo $0 \leq t \leq 3$ para aproximar a solução $f(t)$ de
$$y' = 0{,}1 y (20 - y),\ y(0) = 2$$

32. Use o método de Euler com $n = 5$ no intervalo $0 \leq t \leq 1$ para aproximar a solução $f(t)$ de
$$y' = \tfrac{1}{2} y (y - 10),\ y(0) = 9.$$

CAPÍTULO 11

POLINÔMIOS DE TAYLOR E SÉRIES INFINITAS

11.1 Polinômios de Taylor

11.2 O algoritmo de Newton-Raphson

11.3 Séries infinitas

11.4 Séries de termos positivos

11.5 Séries de Taylor

Em capítulos anteriores, introduzimos as funções e^x, ln x, sen x, cos x e tg x. Sempre que necessitávamos de valores de qualquer uma dessas funções em algum valor particular de x, como $e^{0,023}$, ln 5,8 ou sen 0,25, tínhamos de utilizar uma calculadora científica. Consideramos, agora, o problema de calcular numericamente os valores dessas funções em escolhas particulares da variável x. Os métodos computacionais que desenvolveremos têm várias aplicações, por exemplo, em equações diferenciais e na teoria de probabilidades.

11.1 Polinômios de Taylor

Um polinômio de grau n é uma função da forma

$$p(x) = a_0 + a_1 x + \cdots + a_n x^n$$

em que $a_0, a_1, \ldots, a_n$ são números dados e $a_n \neq 0$. Em muitas situações, na Matemática e em suas aplicações, as contas são muito mais simples para os polinômios do que para as outras funções. Nesta seção, mostramos como aproximar uma função $f(x)$ dada por um polinômio $p(x)$ para todos os valores de x perto de um número especificado, digamos, $x = a$. Para simplificar a discussão, começamos considerando valores de x perto de $x = 0$.

A Figura 1 mostra o gráfico da função $f(x) = e^x$ junto com a reta tangente por $(0, f(0)) = (0, 1)$. A inclinação da reta tangente é $f'(0) = 1$.

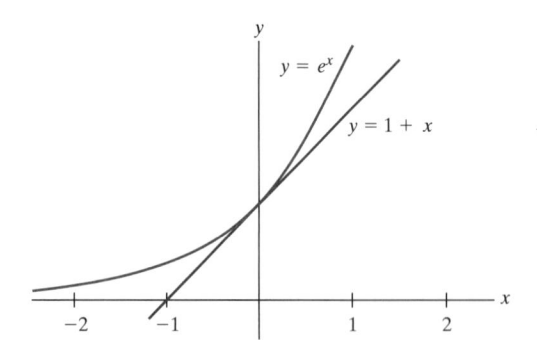

Figura 1 Uma aproximação linear de e^x em $x = 0$.

Logo, a equação da reta tangente é

$$y - f(0) = f'(0)(x - 0)$$
$$y = f(0) + f'(0)x$$
$$y = 1 + x.$$

Da discussão de derivadas, sabemos que a reta tangente em $x = 0$ é uma boa aproximação do gráfico de $y = e^x$ nos valores de x perto de 0. Assim, considerando $p_1(x) = 1 + x$, os valores de $p_1(x)$ estão perto dos valores correspondentes de $f(x) = e^x$ com x perto de 0.

Em geral, uma dada função $f(x)$ pode ser aproximada nos valores de x perto de 0 pelo polinômio

$$p_1(x) = f(0) + f'(0)x,$$

que é denominado *primeiro polinômio de Taylor de $f(x)$ em $x = 0$*. O gráfico de $p_1(x)$ é justamente a reta tangente a $y = f(x)$ em $x = 0$.

O primeiro polinômio de Taylor "é parecido" com $f(x)$ perto de $x = 0$ no sentido de que

$p_1(0) = f(0)$ (ambos gráficos passam pelo mesmo ponto em $x = 0$),
$p'_1(0) = f'(0)$ (ambos gráficos têm a mesma inclinação em $x = 0$).

Dessa forma, $p_1(x)$ coincide com $f(x)$ tanto em seu valor em $x = 0$ como no valor de sua derivada primeira em $x = 0$. Isso sugere que, para aproximar $f(x)$ ainda mais em $x = 0$, devemos procurar um polinômio que coincida com $f(x)$ em seu valor em $x = 0$ e nos valores de suas derivadas primeira *e segunda* em $x = 0$. Mais aproximações podem ser obtidas se passarmos para a derivada terceira, e assim por diante.

EXEMPLO 1

Dada uma função $f(x)$, suponha que $f(0) = 1, f'(0) = -2, f''(0) = 7$ e $f'''(0) = -5$. Encontre um polinômio de grau 3,

$$p(x) = a_0 + a_1 x + a_2 x^2 + a_3 x^3,$$

tal que $p(x)$ coincida com $f(x)$ até inclusive a derivada terceira em $x = 0$, isto é,

$p(0) = f(0) = 1$ (o mesmo valor em $x = 0$),
$p'(0) = f'(0) = -2$ (a mesma derivada primeira em $x = 0$),
$p''(0) = f''(0) = 7$ (a mesma derivada segunda em $x = 0$),
$p'''(0) = f'''(0) = -5$ (a mesma derivada terceira em $x = 0$).

Solução Para encontrar os coeficientes $a_0,..., a_3$ de $p(x)$, calculamos primeiro os valores de $p(x)$ e de suas derivadas em $x = 0$.

$$p(x) = a_0 + a_1 x + a_2 x^2 + a_3 x^3, \quad p(0) = a_0,$$
$$p'(x) = 0 + a_1 + 2a_2 x + 3a_3 x, \quad p'(0) = a_1,$$
$$p''(x) = 0 + 0 + 2a_2 + 2 \cdot 3a_3 x, \quad p''(0) = 2a_2,$$
$$p'''(x) = 0 + 0 + 0 + 2 \cdot 3 a_3 \quad p'''(0) = 2 \cdot 3 a_3.$$

Como queremos que $p(x)$ e suas derivadas coincidam com os valores dados de $f(x)$ e suas derivadas, devemos ter

$$a_0 = 1, a_1 = -2, \quad 2a_2 = 7 \quad \text{e} \quad 2 \cdot 3 a_3 = -5.$$

Logo,

$$a_0 = 1, a_1 = -2, \quad a_2 = \frac{7}{2} \quad \text{e} \quad a_3 = \frac{-5}{2 \cdot 3}.$$

Reescrevendo os coeficientes de uma forma ligeiramente diferente, temos

$$p(x) = 1 + \frac{(-2)}{1} x + \frac{7}{1 \cdot 2} x^2 + \frac{-5}{1 \cdot 2 \cdot 3} x^3.$$

A forma em que escrevemos o polinômio $p(x)$ exibe de forma clara os valores $1, -2, 7, -5$ de $f(x)$ e suas derivadas em $x = 0$. De fato, também poderíamos escrever essa fórmula de $p(x)$ na forma

$$p(x) = f(0) + \frac{f'(0)}{1} x + \frac{f''(0)}{1 \cdot 2} x^2 + \frac{f'''(0)}{1 \cdot 2 \cdot 3} x^3. \quad \blacksquare$$

Dada uma função $f(x)$, podemos usar a fórmula no Exemplo 1 para encontrar um polinômio que coincida com $f(x)$ até inclusive a derivada terceira em $x = 0$. Para descrever a fórmula geral para polinômios de grau maior, denotamos por $f^{(n)}(x)$ a derivada enésima de $f(x)$ e por $n!$ (que se lê "fatorial de ene" ou "ene fatorial") o produto de todos os inteiros de 1 a n, de modo que $n! = 1 \cdot 2 \cdot \cdots \cdot (n-1) \cdot n$. (Assim, $1! = 1$, $2! = 1 \cdot 2$, $3! = 1 \cdot 2 \cdot 3$, e assim por diante.)

> Dada uma função $f(x)$, o *enésimo polinômio de Taylor de $f(x)$ em $x = 0$* é o polinômio $p_n(x)$ definido por
>
> $$p_n(x) = f(0) + \frac{f'(0)}{1!} x + \frac{f''(0)}{2!} x^2 + \cdots + \frac{f^{(n)}(0)}{n!} x^n.$$
>
> Esse polinômio coincide com $f(x)$ até inclusive a derivada enésima em $x = 0$, no sentido de que
>
> $$p_n(0) = f(0), p'_n(0) = f'(0),..., p_n^{(n)}(0) = f^{(n)}(0).$$

No exemplo seguinte, mostramos como os polinômios de Taylor podem ser usados para aproximar valores de e^x em x perto de 0. A escolha do polinômio a ser usado depende do grau de precisão que queremos para os valores de e^x.

EXEMPLO 2 Determine os três primeiros polinômios de Taylor de $f(x) = e^x$ em $x = 0$ e esboce seus gráficos.

Solução Como todas as derivadas de e^x são iguais a e^x, vemos que

$$f(0) = f'(0) = f''(0) = f'''(0) = e^0 = 1.$$

Assim, os polinômios de Taylor dessa função são

$$p_1(x) = 1 + \frac{1}{1!} \cdot x = 1 + x,$$

$$p_2(x) = 1 + \frac{1}{1!}x + \frac{1}{2!}x^2 = 1 + x + \frac{1}{2}x^2,$$

$$p_3(x) = 1 + \frac{1}{1!}x + \frac{1}{2!}x^2 + \frac{1}{3!}x^3 = 1 + x + \frac{1}{2}x^2 + \frac{1}{6}x^3.$$

A precisão relativa dessas aproximações de e^x pode ser vista nos gráficos da Figura 2. ∎

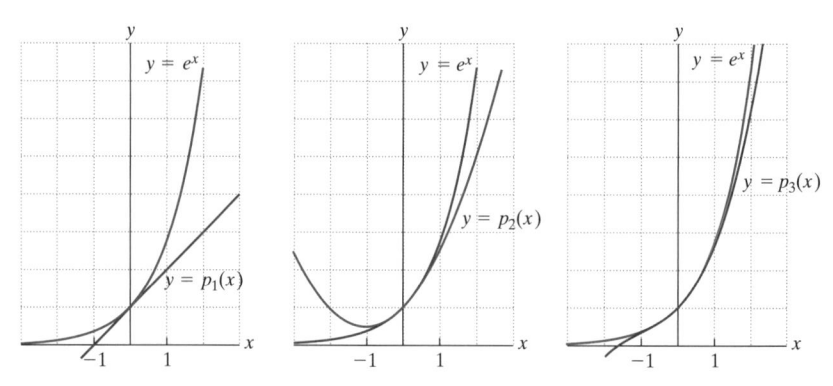

Figura 2 Polinômios de Taylor de e^x em $x = 0$.

EXEMPLO 3 Determine o enésimo polinômio de Taylor de

$$f(x) = \frac{1}{1-x}$$

em $x = 0$.

Solução
$f(x) = (1-x)^{-1},$ $\qquad f(0) = 1,$

$f'(x) = 1(1-x)^{-2},$ $\qquad f'(0) = 1,$

$f''(x) = 1 \cdot 2(1-x)^{-3} = 2!(1-x)^{-3},$ $\qquad f''(0) = 2!,$

$f'''(x) = 1 \cdot 2 \cdot 3(1-x)^{-4} = 3!(1-x)^{-4},$ $\qquad f'''(0) = 3!,$

$f^{(4)}(x) = 1 \cdot 2 \cdot 3 \cdot 4(1-x)^{-5} = 4!(1-x)^{-5},$ $\qquad f^{(4)}(0) = 4!.$

A partir do padrão estabelecido nas contas, é claro que $f^{(k)}(0) = k!$ para cada k. Portanto,

$$p_n(x) = 1 + \frac{1}{1!}x + \frac{2!}{2!}x^2 + \frac{3!}{3!}x^3 + \cdots + \frac{n!}{n!}x^n$$

$$= 1 + x + x^2 + x^3 + \cdots + x^n.$$ ∎

Já mencionamos a possibilidade de usar um polinômio para aproximar os valores de uma função perto de $x = 0$. Vejamos uma outra maneira de usar uma aproximação polinomial.

EXEMPLO 4 Pode ser mostrado que o segundo polinômio de Taylor de x^2 em $x = 0$ é x^2. Use esse polinômio para aproximar a área sob o gráfico de $y = \operatorname{sen} x^2$ de $x = 0$ até $x = 1$. (Ver Figura 3.)

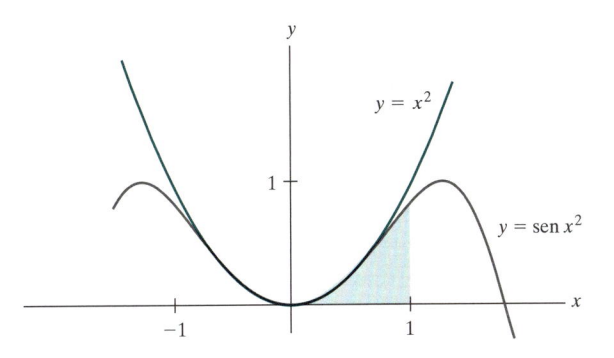

Figura 3 O segundo polinômio de Taylor de sen x^2 em $x = 0$.

Solução Como o gráfico de $p_2(x)$ está bem próximo do gráfico de x^2 com x perto de 0, as áreas sob os dois gráficos deveriam ser quase iguais. A área sob o gráfico de $p_2(x)$ é

$$\int_0^1 p_2(x)\, dx = \int_0^1 x^2\, dx = \tfrac{1}{3}x^3 \Big|_0^1 = \tfrac{1}{3}.$$

No Exemplo 4, a área exata sob o gráfico de x^2 é dada por

$$\int_0^1 \operatorname{sen} x^2\, dx.$$

Entretanto, essa integral não pode ser calculada pelos métodos usuais, porque não existe maneira alguma de se obter uma antiderivada de sen x^2 constituída de funções elementares. Utilizando uma das técnicas de aproximação discutidas no Capítulo 9, podemos verificar que o valor da integral é 0,3103 com quatro casas decimais. Assim, o erro cometido utilizando $p_2(x)$ como uma aproximação de sen x^2 é de cerca de 0,023. (Esse erro pode ser reduzido ainda mais, usando um polinômio de Taylor de grau maior. Nesse exemplo particular, o esforço envolvido é bem menor do que o exigido pelos métodos de aproximação do Capítulo 9.)

Polinômios de Taylor em $x = a$ Agora, suponha que queiramos aproximar uma dada função $f(x)$ por um polinômio para valores de x perto de algum número a. Como o comportamento de $f(x)$ em valores de x perto de $x = a$ é determinado pelos valores de $f(x)$ e de suas derivadas em $x = a$, deveríamos tentar aproximar $f(x)$ por um polinômio $p(x)$ tal que os valores de $p(x)$ e de suas derivadas em $x = a$ sejam iguais aos de $f(x)$ e suas derivadas. Isso é obtido facilmente se utilizarmos um polinômio da forma

$$p(x) = a_0 + a_1(x - a) + a_2(x - a)^2 + \cdots + a_n(x - a)^n.$$

Dizemos que isso é um *polinômio em $x - a$*. Nesse formato, é fácil calcular $p(a), p'(a)$, e assim por diante, porque tomar $x = a$ em $p(x)$ ou em alguma de suas derivadas faz com que a maioria das parcelas seja igual a zero. O resultado seguinte pode ser verificado facilmente.

> Dada uma função $f(x)$, o *enésimo polinômio de Taylor* de $f(x)$ em $x = a$ é o polinômio $p_n(x)$ definido por
>
> $$p_n(x) = f(a) + \frac{f'(a)}{1!}(x-a) + \frac{f''(a)}{2!}(x-a)^2 + \cdots + \frac{f^{(n)}(a)}{n!}(x-a)^n.$$
>
> Esse polinômio coincide com $f(x)$ até inclusive a derivada enésima em $x = a$, no sentido de que
>
> $$p_n(a) = f(a), p'_n(a) = f'(a), \ldots, p_n^{(n)}(a) = f^{(n)}(a).$$

Naturalmente, quando $a = 0$, esses polinômios de Taylor são justamente os mesmos que os anteriormente apresentados.

EXEMPLO 5 Calcule o segundo polinômio de Taylor de $f(x) = \sqrt{x}$ em $x = 1$ e use esse polinômio para obter uma estimativa de $\sqrt{1{,}02}$.

Solução Aqui $a = 1$. Como queremos o segundo polinômio de Taylor, devemos calcular os valores de $f(x)$ e de suas derivadas primeira e segunda em $x = 1$.

$$f(x) = x^{1/2}, \qquad f'(x) = \tfrac{1}{2}x^{-1/2}, \qquad f''(x) = -\tfrac{1}{4}x^{-3/2},$$

$$f(1) = 1, \qquad f'(1) = \tfrac{1}{2}, \qquad f''(1) = -\tfrac{1}{4}.$$

Logo, o polinômio de Taylor procurado é

$$p_2(x) = 1 + \frac{1/2}{1!}(x-1) + \frac{-1/4}{2!}(x-1)^2$$

$$= 1 + \tfrac{1}{2}(x-1) - \tfrac{1}{8}(x-1)^2.$$

Como 1,02 está perto de 1, $p_2(1{,}02)$ dá uma boa aproximação de $f(1{,}02)$, isto é, de $\sqrt{1{,}02}$.

$$p_2(1{,}02) = 1 + \tfrac{1}{2}(1{,}02 - 1) - \tfrac{1}{8}(1{,}02 - 1)^2$$

$$= 1 + \tfrac{1}{2}(0{,}02) - \tfrac{1}{8}(0{,}02)^2$$

$$= 1 + 0{,}01 - 0{,}00005$$

$$= 1{,}00995$$

Precisão da aproximação A solução do Exemplo 5 é incompleta num sentido prático, por não fornecer informação sobre o quão perto 1,00995 está do valor exato de $\sqrt{1{,}02}$. Em geral, quando obtemos uma aproximação de alguma quantidade, queremos também uma indicação sobre a qualidade da aproximação.

Para medir a precisão de uma aproximação de uma função $f(x)$ por seu polinômio de Taylor em $x = a$, definimos

$$R_n(x) = f(x) - p_n(x).$$

Essa diferença entre $f(x)$ e $p_n(x)$ é denominada *enésimo resto de $f(x)$ em $x = a$*. A dedução da fórmula seguinte pode ser encontrada em textos mais avançados.

> **A fórmula do resto** Suponha que a função $f(x)$ possa ser derivada $n+1$ vezes num intervalo contendo o número a. Então, para cada x nesse intervalo, existe um número c entre a e x tal que
>
> $$R_n(x) = \frac{f^{(n+1)}(c)}{(n+1)!}(x-a)^{n+1}. \tag{1}$$

Em geral, não se conhece o valor exato de c. Entretanto, se conseguirmos encontrar um número M tal que $|f^{(n+1)}(c)| \leq M$ em cada c entre a e x, não precisaremos saber qual é o c que aparece em (1), porque teremos

$$|f(x) - p_n(x)| = |R_n(x)| \leq \frac{M}{(n+1)!}|x-a|^{n+1}.$$

EXEMPLO 6 Determina a precisão da estimativa do Exemplo 5.

Solução O segundo resto da função $f(x)$ em $x = 1$ é

$$R_2(x) = \frac{f^{(3)}(c)}{3!}(x-1)^3,$$

em que c está entre 1 e x (sendo que c depende de x). Aqui $f(x) = \sqrt{x}$, portanto $f^{(3)}(c) = \frac{3}{8}c^{-5/2}$. Estamos interessados em $x = 1{,}02$, portanto $1 \leq c \leq 1{,}02$. Observamos que, como $c^{5/2} \geq 1^{5/2} = 1$, temos $c^{-5/2} \leq 1$. Assim,

$$\left|f^{(3)}(c)\right| \leq \tfrac{3}{8} \cdot 1 = \tfrac{3}{8},$$

e

$$|R_2(1{,}02)| \leq \frac{3/8}{3!}(1{,}02 - 1)^3$$

$$= \tfrac{3}{8} \cdot \tfrac{1}{6}(0{,}02)^3$$

$$= 0{,}0000005.$$

Assim, o erro no uso de $p_2(1{,}02)$ como uma aproximação de $f(1{,}02)$ é, no máximo, de 0,0000005.

INCORPORANDO RECURSOS TECNOLÓGICOS

Polinômios de Taylor As calculadoras gráficas podem ser usadas para determinar quão bem uma função é aproximada por um polinômio de Taylor. A Figura 4 mostra o gráfico (traçado forte) de $Y_1 = \text{sen}(x^2)$ e o gráfico de seu sexto polinômio de Taylor $Y_2 = x^2 - \dfrac{x^6}{6}$. Os dois gráficos parecem idênticos na tela com x entre $-1{,}1$ e $1{,}1$. A Figura 5 mostra que a distância entre as duas funções em $x = 1{,}1$ é aproximadamente 0,02. Quando x aumenta além de 1,1, a qualidade da aproximação se deteriora. Por exemplo, as duas funções já têm uma distância de aproximadamente 5,9 unidades em $x = 2$.

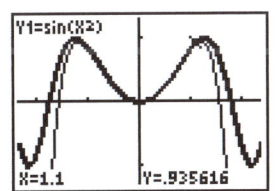

Figura 4 sen(x^2) e seu sexto polinômio de Taylor.

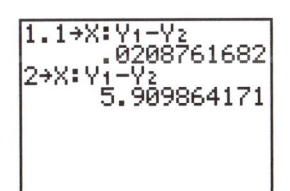

Figura 5 Duas diferenças entre a função e seu polinômio de Taylor.

Exercícios de revisão 11.1

1. (a) Determine o terceiro polinômio de Taylor de $f(x) = \cos x$ em $x = 0$.
   (b) Use o resultado da parte (a) para estimar $\cos 0{,}12$.

2. Determine todos os polinômios de Taylor de $f(x) = 3x^2 - 17$ em $x = 3$.

Exercícios 11.1

Nos Exercícios 1-8, determine o terceiro polinômio de Taylor da função dada em $x = 0$.

1. $f(x) = \operatorname{sen} x$
2. $f(x) = e^{-x/2}$
3. $f(x) = 5e^{2x}$
4. $f(x) = \cos(\pi - 5x)$
5. $f(x) = \sqrt{4x+1}$
6. $f(x) = \dfrac{1}{x+2}$
7. $f(x) = xe^{3x}$
8. $f(x) = \sqrt{1-x}$

9. Determine o quarto polinômio de Taylor de $f(x) = e^x$ em $x = 0$ e use-o para estimar $e^{0,01}$.

10. Determine o quarto polinômio de Taylor de $f(x) = \ln(1-x)$ em $x = 0$ e use-o para estimar $\ln(0,9)$.

11. Esboce os gráficos de $f(x) = \dfrac{1}{1-x}$ e de seus três primeiros polinômios de Taylor em $x = 0$.

12. Esboce os gráficos de $f(x) = \operatorname{sen} x$ e de seus três primeiros polinômios de Taylor em $x = 0$.

13. Determine o enésimo polinômio de Taylor de $f(x) = e^x$ em $x = 0$.

14. Determine todos os polinômios de Taylor de $f(x) = x^2 + 2x + 1$ em $x = 0$.

15. Use um segundo polinômio de Taylor em $x = 0$ para obter uma estimativa da área sob a curva $y = \ln(1 + x^2)$ de $x = 0$ até $x = \tfrac{1}{2}$.

16. Use um segundo polinômio de Taylor em $x = 0$ para obter uma estimativa da área sob a curva $\sqrt{\cos x}$ de $x = -1$ até $x = 1$. (A resposta exata com três casas decimais é 1,828.)

17. Determine o terceiro polinômio de Taylor de $\dfrac{1}{5-x}$ em $x = 4$.

18. Determine o terceiro polinômio de Taylor de $\ln x$ em $x = 1$.

19. Determine o terceiro e quarto polinômios de Taylor de $\cos x$ em $x = \pi$.

20. Determine o terceiro e quarto polinômios de Taylor de $x^3 + 3x - 1$ em $x = -1$.

21. Use o segundo polinômio de Taylor de $f(x) = \sqrt{x}$ em $x = 9$ para estimar $\sqrt{9{,}3}$.

22. Use o segundo polinômio de Taylor de $f(x) = \ln x$ em $x = 1$ para estimar $\ln 0{,}8$.

23. Determine todos os polinômios de Taylor de $f(x) = x^4 + x + 1$ em $x = 2$.

24. Determine o enésimo polinômio de Taylor de $f(x) = 1/x$ em $x = 1$.

25. Sendo $f(x) = 3 + 4x - \dfrac{5}{2!}x^2 + \dfrac{7}{3!}x^3$, calcule $f''(0)$ e $f'''(0)$.

26. Sendo $f(x) = 2 - 6(x-1) + \dfrac{3}{2!}(x-1)^2 - \dfrac{5}{3!}(x-1)^3 + \dfrac{1}{4!}(x-1)^4$, calcule $f''(1)$ e $f'''(1)$.

27. O terceiro resto de $f(x)$ em $x = 0$ é

$$R_3(x) = \dfrac{f^{(4)}(c)}{4!}x^4,$$

em que c é um número entre 0 e x. Seja $f(x) = \cos x$. (Ver Exercício de Revisão 1.)
(a) Encontre um número M tal que $|f^{(4)}(c)| \le M$ em cada valor de c.
(b) O erro utilizando $p_3(0{,}12)$ para aproximar $f(0{,}12) = \cos 0{,}12$ é dado por $R_3(0{,}12)$. (Ver Exercício de Revisão 1.) Mostre que esse erro não excede $8{,}64 \times 10^{-6}$.

28. Seja $p_4(x)$ o quarto polinômio de Taylor de $f(x) = e^x$ em $x = 0$. Mostre que o erro utilizando $p_4(0{,}1)$ para aproximar $e^{0,1}$ é, no máximo, $2{,}5 \times 10^{-7}$. [*Sugestão:* observe que se $x = 0{,}1$ e se c for um número entre 0 e 0,1, então $|f^{(5)}(c)| \le f^{(5)}(0{,}1) = e^{0,1} \le e^{0,1} \le 3$.]

29. Seja $p_2(x)$ o segundo polinômio de Taylor de $f(x) = \sqrt{x}$ em $x = 9$. (Ver Exercício 21.)
(a) Dê o segundo resto de $f(x)$ em $x = 9$.
(b) Mostre que $|f^{(3)}(c)| \le \tfrac{1}{648}$ se $c \ge 9$.
(c) Mostre que o erro utilizando $p_2(9{,}3)$ para aproximar $\sqrt{9{,}3}$ é, no máximo, $\tfrac{1}{144} \times 10^{-3} < 7 \times 10^{-6}$.

30. Seja $p_2(x)$ o segundo polinômio de Taylor de $f(x) = \ln x$ em $x = 9$. (Ver Exercício 22.)
(a) Mostre que $|f^{(3)}(c)| < 4$ se $c \ge 0{,}8$.
(b) Mostre que o erro utilizando $p_2(0{,}8)$ para aproximar $\ln 0{,}8$ é, no máximo, $\tfrac{16}{3} \times 10^{-3} < 0{,}0054$.

Exercícios com calculadora

31. Trace o gráfico da função $Y_1 = \dfrac{1}{1-x}$ e seu quarto polinômio de Taylor na janela $[-1, 1]$ por $[-1, 5]$. Encontre um número b tal que os gráficos das duas funções pareçam ser idênticos na tela com x entre 0 e b. Calcule a diferença entre a função e seu polinômio de Taylor em $x = b$.

32. Repita o Exercício 31 para a função $Y_1 = \dfrac{1}{1-x}$ e seu sétimo polinômio de Taylor.

33. Trace o gráfico da função $Y_1 = e^x$ e seu quarto polinômio de Taylor na janela $[0, 3]$ por $[-2, 20]$. Encontre um

número b tal que os gráficos das duas funções pareçam ser idênticos na tela com x entre 0 e b. Calcule a diferença entre a função e seu polinômio de Taylor em $x = b$ e em $x = 3$.

34. Trace o gráfico da função $Y_1 = \cos x$ e seu segundo polinômio de Taylor na janela ZDecimal. Encontre um intervalo da forma $[-b, b]$ no qual o polinômio de Taylor seja uma boa aproximação da função. Qual é a maior diferença entre as duas funções nesse intervalo?

Soluções dos exercícios de revisão 11.1

1. (a) $f(x) = \cos x$, $\quad f(0) = 1$
$f'(x) = -\operatorname{sen} x$, $\quad f'(0) = 0$
$f''(x) = -\cos x$, $\quad f''(0) = -1$
$f'''(x) = \operatorname{sen} x$, $\quad f'''(0) = 0$

Logo,

$$p_3(x) = 1 + \frac{0}{1!}x + \frac{-1}{2!}x^2 + \frac{0}{3!}x^3 = 1 - \frac{1}{2}x^2.$$

[Observe que aqui o terceiro polinômio de Taylor é de fato um polinômio de grau 2. O fato importante sobre $p_3(x)$ não é o seu grau, mas sim o fato de que ele concorda com $f(x)$ em $x = 0$ até inclusive sua derivada terceira.]

(b) Pela parte (a), $\cos x \approx 1 - \frac{1}{2}x^2$ com x perto de 0. Logo,

$$\cos 0{,}12 \approx 1 - \tfrac{1}{2}(0{,}12)^2 = 0{,}9928$$

[*Observação*: com cinco casas decimais, $\cos (0{,}12) = 0{,}99281$.]

2. $\quad f(x) = 3x^2 - 17, \quad f(3) = 10$
$\quad f'(x) = 6x, \quad f'(3) = 18$
$\quad f''(x) = 6, \quad f''(3) = 6$
$\quad f^{(3)}(x) = 0, \quad f^{(3)}(3) = 0$

As derivadas $f^{(n)}(x)$, com $n \geq 3$, são todas dadas pela função constante zero. Em particular, $f^{(n)}(3) = 0$ com $n \geq 3$. Portanto,

$$p_1(x) = 10 + 18(x - 3),$$

$$p_2(x) = 10 + 18(x - 3) + \frac{6}{2!}(x - 3)^2,$$

$$p_3(x) = 10 + 18(x - 3) + \frac{6}{2!}(x - 3)^2 + \frac{0}{3!}(x - 3)^3.$$

Para $n \geq 3$, temos

$$p_n(x) = p_2(x) = 10 + 18(x - 3) + 3(x - 3)^2.$$

[Essa é a forma apropriada do polinômio de Taylor em $x = 3$. Entretanto, é instrutivo desenvolver as parcelas de $p_2(x)$ e agrupar por potências de x, como segue.

$$p_2(x) = 10 + 18x - 18 \cdot 3 + 3(x^2 - 6x + 9)$$
$$= 10 + 18x - 54 + 3x^2 - 18x + 27 = 3x^2 - 17.$$

Isto é, $p_2(x)$ é $f(x)$ escrito de outra forma. Isso não é muito surpreendente, já que a própria $f(x)$ é um polinômio que coincide com $f(x)$ e todas as suas derivadas em $x = 3$.]

11.2 O algoritmo de Newton-Raphson

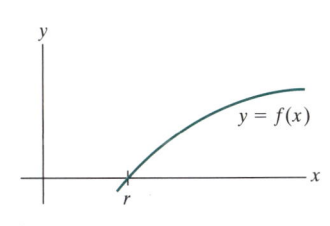

Figura 1

Muitas aplicações de matemática envolvem a solução de equações. Frequentemente, para uma dada função $f(x)$, é necessário encontrar um valor de x, digamos $x = r$, tal que $f(r) = 0$. Tal valor de x é chamado de um zero da função ou, de forma equivalente, uma raiz da equação $f(x) = 0$. Graficamente, um zero de $f(x)$ é um valor de x onde o gráfico de $y = f(x)$ cruza o eixo x (veja Figura 1). Quando $f(x)$ é um polinômio, algumas vezes é possível fatorar $f(x)$ e rapidamente descobrir os zeros de $f(x)$. Infelizmente, em aplicações mais realistas, não existe uma maneira simples de localizar os zeros de uma função. Entretanto, existem vários métodos para se encontrar aproximações de uma raiz com qualquer precisão desejada. Iremos descrever um destes métodos – o algoritmo de Newton-Raphson.

Suponha que saibamos que x_0 esteja próximo de um zero de $f(x)$. A ideia do algoritmo de Newton-Raphson é obter uma aproximação ainda melhor desse zero substituindo $f(x)$ por seu primeiro polinômio de Taylor em x_0, isto é, por

$$p(x) = f(x_0) + \frac{f'(x_0)}{1}(x - x_0).$$

Como $p(x)$ é muito parecido com $f(x)$ perto de $x = x_0$, o zero de $f(x)$ deveria estar próximo do zero de $p(x)$. Resolvendo a equação $p(x) = 0$ para x, obtemos

$$f(x_0) + f'(x_0)(x - x_0) = 0$$

$$xf'(x_0) = f'(x_0)x_0 - f(x_0)$$

$$x = x_0 - \frac{f(x_0)}{f'(x_0)}.$$

Ou seja, se x_0 for uma aproximação do zero r, o número

$$x_1 = x_0 - \frac{f(x_0)}{f'(x_0)} \tag{1}$$

geralmente fornece uma aproximação melhorada.

Podemos visualizar geometricamente a situação como na Figura 2. O primeiro polinômio de Taylor $p(x)$ em x_0 tem como seu gráfico a reta tangente a $y = f(x)$ no ponto $(x_0, f(x_0))$. O valor de x para o qual $p(x) = 0$, isto é, $x = x_1$, corresponde ao ponto em que a reta tangente cruza o eixo x.

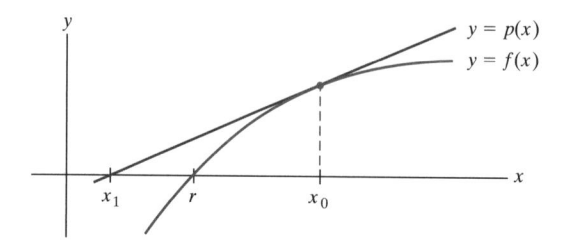

Figura 2 Obtendo x_1 a partir de x_0.

Agora utilizemos x_1 em vez de x_0 como uma aproximação do zero r. Obtemos uma nova aproximação x_2 a partir de x_1 da mesma maneira como obtivemos x_1 a partir de x_0, a saber,

$$x_2 = x_1 - \frac{f(x_1)}{f'(x_1)}.$$

Podemos repetir esse processo indefinidamente. A cada passo, obtemos uma nova aproximação x_{nova} a partir da aproximação anterior x_{velha} usando a fórmula seguinte.

> **O método de Newton-Raphson**
>
> $$x_{\text{nova}} = x_{\text{velha}} - \frac{f(x_{\text{velha}})}{f'(x_{\text{velha}})}.$$

Dessa forma, obtemos uma sequência de aproximações $x_0, x_1, x_2,...$, que geralmente tende a r. (Ver Figura 3.)

EXEMPLO 1 O polinômio $f(x) = x^3 - x - 2$ tem um zero entre 1 e 2. Seja $x_0 = 1$. Encontre as três aproximações seguintes do zero de $f(x)$ usando o algoritmo de Newton-Raphson.

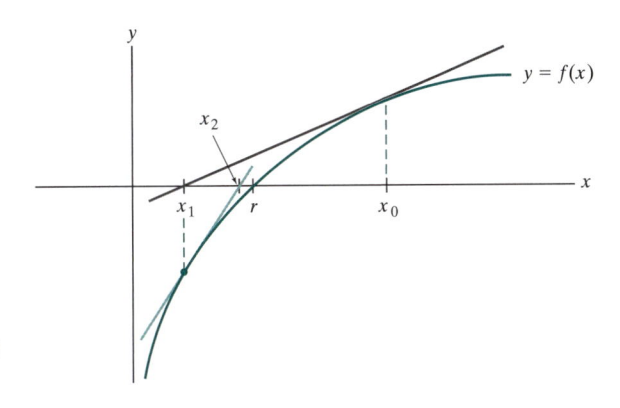

Figura 3 Uma sequência de aproximações de r.

Solução Como $f'(x) = 3x^2 - 1$, a fórmula (1) fornece

$$x_1 = x_0 - \frac{x_0^3 - x_0 - 2}{3x_0^2 - 1}.$$

Quando $x_0 = 1$, temos

$$x_1 = 1 - \frac{1^3 - 1 - 2}{3(1)^2 - 1} = 1 - \frac{-2}{2} = 2,$$

$$x_2 = 2 - \frac{2^3 - 2 - 2}{3(2)^2 - 1} = 2 - \frac{4}{11} = \frac{18}{11},$$

$$x_3 = \frac{18}{11} - \frac{\left(\frac{18}{11}\right)^3 - \frac{18}{11} - 2}{3\left(\frac{18}{11}\right)^2 - 1} \approx 1{,}530.$$

O valor exato de r com três casas decimais é 1,521. ∎

EXEMPLO 2 Use quatro iterações do algoritmo de Newton-Raphson para aproximar $\sqrt{2}$.

Solução $\sqrt{2}$ é um zero da função $f(x) = x^3 - x - 2$. Como $\sqrt{2}$ claramente fica entre 1 e 2, tomamos nossa aproximação inicial $x_0 = 1$. (Dá no mesmo usar $x_0 = 2$.) Como $f'(x) = 2x$, temos

$$x_1 = x_0 - \frac{x_0^2 - 2}{2x_0} = 1 - \frac{1^2 - 2}{2(1)} = 1 - \left(-\frac{1}{2}\right) = 1{,}5,$$

$$x_2 = 1{,}5 - \frac{(1{,}5)^2 - 2}{2(1{,}5)} \approx 1{,}4167,$$

$$x_3 = 1{,}4167 - \frac{(1{,}4167)^2 - 2}{2(1{,}4167)} \approx 1{,}41422,$$

$$x_4 = 1{,}41422 - \frac{(1{,}41422)^2 - 2}{2(1{,}41422)} \approx 1{,}41421.$$

Essa aproximação de $\sqrt{2}$ está correta até a quinta casa decimal. ∎

EXEMPLO 3

Obtenha aproximações dos zeros do polinômio $x^3 + x + 3$.

Solução Aplicando nossas técnicas de esboçar curvas, podemos fazer um esboço simples do gráfico de $y = x^3 + x + 3$. (Ver Figura 4.) O gráfico corta o eixo x entre $x = -2$ e $x = -1$, de modo que algum zero do polinômio fica entre -2 e -1. Logo, escolhemos $x_0 = -1$. Como $f'(x) = 3x^2 + 1$, temos

$$x_1 = x_0 - \frac{x_0^3 + x_0 + 3}{3x_0^2 + 1} = -1 - \frac{(-1)^3 + (-1) + 3}{3(-1)^2 + 1} = -1{,}25,$$

$$x_2 = -1{,}25 - \frac{(-1{,}25)^3 + (-1{,}25) + 3}{3(-1{,}25)^2 + 1} = -1{,}21429,$$

$$x_3 \approx -1{,}21341,$$

$$x_4 \approx -1{,}21341.$$

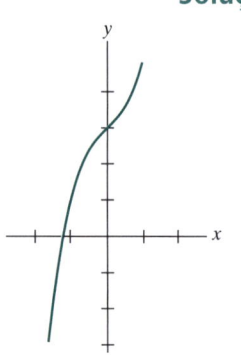

Figura 4

Portanto, o zero do polinômio dado é aproximadamente $-1{,}21341$. ∎

EXEMPLO 4

Obtenha uma aproximação da solução positiva de $e^x - 4 = x$.

Solução Os esboços simples dos dois gráficos que aparecem na Figura 5 indicam que a solução fica perto de 2. Seja $f(x) = e^x - 4 = x$. Então a solução da equação original é um zero de $f(x)$. Aplicamos o algoritmo de Newton-Raphson a $f(x)$ com $x_0 = 2$. Como $f'(x) = e^x - 1$, temos

$$x_1 = x_0 - \frac{e^{x_0} - 4 - x_0}{e^{x_0} - 1} = 2 - \frac{e^2 - 4 - 2}{e^2 - 1} \approx 2 - \frac{1{,}38906}{6{,}38906} \approx 1{,}78,$$

$$x_2 = 1{,}78 - \frac{e^{1{,}78} - 4 - (1{,}78)}{e^{1{,}78} - 1} \approx 1{,}78 - \frac{0{,}14986}{4{,}92986} \approx 1{,}75,$$

$$x_3 = 1{,}75 - \frac{e^{1{,}75} - 4 - (1{,}75)}{e^{1{,}75} - 1} \approx 1{,}75 - \frac{0{,}0046}{4{,}7546} \approx 1{,}749.$$

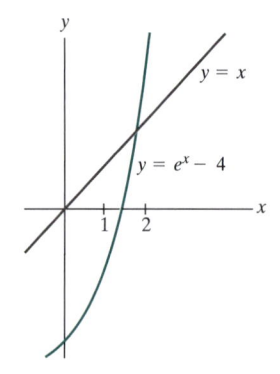

Figura 5

Portanto, uma solução aproximação é $x = 1{,}749$. ∎

EXEMPLO 5

Taxa de retorno interna Suponha que um investimento de $100 forneça os retornos seguintes.

$2 ao final do primeiro mês
$15 ao final do segundo mês
$45 ao final do terceiro mês
$50 ao final do quarto (e último) mês

O total desses retornos é $112. Isso representa o investimento inicial de $100, mais rendimentos totalizando $12 durante os quatro meses. A *taxa de retorno interna* desse investimento é a taxa de juros (mensal) com a qual a soma dos valores presentes dos retornos é igual ao investimento inicial, de $100. Determine a taxa de retorno interna.

Solução Seja i a taxa de juros *mensal*. O valor presente de um montante A a ser recebido em k meses é $A(1 + i)^{-k}$. Assim, devemos resolver

$$\begin{bmatrix} \text{montante do} \\ \text{investimento inicial} \end{bmatrix} = \begin{bmatrix} \text{soma dos valores} \\ \text{presentes dos retornos} \end{bmatrix}$$

$$100 = 2(1 + i)^{-1} + 15(1 + i)^{-2} + 45(1 + i)^{-3} + 50(1 + i)^{-4}.$$

Multiplicando os dois lados da equação por $(1 + i)^4$ e passando todas as parcelas para a esquerda, obtemos

$$100(1 + i)^4 - 2(1 + i)^3 - 15(1 + i)^2 - (1 + i) - 50 = 0.$$

Seja $x = 1 + i$ e resolvamos a equação obtida pelo algoritmo de Newton-Raphson com $x_0 = 1{,}1$.

$$100x^4 - 2x^3 - 15x^2 - 45x - 50 = 0$$

$$f(x) = 100x^4 - 2x^3 - 15x^2 - 45x - 50$$

$$f'(x) = 400x^3 - 6x^2 - 30x - 45$$

$$x_1 = x_0 - \frac{100x_0^4 - 2x_0^3 - 15x_0^2 - 45x_0 - 50}{400x_0^3 - 6x_0^2 - 30x_0 - 45}$$

$$= 1{,}1 - \frac{100(1{,}1)^4 - 2(1{,}1)^3 - 15(1{,}1)^2 - 45(1{,}1) - 50}{400(1{,}1)^3 - 6(1{,}1)^2 - 30(1{,}1) - 45}$$

$$= 1{,}1 - \frac{26{,}098}{447{,}14} \approx 1{,}042$$

$$x_2 \approx 1{,}035$$

$$x_3 \approx 1{,}035$$

Portanto, uma solução aproximada é $x = 1{,}035$. Logo, $i = 0{,}035$, o que significa que o investimento teve uma taxa de retorno interna de 3,5% ao mês. ∎

Em geral, se um investimento de P dólares produz retornos

R_1 no final do primeiro período,
R_2 no final do segundo período,
⋮
R_N no final do N-ésimo (e último) período,

então a taxa de retorno interna i é obtida resolvendo* a equação

$$P(1 + i)^N - R_1(1 + i)^{N-1} - R_2(1 + i)^{N-2} - \cdots - R_N = 0$$

para sua raiz positiva.

Quando um empréstimo de P dólares for pago em N pagamentos periódicos iguais de R dólares à taxa de juros i por período, a equação a ser resolvida para i se torna

$$P(1 + i)^N - R(1 + i)^{N-1} - R(1 + i)^{N-2} - \cdots - R = 0$$

---

* Estamos supondo que todos os retornos sejam não negativos e somem P, pelo menos. Uma análise do caso geral pode ser encontrada em H. Paley, P. Colwell and R. Cannaday, *Internal Rates of Return*, UMAP Module 640 (Lexington, MA: COMAP, Inc., 1984).

Essa equação pode ser simplificada para

$$Pi + R\left[(1+i)^{-N} - 1\right] = 0.$$

(Ver Exercício 41 da Seção 11.3.)

EXEMPLO 6

Amortização de um empréstimo Uma hipoteca de \$104.880 é paga em 360 mensalidades de \$755. Use duas iterações do algoritmo de Newton-Raphson para estimar a taxa de juros mensal.

Solução Aqui $P = 104.880$, $R = 755$ e $N = 360$. Logo, precisamos resolver a equação

$$104.880i + 755\left[(1+i)^{-360} - 1\right] = 0.$$

Seja $f(i) = 104.880i + 755\left[(1+i)^{-360} - 1\right]$. Então

$$f'(i) = 104.880 - 271.800(1+i)^{-360}.$$

Aplicando o algoritmo de Newton-Raphson para $f(i)$ com $i_0 = 0{,}01$, obtemos

$$i_1 = i_0 - \frac{104.880 i_0 + 755\left[(1+i_0)^{-360} - 1\right]}{104.880 - 271.800(1+i_0)^{-361}} \approx 0{,}00676$$

$$i_2 \approx 0{,}00650.$$

Portanto, a taxa de juros mensal é de aproximadamente 0,65%. ∎

COMENTÁRIOS

1. Os valores das aproximações sucessivas no algoritmo de Newton-Raphson dependem da extensão dos arredondamentos usados durante os cálculos.
2. O algoritmo de Newton-Raphson é uma excelente ferramenta computacional. Entretanto, em alguns casos, ele não funciona. Por exemplo, se $f'(x_n) = 0$ em alguma aproximação x_n, não há como calcular a aproximação seguinte. Outras situações em que o algoritmo falha são apresentadas nos Exercícios 25 e 26.
3. Pode ser mostrado que se $f(x)$, $f'(x)$ e $f''(x)$ forem funções contínuas perto de r [um zero de $f(x)$] e $f'(r) \neq 0$, então o algoritmo de Newton-Raphson certamente funciona, desde que a aproximação x_0 inicial não seja escolhida muito longe. ∎

INCORPORANDO RECURSOS TECNOLÓGICOS

O algoritmo de Newton-Raphson A calculadora TI-83/84 gera uma nova aproximação para o algoritmo de Newton-Raphson cada vez que pressionamos a tecla [ENTER]. Para ilustrar, usemos o polinômio $f(x) = x^3 - x - 2$ do Exemplo 1. Começamos pressionando [Y=] e associamos $Y_1 = X^3 - X - 2$. A derivada de Y_1 é registrada como Y_2, ou seja, $Y_2 = 3X^2 - 1$. Voltando para a tela inicial, observamos que nossa aproximação inicial no Exemplo 1 foi $x_0 = 1$, portanto, começamos o algoritmo de Newton-Raphson associando o valor 1 à variável X. Isso é feito pressionando [1] [STO ▷] [X,T,Θ,n] e, depois, [ENTER].

Agora que iniciamos o algoritmo, obtemos a aproximação seguinte calculando o valor de $X - Y_1/Y_2$. Como indicamos na Figura 6, depois de digitar $X - Y_1/Y_2$, imediatamente pressionamos [STO ▷] [X,T,Θ,n] para registrar o resultado em X. Agora, cada vez que pressionamos a tecla [ENTER] é exibida uma nova aproximação. Observe que em vez de associar a Y_2 a derivada de Y_1, poderíamos igualmente ter colocado $Y_2 = \text{nDeriv}(Y_1, X, X)$. Nesse caso, as aproximações sucessivas diferirão ligeiramente das obtidas com Y_2 igual à derivada exata. ∎

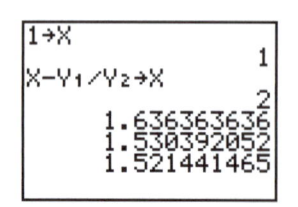

Figura 6 Aproximações sucessivas para o Exemplo 1.

Exercícios de revisão 11.2

1. Use três iterações do algoritmo de Newton-Raphson para estimar $\sqrt[3]{7}$.

2. Use três iterações do algoritmo de Newton-Raphson para estimar os zeros de $f(x) = 2x^3 + 3x^2 + 6x - 3$.

Exercícios 11.2

Nos Exercícios 1-8, use três iterações do algoritmo de Newton-Raphson para aproximar a expressão dada.

1. $\sqrt{5}$ 2. $\sqrt{7}$ 3. $\sqrt[3]{6}$ 4. $\sqrt[3]{11}$
5. O zero de $x^2 - x - 5$ entre 2 e 3.
6. O zero de $x^2 + 3x - 11$ entre -5 e -6.
7. O zero de sen $x + x^2 - 1$ perto de $x_0 = 0$.
8. O zero de $e^x + 10x - 3$ perto de $x_0 = 0$.
9. Esboce o gráfico de $y = x^3 + 2x + 2$ e use o algoritmo de Newton-Raphson (com três iterações) para aproximar todos os cortes com o eixo x.
10. Esboce o gráfico de $y = x^3 + x - 1$ e use o algoritmo de Newton-Raphson (com três iterações) para aproximar todos os cortes com o eixo x.
11. Use o algoritmo de Newton-Raphson para encontrar uma solução aproximada de $e^{-x} = x^2$.
12. Use o algoritmo de Newton-Raphson para encontrar uma solução aproximada de $e^{5-x} = 10 - x$.
13. Suponha que um investimento de $500 gere retornos de $100, $200 e $300 ao final do primeiro, segundo e terceiro meses, respectivamente. Determine a taxa de retorno interna desse investimento.
14. Uma investidora compra uma letra do tesouro no valor de $1.000. Ela recebe $10 ao final de cada mês por dois meses e então vende a letra ao final do segundo mês por $1.040. Determine a taxa de retorno interna desse investimento.
15. Uma televisão de $663 é comprada com uma entrada de $100 e o saldo de $563 é financiado em cinco prestações mensais de $116. Determine a taxa de juros mensal do financiamento.
16. Uma hipoteca de $100.050 é paga em 240 mensalidades de $900. Determine a taxa de juros mensal.
17. Uma função $f(x)$ tem o gráfico dado na Figura 7. Sejam x_1 e x_2 as estimativas de uma raiz de $f(x)$ obtidas aplicando o algoritmo de Newton-Raphson com a aproximação inicial $x_0 = 5$. Desenhe as retas tangentes apropriadas e dê estimativas dos valores numéricos de x_1 e x_2.
18. Refaça o Exercício 17 com $x_0 = 1$.
19. Suponha que a reta $y = 4x + 5$ seja tangente ao gráfico da função $f(x)$ em $x = 3$. Se o algoritmo de Newton-Raphson for usado para encontrar uma raiz de $f(x) = 0$ com a aproximação inicial $x_0 = 3$, qual é o valor de x_1?

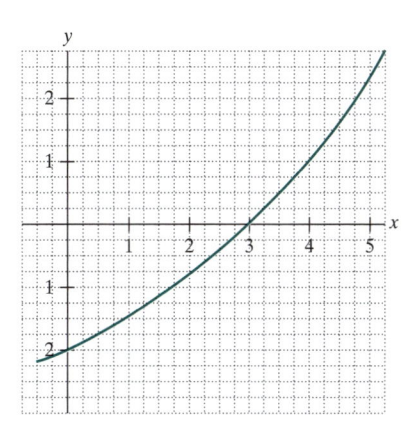

Figura 7

20. Suponha que o gráfico da função $f(x)$ tenha inclinação -2 no ponto $(1, 2)$. Se o algoritmo de Newton-Raphson for utilizado para encontrar uma raiz de $f(x) = 0$ com a aproximação inicial $x_0 = 1$, qual é o valor de x_1?
21. A Figura 8 mostra o gráfico da função $f(x) = x^2 - 2$. A função tem zeros em $x = \sqrt{2}$ e $x = -\sqrt{2}$. Se o algoritmo de Newton-Raphson for usado para encontrar um zero, quais valores de x_0 levarão ao zero $\sqrt{2}$?

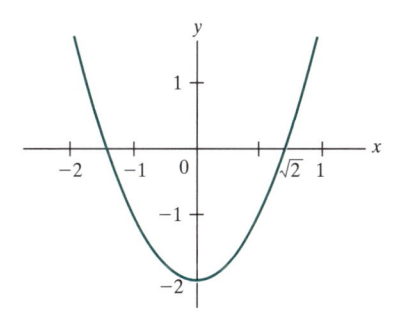

Figura 8 O gráfico de $f(x) = x^2 - 2$.

22. A Figura 9 mostra o gráfico da função $f(x) = x^3 - 12x$. A função tem zeros em $x = -\sqrt{12}$ e $\sqrt{12}$. Qual é o zero

de $f(x)$ que será aproximado pelo algoritmo de Newton-Raphson começando em $x_0 = 4$? E começando em $x_0 = 1$? E começando em $x_0 = -1,8$?

23. O que ocorre de especial quando o algoritmo de Newton-Raphson é aplicado à função linear $f(x) = mx + b$ com m $m \neq 0$?

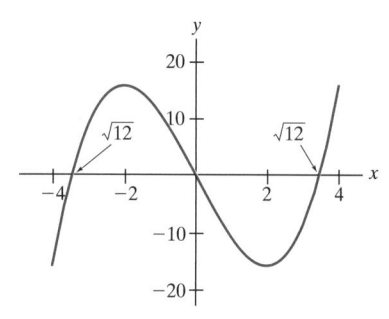

Figura 9 O gráfico de $f(x) = x^3 - 12x$.

24. O que acontece quando a primeira aproximação x_0 já é um zero de $f(x)$?

Nos Exercícios 25 e 26, apresentamos dois exemplos em que as sucessivas aplicações do algoritmo de Newton-Raphson não tendem a alguma raiz.

25. Aplique o algoritmo de Newton-Raphson à função $f(x) = x^{1/3}$, cujo gráfico é dado na Figura 10(a). Use $x_0 = 1$.

26. Aplique o algoritmo de Newton-Raphson à função cujo gráfico é dado na Figura 10(b). Use $x_0 = 1$.

Exercícios com calculadora

27. As duas funções $f(x) = x^2 - 4$ e $g(x) = (x - 2)^2$ têm um zero em $x = 2$. Aplique o algoritmo de Newton-Raphson a cada função com $x_0 = 3$ e determine o valor de n para o qual x_n aparece na tela exatamente como 2. Trace o gráfico das duas funções e explique por que a sequência de $f(x)$ converge tão rapidamente para 2, enquanto a sequência de $g(x)$ converge tão vagarosamente.

28. Aplique o algoritmo de Newton-Raphson à função $f(x) = x^3 - 5x$ com $x_0 = 1$. Depois de observar o comportamento das aproximações, trace o gráfico da função junto com o de suas retas tangentes em $x = 1$ e $x = -1$ e explique geometricamente o que está acontecendo.

29. Trace o gráfico de $f(x) = x^4 - 2x^2$ na janela $[-2, 2]$ por $[-2, 2]$. A função tem zeros em $x = -\sqrt{2}, x = 0$ e $x = \sqrt{2}$. Observando o gráfico, adivinhe qual zero será aproximado aplicando o algoritmo de Newton-Raphson com cada uma das aproximações iniciais seguintes.
    (a) $x_0 = 1,1$ (b) $x_0 = 0,95$ (c) $x_0 = 0,9$
    Depois teste seu palpite efetuando os cálculos.

30. Trace o gráfico da função $f(x)\dfrac{x^2}{1+x^2}$ na janela $[-2, 2]$ por $[-0,5; 1]$. A função tem um zero em 0. Observando o gráfico, adivinhe um valor de x_0 tal que aplicando o algoritmo de Newton-Raphson, resulte x_1 exatamente igual a 0. Depois teste seu palpite efetuando os cálculos.

$f(x) = x^{1/3}$

(a)

$f(x) = \begin{cases} \sqrt{x} & \text{se } x \geq 0 \\ -\sqrt{-x} & \text{se } x \leq 0 \end{cases}$

(b)

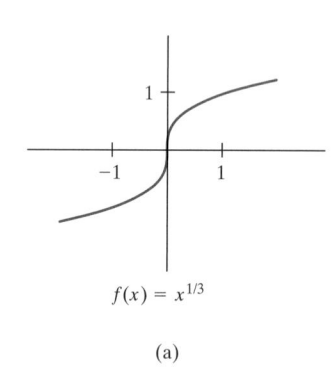

Figura 10

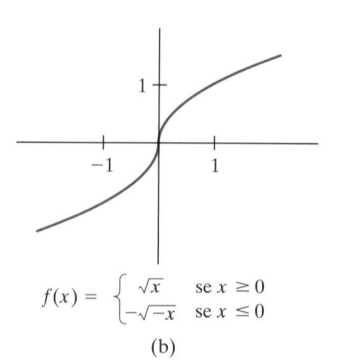

Exercícios de revisão 11.2

1. Queremos aproximar algum zero de $f(x) = x^3 - 7$. Como $f(1) = -6 < 0$ e $f(2) = 1 > 0$, o gráfico de $f(x)$ cruza o eixo x em algum lugar entre $x = 1$ e $x = 2$. Tomemos $x_0 = 2$ como a aproximação inicial do zero. Como $f'(x) = 3x^2$, temos

$$x_1 = x_0 - \frac{x_0^3 - 7}{3x_0^2} = 2 - \frac{2^3 - 7}{3(2)^2} = \frac{23}{12} \approx 1{,}9167,$$

$$x_2 = 1{,}9167 - \frac{(1{,}9167)^3 - 7}{3(1{,}9167)^2} \approx 1{,}91294,$$

$$x_3 = 1{,}91294 - \frac{(1{,}91294)^3 - 7}{3(1{,}91294)^2} \approx 1{,}91293.$$

2. Como um passo preliminar, utilizamos os métodos do Capítulo 2 para esboçar o gráfico de $f(x)$. (Ver Figura 11.) Vemos que $f(x)$ tem um zero que ocorre num valor positivo de x. Como $f(0) = -3$ e $f(1) = 8$, o gráfico cruza o eixo x entre 0 e 1. Escolhamos $x_0 = 0$ como a aproximação inicial do zero de $f(x)$. Como $f'(x) = 6x^2 + 6x + 6$, temos

$$x_1 = x_0 - \frac{2x_0^3 + 3x_0^2 + 6x_0 - 3}{6x_0^2 + 6x_0 + 6} = 0 - \frac{-3}{6} = \frac{1}{2},$$

$$x_2 = \frac{1}{2} - \frac{1}{\frac{21}{2}} = \frac{1}{2} - \frac{2}{21} = \frac{17}{42} \approx 0{,}40476.$$

Continuando, encontramos $x_3 \approx 0{,}39916$.

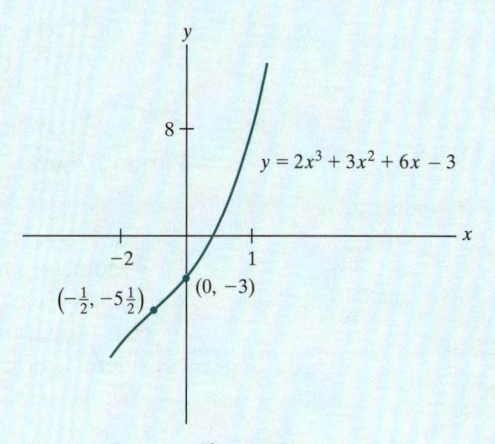

Figura 11

11.3 Séries infinitas

Uma *série infinita* é uma soma infinita de números

$$a_1 + a_2 + a_3 + a_4 + \cdots.$$

Alguns exemplos são

$$1 + \tfrac{1}{2} + \tfrac{1}{4} + \tfrac{1}{8} + \tfrac{1}{16} + \cdots, \qquad (1)$$

$$1 + 1 + 1 + 1 + \cdots, \qquad (2)$$

$$1 - 1 + 1 - 1 + \cdots. \qquad (3)$$

Algumas séries infinitas podem ser associadas a uma "soma". Para ilustrar como isso é feito, consideremos a série infinita (1). Se somarmos os primeiros dois, três, quatro, cinco e seis termos da série infinita (1), obteremos

$$1 + \tfrac{1}{2} = 1\tfrac{1}{2},$$

$$1 + \tfrac{1}{2} + \tfrac{1}{4} = 1\tfrac{3}{4},$$

$$1 + \tfrac{1}{2} + \tfrac{1}{4} + \tfrac{1}{8} = 1\tfrac{7}{8},$$

$$1 + \tfrac{1}{2} + \tfrac{1}{4} + \tfrac{1}{8} + \tfrac{1}{16} = 1\tfrac{15}{16},$$

$$1 + \tfrac{1}{2} + \tfrac{1}{4} + \tfrac{1}{8} + \tfrac{1}{16} + \tfrac{1}{32} = 1\tfrac{31}{32}.$$

Cada totalização fica no meio entre a totalização anterior e o número 2. A partir dessas contas, parece que, aumentando o número de parcelas, a totalização se aproxima arbitrariamente de 2. De fato, isso é corroborado com mais contas. Por exemplo,

$$\underbrace{1 + \frac{1}{2} + \frac{1}{4} + \cdots + \frac{1}{2^9}}_{10 \text{ termos}} = 2 - \frac{1}{2^9} \approx 1{,}998047,$$

$$\underbrace{1 + \frac{1}{2} + \frac{1}{4} + \cdots + \frac{1}{2^{19}}}_{20 \text{ termos}} = 2 - \frac{1}{2^{19}} \approx 1{,}999998,$$

$$\underbrace{1 + \frac{1}{2} + \frac{1}{4} + \cdots + \frac{1}{2^{n-1}}}_{n \text{ termos}} = 2 - \frac{1}{2^{n-1}}.$$

Portanto, parece razoável associar a série infinita (1) à "soma" 2.

$$1 + \tfrac{1}{2} + \tfrac{1}{4} + \tfrac{1}{8} + \tfrac{1}{16} + \cdots = 2. \tag{4}$$

A soma dos n primeiros termos de uma série infinita é denominada *enésima soma parcial* e é denotada por S_n. Na série (1), tivemos muita sorte que as somas parciais tenderam a um limite, o valor 2. Isso não ocorre sempre. Por exemplo, considere a série infinita (2). Formando as primeiras somas parciais, obtemos

$$S_2 = 1 + 1 \qquad\qquad = 2,$$
$$S_3 = 1 + 1 + 1 \qquad = 3,$$
$$S_4 = 1 + 1 + 1 + 1 = 4.$$

Vemos que essas somas não tendem a limite algum. Ao contrário, elas se tornam cada vez maiores, excedendo qualquer número especificado.

As somas parciais não necessariamente precisam crescer sem cota para que uma série infinita não tenha uma soma. Por exemplo, considere a série infinita (3). Aqui, as somas dos termos iniciais são

$$S_2 = 1 - 1 \qquad\qquad\qquad = 0,$$
$$S_3 = 1 - 1 + 1 \qquad\qquad = 1,$$
$$S_4 = 1 - 1 + 1 - 1 \qquad = 0,$$
$$S_5 = 1 - 1 + 1 - 1 + 1 = 1,$$

e assim por diante. As somas parciais alternam entre 0 e 1 e não tendem a algum limite. Assim, a série infinita (3) não tem uma soma.

Uma série infinita cujas somas parciais tendem a algum limite é denominada *convergente*. Nesse caso, o limite é denominado *soma* da série infinita. Uma série infinita cujas somas parciais não tendem a algum limite é denominada *divergente*. Da discussão precedente, sabemos que a série infinita (1) é convergente, enquanto (2) e (3) são divergentes.

Muitas vezes, é uma tarefa extremamente difícil determinar se uma dada série infinita é convergente. Até a intuição nem sempre é um bom guia. Por exemplo, poderíamos suspeitar, à primeira vista, que a série infinita

$$1 + \tfrac{1}{2} + \tfrac{1}{3} + \tfrac{1}{4} + \tfrac{1}{5} + \cdots$$

(conhecida como a *série harmônica*) seja convergente. Entretanto, não é. As somas de seus termos iniciais crescem sem cota, embora façam isso muito lentamente. Por exemplo, precisamos de aproximadamente 12.000 termos para que a soma exceda 10 e cerca de $2{,}7 \times 10^{43}$ termos para a soma exceder 100. Mesmo assim, a soma finalmente excede qualquer número prescrito. (Ver Exercício 42 e Seção 11.4.)

Há um tipo importante de série infinita cuja convergência ou divergência é facilmente determinada. Sejam a e r números não nulos dados. Uma série da forma

$$a + ar + ar^2 + ar^3 + ar^4 + \cdots$$

é denominada *série geométrica de razão r*. (A razão de dois termos consecutivos é r.)

> **A série geométrica** A série infinita
>
> $$a + ar + ar^2 + ar^3 + ar^4 + \cdots$$
>
> converge se, e somente se, $|r| < 1$. Se $|r| < 1$, a soma da série é
>
> $$\frac{a}{1-r}.$$ (5)

Por exemplo, se $a = 1$ e $r = \frac{1}{2}$, obtemos a série infinita (1). Nesse caso,

$$\frac{a}{1-r} = \frac{1}{1-\frac{1}{2}} = \frac{1}{\frac{1}{2}} = 2,$$

em concordância com nossa observação anterior. Também as séries (2) e (3) são séries geométricas divergentes, com $r = 1$ e $r = -1$, respectivamente. Uma prova do resultado precedente está esquematizada no Exercício 41.

EXEMPLO 1 Calcule as somas das séries geométricas seguintes.

(a) $1 + \dfrac{1}{5} + \dfrac{1}{5^2} + \dfrac{1}{5^3} + \dfrac{1}{5^4} + \cdots$

(b) $\dfrac{2}{3^2} + \dfrac{2}{3^4} + \dfrac{2}{3^6} + \dfrac{2}{3^8} + \dfrac{2}{3^{10}} + \cdots$

(c) $\dfrac{5}{2^2} - \dfrac{5^2}{2^5} + \dfrac{5^3}{2^8} - \dfrac{5^4}{2^{11}} + \dfrac{5^5}{2^{14}} - \cdots$

Solução (a) Aqui $a = 1$ e $r = \frac{1}{5}$. A soma da série é

$$\frac{a}{1-r} = \frac{1}{1-\frac{1}{5}} = \frac{1}{\frac{4}{5}} = \frac{5}{4}.$$

(b) Encontramos r dividindo qualquer termo pelo predecessor. Assim,

$$r = \frac{\frac{2}{3^4}}{\frac{2}{3^2}} = \frac{2}{3^4} \cdot \frac{3^2}{2} = \frac{1}{3^2} = \frac{1}{9}.$$

Como a série é geométrica, obtemos o mesmo resultado utilizando qualquer outro par de termos consecutivos. Por exemplo,

$$\frac{\frac{2}{3^8}}{\frac{2}{3^6}} = \frac{2}{3^8} \cdot \frac{3^6}{2} = \frac{1}{3^2} = \frac{1}{9}.$$

O primeiro termo da série é $a = \dfrac{2}{3^2} = \dfrac{2}{9}$, portanto, a soma da série é

$$\frac{a}{1-r} = a \cdot \frac{1}{1-r} = \frac{2}{9} \cdot \frac{1}{1-\frac{1}{9}} = \frac{2}{9} \cdot \frac{9}{8} = \frac{1}{4}.$$

(c) Podemos encontrar r como na parte (b), ou podemos observar que o numerador de cada fração na série (c) está aumentando pelo fator 5, enquanto o denominador está aumentando pelo fator $2^3 = 8$. Logo, a razão de frações sucessivas é $\frac{5}{8}$. Entretanto, os termos na série são alternadamente positivos e negativos, portanto, a razão de termos sucessivos deve ser negativa. Portanto, $r = -\frac{5}{8}$. Também $a = \frac{5}{2^2} = \frac{5}{4}$, de modo que a soma da série é

$$a \cdot \frac{1}{1-r} = \frac{5}{4} \cdot \frac{1}{1-\left(-\frac{5}{8}\right)} = \frac{5}{4} \cdot \frac{1}{\frac{13}{8}} = \frac{5}{4} \cdot \frac{8}{13} = \frac{10}{13}.$$

■

Às vezes, um número racional é dado como uma dízima periódica, ou seja, como uma repetição infinita de decimais, tal como $0{,}1212\overline{12}$. O valor de uma tal dízima periódica é, de fato, a soma de uma série infinita.

EXEMPLO 2   Qual número racional tem a expansão decimal $0{,}1212\overline{12}$?

Solução   Esse número denota a série infinita

$$0{,}12 + 0{,}0012 + 0{,}000012 + \cdots = \frac{12}{100} + \frac{12}{100^2} + \frac{12}{100^3} + \cdots,$$

que é uma série geométrica com $a = \frac{12}{100}$ e $r = \frac{1}{100}$. A soma da série geométrica é

$$\frac{a}{1-r} = a \cdot \frac{1}{1-r} = \frac{12}{100} \cdot \frac{1}{1 - \frac{1}{100}} = \frac{12}{100} \cdot \frac{100}{99} = \frac{12}{99} = \frac{4}{33}.$$

Portanto, $0{,}1212\overline{12} = \frac{4}{33}$.

■

EXEMPLO 3   **O efeito multiplicador da economia**   Suponha que o governo federal promova um corte de $10 bilhões no imposto de renda e que cada pessoa gastará 93% de seu ganho extra devido à redução no imposto e poupará o restante. Estime o efeito total desse corte no imposto sobre a atividade econômica

Solução   Expressemos todos os montantes em bilhões de dólares. Do aumento de ganhos criados pelo corte no imposto, $(0{,}93)(10)$ bilhões de dólares serão gastos. Esses dólares tornam-se um ganho extra para alguém e, portanto, 93% serão gastos de novo e 7% poupados, criando gastos adicionais de $(0{,}93)(0{,}93)(10)$ bilhões de dólares. As pessoas que receberem esses dólares irão gastar 93%, novamente criando um adicional de gastos de

$$(0{,}93)(0{,}93)(0{,}93)(10) = 10(0{,}93)^3$$

bilhões de dólares, e assim por diante. O montante total de novos gastos criados pelo corte no imposto é dado pela série infinita

$$10(0{,}93) + 10(0{,}93)^2 + 10(0{,}93)^3 + \cdots.$$

Essa série é geométrica com termo inicial $10(0{,}93)$ e razão $0{,}93$. Sua soma é

$$\frac{a}{1-r} = \frac{10(0{,}93)}{1-0{,}93} = \frac{9{,}3}{0{,}07} \approx 132{,}86.$$

Assim, um corte de $10 bilhões no imposto cria gastos adicionais de, aproximadamente, $132,86 bilhões.

■

O Exemplo 3 ilustra o *efeito multiplicador*. A proporção de cada dólar extra que uma pessoa irá gastar é denominada *propensão marginal a consumir*, denotada por PMC. No Exemplo 3, usamos a PMC = $0{,}93$. Como observamos, o total de novos gastos gerados pelo corte no imposto é de

$$[\text{total de novos gastos}] = 10 \cdot \frac{0{,}93}{1-0{,}93} = [\text{corte no imposto}] \cdot \frac{\text{PMC}}{1-\text{PMC}}.$$

O corte no imposto é multiplicada pelo "multiplicador" $\dfrac{\text{PMC}}{1-\text{PMC}}$ para obter o seu efeito real.

EXEMPLO 4

Terapia com drogas Pacientes com certos problemas cardíacos são frequentemente tratados com digitoxina, uma substância derivada da planta digitális. A taxa com que o corpo de uma pessoa elimina a digitoxina é proporcional à quantidade de digitoxina presente. Em 1 dia (24 horas), cerca de 10% de qualquer quantidade da droga será eliminada. Suponha que uma dose de manutenção de 0,05 miligrama (mg) seja ministrada diariamente a um paciente. Dê uma estimativa da quantidade total de digitoxina que deveria estar presente no corpo do paciente depois de vários meses de tratamento.

Solução Inicialmente, consideremos o que acontece com a dose inicial de 0,05 mg sem levar em conta as doses subsequentes. Depois de 1 dia, 10% dos 0,05 mg serão eliminados e $(0{,}90)(0{,}05)$ mg permanecerão. Ao final do segundo dia, essa quantidade menor de digitoxina será reduzida em novos 10% para $(0{,}90)(0{,}90)(0{,}05)$ mg e assim por diante, até que ao final de n dias, somente permanecem $(0{,}90)^n(0{,}05)$ mg da dose original. (Ver Figura 1.) Para determinar o efeito cumulativo de todas as doses de digitoxina, observamos que na hora da segunda dose (um dia depois da primeira), o corpo do paciente conterá a segunda dose de 0,05 mg mais os $(0{,}90)(0{,}05)$ mg da primeira dose. Um dia depois, haverá a terceira dose de 0,05 mg, mais os $(0{,}90)(0{,}05)$ da segunda dose, além dos $(0{,}90)^2(0{,}05)$ da primeira dose. Na hora de qualquer dose nova, o corpo do paciente conterá essa nova dose mais os remanescentes das doses anteriores. Tabulemos isso.

		Quantidade total (em mg) de digitoxina
	0	0,05
	1	$0{,}05 + (0{,}90)(0{,}05)$
Dias depois da dose inicial	2	$0{,}05 + (0{,}90)(0{,}05) + (0{,}90)^2(0{,}05)$
	⋮	
	n	$0{,}05 + (0{,}90)(0{,}05) + (0{,}90)^2(0{,}05) + \cdots + (0{,}90)^n(0{,}05)$

Podemos ver que as quantidades presentes na hora de cada nova dose correspondem às somas parciais da série geométrica

$$0{,}05 + (0{,}90)(0{,}05) + (0{,}90)^2(0{,}05) + (0{,}90)^3(0{,}05) + \cdots,$$

em que $a = 0{,}05$ e $r = 0{,}90$. A soma dessa série geométrica é

$$\frac{0{,}05}{1-0{,}90} = \frac{0{,}05}{0{,}10} = 0{,}5.$$

Como as somas parciais da série tendem à soma 0,5, podemos concluir que a dose de manutenção diária de 0,05 mg acabará por elevar o nível de digitoxina no paciente para um patamar de 0,5 mg. Entre as doses, o nível cairá 10% para

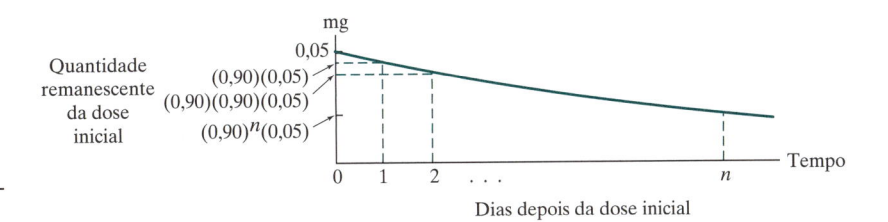

Figura 1 Decréscimo exponencial da dose inicial.

$(0{,}90)(0{,}5) = 0{,}45$ mg. A uso de uma dose de manutenção regular para manter um certo nível de uma droga num paciente é uma técnica importante da terapia com drogas.*

Notação sigma Quando estudamos séries, é muito conveniente utilizar a letra grega sigma maiúscula para indicar a soma. Por exemplo, o somatório

$$a_2 + a_3 + \cdots + a_{10}$$

é denotado por

$$\sum_{k=2}^{10} a_k$$

(que se lê "soma de a índice k com k variando de 2 até 10"). A enésima soma parcial de uma série, $a_1 + a_2 + \cdots + a_n$, é escrita como $\sum_{k=1}^{n} a_k$. Nesses exemplos, a letra k é o *índice do somatório*. Às vezes, queremos que o índice do somatório inicie em 0 e às vezes, em 1, mas qualquer valor inteiro pode ser usado para k. Qualquer letra que já não esteja em uso pode ser utilizada como o índice do somatório. Por exemplo, ambos

$$\sum_{i=0}^{4} a_i \quad \text{e} \quad \sum_{j=0}^{4} a_j$$

indicam a soma $a_0 + a_1 + a_2 + a_3 + a_4$.

Finalmente, uma série infinita formal

$$a_1 + a_2 + a_3 + \cdots$$

é escrita como

$$\sum_{k=1}^{\infty} a_k \quad \text{ou} \quad \sum_{1}^{\infty} a_k.$$

Também escrevemos $\sum_{k=1}^{\infty} a_k$ como o símbolo do valor numérico da soma de uma série quando ela for convergente. Usando essa notação (e escrevendo ar^0 no lugar de a), o resultado principal sobre as séries geométricas pode ser escrito como segue.

$$\sum_{k=0}^{\infty} ar^k = \frac{a}{1-r} \quad \text{se } |r| < 1,$$

$$\sum_{k=0}^{\infty} ar^k \text{ é divergente} \quad \text{se } |r| \geq 1.$$

EXEMPLO 5 Determine as somas das séries infinitas seguintes.

(a) $\sum_{k=0}^{\infty} \left(\frac{2}{3}\right)^k$ (b) $\sum_{j=0}^{\infty} 4^{-j}$ (c) $\sum_{i=3}^{\infty} \frac{2}{7^i}$

---

* John A. Oates and Grant R. Wilkinson, "Principles of Drug Therapy", in *Principles of Internal Medicine*, T. R. Harrison, ed., 8th ed. (New York: McGraw-Hill Book Company, 1977), 334-346.

Solução Em cada caso, o primeiro passo é escrever por extenso os primeiros termos da série.

(a) $\sum_{k=0}^{\infty} \left(\frac{2}{3}\right)^k = \underbrace{1}_{[k=0]} + \underbrace{\frac{2}{3}}_{[k=1]} + \underbrace{\left(\frac{2}{3}\right)^2}_{[k=2]} + \underbrace{\left(\frac{2}{3}\right)^3}_{[k=3]} + \cdots$

Essa série é geométrica de termo inicial $a = 1$ e razão $r = \frac{2}{3}$; sua soma é

$$\frac{1}{1 - \frac{2}{3}} = \frac{1}{\frac{1}{3}} = 3.$$

(b) $\sum_{j=0}^{\infty} 4^{-j} = 4^0 + 4^{-1} + 4^{-2} + 4^{-3} + \cdots = 1 + \frac{1}{4} + \left(\frac{1}{4}\right)^2 + \left(\frac{1}{4}\right)^3 + \cdots = \frac{1}{1-\frac{1}{4}} = \frac{4}{3}$

(c) $\sum_{i=3}^{\infty} \frac{2}{7^i} = \frac{2}{7^3} + \frac{2}{7^4} + \frac{2}{7^5} + \frac{2}{7^6} + \cdots$

Essa série é geométrica com $a = \frac{2}{7^3}$ e $r = \frac{1}{7}$; sua soma é

$$a \cdot \frac{1}{1-r} = \frac{2}{7^3} \cdot \frac{1}{1-\frac{1}{7}} = \frac{2}{7^3} \cdot \frac{7}{6} = \frac{1}{147}. \blacksquare$$

INCORPORANDO RECURSOS TECNOLÓGICOS

Somas infinitas As calculadoras gráficas podem calcular somas finitas. A variável **x** pode ser usada como o índice de somatório. Se $f(x)$ for uma expressão envolvendo x, a soma

$$\sum_{x=m}^{n} f(x)$$

pode ser calculada em calculadoras TI como

`sum(seq(f(X), X, m, n, 1))`.

Por exemplo,

$$\sum_{x=1}^{99} \frac{1}{x} = 1 + \frac{1}{2} + \frac{1}{3} + \cdots + \frac{1}{99}$$

é calculado como `sum(seq(1/X,X,1,99,1))` e

$$\sum_{x=1}^{10} \frac{2}{3^{2x}} = \frac{2}{3^2} + \frac{2}{3^4} + \cdots + \frac{2}{3^{20}}$$

do Exemplo 1(b) é calculado como `sum(seq(2/3^(2X), X, 1, 10, 1))`. (Ver Figura 2.) As duas expressões **sum(** e **seq(** são acessadas pressionando [2nd] [LIST]. Então **sum(** é a quinta opção do menu **MATH** e **seq(** é a quinta opção do menu **OPS**. A Figura 2 mostra o resultado dessa conta e também a soma do Exemplo 1(b).

Além disso, somas parciais sucessivas podem ser geradas pressionando repetidamente a tecla ENTER. Na Figura 3, a variável **s** tem o valor atualizado da soma parcial da série do Exemplo 5(a). ∎

Figura 2

Figura 3

Exercícios de revisão 11.3

1. Determine a soma da série geométrica

$$8 - \frac{8}{3} + \frac{8}{9} - \frac{8}{27} + \frac{8}{81} - \cdots.$$

2. Encontre o valor de $\sum_{k=0}^{\infty} (0{,}7)^{-k+1}$.

Exercícios 11.3

Nos Exercícios 1-14, determine a soma da série geométrica dada, quando convergente.

1. $1 + \dfrac{1}{6} + \dfrac{1}{6^2} + \dfrac{1}{6^3} + \dfrac{1}{6^4} \cdots$

2. $1 + \dfrac{3}{4} + \left(\dfrac{3}{4}\right)^2 + \left(\dfrac{3}{4}\right)^3 + \left(\dfrac{3}{4}\right)^4 + \cdots$

3. $1 - \dfrac{1}{3^2} + \dfrac{1}{3^4} - \dfrac{1}{3^6} + \dfrac{1}{3^8} - \cdots$

4. $1 + \dfrac{1}{2^3} + \dfrac{1}{2^6} + \dfrac{1}{2^9} + \dfrac{1}{2^{12}} + \cdots$

5. $2 + \dfrac{2}{3} + \dfrac{2}{9} + \dfrac{2}{27} + \dfrac{2}{81} + \cdots$

6. $3 + \dfrac{6}{5} + \dfrac{12}{25} + \dfrac{24}{125} + \dfrac{48}{625} + \cdots$

7. $\dfrac{1}{5} + \dfrac{1}{5^4} + \dfrac{1}{5^7} + \dfrac{1}{5^{10}} + \dfrac{1}{5^{13}} + \cdots$

8. $\dfrac{1}{3^2} - \dfrac{1}{3^3} + \dfrac{1}{3^4} - \dfrac{1}{3^5} + \dfrac{1}{3^6} - \cdots$

9. $3 - \dfrac{3^2}{7} + \dfrac{3^3}{7^2} - \dfrac{3^4}{7^3} + \dfrac{3^5}{7^4} - \cdots$

10. $6 - 1{,}2 + 0{,}24 - 0{,}048 + 0{,}0096 - \cdots$

11. $\dfrac{2}{5^4} - \dfrac{2^4}{5^5} + \dfrac{2^7}{5^6} - \dfrac{2^{10}}{5^7} + \dfrac{2^{13}}{5^8} - \cdots$

12. $\dfrac{3^2}{2^5} + \dfrac{3^4}{2^8} + \dfrac{3^6}{2^{11}} + \dfrac{3^8}{2^{14}} + \dfrac{3^{10}}{2^{17}} + \cdots$

13. $5 + 4 + 3{,}2 + 2{,}56 + 2{,}048 + \cdots$

14. $\dfrac{5^3}{3} - \dfrac{5^5}{3^4} + \dfrac{5^7}{3^7} - \dfrac{5^9}{3^{10}} + \dfrac{5^{11}}{3^{13}} - \cdots$

Nos Exercícios 15-20, some uma série infinita apropriada para encontrar o número racional cuja expansão decimal é dada.

15. $0{,}2727\overline{27}$

16. $0{,}173\overline{173}$

17. $0{,}22\overline{2}$

18. $0{,}1515\overline{15}$

19. $4{,}011\overline{011} (= 4 + 0{,}011\overline{011})$

20. $5{,}44\overline{4}$

21. Mostre que $0{,}999\overline{9} = 1$.

22. Calcule o valor de $0{,}1212\overline{1212}$ como uma série geométrica com $a = 0{,}1212$ e $r = 0{,}0001$. Compare sua resposta com o resultado do Exemplo 2.

23. Calcule o total de novos gastos criados pelo corte de $10 bilhões no imposto de renda se a propensão marginal a consumir da população for de 95%. Compare seu resultado com o do Exemplo 3 e observe como uma pequena variação na PMC produz uma variação drástica no total de gastos gerados pelo corte no imposto.

24. Calcule o efeito de um corte de $20 bilhões no imposto de renda se a propensão marginal a consumir da população for de 98%. Qual é o "multiplicador" nesse caso?

Uma perpetuidade é uma sequência periódica de pagamentos que continua para sempre. O valor capital da perpetuidade é a soma dos valores presentes em todos os pagamentos futuros.

25. Considere uma perpetuidade que promete pagar $100 no início de cada mês. Se a taxa de juros for de 12% compostos mensalmente, o valor presente de $100 em k meses é $100(1{,}01)^{-k}$.
    (a) Expresse o valor capital da perpetuidade como uma série infinita.
    (b) Encontre a soma da série infinita.

26. Considere uma perpetuidade que promete pagar P dólares ao *final* de cada mês. (O primeiro pagamento será recebido em 1 mês.) Se a taxa de juros mensal for r, o valor presente de P dólares em k meses é $P(1+r)^{-k}$. Encontre uma fórmula simples para o valor capital da perpetuidade.

27. Uma corporação generosa não só paga a sua diretora-presidente um bônus de $1.000.000, como também lhe dá dinheiro suficiente para cobrir os impostos que incidem sobre o bônus, os impostos que incidem sobre o dinheiro extra, os impostos que incidem sobre o novo dinheiro extra, e assim por diante. Se a alíquota do imposto que ela paga é de 39,6%, qual é o montante de seu bônus?

28. O *coeficiente de elasticidade* de uma bola, que é um número entre 0 e 1, especifica quanta energia da bola é conservada quando a bola atinge uma superfície rígida. Um coeficiente de 0,9, por exemplo, significa que a bola volta a subir 90% da altura da qual foi largada. Os coeficientes de elasticidade de uma bola de tênis, basquete, futebol americano e *softball* (uma variação do beisebol) são 0,7, 0,75, 0,9 e 0,3, respectivamente. Encontre a distância total percorrida por uma bola de tênis largada de uma altura de 6 metros.

29. Um paciente recebe 6 miligramas de uma certa droga diariamente. Cada dia, o corpo elimina 30% do total da droga presente em seu sistema. Se o tratamento continuar por muito tempo, dê uma estimativa da quantidade de droga que deveria estar presente imediatamente depois de ministrada uma nova dose.

30. Um paciente recebe 2 miligramas de uma certa droga diariamente. Cada dia, o corpo elimina 20% do total da droga presente em seu sistema. Se o tratamento continuar por muito tempo, dê uma estimativa da quantidade de droga que deveria estar presente imediatamente *antes* de ministrada uma nova dose.

31. Um paciente recebe M miligramas de uma certa droga diariamente. Cada dia, o corpo elimina 25% do total da droga presente em seu sistema. Se o tratamento continuar por muito tempo, dê uma estimativa da dose de manutenção M tal que aproximadamente 20 miligramas da droga estejam presentes imediatamente depois de ministrada uma nova dose.

32. Um paciente recebe M miligramas de uma certa droga diariamente. Cada dia, o corpo elimina q% do total da droga presente em seu sistema. Se o tratamento continuar por muito tempo, dê uma estimativa da quantidade de droga que deveria estar presente imediatamente depois de ministrada uma nova dose.

33. A série infinita $a_1 + a_2 + a_3 + \cdots$ tem somas parciais dadas por $S_n = 3 - \dfrac{5}{n}$.
   (a) Encontre $\sum_{k=1}^{10} a_k$.
   (b) A série converge? Se convergir, para qual valor ela converge?

34. A série infinita $a_1 + a_2 + a_3 + \cdots$ tem somas parciais dadas por $S_n = n - \dfrac{1}{n}$.
   (a) Encontre $\sum_{k=1}^{10} a_k$.
   (b) A série converge? Se convergir, para qual valor ela converge?

Nos Exercícios 35-40, determine a soma da série infinita dada.

35. $\sum_{k=0}^{\infty} \left(\dfrac{5}{6}\right)^k$ **36.** $\sum_{k=0}^{\infty} \dfrac{7}{10^k}$

37. $\sum_{j=1}^{\infty} 5^{-2j}$ **38.** $\sum_{j=0}^{\infty} \dfrac{(-1)^j}{3^j}$

39. $\sum_{k=0}^{\infty} (-1)^k \dfrac{3^{k+1}}{5^k}$ **40.** $\sum_{k=1}^{\infty} \left(\dfrac{1}{3}\right)^{2k}$

41. Sejam a e r números não nulos dados.
   (a) Mostre que
   $$(1-r)(a + ar + ar^2 + \cdots + ar^n) = a - ar^{n+1},$$
   e conclua disso que, para $r \neq 1$,
   $$a + ar + ar^2 + \cdots + ar^n = \dfrac{a}{1-r} - \dfrac{ar^{n+1}}{1-r}.$$
   (b) Use o resultado da parte (a) para explicar por que a série geométrica $\sum_0^{\infty} ar^k$ converge para $\dfrac{a}{1-r}$ com $|r| < 1$.
   (c) Use o resultado da parte (a) para explicar por que a série geométrica diverge com $|r| > 1$.
   (d) Explique por que a série geométrica diverge com $r = 1$ e $r = -1$.

42. Mostre que a série infinita
$$1 + \dfrac{1}{2} + \dfrac{1}{3} + \dfrac{1}{4} + \dfrac{1}{5} + \cdots$$
diverge. [*Sugestão:* $\dfrac{1}{3} + \dfrac{1}{4} > \dfrac{1}{2}$; $\dfrac{1}{5} + \dfrac{1}{6} + \dfrac{1}{7} + \dfrac{1}{8} > \dfrac{1}{2}$; $\dfrac{1}{9} + \cdots + \dfrac{1}{16} > \dfrac{1}{2}$; etc.].

Exercícios com calculadora

43. Qual é o valor exato da série geométrica infinita cuja soma parcial aparece como a primeira entrada na Figura 3?

44. Qual é o valor exato da série geométrica infinita cuja soma parcial aparece como a segunda entrada na Figura 3?

Nos Exercícios 45 e 46, a tela da calculadora calcula a soma parcial de uma série infinita. Escreva por extenso os cinco primeiros termos da série e determine o valor exato da série infinita.

45. `sum(seq((-1)^(2X)/2^(X+1),X,1,20,1))`
.4999995232

46. `sum(seq(2^(3X+1)/9^(X+1),X,1,40,1))`
1.761790424

47. Verifique a fórmula
$$\sum_{x=1}^{n} x = \dfrac{n(n+1)}{2}$$
com $n = 10, 50$ e 100.

48. A soma dos n primeiros números ímpares é n^2, isto é,
$$\sum_{x=1}^{n} (2x - 1) = n^2.$$
Verifique essa fórmula com $n = 5, 10$ e 25.

Nos Exercícios 49 e 50, convença-se de que a equação está correta efetuando a soma até os 999 primeiros termos da série infinita à esquerda e compando o resultado com o valor fornecido à direita.

49. $\sum_{x=1}^{\infty} \dfrac{1}{x^2} = \dfrac{\pi^2}{6}$. **40.** $\sum_{x=1}^{\infty} \dfrac{(-1)^{x+1}}{x} = \ln 2$.

Soluções dos exercícios de revisão 11.3

1. Resposta: 6. Para obter a soma de uma série geométrica, identifique a e r e (quando $|r| < 1$) substitua esses valores na fórmula $\dfrac{a}{1-r}$. O termo inicial a é justamente o primeiro termo da série: $a = 8$. Muitas vezes, a razão r é facilmente identificável por inspeção. Entretanto, em caso de dúvida, divida um termo qualquer pelo termo *precedente*. Aqui o segundo termo dividido pelo primeiro termo é $\dfrac{-8}{3}/8 = -\dfrac{1}{3}$, logo $r = -\dfrac{1}{3}$. Como $|r| = \dfrac{1}{3}$, a série é convergente e a soma é

$$\frac{a}{1-r} = \frac{8}{1-\left(-\frac{1}{3}\right)} = \frac{8}{\frac{4}{3}} = 8 \cdot \frac{3}{4} = 6.$$

2. Escreva por extenso alguns dos primeiros termos da série e proceda como no Exercício 1.

$$\sum_{k=0}^{\infty}(0{,}7)^{-k+1} = \underset{[k=0]}{(0{,}7)^{1}} + \underset{[k=1]}{(0{,}7)^{0}} + \underset{[k=2]}{(0{,}7)^{-1}}$$
$$+ \underset{[k=3]}{(0{,}7)^{-2}} + \underset{[k=4]}{(0{,}7)^{-3}}$$
$$= 0{,}7 + 1 + \frac{1}{0{,}7} + \frac{1}{(0{,}7)^2} + \frac{1}{(0{,}7)^3} + \cdots.$$

Aqui $a = 0{,}7$ e $r = 1/0{,}7 = \dfrac{10}{7}$. Como $|r| = \dfrac{10}{7} > 1$, a série é divergente e não tem soma. (A fórmula $\dfrac{a}{1-r}$ fornece $\dfrac{7}{3}$; no entanto, esse valor não tem relação alguma com a série. A fórmula só é aplicável nos casos em que a série é convergente.)

11.4 Séries de termos positivos

Muitas vezes, é difícil determinar a soma de uma série infinita. Como um prêmio de consolação por não determinar uma soma, muitas vezes podemos ao menos verificar que a série converge e que, portanto, tem uma soma (mesmo que não possamos determinar seu valor exato). A teoria do Cálculo inclui muitos testes para determinar se uma série infinita converge. Nesta seção, apresentamos dois testes de convergência para séries infinitas formadas por termos positivos. Os testes são deduzidos a partir de modelos geométricos das séries.

Ao longo desta seção, consideramos apenas séries nas quais cada termo a_k é positivo (ou zero). Suponha que $\sum_{k=1}^{\infty} ar^k$ seja uma tal série. Considere a coleção correspondente de retângulos na Figura 1. A largura de cada retângulo é de uma unidade e a altura do k-ésimo retângulo é a_k. Portanto, a área do k-ésimo retângulo é a_k, e a área da região consistindo nos primeiros n retângulos é a enésima soma parcial $S_n = a_1 + a_2 + \cdots + a_n$. Quando n aumenta, as somas parciais crescem e tendem à área da região constituída por todos os retângulos. Se essa área for finita, a série infinita converge para essa área. Se a área é infinita, a série é divergente.

Figura 1 Representação de uma série infinita por retângulos.

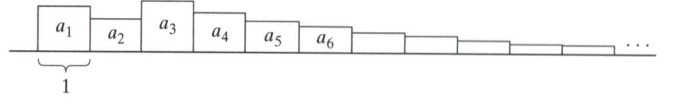

Essa "imagem" geométrica de uma série infinita fornece um teste de convergência que relaciona a convergência da série com a convergência de uma integral imprópria. Por exemplo, considere

$$\sum_{k=1}^{\infty} \frac{1}{k^2} \quad \text{e} \quad \int_{1}^{\infty} \frac{1}{x^2}\, dx.$$

Observe que a série e a integral têm um formato similar,

$$\sum_{k=1}^{\infty} f(k) \quad \text{e} \quad \int_{1}^{\infty} f(x)\, dx, \qquad (1)$$

onde $f(x) = 1/x^2$.

Seção 11.4 • Séries de termos positivos

As técnicas da Seção 9.6 mostram que a integral é convergente. Logo, é finita a área sob o gráfico de $y = 1/x^2$ com $x \geq 1$. A Figura 2 mostra o gráfico de $y = 1/x^2$ ($x \geq 1$) sobreposto a um modelo geométrico da série

$$\sum_{k=1}^{\infty} \frac{1}{k^2} = 1 + \frac{1}{4} + \frac{1}{9} + \frac{1}{16} + \cdots .$$

A área do primeiro retângulo é 1. A região consistindo em todos os demais retângulos tem uma área finita, pois está contida na região sob o gráfico de $y = 1/x^2$ ($x \geq 1$), que tem uma área finita. Portanto, a área total de todos os retângulos é finita, e a série $\sum_{k=1}^{\infty} \frac{1}{k^2}$ é convergente.

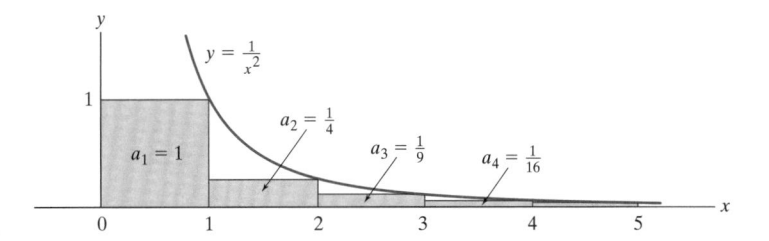

Figura 2 Uma série convergente.

Como um segundo exemplo, considere

$$\sum_{k=1}^{\infty} \frac{1}{k} \quad \text{e} \quad \int_{1}^{\infty} \frac{1}{x} dx.$$

Novamente, a série e a integral têm os formatos dados em (1), em que $f(x) = 1/x$. É fácil verificar que a integral é divergente e que, portanto, é infinita a área sob o gráfico de $y = 1/x$, com $x \geq 1$. A Figura 3 mostra o gráfico de $y = 1/x$ sobreposto a um modelo geométrico da série

$$\sum_{k=1}^{\infty} \frac{1}{k} = 1 + \frac{1}{2} + \frac{1}{3} + \frac{1}{4} + \cdots .$$

Como a área da região formada pelos retângulos excede claramente a área infinita da região sob o gráfico de $y = 1/x$ ($x \geq 1$), a série $\sum_{k=1}^{\infty} \frac{1}{k}$ é divergente.

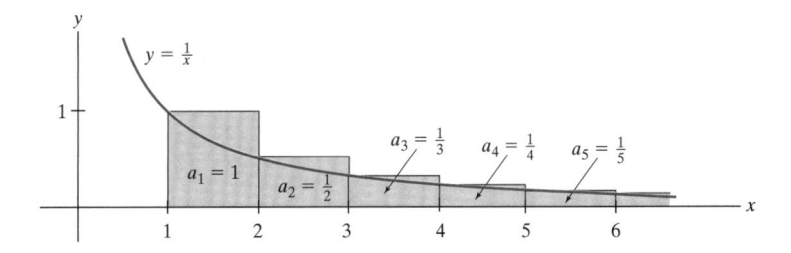

Figura 3 Uma série divergente.

O raciocínio usado nesses dois exemplos pode ser usado para deduzir o importante teste a seguir.

> **O teste da integral** Seja $f(x)$ uma função contínua, decrescente e positiva em $x \geq 1$. Então a série infinita
>
> $$\sum_{k=1}^{\infty} f(k)$$
>
> é convergente se a integral imprópria
>
> $$\int_{1}^{\infty} f(x)\, dx$$
>
> for convergente, e a série infinita é divergente se a integral imprópria for divergente.

EXEMPLO 1   Use o teste da integral para determinar se a série infinita

$$\sum_{k=1}^{\infty} \frac{1}{e^k}$$

é convergente ou divergente.

Solução   Aqui $f(x) = 1/e^x = e^{-x}$. Sabemos, do Capítulo 4, que $f(x)$ é uma função positiva, decrescente e contínua. Também,

$$\int_{1}^{\infty} e^{-x}\, dx = \lim_{b \to \infty} \int_{1}^{b} e^{-x}\, dx = \lim_{b \to \infty} -e^{-x}\Big|_{1}^{b}$$

$$= \lim_{b \to \infty} (-e^{-b} + e^{-1}) = e^{-1} = \frac{1}{e}.$$

Como a integral imprópria é convergente, a série infinita também é convergente. ∎

OBSERVAÇÃO   O teste da integral não fornece o valor exato da soma de uma série infinita convergente. Ele apenas verifica a convergência. Devem ser usadas outras técnicas, algumas bem sofisticadas, para encontrar o valor da soma. (A soma da série do Exemplo 1 é encontrada imediatamente, pois ocorre que a série é geométrica de razão $1/e$.) ∎

Em vez de iniciar nossa série com $k = 1$, podemos iniciar com $k = N$, sendo N um inteiro positivo qualquer. Para testar a convergência de uma tal série, determinamos a convergência (ou divergência) da integral imprópria

$$\int_{N}^{\infty} f(x)\, dx.$$

EXEMPLO 2   Determine se a série

$$\sum_{k=3}^{\infty} \frac{\ln k}{k}$$

é convergente.

Solução   Tomamos $f(x) = (\ln x)/x$. Observe que $f(x)$ é contínua e positiva em $x \geq 3$. Mais ainda,

$$f'(x) = \frac{x \cdot \dfrac{1}{x} - \ln x \cdot 1}{x^2} = \frac{1 - \ln x}{x^2}.$$

Como $\ln x > 1$ em $x \geq 3$, concluímos que $f'(x)$ é negativa e, portanto, que $f(x)$ é uma função decrescente.

Para antiderivar $(\ln x)/x$, fazemos a substituição $u = \ln x$, $du = (1/x)\,dx$.

$$\int \frac{\ln x}{x}\,dx = \int u\,du = \frac{u^2}{2} + C = \frac{(\ln x)^2}{2} + C.$$

Logo,

$$\int_3^\infty \frac{\ln x}{x}\,dx = \lim_{b \to \infty} \int_3^b \frac{\ln x}{x}\,dx = \lim_{b \to \infty} \left.\frac{(\ln x)^2}{2}\right|_3^b$$

$$= \lim_{b \to \infty} \frac{(\ln b)^2}{2} - \frac{(\ln 3)^2}{2} = \infty.$$

Assim, a série $\sum_{k=3}^\infty \frac{\ln k}{k}$ é divergente. ■

Quando usamos o teste da integral, testamos a convergência de uma série infinita relacionando-a com uma integral imprópria. Em muitas situações, é possível alcançar o mesmo resultado comparando a série com uma outra série cuja convergência ou divergência já seja conhecida.

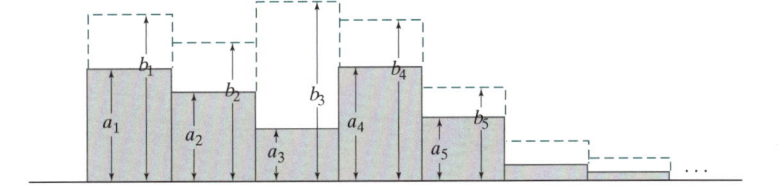

Figura 4 Comparação termo a termo de duas séries.

Suponha que $\sum_{k=1}^\infty a_k$ e $\sum_{k=1}^\infty b_k$ tenham a propriedade de que $0 \leq a_k \leq b_k$ para cada k. Na Figura 4, sobrepomos os modelos geométricos das duas séries. Cada retângulo da série $\sum_{k=1}^\infty a_k$ está dentro do (ou coincide com o) retângulo correspondente da série $\sum_{k=1}^\infty b_k$. Claramente, se a região formada por todos os retângulos de $\sum_{k=1}^\infty b_k$ tem uma área finita, então a região correspondente a $\sum_{k=1}^\infty a_k$ também é finita. Por outro lado, se a região de $\sum_{k=1}^\infty a_k$ tiver uma área infinita, então a região de $\sum_{k=1}^\infty b_k$ também terá uma área infinita. Essas conclusões geométricas podem ser enunciadas em termos de séries infinitas como segue.

> **Teste da comparação** Suponha que $0 \leq a_k \leq b_k$ com $k = 1, 2, \ldots$.
>
> Se $\sum_{k=1}^\infty b_k$ converge, então $\sum_{k=1}^\infty a_k$ converge.
>
> Se $\sum_{k=1}^\infty a_k$ diverge, então $\sum_{k=1}^\infty b_k$ diverge.

O teste da comparação também é aplicável a duas séries cujos termos satisfazem $0 \leq a_k \leq b_k$ somente com $k \geq N$, para algum inteiro positivo N. Isso é assim porque a convergência ou divergência de $\sum_{k=1}^\infty a_k$ e $\sum_{k=1}^\infty b_k$ não é afetada pela remoção de alguns termos no começo da série.

EXEMPLO 3 Determine a convergência ou divergência da série

$$\sum_{k=1}^\infty \frac{3}{1 + 5^k} = \frac{3}{6} + \frac{3}{26} + \frac{3}{126} + \frac{3}{626} + \cdots.$$

Solução Compare a série com a série geométrica convergente

$$\sum_{k=1}^{\infty} \frac{3}{5^k} = \frac{3}{5} + \frac{3}{25} + \frac{3}{125} + \frac{3}{625} + \cdots.$$

Essa série converge porque a razão entre termos sucessivos é $\frac{1}{5}$. Os k-ésimos termos dessas séries satisfazem

$$\frac{3}{1+5^k} < \frac{3}{5^k}$$

porque o denominador da fração à esquerda é maior do que o denominador da fração à direita. Como a série $\sum_{k=1}^{\infty} \frac{3}{5^k}$ converge, o teste da comparação implica que $\sum_{k=1}^{\infty} \frac{3}{1+5^k}$ também converge. ∎

Nesta seção, consideramos apenas testes para séries de termos positivos. Aqui temos uma versão do teste da comparação que funciona mesmo se uma das duas séries tiver alguns termos negativos.

> Suponha que $\sum_{k=1}^{\infty} b_k$ seja uma série convergente de termos positivos e que $|a_k| \leq b_k$, com $k = 1, 2, 3, \ldots$. Então $\sum_{k=1}^{\infty} a_k$ é convergente.

Exercícios de revisão 11.4

1. (a) Qual é a integral imprópria associada à série infinita $\sum_{k=1}^{\infty} \frac{k^2}{(k^3+6)^2}$?

(b) A integral imprópria encontrada na parte (a) é convergente ou divergente?

(c) A série infinita $\sum_{k=1}^{\infty} \frac{k^2}{(k^3+6)^2}$ é convergente ou divergente?

2. As duas séries

$$\sum_{k=1}^{\infty} \frac{1}{4k} \quad \text{e} \quad \sum_{k=1}^{\infty} \frac{1}{4k+3}$$

são ambas divergentes. (Isso é facilmente estabelecido pelo teste da integral.) Qual dessas séries pode ser utilizada no teste da comparação para mostrar que a série $\sum_{k=1}^{\infty} \frac{1}{4k+1}$ é divergente?

Exercícios 11.4

Nos Exercícios 1-16, use o teste da integral para determinar se a série infinita é convergente ou divergente. (Não é necessário verificar as hipóteses do teste da integral.)

1. $\sum_{k=1}^{\infty} \frac{3}{\sqrt{k}}$

2. $\sum_{k=1}^{\infty} \frac{5}{k^{3/2}}$

3. $\sum_{k=2}^{\infty} \frac{1}{(k-1)^3}$

4. $\sum_{k=0}^{\infty} \frac{7}{k+100}$

5. $\sum_{k=1}^{\infty} \frac{2}{5k-1}$

6. $\sum_{k=2}^{\infty} \frac{1}{k\sqrt{\ln k}}$

7. $\sum_{k=2}^{\infty} \frac{k}{(k^2+1)^{3/2}}$

8. $\sum_{k=1}^{\infty} \frac{1}{(2k+1)^3}$

9. $\sum_{k=2}^{\infty} \frac{1}{k(\ln k)^2}$

10. $\sum_{k=1}^{\infty} \frac{1}{(3k)^2}$

11. $\sum_{k=1}^{\infty} e^{3-k}$

12. $\sum_{k=1}^{\infty} \frac{1}{e^{2k+1}}$

13. $\sum_{k=1}^{\infty} ke^{-k^2}$

14. $\sum_{k=1}^{\infty} k^{-3/4}$

15. $\sum_{k=1}^{\infty} \frac{2k+1}{k^2+k+2}$

16. $\sum_{k=2}^{\infty} \frac{k+1}{(k^2+2k+1)^2}$

17. Pode ser mostrado que

$$\int_0^\infty \frac{3}{9+x^2}\, dx$$

é convergente. Use esse fato para mostrar que uma série infinita apropriada converge. Dê a série e mostre que as hipóteses do teste da integral estão satisfeitas.

18. Use o teste da integral para determinar se $\sum_{k=1}^{\infty} \frac{e^{1/k}}{k^2}$ é convergente. Mostre que as hipóteses do teste da integral estão satisfeitas.

19. Pode ser mostrado que $\lim_{b\to\infty} be^{-b} = 0$. Use esse fato e o teste da integral para mostrar que $\sum_{k=1}^{\infty} \frac{k}{e^k}$ é convergente.

20. A série $\sum_{k=1}^{\infty} \frac{3^k}{4^k}$ será convergente? Qual é a maneira mais simples de responder essa pergunta? E a série

$$\int_1^\infty \frac{3^x}{4^x}\, dx$$

será convergente?

Nos Exercícios 21-26, use o teste da comparação para determinar se a série infinita é convergente ou divergente.

21. $\sum_{k=2}^{\infty} \frac{1}{k^2+5}$ $\left[\text{Compare com } \sum_{k=2}^{\infty} \frac{1}{k^2}.\right]$

22. $\sum_{k=2}^{\infty} \frac{1}{\sqrt{k^2-1}}$ $\left[\text{Compare com } \sum_{k=2}^{\infty} \frac{1}{k}.\right]$

23. $\sum_{k=1}^{\infty} \frac{1}{2^k+k}$ $\left[\text{Compare com } \sum_{k=1}^{\infty} \frac{1}{2^k} \text{ ou } \sum_{k=1}^{\infty} \frac{1}{k}.\right]$

24. $\sum_{k=1}^{\infty} \frac{1}{k3^k}$ $\left[\text{Compare com } \sum_{k=1}^{\infty} \frac{1}{k} \text{ ou } \sum_{k=1}^{\infty} \frac{1}{3^k}.\right]$

25. $\sum_{k=1}^{\infty} \frac{1}{5^k}\cos^2\left(\frac{k\pi}{4}\right)$ $\left[\text{Compare com } \sum_{k=1}^{\infty} \cos^2\left(\frac{k\pi}{4}\right) \text{ ou } \sum_{k=1}^{\infty} \frac{1}{5^k}.\right]$

26. $\sum_{k=0}^{\infty} \frac{1}{\left(\frac{3}{4}\right)^k + \left(\frac{5}{4}\right)^k}$ $\left[\text{Compare com } \sum_{k=0}^{\infty} \left(\frac{3}{4}\right)^{-k}\right.$ ou $\left.\sum_{k=0}^{\infty} \left(\frac{5}{4}\right)^{-k}.\right]$

27. O teste da comparação pode ser usado com $\sum_{k=2}^{\infty} \frac{1}{k\ln k}$ e $\sum_{k=2}^{\infty} \frac{1}{k}$ para deduzir alguma coisa sobre a primeira série?

28. O teste da comparação pode ser usado com $\sum_{k=2}^{\infty} \frac{1}{k^2 \ln k}$ e $\sum_{k=2}^{\infty} \frac{1}{k^2}$ para deduzir alguma coisa sobre a primeira série?

29. A propriedade seguinte é válida para quaisquer duas séries (mesmo com alguns possíveis termos negativos). Sejam $\sum_{k=1}^{\infty} a_k$ e $\sum_{k=1}^{\infty} b_k$ séries convergentes cujas somas são S e T, respectivamente. Então $\sum_{k=1}^{\infty}(a_k + b_k)$ é uma série convergente cuja soma é $S + T$. Dê uma representação geométrica que ilustre por que é válida essa propriedade quando todos os termos a_k e b_k forem positivos.

30. Sejam $\sum_{k=1}^{\infty} a_k$ uma série convergente com soma S e c uma constante. Então $\sum_{k=1}^{\infty} ca_k$ é uma série convergente cuja soma é $c \cdot S$. Dê uma representação geométrica que ilustre por que isso é válido com $c = 2$ e todos os termos a_k positivos.

31. Continuação do Exercício 29. Mostre que a série $\sum_{k=0}^{\infty} \frac{8^k + 9^k}{10^k}$ é convergente e determine sua soma.

32. Continuação do Exercício 30. Mostre que a série $\sum_{k=1}^{\infty} \frac{3}{k^2}$ é convergente. Depois use o teste da comparação para mostrar que a série $\sum_{k=1}^{\infty} \frac{e^{1/k}}{k^2}$ é convergente.

Soluções dos exercícios de revisão 11.4

1. (a) $\int_1^\infty \frac{x^2}{(x^3+6)^2}\,dx$. Em geral, para encontrar a função $f(x)$, substituímos cada ocorrência de k por x e, depois, substituímos o sinal de somatório pelo sinal da integral e acrescentamos dx.

(b) Inicialmente deve ser feita uma substituição para antiderivar a função. Seja $u = x^3 + 6$. Então $du = 3x^2\,dx$ e

$$\int \frac{x^2}{(x^3+6)^2}\,dx = \frac{1}{3}\int \frac{3x^2}{(x^3+6)^2}\,dx$$

$$= \frac{1}{3}\int \frac{1}{u^2}\,du$$

$$= -\frac{1}{3}u^{-1} + C$$

$$= -\frac{1}{3}\cdot\frac{1}{x^3+6} + C.$$

Logo,

$$\int_1^\infty \frac{x^2}{(x^3+6)^2}\,dx = \lim_{b\to\infty}\left[-\frac{1}{3}\cdot\frac{1}{x^3+6}\right]\Big|_1^b$$

$$= \lim_{b\to\infty}\left[-\frac{1}{3}\cdot\frac{1}{b^3+6} + \frac{1}{3}\cdot\frac{1}{7}\right]$$

$$= \frac{1}{21}.$$

Portanto, a integral imprópria é convergente.

(c) Convergente, pois a série infinita é convergente se, e somente se, a integral imprópria associada for convergente.

2. Para mostrar que a série é divergente, precisamos mostrar que seus termos são *maiores* do que os termos correspondentes de alguma série divergente. Como

$$\frac{1}{4k+3} < \frac{1}{4k+1},$$

a comparação deveria ser feita com

$$\sum_{k=1}^\infty \frac{1}{4k+3}.$$

(*Observação*: se estivéssemos tentando estabelecer a convergência de uma série infinita, tentaríamos mostrar que seus termos são *menores* do que os termos correspondentes de alguma série convergente.)

11.5 Séries de Taylor

Considere a série infinita $1 + x + x^2 + x^3 + x^4 + \cdots$. Essa série é de um tipo diferente das discutidas nas duas seções precedentes. Seus termos não são números, mas sim potências de x. Entretanto, a série é convergente em alguns valores específicos de x. De fato, dado qualquer valor de x entre -1 e 1, a série é a série geométrica convergente de razão x e soma $\frac{1}{1-x}$. Escrevemos

$$\frac{1}{1-x} = 1 + x + x^2 + x^3 + x^4 + \cdots, \quad |x| < 1. \tag{1}$$

Olhando para (1) de um outro ponto de vista, vemos que a função $f(x) = \frac{1}{1-x}$ está representada como uma série envolvendo as potências de x. Essa representação não é válida em todo o domínio da função $\frac{1}{1-x}$, mas apenas nos valores de x com $-1 < x < 1$.

Em muitos casos importantes, uma função $f(x)$ pode ser representada por uma série da forma

$$f(x) = a_0 + a_1 x + a_2 x^2 + a_3 x^3 + \cdots, \tag{2}$$

em que $a_0, a_1, a_2, \ldots$ são constantes apropriadas e onde x varia naqueles valores nos quais a série é convergente com soma $f(x)$. Dizemos que séries desse tipo são *séries de potências* (por envolverem potências de x). Pode ser demonstrado que, quando uma função $f(x)$ tem uma representação em série de potências como em (2), os coeficientes $a_0, a_1, a_2,\ldots$ são determinados de modo único por $f(x)$ e suas derivadas em $x = 0$. De fato, $a_0 = f(0)$ e $a_k = f^{(k)}(0)/k!$, com $k = 1, 2,\ldots$, de forma que

$$f(x) = f(0) + \frac{f'(0)}{1!}x + \frac{f''(0)}{2!}x^2 + \cdots + \frac{f^{(k)}(0)}{k!}x^k + \cdots. \qquad (3)$$

A série em (3) costuma ser denominada *série de Taylor de f(x) em x = 0*, porque as somas parciais da série são os polinômios de Taylor de $f(x)$ em $x = 0$. A equação (3) em sua totalidade é denominada *expansão de f(x) em série de Taylor em x = 0*.

EXEMPLO 1

Encontre a expansão em série de Taylor de

$$\frac{1}{1-x} \text{ em } x = 0.$$

Solução

Já sabemos como representar $\frac{1}{1-x}$ como uma série de potências em $|x| < 1$. Entretanto, vamos usar a fórmula para a série de Taylor para ver se obtemos o mesmo resultado.

$$f(x) = \frac{1}{1-x} = (1-x)^{-1}, \qquad f(0) = 1,$$
$$f'(x) = (1-x)^{-2}, \qquad f'(0) = 1,$$
$$f''(x) = 2(1-x)^{-3}, \qquad f''(0) = 2,$$
$$f'''(0) = 3\cdot 2(1-x)^{-4}, \qquad f'''(0) = 3\cdot 2,$$
$$f^{(4)}(x) = 4\cdot 3\cdot 2(1-x)^{-5}, \qquad f^{(4)}(0) = 4\cdot 3\cdot 2,$$
$$\vdots \qquad \qquad \vdots$$

Portanto,

$$\frac{1}{1-x} = 1 + \frac{1}{1!}x + \frac{2}{2!}x^2 + \frac{3\cdot 2}{3!}x^3 + \frac{4\cdot 3\cdot 2}{4!}x^4 + \cdots$$
$$= 1 + x + x^2 + x^3 + x^4 + \cdots.$$

Verificamos que a série de Taylor de $\frac{1}{1-x}$ é a série geométrica conhecida. A expansão em série de Taylor é válida em $|x| < 1$.

EXEMPLO 2

Encontre a série de Taylor em $x = 0$ para $f(x) = e^x$.

Solução

$$f(x) = e^x, \quad f'(x) = e^x, \quad f''(x) = e^x, \quad f'''(x) = e^x, \ldots$$
$$f(0) = 1, \quad f'(0) = 1, \quad f''(0) = 1, \quad f'''(0) = 1, \ldots.$$

Logo,

$$e^x = 1 + x + \frac{1}{2!}x^2 + \frac{1}{3!}x^3 + \frac{1}{4!}x^4 + \cdots.$$

Pode ser mostrado que essa expansão de e^x em série de Taylor é válida em cada x. (*Observação*: um polinômio de Taylor de e^x só dá uma aproximação de e^x, mas a série de Taylor infinita é de fato *igual* a e^x em cada x, no sentido de que, para qualquer x dado, a soma da série é igual ao valor de e^x.)

Operações com séries de Taylor Muitas vezes, é útil pensar numa série de Taylor como sendo um polinômio de grau infinito. Muitas operações com polinômios também são legítimas para séries de Taylor, desde que se restrinja a atenção aos valores de x em intervalos apropriados. Por exemplo, se tivermos uma expansão de $f(x)$ em série de Taylor, podemos derivar a série termo a termo para obter a expansão de $f'(x)$ em série de Taylor. Um resultado análogo vale para antiderivadas. Outras operações permitidas que produzem séries de Taylor incluem a multiplicação de uma expansão em série de Taylor por uma constante ou uma potência de x, a substituição de x por uma potência de x ou por uma constante vezes uma potência de x e a soma ou subtração de duas expansões em séries de Taylor. O uso dessas operações muitas vezes torna possível encontrar a série de Taylor de alguma função sem a utilização direta da definição formal de uma série de Taylor. (O processo de calcular derivadas de ordens elevadas pode se tornar bastante difícil quando estiver envolvida a regra do produto ou a do quociente.) Uma vez encontrada uma expansão em série de potências de uma função $f(x)$, essa série necessariamente *é* a série de Taylor da função, pois os coeficientes da série são determinados de modo único por $f(x)$ e suas derivadas em $x = 0$.

EXEMPLO 3

Use a série de Taylor em $x = 0$ de
$$\frac{1}{1-x}$$
para encontrar as séries de Taylor em $x = 0$ das funções

(a) $\dfrac{1}{(1-x)^2}$ (b) $\dfrac{1}{(1-x)^3}$ (c) $\ln(1-x)$

Solução Começamos com a expansão em série
$$\frac{1}{1-x} = 1 + x + x^2 + x^3 + x^4 + x^5 + \cdots, \quad |x| < 1.$$

(a) Quando derivamos ambos os lados dessa equação, obtemos
$$\frac{1}{(1-x)^2} = 1 + 2x + 3x^2 + 4x^3 + 5x^4 + \cdots, \quad |x| < 1.$$

(b) Derivando a série da parte (a), obtemos
$$\frac{2}{(1-x)^3} = 2 + 3 \cdot 2x + 4 \cdot 3x^2 + 5 \cdot 4x^3 + \cdots, \quad |x| < 1.$$

Podemos multiplicar uma série convergente por uma constante. Multiplicando por $\frac{1}{2}$, obtemos
$$\frac{1}{(1-x)^3} = 1 + 3x + 6x^2 + 10x^3 + \cdots + \frac{(n+2)(n+1)}{2}x^n + \cdots$$

com $|x| < 1$.

(c) Dado x com $|x| < 1$, temos
$$\int \frac{1}{1-x}\,dx = \int (1 + x + x^2 + x^3 + \cdots)\,dx,$$
$$-\ln(1-x) + C = x + \tfrac{1}{2}x^2 + \tfrac{1}{3}x^3 + \tfrac{1}{4}x^4 + \cdots,$$

em que C é a constante de integração. Tomando $x = 0$ em ambos os lados, obtemos
$$0 + C = 0,$$

logo $C = 0$. Assim,
$$\ln(1-x) = -x - \tfrac{1}{2}x^2 - \tfrac{1}{3}x^3 - \tfrac{1}{4}x^4 - \cdots, \quad |x| < 1.$$

EXEMPLO 4 Use o resultado do Exemplo 3(c) para calcular ln 1,1.

Solução Tomamos $x = -0{,}1$ na expansão de $\ln(1-x)$ em série de Taylor. Então
$$\ln(1-(-0{,}1)) = -(-0{,}1) - \tfrac{1}{2}(-0{,}1)^2 - \tfrac{1}{3}(-0{,}1)^3 - \tfrac{1}{4}(-0{,}1)^4 - \cdots$$
$$\ln 1{,}1 = 0{,}1 - \frac{0{,}01}{2} + \frac{0{,}001}{3} - \frac{0{,}0001}{4} + \frac{0{,}00001}{5} - \cdots.$$

Essa série infinita pode ser usada para calcular ln 1,1 com qualquer grau de precisão. Por exemplo, a quinta soma parcial dá ln 1,1 ≈ 0,09531, correto em cinco casas decimais.

EXEMPLO 5 Use a série de Taylor de e^x em $x = 0$ para encontrar a série de Taylor em $x = 0$ de

(a) $x(e^x - 1)$ (b) e^{x^2}

Solução (a) Subtraindo 1 da série de Taylor de e^x, obtemos uma série que converge para $e^x - 1$.
$$e^x - 1 = \left(1 + x + \frac{1}{2!}x^2 + \frac{1}{3!}x^3 + \frac{1}{4!}x^4 + \cdots\right) - 1$$
$$= x + \frac{1}{2!}x^2 + \frac{1}{3!}x^3 + \frac{1}{4!}x^4 + \cdots.$$

Agora multiplicamos essa série termo a termo por x.
$$x(e^x - 1) = x^2 + \frac{1}{2!}x^3 + \frac{1}{3!}x^4 + \frac{1}{4!}x^5 + \cdots.$$

(b) Para obter a série de Taylor de e^{x^2}, substituímos cada ocorrência de x por x^2 na série de Taylor de e^x,
$$e^{x^2} = 1 + (x^2) + \frac{1}{2!}(x^2)^2 + \frac{1}{3!}(x^2)^3 + \frac{1}{4!}(x^2)^4 + \cdots$$
$$= 1 + x^2 + \frac{1}{2!}x^4 + \frac{1}{3!}x^6 + \frac{1}{4!}x^8 + \cdots.$$

EXEMPLO 6 Encontre a série de Taylor em $x = 0$ de

(a) $\dfrac{1}{1+x^3}$ (b) $\dfrac{x^2}{1+x^3}$

Solução (a) Na série de Taylor em $x = 0$ de $\dfrac{1}{1-x}$, substituímos x por $by - x^3$, para obter
$$\frac{1}{1-(-x^3)} = 1 + (-x^3) + (-x^3)^2 + (-x^3)^3 + (-x^3)^4 + \cdots$$
$$\frac{1}{1+x^3} = 1 - x^3 + x^6 - x^9 + x^{12} - \cdots.$$

(b) Multiplicando a série da parte (a) por x^2, obtemos
$$\frac{x^2}{1+x^3} = x^2 - x^5 + x^8 - x^{11} + x^{14} - \cdots.$$

Integrais definidas A curva normal padrão da Estatística tem a equação

$$y = \frac{1}{\sqrt{2\pi}} e^{-x^2/2}.$$

As áreas sob essa curva não podem ser encontradas diretamente por integração, pois não há fórmula simples para uma antiderivada de $e^{-x^2/2}$. Entretanto, as séries de Taylor podem ser usadas para calcular essas áreas com alto grau de precisão.

EXEMPLO 7 Encontre a área sob a curva normal padrão de $x = 0$ até $x = 0{,}8$, isto é, calcule

$$\frac{1}{\sqrt{2\pi}} \int_0^{0,8} e^{-x^2/2} \, dx.$$

Solução Uma expansão em série de Taylor de e^x foi obtida no Exemplo 2.

$$e^x = 1 + x + \frac{1}{2!}x^2 + \frac{1}{3!}x^3 + \frac{1}{4!}x^4 + \cdots.$$

Substituímos cada ocorrência de x por $-x^2/2$. Então,

$$e^{-x^2/2} = 1 + \left(-\frac{x^2}{2}\right) + \frac{1}{2!}\left(-\frac{x^2}{2}\right)^2 + \frac{1}{3!}\left(-\frac{x^2}{2}\right)^3 + \frac{1}{4!}\left(-\frac{x^2}{2}\right)^4 + \cdots,$$

$$e^{-x^2/2} = 1 - \frac{1}{2 \cdot 1!}x^2 + \frac{1}{2^2 \cdot 2!}x^4 - \frac{1}{2^3 \cdot 3!}x^6 + \frac{1}{2^4 \cdot 4!}x^8 - \cdots.$$

Integrando, obtemos

$$\frac{1}{\sqrt{2\pi}} \int_0^{0,8} e^{-x^2/2} \, dx$$

$$= \frac{1}{\sqrt{2\pi}} \left(x - \frac{1}{3 \cdot 2 \cdot 1!}x^3 + \frac{1}{5 \cdot 2^2 \cdot 2!}x^5 - \frac{1}{7 \cdot 2^3 \cdot 3!}x^7 + \frac{1}{9 \cdot 2^4 \cdot 4!}x^9 - \cdots \right) \Big|_0^{0,8}$$

$$= \frac{1}{\sqrt{2\pi}} \left[0{,}8 - \frac{1}{6}(0{,}8)^3 + \frac{1}{40}(0{,}8)^5 - \frac{1}{336}(0{,}8)^7 + \frac{1}{3456}(0{,}8)^9 - \cdots \right].$$

A série infinita à direita converge ao valor da integral definida. Somando os cinco termos exibidos, obtemos a aproximação 0,28815, que é exata até a quarta casa decimal. Essa aproximação pode ser feita arbitrariamente precisa somando termos adicionais. ■

Convergência de séries de potências Quando derivamos, integramos ou efetuamos operações algébricas com séries de Taylor, estamos usando o fato de que as séries de Taylor são *funções*. De fato, qualquer série de potências em x é uma função de x, independentemente de seus coeficientes terem sido obtidos das derivadas de alguma função. O domínio de uma *função série de potências* é o conjunto de todos os x nos quais a série converge. O valor da função num x específico de seu domínio é o número para o qual a série converge.

Por exemplo, a série geométrica $\sum_{k=0}^{\infty} x^k$ define uma função cujo domínio é o conjunto de todos os x tais que $|x| < 1$. A expansão em série de Taylor conhecida

$$\frac{1}{1-x} = \sum_{k=0}^{\infty} x^k$$

simplesmente afirma que as funções $\frac{1}{1-x}$ e $\sum_{k=0}^{\infty} x^k$ têm o mesmo valor em cada x tal que $|x| < 1$.

Dada qualquer série de potências $\sum_{k=0}^{\infty} a_k x^k$, uma das três possibilidades necessariamente ocorre.

(i) Existe uma constante positiva R tal que a série converge em $|x| < R$ e diverge em $|x| > R$.
(ii) A série converge em cada x.
(iii) A série converge apenas em $x = 0$.

No caso (i), dizemos que R é o *raio de convergência* da série. A série converge em cada x do intervalo $-R < x < R$, podendo convergir ou divergir em cada uma das extremidades do intervalo. No caso (ii), dizemos que o raio de convergência é ∞ e, no caso (iii), dizemos que o raio de convergência é 0.

Quando uma série de potências com um raio de convergência positivo é derivada termo a termo, a nova série terá o mesmo raio de convergência. Um resultado análogo vale para antiderivadas. Outras operações, como substituição de x por uma constante vezes alguma potência de x, podem afetar o raio de convergência.

Suponha que comecemos com uma função que tem derivadas de todas as ordens e que escrevamos sua série de Taylor formal em $x = 0$. Podemos concluir que a série de Taylor e a função têm o mesmo valor em cada x dentro do raio de convergência da série? Para todas as funções que consideramos, a resposta é sim. Entretanto, é possível que os dois valores sejam diferentes. Nesse caso, dizemos que a função não admite uma expansão em série de potências. Para mostrar que uma função admite uma expansão em série de potências, é necessário mostrar que as somas parciais da série de Taylor convergem para a função. A enésima soma parcial da série de Taylor é o enésimo polinômio de Taylor, p_n. Lembre, da Seção 11.1, que consideramos o enésimo resto de $f(x)$,

$$R_n(x) = f(x) - p_n(x).$$

Para um valor fixo de x, a série de Taylor converge para $f(x)$ se, e somente, se $R_n(x) \to 0$ quando $n \to \infty$. Os Exercícios 45 e 46 ilustram como essa convergência pode ser verificada usando a fórmula do resto da Seção 11.1.

Série de Taylor em $x = a$ Para simplificar a discussão nesta seção, restringimos nossa atenção às séries que envolvem potências de x em vez de potências de $x - a$. Entretanto, as séries de Taylor, assim como os polinômios de Taylor, podem ser formadas como somas de potências de $x - a$. A expansão em série de Taylor de $f(x)$ em $x = a$ é

$$f(x) = f(a) + \frac{f'(a)}{1!}(x-a) + \frac{f''(a)}{2!}(x-a)^2 + \frac{f'''(a)}{3!}(x-a)^3 + \cdots$$

$$+ \frac{f^{(n)}(a)}{n!}(x-a)^n + \cdots.$$

Exercícios de revisão 11.5

1. Encontre a expansão em série de Taylor de sen x em $x = 0$.
2. Encontre a expansão em série de Taylor de cos x em $x = 0$.
3. Encontre a expansão em série de Taylor de $x^3 \cos 7x$ em $x = 0$.
4. Dado $f(x) = x^3 \cos 7x$, encontre $f^{(5)}(0)$. [*Sugestão*: qual é a relação entre os coeficientes da série de Taylor de $f(x)$ e a própria função $f(x)$ e suas derivadas em $x = 0$?]

Exercícios 11.5

Nos Exercícios 1-4, encontre a série de Taylor em $x = 0$ da função dada calculando três ou quatro derivadas e usando a definição de série de Taylor.

1. $\dfrac{1}{2x+3}$
2. $\ln(1-3x)$
3. $\sqrt{1+x}$
4. $(1+x)^3$

Nos Exercícios 5-20, encontre a série de Taylor em $x = 0$ da função dada. Use operações apropriadas (derivação, substituição, etc.) na série de Taylor em $x = 0$ de $\dfrac{1}{1-x}$, e^x ou $\cos x$. Essas séries estão deduzidas nos Exemplos 1 e 2 e no Exercício de Revisão 2.

5. $\dfrac{1}{1-3x}$
6. $\dfrac{1}{1+x}$
7. $\dfrac{1}{1+x^2}$
8. $\dfrac{x}{1+x^2}$
9. $\dfrac{1}{(1+x)^2}$
10. $\dfrac{x}{(1-x)^3}$
11. $5e^{x/3}$
12. $x^3 e^{x^2}$
13. $1 - e^{-x}$
14. $3(e^{-2x} - 2)$
15. $\ln(1+x)$
16. $\ln(1+x^2)$
17. $\cos 3x$
18. $\cos x^2$
19. $\operatorname{sen} 3x$
20. $x \operatorname{sen} x^2$

21. Encontre a série de Taylor de xe^{x^2} em $x = 0$.

22. Mostre que $\left(\dfrac{1+x}{1-x}\right) = 2x + \dfrac{2}{3}x^3 + \dfrac{2}{5}x^5 + \dfrac{2}{7}x^7 + \cdots$, $|x| < 1$. [*Sugestão*: use o Exercício 15 e o Exemplo 3.] Essa série converge muito mais rápido que a série de $\ln(1-x)$ do Exemplo 3, especialmente em x próximo de zero. Essa série dá uma fórmula para $\ln y$, sendo y um número qualquer e $x = \dfrac{y-1}{y+1}$.

23. O *cosseno hiperbólico* de x, denotado por $\cosh x$, é definido por
$$\cosh x = \tfrac{1}{2}(e^x + e^{-x}).$$
Essa função ocorre com frequência na Física e na teoria de probabilidades. O gráfico de $y = \cosh x$ é denominado *catenária*.
(a) Use derivação e a definição de série de Taylor para calcular os quatro primeiros termos não nulos da série de Taylor de $\cosh x$ em $x = 0$.
(b) Use a série de Taylor de e^x para obter a série de Taylor de $\cosh x$ em $x = 0$.

24. O *seno hiperbólico* de x é definido por
$$\operatorname{senh} x = \tfrac{1}{2}(e^x - e^{-x}).$$
Repita as partes (a) e (b) do Exercício 23 para $\operatorname{senh} x$.

25. Dada a expansão em série de Taylor
$$\dfrac{1}{\sqrt{1+x}} = 1 - \dfrac{1}{2}x + \dfrac{1 \cdot 3}{2 \cdot 4}x^2 - \dfrac{1 \cdot 3 \cdot 5}{2 \cdot 4 \cdot 6}x^3 + \dfrac{1 \cdot 3 \cdot 5 \cdot 7}{2 \cdot 4 \cdot 6 \cdot 8}x^4 - \cdots,$$
encontre os primeiros quatro termos da série de Taylor de $\dfrac{1}{\sqrt{1-x}}$ em $x = 0$.

26. Continuação do Exercício 25. Encontre os primeiros quatro termos da série de Taylor de $\dfrac{1}{\sqrt{1-x^2}}$ em $x = 0$.

27. Continuação do Exercício 25. Use o fato de que
$$\int \dfrac{1}{\sqrt{1+x^2}}\,dx = \ln(x + \sqrt{1+x^2}) + C$$
para encontrar a série de Taylor de $\ln(x + \sqrt{1+x^2})$ em $x = 0$.

28. Use a expansão em série de Taylor de $\dfrac{x}{(1-x)^2}$ para encontrar a função cuja série de Taylor é $1 + 4x + 9x^2 + 16x^3 + 25x^4 + \cdots$.

29. Use a série de Taylor de e^x para mostrar que $\dfrac{d}{dx}e^x = e^x$.

30. Use a série de Taylor de $\cos x$ (do Exercício de Revisão 2) para mostrar que $\cos(-x) = \cos x$.

31. A série de Taylor em $x = 0$ de
$$f(x) = \ln\left(\dfrac{1+x}{1-x}\right)$$
é dada no Exercício 22. Encontre $f^{(5)}(0)$.

32. A série de Taylor em $x = 0$ de $f(x) = \sec x$ é $1 + \tfrac{1}{2}x^2 + \tfrac{5}{24}x^4 + \tfrac{61}{720}x^6 + \cdots$. Encontre $f^{(4)}(0)$.

33. A série de Taylor em $x = 0$ de $f(x) = \operatorname{tg} x$ é $x + \tfrac{1}{3}x^3 + \tfrac{2}{15}x^5 + \tfrac{17}{315}x^7 + \cdots$. Encontre $f^{(4)}(0)$.

34. A série de Taylor em $x = 0$ de $\dfrac{1+x^2}{1-x}$ é $1 + x + 2x^2 + 2x^3 + 2x^4 + \cdots$. Encontre $f^{(4)}(0)$, em que $f(x) = \dfrac{1+x^4}{1-x^2}$.

Nos Exercícios 35-37, encontre a expansão em série de Taylor em $x = 0$ da antiderivada dada.

35. $\displaystyle\int e^{-x^2}\,dx$
36. $\displaystyle\int xe^{x^3}\,dx$
37. $\displaystyle\int \dfrac{1}{1+x^3}\,dx$

Nos Exercícios 38-40, encontre uma série infinita que convirja para o valor da integral definida dada.

38. $\displaystyle\int_0^1 \operatorname{sen} x^2\,dx$
39. $\displaystyle\int_0^1 e^{-x^2}\,dx$
40. $\displaystyle\int_0^1 xe^{x^3}\,dx$

41. (a) Use a série de Taylor de e^x em $x = 0$ para mostrar que $e^x > x^2/2$, com $x > 0$.
(b) Deduza que $e^{-x} < 2/x^2$, com $x > 0$.
(c) Mostre que xe^{-x} tende a 0 com $x \to \infty$.

42. Seja k uma constante positiva.
(a) Mostre que $e^{kx} > \dfrac{k^2 x^2}{2}$, com $x > 0$.
(b) Deduza que $e^{-kx} < \dfrac{2}{k^2 x^2}$, com $x > 0$.
(c) Mostre que xe^{-kx} tende a 0 com $x \to \infty$.

43. Mostre que $e^x > x^3/6$, com $x > 0$, e deduza disso que $x^2 e^{-x}$ tende a 0 com $x \to \infty$.

44. Se k for uma constante positiva, mostre que $x^2 e^{-kx}$ tende a 0 com $x \to \infty$.

Nos Exercícios 45 e 46, use o fato de que

$$\lim_{n \to \infty} \frac{|x|^{n+1}}{(n+1)!} = 0.$$

A prova desse fato é omitida.

45. Seja $R_n(x)$ o enésimo resto de $f(x) = \cos x$ em $x = 0$. (Ver Seção 11.1.) Mostre que, fixado qualquer valor de x, $|R_n(x)| \leq |x|^{n+1}/(n+1)!$ e conclua disso que $|R_n(x)| \to 0$ com $n \to \infty$. Isso mostra que a série de Taylor de $\cos x$ converge para $\cos x$ em qualquer valor de x.

46. Seja $R_n(x)$ o enésimo resto de $f(x) = e^x$ em $x = 0$. (Ver Seção 11.1.) Mostre que, fixado qualquer valor de x, $|R_n(x)| \leq e^{|x|} \cdot |x|^{n+1}/(n+1)!$ e conclua disso que $|R_n(x)| \to 0$ com $n \to \infty$. Isso mostra que a série de Taylor de e^x converge para e^x em qualquer valor de x.

Soluções dos exercícios de revisão 11.5

1. Use a definição de série de Taylor como um polinômio de Taylor estendido.

$$f(x) = \operatorname{sen} x, \quad f'(x) = \cos x,$$
$$f(0) = 0, \quad f'(0) = 1,$$

$$f''(x) = -\operatorname{sen} x, \quad f'''(x) = -\cos x,$$
$$f''(0) = 0 \quad f'''(0) = -1,$$

$$f^{(4)}(x) = \operatorname{sen} x, \quad f^{(5)}(x) = \cos x,$$
$$f^{(4)}(0) = 0, \quad f^{(5)}(0) = 1.$$

Portanto,

$$\operatorname{sen} x = 0 + 1 \cdot x + \frac{0}{2!}x^2 + \frac{-1}{3!}x^3 + \frac{0}{4!}x^4 + \frac{1}{5!}x^5 + \cdots$$

$$= x - \frac{1}{3!}x^3 + \frac{1}{5!}x^5 - \cdots.$$

2. Derive a série de Taylor do Exercício 1.

$$\frac{d}{dx}\operatorname{sen} x = \frac{d}{dx}\left(x - \frac{1}{3!}x^3 + \frac{1}{5!}x^5 - \cdots\right),$$

$$\cos x = 1 - \frac{1}{2!}x^2 + \frac{1}{4!}x^4 - \cdots.$$

$\left[\text{Observação: usamos o fato de que } \frac{3}{3!} = \frac{3}{1 \cdot 2 \cdot 3} = \frac{1}{1 \cdot 2} = \frac{1}{2!} \text{ e } \frac{5}{5!} = \frac{1}{4!}.\right]$

3. Substitua x por $7x$ na série de Taylor de $\cos x$ e então multiplique por x^3.

$$\cos x = 1 - \frac{1}{2!}x^2 + \frac{1}{4!}x^4 - \cdots$$

$$\cos 7x = 1 - \frac{1}{2!}(7x)^2 + \frac{1}{4!}(7x)^4 - \cdots$$

$$= 1 - \frac{7^2}{2!}x^2 + \frac{7^4}{4!}x^4 - \cdots$$

$$x^3 \cos 7x = x^3\left(1 - \frac{7^2}{2!}x^2 + \frac{7^4}{4!}x^4 - \cdots\right)$$

$$= x^3 - \frac{7^2}{2!}x^5 + \frac{7^4}{4!}x^7 - \cdots.$$

4. O coeficiente de x^5 na série de Taylor de $f(x)$ é $\frac{f^{(5)}(0)}{5!}$. Pelo Exercício 3, esse coeficiente é $-\frac{7^2}{2!}$. Logo,

$$\frac{f^{(5)}(0)}{5!} = -\frac{7^2}{2!}$$

$$f^{(5)}(0) = -\frac{7^2}{2!} \cdot 5! = -\frac{49}{2} \cdot 120$$

$$= -(49)(60) = -2.940$$

REVISÃO DE CONCEITOS FUNDAMENTAIS

1. Defina o enésimo polinômio de Taylor de $f(x)$ em $x = a$.
2. Em que sentido o enésimo polinômio de Taylor de $f(x)$ em $x = a$ é como $f(x)$ em $x = a$?
3. Enuncie a fórmula para o resto do enésimo polinômio de Taylor de $f(x)$ em $x = a$.
4. Explique como o método de Newton-Raphson é usado para aproximar um zero de uma função.
5. O que é a enésima soma parcial de uma série infinita?
6. O que é uma série infinita convergente? E divergente?
7. O que significa a soma de uma série infinita convergente?
8. O que é uma série geométrica e quando ela é convergente?
9. Qual é a soma de uma série geométrica convergente?
10. Defina a série de Taylor de $f(x)$ em $x = 0$.
11. Discuta as três possibilidades para o raio de convergência de uma série de Taylor.

EXERCÍCIOS SUPLEMENTARES

1. Encontre o segundo polinômio de Taylor de $x(x+1)^{3/2}$ em $x = 0$.
2. Encontre o quarto polinômio de Taylor de $(2x+1)^{3/2}$ em $x = 0$.
3. Encontre o quinto polinômio de Taylor de $x^3 - 7x^2 + 8$ em $x = 0$.
4. Encontre o enésimo polinômio de Taylor de $\dfrac{2}{2-x}$ em $x = 0$.
5. Encontre o terceiro polinômio de Taylor de x^2 em $x = 3$.
6. Encontre o terceiro polinômio de Taylor de e^x em $x = 2$.
7. Use o segundo polinômio de Taylor em $t = 0$ para obter uma estimativa da área sob o gráfico de $y = -\ln(\cos 2t)$ entre $t = 0$ e $t = \frac{1}{2}$.
8. Use o segundo polinômio de Taylor em $x = 0$ para obter uma estimativa do valor de tg 0,1.
9. (a) Encontre o segundo polinômio de Taylor de $\sqrt{x}$ em $x = 9$.
   (b) Use o resultado da parte (a) para obter uma estimativa de $\sqrt{8,7}$ com seis casas decimais.
   (c) Use o algoritmo de Newton-Raphson com $n = 2$ e $x_0 = 3$ para aproximar a solução da equação $x^2 - 8,7 = 0$. Expresse sua resposta com seis casas decimais.
10. (a) Use o terceiro polinômio de Taylor de $\ln(1-x)$ em $x = 0$ para aproximar $\ln 1,3$ com quatro casas decimais.
    (b) Encontre uma solução aproximada da equação $e^x = 1,3$ usando o algoritmo de Newton-Raphson com $n = 2$ e $x_0 = 0$. Expresse sua resposta com quatro casas decimais.
11. Utilize o algoritmo de Newton-Raphson com $n = 2$ para aproximar o zero de $x^2 - 3x - 2$ perto de $x_0 = 4$.
12. Use o algoritmo de Newton-Raphson com $n = 2$ para aproximar a solução da equação $e^{2x} = 1 + e^{-x}$.

Nos Exercícios 13-20, encontre a soma da série infinita dada caso for convergente.

13. $1 - \dfrac{3}{4} + \dfrac{9}{16} - \dfrac{27}{64} + \dfrac{81}{256} - \cdots$
14. $\dfrac{5^2}{6} + \dfrac{5^3}{6^2} + \dfrac{5^4}{6^3} + \dfrac{5^5}{6^4} + \dfrac{5^6}{6^5} + \cdots$
15. $\dfrac{1}{8} + \dfrac{1}{8^2} + \dfrac{1}{8^3} + \dfrac{1}{8^4} + \dfrac{1}{8^5} + \cdots$
16. $\dfrac{2^2}{7} - \dfrac{2^5}{7^2} + \dfrac{2^8}{7^3} - \dfrac{2^{11}}{7^4} + \dfrac{2^{14}}{7^5} - \cdots$
17. $\dfrac{1}{m+1} + \dfrac{m}{(m+1)^2} + \dfrac{m^2}{(m+1)^3} + \dfrac{m^3}{(m+1)^4} + \cdots$, em que m é um número positivo.
18. $\dfrac{1}{m} - \dfrac{1}{m^2} + \dfrac{1}{m^3} - \dfrac{1}{m^4} + \dfrac{1}{m^5} - \cdots$, em que m é um número positivo.
19. $1 + 2 + \dfrac{2^2}{2!} + \dfrac{2^3}{3!} + \dfrac{2^4}{4!} + \cdots$
20. $1 + \dfrac{1}{3} + \dfrac{1}{2!}\left(\dfrac{1}{3}\right)^2 + \dfrac{1}{3!}\left(\dfrac{1}{3}\right)^3 + \dfrac{1}{4!}\left(\dfrac{1}{3}\right)^4 + \cdots$
21. Use propriedades de séries convergentes para encontrar $\displaystyle\sum_{k=0}^{\infty} \dfrac{1 + 2^k}{3^k}$.
22. Encontre $\displaystyle\sum_{k=0}^{\infty} \dfrac{3^k + 5^k}{7^k}$.

Nos Exercícios 23-26, determine se a série dada é convergente.

23. $\displaystyle\sum_{k=1}^{\infty} \dfrac{1}{k^3}$
24. $\displaystyle\sum_{k=1}^{\infty} \dfrac{1}{3^k}$
25. $\displaystyle\sum_{k=1}^{\infty} \dfrac{\ln k}{k}$
26. $\displaystyle\sum_{k=0}^{\infty} \dfrac{k^3}{(k^4 + 1)^2}$
27. A série $\displaystyle\sum_{k=1}^{\infty} \dfrac{1}{k^p}$ é convergente com quais valores de p?
28. A série $\displaystyle\sum_{k=1}^{\infty} \dfrac{1}{p^k}$ é convergente com quais valores de p?

Nos Exercícios 29-32, encontre a série de Taylor da função dada em $x = 0$. Use operações convenientes com as séries de Taylor em $x = 0$ de $\dfrac{1}{1-x}$ e de e^x.

29. $\dfrac{1}{1 + x^3}$
30. $\ln(1 + x^3)$
31. $\dfrac{1}{(1 - 3x)^2}$
32. $\dfrac{e^x - 1}{x}$
33. (a) Encontre a série de Taylor de $\cos 2x$ em $x = 0$, ou calculando diretamente ou usando a série conhecida de $\cos x$.
    (b) Use a identidade trigonométrica
    $$\operatorname{sen}^2 x = \tfrac{1}{2}(1 - \cos 2x)$$
    para encontrar a série de Taylor de $\operatorname{sen}^2 x$ em $x = 0$.
34. (a) Encontre a série de Taylor de $\cos 3x$ em $x = 0$.
    (b) Use a identidade trigonométrica
    $$\cos^3 x = \tfrac{1}{4}(\cos 3x + 3\cos x)$$
    para encontrar o quarto polinômio de Taylor de $\cos^3 x$ em $x = 0$.

35. Use a decomposição

$$\frac{1+x}{1-x} = \frac{1}{1-x} + \frac{x}{1-x}$$

para encontrar a série de Taylor de $\frac{1+x}{1-x}$ em $x = 0$.

36. Encontre uma série infinita que convirja para

$$\int_0^{1/2} \frac{e^x - 1}{x} dx.$$

[*Sugestão*: use o Exercício 32.]

37. Pode ser mostrado que o sexto polinômios de Taylor de $f(x) = \text{sen } x^2$ em $x = 0$ é $x^2 - \frac{1}{6}x^6$. Use esse fato nas partes (a), (b) e (c).

(a) Qual é o quinto polinômio de Taylor de $f(x)$ em $x = 0$?

(b) Qual é o valor de $f'''(0)$?

(c) Dê uma estimativa da área sob o gráfico de $y = \text{sen } x^2$ entre $x = 0$ e $x = 1$. Use quatro casas decimais e compare sua resposta com os valores dados no Exemplo 4 da Seção 11.1.

38. Seja $f(x) = \ln |\sec x + \text{tg } x|$. Pode ser mostrado que $f'(0) = 1, f''(0) = 0, f'''(0) = 1$ e $f^{(4)}(0) = 0$. Qual é o quarto polinômio de Taylor de $f(x)$ em $x = 0$?

39. Seja $f(x) = 1 + x^2 + x^4 + x^6 + \cdots$.

(a) Encontre a expansão em série de Taylor de $f'(x)$ em $x = 0$.

(b) Encontre uma fórmula simples para $f'(x)$ que não envolva uma série. [*Sugestão*: comece com uma fórmula simples para $f(x)$.]

40. Seja $f(x) = x - 2x^3 + 4x^5 - 8x^7 + 16x^9 - \cdots$.

(a) Encontre a expansão em série de Taylor de $\int f(x) \, dx$ em $x = 0$.

(b) Encontre uma fórmula simples para $\int f(x) \, dx$ que não envolva uma série. [*Sugestão*: comece com uma fórmula simples para $f(x)$.]

41. Reserva bancária fracionária Suponha que o Banco Central dos Estados Unidos compre de pessoas físicas $100 milhões de obrigações do governo federal. Isso introduz $100 milhões de dinheiro novo e dá início a uma reação em cadeia resultante do sistema de reserva bancária fracionária. Quando os $100 milhões são depositados em contas bancárias privadas, os bancos mantêm apenas 15% em reserva e podem emprestar os restantes 85%, criando mais dinheiro novo, a saber, $(0,85)(100)$ milhões. As companhias que tomam dinheiro emprestado, por sua vez, irão gastá-lo, e os recebedores depositarão o dinheiro em suas contas bancárias. Supondo que todos os $(0,85)(100)$ milhões sejam novamente depositados, os bancos podem novamente emprestar 85% dessa quantia, criando $(0,85)^2(100)$ milhões de dinheiro novo adicional. Esse processo pode ser repetido indefinidamente. Calcule o montante total de dinheiro novo além dos $100 milhões originais que pode ser criado, teoricamente, por esse processo. (Na prática, apenas é criado um adicional de aproximadamente $300 milhões, em geral, em apenas poucas semanas depois da medida do Banco Central.)

42. Continuação do Exercício 41. Suponha que o Banco Central introduza $100 milhões de dinheiro novo e que os bancos emprestam 85% de todo dinheiro novo que recebem. Suponha, entretanto, que de cada empréstimo, apenas 80% sejam novamente depositados no sistema bancário. Assim, enquanto o primeiro conjunto de empréstimos totaliza $(0,85)(100)$ milhões de dólares, o segundo conjunto é de apenas 85% de $(0,80)(0,85)(100)$, ou $(0,80)(0,85)^2(100)$ milhões, e o próximo conjunto é de 85% de $(0,80)^2(0,85)^2(100)$, ou $(0,80)^2(0,85)^3(100)$ milhões de dólares, e assim por diante. Calcule o montante total (teórico) que pode ser emprestado nessa situação.

Suponha que, quando você morrer, os benefícios de uma apólice de seguro de vida sejam depositados num fundo que paga 8% de juros, compostos continuamente. De acordo com os termos de seu testamento, o fundo deverá pagar c_1 dólares ao final do primeiro ano aos seus descendentes e herdeiros destes, c_2 dólares ao final do segundo ano, c_3 dólares ao final do terceiro ano, e assim por diante, para sempre. O montante que precisa estar depositado inicialmente no fundo para fazer o k-ésimo pagamento é de $c_k e^{-0,08k}$, o valor presente do montante a ser pago em k anos. Assim, a apólice de seguro de vida deveria pagar um total de $\sum_{k=1}^{\infty} c_k e^{-0,08k}$ dólares para que o fundo tenha condições de efetuar todos os pagamentos.

43. Quão grande deve ser a apólice de seguro se $c_k = 10.000$, para cada k? (Encontre a soma da série.)

44. Quão grande deve ser a apólice de seguro se $c_k = 10.000(0,09)^k$, para cada k?

45. Suponha que $c_k = 10.000(1,08)^k$, para cada k. Encontre a soma da série dada, se for convergente.

CAPÍTULO 12

PROBABILIDADE E CÁLCULO

12.1 Variáveis aleatórias discretas
12.2 Variáveis aleatórias contínuas
12.3 Valor esperado e variância
12.4 Variáveis aleatórias exponenciais e normais
12.5 Variáveis aleatórias de Poisson e geométricas

Neste capítulo, abordamos algumas poucas aplicações do Cálculo à Probabilidade. Como nossa intenção não é fazer deste capítulo um curso completo de Probabilidade, somente selecionamos alguns poucos tópicos proeminentes para apresentar uma ideia da teoria de probabilidades e fornecer um ponto de partida de estudos posteriores.

12.1 Variáveis aleatórias discretas

Analisando notas obtidas em exames, podemos motivar os conceitos de média, variância, desvio-padrão e variável aleatória.

Suponha que as notas obtidas num exame em que participaram 10 pessoas foram 50, 60, 60, 70, 70, 90, 100, 100, 100, 100. Essa informação está contida na tabela de frequência da Figura 1.

Uma das primeiras coisas que fazemos quando analisamos os resultados de um exame é calcular a *média* das notas. Fazemos isso somando as notas e dividindo pelo número de pessoas. Isso é o mesmo que multiplicar cada nota distinta pela frequência com que ocorre, somar esses produtos e dividir pela soma das frequências, como segue.

$$[\text{média}] = \frac{50 \cdot 1 + 60 \cdot 2 + 70 \cdot 2 + 90 \cdot 1 + 100 \cdot 4}{10} = \frac{800}{10} = 80$$

Nota	50	60	70	90	100
Frequência	1	2	2	1	4

Figura 1

[Nota] − [Média]	−30	−20	−10	10	20
Frequência	1	2	2	1	4

Figura 2

Para termos uma ideia de como as notas se espalham, podemos calcular a diferença entre cada nota e a nota média. Tabulamos essas diferenças na Figura 2. Por exemplo, se uma pessoa obteve uma nota 50, então [nota] − [média] é 50 − 80 = −30. Como uma medida do espalhamento das notas, os estatísticos calculam a média dos quadrados dessas diferenças e dizem que é a *variância* da distribuição das notas. Temos

$$[\text{variância}] = \frac{(-30)^2 \cdot 1 + (-20)^2 \cdot 2 + (-10)^2 \cdot 2 + (10)^2 \cdot 1 + (20)^2 \cdot 4}{10}$$

$$= \frac{900 + 800 + 200 + 100 + 1.600}{10} = \frac{3.600}{10} = 360.$$

A raiz quadrada da variância é denominada *desvio-padrão* da distribuição das notas. Nesse caso, temos

$$[\text{desvio-padrão}] = \sqrt{360} \approx 18{,}97.$$

Existe uma outra maneira de se olhar para a distribuição de notas, sua média e sua variância. Esse novo ponto de vista é útil porque pode ser generalizado para outras situações. Começamos convertendo a tabela de frequências numa tabela de frequências relativas. (Ver Figura 3.) Abaixo de cada nota, listamos a fração da classe que obteve aquela nota. A nota 50 ocorreu $\frac{1}{10}$ das vezes, a nota 60 ocorreu $\frac{2}{10}$ das vezes, e assim por diante. Observe que a soma das frequências relativas é igual a 1, já que representam as várias frações da classe agrupadas pelas notas do exame.

Nota	50	60	70	90	100
Frequência relativa	$\frac{1}{10}$	$\frac{2}{10}$	$\frac{2}{10}$	$\frac{1}{10}$	$\frac{4}{10}$

Figura 3

Às vezes, é útil exibir os dados da tabela de frequências relativas por meio de um *histograma de frequência relativa*. (Ver Figura 4.) Acima de cada nota, colocamos um retângulo cuja altura é igual à frequência relativa daquela nota.

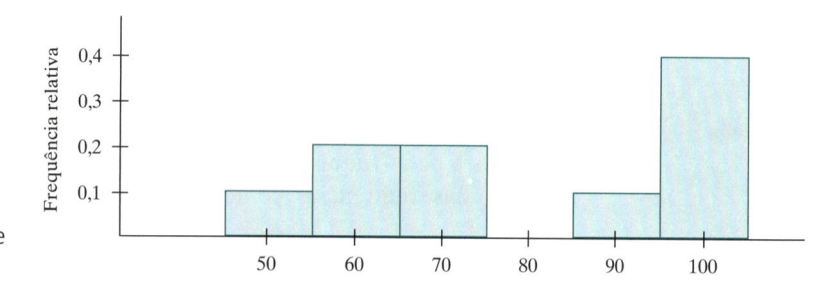

Figura 4 Um histograma de frequência relativa

Uma maneira alternativa de calcular a nota média é

$$[\text{média}] = \frac{50\cdot 1 + 60\cdot 2 + 70\cdot 2 + 90\cdot 1 + 100\cdot 4}{10}$$

$$= 50\cdot\frac{1}{10} + 60\cdot\frac{2}{10} + 70\cdot\frac{2}{10} + 90\cdot\frac{1}{10} + 100\cdot\frac{4}{10}$$

$$= 5 + 12 + 14 + 9 + 40 = 80.$$

Examinando a segunda linha dessa conta, vemos que a média é a soma das várias notas vezes suas frequências relativas. Dizemos que a média é a *soma ponderada* das notas. (Os pesos das notas são suas frequências relativas.)

Analogamente, vemos que a variância também é uma soma ponderada.

$$[\text{variância}] = \left[(50-80)^2\cdot 1 + (60-80)^2\cdot 2 + (70-80)^2\cdot 2\right.$$

$$\left. + (90-80)^2\cdot 1 + (100-80)^2\cdot 4\right]\frac{1}{10}$$

$$= (50-80)^2\cdot\frac{1}{10} + (60-80)^2\cdot\frac{2}{10} + (70-80)^2\cdot\frac{2}{10}$$

$$+ (90-80)^2\cdot\frac{1}{10} + (100-80)^2\cdot\frac{4}{10}$$

$$= 90 + 80 + 20 + 10 + 160 = 360.$$

A tabela de frequência relativa da Figura 3 também é denominada *tabela de probabilidades*. A razão dessa terminologia é a seguinte. Suponha que realizemos um *experimento* que consiste em escolher aleatoriamente uma prova dentre os dez exames. Se o experimento for repetido muitas vezes, esperamos que a nota 50 ocorra em cerca de um décimo das vezes, a nota 60 cerca de dois décimos das vezes, e assim por diante. Dizemos que a *probabilidade* de ser escolhida a nota 50 é de $\frac{1}{10}$, que a probabilidade de ser escolhida a nota 60 é de $\frac{2}{10}$, e assim por diante. Em outras palavras, a probabilidade associada a uma dada nota mede a chance de que um exame com aquela nota seja escolhido.

Nesta seção, consideramos vários experimentos descritos por tabelas de probabilidade análogas à da Figura 3. Os resultados desses experimentos serão números (como as notas de exames precedentes) que denominamos *resultados* do experimento. Também nos será fornecida a probabilidade de cada resultado, indicando a frequência relativa com que se espera esse resultado se o experimento for repetido muitas vezes. Se os resultados de um experimento forem $a_1, a_2,..., a_n$, com probabilidades respectivas $p_1, p_2,..., p_n$, descrevemos o experimento por uma tabela de probabilidades. (Ver Figura 5.) Como as probabilidades indicam frequências relativas, vemos que

$$0 \leq p_i \leq 1.$$

e

$$p_1 + p_2 + \cdots + p_n = 1$$

Resultado	a_1	a_2	a_3	...	a_n
Probabilidade	p_1	p_2	p_3	...	p_n

Figura 5

A última equação indica que os resultados $a_1,\ldots, a_n$ compreendem todos os resultados possíveis do experimento. Geralmente listamos os resultados de nossos experimentos em ordem crescente, logo $a_1 < a_2 < \cdots < a_n$.

Podemos exibir os dados de uma tabela de probabilidades como um histograma com um retângulo de altura p_i acima do resultado a_i. (Ver Figura 6.)

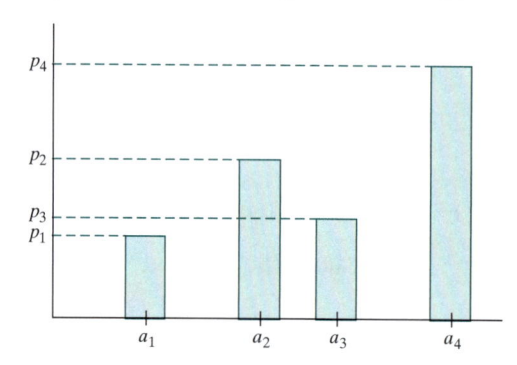

Figura 6

Definimos o *valor esperado* (ou *média*) da tabela de probabilidades da Figura 5 como a soma ponderada dos resultados $a_1,\ldots, a_n$, tendo cada resultado o peso igual à probabilidade de sua ocorrência. Isto é,

$$[\text{valor esperado}] = a_1 p_1 + a_2 p_2 + \cdots + a_n p_n.$$

Analogamente, definimos a *variância* da tabela de probabilidades como a soma ponderada dos quadrados das diferenças entre cada resultado e o valor esperado. Isto é, se m denotar o valor esperado, então

$$[\text{variância}] = (a_1 - m)^2 p_1 + (a_2 - m)^2 p_2 + \cdots + (a_n - m)^2 p_n.$$

Para evitar ficar escrevendo o "resultado" tantas vezes, abreviamos o resultado de nosso experimento por X. Isto é, X é uma variável que pode tomar os valores $a_1, a_2,\ldots, a_n$ com probabilidade $p_1, p_2,\ldots, p_n$, respectivamente. Vamos supor que nosso experimento seja realizado muitas vezes, sendo repetido sem vícios (aleatoriamente). Então X é uma variável cujo valor depende do acaso e, por esse motivo, dizemos que X é uma *variável aleatória*. Em vez de falar do valor esperado (média) e da variância de uma tabela de probabilidades, vamos falar do *valor esperado* e da *variância* da variável aleatória X associada com a tabela de probabilidades. Denotaremos o valor esperado de X por $E(X)$, e a variância de X por $\text{Var}(X)$. O *desvio-padrão* de X é definido por $\sqrt{\text{Var}(X)}$.

EXEMPLO 1 Uma aposta possível na roleta consiste em apostar \$1 no vermelho. Os dois possíveis resultados são perder \$1 e ganhar \$1. Esses resultados e suas probabilidades são dados na Figura 7. (*Observação*: uma roleta em Las Vegas tem 18 números vermelhos, 18 números pretos e dois números verdes.) Calcule o valor esperado e a variância da quantidade que se ganha.

Seção 12.1 • Variáveis aleatórias discretas

Solução Seja X a variável aleatória "quantidade que se ganha". Então,

$$E(X) = -1 \cdot \frac{20}{38} + 1 \cdot \frac{18}{38} = -\frac{2}{38} \approx -0{,}0526,$$

$$\text{Var}(X) = \left[-1 - \left(-\frac{2}{38}\right)\right]^2 \cdot \frac{20}{38} + \left[1 - \left(-\frac{2}{38}\right)\right]^2 \cdot \frac{18}{38}$$

$$= \left(-\frac{36}{38}\right)^2 \cdot \frac{20}{38} + \left(\frac{40}{38}\right)^2 \cdot \frac{18}{38} \approx 0{,}997.$$

Quantidade que se ganha	-1	1
Probabilidade	$\frac{20}{38}$	$\frac{18}{38}$

Figura 7 Roleta em Las Vegas.

O valor esperado da quantidade que se ganha é aproximadamente $-5\frac{1}{4}$ centavos. Em outras palavras, às vezes ganharemos \$1 e às vezes perderemos \$1, mas a longo prazo, podemos contar com perder uma média de aproximadamente $5\frac{1}{4}$ centavos para cada vez que apostarmos. ∎

EXEMPLO 2 Um experimento consiste em selecionar de forma aleatória um número do conjunto $\{1, 2, 3\}$ de inteiros. As probabilidades são dadas na tabela da Figura 8. Denote por X o resultado. Encontre o valor esperado e a variância de X.

Número	1	2	3
Probabilidade	$\frac{1}{3}$	$\frac{1}{3}$	$\frac{1}{3}$

Figura 8

Solução
$$E(X) = 1 \cdot \frac{1}{3} + 2 \cdot \frac{1}{3} + 3 \cdot \frac{1}{3} = 2,$$

$$\text{Var}(X) = (1-2)^2 \cdot \frac{1}{3} + (2-2)^2 \cdot \frac{1}{3} + (3-2)^2 \cdot \frac{1}{3}$$

$$= (-1)^2 \cdot \frac{1}{3} + 0 + (1)^2 \cdot \frac{1}{3} = \frac{2}{3}.$$ ∎

EXEMPLO 3 Uma companhia de cimento planeja participar de uma concorrência para a construção das fundações de novas residências de um complexo habitacional. A companhia está considerando dois possíveis lances: um lance alto que produzirá um lucro de \$75.000 (se o lance for aceito) e um lance baixo que produzirá um lucro de \$40.000. Usando experiência anterior, a companhia estima que o lance alto tem uma chance de 30% de ser aceito e o lance baixo tem uma chance de 50% de ser aceito. Qual é o lance que a companhia deve fazer?

Solução O procedimento padrão de decisão é escolher o lance que tem o maior valor esperado. Seja X o lucro da companhia se submeter o lance alto e Y o lucro se submeter o lance baixo. Então a companhia deve analisar a situação usando as tabelas de probabilidade mostradas na Tabela 1. Os valores esperados são

$$E(X) = (75.000)(0{,}30) + 0(0{,}70) = 22.500,$$

$$E(Y) = (40.000)(0{,}50) + 0(0{,}50) = 20.000$$

Se a companhia de cimento tem muitas oportunidades de participar de concorrências com contratos semelhantes, então um lance alto será aceito com uma frequência suficiente para produzir um lucro médio de \$22.500 por concorrência. Um lance consistentemente mais baixo produz um lucro médio de \$20.000 por concorrência. Assim, a companhia deveria submeter o lance alto. ∎

TABELA 1 Lances em concorrência de cimento

	Lance alto			Lance baixo	
	Aceitado	Rejeitado		Aceitado	Rejeitado
Valor de X	75.000	0	Valor de Y	40.000	0
Probabilidade	0,30	0,70	Probabilidade	0,50	0,50

Quando uma tabela de probabilidades contém um número grande de possíveis resultados, o histograma associado à variável aleatória X se torna um importante instrumento de visualização dos dados da tabela. Considere, por exemplo, a Figura 9. Como os retângulos do histograma têm todos a mesma largura, suas áreas estão na mesma razão que as suas alturas. Com uma mudança de escala apropriada no eixo y, podemos supor que a *área* de cada retângulo (em vez da altura) fornece a probabilidade associada de X. Esse histograma é, às vezes, denominado *histograma de densidade de probabilidade*.

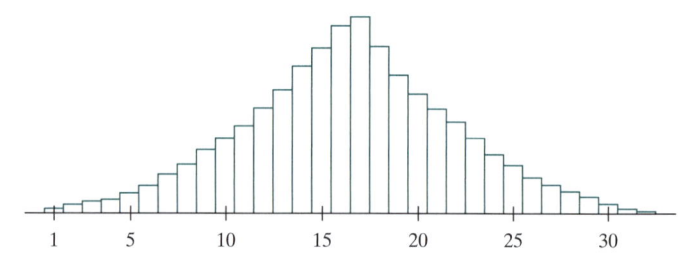

Figura 9 Probabilidades como áreas.

Um histograma que exibe probabilidades como áreas é útil quando desejamos visualizar a probabilidade de X ter um valor entre dois números especificados. Por exemplo, na Figura 9, suponha que as probabilidades associadas a $X = 5, X = 6,..., X = 10$ sejam $p_5, p_6,..., p_{10}$, respectivamente. Então, a probabilidade de X estar entre 5 e 10, inclusive, é $p_5 + p_6 + \cdots + p_{10}$. Em termos de áreas, essa probabilidade é precisamente a área total daqueles retângulos acima dos valores 5, 6,..., 10. (Ver Figura 10.) Na próxima seção, consideraremos situações análogas.

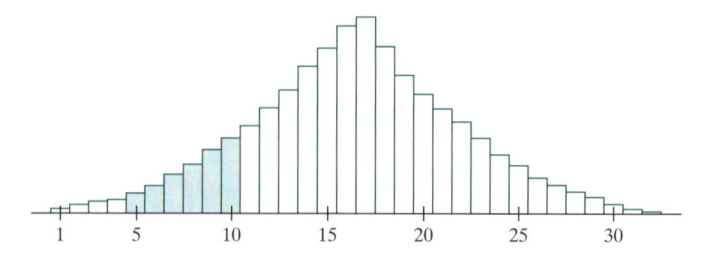

Figura 10 Probabilidade de que $5 \leq X \leq 10$.

Exercícios de revisão 12.1

1. Calcule o valor esperado e a variância da variável aleatória X cuja tabela de probabilidades é a Tabela 2.

TABELA 2

Valor de X	−1	0	1	2
Probabilidade	$\frac{1}{8}$	$\frac{1}{8}$	$\frac{3}{8}$	$\frac{3}{8}$

2. O departamento de produção de uma fábrica de rádios envia os rádios produzidos para o departamento de inspeção em lotes de 100 unidades. Um inspetor desse departamento examina três rádios escolhidos aleatoriamente de cada lote. Se pelo menos um desses rádios apresentar defeito e necessitar de ajustes, todo o lote é devolvido para o departamento de produção. Dados do departamento de inspeção mostram que a Tabela 3 é a tabela de probabilidades do número X de rádios que apresentam defeitos em uma amostra de três rádios.

TABELA 3 Dados do controle de qualidade

Defeituosos	0	1	2	3
Probabilidade	0,7265	0,2477	0,0251	0,0007

(a) Qual é a porcentagem dos lotes rejeitados pelo departamento de inspeção?
(b) Encontre o número médio de rádios defeituosos em amostras de três rádios.
(c) Usando a evidência encontrada na parte (b), dê uma estimativa do número médio de rádios defeituosos em cada lote de 100 rádios.

Exercícios 12.1

1. A Tabela 4 é a tabela de probabilidades de uma variável aleatória X. Encontre $E(X)$, $Var(X)$ e o desvio-padrão de X.

TABELA 4

Resultado	0	1
Probabilidade	$\frac{1}{5}$	$\frac{4}{5}$

2. Encontre $E(X)$, $Var(X)$ e o desvio-padrão de X, sendo X a variável aleatória cuja tabela de probabilidades é a Tabela 5.

TABELA 5

Resultado	1	2	3
Probabilidade	$\frac{4}{9}$	$\frac{4}{9}$	$\frac{1}{9}$

3. Calcule as variâncias das três variáveis aleatórias cujas tabelas de probabilidades são dadas na Tabela 6. Relacione os tamanhos das variâncias com o espalhamento dos valores das variáveis aleatórias.

TABELA 6

	Resultado	Probabilidade
(a)	4	0,5
	6	0,5
(b)	3	0,5
	7	0,5
(c)	1	0,5
	9	0,5

4. Calcule as variâncias das duas variáveis aleatórias cujas tabelas de probabilidade são dadas na Tabela 7. Relacione os tamanhos das variâncias com o espalhamento dos valores das variáveis aleatórias.

TABELA 7

	Resultado	Probabilidade
(a)	2	0,1
	4	0,4
	6	0,4
	8	0,1
(b)	2	0,3
	4	0,2
	6	0,2
	8	0,3

5. O número de acidentes por semana num entroncamento muito movimentado foi registrado durante um ano. Houve 11 semanas sem acidentes, 26 semanas com um acidente, 13 semanas com dois acidentes e 2 semanas com 3 acidentes. Escolhemos uma semana aleatoriamente e denotamos por X o número de acidentes observados. Então X é uma variável aleatória que pode tomar os valores 0, 1, 2 e 3.

(a) Escreva a tabela de probabilidades de X.
(b) Calcule $E(X)$.   (c) Interprete $E(X)$.

6. O número de chamadas telefônicas por minuto que chegam a uma central telefônica foi monitorado durante uma hora. Em 30 dos intervalos de 1 minuto, não houve chamadas; em 20 intervalos; houve uma chamada; em 10 intervalos, houve duas chamadas. Escolhemos um intervalo de 1 minuto aleatoriamente e denotamos por X o número de chamadas recebidas durante esse intervalo. Então X é uma variável aleatória que pode tomar os valores 0, 1 e 2.

(a) Escreva a tabela de probabilidades para X.
(b) Calcule $E(X)$.
(c) Interprete $E(X)$.

7. Considere um círculo de raio 1.
   (a) Qual é a porcentagem dos pontos que distam $\frac{1}{2}$ unidade ou menos do centro?
   (b) Seja c uma constante com $0 < c < 1$. Qual é a porcentagem dos pontos que distam c unidades ou menos do centro?

8. Considere um círculo de circunferência 1. Afixamos um ponteiro em seu centro (como num relógio) que gira livremente quando impulsionado. Ao parar, o ponteiro aponta para um ponto específico da circunferência do círculo. Determine a chance de que esse ponto seja
   (a) um ponto na metade superior da circunferência;
   (b) um ponto no quarto superior da circunferência;
   (c) um ponto no centésimo superior da circunferência;
   (d) exatamente no topo da circunferência.

9. Um plantador de laranjas antecipa um lucro de $100.000 durante este ano se as temperaturas noturnas permanecerem moderadas. Infelizmente, a previsão do tempo indica uma chance de 25% de que a temperatura vá cair abaixo de zero durante a próxima semana. Uma situação climática dessas destruirá 40% da safra e reduzirá seu lucro para $60.000. Entretanto, o plantador pode proteger as laranjas contra a possível geada (utilizando diversos recursos) a um custo de $5.000. O plantador deveria gastar esses $5.000 e, com isso, reduzir o seu lucro para $95.000? [*Sugestão*: calcule $E(X)$, onde X é o lucro do plantador se ele não tomar nenhuma providência para proteger as laranjas.]

10. Continuação do Exercício 9. Suponha que a previsão do tempo indique uma chance de 10% de que as condições climáticas reduzam o lucro de $100.000 para $85.000 e uma chance de 10% de que as condições climáticas reduzam o lucro para $75.000. Nesse caso, o plantador deveria gastar $5.000 para proteger as laranjas contra o possível mau tempo?

Soluções dos exercícios de revisão 12.1

1. $E(X) = (-1) \cdot \frac{1}{8} + 0 \cdot \frac{1}{8} + 1 \cdot \frac{3}{8} + 2 \cdot \frac{3}{8} = 1$,

   $\text{Var}(X) = (-1-1)^2 \cdot \frac{1}{8} + (0-1)^2 \cdot \frac{1}{8}$
   $+ (1-1)^2 \cdot \frac{3}{8} + (2-1)^2 \cdot \frac{3}{8}$
   $= 4 \cdot \frac{1}{8} + 1 \cdot \frac{1}{8} + 0 + 1 \cdot \frac{3}{8} = 1.$

2. (a) Em três casos, o lote será rejeitado: $X = 1, 2$ ou 3. Somando as respectivas probabilidades, vemos que a probabilidade de rejeição de um lote é de $0,2477 + 0,0251 + 0,0007 = 0,2735$, ou 27,35%. (Um método alternativo de resolução usa o fato de que a soma das probabilidades de *todos* os casos possíveis deve ser 1. A partir da tabela, vemos que a probabilidade de aceitação de um lote é de 0,7265 e, por isso, a probabilidade de rejeição de um lote é de $1 - 0,7265 = 0,2735$.)

   (b) $E(X) = 0(0,7265) + 1(2,477)$
   $+ 2(0,0251) + 3(0,0007)$
   $= 0,3000.$

   (c) Na parte (b), vimos que uma média de 0,3 rádios em cada amostra de três rádios é defeituosa. Assim, cerca de 10% dos rádios na amostra são defeituosos. Como as amostras são escolhidas aleatoriamente, podemos supor que cerca de 10% de *todos* os rádios são defeituosos. Portanto, estimamos que, em média, 10 de cada lote de 100 rádios serão defeituosos.

12.2 Variáveis aleatórias contínuas

Considere uma população de células que cresce vigorosamente. Quando uma célula tem uma idade de T dias, ela se divide e forma duas novas células filhas. Se a população for suficientemente grande, ela contém células com muitas idades entre 0 e T. Ocorre que a proporção entre as células de várias idades permanece constante. Isto é, dados dois números a e b quaisquer entre 0 e T, com $a < b$, a proporção de células com idades entre a e b é essencialmente constante ao longo do tempo, mesmo que células individuais estejam envelhecendo e novas células sejam formadas a cada instante. De fato, os biólogos verificaram que, sob as condições ideais descritas, a proporção de células com idades entre a e b é dada pela área sob o gráfico da função $f(x) = 2ke^{-kx}$ de $x = a$ até $x = b$, onde $k = (\ln 2)/T$.[*] (Ver Figura 1.)

---

[*] J. R. Cook and T. W. James, "Age Distribution of Cells in Logarithmically Growing Cell Populations", *Synchrony in Cell Division and Growth*, Erik Zeuthen, ed. (New York: John Wiley & Sons, 1964), 485-495.

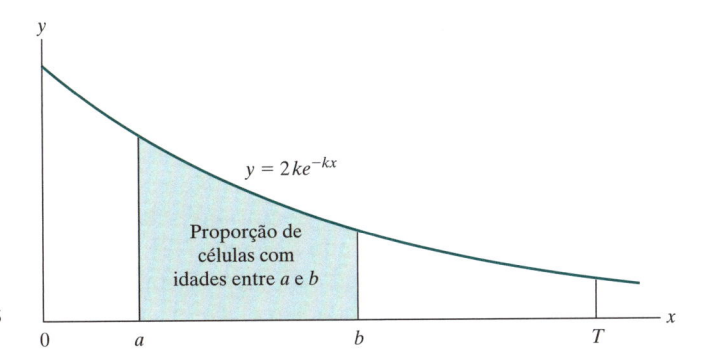

Figura 1 Distribuição de idades numa população de células.

Agora considere um experimento em que selecionamos aleatoriamente uma célula da população e observamos sua idade X. Então a probabilidade de que X esteja entre a e b é dada pela área sob o gráfico de $f(x) = 2ke^{-kx}$ de a até b. (Ver Figura 1.)

Denotemos essa probabilidade por $\Pr(a \leq X \leq b)$. Usando que a área sob o gráfico de $f(x)$ é dada por uma integral definida, temos

$$\Pr(a \leq X \leq b) = \int_a^b f(x)\,dx = \int_a^b 2ke^{-kx}\,dx. \tag{1}$$

Como X pode ser qualquer um dos (infinitos) números do intervalo contínuo de 0 a T, dizemos que X é uma *variável aleatória contínua*. A função $f(x)$ que determina a probabilidade em (1) para cada a e b é denominada *função densidade (de probabilidade)* de X (ou do experimento cujo resultado é X).

Mais geralmente, consideremos um experimento cujo resultado possa ser qualquer valor entre A e B. O resultado do experimento, denotado por X, é uma *variável aleatória contínua*. Para a população de células que acabamos de ver, $A = 0$ e $B = T$. Um outro experimento típico consiste em escolher aleatoriamente um número X entre $A = 5$ e $B = 6$. Ou, então, poderíamos observar a duração X de uma chamada telefônica aleatória que passe por uma determinada central telefônica. Se não tivermos como saber quanto tempo pode durar uma chamada, então X pode ser qualquer número não negativo. Nesse caso, é conveniente dizer que X fica entre 0 e ∞ e tomar $A = 0$ e $B = \infty$. Por outro lado, se os possíveis valores de X em algum experimento incluírem também valores negativos bastante grandes, podemos considerar $A = -\infty$.

Dado um experimento cujo resultado seja uma variável aleatória contínua X, a probabilidade $\Pr(a \leq X \leq b)$ é uma medida da chance de que um resultado do experimento fique entre a e b. Se o experimento for repetido muitas vezes, a proporção das vezes em que X tem valores entre a e b deveria estar perto de $\Pr(a \leq X \leq b)$. Em experimentos de interesse prático envolvendo uma variável aleatória contínua X, geralmente é possível encontrar uma função $f(x)$ tal que

$$\Pr(a \leq X \leq b) = \int_a^b f(x)\,dx \tag{2}$$

para quaisquer a e b no conjunto dos possíveis valores de X. Uma tal função $f(x)$ é denominada *função densidade de probabilidade* e satisfaz as propriedades seguintes.

I. $f(x) \geq 0$ com $A \leq x \leq B$.

II. $\int_A^B f(x) = 1$.

De fato, a Propriedade I significa que para x entre A e B, o gráfico de $f(x)$ não pode ficar abaixo do eixo x. A Propriedade II diz simplesmente que é 1 a probabilidade de X tomar um valor entre A e B. (É claro que se $B = \infty$ e/ou $A = -\infty$, a integral na Propriedade II é uma integral imprópria.) As Propriedades I e II caracterizam as funções densidade de probabilidade, no sentido de que qualquer função $f(x)$ satisfazendo I e II é a função densidade de probabilidade de alguma variável aleatória X. Mais ainda, nesse caso, $\Pr(a \le X \le b)$ pode ser calculada usando a equação (2).

Diferente da tabela de probabilidades de uma variável aleatória discreta, uma função densidade $f(x)$ *não* dá a probabilidade de X ter um valor determinado. Em vez disso, $f(x)$ pode ser usada para encontrar a probabilidade de X estar *perto* de um valor específico, no sentido seguinte. Se x_0 for um número entre A e B e se Δx for a largura de um intervalo pequeno centrado em x_0, então a probabilidade de X tomar um valor entre $x_0 - \frac{1}{2}\Delta x$ e $x_0 + \frac{1}{2}\Delta x$ é $f(x_0)\,\Delta x$, aproximadamente, ou seja, a área do retângulo indicado na Figura 2.

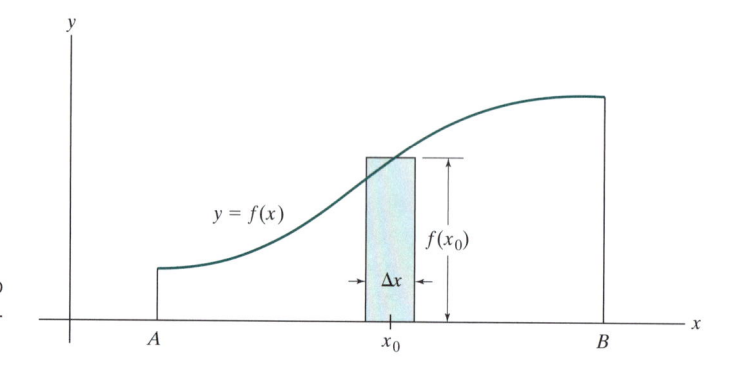

Figura 2 A área do retângulo dá a probabilidade de X estar perto de x_0, aproximadamente.

EXEMPLO 1

Considere a população de células descrita anteriormente. Seja $f(x) = 2ke^{-kx}$, onde $k = (\ln 2)/T$. Mostre que, de fato, $f(x)$ é uma função densidade de probabilidade em $0 \le x \le T$.

Solução Claramente, $f(x) \ge 0$, pois $\ln 2$ é positivo e a função exponencial nunca é negativa. Portanto, $f(x)$ satisfaz a Propriedade I. Para verificar a Propriedade II, observamos que

$$\int_0^T f(x)\,dx = \int_0^T 2ke^{-kx}\,dx = -2e^{-kx}\Big|_0^T = -2e^{-kT} + 2e^0$$

$$= -2e^{-[(\ln 2)/T\,]T} + 2 = -2e^{-\ln 2} + 2$$

$$= -2e^{\ln(1/2)} + 2 = -2\left(\frac{1}{2}\right) + 2 = 1. \quad \blacksquare$$

EXEMPLO 2

Seja $f(x) = kx^2$.

(a) Encontre o valor de k que faz de $f(x)$ uma função densidade de probabilidade em $0 \le x \le 4$.

(b) Seja X uma variável aleatória contínua cuja função densidade é $f(x)$. Calcule $\Pr(1 \le X \le 2)$.

Solução (a) Devemos ter $k \ge 0$ para valer a Propriedade I. Para a Propriedade II, calculamos

$$\int_0^4 f(x)\,dx = \int_0^4 kx^2\,dx = \frac{1}{3}kx^3\Big|_0^4 = \frac{1}{3}k(4)^3 - 0 = \frac{64}{3}k.$$

Para valer a Propriedade II, devemos ter $\frac{64}{3}k = 1$, ou $k = \frac{3}{64}$. Assim, $f(x) = \frac{3}{64}x^2$.

(b) $\Pr(1 \leq X \leq 2) = \int_1^2 f(x)\,dx = \int_1^2 \frac{3}{64}x^2\,dx = \frac{1}{64}x^3 \Big|_1^2 = \frac{8}{64} - \frac{1}{64} = \frac{7}{64}$.

A área correspondente a essa probabilidade está dada na Figura 3.

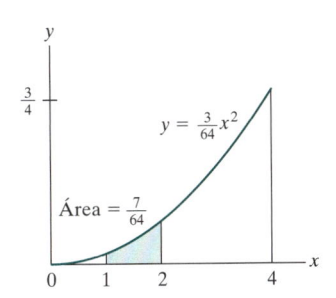

Figura 3

A função densidade do próximo exemplo é um caso especial do que os estatísticos, às vezes, denominam densidade de probabilidade *beta*.

EXEMPLO 3

Uma corporação que franquia uma cadeia de lanchonetes alega que a proporção de seus novos restaurantes que têm lucro durante seu primeiro ano de operação tem a função densidade de probabilidade

$$f(x) = 12x(1-x)^2,\ 0 \leq x \leq 1.$$

(a) Qual é a probabilidade de que menos de 40% das lanchonetes abertas neste ano tenham lucro durante seu primeiro ano de operação?

(b) Qual é a probabilidade de que mais de 50% das lanchonetes terão lucro durante seu primeiro ano de operação?

Solução Seja X a proporção de novas lanchonetes abertas neste ano que terão lucro durante seu primeiro ano de operação. Então os possíveis valores de X variam entre 0 e 1.

(a) A probabilidade de X ser menor do que 0,4 é igual à probabilidade de X ficar entre 0 e 0,4. Observamos que $(x) = 12x(1 - 2x + x^2) = 12x - 24x^2 + 12x^3$ e, portanto,

$$\Pr(0 \leq X \leq 0{,}4) = \int_0^{0{,}4} f(x)\,dx = \int_0^{0{,}4}(12x - 24x^2 + 12x^3)\,dx$$

$$= (6x^2 - 8x^3 + 3x^4)\Big|_0^{0{,}4} = 0{,}5248.$$

(b) A probabilidade de X ser maior do que 0,5 é igual à probabilidade de X ficar entre 0,5 e 1. Assim,

$$\Pr(0{,}5 \leq X \leq 1) = \int_{0{,}5}^1 (12x - 24x^2 + 12x^3)\,dx$$

$$= (6x^2 - 8x^3 + 3x^4)\Big|_{0{,}5}^1 = 0{,}3125.$$

Cada função densidade de probabilidade está estreitamente relacionada com uma outra função importante denominada função distribuição cumulativa. Para descrever essa relação, consideremos um experimento cujo resultado seja uma variável aleatória contínua X de valores entre A e B e seja $f(x)$ a função densidade associada. Para cada número x entre A e B, seja $F(x)$ a probabilidade de X ser menor do que ou igual ao número x. Às vezes, escrevemos $F(x) = \Pr(X \leq x)$; entretanto, como X nunca é menor do que A, podemos também escrever

$$F(x) = \Pr(A \leq X \leq x). \tag{3}$$

Graficamente, $F(x)$ é a área sob o gráfico da função densidade de probabilidade $f(x)$ de A até x. (Ver Figura 4.) Dizemos que a função $F(x)$ é a *função*

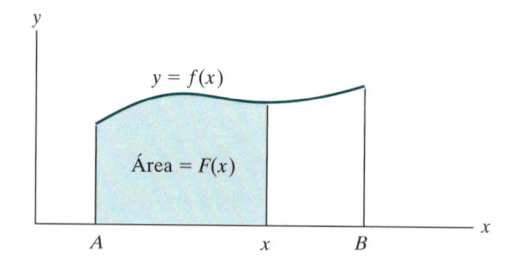

Figura 4 A função distribuição cumulativa $F(x)$.

distribuição cumulativa da variável aleatória X (ou do experimento cujo resultado é X). Observe que $F(x)$ também tem as propriedades

$$F(A) = \Pr(A \leq X \leq A) = 0, \tag{4}$$

$$F(B) = \Pr(A \leq X \leq B) = 1. \tag{5}$$

Como $F(x)$ é uma função área que dá a área sob o gráfico de $f(x)$ de A até x, sabemos, da Seção 6.3, que $F(x)$ é uma antiderivada de $f(x)$. Logo,

$$F'(x) = f(x), A \leq x \leq B. \tag{6}$$

Segue que podemos usar a função $F(x)$ para calcular probabilidades, pois

$$\Pr(a \leq X \leq b) = \int_a^b f(x)\,dx = F(b) - F(a), \tag{7}$$

para quaisquer a e b entre A e B.

A relação (6) entre $F(x)$ e $f(x)$ torna possível encontrar uma dessas funções quando a outra é conhecida, como veremos nos dois exemplos seguintes.

EXEMPLO 4 Seja X a idade de uma célula selecionada aleatoriamente na população de células descrita anteriormente. A função densidade de probabilidade de X é $f(x) = 2ke^{-kx}$, onde $k = (\ln 2)/T$. (Ver Figura 5.) Encontre a função distribuição cumulativa $F(x)$ de X.

Solução Como $F(x)$ é uma antiderivada de $f(x) = 2ke^{-kx}$, temos $F(x) = -2e^{-kx} + C$, para alguma constante C. Observe que $F(x)$ está definida em $0 \leq x \leq T$. Assim, (4) implica que $F(0) = 0$. Tomando $F(0) = -2e^0 + C = 0$, obtemos $C = 2$, de modo que

$$F(x) = -2e^{-kx} + 2.$$

(Ver Figura 6.)

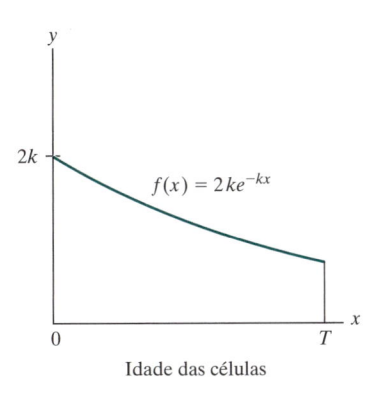

Figura 5 A função densidade de probabilidade.

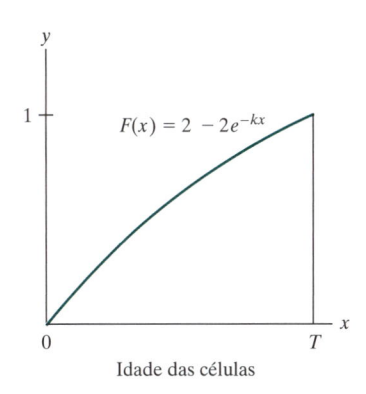

Figura 6 A função distribuição cumulativa.

EXEMPLO 5

Seja X a variável aleatória associada ao experimento que consiste em selecionar aleatoriamente um ponto de um círculo de raio 1 e observar sua distância ao centro. Encontre as funções densidade de probabilidade $f(x)$ e distribuição cumulativa $F(x)$ de X.

Solução

A distância de um ponto ao centro do círculo unitário é um número entre 0 e 1. Suponha que $0 \leq x \leq 1$. Calculemos primeiro a função distribuição cumulativa $F(x) = \Pr(0 \leq X \leq x)$. Isso significa calcular a probabilidade de um ponto aleatório ficar a uma distância não maior do que x unidades do centro do círculo, ou seja, ficar dentro do círculo de raio x, que é a região sombreada na Figura 7(b). Como a área dessa região sombreada é πx^2 e a área de todo círculo unitário é $\pi \cdot 1^2 = \pi$, a proporção de pontos dentro da região sombreada é $\pi x^2 / \pi = x^2$. Assim, a probabilidade de um ponto selecionado aleatoriamente estar na região sombreada é x^2. Portanto,

$$F(x) = x^2.$$

Derivando, vemos que a função densidade de probabilidade de X é

$$f(x) = F'(x) = 2x.$$

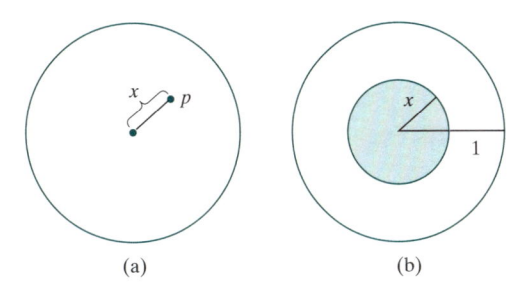

Figura 7

Nosso exemplo final envolve uma variável aleatória contínua X cujos valores possíveis ficam entre $A = 1$ e $B = \infty$, ou seja, X é qualquer número maior do que ou igual a 1.

EXEMPLO 6

Seja $f(x) = 3x^{-4}$, $x \geq 1$.

(a) Mostre que $f(x)$ é a função densidade de probabilidade de alguma variável aleatória X.

(b) Encontre a função distribuição cumulativa $F(x)$ de X.

(c) Calcule $\Pr(X \leq 4)$, $\Pr(4 \leq X \leq 5)$ e $\Pr(4 \leq X)$.

Solução (a) É claro que $f(x) \geq 0$ com $x \geq 1$. Logo, vale a Propriedade I. Para verificar a Propriedade II, devemos calcular

$$\int_1^\infty 3x^{-4}\, dx.$$

No entanto,

$$\int_1^b 3x^{-4}\, dx = -x^{-3}\Big|_1^b = -b^{-3} + 1 \to 1$$

com $b \to \infty$. Assim,

$$\int_1^\infty 3x^{-4}\, dx = 1,$$

e vale a Propriedade II.

(b) Como $F(x)$ é uma antiderivada de $f(x) = 3x^{-4}$, temos

$$F(x) = \int 3x^{-4}\, dx = -x^{-3} + C.$$

Como X toma valores maiores do que ou iguais a 1, devemos ter $F(1) = 0$. Tomando $F(1) = -1 + C = 0$, obtemos $C = 1$, portanto,

$$F(x) = 1 - x^{-3}.$$

(c) $\Pr(X \leq 4) = F(4) = 1 - 4^{-3} = 1 - \frac{1}{64} = \frac{63}{64}$.

Como conhecemos $F(x)$, podemos usar essa função para calcular $\Pr(4 \leq X \leq 5)$, como segue.

$$\Pr(4 \leq X \leq 5) = F(5) - F(4) = (1 - 5^{-3}) - (1 - 4^{-3})$$

$$= \frac{1}{4^3} - \frac{1}{5^3} \approx 0{,}0076.$$

Podemos calcular $\Pr(4 \leq X)$ diretamente calculando a integral imprópria

$$\int_4^\infty 3x^{-4}\, dx.$$

No entanto, há um método mais simples. Sabemos que

$$\int_1^4 3x^{-4}\, dx + \int_4^\infty 3x^{-4}\, dx = \int_1^\infty 3x^{-4}\, dx = 1. \qquad (8)$$

Em termos de probabilidades, (8) pode ser escrito como

$$\Pr(X \leq 4) + \Pr(4 \leq X) = 1.$$

Logo,

$$\Pr(4 \leq X) = 1 - \Pr(X \leq 4) = 1 - \frac{63}{64} = \frac{1}{64}. \qquad\blacksquare$$

Exercícios de revisão 12.2

1. Numa certa região agrícola, num certo ano, o número de sacas de trigo produzidas por hectare é uma variável aleatória X com função densidade

$$f(x) = \frac{x - 30}{50}, \qquad 30 \leq x \leq 40.$$

(a) Qual é a probabilidade de um hectare selecionado aleatoriamente ter produzido menos do que 35 sacas de trigo?

(b) Se a região agrícola tiver 20.000 hectares de trigo, quantos hectares produziram menos do que 35 sacas de trigo por hectare?

2. A função densidade de uma variável aleatória contínua X no intervalo $1 \leq x \leq 2$ é $f(x) = 8/(3x^3)$. Encontre a função distribuição cumulativa de X correspondente.

Exercícios 12.2

Nos Exercícios 1-6, verifique que a função é uma função densidade de probabilidade.

1. $f(x) = \frac{1}{18}x, 0 \le x \le 6$
2. $f(x) = 2(x - 1), 1 \le x \le 2$
3. $f(x) = \frac{1}{4}, 1 \le x \le 5$
4. $f(x) = \frac{8}{9}x, 0 \le x \le \frac{3}{2}$
5. $f(x) = 5x^4, 0 \le x \le 1$
6. $f(x) = \frac{3}{2}x - \frac{3}{4}x^2, 0 \le x \le 2$

Nos Exercícios 7-12, encontre o valor de k que faz da função dada uma função densidade de probabilidade no intervalo dado.

7. $f(x) = kx, 1 \le x \le 3$
8. $f(x) = kx^2, 0 \le x \le 2$
9. $f(x) = k, 5 \le x \le 20$
10. $f(x) = k/\sqrt{x}, 1 \le x \le 4$
11. $f(x) = kx^2(1 - x), 0 \le x \le 1$
12. $f(x) = k(3x - x^2), 0 \le x \le 3$

13. A função densidade de uma variável aleatória contínua X é $f(x) = \frac{1}{8}x, 0 \le x \le 4$. Esboce o gráfico de $f(x)$ e sombreie as áreas correspondentes a (a) $\Pr(X \le 1)$; (b) $\Pr(2 \le X \le 2,5)$; (c) $\Pr(3,5 \le X)$.

14. A função densidade de uma variável aleatória contínua X é $f(x) = 3x^2, 0 \le x \le 1$. Esboce o gráfico de $f(x)$ e sombreie as áreas correspondentes a (a) $\Pr(X \le 0,3)$; (b) $\Pr(0,5 \le X \le 0,7)$; (c) $\Pr(0,8 \le X)$.

15. Encontre $\Pr(1 \le X \le 2)$ se X for uma variável aleatória cuja função densidade é dada no Exercício 1.

16. Encontre $\Pr(1,5 \le X \le 1,7)$ se X for uma variável aleatória cuja função densidade é dada no Exercício 2.

17. Encontre $\Pr(X \le 3)$ se X for uma variável aleatória cuja função densidade é dada no Exercício 3.

18. Encontre $\Pr(1 \le X)$ se X for uma variável aleatória cuja função densidade é dada no Exercício 4.

19. Suponha que a duração (em horas) de um certo tipo de bateria para lanternas seja uma variável aleatória do intervalo $30 \le x \le 50$ com função densidade $f(x) = \frac{1}{20}$, $30 \le x \le 50$. Encontre a probabilidade de uma bateria selecionada aleatoriamente durar pelo menos 35 horas.

20. O tempo que uma pessoa espera na fila do caixa rápido de um certo supermercado é uma variável aleatória com função densidade $f(x) = 11/[10(x + 1)^2]$, com $0 \le x \le 10$. (Ver Figura 8.) Encontre a probabilidade de uma pessoa ter de esperar menos do que 4 minutos na fila do caixa rápido.

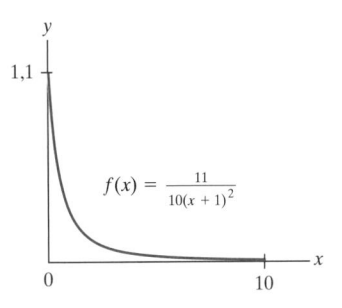

Figura 8 Uma função densidade. $f(x) = \dfrac{11}{10(x+1)^2}$

21. A função distribuição cumulativa de uma variável aleatória X no intervalo $1 \le x \le 5$ é $F(x) = \frac{1}{2}\sqrt{x - 1}$. (Ver Figura 9.) Encontre a correspondente função densidade.

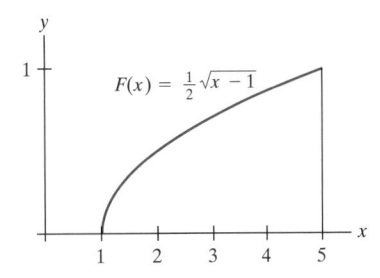

Figura 9 Uma função distribuição cumulativa. $F(x) = \frac{1}{2}\sqrt{x-1}$

22. A função distribuição cumulativa de uma variável aleatória X no intervalo $1 \le x \le 2$ é $F(x) = \frac{4}{3} - 4/(3x^2)$. Encontre a correspondente função densidade.

23. Calcule a função distribuição cumulativa correspondente à função densidade $f(x) = \frac{1}{5}, 2 \le x \le 7$.

24. Calcule a função distribuição cumulativa correspondente à função densidade $f(x) = \frac{1}{2}(3 - x), 1 \le x \le 3$.

25. O tempo (em minutos) necessário para completar uma certa tarefa numa linha de montagem é uma variável aleatória X de função densidade $f(x) = \frac{1}{21}x^2, 1 \le x \le 4$.
    (a) Use $f(x)$ para calcular $\Pr(2 \le X \le 3)$.
    (b) Encontre a função distribuição cumulativa $F(x)$ correspondente.
    (c) Use $F(x)$ para calcular $\Pr(2 \le X \le 3)$.

26. A função densidade de uma variável aleatória contínua X no intervalo $1 \le x \le 4$ é $f(x) = \frac{4}{9}x - \frac{1}{9}x^2$.
    (a) Use $f(x)$ para calcular $\Pr(3 \le X \le 4)$.
    (b) Encontre a função distribuição cumulativa $F(x)$ correspondente.
    (c) Use $F(x)$ para calcular $\Pr(3 \le X \le 4)$.

570 Capítulo 12 • Probabilidade e cálculo

Os Exercícios 27 e 28 tratam de um experimento que consiste em selecionar aleatoriamente um ponto do quadrado da Figura 10(a). Seja X o máximo das coordenadas do ponto.

27. Mostre que a função distribuição cumulativa de X é $F(x) = x^2/4$, $0 \leq x \leq 2$.

28. Encontre a função densidade correspondente de X.

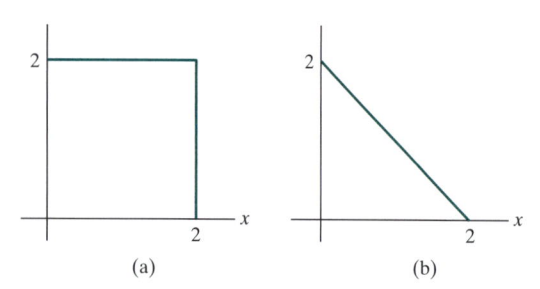

Figura 10

(a) (b)

Os Exercícios 29 e 30 tratam de um experimento que consiste em selecionar aleatoriamente um ponto do triangulo da Figura 10(b). Seja X a soma das coordenadas do ponto.

29. Mostre que a função distribuição cumulativa de X é $F(x) = x^2/4$, $0 \leq x \leq 2$.

30. Encontre a função densidade correspondente de X.

Os Exercícios 31 e 32 tratam de uma certa população de células em que as células se dividem a cada 10 dias e em que a idade de uma célula selecionada aleatoriamente é uma variável aleatória X de função densidade $f(x) = 2ke^{-kx}$, com $0 \leq x \leq 10$, $k = (\ln 2)/10$.

31. Encontre a probabilidade de uma célula ter, no máximo, 5 dias.

32. Examinando uma lâmina, verificou-se que 10% das células estão em processo de mitose (uma mudança na célula que leva à divisão). Calcule o tempo requerido pela mitose, isto é, encontre o número M tal que

$$\int_{10-M}^{10} 2ke^{-kx}\, dx = 0{,}10.$$

33. Uma variável aleatória X tem função densidade $f(x) = \frac{1}{3}$, $0 \leq x \leq 3$. Encontre b tal que $\Pr(0 \leq X \leq b) = 0{,}6$.

34. Uma variável aleatória X tem função densidade $f(x) = \frac{2}{3}x$ em $1 \leq x \leq 2$. Encontre a tal que $\Pr(a \leq X) = \frac{1}{3}$.

35. Uma variável aleatória X tem função distribuição cumulativa $F(x) = \frac{1}{4}x^2$ em $0 \leq x \leq 2$. Encontre b tal que $\Pr(X \leq b) = 0{,}09$.

36. Uma variável aleatória X tem função distribuição cumulativa $F(x) = (x-1)^2$ em $1 \leq x \leq 2$. Encontre b tal que $\Pr(X \leq b) = \frac{1}{4}$.

37. Seja X uma variável aleatória contínua com valores entre $A = 1$ e $B = \infty$ de função densidade $f(x) = 4x^{-5}$.

(a) Verifique que $f(x)$ é uma função densidade de probabilidade com $x \geq 1$.

(b) Encontre a função distribuição cumulativa $F(x)$ correspondente.

(c) Use $F(x)$ para calcular $\Pr(1 \leq X \leq 2)$ e $\Pr(2 \leq X)$.

38. Seja X uma variável aleatória contínua de função densidade $f(x) = 2(x+1)^{-3}$, $x \geq 0$.

(a) Verifique que $f(x)$ é uma função densidade de probabilidade com $x \geq 0$.

(b) Encontre a função distribuição cumulativa de X.

(c) Calcule $\Pr(1 \leq X \leq 2)$ e $\Pr(3 \leq X)$.

Soluções dos exercícios de revisão 12.2

1. (a) $\Pr(X \leq 35) = \displaystyle\int_{30}^{35} \frac{x-30}{50}\, dx = \left.\frac{(x-30)^2}{100}\right|_{30}^{35}$

$= \dfrac{5^2}{100} - 0 = 0{,}25.$

(b) Utilizando a parte (a), vemos que 25% dos 20.000 hectares, ou 5.000 hectares, produziram menos do que 35 sacas de trigo por hectare.

2. A função distribuição cumulativa $F(x)$ é uma antiderivada de $f(x) = 8/(3x^3) = \frac{8}{3}x^{-3}$. Logo, $F(x) = -\frac{4}{3}x^{-2} + C$, para alguma constante C. Como X varia no intervalo $1 \leq x \leq 2$, devemos ter $F(1) = 0$, isto é, $-\frac{4}{3}(1)^{-2} + C = 0$. Assim, $C = \frac{4}{3}$ e

$$F(x) = \frac{4}{3} - \frac{4}{3}x^{-2}.$$

12.3 Valor esperado e variância

Quando estudamos a população de células descrita na Seção 12.2, poderíamos ter perguntado pela idade média das células. Em geral, dado um experimento descrito por uma variável aleatória X e uma função densidade de probabilidade $f(x)$, muitas vezes é importante saber o resultado médio do experimento e o grau com que os resultados experimentais estão espalhados em torno dessa média. Para fornecer essa informação na Seção 12.1, introduzimos os conceitos de valor esperado e de variância de uma variável aleatória discreta. Examinemos, agora, as definições análogas para uma variável aleatória contínua.

> **DEFINIÇÃO** Sejam X uma variável aleatória contínua cujos valores possíveis ficam entre A e B e $f(x)$ a função distribuição de probabilidade de X. Então o *valor esperado* (ou a *média*) de X é o número $E(X)$ definido por
>
> $$E(X) = \int_A^B x f(x)\, dx. \tag{1}$$
>
> A *variância* de X é o número $\text{Var}(X)$ definido por
>
> $$\text{Var}(X) = \int_A^B [x - E(X)]^2 f(x)\, dx. \tag{2}$$

O valor esperado de X tem a mesma interpretação que no caso discreto, ou seja, se o experimento cujo resultado é X for realizado muitas vezes, então a média de todos os resultados será aproximadamente igual a $E(X)$. Como no caso de variáveis aleatórias discretas, a variância de X é uma medida quantitativa do espalhamento dos valores de X em torno da média $E(X)$ se o experimento for realizado muitas vezes.

Para explicar por que a definição (1) de $E(X)$ é análoga à definição da Seção 12.1, aproximemos a integral em (1) por uma soma de Riemann da forma

$$x_1 f(x_1)\, \Delta x + x_2 f(x_2)\, \Delta x + \cdots + x_n f(x_n)\, \Delta x. \tag{3}$$

Aqui, $x_1, \ldots, x_n$ são os pontos médios dos subintervalos do intervalo de A até B, tendo cada subintervalo um comprimento igual a $\Delta x = (B - A)/n$. (Ver Figura 1.) Agora lembre que, na Seção 12.2, vimos que, para $i = 1, \ldots, n$, a quantidade $f(x_i)\, \Delta x$ é aproximadamente a probabilidade de X estar próximo de x_i, isto é, a probabilidade de X estar no subintervalo centrado em x_i. Se escrevermos $\Pr(X \approx x_i)$ para essa probabilidade, então (3) é aproximadamente igual a

$$x_1 \cdot \Pr(X \approx x_1) + x_2 \cdot \Pr(X \approx x_2) + \cdots + x_n \cdot \Pr(X \approx x_n). \tag{4}$$

À medida que cresce o número de subintervalos, a soma se torna cada vez mais próxima da integral em (1) que define $E(X)$. Além disso, cada soma aproximante de (4) lembra a soma na definição do valor esperado de uma variável aleatória discreta, em que calculamos a soma ponderada sobre todos os possíveis resultados, com cada resultado ponderado pela probabilidade da sua ocorrência.

Figura 1

Uma análise análoga mostra que a definição de variância (2) é análoga à definição dada no caso discreto.

EXEMPLO 1 Consideremos o experimento de selecionar aleatoriamente um número entre 0 e B. Seja X a variável aleatória associada. Determine a função distribuição cumulativa de X, a função densidade de X, a média e a variância de X.

Solução $F(x) = \dfrac{[\text{comprimento do intervalo de } 0 \text{ a } x]}{[\text{comprimento do intervalo de } 0 \text{ a } B]} = \dfrac{x}{B}.$

Como $f(x) = F'(x)$, vemos que $f(x) = 1/B$. Assim, temos

$$E(X) = \int_0^B x \cdot \frac{1}{B} \, dx = \frac{1}{B} \int_0^B x \, dx = \frac{1}{B} \cdot \frac{B^2}{2} = \frac{B}{2},$$

$$\text{Var}(X) = \int_0^B \left(x - \frac{B}{2}\right)^2 \cdot \frac{1}{B} \, dx = \frac{1}{B} \int_0^B \left(x - \frac{B}{2}\right)^2 dx$$

$$= \frac{1}{B} \cdot \frac{1}{3} \left(x - \frac{B}{2}\right)^3 \bigg|_0^B = \frac{1}{3B}\left[\left(\frac{B}{2}\right)^3 - \left(-\frac{B}{2}\right)^3\right] = \frac{B^2}{12}.$$

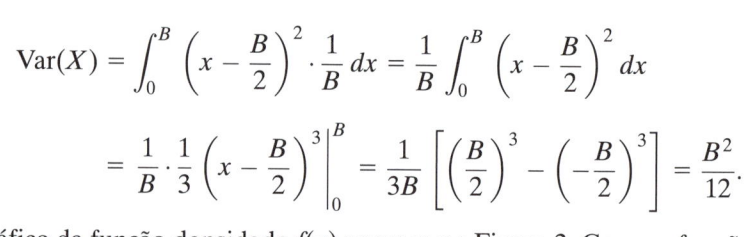

O gráfico da função densidade $f(x)$ aparece na Figura 2. Como a função densidade tem um gráfico horizontal, dizemos que a variável aleatória X é uma *variável aleatória uniforme* no intervalo de 0 a B.

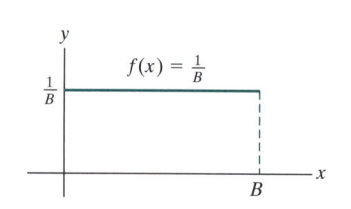

Figura 2 Uma função densidade de probabilidade uniforme.

EXEMPLO 2

Seja X a idade de uma célula escolhida aleatoriamente na população descrita na Seção 12.2, em que a função densidade de X era dada por

$$f(x) = 2ke^{-kx}, \qquad 0 \le x \le T,$$

e $k = (\ln 2)/T$. Encontre a idade média $E(X)$ da população de células.

Solução Por definição,

$$E(X) = \int_0^T x \cdot 2ke^{-kx} \, dx.$$

Para calcular essa integral, utilizamos integração por partes, com $f(x) = 2x$, $g(x) = ke^{-kx}, f'(x) = 2$ e $G(x) = -e^{-kx}$. Temos

$$\int_0^T 2xke^{-kx} \, dx = -2xe^{-kx}\bigg|_0^T - \int_0^T -2e^{-kx} \, dx$$

$$= -2Te^{-kT} - \left(\frac{2}{k}e^{-kx}\right)\bigg|_0^T$$

$$= -2Te^{-kT} - \frac{2}{k}e^{-kT} + \frac{2}{k}.$$

Essa fórmula de $E(X)$ pode ser simplificada observando que $e^{-kT} = e^{-\ln 2} = \frac{1}{2}$. Assim,

$$E(X) = -2T\left(\frac{1}{2}\right) - \frac{2}{k}\left(\frac{1}{2}\right) + \frac{2}{k} = \frac{1}{k} - T$$

$$= \frac{T}{\ln 2} - T = \left(\frac{1}{\ln 2} - 1\right)T$$

$$\approx 0{,}4427T.$$

EXEMPLO 3

Consideremos o experimento de selecionar aleatoriamente um ponto de um círculo de raio 1 e seja X a distância desse ponto ao centro do círculo. Calcule o valor esperado e a variância da variável aleatória X.

Solução Mostramos, no Exemplo 5 da Seção 12.2, que a função densidade de X é dada por $f(x) = 2x, 0 \le x \le 1$. Dessa forma, vemos que

$$E(X) = \int_0^1 x \cdot 2x \, dx = \int_0^1 2x^2 \, dx = \frac{2x^3}{3}\bigg|_0^1 = \frac{2}{3}$$

e

$$\text{Var}(X) = \int_0^1 \left(x - \frac{2}{3}\right)^2 \cdot 2x\, dx \qquad \left[\text{pois } E(X) = \frac{2}{3}\right]$$

$$= \int_0^1 \left(x^2 - \frac{4}{3}x + \frac{4}{9}\right) \cdot 2x\, dx$$

$$= \int_0^1 \left(2x^3 - \frac{8}{3}x^2 + \frac{8}{9}x\right) dx$$

$$= \left.\left(\frac{1}{2}x^4 - \frac{8}{9}x^3 + \frac{4}{9}x^2\right)\right|_0^1$$

$$= \frac{1}{2} - \frac{8}{9} + \frac{4}{9} = \frac{1}{18}.$$

Pelo nosso primeiro cálculo, vemos que se um grande número de pontos são escolhidos aleatoriamente de um círculo de raio 1, sua distância média ao centro deveria ser aproximadamente $\frac{2}{3}$. ■

Geralmente, a fórmula alternativa seguinte para a variância de uma variável aleatória é mais fácil de usar do que a própria definição de Var(X).

Sejam X uma variável aleatória contínua cujos valores ficam entre A e B e $f(x)$ a função densidade de X. Então

$$\text{Var}(X) = \int_A^B x^2 f(x)\, dx - E(X)^2. \tag{5}$$

Para provar (5), denotamos $m = E(X) = \int_A^B x f(x)\, dx$. Então

$$\text{Var}(X) = \int_A^B (x - m)^2 f(x)\, dx = \int_A^B (x^2 - 2xm + m^2) f(x)\, dx$$

$$= \int_A^B x^2 f(x)\, dx - 2m \int_A^B x f(x)\, dx + m^2 \int_A^B f(x)\, dx$$

$$= \int_A^B x^2 f(x)\, dx - 2m \cdot m + m^2 \cdot 1 \qquad \text{(pela Propriedade II)}$$

$$= \int_A^B x^2 f(x)\, dx - m^2.$$

EXEMPLO 4 Uma biblioteca universitária constatou que, num mês qualquer do ano acadêmico, a proporção de estudantes que utilizam de alguma forma a biblioteca é uma variável aleatória X com uma função distribuição cumulativa

$$F(x) = 4x^3 - 3x^4,\ 0 \le x \le 1$$

(a) Calcule $E(X)$ e dê uma interpretação dessa quantidade.
(b) Calcule Var(X).

Solução (a) Para calcular $E(X)$, começamos determinando a função densidade de probabilidade $f(x)$. Da Seção 12.2, sabemos que

$$f(x) = F'(x) = 12x^2 - 12x^3.$$

Logo,

$$E(X) = \int_0^1 xf(x)\,dx = \int_0^1 (12x^3 - 12x^4)\,dx$$

$$= \left(3x^4 - \frac{12}{5}x^5\right)\Big|_0^1 = 3 - \frac{12}{5} = \frac{3}{5}.$$

Nesse exemplo, o significado de $E(X)$ é que ao longo de vários meses (durante o ano acadêmico), a proporção média de estudantes a cada mês que utilizam a biblioteca de alguma forma deveria estar próxima de $\frac{3}{5}$.

(b) Primeiro calculamos

$$\int_0^1 x^2 f(x)\,dx = \int_0^1 (12x^4 - 12x^5)\,dx = \left(\frac{12}{5}x^5 - 2x^6\right)\Big|_0^1$$

$$= \frac{12}{5} - 2 = \frac{2}{5}.$$

Então, pela fórmula alternativa (5) da variância, obtemos

$$\text{Var}(X) = \frac{2}{5} - E(X)^2 = \frac{2}{5} - \left(\frac{3}{5}\right)^2 = \frac{1}{25}. \quad \blacksquare$$

Exercícios de revisão 12.3

1. Encontre o valor esperado e a variância da variável aleatória X cuja função densidade é $f(x) = 1/(2\sqrt{x})$, $1 \le x \le 4$.

2. Uma seguradora constata que a proporção X dos seus vendedores que vendem mais de \$25.000 em seguros numa dada semana é uma variável aleatória com função densidade de probabilidade beta

$$f(x) = 60x^3(1-x)^2, 0 \le x \le 1.$$

(a) Calcule $E(X)$ e dê uma interpretação dessa quantidade.

(b) Calcule $\text{Var}(X)$.

Exercícios 12.3

Nos Exercícios 1-8, encontre o valor esperado e a variância da variável aleatória cuja função densidade de probabilidade é dada. Quando calcular a variância, use a fórmula (5).

1. $f(x) = \frac{1}{18}x, 0 \le x \le 6$
2. $f(x) = 2(x-1), 1 \le x \le 2$
3. $f(x) = \frac{1}{4}, 1 \le x \le 5$
4. $f(x) = \frac{8}{9}x, 0 \le x \le \frac{3}{2}$
5. $f(x) = 5x^4, 0 \le x \le 1$
6. $f(x) = \frac{3}{2}x - \frac{3}{4}x^2, 0 \le x \le 2$
7. $f(x) = 12x(1-x)^2, 0 \le x \le 1$
8. $f(x) = \dfrac{3\sqrt{x}}{16}, 0 \le x \le 4$

9. Uma empresa jornalística estima que a proporção X de espaço destinado à propaganda num dado dia é uma variável aleatória com a densidade de probabilidade beta $f(x) = 30x^2(1-x)^2, 0 \le x \le 1$.

   (a) Encontre a função distribuição cumulativa de X.

   (b) Encontre a probabilidade de que menos de 25% do espaço do jornal num dado dia seja destinado à propaganda.

   (c) Encontre $E(X)$ e dê uma interpretação dessa quantidade.

   (d) Calcule $\text{Var}(X)$.

10. Seja X a proporção de novos restaurantes num dado ano que têm lucro durante seu primeiro ano de operação e suponha que a função densidade de X seja $f(x) = 20x^3(1-x), 0 \le x \le 1$.

    (a) Encontre $E(X)$ e dê uma interpretação dessa quantidade.

    (b) Calcule $\text{Var}(X)$.

11. A vida útil (em centenas de horas) de uma certa peça de maquinário é uma variável aleatória X com função distribuição cumulativa $F(x) = \frac{1}{9}x^2$, $0 \leq x \leq 3$.
  (a) Encontre $E(X)$ e dê uma interpretação dessa quantidade.
  (b) Calcule $\text{Var}(X)$.

12. O tempo (em minutos) necessário para completar uma tarefa numa linha de produção é uma variável aleatória X com função distribuição cumulativa dada por $F(x) = \frac{1}{125}x^3$, $0 \leq x \leq 5$.
  (a) Encontre $E(X)$ e dê uma interpretação dessa quantidade.
  (b) Calcule $\text{Var}(X)$.

13. O tempo (em minutos) que uma pessoa gasta lendo a página editorial de um jornal é uma variável aleatória com função densidade $f(x) = \frac{1}{72}x$, $0 \leq x \leq 12$. Encontre o tempo médio gasto lendo a página editorial.

14. Numa certo ponto de ônibus, o tempo entre dois ônibus é uma variável aleatória X com função densidade $f(x) = 6x(10 - x)/1.000$, $0 \leq x \leq 10$. Encontre o tempo médio entre dois ônibus.

15. Uma firma analisa o tempo necessário para executar cada fase da construção ao preparar sua participação numa concorrência de um grande projeto de construção. Suponha que a firma estime que o tempo necessário para executar as instalações elétricas seja de X centenas de trabalhadores-hora, em que X é uma variável aleatória com função densidade $f(x) = x(6 - x)/18$, $3 \leq x \leq 6$. (Ver Figura 3.)
  (a) Encontre a função distribuição cumulativa $F(x)$.
  (b) Qual é a chance de que o tempo necessário para executar as instalações elétricas seja menor do que 500 trabalhadores-hora?
  (c) Encontre o tempo médio para completar as instalações elétricas.
  (d) Encontre $\text{Var}(X)$.

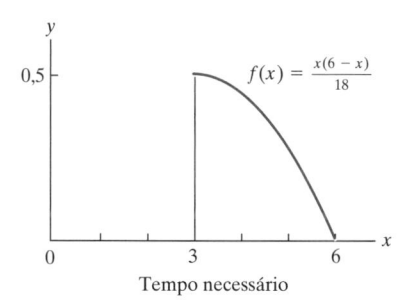

Figura 3 Função densidade da concorrência de construção.

16. A quantidade de leite (em milhares de litros) que um laticínio vende por semana é uma variável aleatória X com função densidade $f(x) = 4(x - 1)^3$, $1 \leq x \leq 2$. (Ver Figura 4.)
  (a) Qual é a chance do laticínio vender mais do que 1.500 litros?
  (b) Qual é a quantidade média de leite que o laticínio vende por semana?

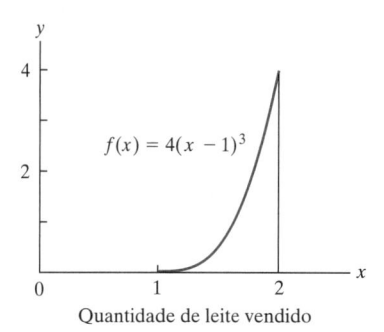

Figura 4 Função densidade da venda de leite.

17. Seja X uma variável aleatória contínua com função densidade $f(x) = 4x^{-5}$. Calcule $E(X)$ e $\text{Var}(X)$.

18. Seja X uma variável aleatória contínua com função densidade $f(x) = 3x^{-4}$, $x \geq 1$. Calcule $E(X)$ e $\text{Var}(X)$.

Se X é uma variável aleatória com função densidade $f(x)$ em $A \leq x \leq B$, a mediana de X é o número de M tal que

$$\int_A^M f(x)\, dx = \frac{1}{2}.$$

Em outras palavras, $\Pr(X \leq M) = \frac{1}{2}$.

19. Encontre a mediana da variável aleatória cuja função densidade é $f(x) = \frac{1}{18}x$, $0 \leq x \leq 6$.

20. Encontre a mediana da variável aleatória cuja função densidade é $f(x) = 2(x - 1)$, $1 \leq x \leq 2$.

21. Continuação do Exercício 11. A peça de maquinário tem uma chance de 50% de durar quanto tempo?

22. Continuação do Exercício 12. Encontre a duração T do intervalo de tempo no qual a metade das tarefas é completada em T minutos ou menos.

23. Continuação do Exercício 20 da Seção 12.2. Encontre a duração T do intervalo de tempo tal que cerca da metade das vezes uma pessoa espera T minutos ou menos na fila do caixa rápido do supermercado.

24. Continuação do Exercício 16. Encontre o número M tal que metade das vezes o laticínio vende M mil litros de leite ou menos.

25. Mostre que $E(X) = B - \int_A^B F(x)\, dx$, onde $F(x)$ é a função distribuição cumulativa de X em $A \leq x \leq B$.

26. Continuação do Exercício 12. Use a fórmula do Exercício 25 para calcular $E(X)$.

Soluções dos exercícios de revisão 12.3

1. $E(X) = \int_1^4 x \cdot \frac{1}{2\sqrt{x}} dx = \int_1^4 \frac{1}{2} x^{1/2} dx = \frac{1}{3} x^{3/2} \Big|_1^4$

$= \frac{1}{3}(4)^{3/2} - \frac{1}{3} = \frac{8}{3} - \frac{1}{3} = \frac{7}{3}.$

Para encontrar Var(X), começamos calculando

$\int_1^4 x^2 \cdot \frac{1}{2\sqrt{x}} dx = \int_1^4 \frac{1}{2} x^{3/2} dx = \frac{1}{5} x^{5/2} \Big|_1^4$

$= \frac{1}{5}(4)^{5/2} - \frac{1}{5} = \frac{32}{5} - \frac{1}{5} = \frac{31}{5}.$

Então, pela fórmula (5),

$\text{Var}(X) = \frac{31}{5} - \left(\frac{7}{3}\right)^2 = \frac{34}{45}.$

2. (a) Inicialmente observe que $f(x) = 60x^3(1-x)^2 = 60x^3(1 - 2x + x^2) = 60x^3 - 120x^4 + 60x^5$. Então,

$E(X) = \int_0^1 x f(x) dx$

$= \int_0^1 (60x^4 - 120x^5 + 60x^6) dx$

$= \left(12x^5 - 20x^6 + \frac{60}{7} x^7\right)\Big|_0^1$

$= 12 - 20 + \frac{60}{7} = \frac{4}{7}.$

Assim, numa semana média, cerca de quatro sétimos dos vendedores vendem mais do que $25.000 em seguros. Mais precisamente, ao longo de um período de muitas semanas, esperamos que uma média de quatro sétimos dos vendedores venderá mais do que $25.000 em seguros.

(b) $\int_0^1 x^2 f(x) dx = \int_0^1 (60x^5 - 120x^6 + 60x^7) dx$

$= \left(10x^6 - \frac{120}{7} x^7 + \frac{60}{8} x^8\right)\Big|_0^1$

$= 10 - \frac{120}{7} + \frac{60}{8} = \frac{5}{14}.$

Portanto

$\text{Var}(X) = \frac{5}{14} - \left(\frac{4}{7}\right)^2 = \frac{3}{98}.$

12.4 Variáveis aleatórias exponenciais e normais

Esta seção é dedicada a duas das mais importantes funções densidade de probabilidade, as funções densidade exponencial e normal. Essas funções estão associadas a variáveis aleatórias que surgem numa grande variedade de aplicações. Descreveremos alguns exemplos típicos.

Funções densidade exponenciais Seja k uma constante positiva. Dizemos que a função

$$f(x) = ke^{-kx}, x \geq 0,$$

é uma *função densidade exponencial*. (Ver Figura 1.) Essa função é, de fato, uma função densidade de probabilidade. Em primeiro lugar, $f(x)$ é claramente maior do que ou igual a 0. Em segundo lugar,

$$\int_0^b ke^{-kx} dx = -e^{-kx}\Big|_0^b = 1 - e^{-kb} \to 1 \quad \text{quando} \quad b \to \infty,$$

de forma que

$$\int_0^\infty ke^{-kx} dx = 1.$$

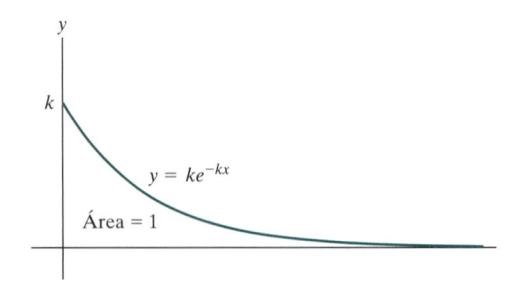

Figura 1 Uma função densidade exponencial.

Uma variável aleatória X com uma função densidade exponencial é denominada *variável aleatória exponencial*, e dizemos que os valores de X são *distribuídos exponencialmente*. As variáveis aleatórias exponenciais são utilizadas em cálculos de confiabilidade para representar o tempo de vida (ou tempo de apresentar defeito) de componentes eletrônicos, como *chips* de computadores. Também são utilizadas para descrever a duração do intervalo de tempo entre dois eventos aleatórios sucessivos, como o intervalo de tempo entre o recebimento de duas chamadas telefônicas consecutivas numa central telefônica. Da mesma forma, as variáveis aleatórias exponenciais podem surgir no estudo da duração de serviços como o tempo que uma pessoa passa num consultório médico ou num posto de gasolina.

Calculemos o valor esperado de uma variável aleatória exponencial X

$$E(X) = \int_0^\infty xf(x)\,dx = \int_0^\infty xke^{-kx}\,dx.$$

Podemos aproximar essa integral imprópria por uma integral definida e usar integração por partes para obter

$$\int_0^b xke^{-kx}\,dx = -xe^{-kx}\Big|_0^b - \int_0^b -e^{-kx}\,dx$$

$$= (-be^{-kb} + 0) - \frac{1}{k}e^{-kx}\Big|_0^b$$

$$= -be^{-kb} - \frac{1}{k}e^{-kb} + \frac{1}{k}. \qquad(1)$$

Quando $b \to \infty$, essa quantidade tende a $1/k$, porque ambos os números $-be^{-kb}$ e $-(1/k)e^{-kb}$ tendem a 0. (Ver Seção 11.5, Exercício 42.) Assim,

$$E(X) = \int_0^\infty xke^{-kx}\,dx = \frac{1}{k}.$$

Calculemos, agora, a variância de X. Pela fórmula alternativa de $\text{Var}(X)$ dada na Seção 12.3, obtemos

$$\text{Var}(X) = \int_0^\infty x^2 f(x)\,dx - E(X)^2$$

$$= \int_0^\infty x^2 ke^{-kx}\,dx - \frac{1}{k^2}. \qquad(2)$$

Usando integração por partes, obtemos

$$\int_0^b x^2 ke^{-kx}\,dx = x^2(-e^{-kx})\Big|_0^b - \int_0^b 2x(-e^{-kx})\,dx$$

$$= (-b^2 e^{-kb} + 0) + 2\int_0^b xe^{-kx}\,dx$$

$$= -b^2 e^{-kb} + \frac{2}{k}\int_0^b xke^{-kx}\,dx. \qquad(3)$$

Agora deixamos $b \to \infty$. Sabemos, da nossa conta (1) de $E(X)$, que a integral na segunda parcela de (3) tende a $1/k$; também pode ser mostrado que $-b^2 e^{-kb}$ tende a 0. (Ver Seção 11.5, Exercício 44.) Portanto,

$$\int_0^\infty x^2 ke^{-kx}\,dx = \frac{2}{k}\cdot\frac{1}{k} = \frac{2}{k^2}.$$

E pela equação (2), temos

$$\text{Var}(X) = \frac{2}{k^2} - \frac{1}{k^2} = \frac{1}{k^2}.$$

Segue um resumo desses resultados.

> Seja X uma variável aleatória com uma função densidade exponencial $f(x) = ke^{-kx}$ ($x \geq 0$). Então
>
> $$E(X) = \frac{1}{k} \quad \text{e} \quad \text{Var}(X) = \frac{1}{k^2}.$$

EXEMPLO 1 Suponha que o número de dias de uso contínuo de uma certa marca de lâmpada seja uma variável aleatória exponencial X com valor esperado de 100 dias.

(a) Encontre a função densidade de X.
(b) Encontre a probabilidade de uma lâmpada escolhida aleatoriamente durar entre 80 e 90 dias.
(c) Encontre a probabilidade de uma lâmpada escolhida aleatoriamente durar mais do que 40 dias.

Solução (a) Como X é uma variável aleatória exponencial, sua função densidade deve ser da forma $f(x) = ke^{-kx}$ para algum $k > 0$. Como o valor esperado de uma tal função densidade é $1/k$ e é igual a 100, vemos que

$$\frac{1}{k} = 100,$$

$$k = \frac{1}{100} = 0{,}01.$$

Assim, $f(x) = 0{,}01e^{-0{,}01x}$.

(b) $\Pr(80 \leq X \leq 90) = \int_{80}^{90} 0{,}01e^{-0{,}01x}\,dx = -e^{-0{,}01x}\Big|_{80}^{90} = -e^{-0{,}9} + e^{-0{,}8} \approx 0{,}04276.$

(c) $\Pr(X \geq 40) = \int_{40}^{\infty} 0{,}01e^{-0{,}01x}\,dx = 1 - \int_{0}^{40} 0{,}01e^{-0{,}01x}\,dx$

[pois $\int_0^\infty f(x)\,dx = 1$], de modo que

$$\Pr(X \geq 40) = 1 + (e^{-0{,}01x})\Big|_0^{40} = 1 + (e^{-0{,}4} - 1) = e^{-0{,}4} \approx 0{,}67032. \quad \blacksquare$$

EXEMPLO 2 Durante uma certa parte do dia, o intervalo de tempo entre chamadas telefônicas consecutivas numa central telefônica é uma variável aleatória exponencial X com valor esperado de $\frac{1}{3}$ segundo.

(a) Encontre a função densidade de X.
(b) Encontre a probabilidade de passar entre $\frac{1}{3}$ e $\frac{2}{3}$ segundo entre chamadas telefônicas consecutivas.
(c) Encontre a probabilidade de o tempo entre chamadas telefônicas consecutivas ser maior do que 2 segundos.

Solução (a) Como X é uma variável aleatória exponencial, sua função densidade é $f(x) = ke^{-kx}$ para algum $k > 0$. Como o valor esperado de X é $1/k = \frac{1}{3}$, temos $k = 3$ e $f(x) = 3e^{-3x}$.

(b) $\Pr\left(\frac{1}{3} \leq X \leq \frac{2}{3}\right) = \int_{1/3}^{2/3} 3e^{-3x}\, dx = -e^{-3x}\Big|_{1/3}^{2/3} = -e^{-2} + e^{-1} \approx 0{,}23254.$

(c) $\Pr(X \geq 2) = \int_{2}^{\infty} 3e^{-3x}\, dx = 1 - \int_{0}^{2} 3e^{-3x}\, dx = 1 + (e^{-3x})\Big|_{0}^{2} = e^{-6} \approx 0{,}00248.$

Em outras palavras, em cerca de 0,25% das vezes o tempo de espera entre chamadas telefônicas consecutivas é de, pelo menos, 2 segundos. ■

Funções densidade normais Sejam μ e σ números dados, com $\sigma > 0$. Dizemos que a função

$$f(x) = \frac{1}{\sigma\sqrt{2\pi}}\, e^{-(1/2)[(x-\mu)/\sigma]^{2}} \qquad (4)$$

é uma *função densidade normal*. Uma variável aleatória X cuja função distribuição tem essa forma é denominada *variável aleatória normal*, e dizemos que os valores de X são *distribuídos normalmente*. Muitas variáveis aleatórias em aplicações são aproximadamente normais. Por exemplo, os erros que ocorrem em medidas físicas e muitos processos de produção, bem como muitas características físicas e mentais humanas, são todos convenientemente modelados por variáveis aleatórias normais.

O gráfico da função densidade na definição (4) é denominado *curva normal*. (Ver Figura 2.) Uma curva normal é simétrica em relação à reta $x = \mu$ e tem pontos de inflexão em $\mu - \sigma$ e $\mu + \sigma$. A Figura 3 mostra três curvas normais correspondentes a diferentes valores de σ. Os parâmetros μ e σ determinam a forma da curva. O valor de μ determina o ponto em que a curva atinge a sua altura máxima e o valor de σ determina quão pontuda é a curva.

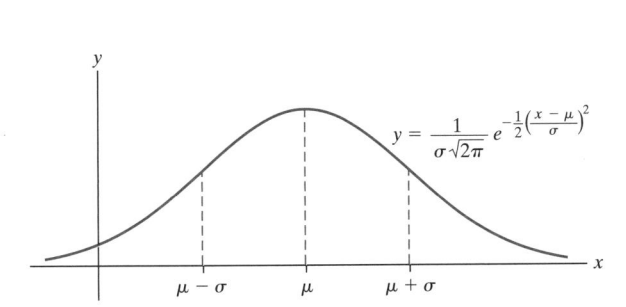

Figura 2 Uma função densidade normal.

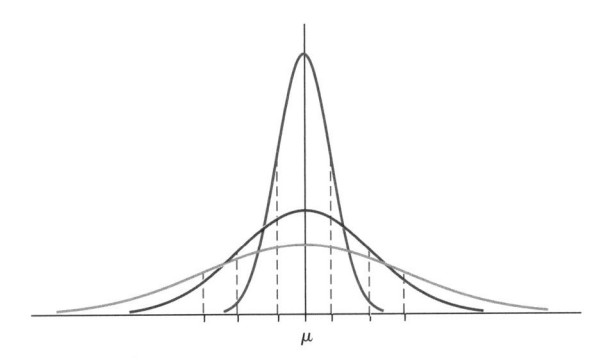

Figura 3 Várias curvas normais.

Pode ser mostrado que a constante $1/(\sigma\sqrt{2\mu})$ na definição (4) de uma função densidade normal $f(x)$ é necessária para que a área sob a curva normal seja igual a 1, ou seja, para tornar $f(x)$ uma função densidade de probabilidade. Os valores teóricos de uma variável aleatória normal X incluem todos os números positivos e negativos, mas além dos pontos de inflexão, a curva normal tende tão rapidamente ao eixo horizontal que as probabilidades associadas a intervalos no eixo x muito para a direita ou para a esquerda de $x = \mu$ podem ser ignorados.

Os seguintes fatos sobre uma variável aleatória normal podem ser verificados usando técnicas que estão além do alcance deste livro.

Seja X uma variável aleatória com uma função densidade normal

$$f(x) = \frac{1}{\sigma\sqrt{2\pi}} e^{-(1/2)[(x-\mu)/\sigma]^2}.$$

Então o valor esperado (média), a variância e o desvio-padrão de X são dados por

$$E(X) = \mu, \quad \text{Var}(X) = \sigma^2 \quad \text{e} \quad \sqrt{\text{Var}(X)} = \sigma.$$

Uma variável aleatória normal com valor esperado $\mu = 0$ e desvio-padrão $\sigma = 1$ é denominada *variável aleatória normal padrão* e é, frequentemente, denotada pela letra Z. Usando esses valores para μ e σ em (4) e escrevendo z em lugar da variável x, vemos que a função densidade de Z é

$$f(z) = \frac{1}{\sqrt{2\pi}} e^{-(1/2)z^2}.$$

O gráfico dessa função é denominado *curva normal padrão*. (Ver Figura 4.)

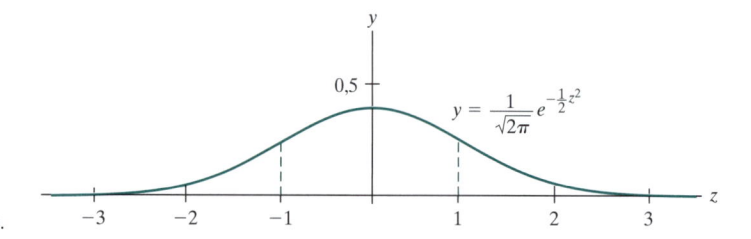

Figura 4 A curva normal padrão.

As probabilidades que envolvem uma variável aleatória normal padrão Z podem ser escritas na forma

$$\Pr(a \leq Z \leq b) = \int_a^b \frac{1}{\sqrt{2\pi}} e^{-(1/2)z^2} \, dz.$$

Uma integral dessas não pode ser calculada diretamente, porque a função densidade de Z não pode ser antiderivada em termos de funções elementares. Entretanto, têm sido compiladas tabelas dessas probabilidades por meio de aproximações numéricas das integrais definidas. Para $z \geq 0$, sejam $A(z) = \Pr(0 \leq Z \leq z)$ e $A(-z) = \Pr(-z \leq Z \leq 0)$, isto é, $A(z)$ e $A(-z)$ são as áreas das regiões indicadas na Figura 5. Pela simetria da curva normal padrão, é claro que $A(-z) = A(z)$. Os valores de $A(z)$ com $z \geq 0$ estão listados na Tabela 1 do Apêndice.

Figura 5 Áreas sob a curva normal padrão.

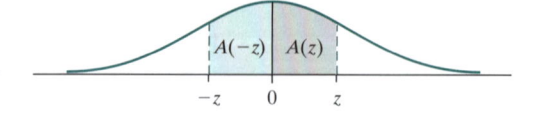

EXEMPLO 3

Seja Z uma variável aleatória normal padrão. Use a Tabela 1, para calcular as probabilidades seguintes.

(a) $\Pr(0 \leq Z \leq 1{,}84)$ (b) $\Pr(-1{,}65 \leq Z \leq 0)$ (c) $\Pr(0{,}7 \leq Z)$
(d) $\Pr(0{,}5 \leq Z \leq 2)$ (e) $\Pr(-0{,}75 \leq Z \leq 1{,}46)$

Solução   (a) $\Pr(0 \leq Z \leq 1{,}84) = A(1{,}84)$. Na Tabela 1, percorremos para baixo a coluna de z até alcançar 1,8; então percorremos para a direita essa mesma linha até alcançar a coluna encabeçada por 0,04. Ali encontramos $A(1{,}84) = 0{,}4671$.

(b) Pr(−1,65 ≤ Z ≤ 0) = A(−1,65) = A(1,65) = 0,4505 (pela Tabela 1).

(c) Como a área sob a curva normal é 1, a simetria da curva implica que a área à direita do eixo y é 0,5. Agora, Pr(0,7 ≤ Z) é a área sob a curva à direita de 0,7 e, portanto, podemos encontrar essa área subtraindo de 0,5 a área entre 0 e 0,7. [Ver Figura 6(a).] Assim,

$$Pr(0,7 \leq Z) = 0,5 - Pr(0 \leq Z \leq 0,7)$$
$$= 0,5 - A(0,7) = 0,5 - 0,2580 \quad \text{(pela Tabela 1)}$$
$$= 0,2420.$$

(d) A área sob a curva normal padrão de 0,5 a 2 é igual à área de 0 a 2 menos a área de 0 a 0,5. [Ver Figura 6(b).] Assim, temos

$$Pr(0,5 \leq Z \leq 2) = A(2) - A(0,5)$$
$$= 0,4772 - 0,1915 = 0,2857.$$

(e) A área sob a curva normal padrão de −0,75 a 1,46 é igual à área de −0,75 a 0 mais a área de 0 a 1,46. [Ver Figura 6(c).] Assim,

$$Pr(-0,75 \leq Z \leq 1,46) = A(-0,75) + A(1,46)$$
$$= A(0,75) + A(1,46)$$
$$= 0,2734 + 0,4279 = 0,7013. \blacksquare$$

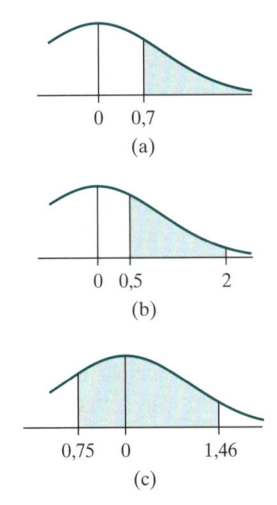

Figura 6

Quando X é uma variável aleatória normal *arbitrária*, com média μ e desvio-padrão σ, podemos calcular uma probabilidade como $Pr(a \leq X \leq b)$ usando a mudança de variáveis $z = (x - \mu)/\sigma$. Isso converte a integral de $Pr(a \leq X \leq b)$ numa integral envolvendo a função densidade normal padrão. O exemplo seguinte ilustra esse procedimento.

EXEMPLO 4 Uma peça de metal de caminhão deve ter entre 92,1 e 94 milímetros de comprimento para encaixar apropriadamente. Suponha que os comprimentos das peças fornecidas para o fabricante do caminhão tenham comprimentos distribuídos normalmente com média $\mu = 93$ milímetros e desvio-padrão $\sigma = 0,4$ milímetros.

(a) Qual porcentagem das peças tem um comprimento aceitável?

(b) Qual porcentagem das peças é muito comprida?

Solução Seja X o comprimento de uma peça selecionada aleatoriamente do estoque de peças.

(a) Temos

$$Pr(92,1 \leq X \leq 94) = \int_{92,1}^{94} \frac{1}{(0,4)\sqrt{2\pi}} e^{-(1/2)[(x-93)/0,4]^2} \, dx.$$

Usando a substituição $z = (x - 93)/0,4$, $dz = (1/0,4) \, dx$, observamos que se $x = 92,1$, então $z = (92,1 - 93)/0,4 = -0,9/0,4 = -2,25$ e se $x = 94$, então $z = (94 - 93)/0,4 = 1/0,4 = -2,5$. Logo,

$$Pr(92,1 \leq X \leq 94) = \int_{-2,25}^{2,5} \frac{1}{\sqrt{2\pi}} e^{-(1/2)z^2} \, dz.$$

O valor dessa integral é a área sob a curva normal padrão de −2,25 até 2,5, que é igual à área de −2,25 até 0 mais a área de 0 a 2,5. Assim,

$$Pr(92,1 \leq X \leq 94) = A(-2,25) + A(2,5)$$
$$= A(2,25) + A(2,5)$$
$$= 0,4878 + 0,4938 = 0,9816$$

A partir dessa probabilidade, concluímos que cerca de 98% das peças terão um comprimento aceitável.

(b) $\Pr(94 \leq X) = \int_{94}^{\infty} \dfrac{1}{(0,4)\sqrt{2\pi}} e^{-(1/2)[(x-93)/0,4]^2} \, dx$

Essa integral é aproximada por uma integral de $x = 94$ até $x = b$, com b grande. Substituindo $z = (x - 93)/0,4$, obtemos

$$\int_{94}^{b} \dfrac{1}{(0,4)\sqrt{2\pi}} e^{-(1/2)[(x-93)/0,4]^2} \, dx = \int_{2,5}^{(b-93)/0,4} \dfrac{1}{\sqrt{2\pi}} e^{-(1/2)z^2} \, dz. \quad (5)$$

Agora, quando $b \to \infty$, a quantidade $(b - 93)/0,4$ também se torna arbitrariamente grande. Como a integral à esquerda em (5) tende a $\Pr(94 \leq X)$, concluímos que

$$\Pr(94 \leq X) = \int_{2,5}^{\infty} \dfrac{1}{\sqrt{2\pi}} e^{-(1/2)z^2} \, dz.$$

Para calcular essa integral, usamos o método do Exemplo 3(c). A área sob a curva normal padrão à direita de 2,5 é igual à área à direita de 0 menos a área de 0 a 2,5. Logo,

$$\Pr(94 \leq X) = 0,5 - A(2,5)$$
$$= 0,5 - 0,4938 = 0,0062.$$

Aproximadamente 0,6% das peças irá exceder o comprimento máximo aceitável. ■

INCORPORANDO RECURSOS TECNOLÓGICOS

A calculadora gráfica TI-83 calcula facilmente as probabilidades normais com a função `normalcdf` que se encontra no menu DISTR. A área sob a curva normal de média μ e desvio-padrão σ de $x = a$ até $x = b$ é dada por `normalcdf(a,b,`μ,σ`)`. As probabilidades normais do Exemplo 4 estão calculadas na Figura 7. (*Observação*: para obter E99, que é igual a 10^{99} e é usado no lugar de infinito, pressionamos **1** 2nd EE **99**. Menos infinito é representado por −E99.) ■

```
normalcdf(92.1,9
4,93,.4)
       .9815658867
normalcdf(94,E99
,93,.4)
       .0062096799
```

Figura 7 As probabilidades do Exemplo 4.

Exercícios de revisão 12.4

1. O pisca-alerta de um automóvel tem garantia para os primeiros 12.000 quilômetros dirigidos com o carro. Durante esse período, um pisca-alerta defeituoso será substituído gratuitamente. Se o tempo antes de falhar o pisca-alerta (medido em milhares de quilômetros) for uma variável aleatória exponencial X com média de 50 (mil quilômetros), qual é a porcentagem dos pisca-alertas que deverão ser substituídos durante o período da garantia?

2. O tempo de espera entre a encomenda de móveis de uma determinada loja e a entrega é uma variável aleatória normal com $\mu = 18$ semanas e $\sigma = 5$ semanas. Encontre a chance de um cliente ter de esperar mais do que 16 semanas.

Exercícios 12.4

Nos Exercícios 1-4, encontre (sem calcular) o valor esperado e a variância da variável aleatória exponencial com função densidade dada.

1. $3e^{-3x}$
2. $\frac{1}{4}e^{-x/4}$
3. $0{,}2e^{-0{,}2x}$
4. $1{,}5e^{-1{,}5x}$

Nos Exercícios 5-6, suponha que, numa fábrica grande, ocorrem, em média, dois acidentes por dia e que o tempo entre acidentes tenha uma função densidade exponencial com valor esperado de $\frac{1}{2}$ dia.

5. Encontre a probabilidade de o tempo entre dois acidentes ser maior do que $\frac{1}{2}$ dia e menor do que 1 dia.
6. Encontre a probabilidade de o tempo entre acidentes ser menor do que 8 horas ($\frac{1}{3}$ dia).

Nos Exercícios 7-8, suponha que o tempo levado para atender um cliente num banco tenha uma função densidade exponencial com média de 3 minutos.

7. Encontre a probabilidade de um cliente ser atendido em menos de 2 minutos.
8. Encontre a probabilidade de o atendimento a um cliente demorar mais do que 5 minutos.

Nos Exercícios 9-10, suponha que durante certo período do dia, o tempo entre a chegada de carros num pedágio de uma rodovia seja uma variável aleatória exponencial com valor esperado de 20 segundos.

9. Encontre a probabilidade de o tempo entre chegadas sucessivas ser maior do que 60 segundos.
10. Encontre a probabilidade de o tempo entre chegadas sucessivas ser maior do que 10 segundos e menor do que 30 segundos.

Um estudo sobre as vagas na Suprema Corte dos Estados Unidos constatou que o tempo decorrido entre renúncias sucessivas é uma variável aleatória exponencial com valor esperado de 2 anos.* Use essa informação nos Exercícios 11 e 12.

11. Um novo presidente toma posse ao mesmo tempo em que um juiz se aposenta. Encontre a probabilidade de a próxima vaga da Suprema Corte ocorrer durante os quatro anos do mandato presidencial.
12. Encontre a probabilidade de a composição da Suprema Corte dos Estados Unidos permanecer inalterada num período de 5 ou mais anos.
13. Suponha que a duração média de um componente eletrônico seja de 72 meses e que a duração seja distribuída exponencialmente.
    (a) Encontre a probabilidade de um componente durar mais de 24 meses.
    (b) A *função de confiabilidade* $r(t)$ fornece a probabilidade de um componente durar mais de t meses. Calcule $r(t)$ nesse caso.
14. Considere um grupo de pacientes que foram tratados para alguma doença aguda como câncer e seja X o número de anos que uma pessoa vive depois do tratamento (a "sobrevida"). Sob condições apropriadas, a função densidade de X é dada por $f(x) = ke^{-kx}$, com alguma constante k.
    (a) A *função sobrevivência* $S(x)$ é a probabilidade de uma pessoa escolhida aleatoriamente de um grupo de pacientes sobreviver pelo menos um tempo x. Explique por que $S(x) = 1 - F(x)$, em que $F(x)$ é a função distribuição cumulativa de X, e calcule $S(x)$.
    (b) Suponha que a probabilidade de que paciente sobreviver pelo menos 5 anos seja 0,90 [ou seja, $S(5) = 0{,}90$]. Encontre a constante k da função densidade exponencial $f(x)$.

Nos Exercícios 15-18, encontre (sem calcular) o valor esperado e o desvio-padrão da variável aleatória normal com função densidade dada.

15. $\dfrac{1}{\sqrt{2\pi}}e^{-(1/2)(x-4)^2}$
16. $\dfrac{1}{\sqrt{2\pi}}e^{-(1/2)(x+5)^2}$
17. $\dfrac{1}{3\sqrt{2\pi}}e^{-(1/18)x^2}$
18. $\dfrac{1}{5\sqrt{2\pi}}e^{-(1/2)[(x-3)/5]^2}$

19. Mostre que a função $f(x) = e^{-x^2/2}$ tem um máximo relativo em $x = 0$.
20. Mostre que a função $f(x) = e^{-(1/2)[(x-\mu)/\sigma]^2}$ tem um máximo relativo em $x = \mu$.
21. Mostre que a função $f(x) = e^{-x^2/2}$ tem pontos de inflexão em $x = \pm 1$.
22. Mostre que a função $f(x) = e^{-(1/2)[(x-\mu)/\sigma]^2}$ tem pontos de inflexão em $x = \mu \pm \sigma$.
23. Seja Z uma variável aleatória normal padrão. Calcule as probabilidades dadas.
    (a) $\Pr(-1{,}3 \le Z \le 0)$ (b) $\Pr(0{,}25 \le Z)$
    (c) $\Pr(-1 \le Z \le 2{,}5)$ (d) $\Pr(Z \le 2)$
24. Calcule a área sob a curva normal padrão para os valores de z
    (a) entre 0,5 e 1,5;
    (b) entre $-0{,}75$ e 0,75;
    (c) à esquerda de $-0{,}3$;
    (d) à direita de -1.
25. O período de gestação (duração da gravidez) de fêmeas grávidas de uma certa espécie tem distribuição aproximadamente normal com média de 6 meses e desvio-padrão de $\frac{1}{2}$ mês.
    (a) Encontre a porcentagem de nascimentos que ocorrem depois de uma gestação de 6 a 7 meses.
    (b) Encontre a porcentagem de nascimentos que ocorrem depois de uma gestação de 5 a 6 meses.

---

* W. A. Wallis, "The Poisson Distribution and the Supreme Court," *Journal of the American Statistical Association*, 31 (1936), 376-380.

26. Suponha que a vida útil de um certo pneu de automóvel tenha uma distribuição normal com $\mu = 25.000$ quilômetros e $\sigma = 2.000$ quilômetros.
  (a) Encontre a probabilidade de um pneu durar entre 28.000 e 30.000 quilômetros.
  (b) Encontre a probabilidade de um pneu durar mais do que 29.000 quilômetros.

27. Se a quantidade de creme dental numa embalagem de 128 gramas tiver distribuição normal com $\mu = 128,2$ gramas e $\sigma = 0,2$ gramas, encontre a probabilidade de uma embalagem escolhida aleatoriamente conter menos do que 128 gramas.

28. A quantidade de peso necessário para romper certa marca de barbante tem uma função densidade normal com $\mu = 43$ quilogramas e $\sigma = 1,5$ quilogramas. Encontre a probabilidade de um pedaço de barbante ser rompido por um peso de menos de 40 quilogramas.

29. Uma estudante com uma aula às 8 horas da manhã na Universidade de Maryland usa seu carro para chegar à universidade. Ela descobriu que em cada um dos dois caminhos possíveis, seu tempo de viagem para a universidade (incluindo o tempo para chegar à sala de aula) é uma variável aleatória aproximadamente normal. Se ela utilizar a autopista, $\mu = 25$ minutos e $\sigma = 5$ minutos. Se ela utilizar um trajeto mais longo por vias urbanas, $\mu = 28$ minutos e $\sigma = 3$ minutos. Qual caminho a estudante deveria tomar se sair de casa às 7h30min? (Suponha que o melhor caminho é aquele que minimizar a probabilidade de chegar atrasada para a aula.)

30. Continuação do Exercício 29. Qual caminho a estudante deveria tomar se sair de casa às 7h26min?

31. Um certo tipo de parafuso deve passar por um buraco de teste de 20 milímetros para não ser descartado. Se os diâmetros dos parafusos são distribuídos normalmente, com $\mu = 18,2$ milímetros e $\sigma = 0,8$ milímetros, qual é a porcentagem dos parafusos descartados?

32. Os resultados obtidos na prova de Matemática do SAT (uma espécie de prova do ENEM nos Estados Unidos) por uma turma de calouros de certa universidade têm uma distribuição normal com $\mu = 535$ e $\sigma = 100$.
  (a) Qual é a porcentagem de resultados entre 500 e 600?
  (b) Encontre o escore mínimo necessário para estar entre os 10% melhores da turma.

33. Seja X o tempo (em anos) de vida útil de um transistor e suponha que o transistor esteja operando corretamente por a anos. Então pode ser mostrado que a probabilidade desse transistor falhar durante os próximos b anos é de

$$\frac{\Pr(a \leq X \leq a+b)}{\Pr(a \leq X)}. \quad (6)$$

Calcule essa probabilidade no caso de X ser uma variável aleatória exponencial com função densidade $f(x) = ke^{-kx}$ e mostre que essa probabilidade é igual a $\Pr(0 \leq X \leq b)$. Isso significa que a probabilidade dada em (6) não depende de quanto tempo o transistor já esteve operando. Em vista disso, dizemos que as variáveis aleatórias exponenciais *não têm memória*.

34. Lembre que a *mediana* de uma função densidade exponencial é o número M tal que $\Pr(X \leq M) = \frac{1}{2}$. (Ver Exercícios da Seção 12.3.) Mostre que $M = (\ln 2)/k$. (Observe que a mediana é menor do que a média.)

35. Se o tempo (em semanas) de vida útil de uma determinada marca de lâmpada tiver função densidade exponencial e 80% das lâmpadas falharem durante as primeiras 100 semanas, encontre a vida útil média dessa lâmpada.

Exercícios com calculadora

36. Os cálculos do valor esperado e da variância de uma variável aleatória exponencial utilizaram o fato de que, dado qualquer número inteiro positivo k, be^{-kb} e $b^2 e^{-kb}$ tendem a 0 quando b cresce. Isto é,

$$\lim_{x \to \infty} \frac{x}{e^{kx}} = 0 \quad \text{e} \quad \lim_{x \to \infty} \frac{x^2}{e^{kx}} = 0.$$

A validade desses limites no caso $k = 1$ é mostrada nas Figuras 8 e 9. Gere os gráficos nos casos $k = 0,1$; $k = 0,5$ e $k = 2$ para convencer-se de que esses limites valem para todos os valores positivos de k.

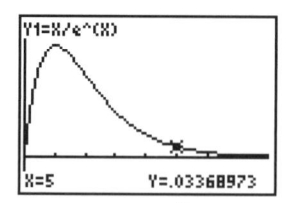

Figura 8 O gráfico de $Y_1 = \dfrac{x}{e^x}$.

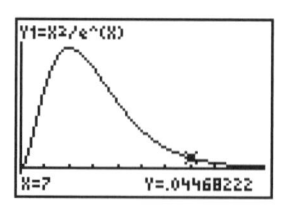

Figura 9 O gráfico de $Y_1 = \dfrac{x^2}{e^x}$.

37. Use a rotina da integral para convencer-se que $\int_{-\infty}^{\infty} x^2 f(x)\, dx = 1$, sendo $f(x)$ a função densidade normal padrão. [*Observação*: como $f(x)$ tende a zero tão rápido quando x cresce, o valor da integral imprópria é quase o mesmo que o da integral definida de $x^2 f(x)$ com $x = -8$ até $x = 8$.] Conclua que o desvio-padrão da variável aleatória normal padrão é 1.

Soluções dos exercícios de revisão 12.4

1. A função densidade de X é $f(x) = ke^{-kx}$, onde $1/k = 50$ (mil quilômetros) e $k = 1/50 = 0{,}02$. Então

$$\Pr(X \leq 12) = \int_0^{12} 0{,}02 e^{-0{,}02x}\, dx = -e^{-0{,}02x}\Big|_0^{12}$$

$$= 1 - e^{-0{,}24} \approx 0{,}21337.$$

Cerca de 21% dos pisca-alertas deverão ser trocados durante o período de garantia.

2. Seja X o tempo entre a encomenda e o recebimento da mobília. Como $\mu = 18$ e $\sigma = 5$, temos

$$\Pr(16 \leq X) = \int_{16}^{\infty} \frac{1}{5\sqrt{2\pi}}\, e^{-(1/2)[(x-18)/5]^2}\, dx.$$

Substituindo $z = (x - 18)/5$, obtemos $dz = \frac{1}{5} dx$ e $z = -0{,}4$ se $x = 16$.

$$\Pr(16 \leq X) = \int_{-0{,}4}^{\infty} \frac{1}{\sqrt{2\pi}}\, e^{-(1/2)z^2}\, dz.$$

[Uma substituição análoga foi feita no Exemplo 4(b).]
A integral precedente dá a área sob a curva normal padrão à direita de $-0{,}4$. Como a área entre $-0{,}4$ e 0 é $A(-0{,}4) = A(0{,}4)$ e a área à direita de 0 é $0{,}5$, temos

$$\Pr(16 \leq X) = A(0{,}4) + 0{,}5 = 0{,}1554 + 0{,}5 = 0{,}6554.$$

12.5 Variáveis aleatórias de Poisson e geométricas

A teoria de probabilidades é largamente aplicada em situações que envolvem contagem na Administração, na Biologia e nas Ciências Sociais. Os modelos probabilísticos desta seção envolvem uma variável aleatória X cujos valores são os números discretos $0, 1, 2,\ldots$ Em geral, não há um limite superior específico para o valor de X, embora valores extremamente grandes de X sejam muito improváveis. Vejamos alguns exemplos típicos desses experimentos. Em cada caso, X representa o resultado do experimento.

1. Contar o número de pedidos de coberturas de seguros de incêndio encaminhados a uma companhia de seguros num mês qualquer (selecionado aleatoriamente).
2. Contar o número de protozoários numa amostra aleatória de água do tamanho de uma gota num estudo microbiológico de um lago.
3. Contar o número de vezes por mês que quebra um determinado tipo de máquina de uma fábrica.

Suponha que X denote uma variável aleatória de um experimento cujo resultado seja um dos valores $0, 1, 2,\ldots$ e, para cada valor n possível, seja p_n a probabilidade associada à sua ocorrência. Temos

$$p_0 = \Pr(X = 0),$$
$$p_1 = \Pr(X = 1),$$
$$\vdots$$
$$p_n = \Pr(X = n)$$
$$\vdots$$

Observe que, como $p_0, p_1, p_2,\ldots$ são probabilidades, seus valores ficam entre 0 e 1. Além disso, a soma dessas probabilidades deve ser 1 (um desses resultados $0, 1, 2,\ldots$ sempre ocorre). Logo,

$$p_0 + p_1 + p_2 + \cdots + p_n + \cdots = 1.$$

Diferentemente da situação na Seção 12.1, essa soma é uma série infinita como as que foram estudas nas Seções 11.3 e 11.5.

Analogamente ao caso de experimentos com um número finito de resultados possíveis, podemos definir o *valor esperado* (ou valor médio) de uma variável aleatória X (ou do experimento cujo resultado é X) como o número $E(X)$ dado pela fórmula seguinte.

$$E(X) = 0 \cdot p_0 + 1 \cdot p_1 + 2 \cdot p_2 + 3 \cdot p_3 + \cdots$$

(desde que a série infinita convirja). Isto é, o valor esperado $E(X)$ é formado somando os produtos dos possíveis resultados pelas suas respectivas probabilidades de ocorrência.

Analogamente, denotando $E(X)$ por m, definimos a *variância* de X por

$$\mathrm{Var}(x) = (0-m)^2 \cdot p_0 + (1-m)^2 \cdot p_1 + (2-m)^2 \cdot p_2 + (3-m)^2 \cdot p_3 + \cdots.$$

Variáveis aleatórias de Poisson Em muitos experimentos, as probabilidades p_n envolvem um parâmetro λ (dependendo do experimento específico) e têm o formato especial a seguir.

$$p_0 = e^{-\lambda},$$

$$p_1 = \frac{\lambda}{1} e^{-\lambda},$$

$$p_2 = \frac{\lambda^2}{2 \cdot 1} e^{-\lambda},$$

$$p_3 = \frac{\lambda^3}{3 \cdot 2 \cdot 1} e^{-\lambda},$$

$$\vdots$$

$$p_n = \frac{\lambda^n}{n!} e^{-\lambda}. \qquad (1)$$

A constante $e^{-\lambda}$ de cada probabilidade é necessária para fazer com que a soma de todas as probabilidades seja igual a 1. Uma variável aleatória X cujas probabilidades são dadas pela fórmula (1) é denominada *variável aleatória de Poisson*, e dizemos que as probabilidades de X têm uma *distribuição de Poisson* de parâmetro λ. Os histogramas da Figura 1 mostram distribuições de Poisson com $\lambda = 1{,}5$, 3 e 5.

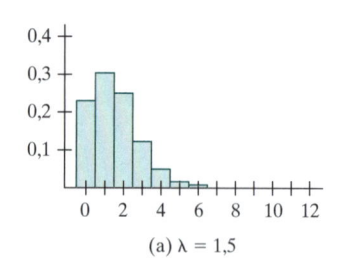

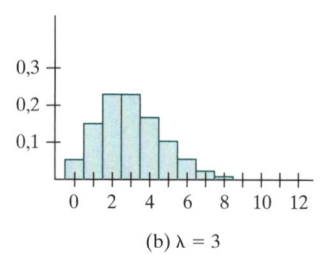

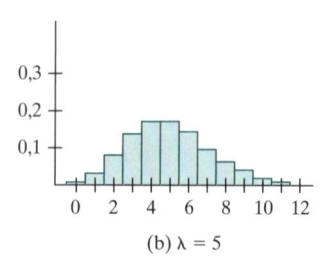

Figura 1

(a) $\lambda = 1{,}5$
(b) $\lambda = 3$
(b) $\lambda = 5$

EXEMPLO 1

O número de mortes anuais numa certa cidade decorrentes de uma determinada doença tem uma distribuição de Poisson com parâmetro $\lambda = 3$. Verifique que a soma das probabilidades associadas é igual a 1.

Solução As primeiras probabilidades (com quatro casas decimais) são

$$p_0 = e^{-3} \approx 0{,}0498,$$

$$p_1 = \frac{3}{1} e^{-3} = 3 \cdot p_0 \approx 0{,}1494,$$

$$p_2 = \frac{3^2}{2 \cdot 1} e^{-3} = \frac{3 \cdot 3}{2 \cdot 1} e^{-3} = \frac{3}{2} p_1 \approx 0{,}2240,$$

$$p_3 = \frac{3^3}{3 \cdot 2 \cdot 1} e^{-3} = \frac{3 \cdot 3 \cdot 3}{3 \cdot 2 \cdot 1} e^{-3} = \frac{3}{3} p_2 \approx 0{,}2240.$$

$$p_4 = \frac{3^4}{4\cdot 3\cdot 2\cdot 1}e^{-3} = \frac{3\cdot 3\cdot 3\cdot 3}{4\cdot 3\cdot 2\cdot 1}e^{-3} = \frac{3}{4}p_3 \approx 0{,}1680,$$

$$p_5 = \frac{3^5}{5\cdot 4\cdot 3\cdot 2\cdot 1}e^{-3} = \frac{3\cdot 3\cdot 3\cdot 3\cdot 3}{5\cdot 4\cdot 3\cdot 2\cdot 1}e^{-3} = \frac{3}{5}p_4 \approx 0{,}1008.$$

Observe como cada probabilidade p_n, com $n \geq 1$, é calculada a partir da probabilidade p_{n-1} anterior. Em geral, $p_n = (\lambda/n)p_{n-1}$.

Para somar as probabilidades para todo n, usamos os valores exatos e não as aproximações decimais, como segue.

$$e^{-3} + \frac{3}{1}e^{-3} + \frac{3^2}{2\cdot 1}e^{-3} + \frac{3^3}{3\cdot 2\cdot 1}e^{-3} + \frac{3^4}{4\cdot 3\cdot 2\cdot 1}e^{-3} + \cdots$$

$$= e^{-3}\left(1 + 3 + \frac{1}{2!}3^2 + \frac{1}{3!}3^3 + \frac{1}{4!}3^4 + \cdots\right).$$

Pelo visto na Seção 11.5, você deveria reconhecer que a série dentro dos parênteses é a série de potências de e^x calculada em $x = 3$. O valor dessa soma é $e^{-3}\cdot e^3$, o que é igual a 1. ∎

Os seguintes fatos, relativos a variáveis aleatórias de Poisson, dão uma interpretação do parâmetro λ.

> Seja X uma variável aleatória cujas probabilidades têm uma distribuição de Poisson com parâmetro λ, isto é,
>
> $$p_0 = e^{-\lambda},$$
>
> $$p_n = \frac{\lambda^n}{n!}e^{-\lambda} \qquad (n = 1, 2, \ldots).$$
>
> Então o valor esperado e a variância de X são dados por
>
> $$E(X) = \lambda, \qquad Var(X) = \lambda.$$

Verificaremos apenas a afirmação sobre $E(X)$. O argumento utiliza a série de Taylor de e^λ. Temos

$$E(X) = 0\cdot p_0 + 1\cdot p_1 + 2\cdot p_2 + 3\cdot p_3 + 4\cdot p_4 + \cdots$$

$$= 0\cdot e^{-\lambda} + 1\cdot \frac{\lambda}{1}e^{-\lambda} + 2\cdot \frac{\lambda^2}{1\cdot 2}e^{-\lambda}$$

$$+ 3\cdot \frac{\lambda^3}{1\cdot 2\cdot 3}e^{-\lambda} + 4\cdot \frac{\lambda^4}{1\cdot 2\cdot 3\cdot 4}e^{-\lambda} + \cdots$$

$$= \lambda e^{-\lambda} + \frac{\lambda^2}{1}e^{-\lambda} + \frac{\lambda^3}{1\cdot 2}e^{-\lambda} + \frac{\lambda^4}{1\cdot 2\cdot 3}e^{-\lambda} + \cdots$$

$$= \lambda e^{-\lambda}\left(1 + \frac{\lambda}{1} + \frac{\lambda^2}{1\cdot 2} + \frac{\lambda^3}{1\cdot 2\cdot 3} + \cdots\right)$$

$$= \lambda e^{-\lambda}\cdot e^\lambda$$

$$= \lambda.$$

Os dois exemplos seguintes ilustram algumas aplicações de variáveis aleatórias de Poisson.

EXEMPLO 2

Suponha que observemos o número X de chamadas recebidas por uma central telefônica durante intervalos de 1 minuto. A experiência sugere que X tem uma distribuição de Poisson com $\lambda = 5$.

(a) Determine a probabilidade de receber zero, uma, ou duas chamadas durante um determinado minuto.

(b) Determine a probabilidade de receber três ou mais chamadas durante um determinado minuto.

(c) Determine o número médio de chamadas recebidas por minuto.

Solução (a) A probabilidade de receber zero, uma, ou duas chamadas durante um dado minuto é $p_0 + p_1 + p_2$. Além disso,

$$p_0 = e^{-\lambda} = e^{-5} \approx 0{,}00674,$$

$$p_1 = \frac{\lambda}{1} e^{-\lambda} = 5e^{-5} \approx 0{,}03369,$$

$$p_2 = \frac{\lambda^2}{1 \cdot 2} e^{-\lambda} = \frac{5}{2} p_1 \approx 0{,}0842.$$

Assim, $p_0 + p_1 + p_2 \approx 0{,}12465$. Ou seja, durante aproximadamente 12% dos minutos, são recebidas nenhuma, uma ou duas chamadas.

(b) A probabilidade de receber três ou mais chamadas é a mesma que a probabilidade de *não* receber zero, uma, ou duas chamadas e, portanto, é igual a

$$1 - (p_0 + p_1 + p_2) = 1 - 0{,}12465 = 0{,}87535.$$

(c) O número médio de chamadas recebidas por minuto é igual a λ, isto é, a central telefônica recebe uma média de cinco chamadas por minuto. ■

EXEMPLO 3

Num lago do nordeste dos Estados Unidos, são colhidas amostras do tamanho de uma gota de água. Contando o número de protozoários em várias amostras distintas, constata-se que o número médio encontrado é de cerca de 8,3. Qual é a probabilidade de uma amostra aleatória conter no máximo quatro protozoários?

Solução Sob a hipótese de que os protozoários estejam bem espalhados pelo lago, sem formar aglomerados, o número de protozoários por gota é uma variável aleatória de Poisson, que denotamos por X. Pelos dados experimentais, supomos que $E(X) = 8{,}3$. Como $\lambda = E(X)$, as probabilidades para X são dadas por

$$p_n = \frac{8{,}3^n}{n!} e^{-8{,}3}.$$

A probabilidade de "no máximo quatro" é $\Pr(X \leq 4)$. Usando uma calculadora para gerar as probabilidades, encontramos

$$\Pr(X \leq 4) = p_0 + p_1 + p_2 + p_3 + p_4$$
$$\approx 0{,}00025 + 0{,}00206 + 0{,}00856 + 0{,}02368 + 0{,}04914$$
$$= 0{,}08369.$$

A probabilidade de encontrar no máximo quatro protozoários é de 8,4%, aproximadamente. ■

Variáveis aleatórias geométricas Os dois experimentos a seguir dão origem a variáveis aleatórias discretas cujos valores são 0, 1,..., mas cujas distribuições não são de Poisson.

Seção 12.5 • Variáveis aleatórias de Poisson e geométricas

- Jogar uma moeda até que apareça cara e contar o número de coroas que a precederam.
- Testar os itens provenientes de uma linha de montagem como parte de um procedimento de controle de qualidade e contar o número de itens aceitáveis antes de encontrar um defeituoso.

Cada um desses experimentos envolve uma tentativa que admite dois possíveis resultados (cara, coroa) ou (aceitável, defeituoso). Em geral, os dois resultados são denominados *sucesso* e *insucesso*, e a tentativa é repetida até que ocorra um insucesso. O resultado do experimento é o número X de sucessos (0, 1, 2,...) que precedem o primeiro insucesso. Se para algum número p entre 0 e 1 as probabilidade de X têm a forma

$$p_0 = 1 - p,$$
$$p_1 = p(1 - p),$$
$$p_2 = p^2(1 - p),$$
$$\vdots$$
$$p_n = p^n(1 - p), \qquad (2)$$
$$\vdots$$

dizemos que X é uma *variável aleatória geométrica* e que as probabilidades de X têm uma *distribuição geométrica* de parâmetro p. Nesse caso, cada tentativa do experimento tem a mesma probabilidade p de sucesso. (A probabilidade de insucesso é $1 - p$.) O resultado de cada tentativa também é independente das outras tentativas. Os histogramas na Figura 2 mostram distribuições geométricas com $p = 0{,}6$ e $0{,}8$.

O termo "geométrica" é associado com a fórmula (2) porque as probabilidades formam uma série geométrica de termo inicial $a = 1 - p$ e razão $r = p$. A soma da série é

$$p_0 + p_1 + p_2 + \cdots = \frac{a}{1 - r} = \frac{1 - p}{1 - p} = 1.$$

Isso é exatamente o que se poderia esperar: as probabilidades somam 1.

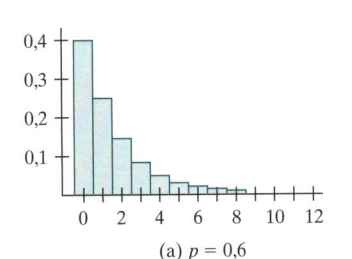

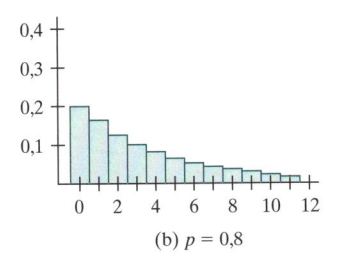

(a) $p = 0{,}6$

(b) $p = 0{,}8$

Figura 2

EXEMPLO 4

Uma linha de montagem produz um pequeno brinquedo mecânico e cerca de 2% dos brinquedos são defeituosos. Uma pessoa responsável pelo controle de qualidade seleciona um brinquedo aleatoriamente, inspeciona-o e repete esse procedimento até encontrar um brinquedo defeituoso. A probabilidade de sucesso (passar no teste) é de 0,98 para cada inspeção (tentativa).

(a) Encontre a probabilidade de passarem exatamente três brinquedos no teste antes de encontrar um brinquedo defeituoso.

(b) Encontre a probabilidade de passarem no máximo três brinquedos no teste antes de encontrar um brinquedo defeituoso.

(c) Qual é a probabilidade de passarem pelo menos quatro brinquedos no teste antes de encontrar um brinquedo defeituoso?

Solução Seja X o número de brinquedos aceitáveis encontrados antes do primeiro brinquedo defeituoso. Uma hipótese razoável é que a variável aleatória X tenha uma distribuição geométrica com parâmetro $p = 0{,}98$.

(a) A probabilidade de $X = 3$ é $p_3 = (0{,}98)^3(1 - 0{,}98) \approx 0{,}0188$.

(b) $\Pr(X \leq 3) = p_0 + p_1 + p_2 + p_3$

$= 0{,}02 + (0{,}98)(0{,}02) + (0{,}98)^2(0{,}02) + (0{,}98)^3(0{,}02)$

$\approx 0{,}02 + 0{,}0196 + 0{,}0192 + 0{,}0188 = 0{,}0776.$

(c) $\Pr(X \geq 4) = 1 - \Pr(X \leq 3) \approx 1 - 0{,}0776 = 0{,}9224.$ ∎

As propriedades seguintes de uma distribuição geométrica podem ser estabelecidas usando fatos relativos a séries de potências.

> Seja X uma variável aleatória geométrica de parâmetro p, isto é,
> $$p_n = p^n(1-p) \ (n = 0,1,\dots).$$
> Então o valor esperado e a variância de X são dados por
> $$E(X) = \frac{p}{1-p}, \quad \mathrm{Var}(X) = \frac{p}{(1-p)^2}.$$

EXEMPLO 5

Na situação descrita no Exemplo 4, qual é o número médio de brinquedos que passam a inspeção antes de se encontrar o primeiro brinquedo defeituoso?

Solução Como $p = 0{,}98$, temos $E(X) = 0{,}98/(1-0{,}98) = 49$. Se forem feitas várias inspeções, então podemos esperar que uma média de 49 brinquedos passem a inspeção antes de se encontrar um brinquedo defeituoso. ∎

INCORPORANDO RECURSOS TECNOLÓGICOS

Probabilidades de Poisson A calculadora gráfica TI-83 tem duas funções que calculam probabilidades de Poisson. O valor de `poissonpdf(λ,n)` é $p_n = \dfrac{\lambda^n}{n!}e^{-\lambda}$ e o valor de `poissonpdf(λ,n)` é $p_0 + p_1 + p_2 + \cdots p_n$. (Essas duas funções são implementadas no menu DISTR) Na Figura 3, essas funções são utilizadas para calcular duas probabilidades do Exemplo 2(a). Com outras calculadoras gráficas, você pode encontrar a soma de probabilidades de Poisson sucessivas com `sum(seq`, conforme aparece na última conta da Figura 3. Na Figura 4, usamos `sum(seq` para calcular as probabilidades geométricas das partes (b) e (c) do Exemplo 4. ∎

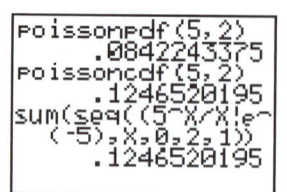

Figura 3 Duas probabilidades do Exemplo 2.

Figura 4 Duas probabilidades do Exemplo 4.

Exercício de revisão 12.5

1. Uma funcionária da Secretaria da Saúde está tentando encontrar a origem de uma infecção bacteriana numa determinada cidade. Ela analisa a incidência relatada em cada quarteirão da cidade e encontra uma média de três casos por quarteirão. Num certo quarteirão, são encontrados sete casos. Qual é a probabilidade de um quarteirão escolhido aleatoriamente apresentar no mínimo sete casos, supondo que o número de casos por quarteirão tenha uma distribuição de Poisson?

Exercícios 12.5

1. Suponha que uma variável aleatória X tenha distribuição de Poisson com $\lambda = 3$, como no Exemplo 1. Calcule as probabilidades p_6, p_7 e p_8.

2. Seja X uma variável aleatória de Poisson com parâmetro $\lambda = 5$. Calcule as probabilidades $p_0, \ldots, p_6$ com quatro casas decimais.

3. Repita o Exercício 2 com $\lambda = 0{,}75$ e faça um histograma.

4. Repita o Exercício 2 com $\lambda = 2{,}5$ e faça um histograma.

5. O número de pedidos de pagamento de coberturas contra incêndio encaminhados à Companhia de Seguros Vagalume tem distribuição de Poisson com $\lambda = 10$.
   (a) Qual é a probabilidade de não haver pedido algum de pagamento de cobertura num dado mês?
   (b) Qual é a probabilidade de não haver mais de dois pedidos de pagamento de cobertura num dado mês? (O número de pedidos seria zero, um ou dois.)
   (c) Qual é a probabilidade de haver pelo menos três pedidos de pagamento de cobertura num dado mês?

6. Numa típica noite de fim de semana de um hospital local, o número de pessoas esperando para serem atendidas no setor de emergências tem distribuição de Poisson com $\lambda = 6{,}5$.
   (a) Qual é a chance de nenhuma ou apenas uma pessoa estar esperando?
   (b) Qual é a chance de não haver mais do que quatro pessoas esperando?
   (c) Qual é a chance de haver pelo menos cinco pessoas esperando?

7. O número de erros tipográficos por página de um determinado jornal tem distribuição de Poisson, e há uma média de 1,5 erros por página.
   (a) Qual é a probabilidade de uma página aleatória não apresentar erro algum?
   (b) Qual é a probabilidade de uma página ter dois ou três erros?
   (c) Qual é a probabilidade de uma página ter pelo menos quatro erros?

8. Uma média de 5 carros chegam por minuto ao posto de pedágio de uma rodovia durante certa parte do dia. Seja X o número de carros que chegam em qualquer intervalo de um minuto selecionado aleatoriamente. Seja Y o tempo entre quaisquer duas chegadas consecutivas. (O tempo médio entre quaisquer duas chegadas consecutivas é de $\frac{1}{5}$ minuto.) Suponha que X seja uma variável aleatória de Poisson e que Y seja uma variável aleatória exponencial.
   (a) Encontre a probabilidade de pelo menos cinco carros chegarem num dado intervalo de um minuto.
   (b) Encontre a probabilidade de o tempo entre duas chegadas consecutivas quaisquer ser menor do que $\frac{1}{5}$ minuto.

9. Uma padaria prepara biscoitos finos. Quantas passas devem ser utilizadas numa fornada de 4.800 biscoitos de aveia e passas para que a probabilidade de um biscoito não ter passa alguma ser de 0,01? [*Observação*: uma hipótese razoável é que o número de passas num biscoito aleatório tenha uma distribuição de Poisson.]

10. Se X for uma variável aleatória geométrica com parâmetro $p = 0{,}9$, calcule as probabilidades $p_0, \ldots, p_5$ e faça um histograma.

11. Repita o Exercício 10 com $p = 0{,}6$.

12. O departamento de controle de qualidade de uma fábrica de máquinas de costura concluiu que 1 de cada 40 máquinas não passa a inspeção. Seja X o número de máquinas numa linha de montagem que passam a inspeção antes de se encontrar uma máquina defeituosa.
    (a) Escreva a fórmula para $\Pr(X = n)$.
    (b) Qual é a probabilidade de sair em cinco máquinas da linha de montagem com as quatro primeiras passando a inspeção e a quinta não?

13. Numa certa cidade, há duas companhias de táxi competindo, a dos táxis vermelhos e a dos táxis azuis. Os táxis se misturam no tráfego do centro da cidade de forma aleatória. Existem três vezes mais táxis vermelhos do que azuis. Suponha que você esteja numa esquina do centro da cidade e conte o número X de táxis vermelhos que aparecem antes de aparecer o primeiro táxi azul.
    (a) Determine a fórmula para $\Pr(X = n)$.
    (b) Qual é a probabilidade de observar pelo menos três táxis vermelhos antes do primeiro táxi azul?
    (c) Qual é o número médio de táxis vermelhos consecutivos antes de aparecer um táxi azul?

14. Numa determinada turma de Ensino Médio, dois terços dos alunos apresentam pelo menos uma cárie dentária. É feito um levantamento dentário dos alunos. Qual é a probabilidade de o primeiro aluno com cárie ser o terceiro aluno examinado?

15. Seja X uma variável aleatória geométrica com parâmetro $p < 1$. Encontre uma fórmula para $\Pr(X < n)$, com $n > 0$. [*Observação*: a soma parcial de uma série geométrica de razão r é dada por
$$1 + r + \cdots + r^{n-1} = \frac{1-r^n}{1-r}.]$$

16. Sempre que um documento é introduzido numa copiadora de grande velocidade, existe uma chance de 0,5% de que um papel trancado pare a máquina.
    (a) Qual é o número esperado de documentos que podem ser copiados antes de ocorrer uma parada por papel trancado?
    (b) Determine a probabilidade de pelo menos 100 documentos poderem ser copiados antes de ocorrer uma parada por papel trancado. [*Sugestão*: ver o Exercício 15.]

17. Suponha que um grande número de pessoas seja infectado por uma determinada linhagem de estafilococos presentes na comida servida por uma lancheria e que o germe geralmente produza um certo sintoma em 5%

das pessoas infectadas. Qual é a probabilidade de, ao examinar os fregueses, a primeira pessoa a apresentar o sintoma seja o quinto freguês examinado?

18. Suponha que lancemos uma moeda honesta até aparecer uma coroa e que contemos o número X de caras consecutivas que a precedem.
    (a) Determine a probabilidade de ocorrerem exatamente n caras consecutivas.
    (b) Determine o número médio de caras consecutivas que ocorrem.
    (c) Escreva a série infinita que dá a variância do número de caras consecutivas. Use o Exercícios 28 da Seção 11.5 para mostrar que a variância é igual a 2.

Os Exercícios 19 e 20 ilustram uma técnica da Estatística (conhecida como o método da máxima verossimilhança) que dá a estimativa de um parâmetro de uma distribuição de probabilidade.

19. Num processo de produção, é examinada uma caixa de fusíveis e são encontrados dois fusíveis defeituosos. Suponha que a probabilidade de serem encontrados dois fusíveis defeituosos numa caixa selecionada aleatoriamente seja de $(\lambda^2/2)e^{-\lambda}$, para algum λ. Tome derivadas primeira e segunda para determinar o valor de λ com o qual a probabilidade atinja seu valor máximo.

20. Uma pessoa atirando num alvo tem cinco acertos e depois um erro. Se x for a probabilidade de sucesso em cada tiro, a probabilidade de obter cinco acertos seguidos de um erro é $x^5(1 - x)$. Tome derivadas primeira e segunda para determinar o valor de x com o qual a probabilidade atinge seu valor máximo.

21. Seja X uma variável aleatória geométrica com parâmetro p. Derive a fórmula para $E(X)$ usando a fórmula da série de potências (ver Exemplo 3 da Seção 11.5)

$$1 + 2x + 3x^2 + \cdots = \frac{1}{(1-x)^2} \quad \text{com } |x| < 1$$

22. Seja X uma variável aleatória de Poisson com parâmetro λ. Use o Exercício 23 da Seção 11.5 para mostrar que a probabilidade de X ser um inteiro par (incluindo 0) é $e^{-\lambda} \cosh \lambda$.

Exercícios com calculadora

23. O número de vezes que uma impressora estraga a cada mês tem uma distribuição de Poisson com $\lambda = 4$. Qual é a probabilidade da impressora quebrar entre 2 e 8 vezes durante um dado mês?

24. O número de pessoas que chegam a uma caixa de supermercado num intervalo de 5 minutos tem uma distribuição de Poisson com $\lambda = 8$.
    (a) Qual é a probabilidade de chegarem exatamente oito pessoas num dado intervalo de 5 minutos?
    (b) Qual é a probabilidade de chegarem no máximo oito pessoas num dado intervalo de 5 minutos?

25. O número de recém-nascidos a cada dia num certo hospital tem uma distribuição de Poisson com $\lambda = 6{,}9$.
    (a) Durante um determinado dia, a chance de haver 7 nascimentos é maior do que a de haver seis nascimentos?
    (b) Qual é a probabilidade de ocorrerem no máximo 15 nascimentos num dado dia?

26. O número de acidentes que ocorrem mensalmente num certo cruzamento tem uma distribuição de Poisson com $\lambda = 4{,}8$.
    (a) Durante um determinado mês, a chance de ocorrerem 5 acidentes é maior do que a de ocorrerem 4 acidentes?
    (b) Qual é a probabilidade de ocorrerem mais de oito acidentes num dado mês?

Solução do exercício de revisão 12.5

1. O número de casos por quarteirão tem uma distribuição de Poisson com $\lambda = 3$. Logo, a probabilidade de ocorrerem pelo menos sete casos num dado quarteirão é

$$p_7 + p_8 + p_9 + \ldots$$
$$= 1 - (p_0 + p_1 + p_2 + p_3 + p_4 + p_5 + p_6).$$

Contudo,

$$p_n = \frac{3^n}{1 \cdot 2 \cdots n} e^{-3}$$

logo

$p_0 = 0{,}04979, \quad p_1 = 0{,}14936, \quad p_2 = 0{,}22404,$
$p_3 = 0{,}22404, \quad p_4 = 0{,}16803, \quad p_5 = 0{,}10082,$
$p_6 = 0{,}05041.$

Portanto, a probabilidade de ocorrerem pelos menos sete casos num dado quarteirão é $1 - (0{,}04979 + 0{,}14936 + 0{,}22404 + 0{,}22404 + 0{,}16803 + 0{,}10082 + 0{,}05041) = 0{,}03351$. (Ver Figura 5.)

```
1-poissoncdf(3,6
)
           .0335085353
1-sum(seq((3^X/X
!)e^(-3),X,0,6,1
))
           .0335085353
```

Figura 5

REVISÃO DE CONCEITOS FUNDAMENTAIS

1. O que é uma tabela de probabilidades?
2. O que é uma variável aleatória discreta?
3. Faça uma pequena tabela de probabilidades para uma variável aleatória discreta X e use-a para definir $E(X)$, $Var(X)$ e o desvio-padrão de X.
4. Explique como criar um histograma de densidade de probabilidade.
5. Qual é a diferença entre uma variável aleatória discreta e uma variável aleatória contínua?
6. Quais são as duas propriedades de uma função densidade de probabilidade?
7. Como é usada uma função densidade de probabilidades para calcular probabilidades?
8. O que é uma distribuição de probabilidades cumulativa e como ela está relacionada com a correspondente função densidade de probabilidade?
9. Como é calculado o valor esperado de uma variável aleatória contínua?
10. Dê duas maneiras de calcular a variância de uma variável aleatória contínua.
11. O que é uma função densidade exponencial? Dê um exemplo.
12. Qual é o valor esperado de uma variável aleatória exponencial?
13. Qual é a função densidade de uma variável aleatória normal com média μ e desvio-padrão σ?
14. O que é uma variável aleatória normal padrão? Escreva a função densidade.
15. Como é que uma integral envolvendo uma função densidade normal é convertida numa integral envolvendo uma função densidade normal padrão?
16. Qual é o valor de $\Pr(X = n)$ para uma variável aleatória de Poisson com parâmetro λ? Qual é o valor de $E(X)$ nesse caso?
17. Qual é o valor de $\Pr(X = n)$ para uma variável aleatória geométrica com parâmetro p (a probabilidade de sucesso)? Qual é o valor de $E(X)$ nesse caso?

EXERCÍCIOS SUPLEMENTARES

1. Seja X uma variável aleatória contínua em $0 \leq x \leq 2$, com função densidade $f(x) = \frac{3}{8}x^2$.
   (a) Calcule $\Pr(X \leq 1)$ e $\Pr(1 \leq X \leq 1,5)$.
   (b) Encontre $E(X)$ e $Var(X)$.
2. Seja X uma variável aleatória contínua em $3 \leq x \leq 4$ com função densidade $f(x) = 2(x - 3)$.
   (a) Calcule $\Pr(3,2 \leq X)$ e $\Pr(3 \leq X)$.
   (b) Encontre $E(X)$ e $Var(X)$.
3. Dado qualquer número A, verifique que $f(x) = e^{A-x}$, $x \geq A$ define uma função densidade. Calcule a função distribuição cumulativa associada de X.
4. Dadas quaisquer constantes positivas k e A, verifique que $f(x) = kA^k/x^{k+1}$, $x \geq A$ define uma função densidade. Dizemos que a função distribuição cumulativa $F(x)$ associada é uma *distribuição de Pareto*. Calcule $F(x)$.
5. Dado qualquer inteiro positivo n, a função $f_n(x) = c_n x^{(n-2)/2} e^{-x/2}$, $x \geq 0$, em que c_n é uma constante apropriada, é denominada *função densidade qui-quadrado* com n graus de liberdade. Encontre c_2 e c_4 tais que $f_2(x)$ e $f_4(x)$ sejam funções densidade de probabilidade.
6. Dado qualquer número positivo k, verifique que $f(x) = 1/(2k^3)x^2 e^{-x/k}$, $x \geq 0$ é uma função densidade.
7. Um laboratório testa várias amostras de sangue para uma doença que ocorre em cerca de 5% das amostras. O laboratório coleta amostras de 10 pessoas e mistura um pouco do sangue de cada amostra. Se a mistura testar positivo, devem ser coletadas 10 amostras adicionais, uma para cada amostra individual. Porém, se a mistura testar negativo, nenhum teste adicional é necessário. Pode ser mostrado que o teste da mistura será negativo com probabilidade $(0,95)^{10} = 0,599$, porque cada uma das 10 amostras tem uma chance de 95% de não estar contaminada. Se X for o número total de testes requeridos, então X tem a tabela de probabilidades dada na Tabela 1.
   (a) Encontre $E(X)$.
   (b) Se o laboratório usar o procedimento descrito em 200 amostras de sangue (isto é, 20 grupos de 10 amostras), quantos testes pode-se esperar que o laboratório necessite fazer?

TABELA 1 Probabilidades do exame de sangue para grupos de 10 amostras

	Teste da mistura	
	Negativo	Positivo
Total de testes	1	11
Probabilidade	0,599	0,401

8. Continuação do Exercício 7. Se o laboratório usar grupos de 5 em vez de 10 amostras, a probabilidade de um teste negativo na mistura de 5 amostras é $(0,95)^5 = 0,774$. Assim, a Tabela 2 dá as probabilidades para o número X de testes requeridos.
   (a) Encontre $E(X)$.
   (b) Se o laboratório usar o procedimento descrito em 200 amostras de sangue (isto é, 40 grupos de

5 amostras), quantos testes pode-se esperar que o laboratório necessite fazer?

TABELA 2 Probabilidades do exame de sangue para grupos de 5 amostras

Teste da mistura		
	Negativo	Positivo
Total de testes	1	6
Probabilidade	0,774	0,226

9. Um determinado posto de gasolina vende X mil litros de gasolina a cada semana. Suponha que a função distribuição cumulativa de X seja $F(x) = 1 - \frac{1}{4}(2-x)^2$, $0 \le x \le 2$.
   (a) Se o tanque do posto contiver 1,6 mil litros no início da semana, encontre a probabilidade do posto ter gasolina suficiente para seus clientes ao longo da semana.
   (b) Quanta gasolina deve ter no tanque no início da semana para que a probabilidade de ter gasolina suficiente ao longo da semana seja de 0,99?
   (c) Calcule a função densidade de X.

10. Um contrato de manutenção de um computador custa $100 por ano. O contrato cobre todas as despesas de manutenção e reparos necessários. Suponha que o custo real para o fabricante fornecer esse serviço seja uma variável aleatória X (medida em centenas de dólares) cuja função densidade de probabilidade seja $f(x) = (x-5)^4/625$, $0 \le x \le 5$. Calcule $E(X)$ e determine quanto dinheiro o fabricante espera obter em média por serviço contratado.

11. Uma variável aleatória X tem função densidade uniforme $f(x) = \frac{1}{5}$ em $20 \le x \le 25$.
    (a) Encontre $E(X)$ e $\text{Var}(X)$.
    (b) Encontre b tal que $\Pr(X \le b) = 0,3$.

12. Uma variável aleatória X tem função distribuição cumulativa $F(x) = (x^2-9)/16$ em $3 \le x \le 5$.
    (a) Encontre a função densidade de X.
    (b) Encontre a tal que $\Pr(a \le X) = \frac{1}{4}$.

13. O salário anual das famílias de uma certa comunidade varia entre 5 e 25 mil dólares. Seja X o salário anual (em milhares de dólares) de uma família escolhida aleatoriamente dessa comunidade e suponha que a função densidade de probabilidade de X seja $f(x) = kx$, com $5 \le x \le 25$.
    (a) Encontre o valor de k que torna $f(x)$ uma função densidade.
    (b) Encontre a fração de famílias cujo salário anual excede $20.000.
    (c) Encontre o salário médio anual das famílias dessa comunidade.

14. A função densidade $f(x)$ da duração de uma certa bateria é dada na Figura 1. Cada bateria dura entre 3 e 10 horas.
    (a) Esboce o gráfico da função distribuição cumulativa $F(x)$ correspondente.
    (b) Qual é o significado do número $F(7) - F(5)$?
    (c) Formule o número da parte (b) em termos de $f(x)$.

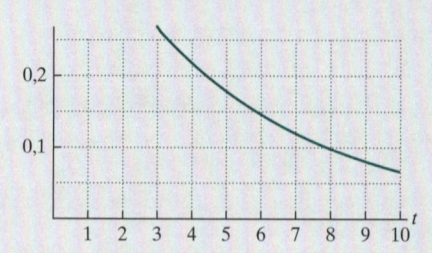

Figura 1

15. Um ponto é selecionado aleatoriamente do retângulo da Figura 2; denote suas coordenadas por (θ, y). Encontre a probabilidade de $y \le \text{sen } \theta$.

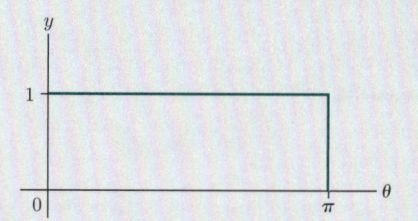

Figura 2

16. **O problema da agulha de Buffon** Uma agulha com uma unidade de comprimento é largada num piso marcado com linhas paralelas separadas por uma unidade. [Ver Figura 3.] Sejam P o ponto mais baixo da agulha, y a distância de P à linha acima dele e θ o ângulo que a agulha faz com uma linha paralela às linhas marcadas no piso. Mostre que a agulha toca uma das linhas marcadas se, e só se, $y \le \text{sen } \theta$. Conclua que a probabilidade de a agulha tocar uma linha marcada é a probabilidade encontrada no Exercício 15.

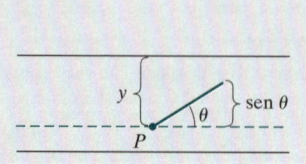

Figura 3

17. O tempo de vida útil de um tubo catódico de televisão é uma variável aleatória exponencial com valor esperado de 5 anos. O fabricante do tubo vende o tubo por $100, mas reembolsa o valor total se o tubo queimar antes de 3 anos. Então a receita do fabricante com cada tubo é uma variável aleatória discreta Y de valores 100 e 0. Determine a receita esperada por tubo.

18. A reposição do condensador de um ar-condicionado custa $300, mas uma companhia de manutenção de ar-condicionados residenciais garante uma reposição gratuita se o cliente pagar um prêmio de seguro anual de $25. O tempo de vida útil do condensador é uma variável

aleatória exponencial com valor esperado de 10 anos. O seguro deveria ser contratado no primeiro ano? [*Sugestão*: considere a variável aleatória Y tal que $Y = 300$ se o condensador queimar durante o ano e $Y = 0$ caso contrário. Compare $E(Y)$ com o custo de um ano de seguro.]

19. Uma variável aleatória exponencial X tem sido utilizada para modelar o tempo de alívio (em minutos) de pacientes artríticos que tomam um analgésico pela dor. Suponha que a função densidade de X seja $f(x) = ke^{-kx}$ e que um certo analgésico produza alívio em 4 minutos para 75% de um grande grupo de pacientes. Logo, temos a estimativa $\Pr(X \leq 4) = 0{,}75$. Use essa estimativa para obter um valor aproximado de k. [*Sugestão*: mostre inicialmente que $\Pr(X \leq 4) = 1 - e^{-4k}$.]

20. Certo equipamento novo tem uma vida útil de X mil horas, sendo X uma variável aleatória com função densidade $f(x) = 0{,}01xe^{-x/10}$, $x \geq 0$. Um fabricante espera que o equipamento gere uma receita adicional de \$5.000 a cada mil horas de uso, mas o equipamento custa \$60.000. O fabricante deveria comprar o equipamento novo? [*Sugestão*: calcule o valor esperado da receita adicional gerada pelo equipamento.]

21. Foram registrados dados extensivos sobre a vida útil (em meses) de um certo produto e, a partir desses dados, foi construído um histograma de frequência relativa utilizando áreas para representar frequências relativas (como na Figura 4 da Seção 12.1). Resultou que a fronteira superior do histograma de frequência relativa é bem aproximada pelo gráfico da função

$$f(x) = \frac{1}{8\sqrt{2\pi}} e^{-(1/2)[(x-50)/8]^2}.$$

Determine a probabilidade de a vida útil de tal produto ficar entre 30 e 50 meses.

22. Uma certa peça de maquinário tem um comprimento nominal de 80 milímetros com uma tolerância de $\pm 0{,}05$ milímetro. Suponha que o comprimento real das peças fornecidas seja uma variável aleatória normal com média de 79,99 milímetros e desvio-padrão de 0,02 milímetros. Num lote de 1.000 peças, quantas espera-se que estejam fora dos limites de tolerância?

23. Um homem contratado pelo departamento de polícia de uma certa cidade deve ter uma altura mínima de 69 polegadas. Se a altura dos homens adultos da cidade tiver uma distribuição normal com $\mu = 70$ polegadas e $\sigma = 2$ polegadas, qual é a porcentagem de homens suficientemente altos para serem contratadas pelo departamento de polícia?

24. Continuação do Exercício 23. Se o departamento de polícia mantiver as mesmas exigências em relação à altura de mulheres contratadas e se a altura das mulheres adultas da cidade tiver uma distribuição normal com $\mu = 65$ polegadas e $\sigma = 1{,}6$ polegadas, qual é a porcentagem de mulheres suficientemente altas para serem contratadas pelo departamento de polícia?

25. Seja Z uma variável aleatória normal padrão. Encontre o número a tal que $\Pr(a \leq Z) = 0{,}40$.

26. Os resultados do exame de admissão em uma escola são distribuídos normalmente com $\mu = 500$ e $\sigma = 100$. Se a escola quiser aceitar apenas os 40% melhores estudantes, qual deve ser a nota de corte?

27. Em algumas aplicações, é útil saber que cerca de 68% da área sob a curva normal padrão fica entre -1 e 1.
    (a) Verifique essa afirmação.
    (b) Seja X uma variável aleatória normal com valor esperado μ e variância σ^2. Calcule
    $$\Pr(\mu - \sigma \leq X \leq \mu + \sigma).$$

28. (a) Mostre que cerca de 95% da área sob a curva normal padrão fica entre -2 e 2.
    (b) Seja X uma variável aleatória normal com valor esperado μ e variância σ^2. Calcule
    $$\Pr(\mu - 2\sigma \leq X \leq \mu + 2\sigma).$$

29. A desigualdade de Chebychev diz que para qualquer variável aleatória X com valor esperado μ e desvio padrão σ,

    $$\Pr(\mu - n\sigma \leq X \leq \mu + n\sigma) \geq 1 - \frac{1}{n^2}.$$

    (a) Tome $n = 2$. Aplique a desigualdade de Chebychev para uma variável aleatória exponencial.
    (b) Integrando, encontre o valor exato da probabilidade da parte (a).

30. Faça o mesmo que no Exercício 29 para uma variável aleatória normal.

Um pequeno volume de sangue é selecionado e examinado com um microscópio, sendo contado o número de células brancas. Nos Exercícios 31-33, suponha que para uma pessoa saudável, o número de células brancas numa tal amostra tenha distribuição de Poisson com $\lambda = 4$.

31. Qual é a probabilidade de uma amostra de uma pessoa saudável ter exatamente 4 células brancas?

32. Qual é a probabilidade de uma amostra de uma pessoa saudável ter oito ou mais células brancas?

33. Qual é o número médio de células brancas por amostra de uma pessoa saudável?

Um par de dados é lançado até que apareça um 7 ou um 11, sendo contado o número de jogadas que precedem a jogada final. Nos Exercícios 34-36, use que a probabilidade de se obter um 7 ou um 11 seja $\frac{2}{9}$.

34. Determine a fórmula para p_n, a probabilidade de ocorrerem exatamente n jogadas consecutivas antes da jogada final.

35. Determine o número médio de jogadas consecutivas antes da jogada final.

36. Qual é a probabilidade de pelo menos três jogadas consecutivas precederem a jogada final?

APÊNDICE

Áreas sob a curva normal padrão

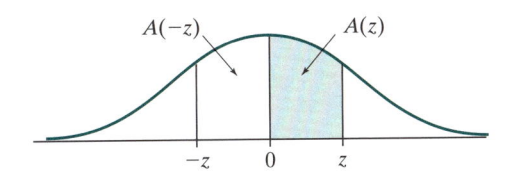

TABELA 1 Áreas sob a curva normal padrão

z	0,00	0,01	0,02	0,03	0,04	0,05	0,06	0,07	0,08	0,09
0,0	0,0000	0,0040	0,0080	0,0120	0,0160	0,0199	0,0239	0,0279	0,0319	0,0359
0,1	0,0398	0,0438	0,0478	0,0517	0,0557	0,0596	0,0639	0,0675	0,0714	0,0754
0,2	0,0793	0,0832	0,0871	0,0910	0,0948	0,0987	0,1026	0,1064	0,1103	0,1141
0,3	0,1179	0,1217	0,1255	0,1293	0,1331	0,1368	0,1406	0,1443	0,1480	0,1517
0,4	0,1554	0,1591	0,1628	0,1664	0,1700	0,1736	0,1772	0,1808	0,1844	0,1879
0,5	0,1915	0,1950	0,1985	0,2019	0,2054	0,2088	0,2123	0,2157	0,2190	0,2224
0,6	0,2258	0,2291	0,2324	0,2357	0,2389	0,2422	0,2454	0,2486	0,2518	0,2549
0,7	0,2580	0,2612	0,2642	0,2673	0,2704	0,2734	0,2764	0,2794	0,2823	0,2852
0,8	0,2881	0,2910	0,2939	0,2967	0,2996	0,3023	0,3051	0,3078	0,3106	0,3133
0,9	0,3159	0,3186	0,3212	0,3238	0,3264	0,3289	0,3315	0,3340	0,3365	0,3389
1,0	0,3413	0,3438	0,3461	0,3485	0,3508	0,3531	0,3554	0,3577	0,3599	0,3621
1,1	0,3643	0,3665	0,3686	0,3708	0,3729	0,3749	0,3770	0,3790	0,3810	0,3820
1,2	0,3849	0,3869	0,3888	0,3907	0,3925	0,3944	0,3962	0,3980	0,3997	0,4015
1,3	0,4032	0,4049	0,4066	0,4082	0,4099	0,4115	0,4131	0,4147	0,4162	0,4177
1,4	0,4192	0,4207	0,4222	0,4236	0,4251	0,4265	0,4279	0,4292	0,4306	0,4319
1,5	0,4332	0,4345	0,4357	0,4370	0,4382	0,4394	0,4406	0,4418	0,4429	0,4441
1,6	0,4452	0,4463	0,4474	0,4484	0,4495	0,4505	0,4515	0,4525	0,4535	0,4545
1,7	0,4554	0,4564	0,4573	0,4582	0,4591	0,4599	0,4608	0,4616	0,4625	0,4633
1,8	0,4641	0,4649	0,4656	0,4664	0,4671	0,4678	0,4686	0,4693	0,4699	0,4706
1,9	0,4713	0,4719	0,4726	0,4732	0,4738	0,4744	0,4750	0,4756	0,4761	0,4767
2,0	0,4772	0,4778	0,4783	0,4788	0,4793	0,4798	0,4803	0,4808	0,4812	0,4817
2,1	0,4821	0,4826	0,4830	0,4834	0,4838	0,4842	0,4846	0,4850	0,4854	0,4857
2,2	0,4861	0,4864	0,4868	0,4871	0,4875	0,4875	0,4881	0,4884	0,4887	0,4890
2,3	0,4893	0,4896	0,4898	0,4901	0,4904	0,4906	0,4909	0,4911	0,4913	0,4916
2,4	0,4918	0,4920	0,4922	0,4925	0,4927	0,4929	0,4931	0,4932	0,4934	0,4936
2,5	0,4938	0,4940	0,4941	0,4943	0,4945	0,4946	0,4948	0,4949	0,4951	0,4952
2,6	0,4953	0,4955	0,4956	0,4957	0,4959	0,4960	0,4961	0,4962	0,4963	0,4964
2,7	0,4965	0,4966	0,4967	0,4968	0,4969	0,4970	0,4971	0,4972	0,4973	0,4974
2,8	0,4974	0,4975	0,4976	0,4977	0,4977	0,4978	0,4979	0,4979	0,4980	0,4981
2,9	0,4981	0,4982	0,4982	0,4983	0,4984	0,4984	0,4985	0,4985	0,4986	0,4986
3,0	0,4987	0,4987	0,4987	0,4988	0,4988	0,4989	0,4989	0,4989	0,4990	0,4990
3,1	0,4990	0,4991	0,4991	0,4991	0,4992	0,4992	0,4992	0,4992	0,4993	0,4993
3,2	0,4993	0,4993	0,4994	0,4994	0,4994	0,4994	0,4994	0,4995	0,4995	0,4995
3,3	0,4995	0,4995	0,4995	0,4996	0,4996	0,4996	0,4996	0,4996	0,4996	0,4997
3,4	0,4997	0,4997	0,4997	0,4997	0,4997	0,4997	0,4997	0,4997	0,4997	0,4998
3,5	0,4998	0,4998	0,4998	0,4998	0,4998	0,4998	0,4998	0,4998	0,4998	0,4998

RESPOSTAS

CAPÍTULO 0

Exercícios 0.1, página 12

1. [number line with -1, 0, 4] **3.** [number line with -2, 0, √2] **5.** [number line with 0, 3] **7.** [2,3) **9.** [−1,0)

11. $(-\infty, 3)$ **13.** $0, 10, 0, 70$ **15.** $0, 0, -\frac{9}{8}, a^3 + a^2 - a - 1$ **17.** $\frac{1}{3}, 3, \frac{a+1}{a+2}$ **19.** $a^2 - 1, a^2 + 2a$

21. (a) Vendas em 1990 **(b)** 60 **23.** $x \neq 1, 2$ **25.** $x < 3$ **27.** É gráfico **29.** Não é gráfico
31. Não é gráfico **33.** 1 **35.** 3 **37.** Positivo **39.** Positivo **41.** $-1, 5, 9$ **43.** 0,03
45. 0,04 **47.** Não

49. Sim **51.** $(a+1)^3$ **53.** $1, 3, 4$ **55.** $\pi, 3, 12$ **57.** $f(x) = \begin{cases} 0{,}06x & \text{se } 50 \leq x \leq 300 \\ 0{,}02x + 12 & \text{se } 300 < x \leq 600 \\ 0{,}015x + 15 & \text{se } 600 < x \end{cases}$

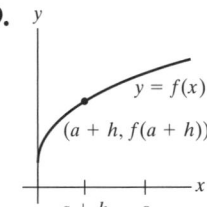

59. [graph of $y = f(x)$ with point $(a+h, f(a+h))$]

61. Precisa parênteses. $Y_1 = X{\char`\^}(3/4)$

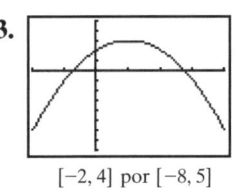

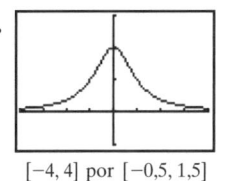

63. [graph, $[-2, 4]$ por $[-8, 5]$]

65. [graph, $[-4, 4]$ por $[-0{,}5, 1{,}5]$]

Exercícios 0.2, página 20

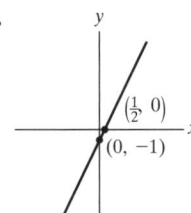

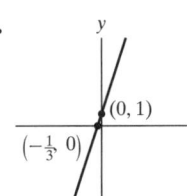

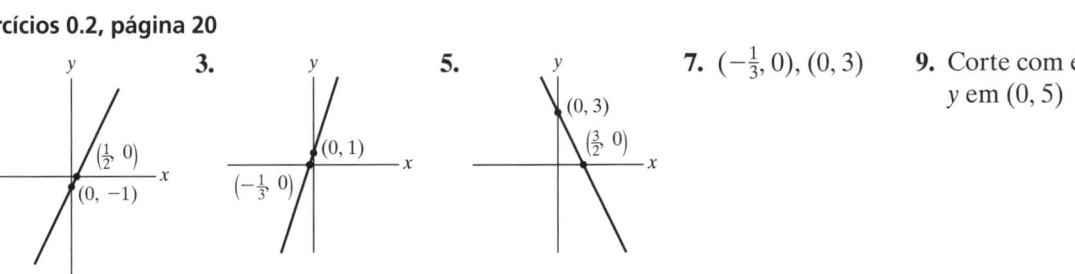

1. [graph through $(\frac{1}{2}, 0)$, $(0, -1)$] **3.** [graph through $(-\frac{1}{3}, 0)$, $(0, 1)$] **5.** [graph through $(\frac{3}{2}, 0)$, $(0, 3)$] **7.** $(-\frac{1}{3}, 0), (0, 3)$ **9.** Corte com eixo y em $(0, 5)$

11. $(12, 0), (0, 3)$ **13. (a)** $K = \frac{1}{250}, V = \frac{1}{50}$ **(b)** $\left(-\frac{1}{K}, 0\right), \left(0, \frac{1}{V}\right)$ **15. (a)** $\$58$
(b) $f(x) = 0{,}20x + 18$ **17.** $300x + 1.500, x =$ número de dias **19.** O custo de 5% adicionais é $\$25$ milhões. O custo para os 5% finais é 21 vezes esse valor. **21.** $a = 3, b = -4, c = 0$ **23.** $a = -2, b = 3, c = 1$
25. $a = -1, b = 0, c = 1$ **27.** [graph] **29.** [graph] **31.** [graph]

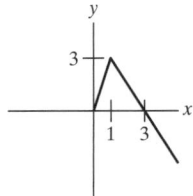

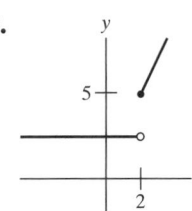

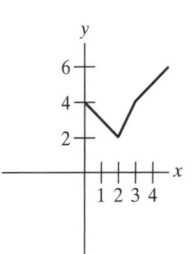

33. 1 **35.** 10^{-2} **37.** 2,5 **39.** $-3{.}985, 3{.}008$ **41.** $-4{,}60569; 231{,}499$

Exercícios 0.3, página 25

1. $x^2 + 9x + 1$ **3.** $9x^3 + 9x$ **5.** $\dfrac{t^2+1}{9t}$ **7.** $\dfrac{3x+1}{x^2-x-6}$ **9.** $\dfrac{4x}{x^2-12x+32}$ **11.** $\dfrac{2x^2+5x+50}{x^2-100}$

13. $\dfrac{2x^2-2x+10}{x^2+3x-10}$ **15.** $\dfrac{-x^2+5x}{x^2+3x-10}$ **17.** $\dfrac{x^2+5x}{-x^2+7x-10}$ **19.** $\dfrac{-x^2+3x+4}{x^2+5x-6}$ **21.** $\dfrac{-x^2-3x}{x^2+15x+50}$

23. $\dfrac{5u-1}{5u+1}, u \neq 0$ **25.** $\left(\dfrac{x}{1-x}\right)^6$ **27.** $\left(\dfrac{x}{1-x}\right)^3 - 5\left(\dfrac{x}{1-x}\right)^2 + 1$ **29.** $\dfrac{t^3-5t^2+1}{-t^3+5t^2}$ **31.** $2xh+h^2$

33. $4-2t-h$ **35. (a)** $C(A(t)) = 3.000 + 1.600t - 40t^2$ **(b)** $\$6.040$ **37.** $h(x) = x + \dfrac{1}{8}$; $h(x)$ converte dos tamanhos ingleses para os americanos. **39.** O gráfico de $f(x) + c$ é o gráfico de $f(x)$ transladado para cima (se $c > 0$) ou para baixo (se $c < 0$) por $|c|$ unidades. **41.** **43.** $f(f(x)) = x, x \neq 1$

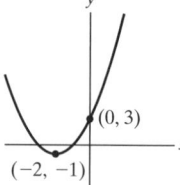

Exercícios 0.4, página 32

1. $2, \frac{3}{2}$ **3.** $\frac{3}{2}$ **5.** Não tem zeros **7.** $1, -\frac{1}{5}$ **9.** $5, 4$ **11.** $2 + \dfrac{\sqrt{6}}{3}, 2 - \dfrac{\sqrt{6}}{3}$ **13.** $(x+5)(x+3)$
15. $(x-4)(x-4)$ **17.** $3(x+2)^2$ **19.** $-2(x-3)(x+5)$ **21.** $x(3-x)$ **23.** $-2x(x-\sqrt{3})(x+\sqrt{3})$
25. $(-1,1), (5,19)$ **27.** $(-1,9), (4,4)$ **29.** $(0,0), (2,-2)$ **31.** $(0,5), (2-\sqrt{3}, 25-23\sqrt{3}/2),$
$(2+\sqrt{3}, 25+23\sqrt{3}/2)$ **33.** $-7, 3$ **35.** $-2, 3$ **37.** -7 **39.** 16.667 e 78.571 assinantes **41.** $-1, 2$
43. $\approx 4{,}56$ **45.** $\approx (-0{,}41, -1{,}83), (2{,}41, 3{,}83)$ **47.** $\approx (2{,}14, -25{,}73), (4{,}10, -21{,}80)$
49. $[-5, 22]$ por $[-1.400, 100]$ **51.** $[-20, 4]$ por $[-500, 2.500]$

Exercícios 0.5, página 39

1. 27 **3.** 1 **5.** $0{,}0001$ **7.** -16 **9.** 4 **11.** $0{,}01$ **13.** $\frac{1}{6}$ **15.** 100 **17.** 16 **19.** 125 **21.** 1
23. 4 **25.** $\frac{1}{2}$ **27.** 1.000 **29.** 10 **31.** 6 **33.** 16 **35.** 18 **37.** $\frac{4}{9}$ **39.** 7 **41.** $x^6 y^6$ **43.** $x^3 y^3$
45. $\dfrac{1}{x^{1/2}}$ **47.** $\dfrac{x^{12}}{y^6}$ **49.** $x^{12} y^{20}$ **51.** $x^2 y^6$ **53.** $16x^4$ **55.** x^2 **57.** $\dfrac{1}{x^7}$ **59.** x **61.** $\dfrac{27x^6}{8y^3}$
63. $2\sqrt{x}$ **65.** $\dfrac{1}{8x^6}$ **67.** $\dfrac{1}{32x^2}$ **69.** $9x^3$ **71.** $x-1$ **73.** $1+6x^{1/2}$ **75.** $a^{1/2} \cdot b^{1/2} = (ab)^{1/2}$ (Lei 5)
77. 16 **79.** $\frac{1}{4}$ **81.** 8 **83.** $\frac{1}{32}$ **85.** $\$709{,}26$ **87.** $\$127.857{,}61$ **89.** $\$164{,}70$ **91.** $\$1.592{,}75$
93. $\$3.268{,}00$ **95.** $\frac{500}{256}(256 + 256r + 96r^2 + 16r^3 + r^4)$ **97.** $\frac{1}{20}(2x)^2 = \frac{1}{20}(4x^2) = 4(\frac{1}{20}x^2)$
99. $0{,}0008103$ **101.** $0{,}00000823$

Exercícios 0.6, página 47

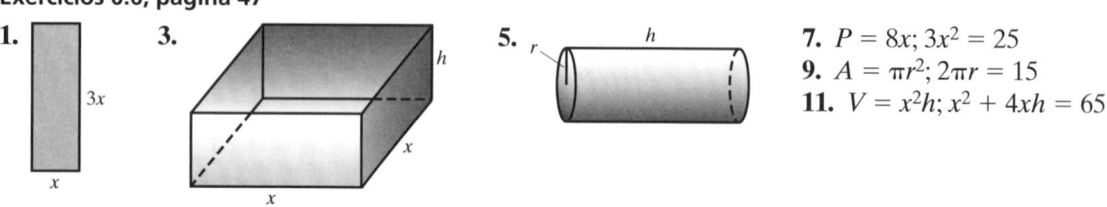

1. **3.** **5.** **7.** $P = 8x; 3x^2 = 25$
9. $A = \pi r^2; 2\pi r = 15$
11. $V = x^2 h; x^2 + 4xh = 65$

13. $\pi r^2 h = 100, C = 11\pi r^2 + 14\pi rh$ **15.** $2x + 3h = 5.000, A = xh$ **17.** $C = 36x + 20h$

19. 75 cm² **21. (a)** 38 **(b)** $\$40$ **23. (a)** 200 **(b)** 275 **(c)** 25 **25. (a)** $P(x) = 12x - 800$
(b) $\$640$ **(c)** $\$3.150$ **27.** 270 centavos **29.** A construção de um cilindro de 100 centímetros cúbicos

com 3 centímetros de raio custa $1,62. **31.** $1,08 **33.** $R(30) = 1.800; C(30) = 1.200$ **35.** 40
37. $C(1.000) = 4.000$ **39.** Encontre a coordenada y do ponto no gráfico cuja coordenada x é 400.
41. O maior lucro, de $52.500, ocorre quando são produzidas 2.500 unidades do bem. **43.** Encontre a coordenada x do ponto no gráfico cuja coordenada y é 30.000. **45.** Encontre $h(3)$. Encontre a coordenada y do ponto no gráfico cuja coordenada t é 3. **47.** Encontre o valor máximo de $h(t)$. Encontre a coordenada y do ponto mais alto do gráfico. **49.** Resolva $h(t) = 30$. Encontre a coordenada t dos pontos do gráfico em que a coordenada y é 30. **51. (a)**

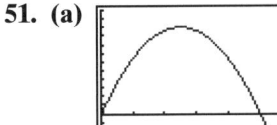

[0, 6] por [−30, 120]

(b) 96 pés **53.**
(c) 1 e 4 segundos
(d) 5 segundos
(e) 2,5 segundos; 100 pés

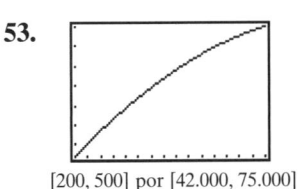

[200, 500] por [42.000, 75.000]

(b) 350 bicicletas por ano **(c)** $68.000 **(d)** $5.000 **(e)** Não, a receita aumentaria em somente $4.000.

Capítulo 0: Exercícios Suplementares, página 51

1. $2, 27\frac{1}{3}, -2, -2\frac{1}{8}, \frac{5\sqrt{2}}{2}$ **3.** $a^2 - 4a + 2$ **5.** $x \neq 0, -3$ **7.** Todos x **9.** Está **11.** $5x(x-1)(x+4)$
13. $(-1)(x-6)(x+3)$ **15.** $-\frac{2}{5}, 1$ **17.** $\left(\frac{5+3\sqrt{5}}{10}, \frac{3\sqrt{5}}{5}\right), \left(\frac{5-3\sqrt{5}}{10}, -\frac{3\sqrt{5}}{5}\right)$ **19.** $x^2 + x - 1$
21. $x^{5/2} - 2x^{3/2}$ **23.** $x^{3/2} - 2x^{1/2}$ **25.** $\frac{x^2 - x + 1}{x^2 - 1}$ **27.** $-\frac{3x^2 + 1}{3x^2 + 4x + 1}$ **29.** $\frac{-3x^2 + 9x - 10}{3x^2 - 5x - 8}$
31. $\frac{1}{x^4} - \frac{2}{x^2} + 4$ **33.** $(\sqrt{x} - 1)^2$ **35.** $\frac{1}{(\sqrt{x}-1)^2} - \frac{2}{\sqrt{x}-1} + 4$ **37.** 27, 32, 4 **39.** $301 + 10t + 0,04t^2$
41. $x^2 + 2x + 1$ **43.** x

CAPÍTULO 1

Exercícios 1.1, página 63
1. $m = -7, b = 3$ **3.** $m = \frac{1}{2}, b = \frac{3}{2}$ **5.** $m = \frac{1}{7}, b = -5$ **7.** $y - 1 = -(x - 7)$ **9.** $y - 1 = \frac{1}{2}(x - 2)$
11. $y - 5 = \frac{63}{10}(x - \frac{5}{7})$ **13.** $y = 0$ **15.** $y = 9$ **17.** $-\frac{x}{\pi} + y = 1$ ou $y = \frac{x}{\pi} + 1$ **19.** $y = -2x - 4$
21. $y = x - 2$ **23.** $y = 3x - 6$ **25.** $y = x - 2$ **27.** Começamos em (1, 0). Para voltar à reta, caminhamos uma unidade para a direita e depois uma unidade para cima. **29.** Começamos em (1, −1). Para voltar à reta, caminhamos três unidades para a direita e depois uma unidade para baixo.

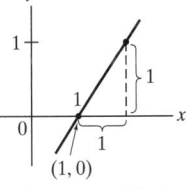

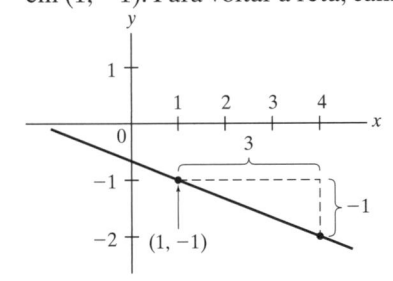

31. (a) C **(b)** B **(c)** D **(d)** A   **33.** 1   **35.** $-\frac{3}{4}$ **37.** $(2,5); (3,7); (0,1)$ **39.** $f(3)=2$ **41.** l_1

43. [gráfico: reta $y = -2x - 1$ passando por $\left(-\frac{1}{2}, 0\right)$ e $(0, -1)$]   **45.** $a = 2, f(2) = 2$ **47. (a)** $C(10) = 1.220$ dólares   **(b)** O custo marginal é 12 dólares por item.   **(c)** $C(11) - C(10) = $ custo marginal $= \$12$ **49.** $P(x) = 0{,}06x + 4{,}89$ dólares, em que $P(x)$ é o preço do galão x meses depois de 1º de janeiro. O preço do galão em 1º de abril é $P(3) = \$5{,}07$. O preço de 15 galões é $\$76{,}05$. O preço do galão em 1º de setembro é $P(8) = \$5{,}37$. O preço de 15 galões é $\$80{,}55$.

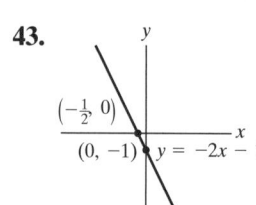

51. $C(x) = 0{,}03x + 5$ **53.** $G(x) = -\frac{5.000}{3}x + \frac{25.000}{3}$, $G(4{,}35) \approx 1.083{,}3$ galões   **55. (a)** $C(x) = 7x + 1.500$.   **(b)** O custo marginal é $\$7$ por caniço.   **(c)** $\$7$ **57.** Se o monopolista quiser vender uma unidade a mais do produto, então deve reduzir o preço unitário em 2 centavos. Ninguém está disposto a pagar $\$7$ ou mais por uma unidade do produto.   **59.** Se $A(x)$ for a quantidade em ml da droga no corpo depois de x minutos, então $A(x) = 6x + 1{,}5$.   **65. (a)** $y = 0{,}38x + 39{,}5$ **(b)** [gráfico em $[0, 30]$ por $[30, 60]$]   **(c)** Cada ano, 0,38% a mais da população mundial torna-se urbana.   **(d)** 43,3%   **(e)** 2007   **(f)** 1,9%

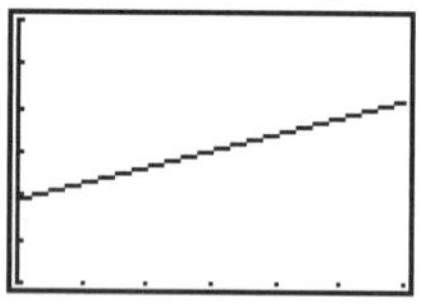

Exercícios 1.2, página 70

1. $-\frac{4}{3}$ **3.** 1   **5.** Pequena inclinação positiva   **7.** Inclinação nula   **9.** Inclinação nula   **11.** Aproximadamente $\$22$. Nesses dois dias, o preço aumentava.   **13.** $\$104{,}50; m \approx \dfrac{107 - 104{,}50}{2} = 1{,}25$ dólares por dia   **15.** A inclinação da reta tangente é aproximadamente 1/2. Assim, a dívida pública aumentou à taxa anual de 0,5 trilhões de dólares em 1990.

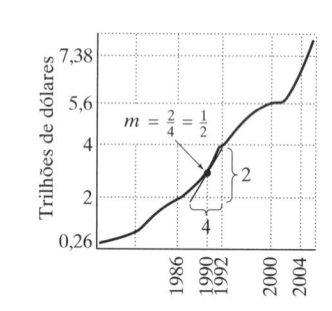

17. (a) A dívida por pessoa foi de aproximadamente $\$1.000$ em 1950, $\$15.000$ em 1990, $\$21.000$ em 2000 e $\$24.000$ em 2004.

[gráfico: Trilhões de dólares vs anos 1986–2004, com $m = \frac{2}{4} = \frac{1}{2}$]

(b) A inclinação da reta tangente é 0. Assim, a dívida por pessoa em 2000 permaneceu estável (em cerca de $\$21.000$)

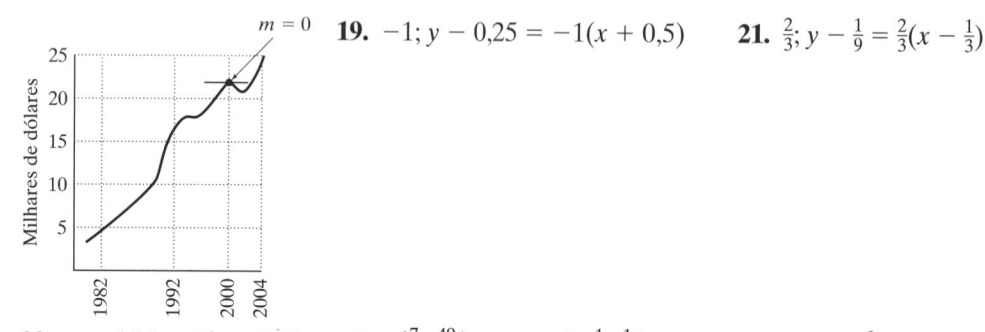

[gráfico: Milhares de dólares vs anos 1982–2004, com $m = 0$]

19. $-1; y - 0{,}25 = -1(x + 0{,}5)$ **21.** $\frac{2}{3}; y - \frac{1}{9} = \frac{2}{3}\left(x - \frac{1}{3}\right)$

23. $y - 6{,}25 = 5(x - 2{,}5)$ inclinação é 2   **25.** $\left(\frac{7}{4}, \frac{49}{16}\right)$ **27.** $\left(-\frac{1}{3}, \frac{1}{9}\right)$ **29.** 12   **31.** $\frac{3}{4}$ **33.** $a = 1, f(1) = 1$, a inclinação é 2

35. $\left(\dfrac{1}{\sqrt{2}}, \dfrac{1}{2\sqrt{2}}\right)$, $\left(-\dfrac{1}{\sqrt{2}}, -\dfrac{1}{2\sqrt{2}}\right)$ **37. (a)** 3 e 9 **(b)** Aumenta **39.** -3 **41.** Aproximadamente 0,35

Exercícios 1.3, página 80

1. 3 **3.** $\dfrac{3}{4}$ **5.** $7x^6$ **7.** $\dfrac{2}{3}x^{-1/3} = \dfrac{2}{3\sqrt[3]{x}}$ **9.** $f(x) = x^{-5/2}; f'(x) = -\dfrac{5}{2}x^{-7/2}$ **11.** $\dfrac{1}{3}x^{-2/3}$
13. $f(x) = x^2; f'(x) = 2x$ **15.** 0 **17.** $\dfrac{3}{4}$ **19.** $-\dfrac{9}{4}$ **21.** 1 **23.** 2 **25.** 32 **27.** $f(-5) = -125$, $f'(-5) = 75$ **29.** $f(8) = 2, f'(8) = \dfrac{1}{12}$ **31.** $f(-2) = -\dfrac{1}{32}, f'(-2) = -\dfrac{5}{64}$ **33.** $y + 8 = 12(x + 2)$
35. $y = 3x + 1$ **37.** $y - \dfrac{1}{3} = \dfrac{3}{2}(x - \dfrac{1}{9})$ **39.** $y - 1 = -\dfrac{1}{2}(x - 1)$ **41.** $f(x) = x^4, f'(x) = 4x^3, f(1) = 1, f'(1) = 4$, então (6) (com $a = 1$) se torna $y - 1 = 4(x - 1)$, que é a equação da reta tangente dada.
43. $P = (\dfrac{1}{16}, \dfrac{1}{4}), b = \dfrac{1}{8}$ **45. (a)** $(16, 4)$ **(b)** **47.** Não existe, pois a coordenada x de um tal ponto seria uma solução de $3x^2 = -1$, que não tem solução real. **49.** $8x^7$ **51.** $\dfrac{3}{4}x^{-1/4}$ **53.** 0
55. $\dfrac{1}{5}x^{-4/5}$ **57.** $4, \dfrac{1}{3}$ **59.** $a = 4, b = 1$ **61.** 1, 1,5; 2 **63.** $y - 5 = \dfrac{1}{2}(x - 4)$ **65.** $4x + 2h$
67. $-2x + 2 - h$ **69.** $3x^2 + 3xh + h^2$ **71.** $f'(x) = -2x$ **73.** $f'(x) = 14x + 1$ **75.** $f'(x) = 3x^2$
77. (a) e **(b)** **(c)** Retas paralelas têm inclinações iguais: a inclinação do gráfico de $y = f(x)$ no ponto $(x, f(x))$ é igual à inclinação do gráfico de $y = f(x) + 3$ no ponto $(x, f(x) + 3)$, o que implica a equação dada.
79. 0,69315 **81.** 0,70711 **83.** 0,11111 **85.** [0, 4] por [−5, 40]

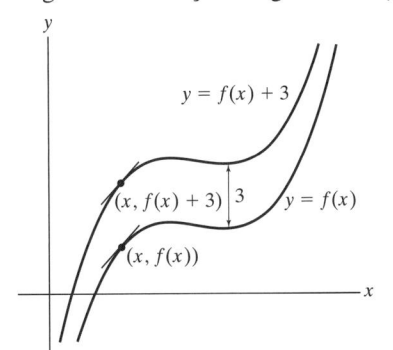

87. $y = \dfrac{x}{6} + \dfrac{3}{2}$ **89.** $y = -16x + 12$ **91.** 2 **93.** 4

Exercícios 1.4, página 91

1. Não existe **3.** 1 **5.** Não existe **7.** -5 **9.** 5 **11.** Não existe **13.** 288 **15.** 0 **17.** 3 **19.** -4
21. -8 **23.** $\dfrac{6}{7}$ **25.** Não existe **27. (a)** 0 **(b)** $-\dfrac{3}{2}$ **(c)** $-\dfrac{1}{4}$ **(d)** -1 **29.** 6 **31.** 3
33. Passo 1: $\dfrac{f(x+h)-f(x)}{h} = \dfrac{(x+h)^2 + 1 - (x^2+1)}{h}$ Passo 2: $\dfrac{f(x+h)-f(x)}{h} = 2x + h$ Passo 3: $f'(x) = 2x$.
35. Passo 1: $\dfrac{f(x+h)-f(x)}{h} = \dfrac{(x+h)^3 - 1 - (x^3 - 1)}{h}$ Passo 2: $\dfrac{f(x+h)-f(x)}{h} = 3x^2 + 3xh + h^2$
Passo 3: $f'(x) = 3x^2$.
37. Passos 1 e 2: $\dfrac{f(3+h)-f(3)}{h} = 3$. Passo 3: $f'(x) = \lim\limits_{h \to 0} 3 = 3$.
39. Passos 1 e 2: $\dfrac{f(x+h)-f(x)}{h} = 1 + \dfrac{-1}{x(x+h)}$. Passo 3: $f'(x) = \lim\limits_{h \to 0} 1 + \dfrac{-1}{x(x+h)} = 1 - \dfrac{1}{x^2}$.
41. Passos 1 e 2: $\dfrac{f(x+h)-f(x)}{h} = \dfrac{1}{(x+1)(x+h+1)}$. Passo 3: $f'(x) = \lim\limits_{h \to 0} \dfrac{1}{(x+1)(x+h+1)} = \dfrac{1}{(x+1)^2}$.

43. Passos 1 e 2: $\dfrac{f(x+h)-f(x)}{h} = \dfrac{-2x-h}{((x+h)^2+1)(x^2+1)}$.

Passo 3: $f'(x) = \lim\limits_{h \to 0} \dfrac{-2x-h}{((x+h)^2+1)(x^2+1)} = \dfrac{-2x}{(x^2+1)^2}$.

45. Passos 1 e 2: $\dfrac{f(x+h)-f(x)}{h} = \dfrac{1}{\sqrt{x+h+2}+\sqrt{x+2}}$. Passo 3: $f'(x) = \lim\limits_{h \to 0} \dfrac{1}{\sqrt{x+h+2}+\sqrt{x+2}} = \dfrac{1}{2\sqrt{x+2}}$.

47. Passos 1 e 2: $\dfrac{f(x+h)-f(x)}{h} = \dfrac{-1}{\sqrt{x}\sqrt{x+h}(\sqrt{x}+\sqrt{x+h})}$.

Passo 3: $f'(x) = \lim\limits_{h \to 0} \dfrac{-1}{\sqrt{x}\sqrt{x+h}(\sqrt{x}+\sqrt{x+h})} = \dfrac{-1}{2x\sqrt{x}} = \dfrac{-1}{2x^{3/2}}$. **49.** $f(x) = x^2$; $a = 1$

51. $f(x) = \dfrac{1}{x}$, $a = 10$ **53.** $f(x) = \sqrt{x}$, $a = 9$ **55.** Tome $f(x) = x^2$, então o limite dado é $f'(2) = 4$.

57. Tome $f(x) = \sqrt{x}$, então o limite dado é $f'(2) = \dfrac{1}{2\sqrt{2}}$. **59.** Tome $f(x) = x^{1/3}$, então o limite dado é $f'(8) = \dfrac{1}{12}$.

61. 0 **63.** 0 **65.** 0 **67.** $\dfrac{3}{4}$ **69.** 0 **71.** 0 **73.** 0 **75.** 0,5

Exercícios 1.5, página 98

1. Não é **3.** É **5.** Não é **7.** Não é **9.** É **11.** Não é **13.** Contínua e derivável **15.** Contínua, não derivável **17.** Contínua, não derivável **19.** Não contínua, não derivável **21.** $f(5) = 3$

23. Não é possível **25.** $f(0) = 12$ **27.** (a) $T(x) = \begin{cases} 0{,}15x & \text{se } 0 < x \leq 27.050 \\ 0{,}275x - 3.381{,}25 & \text{se } 27.050 < x \leq 65.550 \\ 0{,}305x - 5.347{,}75 & \text{se } 65.550 < x \leq 136.750 \end{cases}$

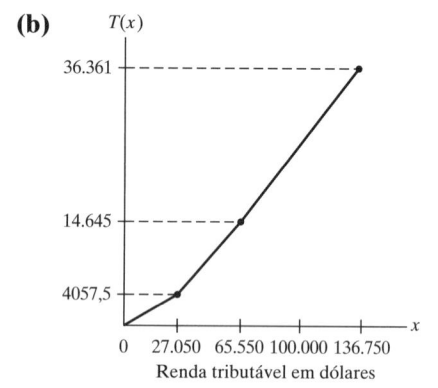

(b)

(c) $T(65.550) - T(27.050) = 10.587{,}5$ dólares

29. (a) $R(x) = \begin{cases} 0{,}07x + 2{,}5 & \text{se } 0 \leq x \leq 100 \\ 0{,}04x + 5{,}5 & \text{se } 100 < x \end{cases}$ (b) $\begin{cases} 0{,}04x + 2{,}5 & \text{se } 0 \leq x \leq 100 \\ 0{,}01x + 5{,}5 & \text{se } 100 < x \end{cases}$ **31.** (a) 3 mil dólares por hora (b) 3 mil dólares por hora, entre as 8h e 10h da manhã **33.** $a = 1$

Exercícios 1.6, página 106

1. $3x^2 + 2x$ **3.** $2(\tfrac{1}{2})x^{-1/2}$ ou $\dfrac{1}{\sqrt{x}}$ **5.** $\dfrac{1}{2} - 2(-1)x^{-2}$ ou $\dfrac{1}{2} + \dfrac{2}{x^2}$ **7.** $4x^3 + 3x^2 + 1$ **9.** $3(2x+4)^2(2)$ ou $6(2x+4)^2$ **11.** $7(x^3+x^2+1)^6(3x^2+2x)$ **13.** $-\dfrac{8}{x^3}$ **15.** $3(\tfrac{1}{3})(2x^2+1)^{-\tfrac{2}{3}}(4x)$ ou $4x(2x^2+1)^{-\tfrac{2}{3}}$

17. $2 + 3(x+2)^2$ **19.** $\tfrac{1}{5}(-5)x^{-6}$ ou $-\dfrac{1}{x^6}$ **21.** $(-1)(x^3+1)^{-2}(3x^2)$ ou $-\dfrac{3x^2}{(x^3+1)^2}$ **23.** $1 - (x+1)^{-2}$

25. $\dfrac{45x^2 + 5}{2\sqrt{3x^3 + x}}$ **27.** 3 **29.** $\tfrac{1}{2}(1+x+x^2)^{-\tfrac{1}{2}}(1+2x)$ **31.** $10(1-5x)^{-2}$

33. $-45(1+x+\sqrt{x})^{-2}(1+\tfrac{1}{2}x^{-\tfrac{1}{2}})$ **35.** $1 + \tfrac{1}{2}(x+1)^{-\tfrac{1}{2}}$ **37.** $\dfrac{3}{2}\left(\dfrac{\sqrt{x}}{2}+1\right)^{1/2}\left(\dfrac{1}{4}x^{-1/2}\right)$ ou $\dfrac{3}{8\sqrt{x}}\left(\dfrac{\sqrt{x}}{2}+1\right)^{1/2}$ **39.** 4 **41.** 15 **43.** $f'(4) = 48$, $y = 48x - 191$

45. (a) $y' = 2(3x^2 + x - 2) \cdot (6x + 1) = 36x^3 + 18x^2 - 22x - 4$ **(b)** $y = 9x^4 + 6x^3 - 11x^2 - 4x + 4, y' = 36x^3 + 18x^2 - 22x - 4$ **47.** 4,8; 1,8 **49.** 14; 11 **51.** $10; \frac{15}{4}$ **53.** $(5, \frac{161}{3}); (3, 49)$ **55.** $f(4) = 5$, $f'(4) = \frac{1}{2}$ **57. (a)** $S(1) = 120{,}560, S'(1) = 1{,}5.$ **(b)** $S(3) = 80, S'(3) = -6.$
59. (a) $S(10) = \frac{372}{121} \approx 3{,}074$ mil dólares, $S'(10) = -\frac{18}{11^3} \approx 0{,}014$ mil dólares por dia
(b) $S(11) \approx S(10) + S'(10) \approx 3{,}061$ mil dólares, $S(11) = \frac{49}{16} = 3{,}0625$ mil dólares
61. (a) $A(8) = 12, A'(8) = 0{,}5$ **(b)** $A(9) \approx A(8) + A'(8) = 12{,}5.$ Gastando $9.000 em propaganda, a estimativa é vender 12.500 computadores. **63.** $D(4) \approx 5{,}583$ trilhões de dólares; $D'(4) = 0{,}082$ ou 82 bilhões de dólares por ano.

Exercícios 1.7, página 114
1. $10t(t^2 + 1)^4$ **3.** $8t + \frac{11}{2}t^{-\frac{1}{2}}$ **5.** $5T^4 - 16T^3 + 6T - 1$ **7.** $6P - \frac{1}{2}$ **9.** $2a^2t + b^2$ **11.** $y' = 1, y'' = 0$
13. $y' = \frac{1}{2}x^{-1/2}, y'' = -\frac{1}{4}x^{-3/2}$ **15.** $y' = \frac{1}{2}(x+1)^{-\frac{1}{2}}, y'' = -\frac{1}{4}(x+1)^{-\frac{3}{2}}$ **17.** $f'(r) = 2\pi r, f''(r) = 2\pi$
19. $f'(P) = 15(3P + 1)^4, f''(P) = 180(3P + 1)^3$ **21.** 36 **23.** 0 **25.** 34 **27.** $f'(1) = -\frac{1}{9}, f''(1) = \frac{2}{27}$
29. 0 **31.** 20 **33. (a)** $f'''(x) = 60x^2 - 24x$ **(b)** $f'''(x) = \frac{15}{2\sqrt{x}}$ **35. (a)** $2Tx + 3P$ **(b)** $3x$
37. Fabricando 50 bicicletas, o custo é $5.000. Para cada bicicleta adicional fabricada, o custo adicional é de $45. **39. (a)** $2,60 por unidade **(b)** 100 ou 200 unidades **41. (a)** $R(12) = 22, R'(12) = 0{,}075$
(b) $P(x) = R(x) - C(x)$, logo, $P'(x) = R'(x) - C'(x)$. Com a produção de 1.200 *chips*, o lucro marginal é $0{,}75 - 1{,}5 = -0{,}75$ dólar por *chip*. **43.**

[−4, 4] por [−2, 2]

Exercícios 1.8, página 122
1. (a) 12; 10; 8,4 **(b)** 8 **3. (a)** 14 **(b)** 13 **5. (a)** $-\frac{7}{4}$ **(b)** $\frac{5}{6}$ **(c)** Em 1º de janeiro de 1980
7. (a) 28 km/h **(b)** 96 km **(c)** $\frac{1}{2}$ hora **9.** 63 unidades/hora **11. (a)** $v(3) = -12$ m/s e $v(6) = 24$ m/s
(b) Quando $t > 5$ ou quando $0 \leq t < 2$. **(c)** 131 m **13. (a)** 160 pés/s **(b)** 96 pés/s **(c)** -32 pés/s²
(d) 10 s **(e)** -160 pés/s **15.** A-b; B-d; C-f; D-e; E-a; F-c; G-g **17. (a)** 15 m/s **(b)** Não; uma velocidade positiva indica que a partícula está se afastando do ponto de referência. **(c)** 5 m/s
19. (a) 5.010 **(b)** 5.005 **(c)** 4.990 **(d)** 4.980 **(e)** 4.997,5 **21.** Quatro minutos depois de servido, a temperatura do café é de 120ºF. Nesse instante, sua temperatura está decrescendo 5ºF/min; 119,5.
23. 200.000 carros são vendidos quando o preço for $10.000. A esse preço, cada dólar de aumento no preço faz o número de carros vendidos decrescer 3. **25.** 60.000 computadores são vendidos quando o preço for $1.200. A esse preço, cada $100 de aumento no preço faz o número de computadores vendidos decrescer 2.000. 59.000 computadores. **27.** O lucro obtido com a produção e venda de 100 carros de luxo é $90.000. Cada carro adicional produzido e vendido cria um lucro adicional de $1.200. $88.800. **29. (a)** $C'(5) = 74$ mil dólares por unidade. **(b)** $C(5{,}25) \approx C(5) + C'(5)(0{,}25) = 256{,}5$ mil dólares. **(c)** $x = 4$ **(d)** $C'(4) = 62, R'(4) = 29$. Se a produção for aumentada em uma unidade, o custo aumenta $62.000 e o lucro aumenta $29.000. A companhia não deveria aumentar sua produção além do ponto crítico de vendas.
31. (a) $500 bilhões **(b)** $50 bilhões/ano **(c)** 1994 **(d)** 1994 **33. (a)**

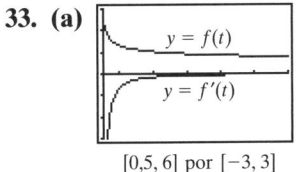

[0,5, 6] por [−3, 3]

(b) 0,85 segundos **(c)** 5 dias **(d)** $-0{,}05$ segundo/dia **(e)** 3 dias

Capítulo 1: Exercícios suplementares, página 127

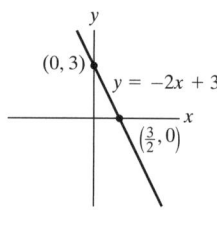

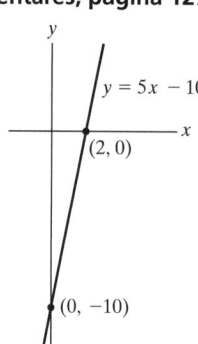

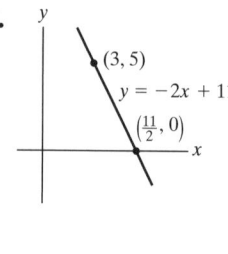

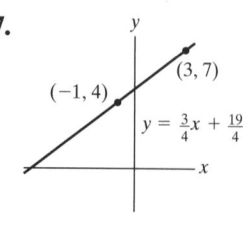

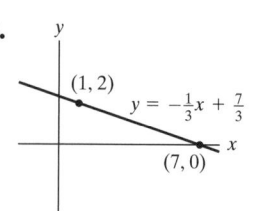

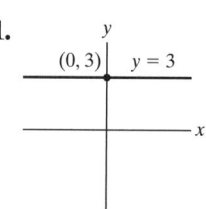

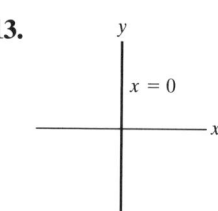

1. Gráfico: reta $y = -2x + 3$, passando por $(0, 3)$ e $(\frac{3}{2}, 0)$.

3. Gráfico: reta $y = 5x - 10$, passando por $(2, 0)$ e $(0, -10)$.

5. Gráfico: reta $y = -2x + 11$, passando por $(3, 5)$ e $(\frac{11}{2}, 0)$.

7. Gráfico: reta $y = \frac{3}{4}x + \frac{19}{4}$, passando por $(-1, 4)$ e $(3, 7)$.

9. Gráfico: reta $y = -\frac{1}{3}x + \frac{7}{3}$, passando por $(1, 2)$ e $(7, 0)$.

11. Gráfico: reta $y = 3$, passando por $(0, 3)$.

13. Gráfico: reta $x = 0$.

15. $7x^6 + 3x^2$ **17.** $\dfrac{3}{\sqrt{x}}$

19. $-\dfrac{3}{x^2}$ **21.** $48x(3x^2 - 1)^7$ **23.** $-\dfrac{5}{(5x - 1)^2}$ **25.** $\dfrac{x}{\sqrt{x^2 + 1}}$ **27.** $-\dfrac{1}{4x^{5/4}}$ **29.** 0

31. $10[x5 - (x - 1)^5]^9[5x^4 - 5(x - 1)^4]$ **33.** $\dfrac{3}{2}t^{-1/2} + \dfrac{3}{2}t^{-3/2}$ **35.** $\dfrac{2(9t^2 - 1)}{(t - 3t^3)^2}$ **37.** $\dfrac{9}{4}x^{1/2} - 4x^{-1/3}$

39. 28 **41.** $14; 3$ **43.** $\dfrac{15}{2}$ **45.** 33 **47.** $4x^3 - 4x$ **49.** $-\dfrac{15}{2}(1 - 3P)^{-1/2}$ **51.** 29 **53.** $300(5x + 1)^2$

55. -2 **57.** $3x^{-1/2}$ **59.** Inclinação -4; reta tangente $y = -4x + 6$ **61.** Gráfico: $y = x^2$ e $y = 3x - \frac{9}{4}$, tangentes em $(\frac{3}{2}, \frac{9}{4})$.

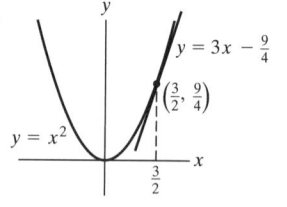

63. $y = 2$

65. $f(2) = 3, f'(2) = -1$ **67.** 96 pés/s   **69.** 11 m   **71.** $\dfrac{5}{3}$ m/s   **73.** (a) $\$16,10$ (b) $\$16$ **75.** $\dfrac{3}{4}$ cm

77. 4 **79.** Não existe   **81.** $-\dfrac{1}{50}$ **83.** A inclinação de uma reta secante em $(3, 9)$

CAPÍTULO 2

Exercícios 2.1, página 138

1. (a), (e), (f)   **3.** (b), (c), (d)   **5.** Crescente em $x < \frac{1}{2}$, ponto de máximo relativo em $x = \frac{1}{2}$, valor máximo $= 1$, decrescente em $x > \frac{1}{2}$, côncava para baixo, corte com o eixo y em $(0, 0)$, cortes com o eixo x em $(0, 0)$ e $(1, 0)$ **7.** Decrescente em $x < 0$, ponto de mínimo relativo em $x = 0$, valor mínimo relativo $= 2$, crescente em $0 < x < 2$, ponto de máximo relativo em $x = 2$, valor máximo relativo $= 4$, decrescente em $x > 2$, côncava para cima em $x < 1$, côncava para baixo em $x > 1$, ponto de inflexão em $(1, 3)$, corte com o eixo y em $(0, 2)$, corte com o eixo x em $(3,6; 0)$.   **9.** Decrescente em $x < 2$, ponto de mínimo relativo em $x = 2$, valor mínimo $= 3$, crescente em $x > 2$, côncava para cima em todo x, sem ponto de inflexão, definida em $x > 0$, a reta $y = x$ é uma assíntota, o eixo y é uma assíntota.   **11.** Decrescente em $1 \leq x < 3,2$, ponto de mínimo relativo em $x = 3,2$, crescente em $x > 3,2$, valor máximo $= 6$ (em $x = 1$), valor mínimo $= 0,9$ (em $x = 3,2$), ponto de inflexão em $x = 4$, côncava para cima em $1 \leq x < 4$, côncava para baixo em $x > 4$, a reta $y = 4$ é uma assíntota.   **13.** A inclinação decresce em cada x.   **15.** A inclinação decresce em $x < 1$, cresce em $x > 1$. A inclinação mínima ocorre em $x = 1$.

17. (a) C, F (b) A, B, F (c) C **19.**   **21.**

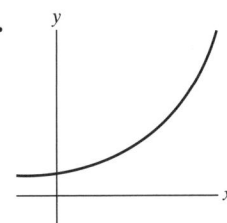

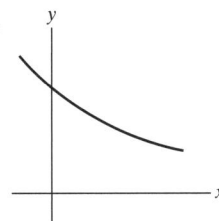

23. 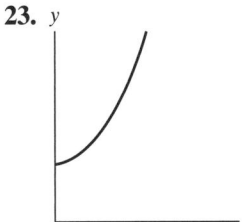   **25.** 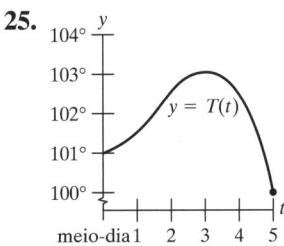   **27.**

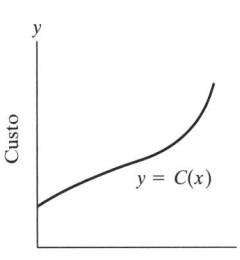

29. O conteúdo de oxigênio decresce até o tempo a, quando atinge um mínimo. Depois de a, o conteúdo de oxigênio cresce continuamente. A taxa de aumento cresce até b e depois decresce. O crescimento mais rápido do conteúdo de oxigênio é no tempo b.   **31.** 1960   **33.** A velocidade do paraquedista estabiliza-se em 15 m/s.

35.   **37.** 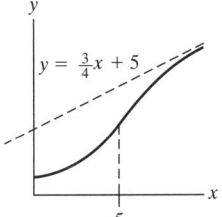   **39.** (a) Sim (b) Sim   **41.** Relativamente baixa

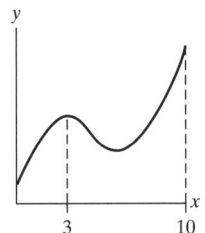

43. $x = 2$ **45.** A distância entre os gráficos é de $\frac{1}{6}$ de unidade

Exercícios 2.2, página 147

1. (e)   **3.** (a), (b), (d), (e)   **5.** (d)   **7.**   **9.**

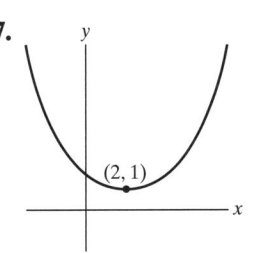

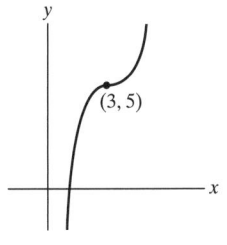

11. 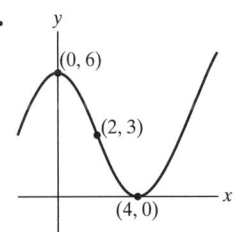   **13.** 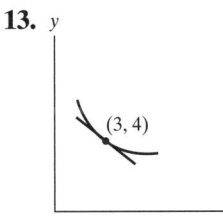   **15.** 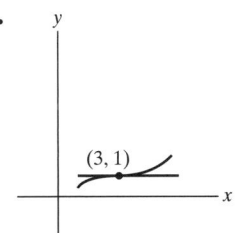   **17.**

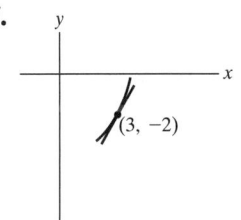

19.

	f	f'	f''
A	POS	POS	NEG
B	0	NEG	0
C	NEG	0	POS

21. $t = 1$ **23.** (a) decrescente (b) A função $f(x)$ é crescente em $1 \leq x < 2$ porque os valores de $f'(x)$ são positivos. A função $f(x)$ é decrescente em $2 < x \leq 3$ porque os valores de $f'(x)$ são negativos. Portanto, $f(x)$ tem um máximo relativo em $x = 2$, de coordenadas $(2, 9)$.

(c) A função f(x) é decrescente em 9 ≤ x < 10 porque os valores de $f'(x)$ são negativos. A função f(x) é crescente em 10 < x ≤ 11 porque os valores de $f'(x)$ são positivos. Portanto, f(x) tem um mínimo relativo em x = 10.   (d) côncava para baixo   (e) inflexão em x = 6, de coordenadas (6, 5)   (f) x = 15   **25.** A inclinação é positiva porque $f'(6) = 2$, um número positivo.   **27.** A inclinação é 0 porque $f'(3) = 0$. Da mesma forma, $f'(x)$ é positiva com x um pouco menor do que 3 e $f'(x)$ é negativa com x um pouco maior do que 3. Portanto, f(x) troca de crescente para decrescente em x = 3.   **29.** $f'(x)$ é crescente em x = 0, portanto, o gráfico de f(x) é côncavo para cima.   **31.** Em x = 1, $f'(x)$ troca de crescente para decrescente, portanto, a concavidade do gráfico de f(x) troca de côncavo para cima para côncavo para baixo.   **33.** y − 3 = 2(x − 6)   **35.** 3,25   **37. (a)** $\frac{1}{6}$ cm   **(b)** (ii), porque o nível da água está caindo.   **39.** II   **41.** I
43. (a) 2 milhões   **(b)** 30.000 fazendas por ano   **(c)** 1940   **(d)** 1945 e 1978   **(e)** 1960   **45.** max. rel. em x ≈ − 2,34; min. rel. em x ≈ 2,34; ponto de inflexão em x = 0, x ≈ ±1,41.

Exercícios 2.3, página 159

1. $f'(x) = 3(x + 3)(x − 3)$; ponto de máximo relativo (−3, 54); ponto de mínimo relativo (3, −54).

Valores críticos		−3		3	
	x < −3		−3 < x < 3		3 < x
3(x + 3)	−	0	+		+
x − 3	−		−	0	+
$f'(x)$	+	0	−	0	+
f(x)	Crescente (−∞, −3)	54	Decrescente em (−3, 3)	−54	Crescente em (3, ∞)

Máximo local (−3, 54)   Mínimo local (3, −54)

3. $f'(x) = −3(x − 1)(x − 1)$; ponto de máximo relativo (3, 1); ponto de mínimo relativo (1, −3).

Valores Críticos		1		3	
	x < 1		1 < x < 3		3 < x
−3(x − 1)	+	0	−		−
x − 3	−		−	0	+
$f'(x)$	−	0	+	0	−
f(x)	Decrescente em (−∞, 1)	−3	Crescente em (1, 3)	1	Decrescente em (3, ∞)

Mínimo local (1, −3)   Máximo local (3, 1)

5. $f'(x) = x(x − 2)$; ponto de máximo relativo (0, 1); ponto de mínimo relativo (2, −1/3).

Valores Críticos		0		2	
	x < 0		0 < x < 2		2 < x
x	−	0	+		+
x − 2	−		−	0	+
$f'(x)$	+	0	−	0	+
f(x)	Crescente em (−∞, 0)	1	Decrescente em (0, 2)	−1/3	Crescente em (2, ∞)

Máximo local (0, 1)   Mínimo local (2, −1/3)

7. $f'(x) = -3x(x+8)$; ponto de máximo relativo $(0, -2)$; ponto de mínimo relativo $(-8, -258)$.

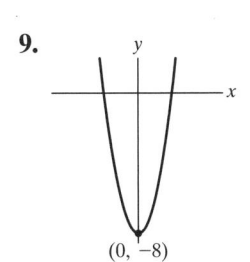

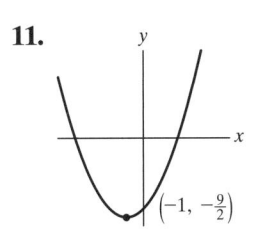

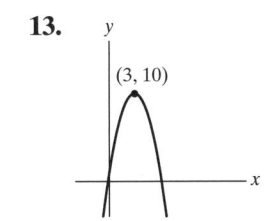

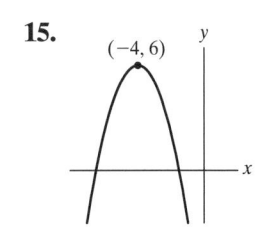

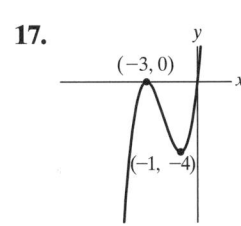

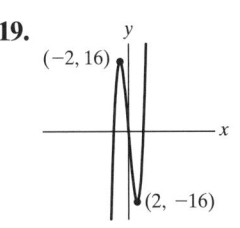

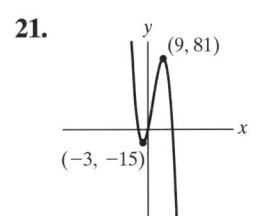

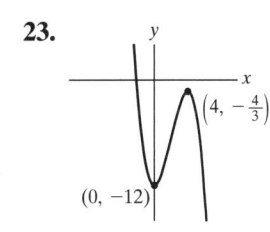

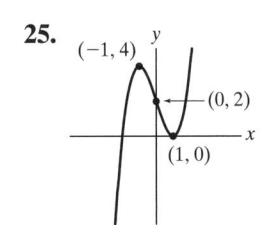

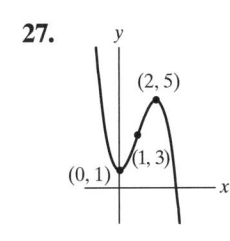

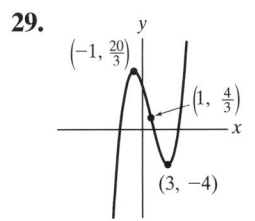

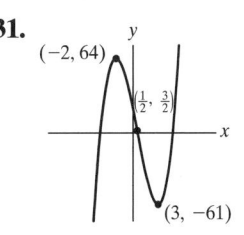

Valores Críticos	$x < -8$	-8	$-8 < x < 0$	0	$0 < x$
$x + 8$	$-$	0	$+$		$+$
$-3x$	$+$		$+$	0	$-$
$f'(x)$	$-$	0	$+$	0	$-$
$f(x)$	Decrescente em $(-\infty, 28)$	-258 Mínimo local $(-8, -258)$	Crescente em $(-8, 0)$	-2 Máximo local $(0, -2)$	Decrescente em $(0, \infty)$

9. [gráfico: parábola com mínimo em $(0, -8)$]

11. [gráfico: parábola com mínimo em $(-1, -\frac{9}{2})$]

13. [gráfico: parábola com máximo em $(3, 10)$]

15. [gráfico: parábola com máximo em $(-4, 6)$]

17. [gráfico com pontos $(-3, 0)$ e $(-1, -4)$]

19. [gráfico com pontos $(-2, 16)$ e $(2, -16)$]

21. [gráfico com pontos $(9, 81)$ e $(-3, -15)$]

23. [gráfico com pontos $(4, -\frac{4}{3})$ e $(0, -12)$]

25. [gráfico com pontos $(-1, 4)$, $(0, 2)$, $(1, 0)$]

27. [gráfico com pontos $(2, 5)$, $(0, 1)$, $(1, 3)$]

29. [gráfico com pontos $(-1, \frac{20}{3})$, $(1, \frac{4}{3})$, $(3, -4)$]

31. [gráfico com pontos $(-2, 64)$, $(\frac{1}{2}, \frac{3}{2})$, $(3, -61)$]

33. Não, $f''(x) = 2a \neq 0$ **35.** $(4, 3)$ min **37.** $(1,5)$ max **39.** $(-0,1; -3,05)$ min **41.** $f(x) = g'(x)$
43. (a) $f(x)$ tem um mínimo relativo (b) $f(x)$ tem um ponto de inflexão **45.** (a) $A(x) = -893{,}103x + 460{,}759$ (bilhões de dólares) (b) A receita é $x\%$ dos ativos ou $R(x) = \frac{xA(x)}{100} = \frac{x}{100}(-893{,}103x + 460{,}759)$. $R(0,3) \approx 0{,}578.484$ bilhões ou $578{,}484$ milhões de dólares; $R(0,1) \approx 0{,}371.449$ bilhões ou $371{,}449$ milhões de dólares. (c) A receita é máxima quando $R'(x) = 0$ ou $x \approx 0{,}258$. A receita máxima é $R(0{,}258) \approx 0{,}594.273$ bilhões ou $549{,}273$ milhões de dólares. **47.** $f'(x)$ é sempre não negativa.
49. Ambos têm um ponto de mínimo. A parábola não tem uma assíntota vertical.

Exercícios 2.4, página 165

1. $\left(\dfrac{3 \pm \sqrt{5}}{2}, 0\right)$ **3.** $(-2, 0), (-\frac{1}{2}, 0)$ **5.** $(\frac{1}{2}, 0)$ **7.** A derivada $x^2 - 4x + 5$ não tem zeros, logo, não há pontos extremos relativos.

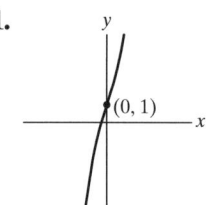

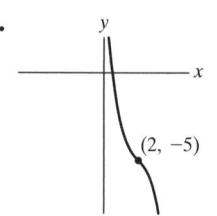

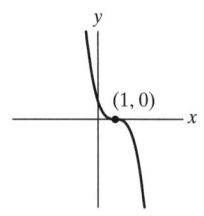

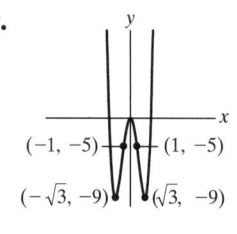

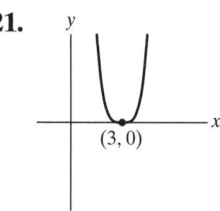

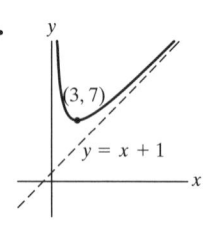

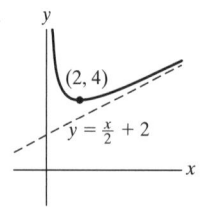

9. graph with point (2,2) **11.** graph with point (0,1) **13.** graph with point (2,−5) **15.** graph with point $(\frac{1}{2}, \frac{1}{6})$

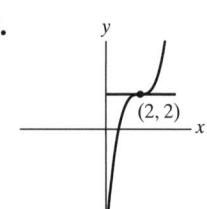

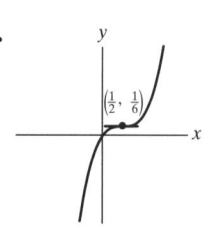

17. graph with point (1,0) **19.** graph with points (−1,−5), (1,−5), (−√3,−9), (√3,−9) **21.** graph with point (3,0) **23.** $y = \frac{1}{x} + \frac{1}{4}x$, point (2,1), asymptote $y = \frac{1}{4}x$

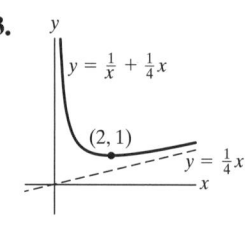

25. graph with (3,7), asymptote $y = x + 1$ **27.** graph with (2,4), asymptote $y = \frac{x}{2} + 2$ **29.** graph with (0,0), (9,9), (36,0) **31.** $g(x) = f'(x)$

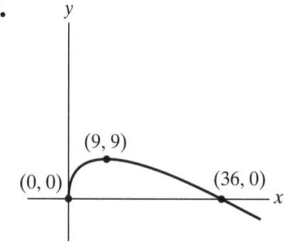

33. $f(2) = 0$ implica $4a + 2b + c = 0$. Máximo local em $(0, 1)$ implica $f'(0) = 0$ e $f(0) = 1$. $a = -1/4$, $b = 0$, $c = 1$, $f(x) = -1/4x^2 + 1$.   **35.** Se $f'(a) = 0$ e $f'(x)$ é crescente em $x = a$, então $f'(x) < 0$ em $x < a$ e $f'(x) > 0$ em $x > a$. Pelo teste da derivada primeira [caso (b)], $f(x)$ tem um mínimo local em $x = a$.

37. (a) [0, 20] por [−12, 50]   **(b)** 15,0 g   **(c)** depois de 12,0 dias   **(d)** 1,6 g/dia   **(e)** depois de 6,0 dias e depois de 17,6 dias   **(f)** depois de 11,8 dias

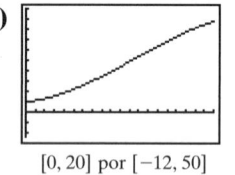

Exercícios 2.5, página 172

1. 20   **3.** $t = 4, f(4) = 8$ **5.** $x = 1, y = 1$, máximo = 1   **7.** $x = 3, y = 3$, mínimo = 18   **9.** $x = 6, y = 6$, mínimo = 12   **11. (a)** Objetivo: $A = xy$, restrição: $8x + 4y = 320$ **(b)** $A = -2x^2 + 80x$ **(c)** $x = 20$ m, $y = 40$ m   **13. (a)** (figura)   **(b)** $h + 4x$ **(c)** Objetivo: $V = x^2h$; restrição: $h + 4x = 84$
(d) $V = -4x^3 + 84x^2$ **(e)** $x = 14$ pol, $h = 28$ pol.   **15.** Sejam x o comprimento da cerca e y a outra dimensão. Objetivo: $C = 15x + 20y$; restrição: $xy = 75$; $x = 10$ m, $y = 7,5$ m   **17.** Sejam x o comprimento de cada lado da base e h a altura. Objetivo: $A = 2x^2 + 4xh$; restrição: $x^2h = 8.000$; 20 por 20 por 20 cm.
19. Sejam x o comprimento da cerca paralela ao rio e y o comprimento de cada seção perpendicular ao rio. Objetivo: $A = xy$; restrição: $6x + 15y = 1.500$; $x = 125$ m, $y = 50$ m.   **21.** Objetivo: $P = xy$; restrição: $x + y = 100$; $x = 50, y = 50$ **23.** Objetivo: $A = \frac{\pi x^2}{2} + 2xh$; restrição: $(2 + \pi)x + 2h = 14$; $x = \frac{14}{4 + \pi}$ pés

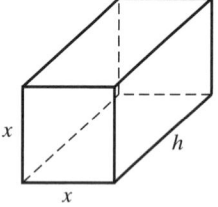

25. $w = 25$ pés, $x = 10$ pés

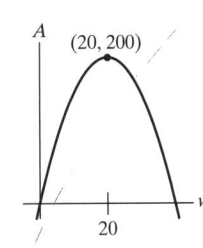

27. $C(x) = 6x + 10\sqrt{(20-x)^2 + 24^2}$;

$C'(x) = 6 - \dfrac{10(20-x)}{\sqrt{(20-x)^2 + 24^2}}$; $C'(x) = 0$ $(0 \le x \le 20)$ implica $x = 2$. Use o teste da derivada primeira para concluir que o custo mínimo é $C(2) = 312$ dólares.   **29.** $\left(\dfrac{3}{2}, \sqrt{\dfrac{3}{2}}\right)$ **31.** $x = 2, y = 1$

Exercícios 2.6, página 181

1. (a) 90 **(b)** 180 **(c)** 6 **(d)** 1.080 quilogramas   **3. (a)** $C = 16r + 2x$ **(b)** Restrição $rx = 800$ **(c)** $x = 80, r = 10$, custo de estocagem mínimo $= \$320$ **5.** Sejam x o número de tubos por encomenda e r o número de encomendas por ano. Objetivo: $C = 80r + 5x$; restrição: $rx = 10.000$. **(a)** \$4.100 **(b)** 400 tubos   **7.** Sejam r o número de lotes produzidos e x o número de microscópios fabricados por lote. Objetivo: $C = 2.500r + 25x$; restrição: $rx = 1.600$; 4 lotes.   **11.** Objetivo: $A = (100 + x)w$; restrição: $2x + 2w = 300$; $x = 25$ m, $w = 125$ m.   **13.** Objetivo: $F = 2x + 3w$; restrição: $xw = 54$; $x = 9$ m, $w = 6$ m.   **15. (a)** $A(x) = 100x + 1.000$. **(b)** $R(x) = A(x) \cdot$ (Preço) $= (100x + 1.000)(18 - x)$ $(0 \le x \le 18)$. O gráfico de $R(x)$ é uma parábola aberta para baixo com um máximo em $x = 4$. **(c)** $A(x)$ não varia, $R(x) = (100x + 1.000)(9 - x)$ $(0 \le x \le 9)$. O valor $x = 0$ maximiza a receita.   **17.** Sejam x o comprimento de cada lado da base e h a altura. Objetivo: $C = 6x^2 + 10xh$; restrição: $x^2h = 150$; 5 por 5 por 6 metros.   **19.** Sejam x o comprimento de cada lado das extremidades e h o comprimento. Objetivo: $V = x^2h$; restrição: $2x + h = 120$; 40 por 40 por 40 cm.   **21.** Objetivo: $V = w^2x$; restrição: $2x + w = 48$; 8 cm.   **23.** Depois de 20 dias.   **25.** $2\sqrt{3}$ por 6   **27.** 10 por 10 por 4 cm.   **29.** $\approx 3{,}77$ cm.

Exercícios 2.7, página 190

1. \$1   **3.** 32   **5.** 5   **7.** $x = 20$ unidades, $p = \$133{,}33$ **9.** 2 milhões de toneladas, \$156 por tonelada   **11. (a)** \$2,00 **(b)** \$2,30   **13.** Sejam x o número de cópias e p o preço por cópia. Equação de demanda: $p = 650 - 5x$; receita: $R(x) = (650 - 5x)x$; 65 cópias.   **15.** Sejam x o número de mesas e p o lucro por mesa. $p = 16 - 0{,}5x$; lucro da cafeteria: $R = (16 - 0{,}5x)x$; 16 mesas.   **17. (a)** $x = 15 \cdot 10^5, p = \$45$. **(b)** Não. O lucro é maximizado quando o preço aumenta para \$50.   **19.** 5%   **21. (a)** \$75.000 **(b)** \$3.200 por unidade **(c)** 15 unidades **(d)** 32,5 unidades **(e)** 35 unidades

Capítulo 2: Exercícios Suplementares, página 194

1. (a) crescente: $-3 < x < 1$ e $x > 5$; decrescente: $x < -3$ e $1 < x < 5$ **(b)** côncava para cima: $x < -1$ e $x > 3$; côncava para baixo: $-1 < x < 3$ **3.**   **5.**   **7.** d, e   **9.** c, d   **11.** e
13. O gráfico passa por $(1, 2)$ e é crescente em $x = 1$.   **15.** Crescente e côncava para cima em $x = 3$.   **17.** $(10, 2)$ é um ponto de mínimo relativo.   **19.** O gráfico passa por $(5, -1)$ e é decrescente em $x = 5$.   **21. (a)** depois de 2 horas **(b)** 0,8 **(c)** depois de 3 horas **(d)** $-0{,}02$ unidades por hora

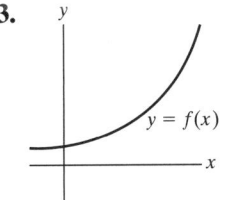

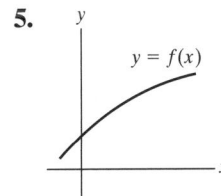

23. [gráfico: parábola com $(0,3)$, $(-\sqrt{3},0)$, $(\sqrt{3},0)$]

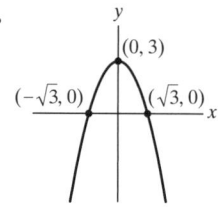

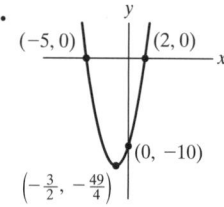

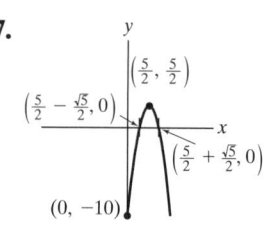

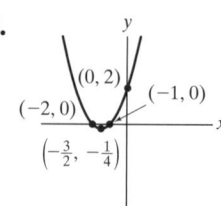

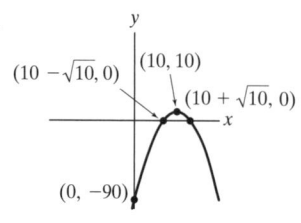

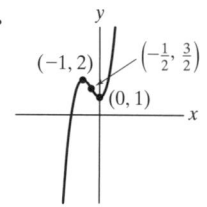

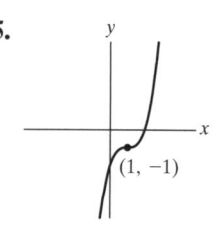

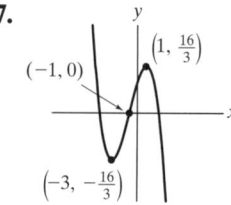

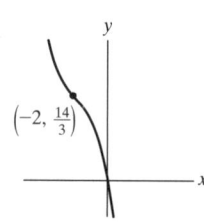

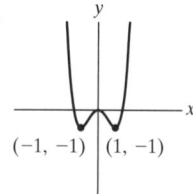

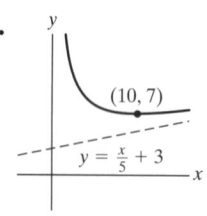

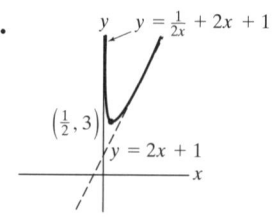

25. [gráfico: parábola com $(-5,0)$, $(2,0)$, $(0,-10)$, $\left(-\frac{3}{2},-\frac{49}{4}\right)$]

27. [gráfico com $\left(\frac{5}{2},\frac{5}{2}\right)$, $\left(\frac{5}{2}-\frac{\sqrt{5}}{2},0\right)$, $\left(\frac{5}{2}+\frac{\sqrt{5}}{2},0\right)$, $(0,-10)$]

29. [gráfico com $(0,2)$, $(-2,0)$, $(-1,0)$, $\left(-\frac{3}{2},-\frac{1}{4}\right)$]

31. [gráfico com $(10-\sqrt{10},0)$, $(10,10)$, $(10+\sqrt{10},0)$, $(0,-90)$]

33. [gráfico com $(-1,2)$, $\left(-\frac{1}{2},\frac{3}{2}\right)$, $(0,1)$]

35. [gráfico com $(1,-1)$]

37. [gráfico com $(-1,0)$, $\left(1,\frac{16}{3}\right)$, $\left(-3,-\frac{16}{3}\right)$]

39. [gráfico com $\left(-2,\frac{14}{3}\right)$]

41. [gráfico com $(-1,-1)$, $(1,-1)$]

43. [gráfico com $(10,7)$, assíntota $y=\frac{x}{5}+3$]

44. [gráfico com $y=\frac{1}{2x}+2x+1$, $\left(\frac{1}{2},3\right)$, assíntota $y=2x+1$]

45. $f'(x) = 3x(x^2 + 2)^{1/2}$, $f'(0) = 0$ **47.** $f''(x) = -2x(1 + x^2)^{-2}$, $f''(x)$ é positiva com $x < 0$ e negativa com $x > 0$. **49.** A-c, B-e, C-f, D-b, E-a, F-d **51. (a)** O número de pessoas vivendo entre $10 + h$ e 10 quilômetros do centro da cidade. **(b)** Se fosse, $f(x)$ seria decrescente em $x = 10$. **53.** O máximo valor de 2 ocorre na extremidade $x = 0$. **55.** Sejam x a largura e h a altura. Objetivo: $A = 4x + 2xh + 8h$; restrição: $4xh = 200.000$; 40 por 100 cm de base, 50 cm de altura. **57.** 10 cm. **59.** Sejam r o número de encomendas e x o número de livros por encomenda. Objetivo: $C = 1.000r + (0,25)x$; restrição: $rx = 400.000$; $x = 40.000$. **61.** $x = 3.500$ **63.** Sejam x o número de pessoas e c o custo. Objetivo: $R = xc$; restrição: $c = 1.040 - 20x$; 25 pessoas.

CAPÍTULO 3

Exercícios 3.1, Página 205

1. $(x + 1) \cdot (3x^2 + 5) + (x^3 + 5x + 2) \cdot 1$, ou $4x^3 + 3x^2 + 10x + 7$ **3.** $(2x^4 - x + 1) \cdot (-5x^4) + (-x^5 + 1) \cdot (8x^3 - 1)$, ou $-18x^8 + 6x^5 - 5x^4 + 8x^3 - 1$ **5.** $x(4)(x^2 + 1)^3(2x) + (x^2 + 1)^4(1)$ ou $(x^2 + 1)^3(9x^2 + 1)$ **7.** $(x^2 + 3) \cdot 10(x^2 - 3)^9(2x) + (x^2 - 3)^{10} \cdot 2x$, ou $2x(x^2 - 3)^9(11x^2 + 27)$ **9.** $(5x + 1) \cdot 2x + (x^2 - 1) \cdot 5 + \frac{2}{3}$, ou $15x^2 + 2x - \frac{13}{3}$ **11.** $\dfrac{(x + 1) \cdot 1 - (x - 1) \cdot 1}{(x + 1)^2}$, ou $\dfrac{2}{(x + 1)^2}$ **13.** $\dfrac{(x^2 + 1) \cdot 2x - (x^2 - 1) \cdot 2x}{(x^2 + 1)^2}$, ou $\dfrac{4x}{(x^2 + 1)^2}$ **15.** $\dfrac{(2x + 1)^2 - 2(2x + 1)(2)(x + 3)}{(2x + 1)^4}$, ou $\dfrac{-2x - 11}{(2x + 1)^3}$ **17.** $\dfrac{-4x}{(x^2 + 1)^2}$ **19.** $\dfrac{(3 - x^2) \cdot (6x + 5) - (3x^2 + 5x + 1) \cdot (-2x)}{(3 - x^2)^2}$, ou $\dfrac{5(x + 1)(x + 3)}{(3 - x^2)^2}$ **21.** $2[(3x^2 + 2x + 2)(x - 2)][(3x^2 + 2x + 2) \cdot 1 + (x - 2) \cdot (6x + 2)]$, ou $2(3x^2 + 2x + 2)(x - 2)(9x^2 - 8x - 2)$ **23.** $\dfrac{-1}{2\sqrt{x}(\sqrt{x} + 1)^2}$ **25.** $\dfrac{3x^4 - 4x^2 - 3}{x^2}$ **27.** $\sqrt{x + 2}\,2\,(2x + 1)(2) + (2x + 1)^2 \dfrac{1}{2\sqrt{x + 2}}$ ou $\dfrac{(2x + 1)(10x + 17)}{2\sqrt{x + 2}}$

29. $y - 16 = 88(x - 3)$ **31.** 2, 7 **33.** 0, ± 2, $\pm \frac{5}{4}$ **35.** $(\frac{1}{2}, \frac{3}{2})$, $(-\frac{1}{2}, \frac{9}{2})$ **37.** $\frac{dy}{dx} = 8x(x^2 + 1)^3$, $\frac{d^2y}{dx^2} = 8(x^2 + 1)^2(7x^2 + 1)$ **39.** $\frac{dy}{dx} = \frac{x}{2\sqrt{x+1}} + \sqrt{x+1}$ ou $\frac{dy}{dx} = \frac{3x + 2}{2\sqrt{x+1}}$, $\frac{d^2y}{dx^2} = \frac{3x + 4}{4(x + 1)^{3/2}}$

41. $x \cdot f'(x) + f(x)$ **43.** $\dfrac{(x^2 + 1) \cdot f'(x) - 2x \cdot f(x)}{(x^2 + 1)^2}$ **45.** Base de 30 por 20 cm, altura 10 cm. **47.** 150; $AC(150) = 35 = C'(150)$ **49.** AR é maximizada se $0 = \dfrac{d}{dx}(AR) = \dfrac{x \cdot R'(x) - R(x) \cdot 1}{x^2}$. Isso ocorre quando o nível de produção x satisfaz $xR'(x) - R(x) = 0$ e, portanto, $R'(x) = R(x)/x = AR$. **51.** 38 cm²/s

53. 150.853.600 galões/ano **55.** (2, 10) **59.** $\dfrac{1 - 2x \cdot f(x)}{(1 + x^2)^2}$ **61.** $\frac{1}{8}$ **63.** (b) $f'(x) \cdot g'(x) = -\dfrac{1}{x^2}(3x^2) = -3$; $[f(x)g(x)]' = 2x$ **65.** $f(x)g(x)h'(x) + f(x)g'(x)h(x) + f'(x)g(x)h(x)$ **67.** $\dfrac{h(t)w'(t) - 2w(t)h'(t)}{[h(t)]^3}$

69. (a) (b) 10,8 mm² (c) 2,61 unidades de luz (d) $-0,55$ mm²/unidade de luz

[0, 6] por [−5, 20]

Exercícios 3.2, página 212

1. $\dfrac{x^3}{x^3 + 1}$ **3.** $\sqrt{x}(x + 1)$ **5.** $f(x) = x^5$, $g(x) = x^3 + 8x - 2$ **7.** $f(x) = \sqrt{x}$, $g(x) = 4 - x^2$ **9.** $f(x) = \dfrac{1}{x}$, $g(x) = x^3 - 5x^2 + 1$ **11.** $30x(x^2 + 5)^{14}$ **13.** $6x^2 \cdot 3(x - 1)^2(1) + (x - 1)^3 \cdot 12x$, ou $6x(x - 1)2(5x - 2)$
15. $2(x^3 - 1) \cdot 4(3x^2 + 1)^3(6x) + (3x^2 + 1)^4 \cdot 2(3x^2)$, ou $6x(3x^2 + 1)^3(11x^3 + x - 8)$
17. $\dfrac{d}{dx}[4^3(1 - x)^{-3}] = 192(1 - x)^{-4}$ **19.** $3\left(\dfrac{4x - 1}{3x + 1}\right)^2 \cdot \dfrac{(3x + 1) \cdot 4 - (4x - 1) \cdot 3}{(3x + 1)^2}$, ou $\dfrac{21(4x - 1)^2}{(3x + 1)^4}$

21. $2xf'(x^2)$ **23.** $f'(-x)$ **25.** $\dfrac{2x^2 f'(x^2) - f(x^2)}{x^2}$ **27.** **29.** $30(6x - 1)^4$

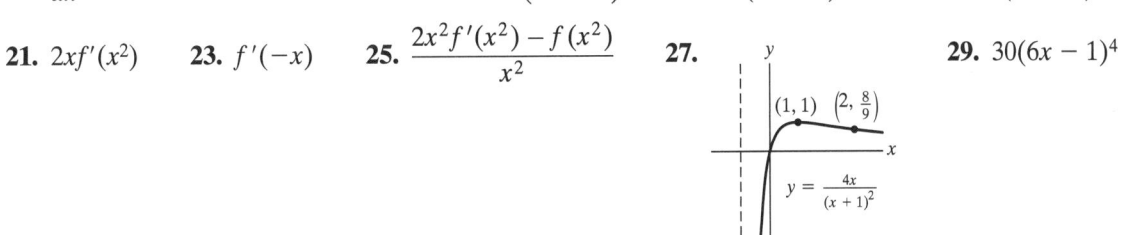

31. $-(1 - x^2)^{-2} \cdot (-2x)$, ou $2x(1 - x^2)^{-2}$ **33.** $[4(x^2 - 4)^3 - 2(x^2 - 4)] \cdot (2x)$, ou $8x(x^2 - 4)^3 - 4x(x^2 - 4)$
35. $2[(x^2 + 5)^3 + 1]3(x^2 + 5)^2 \cdot (2x)$, ou $12x[(x^2 + 5)^3 + 1](x^2 + 5)^2$ **37.** $6(4x + 1)^{1/2}$
39. $\dfrac{dy}{dx} = \left(\dfrac{1}{2} - \dfrac{2}{u^2}\right)(1 - 2x)$ ou $\dfrac{dy}{dx} = \left(\dfrac{1}{2} - \dfrac{2}{(x - x^2)^2}\right)(1 - 2x)$ **41.** $\dfrac{dy}{dt} = (2x - 3)(2t)$ com $t = 0, x = 3$, $\dfrac{dy}{dt} = 0$ **43.** $\dfrac{dy}{dt} = \dfrac{-2}{(x - 1)^2} \cdot \dfrac{t}{2}$ com $t = 3, x = \dfrac{9}{4}$, $\dfrac{dy}{dt} = -\dfrac{48}{25}$ **45.** $y = 62x - 300$ **47.** 1; 2; 3

49. (a) $\dfrac{dV}{dt} = \dfrac{dV}{dx} \cdot \dfrac{dx}{dt}$ (b) 2 **51.** (a) $\dfrac{dy}{dt}, \dfrac{dP}{dy}, \dfrac{dP}{dt}$ (b) $\dfrac{dP}{dt} = \dfrac{dP}{dy} \cdot \dfrac{dy}{dt}$ **53.** (a) $\dfrac{200(100 - x^2)}{(100 + x^2)^2}$

(b) $\dfrac{400[100 - (4 + 2t)^2]}{[100 + (4 + 2t)^2]^2}$ (c) Caindo à taxa de \$480 por semana. **55.** (a) $0,4 + 0,0002x$

(b) Aumentando à taxa de 25 mil pessoas por ano. (c) Subindo à taxa de 14 ppm por ano. **57.** $x^3 + 1$
59. 24 **61.** (a) $t = 1,5, x = 40, W \approx 77,209$ milhões de dólares; $t = 3,5, x = 30, W \approx 76,364$ milhões de dólares (b) $\left.\dfrac{dx}{dt}\right|_{t=1,5} = 20$; o preço de uma ação é \$40 e está crescendo à taxa de \$20 por mês. $\left.\dfrac{dx}{dt}\right|_{t=3,5} = 0$; o preço de uma ação estabiliza a \$30 por ação.

63. (a) $t = 2,5$, $x = 40$, $\left.\dfrac{dx}{dt}\right|_{t=2,5} = -20$; o preço de uma ação é \$40 e está caindo à taxa de \$20 por mês. $t = 4$, $x = 30$, $\left.\dfrac{dx}{dt}\right|_{t=4} = 0$; o preço de uma ação estabiliza a \$30 por ação. **(b)** $\left.\dfrac{dW}{dt}\right|_{t=2,5} = \left.\dfrac{dW}{dx}\right|_{x=40} \left.\dfrac{dx}{dt}\right|_{t=2,5} = \dfrac{120}{1.849} \cdot (-20) \approx -1,3$; o valor total da companhia está caindo à taxa de 1,3 milhões de dólares por mês. $\dfrac{dW}{dt} = \dfrac{dW}{dx}\dfrac{dx}{dt} = 0$; quando $x = 30$, o valor total da companhia estava estável em $W \approx 76,364$ milhões de dólares. **65.** A derivada da função composta $f(g(x))$ é a derivada da função externa calculada na função interna multiplicada pela derivada da função interna.

Exercícios 3.3, página 2.2

1. $\dfrac{x}{y}$ **3.** $\dfrac{1 + 6x}{5y^4}$ **5.** $\dfrac{2x^3 - x}{2y^3 - y}$ **7.** $\dfrac{1 - 6x^2}{1 - 6y^2}$ **9.** $-\dfrac{y}{x}$ **11.** $-\dfrac{y + 2}{5x}$ **13.** $\dfrac{8 - 3xy^2}{2x^2 y}$ **15.** $\dfrac{x^2(y^3 - 1)}{y^2(1 - x^3)}$

17. $-\dfrac{y^2 + 2xy}{x^2 + 2xy}$ **19.** $\tfrac{1}{2}$ **21.** $-\tfrac{8}{3}$ **23.** $-\tfrac{2}{15}$ **25.** $y - \tfrac{1}{2} = -\tfrac{1}{16}(x - 4)$, $y + \tfrac{1}{2} = \tfrac{1}{16}(x - 4)$

27. (a) $\dfrac{2x - x^3 - xy^2}{2y + y^3 + x^2 y}$ **(b)** 0 **29. (a)** $\dfrac{-y}{2x}$ **(b)** $\dfrac{-27}{16}$ **31.** $-\dfrac{x^3}{y^3}\dfrac{dx}{dt}$ **33.** $\dfrac{2x - y}{x}\dfrac{dx}{dt}$

35. $\dfrac{2x + 2y}{3y^2 - 2x}\dfrac{dx}{dt}$ **37.** $-\tfrac{15}{8}$ unidades por segundo. **39.** Subindo à taxa de 3 mil unidades por semana.

41. Crescendo à taxa de \$20 mil por mês. **43.** Decrescendo à taxa de $\tfrac{1}{14}$ litros por segundo.

45. (a) $x^2 + y^2 = 100$ **(b)** $\dfrac{dy}{dt} = -4$, portanto, o alto da escada está caindo à taxa de 4 pés/seg.

47. Decrescendo à taxa de $\dfrac{22}{\sqrt{5}}$ pés/seg (ou 9,84 pés/seg).

Capítulo 3: Exercícios Suplementares, página 225

1. $(4x - 1) \cdot 4(3x + 1)^3(3) + (3x + 1)^4 \cdot 4$, ou $4(3x + 1)^3(15x - 2)$ **3.** $x \cdot 3(x^5 - 1)^2 \cdot 5x^4 + (x^5 - 1)^3 \cdot 1$, ou $(x^5 - 1)^2(16x^5 - 1)$ **5.** $5(x^{1/2} - 1)^4 \cdot 2(x^{1/2} - 2)(\tfrac{1}{2}x^{-1/2}) + (x^{1/2} - 2)^2 \cdot 20(x^{1/2} - 1)^3 (\tfrac{1}{2}x^{-1/2})$, ou $5x^{-1/2}(x^{1/2} - 1)^3(x^{1/2} - 2)(3x^{1/2} - 5)$ **7.** $3(x^2 - 1)^3 \cdot 5(x^2 + 1)^4 (2x) + (x^2 + 1)^5 \cdot 9(x^2 - 1)^2 (2x)$, ou $12x(x^2 - 1)^2(x^2 + 1)^4 (4x^2 - 1)$ **9.** $\dfrac{(x - 2) \cdot (2x - 6) - (x^2 - 6x) \cdot 1}{(x - 2)^2}$, ou $\dfrac{x^2 - 4x + 12}{(x - 2)^2}$

11. $2\left(\dfrac{3 - x^2}{x^3}\right) \cdot \dfrac{x^3 \cdot (-2x) - (3 - x^2) \cdot 3x^2}{x^6}$, ou $\dfrac{2(3 - x^2)(x^2 - 9)}{x^7}$ **13.** $-\tfrac{1}{3}, 3, \tfrac{31}{27}$ **15.** $y + 32 = 176(x + 1)$

17. $x = 44$ m, $y = 22$ m **19.** $\dfrac{dC}{dt} = \dfrac{dC}{dx} \cdot \dfrac{dx}{dt} = 40 \cdot 3 = 120$. Os custos estão aumentando \$120 por dia.

21. $0; -\tfrac{7}{2}$ **23.** $\tfrac{3}{2}; -\tfrac{7}{8}$; **25.** $1; -\tfrac{3}{2}$ **27.** $\dfrac{3x^2}{x^6 + 1}$ **29.** $\dfrac{2x}{(x^2 + 1)^2 + 1}$ **31.** $\tfrac{1}{2}\sqrt{1 - x}$ **33.** $\dfrac{3x^2}{2(x^3 + 1)}$

35. $-\dfrac{25}{x(25 + x^2)}$ **37.** $\dfrac{x^{1/2}}{(1 + x^2)^{1/2}} \cdot \tfrac{1}{2}(x^{-1/2})$, ou $\dfrac{1}{2\sqrt{1 + x^2}}$ **39.** $\dfrac{dR}{dA}, \dfrac{dA}{dt}, \dfrac{dR}{dx}, e \dfrac{dx}{dA}$

41. (a) $-y^{1/3}/x^{1/3}$ **(b)** 1 **43.** -3 **45.** $\tfrac{3}{5}$ **47. (a)** $\dfrac{dy}{dx} = \dfrac{15x^2}{2y}$ **(b)** $\tfrac{20}{3}$ mil dólares com mil unidades de aumento na produção. **(c)** $\dfrac{dy}{dt} = \dfrac{15x^2}{2y}\dfrac{dx}{dt}$ **(d)** 2 mil dólares por semana. **49.** Aumentando à taxa de 2,5 unidades por unidade de tempo. **51.** 1,89 m²/ano

CAPÍTULO 4

Exercícios 4.1, página 233

1. $2^{2x}, 3^{(1/2)x}, 3^{-2x}$ **3.** $2^{2x}, 3^{3x}, 2^{-3x}$ **5.** $2^{-4x}, 2^{9x}, 3^{-2x}$ **7.** $2^x, 3^x, 3^x$ **9.** $3^{2x}, 2^{6x}, 3^{-x}$ **11.** $2^{(1/2)x}, 3^{(4/3)x}$
13. $2^{-2x}, 3^x$ **15.** $\tfrac{1}{9}$ **17.** 1 **19.** 2 **21.** -1 **23.** $\tfrac{1}{5}$ **25.** $\tfrac{5}{2}$ **27.** -1 **29.** 4 **31.** 1

33. 1 ou 2   **35.** 1 ou 2   **37.** 2^h **39.** $2^h - 1$ **41.** $3^x + 1$ **43.**   0,6931   **45.** 2,7

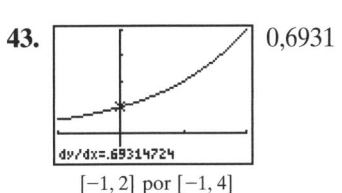

$[-1, 2]$ por $[-1, 4]$

Exercícios 4.2, página 237

1. 1,16; 1,11; 1,10   **3. (a)** $2m$ **(b)** $m/4$, com $m \approx 0{,}693$.   **5. (a)** e **(b)** $1/e$ **7.** 1,005; 1,001; 1,000
9. $10e^{10x}$ **11. (a)** $4e^{4x}$ **(b)** ke^{kx} **13.** e^{2x}, e^{-x} **15.** e^{-6x}, e^{2x} **17.** e^{6x}, e^{2x} **19.** $x = 4$
21. $x = 4, -2$ **23.** 1 ou -1 **25.** $3e^x - 7$ **27.** $xe^x + e^x = (x+1)e^x$
29. $8e^x(2)(1 + 2e^x)(2e^x) + 8e^x(1 + 2e^x)^2$ ou $8e^x(6e^x + 1)(1 + 2e^x)$ **31.** $\dfrac{e^x(x+1) - e^x}{(x+1)^2}$ ou $\dfrac{xe^x}{(x+1)^2}$
33. $\dfrac{e^x(e^x + 1) - e^x(e^x - 1)}{(e^x + 1)^2}$ ou $\dfrac{2e^x}{(e^x + 1)^2}$ **35.** $\dfrac{e^x}{\sqrt{2e^x + 1}}$ **37.** $y' = e^x(1+x)^2, y' = 0$, com $x = -1$.
O ponto é $(-1, 2/e)$.   **39.** 1   **41.** $y - \tfrac{1}{3} = \tfrac{1}{9}x$ **43.** $f'(x) = e^x(x^2 + 4x + 3), f''(x) = e^x(x^2 + 6x + 7)$
45. (a) 800 g/cm²   **(b)** 14 km   **(c)** -50 g/cm² por km   **(d)** 2 km   **47.** $y = x + 1$

49.   **51.** $\dfrac{d}{dx}(10^x)\Big|_{x=0} \approx 2{,}3026; \dfrac{d}{dx}(10^x) = m10^x$, com $m = \dfrac{d}{dx}(10^x)\Big|_{x=0}$

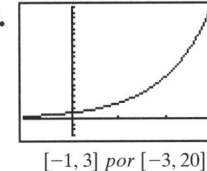

$[-1, 3]$ por $[-3, 20]$

Exercícios 4.3, página 242

1. $8e^{2x}$ **3.** $4 - 2e^{-2x}$ **5.** $e^{t^2}(2t^2 + 2t + 1)$ **7.** $3(e^x + e^{-x})^2(e^x - e^{-x})$ **9.** $\tfrac{1}{8}e^{\frac{t}{2}+1}$ **11.** $-\tfrac{3}{t^2}e^{\frac{3}{t}}$
13. $e^{x^2-5x+4}(2x-5)$ **15.** $\dfrac{1 - x + e^{2x}}{e^x}$ **17.** $2e^{2t} - 4e^{-4t}$ **19.** $2(t+1)e^{2t} + 2(t+1)^2 e^{2t} = 2(t+1)(t+2)e^{2t}$
21. $e^x e^{e^x}$ **23.** $\dfrac{(15 + 4x)e^{4x}}{(4+x)^2}$ **25.** $(-x^{-2} + 2x^{-1} + 6)e^{2x}$ **27.** Max em $x = -2/3$
29. Min em $x = 5/4$ **31.** Max em $x = 9/10$ **33.** \$54.366 por ano   **35. (a)** 45 m/seg   **(b)** 10 m/seg²
(c) 4 seg   **(d)** 4 seg   **37.** 2 cm/semana   **39.** $0{,}02e^{-2e^{-0,01x}}e^{-0,01x}$ **41.** $y = Ce^{-4x}$ **43.** $y = e^{-0,5x}$
47. 1   **49. (a)** O volume parece estabilizar perto de 6 ml   **(b)** 3,2 ml   **(c)** 7,7 semanas
(d) 0,97 ml/semana   **(e)** 3,7 semanas   **(f)** 1,13 ml/semana

Exercícios 4.4, página 247

1. $\tfrac{1}{2}$ **3.** $\ln 5$ **5.** $\tfrac{1}{e}$ **7.** -3 **9.** e **11.** 0   **13.** x^2 **15.** $\tfrac{1}{49}$ **17.** $2x$ **19.** $\tfrac{1}{2}\ln 5$ **21.** $4 - e^{1/2}$
23. $\pm e^{9/2}$ **25.** $-\dfrac{\ln 0{,}5}{0{,}00012}$ **27.** $\tfrac{5}{3}$ **29.** $\tfrac{e}{3}$ **31.** $3\ln\tfrac{9}{2}$ **33.** $\tfrac{1}{2}e^{8/5}$ **35.** $\tfrac{1}{2}\ln 4$ **37.** $-\ln\tfrac{3}{2}$
39. $x = \ln 5, y = 5(1 - \ln 5) \approx -3{,}047$ **41. (a)** $y' = -e^{-x}, y' = -2$ com $x = -\ln 2 = \ln(\tfrac{1}{2})$. O ponto é
$(\ln(\tfrac{1}{2}), 2)$.   **(b)**   **43.** $(-\ln 3, 3 - 3\ln 3)$, mínimo.   **45.** Max em $t = 2\ln 51$.

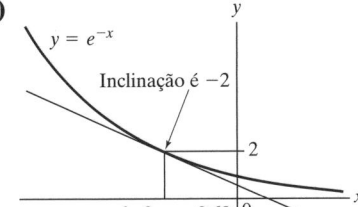

$y = e^{-x}$
Inclinação é -2
$-\ln 2 \approx -0{,}69$

47. $\ln 2$ **49.** O gráfico de $y = e^{\ln x}$ é igual ao gráfico de $y = x$ em $x > 0$.

51. $\frac{1}{5}e^2 \approx 1{,}4778$

$[-1, 3]$ por $[-3, 3]$

Exercícios 4.5, página 251

1. $\dfrac{1}{x}$ **3.** $\dfrac{1}{x+3}$ **5.** $\dfrac{e^x - e^{-x}}{e^x + e^{-x}}$ **7.** $\left(\dfrac{1}{x} + 1\right)e^{\ln x + x}$ **9.** $\dfrac{1}{x}(\ln x + \ln 2x)$ **11.** $\dfrac{2\ln x}{x} + \dfrac{2}{x}$ ou $\dfrac{2}{x}(\ln x + 1)$

13. $\dfrac{1}{x}$ **15.** $2x(1 + \ln(x^2 + 1))$ **17.** $\dfrac{2}{x^2 - 1}$ **19.** $\dfrac{5e^{5x}}{e^{5x} + 1}$ **21.** $3 + 2\ln t$ **23. (a)** $t > 1$ **(b)** $t > e$

25. $y = 1$ **27.** $\left(e^2, \dfrac{2}{e}\right)$ **29.** $y' = x(1 + 2\ln x)$, $y'' = 3 + 2\ln x$, $y' = 0$ com $x = e^{-1/2}$, $y''(e^{-1/2}) > 0$,

mínimo relativo em $x = e^{-1/2}$, $y = -e^{-1}/2$.   **31.** $1 + 3\ln 10$ **33.** $R'(x) = \dfrac{45(\ln x - 1)}{(\ln x)^2}$; $R'(20) \approx 10$

35. $\dfrac{1}{7}$ **37.**

$[-5, 5]$ por $[-2, 2]$

Exercícios 4.6, página 255

1. $\ln 5x$ **3.** $\ln 3$ **5.** $\ln 2$ **7.** x^2 **9.** $\ln \dfrac{x^5 z^3}{y^{1/2}}$ **11.** $3\ln x$ **13.** $3\ln 3$ **15. (a)** $2\ln 2 = 2(0{,}69) = 1{,}38$

(b) $\ln 2 + \ln 3 = 1{,}79$ **(c)** $3\ln 3 + \ln 2 = 3{,}99$ **17. (a)** $-\ln 2 - \ln 3 = -1{,}79$ **(b)** $\ln 2 - 2\ln 3 = 1{,}51$

(c) $-\dfrac{1}{2}\ln 2 = -0{,}345$ **19.** d   **21.** d   **23.** 3   **25.** $\sqrt{e}$ **27.** e ou e^{-1} **29.** 1 ou e^4 **31.** $\dfrac{1 + 2e}{e - 1}$

33. $\dfrac{1}{x+5} + \dfrac{2}{2x-1} - \dfrac{1}{4-x}$ **35.** $\dfrac{2}{1+x} + \dfrac{3}{2+x} + \dfrac{4}{3+x}$ **37.** $\dfrac{1}{2x} + x$ **39.** $\dfrac{4}{x+1} - 1$

41. $\ln(3x+1)\dfrac{5}{5x+1} + \ln(5x+1)\dfrac{3}{3x+1}$ **43.** $(x+1)^4(4x-1)^2\left(\dfrac{4}{x+1} + \dfrac{8}{4x-1}\right)$

45. $\dfrac{(x+1)(2x+1)(3x+1)}{\sqrt{4x+1}}\left(\dfrac{1}{x+1} + \dfrac{2}{2x+1} + \dfrac{3}{3x+1} - \dfrac{2}{4x+1}\right)$ **47.** $2^x \ln 2$ **49.** $x^x[1 + \ln x]$

51. $y = cx^k$ **53.** $h = 3$, $k = \ln 2$

Capítulo 4: Exercícios Suplementares, página 257

1. 81   **3.** $\dfrac{1}{25}$ **5.** 4   **7.** 9   **9.** e^{3x^2} **11.** e^{2x} **13.** $e^{11x} + 7e^x$ **15.** $x = 4$ **17.** $x = -5$ **19.** $70e^{7x}$

21. $e^{x^2} + 2x^2 e^{x^2}$ **23.** $e^x \cdot e^{e^x} = e^{x+e^x}$ **25.** $\dfrac{(e^{3x} + 3)(2x - 1) - (x^2 - x + 5)3e^{3x}}{(e^{3x} + 3)^2}$ **27.** $y = Ce^{-x}$

29. $y = 2e^{1{,}5x}$ **31.** [gráfico: parábola com $(0,1)$ e reta $y = x$]   **33.** [gráfico: curva em forma de sino com $(0,1)$]   **35.** [gráfico: parábola com mínimo em 3]

37. $y = \dfrac{1}{4}x + \dfrac{1}{2}$ **39.** $\sqrt{5}$ **41.** $\dfrac{2}{3}$ **43.** 1   **45.** $e, \dfrac{1}{e}$ **47.** $\dfrac{1}{2}\ln 5$ **49.** $e^{5/2}$ **51.** $\dfrac{6x^5 + 12x^3}{x^6 + 3x^4 + 1}$

53. $\dfrac{5}{5x-7}$ 55. $\dfrac{2\ln x}{x}$ 57. $\dfrac{1}{x}+1-\dfrac{1}{2(1+x)}$ 59. $\ln x$ 61. $\dfrac{1}{x\ln x}$ 63. $\dfrac{e^x}{x}+e^x\ln x$

65. $\dfrac{x}{x^2+1}-\dfrac{1}{2x+3}$ 67. $2x-\dfrac{1}{x}$ 69. $\ln 2$ 71. $\dfrac{1}{x-1}$ 73. $-\tfrac{1}{2}x^{-\tfrac{1}{2}}$ ou $\dfrac{-1}{2\sqrt{x}}$

75. $\sqrt[5]{\dfrac{x^5+1}{x^5+5x+1}}\left[\dfrac{x^4}{x^5+1}-\dfrac{x^4+1}{x^5+5x+1}\right]$ 77. $x^{\sqrt{x}-\tfrac{1}{2}}[1+\tfrac{1}{2}\ln x]$

79. $(x^2+5)^6(x^3+7)^8(x^4+9)^{10}\left[\dfrac{12x}{x^2+5}+\dfrac{24x^2}{x^3+7}+\dfrac{40x^3}{x^4+9}\right]$ 81. $10^x\ln 10$ 83. $\dfrac{1}{2}\sqrt{\dfrac{xe^x}{x^3+3}}\left[\dfrac{1}{x}+1-\dfrac{3x^2}{x^3+3}\right]$

85. $e^{x+1}(x^2+1)x\left[1+\dfrac{2x}{x^2+1}+\dfrac{1}{x}\right]$ ou $e^{x+1}(x^3+3x^2+x+1)$ 87. [gráfico com ponto $(0, \ln 2)$]

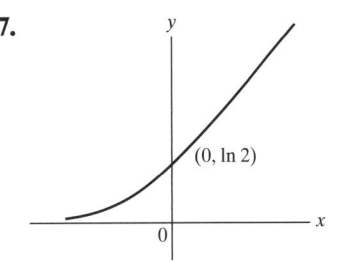

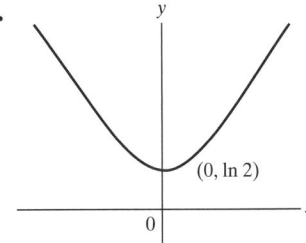

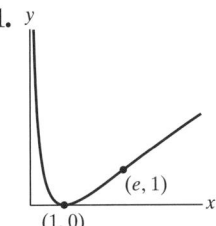

89. [gráfico com ponto $(0, \ln 2)$]   91. [gráfico com pontos $(1,0)$ e $(e,1)$]   93. [gráfico com ponto $(1,1)$]   95. $\dfrac{e^x}{3+e^x}$ 97. 1

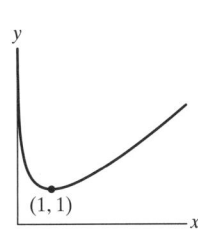

CAPÍTULO 5

Exercícios 5.1, página 266

1. **(a)** $P(t)=3e^{0,02t}$ **(b)** 3 milhões   **(c)** 0,02   **(d)** 3,52 milhões   **(e)** 80.000 pessoas por ano
(f) 3,5 milhões   3. **(a)** 5.000   **(b)** $P'(t)=0,2P(t)$ **(c)** 3,5 h   **(d)** 6,9 h   5. 0,017   7. 22 anos
9. 27 milhões de células   11. 34,0 milhões   13. **(a)** $P(t)=8e^{-0,021t}$ **(b)** 8 g   **(c)** 0,021   **(d)** 6,5 g
(e) 0,021 g/ano   **(f)** 5 g   **(g)** 4 g; 2 g; 1 g   15. **(a)** $f'(t)=-0,6f(t)$ **(b)** 14,9 mg   **(c)** 1,2 h
17. 30,1 anos   19. 176 dias   21. $f(t)=8e^{-0,014t}$ 23. **(a)** 8 g   **(b)** 3,5 h   **(c)** 0,6 g/h   **(d)** 8 h
25. 13.412 anos   27. 58,3%   29. Há 10.900 anos.   31. a-D, b-G, c-E, d-B, e-H, f-F, g-A, h-C
33. **(a)** $y-10=-5t$ ou $y=-5t+10$ **(b)** $P(t)=10e^{-0,5t}$ **(c)** $T=2$

Exercícios 5.2, pagina 273

1. **(a)** $5.000   **(b)** 4%   **(c)** $7.459,12   **(d)** $A'(t)=0,04A(t)$ **(e)** $298,36 por ano   **(f)** $7.000
3. **(a)** $A(t)=4.000e^{0,035t}$ **(b)** $A'(t)=0,035A(t)$ **(c)** $4.290,03   **(d)** 6,4 anos   **(e)** $175 por ano
5. $378 por ano   7. 15,3 anos   9. 29,3%   11. 17,3 anos   13. 7,3%   15. 2002   17. 2006
19. $786,63   21. $7.985,16   23. 15,7 anos   25. a-B, b-D, c-G, d-A, e-F, f-E, g-H, h-C
27. **(a)** $200   **(b)** $8 por ano   **(c)** 4%   **(d)** 30 anos   **(e)** 30 anos   **(f)** $A'(t)$ é um múltiplo constante de $A(t)$, pois $A'(t)=rA(t)$.   29. [gráfico, $[-0,5; 0,5]$ por $[-0,5; 4]$]   31. 0,06

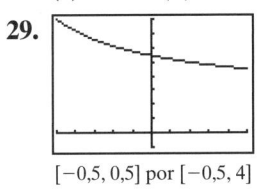

Exercícios 5.3, página 282

1. 20%, 4%   **3.** 30%, 30%   **5.** 60%, 300%   **7.** −25%, −10%   **9.** 12,5%   **11.** 5,8 anos
13. $p/(140-p)$, elástica   **15.** $2p^2/(116-p^2)$, inelástica   **17.** $p-2$, elástica   **19. (a)** inelástica
(b) aumentado   **21. (a)** elástica   **(b)** aumentar   **23. (a)** 2   **(b)** sim   **29. (a)** $p < 2$ **(b)** $p < 2$

Exercícios 5.4, página 291

1. (a) $f'(x) = 10e^{-2x} > 0$, $f(x)$ crescente; $f''(x) = -20e^{-2x} < 0$, $f(x)$ côncava para baixo.   **(b)** Com x crescente, $e^{-2x} = \dfrac{1}{e^{2x}}$ tende a 0.   **(c)**   **3.** $y' = 2e^{-x} = 2 - (2 - 2e^{-x}) = 2 - y$

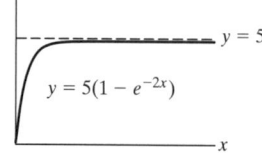

5. $y' = 30e^{-10x} = 30 - (30 - 30e^{-10x}) = 30 - 10y = 10(3-y)$, $f(0) = 3(1-1) = 0$ **7.** 4,8 h   **11. (a)** 2.500
(b) 500 pessoas/dia   **(c)** no dia 12   **(d)** nos dias 6 e 14   **(e)** no dia 10   **(f)** $f'(t) = 0{,}00004 f(t)(10.000 - f(t))$
(g) 1.000 pessoas por dia   **13. (a)**   **(b)** 30 unidades   **(c)** 25 unidades por hora

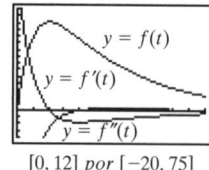

(d) 9 horas   **(e)** 65,3 unidades depois de 2 horas   **(f)** 4 horas

Capítulo 5: Exercícios Suplementares, página 304

1. $29{,}92 e^{-0{,}2x}$ **3.** $5.488,12   **5.** 0,058   **7. (a)** $17e^{0{,}018t}$ **(b)** 20,4 milhões   **(c)** 2011   **9. (a)** $36.693
(b) O investimento alternativo é superior em $3.859.   **11.** 0,02; 60.000 pessoas por ano; 5 milhões de pessoas
13. a-F, b-D, c-A, d-G, e-H, f-C, g-B, h-E   **15.** 6%   **17.** 400%   **19.** 3%, diminuir   **21.** aumentar
23. $100(1 - e^{-0{,}083t})$ **25. (a)** 400°F   **(b)** Decrescendo à taxa de 100°F/seg   **(c)** 17 seg   **(d)** 2 seg

CAPÍTULO 6

Exercícios 6.1, Página 304

1. $\tfrac{1}{2}x^2 + C$ **3.** $\tfrac{1}{3}e^{3x} + C$ **5.** $3x + C$ **7.** $x^4 + C$ **9.** $7x + C$ **11.** $\dfrac{x^2}{2c} + C$ **13.** $2\ln|x| + \dfrac{x^2}{4} + C$
15. $\tfrac{2}{5}x^{5/2} + C$ **17.** $\tfrac{1}{2}x^2 - \tfrac{2}{3}x^3 + \tfrac{1}{3}\ln|x| + C$ **19.** $-\tfrac{3}{2}e^{-2x} + C$ **21.** $ex + C$ **23.** $-e^{2x} - 2x + C$
25. $-\tfrac{5}{2}$ **27.** $\tfrac{1}{2}$ **29.** $-\tfrac{1}{5}$ **31.** -1 **33.** $\tfrac{1}{15}$ **35.** 3   **37.** $\tfrac{2}{5}t^{5/2} + C$ **39.** C **41.** $-\tfrac{5}{2}e^{-0{,}2x} + \tfrac{5}{2}$
43. $\dfrac{x^2}{2} + 3$ **45.** $\tfrac{2}{3}x^{3/2} + x - \tfrac{28}{3}$ **47.** $2\ln|x| + 2$ **49.** Testando todas as três funções, vemos que (b) é a única que funciona.   **51.**   **53.** $\tfrac{1}{4}$ **55. (a)** $-16t^2 + 96t + 256$ **(b)** 8 seg

(c) 400 pés **57.** $P(t) = 60t + t^2 - \frac{1}{12}$ **59.** $20 - 25e^{-0.4t}$ °C **61.** $-95 + 1{,}3x + 0{,}03x^2 - 0{,}0006x^3$
63. $5.875(e^{0{,}016t} - 1)$ **65.** $C(x) = 25x^2 + 1.000x + 10.000$ **67.** $F(x) = \frac{1}{2}e^{2x} - e^{-x} + \frac{1}{6}x^3$

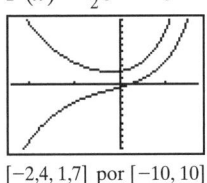

[−2,4, 1,7] por [−10, 10]

Exercícios 6.2, página 313
1. 0,5 e 0,25; 0,75; 1,25; 1,75 **3.** 0,6 e 1,3; 1,9; 2,5; 3,1; 3,7 **5.** 8,625 **7.** 15,12 **9.** 0,077278
11. 40 **13.** 15 **15.** 5,625; 4,5 **17.** 1,61321; erro = 0,04241 **19.** 1,08 litro **21.** 2.800 pés
23. Aumento na população (em milhões) de 1910 a 1950; taxa de consumo de cigarros t anos depois de 1985; 20 a 50 **25.** Toneladas de solo erodido durante um período de 5 dias **29.** 9,5965 **31.** 1,7641
33. 0,8427

Exercícios 6.3, página 323
1. $\int_{1/2}^{2} \frac{1}{x} dx$ **3.** $\int_{1}^{3} (1-x)(x-3) dx$ **5.** (gráfico: $y = 8 - 2x$) **7.** 0 **9.** 5 **11.** 1 **13.** $\frac{4}{3}(1 - e^{-3})$

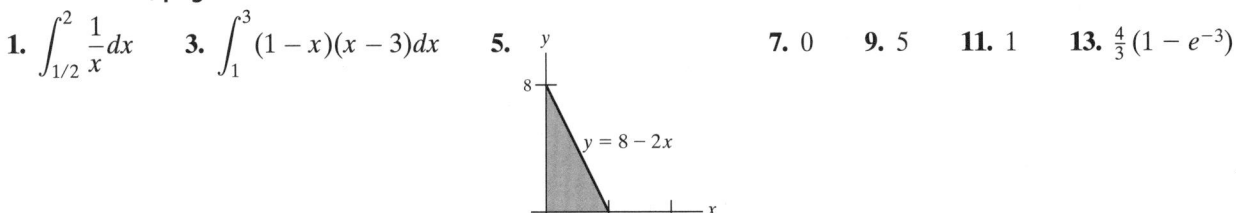

15. $e - e^{-1}$ **17.** $\frac{4}{9}$ **19.** $\ln 2$ **21.** $4 \ln 5$ **23.** $\frac{13}{4} - 2\sqrt{e}$ **25.** $3\frac{3}{4}$ **27.** $\frac{1}{5}$ **29.** 10 **31.** $2(e^{1/2} - 1)$
33. $6\frac{3}{5}$ **35.** Positiva **37.** 95,4 trilhões **39. (a)** 30 metros **(b)** (gráfico: $y = v(t)$) **41. (a)** $\$1.185{,}75$

(b) A área sob a curva de custo marginal de $x = 2$ até $x = 8$. **43.** O aumento nos lucros resultante do aumento na produção de 44 para 48 unidades. **45. (a)** $368/15 \approx 24{,}5$ **(b)** O quanto a temperatura cai durante as duas primeiras horas. **47.** 2.088 milhões de m³ **49.** 10 **51.** $\ln \frac{3}{2}$ **53.** $\frac{80}{3}$

Exercícios 6.4, página 331
1. $\int_{1}^{2} f(x)\,dx + \int_{3}^{4} -f(x)\,dx$ **3.** (gráfico: $y = h(x)$, $y = f(x)$, $y = g(x)$) **5.** $\frac{64}{3}$ **7.** $\frac{52}{3}$ **9.** $e^2 - e - \frac{1}{2}$ **11.** $\frac{1}{6}$ **13.** $\frac{32}{3}$

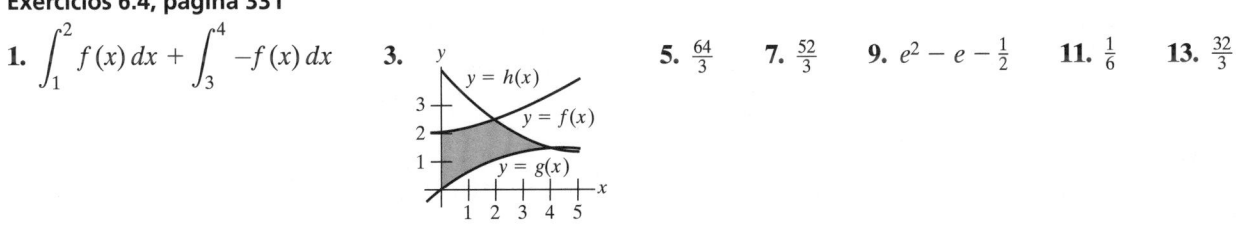

15. $\frac{1}{2}$ **17.** $\frac{1}{24}$ **19. (a)** $\frac{9}{2}$ **(b)** $\frac{19}{3}$ **(c)** $\frac{79}{6}$ **21.** $\frac{3}{2}$ **23.** $2 + 12 \ln \frac{3}{2}$
25. $\int_{0}^{20} (76{,}2 e^{0{,}03t} - 50 + 6{,}03 e^{0{,}09t}) dt$ **27.** Não; 20; o lucro adicional gerado pelo uso do plano original.
29. (a) A distância entre os dois carros depois de 1 hora. **(b)** Depois de 2 horas. **31.** 1,4032
33. 1,4293

Exercícios 6.5, página 340

1. 3 **3.** $50(1 - e^{-2})$ **5.** $\frac{3}{4}\ln 3$ **7.** 55° **9.** ≈ 82 g **11.** $20 **13.** $404,72 **15.** $200
17. $25 **19.** Ponto de corte (100, 10), excedentes do consumidor = $100, excedente do produtor = $250.
21. $3.236,68 **23.** $75,426 **25.** 13,35 y **27. (b)** $1.000e^{-0,04t_1}\Delta t + 1.000e^{-0,04t_2}\Delta t + \cdots + 1.000e^{-0,04t_n}\Delta t$
(c) $f(t) = 1.000e^{-0,04t}; 0 \le t \le 5$ **(d)** $\int_0^5 1.000e^{-0,04}\,dt$ **(e)** $4.531,73 **29.** $\frac{32}{3}\pi$ **31.** $\frac{31\pi}{5}$ **33.** 8π
35. $\frac{\pi}{2}(1 - e^{-2})$ **37.** $n = 4, b = 10, f(x) = x^3$ **39.** $n = 3, b = 7, f(x) = x + e^x$ **41.** A soma é aproximada por $\int_0^3 (3 - x)^2 dx = 9$. **43. (a)** $\frac{1.000}{3r}(e^{3r} - 1)$ **(b)** 4,5% **45. (a)** $\frac{1.000}{r}(e^{6r} - 1)$ **(b)** 5%

Capítulo 6: Exercícios Suplementares, página 343

1. $9x + C$ **3.** $\frac{2}{3}(x + 1)^{3/2} + C$ **5.** $2(\frac{1}{4}x^4 + x^3 - x) + C$ **7.** $-2e^{-x/2} + C$ **9.** $\frac{3}{5}x^5 - x^4 + C$
11. $-\frac{2}{3}(4 - x)^{3/2} + C$ **13.** $\frac{8}{3}$ **15.** $\frac{14}{3}\sqrt{2}$ **17.** $\frac{15}{16}$ **19.** $\frac{3}{4}$ **21.** $\frac{1}{3}\ln 4$ **23.** $\frac{1}{2}$ **25.** $\frac{80}{81}$ **27.** $\frac{5}{32}$
29. $\frac{1}{3}$ **31.** $\frac{1}{2}$ **33.** $\frac{28}{3}$ **35.** $\frac{e}{2} - 1$ **37.** 8 **39.** $\frac{1}{3}(x - 5)^3 - 7$ **41. (a)** $2t^2 + C$ **(b)** Ce^{4t}
(c) $\frac{1}{4}e^{4t} + C$ **43.** $0,02x^2 + 150x + 500$ dólares **45.** A quantidade total de medicamento (em centímetros cúbicos) injetado durante os quatro primeiros minutos. **47.** 25 **49.** 0,68571; 0,69315 **51.** $433,33
53. 15 **55.** 0,26; 1,96 **57. (a)** $f(t) = Q - \frac{Q}{A}t$ **(b)** $\frac{Q}{2}$ **59. (a)** A área sob a curva $y = \frac{1}{1 + t^2}$ de $t = 0$ até $t = 3$. **(b)** $\frac{1}{1 + x^2}$ **63.** $\frac{15}{4}$ **65.** Verdadeiro **67.** 65.000 km³ **69.** $f(x) = x^3 - x^2 + x$

CAPÍTULO 7

Exercícios 7.1, Página 352

1. $f(5, 0) = 25, f(5, -2) = 51, f(a, b) = a^2 - 3ab - b^2$ **3.** $g(2, 3, 4) = -2, g(7, 46, 44) = \frac{7}{2}$
7. $C(x, y, z) = 6xy + 10xz + 10yz$ **9.** $f(8, 1) = 40, f(1, 27) = 180, f(8, 27) = 360$ **11.** $\approx$ $50. $50 investido a juros de 5% compostos continuamente fornece um retorno de $100 em 13,8 anos. **13. (a)** $1.875
(b) $2.250; sim **15.** **17.** **19.** $f(x, y) = y - 3x$

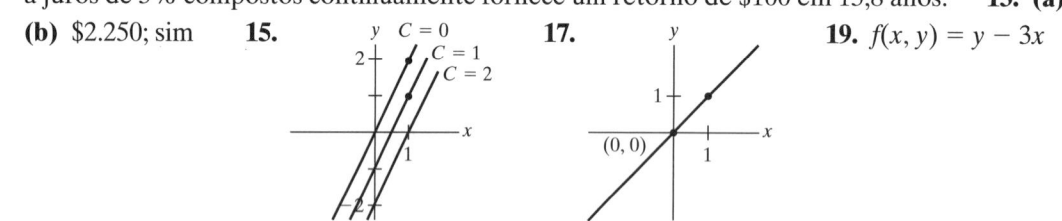

21. Elas correspondem aos pontos que têm a mesma altitude acima do nível do mar. **23.** d **25.** c

Exercícios 7.2, página 361

1. $5y, 5x$ **3.** $4xe^y, 2x^2e^y$ **5.** $\frac{1}{y} - \frac{y}{x^2}; \frac{-x}{y^2} + \frac{1}{x}$ **7.** $4(2x - y + 5), -2(2x - y + 5)$ **9.** $(2xe^{3x} + 3x^2e^{3x})\ln y$,
x^2e^{3x}/y **11.** $\frac{2y}{(x + y)^2}, -\frac{2x}{(x + y)^2}$ **13.** $\frac{3}{2}\sqrt{\frac{K}{L}}$ **15.** $\frac{2xy}{z}, \frac{x^2}{z}, -\frac{1 + x^2y}{z^2}$ **17.** $ze^{yz}, xz^2e^{yz}, x(yz + 1)e^{yz}$
19. 1,3 **21.** -12 **23.** $\frac{\partial f}{\partial x} = 3x^2y + 2y^2, \frac{\partial^2 f}{\partial x^2} = 6xy, \frac{\partial f}{\partial y} = x^3 + 4xy, \frac{\partial^2 f}{\partial y^2} = 4x, \frac{\partial^2 f}{\partial y \partial x} = \frac{\partial^2 f}{\partial x \partial y} = 3x^2 + 4y$
25. (a) Produtividade marginal do trabalho = 480; do capital = 40 **(b)** $480h$ **(c)** A produção diminui 240 unidades **27.** Se o preço da passagem de ônibus aumentar e o preço da passagem de trem permanecer constante, menos pessoas irão utilizar o ônibus. Um aumento no preço da passagem de trem junto com preços constantes de passagens de ônibus deveria causar um aumento no número de passageiros do ônibus.
29. Se o preço médio dos DVDs aumentar e o preço médio dos aparelhos de DVD permanecer constante, as pessoas irão comprar menos DVDs. Um aumento no preço médio dos aparelhos de DVD junto com preços constantes dos DVDs deveria causar um declínio no número de aparelhos de DVD comprados.
31. $\frac{\partial V}{\partial P}(20, 300) = -0,06, \frac{\partial V}{\partial T}(20, 300) = 0,04$ **33.** $\frac{\partial f}{\partial r} > 0, \frac{\partial f}{\partial m} > 0, \frac{\partial f}{\partial p} < 0$ **35.** $\frac{\partial^2 f}{\partial x^2} = -\frac{45}{4}x^{-5/4}y^{1/4}$.
A produtividade marginal do trabalho está diminuindo.

Exercícios 7.3, página 369

1. $(-2, 1)$ **3.** $(26, 11)$ **5.** $(1, -3), (-1, -3)$ **7.** $(\sqrt{5}, 1), (\sqrt{5}, -1), (-\sqrt{5}, 1), (-\sqrt{5}, -1)$ **9.** $\left(\frac{1}{3}, \frac{4}{3}\right)$
11. Mínimo relativo; nem máximo nem mínimo relativo.   **13.** Máximo relativo; nem máximo nem mínimo relativo; máximo relativo.   **15.** Nem máximo nem mínimo relativo.   **17.** $(0,0)$ min   **19.** $(-1, -4)$ max
21. $(0, -1)$ min   **23.** $(-1, 2)$ max; $(1, 2)$ nem max nem min.   **25.** $\left(\frac{1}{4}, 2\right)$ min; $\left(\frac{1}{4}, -2\right)$ nem max nem min.
27. $\left(\frac{1}{2}, \frac{1}{6}, \frac{1}{2}\right)$ **29.** 14 por 14 por 28 polegadas.   **31.** $x = 120, y = 80$

Exercícios 7.4, página 377

1. 58 com $x = 6, y = 2, \lambda = 12$.   **3.** 13 com $x = 8, y = -3, \lambda = 13$.   **5.** $x = \frac{1}{2}, y = 2$ **7.** 5 e 5
9. Base 10 cm, altura 5 cm.   **11.** $F(x, y, \lambda) = 4xy + \lambda(1 - x^2 - y^2); \frac{\sqrt{2}}{2} \times \frac{\sqrt{2}}{2}$
13. $F(x, y, \lambda) = 3x + 4y + \lambda(18.000 - 9x^2 - 4y^2); x = 20, y = 60$
15. (a) $F(x, y, \lambda) = 96x + 162y + \lambda(3.456 - 64x^{3/4}y^{1/4}); x = 81, y = 16$ **(b)** $\lambda = 3$ **17.** $x = 12, y = 2, z = 4$
19. $x = 2, y = 3, z = 1$ **21.** $F(x, y, z, \lambda) = 3xy + 2xz + 2yz + \lambda(12 - xyz); x = 2, y = 2, z = 3$
23. $F(x, y, z, \lambda) = xy + 2xz + 2yz + \lambda(32 - xyz); x = y = 4, z = 2$

Exercícios 7.5, página 384

1. $E = 6{,}7$ **3.** $E = (2A + B - 6)^2 + (5A + B - 10)^2 + (9A + B - 15)^2$ **5.** $y = 4{,}5x - 3$
7. $y = -2x + 11{,}5$ **9.** $y = -1{,}4x + 8{,}5$ **11. (a)** $y = 0{,}2073x + 2{,}7$ **(b)** 4.773 **(c)** 2006
13. (a) $y = 0{,}497x + 11{,}2$ **(b)** $22{,}6\%$ **(c)** 2002   **15. (a)** $y = -4{,}24x + 22{,}01$ **(b)** $y = 8{,}442°C$

Exercícios 7.6, página 390

1. $e^2 - 2e + 1$ **3.** $2 - e^{-2} - e$ **5.** $309\frac{3}{8}$ **7.** $\frac{5}{3}$ **9.** $\frac{38}{3}$ **11.** $e^{-5} + e^{-2} - e^{-3} - e^{-4}$ **13.** $9\frac{1}{3}$

Capítulo 7: Exercícios Suplementares, página 391

1. $2, \frac{5}{6}, 0$ **3.** $\approx 19{,}94$. Dez dólares aumentam para 20 dólares em 11,5 anos.   **5.** $6x + y, x + 10y$
7. $\frac{1}{y}e^{x/y}, -\frac{x}{y^2}e^{x/y}$ **9.** $3x^2, -z^2, -2yz$ **11.** $6, 1$ **13.** $20x^3 - 12xy, 6y^2, -6x^2, -6x^2$ **15.** $-201; 5{,}5$.
No nível $p = 25, t = 10.000$, um aumento no preço de \$1 resultará numa perda de vendas de aproximadamente 201 calculadoras, e um aumento de \$1 nas despesas de propaganda resultará numa venda adicional de aproximadamente 5,5 calculadoras.   **17.** $(3, 2)$ **19.** $(0, 1), (-2, 1)$ **21.** Min em $(2, 3)$ **23.** Min em $(1, 4)$; nem max nem min em $(-1, 4)$.   **25.** $20; x = 3, y = -1$ **27.** $x = \frac{1}{2}, y = \frac{3}{2}, z = 2$ **29.** $F(x, y, \lambda) = xy + \lambda(40 - 2x - y); x = 10, y = 20$ **31.** $y = \frac{5}{2}x - \frac{5}{3}$ **33.** $y = -2x + 1$ **35.** 5.160 **37.** 40

CAPÍTULO 8

Exercícios 8.1, Página 396

1. $\frac{\pi}{6}, \frac{2\pi}{3}, \frac{7\pi}{4}$ **3.** $\frac{5\pi}{2}, -\frac{7\pi}{6}, -\frac{\pi}{2}$ **5.** 4π **7.** $\frac{7\pi}{2}$ **9.** -3π **11.** $\frac{2\pi}{3}$

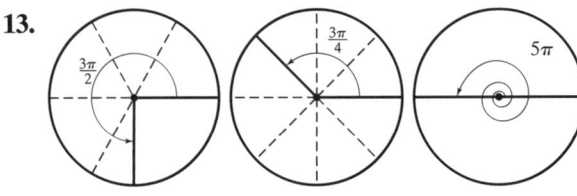

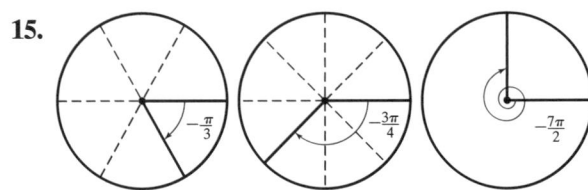

13.

15.

17.

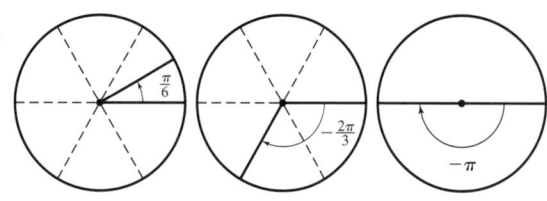

Exercícios 8.2, página 401

1. $\operatorname{sen} t = \frac{1}{2}, \cos t = \frac{\sqrt{3}}{2}$ **3.** $\operatorname{sen} t = \frac{2}{\sqrt{13}}, \cos t = \frac{3}{\sqrt{13}}$ **5.** $\operatorname{sen} t = \frac{12}{13}, \cos t = \frac{5}{13}$ **7.** $\operatorname{sen} t = \frac{1}{\sqrt{5}}$, $\cos t = -\frac{2}{\sqrt{5}}$ **9.** $\operatorname{sen} t = \frac{\sqrt{2}}{2}, \cos t = -\frac{\sqrt{2}}{2}$ **11.** $\operatorname{sen} t = -0,8, \cos t = -0,6$ **13.** $0,4$ **15.** $3,6$

17. $10,9$ **19.** $b = 1,3, c = 2,7$ **21.** $\frac{\pi}{6}$ **23.** $\frac{3\pi}{4}$ **25.** $\frac{5\pi}{8}$ **27.** $\frac{\pi}{4}$ **29.** $\frac{\pi}{3}$ **31.** $-\frac{\pi}{6}$ **33.** $\frac{\pi}{4}$

35. Aqui cos t decresce de 1 para -1. **37.** $0, 0, 1, -1$ **39.** $0,2; 0,98; 0,98; -0,2$

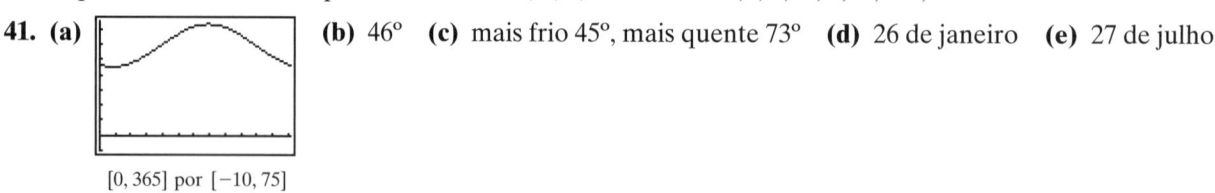

41. (a) **(b)** 46° **(c)** mais frio 45°, mais quente 73° **(d)** 26 de janeiro **(e)** 27 de julho

[0, 365] por [−10, 75]

(f) 27 de outubro e 27 de abril

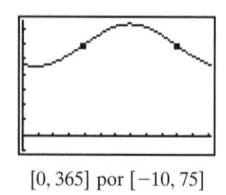

[0, 365] por [−10, 75]

Exercícios 8.3, página 410

1. $4\cos 4t$ **3.** $4\cos t$ **5.** $-6\operatorname{sen} 3t$ **7.** $1 - \pi \operatorname{sen} \pi t$ **9.** $-\cos(\pi - t)$ **11.** $-3\cos^2 t \operatorname{sen} t$

13. $\dfrac{\cos\sqrt{x-1}}{2\sqrt{x-1}}$ **15.** $\dfrac{\cos(x-1)}{2\sqrt{\operatorname{sen}(x-1)}}$ **17.** $-8\operatorname{sen} t(1+\cos t)^7$ **19.** $-6x^2 \cos x^3 \operatorname{sen} x^3$

21. $e^x(\operatorname{sen} x + \cos x)$ **23.** $2\cos(2x)\cos(3x) - 3\operatorname{sen}(2x)\operatorname{sen}(3x)$ **25.** $\cos^{-2} t$ **27.** $-\dfrac{\operatorname{sen} t}{\cos t}$

29. $\dfrac{\cos(\ln t)}{t}$ **31.** -3 **33.** $y = 2$ **35.** $\frac{1}{2}\operatorname{sen} 2x + C$ **37.** $-\dfrac{7}{2}\operatorname{sen}\dfrac{x}{7} + C$ **39.** $\operatorname{sen} x + \cos x + C$

41. $\cos x + \operatorname{sen} 3x + C$ **43.** $-\frac{1}{4}\cos(4x+1) + C$ **45.** $-\frac{7}{3}\cos(3x-2) + C$ **47. (a)** Max = 120 em 0 e $\frac{\pi}{3}$; min = 80 em $\frac{\pi}{6}, \frac{\pi}{2}$. **(b)** 57 **49.** 0 **51. (a)** 69° **(b)** A temperatura cresce 1,6°F/semana.

(c) Nas semanas 6 e 44. **(d)** Nas semanas 28 e 48. **(e)** Na semana 25; na semana 51. **(f)** Na semana 12; na semana 38.

Exercícios 8.4, página 414

1. $\sec t = \dfrac{\text{hipotenusa}}{\text{adjacente}}$ **3.** $\operatorname{tg} t = \frac{5}{12}, \sec t = \frac{13}{12}$ **5.** $\operatorname{tg} t = -\frac{1}{2}, \sec t = -\dfrac{\sqrt{5}}{2}$ **7.** $\operatorname{tg} t = -1, \sec t = -\sqrt{2}$

9. $\operatorname{tg} t = \frac{4}{3}, \sec t = -\frac{5}{3}$ **11.** $75 \operatorname{tg}(0,7) \approx 63$ m **13.** $\operatorname{tg} t \sec t$ **15.** $-\operatorname{cosec}^2 t$ **17.** $4\sec^2(4t)$

19. $-3\sec^2(\pi - x)$ **21.** $4(2x+1)\sec^2(x^2 + x + 3)$ **23.** $\dfrac{\sec^2 \sqrt{x}}{2\sqrt{x}}$ **25.** $\operatorname{tg} x + x\sec^3 x$ **27.** $2\operatorname{tg} x \sec^2 x$

29. $6[1 + \text{tg}(2t)]^2 \sec^2(2t)$ **31.** $\sec t$ **33. (a)** $y - 1 = 2(x - \frac{\pi}{4})$ **(b)**

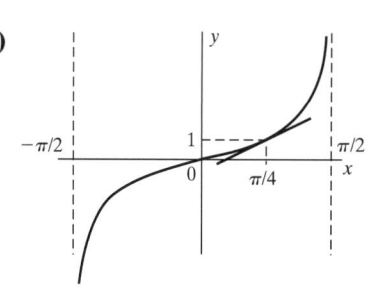

35. $\frac{1}{3}\text{tg }3x + C$ **37.** 2   **39.** $\text{tg }x + C$

Capítulo 8: Exercícios Suplementares, página 416

1. $\frac{3\pi}{2}$ **3.** $-\frac{3\pi}{4}$ **5.**   **7.** $\frac{4}{5}, \frac{3}{5}, \frac{4}{3}$ **9.** $-0,8, -0,6, \frac{4}{3}$ **11.** $\pm\frac{2\sqrt{6}}{5}$

13. $\frac{\pi}{4}, \frac{5\pi}{4}, -\frac{3\pi}{4}, -\frac{7\pi}{4}$ **15.** Negativa   **17.** 5,43 m   **19.** $3\cos t$ **21.** $(\cos\sqrt{t}) \cdot \frac{1}{2}t^{-1/2}$

23. $x^3 \cos x + 3x^2 \sen x$ **25.** $-\dfrac{2\sen(3x)\sen(2x) + 3\cos(2x)\cos(3x)}{\sen^2(3x)}$ **27.** $-12\cos^2(4x)\sen(4x)$

29. $[\sec^2(x^4 + x^2)](4x^3 + 2x)$ **31.** $\cos(\text{tg }x)\sec^2 x$ **33.** $\sen x \sec^2 x + \sen x$ **35.** $\cot x$

37. $4e^{3x}\sen^3 x \cos x + 3e^{3x}\sen^4 x$ **39.** $\dfrac{\text{tg}(3t)\cos t - 3\sen t \sec^2(3t)}{\text{tg}^2(3t)}$ **41.** $e^{\text{tg }t}\sec^2 t$ **43.** $2(\cos^2 t - \sen^2 t)$

45. $\dfrac{\partial f}{\partial s} = \cos s \cos(2t), \dfrac{\partial f}{\partial t} = -2\sen s \sen(2t)$ **47.** $\dfrac{\partial f}{\partial s} = t^2 \cos(st), \dfrac{\partial f}{\partial t} = \sen(st) + st\cos(st)$

49. $y - 1 = 2\left(t - \dfrac{\pi}{4}\right)$ **51.**   **53.** 4   **55.** $\dfrac{\pi^2}{2} - 2$ **57. (a)** $V'(t) = 8\pi\cos\left(160\pi t - \dfrac{\pi}{2}\right)$

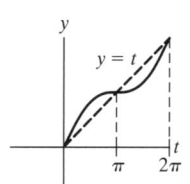

(b) 8π litros/min   **(c)** 16 litros/min   **59.** $\cos(\pi - x) + C$ **61.** 0   **63.** $\dfrac{\pi^2}{2}$ **65.** $2\text{tg}\dfrac{x}{2} + C$

67. $\sqrt{2} - 1$ **69.** $\sqrt{2}$ **71.** 1   **73.** $1.000 + \dfrac{400}{3\pi}$ **75.** $\text{tg }x - x + C$ **77.** $\text{tg }x + C$ **79.** $1 - \dfrac{\pi}{4}$

CAPÍTULO 9

Exercícios 9.1, Página 425

1. $\frac{1}{6}(x^2 + 4)^6 + C$ **3.** $2\sqrt{x^2 + x + 3} + C$ **5.** $e^{(x^3-1)} + C$ **7.** $-\frac{1}{3}(4 - x^2)^{3/2} + C$ **9.** $(2x + 1)^{1/2} + C$
11. $\frac{1}{2}e^{x^2} + C$ **13.** $\frac{1}{2}(\ln 2x)^2 + C$ **15.** $\frac{1}{5}\ln|x^5 + 1| + C$ **17.** $-(2 - 12x + 2x^2)^{-1} + C$
19. $\frac{1}{4}(\ln x)^2 + C = (\ln \sqrt{x})^2 + C$ **21.** $\frac{1}{3}\ln|x^3 - 3x^2 + 1| + C$ **23.** $-4e^{-x^2} + C$ **25.** $\frac{1}{2}\ln|\ln x^2| + C$
27. $-\frac{1}{10}(x^2 - 6x)^5 + C$ **29.** $\frac{1}{6}(1 + e^x)^6 + C$ **31.** $\frac{1}{2}\ln(1 + 2e^x) + C$ **33.** $\ln|1 - e^{-x}| + C$
35. $-\ln(e^{-x} + 1) + C$ **37.** $f(x) = (x^2 + 9)^{1/2} + 3$ **39.** $2e^{\sqrt{x+5}} + C$ **41.** $\frac{1}{2}\text{tg }x^2 + C$ **43.** $\frac{1}{2}(\sen x)^2 + C$
45. $2\sen\sqrt{x} + C$ **47.** $-\frac{1}{4}\cos^4 x + C$ **49.** $-\frac{2}{3}\sqrt{2 - \sen 3x} + C$ **51.** $\ln|\sen x - \cos x| + C$
53. $\frac{1}{2}(x^2 + 5)^2 + C = \frac{1}{2}x^4 + 5x^2 + \frac{25}{2} + C; \frac{1}{2}x^4 + 5x^2 + C_1$

Exercícios 9.2, página 430

1. $\frac{1}{5}xe^{5x} - \frac{1}{25}e^{5x} + C$ **3.** $\frac{x}{5}(x+7)^5 - \frac{1}{30}(x+7)^6 + C$ **5.** $-xe^{-x} - e^{-x} + C$
7. $2x(x+1)^{1/2} - \frac{4}{3}(x+1)^{3/2} + C$ **9.** $(1-3x)(\frac{1}{2}e^{2x}) + \frac{3}{4}e^{2x} + C$ **11.** $-2xe^{-3x} - \frac{2}{3}e^{-3x} + C$
13. $\frac{2}{3}x(x+1)^{3/2} - \frac{4}{15}(x+1)^{5/2} + C$ **15.** $\frac{1}{3}x^{3/2}\ln x - \frac{2}{9}x^{3/2} + C$ **17.** $x\,\text{sen}\,x + \cos x + C$
19. $\frac{x^2}{2}\ln 5x - \frac{1}{4}x^2 + C$ **21.** $4x\ln x - 4x + C$ **23.** $-e-x(x^2+2x+2) + C$
25. $\frac{1}{5}x(x+5)^5 - \frac{1}{30}(x+5)^6 + C$ **27.** $\frac{1}{10}(x^2+5)^5 + C$ **29.** $3(3x+1)e^{x/3} - 27e^{x/3} + C$
31. $\frac{1}{2}\text{tg}(x^2+1) + C$ **33.** $\frac{1}{2}xe^{2x} - \frac{1}{4}e^{2x} + \frac{1}{3}x^3 + C$ **35.** $\frac{1}{2}e^{x^2} - x^2 + C$ **37.** $2x\sqrt{x+9} - \frac{4}{3}(x+9)^{3/2} + 38$

Exercícios 9.3, página 434

1. $\frac{1}{15}$ **3.** 312   **5.** $\frac{8}{3}$ **7.** $\frac{64}{3}$ **9.** 0   **11.** $\frac{1}{2}\ln(\frac{4}{3})$ **13.** $\frac{1}{3}(e^{27} - e)$ **15.** $\frac{1}{2}$ **17.** 0   **19.** $\frac{1}{\pi}$
21. $\frac{\pi}{2}$ **23.** $\frac{9\pi}{2}$ **25.** $\frac{16}{3}$

Exercícios 9.4, página 442

1. $\Delta x = 0{,}4;\ 3;\ 3{,}4;\ 3{,}8;\ 4{,}2;\ 4{,}6;\ 5$ **3.** $\Delta x = 0{,}5;\ -0{,}75;\ -0{,}25;\ 0{,}25;\ 0{,}75$ **5.**

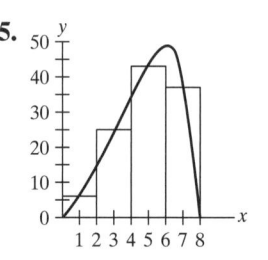

7. $(n=2)\ 40,\ (n=4)$, exato: $41\frac{1}{3}$ **9.** 0,63107, exato: 0,63212   **11.** 0,09375, exato: 0,08333
13 1,03740, exato: 0,8   **15.** $M = 72,\ T = 90,\ S = 78$, exato: 78   **17.** $M = 44{,}96248,\ T = 72{,}19005,$
$S = 54{,}03834$, exato: 53,59815   **19.** $M = 573{,}41797,\ T = 612{,}10806,\ S = 586{,}31466$, exato: 586,26358
21. 3,24124   **23.** 1,61347   **25.** 25.750 m²   **27.** 2.150 pés   **29.** (a) $f''(x) = x^2 + 6$

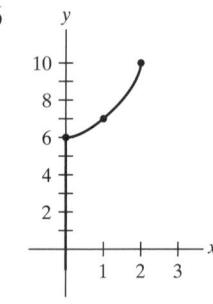

(b) $A = 28$ **(c)** 0,0333   **(d)** $-0{,}0244$, satisfaz a cota de (c)   **(e)** reduzida à quarta parte
35. $f(x) = \frac{1}{25 - x^2},\ a = 3,\ b = 5,\ n = 10$ **37.** Regra do ponto médio: 2,361749156; regra do trapézio: 2,474422799; regra de Simpson: 2,399307037; valor exato: 2,397895273; erro usando a regra do ponto médio: $-0{,}036146117$; erro usando a regra do trapézio: 0,076527526; erro usando a regra de Simpson: 0,001411764.
39. Regra do ponto médio: 0,9989755866; regra do trapézio: 1,00205197; regra de Simpson: 1,000001048; valor exato: 1; erro usando a regra do ponto médio: $-0{,}0010244134$; erro usando a regra do trapézio: 0,00205197; erro usando a regra de Simpson: 0,000001048.   **41.** a cota do erro é 0,0008333

Exercícios 9.5, página 449

1. $147.656   **3.** $35.797   **5.** $182.937   **7. (a)** $\int_0^2 (30 + 5t)e^{-0,10t} dt$ $(30 + 5t)e^{-0,10t} dt$ **(b)** $63,1 milhões

9. (a) $240\pi \int_0^5 te^{-0,65t} dt$ **(b)** 1.490.632   **11.** $\approx 1.400.000$;

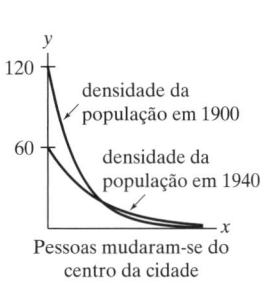

(gráfico: densidade da população em 1900, densidade da população em 1940, Pessoas mudaram-se do centro da cidade)

13. (a) $80\pi te^{-0,5t} \Delta t$ mil pessoas   **(b)** $P'(t)$ **(c)** O número de pessoas que vivem entre 5 e $5 + \Delta t$ km do centro da cidade.   **(d)** $P'(t) = 80\pi te^{-0,5t}$ **(e)** $P(b) - P(a) = \int_a^b P'(t) dt = \int_a^b 80\pi te^{-0,5t} dt$

Exercícios 9.6, página 454

1. 0   **3.** Não tem limite   **5.** $\frac{1}{4}$ **7.** 2   **9.** 0   **11.** 5   **13.** $\frac{1}{2}$ **15.** 2   **17.** 1   **19.** A área sob o gráfico de 1 até b é $\frac{5}{14}(14b + 18)^{1/5} - \frac{5}{7}$. Isso não tem limite com $b \to \infty$.   **21.** $\frac{1}{2}$ **23.** $\frac{1}{6}$
25. Divergente   **27.** $\frac{2}{3}$ **29.** 1   **31.** $2e$ **33.** Divergente   **35.** $\frac{1}{2}$ **37.** 2   **39.** $\frac{1}{4}$ **41.** 2
43. $\frac{1}{6}$ **45.** $\frac{K}{r}$ **49.** $\frac{K}{r}$

Capítulo 9: Exercícios Suplementares, página 456

1. $-\frac{1}{6}\cos(3x^2) + C$ **3.** $-\frac{1}{36}(1 - 3x^2)^6 + C$ **5.** $\frac{1}{3}[\ln x]^3 + C$ **7.** $-\frac{1}{3}(4 - x^2)^{3/2} + C$ **9.** $-\frac{1}{3}e^{-x^3} + C$
11. $\frac{1}{3}x^2 \operatorname{sen}(3x) - \frac{2}{27}\operatorname{sen}(3x) + \frac{2}{9}x\cos(3x) + C$ **13.** $2(x \ln x - x) + C$ **15.** $\frac{2}{3}x(3x - 1)^{1/2} - \frac{4}{27}(3x - 1)^{3/2} + C$
17. $\frac{1}{4}\left[\frac{x}{(1 - x)^4}\right] - \frac{1}{12}\left[\frac{1}{(1 - x)^3}\right] + C$ **19.** $f(x) = x, g(x) = e^{2x}$ **21.** $u = \sqrt{x + 1}$ **23.** $u = x^4 - x^2 + 4$
25. $f(x) = (3x - 1)^2, g(x) = e^{-x}$; depois, integre novamente por partes.   **27.** $f(x) = 500 - 4x, g(x) = e^{-x/2}$
29. $f(x) = \ln(x + 2), g(x) = \sqrt{x + 2}$ **31.** $u = x^2 + 6x$ **33.** $u = x^2 - 9$ **35.** $u = x^3 - 6x$ **37.** $\frac{3}{8}$
39. $1 - e^{-2}$ **41.** $\frac{3}{4}e^{-2} - \frac{5}{4}e^{-4}$ **43.** $M = 3,93782, T = 4,13839, S = 4,00468$
45. $M = 12,84089, T = 13,20137, S = 12,96105$ **47.** $\frac{1}{3}e^6$ **49.** Divergente   **51.** $2^{7/4}$ **53.** $2e^{-1}$
55. $137.668   **57. (a)** $M(t_1)\Delta t + \cdots + M(t_n)\Delta t \approx \int_0^2 M(t) dt$
(b) $M(t_1)e^{-0,1t_1}\Delta t + \cdots + M(t_n)e^{-0,1t_n}\Delta t \approx \int_0^2 M(t)e^{-0,1t} dt$

CAPÍTULO 10

Exercícios 10.1, Página 465

5. Ordem = 2   **7.** É   **9.** $y = 5$ **11.** $f(0) = 4, f'(0) = 5$ **13.** 20 pés por segundo por segundo
15. (a) Decrescendo a $2.500 por ano.   **(b)** $y' = 0,05(y - 200.000)$ **(c)** A taxa de variação do saldo da caderneta de poupança é proporcional à diferença entre o saldo ao final de t anos e $200.000.
17. O número de pessoas que ouviram a notícia veiculada depois de t horas está crescendo a uma taxa que é proporcional à diferença entre aquele número e 200.000. No início da transmissão, havia 10 pessoas sintonizadas.   **19.** $y' = k(C - y), k > 0$ **21.** $y' = k(P_b - y), y(0) = P_0$, onde k é uma constante positiva.   **25.** Não, vai chegar muito perto de 5.000, mas não atingirá nem excederá esse valor.
27. $y = 0$ e $y = 1$ **29.** Todas as curvas solução com $y(0) > 1$ decrescem e tendem a 1. Uma curva solução típica é dada na Figura 7.

31. **(a)** [figure: [0, 30] por [−75, 550]]   **(b)** $0{,}2(10 - f(5)) = -36{,}78794412$, usando $f'(5) = -36{,}78794436$.

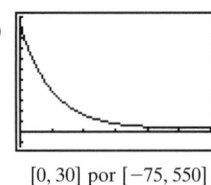

Exercícios 10.2, página 473

1. $y = \sqrt[3]{15t - \frac{3}{2}t^2 + C}$ **3.** $y = \ln|e^t + C|$ **5.** $y = (-\frac{2}{3}t^{3/2} + C)^{-1}$ ou $y = 0$ **7.** $y = (e^{t^3} + C)^{1/3}$
9. $y = (\sqrt{t} + C)^2$ ou $y = 0$ **11.** $y = \dfrac{-1}{t^3 + C}$ ou $y = 0$ **13.** $y = \ln(\frac{1}{2}e^{t^2} + C)$ **15.** $y = \pm\sqrt{(\ln t)^2 + C}$
17. $y = \dfrac{1}{t - t\ln t + C} + 3$ ou $y = 3$ **19.** $y = \frac{1}{2}\ln(2t^2 - 2t + e^6)$ **21.** $y = \sqrt[3]{3t\,\text{sen}\,t + 3\cos t + 5}$
23. $y = \sqrt[3]{\cos t + 1}$ **25.** $y = -\sqrt{2t + 2\ln t + 7}$ **27.** $y = \frac{2}{5} + \frac{3}{5}e^{(5/2)t^2}$ **29.** $y = (3x^{1/2}\ln x - 6x^{1/2} + 14)^{2/3}$
31. $y = A(p + 3)^{-1/2}, A > 0$ **33.** $y' = k(1 - y)$, com $p(t), y(0) = 0; y = 1 - e^{-kt}$ **35.** $\dfrac{dV}{dt} = kV^{2/3}$, com $k < 0; V = (3 - \frac{1}{8}t)^3, V = 0$ se $t = 24$ semanas.   **37.** $y = be^{Ce^{-at}}$, C um número qualquer.
39. (a) A população irá decrescer e tender a 5.000.   **(b)** A população vai crescer e tender a 5.000. A curva solução representa o número de peixes no lago, se começarmos com a população inicial de 1.000 peixes.
(c) [campo de direções com curva solução, y (em milhares) vs t]

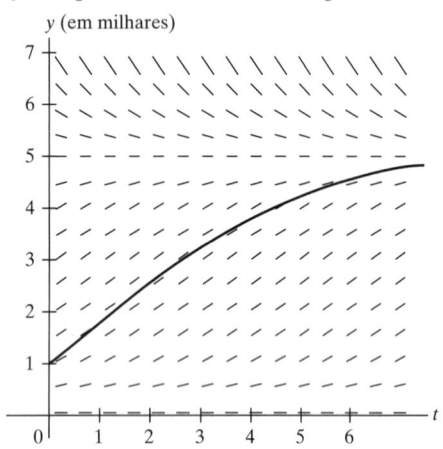

Exercícios 10.3, página 479

1. e^{-2t} **3.** $e^{-\frac{1}{2t^2}}$ **5.** $\dfrac{1}{10 + t}$ **7.** $y = 1 + Ce^{-t}$ **9.** $y = 2 + Ce^{t^2}$ **11.** $y = 35 + Ce^{-0,5t}$
13. $y = \dfrac{C}{10 + t}$ **15.** $y = \dfrac{C - t}{1 + t}$ **17.** $y = 1 + Ce^{-\frac{1}{12}t^2}$ **19.** $y = 2 - \frac{1}{2}e^t + Ce^{-t}$ **21.** $y = \frac{1}{2} + \frac{1}{2}e^{-2t}$
23. $y = 10 + 10t$ **25.** $y = \frac{1}{3}e^{2t} - \frac{4}{3}e^{-t}$ **27.** $y = 1 - e^{-\text{sen}\,2t}$ **29. (a)** $y'(0) = -40, y(t)$ é decrescente em $t = 0$.   **(b)** $y = \dfrac{50 + 10t + 5t^2}{1 + t}$ [gráfico]

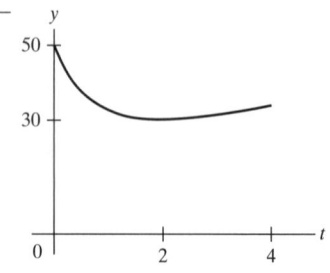

Exercícios 10.4, página 485

1. (a) 4.200 dólares por ano (b) 40.000 dólares (c) $t = \frac{1}{0,06} \ln(\frac{80}{41}) \approx 11,1$ anos. **3.** (a) $y' = 0,05y + 3.600$ (b) $f(t) = -72.000 + 72.000e^{0,05t}$, $f(25) = 179.305$ dólares. **5.** Quando se aposentar, Kelly terá $41.239 em sua caderneta de poupança e John terá $31.139 em sua caderneta. **7.** Aproximadamente $14.214 por ano. **9.** (a) $y' = 0,676y - A$, $y(0) = 197.640$ (b) $A = 15.385$ dólares por ano, ou 1.282,1 dólares por mês. (c) $263.914 **11.** (a) $py' + (p+1)y = 0$ (b) $f(p) = 100\frac{e^{-p+1}}{p}$ **13.** $f(t) = 10 + 340e^{-0,1t}$ **15.** (a) $T = 70$ (b) $k = 0,5$ (c) $f(t) = 70 + 28e^{-0,5t}$ (d) Aproximadamente, 1 hora e 15 minutos. **17.** $y' = 0,45y + e^{0,03t} + 2$ **19.** (a) $k = \frac{2}{7} \approx 0,286$ (b) $\frac{220}{7} \approx 31,43$ gramas por litro por hora. Substituir o dialissato por uma nova solução depois de 4 horas triplica a taxa de filtragem dos dejetos do organismo. **21.** (a) $y' - 0,04y = -500t - 2.000$, $y(0) = 100.000$ (b) $f(t) = 362.500 - 262.500e^{0,04t} + 12.500t$ (c) A caderneta estará zerada em 22,4 anos, aproximadamente.

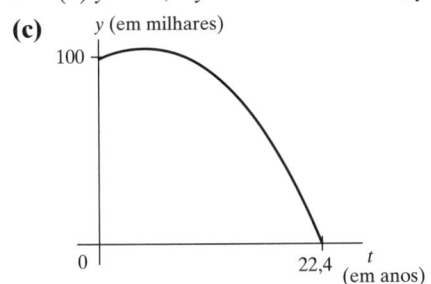

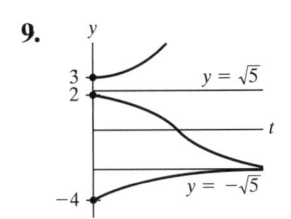

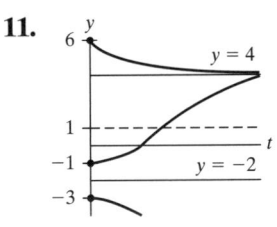

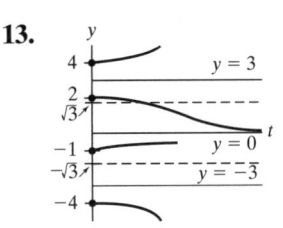

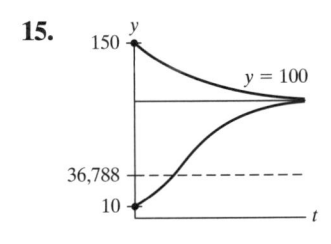

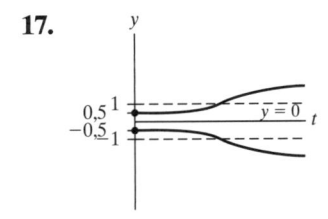

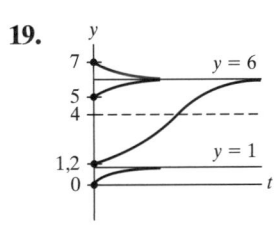

23. (a) 6 anos (b) $y' - 0,04y = 3.000 - 500t$, $y(0) = 10.000$ **25.** (a) $y' + 0,35y = t$ (b) $f(t) = \frac{1}{(0,35)^2}(0,35t - 1 + e^{-0,35t})$, $f(8) \approx 15,2$ miligramas.

Exercícios 10.5, página 494

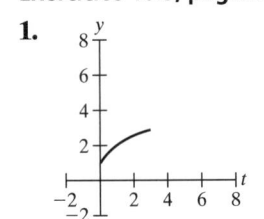

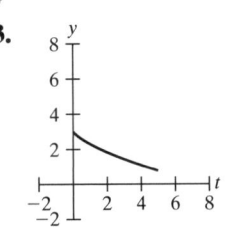

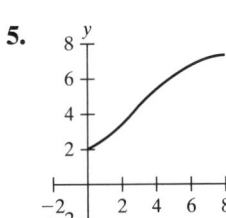

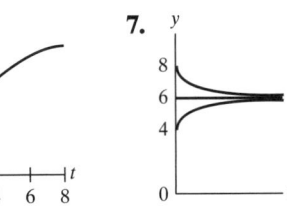

628 Respostas

21. [figure: z-y plane with line $z = \frac{3}{4}y - 3$, point $(0, -3)$; y-t plane with horizontal asymptote $y = 4$]

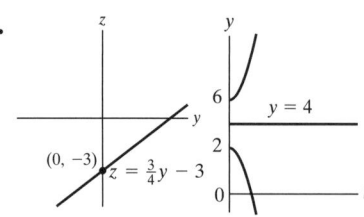

23. [figure: solutions approaching $y = 5$ from above (7) and below (1); $y = 0$ shown, 2,5 marked]

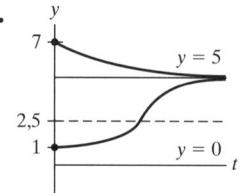

25. [figure: solutions with asymptotes $y = 4$, $y = -1$; values 3, $\frac{3}{2}$, 0 marked]

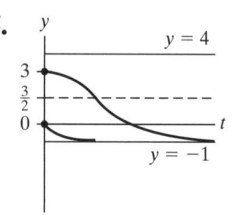

27. [figure: y-t plane, curves through $y = 1$ and $y = -1$]

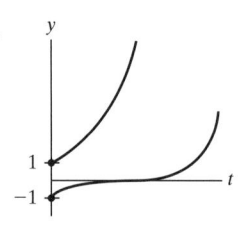

29. [figure: solutions approaching $y = 2\pi$, $y = \pi$, $y = 0$, $y = -\pi$; starting values $\frac{7\pi}{4}$, $\frac{3\pi}{2}$, $\frac{\pi}{2}$, $\frac{\pi}{6}$, $-\frac{\pi}{6}$]

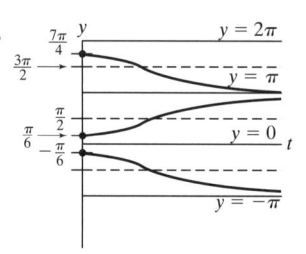

31. [figure: curves through $y = 1$ and $y = -1$]

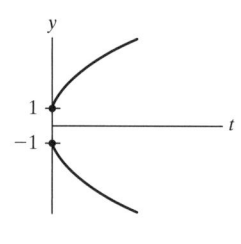

33. [figure: solutions from $y = 2$ and $y = -2$ approaching $y = 0$]

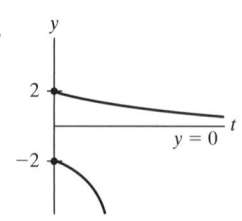

35. [figure: solutions with horizontal asymptote $y = \frac{A}{k}$]

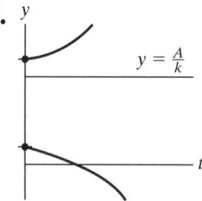

37. [figure: S-shaped curve between $y = 0$ and $y = H$, inflection at $\frac{H}{2}$]

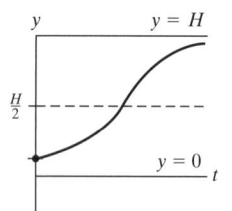

39. [figure: [0, 10] por [0, 20]] [figure: [0, 0,5] por [0, 10]]

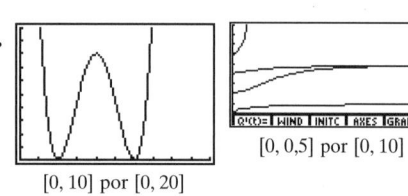

Exercícios 10.6, página 504

1. (a) Capacidade populacional = 1, taxa intrínseca = 1

(b) [figure: $z = \frac{dN}{dt}$, $z = N(1 - N)$, peak at 0,25 when $N = 0,5$]

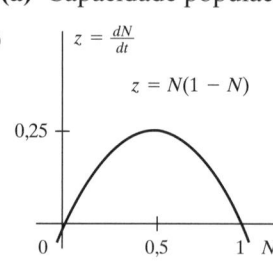

(c), (d) [figure: N vs t, starting at 0,75 approaching 1; 0,5 shown]

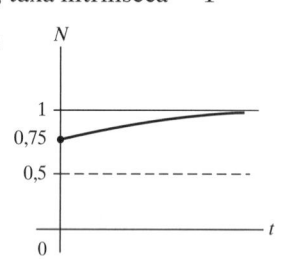

3. (a) Capacidade populacional = 100, taxa intrínseca = 1

(b) [figure: $z = \frac{dN}{dt}$, $z = \frac{1}{100}N(100 - N)$, peak at 25 when $N = 50$]

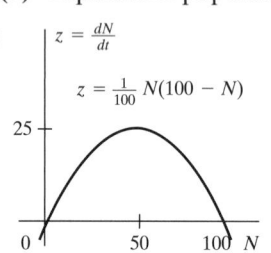

(c), (d)

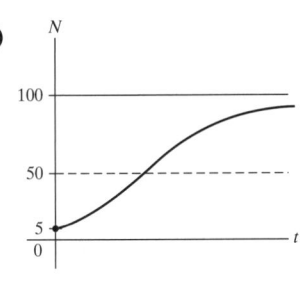

o gráfico é sempre côncavo para baixo.

5. $\dfrac{dN}{dt} = \dfrac{r}{1.000}N(1.000 - N)$, $N(0) = 600$;

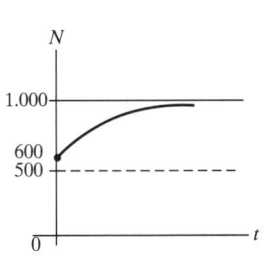

7. $y' = k(100 - y)$, $k > 0$

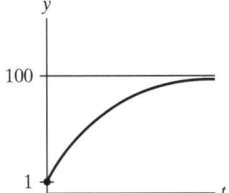

9. $y' = ky(M - y)$, $k > 0$; 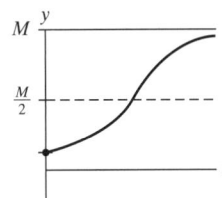 a reação avança mais rápido quando $y = M/2$.

11. $y' = k(c - y)$, $k > 0$ **13.** $y' = ky^2$, $k < 0$ **15.** $y' = k(E - y)$, $k > 0$

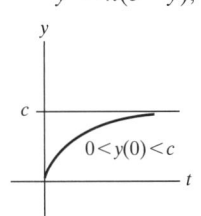

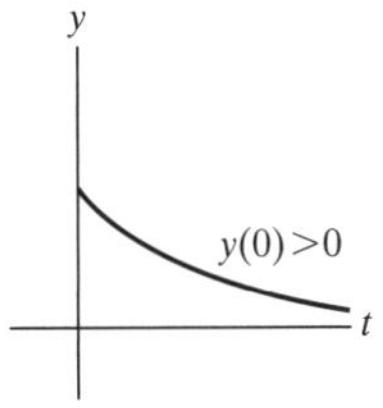

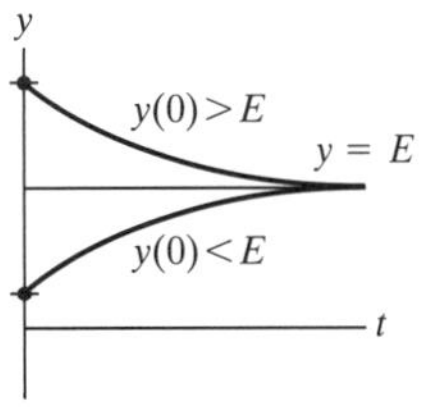

19. (a) $y' = 0{,}05y + 10.000$, $y(0) = 0$ **(b)** $y = 200.000(e^{0,05t} - 1)$, \$56.805   **21. (a)** $y' = 0{,}05 - 0{,}2y$, $y(0) = 6{,}25$ **(b)** $y' = 0{,}13 - 0{,}2y$, $y(0) = 6{,}25$ **23.** $y' = -0{,}14y$ **25.**

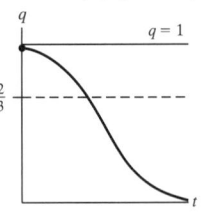

Exercícios 10.7, página 510

1. 3   **3.** Crescente   **5.** $f(1) \approx -\dfrac{9}{4}$ **7.** $f(2) \approx \dfrac{27}{8}$ 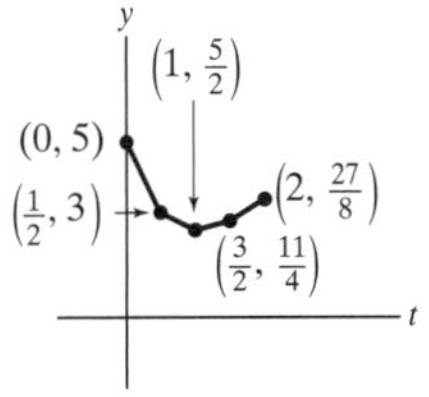   **9.** O método de Euler fornece $f(1) \approx 0{,}37011$; solução: $f(t) = \dfrac{1}{\frac{1}{2}t^2 + t + 1}$; $f(1) = 0{,}4$; erro $= 0{,}02989$.

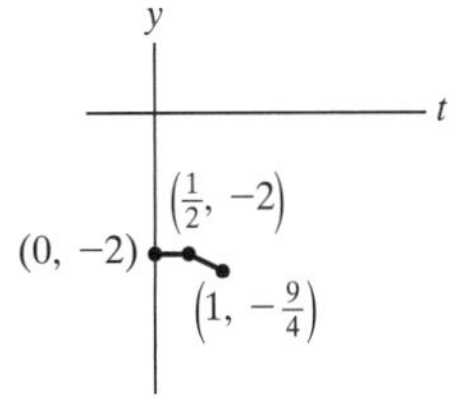

11. (a) $y' = 0{,}1(1-y), y(0) = 0$ **(b)** 0,271 **(c)** $y = 1 - e^{-0{,}1t}, y(3) = 1 - e^{-0{,}3} \approx 0{,}25918$ **(d)** erro ≈ 0,01182

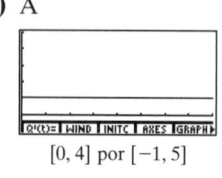

13. (a) C   **(b)** A   **(c)** E   **(d)** B

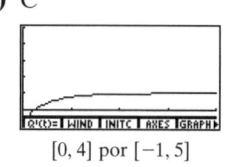

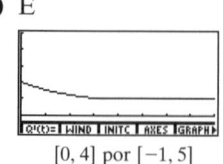

[0, 4] por [−1, 5]   [0, 4] por [−1, 5]   [0, 4] por [−1, 5]   [0, 4] por [−1, 5]

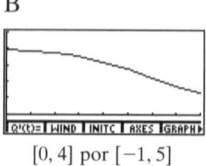

(e) D

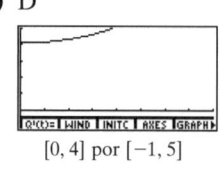

[0, 4] por [−1, 5]

15. $y_i = 1; 0{,}75; 0{,}6960; 0{,}7602; 0{,}9093; 1{,}1342; 1{,}4397; 1{,}8403; 2{,}3588.$ $y = 1; 0{,}8324; 0{,}7948; 0{,}8544; 0{,}9963; 1{,}2182; 1{,}5271; 1{,}9383; 2{,}4752.$ A maior diferença = 0,1163.

Capítulo 10: Exercícios Suplementares, página 512

1. $y = \sqrt[3]{3t^4 - 3t^3 + 6t + C}$ **3.** $y = Ate^{-3t}$ **5.** $y = \frac{3}{7}t + 3$ **7.** $y = \sqrt{4t^3 - t^2 + 49}$

9. $y(t) = \frac{1}{7}(t-1)^5 + \frac{C}{(t-1)^2}$ **11.** $y = -1 - x + e^x$ **13.** Decrescente   **15.**

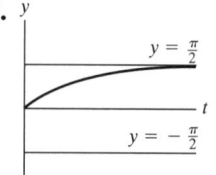

17. 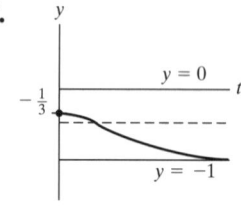   **19.** 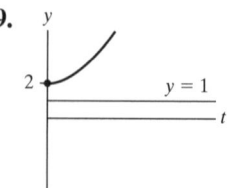   **21.** 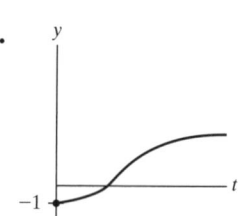   **23.**

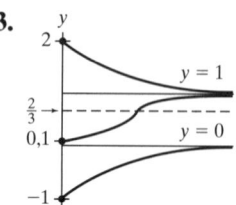

25. (a) $N' = 0{,}015N - 3.000$ **(b)** Existe uma solução constante $N = 200.000$, mas é instável. É improvável que uma cidade tenha tal população constante.   **11.**   **27.** 13,863 anos   **29.** $f(t) = 2t, f(2) = 4$

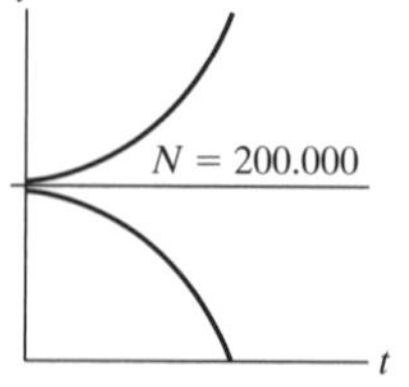

31.

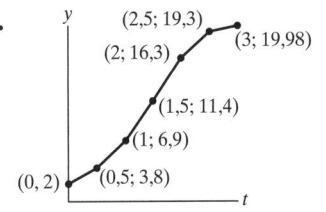

CAPÍTULO 11

Exercícios 11.1, Página 520

1. $x - \frac{1}{6}x^3$ **3.** $5 + 10x + 10x^2 + \frac{20}{3}x^3$ **5.** $1 + 2x - 2x^2 + 4x^3$ **7.** $x + 3x^2 + \frac{9}{2}x^3$

9. $p_4(x) = 1 + x + \frac{1}{2}x^2 + \frac{1}{6}x^3 + \frac{1}{24}x^4, e^{0,01} \approx p_4(0,01) = 1,01005$

11.

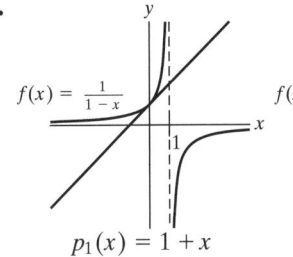

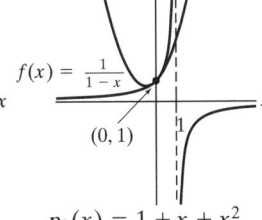

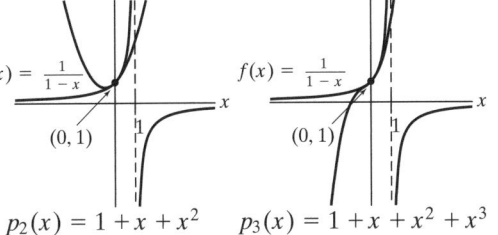

$p_1(x) = 1 + x$ $p_2(x) = 1 + x + x^2$ $p_3(x) = 1 + x + x^2 + x^3$

13. $p_n(x) = 1 + x + \frac{1}{2}x^2 + \frac{1}{3!}x^3 + \cdots + \frac{1}{n!}x^n$ **15.** $p_2(x) = x^2$, área $\approx 0,0417$

17. $1 + (x - 4) + (x - 4)^2 + (x - 4)^3$ **19.** $p_3(x) = -1 + \frac{1}{2}(x - \pi)^2, p_4(x) = -1 + \frac{1}{2}(x - \pi)^2 - \frac{1}{24}(x - \pi)^4$

21. 3,04958   **23.** $p_1(x) = 19 + 33(x - 2), p_2(x) = 19 + 33(x - 2) + 24(x - 2)^2, p_3(x) = 19 + 33(x - 2) + 24(x - 2)^2 + 8(x - 2)^3, p_n(x) = 19 + 33(x - 2) + 24(x - 2)^2 + 8(x - 2)^3 + (x - 2)^4, n \geq 4$

25. $f''(0) = -5, f'''(0) = 7$ **27. (a)** 1 **(b)** $|R_3(0,12)| \leq \frac{1}{4!}(0,12)^4 = 8,64 \times 10^{-6}$

29. (a) $R_2(x) = \frac{f'''(c)}{3!}(x - 9)^3$, em que c está entre 9 e x. **(b)** $f^{(3)}(c) = \frac{3}{8}c^{-5/2} \leq \frac{3}{8}9^{-5/2} = \frac{1}{648}$

(c) $|R_2(x)| \leq \frac{1}{648} \cdot \frac{1}{3!}(0,3)^3 = \frac{1}{144} \times 10^{-3} < 7 \times 10^{-6}$

31. Quando $b = 0,55$ a diferença é aproximadamente 0,11; quando $b = -0,68$ a diferença é aproximadamente 0,087.

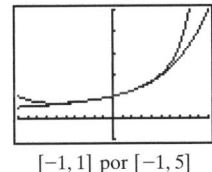

[−1, 1] por [−1, 5]

33. Quando $b = 1,85$ a diferença é aproximadamente 0,2552; quando $b = -0,68$ a diferença é aproximadamente 3,7105.

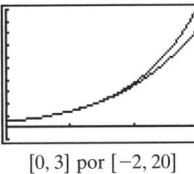

[0, 3] por [−2, 20]

Exercícios 11.2, página 527

1. Sejam $f(x) = x^2 - 5$, $x_0 = 2$; então $x_1 = 2{,}25$, $x_2 \approx 2{,}2361$, $x_3 \approx 2{,}23607$ **3.** Sejam $f(x) = x^3 - 6$, $x_0 = 2$; então $x_1 \approx 1{,}8333$, $x_2 \approx 1{,}81726$, $x_3 \approx 1{,}81712$.   **5.** Se $x_0 = 2$, então $x_3 \approx 2{,}79130$.   **7.** $x_3 \approx 0{,}63707$
9. $x_0 = -1$, $x_1 = -0{,}8$, $x_2 \approx -0{,}77143$, $x_3 \approx -0{,}77092$ **11.** $0{,}703$ **13.** $8{,}21\%$ por mês

15. 1% por mês   **17.** $x_1 \approx 3{,}5$, $x_2 \approx 3{,}0$ **19.** $-\frac{5}{4}$ **21.** $x_0 > 0$

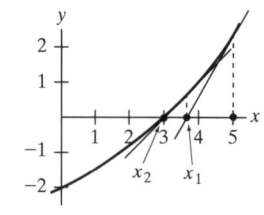

23. x_1 já é a raiz exata   **25.** $x_0 = 1$, $x_1 = -2$, $x_2 = 4$, $x_3 = -8$ **27.** 4; 31

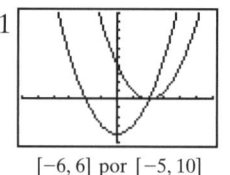

29. (a) $\sqrt{2}$ **(b)** $-\sqrt{2}$ **(c)** 0

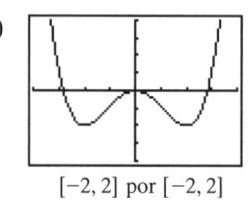

Exercícios 11.3, página 536

1. $\frac{6}{5}$ **3.** $\frac{9}{10}$ **5.** 3 **7.** $\frac{25}{124}$ **9.** $\frac{21}{10}$ **11.** Divergente $(r = -\frac{8}{5})$ **13.** 25 **15.** $\frac{3}{11}$ **17.** $\frac{2}{9}$ **19.** $\frac{4.007}{999}$
21. $0{,}99\overline{9}\ldots = (0{,}9)\dfrac{1}{1 - 0{,}1} = \dfrac{9}{10} \cdot \dfrac{10}{9} = 1$ **23.** \$190 bilhões
25. (a) $100 + 100(1{,}01)^{-1} + 100(1{,}01)^{-2} + \cdots = \sum_{k=0}^{\infty} 100(1{,}01)^{-k}$ **(b)** \$10.100   **27.** \$1.655.629   **29.** 20
31. 5 mg   **33. (a)** $2{,}5$ **(b)** Sim; 3 **35.** 6 **37.** $\frac{1}{24}$ **39.** $\frac{15}{8}$ **43.** 12 **45.** $\frac{1}{4} + \frac{1}{8} + \frac{1}{16} + \frac{1}{32} + \frac{1}{64}$; $\frac{1}{2}$

Exercícios 11.4, página 542

1. Divergente   **3.** Convergente   **5.** Divergente   **7.** Convergente   **9.** Convergente
11. Convergente   **13.** Convergente   **15.** Divergente   **17.** $\sum_{k=0}^{\infty} \dfrac{3}{9 + k^2}$ **21.** Convergente
23. Convergente   **25.** Convergente   **27.** Não   **29.**

Exercícios 11.5, página 549

1. $\dfrac{1}{3} - \dfrac{2}{9}x + \dfrac{2^2}{3^3}x^2 - \dfrac{2^3}{3^4}x^3 + \cdots$ **3.** $1 + \dfrac{1}{2}x - \dfrac{1}{2^2 \cdot 2!}x^2 + \dfrac{1 \cdot 3}{2^3 \cdot 3!}x^3 - \dfrac{1 \cdot 3 \cdot 5}{2^4 \cdot 4!}x^4 + \cdots$
5. $1 + 3x + 3^2 x^2 + 3^3 x^3 + \cdots$ **7.** $1 - x^2 + x^4 - x^6 + \cdots$ **9.** $1 - 2x + 3x^2 - 4x^3 + 5x^4 - \cdots$
11. $5 + \dfrac{5}{3}x + \dfrac{5}{3^2 \cdot 2!}x^2 + \dfrac{5}{3^3 \cdot 3!}x^3 + \cdots$ **13.** $x - \dfrac{1}{2!}x^2 + \dfrac{1}{3!}x^3 - \dfrac{1}{4!}x^4 + \cdots$ **15.** $x - \dfrac{1}{2}x^2 + \dfrac{1}{3}x^3 - \dfrac{1}{4}x^4 + \cdots$
17. $1 - \dfrac{3^2}{2!}x^2 + \dfrac{3^4}{4!}x^4 - \dfrac{3^6}{6!}x^6 + \cdots$ **19.** $3x - \dfrac{3^3}{3!}x^3 + \dfrac{3^5}{5!}x^5 - \cdots$ **21.** $x + x^3 + \dfrac{1}{2!}x^5 + \dfrac{1}{3!}x^7 + \cdots$

23. $1 + \frac{1}{2!}x^2 + \frac{1}{4!}x^4 + \frac{1}{6!}x^6 + \cdots$ **25.** $1 + \frac{1}{2}x + \frac{1\cdot 3}{2\cdot 4}x^2 + \frac{1\cdot 3\cdot 5}{2\cdot 4\cdot 6}x^3 + \cdots$

27. $x - \frac{1}{2\cdot 3}x^3 + \frac{1\cdot 3}{2\cdot 4\cdot 5}x^5 - \frac{1\cdot 3\cdot 5}{2\cdot 4\cdot 6\cdot 7}x^7 + \cdots$ **31.** 48   **33.** 0

35. $\left[x - \frac{1}{3}x^3 + \frac{1}{5\cdot 2!}x^5 - \frac{1}{7\cdot 3!}x^7 + \cdots\right] + C$ **37.** $\left[x - \frac{1}{4}x^4 + \frac{1}{7}x^7 - \frac{1}{10}x^{10} + \cdots\right] + C$

39. $1 - \frac{1}{3} + \frac{1}{5\cdot 2!} - \frac{1}{7\cdot 3!} + \cdots$

Capítulo 11: Exercícios Suplementares, página 552

1. $x + \frac{3}{2}x^2$ **3.** $8 - 7x^2 + x^3$ **5.** $9 + 6(x-3) + (x-3)^2$ **7.** $p_2(t) = 2t^2; \frac{1}{12}$
9. (a) $3 + \frac{1}{6}(x-9) - \frac{1}{216}(x-9)^2$ **(b)** 2,949583   **(c)** 2,949576   **11.** 3,5619   **13.** $\frac{4}{7}$ **15.** $\frac{1}{7}$ **17.** 1
19. e^2 **21.** $\frac{9}{2}$ **23.** Convergente   **25.** Divergente   **27.** $p > 1$ **29.** $1 - x^3 + x^6 - x^9 + x^{12} - \cdots$
31. $1 + 6x + 27x^2 + 108x^3 + \cdots$ **33. (a)** $1 - \frac{2^2}{2!}x^2 + \frac{2^4}{4!}x^4 - \frac{2^6}{6!}x^6 + \cdots$ **(b)** $x^2 - \frac{2^3}{4!}x^4 + \frac{2^5}{6!}x^6 - \frac{2^7}{8!}x^8 + \cdots$
35. $1 + 2x + 2x^2 + 2x^3 + \cdots$ **37. (a)** x^2 **(b)** 0   **(c)** 0,3095   **39. (a)** $f'(x) = 2x + 4x^3 + 6x^5 + \cdots$
(b) $f'(x) = \frac{2x}{(1-x^2)^2}$ **41.** \$566.666.667   **43.** \$120.066,66   **45.** \$3.285.603,18

CAPÍTULO 12

Exercícios 12.1, página 561

1. $E(X) = \frac{4}{5}$, $Var(X) = 0{,}16$, desvio-padrão = 0,4   **3. (a)** $Var(X) = 1$ **(b)** $Var(X) = 4$
(c) $Var(X) = 16$ **5. (a)**

Acidentes	0	1	2	3
Probabilidade	0,21	0,5	0,25	0,04

(b) $E(X) \approx 1{,}12$ **(c)** Média de 1,12 acidentes por semana durante o ano.   **7. (a)** 25%   **(b)** $100c^2$ %   **9.** $E(X) = \$90.000$. O plantador deve gastar \$5.000.

Exercícios 12.2, página 569

7. $\frac{1}{4}$ **9.** $\frac{1}{15}$ **11.** 12   **13.**

15. $\frac{1}{12}$ **17.** $\frac{1}{2}$ **19.** $\frac{3}{4}$ **21.** $f(x) = \frac{1}{4}(x-1)^{-1/2}$
23. $f(x) = \frac{1}{5}x - \frac{2}{5}$ **25. (a)** $\frac{19}{63}$ **(b)** $f(x) = (x^3 - 1)/63$ **(c)** $\frac{19}{63}$ **31.** $2 - \sqrt{2} \approx 0{,}59$ **33.** 1,8   **35.** 0,6
37. (b) $f(x) = 1 - x^{-4}$ **(c)** $\frac{15}{16}, \frac{1}{16}$

Exercícios 12.3, página 574

1. $E(X) = 4$, $Var(X) = 2$ **3.** $E(X) = 3$, $Var(X) = \frac{4}{3}$ **5.** $E(X) = \frac{5}{6}$, $Var(X) = \frac{5}{252}$ **7.** $E(X) = \frac{2}{5}$,
$Var(X) = \frac{1}{25}$ **9. (a)** $F(x) = 10x^3 - 15x^4 + 6x^5$ **(b)** $\frac{53}{512}$ **(c)** $\frac{1}{2}$. Na média, cerca da metade do espaço do jornal é destinado à propaganda.   **(d)** $\frac{1}{28}$ **11. (a)** 2. A peça tem uma vida útil média de 200 h.
(b) $\frac{1}{2}$ **13.** 8 min   **15. (a)** $F(x) = \frac{1}{6}x^2 - \frac{1}{54}x^3 - 1$ **(b)** $\frac{23}{27}$ **(c)** 412,5 trabalhadores-hora
(d) 0,5344   **17.** $E(X) = \frac{4}{3}$, $Var(X) = \frac{2}{9}$ **19.** $3\sqrt{2}$ **21.** $\frac{3\sqrt{2}}{2}$ centenas de horas.   **23.** $\frac{5}{6}$ min
25. *Sugestão*: calcule $\int_A^B x\,f(x)\,dx$ usando integração por partes.

Exercícios 12.4, página 583
1. $E(X) = \frac{1}{3}$, $Var(X) = \frac{1}{9}$ **3.** $E(X) = 5$, $Var(X) = 25$ **5.** $e^{-1} - e^{-2}$ **7.** $1 - e^{-2/3}$ **9.** e^{-3}
11. $1 - e^{-2}$ **13.** (a) $e^{-1/3}$ (b) $r(t) = e^{-t/72}$ **15.** $\mu = 4$, $\sigma = 1$ **17.** $\mu = 0$, $\sigma = 3$ **23.** (a) 0,4032
(b) 0,4013 **(c)** 0,8351 **(d)** 0,9772 **25. (a)** 47,72% **(b)** 47,72% **27.** 0,1587 **29.** A autopista
31. 1,22% **33.** *Sugestão*: mostre inicialmente que $\Pr(a \leq X \leq a + b) = e^{-ka}(1 - e^{-kb})$. **35.** 62,15 semanas

Exercícios 12.5, página 591
1. 0,0504; 0,0216; 0,0081 **3.** 0,4724; 0,3543; 0,1329; 0,0332; 0,0062; 0,0009; 0,0001

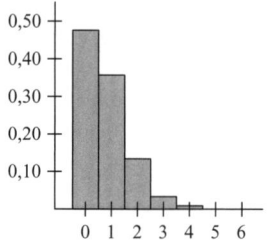

5. (a) 0,0000454 **(b)** 0,0027694 **(c)** 0,9972306 **7. (a)** 0,2231302 **(b)** 0,3765321 **(c)** 0,0656425
9. 22.105 **11.** 0,4; 0,24; 0,144; 0,0864; 0,05184; 0,031104

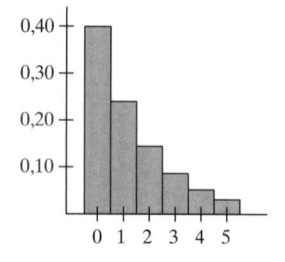

13. (a) $\left(\frac{3}{4}\right)^n \left(\frac{1}{4}\right)$ **(b)** 0,4219 **(c)** 3 **15.** $1 - p^n$ **17.** 0,04073 **19.** $\lambda = 2$ **23.** 0,74053326
25. (a) Não é maior. **(b)** 0,9979061.

Capítulo 12: Exercícios Suplementares, página 593
1. (a) $\frac{1}{8}$, $\frac{19}{64}$ **(b)** $E(X) = \frac{3}{2}$, $Var(X) = \frac{3}{20}$ **3.** $f(x) = 1 - e^{A-x}$ **5.** $c_2 = \frac{1}{2}$, $c_4 = \frac{1}{4}$ **7. (a)** 5,01
(b) 100 **9. (a)** 0,96 **(b)** 1,8 mil litros **(c)** $f(x) = 1 - x/2$, $0 \leq x \leq 2$ **11. (a)** $E(X) = 22,5$,
$Var(X) = 2,0833$ **(b)** 21,5 **13. (a)** $\frac{1}{300}$ **(b)** $\frac{3}{8}$ **(c)** \$17.222 **15.** $\frac{2}{\pi}$ **17.** \$54,88 **19.** $k \approx 0,35$
21. 0,4938 **23.** 69,15% **25.** $a \approx 0,25$ **27. (b)** 0,6826
29. (a) $\Pr\left(-\frac{1}{k} \leq X \leq \frac{3}{k}\right) = \Pr\left(0 \leq X \leq \frac{3}{k}\right) \geq \frac{3}{4}$ **(b)** $1 - e^{-3} \approx 0,9502$ **31.** 0,1953668 **33.** 4 **35.** $\frac{2}{7}$

ÍNDICE

A

Aceleração, 120
Algoritmo de Newton-Raphson, 521, 522
Amortização de um empréstimo, 481, 526
Ângulo
    anti-horário, positivo, 395
    horário, negativo, 395
Antiderivação, 298
Antiderivada(s), 298
    da mesma função, 303
    de 0, 299
    diferindo por uma constante, 299
Anuidade contínua, 505
Apoio à guerra, 504
Aproximação
    da variação de uma função, 121, 358
    de integrais definidas, 435
    de zeros de uma função, 524
    por polinômios de Taylor, 514
Área, 40
    como um limite de somas de Riemann, 310
    como uma distância percorrida, 312
    da pupila do olho, 207
    de superfície, 41
    em aplicações, 320
    entre duas curvas, 326, 328
    função, 323
    representação de séries infinitas, 538
    sob a função taxa de variação, 313
    sob uma curva, 297, 308
Área da elipse, 433
Área de superfície corporal, 227, 362
Assíntota, 137
Assíntota horizontal, 137
Assíntota vertical, 137

C

Calculadoras gráficas, 9
Campo de direções, 463
Campo de inclinações, 463
Câncer de pulmão, 382
Capacidade populacional, 497
Carbono-14, 263
Catenária, 550
Celsius, 65
Células de levedura, 53
    taxa de variação no número de, 54
Cinética de enzimas, 20
Coeficiente de elasticidade, 536
Coeficiente de seleção, 503
Complacência pulmonar, 141, 290
Complacência total, 290
Composição de funções, 24, 208
Côncava para baixo, 135, 143
Côncava para cima, 135, 143
Condição inicial, 461
Cone truncado, 343
Constante da velocidade de eliminação, 286
Constante de crescimento, 260
    determinando a, 261
Constante de tempo, 265
Constante do decaimento de vendas, 265
Consumo de cerveja, 362
Consumo de cigarros, 382
Consumo de petróleo, 321, 331
Continuidade, 94
Continuidade de um gráfico, 136
Contração da traqueia, 179
Convergência de séries de potências, 548
Cossecante, 412
Cosseno, 397
    definição alternativa de, 398
    derivada do, 403, 404, 408
    gráfico do, 400
    propriedades do, 399
Cotangente, 412
Crescimento
    de bactérias, 260
    de população, 260, 287
    exponencial, 229, 260
    logístico, 287, 497
    orgânico restrito, 287
    taxa intrínseca de, 498
Cronograma de produção, 378
Cursor, 43
Curva de aprendizagem, 284
Curva de nível, 350
Curva de possibilidades de produção, 378
Curva de produção constante, 219
Curva do decaimento de vendas, 265
Curva logística, 287, 497
    modelo para dados em curva na forma de um S, 287
Curva normal, 438, 579
    área sob a, 453
Curva normal padrão, 580
Curva ou equação de crescimento de Gompertz, 243, 474, 494
Curva solução de uma equação diferencial, 460
Curva tempo-concentração de uma droga, 13, 248, 533
Custo
    de encomenda, 175
    de manutenção, 175
    fixo, 15, 56
    marginal, 56, 64, 189, 203
    médio, 17, 203
    variável, 15
Custo capitalizado, 457
Custo-benefício de controle de emissão, 206
Custos de armazenamento, 175

D

Datação por carbono, 264
Datação por radiocarbono, 264
Decaimento
    do sulfato na corrente sanguínea, 267
    exponencial, 229, 262
    radioativo, 262
Demanda elástica, 280
Demanda inelástica, 280
Depreciação, 57
Derivação
    implícita, 215
    logarítmica, 254
    termo a termo, 549
Derivada segunda, 110
    teste de concavidade, 143
    teste de extremos, 155
    teste de extremos para funções de duas variáveis, 367
Derivada(s), 53, 73
    cálculo por meio da reta secante, 78, 79
    como fórmula de inclinação, 73
    como marginais, 113
    como uma taxa de variação, 104, 116, 117
    de $1/x$, 75
    de funções cosseno, 403, 404, 408
    de funções seno, 403, 404, 408
    de funções tangente, 413
    de um produto, 200, 203
    de um quociente, 201, 204
    de uma função constante, 74
    de uma função linear, 73
    de uma função potência, 255
    de uma soma, 100
    de x, 75
    definição via limite de, 87
    do logaritmo natural, 249
    em relação a uma variável específica, 110
    logarítmica, 276
    notação, 73, 77, 110
    regra da cadeia para, 208
    regra da potência geral para, 100, 102, 216
    regra do múltiplo constante para, 100
    segunda, 110, 514
    terceira, 115, 514
    usando limites para calcular, 87
Derivadas parciais, 354
    como taxa de variação, 357
    interpretação de, 356
    notação de, 354
    segundas, 359
Derivável, 96, 93
Descontinuidade, 95
Desigualdade, 4
Desigualdade de Chebychev, 595

Desvio padrão, 558
    de uma variável aleatória, 558
Determinando a hora da morte, 486
Diálise, 483, 486
Difusão de dióxido de carbono nos pulmões, 466
Difusão de informação em meios de comunicação de massa, 285
Discriminação de preço, 365
Distância percorrida como uma área sob uma curva, 312
Distribuição de idade de células, 562, 572
Distribuição de Pareto, 593
Distribuição de Poisson, 586
Distribuição de QI, 438
Distribuição exponencial, 577
Distribuição normal, 579
Dívida por pessoa, 71
Dívida pública federal, 71
Doença da vaca louca, 60
Domínio, 5
Domínio ecológico, 386
Droga administrada por via intramuscular, 12, 133, 248

E

e^{-x}, 236
Efeito multiplicador, 533
e^{kx}, 235
    derivada de, 240
Elasticidade de custo, 282
Elasticidade de demanda, 279, 485
    relação com a receita, 281
Eliminação de creatinina, 486
Emigração, 482
Equação alométrica, 213, 256
Equação de demanda, 186
Equação de restrição, 169, 370
Equação diferencial logística, 497
Equação do crescimento logístico, 287
Equação linear, 14
Equação objetivo, 169
Equação(ões) diferencial(is), 241, 459
    autônoma, 488
    campo de direções de uma, 463
    campo de inclinações de uma, 463
    condição inicial, 461
    curva solução de uma, 460
    de primeira ordem, 460, 480
    de segunda ordem, 460
    linear de primeira ordem, 476
    modelando com, 462
    ordem de uma, 460
    significado geométrico de, 463
    solução constante de, 461
    solução de uma, 459
    teoria qualitativa de, 488
Esboço de curvas, resumo, 164
Esfera, 342
Espirograma, 417
Estrôncio-90, 262
e^x, 233
    derivada de, 235
Excedente do consumidor, 338, 341

Excedente do produtor, 342
Experimento, 557
Exponenciação, 33
    leis de, 34, 230

F

Fahrenheit, 65
Falta de memória, modelo de Ebbinghaus, 291
Fator integrante, 476
Fatorando polinômios, 29
Fisiologia do pulmão, 290, 417
Fluxo cardíaco, 437
Fluxo de fluidos, 179
Fluxo de rendimento contínuo, 338
Forma padrão, 476
Fórmula de limite para e, 272
Fórmula do resto, 518
Fórmula quadrática, 27
    dedução da, 31
Frequência de gens, 501
Função constante, 14
    derivada da, 74
Função de confiabilidade, 583
Função de produção, 350, 358, 373
Função demanda, 278
Função densidade
    beta, 565, 574
    populacional, 447
Função densidade de probabilidade, 563, 566
    beta, 565, 574
    exponencial, 576
    normal, 579
    qui-quadrado, 593
Função densidade exponencial, 576
    falta de memória de uma, 584
    média de, 578
    mediana de, 584
    variância de, 578
Função densidade normal, 579
    média da, 580
    variância da, 580
Função densidade qui-quadrado, 593
Função distribuição cumulativa, 566
Função objetivo, 370
Função polinomial, 18
    fatoração de, 29
    limite de, 85
Função posição, 119
Função potência, 19, 35
    integração da, 300
Função racional, 18
    como modelo de custo-benefício, 18
    limite de, 85
Função receita, 21, 185, 188
    relação com elasticidade, 281
    resposta à variação do preço, 280
Função sobrevivência, 583
Função tangente, 412
    derivada da, 413
    gráfico da, 414
Função(ões)
    adição e subtração de, 21

aproximando a variação em, 121, 358
composição de, 24
contínua, 94
crescente, 132
custo, 21, 184, 188
de várias variáveis, 348
decrescente, 132
definida por partes, 17
derivável, 86, 93
descontínua, 95
divisão de, 21
domínio de, 5
externa, 215
fatoração de, 29
gráfico de, 8, 43
imagem de, 5
interna, 215
linear, 14, 73
lucro, 21, 187, 188
multiplicação de, 21
não derivável, 93
polinomial, ver Função polinomial
potência, ver Função potência
quadrática, 17
racional, ver Função racional
receita, ver Função receita
valor absoluto, 19
valor em x, 5
zero de, 26, 29, 136
Função(ões) exponencial(is), 229
    b^x, 242
    derivada de, 235
    equação diferencial da, 241, 259
    gráfico de, 231, 241
    inclinação de, 234
    integração de, 300
    propriedades de, 241
    regra da cadeia para, 240
Funções periódicas, 393, 400
Funções trigonométricas, 393

G

Gastos com a saúde pública, 238, 298, 304
Genética populacional, 501
Gráfico em forma de sela, 367
Gráficos
    de funções, 131
    de funções de várias variáveis, 348
    seis categorias para descrever, 137

H

Histograma de densidade de probabilidade, 560
Histograma de frequência relativa, 556
Hora da morte, 486

I

Identidades trigonométricas, 399
Imposto, cobrança de, 189
Imposto de Renda, 99
Inclinação
    como uma taxa de variação, 60, 67
    da reta secante, 78
    da reta tangente, 78

de retas paralelas, 58
de retas perpendiculares, 58
de um círculo num ponto, 66
de uma curva
    crescente, 134
    decrescente, 134
    mais negativa, 135
    mais positiva, 135
de uma curva como taxa de variação, 67
de uma curva num ponto, 66, 67
de uma reta, 55
de uma reta por dois pontos, 58
fórmula da, 68
propriedades da, 57
representação geométrica da, 57
Índice de massa corporal, 207
Índice de somatório, 534
Infinito, 4, 90, 451
Infusão de glicose, 286
Infusão de morfina, 487
Infusão intravenosa de glicose, 286
Injeção intravenosa, 65
Integração
    de funções de várias variáveis, 386
    de uma função descontínua, 301
    em integrais definidas, 434
    fórmulas de, 300, 420
    limites de, 432
    por partes, 427
    por substituição, 421
Integral, 300
    indefinida, 300
    iterada, 387
    regra da soma da, 301
    regra do múltiplo constante da, 301
    sinal de, 300
    teste da, 539
Integral dupla, 387
    como um volume, 387
    sobre uma região, 387
Integral imprópria, 450
    convergente, 451, 453
    divergente, 452
Integral(is) definida(s), 317
    aplicações de, 335
    aproximação de, 435
    calculando com uma calculadora gráfica, 324
    como área, 326
    como área sob uma curva, 317
    como um limite de somas de Riemann, 317
    integração por partes, 434
    propriedades da, 326
    regras de mudança de limites, 432
Intervalo
    aberto, 4
    fechado, 4
Investimento, capital, 504
Iodo-131, 264
Isoquanta, 219, 351

J
Junk bond, 38
Juros
    compostos, 36, 269
    compostos continuamente, 270
    compostos semestralmente, 276

L
Lado final, 395
Lado inicial, 395
Lei cúbica, 6
Lei de Newton do resfriamento, 462, 483
Lemniscata, 222
Limite, 83
    critério de continuidade via, 96
    de uma função polinomial, 85
    de uma função racional, 85
    definição de um, 83
    não existência de, 83
    no infinito, 90
    teoremas de, 84
Linha de isocusto, 352
Linha de orçamento, 352
Localização de pontos(s) extremo(s), 364
Logaritmo na base 10, 247
Logaritmo na base 2, 247
Logaritmo natural, 244
    aplicações à Economia, 276
    derivada do, 249
    gráfico do, 245
    integração envolvendo o, 301
    inversa da função exponencial, 246
    na calculadora gráfica, 246
    propriedades do, 245, 252
Logaritmos comuns, 247

M
Mapa topográfico, 350
Marginal
    análise de custo, 65, 126
    conceito em Economia, 113
    custo, 64
    função custo, 113, 122, 185, 189, 203, 304
    função lucro, 113
    função receita, 113, 185, 189, 210
    perda de calor, 358
    produtividade de capital, 359, 375
    produtividade de dinheiro, 375
    produtividade de trabalho, 359, 375
    propensão a consumir, 533
    taxa de substituição, 219
Maximização de produção, 373
Máximo relativo, 363
Máximo sem restrição, 370
Máximos e mínimos
    de funções de várias variáveis, 363
    definições de, 363
    restritos, 370
    sem restrições, 370
    teste da derivada primeira para, 364, 368
    teste da derivada segunda para, 367

Média (valor esperado), 558, 571
    de uma tabela de probabilidades, 558
    de uma variável aleatória, 558
Média, 555
Mediana de uma variável aleatória, 575
Meia-vida, 263
    do carbono-14, 263
    do césio-137, 267
    do cobalto-60, 267
    do iodo-131, 264
    do trítio, 293
Método de Euler, 506
Minimizando custos de estoque, 177
Mínimo relativo, 363
Mínimos quadrados
    erro, 380
    método de, 380, 386
    reta de, 381
Modelagem, 462, 480, 496
Modelo de custo-benefício, 18
Modelo de Ebbinghaus para a perda de memória, 291
Modelo de epidemia, 288, 307
Modelo de Evans de ajuste de preços, 504
Modelo de população, 65
Modelo matemático, 462, 496
Modelos predador-presa, 406
Monopólio, 186, 187, 365
Montante composto, 36
Multiplicadores de Lagrange, 370

N
Não derivável, 87, 93
Nível terapêutico de uma droga, 487
Notação para derivadas, 77, 111
Notação sigma, 534
    índice do somatório na, 534
Número racional, 4
Número real, 4

O
Oferta e demanda, 341
Operações com séries de Taylor, 546
Ordem de uma equação diferencial, 460
Otimização condicional, 370

P
Parábola, 17
Paraboloide, 342
Partes, integração por, 427
Partição, 309
Perda de calor, 348, 365, 375
Perímetro, 40
Período de juros, 36
Perpetuidade, 536
Pesca, 505
Plano de previdência privada, 480
Polinômio(s) de Taylor, 513, 515
    aproximação de e^x, 515
    aproximação de uma função por, 514
    precisão da aproximação por, 518
    primeiro, 514

Poluição da água, 15
Ponto crítico, 152
Ponto de corte, 16, 136
   de uma função linear, 16
Ponto de corte do eixo x, 16, 136
Ponto de corte do eixo y, 16, 55, 136
Ponto de extremo relativo, 132, 363
   localização de, 152
   usando concavidade, 154
Ponto de inflexão, 136
Ponto de máximo, 133
Ponto de mínimo, 133
Ponto extremo, 132
Pontos crítico de vendas, 28
Pontos de interseção de gráficos, 28
População com emigração, 482
População de peixes com pesca, 505
População dos Estados Unidos, 118, 134, 160
População mundial, 337
Posição padrão de ângulos, 395
Pressão do ar na traqueia, 179
Pressão transmural, 141
Principal, 36
Probabilidade, 557
   tabela de, 557
Problema da agulha de Buffon, 594
Problema de controle de estoque, 175
Problema de valor inicial, 461
Problemas de otimização, 167, 175
   procedimentos para resolver, 171
Problemas de um compartimento, 500
Problemas geométricos, 40
Produção primária líquida de nutrientes, 17
Produto Interno Bruto, 277
Projeto arquitetônico, 348
Propaganda, 265

Q

Quantidade de encomenda econômica, 177, 179
Quociente de demissão, 64

R

Radiano, 393
Rádio-226, 267, 486
Raio de convergência, 549
Raiz de uma equação, 521
Razão de série geométrica, 531
Reação autocatalítica, 504
Reflexão (por uma reta), 244
Regra da cadeia, 208, 209
   notação alternativa, 209
   recurso mnemônico para lembrar da, 210
   verificação da, 212
Regra da potência, 74
   verificação da, 255
Regra da potência geral, 100, 102, 216
Regra da soma, 100
   verificação da, 106

Regra de mudança de limites, 432
Regra de Simpson, 438
Regra do múltiplo constante, 100
   verificação da, 106
Regra do ponto médio, 436
Regra do produto, 200
   verificação da, 203, 207
Regra do quociente, 201
   verificação da, 204
Regra do trapézio, 436
Reserva bancária fracionária, 553
Resultado de um experimento, 557
Reta de regressão, 381
Reta numérica, 4
Reta tangente, 66
   a uma curva num ponto, 66
   como melhor aproximação de uma curva, 66
   equação da, 76
Reta(s)
   de mínimos quadrados, 381
   de regressão, 381
   equação inclinação-corte de, 55
   equações da, 14, 55
   forma ponto-inclinação, 58
   inclinação de, 55
   ponto de corte do eixo x, 16
   ponto de corte do eixo y, 16, 55
   propriedades da inclinação de, 57
   secante, 78
Retas paralelas, 58
Retas perpendiculares, 58
Rins artificiais, 483

S

Salário por unidade de capital, trabalho, 362
Seno, 397
   definição alternativa de, 398
   derivada do, 403, 404, 408
   gráfico do, 399
   propriedades do, 399
Seno e cosseno hiperbólicos, 550
Separação de variáveis, 467
Série de potências, 544
Série geométrica, 531, 534
   de razão r, 531
Série harmônica, 530
Série infinita, 529
   convergente, 530, 534, 538
   divergente, 530, 534, 538
   geométrica, 531
   representada por área, 538
Série(s) de Taylor, 545
   antiderivação termo a termo de, 549
   derivação termo a termo de, 549
Sistema de descontos, 392
Sólido de revolução, 339
   volume de um, 340
Solução constante de uma equação diferencial, 488

Solução de uma equação diferencial, 459
Solução numérica de equações diferenciais ordinárias, 506
Soma de Riemann, 310
Soma parcial, 530
Soma ponderada, 557
Substituição
   em integrais definidas, 432
   integração por, 421

T

Tamanho de lote econômico, 179
Taxa de aprendizagem, 284
Taxa de crescimento intrínseca, 498
Taxa de fundo indexado, 161
Taxa de investimento líquido, 466
Taxa de juros, 37
Taxa de juros anual efetiva, 37
Taxa de metabolismo basal, 410
Taxa de retorno interna, 275, 447, 524
Taxa de variação, 60, 104, 357
   instantânea, 117
   média, 116
   numa equação diferencial, 462, 480, 496
   unidades de, 123
Taxa de variação percentual, 277
Taxa de variação relativa, 277
Taxas de mortalidade por câncer, 382
Taxas relacionadas, 220
   sugestões para resolver, 222
Teorema do erro da aproximação, 440
Teorema fundamental do Cálculo, 318, 321
Teoria da firma, 184
Teoria qualitativa de equações diferenciais, 488
Terapia com drogas, 533
Teste da comparação, 541
Teste da derivada primeira, 142, 152
   de extremos para funções de duas variáveis, 364, 368
Teste da reta vertical, 10
Tosse, 179
Traduzindo um problema aplicado, 46

U

Urânio-235, 262

V

Valor capital, 455, 536
Valor crítico, 152
Valor esperado (média), 555
   de uma tabela de probabilidades, 558
   de uma variável aleatória, 558
   de uma variável aleatória contínua, 571
   de uma variável aleatória de Poisson, 587
   de uma variável aleatória exponencial, 578

de uma variável aleatória geométrica, 590
de uma variável aleatória normal, 580
Valor extremo de fronteira, 133, 180
Valor futuro de um fluxo de rendimento, 338
Valor futuro de um fluxo de rendimento contínuo, 338
Valor máximo absoluto, 364
Valor médio de uma função, 336
Valor mínimo absoluto, 364
Valor presente, 272, 446
   de um fluxo de rendimento contínuo, 447
Valor presente de um fluxo de rendimento, 446
Variação líquida, 319

Variância, 555, 558
   de uma tabela de probabilidades, 558
   de uma variável aleatória, 558
   de uma variável aleatória de Poisson, 587
   de uma variável aleatória exponencial, 578
   de uma variável aleatória geométrica, 590
   de uma variável aleatória normal, 580
   fórmula alternativa da, 577
Variável
   dependente, 10
   independente, 5
Variável aleatória, 558
   contínua, 563
   de Poisson, 586-587
   discreta, 555

   exponencial, 576
   geométrica, 589, 590
   normal, 579
   normal padrão, 580
   uniforme, 572
Velocidade, 119, 307
Velocidade do vento, 248
Velocidade terminal (de um paraquedista), 283
Verhulst, P., 287
Volume, 41
   como integral dupla, 387
   de um sólido de revolução, 340
Volume de um minuto, 418

Z

Zero de uma função, 521

Índice de aplicações

Administração e Economia
Amortização de um empréstimo, 481, 526
Anuidade contínua, 505, 512
Apólice de seguro de vida, 553
Avaliação do valor de um imóvel, 352
Bônus de executivo, 536
Caderneta de poupança e plano de previdência privada, 480, 485
Comissão de corretagem, 7, 13
Confiabilidade de equipamento, 583, 595
Consumo de alimentos como uma função de renda e preço de varejo, 362
Consumo de cigarros, 324
Consumo de minério de ferro nos EUA, 307
Consumo de óleo combustível, 56, 67, 330
Contratos de serviço e garantia, 561
Controle de qualidade, 578, 581, 638
Curva de decaimento de vendas, 265
Curva de possibilidades de produção, 378
Curva de produção constante, ver Isoquanta
Custo capitalizado, 457
Custo de eletricidade, 191
Custo marginal, 64, 111
Custo médio, 17, 203
Custos fixos, 17
Custos variáveis, 15
Demanda de aço, 190
Demanda de cerveja (como função de várias variáveis), 362
Discriminação de preço, 365
Distribuição da receita entre trabalho e capital, 362
Dívida por pessoa, 71
Dívida pública dos EUA, 71
Efeito da doença da vaca louca na exportação de carne, 60
Efeito de impostos nos preços de venda, 188
Efeito de um segundo turno na função custo de uma fábrica, 94
Efeito do preço da gasolina na milhagem percorrida, 385
Efeito multiplicador, 532
Elasticidade de custo, 282
Elasticidade de demanda, 279, 485
Equação de demanda, 184, 186, 190
Estratégia de investimento, 294
Excedente do consumidor, 336
Excedente do produtor, 341
Exportação de carne canadense, 60
Faixas tributárias de imposto de renda para um contribuinte solteiro, 98
Fazendas nos EUA, 140
Frequência de chamadas numa central telefônica, 561, 588
Função de produção Cobb-Douglas, 350
Funções custo, 15, 112, 187
Funções de produção, 131, 324

Funções lucro, 17, 28, 187
Funções lucro de duas variáveis, 369
Funções receita, 185
Fundo de investimentos, 553
Fundos indexados, 161
Imposto de renda para um contribuinte solteiro, 98
Imposto territorial, 457
Índice de preço ao consumidor, 141
Intervalos entre chegadas, 578
Isoquanta, 219, 351
Junk bond, 38
Juros compostos, 269
Licitação em projeto de construção, 554, 575
Linhas de isocusto, 352
Lucratividade de operações de franquia, 565
Lucro de monopólio, 187
Lucro marginal, 111, 125
Maximizando produção, 189
Modelo de Evans de ajuste de preços, 504
Modelo de investimento de capital, 466, 504
Oferta e demanda, 341
Pagamento de hipoteca, 360, 485
Pagamento de um carro, 481
Ponto crítico de vendas, 28, 33
Preço de carros e casas, 485
Previsão de lucros, 113
Previsão de vendas, 104
Problemas de estoque, 175
Produção como função do tempo, 183
Produção de energia elétrica nos EUA, 140
Produção de gás natural nos EUA, 307
Produtividade marginal do dinheiro (como multiplicador de Lagrange), 375
Produtividade marginal do trabalho e capital, 359
Produto Interno Bruto, 277
Propaganda, 102, 123, 226
Propensão marginal a consumir, 533
Quantidade de encomenda econômica, 177
Quociente de demissão na indústria, 64
Quociente de produtividades marginais, 375
Receita marginal, 111, 120
Receita média, 206
Reserva bancária fracionária, 553
Resgate de seguros de incêndio, 591
Reta de mínimos quadrados, 381
Retorno de um título do Tesouro, 123
Salário por unidade de trabalho e capital, 362
Saldo numa caderneta de poupança (ou previdência privada), 273, 342, 466, 480
Seguro residencial, 474
Sistema de descontos, 392

Tamanho médio de fazendas nos EUA, 123
Tarifas aéreas otimizadas, 190
Taxa de crescimento da população dos EUA e dívida pública por pessoa, 71, 117, 134, 160
Taxa de investimento líquido, 466
Taxa de retorno interna, 478, 524
Taxa de variação de vendas em relação ao preço, 473
Taxa de variação de vendas em relação ao tempo, 105
Taxa de variação relativa, 276
Taxa marginal de substituição, 219
Tempos de espera, 569, 583
Tolerância para partes de maquinário, 581
Validade de produtos manufaturados, 569, 594
Valor capital de um ativo, 455
Valor capital de uma perpetuidade, 536
Valor de um investimento, 277
Valor de uma propriedade residencial, 352
Valor futuro de um fluxo de rendimento, 338, 341
Valor presente, 272
Valor presente de um fluxo de rendimento, 446
Valorização de um investimento, 242, 272, 274

Ecologia
Acumulação de resíduo numa floresta, 503
Altura do capim-elefante, 166
Cadeia alimentar, 24
Capacidade populacional, 497
Consumo anual de gasolina, 206
Consumo mundial de petróleo, 140, 320
Contaminação de capim por iodo radioativo, 264
Conteúdo de oxigênio de um lago, 140
Crescimento de moscas-da-fruta, 261
Crescimento de um capim, 295
Crescimento logístico, 497
Crescimento populacional, 260, 315, 482
Datação por carbono, 264
Derramamento de óleo no oceano, 227
Desmatamento no Sudão, 325
Devastação de recursos naturais, 307 (ver também Consumo mundial de petróleo)
Época da era do gelo, 268
Horas com luz do dia, 402
Modelo predador-presa, 406
Modelos de custo-benefício em estudos ambientais, 206
Multa por poluição, 19
Nível de água de um reservatório, 196
Poluição, 15, 18
Poluição da água, 15, 140
População com seleção natural, 503
População de peixes, 498

População mundial média, 336
Produção de energia elétrica nos EUA, 140, 194
Produção primária líquida de nutrientes, 17
Protozoários numa amostra de água, 588
Taxa de crescimento intrínseca, 498
Temperatura do ar ou da água, 385, 402, 410
Velocidade do vento, 248

Medicina e Biologia
Altura de uma planta, 243
Área de superfície corporal, 277, 362
Área de superfície corporal, 362
Câncer de pulmão e tabagismo, 382
Cinética de enzimas, 24
Circulação sanguínea no cérebro, 140
Complacência pulmonar, 141, 290
Concentração de uma droga no sangue, 267, 505
Constante de crescimento, 260
Constante de tempo de uma curva de decaimento, 265
Constante de velocidade de eliminação, 286
Constantes de meia-vida e decaimento, 263
Contagem de glóbulos brancos, 599
Contração da traquéia durante a tosse, 179
Crescimento de bactérias, 1, 141, 260, 294
Crescimento de um girassol, 495
Crescimento de um tumor, 243
Crescimento exponencial, 260
Crescimento logístico, 2, 287
Curva ou equação de crescimento de Gompertz, 243, 474
Curva tempo-concentração de uma droga, 150, 248
Débito cardíaco, 437, 444
Decaimento exponencial, 266
Determinação da hora da morte, 486
Diagnóstico de enfisema, 141
Diálise renal, 487
Difusão do dióxido de carbono nos pulmões com a respiração presa, 466
Distribuição de idade de células, 562
Eliminação de creatinina, 486
Epidemia de gripe, 288, 306, 466
Epidemias, 256, 288
Equação alométrica, 213, 256
Equação diferencial logística, 497
Febre, 140
Frequência de genes, 501
Gastos com a saúde pública nos EUA, 238
Gastos por pessoa com a saúde pública nos EUA, 385
Genética populacional, 501
Hiperventilação espontânea, 417
Incidência de infecção bacteriana, 542
Índice de massa corporal, 207
Infecção por *Escherichia coli*, 266
Infusão de morfina, 487
Infusão intravenosa de glicose, 65, 242
Injeção intramuscular, 248
Iodo no sangue, 505
Lei de Poiseuille, 290
Mitose em uma população de células, 570
Movimento de uma solução através de uma membrana celular, 504
Nível terapêutico de uma droga, 487
Período de gestação, 583
Peso de um animal, 227
Pesos excessivo e ideal, 207
População de peixes num lago ou tanque, 474, 498
Pressão sanguínea, 410
Pressão transmural nos pulmões, 141
Probabilidades de sobrevivência, 583
Problemas de um compartimento, 500
Protozoários em amostra de água, 588
Reação autocatalítica enzimática, 504
Reações químicas, 504, 512
Resistência das vias respiratórias, 290
Resposta muscular do coração e acetilcolina, 12
Tamanho da pupila e intensidade da luz, 207
Taxa de crescimento infantil, 315
Taxa de metabolismo basal, 410
Taxa de utilização de anestésicos, 226
Terapia com drogas, 487
Teste laboratorial de amostras de sangue, 593

Ciências Sociais
Apoio à guerra, 504
Curva de aprendizado, 284
Curva normal, 579
Datação por radiocarbono, 264
Densidade populacional de uma cidade, 447
Difusão de informação em meios de comunicação de massa, 285, 504
Difusão de uma inovação entre médicos, 291
Difusão de uma inovação tecnológica, 496
Difusão social, 504
Distribuição de QIs, 438
Modelo de Ebbinghaus para a perda de memória, 291
Modelo de votação (em ciências políticas), 6
Modelo demográfico, 447
Modelo epidemiológico, 288
População com emigração, 482
População mundial média, 266
População urbana, 65
Reação a um estímulo, 473
Resultados arqueológicos, 268
Taxa de crescimento populacional, 293
Taxa de criminalidade como uma função de várias variáveis, 392
Vagas na Suprema Corte dos EUA, 583

Aplicações de Interesse Geral
Altura atingida por um objeto no ar, 45, 119
Altura de um prédio ou árvore, 413
Altura máxima de um objeto, 167
Automóveis em circulação nos EUA, 385
Circulação de biblioteca, 227
Coeficiente de elasticidade, 536
Conjectura de Galileu sobre a gravidade, 504
Consumo de café nos EUA, 183
Consumo de óleo destinado à calefação, 56, 67
Conversão de Celsius para Fahrenheit, 6, 65
Conversão de tamanhos de chapéu, 26
Crescimento populacional nos EUA, 117
Custo de hospitalização, 20
Decaimento radioativo, 262
Decisão do plantador de laranjas com a previsão de geada, 562
Deduções na declaração de imposto de renda, 66, 98
Diamante do beisebol, 224
Dimensões de uma janela Norman, 173
Dimensões ótimas de áreas retangulares, 169
Dimensões ótimas de pacotes postais, 170
Distância de frenagem de um carro, 33, 40
Evaporação, 474
Expansão adiabática do oxigênio, 223
Fluxo de água, 123
Gasto com a saúde pública, 125
Imposto predial e territorial, 352
Inclinação de um telhado, 417
Índice de custos de construção, 474
Lava vulcânica, 450
Lei de Newton do resfriamento, 493
Levantamento topográfico, 311, 442
Mapa topográfico, 350
Minimização da soma das distâncias de duas cidade a uma rodovia, 174
Multas de estacionamento em Washington, D.C., 140
Nível de dióxido de carbono num cômodo, 505
Perda de calor de um prédio, 348
Perda marginal de calor, 358
Pressão atmosférica, 224
Princípio de projeto ótimo em Arquitetura, 377
Probabilidade de ocorrência de um acidente, 474
Problema da agulha de Buffon, 594
Projeto de um abrigo contra o vento, 172, 379
Projeto de um campo de atletismo, 182
Projeto de uma calha para água de chuva, 405
Quadros de Picasso, 274
Repelente de inseto, 252
Roleta, 558
Taxa de conclusão universitária nos EUA, 385
Velocidade de uma bola de beisebol, 20
Velocidade e aceleração, 117, 443
Velocidade e área, 314, 443
Velocidade terminal de um paraquedista, 146, 495
Volume de um gás, 223
Volume de um sólido de revolução, 338, 345

Incorporando recursos tecnológicos com uma calculadora

Aplicar o método dos mínimos quadrados, reta de mínimos quadrados, 383
Aproximar a inclinação de um gráfico, 69
Aproximar integrais definidas, 441
Aproximar pontos de máximo e mínimo num gráfico, 46
Aproximar pontos de um gráfico, 46
Calcular áreas, 331
Calcular compostas de funções, 24
Calcular derivadas parciais, 360
Calcular integrais definidas, 312
Calcular integrais impróprias, 453
Calcular limites, 90
Calcular probabilidades de Poisson, média, desvio-padrão, 590
Calcular probabilidades normais, média, desvio-padrão, 582
Calcular somas de Riemann, 312
Calcular somas finitas e séries, 535
Calcular valores numéricos de uma derivada, 113, 146
Calcular valores numéricos de uma função, 19
Dar um *zoom* num ponto do gráfico, 69
Definir funções de várias variáveis, 360
Definir uma combinação algébrica de funções, 24
Determinar a janela de visualização, 11
Encontrar e traçar a reta tangente a um gráfico, 79
Encontrar os pontos de intersecção de dois gráficos, 32, 232
Encontrar os zeros de uma função, 32
Encontrar polinômios de Taylor, 519
Exibir uma assíntota, 204
Gerar tabelas de valores de uma função, 90
Resolver equações, 32
Resolver uma equação diferencial, 304, 509
Sombrear a área entre gráficos, 331
Trabalhar com funções definidas por partes, 97
Trabalhar com funções exponenciais e suas derivadas, 237
Trabalhar com notação científica, 38
Traçar campos de inclinações, 465
Traçar o gráfico de funções trigonométricas, 401
Traçar o gráfico de uma antiderivada, 304
Traçar o gráfico de uma função e suas derivadas, 113, 146
Traçar o gráfico de uma ou várias funções, 11, 113, 222
Usar o algoritmo de Newton-Raphson, 526
Usar o método de Euler, 509

Conversão de unidades inglesas para o sistema internacional de unidades (SI)

1 polegada (pol) = 2,54 centímetros (cm)

1 pé = 12 pol = 30,48 cm

1 milha = 1.609 metros (m) = 1,609 quilômetros (km)

1 galão = 3,785 litros (l)